전기 · 전자공학개론

Introduction to Electronics

—6판—

Cengage

Introduction to Electronics,
Sixth Edition

Earl D. Gates

ISBN-13: 978-89-6218-326-9

Cengage Learning Korea Ltd.
14F YTN Newsquare 76 Sangamsan-ro
Mapo-gu Seoul 03926 Korea

Cengage is a leading provider of customized learning solutions with employees residing in nearly 40 different countries and sales in more than 125 countries around the world. Find your local representative at: **www.cengage.com**

To learn more about Cengage Solutions, visit **www.cengageasia.com**

Every effort has been made to trace all sources and copyright holders of news articles, figures and information in this book before publication, but if any have been inadvertently overlooked, the publisher will ensure that full credit is given at the earliest opportunity.

Printed in Korea
Print Number: 06 Print Year: 2024

전기·전자공학개론

Introduction to Electronics

—6판—

Earl D. Gates 지음 | **권갑현** 옮김

Cengage

Australia • Brazil • Canada • Mexico • Singapore • United Kingdom • United States

옮긴이 소개

권갑현

경북대학교 대학원 전자공학과에서 공학석사 및
공학박사 학위를 취득하고, 현재 동양대학교
컴퓨터정보전학과 교수로 재직 중이며,
전기전자공학개론, 컴퓨터구조, 마이크로프로세서,
논리회로, 디지털공학, 어셈블리어, C언어 프로그래밍
등의 원서를 다수 번역하였다.
이메일: k80386@daum.net

전기·전자공학개론 —제6판—

Introduction to Electronics, Sixth Edition

제6판 1쇄 발행 | 2012년 8월 30일
제6판 6쇄 발행 | 2024년 3월 15일

지은이 | Earl D. Gates
옮긴이 | 권갑현
발행인 | 송성헌
발행처 | 센게이지러닝코리아㈜
등록번호 | 제313-2007-000074호(2007.3.19.)
이메일 | asia.infokorea@cengage.com
홈페이지 | www.cengage.co.kr

ISBN-13: 978-89-6218-326-9

공급처 | 도서출판 홍릉
주　소 | 서울시 강북구 인수봉로50길 10(수유동)
도서안내 및 주문 | TEL 02) 999-2274 FAX 02) 905-6729
홈페이지 | www.hongpub.co.kr

값 30,000원

역자 서문

FOREWORD

이 책은 미국 Cengage Learning에서 출판한 Earl D. Gates의 Introduction to Electronics, 6th Edition을 우리말로 번역한 것이다.

원서에는 총 40개의 Chapter가 6개의 Section으로 나뉘어 실려 있다. 이 가운데 다음의 것들은 없어도 강의 진행에 큰 지장을 주지 않거나 개론서에서는 다루지 않아도 될 내용이라 판단되어 본 번역에서 제외하였다. 번역 제외 분량은 전체 600쪽 중에서 97쪽에 해당한다.

1. 책 앞부분
a. Careers in Electronics
   (전자공학 분야의 직업) 총 4쪽
b. Using a Calculator(계산기 사용법) 총 3쪽
c. Safety Precautions(안전 수칙) 총 5쪽
2. Section 1~5의 처음 또는 뒷부분
a. Career Profile(직장인 프로필) 각 1쪽 총 5쪽
b. Peoples in Electronics(전자공학에 이바지한 사람들) 각 반쪽 총 3쪽
c. Section Activity (Section 활동) 각 반쪽 총 3쪽
3. Section 6 Practical Applications 총 74쪽
a. Chapter 38 Printed Circuit Board Fabrication (PCB 제작)
b. Chapter 39 Printed Circuit Board Assembly and Repair (PCB 조립 및 수리)
c. Chapter 40 Basic Troubleshooting(기본 고장 수리)

이에 따라 용어해설, 자기테스트 해답, 찾아보기에서도 이들 Chapter와 관련된 내용은 제외되었다.

한편, 원서의 제목이 Introduction to Electronics 이어서 번역본의 제목을 '전자공학개론'으로 해야 하지만, 본서에는 일반적인 '전자공학개론'에서 다루지 않는 전기공학적인 내용도 상당히 포함되어 있어 번역본의 제목을 전기 · 전자공학개론이라 하였다. 또한 원서 몇 곳에서 발견된 타이핑 오류를 바로잡아 번역하였으나 이들 사실을 번역서에 일일이 명시하지는 않았다.

끝으로 본 번역에 있어 지원을 아끼지 않은 Cengage Learning 한국지사와 역자의 실수와 누락을 빠짐없이 찾아준 (주)우일미디어디지틱에 감사한다.

2012년 8월 15일

역자 권갑현

저자 서문

PREFACE

이 책의 대상

본 교재는 대학 및 전문대학에서 1년 과정으로 개설하는 전기 및 전자공학의 기초 또는 개론 관련 과목의 수요를 충족시키기 위해 개발되었다. 이 책은 또한 컴퓨터 기술 및 통신 공학의 탐색 코스에서도 사용할 수 있다. 제6판은 계속해서 학생들에게 산업체의 수요와 좀 더 밀접한 관련이 있는 기본 배경을 제공하고 있다.

이 책의 배경

제6판의 목적은 이전의 5개 판과 동일하게 전자공학의 기본 도구인 원리와 기술을 이해할 수 있는 용어로써 요약하는 교재 및 참고서를 제공하는 것이다. 현재의 추세를 따르면서, 전자공학의 일반적인 기술에 중점을 두었다. 저자는 학생들을 가르치는 동안, 산업체가 전자공학 배경을 가지고 졸업하는 학생들에게 무엇을 요구하는지를 연구하였다. 이 연구를 통하여 산업체는 학생들의 지적능력보다는 그들의 실무능력에 더 많은 가치를 부여한다는 사실을 깨달았다. 또한 산업체는 이론을 가르치는 것보다 응용을 가르치는 것에 더 많은 시간을 할애하기를 바란다는 것도 알았다.

이에 저자는 교과과정을 다시 작성하였는데, 이 교과과정을 학생들에게 가르치기 위해서는 여러 종류의 교재를 사용해야 한다는 것을 알았다. 처음에는 교과과정에서 요구하는 모든 정보를 사용하기 쉬운 한 권의 교재로 학생들에게 제공하기 위해 본 교재 초판을 저술하였다. 제6판은 계속적으로 대학 교수들의 요청과 전자산업 현장의 변화를 고려하여 학생들의 필요를 다듬은 것이다.

이 책의 구성

전자산업이 급속히 성장하기 재문에, 1년 과정에서 모든 중요한 주제를 다루는 것은 불가능하다. 본 교재는 교수에게 강조하고자 하는 주제를 선택할 수 있는 기회를 제공함과 동시에, 학생들에게는 전자공학의 전반적인 분야에 대한 참고 자료를 제공한다.

교수는 학생들이 해당 과정의 교수요목과 관련된 자료에 집중하도록 하고, 나머지 자료는 그들이 나중에 지식을 더욱 넓히기를 원하는 경우에 사용하도록 안내할 수 있다. 한편 교수는 DC 및 AC 회로처럼 일련의 주제를 선택하여 강의할 수도 있다. 또한, 주로 선형 전자 회로 또는 이 주제와 관련된 자료에 집중할 수 있다. 이 외에도 많은 다른 조합이 가능하다.

학생들이 교재를 전부 읽지 않고도 특정 주제를 공부할 수 있도록 하기 위해 전자공학 전반을 설명한다. 설명 수준은 바뀌지 않았다.

이 책은 다섯 개의 부로 나눠져 있다.

- **1부–직류회로**에서는 전기, 전류, 전압, 저항, 옴의 법칙, 전기 측정–계측기, 전력, 직류회로, 자기, 인덕턴스 및 커패시턴스를 토의한다.
- **2부–교류회로**에서는 교류, 교류 측정, 교류 저항 회로, 용량성 교류회로, 유도성 교류회로, 공진회로 및 변압기를 토의한다.
- **3부–반도체 소자**에서는 반도체 기초, PN 접합 다이오드, 제너 다이오드, 쌍극 트랜지스터, FET, 사이리스터, 집적회로 및 광전 소자에 대해 토의한다.
- **4부–선형 전자 회로**에서는 전원공급장치, 증폭기의 기초, 증폭기의 응용, 발진기 및 파형 정형 회로에 관한 주제를 토의한다.

5부-디지털 전자 회로에서는 2진수 체계, 기본 논리 게이트, 논리회로의 간략화, 순차 논리회로, 조합 논리회로 및 마이크로컴퓨터의 기초에 대한 주제를 토의한다.

용어해설에서는 주요 용어를 설명하였다.

부록에는 기타 참고 자료를 제공한다.

부록 1 — 전기전자공학 약어
부록 2 — 원소 주기율표
부록 3 — 그리스 문자
부록 4 — 전자공학에서 쓰이는 단위 접두어
부록 5 — 저항기 컬러 코드
부록 6 — 커패시터 컬러 코드
부록 7 — 전기전자공학 기호
부록 8 — 반도체 회로 기호
부록 9 — 디지털 논리 기호
부록 10 — 직류 및 교류 회로 공식

자기테스트는 학생들을 위해 포함시켰다.

특징

이 책의 몇 가지 주요 특징은 아래와 같다.

- 각 장은 간략하고도 집중적이다.
- 각 장의 처음에 학습 목표를 명시하였다.
- 교재 전체에 걸쳐 학습 개념을 강조하기 위해 그림을 많이 실었다.
- 교재 전체에 걸쳐 주의사항과 주를 찾기 쉽게 강조하여 두었다.
- 각 장의 절 끝에 질문을 두어 학생들의 이해도를 점검할 수 있도록 하였다.
- 모든 공식은 기본 공식만을 이용하여 작성되어 있다.
- 교재 전체에 걸쳐 다양한 예제를 이용하여 공식 사용법을 설명하고 있다.
- 각 장의 끝에 요약을 두어 중요한 개념을 복습하도록 하였다.
- 각 장의 끝에 학습 도구로서 자기테스트를 두었다.
- 실제 생활에 응용 가능한 많은 예제가 각 장의 자료와 함께 설명되어 있다.

이 판의 새로운 특징

- 이 책 전체에 걸쳐 새로운 사진을 사용하였으며, 공식을 어떻게 사용하는지를 보여주기 위해 자세하고도 단계적인 예제를 포함시켰다.
- 학생들이 해당 회로에서 어떤 현상이 일어나고 있는지를 직접 배우기 위해 Multisim 버전 11을 사용하여 여러 예제를 개발해서 웹사이트에 올려 두었다.
- 새로 추가된 절은 다음과 같다.
  25-4 집적회로의 취급
  32-3 8진수
  32-4 15진수
- 각 장의 절에 새로운 질문을 추가하였다. 또한 각 장의 끝에 있는 자기테스트에도 새로운 문제를 추가하였다.
- 전자 부품, 공구 및 장비에 대해 상당 부분 새로운 사진으로 바꾸었다.
- 더욱 분명하게 보이기 위해 많은 그림도 새로 그렸다.

학습 패키지

다음 목표를 달성하기 위해 완전한 부수적인 패키지를 개발하였다.

교수들이 시간과 기타 자원을 가장 효과적으로 활용하여 교안을 계획하고 수행하는 것을 돕기 위해

실험 설명서. 실험은 학생들에게 강의실에서 배운 이론을 실제 적용에 전달하기 위한 기회를 제공한다. 프로젝트는 학생들에게 이론이 실현되는 것을 볼 수 있는 기회를 제공하여 학생들의 학습을 강화시켜 준다(ISBN: 1-1111-2854-5).

교수용 지침서. 이 지침서는 교재의 각 장 각 절의 끝에 있는 질문의 해답과 실험 설명서의 실험에 대한 답을 제공한다. 교수가 강의 계획서를 준비하는 것을 돕기 위해, 교수용 지침서에는 교과과정 안내를 제공하고 있다. 이 안내는 교수가 학생들이 전자공학 분야에 흥미를 갖도록 강의 계획서를 작성하는 것을 도와준다. 이 지침서는 교수용 자료 CD에 들어 있다.

교수용 자료. 이 자료는 진짜 전자식 강의실을 만드는 교육 자원이다. 이 자료는 여러분의 강의실을 풍성하게 하고 준비 시간을 단축시켜 주는 도구와 강의 자원을 포함하는 CD-ROM이다. 이 자료의 요소는 교재에 직접 연

결되어 있으며, 이 둘을 결합하여 통일된 강의 시스템을 제공한다. 가르치는 것을 준비하는 데 시간을 보내는 것이 아니라, 가르치는 데에 시간을 보낼 수 있다(ISBN: 1-1111-2855-3).

교수용 자료에 포함된 특징은 다음과 같다:

파워포인트 프레젠테이션. 이 슬라이드는 여러분이 개념과 자료를 준비하는 것을 돕는 것으로서 강의의 요약에 대한 기본을 제공한다. 핵심 사항과 개념은 학생들이 기억을 잘 하도록 그래픽으로 강조할 수 있다. 여기에는 교재의 각 장을 다루고 있는 480개의 슬라이드가 있다.

전산화 문제은행. 900개 이상의 선다형 질문이 있어서 학생들의 이해도를 평가할 수 있다.

영상 라이브러리. 여기에는 여러분 자신의 투명 마스터를 생성하기 위해 또는 취향에 맞도록 파워포인트 슬라이드를 작성하기 위해 사용할 수 있도록 교재에 있는 200개 이상의 영상이 들어 있다. 이 라이브러리는 키워드로 영상을 검색할 수 있는 능력이 있어서 빠르고도 쉽게 사용할 수 있도록 해준다.

저자에 대하여

- 저자는 뉴욕주립대학교 Oswego 분교에서 전자기술을 강의하고 은퇴하였다.
- 그는 교사 및 행정가로서 23년간의 공공교육 경험을 갖고 있다.
- 저자는 전자공학 기술자 상사로서 미국 해군을 은퇴하였다.
- 교육가로서 그는 미국 남부 캘리포니아 플로랜스에 있는 CHOiCES Charter School of Florence and Darlington에서 강의하고 있다.
- 교육 컨설팅 및 훈련 업무를 수행하는 중소기업인 TEK Prep의 대표이다.
- 교육 자문가로서 그는 플로리다와 남부 캘리포니아에서 교사와 성인을 위한 훈련 과정을 제공하고 있다.

감사의 글

John Millhouse에게 감사를 표하는 바이다. 그는 나와 함께 미국 해군에서 근무하다가 전역한 미국 해군 수석 전자 기술자이다. 지금은 플로리다에서 전자공학 기술 고문으로 일하고 있다. 그는 교재 전체에서 사용하고 있는 MultiSIM 예제 및 문제 작성을 도와주었다.

또한 Kelvin Electronics의 소유자인 Avi Hadar와 Greece Central School에 있을 때 책의 내용 개발 및 개념에 도움을 준 Duane Rupert에게도 감사를 드린다.

이 개정판을 가능하도록 도와준 Chery Scholand에게 감사하고 싶다. 그는 Greece Central School에서 수학 교사로 근무하다가 은퇴했다. 또한 Gerald Buss에게도 감사하고 싶다. 그는 EIC Electronics의 은퇴한 사장인데, 산업 부문에서 나를 지원하고 도와주었다.

이 교재를 계속 사용하면서 포함시키거나, 확장하거나, 또는 개선해야 할 분야를 일깨워 준 수많은 교사들에게도 감사를 드리고 싶다.

저자와 Delmar, Cengage Learning은 이 판을 개발하는 동안 제안과 의견을 보내준 아래의 검토자 여러분께도 사의를 표하고자 한다:

Richard Portwine, Southern Maine Technical College, South Portland, ME

Donald Hofmann, Garyson County College, Denison, TX 75020

Russel Bonine, Southwestern College, San Diego, CA

James Knowles, Community College of Rhode Island, Warwick, RI

Murray Stocking, Ferris State University, Big Rapids, MI

Clifton Ray Morgan, Northwest Kansas Technical College, Goodland, KS

끝으로 이 교재의 개정판을 개발하는 동안 나를 지원한 나의 아내 Shirley에게도 감사를 표하고 싶다.

Rarl D. Gates
Cincinnatus, New York
2011

차례
CONTENTS

Section 1 직류회로 1

Chapter 1 전기의 기본 / 3

1-1 물질, 원소 및 화합물 / 4
1-2 원자 / 5
1-3 전류 / 6
1-4 전압 / 7
1-5 저항 / 7

Chapter 2 전류 / 9

2-1 전하 / 10
2-2 전류 / 10
2-3 과학적 표기법 / 12

Chapter 3 전압 / 16

3-1 전압원 / 17
3-2 전지와 배터리 / 19
3-3 전지와 배터리의 접속 / 23
3-4 전압상승 및 전압강하 / 24
3-5 전압 기준으로서의 접지 / 25

Chapter 4 저항 / 28

4-1 저항 / 29
4-2 컨덕턴스 / 29
4-3 저항기 / 29
4-4 저항값의 식별 / 33
4-5 저항의 연결 / 35
4-6 저항기의 직렬 연결 / 36
4-7 저항기의 병렬연결 / 37
4-8 저항의 직렬-병렬 연결 / 39

Chapter 5 옴의 법칙 / 44

5-1 전기회로 / 45
5-2 옴의 법칙 / 46
5-3 옴의 법칙의 응용 / 48
5-4 키르히호프의 전류법칙 / 53
5-5 키르히호프의 전압법칙 / 53

Chapter 6 전기 측정-계측기 / 57

6-1 저항기 / 58
6-2 계측기의 종류 / 59
6-3 멀티미터 / 59
6-4 전류의 측정 / 61
6-5 전압의 측정 / 62
6-6 저항의 측정 / 63
6-7 계측기의 눈금 읽기 / 64

Chapter 7 전력 / 69

7-1 전력 / 70
7-2 전력 응용(회로 해석) / 71

Chapter 8 직류회로 / 75

8-1 직렬회로 / 76
8-2 병렬회로 / 78
8-3 직렬-병렬회로 / 80
8-4 전압 분배기 / 84
8-5 휘스톤 브리지 / 88

Chapter 9 자기 / 91

9-1 자계 / 92

9-2 전기와 자기 / 94
9-3 자기유도 / 96
9-4 자기와 전자기의 응용 / 97

Chapter 10 인덕턴스 / 103

10-1 인덕턴스 / 104
10-2 인덕터 / 104
10-3 L/R 시정수 / 106

Chapter 11 커패시턴스 / 109

11-1 커패시턴스 / 110
11-2 커패시터 / 111
11-3 RC 시정수 / 112

Section 2 교류회로 115

Chapter 12 교류 / 117

12-1 교류의 발생 / 118
12-2 교류 값 / 120
12-3 비정현 파형 / 121

Chapter 13 교류 측정 / 124

13-1 교류 계측기 / 125
13-2 오실로스코프 / 127
13-3 주파수 카운터 / 129
13-4 보드 플로터 / 130

Chapter 14 교류 저항 회로 / 132

14-1 기본 교류 저항 회로 / 133
14-2 직렬 교류회로 / 134
14-3 병렬 교류회로 / 135
14-4 교류회로의 전력 / 136

Chapter 15 용량성 교류회로 / 139

15-1 교류회로의 커패시터 / 140
15-2 용량성 회로의 응용 / 142

Chapter 16 유도성 교류회로 / 146

16-1 교류회로의 인덕턴스 / 147
16-2 유도성 회로의 응용 / 149

Chapter 17 공진회로 / 152

17-1 직렬회로의 리액턴스 / 153
17-2 병렬회로의 리액턴스 / 155
17-3 전력 / 157
17-4 공진 / 159

Chapter 18 변압기 / 161

18-1 전자 유도 / 162
18-2 상호 인덕턴스 / 163
18-3 권선비 / 163
18-4 응용 / 165

Section 3 반도체 소자 169

Chapter 19 반도체 기초 / 171

19-1 게르마늄과 실리콘의 반도전성 / 172
19-2 순수 게르마늄 및 실리콘의 전도성 / 173
19-3 도핑된 게르마늄과 실리콘의 전도성 / 174

Chapter 20 PN 접합 다이오드 / 178

20-1 PN 접합 / 179
20-2 다이오드의 바이오스 / 180
20-3 전력 / 181
20-4 다이오드의 제조 방법 / 182
20-5 PN 접합 다이오드의 검사 / 183

Chapter 21 제너 다이오드 / 186

21-1 제너 다이오드의 특성 / 187
21-2 제너 다이오드의 정격 / 187

21-3 제너 다이오드를 이용한 전압 조절 / 188
21-4 제너 다이오드의 검사 / 189

Chapter 22 쌍극 트랜지스터 / 191
22-1 트랜지스터의 제조 / 192
22-2 트랜지스터의 유형과 패키지 / 193
22-3 트랜지스터의 기본 동작 / 193
22-4 트랜지스터의 검사 / 194
22-5 트랜지스터의 교체 / 196

Chapter 23 전계효과 트랜지스터(FET) / 199
23-1 접합 FET / 200
23-2 공핍 절연 게이트 FET (MOSFET) / 202
23-3 증가 절연 게이트 FET (MOSFET) / 203
23-4 MOSFET의 안전수칙 / 205
23-5 FET 검사 / 205

Chapter 24 사이리스터 / 208
24-1 실리콘 제어 정류기 / 209
24-2 TRIAC / 211
24-3 양방향 트리거 다이오드 (DIAC) / 213
24-4 사이리스터의 검사 / 214

Chapter 25 집적회로 / 216
25-1 트랜지스터의 소개 / 217
25-2 집적회로 제조방법 / 218
25-3 집적회로 패키지 / 219
25-4 집적회로의 취급 / 220

Chapter 26 광전 소자 / 223
26-1 빛의 기본 이론 / 224
26-2 광감응 소자 / 224
26-3 발광 소자 / 227

Section 4 선형 전자 회로 231

Chapter 27 전원공급장치 / 233
27-1 변압기 / 234
27-2 정류기 회로 / 234
27-3 필터회로 / 237
27-4 전압조정기 / 239
27-5 전압 체배기 / 243
27-6 회로 보호 소자 / 245

Chapter 28 증폭기의 기초 / 249
28-1 증폭기의 구성 / 250
28-2 증폭기 바이어스 / 251
28-3 증폭기의 결합 / 254

Chapter 29 증폭기의 응용 / 258
29-1 직접 결합 증폭기 / 259
29-2 오디오 증폭기 / 261
29-3 비디오 증폭기 / 263
29-4 RF 증폭기 및 IF 증폭기 / 265
29-5 연산 증폭기 / 267

Chapter 30 발진기 / 273
30-1 발진기의 기본 / 274
30-2 정현파 발진기 / 274
30-3 비정현파 발진기 / 278

Chapter 31 파형정형 회로 / 282
31-1 비정현 파형 / 283
31-2 파형정형 회로 / 285
31-3 특수 목적 회로 / 288

Section 5 디지털 전자 회로 293

Chapter 32 2진수 체계 / 295
32-1 진수 / 296
32-2 진수와 10진수의 변환 / 297
32-3 8진수 / 298

32-4 16진수 / 300
32-5 BCD 코드 / 301

Chapter 33 기본 논리 게이트 / 305

33-1 AND 게이트 / 306
33-2 OR 게이트 / 306
33-3 NOT 게이트 / 307
33-4 NAND 게이트 / 308
33-5 NOR 게이트 / 308
33-6 XOR 게이트와 XNOR 게이트 / 310
33-7 버퍼 / 310

Chapter 34 논리회로의 간략화 / 313

34-1 베이치 다이어그램 / 314
34-2 카르노 맵 / 316

Chapter 35 순차 논리회로 / 321

35-1 플립플롭 / 322
35-2 카운터 / 324
35-3 시프트 레지스터 / 331
35-4 메모리 / 333

Chapter 36 조합 논리회로 / 337

36-1 인코더 / 338
36-2 디코더 / 339
36-3 멀티플렉서 / 341
36-4 산술회로 / 343
36-5 프로그램가능 논리 소자 / 347

Chapter 37 마이크로컴퓨터의 기초 / 351

37-1 컴퓨터의 기초 / 352
37-2 마이크로프로세서의 구조 / 354
37-3 마이크로컨트롤러 / 357

용어해설 / 363
부록 / 374
자기테스트 해답 / 387
찾아보기 / 437

SECTION 1 직류회로

Chapter 1 전기의 기본
Chapter 2 전류
Chapter 3 전압
Chapter 4 저항
Chapter 5 옴의 법칙
Chapter 6 전기 측정–계측기
Chapter 7 전력
Chapter 8 직류회로
Chapter 9 자기
Chapter 10 인덕턴스
Chapter 11 커패시턴스

CHAPTER 1

전기의 기본

FUNDAMENTALS OF ELECTRICITY

목표

이 장을 마치고 나면 다음과 같은 것을 할 수 있게 된다.

- 원자, 물질, 원소 및 분자를 정의한다.
- 원자의 성분들을 열거한다.
- 원자의 가전자각을 정의한다.
- 전류를 측정하는 데 쓰이는 단위를 이해한다.
- 회로에서 전류의 흐름을 표현하는 기호를 그린다.
- 도체, 절연체 및 반도체 사이의 차이점을 설명한다.
- 전위차, 기전력 및 전압을 정의한다.
- 전압을 나타내는 데 쓰이는 기호를 그린다.
- 전압을 측정하는 데 쓰이는 단위를 이해한다.
- 저항을 정의한다.
- 회로에서의 저항의 특성을 이해한다.
- 저항 측정에 쓰이는 단위를 이해한다.
- 회로에서 저항을 표현하는 데 쓰이는 기호를 그린다.

주요 용어

가전자각
각
기전력
도체
물질
반도체
볼트(V)
분자
암페어(A)
양이온
양자
옴(Ω)
원소
원자
원자가
원자량
원자번호
음이온
이온화
저항(R)
전류(I)
전압(E)
전위
전위차
전자
절연체
중성자
쿨롱(C)
핵
혼합물
화합물

자연적인 또는 인공적인 모든 물질은 원소 또는 화합물로 분해될 수 있는데, 가장 작은 성분이 원자이다.

원자는 양자, 중성자 및 전자로 구성되며, 양자와 중성자는 핵이라고 부르는 원자의 중심을 형성하고, 전자는 핵으로부터 다양한 거리에 있는 궤도에 위치한다.

최외각에 위치한 전자에 외부로부터 적당한 힘이 가해지면, 전자는 느슨하게 되어 자유전자가 되며, 자유전자의 이동을 전류(current)라 하고, 이러한 전류를 만들기 위해 필요한 외부의 힘을 전압(voltage)이라 한다. 전류가 경로를 따라 이동할 때 방해를 받는데 이를 저항(resistance)이라 한다.

이 장에서는 어떻게 전류, 전압 및 저항이 단체적으로 전기의 기본을 이루는지에 대해 알아본다.

1-1 물질, 원소 및 화합물

물질(matter)은 공간을 차지하고 질량을 가지며, 고체, 액체 또는 기체 중 하나의 상태로 존재한다. 물질의 예로는 우리가 호흡하는 공기, 마시는 물, 입는 옷, 우리의 몸 등 여러 가지를 들 수 있다. 물질은 원소 아니면 화합물이다.

원소(element)는 자연의 기본 구성 단위로서 화학적 수단으로는 더 이상 작게 쪼갤 수 없는 물질을 의미한다. 현재 알려진 원소는 100여 가지인데(부록 2) 원소의 예를 들면 금, 은, 구리, 산소 등이다.

두 개 이상의 원소가 화학적으로 결합한 것을 **화합물**(compound)이라 부르며(그림 1-1), 이것은 화학적 수단으로는 분리되나 물리적 수단으로는 분리되지 않는다. 화합물의 예로는 수소와 산소로 구성된 물, 나트륨과 염소로 이루어진 소금 등이 있다. 화합물의 특성을 그대로 지니고 있는 가장 작은 단위를 **분자**(molecule)라 한다. 분자는 두 개 이상의 원자로 이루어진 화학적 결합이다. **원자**(atom)는 3 원소의 최소 입자이며 원소의 특징을 그대로 지니고 있다.

원소와 화합물이 물리적으로 결합된 것을 **혼합물**(mixture)이라 부른다. 산소, 질소, 탄소 산화물, 그 밖의 기체들로 이루어진 공기나 소금과 물로 이루어진 소금물 등이 혼합물의 예이다.

1-1 질문

1. 물질은 어떤 형태로 존재할 수 있는가?
2. 화학적 수단으로 더 이상 쪼갤 수 없는 최소의 물질은 무엇이라 부르는가?
3. 화합물의 특성을 유지하는 가장 작은 입자는 무엇인가?
4. 원소의 특징을 유지하는 가장 작은 입자는 무엇인가?
5. 원소와 화합물이 물리적으로 결합된 것을 무엇이라 부르는가?

그림 1-1

두 개 이상의 원소가 화학적으로 결합한 것을 화합물이라 부른다. 분자는 두 개 이상의 원자가 화학적으로 결합한 것이며, 예로는 물(H_2O)과 소금(NaCl)이 있다.

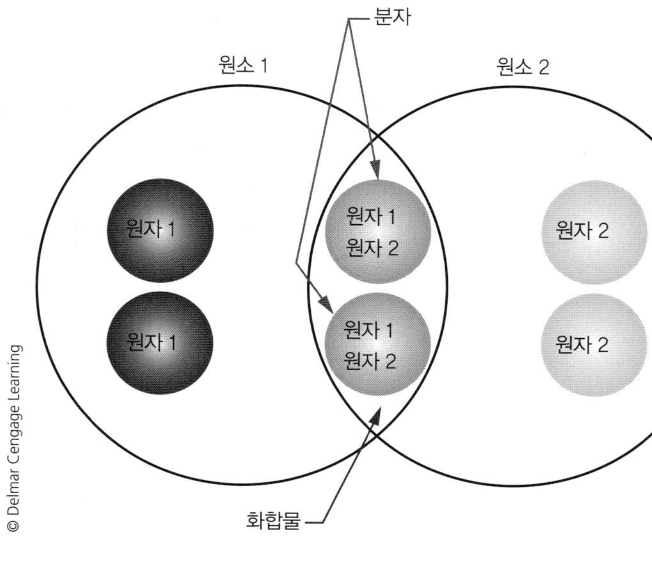

1-2 원자

앞서 설명한 바와 같이, 원자는 원소의 가장 작은 입자이며, 서로 다른 원소의 원자는 각각 다르다. 만약 알려진 원소가 100가지 이상 있다면 알려진 원자도 100가지 이상 있게 된다.

모든 원자는 **핵**(nucleus)을 가지고 있다. 핵은 원자의 중심에 위치하며 양(+)의 전기를 띠는 **양자**(proton)와 전기를 띠지 않는 **중성자**(neutron)로 구성되어 있다. 음(−)의 전기를 띠는 **전자**(electron)는 핵 주위의 궤도를 돈다(그림 1-2).

원자의 핵에 있는 양자의 개수를 그 원소의 **원자번호**(atomic number)라 한다. 원자는 각기 다른 원자번호를 가진다. **원자량**(atomic weight)은 원자의 질량이다. 원자량은 핵에 있는 양자와 중성자의 총 개수로 결정한다. 전자의 질량은 양자의 1/1845밖에 되지 않으므로 원자의 전체 질량에는 영향을 주지 못한다. 전자는 핵을 중심으로 하여 **각**(shell)이라고 불리는 동심원의 궤도를 돈다. 각은 첫 번째 궤도인 K각으로부터 시작하여 L, M, N 등의 순서로 채워져 있다(그림 1-3). 전자가 각각의 각에 들어갈 수 있는 최대 수는 그림 1-4에 나타나 있다.

최외각을 **가전자각**(valence shell)이라 하고 가전자각이 가지고 있는 전자의 수를 **원자가**(valence)라 한다. 가전자각의 거리가 핵으로부터 멀수록 각각의 가전자에 미치는 인력은 적어진다. 따라서 만약 가전자각이 완전히 채워지지 않고 핵으로부터 멀리 떨어져 있으면 전자를 얻거나 잃을 가능성이 커진다. 원자의 전도도는 가전자대에

그림 1-2

원자의 구성

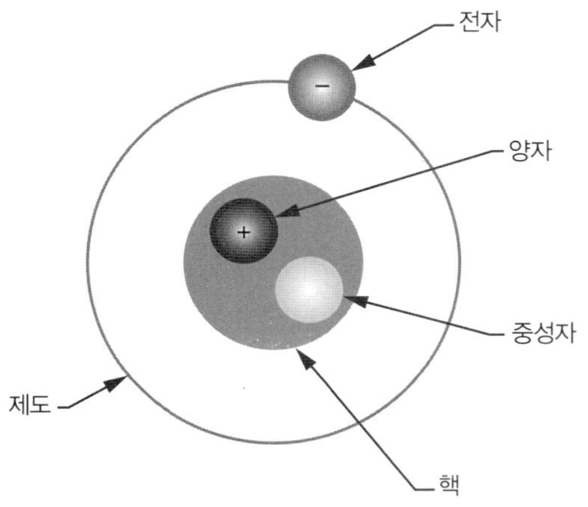

그림 1-3

전자는 핵 주위의 각에 위치한다.

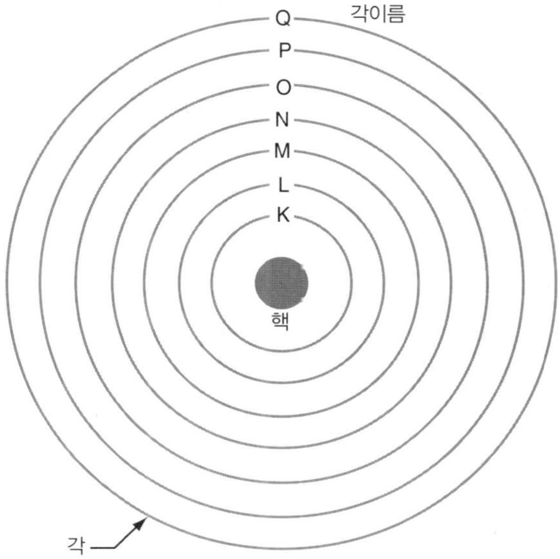

그림 1-4

각각의 각에 들어갈 수 있는 전자의 수

각이름	전자의 총 개수
K	2
L	8
M	18
N	32
O	18
P	12
Q	2

그림 1-5

도체로 사용되는 각종 금속의 전도도

물질	전도성
은	높다
구리	↓
알미늄	
텅스텐	
철	
니크롬	낮다

달려 있다. 가전자각의 전자수가 많을수록 전도도는 낮아진다. 예를 들어, 가전자각에 전자가 7개 있는 원자는 3개를 가지는 원자보다 전도도가 낮다.

가전자각에 있는 전자는 에너지를 얻을 수 있다. 이들 전자가 외부의 힘으로부터 충분한 에너지를 얻으면 원자를 벗어나서 자유전자가 되어, 원자에서 원자로 자유롭게 이동할 수 있다. 여러 개의 자유전자를 가진 물질을 **도체**(conductor)라 한다. 그림 1-5에는 도체로 사용되는 여러 금속의 전도도가 비교되어 있다. 그림에서 은, 구리 및 금의 원자가는 1이다(그림 1-6). 한편 은은 전자가 느슨하게 결합되어 있어서 가장 좋은 도체가 된다.

절연체(insulator)는 도체의 반대로서 전기의 흐름을 방해한다. 절연체는 다른 원자로부터 가전자를 흡수하여

그림 1-6

구리는 원자가가 1이다.

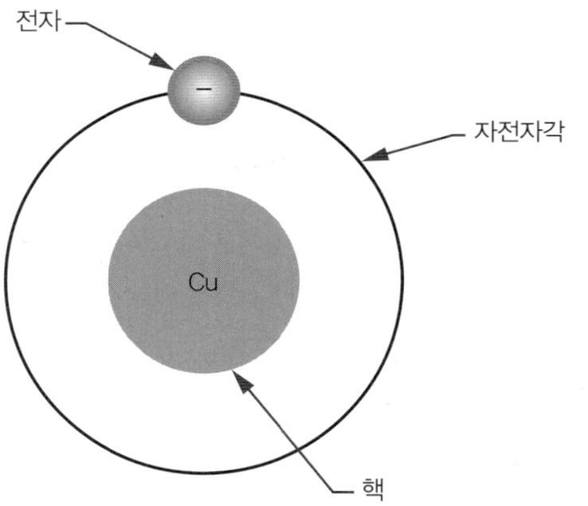

그림 1-7

절연체로 사용되는 각종 재료의 절연 특성

물질	절연성질
운모	높다
유리	↓
테프론	↓
종이(파라핀)	↓
고무	↓
베이클라이트	↓
기름	↓
포셀린	↓
공기	낮다

자신의 가전자각을 채워서 자유전자를 제거함으로써 안정된다. 절연체로 분류된 물질들을 그림 1-7에서 비교하였다. 운모는 가전자각에 자유전자가 가장 적게 있으므로 가장 좋은 절연체이다. 완전한 절연체는 가전자각에 원자가 가득 차 있는데 이것은 전자를 받을 수 없다는 것을 의미한다.

도체와 절연체 사이의 중간쯤에 있는 것은 **반도체**(semiconductor)이다. 반도체는 좋은 도체도, 좋은 절연체도 아니지만 도체 또는 절연체로 작용하도록 바뀔 수 있기 때문에 중요하다. 실리콘과 게르마늄은 두 가지 반도체 재료들이다.

전자와 양자의 수가 같은 원자는 전기적으로 안정상태에 있다고 말한다. 안정상태의 원자가 하나 이상의 전자를 받게 되면 더 이상 안정하지 못하며, 이를 음(−)으로 대전되었다고 말하고, 이것을 **음이온**(negative ion)이라 부른다. 하나 이상의 전자를 잃어 양(+)으로 대전된 원자를 **양이온**(positive ion)이라 부른다. 이렇게 전자를 얻거나 잃는 것을 **이온화**(ionization)라고 하며, 이온화는 전류의 흐름에서 중요하다.

1-2 질문

1. 원자에서 양전하와 큰 질량을 갖는 입자는 무엇인가?
2. 전하를 전혀 갖지 않는 입자는 무엇인가?
3. 원자에서 음전하와 작은 질량을 갖는 입자는 무엇인가?
4. 최외각의 전자 수를 결정하는 것은 무엇인가?
5. 전자를 얻거나 잃는 것을 나타내는 용어는 무엇인가?

1-3 전류

전자는 적당한 외부의 힘을 받으면 음(−)으로 대전된 원자에서 양(+)으로 대전된 원자로 움직인다. 이러한 전자의 흐름을 **전류**(current)라 한다. 전류는 I라는 기호로 표시하며 방향은 전자의 흐름과 반대 방향을 취한다. 전류의 크기는 주어진 한 점을 지나 이동하는 전자의 전체 전하량으로 나타낸다.

전자 하나의 전하는 매우 작으므로, 전자 6.24×10^{18}개의 전하를 합하여 **1 쿨롱**(coulomb, C)이라 한다. 1 쿨롱의 전하가 1초 동안에 한 점을 지날 때 이것을 **1 암**

페어(ampere, A)라 한다. 암페어는 프랑스 물리학자인 André Marie Ampère (1775~1836)의 이름에서 유래되었다. 전류는 암페어로 측정한다.

1-3 질문

1. 전기회로에서 어떤 작용이 전류를 흐르게 하는가?
2. 1 A의 전류는 어떤 작용의 결과인가?
3. 전류를 나타내는 데 사용되는 기호는 무엇인가?
4. 단위 암페어를 나타내는 데 사용되는 기호는 무엇인가?

1-4 전압

도체의 한쪽에는 전자(음전하)가 많이 분포하고 반대쪽에는 전자가 부족할 때(양전하), 양 끝 사이에는 전류가 흐른다. 전류는 이 상황이 지속되는 동안 도체를 통해 흐른다. 한쪽에서는 전자가 과도하게 존재하고 다른 한쪽에서는 전자가 결핍되도록 하는 원천이 **전위**(potential)이다. 전위는 전기적인 일을 할 수 있도록 하는 원동력이다.

회로에서 행해진 실제 일은 도체의 두 끝 사이에 존재하는 **전위차**(difference of potential)의 결과이다. 회로에서 전자가 이동하거나 흐르도록 하는 것이 바로 전위차이다(그림1-8). 이 전위차를 **기전력**(electromotive force, emf) 또는 **전압**(voltage)이라고 부른다. 전압은 회로에서 전자를 이동시키는 힘이다. 전압은 전자를 움직이게 하는 압력 또는 펌프라고 생각할 수 있다.

그림 1-8

전위차로 인하여 회로에서 전자가 흐른다.

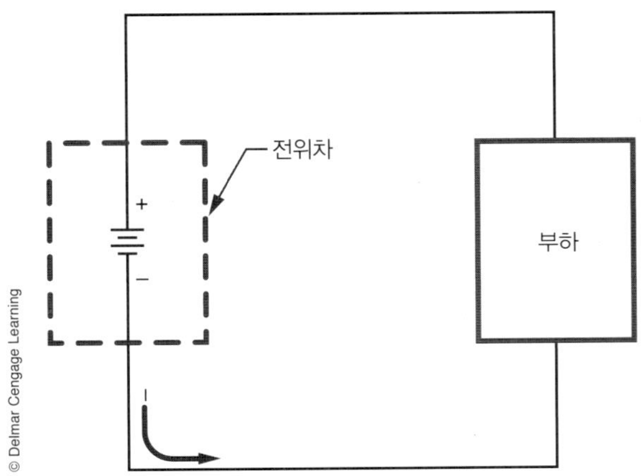

전자공학에서 사용하는 전압의 기호는 E이다. 전압을 측정하는 단위는 **볼트**(volt, V)이며, 이것은 최초로 전지를 발명한 Count Alessandro Volta (1745~1827)의 이름에서 유래되었다.

1-4 질문

1. 어떤 힘이 회로에서 전자를 이동시키는가?
2. 도체의 두 끝 사이의 전위를 표현하는 용어는 무엇인가?
3. 전압을 나타내는 데 사용되는 기호는 무엇인가?
4. 단위 전압을 표현하는 데 사용되는 기호는 무엇인가?
5. 전기를 발생하는 전지를 처음으로 발명한 사람은 누구인가?

1-5 저항

자유전자가 회로를 통하여 움직일 때 자유전자는 전자를 쉽게 내주지 않는 원자와 만나게 된다. 이러한 전류에 대한 방해를 **저항**(resistance, R)이라 한다.

모든 물질은 어느 정도 전류의 흐름에 대해 저항 즉 방해한다. 어떤 물질의 저항의 정도는 그 물질의 크기, 모양, 온도에 따라 달라진다.

저항이 낮은 물체를 도체라 한다. 도체는 자유전자를 많이 가지며 전류에 대해 아주 적게 저항한다. 앞에서 언급한 은, 구리, 금, 알루미늄은 좋은 도체의 예들이다.

저항이 큰 물질을 **절연체**(insulators)라 한다. 절연체는 자유전자가 매우 적으며 전류에 대해 크게 저항한다. 앞에서 언급한 유리, 고무, 플라스틱 등은 좋은 절연체의 예들이다.

저항은 **옴**(ohm)으로 측정되며, 이 단위는 독일의 물리학자 George Simon Ohm (1787~1854)의 이름을 딴 것이다. 옴에 대한 기호는 그리스 문자 오메가(Ω)이다.

1-5 질문

1. 전류를 방해하는 것을 나타내는 용어는 무엇인가?
2. 도체와 절연체 사이의 중요한 차이점은 무엇인가?
3. 저항을 나타내는 데 사용되는 기호는 무엇인가?
4. 저항의 단위를 나타내는 데 사용되는 기호는 무엇인가?
5. 저항의 단위는 무엇인가?

요약

- 물질은 공간을 차지하는 어떤 것이다.
- 물질은 원소나 화합물일 수 있다.
- 원소는 자연의 기초 구성 단위이다.
- 화합물은 두 개 이상의 원소가 화학적으로 결합된 것이다.
- 분자는 화합물의 특징을 지닌 화합물의 최소 단위이다.
- 원자는 원소의 구조를 지닌 물질의 최소 단위이다.
- 원자는 양자와 중성자를 포함하는 핵으로 구성되어 있으며, 또한 핵 주위를 도는 한 개 이상의 전자도 가진다.
- 양자는 양전하를 가지고 있고, 전하는 음전하를 가지며, 중성자는 전하를 가지지 않는다.
- 원소의 원자 번호는 핵에 있는 양자의 개수이다.
- 원자의 질량은 양자와 중성자의 질량을 합한 것이다.
- 전자의 궤도를 각이라 부른다.
- 원자의 최외각을 가전자각이라 부른다.
- 가전자각에 있는 전자의 개수를 원자가라 부른다.
- 전자와 양자의 수가 같은 원자는 전기적으로 안정되어 있다.
- 원자가 전자를 얻거나 잃는 과정을 이온화라 한다.
- 전자의 흐름을 전류라 한다.
- 전류는 I라는 기호로 나타낸다.
- 전자 6.24×10^{18}개의 전하를 1 쿨롱이라 한다.
- 1초 동안에 주어진 한 점을 1 쿨롱의 전하가 이동할 때 1 암페어의 전류가 측정된다.
- 암페어는 A라는 기호로 나타낸다.
- 전류는 암페어라는 단위로 측정한다.
- 한쪽 끝에서는 전자가 과도하게 존재하고, 다른 쪽 끝에서는 전자가 결핍되었을 때 도체를 통해 전류가 흐른다.
- 전자를 과잉으로 공급할 수 있는 원천을 전위 또는 기전력이라 한다.
- 전위 또는 기전력을 전압이라 부른다.
- 전압은 회로에서 전자를 이동시키는 힘이다.
- 전압은 E라는 기호로 나타낸다.
- 볼트(V)는 전압을 측정하는 단위이다.
- 저항은 전류의 흐름에 대한 방해이다.
- 저항은 R이라는 기호로 나타낸다.
- 모든 물질은 전류의 흐름에 대해 어느 정도의 저항을 가지고 있다.
- 어떤 물질의 저항은 그 물질의 크기, 모양, 온도에 따라 다르다.
- 도체는 낮은 저항을 가진 물질이다.
- 절연체는 높은 저항을 가진 물질이다.
- 저항은 옴이라는 단위로 측정된다.
- 옴은 그리스 문자 오메가(Ω)로 나타낸다.

CHAPTER **1**

자기테스트

1. 원소, 원자, 분자 및 화합물 사이의 차이는 무엇인가?
2. 어떤 원자가 좋은 도체인지 아닌지를 결정하는 기준은 무엇인가?
3. 무엇이, 어떤 물질이 도체, 반도체, 절연체 중 어느 것인지를 결정하는가?
4. 왜 도체, 반도체 및 절연체 사이의 관계를 이해하는 것이 필수적인가?
5. 1 A(암페어)는 몇 개의 전자가 1초에 한 점을 통과하여야하는가?
6. 회로에서 무엇이 실제로 일을 하는가?
7. 회로에서 저항이 실제로 하는 일은 무엇인가?
8. 전류, 전압, 저항을 비교하는 도표를 작성하라. 각각에 대하여 기호와 단위를 포함시켜라.
9. 전류, 전압, 저항 사이의 차이점을 설명하라.
10. 물질의 저항이 어떻게 결정되는지 설명하라.

CHAPTER

2 전류

CURRENT

목표

이 장을 마치고 나면 다음과 같은 것을 할 수 있게 된다.

- 정전하의 두 가지 법칙에 대해 기술한다.
- 쿨롱을 정의한다.
- 전류 측정에 사용되는 단위를 알아본다.
- 암페어, 쿨롱 및 시간 사이의 관계를 공식으로 정의한다.
- 회로에서 전류가 어떻게 흐르는지를 기술한다.
- 도체에서 전자가 어떻게 흐르는지를 기술한다.
- 과학적 표기법을 정의하고 사용한다.
- 10의 거듭제곱에 널리 사용되는 첨자를 설명한다.

주요 용어

과학적 표기법
마이크로암페어
밀리암페어
반발
시간(t)
암페어(A)
전류(I)
전하량(Q)
정공
쿨롱(C)

원자는 원소의 가장 작은 입자라고 정의하였다. 원자는 전자, 양자, 중성자로 구성되어 있다.

원자에서 떨어져 나가서 도체를 통해 흐르는 전자는 전류를 생성한다.

이 장에서는 전자가 원자로부터 어떻게 떨어져 나가서 전류를 생성하는지를 알아보며 과학적 표기법을 사용하는 방법을 설명한다. 과학적 표기법은 매우 크거나 아주 작은 수를 수학적 단축 형태로 표현한다.

2-1 전하

두 개의 전자나 두 개의 양자는 서로 '같은' 전하를 띤다. 같은 전하는 서로 끌어당기려고 하지 않고 서로 떨어진다. 이와 같은 움직임을 **반발**(repelling)이라 하며, 이것이 정전하의 첫 번째 법칙인데, 이것은 동일한 전하는 서로 반발한다는 것이다(그림 2-1). 정전하의 두 번째 법칙은 서로 다른 전하는 서로 끌어당긴다는 것이다.

음전하의 전자는 원자의 핵에 있는 양전하의 양자 쪽으로 끌려가는데, 이와 같은 인력은 전자가 핵 주위를 도는 원심력과 균형을 이룬다. 따라서 전자는 궤도에 존재하게 되고 핵으로 빨려 들어가지 않는다.

두 개의 대전된 물체 사이에 작용하는 인력과 반발력은 그들의 전하량과 둘 사이의 거리에 따라 다르다.

단 하나의 전자는 실제로 사용하기에는 너무 작은 전하량을 가지고 있다. 전하량을 측정하는 데 사용되는 단위는 **쿨롱**(coulomb)(C)으로서 Charles Coulomb의 이름을 딴 것이다. 6.24×10^{18}개의 전자가 운반하는 전하량(Q)이 1 쿨롱을 나타낸다.

$$1\ \text{C} = 6.24 \times 10^{18}\text{개의 전자}$$

전하는 전자의 이동으로 발생된다. 한 점에서 전자가 많이 분포하고 다른 점에서 전자가 부족할 때 두 점 사이에 전위차가 존재하게 된다. 도체로 연결된 두 개의 대전된 물체 사이에 전위차가 존재하면 도체를 따라 전자가 흐른다. 이 전자의 흐름을 전류라고 부른다.

그림 2-1
정전하의 기본 법칙

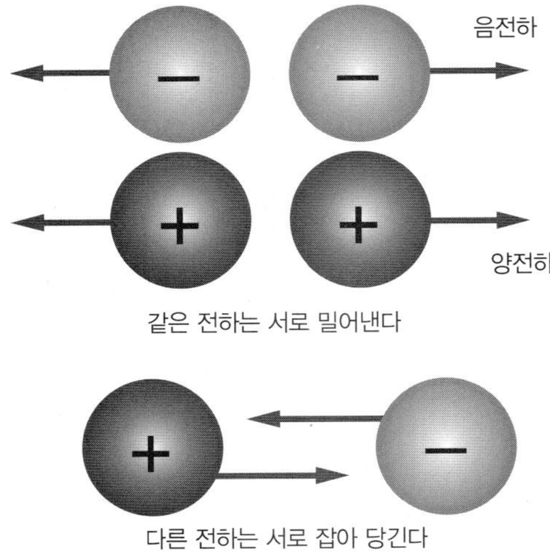

2-1 질문

1. 정전하의 두 가지 법칙은 무엇인가?
2. 전하는 무엇을 의미하는가?
3. 용어 쿨롱을 정의하라.
4. 3 쿨롱에는 몇 개의 전자가 들어있는가?
5. 전자의 흐름을 무엇이라 부르는가?

2-2 전류

전류는 양전하 지역에서 음전하 지역으로 이동하는 정공의 흐름이다(역자주: 앞으로 전류의 방향은 전자의 흐름과 반대되는 방향으로 정의한다. 원서에서는 전자의 이동방향을 전류의 방향으로 정의하고 있다). 전류의 측정 단위는 **암페어**(A)이다. 암페어는 1 쿨롱의 전하가 1초 동안 한 점을 지날 때의 전류의 양을 나타낸다. 전류와 초당 전하량 사이의 관계는 다음과 같다.

$$I = \frac{Q}{t}$$

여기서 I = 전류(암페어)
Q = 전하량(쿨롱)
t = 시간(초)이다.

예제 회로에서 어떤 점을 3초 동안에 9 쿨롱의 전하가 통과하였다면 전류는 몇 암페어인가?

주어진 값 :

$I = ?$

$Q = 9$ 쿨롱

$t = 3$초

풀이 :

$$I = \frac{Q}{t}$$

$$I = \frac{9}{3}$$

$I = 3$ 암페어

$$(1)(1) = (5)(t)$$

$$1 = 5t$$

$$\frac{1}{5} = \frac{\cancel{5}t}{\cancel{5}}$$ (분자와 분모를 5로 나눈다)

$$\frac{1}{5} = t$$

0.2초 $= t$

예제 어떤 회로에서 5 암페어의 전류가 흐르고 있다. 주어진 점에서 1 쿨롱이 통과하는 데 걸리는 시간은 얼마인가?

주어진 값 :

$I = 5$ 암페어

$Q = 1$ 쿨롱

$t = ?$

풀이 :

$$I = \frac{Q}{t}$$

$$5 = \frac{1}{t}$$

$$\frac{5}{1} \times \frac{1}{t}$$ (대각선 방향으로 곱한다)

음전하를 띠고 있는 전자는 전기회로에서 전하를 운반하는 매개체이다. 따라서 전류는 음전하의 흐름이다. 전통적으로 과학이나 공학 분야에서는 전류가 전자의 흐름과 반대 방향으로 흐른다고 정의하여 왔다. 이후의 연구 결과, 한 원자에서 다른 원자로 전자가 이동하게 되면 양전하를 생성하게 되는데, 이것을 **정공**(hole)이라 부르게 되었고 전자의 이동에 대해 반대 방향으로 움직인다는 사실을 알게 되었다(그림 2-2, 2-3). 전자의 이동과 전류는 동일하다고 판명되었다.

만약 전자를 도체의 한쪽 끝에 추가하고 다른 쪽 끝에서 전자를 끄집어내게 되면, 도체를 통하여 전류가 흐르게 된다. 자유전자가 도체를 통하여 천천히 흐를 때 이들은 원자와 충돌하게 되고 다른 전자를 자유전자로 만들게 된다. 이들 새로운 자유전자는 도체의 양극 끝으로 움직이고 또 다른 원자들과 충돌한다. 같은 전하는 반발하므로 전자는 도체의 음극 쪽에서 양극 쪽으로 흘러간다. 또

그림 2-2

전자가 한 원자에서 다른 원자로 이동하면 정공이라고 하는 양전하가 생성된다.

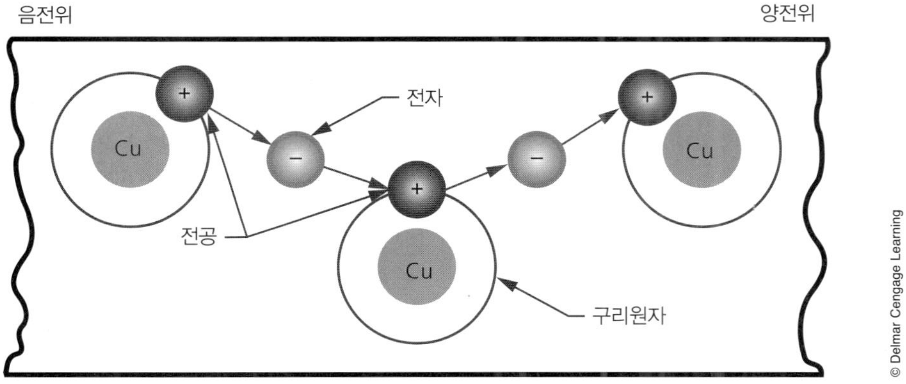

그림 2-3

전자는 정공과 반대 방향으로 이동한다.

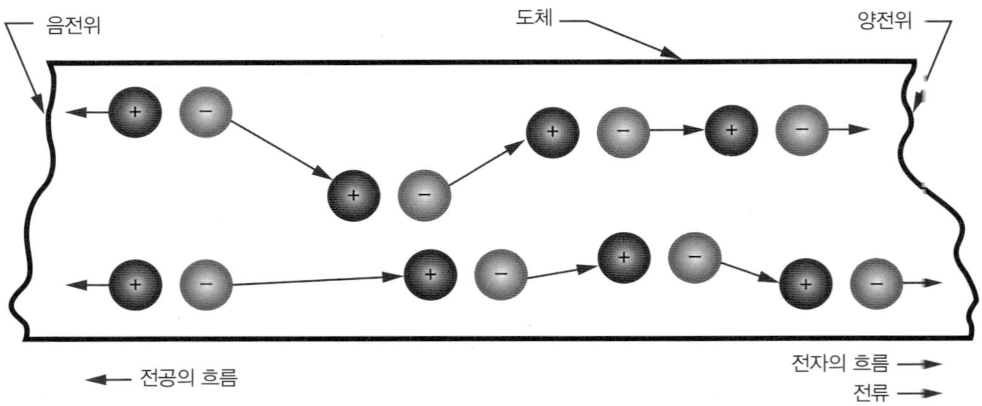

그림 2-4

도체 내의 전자는 빈 튜브 속의 탁구공처럼 작용한다.

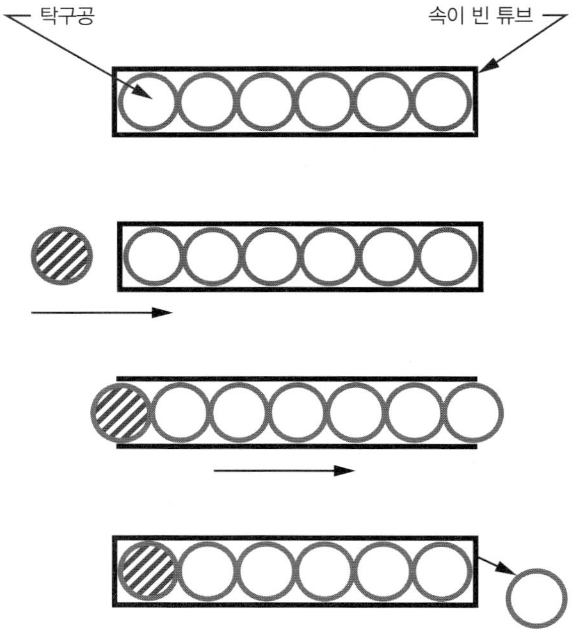

한 도체의 양극 쪽은 전자가 부족한 상태이며, 서로 다른 전하는 끌어당기기 때문에 양극 쪽은 자유전자를 끌어당긴다.

전자의 흐름은 느리지만(1초당 0.3 cm 정도), 개개의 전자는 빛의 속도(1초당 300,000 km)로 움직이며 원자와 충돌하여 다른 전자를 떼어 낸다. 예를 들어, 빈 튜브의 속이 탁구공으로 채워진 형상을 그림 2-4에 나타내었다. 공이 튜브의 한쪽 끝으로 들어가면 공 하나가 튜브의 다른 한쪽 끝에서 빠져나가게 된다. 각각의 공이 입구에서 바깥으로 빠져나가게 되는 데는 시간이 걸리지만 충돌속도는 그보다 훨씬 빠르다.

도체의 한쪽 끝(음극 단자)에 전하를 공급하고 도체의 다른 한쪽 끝(양극 단자)에서 제거하는 장치를 전압원(voltage source)이라 하며, 이것은 일종의 펌프라고 생각할 수 있다(그림 2-5).

2-2 질문

1. 전류를 정의하라.
2. 전류를 측정하는 단위는 무엇인가?
3. 전류, 전하 및 시간 사이에는 어떤 관계가 있는가?
4. 5초 동안 15 쿨롱의 전하가 지나갔다면 전류는 얼마인가?
5. 3 암페어의 전류가 흐르는 회로에 3 쿨롱의 전하가 움직이는 데 걸리는 시간은 얼마인가?
6. 도체를 통하여 전자를 한쪽 방향으로 이동하게 하는 것은 무엇인가?

2-3 과학적 표기법

전자공학에서는 매우 작은 수나 매우 큰 수를 흔히 접하게 된다. **과학적 표기법**(scientific notation)은 큰 수와

그림 2-5

전압원은 부하에 전자를 제공하고 과잉 전자를 재순환시키는 펌프라고 생각할 수 있다.

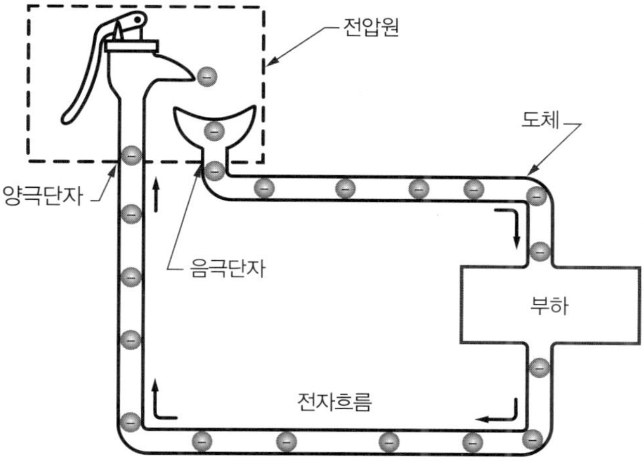

작은 수를 표현하는 데 한 자릿수와 10의 거듭제곱을 사용하는 방법이다. 예를 들어, 300을 과학적 표기법으로 표현하면 3×10^2이다.

지수는 수의 소수점이 오른쪽이나 왼쪽으로 이동하는 수를 나타낸다. 지수가 양수이면 소수점이 오른쪽으로 이동하게 된다. 예를 들어,

$$3 \times 10^3 = 3.0 \times 10^3 = 3.000 = 3000$$

3자리

그림 2-6

전자공학에서 흔히 사용되는 접두사

접두사	기호	값	십진값
Tetra-	T	10^{12}	1,000,000,000,000
Giga-	G	10^{9}	1,000,000,000
Mega-	M	10^{6}	1,000,000
Kilo-	k	10^{3}	1,000
Milli-	m	10^{-3}	0.001
Micro-	μ	10^{-6}	0.000001
Nano-	n	10^{-9}	0.000000001
Pico-	p	10^{-12}	0.000000000001

지수가 음수이면 소수점이 왼쪽으로 이동하게 된다.

$$3 \times 10^{-6} = 3.0 \times 10^{-6} = 0\ 000003. = 0.000003$$

6자리

그림 2-6은 양의 값과 음의 값의 10의 거듭제곱과 접두사 및 기호를 보여 주고 있다. 예를 들어, 암페어(A)는 저전력 전자회로에서는 쓰이지 않는 매우 큰 전류 단위이다. 자주 사용되는 단위는 **밀리암페어**(mA)와 **마이크로암페어**(μA)이다. 밀리암페어는 암페어의 1000 분의 1이며 이는 0.001 암페어이다. 즉, 1000 밀리암페어가 1 암페어이다. 마이크로암페어는 100만 분의 1 암페어 또는 0.000001 암페어이다. 즉, 1,000,000 마이크로암페어가 1 암페어이다.

예제 2 암페어는 몇 밀리암페어인가?

풀이:

$$\frac{1000\ \text{mA}}{1\ \text{A}} = \frac{X\ \text{mA}}{2\ \text{A}}\ (1000\ \text{mA} = 1\ \text{A})$$

$$\frac{1000}{1} = \frac{X}{2}$$

$$(1)(X) = (1000)(2)$$

$$X = 2000\ \text{mA}$$

예제 50 마이크로암페어는 몇 암페어인가?

풀이:

$$\frac{1,000,000\ \mu A}{1\ A} = \frac{50\ \mu A}{X\ A}$$

$$\frac{1,000,000}{1} = \frac{50}{X}$$

$$(1)(50) = (1,000,000)(X)$$

$$\frac{50}{1,000,000} = X$$

$$0.00005 = X$$

$$0.00005\ A = X$$

2-3 질문

1. 과학적 표기법을 정의하라.
2. 과학적 표기법에서
   a. 양수 지수는 무엇을 뜻하는가?
   b. 음수 지수는 무엇을 뜻하는가?
3. 다음 숫자를 과학적 표기법으로 변환하라.
   a. 500
   b. 3768
   c. 0.0056
   d. 0.105
   e. 356.78
4. 다음 접두사를 정의하라.
   a. 밀리
   b. 마이크로
5. 다음 값을 변환하라.
   a. 1.5 A = ________ mA
   b. 1.5 A = ________ μA
   c. 150 mA = ________ A
   d. 750 μA = ________ A

요약

- 정전하의 법칙: 동일 전하끼리는 반발하고 다른 전하끼리는 끌어당긴다.
- 전하(Q)는 쿨롱(C) 단위로 측정한다
- 1 쿨롱은 6.24×10^{18} 개 전자와 같다.
- 전류는 음전하 영역에서 양전하 영역으로 이동하는 전자의 흐름이다.
- 전류의 흐름은 암페어 단위로 측정한다.
- 1 암페어는 도체의 한 점을 1초에 1 쿨롱의 전하가 지나갈 때 흐르는 전류의 양이다.
- 전류, 전하, 시간 사이의 관계식은 다음과 같다.

$$I = \frac{Q}{t}$$

- 전자(음전하)는 전기회로에서 전하를 운반한다.
- 정공(양전하)의 움직임은 방향이 전자의 움직임과 반대이다.
- 회로에서 전류의 흐름은 양극에서 음극으로 향한다고 정의한다.
- 전자는 도체를 통해 천천히 움직이지만 각각의 전자는 빛의 속도로 움직인다.
- 과학적 표기법은 1에서 9까지의 수와 10의 거듭제곱으로 나타낸다.
- 10의 거듭제곱의 지수가 양수이면 소수점을 오른쪽으로 이동한다.
- 10의 거듭제곱의 지수가 음수이면 소수점을 왼쪽으로 이동한다.
- 접두사 밀리는 1000분의 1을 나타낸다.
- 접두사 마이크로는 100만 분의 1을 나타낸다.

CHAPTER 2

자기테스트

1. 7 쿨롱이 5초 동안에 한 점을 지나갔다면 이 회로의 전류는 얼마인가?

2. 회로에서 전자가 그 회로의 전위에 의해 어떻게 흐르는지 설명하라.

3. 다음의 수를 과학적 표기법으로 변환하라.

a. 235

b. 0.002376

c. 56323.786

4. 다음 접두사는 무엇을 뜻하는가?

a. 밀리

b. 마이크로

5. 표를 만들어서 다음을 변환하라.

a. 305 mA = __________ A

b. 6 μA = __________ mA

c. 17 볼트 = __________ mV

d. 0.023 mV = __________ μV

e. 0.013 kΩ = __________ Ω

f. 170 MΩ = __________ Ω

CHAPTER

3

전압

VOLTAGE

목표

이 장을 마치고 나면 다음과 같은 것을 할 수 있게 된다.

- 가장 일반적인 전압원 6가지를 알아본다.
- 전기를 생성하는 6가지 방법을 서술한다.
- 전지와 배터리를 정의한다.
- 1차 전지와 2차 전지의 차이점을 서술한다.
- 전지와 배터리의 등급을 나누는 방법을 서술한다.
- 전류와 전압을 각각 또는 모두 증가시키기 위한 전지와 배터리의 연결 방법을 정의한다.
- 전압상승과 전압강하를 정의한다.
- 전기회로와 관련된 두 가지 접지 방법을 알아본다.

주요 용어

건전지
광전지
교류(AC)
니켈-카드뮴 전지
르클랑셰 전지
리튬 전지
마이크로폰
발전기
배터리
밴 더 그라프 발전기
병렬 전지
알칼리 전지
암페어시
압전효과
열전대
전압강하
전압상승
전지
접지
직렬 도움 전지
직렬 방해 전지
직렬-병렬 전지
직류(DC)
태양전지
1차 전지
2차 전지

한 조각의 구리선에서 전자는 일정한 방향 없이 무작위로 운동하고 있다. 전류가 생성되려면 전자는 모두 같은 방향으로 운동해야 한다. 주어진 방향으로 운동하려면 구리선 내의 전자에 에너지를 가해야 한다. 이 에너지는 그 도선에 연결된 전원으로부터 얻는다.

전자를 같은 방향으로 움직이게 하는 힘을 전위차 또는 전압이라 한다. 이 장에서는 전압을 어떻게 생성되는지를 알아본다.

3-1 전압원

전자가 원자 주변의 궤도로부터 힘을 받으면 전류가 생성된다. 원자로부터 전자를 떼어 내는 어떤 종류의 힘이라도 전류를 생성하는 데 사용할 수 있다. 중요한 것은 에너지는 새로 만들어지는 것이 아니라 다른 형태의 에너지로 변환된다는 것이다. 전압원은 전기적 에너지원 자체만이 아니라, 모든 형태의 에너지를 전기 에너지로 변환시킬 수 있는 어떤 수단을 의미한다. 가장 일반적인 전압원 6가지는 마찰, 자성, 화학물질, 빛, 열 및 압력이다.

마찰은 전기 생성 방법 중 가장 오래된 것이다. 유리막대는 모피나 비단조각에 문지르면 대전될 수 있다. 이것은 건조한 실내에서 카펫 위를 발로 끌면 발생하는 전하와 비슷하다. **밴 더 그라프 발전기**(Van de Graaf generator)는 유리막대와 같은 원리를 이용하여 동작하는 장치로서 수백만 볼트의 전압을 생성할 수 있다(그림 3-1).

자성은 오늘날 전기 에너지를 발생하는 가장 일반적인 방법이다. 구리선이 자기장을 통과하면 자기장과 도체 사이에 운동이 있는 동안 전압을 발생시킨다. 이 원리를 기초로 한 장치를 **발전기**(generator)라 한다(그림 3-2). 발전기를 결선하는 방법에 따라 직류 또는 교류를 생성할 수 있다. 전자가 한 방향으로만 흐르면 그 전류를 **직류**(direct current, DC)라 하고, 전자가 한 방향에서 다음에는 반대 방향으로 흐르면 그 전류를 **교류**(alternating current, AC)라 한다. 발전기는 원자력 또는 석탄에 의해 만들어지는 증기, 물, 바람, 가솔린 또는 디젤엔진으로부터 힘을 받아 전기를 생성한다. AC 발전기의 기호가 그림 3-3에 나타나 있다.

전기 에너지를 생성하는 두 번째로 가장 일반적인 방법은 화학 **전지**(cell)를 사용하는 것이다. 전지는 두 개의 성질이 다른 금속인 구리 및 아연으로 구성되는데 이들은 소금(salt), 산(acid), 또는 알칼리(alkali) 용액에 담겨져 있다. 금속인 구리와 아연은 전극(electrode)이다. 이 전극이 전해질(염, 산, 또는 알칼리 용액)과 접촉하여 회

그림 3-1
밴 더 그라프 발전기는 수백만 볼트의 전압을 생성할 수 있다.

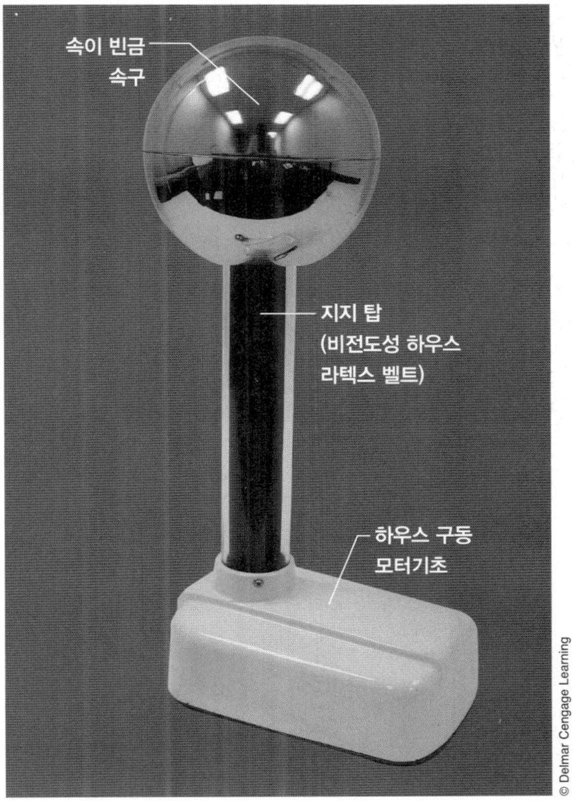

그림 3-2
발전기 자성을 이용하여 전기를 생성한다.

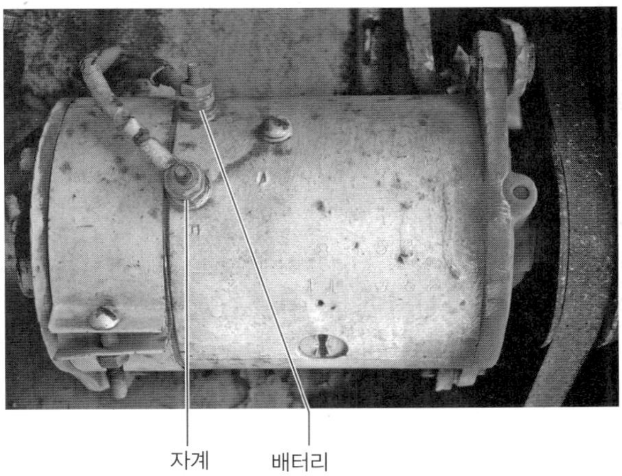

그림 3-3

교류 발전기의 기호

그림 3-4

전지와 배터리의 기호. 배터리는 두 개 이상의 전지로 이루어진다.

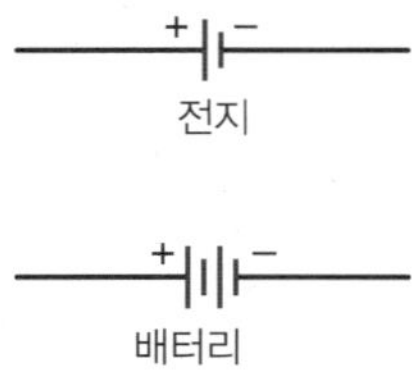

그림 3-5

오늘날 많이 사용되고 있는 몇 가지 화학 배터리와 전지

그림 3-6

광전지는 태양 빛을 직접 전기로 변환할 수 있다.

그림 3-7

광전지(태양전지)의 기호

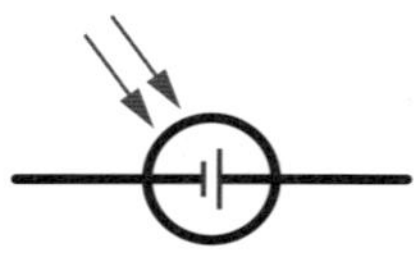

로가 형성된다. 전해질은 구리 전극으로부터 자유전자를 끌어당겨 구리가 양전하를 갖게 한다. 아연 전극은 전해질에서 자유전자를 끌어들이게 되고 따라서 음전하를 얻게 된다. 이러한 전지 몇 개를 연결하면 배터리를 만들 수 있다. 그림 3-4는 전지와 배터리에 대한 기호를 보여주고 있다. 오늘날 여러 가지 형태의 전지와 배터리가 사용되고 있다(그림 3-5).

광전지(photovoltaic cell, solar cell, 그림 3-6)에 있는 감광(photosensitive, light-sensitive) 물질을 빛이 때리면 빛 에너지는 바로 전기 에너지로 변환될 수 있다. 태양전지는 금속 접점들 사이에 설치된 감광 물질들로 구성되어있다. 감광 물질의 표면이 빛에 노출되면, 빛이 감광 물질의 표면 원자의 궤도로부터 전자를 몰아낸다. 이는 빛이 에너지를 가지고 있기 때문이다. 단일 전지가 발생할 수 있는 전압은 작다. 그림 3-7에는 태양전지의 기호가 나타나 있다. 사용 가능한 전압과 전류를 생성하기 위해서는 여러 개의 전지를 함께 연결하여야 한다. 태양전지는 주로 위성과 카메라에 사용된다. 설치비가 많이 들기 때문에 일반적인 사용에는 제한을 받는다. 한편 태양 전지의 가격은 떨어지고 있는 추세이다.

열전대(thermocouple)라는 장치를 이용하면 열을 전기로 직접 변환할 수 있다(그림 3-8). 열전대의 기호가 그림 3-9에 나타나 있다. 열전대는 서르 꼬아 놓은 두 개의 다른 금속선으로 구성된다. 한쪽 선은 구리이고 다른 쪽 선은 아연이나 철이다. 꼬인 연결부에 열을 가하면, 구리는 쉽게 자유 전자를 내버리게 되는테 이 자유 전자가 다른 쪽 선으로 전달된다. 따라서 구리선은 양전하, 다른 쪽 선은 음전하를 띠게 되어 작은 전압이 발생된다. 이 전압은 가해진 열의 양에 비례한다. 열전대의 응용분야 한 가지는 온도계이다. 고온계(pyrometer)라고도 부르는 이 장치는 고온의 용광로와 주물공장에서 종종 이용되고 있다.

석영, 전기석, 로셀염(Rochelle salt) 또는 바륨 티탄산염과 같은 결정체에 압력을 가하면 작은 전압이 얻어지는데, 이를 **압전효과**(piezoelectric effect)라 한다. 처

그림 3-8

열전대는 열에너지를 직접 전기 에너지로 변환한다.

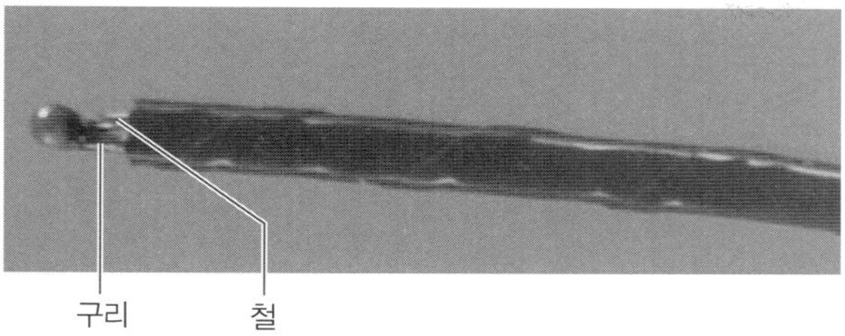

그림 3-9

열전대의 기호

음에는 양전하와 음전하가 결정체의 한 조각에 걸쳐 불규칙적으로 분산되어 있으며, 전체 전하를 측정할 수 없다. 그러나 압력을 가하면 전자는 결정체의 한쪽을 떠나 다른 쪽에 모이게 된다. 충전은 압력이 유지되는 동안 일어나며 압력이 제거되면 충전은 다시 분산되어, 전체적인 충전이 없어지게 된다. 생성된 전압은 작기 때문에 증폭시켜야 사용할 수 있다. 압전효과는 크리스털 **마이크로폰**(microphone), 축음기 픽업(크리스털 카트리지) 및 정밀 발진기 등에 이용된다(그림 3-10, 3-11).

전압이 이러한 방법에 의해 생성되는 반면에 그 역도 성립한다는 데 유의하라. 즉 전압은 자성, 화학물질, 빛, 열, 압력을 생성하는 데 사용될 수 있다는 것이다. 자성은 모터, 스피커, 솔레노이드, 릴레이에서 볼 수 있다. 전기분해와 전기도금에서는 화학적 작용이 일어난다. 전구와 기타 광전소자로부터 빛을 발생시킬 수 있다. 열은 스

그림 3-10

크리스털 마이크로폰

그림 3-11

압전 크리스털의 기호

토브, 다리미 및 납땜인두의 가열장치에서 생성될 수 있다. 또한 전압을 인가하여 크리스털을 구부리거나 꼴 수 있다.

3-1 질문

1. 가장 일반적인 전압원 6가지는 무엇인가?
2. 전압을 생성하는 가장 일반적인 방법은 무엇인가?
3. 전압을 생성하는 방법 중 두 번째로 가장 일반적인 방법은 무엇인가?
4. 왜 태양전지가 전압을 생성하는 데 더 많이 사용되지 못하는가?
5. 압전 효과에서 무엇이 전류의 양을 결정하는가?
6. 자성, 화학물질, 빛, 열 및 압력을 만들고 이들에게 전압을 가하면 어떻게 될까?

3-2 전지와 배터리

이전 장에서 설명한 바와 같이 전지 하나는 전해 용액에 의해 분리된 양극과 음극으로 구성된다. **배터리**(battery)는 두 개 이상의 전지를 조합한 것이다.

전지에는 두 가지 기본 유형이 있다. 재충전할 수 없는 전지를 **1차 전지**(primary cell)라 하고 재충전할 수 있는 전지를 **2차 전지**(secondary cell)라 부른다.

1차 전지는 르클랑셰(Leclanche) 전지 또는 건전지라 부른다(그림 3-12). 이러한 형태의 전지는 실제로 건전지가 아니다. 전해질로서 젖은 반죽이 들어 있다. 전지의 바깥 통은 전지를 옆으로 또는 거꾸로 세울 때 전해질이 누출되는 것을 막는다. 건전지 내의 전해질은 염화암모늄과 이산화망간의 용액이다. 전해질은 아연 전극(즉 전지의 바깥 통)을 녹여서 아연에 과잉 전자를 생기게 한다. 전지에서 전류를 제거하면, 아연, 염화암모늄 및 이산화망간은 이산화망간, 물, 암모니아 및 염화아연을 생성한다. 탄소 막대(중앙 전극)는 여분의 전자가 아연 전극에 축적되게 한다. 이러한 형태의 전지는 새 것일 때

그림 3-12

건전지의 단면도

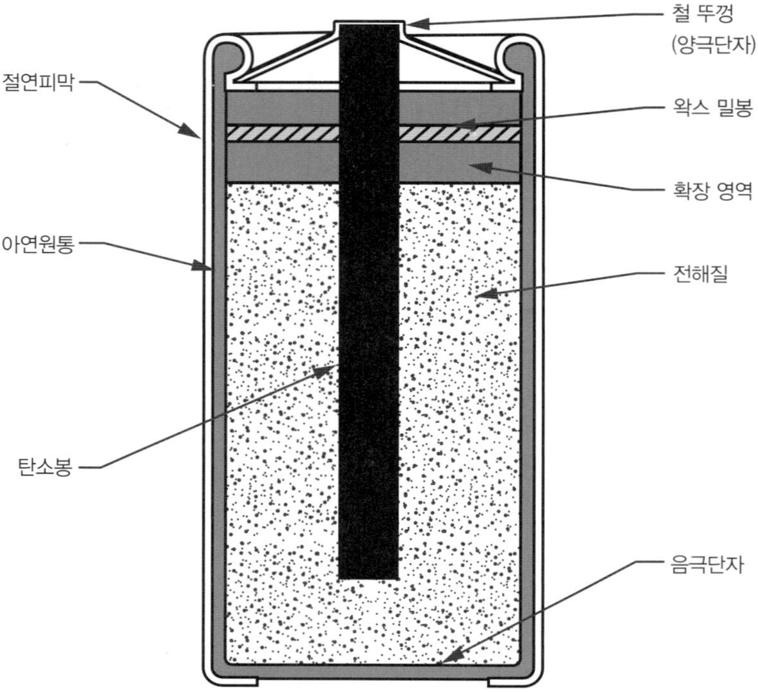

1.75~1.8 볼트의 전압을 발생한다. 대표적인 르클랑셰 전지는 파운드당 대략 30 wh의 에너지 밀도를 갖는다. 전지를 사용하면, 화학적 작용은 감소하고 결국 전류는 흐르지 않게 된다. 만약 전지를 사용하지 않으면, 전해질 반죽은 결국 말라버리게 된다. 전지는 저장 수명이 약 2년이다. 이런 종류의 전지는 전적으로 출력 전압이 전해질과 전극에 사용된 재료에 의해 결정된다. AAA전지, AA 전지, C 전지, D 전지와 6번 건전지(그림 3-13)는 모두 같은 재료로 만들며 따라서 동일한 전압을 생성한다. 르클랑셰 전지는 흔히 탄소-아연(또는 아연-탄소) 전지라고 부르지만, 탄소는 전기를 생성하는 화학적 작용에 전혀 참여하지 않는다는 데 주목하여야 한다.

알칼리 전지라는 이름은 전극으로 사용되는, 부식성이 큰 염기인 수산화칼륨(KOH) 때문에 붙여졌다. 알칼리 전지의 겉모습은 탄소-아연 전지와 매우 유사하다. 그러나 알칼리 전지의 내부는 상당히 다르다(그림 3-14). 알칼리 전지는 개방 회로 정격 전압이 약 1.52 볼트이고, 에너지 밀도는 파운드당 45 wh이다. 알칼리 전지는 탄소-아연 전지보다 극한의 온도에서 더 잘 동작한다. 알칼리 전지는 장시간 동안 보통 내지 높은 전류를 끌어내는 데 가장 잘 동작한다.

그림 3-13

건전지의 예

리튬전지(그림 3-15)는 리튬과 관련된 고유 성질을 극복하였다. 리튬은 물과 매우 민감하게 반응한다. 리튬 전지는 리튬, 이산화망간(MnO_2) 및 유기 용제(물은 사용할 수 없음) 속에 넣은 리튬 과염소산염($LiClO_4$)으로 구

그림 3-14

알칼리 전지는 안팎으로 구성되어 있다. 음극은 양극을 둘러싸고 있다.

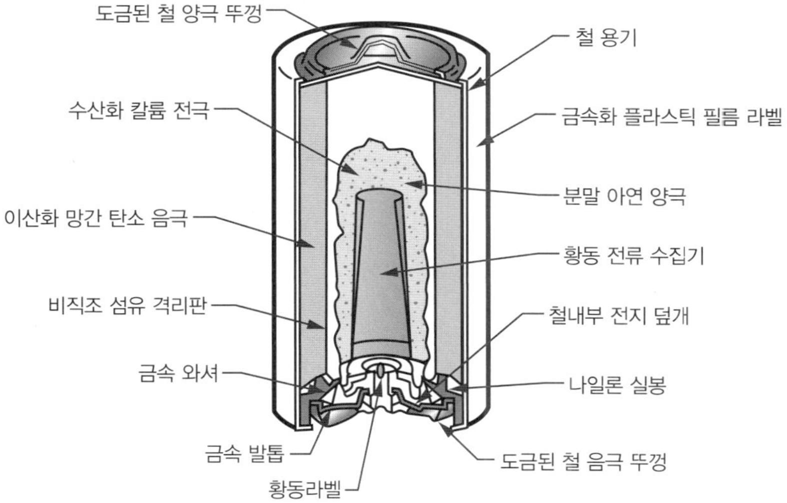

그림 3-15

리튬 전지의 에너지 밀도는 매우 높다.

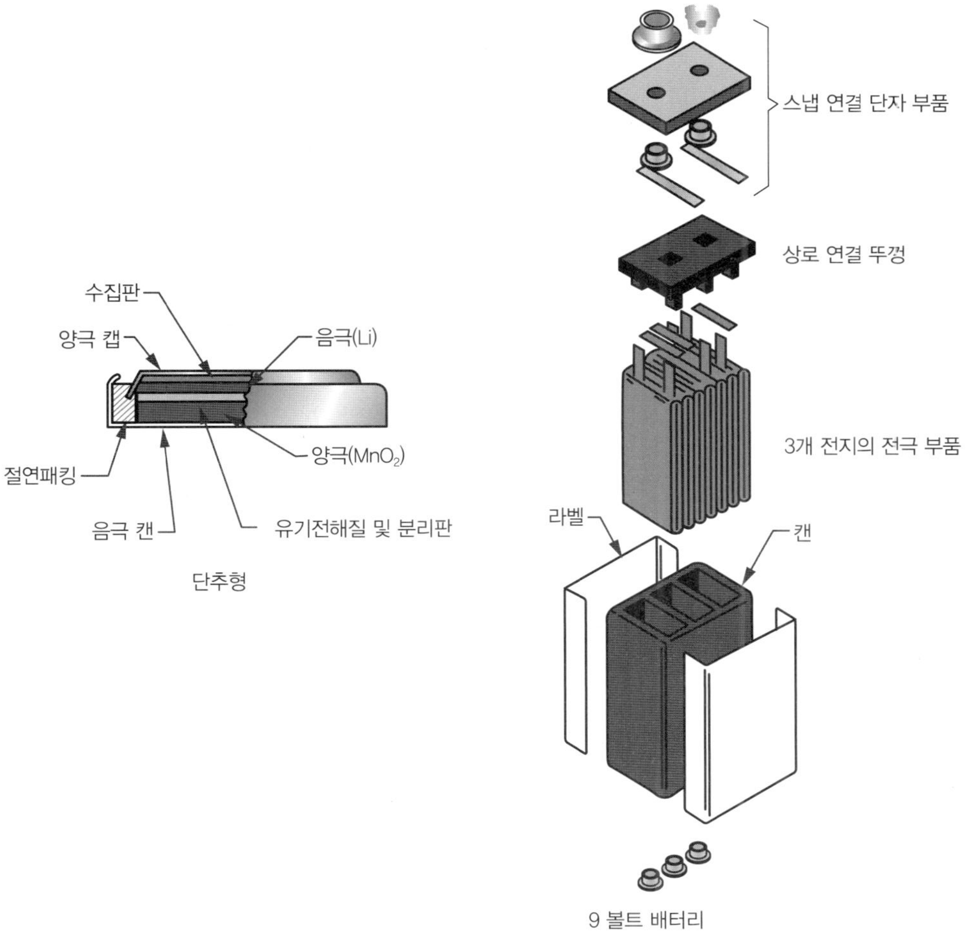

그림 3-16

2차 전지의 단면도

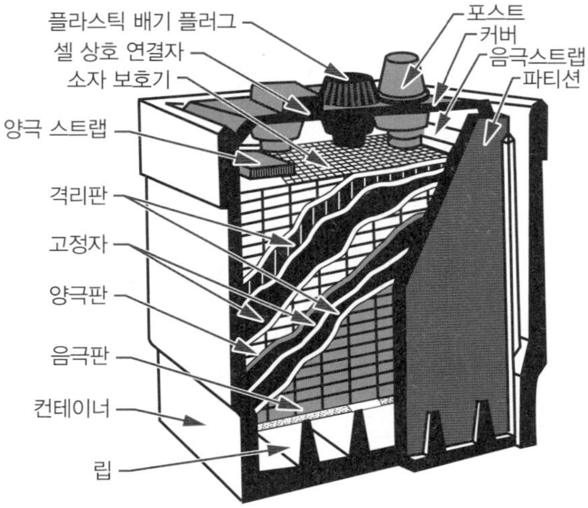

성된다. 리튬 전지의 출력은 대략 3 볼트이다. 리튬 전지는 파운드당 90 wh 정도의 에너지 밀도를 가지므로 아주 효율이 높다. 리튬 전지의 가장 큰 이점은 저장 수명이 5년 내지 10년으로서 매우 길다는 것이다.

2차 전지는 역방향의 전압이 인가되면 재충전될 수 있는 전지이다. 예로서, 자동차에 사용되는 납산전지(lead-acid battery)를 들 수 있다(그림 3-16). 이것은 2 볼트짜리 2차 전지 6개를 직렬 연결하여 만든 것이다. 각 전지는 과산화납(PbO_2)으로 된 양전극과 다공질 납(Pb)으로 된 음전극이 있다. 전극은 플라스틱이나 고무로 분리되어 황산(H_2SO_4)과 증류수(H_2O)로 된 전해액에 담겨져 있다. 전지가 방전되면, 황산은 황산납과 결합하고 전해질은 물로 변환된다. 전지를 재충전시키려면 전지가 생성하는 전압보다 더 큰 DC전압을 인가해야 한다. 전류가 전지를 통하여 흐르면, 전류는 전극을 과산화납과 다공질 납으로 바꾸고, 전해질을 황산과 물로 변환시킨다. 이런 전지를 습전지(wet cell)라고도 한다.

또 다른 형태의 2차 전지는 니켈-카드뮴(Ni-Cd) 전지이다(그림 3-17). 이 건전지는 여러 번 재충전 가능하고 충전된 전하를 오랫동안 보존할 수 있다. 이 전지는 양전극과 음전극, 격리판, 전해질, 외부포장으로 구성되어 있다. 전극은 니켈 선으로 된 망에 분말 니켈 침전물을 바른 것으로 구성되어 있는데, 이 니켈 선으로 된 망은 양전극의 경우는 니켈염 용액이 입혀져 있고 음전극의 경우는 칼슘염 용액이 입혀져 있다. 격리판은 흡수성 절연물질로

그림 3-17

2차 전지의 또 다른 예인 니켈-카드뮴 배터리

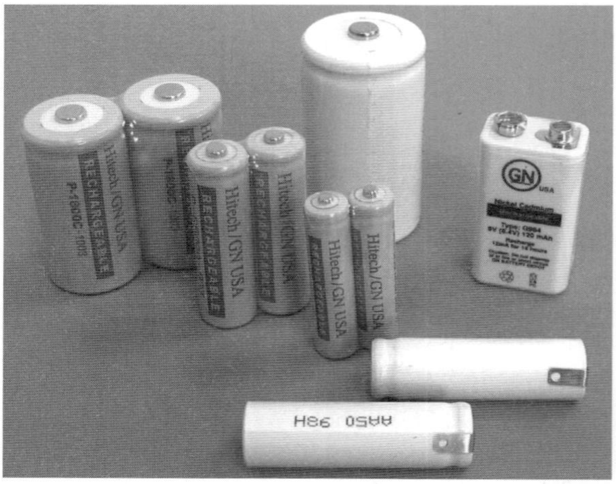

만들어져 있다. 전해질은 수산화칼륨이다. 철로 만든 용기는 패키지의 형태를 이루며 단단히 밀봉되어 있다. 이러한 형태의 전지는 대표적인 전압이 1.2 볼트이다.

배터리가 전력을 연속적으로 공급할 수 있는 능력은 **암페어시**(ampere-hour)로 표현한다. 정격이 100 암페어시인 배터리는, 1시간 동안 100 암페어(100 × 1 = 100 암페어시), 10시간 동안 10 암페어(10 × 10 = 100 암페어시), 100시간 동안 1 암페어(1 × 100 = 100 암페어시)를 연속적으로 공급할 수 있다.

3-2 질문

1. 전지의 구성요소는 무엇인가?
2. 두 가지 기본유형의 전지는 무엇인가?
3. 전지의 두 가지 유형 사이의 주요 차이는 무엇인가?
4. 1차 전지의 예를 몇 가지 열거하라.
5. 2차 전지의 예를 몇 가지 열거하라.

3-3 전지와 배터리의 접속

전지와 배터리는 전압 및/또는 전류를 증가시키기 위해 함께 연결할 수 있다. 이들은 직렬, 병렬, 또는 직병렬로 연결할 수 있다.

직렬 연결에서 전지 또는 배터리는 직렬 도움 또는 직렬 방해 구조로 연결할 수 있다. **직렬 도움**(series-aiding) 구성은 첫 번째 전지의 양극을 두 번째 전지의 음극과 연결하고, 두 번째 전지의 양극은 세 번째 전지의 음극과 연결하는 식이다(그림 3-18). 직렬 도움 형태에서는 동일한 전류가 모든 전지 또는 배터리에 흐르게 되며, 이것은 다음과 같이 표현할 수 있다.

$$I_T = I_1 = I_2 = I_3$$

아래첨자 번호는 각각의 전지 또는 배터리의 번호에 해당된다. 전체 전압은 각 전지 전압의 합이고 다음과 같이 나타낼 수 있다.

$$E_T = E_1 + E_2 + E_3$$

그림 3-18

배터리를 직렬로 연결하면 전압이 증가한다.

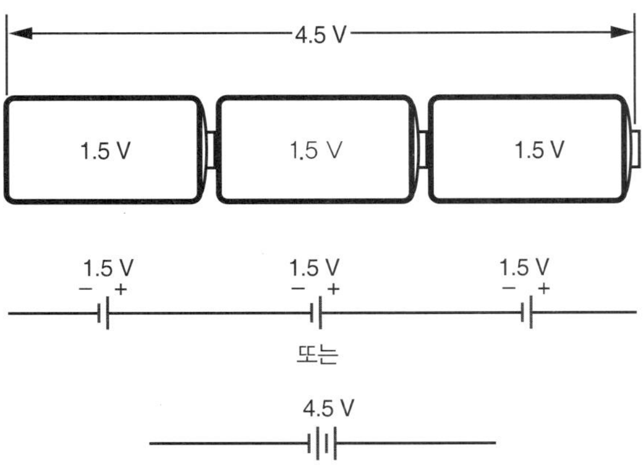

직렬 방해(series-opposing) 구성은 배터리를 같은 극끼리 연결하는데, 음극은 음극끼리 양극은 양극끼리 연결한다. 한편 이러한 구성은 거의 사용되지 않는다.

병렬(parallel) 구성에서는 모든 양극의 단자를 같이 연결하고 모든 음극 단자를 같이 연결한다(그림 3-19). 전체 전류는 각각의 배터리에 흐르는 전류의 합이다. 이것은 다음과 같이 표현할 수 있다.

$$I_T = I_1 + I_2 + I_3$$

전체 전압은 각 배터리의 전압과 같다. 이것은 다음과 같이 표현할 수 있다.

$$E_T = E_1 = E_2 = E_3$$

더 높은 전압이나 더 높은 전류가 필요하면 배터리를 직렬-병렬 구성으로 연결할 수 있다. 배터리를 직렬로 연결하면 전압이 증가하게 되고, 병렬로 연결하면 전류가 증가된다는 사실에 주목하라. 그림 3-20은 네 개의 3 볼트 배터리를 직렬-병렬 구성으로 연결한 것을 보여 주고 있다. 이것은 총 6 볼트의 전압을 생성하는데 이는 각 배터리 전류의 두 배를 생성한다. 6 볼트의 전압을 얻기 위해서는 3 볼트의 배터리 두 개를 직렬로 연결하면 된다(그림 3-21). 전류를 증가시키기 위해서는 또 다른 3 볼트 배터리 한 쌍을 직렬로 연결하고, 직렬로 연결된 배터리를 다시 병렬로 연결한다(그림 3-22). 그 결과가 **직렬-병렬**(series-parallel) 구성이다.

그림 3-19

배터리를 병렬로 연결하면 전류가 증가한다.

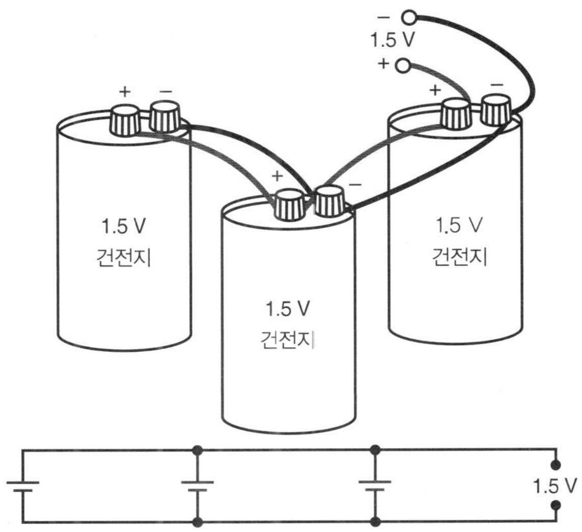

그림 3-20

배터리를 직렬–병렬로 연결하면 출력 전류와 출력 전압을 증가한다.

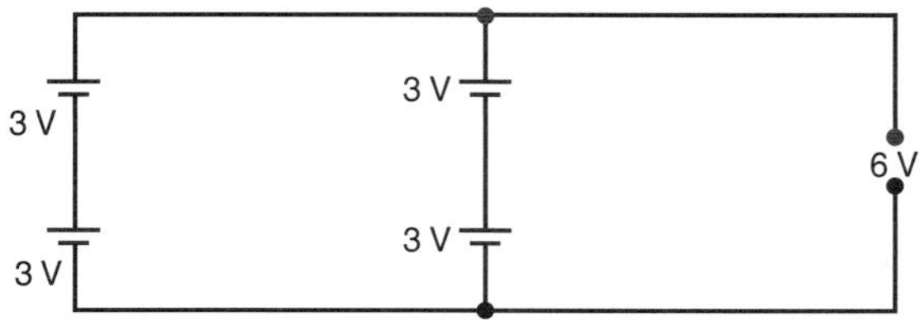

그림 3-21

전지를 직렬로 연결하면 전압이 증가한다.

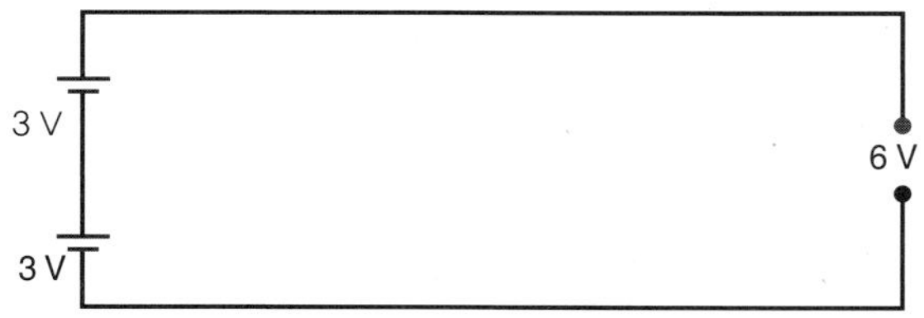

그림 3-22

직렬로 연결된 전지를 병렬로 연결하면 출력 전류가 증가한다. 전체 결과는 직렬–병렬 구성이 된다.

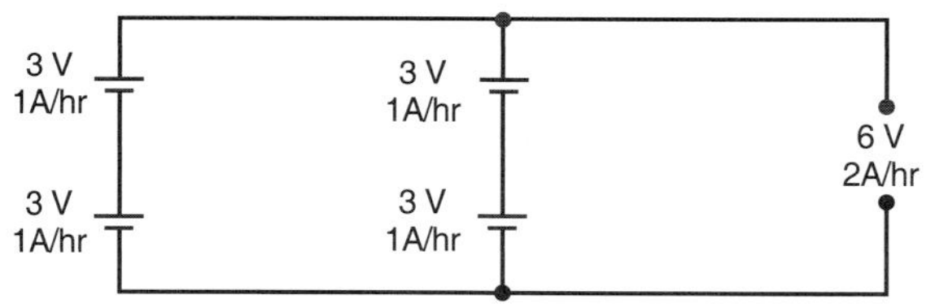

3-3 질문

1. 세 개의 전지가 직렬 도움 구성으로 연결된 모습을 그려라.
2. 직렬 도움으로 연결하면 전류와 전압에 어떠한 영향을 주는가?
3. 세 개의 전지가 병렬로 연결된 모양을 그려라.
4. 병렬로 연결된 전지는 전류와 전압에 어떠한 영향을 주는가?
5. 전류와 전압을 둘 다 증가시키기 위해 배터리를 어떻게 연결해야 하는가?

3-4 전압상승 및 전압강하

전기 및 전자회로에서는 두 가지 형태의 전압, 즉 전압상승과 전압강하가 있다.

회로에 인가된 전위 에너지, 즉 전압을 **전압상승**(voltage rise)이라고 한다(그림 3-23). 전압은 전압원의 양극 단자로부터 전류가 흘러나가 전압원의 음극 단자로 돌아오도록 회로에 연결되어 있다. 회로에 연결된 12 볼트 배터리는 회로에 12 볼트 전압상승을 가져온다.

전자가 회로를 통해 흐르면, 전자의 흐름에 대한 저항인 부하를 만나게 된다. 전자가 부하를 통해 흐르면, 전자는 에너지를 잃게 되는데, 이러한 에너지 소모를 **전압강하**(voltage drop)라 한다(그림 3-24). 에너지는 대부분의 경우 열로 소모된다. 전자가 회로에서 소모한 에너지는 전원에서 공급한 에너지이다.

다시 말하면, 회로에 인가된 에너지는 전압상승이라 하고, 부하에 의해 회로에서 소모된 에너지는 전압강하라 한다. 전압강하는 회로에 전류의 흐름이 있는 경우에 발생한다. 전류는 양극으로부터 회로를 거쳐 음극으로 이동

그림 3-23

회로에 인가된 전위를 전압상승이라 한다.

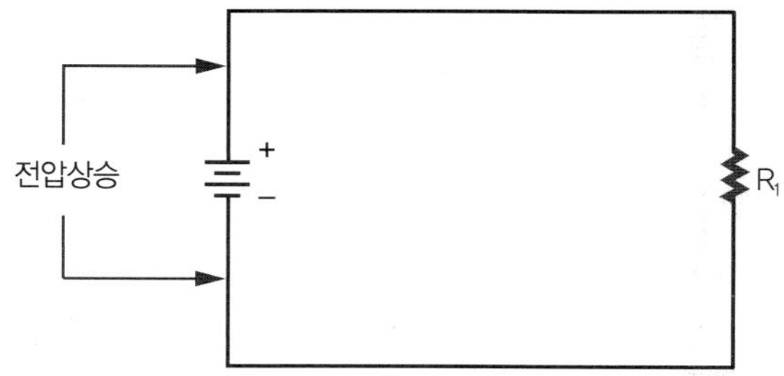

그림 3-24

부하(저항)를 통해 전류가 흘러 에너지가 사용되면 이를 전압강하라 한다. 전압강하는 회로에 전류가 흐를 때 발생한다.

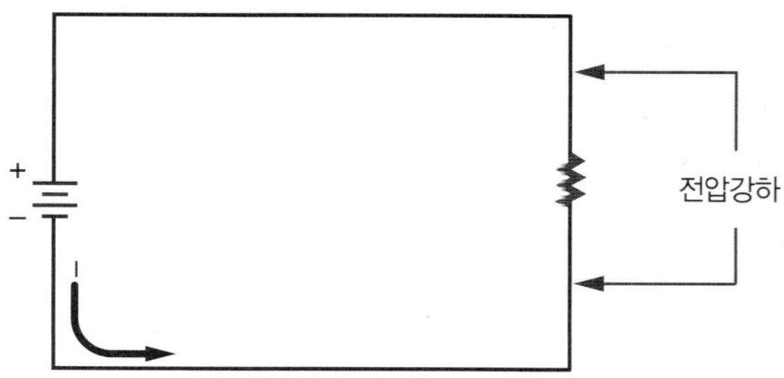

한다. 전압원은 음극에서 양극으로 전압상승을 제공한다.

한 회로 내에서의 전압강하는 그 회로의 전압상승과 같은데, 이것은 에너지가 새로이 생성되거나 없어질 수 없으며 단지 다른 형태로 변환될 수 있기 때문이다. 12 볼트의 전압이 12 볼트의 전구에 연결되었다면 전원은 12 볼트의 전압상승을 제공한 것이고, 전구는 12 볼트의 전압강하를 만든 것이며, 모든 에너지는 회로에서 소비된다. 두 개의 똑같은 6 볼트 전구가 동일한 12 볼트 전압원에 직렬로 연결되어 있다면(그림 3-25) 각 전구에서 6 볼트의 전압강하가 있게 되고, 총 12 볼트의 전압강하가 생긴다. 두 개의 서로 다른 전구, 즉 9 볼트의 전구와 3 볼트의 전구가 연결되어 있다면(그림 3-26) 9 볼트의 전구에는 9 볼트의 전압강하가 생기고, 3 볼트의 전구는 3 볼트의 전압강하를 만들며, 전체 전압강하 값은 12 볼트의 전압상승 값과 동일해진다.

그림 3-25

동일한 두 개의 6 볼트 전구를 직렬로 12 볼트의 전압원과 연결하면 각각 6 볼트의 전압강하가 생긴다.

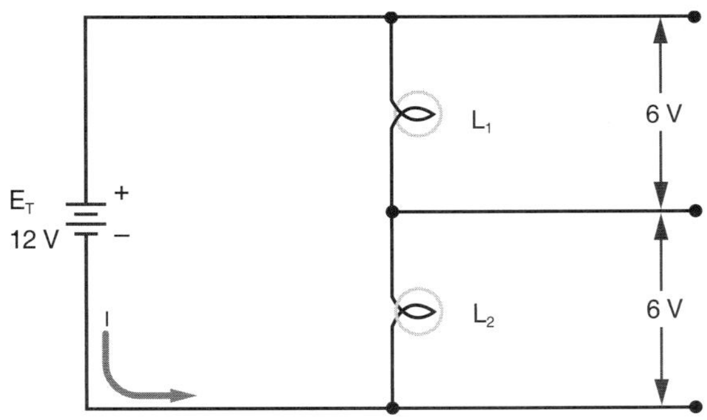

그림 3-26

전압이 다른 두 개의 전구를 직렬로 12 볼트의 전압원에 연결하면 각 전구의 요구 전압에 따라 전압강하가 달라진다.

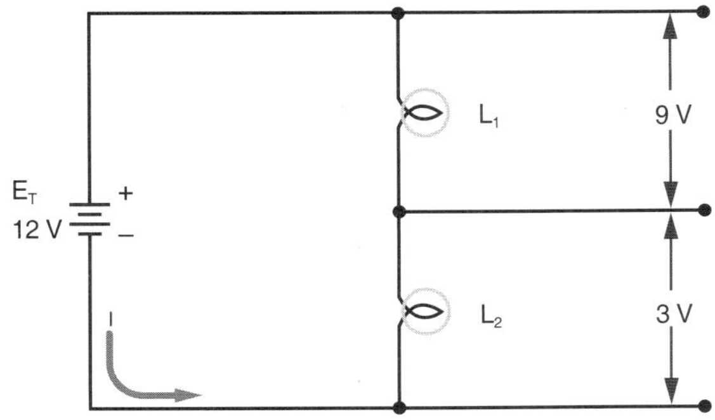

3-4 질문

1. 전압상승이란 무엇인가?
2. 전압강하란 무엇인가?
3. 회로에서 전자가 버리는 에너지는 어디로부터 오는가?
4. 두 개의 똑같은 저항이 전압원과 직렬로 연결되어 있다면 저항의 각 단에 걸리는 전압강하는 어떻게 되겠는가?
5. 6 볼트 전구와 3 볼트 전구를 9 볼트 배터리에 직렬로 연결하면 어느 전구가 더 밝게 빛날까?

3-5 전압 기준으로서의 접지

접지(ground)란 전위가 0임을 나타내는 데 사용하는 용어이다. 모든 다른 전압값은 접지를 기준으로 양의 값이나 음의 값이다. 접지는 대지 접지와 전기적 접지의 두 가지 형태가 있다.

가정에서 모든 전기회로나 가전제품은 모두 대지에 접지되어 있다. 따라서 어떤 두 개의 가전제품이나 회로 사이에는 전압값의 차이가 없다. 모든 회로는 회로 패널 박스(회로 브레이크 또는 퓨즈박스)에 있는 공통점(common point)에 묶여 있다(그림 3-27). 이 같은 공통점(중성 버스)은 땅 속에 박힌 구리 막대에 두꺼운 구리선으로 연결되어 있거나 가정에 물을 공급하는 수도 금속 파이프에 고정되어 있다. 이것은 잘못 연결했을 때 발생하는 전기적 충격으로부터 사용자를 보호한다.

전기적 접지는 자동차에도 사용된다. 자동차 새시가 접지 역할을 하게 되는데 배터리 케이블이 자동차에 연결되어 있는 것을 보면 알 수 있다. 일반적으로 음극 단자가 자동차의 프레임에 직접 연결되어 있다. 이 점이나 자동차의 프레임의 임의의 지점이 접지가 된다. 접지는 완전한 회로의 한 부분으로 작용한다.

전자공학에서는 전기적 접지가 다른 용도로 사용된다. 접지는 측정하는 모든 전압에 대한 0 기준점으로 정의된다. 따라서 회로의 어떠한 점의 전압이라도 접지를 기준으로 측정된다. 측정된 전압은 접지를 기준으로 양의 값이나 음의 값이 될 수 있다.

규모가 큰 전자장비는 자동차처럼 접지점(기준점)으로서 새시 또는 금속 프레임을 사용한다. 작은 전자장치에서는 플라스틱을 새시로 사용하고 모든 부품을 인쇄 회로

그림 3-27

가정용 회로 패널 박스의 경우 모든 회로는 공통점(중성 버스)에 연결된다.

기판에 연결한다. 이러한 경우 접지는 회로의 공통점으로 작용하는 회로기판 위의 구리판이 된다.

3-5 질문

1. 접지의 두 가지 형태는 무엇인가?
2. 대지 접지의 목적은 무엇인가?
3. 자동차에서 전기적 접지는 어떻게 사용되는가?
4. 전자장비에서 전기적 접지는 어떻게 사용되는가?
5. 전자공학에서 전압을 측정할 때 접지는 어떠한 역할을 하게 되는가?

요약

- 전류는 전자가 궤도로부터 빠져 나올 때 생성된다.
- 전압은 전자를 그의 궤도에서 빠져 나오도록 에너지를 공급한다.
- 전압원은 에너지의 다른 형태를 전기 에너지로 변환하는 수단을 제공한다.
- 6가지 일반적인 전압원은 마찰, 자성, 화학물질, 빛, 열 및 압력이다.
- 전압은 자성, 화학물질, 빛, 열 및 압력을 만들기 위해 사용될 수 있다.
- 자성은 전압을 생성하기 위해 사용되는 것들 중 가장 일반적인 것이다.
- 화학 전지는 전압을 만드는 수단들 중에서 두 번째로 많이 쓰인다.
- 전지는 전해질 용액에 의해 분리된 양전극과 음전극으로 구성된다.
- 배터리는 두 개 이상의 전지를 결합한 것이다.
- 재충전할 수 없는 전지를 1차 전지라고 한다.
- 재충전할 수 있는 전지를 2차 전지라고 한다.
- 건전지는 1차 전지이다.
- 납-산 배터리와 니켈-카드뮴 전지는 2차 전지의 예들이다.
- 전지와 배터리는 직렬, 병렬, 직렬-병렬로 연결하면 전압, 전류, 또는 둘 다를 증가시킬 수 있다.
- 전지나 배터리가 직렬 도움 구성으로 연결되어 있으면 전류는 동일하지만 출력 전압은 증가한다.

$$I_T = I_1 = I_2 = I_3 \qquad E_T = E_1 + E_2 + E_3$$

- 전지나 배터리를 병렬로 연결하면 출력 전압은 동일하지만 출력 전류는 증가한다.

$$I_T = I_1 + I_2 + I_3 \qquad E_T = E_1 = E_2 = E_3$$

- 직렬-병렬 조합으로 연결하면 출력 전압과 출력 전류가 모두 증가한다.
- 회로에 인가된 전압을 전압상승이라 한다.
- 회로에서 사용된 에너지를 전압강하라 한다.
- 회로에서 전압강하는 전압상승과 같다.
- 접지의 두 가지 형태에는 대지 접지오- 전기적 접지가 있다.
- 대지 접지는 모든 가전기기나 장비를 같은 전위에 일정하게 유지시켜 전기적인 충격으로부터 보호하는 데 사용된다.
- 전기적 접지는 공통 기준점을 제공한다.

CHAPTER 3

자기테스트

1. 전류나 전압은 회로에서 실제로 일을 하는가?
2. 전기를 발생시킬 수 있는 6가지 에너지 형태를 열거하라.
3. 2차 전지의 정격은 어떻게 나타내는가?
4. 1 A로 9 V의 전압을 공급하는 데 사용될 수 있는 직렬-병렬 조합을 그려라. 단, 전지의 정격은 1.5 V에 250 mA이다.
5. 9 V를 3 V, 3 V, 6 V의 3개의 전구가 직렬로 연결된 회로에 인가하면 3개의 전구 각각의 전압강하는 어떻게 되겠는가?

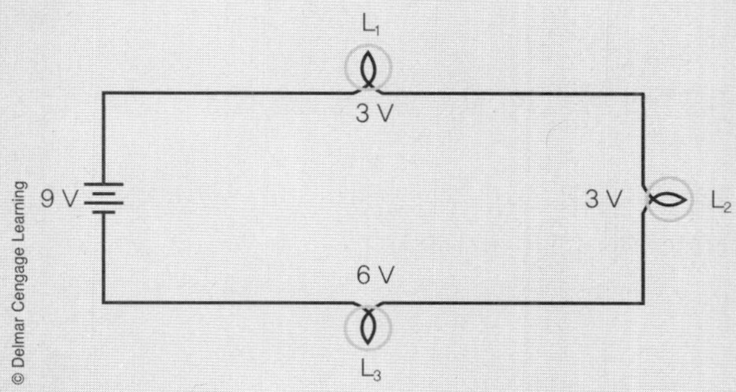

6. 2개의 12 볼트, 600 A의 배터리를 직렬로 연결한 다음, 여기에 2개의 12 볼트, 600 A의 배터리를 직렬로 연결한 것을 추가로 병렬 연결하면 전압과 전류는 얼마가 되겠는가?
7. 회로에 흐르는 잉여 에너지를 회로가 사용하는 방법 한 가지는 무엇인가?
8. 회로에서 전류는 배터리부터 어떻게 흐르는가?
9. 가정, 자동차 및 전자공학에서 접지를 사용하는 방법의 차이는 무엇인가?
10. 회로에서 직렬과 병렬에 대한 전압과 전류의 식을 보여주는 표를 만들라.

CHAPTER 4

저항

RESISTANCE

목표

이 장을 마치고 나면 다음과 같은 것을 할 수 있게 된다.

- 저항을 정의하고 저항이 회로에 미치는 영향을 설명한다.
- 저항기의 허용오차 범위를 결정한다.
- 탄소 화합물형, 권선형 및 피막형 저항기에 대해 알아본다.
- 전위차계와 가감저항기에 대해 알아본다.
- 가변 저항기가 어떻게 동작하는지 설명한다.
- 컬러 코드 또는 영숫자 코드를 사용하여 저항기의 값을 읽는 방법을 설명한다.
- 저항기 회로의 세 가지 유형에 대해 알아본다.
- 직렬, 병렬 및 직렬–병렬회로에서의 전체 저항을 계산한다.

주요 용어

가감 저항기
가변 저항기
가지
권선 저항기
모(℧)
병렬회로
옴(V)
저항(R)
저항기
전위차계
지멘스
직렬–병렬회로
직렬회로
컨덕턴스
탄소 화합물 저항기
표면 장착 저항기
허용오차

저항은 전류의 흐름을 방해하는 것이다. 유리 및 고무와 같은 물질은 전류 흐름을 크게 방해하며, 은 및 구리와 같은 물질은 전류 흐름을 거의 방해하지 않는다. 이 장에서는 저항의 특성, 저항의 종류, 그리고 회로를 형성하기 위해 저항기를 도체와 연결하는 데 따른 영향을 알아본다.

4-1 저항

앞서 언급했듯이 모든 물질은 다소간의 저항 즉 전류의 흐름을 방해하는 성질은 가지고 있다. 구리, 은 및 알루미늄과 같은 도체는 전류 흐름에 대해 거의 저항을 주지 않는다. 유리, 나무 및 종이와 같은 절연체는 전류 흐름에 높은 저항을 준다.

전기회로에서 전선은 가능한 한 전기 저항이 낮도록 굵기와 종류를 선택하여야 하며, 이렇게 하면 전류가 도체를 통하여 쉽게 흐른다. 전기회로에서 전선의 직경이 클수록 전류 흐름에 대한 전기 저항이 낮아진다.

온도 또한 전기 도체의 저항에 영향을 미친다. 대부분의 도체(구리, 알루미늄 등)는 온도와 함께 저항이 증가한다. 탄소는 온도가 상승할 때 저항이 감소하므로 예외이다. 몇몇 금속의 합금(망가닌과 콘스탄탄)은 온도가 변화해도 저항이 변하지 않는다.

그림 4-1은 길이와 단면적이 동일한 여러 도체의 상대 저항을 보여주고 있다. 은을 표준 1로 두고 나머지 금속들은 저항의 증가 순으로 나열되어 있다.

저항은 기호 R로 표현한다. 일정한 저항을 갖도록 제조된 회로 부품을 저항기(resistor)라 한다. **저항**(R)은 **옴**(ohm) 단위로 측정된다. 1 옴은 회로에 1 볼트가 공급되었을 때 1 암페어(초당 1 쿨롱)의 전류가 흐르도록 하는 회로 또는 회로 소자의 저항이다.

그림 4-1

동일한 길이와 단면적을 갖는 몇 가지 도체의 저항

도체물질	저항률
은	1.000
구리	1.0625
납	1.3750
금	1.5000
알미늄	1.6875
철	6.2500
백금	6.2500

4-1 질문

1. 도체와 절연체의 차이점은 무엇인가?
2. 도선의 직경은 저항에 어떠한 영향을 미치는가?
3. 도체의 저항에 영향을 미치는 요소는 무엇인가?
4. 어떤 물질이 가장 좋은 도체인가?
5. 전선으로 은을 사용하지 않고 구리를 사용하는 이유는 무엇인가?

4-2 컨덕턴스

전기에서 저항과 반대되는 용어를 **컨덕턴스**(conductance, G)라 한다. 컨덕턴스는 어떤 물질이 전자를 통과시키는 능력이다. 컨덕턴스의 단위는 **모**(mho)로서, ohm을 역순으로 읽은 것이다. 컨덕턴스를 나타내는 기호는 그리스 문자 오메가를 역으로 표기한 것(℧)이다. 컨덕턴스는 저항의 역수이며 단위는 **지멘스**(siemens, S)이다.

$$R = 1/G$$
$$G = 1/R$$

만약 어떤 물질의 저항을 안다면 1을 그 값으로 나눔으로써 컨덕턴스를 얻게 된다. 같은 방법으로 컨덕턴스를 알면 1을 그 값으로 나누어서 저항을 얻게 된다.

4-2 질문

1. 용어 컨덕턴스를 정의하라.
2. 회로에서 컨덕턴스의 중요성은 무엇인가?
3. 컨덕턴스를 나타내는 데 사용되는 기호는 무엇인가?
4. 컨덕턴스의 단위는 무엇인가?
5. 100 옴 저항기의 컨덕턴스는 얼마인가?

4-3 저항기

저항(resistance)은 모든 전기 부품의 고유한 성질 중의

그림 4-2

크기와 모양이 다양한 고정 저항기가 시판되고 있다.

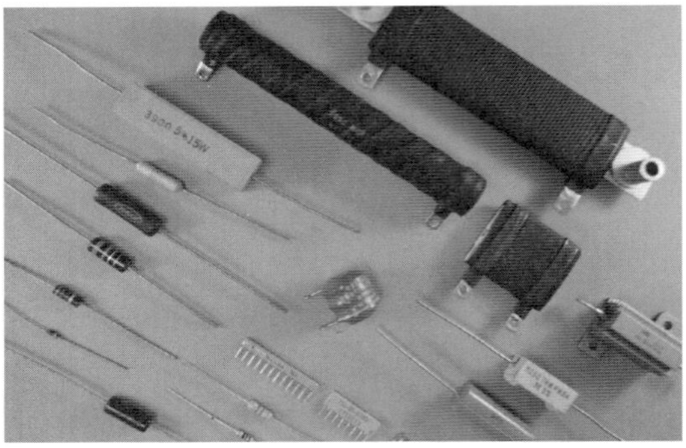

그림 4-3

전자 장비 제조자의 요구를 만족하는 여러 종류의 가변 저항기가 시판되고 있다.

열매몰성형 전위차계

트리밍 전위차계

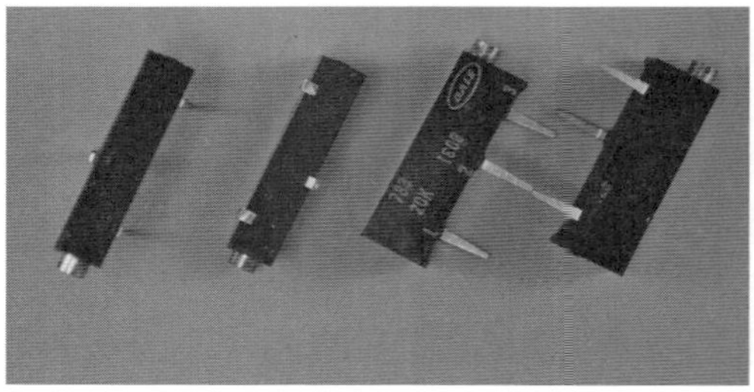

트림 전위차계

그림 4-4

고정 저항기의 기호

하나이다. 저항은 때때로 바람직하지 않지만 건설적인 경우도 있다. **저항기**(resistor)는 전류의 흐름에 대해 특정한 저항값을 가지도록 만든 것으로서, 전자회로에서 가장 많이 사용되는 부품이다. 저항기는 저항값이 고정된 것도 있고 가변적인 것도 있다. 저항기는 특정한 회로, 공간 및 동작 조건에 맞도록 다양한 모양과 크기를 갖는 것들이 시판되고 있다(그림 4-2, 4-3). 저항기의 기호는 그림 4-4에 나타낸 바와 같이 지그재그로 된 선으로 그린다.

저항기의 **허용오차**(tolerance)는 그 저항기 값의 변화에 대해 받아들일 수 있는 정도를 말한다. 저항기가 정확한 값이 필요하지 않는데도, 제조업자가 그 저항기의 값을 정확한 값으로 유지하는 것은 비용이 많이 든다. 한편 허용오차가 클수록 제조비용은 절감된다. 저항기는 허용오차가 ±20%, ±10%, ±5%, ±2%, ±1%인 것이 있다. 허용오차가 아주 작은 정밀 저항기도 있다. 대부분의 전자회로에서는 10%의 허용오차를 갖는 저항기면 충분하다.

예제 20%의 허용오차를 가진 1,000 옴의 저항기는 값의 변화를 어느 정도 허용되는가?

풀이: $1000 \times 0.20 = 100$ 옴

또는

$$\begin{array}{r} 1000 \\ \times\ 0.20 \\ \hline 200.00 \end{array}$$ 옴

허용오차는 ±200 옴이다. 따라서 1,000 옴의 저항기는 800 옴에서 1,200 옴까지의 변화를 허용한다.

제품의 균등한 품질을 위하여, 전자제품 제조업자들은 여러 가지 표준 저항기 값을 제공한다. 그림 4-5에는 허용오차가 ±5%, ±10% 및 ±20%인 저항기의 표준 값이 나열되어 있다. 이 표에서 얻은 값에 색깔 띠의 승수를 곱하면 저항값을 구할 수 있다.

저항기는 그것들이 만들어진 재료의 이름에 따라 성형 **탄소화합물 저항기**(molded carbon composition resistor), **권선 저항기**(wirewound resistor) 및 **피막 저**

그림 4-5

표준 저항기 값(승수 제외)

±2% ±5% 허용오차	±10% 허용오차	±20% 허용오차
1.0	1.0	1.0
1.1		
1.2	1.2	
1.3		
1.5	1.5	1.5
1.6		
1.8	1.8	
2.0		
2.2	2.2	2.2
2.4		
2.7	2.7	
3.0		
3.3	3.3	3.3
3.6		
3.9	3.9	
4.3		
4.7	4.7	4.7
5.1		
5.6	5.6	
6.2		
6.8	6.8	6.8
7.5		
8.2	8.2	
9.1		

항기(film resistor)의 세 가지 범주로 나뉜다.

성형 **탄소화합물 저항기**는 최근까지 전자회로에서 가장 많이 사용되었다(그림 4-6). 이 저항기는 표준 저항값으로 제조된다.

권선 저항기는 세라믹 형틀에 니켈–크롬 합금(니크롬) 선을 감아서 만든다(그림 4-7). 리드(lead)가 붙어 있으며 저항기 전체가 코팅으로 밀봉되어 있다. 권선 저항기는 정밀도를 필요로 하는 높은 전류 회로에서 사용된다. 저항값의 범위는 1 옴 미만에서부터 수천 옴까지 다양하다.

피막 저항기는 권선 저항기와 비슷한 정확도를 가지면

그림 4-6

전자 장비 제조자의 요구를 만족하는 여러 종류의 가변 저항기가 시판되고 있다.

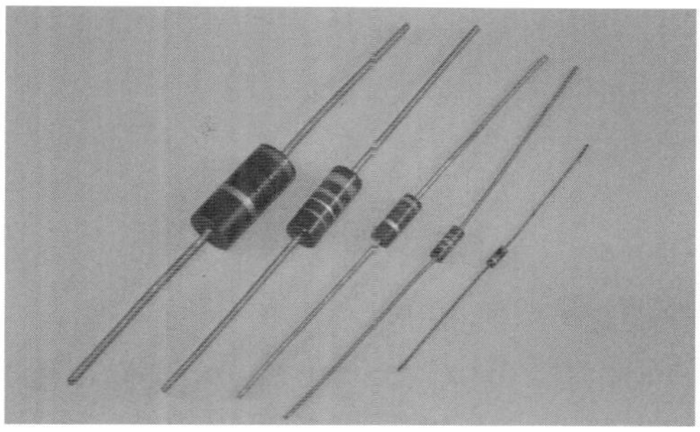

그림 4-7

시판되는 권선 저항기는 종류가 다양하다.

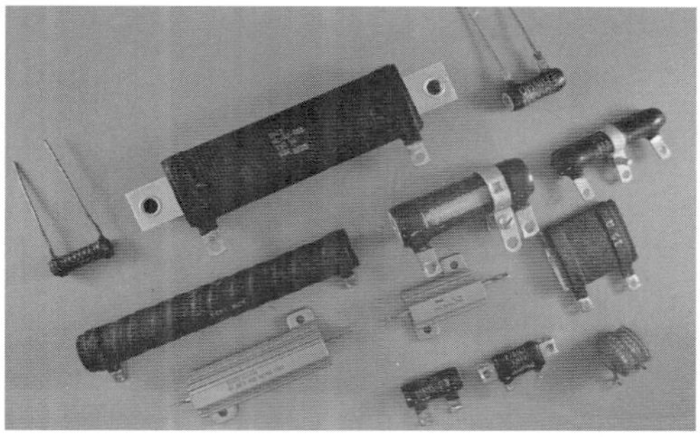

그림 4-8

피막 저항기는 정밀도는 권선 저항기와 같고 크기는 탄소 저항기와 같다.

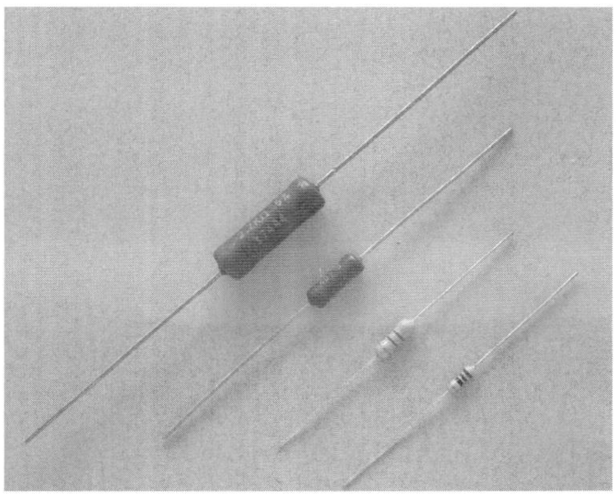

서 크기가 작기 때문에 점차 널리 사용되고 있다(그림 4-8). 탄소 또는 합금으로 된 박막을 원통형 세라믹 코어에 증착하고 에폭시 또는 유리로 코팅하여 밀봉시킨다. 저항기의 값은 피막에 나선형 홈을 내거나 저항기의 길이

를 조정하여 정한다. 나선형 홈이 가까울수록 저항 값은 높아진다. 탄소 피막 저항기는 ±1%의 허용오차로 10 옴에서 2.5 메가옴 사이의 값을 가진다. 금속 피막 저항기는 탄소 피막 저항기와 물리적으로 비슷하지만 덜 비싸다. 이 저항기는 허용오차 ±1%로 10 옴에서 1.5 메가옴 사이의 값을 가진다. 한편, 허용오차가 ±0.1% 미만인 것도 구할 수 있다. 또 다른 종류의 피막 저항기는 산화 주석 저항기이다(그림 4-9). 이 저항기는 세라믹 기판에 산화주석 필름을 씌운 것이다.

표면장착 저항기(surface-mount resistor)는 소형 회로 응용에 적합하다. 이것은 탄소 또는 합금 피막을 세라믹 기판에 얹은 것이다. 저항성 소자와 인쇄 회로기판 간의 접촉은 금속 끝 마개 또는 단자로 이루어지므로 도선 길이가 0이 된다. 응용에서 이들 끝 마개는 자동 납땜 공정을 이용하여 회로기판의 도체 부위에 따라 바로 납땜된다. 인쇄 회로기판까지의 납땜 도선 길이가 길지 않기 때문에 가볍고 작은 인쇄회로 기판이 가능하고 자동 조립 공정을 이용할 수 있는 장점이 있다. 표면장착 저항기는 후막 또는 박막 모두 구할 수 있다. 이들은 0 옴에서 10 메가옴 사이의 값을 가지고, ±5%에서 ±0.1%까지의 허용오차 범위가 가능하며, 전력처리 용량(power-handling capability)은 1/16 와트에서 1 와트까지이다.

그림 4-10

가변 저항기는 임의로 저항을 증가시키거나 감소시킬 수 있다.

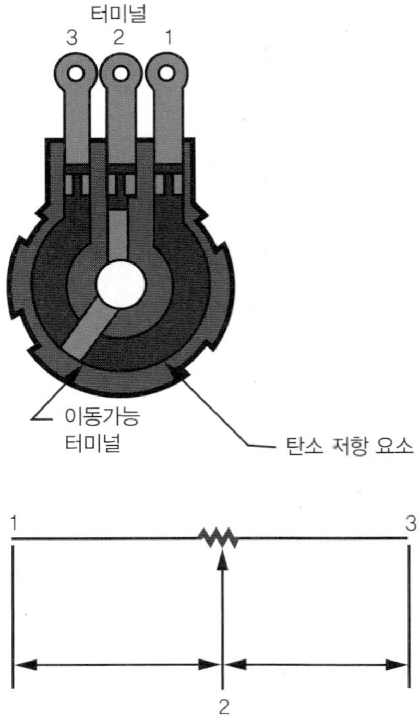

그림 4-9

산화 주석 저항기

가변 저항기(variable resistor)는 저항값을 변화시킬 수 있는 것이다. 이 저항기는 탄소 화합물 또는 선으로 된 저항성 소자를 두 개의 단자와 연결한 구조로 되어있다.

세 번째 단자는 움직일 수 있는 가동접촉자에 붙어 있으며 가동접촉자는 축에 연결되어 있다. 가동접촉자를 돌리면 중앙 단자와 바깥 단자 사이의 저항값은 증가하고 중앙 단자와 다른 외부 단자 사이의 저항값은 감소한다(그림 4-10). 가변 저항기에는 저항값이 선형적으로(선형 테이퍼) 또는 로그스케일로(오디오 테이퍼) 변하는 것이 있다.

전압을 조절하는 데 사용되는 가변 저항기를 **전위차계**(potentiometer 또는 pot)라 하고, 전류를 조절하는 데 사용되는 가변 저항기를 **가감저항기**(rheostat)라 한다(그림 4-11).

4-3 질문

1. 저항기의 허용오차를 규정하는 목적은 무엇인가?
2. 고정 저항기의 세 가지 주요 종류는 무엇인가?
3. 피막 저항기는 탄소 화합물 저항기에 비해 어떤 장점이 있는가?
4. 가변 저항기는 어떻게 작동하는가?
5. 전위차계와 가감저항기의 차이점은 무엇인가?

그림 4-11

가감 저항기는 전류를 조절하는 데 사용되는 가변 저항기이다.

4-4 저항값의 식별

크기가 작은 저항기는 표면에 저항값과 허용오차를 표시하기 어렵다. 따라서 저항값을 나타내기 위해 컬러 코드 띠(color-code strip) 방식을 사용한다. 이 띠는 저항기가 놓인 어떤 위치에서도 보고 읽을 수 있다. 전자산업협회(EIA) **컬러 코드**가 그림 4-12에 나타나 있다.

저항기에서 컬러 띠의 의미는 다음과 같다. 저항기의 끝에서 가장 가까운 첫 번째 띠는 저항값의 첫 번째 자릿

그림 4-12

전자산업협회(EIA)의 컬러 코드

두 자리 유효 숫자 컬러 코드

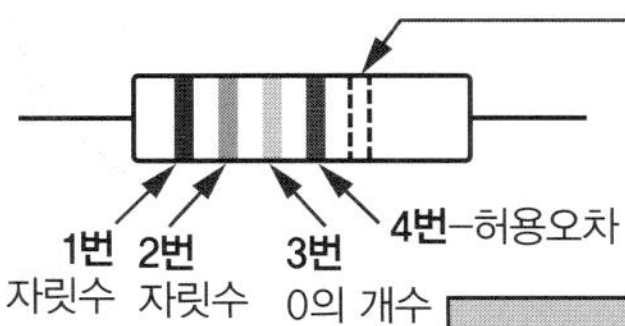

두 자리 유효숫자 컬러 코드

	1번 띠 1번 자릿수	2번 띠 2번 자릿수	3번 띠 0의 개수	4번 띠 허용 오차
Black(흑색)	0	0	—	—
Brown(갈색)	1	1	0	1%
Red(적색)	2	2	00	2%
Orange(등색)	3	3	000	—
Yellow(황색)	4	4	0,000	—
Green(녹색)	5	5	00,000	0.5%
Blue(청색)	6	6	000,000	0.25%
Violet(자색)	7	7		0.10%
Gray(회색)	8	8		0.05%
White(백색)	9	9		—
Gold(금색)			× 0.1	5%
Silver(은색)			× 0.01	10%
No Color(무색)				20%

수를 나타낸다. 두 번째는 저항값의 두 번째 자릿수를 나타낸다. 세 번째 띠는 처음 두 자리에 붙는 0의 개수를 나타낸다. 네 번째 띠는 저항기의 허용오차를 나타낸다(그림 4-13).

예를 들어, 그림 4-14에 나타낸 저항기는 1,500 옴의 저항값을 갖는다. 갈색 띠는 첫 번째 자릿수(1)를 나타낸다. 녹색 띠는 두 번째 자릿수(5)를 나타낸다. 세 번째 빨간색 띠는 두 개의 0이 처음 두 자리 뒤에 붙는다는 것을 뜻한다. 은색 띠(네 번째 띠)는 ±10%의 저항값 허용오차를 나타낸다. 따라서 이것은 허용오차 ±10%를 갖는 1,500 옴의 저항기가 된다.

저항기는 다섯 번째의 띠를 가질 수도 있다(그림 4-15). 이 띠는 저항기의 신뢰도를 나타내는 데 사용된다. 이는 저항기가 100시간 동작 후에 1,000개에 대해 몇 개가 고장나는지를 나타낸다. 일반적으로 저항기에 다섯 개의 띠가 있다면 저항 몸통 색깔과 같은 양이 두 끝단에 있게 된다. 이러한 경우는 허용오차를 나타내는 금색이나 은색의 띠를 오른쪽에 두고, 저항기를 읽어서 앞에서 언급한 대로

그림 4-13

탄소 복합 저항기의 색깔 띠의 의미

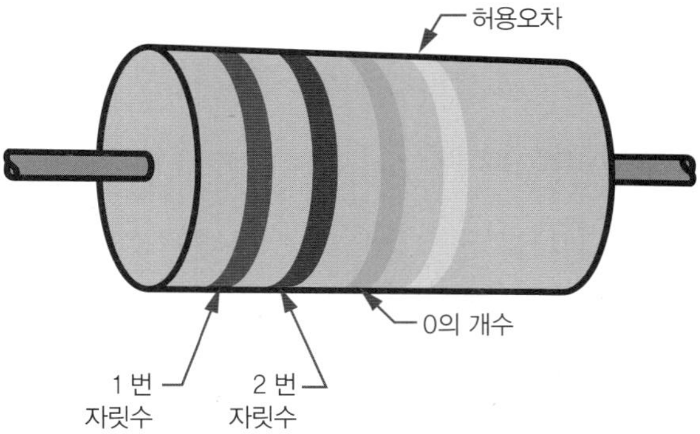

그림 4-14

이 저항기의 저항값은 1,500 옴이다.

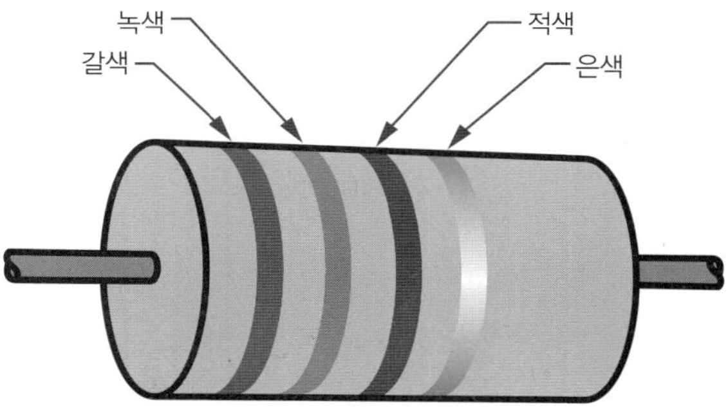

그림 4-15

다섯 번째 띠는 저항기의 신뢰도를 나타낸다.

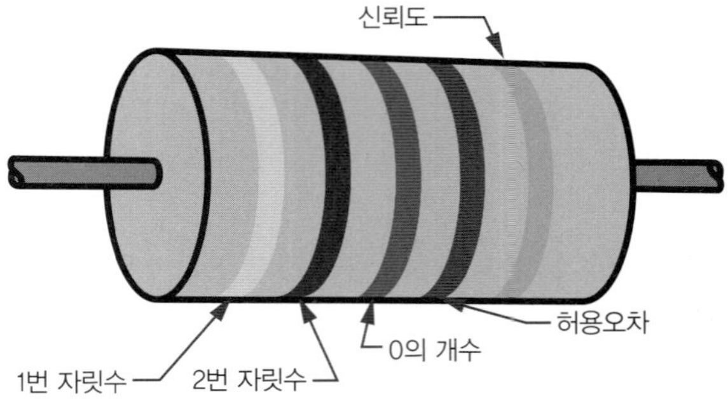

저항값을 읽는다.

세 번째 띠가 마지막 0의 개수를 나타내지 않는 경우가 두 가지 있다. 저항값이 10 옴 미만의 저항기의 경우 세 번째 띠는 금색이다. 이것은 처음 두 자리에 0.1을 곱한다는 것을 뜻한다. 저항값이 1 옴 미만의 저항기는 세 번째 띠가 은색이다. 이는 처음 두 자리에 0.01을 곱한다는 것을 뜻한다.

저항기는 그림 4-16에 나타낸 바와 같이 영문자와 숫자로 나타내기도 한다. 예를 들어, RN60D5112F는 다음과 같은 뜻을 가진다.

RN60	저항의 형태(화합물, 권선, 피막)
D	특성(온도의 영향)
5112	저항값(2는 0의 개수를 나타냄)
F	허용오차

저항기의 값이 제일 중요하다. 저항기의 값은 세 자리에서 다섯 자리로 나타낸다. 모든 경우에 마지막 자리는 앞의 자리에 붙는 0의 개수를 나타낸다. 예를 들어, 마지막 자리(2)는 처음 세 자리 511에 붙는 0의 개수를 나타내어 51,100 옴이 된다.

그림 4-16

저항기는 영숫자 표기법을 사용해서 나타낼 수도 있다.

어떤 경우에는 문자 R이 숫자 사이에 들어가기도 한다. R은 소수점을 나타내는데 10 옴 미만의 저항의 경우에 사용된다. 예를 들어, 4R7은 4.7 옴을 나타낸다.

다섯 자리로 나타내는 경우는 세 자리 및 네 자리 방식과 유사하다. 처음 네 자리는 자릿수를 나타내고, 마지막 숫자는 여기에 붙는 0의 개수를 나타낸다. 1,000 옴 미만의 경우에 R을 사용하여 소수점을 나타낸다.

표면장착 저항기는 영문자와 숫자를 이용한 표기법과 비슷하게 나타낸다. 저항기의 부품 번호는 다음과 같이 해석하며, 제조사마다 다르다. 예를 들어 RC0402J103T는 다음과 같은 의미를 지닌다.

RC	칩 저항기
0402	크기(0.40″ × 0.02″)
J	허용오차(J = ± 5%, F = ± 1%, D = ± 0.5%, B = ± 0.1%)
103	저항값(3자릿수 또는 4자릿수가 가능)
T	포장방법

저항값은 3자릿수 또는 4자릿수로 표시한다. 이 경우 마지막 자릿수는 앞의 자리에 추가하는 0의 개수를 나타낸다. 위의 예에서 처음 두 자리는 1과 0이고 뒤에 3이 따라오므로 10,000 옴을 나타낸다. 자릿수의 개수에 따라 100 미만 또는 1,000 미만인 경우는 D를 사용하여 소수점을 표현한다. 예를 들어, 3D9는 3.9 옴을 나타낸다. 0 옴 저항기, 즉 점퍼는 000으로 나타낸다.

전위차계에도 값을 인쇄해 놓는다(그림 4-17). 이는 실제 값 또는 영숫자 코드이다. 영숫자 방식을 사용하는 경우 저항값은 코드의 마지막 부분으로 알 수 있다. 예를 들어, MTC253L4에서 숫자 253은 25에 0이 세 개 붙는다는 것 또는 25,000 옴을 나타낸다. L4는 저항기의 구조 및 몸체의 종류를 나타낸다.

그림 4-17

전위차계(가변 저항기)에도 저항값을 표시한다.

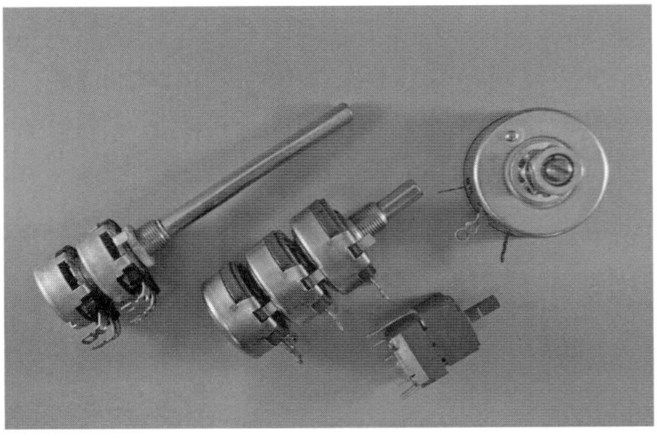

4-4 질문

1. 컬러 코드를 외워서 적어보라
2. 탄소 화합물 저항기에 있는 네 가지 띠는 무엇을 나타내는가?
3. 다음 저항기의 값은 얼마인가?

	첫 번째 띠	두 번째 띠	세 번째 띠	네 번째 띠
a.	갈색	흑색	적색	은색
b.	청색	녹색	등색	금색
c.	등색	백색	황색	무색
d.	적색	적색	적색	은색
e.	황색	자색	갈색	금색

4. 저항기의 다섯 번째 띠는 무엇을 나타내는가?
5. 금색이나 은색인 세 번째 띠는 무엇을 나타내는가?

4-5 저항의 연결

저항성 회로에는 다음과 같은 세 가지 중요한 회로 형태

그림 4-18

저항성 회로의 세 가지 종류 (A) 직렬회로, (B) 병렬회로, (C) 직렬-병렬회로

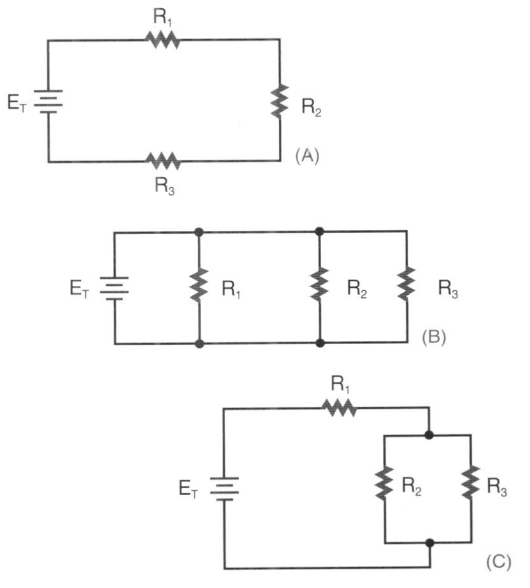

가 있다: **직렬회로**(series circuit), **병렬회로**(parallel circuit) 및 **직렬–병렬회로**(series-parallel circuit)(그림 4-18). 직렬회로는 회로에서 전류가 하나의 경로로 흐르며 병렬회로는 전류가 둘 이상의 경로로 흐른다. 직–병렬회로는 직렬회로와 병렬회로의 조합이다.

4-5 질문

1. 회로 구성의 기본적인 세 가지 기본 형태는 무엇인가?
2. 3가지 회로 형태의 차이점은 무엇인가?

4-6 저항기의 직렬 연결

직렬회로는 두 개 이상의 저항기가 연결되어 있으며 하나의 경로로 전류가 흐른다. 전류는 전압원의 양극에서 나와 각 저항을 통과하여 전압원의 음극 쪽으로 흐른다. 회로에서 두 점 사이에 전류가 흐르는 경로가 하나밖에 존재하지 않으면 그 회로는 직렬회로이다.

저항기를 직렬로 더 많이 연결할수록 전류 흐름에 대한 방해가 많아진다. 전류 흐름에 방해가 많으면 많을수록 회로의 저항값이 높아진다. 다시 말하면, 저항기가 회로에 직렬로 추가될수록 회로의 전체 저항값이 증가한다. 직렬회로의 전체 저항값은 회로에서 각각의 저항값의 총합이다. 이것은 다음과 같이 나타낼 수 있다.

$$R_T = R_1 + R_2 + R_3 \ldots + R_n$$

아래첨자는 회로의 각 저항값을 의미한다. R_n은 회로에서 마지막 저항이고 R_T는 회로의 전체 저항값이다.

예제 그림 4-19에 나타낸 회로의 전체 저항값을 계산하라.

그림 4-19

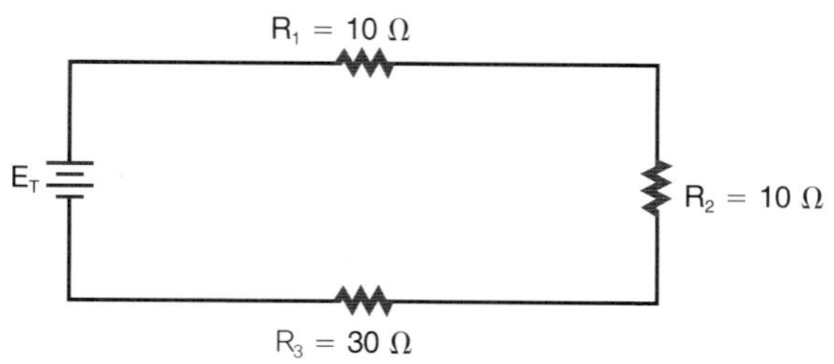

그림 4-20

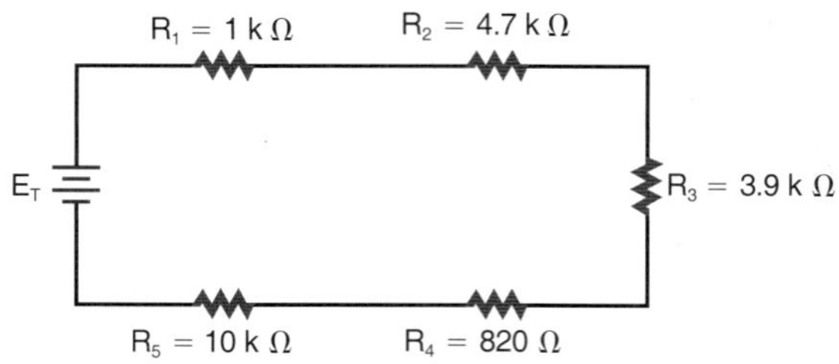

주어진 값:

$R_T = ?$
$R_1 = 10$ 옴
$R_2 = 20$ 옴
$R_3 = 30$ 옴

풀이:

$R_T = R_1 + R_2 + R_3$
$R_T = 10 + 20 + 30$
$R_T = 60$ 옴

예제 그림 4-20에 나타낸 회로의 전체 저항값을 계산하라.

주어진 값:

$R_T = ?$
$R_1 = 1$ 킬로옴
$R_2 = 4.7$ 킬로옴
$R_3 = 3.9$ 킬로옴
$R_4 = 820$ 옴
$R_5 = 10$ 킬로옴

풀이:

$R_T = R_1 + R_2 + R_3 + R_4 + R_5$
$R_T = 1\text{ k} + 4.7\text{ k} + 3.9\text{ k} + 0.82\text{ k} + 10\text{ k}$
$R_T = 1000 + 4700 + 3900 + 820 + 10{,}000$
$R_T = 20{,}420$ 옴

4-6 질문

1. 직렬회로에서 전체 저항값을 결정하는 공식을 적어라.

2. 다음 저항기들로 구성된 직렬회로의 전체 저항은 얼마인가? (각각의 직렬회로를 그림으로 그려라.)
   a. R_T = ?, R_1 = 1500 Ω, R_2 = 3300 Ω, R_3 = 4700 Ω
   b. R_T = ?, R_1 = 100 Ω, R_2 = 10 kΩ, R_3 = 5.6 MΩ
   c. R_T = ?, R_1 = 4.7 kΩ, R_2 = 8.2 kΩ, R_3 = 330 Ω
   d. R_T = ?, R_1 = 5.6 MΩ, R_2 = 1.8 MΩ, R_3 = 8.2 MΩ

4-7 저항기의 병렬연결

병렬회로는 두 개 이상의 저항을 가지고 있고 전류가 흐를 수 있는 경로가 두 개 이상인 회로이다. 병렬회로에서 각각의 전류 경로를 **가지**(branch)라고 한다. 전류는 전압원의 양극 단자로부터 병렬회로의 각 가지를 거쳐 전압원의 음극 단자로 흘러 들어간다. 두 개 이상의 저항기가 있는 회로에서 두 점 사이에 흐르는 전류가 한 개 이상의 경로를 가지고 있다면 이 회로는 병렬회로이다.

병렬로 연결된 저항이 많으면 많을수록 전류가 흐르는데 대한 방해는 줄어들게 된다. 전류의 흐름에 대한 방해가 적을수록 회로의 저항은 적어지게 된다. 즉, 회로에 저항기가 병렬로 연결되면, 전류가 흐를 수 있는 추가 경로가 생겨나기 때문에 회로의 전체 저항은 줄어들게 된다. 병렬회로에서 전체 저항은 항상 임의의 어느 한 가지 저항보다 적다.

병렬회로의 전체 저항을 구하는 공식은 다음과 같다.

$$\frac{1}{R_T} = \frac{1}{R_1} + \frac{1}{R_2} + \frac{1}{R_3} \ldots + \frac{1}{R_n}$$

여기서 R_T는 전체 저항이고 R_1, R_2, R_3은 각 가지의 저항이다. R_n은 회로의 맨 끝 저항이다.

그림 4-21

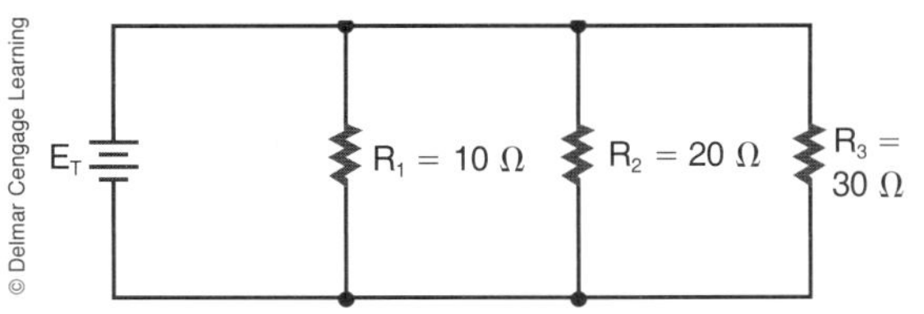

예제 그림 4-21에 나타낸 회로의 전체 저항값은 얼마인가?

주어진 값:

R_T = ?
R_1 = 10 옴
R_2 = 20 옴
R_3 = 30 옴

풀이:

$$\frac{1}{R_T} = \frac{1}{R_1} + \frac{1}{R_2} + \frac{1}{R_3}$$

$$\frac{1}{R_T} = \frac{1}{10} + \frac{1}{20} + \frac{1}{30}$$ (통분하면 분모가 60이 된다)

$$\frac{1}{R_T} = \frac{6}{60} + \frac{3}{60} + \frac{2}{60}$$

$$\frac{1}{R_T} = \frac{11}{60}$$

$$\frac{1}{R_T} \times \frac{11}{60}$$

전체 저항이 가장 작은 저항기의 저항보다 적음에 유의하라. 그림 4-21에 나타낸 회로는 5.45 옴의 저항 하나로 대체할 수 있다.

예제 그림 4-22에 나타낸 회로의 전체 저항을 계산하라.

주어진 값:

R_T = ?
R_1 = 1 킬로옴(1000 옴)
R_2 = 4.7 킬로옴(4700 옴)
R_3 = 3.9 킬로옴(3900 옴)
R_4 = 820 킬르옴
R_5 = 10 킬로옴(10,000 옴)

풀이:

$$\frac{1}{R_T} = \frac{1}{R_1} + \frac{1}{R_2} + \frac{1}{R_3} + \frac{1}{R_4} + \frac{1}{R_5}$$

$$\frac{1}{R_T} = \frac{1}{1000} + \frac{1}{4700} + \frac{1}{3900} + \frac{1}{820} + \frac{1}{10,000}$$

그림 4-22

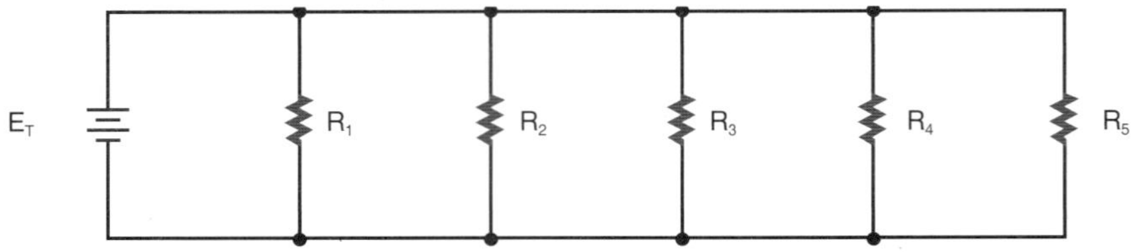

공통분모를 찾기가 너무 복잡하므로 소수점을 가진 수로써 계산한다.

$$\frac{1}{R_T} = 0.001 + 0.000213 + 0.000256 + 0.00122 + 0.0001$$

$$\frac{1}{R_T} = 0.002789$$

$$\frac{1}{R_T} = \frac{0.002789}{1}$$

$$\frac{1}{R_T} \times \frac{0.002789}{1} \quad \text{(서로 곱한다)}$$

$$(0.002789)(R_T) = (1)(1)$$

$$0.002789\ R_T = 1$$

$$\frac{\cancel{0.002789}\ R_T}{\cancel{0.002789}} = \frac{1}{0.002789} \quad \text{(양변을 0.002789로 나눈다)}$$

$$1R_T = \frac{1}{0.002789}$$

$$R_T = 358.55\ \Omega$$

> **주:** 각각의 숫자를 어디서 반올림하느냐에 따라 최종 답의 정확도가 상당히 달라질 수 있다.

예제 전체 저항을 27 옴으로 하기 위해 47 옴 저항기와 병렬로 연결해야 할 저항기의 값은 얼마인가? 그림 4-23을 참조하라.

주어진 값:

$$R_T = 27\ 옴$$
$$R_1 = 47\ 옴$$
$$R_2 = ?$$

그림 4-23

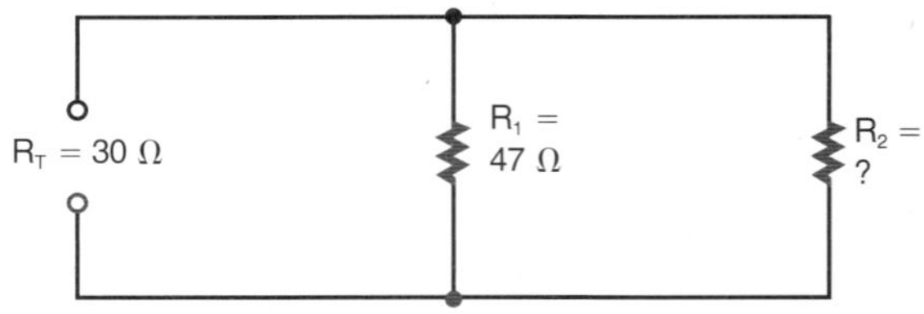

풀이:

$$\frac{1}{27} - \frac{1}{47} = \frac{1}{47} - \frac{1}{47} + \frac{1}{R_2} \quad \left(\text{양변에서 } \frac{1}{47}\text{을 뺀다}\right)$$

$$\frac{1}{27} - \frac{1}{47} = \frac{1}{R_2} \quad \text{(소수로 바꾸어 계산하면 쉽다)}$$

$$0.0370 - 0.0213 = \frac{1}{R_2}$$

$$0.0157 = \frac{1}{R_2}$$

63.69 옴은 표준 저항기 값이 아니므로 가장 가까운 표준 저항기 값 62 옴을 사용한다.

4-7 질문

1. 병렬회로에서 전체 저항을 구하는 공식을 쓰라.
2. 다음 저항기들로 구성된 직렬회로의 전체 저항은 얼마인가?(각각의 직렬회로를 그림으로 그려라.)
   a. $R_T = ?$, $R_1 = 1500\ \Omega$, $R_2 = 3300\ \Omega$, $R_3 = 4700\ \Omega$
   b. $R_T = ?$, $R_1 = 100\ \Omega$, $R_2 = 10\ k\Omega$, $R_3 = 5.6\ M\Omega$
   c. $R_T = ?$, $R_1 = 4.7\ k\Omega$, $R_2 = 8.2\ k\Omega$, $R_3 = 330\ \Omega$
   d. $R_T = ?$, $R_1 = 5.6\ M\Omega$, $R_2 = 1.8\ M\Omega$, $R_3 = 8.2\ M\Omega$

4-8 저항의 직렬-병렬 연결

직렬-병렬회로는 직렬회로와 병렬회로의 조합이다. 그림 4-24는 저항기로 된 간단한 직렬-병렬회로를 보여주고 있다. R_2와 R_3는 병렬로 연결되어 있고, 이것이 R_1과 R_4에 직렬로 연결되어 있다. 전류는 전압원의 양극 단자로부터 나와 R_1을 거쳐 B 지점에서 R_2와 R_3의 두 가지로 나뉜다. 점 A에서 전류는 다시 합쳐지고 R_4를 거쳐 흐른다.

직렬-병렬회로 즉 복합회로의 전체 저항은 직렬 공식:

$$R_T = R_1 + R_2 + R_3 \cdots + R_n$$

과 병렬 공식:

$$\frac{1}{R_T} = \frac{1}{R_1} + \frac{1}{R_2} + \frac{1}{R_3} \cdots + \frac{1}{R_n}$$

을 사용하여 계산한다.

대부분의 회로는 간단한 병렬회로와 직렬회로로 분해할 수 있다. 순서는 다음과 같다:

1. 등가저항을 계산하기 위해 우선 회로의 병렬부분을 계산한다.
2. 회로의 병렬 부분 내에 직렬 성분이 있다면 먼저 직렬 성분에 대한 등가저항을 계산한다.
3. 등가저항을 결정한 후, 회로의 병렬 부분에 대하여 등가저항을 대체하여 회로를 다시 그린다.
4. 마지막 계산을 한다.

예제 그림 4-24에 나타낸 회로에 대한 전체 저항을 계산하라.

먼저 R_2와 R_3에 대한 등가저항(R_A)을 계산한다.

주어진 값:

$R_A = ?$
$R_2 = 50$ 옴
$R_3 = 25$ 옴

풀이:

$$\frac{1}{R_A} = \frac{1}{R_2} + \frac{1}{R_3}$$
$$\frac{1}{R_A} = \frac{1}{50} + \frac{1}{25}$$
$$R_A = 16.7 \text{ 옴}$$

회로의 병렬 부분을 등가저항으로 대체하여 회로를 다시 그린다. 그림 4-25를 참조하라.

이제 다시 그린 회로에서 직렬저항을 계산한다.

주어진 값:

$R_T = ?$
$R_1 = 20$ 옴
$R_A = 16.7$ 옴
$R_4 = 30$ 옴

그림 4-25

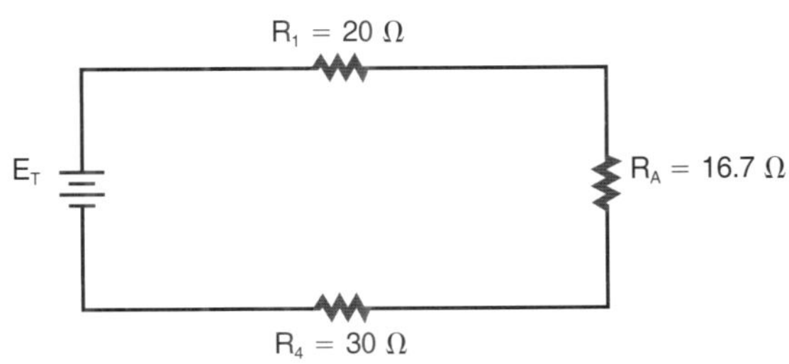

그림 4-24

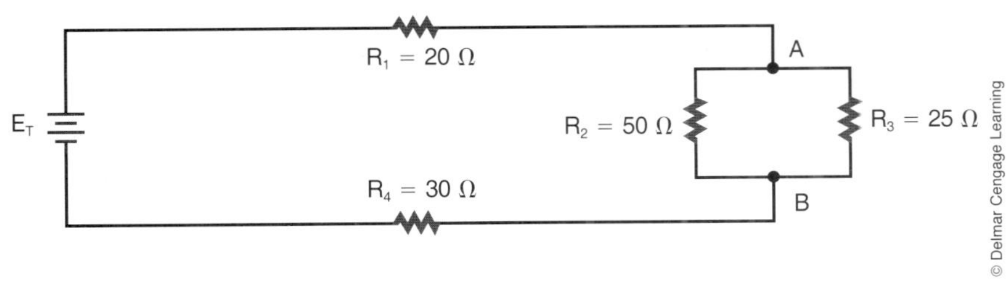

그림 4-26

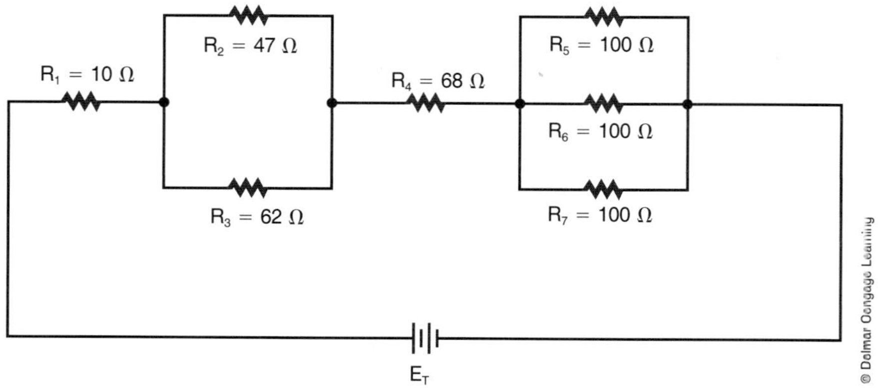

풀이:

$$R_T = R_1 + R_A + R_4$$
$$R_T = 20 + 16.7 + 30$$
$$R_T = 66.7 \text{ 옴}$$

예제 그림 4-26에 나타낸 회로에 대한 전체 저항을 계산하라.

먼저 병렬저항기 R_2와 R_3에 대한 등가저항(R_A)을 계산한다. 그런 다음 저항기 R_5, R_6, R_7에 대한 등가저항(R_B)을 계산한다.

주어진 값:

$$R_A = ?$$
$$R_2 = 47 \text{ 옴}$$
$$R_3 = 62 \text{ 옴}$$

풀이:

$$\frac{1}{R_A} = \frac{1}{R_2} + \frac{1}{R_3}$$
$$\frac{1}{R_A} = \frac{1}{47} + \frac{1}{62}$$
$$R_A = 26.7 \text{ 옴}$$

주어진 값:

$$R_B = ?$$
$$R_5 = 100 \text{ 옴}$$
$$R_6 = 100 \text{ 옴}$$
$$R_7 = 100 \text{ 옴}$$

풀이:

$$\frac{1}{R_B} = \frac{1}{R_5} + \frac{1}{R_6} + \frac{1}{R_7}$$
$$\frac{1}{R_B} = \frac{1}{100} + \frac{1}{100} + \frac{1}{100}$$
$$R_B = 33.3 \text{ 옴}$$

등가저항 R_A와 R_B를 사용하여 회를 다시 그리고 다시 그린 회로의 총 직렬저항을 계산한다. 그림 4-27을 참조하라.

주어진 값:

$$R_T = ?$$
$$R_1 = 10 \text{ 옴}$$
$$R_A = 26.7 \text{ 옴}$$
$$R_4 = 68 \text{ 옴}$$
$$R_B = 33.3 \text{ 옴}$$

풀이:

$$R_T = R_1 + R_A + R_4 + R_B$$
$$R_T = 10 + 26.7 + 68 + 33.3$$
$$R_T = 138 \text{ 옴}$$

그림 4-26에 나타낸 회로는 138 옴의 저항 하나로 대체할 수 있다(그림 4-28).

예제 그림 4-29에 나타낸 회로에 대한 전체 저항을 구하라.

회로의 병렬 부분에서 직렬 등가회로를 먼저 계산한다. 이를 R_S라고 하자.

그림 4-27

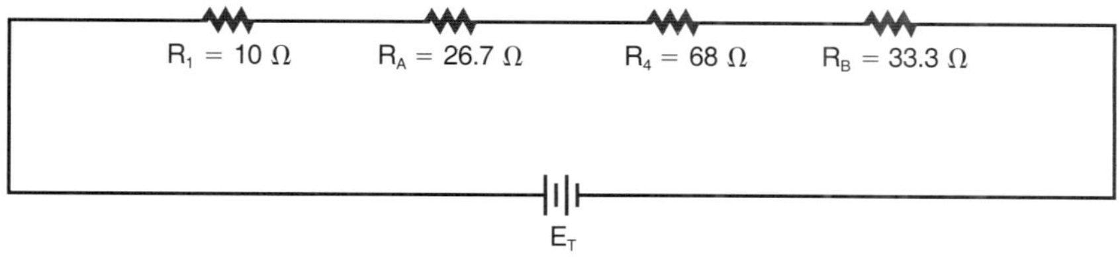

그림 4-28

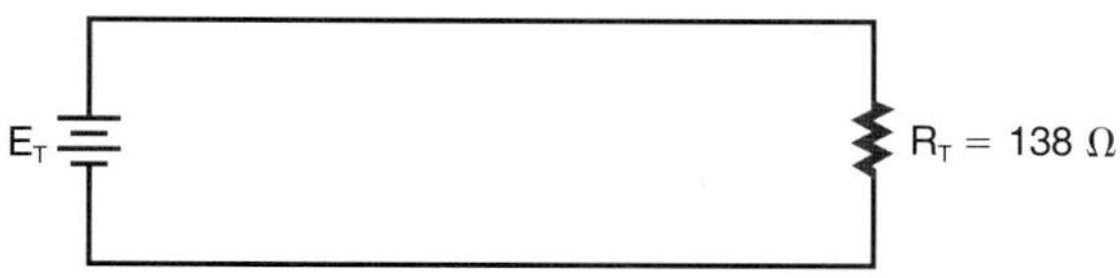

주어진 값:

$$R_S = ?$$
$$R_2 = 180 \text{ 옴}$$
$$R_3 = 200 \text{ 옴}$$
$$R_4 = 620 \text{ 옴}$$

풀이:

$$R_S = R_2 + R_3 + R_4$$
$$R_S = 180 + 200 + 200 + 620$$
$$R_T = 1000 \text{ 옴}$$

직렬저항기 R_2, R_3 및 R_4를 등가저항 Rs로 바꾸어 회로를 다시 그린다. 그림 4-30을 참조하라.

R_S와 R_5에 대한 등가 병렬저항 R_A를 계산한다.

주어진 값:

$$R_A = ?$$
$$R_S = 1000 \text{ 옴}$$
$$R_5 = 1000 \text{ 옴}$$

풀이:

$$\frac{1}{R_A} = \frac{1}{R_S} + \frac{1}{R_5}$$
$$\frac{1}{R_A} = \frac{1}{1000} + \frac{1}{1000}$$
$$R_A = 500 \text{ 옴}$$

병렬저항기 R_S와 R_5를 등가저항 R_A로 대체하여 회로를 다시 그리고, 총 직렬저항을 구한다(그림 4-31).

주어진 값:

$$R_T = ?$$
$$R_1 = 2700 \text{ 옴}$$

그림 4-29

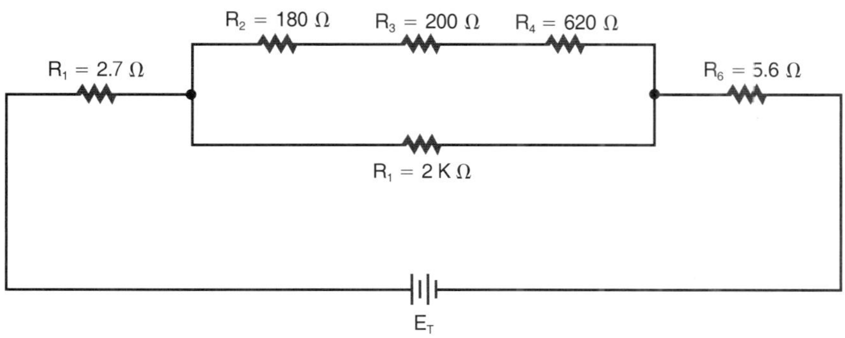

그림 4-30

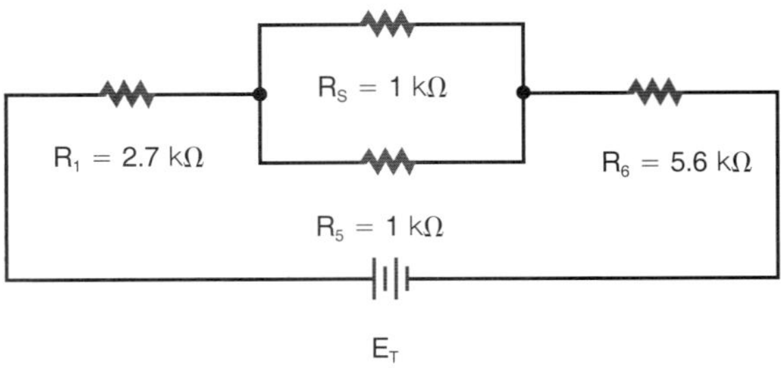

그림 4-31

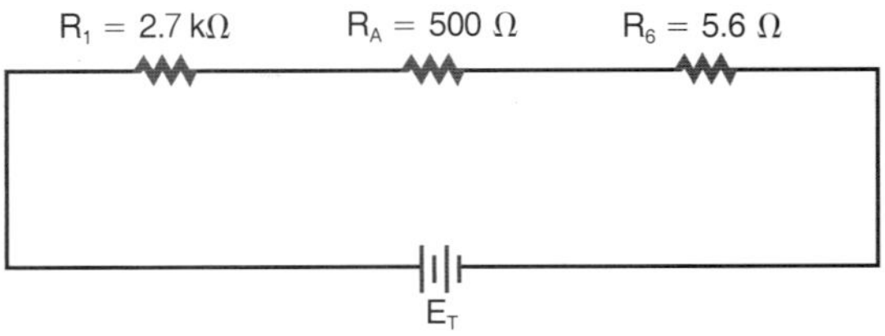

$$R_A = 500$$
$$R_6 = 5600 \text{ 옴}$$

풀이:

$$R_T = R_1 + R_A + R_6$$
$$R_T = 2700 + 500 + 5{,}600$$
$$R_T = 8800 \text{ 옴}$$

그림 4-29의 회로는 8,800 옴의 저항기 하나로 바꿀 수 있다(그림 4-32).

4-8 질문

1. 직렬–병렬 회로에서 전체 저항을 구하는 과정을 설명하라.
2. 다음 중 어느것을 먼저 계산해야 하는가?:
   (1) 병렬저항, (2) 병렬저항 내의 직렬저항
3. 다음 저항기들로 구성된 직렬–병렬회로의 전체 저항은 얼마인가?(각각의 직렬회로를 그림으로 그려라.)

그림 4-32

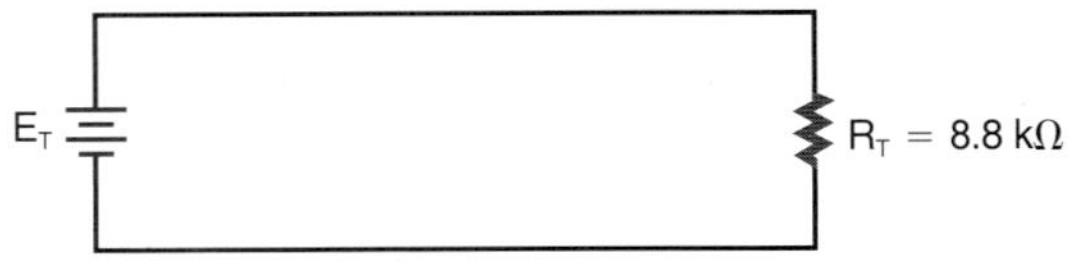

|——병렬——| |—직렬—|

a. R_T = ?, R_1 = 1,500 Ω, R_2 = 3,300 Ω, R_3 = 4,700 Ω
b. R_T = ?, R_1 = 100 Ω, R_2 = 10 kΩ, R_3 = 5.6 MΩ
c. R_T = ?, R_1 = 4.7 kΩ, R_2 = 8.2 kΩ, R_3 = 330 Ω
d. R_T = ?, R_1 = 5.6 MΩ, R_2 = 1.8 MΩ, R_3 = 8.2 MΩ

요약

- 저항기에는 고정형과 가변형이 있다.
- 저항기의 허용오차는 저항이 변할 수 있으며 수용할 수 있는 값이다.
- 저항기에는 탄소 화합물, 권선, 피막 형이 있다.
- 탄소 화합물 저항기는 가장 많이 사용되는 저항기이다.
- 권선 저항기는 많은 양의 열을 소비해야 하는 고전류 회로에서 사용된다.
- 피막 저항기는 크기가 작고 정밀한 값을 갖는다.
- 전압을 조절하는 데 사용되는 가변 저항기를 전위차계라고 한다.
- 전류를 조절하는 데 사용되는 가변 저항기를 가감저항기라고 한다.
- 저항기 값은 색깔 띠로 나타낸다.
  – 첫 번째 띠는 첫 번째 자리를 나타낸다.
  – 두 번째 띠는 두 번째 자리를 나타낸다.
  – 세 번째 띠는 처음 두 자리에 붙는 0의 개수를 나타낸다.
  – 네 번째 띠는 허용오차를 나타낸다
  – 다섯 번째 띠는 신뢰도를 나타내기 위해 추가되는 경우도 있다.

- 100 옴보다 작은 저항기 값은 검정색의 세 번째 띠를 가진다.
- 저항기는 직렬, 병렬 및 복합형으로 연결할 수 있다.
- 10 옴보다 작은 저항은 세 번째 띠가 금색으로 나타난다.
- 1 옴보다 작은 저항은 세 번째 띠가 은색으로 나타난다.
- 1% 허용오차를 갖는 저항기 값은 네 번째 띠가 승수를 나타낸다.
- 저항기 값은 영숫자 표기법으로 나타낼 수 있다.
- 직렬회로의 전체 저항은 다음 공식으로 구할 수 있다.

$$= R_1 + R_2 + R_3 \ldots + R_n$$

- 병렬회로의 전체 저항은 다음 공식으로 구할 수 있다.

$$\frac{1}{R_T} = \frac{1}{R_1} + \frac{1}{R_2} + \frac{1}{R_3} \ldots + \frac{1}{R_n}$$

- 직렬-병렬회로의 전체 저항은 직렬 공식과 병렬 공식을 모두 사용하여 계산한다.

CHAPTER 4

자기테스트

1. 물질의 저항은 어떻게 결정하는가?
2. 10%의 허용오차를 갖는 2,200 옴 저항기의 허용범위는 얼마인가?
3. 다음 저항을 색깔 띠로 나타내어라.
   - a. 5,600 옴 ±5%
   - b. 1.5 meg옴 ±10%
   - c. 2.7 옴 ±5%
   - d. 100 옴 ±20%
   - e. 470 킬로옴 ±10%
4. 어떤 칩 저항기의 코드가 다음과 같을 때 이 코드를 해석하라: RC0402D104T
5. 전위차계는 어떻게 라벨을 어떻게 만드는지 설명하라.
6. 직렬, 병렬, 직렬-병렬회로에서 각각 전체 저항을 계산하는 식을 표로 만들라.
7. 4개의 8 옴짜리 저항기를 병렬로 연결할 때 전체 저항을 구하라.
8. 문제 9번에서 전체 저항을 구하는 단계를 설명하라.

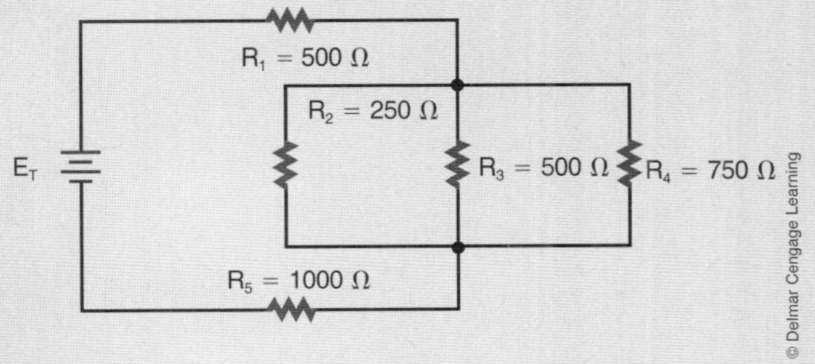

9. 다음 회로의 전체 저항을 구하라.
10. 직렬-병렬회로에서 전류가 어떻게 흐르는지를 설명하라.

CHAPTER

5

옴의 법칙

OHM'S LAW

목표

이 장을 마치고 나면 다음과 같은 것을 할 수 있게 된다.

- 회로의 세 가지 기본 성분을 알아본다.
- 회로 구성의 세 가지 형태를 알아본다.
- 전류의 흐름이 회로에서 어떻게 변화하는지 설명한다.
- 전류, 전압 및 저항에 관한 옴의 법칙을 기술한다.
- 직렬, 병렬 및 직렬-병렬회로에서 전류, 저항 또는 전압에 대한 옴의 법칙을 사용하여 문제를 푼다.
- 전체 전류의 흐름이 직렬 및 병렬회로에서 어떻게 다른지를 설명한다.
- 전체 전압강하가 직렬 및 병렬회로에서 어떻게 다른지를 설명한다.
- 전체 저항이 직렬 및 병렬회로에서 어떻게 다른지를 설명한다.
- 키르히호프의 전류 및 전압법칙을 알아보고 적용한다.
- 옴의 법칙과 키르히호프의 법칙을 이용하여 답을 확인한다.

주요 용어

도체
부하
옴의 법칙
전기회로
전압원
키르히호프의 전류법칙
키르히호프의 전압법칙

옴의 법칙은 세 가지 기본적인 양, 즉 전류, 전압 및 저항 사이의 관계를 나타낸다. 이 법칙은 전류가 전압에는 비례하고 저항에는 반비례한다는 것을 나타낸다.

이 장에서는 옴의 법칙을 설명하고, 이것이 회로에 어떻게 적용되는지를 알아본다. 몇 가지 개념은 이미 앞의 장들에서 소개되었다.

5-1 전기회로

앞서 언급했듯이, 전류는 전압원의 양극에서 나와 음극으로 흐른다. 전류가 흐르는 경로를 **전기회로**(electric circuit)라 한다. 모든 전기회로는 전압원, 부하 및 도체로 구성된다. **전압원**(voltage source)은 전류가 흐르도록 하는 전위차를 만든다. 전압원은 배터리, 발전기 또는 제3장에서 설명한 기타 장치들이다. **부하**(load)는 전류의 흐름을 방해하는 몇 가지 형태의 것들로 구성된다. 저항은 회로의 목적에 따라 높거나 낮을 수 있다. 회로에서 전류는 전원으로부터 **도체**(conductor)를 통하여 부하로 흐른다. 도체는 전자를 쉽게 방출해야 한다. 구리가 대부분의 도체에서 사용된다.

전류가 부하로 흐르는 경로에는 직렬회로, 병렬회로 및 직렬-병렬회로의 세 가지 종류가 있다. 직렬회로(그림 5-1)에서 전류는 전원에서 부하까지 연속적인 하나의 경로만을 통하여 흐른다. 병렬회로(그림 5-2)에서는 전류가 2개 이상의 경로를 통하여 흐른다. 이렇게 되면 전원이 2개 이상의 부하에 전압을 인가할 수 있다. 또한 몇 개의 전원을 단 하나의 부하에 연결할 수도 있다. 직렬-병렬회로(그림 5-3)는 직렬 및 병렬회로의 조합이다.

그림 5-1

직렬회로에서는 하나의 경로만을 통해 전류가 흐른다.

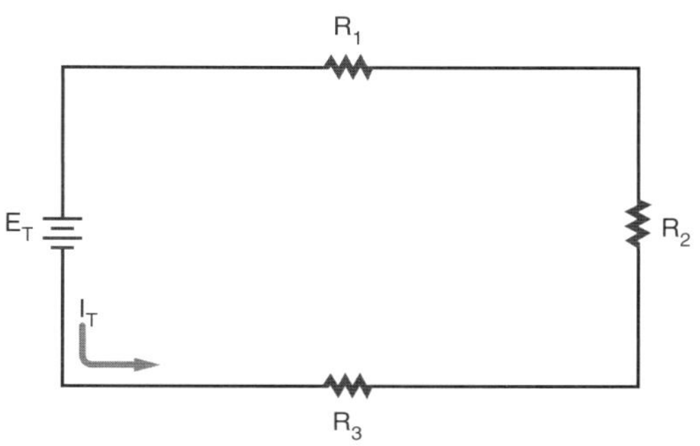

그림 5-2

병렬회로에서는 2개 이상의 경로를 통해 전류가 흐른다.

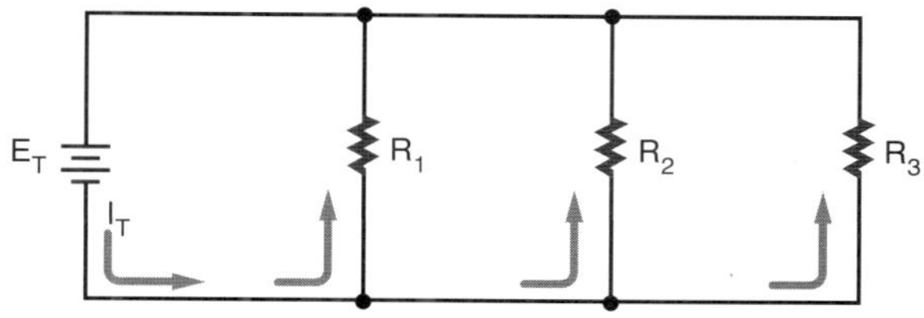

그림 5-3

직렬-병렬회로는 직렬회로와 병렬회로의 조합이다.

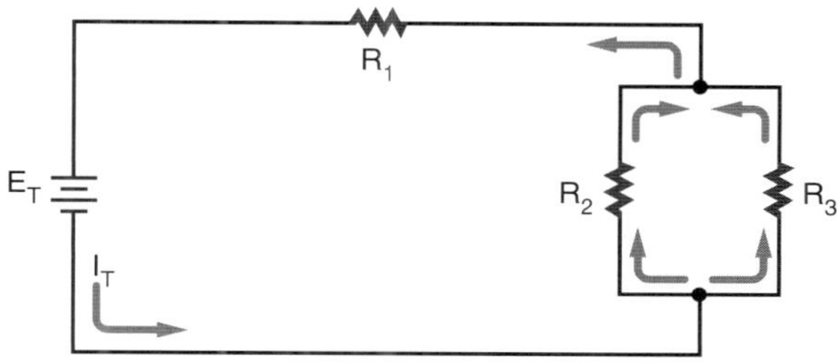

전기회로에서 전류는 전압원의 양극으로부터 부하를 거쳐 전압원의 음극으로 흐른다(그림 5-4). 경로가 끊어지지 않는 한 이 경로는 폐회로가 되고 전류가 흐른다(그림 5-5). 한편 경로가 끊어지면 개방회로가 되고 전류는 흐르지 않게 된다(그림 5-6).

전기회로에서 전류의 흐름은 회로에 인가된 전압이나 회로의 저항을 바꾸면 변할 수 있다. 전류는 전압이나 저항의 변화에 대해 정확하게 비례하여 변한다. 전압이 증가하면 전류도 증가하고, 전압이 감소하면 전류 또한 감소한다(그림 5-7). 반면에 저항이 증가하면 전류는 감소한다(그림 5-8). 이와 같은 전압, 전류 및 저항의 관계를 옴(Ohm)의 법칙이라고 한다.

그림 5-4

전기회로에서 전류는 전압원의 양극에서 부하를 거쳐 전압원의 음극으로 흐른다.

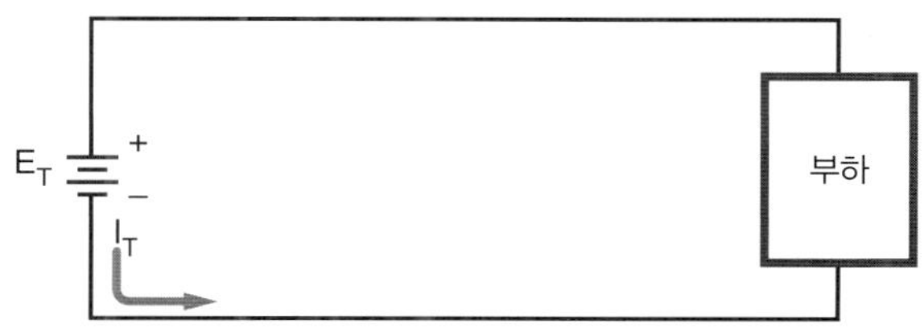

그림 5-5

폐회로에서는 전류가 흐른다.

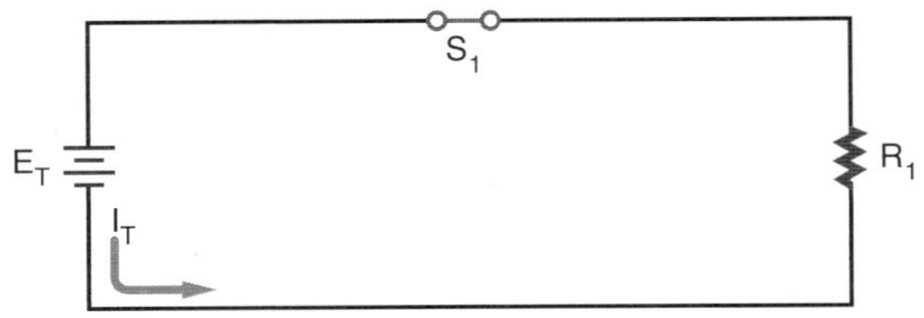

그림 5-6

개방회로에서는 전류가 흐르지 않는다.

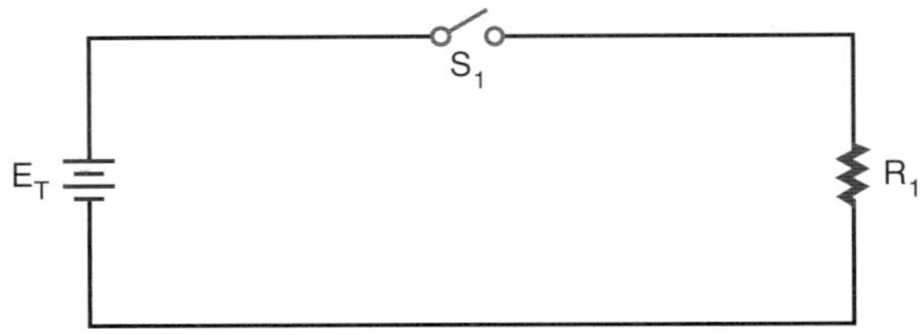

그림 5-7

전기회로에서 전류는 전압의 변화에 따라 변한다.

그림 5-8

전기회로에서 전류는 저항의 변화에 따라 변한다.

5-1 질문

1. 전기회로의 세 가지 기본적인 성분은 무엇인가?
2. 다음을 정의하라.
   a. 직렬회로
   b. 병렬회로
   c. 직렬-병렬회로
3. 전류가 회로를 통해 어떻게 흐르는지 회로도를 그려라. (전류의 흐름을 화살표로 나타내어라.)
4. 개방회로와 폐회로의 차이점은 무엇인가?
5. 전압이 증가하였을 때와 감소하였을 때 회로에서 전류는 어떻게 변화하는가? 저항이 증가한 경우와 감소한 경우에 대해서도 기술하라.

5-2 옴의 법칙

옴의 법칙, 즉 전류, 전압 및 저항 사이의 관계는 1827년 조지 옴(George Ohm)에 의해 처음으로 발견되었다. **옴의 법칙**(Ohm's law)은 전기회로에서 전류가 전압에 비례하고 저항에 반비례한다는 것을 설명한 것으로 다음과 같이 표현할 수 있다.

$$\text{전류} = \frac{\text{전압}}{\text{저항}}$$

또는

$$I = \frac{E}{R}$$

여기서 I = 전류(암페어)
E = 전압(볼트)
R = 저항(옴)

위의 세 가지 값 중 두 가지를 알면 나머지 값을 결정할 수 있다.

예제 그림 5-9에 나타낸 회로에서 전류는 얼마나 흐르는가?

주어진 값:

$I_T = ?$
$E_T = 12$ 볼트
$R_T = 1000$ 옴

그림 5-9

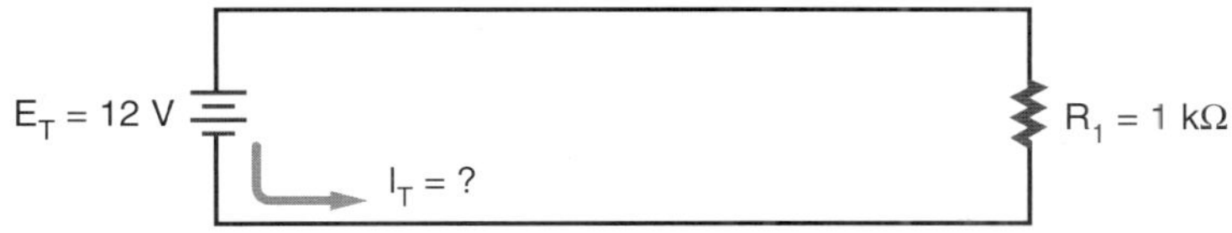

풀이:

$$I_T = \frac{E_T}{R_T}$$

$$I_T = \frac{12}{1000}$$

$I_T = 0.012$ 암페어, 즉 12 밀리암페어

예제 그림 5-10에 나타낸 회로에서 20 밀리암페어의 전류가 흐르도록 하기 위해서는 얼마의 전압이 필요한가?

주어진 값:

$I_T = 20$ mA $= 0.02$ 암페어
$E_T = ?$
$R_T = 1.2$ kΩ $= 1200$ 옴

풀이:

$$I_T = \frac{E_T}{R_T}$$

$$0.02 = \frac{E_T}{1200}$$

$E_T = 24$ 볼트

예제 그림 5-11에 나타낸 회로에서 2 암페어의 전류가 흐르도록 하기 위해 필요한 저항은 얼마인가?

주어진 값:

$I_T = 2$ 암페어
$E_T = 120$ 볼트
$R_T = ?$

풀이:

$$I_T = \frac{E_T}{R_T}$$

$$2 = \frac{120}{R_T}$$

60 옴 $= R_T$

그림 5-10

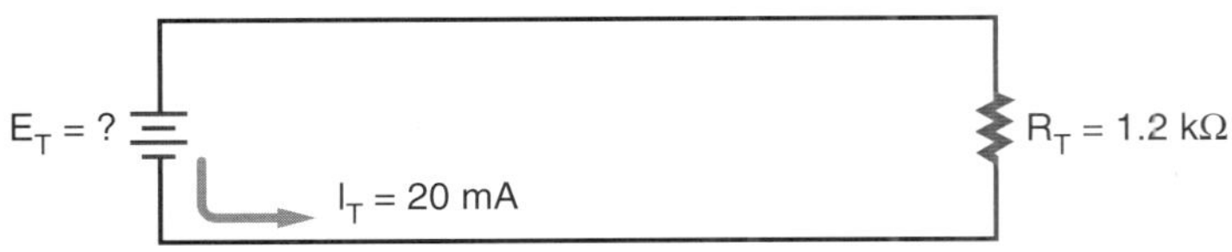

그림 5-11

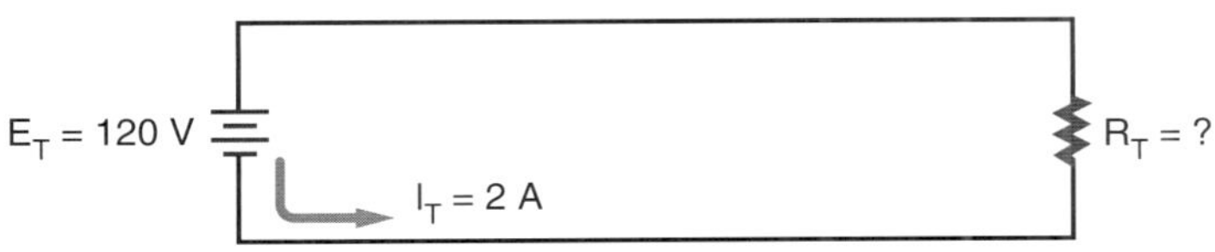

5-2 질문

1. 옴의 법칙을 공식으로 표현하라.
2. 인가된 전압이 12 볼트이고 저항이 2,400 옴이면 흐르는 전류는 얼마인가?
3. 24 볼트가 인가된 회로에 전류를 20 밀리암페어로 제한하고자 한다면 필요한 저항은 얼마인가?
4. 100 옴의 저항에 흐르는 전류를 3 암페어로 하고자 한다면 필요한 전압은 얼마인가?
5. 다음 표를 완성하라.

	E	I	R
a.	9 V		180 Ω
b.	12 V	20 mA	
c.	120 V	10 A	
d.	120 V		10 MΩ
e.	1.5 V	20 μA	
f.	20 V		560 Ω

5-3 옴의 법칙의 응용

직렬회로(그림 5-12)에서 회로에는 똑같은 전류가 흐른다.

$$I_T = I_{R_1} = I_{R_2} = I_{R_3} \cdots = I_{R_n}$$

직렬회로에서 전체 전압은 회로의 각 부하(저항)에 걸리는 전압강하와 같다.

$$E_T = E_{R_1} + E_{R_2} + E_{R_3} \cdots + E_{R_n}$$

직렬회로에서 전체 저항은 회로의 각 저항의 합과 같다.

그림 5-12

직열회로에서 전류는 모든 회로에서 동일하다.

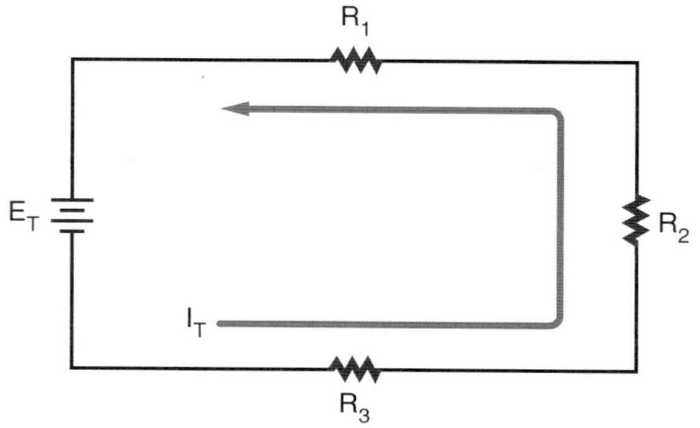

$$R_T = R_1 + R_2 + R_3 \cdots + R_n$$

병렬회로(그림 5-13)에서는 회로의 각 가지에 같은 전압이 인가된다.

$$E_T = E_{R_1} = E_{R_2} = E_{R_3} \cdots = ER_n$$

병렬회로에서 전체 전류는 회로에서 각 가지 전류의 합과 같다.

$$IT = I_{R_1} + I_{R_2} + I_{R_3} \cdots + I_{R_n}$$

병렬회로에서 전체 저항의 역수는 각 분기 저항의 역수의 합과 같다.

$$\frac{1}{R_T} = \frac{1}{R_1} + \frac{1}{R_2} + \frac{1}{R_3} \ldots + \frac{1}{R_n}$$

병렬회로에서 전체 저항은 항상 가장 작은 가지 저항보다 작다.

옴의 법칙은 회로(직렬, 병렬 또는 조렬-병렬)에서 전류가 전압에 비례하고 저항에 반비례한다는 것이다.

$$I = \frac{E}{R}$$

회로에서 미지의 값을 알기 위해서는 다음 순서를 따르면 된다:

1. 회로를 그리고, 모든 알고 있는 값을 표시한다.
2. 등가회로에 대해 구하고 회로를 다시 그린다.
3. 미지의 값을 계산한다.

> **주:** 옴의 법칙은 회로의 어느 점에서든지 언제라도 성립한다. 직렬회로에서는 동일 전류가 흐르고, 병렬회로에서는 각 분기에 동일 전압이 걸린다.

그림 5-13

병렬회로에서, 전류는 회로의 분기 사이에서 나뉘었다가 전압원으로 돌아올 때 다시 합해진다.

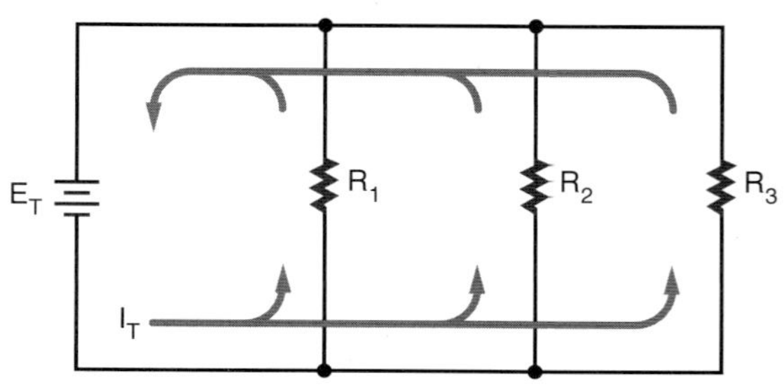

그림 5-14

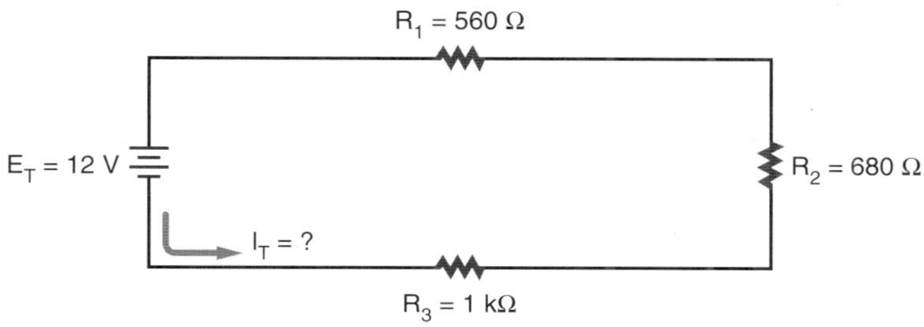

예제 그림 5-14에 나타낸 회로에서 전체 전류를 계산하라.

주어진 값:

$I_T = ?$
$E_T = 12$ 볼트
$R_T = ?$
$R_1 = 560$ 옴
$R_2 = 680$ 옴
$R_3 = 1\ k\Omega = 1000$ 옴

풀이:

먼저 회로의 전체 저항을 구한다.

$$R_T = R_1 + R_2 + R_3$$
$$R_T = 560 + 680 + 1000$$
$$R_T = 2240 \text{ 옴}$$

등가회로를 그린다. 그림 5-15를 참조하라. 전체 전류를 계산한다.

$$I_T = \frac{E_T}{R_T}$$
$$I_T = \frac{12}{2240}$$

LT = 0.0054 암페어 또는 5.4 밀리암페어

그림 5-15

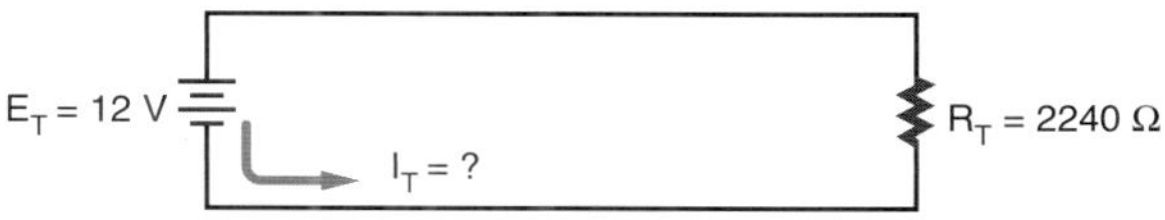

예제 그림 5-16에 나타난 회로에서 저항기 R_2에서 강하되는 전압은 얼마인가?

주어진 값:

$I_T = ?$
$E_T = 48$ 볼트
$R_T = ?$
$R_1 = 1.2\ k\Omega = 1200$ 옴
$R_2 = 3.9\ k\Omega = 3900$ 옴
$R_3 = 5.6\ k\Omega = 5600$ 옴

풀이:

먼저 회로의 전체 저항을 구한다.

$$R_T = R_1 + R_2 + R_3$$
$$R_T = 1200 + 3900 + 5600$$

그림 5-16

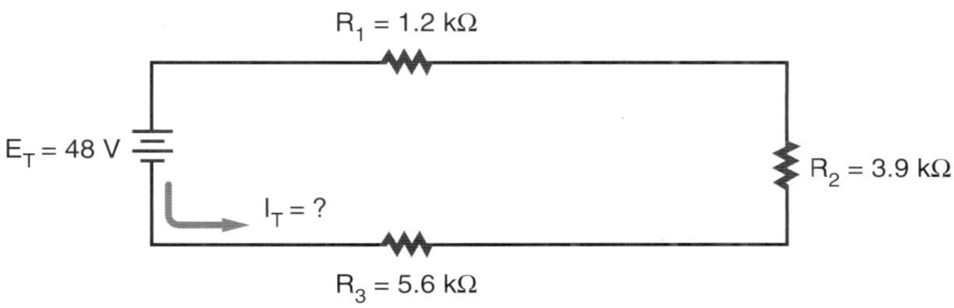

그림 5-17

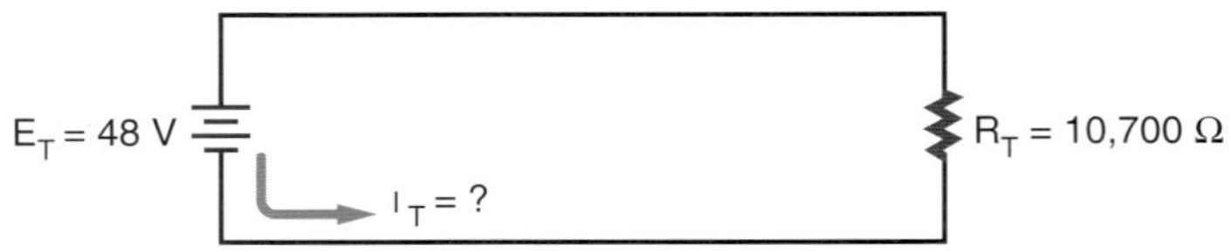

$$R_T = 10{,}700 \text{ 옴}$$

등가회로를 그린다. 그림 5-17을 참조하라. 전체 전류를 계산한다.

$$I_T = \frac{E_T}{R_T}$$

$$I_T = \frac{48}{10{,}700}$$

$$I_T = 0.0045 \text{ 암페어 또는 } 4.5 \text{ 밀리암페어}$$

직렬회로에서는 회로 전체에 똑같은 전류가 흐른다는 것을 명심하라. 그러므로 $I_{R_2} = I_T$이다.

$$I_{R_2} = \frac{E_{R_2}}{R_2}$$

$$0.0045 = \frac{E_{R_2}}{3900}$$

$$E_{R_2} = 17.55 \text{ 볼트}$$

예제 그림 5-18에 나타낸 회로에서 R_2의 값은 얼마인가?

먼저 R_1과 R_3에 흐르는 전류를 계산하라. 병렬회로에서 전압은 각 가지에서 동일하기 때문에 각 가지의 전압은 전원 전압인 120 볼트와 같다.

주어진 값:

$$I_{R_2} = ?$$
$$E_{R_1} = 120 \text{ 볼트}$$
$$R_1 = 1000 \text{ 옴}$$

풀이:

$$I_{R_1} = \frac{E_{R_1}}{R_1}$$

$$I_{R_1} = \frac{120}{1000}$$

$$I_{R_1} = 0.12 \text{ 암페어}$$

주어진 값:

$$I_{R_3} = ?$$
$$E_{R_3} = 120 \text{ 볼트}$$
$$R_3 = 5600 \text{ 옴}$$

풀이:

$$I_{R_3} = \frac{E_{R_3}}{R_3}$$

$$I_{R_3} = \frac{120}{5600}$$

$$I_{R_3} = 0.021 \text{ 암페어}$$

병렬회로에서 전체 전류는 각 가지의 전류의 합과 같다.

그림 5-18

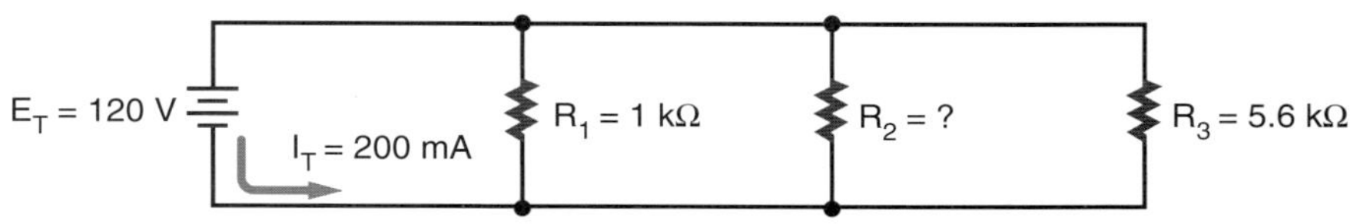

그림 5-19

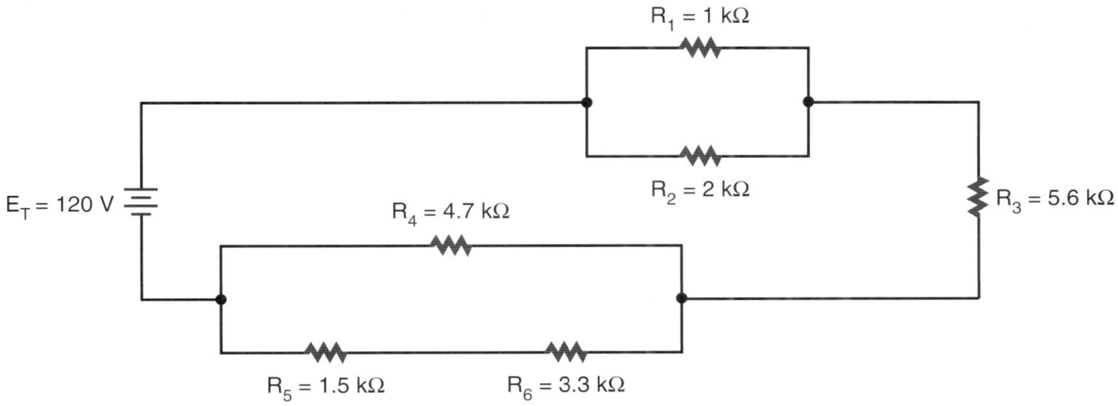

주어진 값:

$I_T = 0.200$ 암페어
$I_{R_1} = 0.120$ 암페어
$I_{R_2} = ?$
$I_{R_3} = 0.021$ 암페어

풀이:

$$I_T = I_{R_1} + I_{R_2} + I_{R_3}$$
$$0.200 = 0.120 + I_{R_2} + 0.021$$
$$0.200 = 0.141 + I_{R_2}$$
$$0.200 - 0.141 = I_{R_2}$$
$$0.059 = I_{R2}$$

저항기 R_2는 옴의 법칙을 이용하여 계산한다.

주어진 값:

$I_{R_1} = 0.059$ 암페어
$E_{R_1} = 120$ 볼트
$R_2 = ?$

풀이:

$$I_{R_2} = \frac{E_{R_2}}{R_2}$$
$$0.059 = \frac{120}{R_2}$$
$$R_2 = 2033.9 \text{ 옴}$$

예제 그림 5-19에 나타낸 회로에서 R_3에 흐르는 전류는 얼마인가?

우선 R_1과 R_2의 등가저항 R_A를 구한다.

주어진 값:

$R_A = ?$
$R_1 = 1000$ 옴
$R_2 = 2000$ 옴

풀이:

$$\frac{1}{R_A} = \frac{1}{R_1} + \frac{1}{R_2}$$ (분수를 나누기 위해서는 통분해야 한다)

$$\frac{1}{R_A} = \frac{1}{1000} + \frac{1}{2000}$$
$$R_A = 666.67 \text{ 옴}$$

다음으로 저항기 R_4, R_5 및 R_6에 대한 등가저항(R_B)을 구한다. 우선 저항기 R_5와 R_6에 대한 총 직렬저항 R_S를 구한다.

주어진 값:

$R_S = ?$
$R_5 = 1500$ 옴
$R_6 = 3300$ 옴

풀이:

$$R_S = R_5 + R_6$$
$$R_S = 1500 + 3300$$
$$R_S = 4800 \text{ 옴}$$

주어진 값:

$R_B = ?$

$R_4 = 4700$ 옴

$Rs = 4800$ 옴

풀이:

$$\frac{1}{R_B} = \frac{1}{R_4} + \frac{1}{R_S}$$

(이 경우 공통분모가 너무 크게 되므로 소수를 사용하는 게 좋다)

$$\frac{1}{R_B} = \frac{1}{4700} + \frac{1}{4800}$$
$$R_B = 2375.30 \text{ 옴}$$

R_A와 R_B 값을 넣어 등가회로를 다시 그리고, 등가회로의 전체 저항을 구한다(그림 5-20).

주어진 값:

$R_T = ?$

$R_A = 666.67$ 옴

$R_3 = 5600$ 옴

$R_B = 2375.30$ 옴

풀이:

$$R_T = R_A + R_3 + R_B$$
$$R_T = 666.67 + 5600 + 2375.30$$
$$R_T = 8641.97 \text{ 옴}$$

이제 옴의 법칙을 이용하여 등가회로에 흐르는 전체 전류를 계산한다.

주어진 값:

$I_T = ?$

$E_T = 120$ 볼트

$R_T = 8641.97$ 옴

풀이:

$$I_T = \frac{E_T}{R_T}$$
$$I_T = \frac{120}{8641.97}$$
$$I_T = 0.0139 \text{ 암페어, 즉 } 13.9 \text{ 밀리암페어}$$

직렬회로에서는 회로 전체에 같은 전류가 흐르므로 저항기 R_3에 흐르는 전류는 회로의 전체 전류와 같다.

$$I_{R_3} = I_T$$
$$I_{R_3} = 13.9 \text{ 밀리암페어}$$

5-3 질문

1. 각 가지에 흐르는 전류를 알고 있을 때 직렬과 병렬회로에서 전체 전류를 결정하는 데 필요한 공식은 무엇인가?
2. 각 가지에 대한 전압강하 값을 알고 있을 때 직렬 및 병

그림 5-21

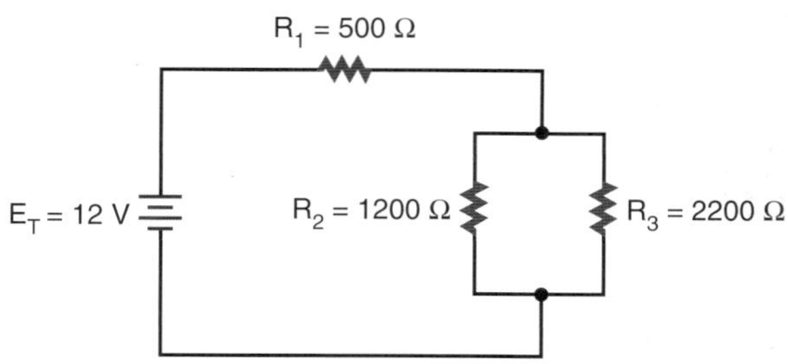

그림 5-20

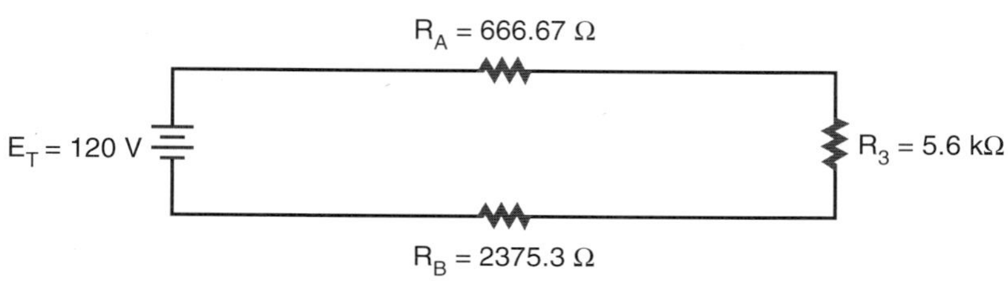

렬회로에서 전체 전압을 결정하는 데 필요한 공식은 무엇인가?

3. 각 가지의 저항을 알고 있을 때 직렬 및 병렬회로에서 전체 저항을 결정하는 데 필요한 공식은 무엇인가?
4. 전류, 전압 및 저항 중에서 적어도 두 개의 값을 알고 있을 때, 전체 전류, 전압 및 저항을 구할 때 필요한 공식은 무엇인가?
5. 그림 5-21에서 총 회로 전류는 얼마인가?
   $I_T = ?$
   $E_T = 12$ 볼트
   $R_1 = 500$ 옴
   $R_2 = 1200$ 옴
   $R_3 = 2200$ 옴

5-4 키르히호프의 전류법칙

1847년 G. R. Kirchhoff는 옴의 법칙을 키르히호프의 법칙이라는 두 개의 중요한 법칙으로 확장하였다. 첫 번째 법칙은 키르히호프의 전류법칙(Kirchhoff's current law)이라고 하는데 그 내용은 다음과 같다.

- 한 접점으로 들어가고 나오는 모든 전류의 대수적 총합은 0이다.

키르히호프의 전류법칙을 다른 방식으로 표현하면

- 한 접점으로 유입되는 전체 전류는 그 접점에서 유출되는 전류의 총합과 같다.

접점이란 두 개 이상의 전류 경로가 만나는 회로의 임의의 점이라고 정의된다. 병렬회로에서 접점은 병렬 단자가 하나로 연결되는 지점이다.

그림 5-22에서 점 A는 첫 번째 접점이며, 점 B는 두 번째 접점이다. 회로에서 전류의 흐름을 보면, IT는 전압원으로부터 접점 A로 흐른다. 여기서 전류는 3개의 가지로 나눠지고, 각각의 가지 전류(I_1, I_2, I_3)는 접점 A에서 흘러 나간다. 한 접점에 들어오는 전체 전류는 그 접점에서 나가는 전체 전류와 같다는 키르히호프의 전류법칙에 의하면, 전류는 다음과 같이 표현할 수 있다.

그림 5-22

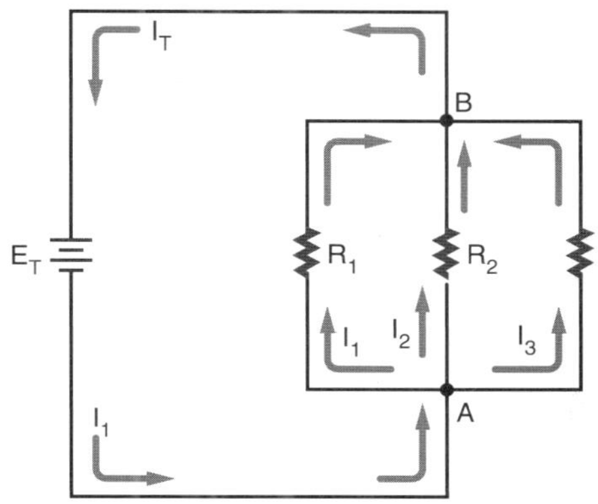

$$I_T = I_1 + I_2 + I_3$$

3개의 가지에 흐르는 전류는 점 B에서 다시 모인다. 전류 I_1, I_2 및 I_3는 접점 B로 흘러 들어가고, I_T는 밖으로 흐른다. 이 점에서의 키르히호프의 전류법칙은 접점 A와 동일하다.

$$I_1 + I_2 + I_3 = I_T$$

5-4 질문

1. 키르히호프의 전류법칙을 설명하라.
2. 3 A의 전체 전류가 3개의 병렬 가지를 갖는 접점으로 흘러 들어갈 때, 3개의 가지 전류의 합은 얼마인가?
3. 만약 1 mA와 5 mA의 전류가 한 접점으로 흘러 들어갈 때 그 접점에서 나오는 전체 전류는 얼마인가?
4. 두 개의 가지를 가지고 있는 병렬회로에서 한 가지에 2 mA의 전류가 흐른다. 전처 전류가 5 mA라면 다른 한 가지에 흐르는 전류는 얼마인가?
5. 그림 5-23에서 I_2 및 I_3는 얼마인가?

5-5 키르히호프의 전압법칙

키르히호프의 두 번째 법칙은 **키르히호프의 전압법칙**(Kirchhoff's voltage law)이라 하며, 그 내용은 다음과 같다.

- 폐회로를 한 바퀴 돌 때 모든 전압의 대수적 합은 0이다.

그림 5-23

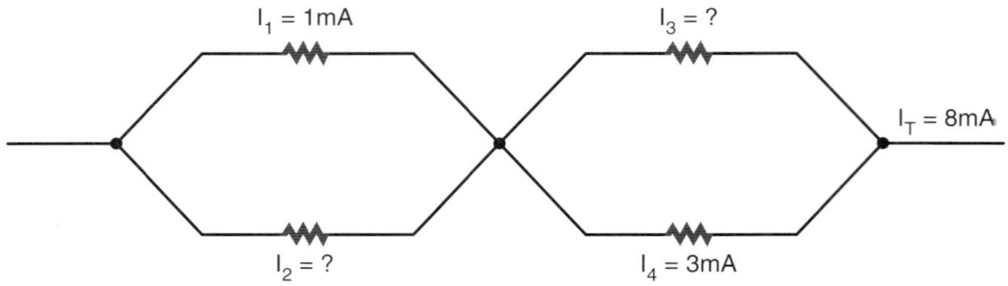

그림 5-24

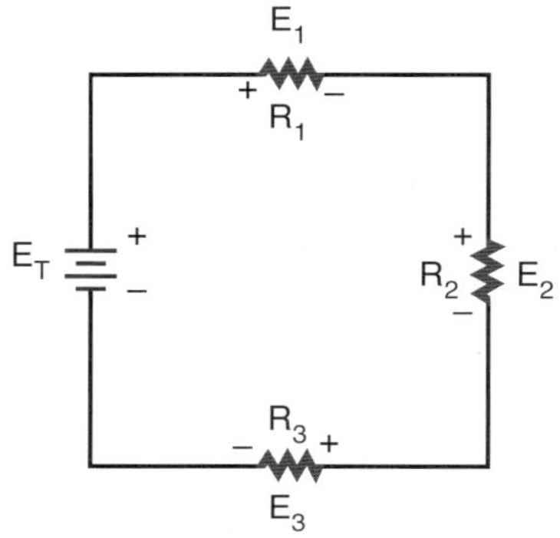

그림 5-25

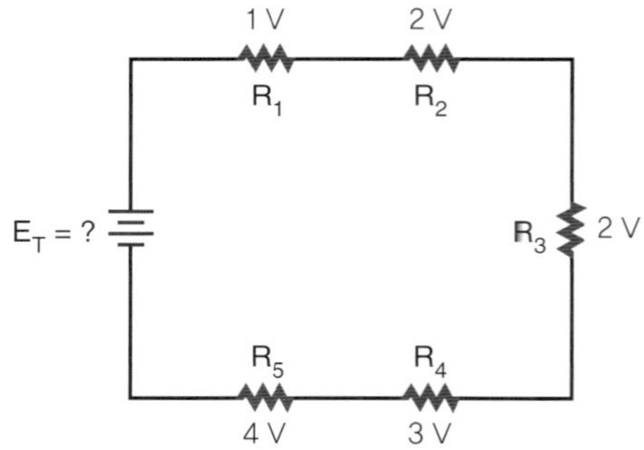

키르히호프의 전압법칙을 다른 방식으로 표현하면

- 폐회로에서 모든 전압 강하의 합은 전압원 전압과 같다.

그림 5-24에서 회로에는 세 개의 전압강하와 하나의 전압원(전압상승)이 있다. 회로를 따라 전압을 모두 합하면 결과는 0이 된다.

$$E_T - E_1 - E_2 - E_3 = 0$$

전압원(E_T)의 부호는 전압강하의 부호와 반대라는 데 유의하라. 따라서 대수합은 0이다.

이를 다른 방식으로 보면, 전압강하의 합은 전압원 전압과 같다.

$$E_T = E_1 + E_2 + E_3$$

위의 공식 둘 다 동일한 내용을 나타내며 이들은 키르히호프의 전압법칙을 설명하고 있다.

명심해야 할 핵심은 전압원의 극성은 전압강하의 극성과 반대라는 점이다.

5-5 질문

1. 키르히호프의 전압법칙을 2가지 다른 방법으로 설명하라.
2. 직렬 저항회로가 12 V 전원과 연결되어 있을 때, 회로에서 전체 전압강하는 얼마인가?
3. 동일한 저항기 2개로 된 직렬회로에 9 V 배터리가 직렬로 연결되어 있다. 각각의 저항에 대한 전압강하는 얼마인가?
4. 3개의 저항을 가지고 있는 직렬회로가 12 V 전원에 연결되어 있다. 하나의 저항기에서는 3 V, 다른 한 저항기에서는 5 V의 전압이 떨어졌다면 세 번째 저항기에서 떨어지는 전압강하는 얼마인가?
5. 그림 5-25에서, 이 회로에 인가된 전체 전압은 얼마인가?

요약

- 전기회로는 전압원, 부하 및 도체로 구성된다.
- 전기회로에서 전류의 경로는 직렬, 병렬 또는 직렬-병렬이 될 수 있다.

- 직렬회로에서 전류가 흐를 수 있는 경로는 단 하나뿐이다.
- 병렬회로에서 전류가 흐를 수 있는 경로는 여러 개이다.
- 직렬–병렬회로에서는 직렬 및 병렬 경로가 조합되어 전류가 흐르게 된다.
- 전류는 전압원의 양극에서 나와 부하를 거쳐 전압원의 음극으로 흐른다.
- 전기회로에서 전압 또는 저항이 변하면 전류는 바뀔 수 있다.
- 전류, 전압 및 저항 사이의 관계는 옴의 법칙으로 주어진다.
- 옴의 법칙이란 전기회로에서 전류는 인가된 전압에 비례하고 회로의 저항에 반비례한다는 것이다.

$$I = \frac{E}{R}$$

- 옴의 법칙은 모든 직렬, 병렬 및 직렬–병렬회로에 적용된다.
- 회로에서 미지의 값을 결정하기 위해서는
  - 회로도를 그리고 각 값을 표시한다.
  - 등가회로를 구하고, 회로를 다시 그린다.
  - 미지의 모든 값을 계산한다.
- 키르히호프의 전류법칙: 한 접점으로 들어오고 나가는 전류의 대수적 총합은 0이다. 이를 다른 방식으로 표현하면, 한 접점으로 유입되는 전류의 대수적 총합은 그 집합에서 유출되는 전류의 총합과 같다.
- 키르히호프의 전압법칙: 폐회로를 한 바퀴 돌 때 전압의 대수적 총합은 0이다. 이를 다른 방식으로 표현하면, 폐회로에서 전압강하의 합은 전압원 전압과 같다.

CHAPTER 5

자기테스트

옴의 법칙을 사용하여 다음에 대한 미지의 값을 계산하라.

1. I = ? E = 9 V R = 4500 옴

2. I = 250 mA E = ? R = 470 옴

3. I = 10 A E = 240 V R = ?

4. 아래 회로의 각 단자에서의 전류와 전압강하를 구하라.

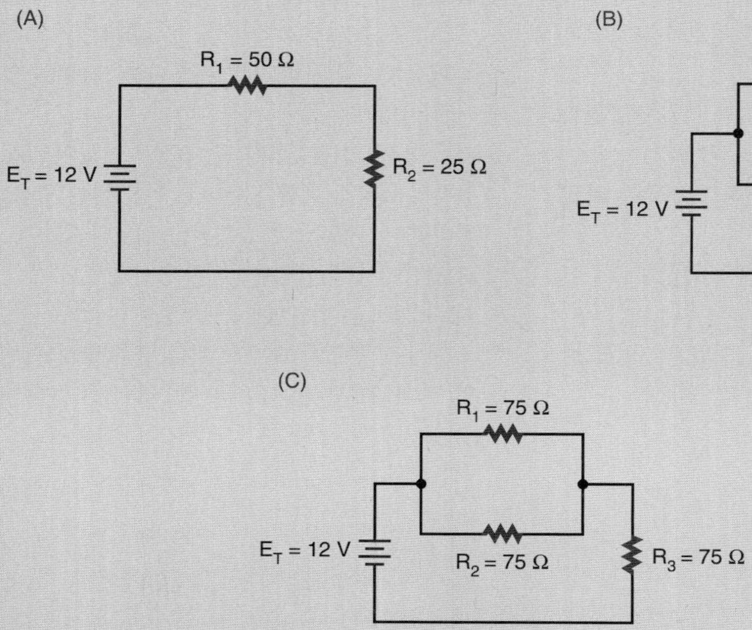

5. 키르히호프의 법칙을 이용하여 4번 질문에 대한 답을 검증하라.

CHAPTER 6

전기 측정—계측기

ELECTRICAL MEASUREMENTS-METERS

목표

이 장을 마치고 나면 다음과 같은 것을 할 수 있게 된다.

- 계측기의 동작에 따른 두 가지 유형에 관해 알아본다.
- 회로에서 전압계를 사용하는 방법에 대해 설명한다.
- 회로에서 전류계를 사용하는 방법에 대해 설명한다.
- 저항을 측정하기 위해 저항계를 사용하는 방법을 설명한다.
- 멀티미터의 기능을 알아본다.
- 디지털 멀티미터(DMM)와 전압저항계(VOM)의 장단점에 대해 알아본다.
- 전압, 전류 및 저항을 측정하기 위해 멀티미터를 사용하는 방법을 설명한다.
- 전류계를 사용하여 전류를 측정하는 방법을 설명한다.
- 회로에 전류계를 연결하는 방법을 설명한다.
- 전류계를 사용하기 위한 안전 조치들을 나열한다.
- 전기회로에 전압계를 연결하는 방법을 설명한다.
- 회로에 전압계를 연결하기 위한 안전 조치들을 나열한다.
- 저항계를 사용하여 저항 값을 측정하는 방법을 설명한다.
- 연속 검사(continuity check)를 정의한다.
- 저항계를 사용하여 개방회로, 단락 회로 또는 폐회로를 시험하는 방법을 설명한다.

주요 용어

개방회로
극성
단락 회로
디지털 계측기
디지털 멀티미터(DMM)
멀티미터
분로
아날로그 계측기
연속 시험
옴미터
전류계
전압계
전압저항계(VOM)
전체 눈금 값
폐회로

전기 분야에서 정확한 정량적 측정은 필수적이다. 기술자들은 일반적으로 작업에 필요한 전류, 전압 및 저항을 다룬다. 필수적인 측정을 위해 전류계, 전압계 및 저항계를 사용한다. 전기 계측기의 구성 및 동작 방법을 잘 이해하는 것이 중요하다.

이 장에서는 멀티미터, 즉 다기능 계측기를 포함하여 일반적으로 널리 사용되는 아날로그 계측기에 대해 설명한다.

그림 6-2

디지털 계측기

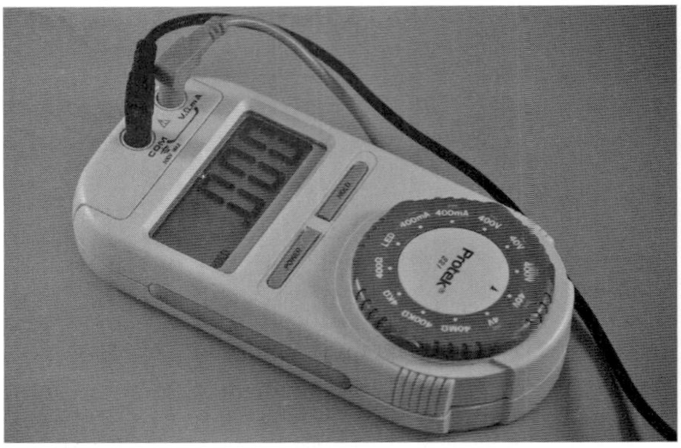

6-1 저항기

계측기를 사용함으로써 눈에 보이지 않는 전자의 움직임을 검출하고 측정할 수 있다. 계측기는 회로의 동작을 검사하는 데 반드시 필요하다. 계측기에는 두 종류가 있다. 첫 번째 유형은 **아날로그 계측기**(analog meter)로서 눈금과 바늘을 가지고 있다(그림 6-1). 다른 하나의 유형은 **디지털 계측기**(digital meter)로서 숫자로 읽는다(그림 6-2). 디지털 계측기는 아날로그 계측기보다 훨씬 쉽고 정확하게 읽을 수 있다. 하지만 아날로그 계측기는 전류와 전압의 빠른 변화를 그래프로 더 잘 나타낼 수 있다.

대부분의 계측기는 보호 케이스에 내장되어 있다. 계측기를 회로에 연결하기 위해 단자가 마련되어 있다. 정확한 연결을 위해 단자의 극성을 반드시 살펴보아야 한다. 붉은색 단자는 양극이고, 검은색 단자는 음극이다.

아날로그 계측기는 사용에 앞서 바늘을 영점에 맞춰야 한다. 이러한 조정을 위해 계측기의 맨 앞부분에 작은 나사가 있다(그림 6-3). 계측기의 영점을 맞추기 위해서는 사용하려고 하는 장소에 계기를 갖다놓는다. 만약 바늘이 영을 가리키지 않으면 나사를 돌려서 바늘이 영을 가리키도록 한다. 이러한 조절을 하기 전에 계측기를 회로에 연결해서는 안 된다.

6-1 질문

1. 계측기의 용도는 무엇인가?
2. 계측기의 두 가지 유형은 무엇인가?
3. 아날로그 계측기와 디지털 계측기 중에서 어느 것이 더 읽기 쉬운가?
4. 계측기의 양극 단자와 음극 단자를 나타내는 색깔은 무엇인가?
5. 아날로그 계측기를 사용하기 전에 필요한 조정은 무엇인가?

그림 6-1

아날로그 계측기

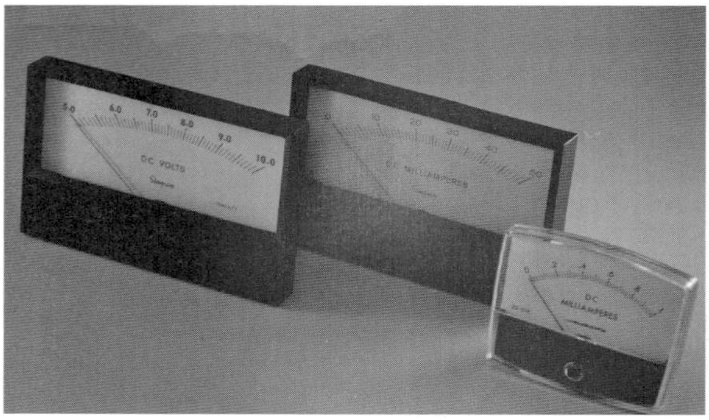

그림 6-3

아날로그 계측기에서 영점 조절 나사의 위치

6-2 계측기의 종류

전류계(ammeter)는 회로의 전류를 측정하는 데 사용된다. 전류계(기호는 그림 6-4에 나타나 있음)는 유량계로 생각할 수 있다. 전류계는 회로에서 주어진 점을 지나는 전자의 개수를 측정한다. 값을 읽을 수 있으려면 전자가 전류계를 통해 흘러야 한다. 이렇게 하려면 그림 6-5에 나타낸 바와 같이 회로를 끊고 전류계를 삽입하여야 한다.

전압계(voltmeter)는 회로의 두 점 사이의 전압(전위차)을 측정하는 데 사용된다. 전압계는 회로에서 전기적 압력을 측정하기 위한 압력계와 같이 생각할 수 있다(그림 6-6).

그림 6-4

전류계의 기호

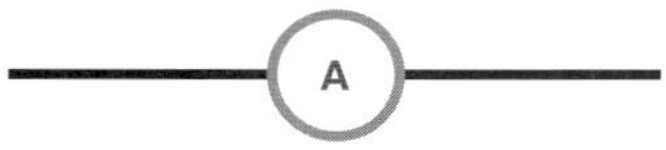

그림 6-5

회로에서 전류계의 위치

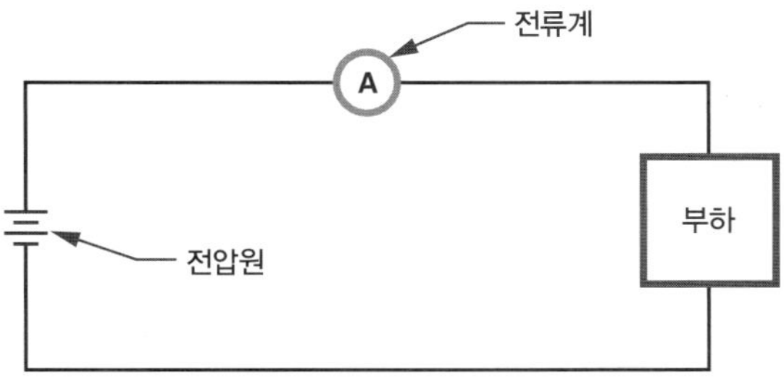

그림 6-6

(A) 전압계의 기호 (B) 전압계는 회로에 병렬로 연결한다.

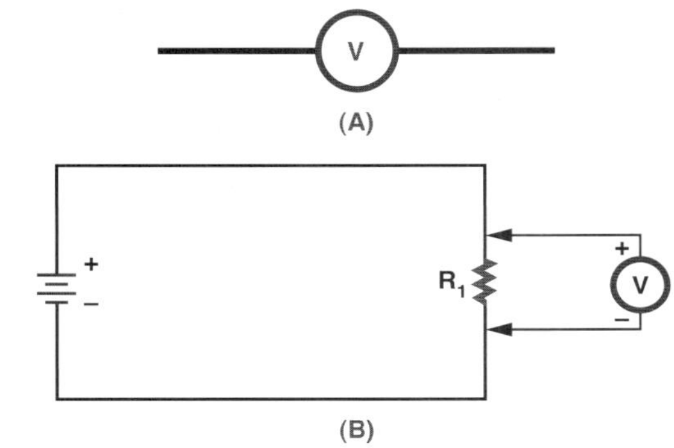

그림 6-7

(A) 저항계의 기호. (B) 저항계는 측정하려는 부품 양단에 전압을 인가하여 그 부품을 통하여 흐르는 전류를 측정한다.

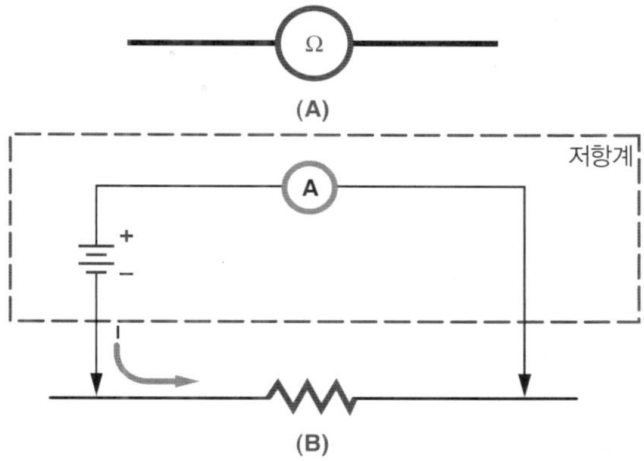

저항은 **저항계**(ohmmeter)를 사용하여 측정한다. 저항을 측정하기 위해서는 측정될 소자 양단에 전압을 걸어서 그 소자에 전류가 흐르도록 한다(그림 6-7). 저항이 작을 때는 전류의 흐름이 많고 저항계의 저항은 작다. 저항이 클 때는 전류의 흐름이 작고 저항계의 저항은 크다.

6-2 질문

1. 전류의 측정에 이용되는 것은 무엇인가?
2. 전압의 측정에 이용되는 것은 무엇인가?
3. 저항의 측정에 이용되는 것은 무엇인가?
4. 전류계로써 전류를 측정하는 방법을 설명하라.
5. 전압계로써 전압을 측정하는 방법을 설명하라.
6. 저항계로써 저항을 측정하는 방법을 설명하라.

6-3 멀티미터

장비의 한 부분을 수리할 때 여러 가지를 측정해야 한다. 여러 계측기가 필요하지 않도록 전압계, 전류계 및 저항계를 결합하여 하나의 계기로 만든 것을 **멀티미터**(multimeter)라 한다. 아날로그 멀티미터는 **전압저항전류계**(volt-ohm-milliammeter, VOM)라 부른다(그림 6-8). **디지털 멀티미터**는 DMM (digital multimeter)이라고도 부른다.

그림 6-8
아날로그 멀티미터

그림 6-8의 계측기에는 다섯 개의 전압 범위와 네 개의 전류 범위 및 세 개의 저항 범위가 있다. 계측기에는 여러 가지의 범위와 기능에 맞도록 다섯 개의 눈금이 있다. 기술자는 원하는 전압, 전류 및 저항 범위를 위해 멀티미터의 스위치를 선택한다. 0 옴 조절 나사는 내부 배터리의 전압변화를 보상하기 위해 저항계 회로를 조절한다. 이 기능 스위치는 세 가지 위치를 갖는다. 즉 −DC, +DC 및 AC이다. 전류, DC 전압 및 저항을 측정하기 위해서는 인가된 전류 또는 전압의 극성에 따라 기능 스위치를 −DC 또는 +DC에 놓는다. 기능 스위치를 이용하면 피시험 회로로부터 리드를 바꾸지 않고도 리드의 연결 극성을 반전시킬 수 있다.

DC 전압을 측정하려면, 기능 스위치를 +DC에 놓는다. 기능 스위치를 +DC에 놓으면, 공통 잭은 음극, 플러스(+) 잭은 양극이 된다. 전압계는 회로와 병렬로 연결한다. 미지 전압을 측정할 때는 항상 계측기를 최고 범위(500 볼트)에 맞춘다. 만약 측정된 전압을 낮다면, 낮은 범위를 선택한다. 이러한 절차는 계측기가 손상되는 것을 방지한다. DC라고 표시된 눈금에서 전압을 읽는다. 2.5 볼트 범위는 0~250 눈금으로 사용하고 100으로 나눈다. 10 볼트, 50 볼트, 250 볼트 범위는 직접 사용한다. 500 볼트 범위는 0~50 눈금을 사용하고 10을 곱한다.

전류를 측정하려면, 선택 스위치를 원하는 범위에 놓고 계측기를 회로와 직렬로 연결한다. 계측기의 DC 눈금을 이용한다. 1 밀리암페어 범위는 일반적으로 0~10 눈금을 사용하고 10으로 나눈다. 10 밀리암페어 범위는 0~10 눈금을 직접 사용한다. 100 밀리암페어 범위는 0~10 눈금을 사용하고 10을 곱한다. 500 밀리암페어 범위는 0~50 눈금을 사용하고 10을 곱한다.

저항을 측정하려면, 선택 스위치를 원하는 저항 범위에 놓는다. 영점을 조절하기 위해서는 리드를 단락하고 바늘이 0 옴을 가리킬 때까지 영점 조절기를 돌린다. 리드를 분리하고 이 리드를 측정해야 할 부품 양단에 연결한다. 0 옴과 200 옴 사이의 저항을 측정하기 위해서는 R × 1 범위를 사용한다. 200 옴과 20,000 옴 사이의 저항을 측정하기 위해서는 R × 100 범위를 사용한다. 20,000 옴 이상의 저항은 R × 10,000 범위를 사용한다. 디지털 및 반도체 회로에서 저항을 측정할 때는 R × 1 범위를 사용하면 안 된다. 이 범위는 9 V 배터리에 의해 전원이 공급되므로 회로에 손상을 줄 수 있다. 계측기 눈금의 가장 위에 있는 저항 눈금을 읽는다. 옴 눈금은 오른쪽에서 왼쪽으로 읽는다는 데 유의하라. 실제 저항 값은 스위치가 위치한 곳에 있는 인수를 곱해서 읽는다. 문자 K는 1000과 같다.

멀티미터에 있는 그 외 전압용 및 전류용 잭의 사용 방법은 조작자 설명서를 참조하여야 한다.

DMM에서는 미터의 움직임이 디지털 값으로 대체되며, 전자계산기에서 사용되는 표시와 유사하다. 차이점은 표시가 일반적으로 네 자리라는 점이다.

디지털 멀티미터 사용 방법은 아날로그 계측기의 사용 방법과 유사하다. 예외는 디지털 계측기에는 자동 범위조정 기능이 있다는 점이다. 따라서 측정할 신호의 범위를 알 필요가 없다.

디지털 멀티미터는 표시 값에 대해 자동적으로 적절한 단위 접두어와 함께 10진 소수점을 찍어준다. DC 측정은 + 또는 − 부호와 함께 표시된다. 따라서 시험 리드를 반전시킬 필요가 없다.

DMM은 VOM과 비교하여 다음과 같은 장점이 있다.

- 판독이 용이하다. 그 결과 전압이 작아도 정확성은 높다. 측정 결과를 다른 사람이 읽어도 그 값은 똑같다.

- 자동 범위 조절 기능이 있다.
- 저항 측정을 위한 자동 영점 조절 기능이 있다.
- 표시된 값에 대한 자동 잠금 기능이 있다.

DMM의 단점은 다음과 같다.

- 배터리 또는 전기 전원이 필요하다.
- 한계 전압을 초과하면 계측기의 손상을 초래할 수 있다.
- 표본화 시간보다 더 빠른 신호의 순간 변화는 측정할 수 없다.

6-3 질문

1. 멀티미터란 무엇인가?
2. 아날로그 멀티미터를 무엇이라고 부르는가?
3. 디지털 멀티미터를 무엇이라고 부르는가?
4. VOM의 저항계 부분을 어떻게 사용하는지 설명하라.
5. VOM와 비교하여 DMM의 장점은 무엇인가?

6-4 전류의 측정

전류계를 사용하여 전류를 측정하려면 회로를 개방시키고 직렬로 회로에 계측기를 삽입하여야 한다(그림 6-9).

회로에 전류계를 위치시킬 때 반드시 극성을 살펴야 한다. 전류계의 두 단자는 붉은색의 양극 단자와 검은색의 음극 단자(또는 공통 단자)로 되어있다(그림 6-10).

주의

회로에 전류계를 연결하기 전에 항상 전원을 꺼야 한다.

음극 단자는 회로의 음극에 연결해야 하고, 양극 단자는 회로의 양극에 연결해야 한다(그림 6-11). 전류계가 연결되었을 때 계측기의 바늘이 왼쪽에서 오른쪽으로 움직여야 한다. 만약 바늘이 반대 방향으로 움직이면 리드

그림 6-9

전류계는 회로에 직렬로 연결한다.

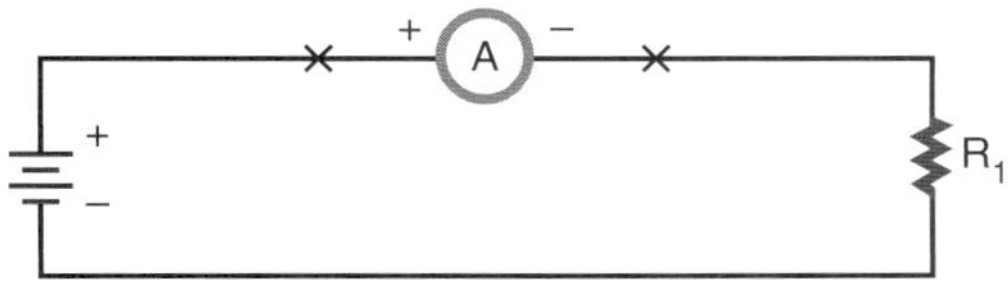

그림 6-10

전류계는 VOM의 일부분이다. 검은색 음극 리드는 공통 단자 또는 음극 잭에 꽂고, 붉은색 양극 리드는 플러스(+) 기호가 있는 잭에 꽂는다.

그림 6-11

전류계는 양극 단자는 회로의 양극에 연결하고, 음극 단자는 회로의 음극에 연결한다.

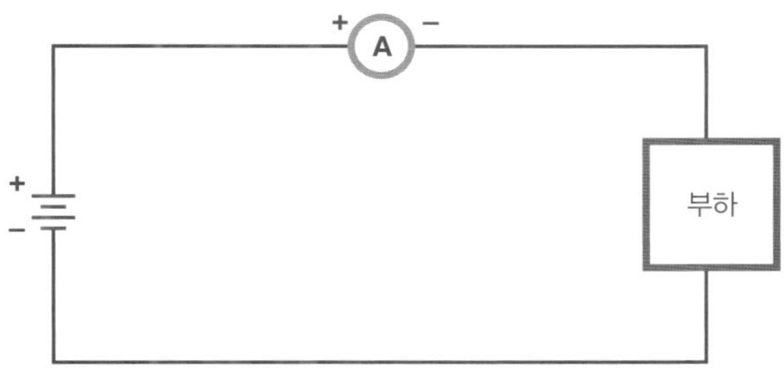

가 반대로 연결된 것이다.

회로를 개방하지 않고 그리고 전류계를 직렬로 연결하지 않은 상태에서 전류를 측정하는 또 다른 방법은, 값을 알고 있는 저항기를 그 회로에 사용하는 것이다. 이 저항기를 **전류계 분로**(ammeter shunt)라 하며 제조회사가 설치하거나 임시로 삽입할 수 있다. 이 저항기는 이후의

그림 6-12

부하에 흐르는 전류를 구하는 방법

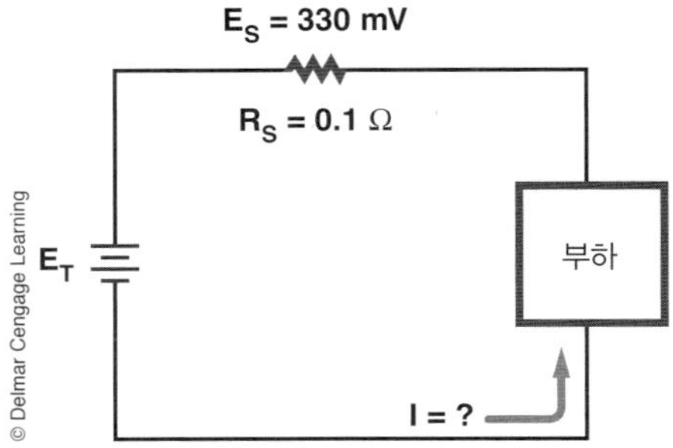

회로 테스트를 위하여 남겨 놓을 수도 있으며 회로의 정상적인 작동에 간섭을 주지 않을 정도로 충분히 작은 값이어야 한다.

이 저항기의 역할은 측정을 위한 작은 출력 전압을 발생하는 것이다. 가장 좋은 계측기는 미세한 전압을 정확하게 측정할 수 있는 DMM이다. 옴의 법칙($I = E/R$)을 사용하여 전류계 분로에 흐르는 전류 값을 계산할 수 있다. DMM으로 읽은 전압을 저항 값으로 나누면 회로에 흐르는 전류를 얻을 수 있다.

그림 6-12는 0.1Ω 저항기를 전류계 분로로 사용하고 있는 것을 보여주고 있다. DMM의 전압이 330 mV라면, 회로에는 3.3 A의 전류가 흐른다.

$$I = \frac{E}{R}$$

$$I = \frac{0.330}{0.1}$$

$$I = 3.3 \text{ A}$$

이러한 방법을 사용하는 장점은 회로를 개방하지 않고 전류계도 사용하지 않는다는 것이다. 전류가 아니라 전압을 읽는다는 데 주목하라.

주의

절대로 아날로그 전류계를 회로의 어떤 부품과도 병렬로 연결해서는 안 된다. 만약 병렬로 연결하면 전류계의 퓨즈가 끊어지고 계측기나 회로에도 중대한 손상을 주게 된다. 또한 전류계는 전압원에 직접 연결해서도 안 된다.

전류계는 회로에 설치 후 전원을 넣기 전에 가장 높은 눈금 범위에 놓아야 한다. 전원을 인가한 후에 전류계를 적당한 눈금 범위에 놓을 수 있다. 이렇게 하면 계측기의 바늘이 끝까지 움직이는 것을 막을 수 있다.

전류계의 내부 저항이 회로에 더해져 회로의 전체 저항을 증가시킨다. 따라서 측정된 회로 전류는 실제 회로 전류보다 약간 낮아지게 된다. 하지만 전류계의 저항은 일반적으로 회로 저항에 비해 작으므로 그 오차는 무시한다.

클립 전류계(clip-on ammeter)는 회로에 직접 연결하지 않고 전류의 흐름에 의해 생성된 전자기장(electromagnetic field)을 이용하여 회로의 전류를 측정한다.

6-4 질문

1. 전류계를 회로에 어떻게 연결되는가?
2. 전류계를 회로에 연결하기 전에 먼저 해야 할 일은 무엇인가?
3. 전류계가 역방향으로 움직인다면 어떻게 해야 하는가?
4. 전류계에 전원을 연결하기 전에 전류계의 눈금 범위를 어디에 두어야 하는가?
5. 회로에서 전류계를 절대로 병렬로 연결하지 말아야 하는 이유는 무엇인가?

6-5 전압의 측정

전압은 두 점 사이에 존재한다. 즉 전압은 전류처럼 회로를 통해 흐르는 것이 아니다. 따라서 전압을 측정하기 위해 사용하는 전압계는 회로와 병렬로 연결한다.

주의

만약 아날로그 전압계를 회로와 직렬르 연결하면 계측기에 큰 전류가 흐를 수 있어 계측기가 손상될 수 있다.

전기의 극성은 매우 중요하다. 전압계의 음극 단자는 회로의 음극 부분에 연결하고, 양극 단자는 회로의 양극 부분에 연결해야 한다(그림 6-13). 만약 연결 방향이 반대로 되면 바늘이 계측기의 왼쪽으로 움직여서 측정을 할 수 없게 된다. 만약 이러한 일이 발생하면 계측기의 리드를 바꾸어 연결해야 한다.

그림 6-13

회로에 전압계를 연결할 때 극성에 주의해야 한다.

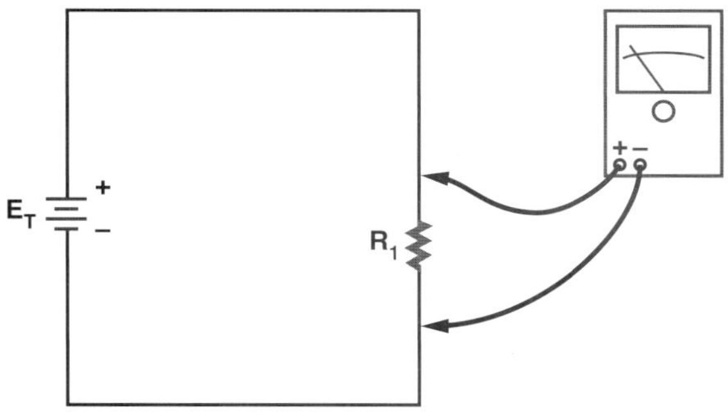

회로의 전원을 끄고, 전압계를 연결하고 나서 전원을 다시 공급해야 한다. 처음에는 전압계의 가장 높은 눈금 범위에 놓는다. 회로에 전압을 가한 뒤에, 계측기의 적당한 눈금 범위로 낮춘다.

전압계의 내부 저항은 측정할 회로와 병렬로 연결된다. 병렬 저항기의 전체 저항은 항상 가장 작은 저항보다도 작다. 그 결과 전압계로 읽혀진 전압은 부품 양단의 실제 전압보다 작다. 대부분의 경우 전압계의 내부 저항이 높기 때문에 오차는 무시할 수 있다. 하지만 저항이 높은 회로에서 계측기의 내부 저항은 전압 측정에 영향을 미칠 수 있다. 이런 이유로 전압계는 내부 저항이 특별히 높게 설계된다.

현재 DMM이 가장 많이 사용되고 있다. 이 DMM의 전압 범위는 피측정 회로에 부하 효과(loading effect)를 거의 미치지 않는다. DMM의 내부 저항은 그의 전압 범위에서 보통 10 MΩ까지 이른다. 품질이 좋은 아날로그 계측기라도 내부 저항이 20,000 Ω/V이다. 여기서 20,000 Ω/V는 1-V범위에서 20,000 Ω을 나타내는 것을 뜻한다.

6-5 질문

1. 전압계를 회로에 어떻게 연결하는가?
2. 전압계를 회로에 연결하기 위해 해야 할 일은 무엇인가?
3. 만약 전압계가 역방향으로 움직인다면 어떻게 해야 하는가?
4. 저항이 높은 회로를 측정할 때 어떠한 주의가 필요한가?
5. 회로에서 전압계를 절대로 직렬로 연결하지 말아야 하는 이유는 무엇인가?

6-6 저항의 측정

저항계는 알고 있는 전압을 가하여 회로나 부품의 저항을 측정한다. 이 전압은 배터리로부터 공급된다. 측정하고자 하는 부품을 통하여 계측기 회로에 일정한 전압이 가해지면 전류의 흐름에 의해 계측기 바늘이 움직인다. 계측기의 바늘은 측정되는 저항에 따라 변화한다. 회로나 부품의 저항을 측정하려면 저항계를 회로나 부품과 병렬로 연결해야 한다.

주의

회로에 저항계를 접속하기 전에 전원이 꺼져 있는지 확인해야 한다.

회로에 있는 부품 하나를 측정하려면 회로로부터 부품의 한쪽 끝을 분리해야 한다. 이렇게 해야 병렬 경로가 제거되어 올바른 저항 값을 읽을 수 있게 된다. 정확한 값을 읽기 위해서는 소자를 회로로부터 제거하고, 그런 다음에 저항계의 리드를 부품 양단에 연결해야 한다(그림 6-14).

저항계의 첫째 목적은 저항을 측정하기 위함이므로 저항계는 어떤 회로가 개방, 단락 또는 닫혀있는지를 결정하는 데도 사용할 수 있다. **개방회로**(open circuit)는 이 회로를 통해 전류가 흐르지 못하므로 무한대의 저항을 가진다(그림 6-15). **단락 회로**(short circuit)는 전압 강하 없이 회로를 통해 전류가 흐르기 때문에 0 옴의 저항

그림 6-14

저항을 측정하기 위해 저항계를 사용할 때, 피측정 소자를 회로로부터 제거해야 한다.

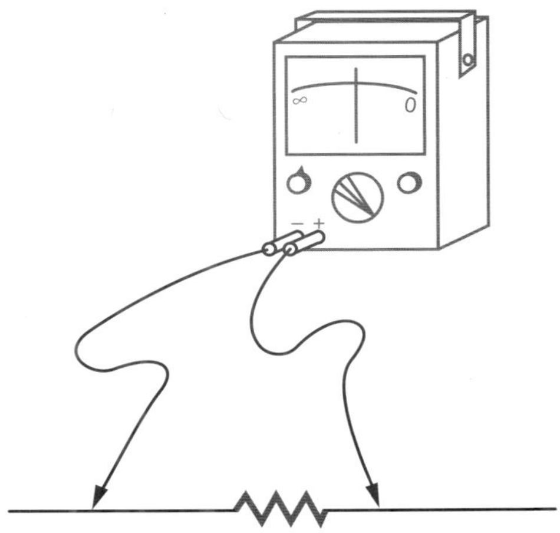

그림 6-15

저항계는 회로가 개방되어 있는지를 결정하는 데 사용할 수 있다. 개방회로는 높은 저항을 나타낸다.

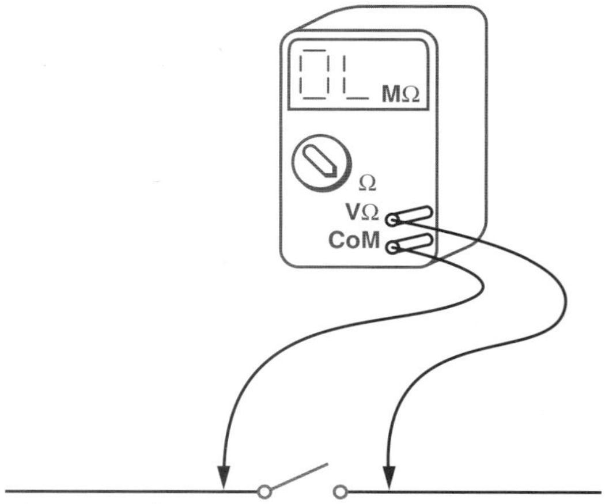

그림 6-16

저항계는 회로가 전류 흐름을 위한 완전한 경로인지 결정하는 데 사용할 수 있다. 폐회로는 낮은 저항을 가리킨다.

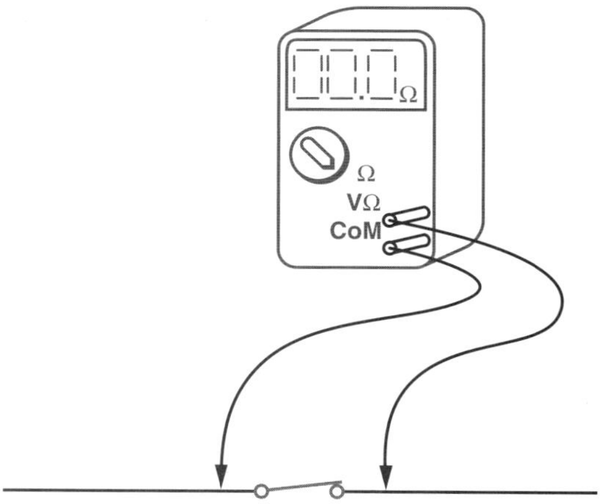

을 갖는다. **폐회로**(closed circuit)는 전류 흐름을 위한 완전한 하나의 경로이다. 이 회로의 저항은 회로의 부품에 따라 달라진다(그림 6-16).

개방회로, 단락 회로 또는 폐회로 시험을 **연속 시험**(continuity test) 또는 연속 검사라고 한다. 이 시험은 전류의 경로가 연속되어 있는지를 결정한다. 회로가 개방되어 있는지 아니면 닫혀 있는지를 결정할 때, 저항계의 측정 범위를 최소로 하여 사용해야 한다. 첫째로, 회로에 저항계로부터의 전류 흐름에 의해 손상될 수 있는 부품이 없는지 확인해야 한다. 그런 다음 피시험 회로의 두 지점에 저항계의 리드를 갖다 댄다. 만약 수치가 나타난다면 그 경로는 닫혀 있거나 또는 단락되어 있다. 수치가 나타나지 않으면 그 경로는 개방 상태이다. 이러한 시험은 회로가 동작하지 않는 이유를 알아내는 데 유용하다.

DMM은 아날로그 멀티미터에 비해 높은 정확성, 디지털 판독 및 수치 읽기의 반복 가능성 측면에서 장점을 가지고 있다. VOM과 달리 DMM은 아주 적은 전류로써 저항을 측정할 수 있다. 반도체 접합 시험에도 사용할 수 있다. 사실 여러 DMM에는 반도체 접합을 시험하기 위한 특수 측정 범위가 있다. 이러한 계측기는 피시험 반도체 접합을 통해 흐르는 전류가 약 1mA 정드 사용된다.

DMM의 또 다른 특징은 연속 시험을 위한 오디오 신호, 즉 '삐퍼(beeper)'가 있다는 것이다. 이것은 운용자에게 연속 시험 중 계측기에는 신경을 쓰지 않고 회로에만 집중하도록 해준다. 삐퍼 기능은 저항 측정보다는 연속 시험에 사용하기 위한 것이다.

> **주:** 어떤 계측기라도 이를 사용할 때는 신체 저항이 피시험 부품과 병렬로 되어 오차를 유발하는 것을 막기 위하여 탐침에 손가락이 닫지 않도록 하는 것이 중요하다.

6-6 질문

1. 저항계는 어떻게 동작하는가?
2. 회로에 저항계를 연결하기 전에 주의해야 할 점은 무엇인가?
3. 저항계의 첫째 목적은 무엇인가?
4. 저항계를 사용하는 다른 목적은 무엇인가?
5. 반도체를 검사하는 데에 VOM보다 DMM을 사용하는 것이 좋은 점은 무엇인가?
6. 연속 검사에서 VOM에 비하여 DMM이 더 좋은 점은 무엇인가?

6-7 계측기의 눈금 읽기

전압계와 전류계의 눈금은 같은 방법으로 읽는다. 하지만 전압계는 볼트를 측정하고, 전류계는 암페어를 측정한다.

계측기가 가리키는 최대값을 **전체 눈금 값**(full scale

그림 6-17
측정값은 1 볼트 또는 1 암페어를 나타낸다.

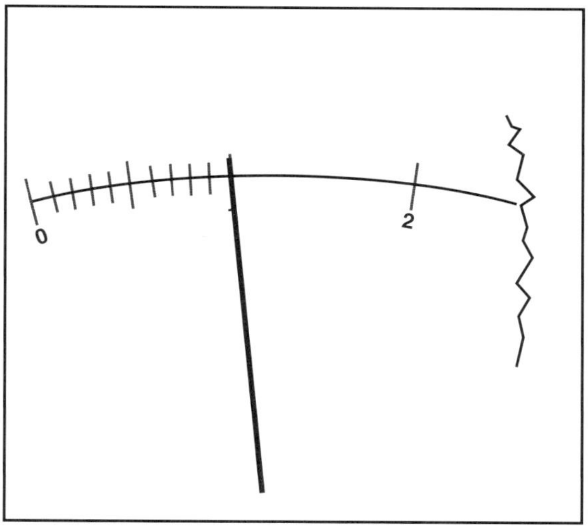

value)이라 한다. 즉, 계측기가 읽을 수 있는 최대 전압 또는 전류가 그 계측기의 전체 눈금 값이다.

전압이나 전류의 측정된 값은 바늘이 가리키는 눈금으로부터 읽는다. 예를 들어, 그림 6-17에서 바늘은 큰 눈금 1을 가리키므로 1 볼트 또는 1 암페어를 나타낸다. 그림 6-18에서는 계측기가 큰 눈금 7을 가리키므로 7 암페어 또는 7 볼트를 나타낸다.

만약 계측기의 바늘이 큰 눈금 사이에서 정지해 있다면 작은 눈금을 읽는다. 그림 6-19는 큰 눈금 사이가 작은 눈금 4 개가 있어서, 똑 같은 간격이 다섯 개임을 보여주고 있다. 이 작은 간격은 하나의 큰 간격의 5분의 1, 즉 0.2 단위를 나타낸다.

만약 바늘이 작은 눈금 사이에 떨어진다면 그 값은 어림해야 한다. 그림 6-20에서 바늘은 2/5 (0.4)와 3/5 (0.6) 사이를 가리킨다. 이 값은 근사적으로 2.5 볼트 또는 2.5 암페어이다. 그림 6-21에서는 바늘이 3/5 (0.6)와 4/5 (0.8) 사이의 4분의 1을 가리킨다. 각각의 작은 간격은 0.2를 가리키고, 0.2의 4분의 1은 0.05이다. 따라서 이 눈금은 대략 4.65 볼트 또는 4.65 암페어의 값을 나타낸다.

계측기의 큰 눈금 및 작은 눈금의 숫자는 전압 또는 전류의 범위에 따라 달라진다. 모든 경우, 작은 간격의 값은 전체 간격을 큰 간격의 값으로 나눔으로써 구할 수 있다.

계측기의 저항 눈금은 대부분의 전압 및 전류 눈금과는 다르다(그림 6-22). 저항 눈금은 전압 및 전류와는 달리 오른쪽에서 왼쪽으로 읽는다. 또한 저항 눈금은 비

그림 6-19
각각의 작은 간격은 0.2 볼트 또는 0.2 암페어를 나타낸다.

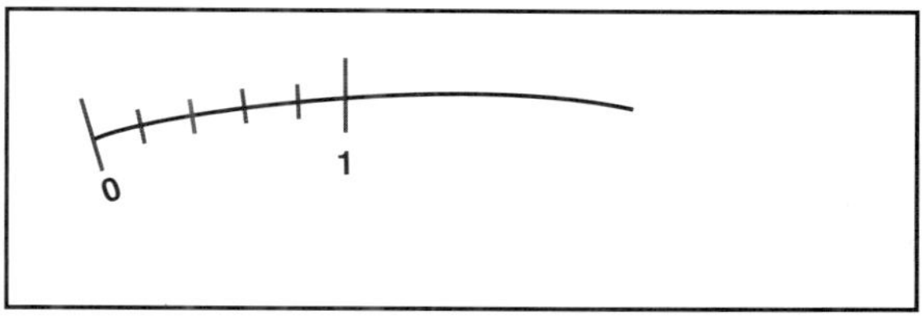

그림 6-18
측정값은 7 볼트 또는 7 암페어를 나타낸다.

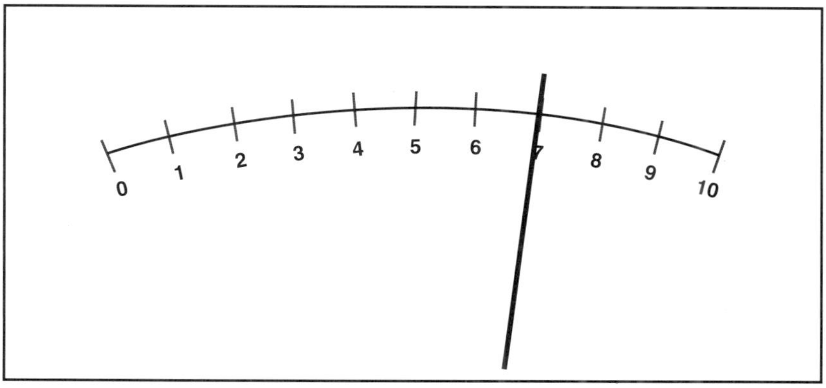

그림 6-20
측정값은 7 볼트 또는 7 암페어를 나타낸다.

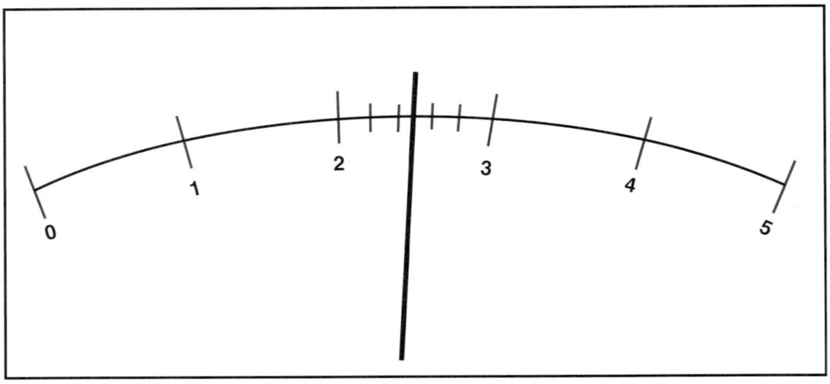

그림 6-21
측정값은 4.65 볼트 또는 4.65 암페어를 나타낸다.

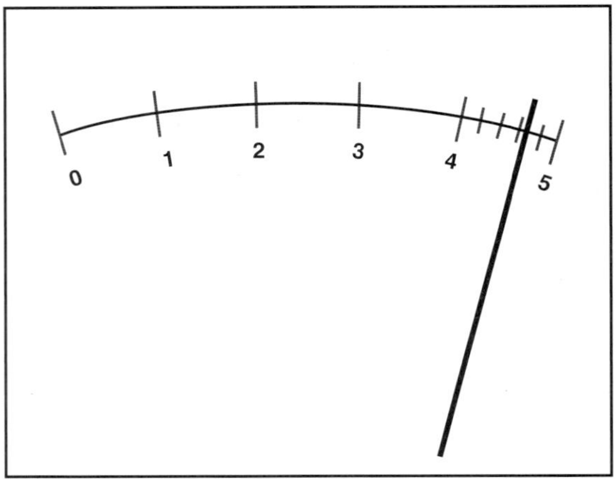

선형 눈금이므로 큰 간격들 사이의 작은 간격은 눈금의 개수가 같지 않다. 0과 1 사이에 다섯 개의 작은 간격이 있는데 각각은 같은 0.2 단위이다. 6과 10 사이의 네 개의 간격은 각각 1 단위로 표시되어 있고, 그 간격 사이의 작은 간격은 0.5 단위이다. 50과 100 사이의 다섯 개의 작은 간격은 각각 10 단위로 표시되어 있다. 100과 500 사이의 네 개의 작은 간격은 각각 100 단위로 표시되어 있으며, 첫 번째 간격은 두 개의 50 단위로 나뉜다. 왼쪽 끝의 마지막 표시는 무한대(∞)를 나타낸다. 만약 바늘이 이 표시를 가리키면, 저항은 계측기의 눈금을 초과한 것이다. 바늘은 보통 측정되는 저항이 없을 때 무한대 지점에 놓인다. 그림 6-23은 바늘이 1.5 옴을 가리키는 것을 보여주며, 그림 6-24는 바늘이 200 옴을 가리키는 것을 보여준다.

저항계를 사용하기에 앞서 시험 리드들을 서로 단락시키고 영점을 조절하여 바늘이 0을 가리키도록 해야 한다. 이것은 계측기를 교정하고 배터리의 저하에 대해 보정한다.

그림 6-22
저항계의 눈금은 오른쪽에서 왼쪽으로 읽는다.

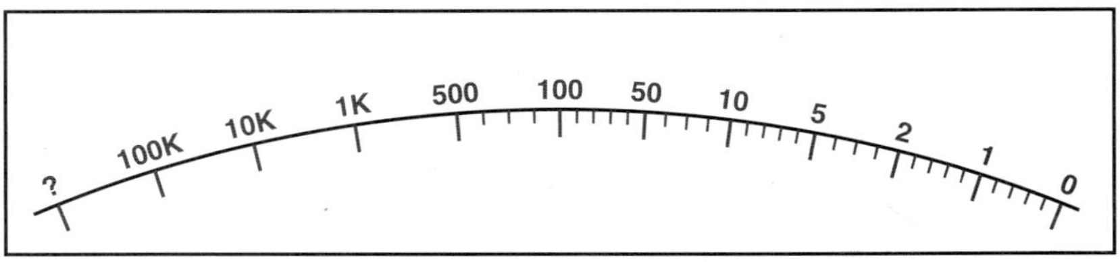

그림 6-23

측정값은 1.5 옴을 나타낸다.

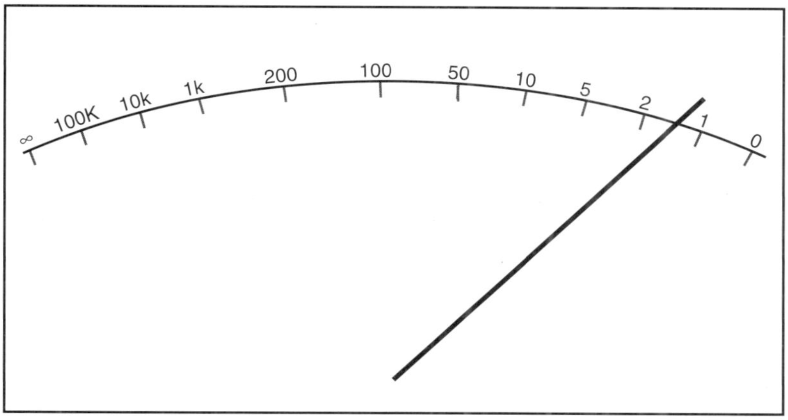

그림 6-24

측정값은 200 옴을 나타낸다.

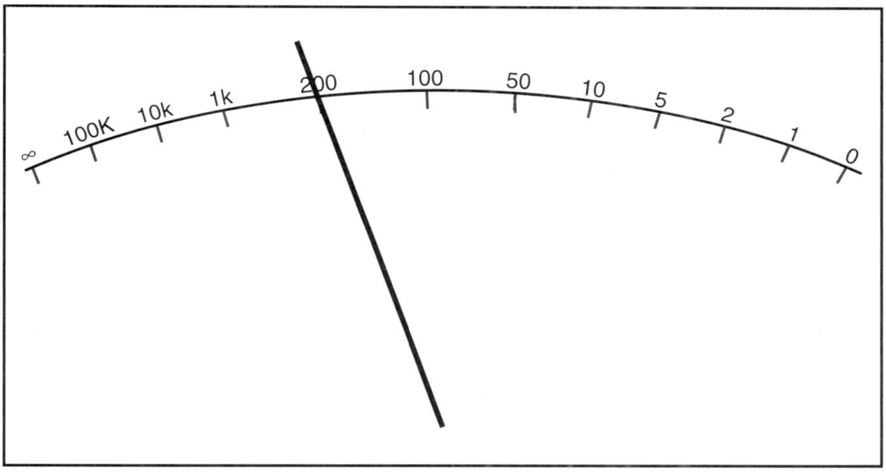

그림 6-25

아날로그 멀티미터

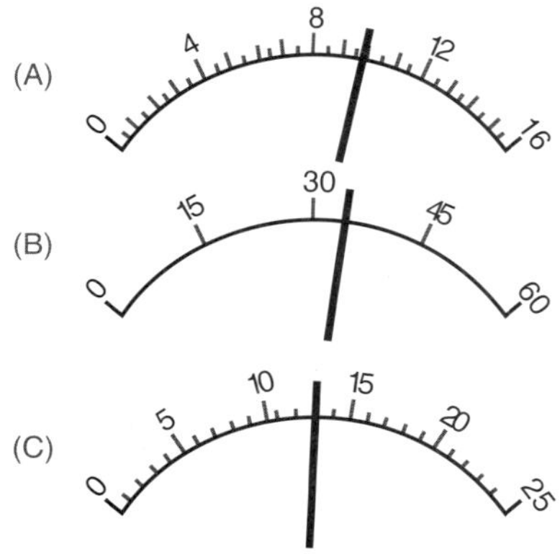

6-7 질문

1. 아날로그 계측기가 측정할 수 있는 최대값은 무엇이 결정하는가?
2. 저항계의 눈금과 전압계 또는 전류계의 눈금 사이의 차이점은 무엇인가?
3. 실제로는 전류가 무엇을 측정하는가?
4. 그림 6-25에서 전압계 눈금을 읽어라.
5. 저항계가 무한대(∞)를 나타내고 있다면 무엇을 측정하고 있는 것이 되는가?

요약

- 아날로그 계측기는 바늘이 있는 눈금을 사용한다.
- 디지털 계측기는 직접 판독 기능을 제공한다.
- 아날로그 계측기와 디지털 계측기는 둘 다 붉은색 단자는 양극이고, 검은색 단자는 음극이다.
- 아날로그 계측기를 시용하기 전에 기계적인 영점 조절을 확인하여야 한다.
- 멀티미터는 전압계, 전류계 및 저항계를 하나의 계측기로 만든 것이다.
- VOM은 전압, 저항 및 밀리암페어를 측정하는 아날로그 멀티미터이다.
- DMM은 디지털 멀티미터이다.
- 멀티미터에서 눈금 선택기 스위치는 사용할 기능을 선택한다.
- 전류계는 회로와 직렬로 연결해야 한다.
- 전압계는 회로와 병렬로 연결해야 한다.
- 저항계는 측정할 저항기를 통해 흐르는 전류의 양에 의해 저항을 측정한다.
- 계측기 눈금의 최대값을 전체 눈금 값이라고 한다.
- 계측기의 눈금 개수는 그 계측기가 측정하고자 하는 범위에 따라 다르다.
- 전류계와 전압계는 왼쪽에서 오른쪽으로 읽으며 선형 눈금을 가진다.
- 저항계는 오른쪽에서 왼쪽으로 읽으며 비선 눈금을 가진다.
- 아날로그 저항계는 사용하기 전에 배터리 저하에 대해 보정하기 위해 교정해야 한다.

CHAPTER 6

자기테스트

1. 아날로그 계측기와 디지털 계측기 중에서 정확한 값을 읽기 위해서는 어떤 형이 적합한가?
2. 아날로그 계측기와 디지털 계측기 중에서 원천의 빠른 변화를 검사하려면 어떤 형이 적합한가?
3. 다음 각각에 대해 계측기 눈금을 그리고, 바늘이 어느 점을 가리켜야 하는지를 보여라.
   a. 23 V
   b. 220 mA
   c. 2700 옴
4. 멀티미터를 사용하는 장점은 무엇인가?
5. 다음을 각각 측정하기 위해 회로에서 멀티미터를 연결하는 방법을 그림으로 그려라: 전압, 전류, 저항
6. VOM과 DMM의 차이점은 무엇인가?
7. VOM을 사용할 때, 선택 스위치를 어떤 범위에 맞춰야 하는가?
8. VOM을 사용할 때 지시기가 눈금판 오른쪽 끝까지 움직여 한계 핀에 달라붙는 경우, 즉시 무엇을 해야 하는가? 뒤따라 무슨 조치를 취해야 하는가?
9. 왜 아날로그 방식의 전류계와 전압계는 눈금을 왼쪽에서 오른쪽으로 읽어야 하고, 아날로그 저항계는 오른쪽에서 왼쪽으로 읽어야 하는가?
10. DMM 저항계는 사용하기 전에 반드시 기능을 교정해야 하는가?

CHAPTER 7

전력
POWER

목표

이 장을 마치고 나면 다음과 같은 것을 할 수 있게 된다.

- 전기회로와 관련하여 전력을 정의한다.
- 전류와 전압의 관계를 설명한다.
- 전기회로에서의 전력 소비량을 구한다.
- 직렬회로, 병렬회로 및 직렬–병렬회로에서의 전체 전력 소비량을 구한다.

주요 용어

와트
전력
전력률

전류, 전압 및 저항 외에 회로 해석에서 네 번째로 중요한 것이 있는데 이 양을 전력이라 부른다.

전력은 일을 하고 있는 비율이다. 전력은 회로에 전류가 흐르는 경우에는 언제나 소비된다. 전력은 전류와 전압 모두에 직접 비례한다.

이 장에서는 전력을 포함하는 회로의 응용에 대해 살펴본다.

7-1 전력

전기적인 또는 기계적인 전력은 일을 하고 있는 비율과 관련이 있다. 일은 힘이 운동을 일으킬 때는 언제나 행해진다. 만약 기계적인 힘이 추를 들어 올리거나 이동시킬 때 사용된다면 일이 행해지는 것이다. 그러나 두 개의 고정된 물체 사이에 있는 압축된 스프링의 힘과 같이, 운동을 일으키지 않고 힘이 가해졌다면 일을 한 것이 아니다.

전압은 폐회로에 전류를 흐르도록 하는 전기적인 힘이다. 전압이 두 점 사이에 존재하며 전류가 흐르지 않는다면 아무 일도 한 것이 아니다. 이것은 아무 운동도 일으키지 않는 장력 상태에 놓인 스프링과 같다. 회로에서 전압이 전자의 움직임을 야기할 때 일은 행해진다. 일이 행해지는 순간의 양을 **전기 전력률**(electric power rate)이라 하고 와트(watt, W)로 측정한다. **전력**(power)은 에너지가 회로에서 소비되는 율이라고 정의할 수 있다.

행해진 일의 전체적인 양은 다양한 길이의 시간 내에 이루어질 수 있다. 예를 들면, 일정량의 전자가 한 지점에서 다른 곳으로 움직일 때 그들이 움직이는 율에 따라서 1초나 1분 또는 1시간이 걸릴 수 있다. 이 모든 경우 일을 한 총합은 같다. 그러나 짧은 시간 동안 일을 했을 때의 순간 전력률(와트 수)은 같은 양의 일을 좀 더 긴 시간 동안에 했을 때보다 크다.

앞에서 언급했듯이 전력의 기본 단위는 **와트**이다. 와트는 회로에 걸린 전압과 회로에 흐르는 전류의 곱과 같다. 이것은 일이 행해지는 어떤 주어진 순간에 회로를 통해 전자가 이동하는 비율을 나타낸다. 기호 P는 전력을 나타낸다. 전력과 전류 및 전압의 관계는 다음과 같이 표현할 수 있다.

$$P = I \times E$$

I는 회로에 흐르는 전류를 나타내고, E는 회로에 가해진 전압을 나타낸다. 전력의 양은 회로의 전압 또는 전류의 변화에 따라 달라진다.

그림 7-1

회로에 전압계를 연결할 때 극성에 주의해야 한다.

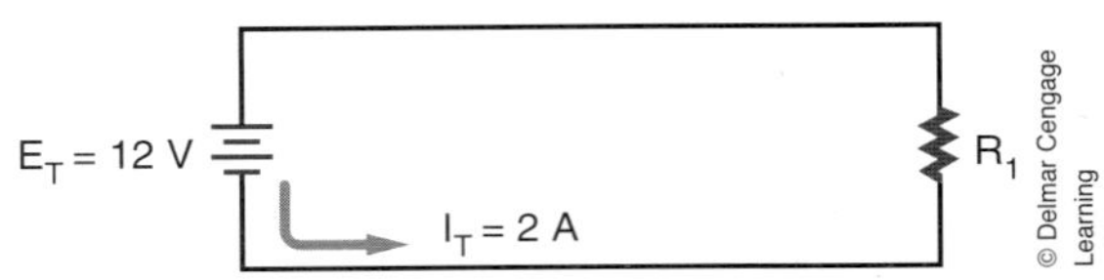

예제 그림 7-1의 회로에서 소비되는 전력을 계산하라.

주어진 값:	풀이:
P = ?	P = IE
I = 2 암페어	P = (2)(12)
E = 12 볼트	P = 24 와트

예제 200 와트로 2 암페어의 전류를 공급하는 데 필요한 전압은 얼마인가?

주어진 값:	풀이:
P = 200 와트	P = IE
I = 2 암페어	200 = 2(E)
E = ?	100 볼트 = E

예제 100 와트, 120 볼트의 전구는 얼마의 전류는 사용하는가?

주어진 값:	풀이:
P = 100 와트	P = IE
I = ?	100 = (I)(120)
E = 120 볼트	0.83 암페어 = I

7-1 질문

1. 전기회로와 관련하여 전력을 정의하라.
2. 전력을 측정하는 데 사용되는 단위는 무엇인가?
3. 어떤 주어진 순간에 행해지는 일의 비율은 무엇으로 나타내는가?
4. 서로 다른 시간 동안 동일한 일이 행해졌다고 하자. 이때 전체 일의 양도 동일한가?
5. 빠진 값을 계산하라.
   a. P = ?, E = 12 V, I = 1 A
   b. P = 1000 W, E = ?, I = 10 A
   c. P = 150 W, E = 120 V, I = ?

7-2 전력 응용(회로 해석)

회로에서 저항성 부품은 전력을 소비한다. 부품이 소비한 전력은 부품에서의 전압강하와 부품을 통해 흐르는 전류와의 곱으로써 구한다.

$$P = IE$$

직렬 또는 병렬회로에서 소비되는 전력의 총합은 개개의 부품이 소비하는 전력의 합과 같다. 이것은 다음과 같이 표현할 수 있다.

$$P_T = P_{R_1} + P_{R_2} + P_{R_3} \cdots + P_{R_n}$$

회로에서 소비되는 전력은 종종 1 와트 미만이다. 이러한 작은 값들을 사용하기 쉽게 하기 위해 밀리와트(mW)와 마이크로와트(μW)를 사용한다.

$$1000 \text{ 밀리와트} = 1 \text{ 와트}$$

$$1 \text{ 밀리와트} = \frac{1}{1000} \text{ 와트}$$

$$1{,}000{,}000 \text{ 마이크로와트} = 1 \text{ 와트}$$

$$1 \text{ 마이크로와트} = \frac{1}{1{,}000{,}000} \text{ 와트}$$

예제 그림 7-2에 나타낸 회로에서 소비되는 전력은 얼마인가?

먼저 회로의 전체 저항을 결정한다.

주어진 값:	풀이:
$R_T = ?$	$R_T = R_1 + R_2 + R_3$
$R_1 = 560$ 옴	$R_T = 560 + 820 + 1000$
$R_2 = 820$ 옴	$R_T = 2380$ 옴
$R_3 = 1000$ 옴	

그림 7-2

회로에 전압계를 연결할 때 극성에 주의해야 한다.

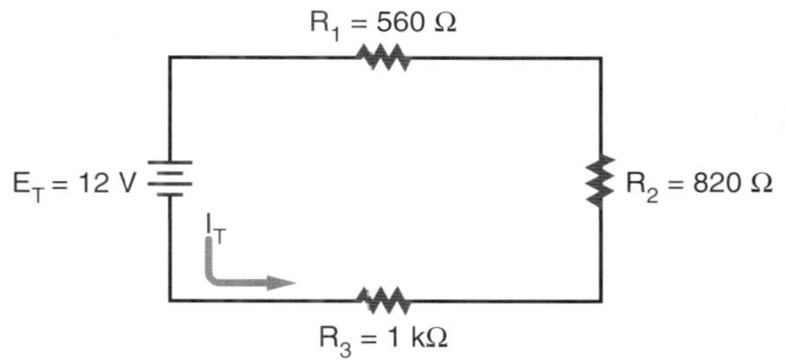

이제 옴의 법칙을 이용하여 회로에 흐르는 전체 전류를 구한다.

주어진 값:	풀이:
$I_T = ?$	$I_T = \frac{E_T}{R_T}$
$E_T = 12$ 볼트	$I_T = \frac{12}{2380}$
$R_T = 2380$ 옴	$I_T = 0.005$ 암페어

총소비 전력은 이제 전력 공식을 이용하여 계산할 수 있다.

주어진 값:	풀이:
$P_T = ?$	$P_T = I_T E_T$
$I_T = 0.005$ 암페어	$P_T = (0.005)(12)$
$E_T = 12$ 볼트	$P_t = 0.06$ 와트 또는 60 mW

예제 그림 7-3에 나타낸 회로에서 저항기 R_2의 값은 얼마인가?

먼저 저항기 R_1 양단의 전압강하를 구한다. 병렬회로는 모든 가지에서의 전압이 같다.

그림 7-3

회로에 전압계를 연결할 때 극성에 주의해야 한다.

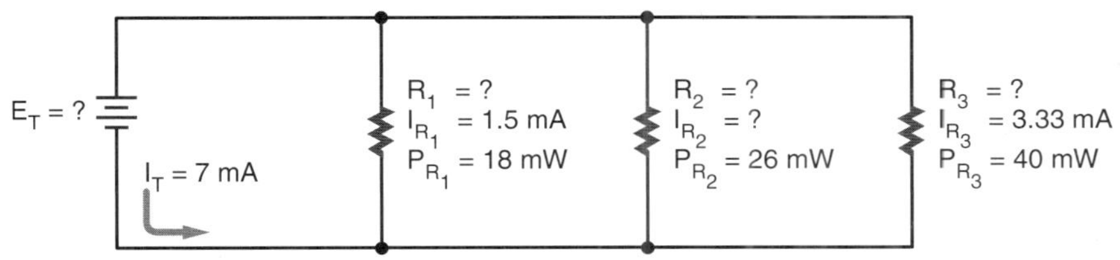

주어진 값:

$$P_{R_1} = 0.018 \text{ 와트}$$
$$I_{R_1} = 0.0015 \text{ 암페어}$$
$$E_{R_1} = ?$$

풀이:

$$P_{R_1} = I_{R_1}E_{R_1}$$
$$0.018 = (0.0015)(E_{R_1})$$
$$E_{R_1} = 12 \text{ 볼트}$$

이제 저항기 R_2에 흐르는 전류를 계산할 수 있다.

주어진 값:

$$P_{R_2} = 0.026 \text{ 와트}$$
$$I_{R_2} = ?$$
$$E_{R_2} = 12 \text{ 볼트}$$

풀이:

$$P_{R_2} = I_{R_2}E_{R_2}$$
$$0.026 = (I_{R_2})(12)$$
$$I_{R_2} = 0.00217 \text{ 암페어}$$

R_2의 저항값은 이제 옴의 법칙을 이용하여 계산할 수 있다.

주어진 값:

$$I_{R_2} = 0.00217 \text{ 암페어}$$
$$E_{R_2} = 12 \text{ 볼트}$$
$$R_2 = ?$$

풀이:

$$I_{R_2} = \frac{E_{R_2}}{R_2}$$
$$0.00217 = \frac{12}{R_2}$$
$$R_2 = 5530 \text{ 옴}$$

예제 22 옴의 저항기에 0.05 암페어의 전류가 흐른다면 저항기에 의해 소비되는 전력은 얼마인가?

먼저 저항기 양단의 전압강하를 옴의 법칙을 이용하여 계산해야 한다.

주어진 값:	풀이:
$I_R = 0.05$ 암페어	$I_E = \frac{E_R}{R}$
$E_R = ?$	$0.05 = \frac{E_R}{22}$
$R = 22$ 옴	$E_R = 1.1$ 볼트

저항기에서 소비되는 전력은 이제 전력 공식을 이용하여 계산할 수 있다.

주어진 값:	풀이:
$P_R = ?$	$P_R = I_RE_R$
$E_R = 1.1$ 볼트	$P_R = (0.05)(1.1)$
$I_R = 0.05$ 암페어	$P_R = 0.055$ 와트 또는 55 mW

7-2 질문

1. 전류와 전압의 두 값을 알고 있을 때 전력 공식은 무엇인가?
2. 직렬회로에서의 전체 전력을 구하는 공식과 병렬회로에서의 전체 전력을 구하는 공식은 무엇인가?
3. 다음을 변환하라.
   a. 100 mW = ____________ μW
   b. 10 W = ____________ mW
   c. 10 μW = ____________ W
   d. 1000 μW = ____________ mW
   e. 0.025 W = ____________ mW
4. 그림 7-4에 나타낸 회로의 각 저항기에서 소비되는 전력은 얼마인가?
5. 그림 7-5에 나타낸 회로의 각 저항기에서 소비되는 전력은 얼마인가?
6. 그림 7-6에 나타낸 회로의 각 저항기에서 소비되는 전력은 얼마인가?

그림 7-4

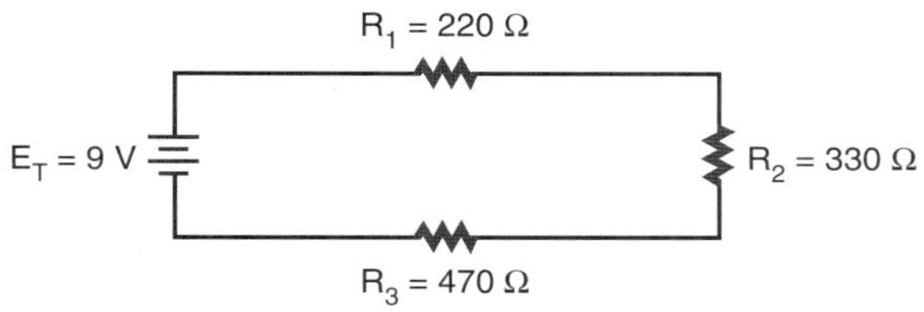

그림 7-6

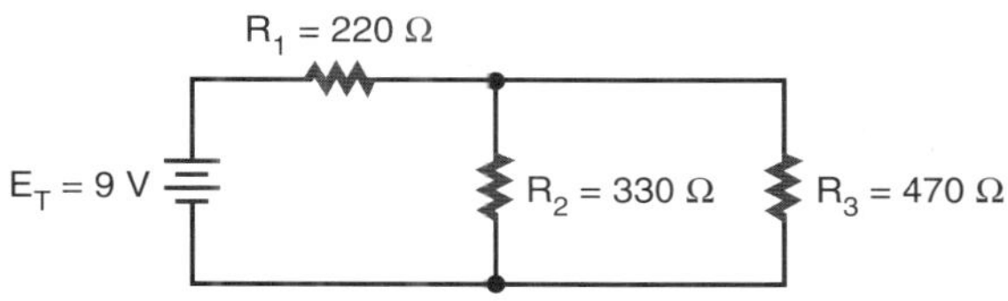

그림 7-5

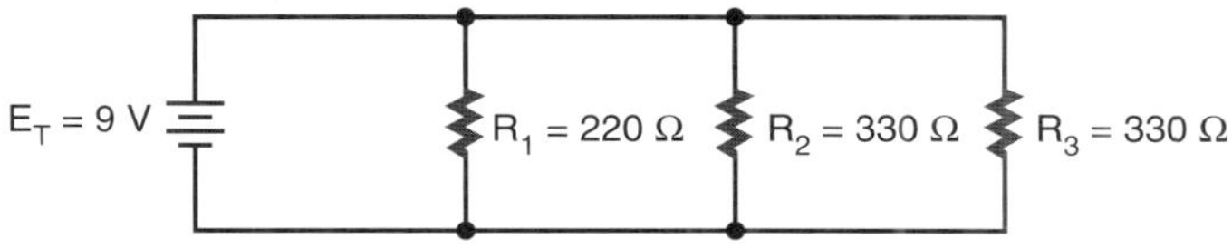

요약

- 전력은 회로에 전달되는 에너지의 율이다.
- 전력은 또한 회로에서 에너지(열)가 저항에 의해 소비되는 율이다.
- 전력은 와트로 측정된다.
- 전력은 전류와 전압의 곱이다.

$$P = IE$$

- 직렬 또는 병렬회로에서 소비된 총전력은 개개의 부품에서 소비된 전력의 합과 같다.

$$P_T = P_1 + P_2 + P_3 \cdots + P_n$$

CHAPTER 7

자기테스트

와트의 법칙을 이용하여 다음에서 빠진 값을 구하라.

1. P = ?	E = 30 V	I = 40 mA
2. P = 1 W	E = ?	I = 10 mA
3. P = 12.3 W	E = 30 V	I = ?

4. 다음의 회로에서 소비되는 전력의 총합은 얼마인가?

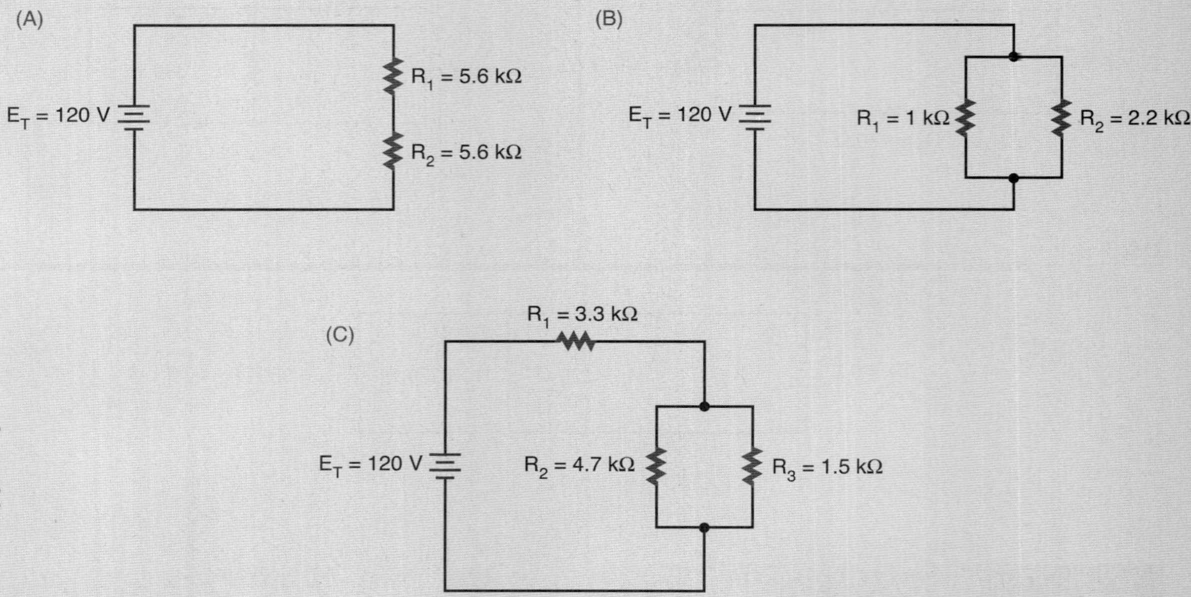

5. 문제 4번의 회로에서 소비되는 전체 전력은 얼마인가?

CHAPTER 8

직류회로

DC CIRCUITS

목표

이 장을 마치고 나면 다음과 같은 것을 할 수 있게 된다.

- 직렬, 병렬 및 직렬–병렬회로에서 모든 미지의 값(전류, 전압, 저항 및 전력)을 구한다.
- 전압 분배기의 중요성을 이해한다.
- 전압 분배 회로에서 모든 미지의 값을 설계하고 구한다.

주요 용어

반비례
스케일링
전압 분배기
휫스톤 브리지

전자공학을 공부하면 계속해서 회로를 만나게 된다. 가장 일반적으로 사용되는 회로는 직렬회로, 병렬회로 및 직렬-병렬회로이다.

이 장에서는 앞의 장들에서 배운 내용들을 회로의 세 가지 기본 유형에서 모든 미지의 값을 구하는 데 적용한다. 전압 분배기는 하나의 단일 전압원으로부터 여러 가지의 전압을 얻을 수 있게 할 수 있다. 근본적으로 전압 분배기는 병렬 부하를 가진 직렬회로이다. 이 장에서는 전압 분배기가 직렬회로의 응용으로서 얼마나 중요하며 특정한 응용을 위한 전압 분배기를 어떻게 설계하는지에 대해 설명한다.

8-1 직렬회로

직렬회로(그림 8-1)는 전류가 흐르는 경로가 단 하나뿐이다. 직렬회로의 동작을 결정하는 요인은 다음과 같다:

1. 직렬회로에서 각각의 소자를 통해 흐르는 전류는 동일하다.

$$I_T = I_{R^1} = I_{R^2} = I_{R^3} \cdots = I_{R^N}$$

2. 직렬회로에서의 전체 저항은 개개의 저항의 합과 같다.

$$R_T = R_1 + R_2 + R_3 \cdots + R_n$$

3. 직렬회로에 걸린 전체 전압은 각각의 전압강하의 합과 같다.

$$E_T = E_{R_1} + E_{R_2} + E_{R_3} \cdots E_{R_N}$$

4. 직렬회로에서 한 개의 저항 양단의 전압강하는 저항의 크기에 비례한다($I = E/R$).
5. 직렬회로에서 소비된 전력의 총합은 각각의 소비전력의 합과 같다.

$$P_T = P_{R_1} + P_{R_2} + P_{R_3} \cdots + P_{R_N}$$

그림 8-1

직렬회로

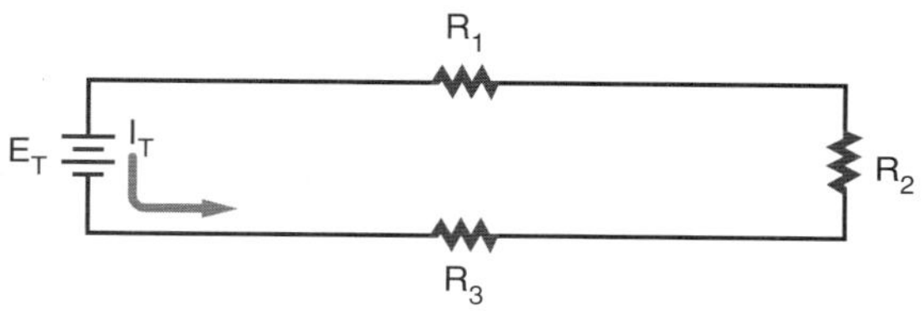

예제 47, 100 및 150 옴의 세 개의 저항기가 12 볼트 배터리에 직렬로 연결되어 있다. 회로의 모든 값을 구하라.

먼저 회로도를 그리고 구하고자 하는 여러 값들을 나열한다(그림 8-2).

주어진 값:

$I_T = ?$	$R_1 = 47$ 옴	$E_{R_1} = ?$
$E_T = 12$ 볼트	$R_2 = 100$ 옴	$E_{R_2} = ?$
$R_T = ?$	$R_3 = 150$ 옴	$E_{R_3} = ?$
$P_T = ?$		$P_{R_1} = ?$
		$P_{R_2} = ?$
		$P_{R_3} = ?$

회로의 모든 값을 구하기 위해서는 먼저 전체 저항을 구해야 한다. 그런 다음에 회로의 전체 전류를 계산할 수 있다. 전류를 알고 나면 전압강하와 소비전력을 계산할 수 있다.

주어진 값:	풀이:
$R_T = ?$	$R_T = R_1 + R_2 + R_3$
$R_1 = 47$ 옴	$R_T = 47 + 100 + 150$
$R_2 = 100$ 옴	$R_T = 297$ 옴
$R_3 = 150$ 옴	

옴의 법칙을 이용하면 전류는 다음과 같다.

주어진 값:	풀이:
$I_T = ?$	$I_T = \dfrac{E_T}{R_T}$

그림 8-2

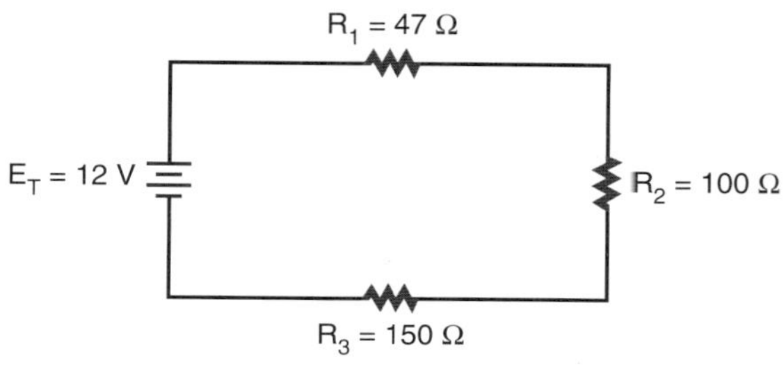

$E_T = 12$ 볼트 $\quad I_T = \frac{12}{297}$

$R_T = 297$ 옴 $\quad I_T = 0.040$ 암페어

$I_T = I_{R_1} = I_{R_2} = I_{R_3}$ 이므로 저항 R_1의 전압강하(E_{R_1})는 다음과 같다.

주어진 값: $\quad$ 풀이:

$I_{R_1} = 0.040$ 암페어 $\quad I_{R_1} = \frac{E_{R_1}}{R_1}$

$E_{R_1} = ?$ $\quad 0.040 = \frac{E_{R_1}}{47}$

$R_1 = 47$ 옴 $\quad E_{R_1} = 1.88$ 볼트

저항 R_2의 전압강하(E_{R_2})는 다음과 같다.

주어진 값: $\quad$ 풀이:

$I_{R_2} = 0.040$ 암페어 $\quad I_{R_2} = \frac{E_{R_2}}{R_2}$

$E_{R_2} = ?$ $\quad 0.040 = \frac{E_{R_2}}{100}$

$R_2 = 100$ 옴 $\quad E_{R_2} = 4$ 볼트

저항 R_3의 전압강하(E_{R_3})는 다음과 같다.

주어진 값: $\quad$ 풀이:

$I_{R_3} = 0.040$ 암페어 $\quad I_{R_3} = \frac{E_{R_3}}{R_3}$

$E_{R_3} = ?$ $\quad 0.040 = \frac{E_{R_3}}{150}$

$R_3 = 150$ 옴 $\quad E_{R_3} = 6$ 볼트

각각의 전압의 합이 전체 전압과 같음을 검증한다.

주어진 값: $\quad$ 풀이:

$E_T = 12$ 볼트 $\quad E_T = E_{R_1} + E_{R_2} + E_{R_3}$

$E_{R_1} = 1.88$ 볼트 $\quad E_T = 1.88 + 4 + 6$

$E_{R_2} = 4$ 볼트 $\quad E_T = 11.88$ 볼트

$E_{R_3} = 6$ 볼트

전체 전류를 소수 셋째 자리까지 근사적으로 계산했기 때문에 주어진 전체 전압과는 차이가 있다.

저항기 R_1에서 소비되는 전력은 다음과 같다.

주어진 값: $\quad$ 풀이:

$P_{R_1} = ?$ $\quad P_{R_1} = I_{R_1}E_{R_1}$

$I_{R_1} = 0.040$ 암페어 $\quad P_{R_1} = (0.040)(1.88)$

$E_{R_1} = 1.88$ 볼트 $\quad P_{R_1} = 0.075$ 와트

저항기 R_2에서 소비되는 전력은 다음과 같다.

주어진 값: $\quad$ 풀이:

$P_{R_2} = ?$ $\quad P_{R_2} = I_{R_2}E_{R_2}$

$I_{R_2} = 0.040$ 암페어 $\quad P_{R_2} = (0.040)(4)$

$E_{R_2} = 4$ 볼트 $\quad P_{R_2} = 0.16$ 와트

저항기 R_3에서 소비되는 전력은 다음과 같다.

주어진 값: $\quad$ 풀이:

$P_{R_3} = ?$ $\quad P_{R_3} = I_{R_3}E_{R_3}$

$I_{R_3} = 0.040$ 암페어 $\quad P_{R_3} = (0.040)(6)$

$E_{R_3} = 6$ 볼트 $\quad P_{R_3} = 0.24$ 와트

총 소비 전력은 다음과 같다.

주어진 값: $\quad$ 풀이:

$P_T = ?$ $\quad P_T = P_{R_1} + P_{R_2} + P_{R_3}$

$P_{R_1} = 0.075$ 와트 $\quad P_T = 0.075 + 0.16 + 0.24$

$P_{R_2} = 0.16$ 와트 $\quad P_T = 0.475$ 와트 또는 475 mW

$P_{R_3} = 0.24$ 와트

8-1 질문

1. 직렬회로에서 전체 전류를 구하는 식은 무엇인가?
2. 직렬회로에서 전체 전압을 구하는 식은 무엇인가?
3. 직렬회로에서 전체 저항을 구하는 식은 무엇인가?
4. 옴의 법칙을 나타내는 식은 무엇인가?
5. 270, 560, 1200 및 1500 옴의 네 개의 저항이 28 볼트의 배터리와 직렬로 연결되어 있다. 회로의 모든 값들을 구하라.

그림 8-3

병렬회로

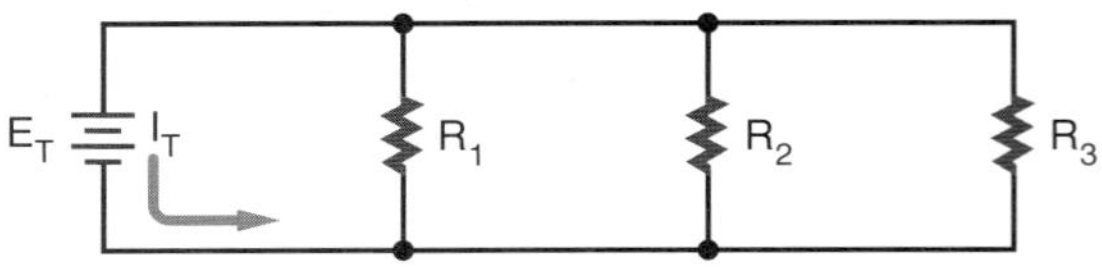

8-2 병렬회로

병렬회로(그림 8-3)는 두 개 이상의 전류 경로를 가진 회로라고 정의한다. 병렬회로의 동작을 결정하는 요인은 다음과 같다:

1. 병렬회로는 동일한 전압이 개별 가지 양단에 존재하며 전압원의 전압과 동일하다.

$$E_T = E_{R_1} = E_{R_2} = E_{R_3} \cdots = E_{R_n}$$

2. 병렬회로의 개별 가지를 통하여 흐르는 전류는 가지 저항에 반비례한다($I = E/R$).
3. 병렬회로의 전체 전류는 개별 가지 전류의 합이다.

$$I_T = I_{R_1} + I_{R_2} + I_{R_3} \cdots + I_{R_n}$$

4. 병렬회로의 전체 저항의 역수는 개별 저항의 역수의 합과 같다.

$$\frac{1}{R_T} = \frac{1}{R_1} + \frac{1}{R_2} + \frac{1}{R_3} \ldots + \frac{1}{R_n}$$

5. 병렬회로에서 소비되는 전체 전력은 개별 저항에서 소비되는 전력의 합과 같다.

$$P_T = P_{R_1} + P_{R_2} + P_{R_3} \cdots + P_{R_n}$$

예제 100, 220 및 470 옴의 세 저항기가 48 볼트의 배터리와 병렬로 연결되어 있다. 회로의 모든 값들을 구하라.

먼저 회로도를 그리고, 구하고자 하는 여러 값들을 나열한다(그림 8-4).

주어진 값:

$I_T = ?$ $R_1 = 100$ 옴 $I_{R_1} = ?$

$E_T = 48$ 볼트 $R_2 = 220$ 옴 $I_{R_2} = ?$

$R_T = ?$ $R_3 = 470$ 옴 $I_{R_3} = ?$

$P_T = ?$ $P_{R_1} = ?$

$P_{R_2} = ?$

$P_{R_3} = ?$

회로의 모든 값을 구하기 위해서는 먼저 전체 저항을 구해야 한다. 그 다음에 회로의 개별 가지에 흐르는 개별 전류를 구할 수 있다. 전류를 알면 개별 저항에서 소비되는 전력을 계산할 수 있다.

주어진 값:

$R_T = ?$

$R_1 = 100$ 옴

$R_2 = 220$ 옴

$R_3 = 470$ 옴

풀이:

$$\frac{1}{R_T} = \frac{1}{R_1} + \frac{1}{R_2} + \frac{1}{R_3}$$

$$\frac{1}{R_T} = \frac{1}{100} + \frac{1}{220} + \frac{1}{470}$$

$R_T = 59.98$ 옴

저항기 R_1에 흐르는 전류(I_{R_1})는 다음과 같이 구한다.

주어진 값: $I_{R_1} = ?$

풀이: $I_{R_1} = \frac{E_{R_1}}{R_1}$

저항기 R_2에 흐르는 전류(I_{R_2})는 다음과 같이 구한다.

그림 8-4

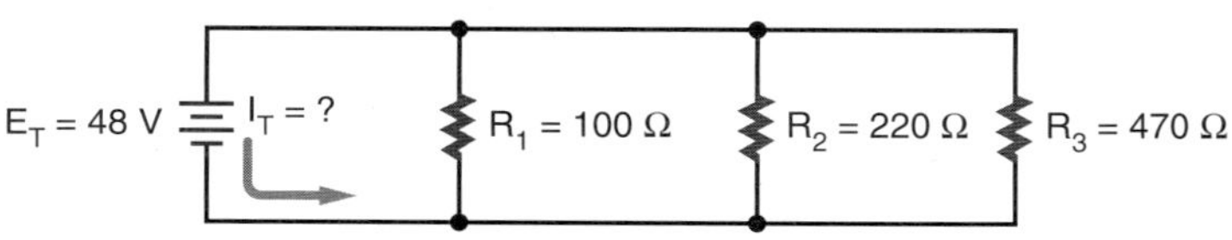

$E_{R_1} = 48$ 볼트 $\quad I_{R_1} = \frac{48}{100}$

$R_1 = 100$ 옴 $\quad I_{R_1} = 0.48$ 암페어

주어진 값: 풀이:

$I_{R_2} = ?$ $\quad I_{R_2} = \frac{E_{R_2}}{R_2}$

$E_{R_2} = 48$ 볼트 $\quad I_{R_2} = \frac{48}{220}$

$R_2 = 220$ 옴 $\quad I_{R_2} = 0.218$ 암페어

저항기 R_3에 흐르는 전류(I_{R_3})는 다음과 같이 구한다.

주어진 값: 풀이:

$I_{R_3} = ?$ $\quad I_{R_3} = \frac{E_{R_3}}{R_3}$

$E_{R_3} = 48$ 볼트 $\quad I_{R_3} = \frac{48}{470}$

$R_3 = 470$ 옴 $\quad I_{R_3} = 0.102$ 암페어

전체 전류는 다음과 같이 구한다.

주어진 값: 풀이:

$I_T = ?$ $\quad I_T = I_{R_1} + I_{R_2} + I_{R_3}$

$I_{R_1} = 0.48$ 암페어 $\quad I_T = 0.48 + 0.218 + 0.102$

$I_{R_2} = 0.218$ 암페어 $\quad I_T = 0.800$ 암페어

$I_{R_3} = 0.102$ 암페어

전체 전류는 옴의 법칙을 이용해서도 구할 수도 있다.

주어진 값: 풀이:

$I_T = ?$ $\quad I_T = \frac{E_T}{R_T}$

$E_T = 48$ 볼트 $\quad I_T = \frac{48}{59.98}$

$R_T = 59$ 옴 $\quad I_T = 0.800$ 암페어

반올림에 의해 값에 차이가 생겼다. 저항기 R_1에 의해 소비되는 전력은 다음과 같이 구한다.

주어진 값: 풀이:

$P_{R_1} = ?$ $\quad P_{R_1} = I_{R_1}E_{R_1}$

$I_{R_1} = 0.48$ 암페어 $\quad P_{R_1} = (0.48)(48)$

$E_{R_1} = 48$ 볼트 $\quad P_{R_1} = 23.04$ 와트

저항기 R_2에 의해 소비되는 전력은 다음과 같이 구한다.

주어진 값: 풀이:

$P_{R_2} = ?$ $\quad P_{R_2} = I_{R_2}E_{R_2}$

$I_{R_2} = 0.218$ 암페어 $\quad P_{R_2} = (0.218)(48)$

$E_{R_2} = 48$ 볼트 $\quad P_{R_2} = 10.46$ 와트

저항기 R_3에 의해 소비되는 전력은 다음과 같이 구한다.

주어진 값: 풀이:

$P_{R_3} = ?$ $\quad P_{R_3} = I_{R_3}E_{R_3}$

$I_{R_3} = 0.102$ 암페어 $\quad P_{R_3} = (0.102)(48)$

$E_{R_3} = 48$ 볼트 $\quad P_{R_3} = 4.90$ 와트

전체 전력은 다음과 같ᄋ 구한다.

주어진 값: 풀이:

$P_T = ?$ $\quad P_T = P_{R_1} + P_{R_2} + P_{R_3}$

$P_{R_1} = 23.04$ 와트 $\quad P_T = 23.04 + 10.46 + 4.90$

$P_{R_2} = 10.46$ 와트 $\quad P_T = 38.40$ 와트

$P_{R_3} = 4.90$ 와트

전체 전력은 옴의 법칙으로도 계산할 수 있다.

주어진 값: 풀이:

$P_T = ?$ $\quad P_T = I_TE_T$

$I_T = 0.80$ 암페어 $\quad P_T = (0.80)(48)$

$E_T = 48$ 볼트 $\quad P_T = 38.4$ 와트

8-2 질문

1. 병렬회로에서 전체 전류를 구하는 식은 무엇인가?
2. 병렬회로에서 전체 전압을 구하는 식은 무엇인가?
3. 병렬회로에서 전체 저항을 구하는 식은 무엇인가?
4. 병렬회로에서 전체 전력을 구하는 식은 무엇인가?
5. 2,200, 2,700, 3,300 및 5,600 옴의 저항기 네 개가 9 볼트의 배터리와 병렬로 연결되어 있다. 회로의 모든 값을 구하라.

8-3 직렬–병렬회로

대부분의 회로는 직렬회로와 병렬회로의 두 가지로 구성된다. 이러한 유형의 회로를 직렬–병렬회로(series-parallel circuit)라 한다(그림 8-5). 대부분의 직렬–병렬회로의 해석은 앞서 논의했던 법칙과 공식을 단순히 적용하는 것에 불과하다. 회로의 직렬 부분에 대해서는 직렬 공식을 적용하고 회로의 병렬 부분에 대해서는 병렬 공식을 적용한다.

예제 그림 8-6에서 미지의 값들을 구하라.

주어진 값:

$I_T = ?,\ E_T = 48$ 볼트, $R_T = ?,\ P_T = ?$

$R_1 = 820$ 옴	$I_{R_1} = ?$	$E_{R_1} = ?$	$P_{R_1} = ?$
$R_2 = 330$ 옴	$I_{R_2} = ?$	$E_{R_2} = ?$	$P_{R_2} = ?$
$R_3 = 680$ 옴	$I_{R_3} = ?$	$E_{R_3} = ?$	$P_{R_3} = ?$
$R_4 = 470$ 옴	$I_{R_4} = ?$	$E_{R_4} = ?$	$P_{R_4} = ?$
$R_5 = 120$ 옴	$I_{R_5} = ?$	$E_{R_5} = ?$	$P_{R_5} = ?$
$R_6 = 560$ 옴	$I_{R_6} = ?$	$E_{R_6} = ?$	$P_{R_6} = ?$

전체 저항(R_T)을 구하기 위해서는 먼저 병렬 저항기 R_2와 R_3의 등가저항(R_A)을 구해야 한다. 그런 다음에 R_A와 R_4의 등가저항(R_{S_1})과 R_5와 R_6의 등가저항(R_{S_2})을 구한다. 그 후 등가저항($R_{B_{TS}}$)은 R_{S_1}과 R_{S_2}에 의해 계산할 수 있다. 마지막으로 R_1과 R_B로 총 직렬저항을 구한다.

주어진 값:

$R_A = ?$
$R_2 = 330$ 옴
$R_3 = 680$ 옴

풀이:

$$\frac{1}{R_A} = \frac{1}{R_2} + \frac{1}{R_3}$$

$$\frac{1}{R_A} = \frac{1}{330} + \frac{1}{680}$$

$$R_A = 222.22 \text{ 옴}$$

저항기 R_2와 R_3를 저항기 R_A로 치환하여 회로를 다시 그린다(그림 8-7).

이제 저항기 R_A와 R_4로 직렬저항 R_{S_1}을 계산한다.

주어진 값:	풀이:
$R_{S_1} = ?$	$R_{S_1} = R_A + R_4$
$R_A = 222.22$ 옴	$R_{S_1} = 222.22 + 470$
$R_4 = 470$ 옴	$R_{S_1} = 692.22$ 옴

저항기 R_5와 R_6으로 직렬저항 R_{S_2}를 계산한다.

주어진 값:	풀이:
$R_{S_2} = ?$	$R_{S_2} = R_5 + R_6$
$R_5 = 120$ 옴	$R_{S_2} = 120 + 560$
$R_6 = 560$ 옴	$R_{S_2} = 680$ 옴

그림 8-5

직렬–병렬회로

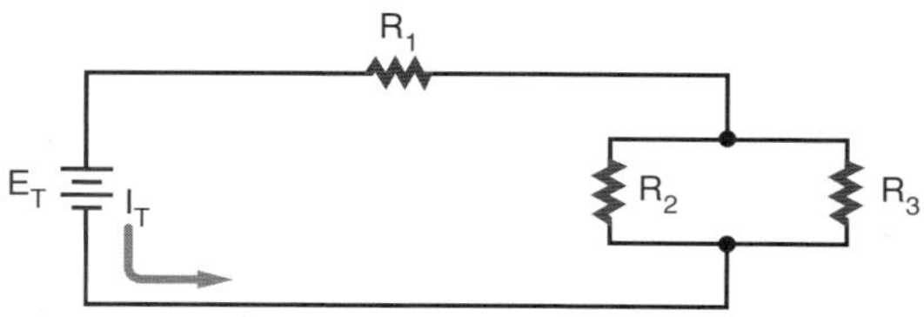

그림 8-6

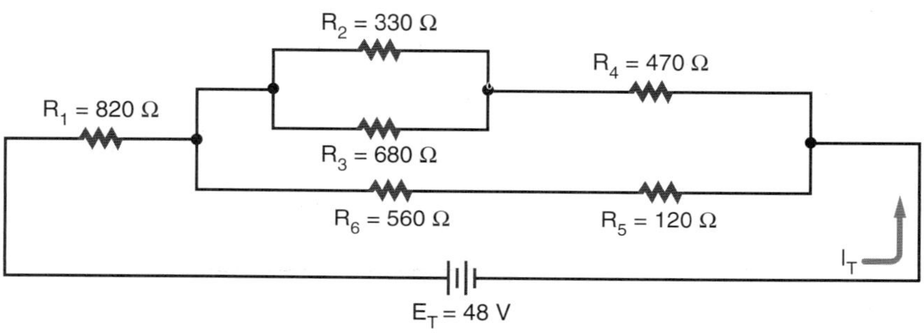

그림 8-7

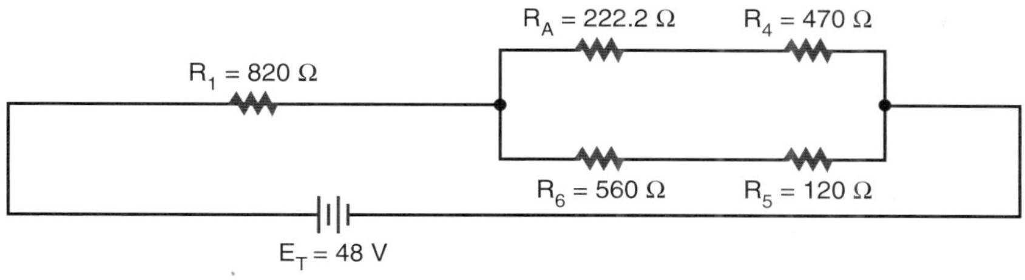

저항기 R_{S_1}과 R_{S_2}로 회로를 다시 그린다(그림 8-8). 이제 저항기 R_{S_1}과 R_{S_2}의 병렬저항(R_B)을 계산한다.

주어진 값:

$R_B = ?$
$R_{S_1} = 692.22$ 옴
$R_{S_2} = 680$ 옴

풀이:

$$\frac{1}{R_B} = \frac{1}{R_{S_1}} + \frac{1}{R_{S_2}}$$
$$\frac{1}{R_B} = \frac{1}{692.22} + \frac{1}{680}$$
$$R_B = 343.64 \text{ 옴}$$

저항기 R_B를 이용하여 회로를 다시 그린다(그림 8-9). 이제 회로의 전체 저항을 구한다.

주어진 값:

$R_T = ?$
$R_1 = 820$ 옴
$R_B = 343.64$ 옴

풀이:

$R_T = R_1 + R_B$
$R_T = 820 + 343.64$
$R_T = 1163.64$ 옴

그림 8-8

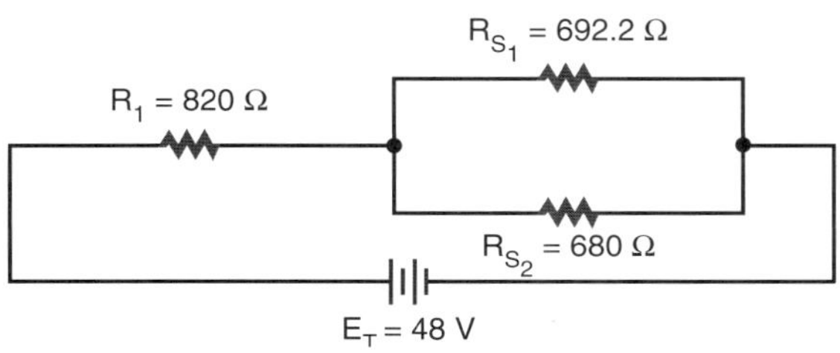

회로의 전체 전류는 옴의 법칙을 사용하여 구할 수 있다.

주어진 값:

$I_T = ?$
$E_T = 48$ 볼트
$R_T = 1163.64$ 옴

풀이:

$$I_T = \frac{E_T}{R_T}$$
$$I_T = \frac{48}{1163.64}$$
$I_T = 0.0412$ 암페어 또는 41.2 mA

이제 저항 R_1의 전압강하를 구할 수 있다.

주어진 값:

$I_{R_1} = 0.0412$ 암페어
$E_{R_1} = ?$
$R_1 = 820$ 옴

풀이:

$$I_{R_1} = \frac{E_{R_1}}{R_1}$$
$$0.0412 = \frac{E_{R_1}}{820}$$
$$E_{R_1} = 33.78 \text{ 볼트}$$

그림 8-9

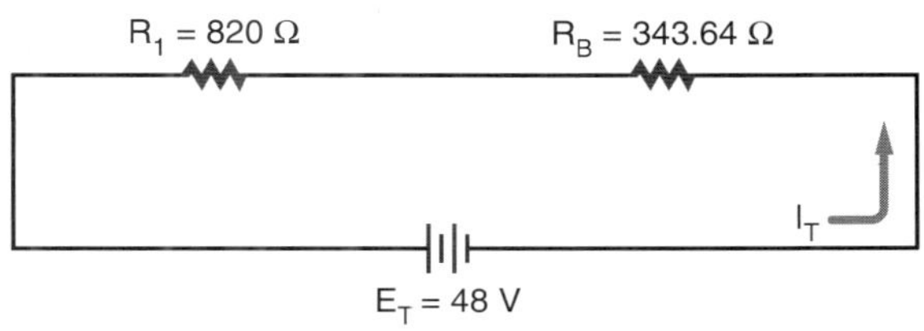

등가저항 R_B 양단의 전압강하는 다음과 같이 구한다:

주어진 값:

$$I_{R_B} = 0.0412 \text{ 암페어}$$
$$E_{R_B} = ?$$
$$R_B = 343.64 \text{ 옴}$$

풀이:

$$I_{R_B} = \frac{E_{R_B}}{R_B}$$
$$0.0412 = \frac{E_{R_B}}{343.64}$$
$$E_{R_B} = 14.158 \text{ 볼트}$$

병렬회로의 개별 가지에 흐르는 전류는 따로따로 계산할 수 있다.

가지저항 R_{S_1}에 흐르는 전류는 다음과 같다.

주어진 값:

$I_{R_{S_1}} = ?$

$E_{R_{S_1}} = 14.158$ 볼트

$R_{S_1} = 692.22$ 옴

풀이:

$$I_{R_{S_1}} = \frac{E_{R_{S_1}}}{R_{S_1}}$$
$$I_{R_{S_1}} = \frac{14.158}{692.22}$$
$$I_{R_{S_1}} = 0.0205 \text{ 암페어}$$

가지저항 R_{S_2}에 흐르는 전류는 다음과 같다.

주어진 값:

$I_{R_{S_2}} = ?$

$E_{R_{S_2}} = 14.158$ 볼트

$R_{S_2} = 680$ 옴

풀이:

$$I_{R_{S_2}} = \frac{E_{R_{S_2}}}{R_{S_2}}$$
$$I_{R_{S_2}} = \frac{14.158}{680}$$
$$I_{R_{S_2}} = 0.0208 \text{ 암페어}$$

이제 저항기 R_A와 R_4 양단의 전압강하를 계산할 수 있다.

주어진 값:

$I_{R_A} = 0.0205$ 암페어

$E_{R_A} = ?$

$R_A = 222.22$ 옴

풀이:

$$I_{R_A} = \frac{E_{R_A}}{R_A}$$
$$0.0205 = \frac{E_{R_A}}{222.22}$$
$$E_{R_A} = 4.56 \text{ 볼트}$$

주어진 값:

$I_{R_4} = 0.0205$ 암페어

$E_{R_4} = ?$

$R_4 = 470$ 옴

풀이:

$$I_{R_4} = \frac{E_{R_4}}{R_4}$$
$$0.0205 = \frac{E_{R_4}}{470}$$
$$E_{R_4} = 9.64 \text{ 볼트}$$

저항기 R_5와 R_6 양단의 전압강하는 다음과 같다.

주어진 값:

$I_{R_5} = 0.0208$ 암페어

$E_{R_5} = ?$

$R_5 = 120$ 옴

풀이:

$$I_{R_5} = \frac{E_{R_5}}{R_5}$$
$$0.0208 = \frac{E_{R_5}}{120}$$
$$E_{R_5} = 2.50 \text{ 볼트}$$

주어진 값:

$I_{R_6} = 0.0208$ 암페어

$E_{R_6} = ?$

$R_6 = 560$ 옴

풀이:

$$I_{R_6} = \frac{E_{R_6}}{R_6}$$
$$0.0208 = \frac{E_{R_6}}{560}$$
$$E_{R_6} = 11.65 \text{ 볼트}$$

등가저항 R_A에 흐르는 전류는 저항기 R_2와 R_3으로 된 병렬 가지에서 나뉘어 흐른다. 각각의 저항가에 흐르는 전류는 개별적으로 계산된다.

저항 R_2과 R_3에 흐르는 전류는 다음과 같다.

주어진 값:

$I_{R_2} = ?$

$E_{R_2} = 4.56$ 볼트

$R_2 = 330$ 옴

풀이:

$$I_{R_2} = \frac{E_{R_2}}{R_2}$$
$$I_{R_2} = \frac{4.56}{330}$$
$$I_{R_2} = 0.0138 \text{ 암페어}$$

주어진 값:

$I_{R_3} = ?$

$E_{R_3} = 4.56$ 볼트

$R_3 = 680$ 옴

풀이:

$$I_{R_3} = \frac{E_{R_3}}{R_3}$$
$$I_{R_3} = \frac{4.56}{680}$$
$$I_{R_3} = 0.00671 \text{ 암페어}$$

이제 각각의 저항에서 소비되는 전력을 계산할 수 있다. 저항기 R_1에 의해 소비되는 전력은 다음과 같다:

주어진 값:	풀이:
$P_{R_1} = ?$	$P_{R_1} = I_{R_1}E_{R_1}$
$I_{R_1} = 0.0412$ 암페어	$P_{R_1} = (0.0412)(33.78)$
$E_{R_1} = 33.78$ 볼트	$P_{R_1} = 1.39$ 와트

저항기 R_2에 의해 소비되는 전력은 다음과 같다.

주어진 값:	풀이:
$P_{R_2} = ?$	$P_{R_2} = I_{R_2}E_{R_2}$
$I_{R_2} = 0.0138$ 암페어	$P_{R_2} = (0.0138)(4.56)$
$E_{R_2} = 4.56$ 볼트	$P_{R_2} = 0.063$ 와트 또는 63 mW

저항기 R_3에 의해 소비되는 전력은 다음과 같다.

주어진 값:	풀이:
$P_{R_3} = ?$	$P_{R_3} = I_{R_3}E_{R_3}$
$E_{R_3} = 4.56$ 볼트	$P_{R_3} = (0.00670)(4.56)$
$I_{R_3} = 0.00670$ 암페어	$P_{R_3} = 0.031$ 와트 또는 31 mW

저항기 R_4에서 소비되는 전력은 다음과 같다.

주어진 값:	풀이:
$P_{R_4} = ?$	$P_{R_4} = I_{R_4}E_{R_4}$
$E_{R_4} = 9.64$ 볼트	$P_{R_4} = (0.0205)(9.64)$
$I_{R_4} = 0.0205$ 암페어	$P_{R_4} = 0.20$ 와트 또는 200 mW

저항기 R_5에서 소비되는 전력은 다음과 같다.

주어진 값:	풀이:
$P_{R_5} = ?$	$P_{R_5} = I_{R_5}E_{R_5}$
$E_{R_5} = 2.50$ 볼트	$P_{R_5} = (0.0208)(2.50)$
$I_{R_5} = 0.0208$ 암페어	$P_{R_5} = 0.052$ 와트 또는 52 mW

저항기 R_6에서 소비되는 전력은 다음과 같다.

주어진 값:	풀이:
$P_{R_6} = ?$	$P_{R_6} = I_{R_6}E_{R_6}$
$E_{R_6} = 11.65$ 볼트	$P_{R_6} = (0.0208)(11.65)$
$I_{R_6} = 0.0208$ 암페어	$P_{R_6} = 0.24$ 와트 또는 240 mW

회로의 총 소비전력은 다음과 같다.

주어진 값:

$P_T = ?$
$P_{R_1} = 1.39$ 와트
$P_{R_2} = 0.063$ 와트
$P_{R_3} = 0.031$ 와트
$P_{R_4} = 0.20$ 와트
$P_{R_5} = 0.052$ 와트
$P_{R_6} = 0.24$ 와트

해답:

$P_T = P_{R_1} + P_{R_2} + P_{R_3} + P_{R_4} + P_{R_5} + P_{R_6}$
$P_T = 1.39 + 0.063 + 0.031 + 0.20 + 0.052 + 0.24$
$P_T = 1.98$ 와트

그림 8-10

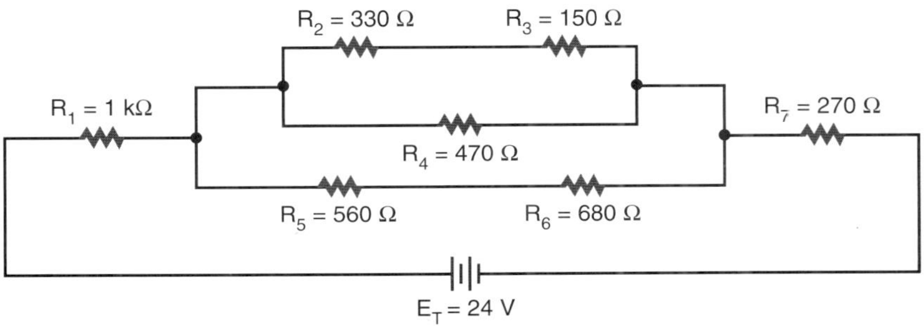

총 소비전력은 또한 전력 공식을 이용하여 계산할 수 있다.

주어진 값:	풀이:
$P_T = ?$	$P_T = E_T L_T$
$E_T = 48$ 볼트	$P_T = (48)(0.0413)$
$I_T = 0.0413$ 암페어	$P_T = 1.98$ 와트

8-3 질문

1. 그림 8-10에서 미지의 모든 값을 구하라.

8-4 전압 분배기

저항기의 좀 더 일반적인 용도 중의 하나는 전압 분배인데 전압 분배는 전자회로에서 광범위하게 응용되고 있다. **전압 분배기**는 트랜지스터 또는 집적 회로와 같은 각종 능동 전자 소자의 바이어스(bias), 즉 동작점(operating point)을 설정하는 데 종종 사용된다. 전압 분배기는 또한 보다 높은 전압을 보다 낮은 전압으로 변환하여 계기가 정상적인 동작 범위를 초과하는 전압을 측정할 수 있도록 하는 데도 사용된다. 이것을 흔히 **스케일링**(scaling)이라고 한다.

제4장~제6장에서, 저항기를 직렬로 연결하는 개념을 알아보았었다. 제5장에서 설명한 옴의 법칙은 전력 공식, 전압 분배기, 전류 분류기 등을 유도하고 문제를 풀 수 있으므로 우리가 이해해야 할 가장 중요한 개념 중의 하나이다. 옴의 법칙이란 회로를 통해 흐르는 전류는 그 회로에 걸린 전압에 비례하고 그 회로의 저항에는 반비례한다는 것이다.

$$\text{전류} = \frac{\text{전압}}{\text{저항}}$$

$$I = \frac{E}{R}$$

전류는 회로에 걸린 전압에 비례한다는 것은 매우 간단하지만 심오한 내용이다. 옴의 법칙의 첫 번째 부분은 전압이 변할 때 전류도 변하며, 이 변화는 방향이 같다(즉, 전압이 증가하면 전류도 증가하며, 마찬가지로 전압이 감소하면 전류도 감소한다)는 것을 의미한다. 옴의 법칙의 두

그림 8-11

간단한 회로

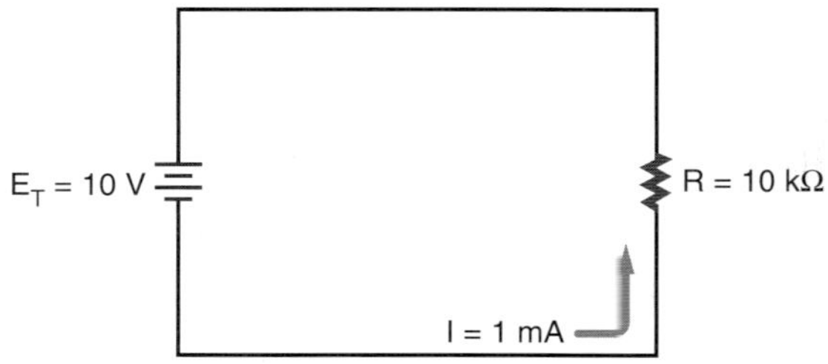

번째 부분은 전류는 저항에 반비례한다는 것을 나타낸다. **반비례**한다는 것은 하나의 어떤 사건이 발생할 때 다른 양에는 그 반대가 발생하는 것을 의미한다. 이 경우, 만약 저항이 증가하면 전류는 감소한다.

그림 8-11은 하나의 전압원 10 V와 하나의 저항기 10 kΩ이 연결된 가장 간단한 회로이다. 옴의 법칙에 의하여 1 mA의 전류가 회로에 흐르게 된다.

$$I = \frac{E}{R}$$

$$I = 10/10000$$

$$I = 0.001 \text{ A 또는 } 1 \text{ mA}$$

그림 8-12에는 그림 8-11의 원래의 10 kΩ 저항기가 동일한 두 개의 저항기 R_1과 R_2로 나눠져 나타나 있다. 이 회로에서 전체 저항은 여전히 그림 8-11의 회로와 같으므로 동일한 전류가 흐름을 알 수 있다(즉, 1 mA). 옴의 법칙에 의해 각각의 저항에 발생하는 전압을 계산할 수 있다.

$$I = \frac{E_1}{R_1}$$

그림 8-12

간단한 전압 분배기

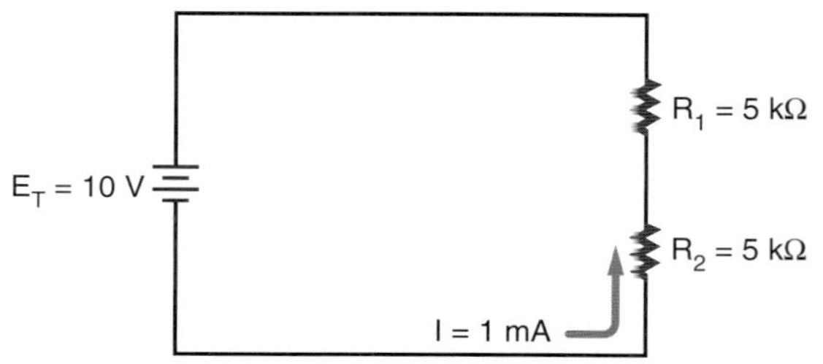

그림 8-13

전압 분배기

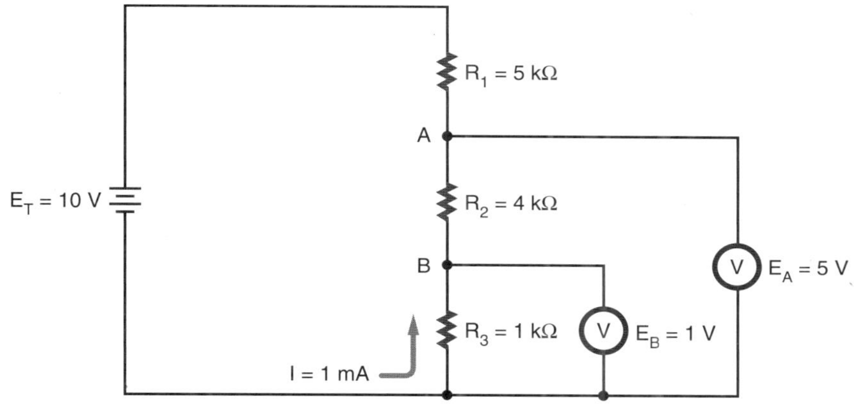

$$0.001 = E_1/5000$$
$$5\text{ V} = E_1$$

그러므로

$$I_2 = \frac{E_2}{R_2}$$
$$0.001 = E_2/5000$$
$$5\text{ V} = E_2$$

R_1 및 R_2 양단에 걸리는 전압은 10 V인 전원 전압이 실질적으로 절반씩 분배된 것이다.

그림 8-12에 있는 회로의 저항기 R_2를 또 다시 두 개의 저항 R_2와 R_3로, 즉 4 kΩ과 1 kΩ으로 분배한 회로를 그림 8-13에 나타내었다. 전압원이 연결되어 있는 동안, 전체 저항이 여전히 10 kΩ이므로 회로에는 실질적인 변화가 없으며 여전히 1 mA가 흐른다. 중요한 차이점은 이제 여러 개의 전압강하가 발생한다는 것이다. R_1과 R_2 연결부에서의 전압강하는 여전히 5 V이다. 그러나 R_2와 R_3 연결부와 기준점 사이의 전압강하는 1 V이다.

이러한 내용들을 그림 8-14에 나타내었다. 여기서 10 V의 전압원이 10 kΩ의 전위차계에 연결되어 있다. 전위차계에서 바늘이 상하로 움직임에 따라 전위차계의 전체 저항값은 변화하지 않는다. 그러나 전위차계의 바늘 값과 전위차계의 윗부분은 저항 성분에 의해 0과 전위차계 값 사이에서 효과적으로 분배된다. 이것은 통상적으로 전압 설정, 오디오 레벨(볼륨) 조절 등에 사용된다. 한 마디 경고: 이러한 전압 분배기 작용은 단지 이러한 단순한 회로들이 더 큰 저항에 연결되어 있을 때만 예측 가능하다. 예를 들어, 그림 8-13에서 1 V 전압강하에 약 10 kΩ보다 작은 부하가 걸린다면, 부하는 R_3과 병렬로 연결되어 있기 때문에 실질적으로 부하 값이 줄며, 따라서 전압 분배기 작용은 변하게 된다(그림 8-15).

전압 분배기가 비율 원리에 따라 동작한다는 것은 분명하지 않을지도 모르는 것이다. 그림 8-12에서 저항기 R_2는 5 kΩ이고 이는 회로의 전체 저항의 50%이며, 또한 전체 공급 전압의 50% 전압강하가 여기서 발생한다. 그림 8-13을 살펴보면 비슷한 현상이 발생됨을 알 수 있다. 저항기 R_3는 1 kΩ이고 이는 전체 저항의 1/10 (10%)이며 공급 전압의 10%, 즉 1 V의 전압강하가 발생됨을 알 수 있다. 회로에서 R_2에 걸리는 전압은 변하지 않음을 알 수 있는데, 이는 R_2와 R_3의 합성저항(5 kΩ)에 걸리는 전압강하는 저항기 R_2에 걸리는 전압강하와 같기 때문이다.

전압 분배기의 특성을 일반화하면, 전압강하는 회로의

그림 8-14

전압 분배기의 응용

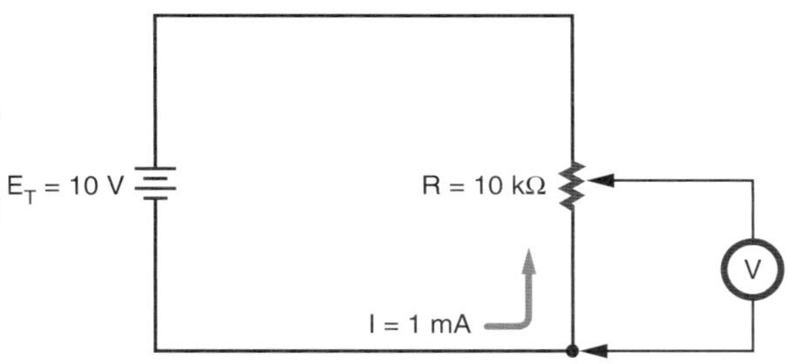

그림 8-15

부하를 가진 전압 분배기

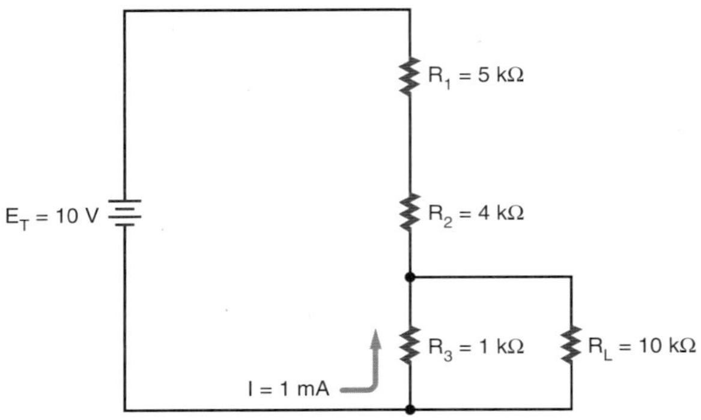

전체 저항에 대한 분배 저항값의 비율과 같다는 것이다.

$$E_{Drop} = \frac{E_{Source} \times R_{Drop}}{R_{Total}}$$

다음 예제(그림 8-16)는 좀 더 실제적인 전압 분배기의 예를 보여주고 있다. 그림에서 전압원은 14.8 V의 표준 자동차 배터리 전원인데, 우리가 원하는 것은 14.8 V를 전압 분배기를 사용하여 테이프 또는 CD 플레이어의 구동에 필요한 낮은 전압으로 분배하는 것이다. 첫 번째로 요구되는 전압은 3 볼트인데, 이 전압은 부하에 150 mA를 흐르게 한다. 두 번째로 요구되는 전압은 6 V로서 부하에 400 mA를 흐르게 한다. 마지막 요구 전압은 9 V로서 부하 전류는 600 mA이다. 그림 8-16을 보면 직렬회로와 병렬회로가 모두 포함되어 있다는 것을 알 수 있다. 각각의 전압에 대한 부하 전류를 먼저 알아야 할 필요가 있다.

얼핏 보기에 이 회로 설계는 매우 복잡한 것 같다. 실제로는 간단한 과정이다. 그림 8-17을 참조하라. 먼저 저항기 R_4에 흐르기를 원하는 전류를 선택한다. 이 예에서는 임의로 10 mA의 전류를 선택한다.

다음으로 저항기 R_3과 R_4 사이의 접점 A를 살펴보자. 이 지점에서 전류가 더해진다. R_4를 통해 흐르는 전류는 10 mA이고, 이 전류가 3 V 부하 R_{L3}을 통해 흐르는 전류 150 mA와 합해진다. 이것은 총 160 mA의 전류가 R_3을 통해 흐른다는 것을 의미한다.

저항기 R_2와 R_3 사이의 접점 B에서는 또 다시 전류를 더하는 과정이 일어난다. 6 V 부하를 통하여 흐르는 전류 400 mA는 이제 저항 R_3을 통해 흐른 160 mA와 더해진다. R_2를 통해 흐르는 전체 전류는 앞의 두 전류의 합, 즉 560 mA이다.

접점 C에서는 분배기 사슬을 통해 흘러 들어오는 560 mA의 전류와 9 V 부하에서 오는 600 mA의 전류가 더해진다. 이로써 최종 저항기 R_1에 흐르는 전체 전류는 1160 mA, 즉 1.16 A가 된다.

이 과정의 마지막 절차는 이 회로에 옴의 법칙을 적용하여 R_1, R_2, R_3, R_4의 값을 계산하는 것이다. 이 계산에

그림 8-16

실제적인 전압 분배기

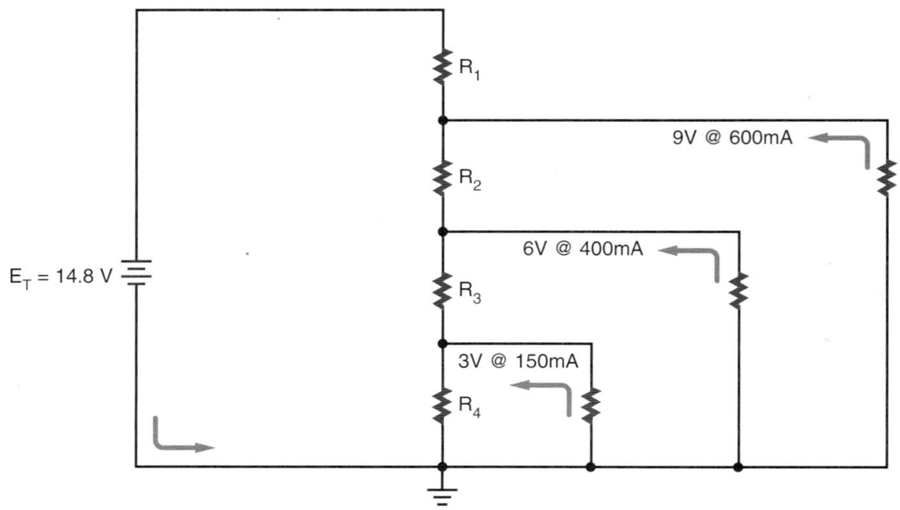

그림 8-17
회로의 분석

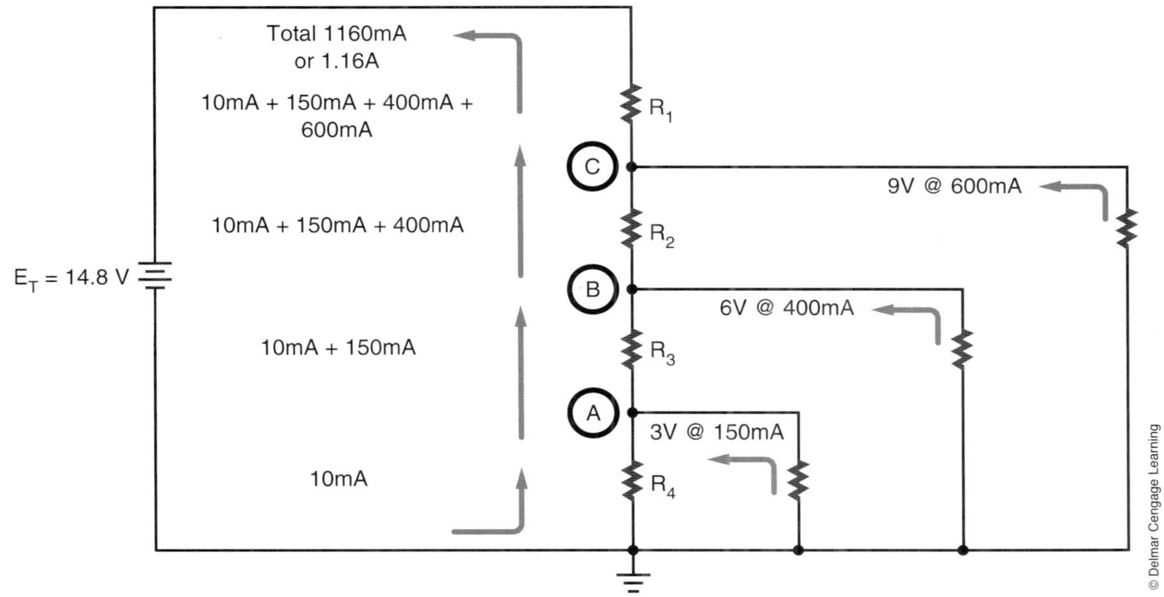

는 옴의 법칙 이외에 다른 것은 필요하지 않다. 또 다시 회로 아랫부분의 저항 R_4에서부터 계산을 시작하자. 회로의 이 지점에서는 우리가 앞서 선택한 10 mA의 전류만 흐르고 있다. 접점 A의 요구 전압은 3 V이다. 따라서 다음과 같은 관계가 존재한다.

$$I_4 = \frac{E_4}{R_4}$$

$$0.01 = \frac{3}{R_4}$$

$$300\ \Omega = R_4$$

R_3의 계산은 약간 어렵다. 앞의 계산에서 이 저항을 통해 흐르는 전체 전류는 160 mA로 구해졌다. 전압 분배기는 비율, 즉 한 전위에 대한 어떤 전위의 관계라는 것을 명심하자. 원하는 접점 B의 전압은 6 볼트이다. 그러나 이 전압은 이 계산에는 사용되지 않는다. 접점 B는 전압이 3 볼트인 접점 A보다 위에 있다. 따라서 접점 B는 접점 A보다 6 V − 3 V, 즉 3 V 더 높다. 이 값을 사용하여 저항기 R_3을 계산한다.

$$I_3 = \frac{E_3}{R_3}$$

$$0.160 = \frac{3}{R_3}$$

$$18.75\ \Omega = R_3$$

이 절차를 저항기 R_2의 계산에 반복해서 사용하자. R_2를 통해 흐르는 전류는 560 mA이다. 접점 C의 요구 전압은 9 볼트이다. 접점 C는 접점 B보다 9 V − 6 V, 즉 3 V 더 높다.

$$I_2 = \frac{E_2}{R_2}$$

$$0.560 = \frac{3}{R_2}$$

$$5.36\ \Omega = R_2$$

마지막으로 저항기 R_1을 계산하는데 이 절차는 조금 다르다. 이 경우, 회로에 흐르는 전체 전류는 1.16 A이다. 이 예에서 접점 C의 요구 전압이 9 V이다. 전원 전압이 14.8 V이므로 저항기 R_1에는 14.8 V − 9 V, 즉 5.8 V의 전압 강하가 발생해야 한다.

$$I_2 = \frac{E_1}{R_1}$$

그림 8-18
저항값의 계산

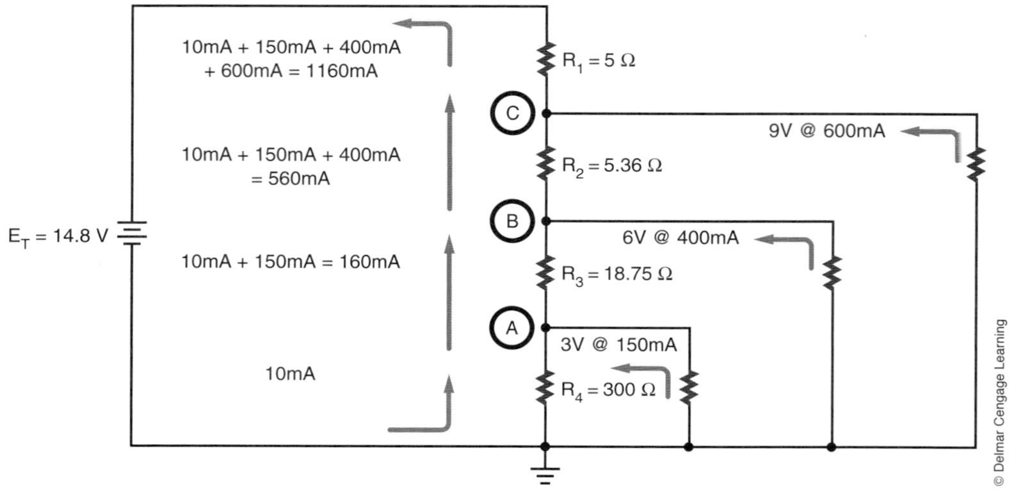

$$0.560 = \frac{5.8}{R_1}$$
$$5\ \Omega = R_1$$

실세계에서는 이 회로에서 계산한 것처럼 정확한 값이 아니고 반올림하게 된다(그림 8-18).

주: 컴퓨터 시뮬레이션에 의해 구한 저항기 값과 계산된 저항기 값이 정확하게 일치하지는 않는다. 또한 이것은 실세계 시뮬레이션이고 저항기들의 값은 1 옴을 초과하지 않는다.

실제 전류계에는 약간의 내부저항이 있고, 전압계에는 약간의 전류가 흐른다. 따라서 이들 계측기는 계산된 값과 표시된 값 사이에 약간의 차이를 보이게 된다.

컴퓨터 시뮬레이션은 계산된 값을 사용하며 이것은 전자공학에서 통상적인 문제를 유발시킨다. 부품은 표준값으로 제조되며, 어떤 회로를 만들려고 할 때는 보통 이러한 값의 부품들만 구할 수 있다.

저항기 R_2 (5.36 V) 또는 저항기 R_3 (18.75 V)과 같은 저항기를 얻기 위한 유일한 방법은 많은 돈을 들여 주문 제작하는 것뿐이다. 우리의 목표는 거의 항상 실제적이고 경제적인 회로를 설계하고 구현하는 것이라는 것을 인식해야 한다.

정밀 부품들을 사용하면 종종 이득은 거의 없고 가격만 증가시킨다.

8-4 질문

1. 전압 분배기는 어떤 기능을 수행하는가?
2. 전압 분배기의 일반적인 기능은 무엇인가?
3. 전압 분배기는 어떤 원리로 동작하는가?
4. 전압 분배기는 어떻게 일반화할 수 있을까?
5. 전류가 300 mA인 3 V 부하를 제어하도록 14.8 V 전원을 사용하여 전압 분배기를 설계하라.

8-5 휫스톤 브리지

휫스톤 브리지(Wheatstone bridge)는 1833년에 Samuel Hunter Christie가 발명한 계측기이다. 1843년에 Sir Charles Wheatstone이라는 과학자가 휫스톤 브리지의 원래 설계를 개선하였다. Wheatstone은 그의 이름을 딴 회로를 발명했다고 주장하지는 않았으나 저항을 측정하는 데 실질적으로 이 회로를 사용한 첫 번째 사람이었다.

휫스톤 브리지는 근본적으로 두 개의 전압 분배기로 구

그림 8-19

휫스톤 브리지는 두 개의 전압 분배기로 구성되어 있다.

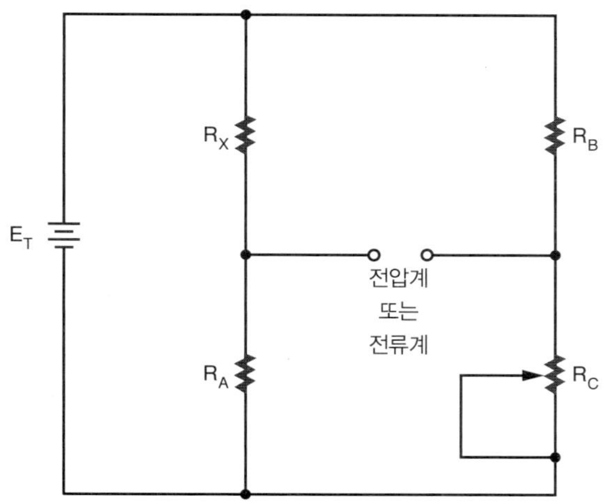

그림 8-20

휫스톤 브리지 회로

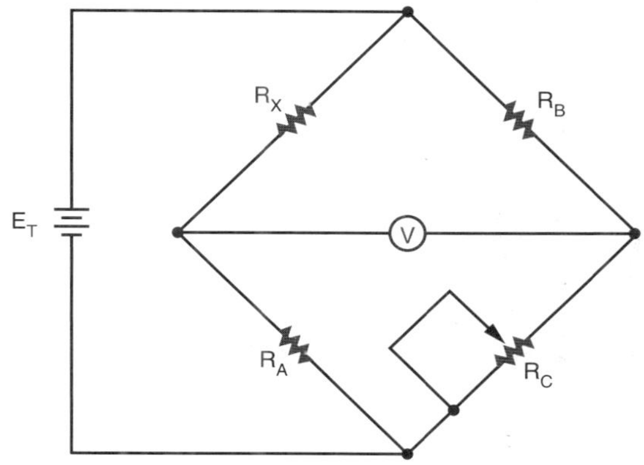

성되어 있다(그림 8-19). 이것은 변화시킬 수 있는 부품을 가진 기지의 부품으로 된 다리에 대해 미지의 부품을 포함하는 다리 하나를 평형시켜서 미지의 전기 저항을 측정하는 데 사용된다.

회로에서 R_X는 미지 저항기 값이다. R_C는 전위차계이며, 두 번째 전압 분배기로부터의 전압이, R_X를 포함하는 전압 분배기로부터의 전압과 같아질 때까지 조절된다. 전압 값이 같아지면 브리지는 평형 상태가 되었다고 말한다. 평형점은 출력 단자 사이에 전압계 또는 전류계를 연결하여 찾을 수 있다. 평형이 이루어지면 이들 계측기는 눈금 0을 가리킨다.

주: 이러한 응용에서는 디지털 계측기가 잘 동작한다.

평형 상태의 회로에서 비율 R_X/R_A는 비율 R_B/R_C와 같다.

$$\frac{R_X}{R_A} = \frac{R_B}{R_C}$$

따라서

$$R_X = \frac{R_A \times R_B}{R_C}$$

다시 말하면 R_A, R_B 및 R_C의 값을 알면 R_X를 계산할 수 있다는 것이다. R_C는 평형이 되도록 조절한 후 계측기로써 그 값을 측정해야 한다. 실제 휫스톤 브리지 시험 계기에서는 R_A와 R_B는 고정되어 있고, R_C는 조절되며, R_X는 R_C에 붙어있는 미끄럼 눈금자를 통해 쉽게 읽을 수 있게 되어있다.

Wheatstone이 설계한 것과 같은 휫스톤 브리지 회로가 그림 8-20에 나타나 있다. 이것이 이 브리지를 이용하는 응용에 대한 회로를 그리는 방법이다.

휫스톤 브리지를 변형시키면 캐패시턴스, 인덕턴스 및 임피던스를 측정할 수 있다. 오늘날에는 휫스톤 브리지 회로를 이용하여 저항기 값을 측정하는 일은 거의 없다. 이 브리지 회로는 이제 인가된 스트레인(strain)을 비례하는 저항 변화로 변환하는 스트레인 계기(strain gauge)와 같은 감지 회로를 설계하는 데 사용되면 이러한 감지 회로는 산업에서 널리 사용되고 있다. 즉 글라이더 조종사에게 상승 기류 또는 서멀(thermal)을 경고하기 위해 공기 압력의 변화를 검출하는 바리오미터(variometer), 그리고 공간에 존재하는 가연성 가스의 양을 재는 인화성 가스 측정기(explosimeter)에 이용된다.

8-5 질문

1. 휫스톤 브리지는 누가 발명하였는가?
2. 휫스톤 브리지 회로를 만든 사람은 누구인가?
3. 계측기의 눈금이 0일 때, 이것은 무엇을 의미하는가?
4. R_A와 R_B가 각각 10 kΩ이고 R_C가 96,432 Ω이면 R_X의 값은 얼마인가?
5. 휫스톤 브리지 개념을 이용하여 측정할 수 있는 그 외의 양에는 어떤 것이 있나?

6. 오늘날 휫스톤 브리지를 사용하고 있는 분야에는 어떤 것이 있나?

요약

- 직렬회로는 전류 경로가 하나뿐이다.
- 직렬회로의 동작을 지배하는 공식에는 다음과 같은 것이 있다.

$$I_T = I_{R_1} = I_{R_2} = I_{R_3} \ldots = I_{R_n}$$
$$R_T = R_1 + R_2 + R_3 \ldots + R_n$$
$$E_T = E_{R_1} + E_{R_2} + E_{R_3} \ldots + E_{R_n}$$
$$I = E/R$$
$$P_T = P_{R_1} + P_{R_2} + P_{R_3} \ldots + P_{R_n}$$

- 병렬회로는 전류 경로가 두 개 이상이다.
- 병렬회로의 동작을 지배하는 공식에는 다음과 같은 것이 있다.

$$I_T = I_{R_1} + I_{R_2} + I_{R_3} \ldots + I_{R_n}$$
$$\frac{1}{R_T} = \frac{1}{R_1} + \frac{1}{R_2} + \frac{1}{R_3} \ldots + \frac{1}{R_n}$$
$$E_T = E_{R_1} = E_{R_2} = E_{R_3} \ldots = E_{R_n}$$
$$I = E / R$$
$$P_T = P_{R_1} + P_{R_2} + P_{R_3} \ldots + P_{R_n}$$

- 직렬-병렬회로는 회로의 직렬 부분은 직렬 공식을 이용해서 풀고, 회로의 병렬 부분은 병렬 공식을 이용해서 푼다.
- 전압 분배기는 능동 전자 부품의 바이어스 또는 동작점을 설정하는 데 이용된다.
- 휫스톤 브리지는 미지의 전기 저항을 측정하는 데 이용된다.

CHAPTER 8

자기테스트

1. 주어진 회로에서 미지의 값들을 모두 구하라.

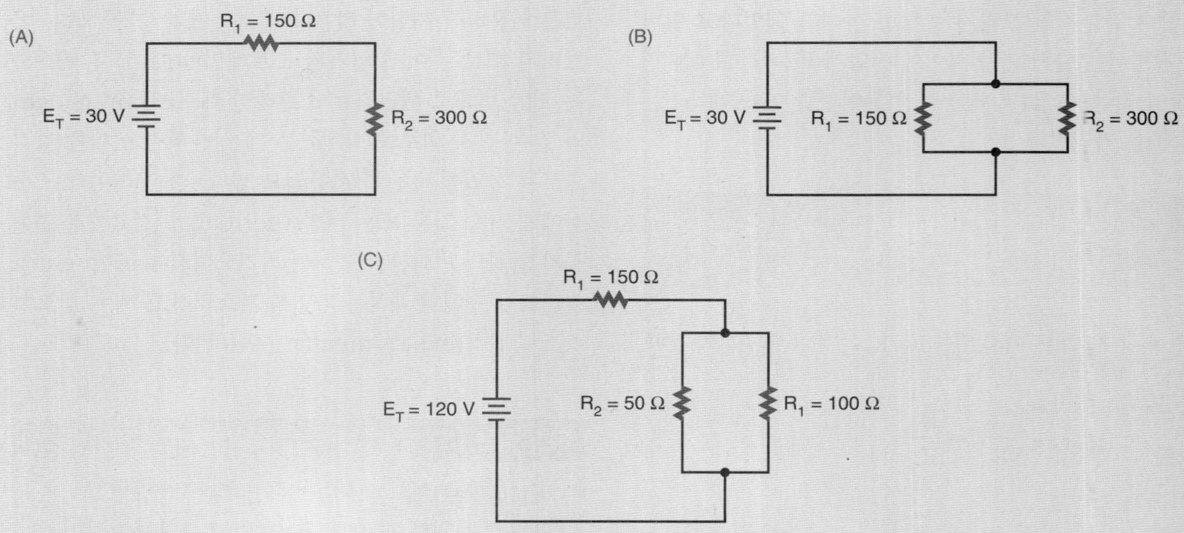

2. 12 V로부터 250 mA에서, 1.5 V, 750 mA에서 6 V, 500 mA에서 9 V를 출력하는 전압 분배기를 설계하라.

3. 문제 2번의 전압 분배기를 그림으로 그리고 모든 값을 그림에 표시하라.

4. 자동차에 사용하고 있는 13.8 V로부터 150 mA에서 9 V를 출력하는 전압 분배기를 설계하라.

5. 어떤 휫스톤 브리지에서 R_A와 R_B가 각각 1 kΩ이고 R_C가 7.59 kΩ일 때 R_X를 구하고 회로도를 그려서 값들을 표시하라.

CHAPTER 9

자기

MAGNETISM

목표

이 장을 마치고 나면 다음과 같은 것을 할 수 있게 된다.

- 자석의 세 가지 종류를 알아본다.
- 자석의 기본 형상을 설명한다.
- 영구자석과 일시자석의 차이를 설명한다.
- 지구가 어떻게 자석으로서 작용하는지를 설명한다.
- 자기 법칙에 대해 기술한다.
- 자기를 원자 및 전자 스핀의 이론에 기반하여 설명한다.
- 자기를 자구 이론에 기반하여 설명한다.
- 자속선과 그의 중요성을 알아본다.
- 투자율을 정의한다.
- 도체에 흐르는 전류의 자기적 영향을 설명한다.
- 전자석의 원리를 설명한다.
- 왼손법칙을 사용하여 전자석의 극성을 결정하는 방법을 설명한다.
- 자기유도를 정의한다.
- 보자성과 잔류자기를 정의한다.
- 자기차폐를 정의한다.
- 자기가 어떻게 전기를 생성하는 데 사용되는지를 설명한다.
- 전자석의 기본 법칙을 기술한다.
- 발전기에 관한 왼손법칙이 어떻게 유도 전압의 극성을 결정하는 데 사용되는지를 설명한다.
- 교류 발전기와 직류발전기가 어떻게 기계적 에너지를 전기적 에너지로 변환하는지를 설명한다.
- 릴레이가 어떻게 전자기계식 스위치로서 작동하는지를 설명한다.
- 초인종과 릴레이 사이의 유사성을 알아본다.
- 솔레노이드와 릴레이 사이의 유사성을 알아본다.
- 자기 축음기 카트리지가 어떻게 동작하는지를 설명한다.
- 확성기가 어떻게 작동하는지를 설명한다.
- 정보가 자기 기록 방식을 사용하여 어떻게 저장되고 읽혀지는지를 설명한다.
- 직류 모터가 어떻게 동작하는지를 설명한다.

주요 용어

강자성체
계좌
교류기
교류 발전기
도체에 대한 왼손법칙
릴레이
발전기에 대한 왼손법칙
보자성
솔레노이드
영구자석
인공 자석
일시자석
자계
자구
자기
자기유도
자기 차폐물
자석
자속선
잔류 자기
전기자
전자기 유도
전자석
정류자
주파수
직류발전기
코일에 대한 왼손법칙
투자율
패러디의 법칙
확성기

전기와 자기는 분리할 수 없다. 전기에 대해 이해하는 것은 자기와 전기 사이에 존재하는 관계를 이해하는 것이다.

전류는 항상 어떤 형태의 자기를 만들고, 자기는 전기를 만드는 가장 일반적인 방법이다. 또한 전기는 자기의 영향 아래에서 특정한 방향을 갖는다.

이 장에서는 자기, 전자기 및 자기와 전기의 관계에 대해 살펴본다.

9-1 자계

자석(magnet)이라는 말은 마그네타이트(magnetite)에서 유래되었는데, 마그네타이트는 아시아의 마그네시아(magnesia)라는 지역에서 발견된 광물의 이름이다. 이 광물은 천연 자석이다. 자석의 또 다른 형태는 **인공 자석**(artificial magnet)이다. 이 자석은 마그네타이트에 연철 조각을 문질러서 만든다. 자석의 세 번째 유형은 **전자석**(electromagnet)이다. 이것은 전선 코일을 통해 흐르는 전류에 의해 만들어진다.

자석의 유형에는 여러 가지가 있다(그림 9-1). 일반적인 형태에는 말굽형, 막대형 또는 사각형 및 고리형이 있다.

자성을 유지하는 자석을 **영구자석**(permanent magnet)이라 한다. 이에 반해 자성의 작은 일부만을 유지하는 자석을 **일시자석**(temporary magnet)이라 한다.

자석은 금속 물질 또는 세라믹 물질로 만든다. 알니코(Alnico : *al*uminum, *ni*ckel 및 *co*balt)와 구니페(Cunife : copper [*Cu*], *ni*ckel, iron [*Fe*])는 자석에 사용되는 두 가지 금속합금이다.

그림 9-1

자석은 크기와 형태가 다양하게 출시되고 있다.

그림 9-2

지구의 자기적인 남극 및 북극은 지리적인 남극 및 북극과 유사하다.

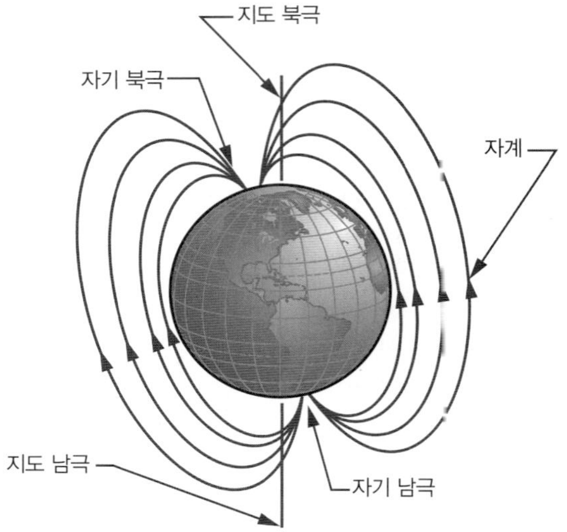

지구는 그 자체가 거대한 자석이다(그림 9-2). 지구의 자기 북극 및 자기 남극은 지리적인 북극 및 남극에 가까이 위치하고 있다. 막대자석을 매달아 놓으면 이 자석은 남북 방향으로 정렬되는데, 한쪽은 지구의 북극(N극)을 가리키고 다른 하나는 남극(S극)을 가리킨다. 이것이 나침반의 원리이다. 자석의 양 끝을 N극 및 S극이라 하는 것도 이 때문이다.

양전하 및 음전하의 법칙과 유사한 법칙 때문에 자석은 남북 방향으로 정렬된다. 즉, 다른 자극끼리는 끌어당기고 같은 자극끼리는 서로 밀어낸다. 자석에 대한 색깔 코드는 N극에 붉은색을 사용하고, S극에 푸른색을 사용한다.

자석의 성질인 **자기**(magnetism)는 원자에까지 거슬러 올라갈 수 있다. 전자는 원자의 핵 주위를 돌 때, 태양 주위를 도는 지구처럼 자신들의 축에 따라 회전한다. 이러한 움직이는 정전하가 자계를 만든다. 자계의 방향은 전자의 회전 방향에 따라 달라진다. 철, 니켈 및 코발트는 유일한 자연적인 자기 원소이다. 이들 각각의 물질에는 같은 방향으로 회전하는 가전자가 두 개 있다. 다른 물질에 있는 전자는 서로 반대 방향으로 회전하려고 하며 따라서 자기 특성을 상쇄시킨다.

강자성체(ferromagnetic material)는 자장에 반응하는 물질이다. 강자성체에서 원자는 **자구**(magnetic domain), 즉 자석 형태로 정렬된 원자의 그룹으로 결합되어 있다. 자화되지 않은 물질에서 자구는 불규칙하게

그림 9-3

자화되지 않은 물질의 자구는 일관된 자기 효과를 가지지 않고 임의대로 배치되어 있다.

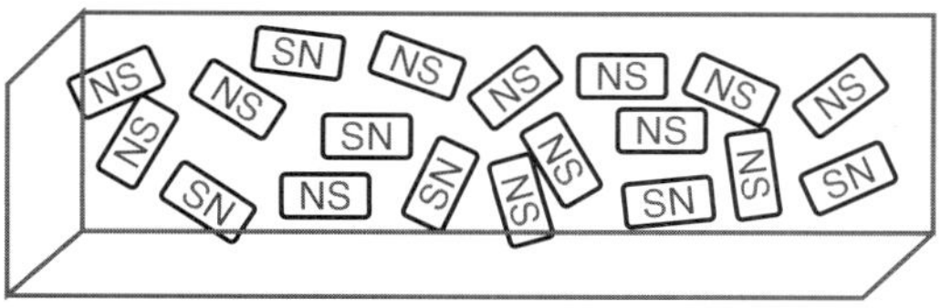

그림 9-4

물질이 자화되면 모든 자구들은 같은 방향으로 정렬된다.

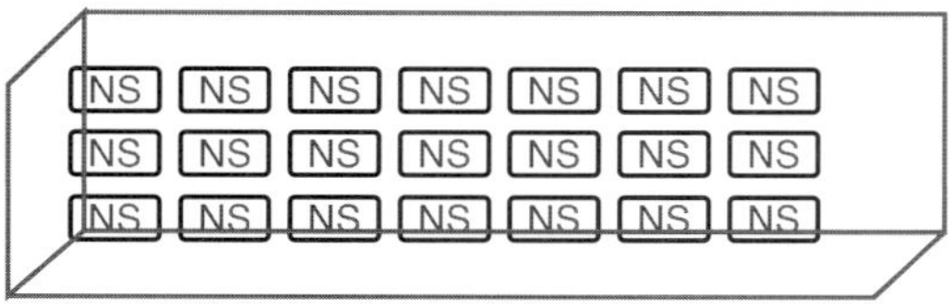

배열되어 있어서 순수 자기 효과가 없다(그림 9-3). 물질이 자화되면 자구는 같은 방향으로 배열되고 물질은 자석이 된다(그림 9-4). 자화된 물질을 더 작은 조각으로 나누면 각 조각이 자신의 극을 가진 자석이 된다.

이러한 "자구 이론"은 자석을 가열하거나 반복해서 망치로 때리면 자성을 잃는다(자구가 임의 배치로 돌아간다)는 사실로부터 분명하게 알 수 있다. 또는 인공 자석을 내버려 두면 점차 자성을 잃게 된다. 이를 방지하기 위해 막대자석은 서로 반대되는 극을 가진 다른 자석의 꼭대기에 쌓아 두어야 하며, 말굽자석은 보자 막대를 가로 놓아야 한다(그림 9-5). 이 두 가지 방법은 자계를 유지시킨다.

자계(magnetic field)는 자석 주위를 감싸고 있는 보이지 않는 힘의 선으로 이루어져 있다. 이러한 선을 **자속선**(flux line)이라 한다. 이 자속선은 자석 위에 종이를 올려놓고 종이 위에 철가루를 뿌리면 "볼" 수 있다. 종이를 가볍게 치면, 철가루는 철가루를 당기는 힘을 반영하는 일정한 모양으로 자신들을 정렬시킨다(그림 9-6).

자속선에는 중요한 특징이 몇 가지 있다. 즉 자속선은 N극에서 S극으로 향하는 극성을 가진다. 이러한 자속선은 항상 완전한 루프를 이룬다. 이들은 같은 극이 서로 밀어내는 특성 때문에 서로 교차하지 않는다. 이들은 가능한 한 가장 작은 루프를 만들려고 하는데, 이는 다른 극은 서로 끌어당기려고 하기 때문이다.

그림 9-5

자성의 손실을 막기 위하여, (A) 막대자석을 서로의 꼭대기에 쌓아 둔다. (B) 보자막대를 말굽자석에 가로질러 놓는다.

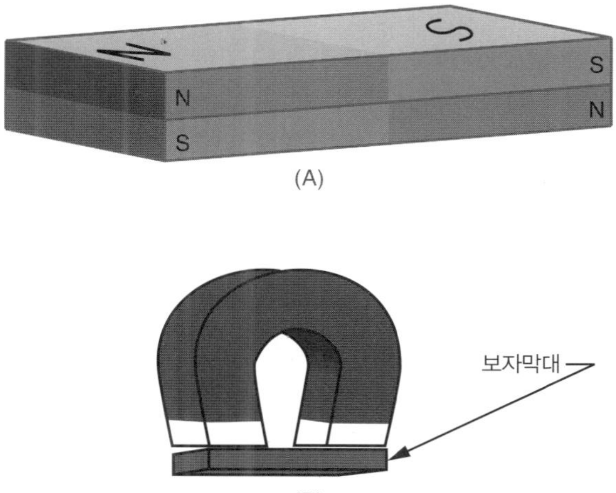

그림 9-6

자속선은 철가루의 모양으로 알 수 있다.

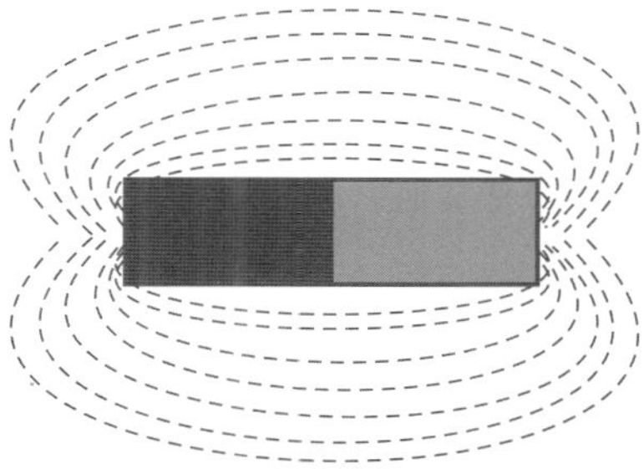

어떤 물질이 강자성체인지 아닌지를 결정하는 특성을 **투자율**(permeability)이라고 한다. 투자율은 어떤 물질이 자력선을 받아들이는 능력이다. 투자율이 큰 물질은 공기보다 자속선에 대한 저항이 적다.

9-1 질문

1. 자석의 세 가지 종류는 어떤 것들이 있나?
2. 자석의 기본적인 모양에는 어떤 것들이 있나?
3. 자석의 끝은 어떻게 구별하는가?
4. 자기의 두 가지 법칙은 무엇인가?
5. 자속선은 무엇인가?

9-2 전기와 자기

전류가 전선을 통하여 흐를 때, 전류는 전선 주위에 자계(magnetic field)를 만든다(그림 9-7). 이러한 자계는 전선 옆에 나침반을 놓으면 볼 수 있다. 나침반은 지구의 자계에 따라 자신을 정렬시킨다. 하지만 전선에 전류가 흐르면 나침반의 바늘은 편향되어 전류에 의해 생긴 자계에 따라 자신을 정렬시킨다. 나침반의 S극이 자속선의 방향을 가리킨다. 도체에 대한 왼손법칙을 사용하여 전류의 방향을 알면 자속선의 방향도 결정할 수 있다. 전선을 왼손으로 쥐었을 때 엄지는 전류의 방향을, 나머지 손가락은 자속선의 방향을 나타낸다(그림 9-8). 전원의 극을 반대로 하면 자속선의 방향도 반대로 된다.

서로 가까이 있는 두 개의 전선에 방향이 반대인 전류를 흘리면 이들 전선은 서로를 밀어내는 반대 자계를 만든다(그림 9-9). 두 개의 전선에 전류가 같은 방향으로 흐르면 자계는 합쳐진다(그림 9-10).

한 조각의 전선은 N극도 없고 S극도 없는 자계를 만들지만 그 자계는 강도가 낮거나 실용적인 값을 갖지 못한다. 만약 전선을 루프로 꼬면 다음과 같은 세 가지 현상이 발생한다. 첫째, 자속선이 합쳐진다. 둘째, 자속선이 루프의 중심에 집중된다. 셋째, N극과 S극이 성긴다. 이것이 전자석의 원리이다.

전자석은 전선을 여러 번 감아서 만든다. 이렇게 하면 전류가 전선에 흐를 때 자속선이 서로 더허진다. 전선을 감은 횟수가 많을수록, 더 많은 자속이 더해진다. 또한 전

그림 9-7

도체에 흐르는 전류가 도체 주위에 자계를 형성한다.

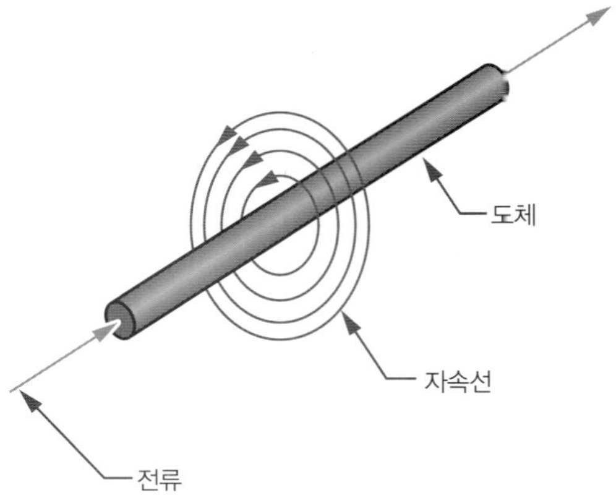

그림 9-8

전류의 방향을 알고 있을 때 도체 주위의 자속선의 방향을 결정하는 방법(도체에 대한 왼손법칙)

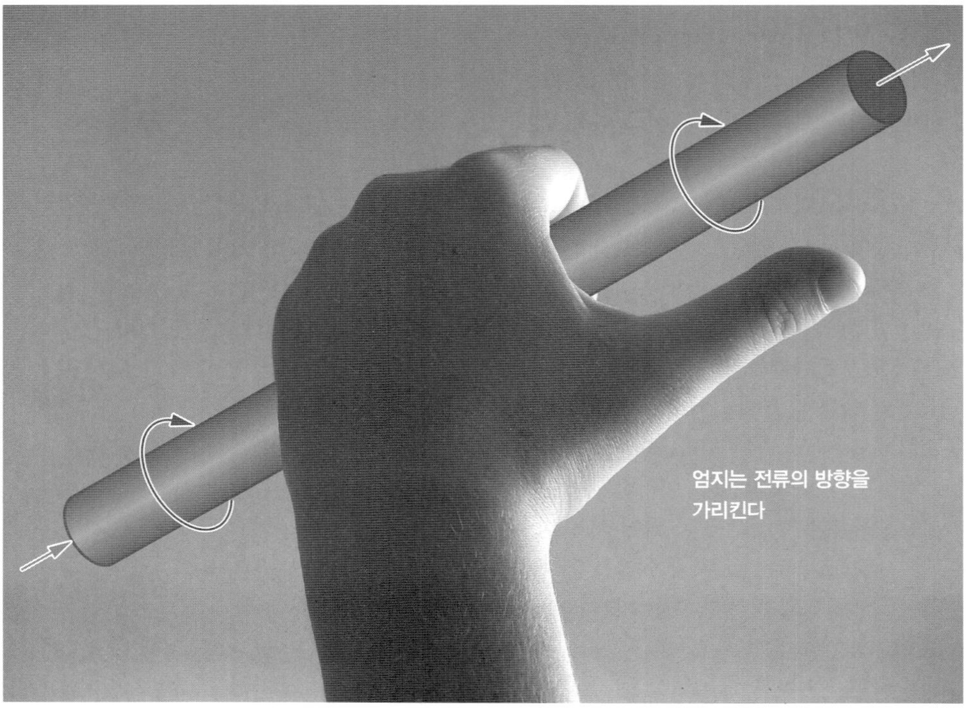

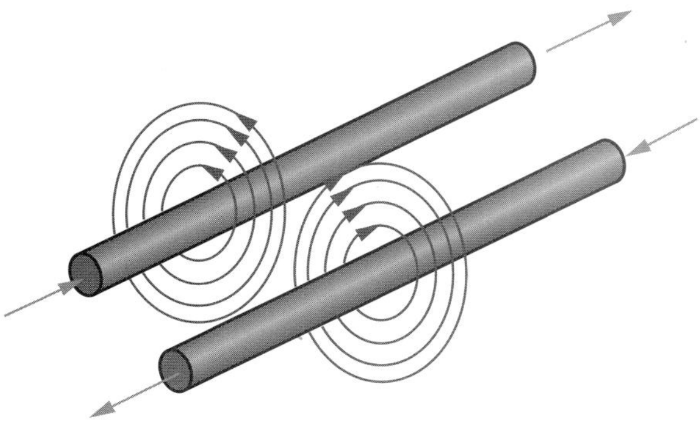

그림 9-9
전류의 방향이 다른 도체 두 개를 서로 가까이 두면 자계는 서로 밀어낸다.

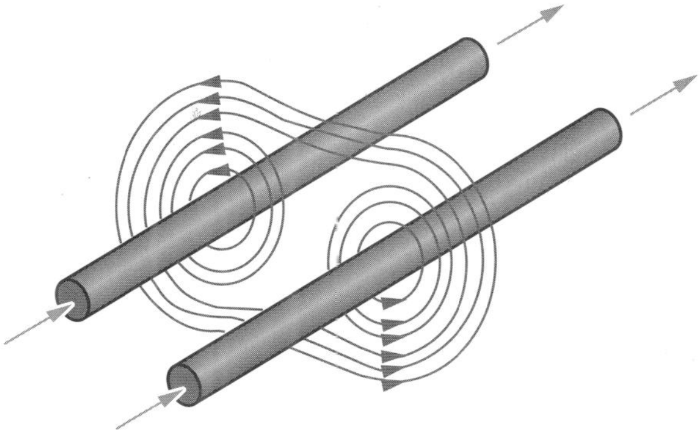

그림 9-10
전류의 방향이 같은 도체 두 개를 서로 가까이 두면 자계는 합쳐진다.

류가 클수록 자속선이 더 많이 발생한다. 그러면 자계의 강도는 코일의 감은 수와 코일에 흐르는 전류의 양에 비례한다.

자계의 강도를 증가시키는 세 번째 방법은 코일의 중앙에 강자성체 자심을 삽입하는 것이다. 철심은 공기보다 더 높은 투자율(더 많은 자속선을 유지할 수 있다)을 가지고 있어서 많이 사용된다.

전자석의 극을 알아내려면 코일에 대한 왼손법칙을 사용한다. 즉, 왼손으로 코일을 쥐고 손가락들을 전류의 방향을 가리키게 하면 엄지가 N극을 방향을 가리킨다(그림 9-11).

그림 9-11
전자석의 극성을 결정하는 방법(코일에 대한 왼손법칙)

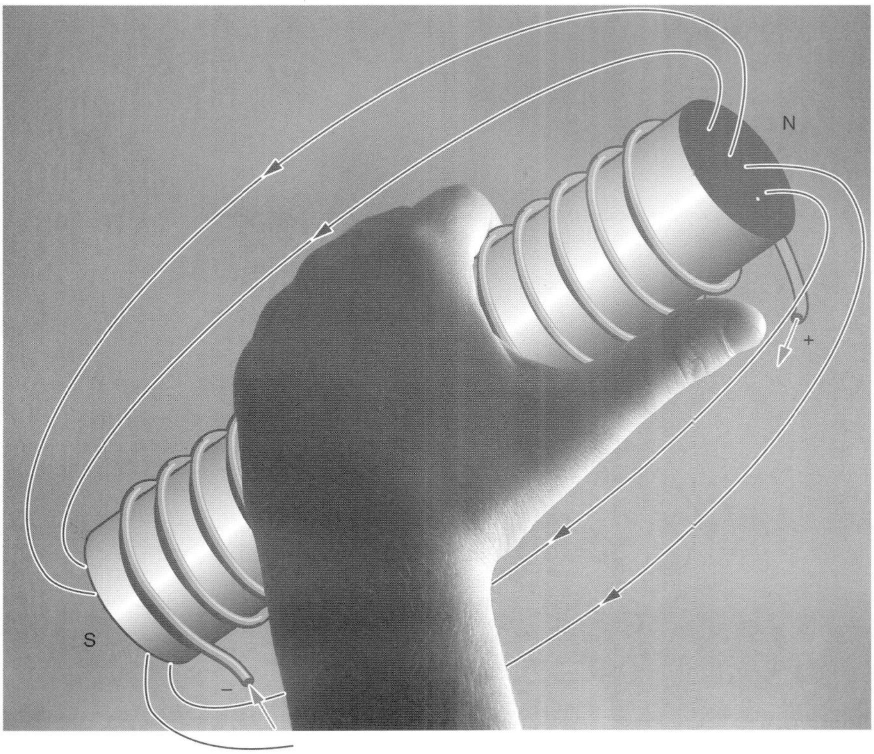

9-2 질문

1. 전선에 전류가 흐를 때 자계가 존재하는 것을 어떻게 보여줄 수 있는가?
2. 전선 주위의 자속선 방향은 어떻게 결정할 수 있는가?
3. 다음의 경우, 전류가 흐르고 있는 도선을 서로 가까이 두면 어떠한 현상이 일어나는가?
   a. 전류가 같은 방향으로 흐를 때
   b. 전류가 반대 방향으로 흐를 때
4. 전자계의 세기를 증가시키는 세 가지 방법은 무엇인가?
5. 전자석의 극성은 어떻게 결정할 수 있는가?

9-3 자기유도

자기유도(magnetic induction)는 물리적 접촉이 없는 물체에 자석이 미치는 영향이다. 예를 들어, 자석은 철막대에 자계를 유도한다(그림 9-12). 자기력선이 철막대를 통과하면 자기력선은 철막대에 있는 자구를 한쪽 방향으로 정렬시킨다. 그러면 철막대는 자석이 된다. 철막대의 자구들은 S극이 N극 쪽으로 향하도록 배열되는데 이는 반대 방향의 극이 서로 끌어당기기 때문이다. 같은 이유로 철막대는 자석 쪽으로 당겨진다. 자속선은 이제 철막대의 끝을 떠나게 되며, 철막대는 자석을 확장한 것이 된다. 이것이 자석을 물리적으로 바꾸지 않고 자석의 길이를 증가시키거나 모양을 변화시키는 효과적인 방법이다.

자석과 철막대를 분리시키면 철막대에 있는 자구들은 원래의 불규칙한 모양으로 돌아간다. 하지만 일부 자구는 북극–남극 정렬 상태로 남아 있어서 철막대가 약한 자계를 갖게 한다. 이러한 잔류 자계를 **잔류 자기**(residual magnetism)라 한다. 자화력이 제거된 뒤에도 물질이 자계를 유지하고 있는 능력을 **보자성**(retentivity)이라고 한다. 연철은 보자성이 낮다. 알루미늄, 니켈 및 코발트의 합금인 알니코는 보자성이 높다.

자속선은 자계 앞에 자기 저항이 작은 물질을 놓으면 휘어질 수 있다. 자기 저항이 작은 물질을 **자기 차폐물**(magnetic shields)이라고 한다. 예를 들어 Mu라는 금속이 있다. 보호하고자 하는 물체 주위에 빙 둘러 자기 차폐물을 둔다. 전자 장비, 특히 오실로스코프는 자속선으로부터의 차폐가 필요하다.

전자기 유도(electromagnetic induction)는 전기 발생의 배경이 되는 원리이다. 도체가 자계를 지나가거나 자계가 도체를 지나가면 전류가 도체에 생성(유도)된다. 도체가 자계를 통과할 때 자유전자는 도체의 한쪽 끝으로 밀려나게 되어, 다른 쪽 끝에는 전자 결핍 현상이 발생한다. 이 결과 도체의 두 끝 사이에 전위차가 생긴다. 이 전위차는 도체가 자계를 통과하고 있을 때만 존재한다. 도체를 자계에서 제거하면 자유전자는 원래의 원자로 되돌아간다.

전자기 유도가 발생하기 위해서는 반드시 도체가 움직이거나 자계가 움직여야 한다. 도체에 발생된 전압을 유도전압(induced voltage)이라고 한다. 유도전압의 양

그림 9-12

자계에 철막대를 놓으면 자계가 연장되고 철막대는 자화된다.

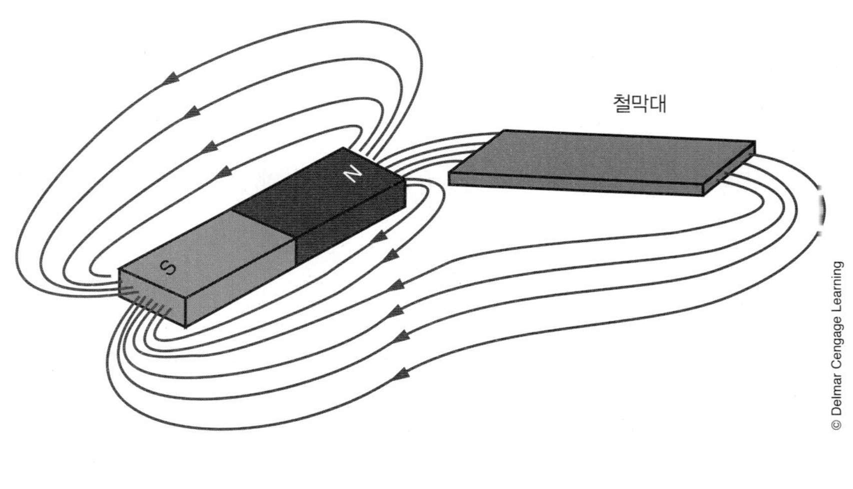

그림 9-13
발전기에 대한 왼손법칙은 발전기에 흐르는 유도전류의 방향을 결정한다.

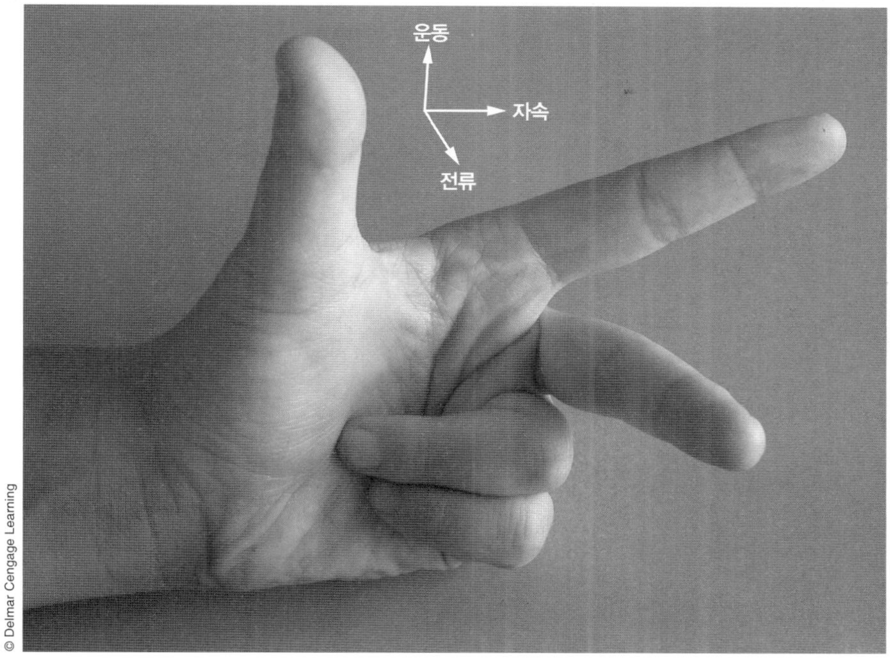

은 자계의 세기, 도체가 자계를 지나가는 속도, 도체가 자계를 자르는 각도, 그리고 도체의 길이에 의해 결정된다.

자계가 강할수록 유도전압은 커진다. 도체가 자계 안에서 더 빨리 움직일수록, 더 큰 유도전압이 발생한다. 도체와 자계 사이의 운동은 도체와 자계 둘 중 하나가 움직이거나 아니면 둘 다 움직이면 가능하다. 최대 전압은 도체가 자계에 수직으로 움직일 때 유도된다. 각도가 90° 미만이면 유도 전압은 작아진다. 도체가 자속선에 평행하게 움직이면 전압은 유도되지 않는다. 도체가 길수록 유도전압은 커진다.

패러디의 법칙(Faraday's law), 즉 전자기의 기본 법칙은, 유도전압은 도체가 자기력선을 끊는 비율에 정비례한다는 것이다.

유도전압의 극성은 다음의 발전기에 대한 **왼손법칙**에 의해 결정할 수 있다. 엄지, 검지 및 중지를 서로 수직이 되게 하면(그림 9-13), 엄지는 도체의 운동 방향과 같은 방향을 가리키고, 검지는 자속선의 방향 N극에서 S극으로)을 가리키며, 중지는 도체의 양극, 즉 전류의 방향을 가리킨다.

9-3 질문

1. 물리적으로 자석을 바꾸지 않고 자석의 길이를 어떻게 증가시킬 수 있겠는가?
2. 잔류자기란 무엇인가?
3. 자기차폐물은 어떻게 동작하는가?
4. 어떻게 전자기 유도를 이용하여 전기를 발생시키는가?
5. 패러디의 법칙은 무엇을 나타내는가?

9-4 자기와 전자기의 응용

교류(AC) 발전기는 전자기 유도의 원리를 이용하여 기계적 에너지를 전기적 에너지로 변환한다. 기계적 에너지는 자계와 도체 사이의 운동을 일으키기는 데 필요하다.

그림 9-14는 자계 중에서 회전하고 있는(움직이고 있는) 도체 루프를 보여주고 있다. 루프는 설명하기 쉽게 밝은 부분과 어두운 부분으로 표시되어 있다. 그림의 A에 나타낸 지점에서 어두운 반쪽은 자기력선과 평행하고, 밝은 반쪽도 그러하다. 따라서 아무 전압도 유도되지 않는

그림 9-14

교류 발전기의 유도전압

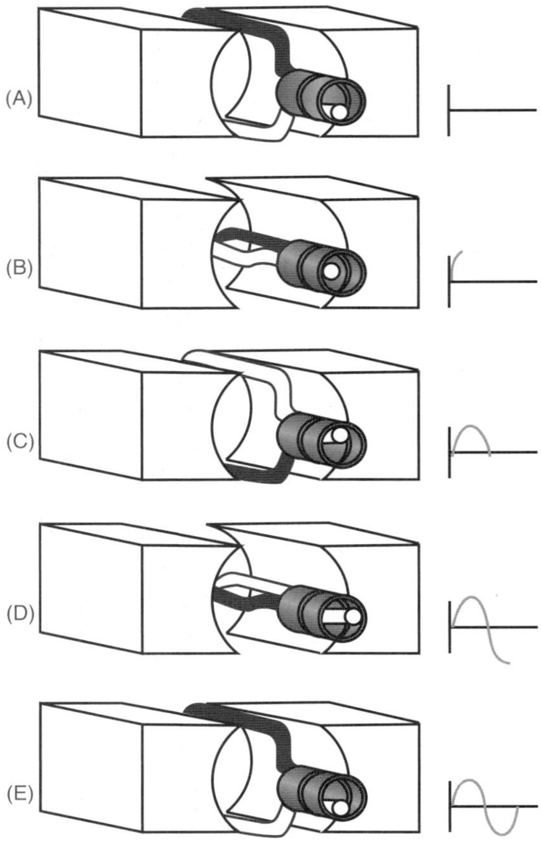

다. 루프가 그림 B에 나타낸 지점으로 회전하면 자기력선이 끊어지게 되어 전압이 유도된다. 루프가 자계에 대해 수직인 이 위치에서 유도 전압이 가장 크다. 루프가 그림 C에 나타낸 지점으로 회전하면 더 적은 수의 자기력선이 끊어지게 되어 유도전압은 최대값에서부터 0 볼트로 감소하게 된다. 이 지점에서 루프는 180°, 즉 반 바퀴를 회전한 것이다.

전류의 방향은 발전기에 관한 왼손법칙을 적용하면 결정할 수 있다. 위치 B에서 전류가 흐르는 방향을 화살표로 나타냈다. 루프가 위치 D로 회전하면 동작은 반대가 된다. 어두운 반쪽이 자기력선을 통하여 위로 움직이고 밝은 반쪽이 아래로 움직일 때, 발전기에 관한 왼손법칙을 적용하면 유도전압이 극성을 바꾸는 것을 알 수 있다. 전압은 위치 D에서 최고값에 이르고 루프가 원래의 지점에 이를 때까지 감소한다. 이제 유도전압은 두 번 교대하여 한 주기를 완성했다.

회전 루프를 **전기자**(armature)라 하고 전자계의 원천을 **계자**(field)라고 한다. 전기자는 임의의 개수의 루프를 가질 수 있다. "전기자"라는 용어는 루프가 하나이든 여러 개이든 관계없이 자계 중에서 회전하는 부분을 일컫는다. 교류 전류나 전압의 **주파수**(frequency)는 1초 동안에 완료된 주기의 개수이다. 회전속도가 주파수를 결정한다. 교류 발전기는 교류전류를 발생하므로 **교류기**(alternator)라고도 한다.

직류(DC) **발전기**도 기계적 에너지를 전기적 에너지로 변환한다. 직류발전기는 교류전압을 직류전압으로 바꾸는 것을 제외하면 교류 발전기와 똑같이 작동한다. 직류 발전기는 그림 9-15에 나타낸 것처럼 **정류자**(commutator)라고 하는 장치를 가지고 있다. 출력은 정류자, 즉 쪼개어진 고리로부터 취한다. 루프가 위치 A에서 위치 B까지 회전하면 전압이 유도된다. 유도전압은 운동이 자계와 수직일 때 가장 크다. 루프가 위치 C로 회전하면 유도

그림 9-15

직류발전기의 유도전압

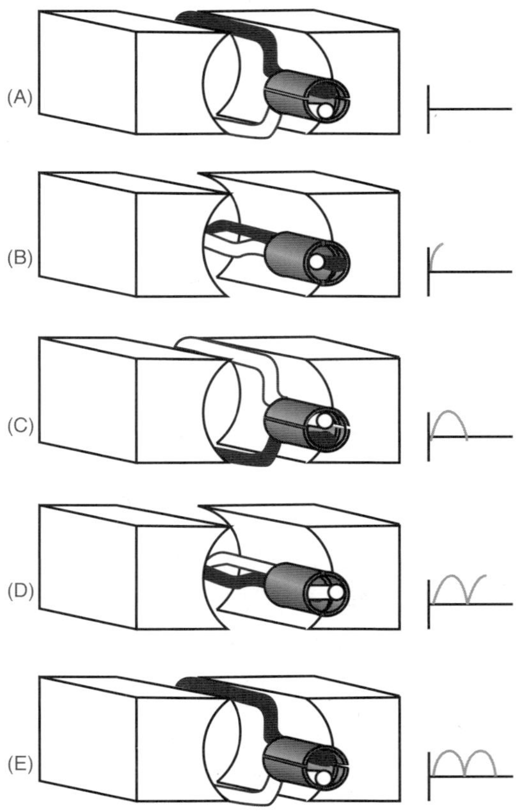

전압은 최대값에서 0으로 감소한다. 루프가 위치 D로 계속 회전하면 전압이 유도되지만 정류자가 출력 극성을 반전시켜서 출력 극성은 이전과 동일한 상태로 된다. 그런 다음에 루프가 원래의 위치 E로 돌아온다. 정류자로부터 발생한 전압은 맥동을 하지만 단지 한쪽 방향으로만 맥동하여 한 번 회전하는 동안 0과 최대값 사이를 두 번 변화한다.

릴레이(relay, 계전기)는 전자기 코일로 열고 닫는 전자기계식 스위치이다(그림 9-16). 전류가 코일을 통해 흐르면, 전류는 막대피스톤을 끌어당겨 내리는 자계를 발생한다. 막대피스톤이 아래로 끌어 내려질 때 막대피스톤이 스위치 접점을 닫는다. 코일에 흐르는 전류가 멈추면, 스프링이 전기자를 원래 위치로 당기고 스위치를 열리게 한다.

릴레이는 한 회로가 다른 회로를 조절하는 것이 바람직할 때 사용된다. 릴레이는 전기적으로 두 회로를 분리시킨다. 작은 전압 또는 전류로 큰 전압 또는 전류를 제어할 수 있다. 릴레이는 또한 거리가 좀 떨어져 있는 여러 회로를 제어하는 데에도 사용할 수 있다.

초인종은 릴레이를 응용한 것 중의 하나이다. 벨을 때리는 장치가 막대피스톤에 붙어 있다. 초인종을 누르면, 릴레이 코일이 활성화되어 막대피스톤이 끌어당겨지고 막대피스톤이 벨을 때리게 된다. 막대피스톤이 아래로 움직일 때, 막대피스톤이 회로를 개방시켜서 릴레이는 비활성화된다. 스위치 접점을 닫는 스프링이 막대피스톤을 당기면 회로는 다시 활성화되고, 버튼을 놓을 때까지 이러한 과정이 반복된다.

솔레노이드(solenoid)는 릴레이와 유사하다(그림 9-17). 코일이 활성화될 때 기계적인 일을 하는 막대피스톤을 끌어당긴다. 이러한 솔레노이드는 막대피스톤이 금속 막대를 치는 차임벨에 사용된다. 또한 자동차의 시동장치에도 사용된다. 막대피스톤은 플라이휠이 엔진을 시동시키도록 시동 기어를 안쪽으로 끌어당긴다.

축음기의 픽업은 전자기 원리를 이용한다. 자계는 축음기 바늘에 붙어 있는 영구자석에 의해 생성된다. 영구자석은 작은 코일 속에 위치하고 있다. 바늘이 레코드의 홈을 따라갈 때 바늘은 기록된 오디오 신호에 따라 위아래 또는 좌우로 움직인다. 코일 속에 있는 자석의 움직임은 오디오 신호 응답에 따라 변화하는 작은 전압을 유도한다. 그런 다음에 유도된 전압은 증폭되어 확성기를 구동시켜 오디오 신호를 재생한다.

확성기(loudspeaker)는 모든 형태의 오디오 증폭에 사용된다. 오늘날의 대부분의 스피커는 영구자석 주위에 가동코일을 감아서 만든다. 자석은 정자계를 생성한다. 전류가 이 코일을 통해 흐를 때, 전류는 오디오 신호의 비율로 변하는 자계를 만든다. 코일에서 만들어지는 변화하는 자계는 영구자석의 자계에 따라 당겨지고 밀쳐진다. 코일은 오디오 신호에 응답하여 앞뒤로 움직이는 원뿔에 붙어 있다. 앞뒤로 움직이는 원뿔은 공기를 움직여서 오디오 소리를 재생한다.

자기 기록은 카세트 녹음기, 비디오 녹음기, 릴-릴 녹음기, 플로피 디스크 드라이브 및 하드 디스크 드라이브에 사용된다. 이러한 모든 장치는 정보를 저장하는 데 동일한 전자기 원리를 이용한다. 신호는 기록 헤드가 있는 테이프 또는 디스크에 저장되고, 재생 헤드로써 나중에 다시 읽혀진다. 몇몇 장비에서는 기록 헤드와 재생 헤드가 하나의 패키지로 결합되어 있거나 이들이 동일 헤드이다. 레코드 헤드와 재생 헤드는 강자성 코어에 전선을 감은 것이다. 코어의 양단 사이에 있는 작은 갭에 자계가 형성된다. 저장 매체, 즉 산화철로 덮인 물질 조각이 기록 헤드를 당기면, 자계는 무늬를 투과하게 되어 이 무늬를

그림 9-16

각종 릴레이의 예

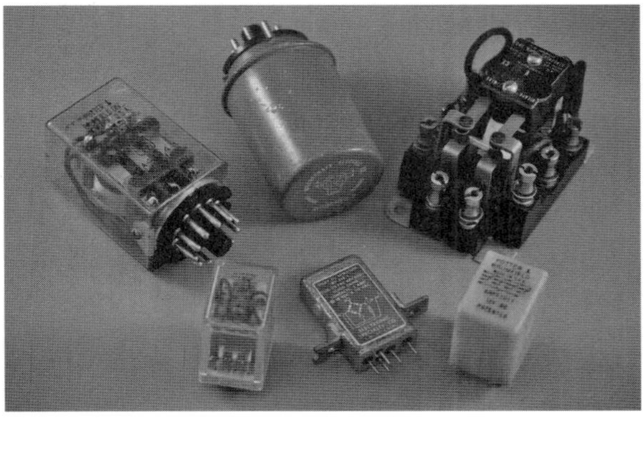

그림 9-17

각종 솔레노이드의 예

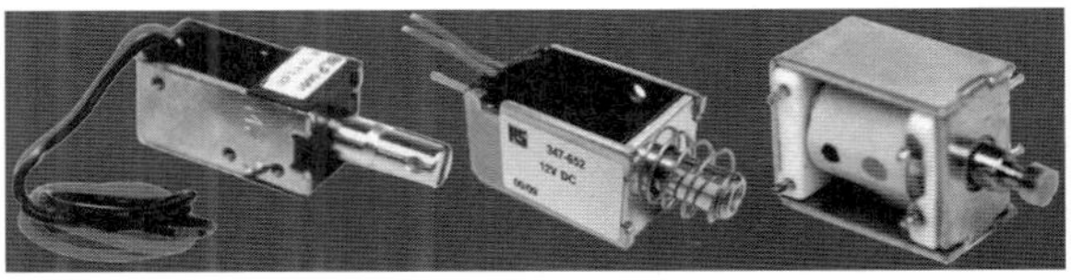

자화시킨다. 원래의 정보에 대응하는 자기 패턴으로 정보가 무늬에 기록된다. 이 정보를 재생, 즉 읽기 위해서는, 매체가 재생 헤드 내의 갭을 지나 이동된다. 변화 자계는 코일 권선에 작은 전압을 유도한다. 이 전압을 증폭하면 본래의 정보가 재생된다.

직류 모터의 동작은, 자계 속에 수직으로 놓여 있는 전류 운반 도체는 자계의 방향과 직각으로 움직이려고 한다는 원리에 달려 있다. 그림 9-18A는 N극과 S극 사이를 확장하는 자계를 보여주고 있다. 그림 9-18B는 전류 운반 도체 주위에 존재하는 자계를 보여주고 있다. 플러스(+) 표시는 전류가 안으로 흐름을 의미한다. 자속선의 방향은 왼손법칙을 이용하여 결정할 수 있다. 그림 9-18C는 자계 속에 놓인 도체를 나타내고 있다. 두 자계

그림 9-18

직류 모터의 동작

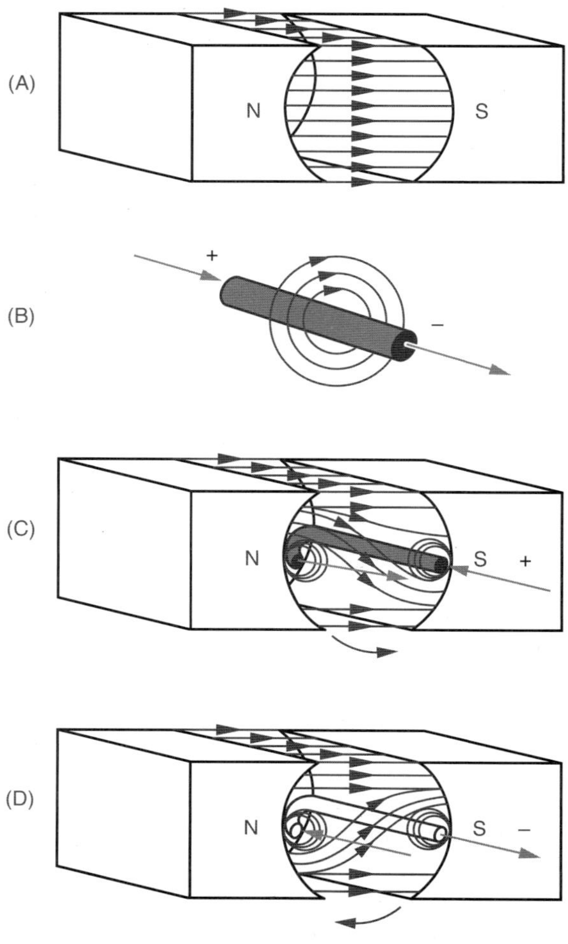

가 왜곡되어 있다는 데 유의하라. 권선 위의 자계는 약화되고, 도체는 위쪽으로 움직이려 한다. 위쪽으로 작용하는 힘의 양은 극 사이의 자계의 세기와 도체를 통하여 흐르는 전류의 양에 따라 다르다. 만약 도체를 흐르는 전류를 반대로 하면(그림 9-18D), 도체 주위의 자속 방향은 반대로 된다. 이렇게 되면, 도체 아랫부분의 자계는 약화되고 도체는 아래로 움직이려 한다.

자계 내의 전류 운반 도체의 방향을 결정하는 방법은 모터에 관한 오른손법칙을 사용한다. 오른손의 엄지, 검지 및 중지는 각각 직각을 이루도록 펴면, 중지는 도체를 흐르는 전류의 방향을, 검지는 N극으로부터 S극으로 향하는 자계의 방향을, 그리고 엄지는 도체가 움직이는 방향을 가리킨다.

자계 내의 전류 운반 도체에 작용하는 힘은 자기의 세기, 도체의 길이 및 도체에 흐르는 전류의 양에 따라 달라진다.

수평으로 자유로이 회전하는 도선 루프 하나가 자석의 두 극 사이에 위치하고 있다면, 두 극끼리 서로 밀어내기 때문에 루프는 회전한다. 루프의 한쪽과 다른 쪽에서 전류가 흐르는 방향이 서로 다르다. 루프의 한쪽이 아래로 움직이고 다른 한쪽이 위쪽으로 움직인다. 루프는 그의 축을 기준으로 반시계 방향으로 회전한다. 정류자는 토크가 최고 또는 0인 위치에 도달하면 매번 루프에 흐르는 전류의 방향을 바꾼다. 이것이 직류 모터가 회전하는 방법이다. 루프나 전기자는 자계에서 회전한다. 영구자석이나 전자석이 이러한 자계를 만든다. 정류자는 전기자에 흐르는 전류의 방향을 반대로 바꾼다. 직류 모터와 직류 발전기가 유사함을 주목하라.

기본적인 계측기 움직임은 직류 모터의 원리를 이용한다. 계측기는 고정 영구자석과 가동코일로 구성되어 있다. 전류가 코일에 흐를 때, 발생된 자계는 영구자석의 자계와 반응하여 코일을 회전시킨다. 도선에 흐르는 전류가 많을수록 더 강한 자계가 발생한다. 자계가 강하게 발생할수록 코일이 더 크게 회전한다. 전류의 양을 결정하기 위해, 회전 코일에 바늘을 부착한다. 코일이 회전하면 바늘도 함께 회전한다. 바늘은 눈금이 매겨진 곳의 위를 움직이며 흐르는 전류의 양을 가리킨다. 이러한 형태의 계측기 움직임은 전압계, 전류계 및 저항계와 같은 아날로그 계측기에 사용된다.

전류를 운반하는 도체는 자계에 의해 편향될(움직일) 수 있다. 편향되는 것은 도체가 아니라 도체에서 이동하

는 전자이다. 전자는 도체에 제한되어 있으므로 도체도 또한 움직이는 것이다. 전자는 다른 매질을 통하여 이동할 수 있다. 텔레비전 영상관의 경우, 전자는 진공을 통해 이동하여 인광물질 화면을 때리는데 이 인광물질 화면이 빛을 내게 된다. 전자는 전자총에 의해 발생된다. 영상 화면의 표면 위에서 전자빔을 변화시키면 하나의 영상을 만들 수 있다. 스크린을 가로질러 앞뒤로 빔을 움직이기 위해 두 개의 자계로 빔을 편향시킨다. 하나의 자계는 빔을 스크린의 상하로 움직이게 하고 다른 하나는 좌우로 움직이게 한다. 이러한 방법은 화면에 영상을 만들기를 원하는 텔레비전, 레이더, 오실로스코프, 컴퓨터 터미널 및 기타 응용에 사용된다.

9-4 질문

1. 교류 발전기와 직류발전기의 차이점은 무엇인가?
2. 릴레이(계전기)는 왜 중요한가?
3. 확성기는 어떻게 소리를 내는가?
4. 직류 모터와 계측기 움직임의 배경 원리는 무엇인가?
5. 전자계는 어떻게 화면에 영상을 생성하는가?

요약

- 자석(magnet)이라는 단어는 천연 자석인 광물 마그네타이트(magnetite)에서 유래되었다.
- 자석은 연철 조각을 다른 자석과 문질러서 만들 수 있다.
- 전자석은 전선 코일에 흐르는 전류에 의해 생성될 수 있다.
- 말굽형, 막대형, 사각형 및 고리형은 가장 일반적인 자석 형태이다.
- 서로 다른 자극은 서로 끌어당기고 같은 극은 서로 밀어낸다.
- 자기 이론 한 가지는 원자 주위를 돌고 있는 전자의 회전에 근거한다.
- 또 다른 자기 이론은 자구의 정렬에 근거한다.
- 자속선은 자석 주위에 존재하는 보이지 않는 힘이다.
- 자속선은 가능한 한 가장 작은 루프를 형성한다.
- 투자율은 물질이 자기력선을 받아들이는 능력이다.
- 자계는 도선에 전류가 흐를 때 도선 주위에 생긴다.
- 도선 주위에 생기는 자속선의 방향은 왼손으로 도선을 잡아서 결정할 수 있는데, 엄지가 전류의 방향을 가리키고, 나머지 손가락은 자속선의 방향을 가리킨다.
- 전류 운반 도선 두 개를 서로 가까이 두고, 전류를 같은 방향으로 흘리면 그들의 자계는 결합된다.
- 전자기의 강도는 코일의 감긴 수와 코일에 흐르는 전류의 크기에 정비례한다.
- 전자석의 극은 왼손가락으로 전류 방향으로 코일을 잡으면 결정할 수 있다. 그러면 엄지가 N극을 가리킨다.
- 보자성은 물질이 자계를 유지하는 능력이다.
- 전자기 유도는 도체가 자계를 통하여 지나갈 때 발생한다.
- 패러디의 법칙: 유도 전압은 도체가 자기력선을 끊는 비율에 정비례한다.
- 발전기에 대한 왼손법칙은 유도전압의 방향을 결정하는 데 사용한다.
- 교류 발전기와 직류발전기는 기계적인 에너지를 전기적인 에너지로 변환한다.
- 릴레이는 전자기계식 스위치이다.
- 전자기 원리는 초인종, 솔레노이드, 축음기, 확성기 및 자기 기록의 설계 및 제작에 응용된다.
- 직류 모터와 계측기는 동일한 원리를 이용한다.
- 전자빔은 전자기력으로 편향시켜 텔레비전, 레이더 및 오실로스코프 화면에 영상을 만들 수 있다.

CHAPTER 9

자기테스트

1. 자기의 자구 이론을 어떻게 증명할 수 있는가?
2. 전자석의 세기를 증가시키는 데 사용할 수 있는 세 가지 방법은 무엇인가?
3. 도체에 대한 왼손법칙을 설명하라.
4. 직류발전기가 한 주기 동안 어떻게 동작하는지를 설명하라.
5. 전자석이 어떻게 동작하는지를 그림으로 보여라.
6. 전자석의 극성을 결정하는 방법을 설명하라.
7. 어떻게 하면 전자석의 세기를 증가시킬 수 있을까?
8. 발전기에 대한 왼손법칙을 설명하라.
9. 직류발전기의 구성요소들을 그림으로 나타내고 이름을 그림에 표시하라.
10. 교류 모터가 어떻게 동작하는지를 설명하라.
11. 직류 모터와 발전기 외에 어떤 것이 자기장을 이용할 수 있는가?

CHAPTER 10

인덕턴스

INDUCTANCE

목표

이 장을 마치고 나면 다음과 같은 것을 할 수 있게 된다.

- 인덕턴스의 원리를 설명한다.
- 인덕턴스의 기본 단위를 알아본다.
- 인덕터의 종류를 알아본다.
- 직렬회로와 병렬회로에서의 총 인덕턴스를 계산한다.
- L/R 시정수를 알아보고 이 시정수와 인덕턴스와의 관계를 설명한다.

주요 용어

가변 인덕터
고정 인덕터
공심 인덕터
렌츠의 법칙
성층 철심 인덕터
시정수
인덕터
인덕턴스(L)
차폐 인덕터
페라이트 코어 인덕터
헨리(H)
환형 코어 인덕터

도체에 전류가 흐를 때, 자계가 도체 주위에 형성된다. 이 자계는 에너지를 가지고 있으며 인덕턴스의 기초이다.

이 장에서는 인덕턴스를 알아보고, 인덕턴스를 직류회로에 응용하는 방법에 대해 살펴본다. 인덕턴스는 제16장에서 더 자세히 설명한다.

10-1 인덕턴스

인덕턴스(inductance)는 도체가 전류의 변화에 대항하는 전기적 특성이다. **인덕터**(inductor)는 자계에 에너지를 저장하는 장치이다.

인덕턴스는 관성이 기계적인 물체의 속도에 영향을 미치는 것처럼 전기회로의 전류에 영향을 미친다. 부하가 관성이라는 특성을 가지고 있기 때문에 움직이고 있는 부하를 계속 움직이게 하는 것보다 멈춰 있는 부하를 움직이게 하는 것이 더 많은 일을 필요로 한다. 관성은 질량이 속도의 변화에 대항하는 특성이다. 전류가 한 번 도체를 통해 흐르면, 인덕턴스는 전류가 계속 흐르도록 돕는다. 인덕턴스의 이러한 효과는 때로는 바람직하지만 그렇지 않을 때도 있다.

제9장에서 설명한 바와 같이 인덕턴스의 기본 원리는 도체에 전류가 흐를 때, 전류는 도체 주위에 자계를 형성한다라고 하였다. 자속선이 형성되면 자속선은 전류의 흐름에 대항하는 힘을 생성한다.

전류가 방향을 바꾸거나 끊어지거나, 자계가 변화할 때, 자계가 약화되어 도체에 거꾸로 기전력(electromotive force, emf)이 유도된다. 전류의 변화에 대항하는 것을 역기전력(counter electromotive force, counter emf)이라 한다. 이러한 현상을 **렌츠**(Lenz)**의 법칙**으로 요약하면, 어떤 회로에서 유도된 기전력은 항상 기전력을 생성하는 효과와 반대되는 방향을 갖는다는 것이다. 역기전력의 크기는 변화의 비율에 비례한다. 변화가 빠르면 빠를수록 역기전력은 커진다.

모든 도체에는 어느 정도의 인덕턴스가 있다. 인덕턴스의 크기는 도체와 그 도체의 모양에 따라 다르다. 곧은 도선은 적은 양의 인덕턴스를 갖지만 코일은 훨씬 더 많은 인덕턴스를 갖는다.

인덕턴스를 측정하는 단위는 **헨리**(henry, H)이다. 이것은 미국의 물리학자 Joseph Henry (1797~1878)의 이름에서 딴 것이다. 헨리는 도체에 전류가 1초당 1 암페어의 비율로 일정하게 변할 때 1 볼트의 기전력을 유도하는 데 필요한 인덕턴스의 크기이다. 헨리는 큰 단위이므로, 밀리헨리(mH)와 마이크로헨리(μH)가 일반적으로 사용된다. 인덕턴스의 기호는 L이다.

10-1 질문

1. 인덕턴스를 정의하라.
2. 인덕턴스를 측정하기 위한 단위는 무엇인가?
3. 헨리를 정의하라.
4. 인덕턴스를 나타내는 데 사용하는 문자는 무엇인가?
5. 도체에 흐르는 전류가 끊어지면 어떤 일이 발생하는지를 설명하라.

10-2 인덕터

인덕터(inductor)는 특정한 인덕턴스를 갖도록 설계된 소자이다. 인덕터는 도체를 코어 둘레에 감은 것인데, 코어 물질이 자성이냐 비자성이냐의 두 가지로 분류된다. 그림 10-1에 인덕터의 기호가 나와 있다.

인덕터에는 또한 고정형과 가변형이 있다. 그림 10-2는 가변 인덕터의 기호를 보여주고 있다. **가변 인덕터**는 조절할 수 있는 코어 물질로 만든다. 그림 10-3은 코어 물질을 조절하는 데 사용되는 여러 가지 형태의 인덕터를 보여주고 있다. 최대 인덕턴스는 코어 물질이 도선 코일과 나란할 때 발생한다.

공심 인덕터(air-core inductor), 즉 코어 물질이 없는 인덕터는 최대 5 밀리헨리까지의 인덕턴스에 사용된

그림 10-1

인덕터의 회로 기호

그림 10-2

가변 인덕터의 회로 기호

그림 10-3

인덕턴스를 변화시키기 위해 사용되는 인덕터의 여러 가지 유형

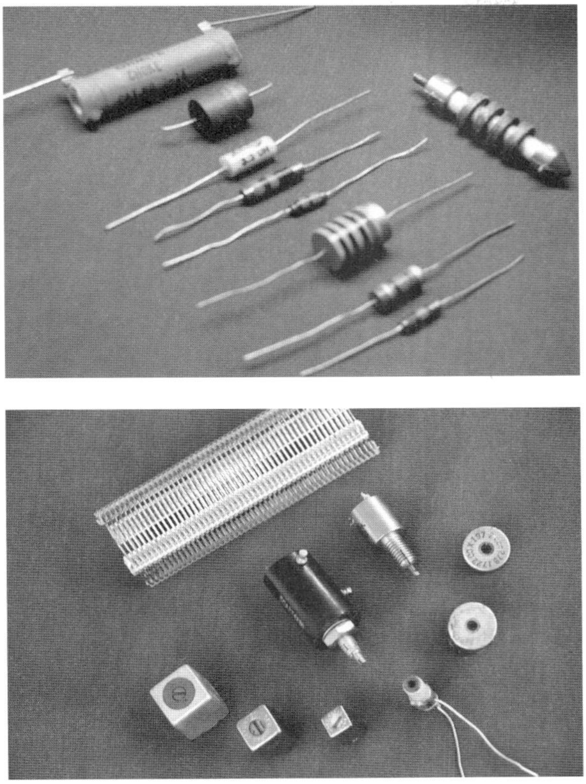

다. 이러한 인덕터는 세라믹 코어 또는 페놀 코어에 싸여 있다(그림 10-4).

페라이트(ferrite) 코어 및 분말 철심은 최대 200 밀리헨리까지의 인덕턴스에 사용된다. 그림 10-5에는 철심

그림 10-4

공심 인덕터

그림 10-5

철심 인덕터의 회로 기호

인덕터를 위해 사용되는 기호가 나와 있다.

환형(toroid) **코어**는 도넛 모양으로서 크기는 작지만 높은 인덕턴스를 가진다(그림 10-6). 자계는 코어 내부에 존재한다.

차폐 인덕터는 다른 자계의 영향으로부터 보호하기 위해 자성 물질로 만든 차폐물을 가지고 있다(그림 10-7).

성층 철심 인덕터는 모든 큰 인덕터에 사용된다(그림 10-8). 이러한 인덕터는 0.1~100 헨리까지 가능한데, 인덕턴스의 크기는 인덕터에 흐르는 전류의 크기에 따라 달라진다. 이러한 인덕터를 때때로 초크(choke)라고 한다. 이들은 직류 출력으로부터 교류 성분을 제거하기 위해 전원 공급 장치의 필터 회로에서 사용된다. 이것에 대해서는 뒤에서 더 자세히 논의할 것이다.

인덕터는 대체로 ±10%의 허용오차를 가지나 허용오차가 1% 미만인 것도 구할 수 있다. 저항처럼 인덕터도 직렬, 병렬 및 직렬-병렬 조합으로 연결할 수 있다. 몇 개의 인덕터를(그들의 자계가 상호작용하지 않도록 분리시켜) 직렬로 연결한 것의 전체 인덕턴스는 개별 인덕턴스의 합과 같다.

$$L_T = L_1 + L_2 + L_3 \ldots + L_n$$

그림 10-6

환형 인덕터

그림 10-7

차폐 인덕터

그림 10-8

성층 철심 인덕터

두 개 이상의 인덕터를 병렬로(그들의 자계가 상호작용하지 않도록) 연결하면 총 인덕턴스는 다음 공식을 사용하여 구한다.

$$\frac{1}{L_T} = \frac{1}{L_1} + \frac{1}{L_2} + \frac{1}{L_3} \ldots + \frac{1}{L_n}$$

10-2 질문

1. 인덕터란 무엇인가?
2. 고정 인덕터와 가변 인덕터를 표현하는 데 사용되는 기호를 그려라.
3. 성층 철심 인덕터의 다른 이름은 무엇인가?
4. 다음 회로에서 총 인덕턴스를 계산하기 위한 공식은 무엇인가?
   a. 직렬회로
   b. 병렬회로
5. 10 H, 3.5 H 및 6 H의 인덕터 세 개가 병렬로 연결되어 있는 회로의 총 인덕턴스는 얼마인가?

10-3 L/R 시정수

시정수(time constant)는 도체에 흐르는 전류가 최대 전류의 63.2%로 증가하거나 최대 전류의 36.8%로 감소하는 데 걸리는 시간이다. RL 회로가 그림 10-9에 나와 있다. L/R은 RL 회로의 시정수를 위해 사용하는 기호이다. 이것은 다음과 같이 표현할 수 있다.

$$t = \frac{L}{R}$$

여기서: t = 시간(초)
L = 인덕턴스(H)
R = 저항(Ω)

그림 10-10의 표는 시정수에 따른 자계의 성장과 쇠퇴(또는 증가와 감소)를 나타낸다. 모든 에너지를 완전히

그림 10-9

L/R 시정수를 계산하는 데 사용된 회로

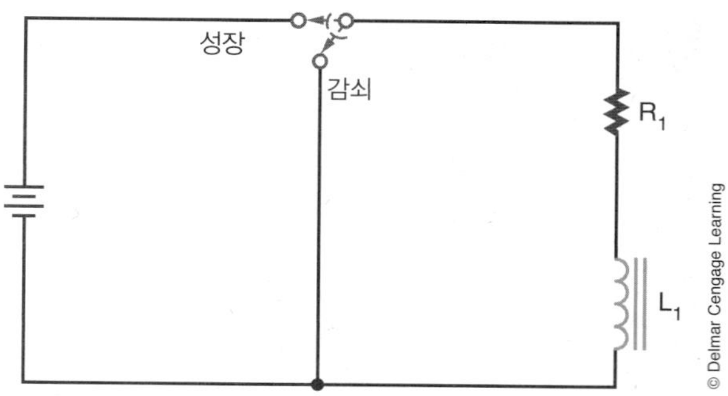

그림 10-10

인덕터에서 자계를 성장 또는 쇠퇴시키는 데 필요한 시정수

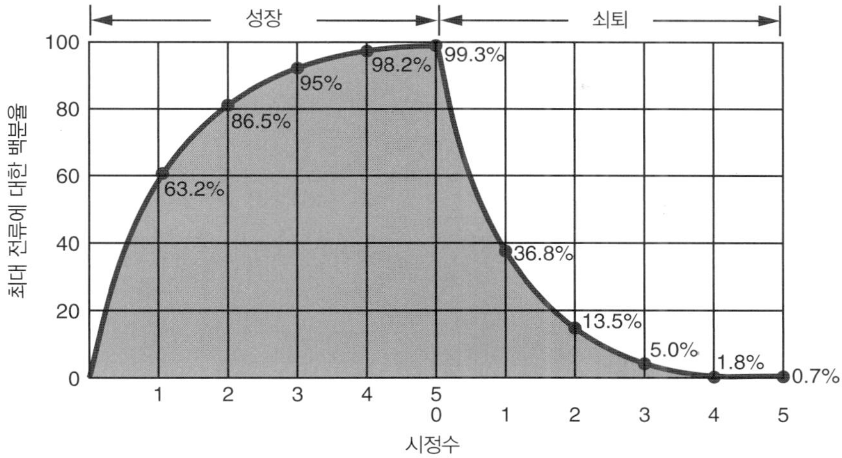

자계로 전달하거나 최대 자계까지 만드는 데는 시정수의 5배가 소요된다. 자계가 완전히 쇠퇴하기까지도 시정수의 5배가 소요된다.

10-3 질문

1. 인덕터에 대한 시정수는 무엇인가?
2. 시정수는 어떻게 측정하는가?
3. 인덕터에 자계를 완전히 생성하는 데 걸리는 시정수는 얼마인가?
4. 인덕터에서 자계를 완전히 없애는 데 걸리는 시정수는 얼마인가?
5. 100,000 옴의 저항기에 0.1 헨리의 인덕터가 직렬로 연결된 경우 자계가 완전히 생성되는 데는 얼마나 걸리는가?

요약

- 인덕턴스는 자계에 에너지를 저장하는 능력이다.
- 인덕턴스 측정에 사용하는 단위는 헨리(H)이다.
- 인덕턴스를 표현하는 문자는 L이다.
- 인덕터는 특정 인덕턴스를 갖도록 설계된 소자이다.
- 고정 인덕터의 기호는 다음과 같다.

- 가변 인덕터의 기호의 다음과 같다.

- 인덕터의 유형에는 공심, 페라이트 또는 분말 철심, 환형 코어, 차폐 및 성층 철심이 있다.
- 직렬로 연결된 인덕터에 대한 총 인덕턴스는 다음 공식으로 구한다.

$$L_T = L_1 + L_2 + L_3 \ldots + L_n$$

- 병렬로 연결된 인덕터에 대한 총 인덕턴스는 다음 공식으로 구한다.

$$\frac{1}{L_T} = \frac{1}{L_1} + \frac{1}{L_2} + \frac{1}{L_3} \ldots + \frac{1}{L_n}$$

- 시정수는 전류가 최대 전류의 63.2%로 증가하거나 최대 전류의 36.8%로 감소하는 데 걸리는 시간이다.
- 시정수는 다음 공식으로 계산할 수 있다.

$$t = \frac{L}{R}$$

- 인덕터의 자계를 완전히 생성하거나 없애는 데는 시정수의 5배가 소요된다.

CHAPTER 10

자기테스트

1. 렌츠의 법칙을 emf와 관련하여 설명하라.

2. 도체와 역기전력 사이의 관계는 무엇인가?

3. 인덕터의 종류와 모양을 나타내어라.

4. 어떻게 하면 특정 인덕턴스에 대해 자계를 증가시킬 수 있는가?

5. 다음 회로의 총 인덕턴스는 얼마인가?

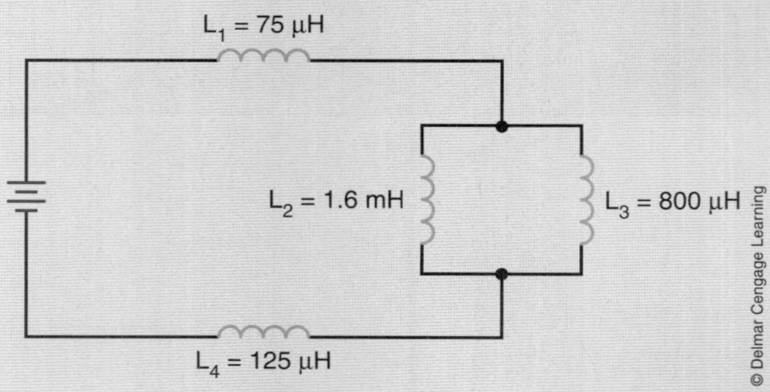

6. 500 mH 인덕터와 10 kΩ의 저항기가 25 V 전원에 직렬로 연결되어 있다. 이 회로를 활성화시키고 나서 100 μs 후에 인덕터에는 얼마의 전압이 걸리는가?

7. 다음 소자들에 대해 증가 및 감쇄 시정수를 계산하여 표로 만들어라.

- **a.** 1 H, 100 Ω
- **b.** 100 mH, 10 kΩ
- **c.** 10 mH, 1 kΩ
- **d.** 10 H, 10 Ω
- **e.** 100 mH, 1 kΩ

CHAPTER 11

커패시턴스

CAPACITANCE

목표

이 장을 마치고 나면 다음과 같은 것을 할 수 있게 된다.

- 커패시턴스의 원리를 설명한다.
- 커패시턴스의 기본 단위를 알아본다.
- 커패시터의 여러 가지 유형을 알아본다.
- 직렬회로와 병렬회로에서의 총 커패시턴스를 계산한다.
- RC 시정수를 설명하고, 이 시정수와 커패시턴스와의 관계를 설명한다.

주요 용어

가변 커패시터
고정 커패시터
극판
세라믹 디스크 커패시터
유전상수
유전체
전해 커패시터
종이 커패시터
커패시터
커패시턴스(C)
패럿(F)

커패시턴스는 정전계 내에 에너지를 저장시킨다. 커패시턴스는 두 개의 도체가 절연체에 의해 분리되어 있을 때 존재한다.

이 장에서는 커패시턴스와 이를 직류회로에 응용하는 것에 중점을 둔다. 커패시턴스에 대한 더 자세한 내용은 제15장에서 다룬다.

11-1 커패시턴스

커패시턴스(capacitance)는 소자가 정전계 내에 전기 에너지를 저장하는 능력이다. **커패시터**(capacitor)는 특정 양의 커패시턴스를 가지고 있는 소자이다. 커패시터는 두 개의 도체를 절연체로 분리시켜 만든다(그림 11-1). 이 도체를 **극판**(plate)이라 하고, 절연체를 **유전체**(dielectric)라고 한다. 그림 11-2에는 커패시터의 기호가 나와 있다.

직류 전압원을 커패시터 양단에 연결하면, 커패시터가 완전히 충전될 때까지 전류가 흐른다. 커패시터는 한쪽 극판에는 전자가 과잉으로 충전(음전하)되고 다른 극판에는 전자가 결핍 상태로 충전(양전하)된다. 유전체는 전자가 두 극판 사이를 이동하는 것을 막는다. 커패시터가 한 번 충전되면 모든 전류의 흐름은 멈춘다. 이때의 커패시터의 전압은 전압원의 전압과 같다.

그림 11-1

커패시터는 유전체(절연체 또는 부도체)에 의해 분리된 두 개의 극판(도체)으로 구성된다.

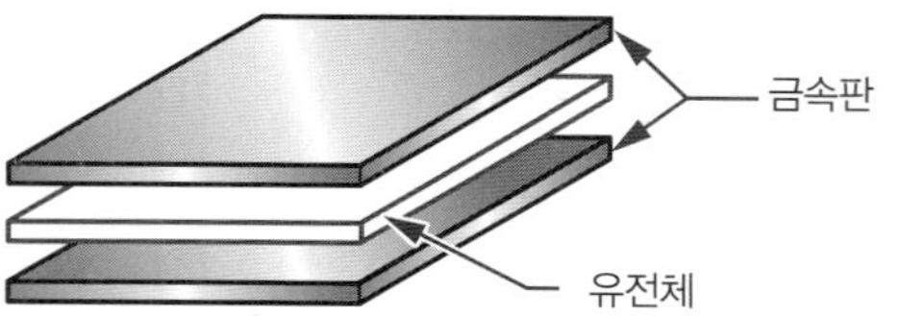

그림 11-2

커패시터의 회로 기호

충전된 커패시터를 전압원으로부터 분리시켜, 에너지원으로 사용할 수 있다. 그러나 에너지가 커패시터로부터 제거되면, 전압은 급격하게 감소한다. 직류회로에서 커패시터는 초기 충전 후에는 개방회로로서 동작한다. 개방회로(open circuit)는 무한대의 저항을 가진 회로이다.

> **주의**
>
> 커패시터는 전압원으로부터 제거되어도 전압원의 전위를 계속 유지할 수 있기 때문에, 모든 커패시터를 마치 이들이 충전된 것처럼 취급하라. 두 개의 리드를 단락하여 방전될 때까지 커패시터의 두 리드에 손을 대어서는 안 된다. 회로에 있는 커패시터는 방전경로를 가지지 않는다면 무한으로 전위를 유지할 수 있다.

커패시터에 저장된 에너지의 합은 커패시터의 크기에 비례한다. 교실에서 사용되는 커패시터는 보통 소형이고 인체를 통해 방전되어도 단지 작은 충격을 줄 뿐이다. 만약 커패시터가 크고, 높은 전압으로 충전되어 있다면 그 충격은 치명적일 수 있다. 충전된 커패시터는 또 다른 전압원인 것처럼 취급해야 한다.

커패시턴스의 기본 단위는 **패럿**(farad, F)이다. 1 패럿은 커패시터가 1 볼트로 충전되었을 때 1 쿨롱(C)의 전하를 축적할 수 있는 커패시턴스이다. 패럿 단위는 보통 사용하기에 너무 크므로 마이크로패럿(μF)과 피코패럿(pF)이 사용된다. 문자 C는 커패시턴스를 나타낸다.

$$1\text{ 마이크로패럿} = 0.000{,}001\text{ 또는 }\frac{1}{1{,}000{,}000}\text{ 패럿}$$

$$1\text{ 피코패럿} = 0.000{,}000{,}000{,}001\text{ 또는 }\frac{1}{1{,}000{,}000{,}000{,}000}\text{ 패럿}$$

11-1 질문

1. 커패시턴스란 무엇인가?
2. 커패시턴스의 기호를 그려라.
3. 커패시터를 취급할 때 주의해야 할 점은 무엇인가?
4. 커패시턴스 측정을 위한 단위는 무엇인가?
5. 커패시터와 일반적으로 연관된 단위는 무엇인가?

11-2 커패시터

커패시터의 커패시턴스에 영향을 미치는 네 가지 요인은 다음과 같다.

1. 극판의 면적
2. 극판 사이의 거리
3. 유전체 물질의 종류
4. 온도

커패시터에는 고정형 또는 가변형이 있다. **고정 커패시터**(fixed capacitor)는 변할 수 없는 일정한 값을 가진다. **가변 커패시터**(variable capacitor)는 극판 사이의 간격을 바꾸거나(트리머 커패시터), 두 극판 사이의 겹쳐지는 면적의 크기를 바꿈으로써(동조 커패시터) 그의 커패시턴스를 바꿀 수 있는 것이다.

커패시턴스는 극판의 면적에 정비례한다. 예를 들어, 극판 면적을 두 배로 하고 모든 다른 요소는 그대로 두면 커패시턴스가 두 배로 된다.

커패시턴스는 극판 사이의 거리에 반비례한다. 다시 말하면 극판이 멀어지면 극판 사이의 전계 세기가 감소한다는 것이다.

커패시터가 전기 에너지를 축적하는 능력은 극판 사이의 전계와, 유전체 물질에 있는 전자 궤도의 왜곡에 의존한다. 왜곡의 정도는 유전체의 특성에 따라 다른데, 이 정도는 유전상수로 나타낸다. **유전상수**(dielectric constant)는 어떤 물질이 절연체로서 얼마나 유용한지를 나타내는 척도이다. 이 상수는 어떤 물질이 전기장에서 에너지를 소비하고 축적하는 능력으로서 유전상수가 1인 공기와 비교한 값이다. 종이의 유전상수는 2~3이고, 운모는 5~6, 티타늄은 90~170이다.

위의 네 가지 요인 중에서 커패시터의 온도는 가장 중요하지 않은 것이다. 대부분의 일반적인 응용에서는 온도를 거의 고려할 필요가 없다.

전자 산업의 수요를 만족시키기 위해 여러 유형의 커패시터가 나오고 있다. **전해 커패시터**(electrolytic capacitor)는 소형 경량으로 큰 커패시턴스를 제공한다(그림 11-3). 전해 커패시터는 전해질(electrolyte)이라 부르는 화학적인 풀에 담겨진 거즈 또는 다른 흡수성 물질에 의해 분리된 두 개의 얇은 금속으로 되어 있다. 전해질은 양도체이고 음극판의 일부로 동작한다. 유전체는 양극판의 산화에 의해 형성된다. 산화된 층은 얇고 좋은 절연

그림 11-3

전해 커패시터

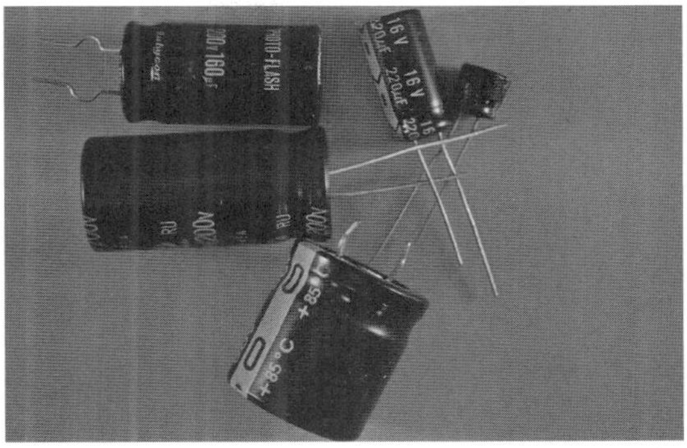

방사형 커패시터의 리드

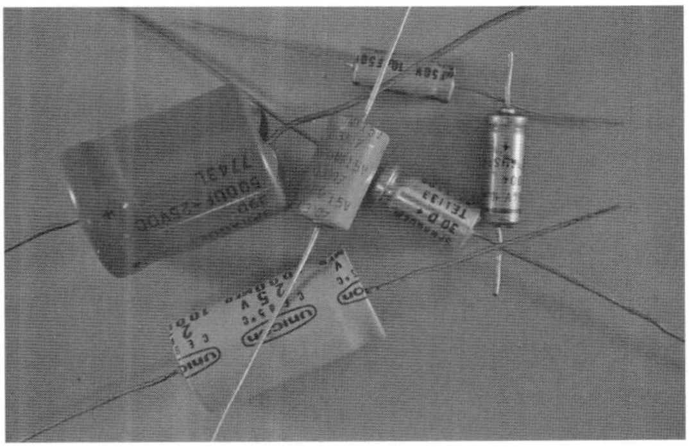

축 모양 커패시터의 리드

체이다. 전해 커패시터는 분극되므로 양극과 음극의 리드를 가진다. 따라서 전해 커패시터를 회로에 연결할 때는 극성에 주의해야 한다.

종이 커패시터와 플라스틱 커패시터는 얇은 금속을 감는 기술로 만든다(그림 11-4). 종이 유전체는 플라스틱

그림 11-4

종이 커패시터와 플라스틱 커패시터

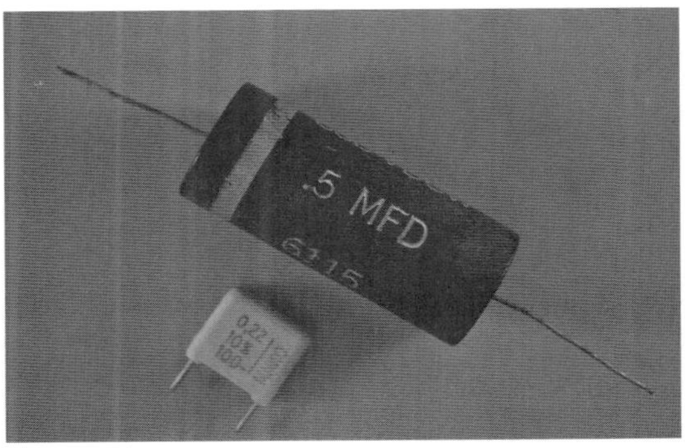

그림 11-5

세라믹 디스크 커패시터

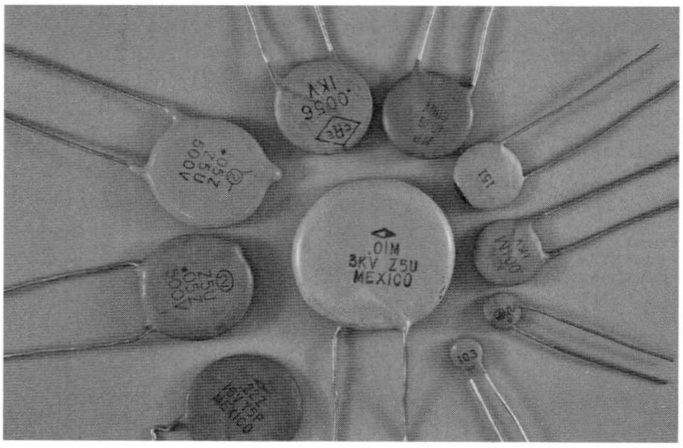

박막 유전체보다 더 작은 저항을 가지며, 그 결과 오늘날에는 플라스틱 박막이 더 많이 사용되고 있다. 플라스틱 박막 위에는 금속 박막을 직접 증착시킬 수 있다. 이로써 극판 사이의 간격을 줄일 수 있어서 커패시터를 더 작게 만들 수 있다.

세라믹 디스크 커패시터는 생산 비용이 저렴하므로 인기가 있다(그림 11-5). 이 커패시터는 0.1 마이크로패럿(μF) 이하의 커패시터에 사용된다. 세라믹 물질은 유전체이다. 이 커패시터는 단단하고 신뢰성이 있는 범용 커패시터이다.

가변 커패시터도 또한 여러 가지 크기와 형태로 나오고 있다(그림 11-6). 유형에는 패더(padder), 트리머(trimmer) 및 동조(tuning) 커패시터가 있다. 패더 커패시터와 트리머 커패시터는 전문가에 의해서 조절되어야 하고, 동조 커패시터는 사용자가 조절할 수 있다.

그림 11-6

가변 커패시터

저항기와 인덕터처럼 커패시터도 직렬, 병렬 및 직렬-병렬 조합으로 연결할 수 있다. 직렬로 연결된 커패시터는 실질적으로 유전체의 두께를 증가시킨다. 이렇게 되면 커패시턴스는 극판 사이의 거리에 반비례하므로 총 커패시턴스가 감소된다. 직렬 커패시터의 총 커패시턴스는 병렬 저항기의 전체 저항과 같이 계산한다.

$$\frac{1}{C_T} = \frac{1}{C_1} + \frac{1}{C_2} + \frac{1}{C_3} \ldots + \frac{1}{C_n}$$

서로 다른 값의 커패시터가 직렬로 연결되면, 가장 작은 커패시터가 최고의 전압으로 충전된다.

병렬로 연결된 커패시터는 실질적으로 극판 면적을 증가시킨다. 총 커패시턴스는 개별 커패시턴스의 합과 같다.

$$C_T = C_1 + C_2 + C_3 \ldots + C_n$$

병렬 커패시터는 모두 동일한 전압으로 충전된다.

11-2 질문

1. 커패시턴스에 영향을 미치는 네 가지 요인은 무엇인가?
2. 전해 커패시터의 이점은 무엇인가?
3. 가변 커패시터의 다른 이름은 무엇인가?
4. 직렬회로에서 총 커패시턴스를 구하는 공식은 무엇인가?
5. 병렬회로에서 총 커패시턴스를 구하는 공식은 무엇인가?

11-3 RC 시정수

RC 시정수는 시간, 저항 및 커패시턴스 사이의 관계를 반영한다. RC 회로가 그림 11-7에 나와 있다. 커패시터가 충전 및 방전하는 데 필요한 시간은 저항과 커패시턴스의 크기에 정비례한다. 시정수는 공급 전압의 63.2%로 충전하거나 공급 전압의 36.8%로 방전하는 데 소요되는 시간이다. 시정수는 다음과 같이 표현된다.

$$t = RC$$

여기서: t = 시간(초)
R = 저항(Ω)
C = 커패시턴스(F)

그림 11-7

RC 시정수를 계산하는 데 사용된 회로

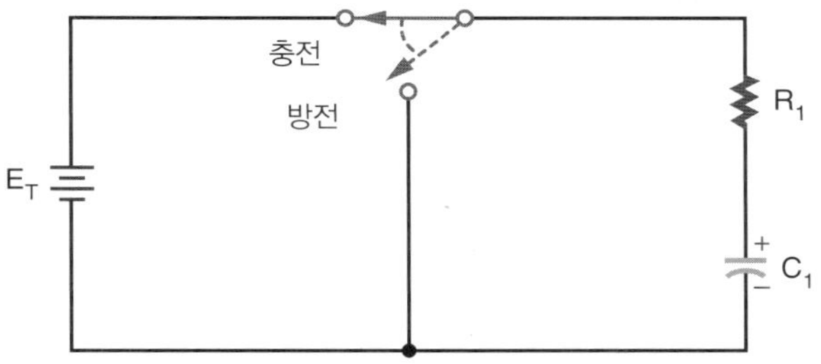

예제 1 마이크로패럿의 커패시터와 1 메가옴 저항의 시정수는 얼마인가?

주어진 값:	풀이:
$C = 1\ \mu F$	$t = RC$
$R = 1\ M\Omega$	$t = (1{,}000{,}000)(0.000{,}001)$
$t = ?$	$t = 1$초

시정수는 커패시터가 완전히 충전되거나 방전하는 데 필요한 시간이 아니다. 그림 11-8은 커패시터의 충전과 방전에 필요한 시정수를 보여주고 있다. 커패시터가 완전히 충전 또는 방전하는 데는 시정수의 약 5배가 소요된다는데 유의하라.

11-3 질문

1. 커패시터에 대한 시정수는 무엇인가?
2. 커패시터에 대한 시정수는 어떻게 계산하는가?
3. 커패시터를 완전히 충전 또는 방전하기 위해 요구되는 시정수는 얼마인가?
4. 1 마이크로패럿과 0.1 마이크로패럿의 커패시터가 직렬로 연결되어 있다. 회로의 총 커패시턴스는 얼마인가?
5. 0.015 마이크로패럿의 커패시터가 25 볼트로 충전되어 있다. 25 밀리초 후에 2메가옴의 저항에 걸리는 전압은 얼마인가?

요약

- 커패시턴스는 정전계 내에 전기적인 에너지를 저장하는 능력이다.
- 커패시터는 절연체에 의해 분리된 도체 두 개로 구성되어 있다.
- 고정 커패시터의 기호는 다음과 같다.

- 가변 커패시터의 기호는 다음과 같다.

그림 11-8

커패시터를 충전 및 방전하는 데 필요한 시정수 도표

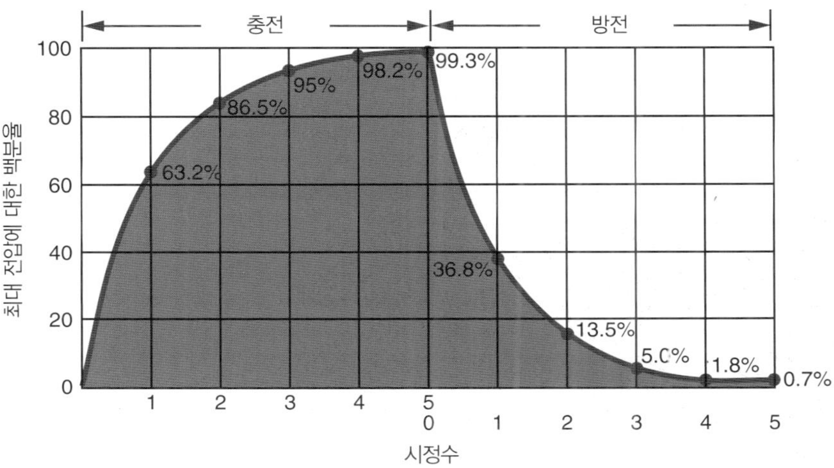

- 커패시턴스의 단위는 패럿(F)이다.
- 패럿은 큰 단위이므로 마이크로패럿(μF)과 피코패럿(pF)이 더 자주 사용된다.
- 커패시턴스를 나타내는 문자는 C이다.
- 커패시턴스는 다음의 영향을 받는다.
  1. 커패시터 극판의 면적
  2. 극판 사이의 거리
  3. 유전체 물질의 종류
  4. 온도
- 커패시터의 종류에는 전해, 종이, 플라스틱, 세라믹 및 가변 커패시터가 있다.
- 직렬회로에서 총 커패시턴스를 구하는 공식은 다음과 같다.

$$\frac{1}{C_T} = \frac{1}{C_1} + \frac{1}{C_2} + \frac{1}{C_3} \ldots + \frac{1}{C_n}$$

- 병렬회로에서 총 커패시턴스의 공식은 다음과 같다.

$$C_T = C_1 + C_2 + C_3 \ldots + C_n$$

- RC 회로의 시정수를 나타내는 공식은 다음과 같다.

$$t = RC$$

- 커패시터를 완전히 충전 또는 방전시키기 위해서는 시정수의 5 배가 소요된다.

CHAPTER 11

자기테스트

1. 커패시터에서 전하는 어디에 저장되는가?
2. 커패시터를 충전하는 과정을 설명하라.
3. 회로에서 커패시터를 충전시킨 다음 회로에서 분리하면 커패시터에는 무슨 일이 일어나는가?
4. 충전된 커패시터를 방전시키는 방법을 설명하라.
5. 커패시터의 판 면적과 판 사이의 거리가 커패시터의 값에 어떻게 영향을 미치는가?
6. 커패시터의 종류와 모양에는 어떤 것이 있는가?
7. 1.5 μF, 0.05 μF, 2,000 pF 및 25 pF의 커패시터 네 개가 직렬로 연결되어 있다. 이 회로의 총 커패시턴스는 얼마인가?
8. 1.5 μF, 0.05 μF, 2,000 pF 및 25 pF의 커패시터 네 개가 병렬로 연결되어 있다. 이 회로의 총 커패시턴스는 얼마인가?
9. 100 볼트 전원을 사용하여 시정수, 그리고 각 시정수에 대한 충전 및 방전 전압을 나타내는 도표를 만들어라.
10. 100 μF의 커패시터와 10 kΩ의 저항기로 된 회로에 대한 충전 및 방전 시정수를 그림으로 그려라.

SECTION 2 교류회로

- Chapter 12 교류
- Chapter 13 교류 측정
- Chapter 14 교류 저항 회로
- Chapter 15 용량성 교류회로
- Chapter 16 유도성 교류회로
- Chapter 17 공진회로
- Chapter 18 변압기

CHAPTER 12

교류

ALTERNATING CURRENT

목표

이 장을 마치고 나면 다음과 같은 것을 할 수 있게 된다.

- 교류 발전기로써 교류 전압을 어떻게 생성하는지 설명한다.
- 교번, 사이클, 헤르츠, 정현파, 주기 및 주파수를 정의한다.
- 교류 발전기의 부품을 알아본다.
- 첨두값, 첨두–첨두값, 실효값 및 rms를 정의한다.
- 시간과 주파수 사이의 관계를 설명한다.
- 세 가지 기본적인 비정현 파형을 설명한다.
- 비정현 파형이 어떻게 기본 주파수와 고조파로 이루어져 있는지를 설명한다.
- 오늘날의 사회에서 왜 교류가 사용되는지를 이해한다.
- 교류 배전 계통이 어떻게 동작하는지를 설명한다.

주요 용어

고조파
교류(AC)
교류기
교번
비정현 파형
사각 파형
사이클
사인파
삼각파
실효값
정현파형
주기
주파수
직류(DC)
진폭
짝수 고조파
첨두–첨두값
톱니파
펄스 폭
헤르츠
홀수 고조파
회전 각도
rms값

전등을 켜거나 모터를 작동시키는 것과 같은 일을 하는 데 사용되는 전기에는 두 가지 종류가 있다. **직류**(DC)는 그 이름이 암시하듯이 한 방향으로만 흐르는 전류이다. 배터리가 이런 형태의 에너지를 생성한다. 오늘날 유용한 일을 수행하기 위해 사용되는 에너지의 두 번째 종류는 **교류**(AC)이다. 교류는 그 반대인 직류와는 달리 교류 전류의 방향이 일정하게 바뀐다.

오늘날, 교류는 한 곳에서 다른 곳으로 전기 에너지를 전송하는 데 가장 많이 사용되는 방법이다. 이러한 일은 1800년대 후반까지는 불가능했다. 토마스 에디슨(Thomas Edison)은 직류를 사용했다. 에디슨이 생각한 전기화된 도시란 다수의 작은 직류 발전기가 도시 곳곳에 분산되어 있는 것이었다. 왜냐하면 전송 손실을 보상하기 위해 직류를 바꿀 방법이 없었기 때문이다. 이로 인해 직류는 좁은 지역 내에서만 유용하였고 먼 거리에 전기 에너지를 전송하는 데는 적합하지 못했다.

1888년에 한 젊은 엔지니어가 회전 자계를 발견하였다. 이 회전 자계 덕분에 실제적으로 전기를 생산하고 송전할 수 있게 되어 미국 및 그 외 전 세계 국가의 전기화가 가능하게 되었다. 도시와 시골을 가로지르는 송전선은 이 엔지니어의 천재성에 대한 증거이다. 교류와 전기화된 세상의 아버지는 니콜라 테슬라(Nikola Tesla)였다.

이 장에서는 교류가 중요한 이유, 교류를 생성하는 방법 및 교류의 중요한 전기적 특성에 대해 고찰한다.

12-1 교류의 발생

교류 발전기는 기계적인 에너지를 전기적인 에너지로 바꾼다. 교류 발전기는 전자유도 원리를 이용하여 교류전압을 생성할 수 있다. 교류발전기를 교류기(alternator)라고도 한다. 전자유도는 도체가 자계 속을 지나가게 함으로써 도체에 전압을 유도하는 과정이다.

제9장에서 설명했듯이, 발전기에 대한 왼손법칙을 이용하여 자계 내에 있는 도체에 흐르는 전류의 방향을 결정한다. 엄지는 도체가 움직이는 방향을 가리키고, 검지(엄지와 직각으로 폈을 경우)는 북에서 남으로의 자속선의 방향을 가리키며, 중지(검지와 직각으로 폈을 경우)는 도체에 흐르는 전류의 방향을 가리킨다. 최대 전압은 도체가 자속선과 직각으로 움직일 때 유도된다. 도체가 자속선과 나란하게 회전할 때는 전압이 유도되지 않는다.

그림 12-1 A-F는 도선 루프가 자계 내에서 회전하는 것을 보여주고 있다. 위치 B에서 루프는 자력선과 나란하다. 앞서 말했듯이 도체가 자력선과 나란하게 회전할 때는 전압이 유도되지 않는다. 루프가 위치 C로 회전하면, 루프는 더 많은 자력선을 통과하게 되고, 그리고 루프가 자력선과 직각일 때 최대 전압이 유도된다. 루프가 위치 D까지 계속해서 회전하면 자력선을 적게 끊게 되어 유도 전압은 감소한다. 위치 B에서 위치 D르 이동한 것은 180° 회전한 것을 나타낸다. 위치 E로 회전하면 전류를 역방향으로 흐르게 한다. 다시 말하지만 루프가 자력선과 직각일 때 최대 전압이 유도된다. 루프가 원래의 위치 F로 되돌아오면 유도 전압이 0으로 되돌아온다.

교류 발전기가 완전히 한 번 회전할 때마다 우리는 한 사이클을 완성했다고 말한다. 이 출력전압을 한 사이클 출력전압이라 한다. 마찬가지로, 발전기는 완전한 회로에서 한 사이클의 출력전류를 생성한다. 두 절반의 한 사이클을 **교번**(alternation)이라 한다(그림12-2). 각각의 교번은 전압 극성의 변화에 의해 발생한다. 전압은 반 사이클(한 교번) 동안 한 극성을 나타내고, 반 사이클(두 번째 교번) 동안 반대 극성을 나타낸다. 일반적으로 한 교번을 양(+)의 교번이라 하고 다른 교번을 음(−)의 교번이라 한다. 양의 교번은 양극의 출력을 발생하고, 음의 교번은 음극의 출력을 발생한다. 기준 시간에 관계없이 두 개

그림 12-1A

기본적인 교류 발전기

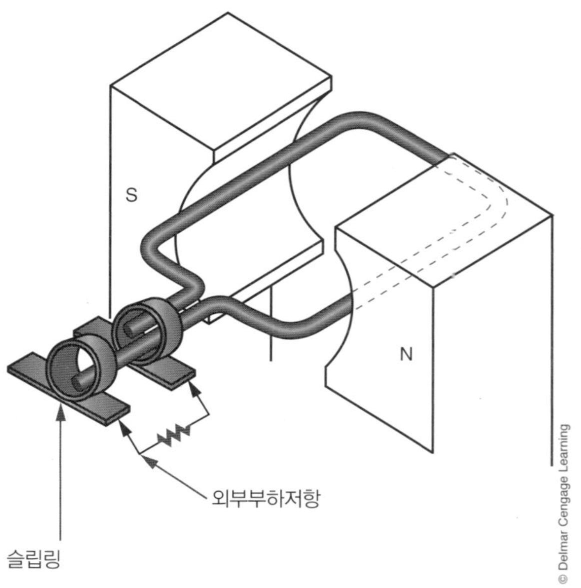

그림 12-1 B-F

전압출력을 유도하는 교류 발전기

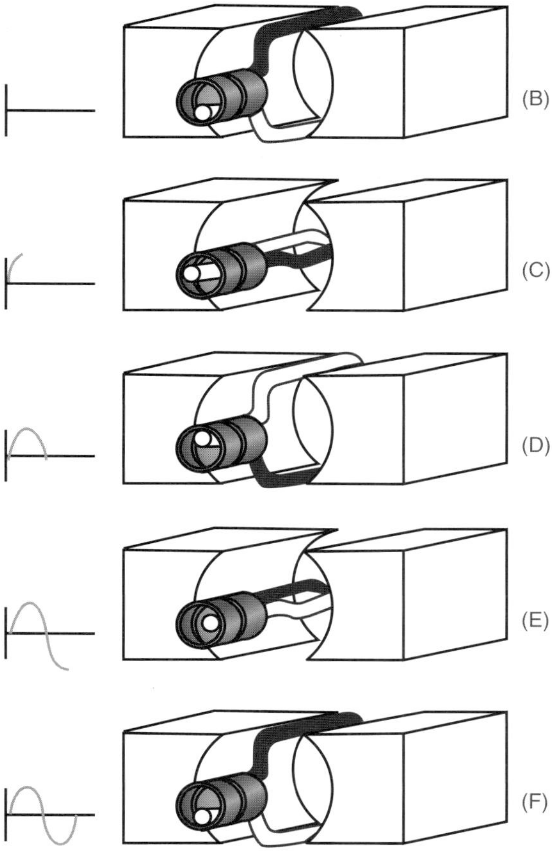

그림 12-2

하나의 사이클은 양(+)과 음(−)의 교번으로 이루어진다.

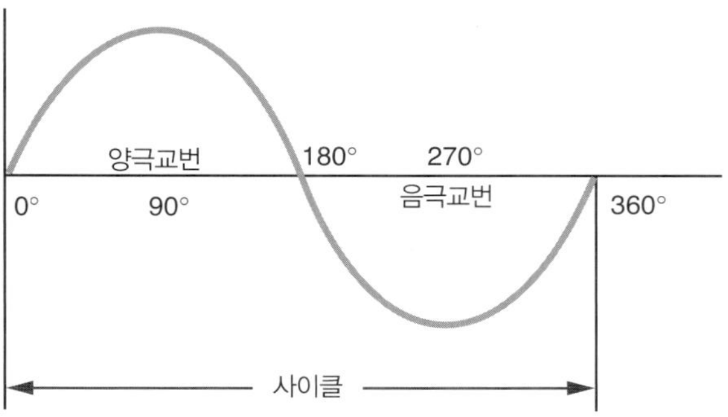

그림 12-3

전압은 슬립링을 통해서 교류 발전기의 전기자로부터 나온다.

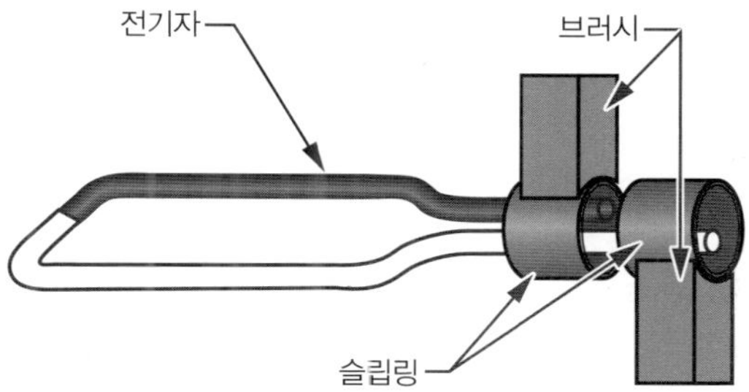

그림 12-4

교류 파형의 가장 기본적인 정현파형

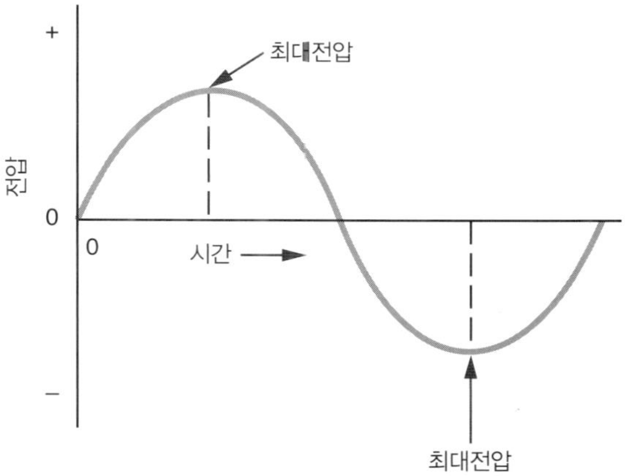

의 완전한 전압 교번은 한 **사이클**(cycle)을 이룬다. 1초당 한 사이클을 **헤르츠**(Hz)로 정의한다.

회전하는 도선 루프를 전기자라 부른다. 회전 전기자에 유도된 교류 전압은 전기자의 양쪽 끝에 있는 미끄럼 접촉자에 의해 루프의 끝으르부터 나온다(그림 12-3). 슬립링(slip ring)이라 부르는 두 개의 금속 링이 루프의 양쪽 끝에 붙어있다. 브러시(brush)는 교류 전압을 나오게 하기 위해 슬립링에서 미끄러진다. 지금까지 설명한 교류 발전기는 낮은 전압을 발생시켰다. 실제적으로는 유도 전압을 증가시키기 위해 교류발전기는 많은 루프로 만들어야 한다.

교류 발전기에 의해 생성된 파형을 **정현파형**(sinusoidal waveform) 또는 간단히 **사인파**(sine wave)라 부른다(그림 12-4). 사인파는 모든 교류 파형 중에서 가장 기본적이고 광범위하게 사용되는 것이다. 사인파는 기계적인 방법과 전자적인 방법으로 만들 수 있다. 사인파는 삼각법의 사인 함수와 동일하다. 사인파의 값은 사인값과 같은 형태로 0에서 최대까지 변한다. 전압과 전류 둘 다 사인파이다.

12-1 질문

1. 교류 발전기의 기능은 무엇인가?
2. 교류 발전기가 어떻게 동작하는지를 설명하라.
3. 다음의 용어를 정의하라.
   a. 사이클
   b. 교번
   c. 헤르츠
   d. 사인파
4. 교류 발전기의 주요 구성품은 무엇인가?
5. 양(+)의 교번과 음(−)의 교번의 차이는 무엇인가?
6. 전기자가 자계를 발생하면서 회전함에 따라 전기자를 둘러싸고 있는 정지 코일에 AC 전류를 유도하는 교류 발생기를 설계하는 것이 가능한가?

12-2 교류 값

사인파 위의 각 점은 이와 관련된 한 쌍의 값을 갖는다. 첫 번째 값은 파형의 회전 각도를 나타낸다. **회전 각도**(degree of rotation)는 전기자가 회전한 각도이다. 두 번째 값은 진폭을 가리킨다. **진폭**(amplitude)은 평균값으로부터 교류 또는 파형의 최대 거리이다. 이러한 값들을 나타내는 데는 몇 가지 방법이 있다.

사인파의 **첨두값**(peak value)은 파형에서 최고의 진폭을 갖는 점의 절대값이다(그림 12-5). 두 첨두값의 하나는 양(+)의 교번에 대한 것이고 다른 하나는 음의 교번에 대한 것이다. 이들 첨두값은 같다.

그림 12-5

사인파의 첨두값은 최대 진폭을 갖는 교류 파형 위의 점이다. 첨두값은 파형의 양(+)과 음(−)의 교번 동안 모두 나타난다.

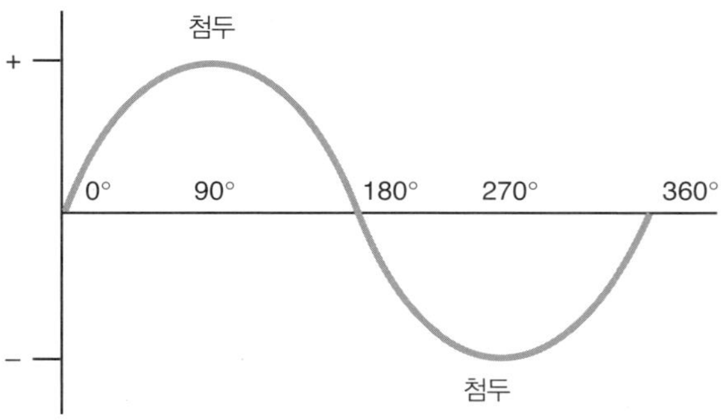

첨두−첨두값(peak-to-peak value)은 두 첨두 사이의 수직거리를 말한다(그림 12-6). 첨두−첨두값은 각 첨두값의 절대값을 더하여 구한다.

교류의 **실효값**(effective value)은 주어진 저항에 대해 직류가 발생하는 열과 동일한 열을 발생하는 교류의 양이다. 실효값은 rms (root-mean-square)라는 수학적 과정으로 계산할 수 있다. 따라서 실효값은 **rms값**이라고도 한다. rms 과정을 이용하면 사인파의 실효값이 첨두값의 0.707배와 같다는 알 수 있다. 교류 전압 또는 전류가 주어지거나 측정될 때, 다른 언급이 없으면 실효값으로 간주한다. 대부분의 계측기는 전압과 전류를 실효값, 즉 rms값으로 가리키도록 보정되어 있다.

$$E_{rms} = 0.707E_p$$

여기서: E_{rms} = rms 또는 실효 전압값
E_p = 한 교번의 최대 전압

$$I_{rms} = 0.707I_p$$

여기서: I_{rms} = rms 또는 실효 전류값
I_p = 한 교번의 최대 전류

예제 어떤 사인파 전류가 10 암페어의 피크값을 갖고 있다. 실효값은 얼마인가?

주어진 값:
$I_{rms} = ?$
$I_p = 10\ A$

풀이:
$I_{rms} = 0.707I_p$
$I_{rms} = (0.707)(10)$
$I_{rms} = 7.07\ A$

그림 12-6

첨두−첨두값은 두 교번의 첨두값을 더하여 결정할 수 있다.

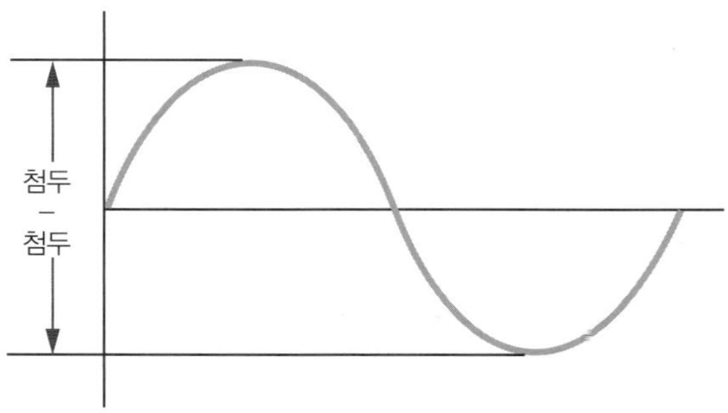

예제 어떤 사인파가 40 볼트의 실효값을 갖고 있다. 이 사인파의 피크값은 얼마인가?

주어진 값:

$E_p = ?$

$E_{rms} = 40\ V$

풀이:

$E_{rms} = 0.707E_p$

$40 = 0.707E_p$

$56.58\ V = E_p$

사인파의 한 사이클을 완성하는 데 걸리는 시간을 **주기**(period)라고 한다. 주기는 보통 초를 단위로 하여 측정한다. 주기를 표현하기 위해 이용하는 문자는 t이다.

특정 주기 시간에 일어나는 사이클의 개수를 **주파수**(frequency)라 한다. 교류 사인파의 주파수는 일반적으로 초당 사이클 수로 표현한다. 주파수의 단위는 헤르츠(hertz)이다. 1 헤르츠는 초당 한 사이클과 같다.

사인파의 주기는 그의 주파수에 반비례한다. 주파수가 높을수록 주기는 짧아진다. 사인파의 주파수와 주기 사이의 관계는 다음과 같이 표현한다.

$$f = \frac{1}{t}$$

$$t = \frac{1}{f}$$

여기서: f는 주파수를 나타내고, t는 주기를 나타낸다.

예제 0.05초의 주기를 가진 사인파의 주파수는 얼마인가?

주어진 값:

$f = ?$

$t = 0.05$

풀이:

$f = \frac{1}{t}$

$f = \frac{1}{0.05}$

$f = 20\ Hz$

예제 어떤 사인파가 60 헤르츠의 주파수를 가진다면 그의 주기는 얼마인가?

주어진 값:

$f = 60\ Hz$

$t = ?$

풀이:

$t = \frac{1}{f}$

$t = \frac{1}{60}$

$t = 0.0167$초

또는 16.7밀리초

12-2 질문

1. 다음 값을 정의하라.
   a. 첨두값
   b. 첨두-첨두값
   c. 실효값
   d. rms값
2. 125 볼트의 첨두값을 갖는 사인파 전압이 있다. 실효값은 얼마인가?
3. 시간과 주파수의 관계는 무엇인가?
4. 10 암페어의 실효값을 갖는 사인파 전류가 있다. 피크값은 얼마인가?
5. 400 헤르츠 사인파의 주기는 얼마인가?

12-3 비정현 파형

사인파는 가장 일반적인 교류 파형이다. 하지만 전자공학에서 사용되는 파형의 유일한 형태는 아니다. 정현파(사인파)가 아닌 파형은 **비정현 파형**(nonsinusoidal waveform)으로 분류한다. 비정현파는 특별히 설계된 전자회로로 만들 수 있다.

그림 12-7, 12-8 및 12-9는 세 가지 기본적인 비정현 파형을 보여주고 있다. 이들 파형은 전류나 전압을 나타낼 수 있다. 그림 12-7은 **사각파**(square wave)를 나타냈는데, 양과 음의 교번이 사각형이므로 사각파라고 한다. 이는 전류와 전압이 즉시 최대값에 이르러 이 교번 동안 그곳에 머문다. 극성이 바뀌면 전류 또는 전압은 즉시

그림 12-7

사각파

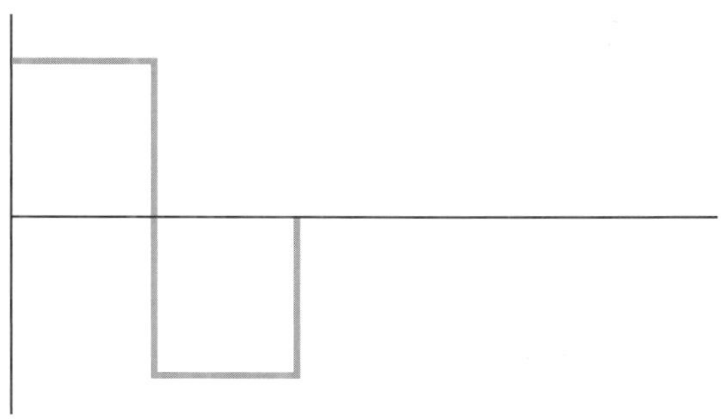

그림 12-8
삼각파

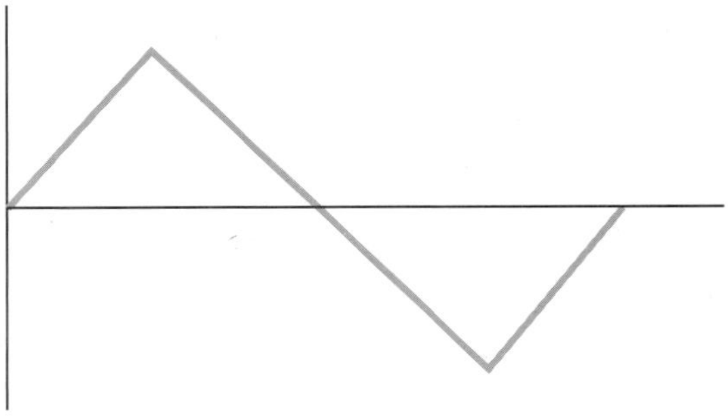

그림 12-9
톱니파

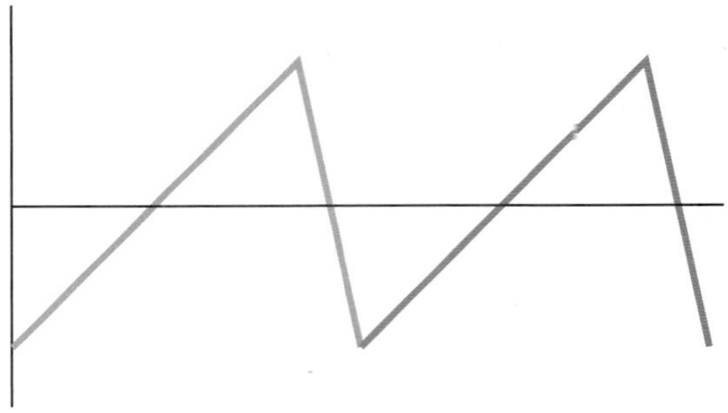

반대 피크값에 이르러 이 교번 동안 그곳에 머문다. 펄스 폭은 주기의 반과 같다. **펄스 폭**(pulse width)은 전압이 최소값으로 떨어질 때까지 최대값 또는 피크값에 머무는 시간이다. 진폭은 임의의 값이 될 수 있다. 사각파는 그 특성을 쉽게 바꿀 수 있으므로 전자신호로서 유용하다.

그림 12-8은 **삼각파**를 나타내고 있다. 삼각파는 기울기가 동일한 양과 음의 경사로 이루어져 있다. 양의 교번 동안에 파형은 0부터 피크값까지 직선적으로 증가하고 다시 0으로 감소한다. 음의 교번 동안에 파형은 음의 방향으로 피크값까지 직선적으로 감소한 다음에 0으로 되돌아온다. 이 파형의 주기는 피크부터 피크까지이다. 삼각파는 주로 전자 신호로 사용된다.

그림 12-9는 **톱니파**를 나타내고 있다. 톱니파는 삼각파의 특별한 경우이다. 먼저 직선적으로 증가한 다음에 급속히 음의 피크값으로 기운다. 양의 기울기는 비교적 긴 주기를 가지며 짧은 경사보다 작은 기울기를 갖는다. 톱니파는 전자회로의 동작을 트리거시키는 데 사용된다. 이 파형은 TV 수상기와 오실로스코프에서 스크린에 전자빔을 스위프(sweep)시켜 영상을 만드는 데 사용된다.

펄스파 및 기타 비정현파는 두 가지 방법으로 고려될 수 있다. 한 방법은 파형을 순간적으로 변하는 전압에 이어 일정한 시간 간격 후 또 다른 순간적으로 변하는 전압이 뒤따르는 것으로 생각한다. 두 번째 방법은 파형을 각종 주파수와 진폭을 갖는 여러 사인파의 대수합으로 생각하는 것이다. 이 방법은 증폭기 설계에 유용하다. 증폭기가 모든 사인파 주파수를 통과시킬 수 없다면 왜곡이 발생한다.

비정현파는 기본파와 고조파로 구성되어 있다. **기본 주파수**(fundamental frequency)는 파형의 반복율을 나타낸다. **고조파**(harmonics)는 기본파의 정수 배인 더 높은 주파수를 갖는 사인파이다. **홀수 고조파**(odd harmonics)는 기본파의 홀수 배인 주파수이고, **짝수 고조파**(even harmonics)는 기본파의 짝수 배인 주파수이다.

사각파는 기본파와 모든 홀수 고조파로 구성된다.

삼각파도 또한 기본파와 모든 홀수 고조파로 구성되지만 사각파와는 달리, 홀수 고조파는 기본파와 180°의 위상차가 난다.

톱니파는 짝수 고조파와 홀수 고조파의 두 가지 고조파로 이루어져 있다. 짝수 고조파는 홀수 고조파와 180°의 위상차가 난다.

12-3 질문

1. 비정현파는 무엇인가?
2. 다음 파의 두 사이클을 그려라.
   a. 사각파
   b. 삼각파
   c. 톱니파
3. 비정현 파형을 인식하는 방법 두 가지는 무엇인가?
4. 이들 비정현파의 응용은 무엇인가?
5. 세 개의 서로 다른 비정현파의 기본주파수와 고조파를 설명하라.

요약

- 교류는 가장 많이 사용되는 형태의 전기이다.
- 교류는 한쪽 방향으로 흐르고 나서 방향을 바꾸어 반대 방향으로 흐르는 전류로 이루어진다.
- 교류 발전기의 한 회전을 사이클이라 한다.
- 한 사이클의 두 절반을 교번이라 한다.
- 시간에 대한 기준 없이 두 개의 완전한 교번은 한 사이클을 이룬다.
- 초당 한 사이클로써 헤르츠를 정의한다.
- 교류 발전기에 의해 생성된 파형을 정현파 또는 사인파라 부른다.
- 사인파의 피크값은 파형에서 최대 진폭을 갖는 점의 절대값이다.
- 첨두-첨두값은 하나의 피크점에서 다른 피크점까지의 수직 거리이다.
- 교류의 실효값은 저항이 주어졌을 때 직류와 같은 정도의 열을 발생시키는 전류의 양이다.
- 실효값은 rms라 불리는 수학적 과정으로 계산할 수 있다.
- 사인파의 rms값은 피크값의 0.707배와 같다.

$$E_{rms} = 0.707E_p$$
$$I_{rms} = 0.707I_p$$

- 사인파의 한 사이클을 완성하는 데 걸리는 시간을 주기(t)라 한다.
- 특정 시간 주기에 발생하는 사이클의 개수를 주파수(f)라 한다.
- 주파수와 주기 사이의 관계는 다음과 같다.

$$f = \frac{1}{t}$$

- 사각파는 기본 주파수와 모든 홀수 고조파로 구성된다.
- 삼각파는 기본 주파수 및 기본주파수와 180° 위상차를 갖는 홀수 고조파로 구성된다.
- 톱니파는 짝수 고조파와 홀수 고조파의 두 가지로 구성되는데, 짝수 고조파는 홀수 고조파와 180°의 위상차를 갖는다.

CHAPTER 12

자기테스트

1. 무엇이 자기유도를 일으키는가?
2. 왼손법칙이 어떻게 교류 발전기에 적용되는지를 설명하라.
3. 파형의 첨두-첨두값을 측정하는 방법을 설명하라.
4. 교류의 실효값을 측정하는 방법을 설명하라.
5. 첨두치가 169 볼트인 정현파 전압의 실효값은 얼마인가?
6. 실효값이 85 볼트인 정형파의 첨두치는 얼마인가?
7. 주기가 0.02초인 정현파의 주파수는 얼마인가?
8. 주파수가 400 Hz인 정현파의 주기는 얼마인가?
9. 전류와 전압을 나타낼 수 있는 비정현파 3가지 예를 그림으로 그려라.
10. 파형의 연구에서 고조파가 왜 중요한가?

CHAPTER 13

교류 측정

AC MEASUREMENTS

목표

이 장을 마치고 나면 다음과 같은 것을 할 수 있게 된다.

- 교류 측정을 위한 계측기의 종류를 알아본다.
- 교류 측정에 사용되는 계측기의 동작 형태를 알아본다.
- 오실로스코프의 기능을 설명한다.
- 오실로스코프의 기본 부분과 그의 기능을 알아본다.
- 오실로스코프의 조정방법을 설명한다.
- 오실로스코프의 사용법을 설명한다.
- 카운터의 동작을 설명한다.
- 카운터의 주요 부분을 살펴본다.

주요 용어

가동코일 계측기 작동부
보드 플로터
오실로스코프
음극설관(CRT)
정류
주파수 카운터
철판 계측기 작동부
클램프부착 계측기

전류, 전압, 저항, 전력 및 주파수의 교류 측정은 교류회로와 장비를 운용하고 수리하는 데 필요하다.

이 장에서는 여러 가지 교류 측정에 사용되는 중요한 시험 장비 몇 가지에 대하여 설명한다.

13-1 교류 계측기

가동코일(moving coil) **계측기** 작동부를 다르송발(d'Arsonval) 계측기 작동부라 한다. 아날로그 계측기(그림 13-1)는 가동코일 계측기이다. 읽기 쉬운 디지털 계측기(그림 13-2)가 최근 아날로그 계측기를 대체하고 있다.

가동코일 계측기는 직류 전류를 측정하도록 설계되어 있다. 이 계측기로 교류 전류를 측정하기 위해서는 먼저 교류 전류를 직류 전류로 변환해야 한다. 이러한 변환은 정류기(rectifier)라고 하는 다이오드가 수행한다. AC를 DC로 변환하는 과정을 **정류**(rectification)라 한다. 정류

그림 13-1

교류 측정용 아날로그 계측기

그림 13-2

교류 측정용 디지털 계측기

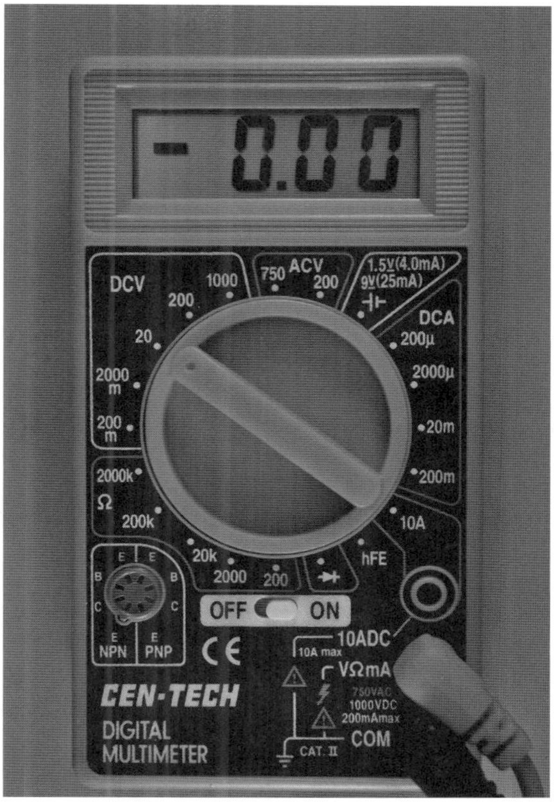

기는 계측기 입력과 계측기 작동부 사이에 위치하며 전류를 한쪽 방향으로만 흐르게 한다(그림 13-3). 정류기는 정현파를 맥동 직류 DC 전류로 변환하며 이 전류가 계측기 작동부에 전달된다.

교류 계측기의 두 번째 형태는 **철판 계측기 작동부**를 사용한다(그림 13-4). 이것은 교류를 직류로 변환하는 과정을 필요로 하지 않는다. 단지 코일 내에 위치한 두 개의 철판으로 구성되어 있다. 한 철판은 고정되어 있고 다른 철판은 움직일 수 있다. 지침은 작동 철판에 부착되어 있으며 코일에 흐르는 전류에 비례하여 움직인다. 코일의 자계는 철판에 N극과 S극을 유도한다. 같은 극은 반발하고 두 개의 철판은 극이 서로 같으므로, 이들 두 철판은 서로 밀어낸다. 철판 작동형은 전체 눈금을 편향시키는 데에 작동 코일 작동형보다 전류가 더 많이 필요하다. 이러한 이유로 철판 작동형은 저전력 회로에서는 별로 사용되지 않는다. 철판 작동형은 또한 100 헤르츠를 넘는 주파수에서는 부

그림 13-3

정류기를 사용하여 AC 신호를 계측기 작동부에 인가하기 전에 DC 레벨로 변환한다.

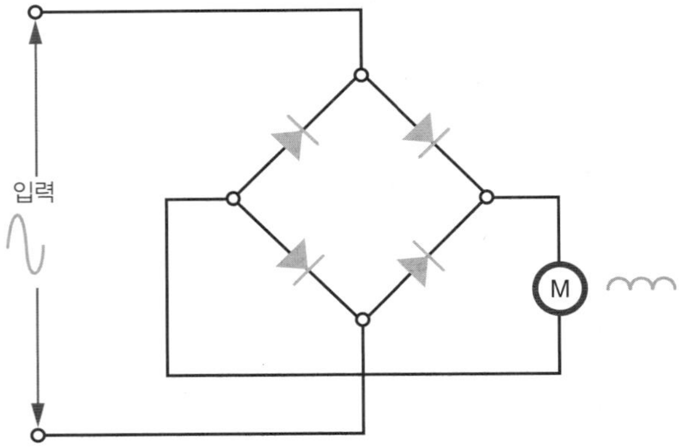

그림 13-4

교류를 직류로 변환할 필요가 없는 철판 계측기 작동부

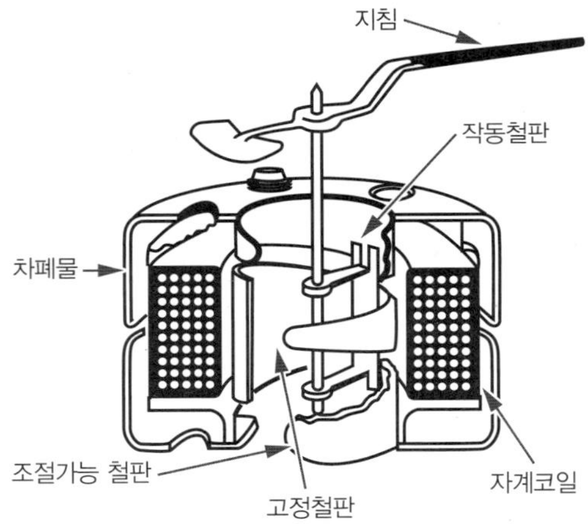

정확하다. 60 헤르츠 응용에 주로 사용된다.

클램프부착 계측기(clamp-on-meter)는 교류 전류가 도체에 흐를 때 전류가 증가하고 감소함에 따라 자계가 확장되고 축소되는 원리에 기초하고 있다(그림 13-5). 교류 전류의 극성이 바뀔 때마다 자계의 방향이 바뀐다. 클램프부착 계측기는 쪼개어진 철심(split-core) 변압기를 사용한다. 이것은 철심을 열어서 도체를 감쌀 수 있게 한다. 철심의 끝 부분에는 코일이 있는데 이것이 자력선에 의해 잘려진다. 이것이 코일에 전압을 유도하여 교류 전류를 흐르게 한다. 이 교류 전류는 일반적으로 가동코일인 계측기 작동부에 공급되기 전에 정류되어야 한다. 이런 종류의 계측기

그림 13-5

클램프부착 측정기는 도체에 전류가 흐를 때 도치 주위에 자계가 발생된다는 원리에 기초하여 동작한다.

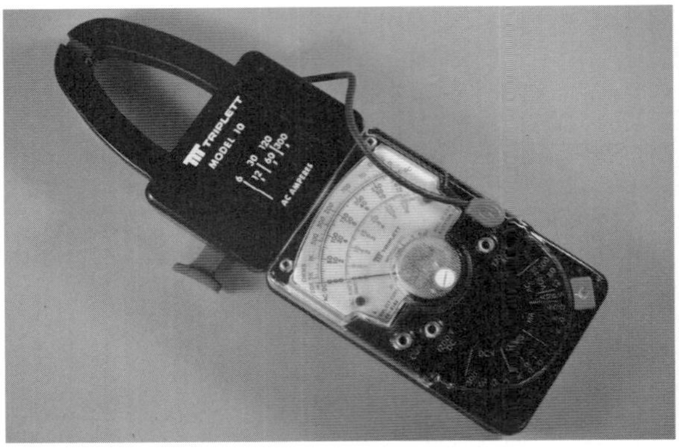

는 높은 값의 교류 전류를 측정하는 데 사용된다. 계측기의 철심에 전류를 유도할 수 있을 만큼 충분히 큰 자계를 발생시킬 수 있도록 하기 위해 도체에 흐르는 전류는 커야 한다.

기본적인 교류 계측기 작동부는 전류 측정 장치이다. 그러나 이러한 형태의 계측기는 교류 전압과 전력을 측정하는 데도 이용될 수 있다. 교류 전류는 주기적으로 극성이 바뀌므로 교류회로에서는 계측기의 리드를 어느 방향으로든 접속할 수 있다.

> **주의**
>
> 계측기는 전류를 측정할 때는 회로와 직렬로 연결해야 한다. 전압을 측정할 때는 항상 병렬로 연결해야 한다.
>
> 측정하는 전류나 전압은 계측기의 범위 내에 있도록 해야 한다. 항상 최고 눈금 범위에서 시작하여 적당한 눈금 범위로 내려서 작업해야 한다.

13-1 질문

1. 다르송발 계측기 작동부를 이용하여 교류 전압을 어떻게 측정하는지를 설명하라.
2. 어떤 경우 철판 계측기 작동부가 교류 신호 측정에 바람직한가?
3. 클램프부착 교류 계측기의 원리를 설명하라
4. 교류 전류계를 어떻게 연결하는지를 보여주는 회로도를 그려라.

5. 회로에서 교류 전압계를 사용하는 적절한 절차를 설명하라. (가능한 곳에 스위치를 두도록 하라.)

13-2 오실로스코프

오실로스코프(oscilloscope)는 전자 장치 및 회로 작업에서 사용할 수 있는 가장 기능이 많은 테스트 장비이다(그림 13-6). 오실로스코프는 회로에서 일어나는 것을 시각적으로 보여준다.

오실로스코프는 전자 회로에 대해 다음의 정보를 제공할 수 있다.

1. 신호의 주파수
2. 신호의 기간
3. 신호 파형 사이의 위상 관계

그림 13-6

오실로스코프는 기술자가 사용할 수 있는 가장 기능이 많은 테스트 장비이다.

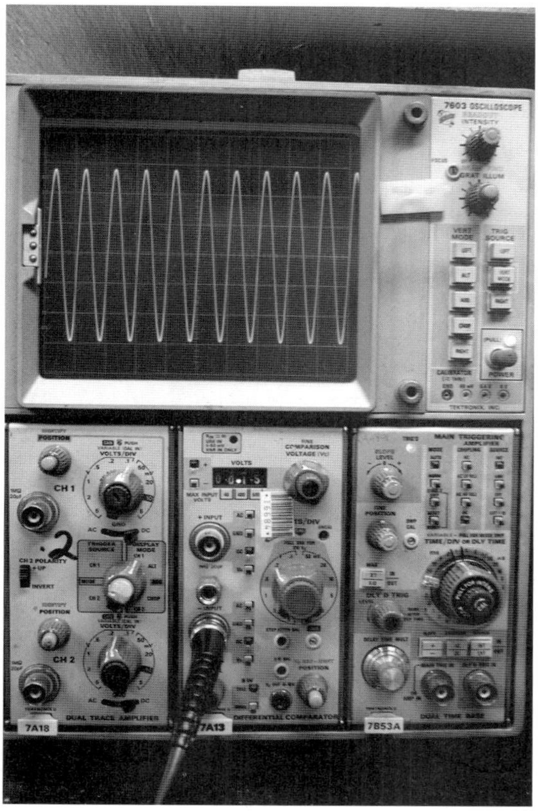

그림 13-7

오실로스코프의 기본 요소 블록도

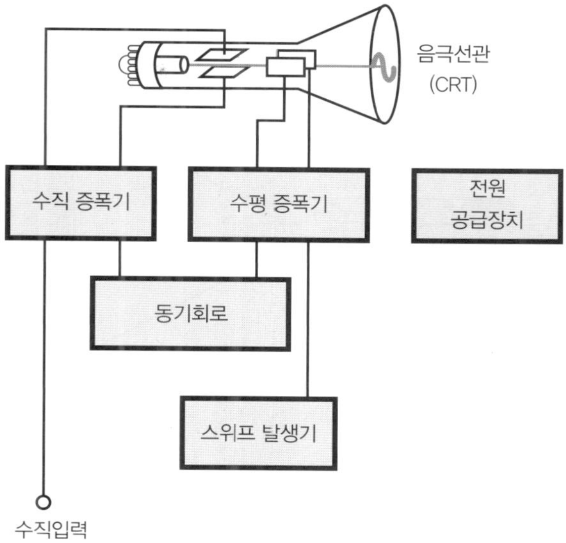

4. 신호의 파형 모양
5. 신호의 진폭

오실로스코프의 기본 요소는 **음극선관**(CRT), 스위프 발생기, 동기 회로를 포함한 수평 및 수직 편향 증폭기 및 전원 공급 장치이다(그림 13-7).

스위프 발생기(sweep generator)는 수평 편향 증폭기의 입력으로서 톱니파를 공급한다. 수직 및 수평 편향 증폭기는 음극선관 내에서 입력 전압의 진폭을 전자빔의 편향에 적합한 레벨로 증가시킨다. 전원 공급 장치는 음극선관과 증폭기가 동작하도록 직류 전압을 공급한다.

음극선관은 인광 스크린, 편향판 및 전자총의 세 가지 요소로 구성되어 있다(그림 13-8). 인광 스크린은 전자가 충돌할 때 빛을 낸다. 전자총은 스크린을 때리는 전자빔을 발생시킨다. 전자빔이 스크린에 접근할 때, 편향판이 전자빔의 방향을 바꾼다. 수평 편향판은 스위프 발생기에 부착되어 있다. 이 편향판은 스크린에서 앞뒤로 전자빔을 움직인다. 수직 증폭기는 입력 신호와 연결되어 있으며 입력 신호의 진폭을 조절한다.

오실로스코프의 수직 및 수평 축에 표시된 눈금판을 이용하여(그림 13-9), 미지의 신호를 테스트하기 전에 알고 있는 전압으로써 오실로스코프를 교정할 수 있다. 그런 다음에 미지의 신호를 인가하면 그의 진폭을 계산할 수 있

그림 13-8

음극선관의 주요 부분

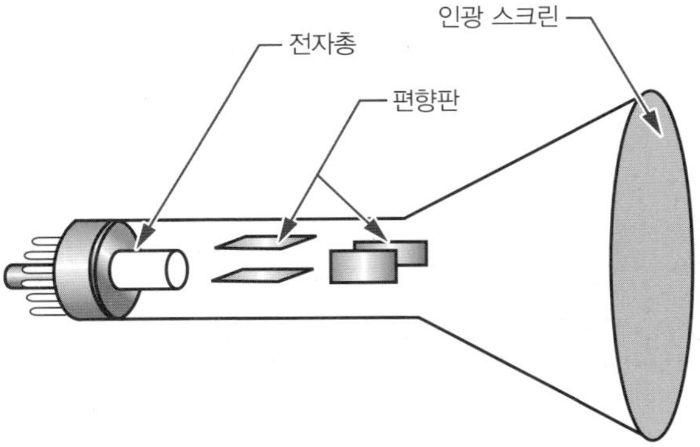

다. CRT 위에 눈금을 직접 표시하는 것이 아니라, 오실로스코프에는 CRT 전면에 눈금판(graticule)이라는 별도의 판이 있다.

오실로스코프의 전원 스위치는 대개 전면에 위치하고 있다(그림 13-10). 전원 스위치는 토글 스위치, 푸시 버튼 스위치, 또는 로터리 스위치이다. 이 스위치는 별도로 설치되거나 다른 스위치와 함께 설치된다. 이 스위치의 목적은 오실로스코프를 동작시키기 위해 전압을 인가하는 것이다.

휘도(밝기라고도 한다) 스위치는 CRT 내에서 전자빔을 제어하는 데 사용된다. 이 스위치는 로터리 스위치이며, 조작자가 적당한 밝기로 스크린을 볼 수 있도록 전자빔을 조절할 수 있도록 해준다.

그림 13-9

오실로스코프의 앞면

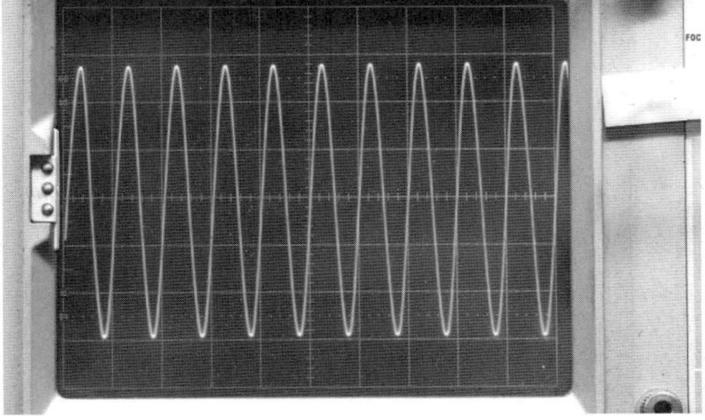

주의

밝기를 가능한 낮게 유지하라. 너무 오랫동안 밝게 하여 두면 인광 스크린에 있는 구멍을 태우거나 선을 식각시켜서, CRT를 못쓰게 만들 수 있다.

초점 조절기와 난시 조절기는 전자총에 연결되어 있으며 전자빔이 편향판에 도달하기 전에 전자빔의 크기와 모양을 조절하는 데 쓰인다. 이들은 둘 다 로터리 조절기이다. 이들을 사용하기 위해 전자빔을 CRT의 스크린을 가로질러 천천히 스위프시키고 완전히 둥근 점이 얻어질 때까지 두 조절기를 번갈아 조절한다. 몇몇 신형 오실로스코프에는 난시 조절기가 전면 패널 아래로 들어가 있는 경우도 있다.

수평 및 수직 편향 조절기도 모두 로터리 조절기이다. 이들을 이용하면 CRT 화면의 어느 곳에든지 전자빔을 위치시킬 수 있다. 이들은 초기에 조정되어 있으므로 전자빔이 CRT의 중앙을 가로질러 스위프한다. 그 다음에 이들을 조절하여 전자빔을 한 위치에 두고 눈금단 위의 위치로 진폭과 시간을 측정한다.

수직 블록은 수직 입력 잭 및 AC/DC 스위치, 그리고 volts/cm 스위치로 구성되어 있다. 오실로스코프의 프로브는 입력 잭에 연결한다. 그런 다음에는 이 프로브를 테스트할 회로에 연결한다. AC/DC 스위치를 이용하면 DC 위치에서는 신호를 수직 증폭기로 직접 보낼 수 있고 AC 위치에서는 신호를 커패시터로 신호를 보낼 수 있다. AC 위치에 있는 커패시터는 검사되는 신호의 모든 직류 성분을 차단하는 데 사용된다. volts/cm 스위치는 입력신호의 진폭을 조절하는 데 사용된다. 입력 신호가 너무 크면 수

그림 13-10

오실로스코프에 따라 전면 스위치의 개수가 다르다.

직 증폭기가 이 입력을 왜곡시킨다. 신호가 너무 작으면 증폭시킨다. 이 조절기는 CRT 스크린과 맞도록 교정되어 있다.

수평 블록은 시간 기준(time base)이라고도 하는데, time/cm 로터리 스위치, 트리거 제어 스위치 및 트리거 레벨 제어 조절기로 구성된다. time/cm 스위치는 수평 눈금에 의해 나타나야 할 수평 스위프 율을 설정한다. 낮게 조정할수록 더 적은 초당 사이클 수가 나타난다. 트리거 제어 스위치는 트리거 신호의 원천과 극성을 선택한다. 트리거 원천은 선로(line), 내부(internal) 및 외부(external)일 수 있다. 극성은 양(+) 또는 음(−)이 될 수 있다. 트리거 신호로서 선로를 선택하면 60 헤르츠의 전력선 주파수가 트리거 주파수로서 사용된다. 내부(INT)를 선택하면 입력 신호 주파수가 트리거 주파수로 사용된다. 외부(EXT)를 선택하면 외부 신호의 주파수를 트리거 주파수로 사용할 수 있게 해준다.

레벨 조절기는 스위프 발생기가 동작을 시작하기 전에 트리거 신호가 초과해야 할 진폭을 설정한다. 레벨 조절기가 AUTO 위치에 있으면 오실로스코프는 프리 러닝(free running)한다. 신호가 존재하지 않을 때 레벨 조절기를 돌리면 화면은 빈 화면이 된다. 레벨 조절기는 오실로스코프 상의 자취가 사라지는 지점까지 돌린 다음, 자취가 다시 나타나는 곳까지 돌린다, 이 지점에서 화면은 안정되게 표시하게 된다. 스위프 발생기를 입력 신호와 동기시키기 위해서 트리거 제어와 레벨 조절을 함께 사용하면 CRT 상에 안정된 자취를 얻을 수 있다.

오실로스코프는 사용하기에 앞서 결함이 없는지를 먼저 검사해야 한다. 잘못 조절된 상태에서 동작시키면 틀린 값을 읽게 된다. 대부분의 오실로스코프는 설정을 위해 내장 테스트 신호를 가지고 있다. 초기에 조절기는 다음과 같은 위치에 있어야 한다.

밝기, 초점, 난시 및 위치 조절기(이들의 범위 중간에 설정):

트리거링:	INT +
레벨:	AUTO
Time/cm:	1 msec
Volts/cm:	0.02
전원:	ON

오실로스코프의 프로브를 전압 교정기의 테스트 잭에 연결하면, CRT의 자취에 사각파가 나타나야 한다. 화면 표시는 안정해야 하고, 전압 교정기가 가리키는 진폭값으로 몇 개의 사이클을 나타내야 한다. 이제 이 오실로스코프는 사용할 수 있다.

오실로스코프를 사용하기 위해서는 volts/cm 선택기 스위치를 가장 높은 설정에 두고, 관찰할 입력 신호를 인가하여, 화면 표시가 스크린 높이의 약 2/3 되는 위치에 올 때까지 volts/cm 선택기 스위치를 돌린다. 안정된 자취를 나타나게 하고 원하는 사이클 수를 선택하기 위해 시간 기준 스위치 조절기를 조절한다.

13-2 질문

1. 오실로스코프를 사용하여 파형에 관해 무엇을 알 수 있는가?
2. 오실로스코프의 기본 요소는 무엇인가?
3. 오실로스코프를 사용하기 전에 오실로스코프를 설정하는 데 필요한 절차를 설명하라.
4. 회로와 함께 작업할 때 오실로스코프의 응용은 무엇인가?
5. 오실로스코프의 화면에 매겨져 있는 눈금선은 무엇을 나타내는가?

13-3 주파수 카운터

주파수 카운터(frequency counter)는 알고 있는 주파수를 입력 주파수와 비교하여 주파수를 측정한다(그림 13-11). 모든 주파수 카운터는 동일하게 시간 기준, 입력 신호 조절기, 게이트 제어 회로, 메인 게이트 회로, 10진 카운터 및 표시 장치의 기본 요소로 구성되어 있다(그림 13-12).

신호 조절기는 입력 신호를 카운터 회로에 맞는 파형 및 진폭으로 변환한다. 메인 게이트 회로는 시간 기준 장치로부터의 신호가 동시에 존재하면 조정된 입력 신호를 카운터 회로로 보낸다. 시간 기준 장치는 측정되는 신호에 맞

그림 13-11

주파수 카운터는 수리점 및 산업에서 널리 쓰이고 있다.

그림 13-12

전자식 카운터의 블록도

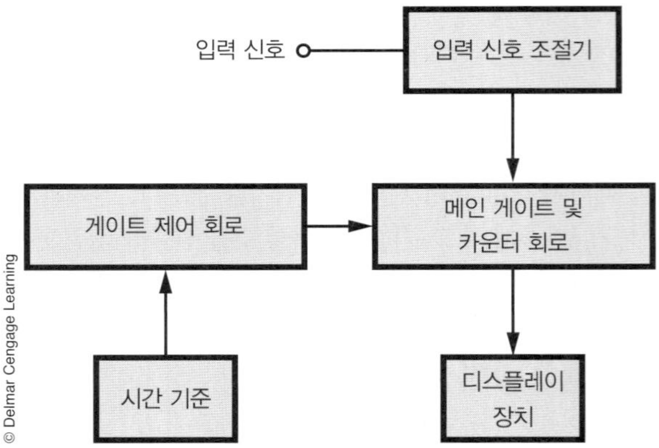

는 신호를 사용하여 게이트 제어 회로를 구동시킨다. 게이트 조절기는 카운터의 동기화 중심 역할을 한다. 이 조절기는 메인 게이트를 열고 닫는 일을 제어하며, 또한 계수 주기의 끝에서 계수값을 잡는 신호를 내보내며 다음 계수를 위해 회로를 리셋시킨다. 10진 카운터는 메인 게이트 회로를 통과하는 모든 펄스의 개수를 센다. 한 자리를 나타내기 위해 한 개의 10진 카운터가 필요하다. 측정되는 주파수를 읽을 수 있게 해주는 디스플레이 장치는 몇 가지 종류가 있으나, 좀 더 일반적인 것으로는 가스 방전관, 발광 다이오드(LED) 및 액정 디스플레이(LCD)가 있다.

전자식 카운터는 한때 실험실 장비였으나 지금은 전자제품 수리점, 공학 관련 학과, 햄라디오 통신실 및 산업 생산 라인에서 사용되고 있다. 이렇게 카운터가 널리 사용되는 것은 집적 회로의 공으로 돌릴 수 있는데, 집접 회로는 카운터의 크기와 가격은 줄이고, 안정성, 정확성, 신뢰성 및 주파수 범위는 증가시켰다(집적 회로는 제3부에서 논의한다).

13-3 질문

1. 전자식 카운터의 기능은 무엇인가?
2. 카운터의 기본 구성은 무엇인가?
3. 전자식 카운터의 블록도를 그리고 블록에 이름을 붙여라.
4. 카운터에 있는 신호 조절기의 기능은 무엇인가?
5. 왜 카운터가 대중성이 증가되었는가?

13-4 보드 플로터

보드 선도(Bode plot)는 H. W. Bode가 고안했으며 그의 이름이 붙여졌다. 보드는 증폭기 피드백을 연구하기 위해서 이 선도를 사용했다. 본래의 선도는 반대수 그래프 용지를 필요로 했다. 두 개의 그래프가 필요했는데, 하나는 대수 눈금의 주파수에 대해 데시벨 단위로 이득(gain)을 그린 것이고, 다른 하나는 대수 눈금의 주파수에 대해 각도 단위로 위상(phase)을 그린 것이다. EWB (Electronics Workbench)사의 MultiSIM과 같은 컴퓨터 시뮬레이터의 등장으로 보드 플로터(Bode plotter)를 더 많이 사용하게 되었다.

MultiSIM의 **보드 플로터**는 사용자로 하여금 회로의 주파수 응답 그래프를 생성할 수 있도록 해주며 이 플로터는 필터 회로를 분석하는 데 매우 유용하다. 이 플로터는 신호의 전압 이득(voltage gain)이나 위상 이동(phase shift)을 측정한다. 이 플로터를 회로에 부착시키면, 주파수–진폭 및 위상–각도 분석이 수행된다.

보드 플로터는 특정 스펙트럼에 대한 주파수 범위를 생성한다. 보드 플로터가 동작하기 위해서는 회로의 어딘가에 AC 전원이 있어야 한다. AC 전원의 주파수는 플로터에 영향을 미치지 않는다.

보드 플로터는 두 점(V+와 V−) 사이의 크기(데시벨 단위의 전압 이득)의 비를 측정한다. 또한 두 점 사이의 위상 이동(각도 단위)도 측정한다.

주파수 응답을 분석할 때와 같이 비교되는 값이 큰 범위를 가지는 경우, 대수 기준을 사용한다. 수평축, 즉 x축은 항상 헤르츠 단위로 주파수를 나타낸다.

전압 이득을 측정할 때 수직축, 즉 y축은 회로의 입력 전압에 대한 회로의 출력 전압의 비율을 나타낸다. 이때의 단위는 데시벨이다. 위상을 측정할 때, 수직축은 항상 위상각(°)을 나타낸다.

13-4 질문

1. 보드 플로터의 기능은 무엇인가?
2. 보드 플로터가 생성하는 두 개의 그래프는 무엇인가?
3. 보드 플로터를 사용하는 데 무엇이 필요한가?
4. 입력 크기는 어떤 단위이어야 하는가?
5. 두 개의 그래프에서 수평축은 무엇을 나타내는가?

요약

- 가동코일 계측기로 교류 전류 또는 교류 전류를 측정하기 위해서는 먼저 교류 전류 또는 교류 전류를 직류로 변환해야 한다.
- 가동 철판 계측기 작동기구는 직류로 바꿀 필요가 없다.
- 클램프부착 교류 계측기는 도체에 전류가 흐를 때 자계가 발생한다는 원리에 기초를 두고 있다.
- 오실로스코프는 회로에 관한 다음의 정보를 제공한다.
  - 신호의 주파수
  - 신호의 주기
  - 신호 파형 사이의 위상 관계
  - 신호 파형의 모양
  - 신호의 진폭
- 오실로스코프의 기본 요소는 다음과 같다.
  - 음극선관
  - 스위프 발생기
  - 수평 편향 증폭기
  - 수직 편향 증폭기
  - 전원 공급 장치
- 카운터는 모르는 주파수를 알고 있는 주파수와 비교하여 주파수를 측정한다.
- 주파수 카운터의 기본 요소는 다음과 같다.
  - 시간 기준
  - 입력 신호 조절기
  - 게이트 제어 회로
  - 메인 게이트 회로
  - 10진 카운터 회로
  - 디스플레이 장치
- 보드 플로터는 회로의 주파수 응답에 대한 그래프를 그려준다.

CHAPTER 13

자기테스트

1. 직류 계측기가 교류 신호를 측정할 수 있는 원리를 설명하라.
2. 클램프부착 전류계가 전류 측정에 사용되는 원리를 설명하라.
3. 오실로스코프는 어떤 종류의 정보를 제공하는가?
4. 오실로스코프가 적절히 동작하는지를 결정하기 위해 시험하는 절차를 설명하라.
5. 회로에 오실로스코프를 연결하기 직전의 단계는 무엇인가?
6. 오실로스코르를 입력 신호에 연결하기 전에 필요한 어떤 조절 설정을 해야 하는지 설명하라.
7. 주파수 카운터의 주요 블록의 각각에 대한 기능을 설명하라.
8. 수리점의 작업대에서 주파수 카운터를 사용할 수 있게 된 주된 이유는 무엇인가?
9. 디지털 카운터는 어디에 사용되는지 그리고 어떤 종류의 정보를 제공하는지 설명하라.
10. 진폭을 측정하기 위해 회로에 보드 플로터를 어떻게 연결해야 하는지 설명하라.

CHAPTER 14

교류 저항 회로

RESISTIVE AC CIRCUITS

목표

이 장을 마치고 나면 다음과 같은 것을 할 수 있게 된다.

- 저항 회로의 전류와 전압 사이의 위상 관계를 설명한다.
- 교류 저항 회로에 옴의 법칙을 적용한다.
- 교류 직렬 저항 회로의 미지의 값을 계산한다.
- 교류 병렬 저항 회로의 미지의 값을 계산한다.
- 교류 저항 회로의 전력을 구한다.

주요 용어

동상
실효값

전류, 전압 및 저항의 관계는 직류 회로와 교류회로에서 비슷하다. 커패시턴스와 인덕턴스를 포함하는 보다 복잡한 회로로 넘어가기 전에 간단한 교류회로를 이해해야 한다.

14-1 기본 교류 저항 회로

기본적인 교류회로(그림 14-1)는 교류 전원, 도체 및 저항 부하로 구성되어 있다. 교류 전원은 교류 발전기이거나 교류 전압을 발생하는 회로일 수 있다. 저항성 부하는 저항기, 전열기, 램프 또는 유사한 어떠한 기구일 수 있다.

교류 전압이 저항성 부하에 인가되면, 교류 전류의 진폭과 방향은 인가된 교류 전압의 진폭 및 방향과 동일한 형태로 변화한다. 인가 전압의 극성이 바뀌면 전류의 극성도 바뀌게 된다. 이들은 **동상**(in phase) 관계에 있다고 말한다. 그림 14-2는 순수 저항 회로에서 인가 전압과 전류 사이에 존재하는 동상 관계를 보여주고 있다. 전류 및 전압의 파형은 동시에 0과 최대값을 지난다. 그러나 전압과 전류는 측정 단위가 다르고 크기도 서로 다르기 때문에 피크 진폭은 같지 않다.

저항기에 흐르는 교류 전류는 회로 내의 전압과 저항에 따라 변한다. 임의의 순간의 전류의 크기는 옴의 법칙을 적용하여 결정할 수 있다.

그림 14-1

기본 교류회로는 교류 전원, 도체 및 저항성 부하로 구성된다.

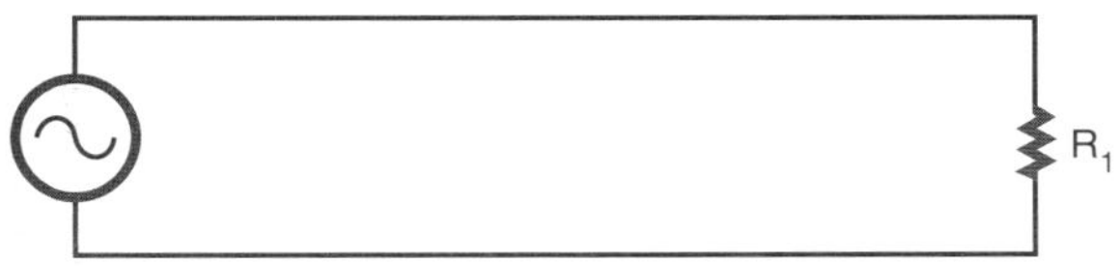

그림 14-2

순수 저항 회로에서는 전압과 전류가 동상이다.

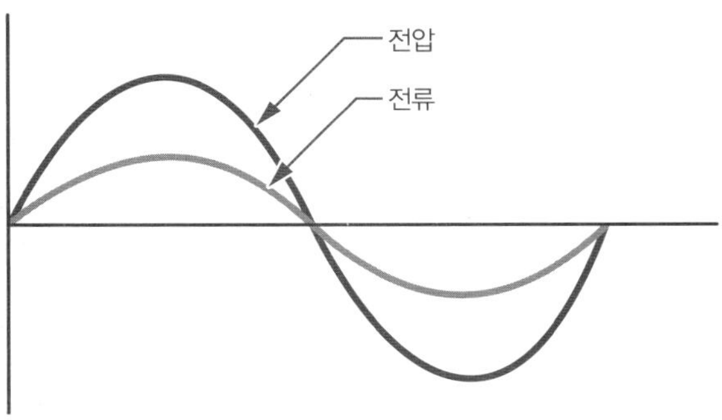

대부분의 측정에서는 **실효값**을 사용한다. 앞서 언급한 바와 같이, 실효값은 직류 전압과 동일한 열을 발생하는 교류 전압이다. 실효값은 직류 등가라고 생각할 수 있다. 옴의 법칙을 직류 값과 함께 사용했던 것처럼, 순수 저항 회로에서는 교류 실효값과도 함께 사용할 수 있다.

예제 어떤 회로가 120 볼트의 교류 전압원과 1,000 옴의 저항기로 구성되어 있다면, 이 회로의 실효 전류는 얼마인가?(특별한 언급이 없으면 교류 전압 및 전류를 실효값이라고 간주된다는 것을 명심하라.)

주어진 값:	풀이:
$I = ?$	$I = \frac{E}{R}$
$E = 120\ V$	$I = \frac{120}{1000}$
$R = 1000\ \Omega$	$I = 0.12$ 암페어

예제 1.7 암페어의 실효 전류가 68 옴의 저항기에 흐른다면, 인가 전압의 실효값은 얼마인가?

주어진 값:	풀이:
$I = 1.7\ A$	$I = \frac{E}{R}$
$E = ?$	$1.7 = \frac{E}{68}$
$R = 68\ \Omega$	$E = 115.60\ V$

14-1 질문

1. 순수 저항 회로에서 전류와 전압 사이의 위상 관계는 무엇인가?
2. 대부분의 측정에는 어떤 교류값이 사용되는가?
3. 12 V가 인가된 10,000 Ω의 저항기에 흐르는 실효 전류는 얼마인가?
4. 250 mA의 전류가 100 Ω의 저항기에 흐를 때 전압(rms)은 얼마인가?
5. 350 μA의 전류가 흘러서 12 V의 교류 전압이 발생했을 때 저항은 얼마인가?

14-2 직렬 교류회로

저항 회로의 전류는 인가 전압의 크기에 달려 있다. 이 전류는 회로에 있는 저항의 개수에 관계없이 항상 인가 전압과 동상이다. 회로의 어느 지점에서든지 전류는 동일한 값을 갖는다.

그림 14-3은 간단한 직렬회로를 보여주고 있다. 두 개의 저항에 흐르는 전류는 동일하다. 옴의 법칙을 사용하여 각 저항의 전압 강하를 구할 수 있다. 각 전압 강하의 합은 인가 전압과 같다. 그림 14-4는 회로의 전압 강하, 인가 전압 및 전류의 위상 관계를 나타내고 있다. 순수 저항 회로에서 모든 전압과 전류는 서로 동상이다.

그림 14-3

간단한 교류 직렬회로

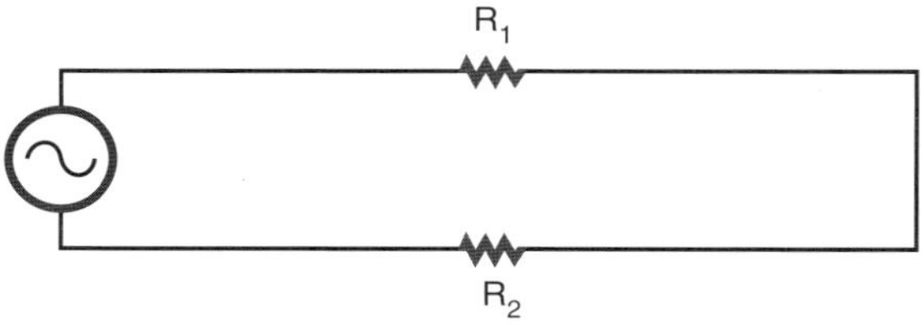

그림 14-4

직렬 교류회로의 전압 강하, 인가 전압 및 전류의 동상 관계

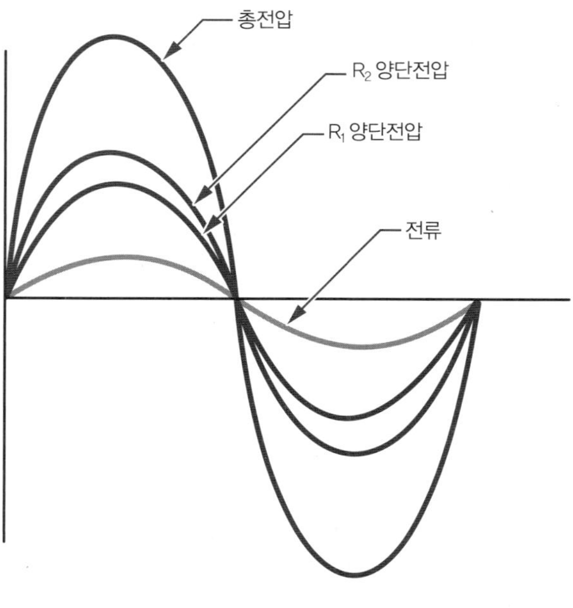

예제 실효값 120 볼트를 R_1 = 470 옴과 R_2 =1000 옴의 두 개의 저항기 양단에 인가하였을 때, 각 저항기에서의 전압 강하는 얼마인가?

주어진 값:

$$R_1 = 470\ \Omega$$
$$R_2 = 1000\ \Omega$$
$$E_{R_1} = ?$$
$$E_{R_2} = ?$$
$$E_T = 120\ \text{V}$$

풀이:

먼저, 전체 저항(R_T)을 구한다.

$$R_T = R_1 + R_2$$
$$R_T = 470 + 1000$$
$$R_T = 1470\ \Omega$$

이제 R_T를 이용하여, 전체 전류(I_T)를 구한다.

$$I_T = \frac{E_T}{R_T}$$
$$I_T = \frac{120}{1470}$$
$$I_T = 0.082\ \text{A}$$

직렬회로에서, $I_T = I_{R_1} = I_{R_2}$

$$\therefore I_{R_1} = 0.082\ \text{A}$$
$$I_{R_2} = 0.082\ \text{A}$$

I_1을 이용하여 저항기 R_1 양단의 전압 강하를 구한다.

$$I_{R_1} = \frac{E_{R_1}}{R_1}$$
$$0.082 = \frac{E_{R_1}}{470}$$
$$E_{R_1} = 38.54\ \text{V}$$

I_2를 이용하여 저항기 R_2 양단의 전압 강하를 구한다.

$$I_{R_2} = \frac{E_{R_2}}{R_2}$$
$$0.082 = \frac{E_{R_2}}{1000}$$
$$\text{ER2} = 82\ \text{V}$$

각 저항기 양단의 전압 강하는 실효값 전압 강하이다.

14-2 질문

1. 22 킬로옴과 47 킬로옴의 저항기가 24볼트의 전원과 직렬로 연결되어 있을 때, 각 저항기의 전압 강하는 얼마인가? 다음 직렬 저항기 양단의 전압 강하는 얼마인가?
2. $E_T = 100\ V$, $R_1 = 680\ \Omega$, $R_2 = 1200\ \Omega$
3. $E_T = 24\ V$, $R_1 = 22\ k\Omega$, $R_2 = 47\ k\Omega$
4. $I_T = 250\ mA$, $R_1 = 100\ \Omega$, $R_2 = 500\ \Omega$
5. $R_T = 10\ k\Omega$, $I_{R_1} = 1\ mA$, $R_2 = 4.7\ k\Omega$
6. $E_T = 120\ V$, $R_1 = 720\ \Omega$, $I_{R_2} = 250\ mA$

14-3 병렬 교류회로

병렬회로(그림 14-5)의 전압은 각각의 가지 양단에서 동일하다. 한편, 전체 전류는 각각의 가지에 나뉘어 흐른다. 병렬 교류회로에서, 전체 전류는 인가 전압과 동상이다(그림 14-6). 각각의 전류도 또한 인가 전압과 동상이다.

모든 전류 및 전압은 실효값이다. 이러한 실효값은 직류값과 동일하게 사용된다.

예제 두 개의 저항기 470 옴과 1,000 옴이 병렬로 연결된 교류회로에 120 볼트의 전압이 인가되었다. 각각의 저항기에 흐르는 전류는 얼마인가?

주어진 값:

$$I_{R_1} = ?$$
$$I_{R_2} = ?$$
$$E_T = 120\ V$$
$$R_1 = 470\ \Omega$$
$$R_2 = 1000\ \Omega$$

풀이:

병렬회로에서 $E_T = E_{R_1} = E_{R_2}$

그림 14-5

간단한 교류 병렬회로

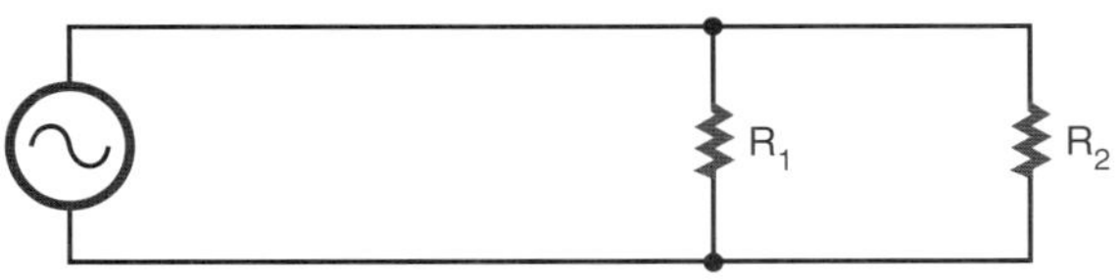

그림 14-6

교류 병렬회로에서 인가 전압, 전체 전류 및 각 가지 전류는 모두 동상 관계이다.

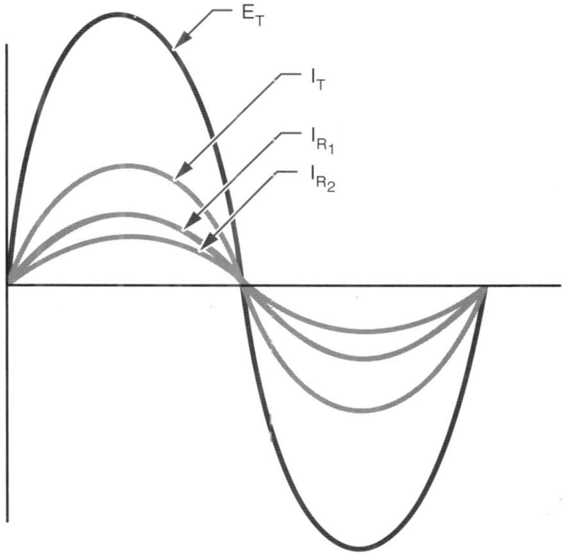

$$\therefore E_{R_1} = 120\ V$$
$$E_{R_2} = 120\ V$$

E_1을 사용하여 R_1에 흐르는 전류를 구한다.

$$I_{R_1} = \frac{E_{R_1}}{R_1}$$
$$I_{R_1} = \frac{120}{470}$$
$$I_{R_1} = 0.26\ A \text{ 또는 } 260\ mA$$

E_2를 사용하여 R_2에 흐르는 전류를 구한다.

$$I_{R_2} = \frac{E_{R_2}}{R_2}$$
$$I_{R_2} = \frac{120}{1000}$$
$$I_{R_2} = 0.12\ A \text{ 또는 } 120\ mA$$

14-3 질문

다음의 교류 병렬 저항 회로에 흐르는 전류는 얼마인가?

1. $E_T = 100\ V$, $R_1 = 470\ \Omega$, $R_2 = 1000\ \Omega$
2. $E_T = 24\ V$, $R_1 = 22\ k\Omega$, $R_2 = 47\ k\Omega$

3. E_T = 150 V, R_1 = 100 Ω, R_2 = 500 Ω
4. I_T = 0.0075 A, E_{R_1} = 10 V, R_2 = 4.7 kΩ
5. R_T = 4700 Ω, I_{R_1} = 11 mA, E_{R_2} = 120 V

14-4 교류회로의 전력

전력은 직류 저항 회로에서처럼 교류 저항 회로에서 소비된다. 전력은 와트 단위로 측정되며 회로의 전압과 전류의 곱과 같다.

교류회로의 저항기에 의해 소비되는 전력은 그 저항기에 흐르는 전류와 그 저항기에 인가된 전압에 따라 달라진다. 그림 14-7은 전력, 전류 및 전압의 관계를 보여주고 있다. 전력 곡선은 기준선 이하로 내려가지 않는데 그 이유는 전력이 열의 형태로 소비되기 때문이다. 전류가 흐르는 방향과는 상관없이 전력은 양(+)의 값을 갖는다고 간주한다.

전력은 피크값과 0 사이에서 변화한다. 피크값과 0 사이에 있는 값이 회로에서 소비되는 평균 전력이다. 교류회로에서 평균 전력은 소비된 전력이다. 이것은 실효 전압과 실효 전류를 곱하여 계산한다. 이것을 식으로 나타내면 다음과 같다.

$$P = IE$$

그림 14-7

교류 저항 회로에서 전력, 전류 및 전압의 관계

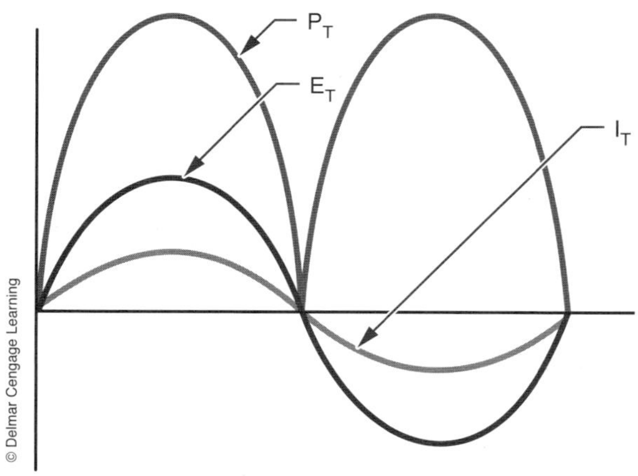

예제 150 옴의 저항기 양단에 120 볼트를 인가한 교류회로의 소비 전력은 얼마인가? (교류 전원의 경우 전압값이 특별히 지정되어 있지 않을 때는, 실효값이라고 간주한다는 것을 명심하라.)

주어진 값:

$$I_T = ?$$
$$E_T = 120\ \text{V}$$
$$R_T = 150\ \Omega$$
$$P_T = ?$$

풀이:

먼저 전체 전류 I_T를 구한다.

$$I_T = \frac{E_T}{R_T}$$
$$I_T = \frac{120}{150}$$
$$I_T = 0.80\ \text{A}$$

이제 전체 전력(P_T)을 구한다.

$$P_T = I_T E_T$$
$$P_T = (0.80)(120)$$
$$P_T = 96\ \text{W}$$

전류가 주어지지 않으면, 전류는 전력 공식을 사용하기에 앞서 구해야 한다. 이 회로는 96 와트의 전력을 소비한다.

14-4 질문

다음 회로의 전체 소비 전력은 얼마인가?

직렬:

1. E_T = 100 V, R_1 = 680 Ω, R_2 = 1200 Ω
2. I_T = 250 mA, R_1 = 100 Ω, R_2 = 500 Ω

병렬:

3. E_T = 100 V, R_1 = 470 Ω, R_2 = 1000 Ω
4. I_T = 7.5 mA, E_{R_1} = 10 V, R_2 = 4.7 kΩ

5. 다음 회로의 각 소자에서 소비되는 전력을 구하라.

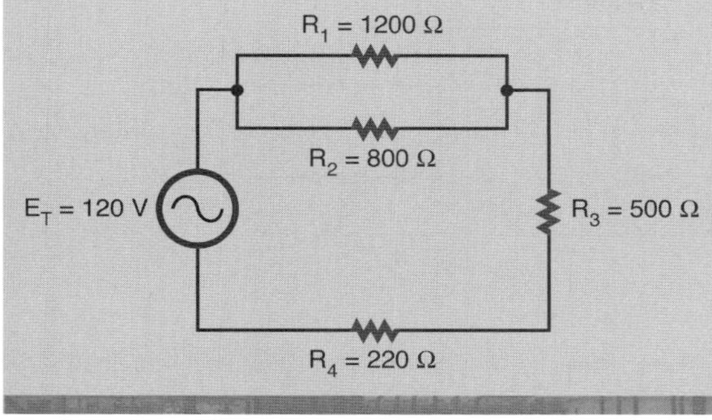

요약

- 기본적인 교류 저항 회로는 전압원, 도체 및 저항성 부하로 구성된다.
- 저항 회로에서 전류는 인가 전압과 동상이다.
- 교류 전류 또는 전압의 실효값은 등가의 직류 전압 또는 전류와 같은 결과를 생성한다.
- 실효값은 가장 많이 쓰이는 측정값이다.
- 옴의 법칙은 모든 실효값과 함께 사용될 수 있다.
- 특별한 언급이 없으면 교류 전압 또는 전류는 실효값으로 간주된다.

CHAPTER **14**

자기테스트

1. 순수 저항 회로에서 전압과 전류 사이의 위상 관계를 설명하라.

2. 4.7 kΩ을 통해 25 mA의 전류가 흐르는 교류회로의 실효 전압은 얼마인가?

3. 12 V의 교류 전압이 인가된 4.7 kΩ과 3.9 kΩ의 직렬 저항기 양단의 전압 강하는 얼마인가?

4. 2.2 kΩ과 5.6 kΩ의 병렬 저항기에 120 V의 교류 실효 전압을 인가할 때 각각의 저항에 흐르는 전류는 얼마인가?

5. 동상 관계를 설명할 때, 왜 전압 파형은 직렬회로에 나타내고 전류 파형은 병렬회로에 나타내는가?

6. 무엇이 교류회로의 소비전력을 결정하는가?

7. 1200 Ω의 부하 양단에 120 V의 전압을 인가한 교류회로의 소비전력은 얼마인가?

8. 그림 A의 전체 소비전력은 얼마인가?

9. 그림 B에서 저항 R_1의 소비전력은 얼마인가?

10. 그림 C에서 저항 R_3의 소비전력은 얼마인가?

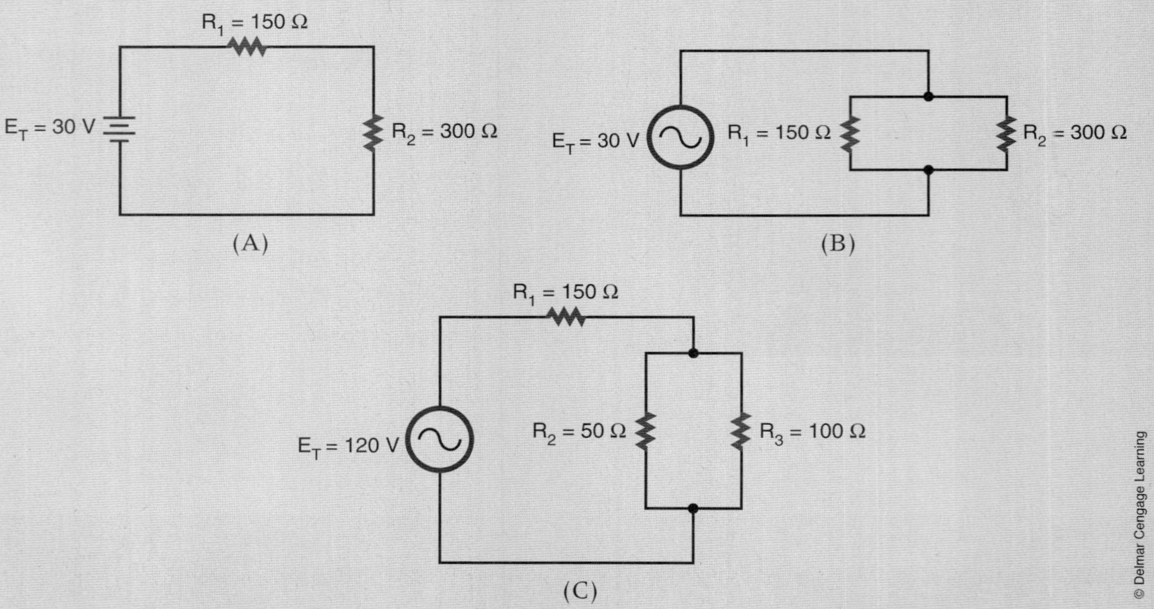
R1 = 150 Ω
ET = 30 V
R2 = 300 Ω
(A)
ET = 30 V
R1 = 150 Ω
R2 = 300 Ω
(B)
R1 = 150 Ω
ET = 120 V
R2 = 50 Ω
R3 = 100 Ω
(C)
© Delmar Cengage Learning

CHAPTER 15

용량성 교류회로
CAPACITIVE AC CIRCUITS

목표

이 장을 마치고 나면 다음과 같은 것을 할 수 있게 된다.

- 용량성 교류회로의 전압과 전류 사이의 위상 관계를 설명한다.
- 용량성 교류회로의 용량성 리액턴스를 알아본다.
- 저항기–커패시터 회로를 필터링, 커플링, 위상 이동에 어떻게 사용할 수 있는지를 설명한다.
- 저역통과 및 고역통과 RC 필터가 어떻게 동작하는지를 설명한다.

주요 용어

고역통과 필터
디커플링 회로망
용량성 리액턴스
위상이동 회로망
저역통과 필터
커패시터
커플링 회로망
ICE
RC 회로망

커패시터(capacitor)는 교류회로의 중요한 부품이다. 커패시터는 저항기 및 인덕터와 함께 결합되면 유용한 전자회로가 된다.

15-1 교류회로의 커패시터

교류 전압을 커패시터에 인가하면 전자가 회로에서 흐르는 것처럼 보인다. 그러나 전자는 커패시터 유전체를 통해 흐르지 않는다. 인가된 교류 전압의 크기가 증가하고 감소하기 때문에, 커패시터는 충전 및 방전한다. 그 결과 커패시터의 한쪽 극판의 전자가 다른 쪽 극판으로 이동하여 전류가 흐른다.

용량성 교류회로의 전류와 인가 전압의 관계는 순수 저항 회로와는 다르다. 순수 저항 회로에서 전류는 인가 전압과 동상으로 흐른다. 용량성 교류회로의 전압과 전류는 서로 동상으로 흐르지 않는다(그림 15-1). 전압이 증가하기 시작할 때, 커패시터는 방전되기 때문에 전류는 최대이다. 커패시터가 피크 교류 전압까지 충전되자마자 충전 전류는 0으로 떨어진다. 전압이 떨어지기 시작하자마자 커패시터는 방전을 시작한다. 전류는 음의 방향으로 증가하기 시작한다. 전류가 최대일 때, 전압은 0이다. 이러한 관계를 위상이 90° 어긋났다고 표현한다. 용량성 회로에서 전류는 인가 전압을 앞선다. 전압이 0볼트일 때 음의 전류는 피크가 된다. 위상 차이는 각 사이클을 통해 계속된다. 순수 용량성 회로에서 전류는 전압을 90° 앞선다. 이것을 약자 **ICE**로 표현할 수 있다. 용량성(C) 회로에서 전류(I)는 전압(E)를 앞선다.

그림 15-1

용량성 교류회로에서는 전압과 전류 사이에 위상이 서로 어긋난다는 것을 주목하라. 전류가 인가 전압을 앞선다.

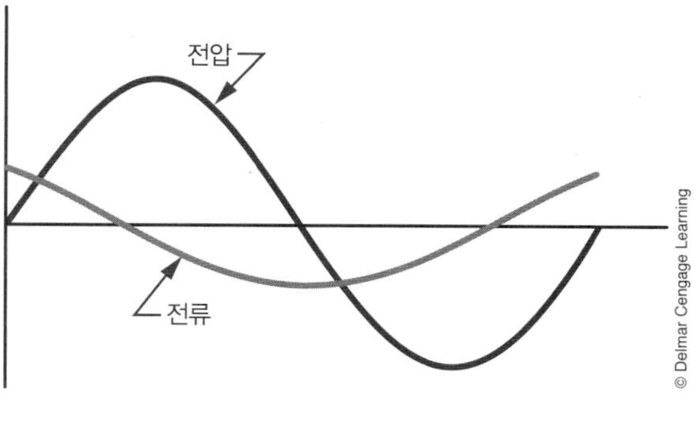

용량성 교류회로에서 인가 전압은 일정하게 변화하여 커패시터가 충전 및 방전하도록 한다. 커패시터가 최초로 충전된 후 커패시터의 극판에 축적된 전압이 인가 전압의 변화를 저지한다. 커패시터가 인가 교류 전압에 대해 행사하는 이러한 저지를 **용량성 리액턴스**(capacitive reactance)라고 한다. 용량성 리액턴스는 X_C로 표시하며 단위는 옴이다.

용량성 리액턴스는 다음 공식을 이용하여 구할 수 있다.

$$X_C = \frac{1}{2\pi fC}$$

여기서: π = 상수 3.14
f = 주파수(Hz)
C = 커패시턴스(F)

용량성 리액턴스는 인가 교류 전압의 주파수와 커패시턴스의 함수이다. 주파수가 증가하면 리액턴스는 감소하여 전류가 더 많이 흐르게 된다. 주파수가 감소하면 리액턴스가 증가하여 전류가 감소한다.

예제 60 헤르츠에서 1 마이크로패럿 커패시터의 용량성 리액턴스는 얼마인가?

주어진 값:

$X_C = ?$
$\pi = 3.14$
$f = 60\ \text{Hz}$
$C = 1\ \mu F = 0.000001\ F$

풀이:

$$X_C = \frac{1}{2\pi fc}$$

$$X_C = \frac{1}{(2)(3.14)(60)(0.000001)}$$

$$X_C = 2653.95\ \Omega$$

예제 400 헤르츠에서 1 마이크로패럿 커패시터의 용량성 리액턴스는 얼마인가?

주어진 값:

$X_C = ?$
$\pi = 3.14$
$f = 400\ \text{Hz}$

$C = 1\ \mu F = 0.000001\ F$

풀이:

$$X_C = \frac{1}{2\pi fc}$$

$$X_C = \frac{1}{(2)(3.14)(400)(0.000001)}$$

$$X_C = 398.09\ \Omega$$

예제 60 헤르츠에서 0.1 마이크로패럿 커패시터의 용량성 리액턴스는 얼마인가?

주어진 값:

$X_C = ?$
$\pi = 3.14$
$f = 60\ Hz$
$C = 0.0000001\ F = 0.1\ \mu F$

풀이:

$$X_C = \frac{1}{2\pi fC}$$

$$X_C = \frac{1}{(2)(3.14)(60)(0.0000001)}$$

$$X_C = 26{,}539.28\ \Omega$$

예제 60 헤르츠에서 10 마이크로패럿 커패시터의 용량성 리액턴스는 얼마인가?

주어진 값:

$X_C = ?$
$\pi = 3.14$
$f = 60\ Hz$
$C = 10\ \mu F = 0.00001\ F$

풀이:

$$X_C = \frac{1}{2\pi fC}$$

$$X_C = \frac{1}{(2)(3.14)(60)(0.00001)}$$

$$X_C = 265.39\ \Omega$$

용량성 리액턴스는 커패시터가 인가 교류 전압의 변화를 방해하는 정도이다. 따라서 교류회로에서 커패시터는 전류를 조절하는 효과적인 수단이다. 옴의 법칙을 사용하면, 전류는 인가 전압에 정비례하고, 용량성 리액턴스에 반비례한다. 이것을 식으로 표시하면 다음과 같다.

$$I = \frac{E}{X_C}$$

> **주:** X_C(용량성 리액턴스)는 옴의 법칙의 R(저항)을 대체하고 있다.

용량성 리액턴스는 인가 전압의 주파수와 회로의 커패시턴스에 달려 있음을 명심하라.

예제 100 마이크로패럿의 커패시터 양단에 60 헤르츠의 12 볼트가 인가되어 있다. 이 커패시터를 통해 흐르는 전류는 얼마인가?

주어진 값:

$I = ?$
$E = 12\ VAC$
$\pi = 3.14$
$f = 60\ Hz$
$C = 100\ \mu F = 0.0001\ F$

풀이:

먼저 용량성 리액턴스(X_C)를 구한다.

$$X_C = \frac{1}{2\pi fC}$$

$$X_C = \frac{1}{(2)(3.14)(60)(0.0001)}$$

$$X_C = 26.54\ \Omega$$

X_C를 이용하여 전류를 구한다.

$$I = \frac{E}{X_C}$$

$$I = \frac{12}{26.54}$$

$I = 0.452\ A$ 또는 $452\ mA$

예제 10 마이크로패럿의 커패시터에 250 밀리암페어의 전류가 흐른다면, 커패시터 양단에 인가된 60 헤르츠 전압은 얼마인가?

주어진 값:

$$X_C = ?$$
$$\pi = 3.14$$
$$f = 60\ \text{Hz}$$
$$C = 10\ \mu\text{F} = 0.00001\ \text{F}$$
$$I = 250\ \text{mA 또는 } 0.25\ \text{A}$$
$$E = ?$$

풀이:

먼저 용량성 리액턴스(X_C)를 구한다.

$$X_C = \frac{1}{2\pi fC}$$

$$X_C = \frac{1}{(2)(3.14)(60)(0.00001)}$$

$$X_C = 265.39\ \Omega$$

이제 전압 강하(E)를 구한다.

$$I = \frac{E}{X_C}$$

$$0.25 = \frac{E}{265.39}$$

$$E = 66.35\ \text{V}$$

커패시터가 직렬로 연결되면 용량성 리액턴스는 각 용량성 리액턴스의 합과 같다.

$$X_{C_T} = X_{C_1} + X_{C_2} + X_{C_3} \dots + X_{C_n}$$

커패시터가 병렬로 연결되면 용량성 리액턴스의 역수는 각 용량성 리액턴스의 역수의 합과 같다.

$$\frac{1}{X_{C_T}} = \frac{1}{X_{C_1}} + \frac{1}{X_{C_2}} + \frac{1}{X_{C_3}} \dots + \frac{1}{X_{C_n}}$$

15-1 질문

1. 교류 전압이 어떻게 커패시터를 통해 전류를 흐르게 하는 것처럼 보이는지를 설명하라.
2. 용량성 회로에서의 전압과 전류 사이의 관계는 무엇인가?
3. 용량성 리액턴스란 무엇인가?
4. 400 헤르츠에서 10 마이크로패럿의 용량성 리액턴스는 얼마인가?
5. 100 μF의 커패시터에 60 헤르츠 120 볼트를 인가할 때 흐르는 전류는 얼마인가?

15-2 용량성 회로의 응용

커패시터는 단독으로 사용할 수도 있고 RC(저항기-커패시터) 회로망을 구성하기 위해 저항과 함께 결합할 수도 있다. RC 회로망은 필터링, 디커플링(decoupling), 직류 차단, 또는 위상이동회로(phase-shift circuit)의 커플링에 사용된다.

필터는 어떤 주파수는 감쇠시키고 다른 주파수는 통과시키는 주파수 선별 회로이다. 필터는 통과되는 주파수와 감쇠되는 주파수 사이에 차단점(cut-off point)을 만드는 방식으로 동작한다. 가장 일반적인 필터 두 가지는 저역통과 필터와 고역통과 필터이다. **저역통과 필터**(low-pass filter)는 낮은 주파수는 저항이 작아서 통과시키는 반면에 높은 주파수는 감쇠시킨다. **고역통과 필터**(high-passfilter)는 차단점보다 높은 주파수를 통과시키는 반면 차단점 아래의 주파수는 감쇠시킨다.

저역통과 필터(그림 15-2)는 커패시터와 저항기의 직렬로 구성되어 있다. 입력 전압은 커패시터와 저항기의 양단에 인가한다. 출력 전압은 커패시터 양단에서 취한다. 낮은 주파수에서 용량성 리액턴스는 저항보다 더 높아서 대부분의 전압이 커패시터 양단에서 떨어진다. 따라

그림 15-2

RC 저역통과 필터

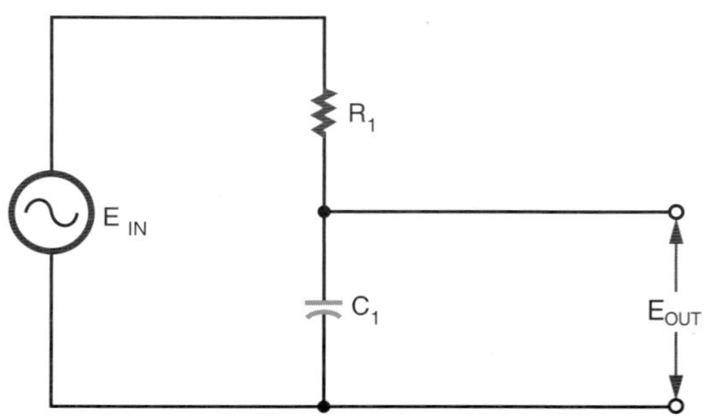

서 대부분의 전압은 출력 양단에 나타난다. 입력 주파수가 증가하면 용량성 리액턴스는 감소하고 커패시터 양단에는 전압이 더 적게 강하된다. 따라서 더 많은 전압이 저항기 양단에서 강하되어 출력 전압이 감소한다. 이러한 차단은 점진적이다. 차단점보다 높은 주파수는 출력 전압에 점진적인 감쇄로 통과한다. 그림 15-3은 RC 저역통과 필터에 대한 주파수 응답 곡선을 보여주고 있다.

고역통과 필터도 역시 저항기와 커패시터의 직렬로 이루어져 있다(그림 15-4). 그러나 출력 전압은 저항기 양단에서 취한다. 높은 주파에서 용량성 리액턴스는 낮고, 대부분의 전압은 저항 양단에 걸린다. 주파수가 감소하면, 용량성 리액턴스는 증가하고, 대부분의 전압은 커패시터 양단에 걸린다. 그 결과 저항기 양단의 출력 전압은 줄어든다. 다시 말하지만 출력 전압 강하는 점진적이다. 그림 15-5는 RC 고역통과 필터의 주파수 응답 곡선을 나타낸 것이다.

대부분의 전자 회로는 교류 전압과 직류 전압을 모두 포함하고 있다. 이것은 교류 신호가 직류 신호에 중첩되게 한다. 직류 신호가 장비를 동작시키는 데 사용되고 있다면, 교류 신호를 제거하는 것이 유리하다. 이러한 목적으로 RC 저역통과 필터를 사용할 수 있다. **디커플링 회로망**(그림 15-6)은 교류 신호를 감쇠 또는 제거시키는 반면에 직류 신호를 통과시킨다. 교류 신호는 진동, 잡음, 또는 과도적인 스파이크의 형태일 수 있다. 차단 주파수를 조절함으로써 대부분의 교류 신호는 거르고, 커패시터 양단에는 직류 전압만 남게 할 수 있다.

또 다른 응용에서는 직류 전압을 차단시키고 교류 신호만 통과시키는 것이 바람직한 경우가 있다. 이러한 형태의 회로를 **커플링 회로망**(coupling network)이라 한다(그림 15-7). RC 고역통과 필터를 사용할 수 있다. 초기에 커패시터는 직류 전압 레벨로 충전된다. 일단 커패시터가 충전되면 더 이상의 직류 전류는 흐르지 않고 교류 전원의 크기에 따라서 커패시터를 충·방전하게 되고 저항기를 통하여 전류를 흐르게 한다. 소자의 값을 적절히

그림 15-3

RC 저역통과 필터의 주파수 응답

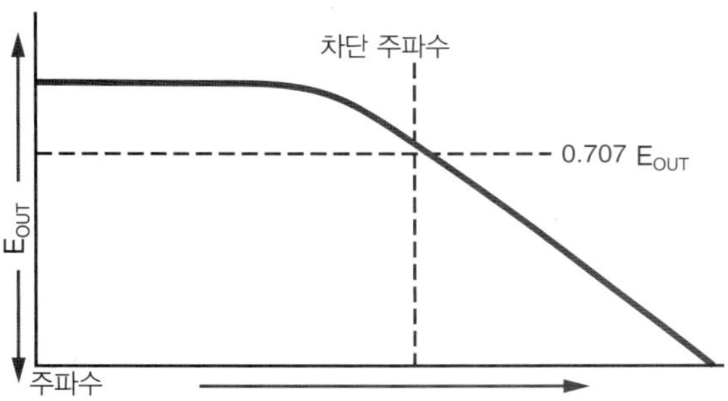

그림 15-5

RC 고역통과 필터의 주파수 응답

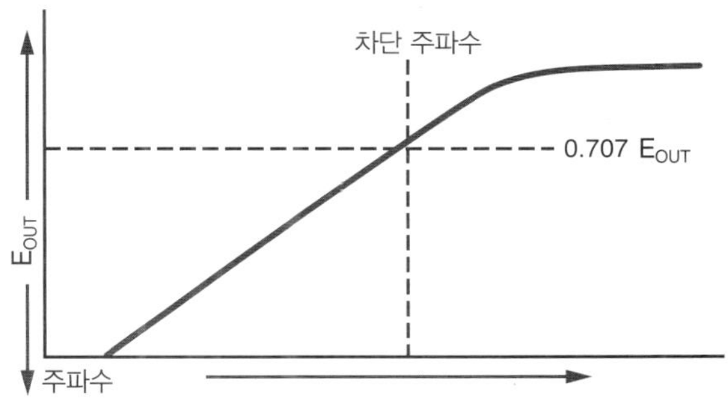

그림 15-4

RC 고역통과 필터

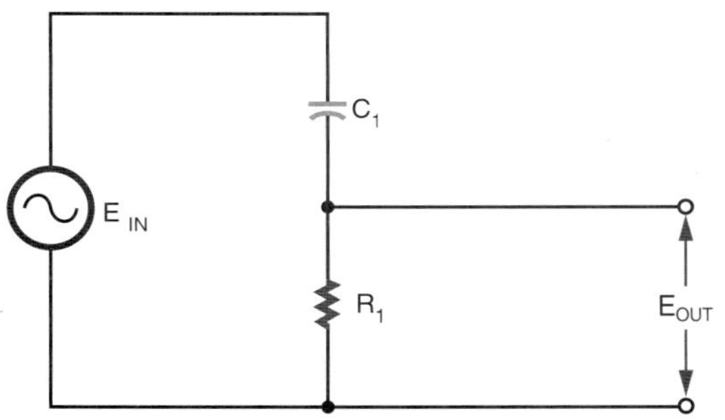

그림 15-6

RC 디커플링 회로망

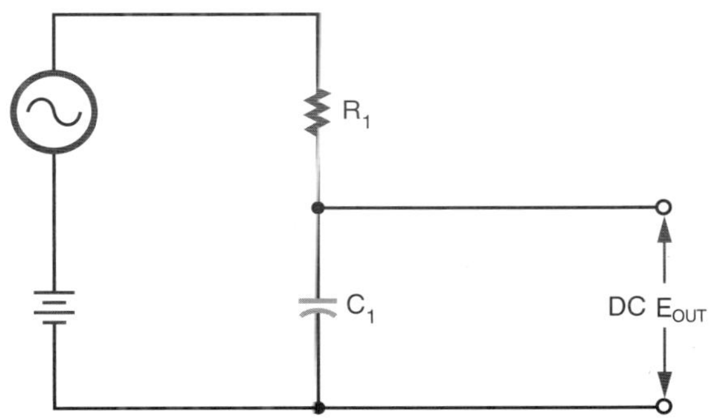

그림 15-7

RC 커플링 회로망

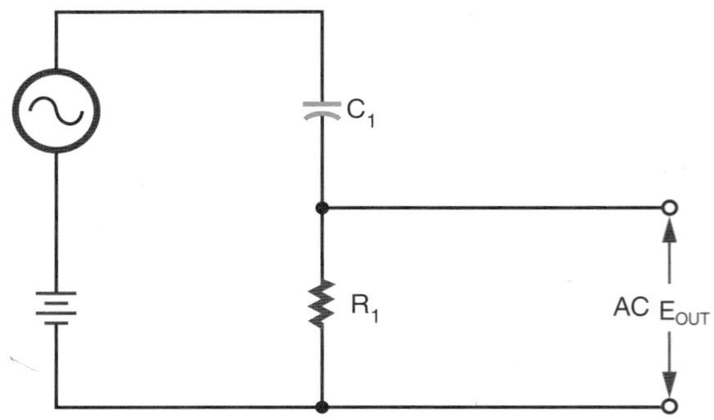

선택하면 교류 신호는 최소의 감쇠로 통과하게 된다.

때로는 교류 출력 신호의 위상을 입력 신호에 대하여 이동시킬 필요가 있다. 이러한 위상 이동 응용에 RC 회로망을 사용할 수 있다. **RC 위상이동 회로망**(phase-shift network)은 60° 미만의 작은 위상 이동에만 사용된다.

그림 15-8은 저항기–커패시터 결합 양단에 입력을 인가하고 저항에서 출력을 취하는 위상이동 회로망을 나타낸 것이다. 이 회로에서 커패시터 때문에 전류가 전압을 앞선다. 저항기 양단의 전압은 저항기와 동상이다. 이것은 출력 전압이 입력 전압을 앞서는 결과를 초래한다.

그림 15-9에서 출력은 커패시터 양단에서 취한다. 회로의 전류는 인가 전압을 앞선다. 한편, 커패시터 양단의 전압은 인가 전압보다 뒤진다.

그림 15-8

진상 출력 위상이동 회로망(leading output phase-shift network). 출력 전압은 입력 전압을 앞선다.

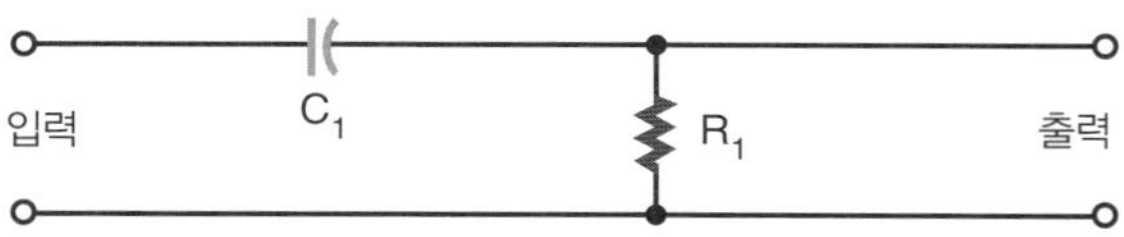

그림 15-9

지상 출력 위상이동 회로망(lagging output phase-shift network). 커패시터 양단의 전압은 인가 전압보다 뒤진다.

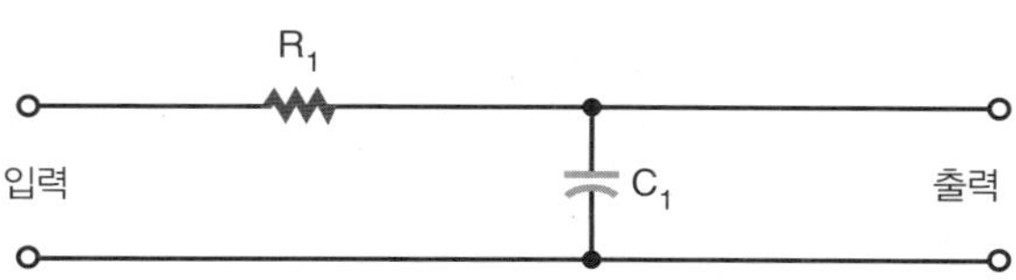

그림 15-10

종속접속 RC 위상이동 회로망

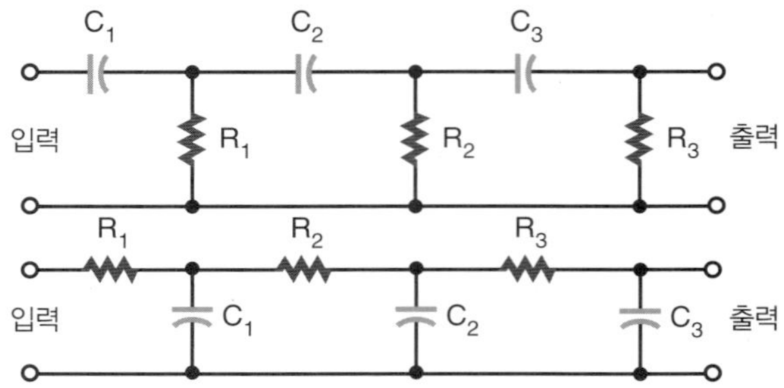

위상 이동을 더 크게 하려면 여러 개의 RC 회로망을 종속접속하면 된다(그림 15-10). 한편, 종속접속된 회로망은 출력 전압을 감소시킨다. 출력 전압을 적절한 동작 레벨로 올리기 위해 증폭기가 필요하다.

용량성 리액턴스는 주파수에 따라 변하므로, 위상이동 회로망은 단지 하나의 주파수에 대해서만 유효하다. 리액턴스의 변화는 다른 위상 이동을 초래한다.

15-2 질문

1. 전자 회로에서 저항기–커패시터 회로망의 세 가지 사용 예는 무엇인가?
2. 저역통과 필터의 구성도를 그리고 그 동작을 설명하라.
3. 고역통과 필터의 구성도를 그리고 그 동작을 설명하라.
4. 디커플링 회로망의 목적은 무엇인가?
5. RC 위상이동 회로망은 무슨 일을 하는가?

요약

- 교류 전압이 커패시터에 인가될 때 전류가 흐르는 것처럼 보인다.
- 커패시터의 충전 및 방전이 전류 흐름을 나타낸다.
- 용량성 회로에서는 전류가 인가 전압보다 90° 앞선다.
- 용량성 리액턴스는 커패시턴스가 인가 전압에 대해 가지는 방해 정도이다.
- 용량성 리액턴스는 X_C로 표현한다.
- 용량성 리액턴스는 옴 단위로 측정한다.

- 용량성 리액턴스는 다음 식으로 계산한다.

$$X_C = \frac{1}{2\pi fC}$$

- RC 회로망은 필터링, 커플링 및 위상 이동에 사용된다.
- 필터는 특정 주파수에 대해 구별하는 것이다.
- 저역통과 필터는 차단 주파수 아래의 주파수를 통과시킨다. 직렬 저항기–커패시터 회로로 구성된다.
- 고역통과 필터는 차단 주파수 위의 주파수를 통과시킨다. 직렬 커패시터–저항기 회로로 구성된다.
- 커플링 회로망은 교류 신호를 통과시키나 직류는 차단한다.

CHAPTER 15

자기테스트

1. 용량성 회로에서 인가 전압과 전류 사이의 관계는 무엇인가?
2. 용량성 리액턴스는 무엇의 함수인가?
3. 60 Hz에서 1000 μF 커패시터의 용량성 리액턴스는 얼마인가?
4. 3번 문제에서 커패시터에 12 V 전압을 인가할 때 흐르는 전류는 얼마인가?
5. 용량성 회로의 응용 예 세 가지를 열거하라.
6. RC 저역통과 여파기의 기능을 설명하라.
7. 어떻게 하면 직류 전원으로부터 교류 신호를 제거할 수 있을까?
8. 용량성 커플링 회로가 왜 중요한가?
9. 위상이동 회로망이 교류 신호의 위상을 어떻게 이동시키는지를 설명하라.
10. 캐스케이드 위상이동 회로망에서 어떻게 하면 여러 주파수에 대해 위상 이동량을 바꿀 수 있을까?

CHAPTER 16

유도성 교류회로

INDUCTIVE AC CIRCUITS

목표

이 장을 마치고 나면 다음과 같은 것을 할 수 있게 된다.

- 유도성 교류회로에서 전압과 전류 사이의 위상 관계를 설명한다.
- 교류회로의 유도성 리액턴스를 구한다.
- 임피던스를 설명하고 임피던스가 유도성 회로에 미치는 영향을 설명한다.
- 인덕터-저항기 회로망이 어떻게 필터링과 위상 이동에 사용될 수 있는지를 설명한다.
- 저역통과 및 고역통과 유도성 회로가 어떻게 동작하는지를 설명한다.

주요 단어

역기전력
유도성 리액턴스
차단 주파수
ELI

커패시터와 마찬가지로 인덕터도 교류회로에서 전류의 흐름을 방해한다. 인덕터는 또한 교류회로에서 전압과 전류 사이에 위상 이동을 야기시킨다. 많은 전자 회로는 인덕터와 저항기로 구성되어 있다.

16-1 교류회로의 인덕턴스

교류회로에서 인덕터는 전류의 흐름을 방해한다. 인덕터 양단에 교류 전압을 인가하면 자계가 발생된다. 교류 전압은 극성을 바꾸므로 교류 전압이 자계를 증가 또는 감소시키고, 또한 인덕터 코일에 전압을 유도한다. 이 유도된 전압을 **역기전력**(counter electromotive force, cemf)이라 하며, 인덕턴스가 크면 클수록 cemf도 커진다. cemf는 인가 전압과 180도만큼 위상 차이가 있어서(그림 16-1) 인가 전압을 저지한다. 이러한 저지는 전류 흐름을 감소시키는 데 있어서 저항기만큼 효과적이다.

인덕터에 유도된 전압의 크기는 자계의 변화율에 따라 다르다. 자계가 빨리 증가 및 감소할수록 유도 전압은 더 크게 된다. 인덕터 양단에 걸린 전체 유효 전압은 공급 전압과 유도 전압 사이의 차이이다. 유도 전압은 공급 전압보다 항상 작다.

그림 16-2는 공급 전압에 대한 전류의 관계를 보여주고 있다. 순수 유도성 회로에서는 전류가 항상 90°만큼 인가 전압에 뒤진다. 이것을 달리 말하면 순수 유도성 회로에서 인가 전압은 전류보다 90도만큼 앞선다는 것이다. 이것은 약자 **ELI**로 표현할 수 있다. 유도성(L) 회로에서 전압(E)은 전류(I)를 앞선다.

교류회로에서 인덕터에 의해 전류에 가해지는 저지를

그림 16-1

유도성 회로에서 인가 전압과 유도 전압은 서로 180도의 위상 차이가 있다.

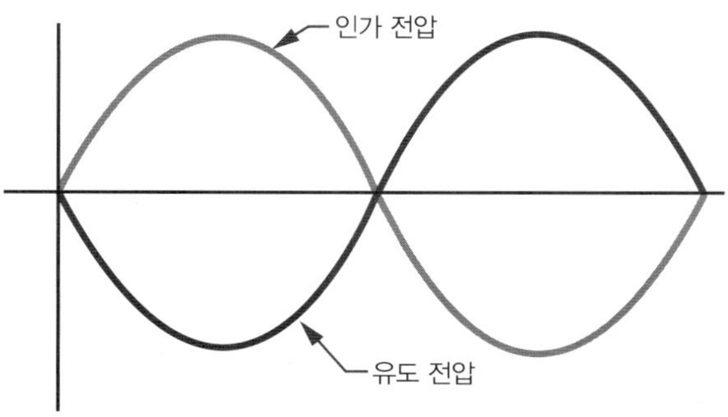

그림 16-2

유도성 교류회로에서 전류가 인가 전압보다 뒤진다.

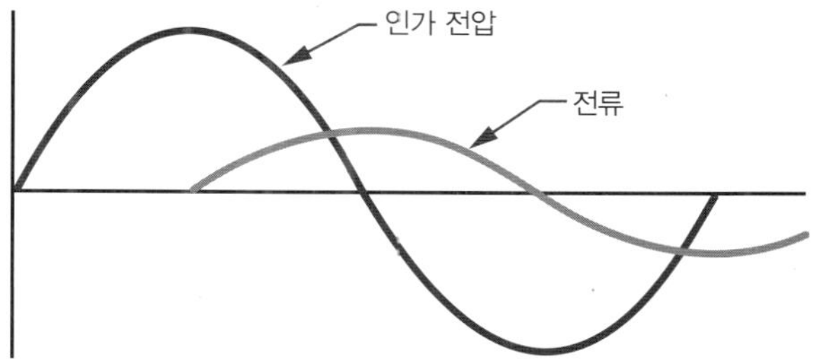

유도성 리액턴스(inductive reactance)라 한다. 유도성 리액턴스는 옴 단위로 측정한다. 인덕터에 의해 생기는 유도성 리액턴스의 크기는 인덕터의 인덕턴스와 인가 전압의 주파수에 따라 달라진다. 인덕턴스가 크면 클수록 발생되는 자계가 커지고 전류의 흐름을 방해하는 성질도 커진다. 또한 주파수가 높을수록 전류 흐름에 대해 방해하는 성질도 더 커진다.

유도성 리액턴스는 기호 X_L로 표시한다. 유도성 리액턴스는 다음 식으로 구한다.

$$X_L = 2\pi fL$$

여기서: $\pi = 3.14$
f = 주파수(Hz)
L = 인덕턴스(H)

예제 60 헤르츠에서 0.15 헨리 코일의 유도성 리액턴스는 얼마인가?

주어진 값:	풀이:
$X_L = ?$	$X_L = 2\pi fL$
$\pi = 3.14$	$X_L = (2)(3.14)(60)(0.15)$
$f = 60\ Hz$	$X_L = 56.52\ \Omega$
$L = 0.15\ H$	

예제 400 헤르츠에서 0.15 헨리 코일의 유도성 리액턴스는 얼마인가?

주어진 값:	풀이:
$X_L = ?$	$X_L = 2\pi fL$
$\pi = 3.14$	$X_L = (2)(3.14)(400)(0.15)$

$f = 400\ Hz \quad X_L = 376.80\ \Omega$
$L = 0.15\ H$

유도성 리액턴스는 주파수의 증가에 따라 증가한다는 데 유의하라.

옴의 법칙은 저항에 적용되는 것과 똑같이 교류회로의 유도성 리액턴스에도 적용된다. 교류회로의 유도성 리액턴스는 인가 전압에 정비례하고 전류에 반비례한다. 이러한 관계는 다음과 같이 표시된다.

$$I = \frac{E}{X_L}$$

인덕턴스는 전압이 증가하거나 전류가 감소하면 증가한다. 마찬가지로 유도성 리액턴스는 전압이 감소하거나 전류가 증가하면 감소한다.

예제 12 볼트이고 60 헤르츠인 전압이 250 밀리헨리의 인덕터에 인가될 때 흐르는 전류는 얼마인가?

주어진 값:

$$X_L = ?$$
$$\pi = 3.14$$
$$f = 60\ Hz$$
$$L = 0.25\ H$$
$$I = ?$$
$$E = 12\ V$$

풀이:

먼저 유도성 리액턴스(X_L)를 구한다.

$$X_L = 2\pi fL$$
$$X_L = (2)(3.14)(60)(0.25)$$
$$X_L = 94.20\ \Omega$$

이제 X_L을 이용하여 전류(I)를 구한다.

$$I = \frac{E}{X_L}$$
$$I = \frac{12}{94.20}$$

I = 0.127 암페어 또는 127 mA

예제 400 헤르츠에서 15 밀리헨리의 초크를 통하여 10 밀리암페어의 전류가 흐르게 하려면 몇 볼트가 필요한가?

주어진 값:

$$X_L = ?$$
$$\pi = 3.14$$
$$f = 400\ Hz$$
$$L = 0.015\ H$$
$$I = 0.01\ A$$
$$E = ?$$

풀이:

먼저 유도성 리액턴스(X_L)를 구한다.

$$X_L = 2\pi fL$$
$$X_L = (2)(3.14)(400)(0.015)$$
$$X_L = 37.68\ \Omega$$

X_L을 이용하여 전압(E)를 구한다.

$$I = \frac{E}{X_L}$$
$$0.01 = \frac{E}{37.68}$$
$$E = 0.38\ V$$

예제 120 볼트의 전압을 인가할 때 120 밀리암페어의 전류가 흐르는 코일의 유도성 리액턴스는 얼마인가?

주어진 값:

$$I = 0.12\ A$$
$$E = 120\ V$$
$$X_L = ?$$

풀이:

$$I = \frac{E}{X_L}$$
$$0.12 = \frac{120}{X_L}$$
$$X_L = 1000\ \Omega$$

인덕턴스와 저항을 모두 가지는 회로의 임피던스는 인덕터와 저항기 모두가 전류의 흐름을 방해하는 성질이다.

인덕터에 의해 생긴 위상 이동 때문에 유도성 리액턴스와 저항은 직접 더할 수 없다. 임피던스는 회로의 유도성 리액턴스와 저항의 벡터 합이다. 임피던스는 옴으로 표현하고 문자 Z로 나타낸다. 임피던스는 다음과 같이 옴의 법칙으로 정의할 수 있다.

$$I = \frac{E}{Z}$$

가장 일반적인 유도성 회로는 하나의 저항기와 하나의 인덕터가 직렬로 연결된 것이다. 이것을 RL 회로라고 한다. 직렬 RL 회로의 임피던스는 유도성 리액턴스의 제곱과 저항의 제곱의 합에 대한 제곱근이다. 이것은 다음과 같이 표현할 수 있다.

$$Z = \sqrt{R^2 + X_L^2}$$

예제 60 헤르츠인 12 볼트의 전원을 100 밀리헨리 초크와 470 옴 저항기의 직렬회로에 인가할 때 임피던스는 얼마인가?

주어진 값:

$$X_L = ?$$
$$\pi = 3.14$$
$$f = 60\ \text{Hz}$$
$$100\ \text{mH} = 0.1\ \text{H}$$
$$Z = ?$$
$$R = 470\ \Omega$$

풀이:

먼저 유도성 리액턴스(X_L)를 구한다.

$$X_L = 2\pi fL$$
$$X_L = (2)(3.14)(60)(0.1)$$
$$X_L = 37.68\ \Omega$$

X_L을 이용하여 임피던스(Z)를 구한다.

$$Z = \sqrt{R^2 + X_L^2}$$

$$Z = \sqrt{(470)^2 + (37.68)^2}$$

$$Z = 471.51\ \Omega$$

인덕터가 직렬로 연결되었을 때, 유도성 리액턴스는 각 유도성 리액턴스의 합과 같다.

$$X_{L_T} = X_{L_1} + X_{L_2} + X_{L_3} \dots + X_{L_n}$$

인덕터가 병렬로 연결되었을 때, 유도성 리액턴스의 역수는 각 유도성 리액턴스의 역수의 합과 같다.

$$\frac{1}{X_{L_T}} = \frac{1}{X_{L_1}} + \frac{1}{X_{L_2}} + \frac{1}{X_{L_3}} \dots + \frac{1}{X_{L_n}}$$

16-1 질문

1. 교류 전압을 인덕터 양단에 인가할 때 어떤 일이 일어나는가?
2. 유도성 회로에서 전압과 전류 사이의 관계는 무엇인가?
3. 유도성 리액턴스란 무엇인가?
4. 10,000 헤르츠에서 200 밀리헨리의 유도성 리액턴스는 얼마인가?
5. 인덕터-저항기 회로망에 대한 임피던스는 어떻게 구하는가?

16-2 유도성 회로의 응용

유도성 회로는 전자공학에서 널리 사용된다. 인덕터는 필터링 및 위상이동 회로 응용에서 커패시터와 경쟁한다. 인덕터는 커패시터에 비해 크고, 무겁고, 또 더 비싸기 때문에 커패시터보다 응용 분야가 적다. 그러나 인덕터는 여전히 경쟁하고 있는 직류 회로 경로에 리액턴스 영향을 주는 장점이 있다. 커패시터도 리액턴스 효과를 낼 수 있으나 직류 성분을 차단한다.

인덕터는 회로의 성능을 향상시키기 위해 종종 커패시터와 함께 결합한다. 커패시터의 리액턴스 효과는 인덕터의 리액턴스 효과를 저지한다. 결과적으로 이들은 회로에서 서로를 보완한다.

직렬 RL 회로망은 저역통과 및 고역통과 필터로 사용된다. 그림 16-3은 필터의 기본적인 형태 두 가지를 보여주고 있다. 이들 회로는 실질적으로 저항기-인덕터 전압 분배기이다. 그림 16-3A는 저역통과 필터이다. 입력은 인덕터와 저항기 양단에 인가된다. 출력은 저항기 양단으로부터 취한다. 낮은 주파에서 코일의 리액턴스는 낮다. 따라서 전류의 흐름을 방해하는 성질이 거의 없어서 대부

그림 16-3
RL 필터

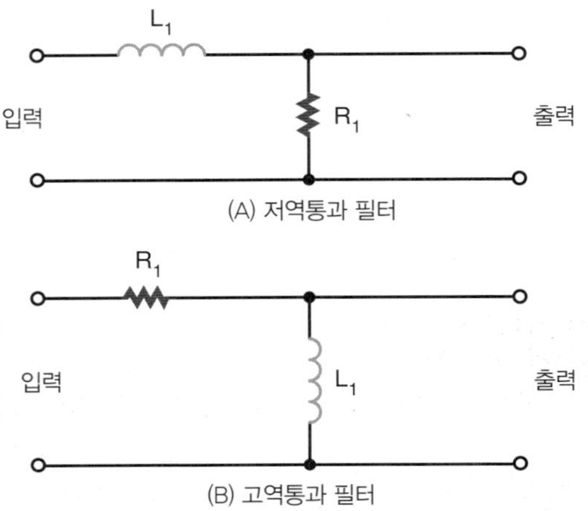

분의 전압은 저항기 양단에 걸리게 된다. 입력 주파수가 증가하면 유도성 리액턴스가 증가하여 전류의 흐름을 더 많이 억제하게 되어 더 많은 전압이 인덕터 양단에 걸리게 된다. 인덕터 양단의 전압 강하가 커지면, 저항기 양단에 걸리는 전압은 낮아지게 된다. 낮은 주파수는 진폭이 줄어들지 않은 상태에서 통과하는 반면 높은 주파수는 진폭이 크게 줄어든다.

그림 16-3B는 고역통과 필터이다. 입력은 저항기와 인덕터의 양단에 인가되고 출력은 인덕터 양단에서 취한다. 높은 주파수에서 코일의 유도성 리액턴스는 높아서 대부분의 전압이 코일의 양단에 걸리게 된다. 주파수가 감소하면 유도성 리액턴스는 감소하고 전류의 흐름을 방해하는 성질도 줄어든다. 이로 인해 코일 양단에는 전압이 덜 걸리고, 저항기에 더 많은 전압이 걸리게 된다.

통과된 또는 감쇠된 주파수보다 위 또는 아래의 주파수를 차단 주파수(cut-off frequency)라고 한다. 차단 주파수의 기호는 f_{CO}이다. 차단 주파수는 다음 식으로 구할 수 있다.

$$f_{CO} = \frac{R}{2\pi fL}$$

여기서: f_{CO} = 차단 주파수(Hz)
R = 저항(Ω)
π = 3.14
f = 주파수(Hz)
L = 인덕턴스(H)

16-2 질문

1. 회로에 인덕터를 사용하는 경우의 단점은 무엇인가?
2. 회로에 인덕터를 사용하는 경우의 장점은 무엇인가?
3. RL 저역통과 필터의 구성도를 그리고 그 동작을 설명하라.
4. RL 고역통과 필터의 구성도를 그리고 그 동작을 설명하라.
5. RL 회로의 차단 주파수는 어떻게 구하는가?

요약

- 순수 유도성 회로에서 전류는 전압보다 위상이 90°만큼 뒤진다.
- 유도성 리액턴스는 교류회로에서 인덕터에 의해 생기는 전류 흐름의 방해이다.
- 유도성 리액턴스는 X_L로 표시한다.
- 유도성 리액턴스는 옴 단위로 측정된다.
- 유도성 리액턴스는 다음 식으로 계산할 수 있다.

$$X_L = 2\pi fL$$

- 유도성 회로에서 임피던스는 유도성 리액턴스와 저항의 벡터 합이다.
- 직렬 RL 회로는 저역통과 및 고역통과 필터에 사용된다.

CHAPTER 16

자기테스트

1. 유도성 회로에서 인가 전압과 전류 사이의 관계는 무엇인가?
2. 유도성 회로에서 유도성 리액턴스에 영향을 주는 것은 무엇인가?
3. 60 Hz에서 100 mH 코일의 유도성 리액턴스는 얼마인가?
4. 3번 문제에서 24 V 전압이 인가되면 인덕터에 흐르는 전류는 얼마인가?
5. 인덕터는 회로에서 어떻게 사용되는가?
6. 50 Hz에서 100 mH 인덕터를 통하여 86 mA의 전류를 흘리기 위한 전압은 몇 볼트인가?
7. 60 Hz에서 150 mH 인덕터가 680 Ω의 저항기와 직렬로 연결되어 있을 때 임피던스를 계산하라.
8. RL 직렬로 된 초크에서 저항이 910 Ω이고 인가 전압이 400 Hz 45 V인 경우, 이 초크의 인덕턴스는 얼마인가?
9. 저역통과 RL 여파기를 연결하는 경우와 고역통과 RL 여파기를 연결하는 경우의 차이점은 무엇인가?
10. 유도성 회로의 차단 주파수는 무엇인가?

CHAPTER 17

공진회로

RESONANCE CIRCUITS

목표

이 장을 마치고 나면 다음과 같은 것을 할수 있게 된다.

- 용량성 및 유도성 리액턴스를 구하는 공식을 알아본다.
- 교류 전류와 전압이 커패시터와 인덕터에서 어떻게 작용하는지를 알아본다.
- 직렬회로의 리액턴스를 구하고 이것이 용량성인지 유도성인지를 알아본다.
- 용어, 임피던스를 정의한다.
- 저항과 커패시턴스의 두 가지 모두 또는 인덕턴스를 포함하는 임피던스에 관한 문제를 푼다.
- 옴의 법칙을 교류회로에 사용하기 전에 어떻게 수정해야 하는지를 논의한다.
- RLC 직렬회로에서 X_C, X_L, X, Z, I_T를 구한다.
- RLC 병렬회로에서 I_C, I_L, I_X, I_R 및 I_Z를 구한다.

주요 용어

공진
공진회로
동상
벡터
역률
위상
임피던스
피상 전력

앞의 장들에서는 교류회로의 저항, 커패시턴스 및 인덕턴스를 개별적으로 살펴보았다. 이 장에서는 저항, 커패시턴스 및 인덕턴스를 함께 연결한 교류회로에 대해 살펴본다. 이 장에서 설명하는 개념은 전혀 새로운 것이 아니고, 지금까지 설명한 원리를 모두 적용한 것이다.

인덕터의 리액턴스와 커패시터의 리액턴스가 같을 때, 이 회로는 공진회로가 된다. 공진회로는 전자공학의 다양한 회로에 이용된다.

17-1 직렬회로의 리액턴스

직렬회로(그림 17-1)의 직류 전압은 일반적으로 배터리에 의해 공급된다. 회로의 전류값은 옴의 법칙에 적용하여 구한다. 이때 옴의 법칙은 회로의 배터리 전압과 저항을 사용한다.

교류 전압원을 회로에 인가하면(그림 17-2), 저항기에 흐르는 전류의 순시값은 인가한 교류 출력 전압에 따라 변한다. 직류회로에서 했던 것처럼 교류회로에도 옴의 법칙이 적용된다. 피크 전류는 전원의 피크 전압으로부터 계산하고 rms 전류는 rms 전압으로부터 구한다.

그림 17-3은 교류의 한 사이클을 보여주고 있다. 전압이 피크에 도달하면 전류도 피크에 도달하는 것을 보여주고 있다. 전압과 전류는 둘 다 함께 0의 직선을 지난다. 이러한 두 개의 파형을 **동상**에 있다고 말한다. 이것은 회로가 순수한 저항은 가지고 있고 리액턴스 소자는 포함하고 있지 않을 때 일어나는 상태이다.

순수한 인덕턴스나 커패시턴스의 영향은 전압과 전류의 **위상**을 90도 어긋나게 한다. 이런 상황은 교류회로의 전형적인 상태인 리액턴스 소자와 저항 소자가 결합되어 있을 때, 더욱 복잡해진다.

그림 17-4에서 저항기와 인덕터의 두 소자가 직렬로 연결되어 있으며 두 소자에 흐르는 전류는 같다. 저항 R_1은 47 옴이고, 주파수 60 헤르츠에서 L_1의 유도성 리액턴스를 계산하면 25.25 옴이다. 회로에 흐르는 전류는 2.25 암페어이고, 저항기 R_1 양단의 전압 강하는 105.75 볼트이며 인덕터 L_1 양단의 전압 강하는 56.81 볼트이다. 이들의 합이 공급 전압 120 볼트보다 더 크기 때문에 틀린

그림 17-1

직류 저항성 회로

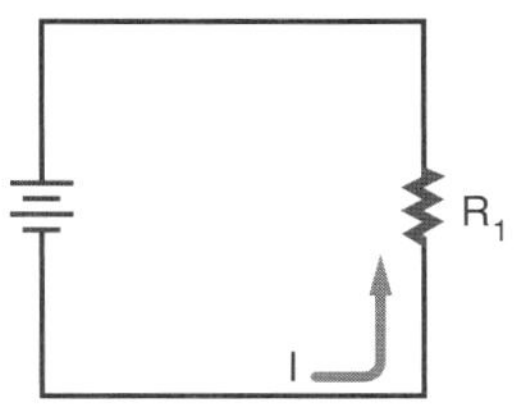

그림 17-2

교류 저항성 회로

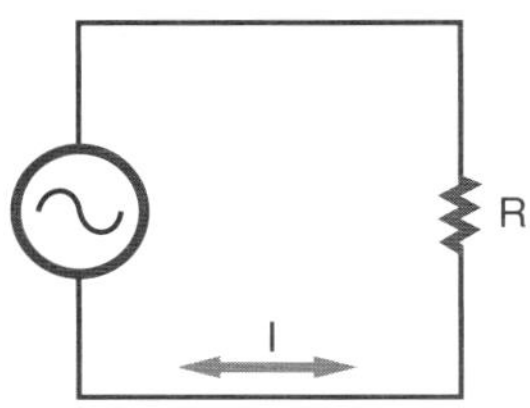

그림 17-3

저항성 교류회로에서 전압과 전류는 동상이다.

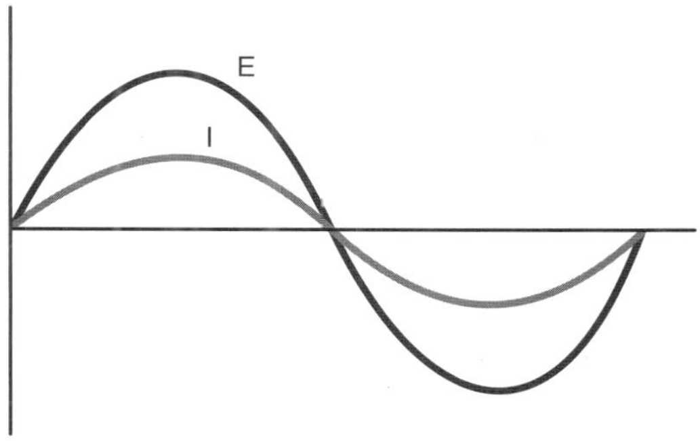

그림 17-4

RL 회로나 RC 회로에서 전압은 동상이 아니며 이러한 전압은 직접 더할 수 없다.

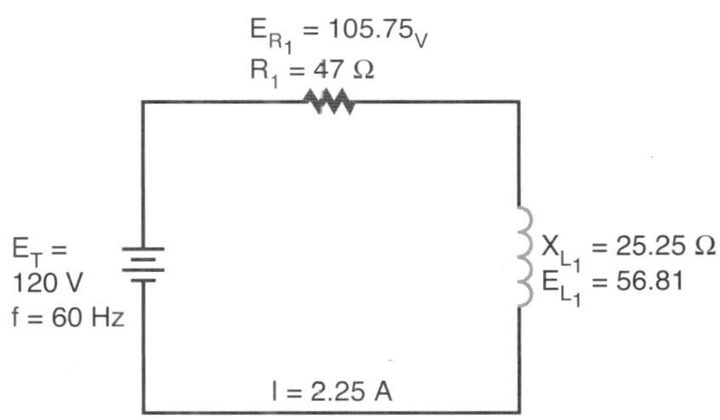

것처럼 보인다. 이것은 저항기 양단 전압이 인덕터 양단의 전압과 위상이 다르기 때문에 발생한 것이다.

회로의 저항성 부분에서 전압과 전류는 동상이다. 회로의 유도성 부분에서 전압은 전류보다 90도 앞선다. 직렬회로에서 모든 점에서의 전류는 동상이므로, E_R과 E_L은 위상이 다르다.

그림 17-4와 같은 회로에서 전압과 전류를 나타내는 방법은 벡터를 사용하는 것이다. **벡터**(vector)는 좌표계의 원점에서 출발하여 특정한 방향을 가리키는 화살이다(그림 17-5). 화살의 길이는 벡터의 크기를 나타내는데, 화살이 길수록 크기가 더 크다. 화살이 x축과 이루는 각은 도(°) 단위의 위상을 나타낸다. 양(+)의 x축은 0도이고, 각도는 화살이 반시계 방향으로 움직일수록 커진다.

그림 17-4에서 두 소자에 흐르는 전류는 동상이다. 전류 벡터가 0도 기준으로 사용되어 x축 상에 놓여 있다. 전압 E_R은 전류와 동상이며, 역시 x축에 둔다.

인덕터 양단의 전압 E_L은 전류보다 90도 앞선다. 따라서 전류 벡터는 x축으로부터 90도인 위로 향하는 직선을 가리킨다. 각각의 벡터는 크기에 따라 그린다. 전원 전압 벡터(E_T)는 그림 17-5에 나타낸 것처럼 원점에서 출발하여 E_R과 E_L의 최대값에서 끝난다. 벡터 E_T의 각도(θ)는 전원 전압과 전류 사이의 위상이며, 길이는 전압의 크기를 나타낸다.

전압 벡터도는 가장 긴 벡터를 빗변으로 하는 직각 삼각형으로 다시 그릴 수 있다(그림 17-6). 피타고라스의 정리가 다음과 같으므로 크기를 구하기 위해 축척을 맞춰 그릴 필요는 없다.

$$E_T = \sqrt{E_R^2 + E_L^2}$$

그림 17-5

벡터를 이용하여 리액턴스성 회로의 전압 사이의 관계를 나타낼 수 있다.

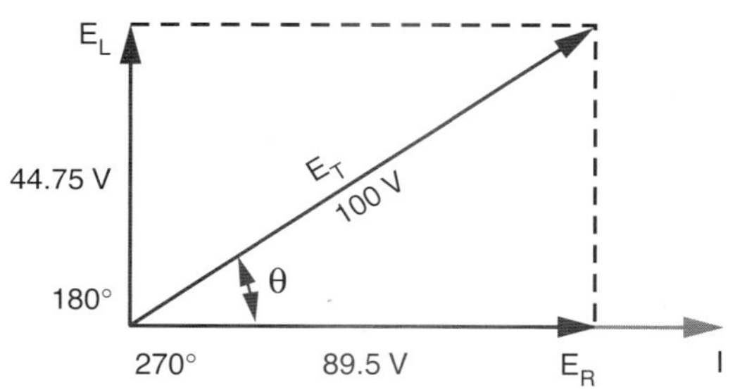

이 공식은 다른 두 벡터를 알 때 합성 벡터를 구하는 데 이용될 수 있다.

벡터 표현은 단 하나의 전압과 그의 위상각을 알고 있을 때 삼각함수를 이용하여 전압을 구할 수 있게 해준다. 또한 벡터 표현은 두 개의 전압을 알 때 위상각을 구한다. 이러한 관계는 다음 식과 같다.

$$\sin\theta = E_L/E_T$$
$$\cos\theta = E_R/E_T$$
$$\tan\theta = E_L/E_R$$

그림 17-4의 예와 위의 관계식 중 어느 것이나 하나를 이용하면, 공급 전압과 전류의 위상차는 28 26도가 됨을 알 수 있다.

E_L과 E_R을 다른 값으로 하여 실험해보면 명심해야 할 몇 가지 유용한 정보를 얻을 수 있다.

- 회로가 순수하게 저항성일 때, 전압과 전류는 동상이기 때문에 위상각은 0도이다.
- 유도성 리액턴스가 증가함에 따라, 저항과 리액턴스가 같아질 때 위상각은 45도에 이른다 유도성 리액턴스가 더욱 증가하면 각도는 90도에 접근할 것이다.
- 회로에 저항이 존재하지 않는 순수하게 리액턴스만 있다면 위상각은 90도로 증가할 것이다.

직렬회로에서 모든 소자에 흐르는 전류는 동일하다. 직렬회로의 임의의 소자 양단의 전압 강하는 그 소자의 저항 또는 리액턴스에 비례한다. 벡터를 회로의 저항과 리액턴스에 대해 그리면, 이들 벡터는 전압에 대해 그린 벡터에 비례하게 된다(그림 17-4). 저항 R은 0도에 그리고 유도성 리액턴스 X_L은 90도에 그린다.

저항과 리액턴스의 합성 효과를 **임피던스**(impedance)라고 하고 기호 Z로 표시한다. 임피던스는 공급 전압을 아는 경우, 리액턴스성 회로의 전류를 계산할 때 사

그림 17-6

직각 삼각형의 형태로 재배치된 벡터

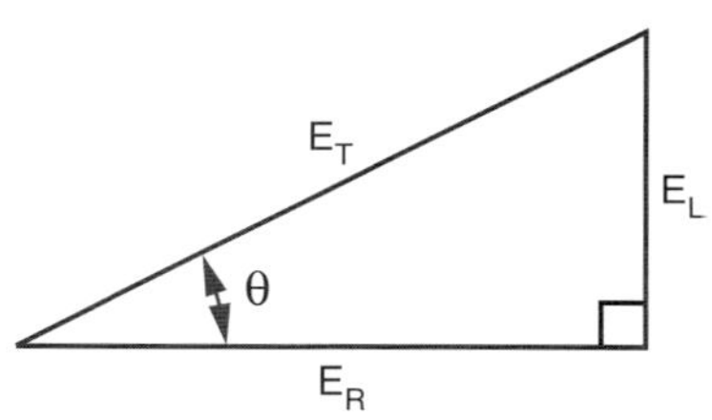

용한다. 전원 전압을 리액턴스와 저항을 합한 값으로 나누면 답이 틀리게 되는데, 그 이유는 이들 전압은 서로 동상이 아니기 때문이다. 벡터는 회로 임피던스를 설명하는 데 사용할 수 있다(그림 17-7).

그림 17-8A의 직렬 RC 회로는 그림 17-8B와 17-8C의 벡터도로써 설명할 수 있다. 다시 말하지만, 전류는 0도 기준점으로 사용하고 E_R은 전류와 동상이므로 전류와 같은 선에 그린다. 용량성 회로에서 전압은 전류보다 90 도 뒤지므로 그의 전압 벡터(E_C)는 아래로 그린다는 데 유의하라. 이와 같은 회로의 위상각은 종종 음수 값으로 주어지나, 이것은 '진상(leading)'과 '지상(lagging)'을 대신해서 나타낸다고 보면 된다. 모든 삼각함수 공식과 피타고라스 정리가 벡터에 적용된다.

17-1 질문

1. 순수 저항성 직렬회로에서 전류와 전압의 관계를 보여주는 그림을 그려라.
2. 그림 17-9의 회로에서 전압과 전류 사이의 관계를 보여라.
3. 그림 17-9의 회로에 대해 벡터 관계를 보여주는 그래프를 그려라. 모든 화살을 포함하고 각 벡터에 이름을 붙여라.
4. 피타고라스 정리를 사용하여 그림 17-9의 회로에 대해 임피던스를 구하라.
5. 그림 17-9의 회로에 대한 위상각을 구하라.
6. 그림 17-9의 회로에 대한 임피던스를 구하라.
7. 그림 17-9의 회로에 대한 전류를 구하라.

그림 17-7

벡터는 임피던스를 표현하는 데도 사용할 수 있다.

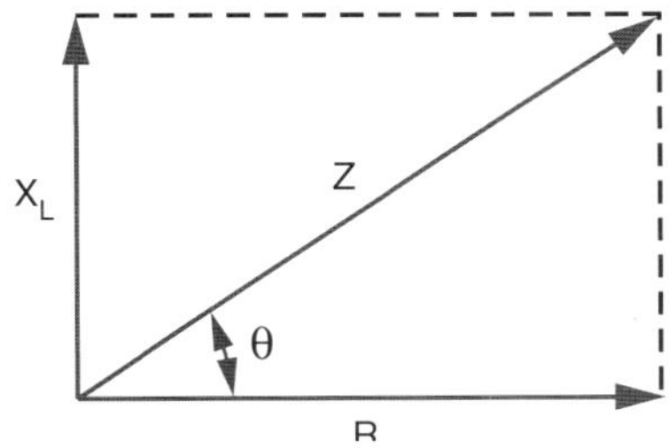

그림 17-9

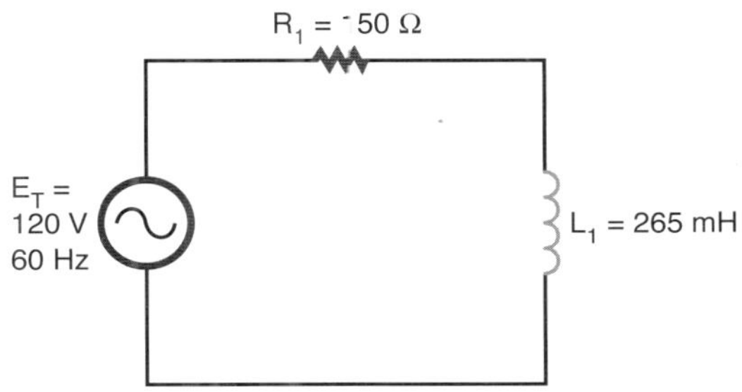

17-2 병렬회로의 리액턴스

인덕터와 커패시터를 포함하는 병렬회로도 벡터도를 이용하여 해석할 수 있다. 그러나 각 소자의 양단에 걸리는 전압이 같아야 하고 또한 서로 동상이므로 벡터는 전류 벡터를 이용한다.

그림 17-10은 병렬 RL 회로와 그의 벡터도를 나타내고 있다. 저항기 전류의 벡터를 0도에 둔다. 인덕터 전류 I_L에 대한 벡터를 그리는 것은 간단하다. 인덕터에 흐르는 전류는 전압보다 90도 뒤지므로 벡터는 아래로 향하게 그린다.

그림 17-8

용량성 교류회로와 유도성 회로의 벡터 표시

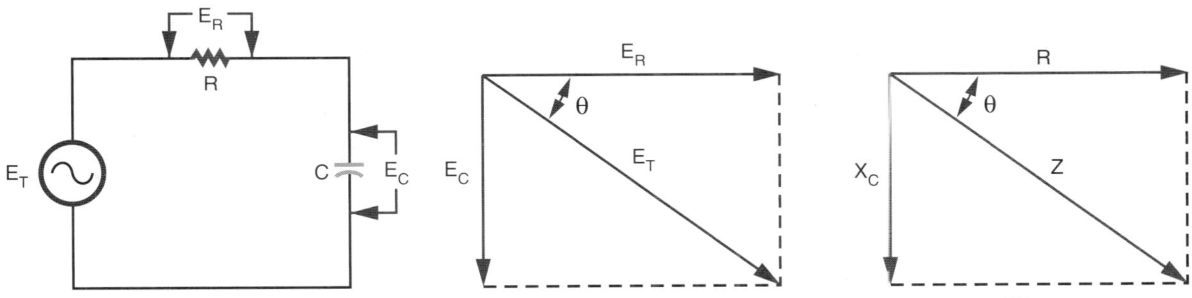

그림 17-10

벡터는 병렬 인덕턴스 회로를 해석하는 데 사용할 수 있다. 각 소자 양단의 전압은 동일하고 또 동상이므로 전류 벡터를 사용한다.

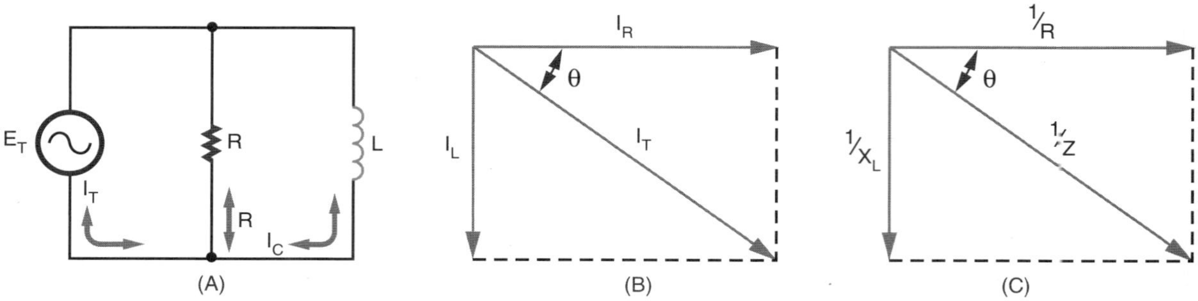

그림 17-11

병렬 커패시턴스 회로를 해석하는 데 벡터를 사용할 수 있다.

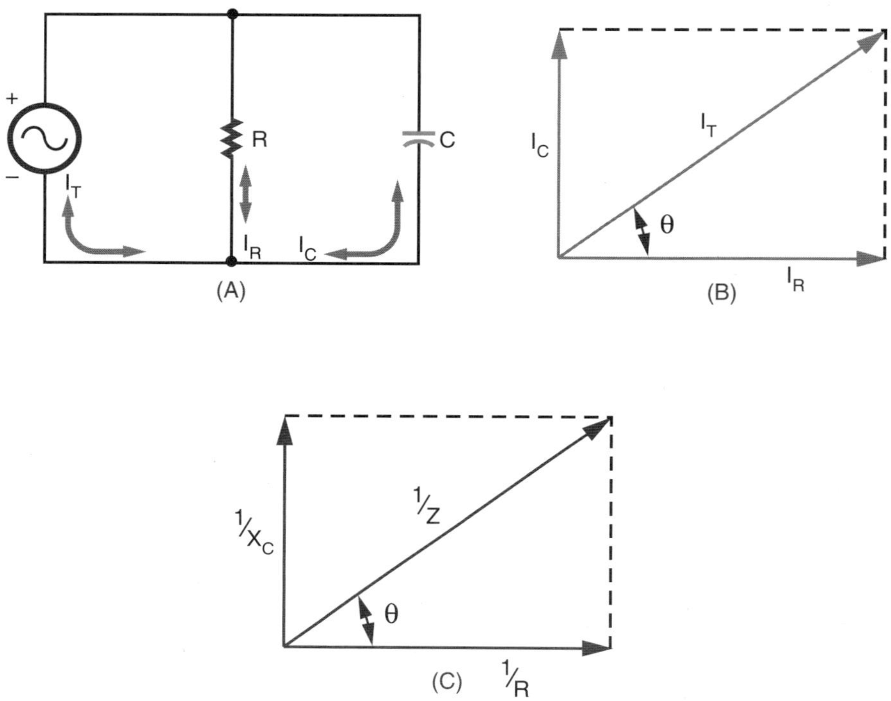

그림 17-11은 병렬 RC 회로의 벡터도를 보여주고 있다. 병렬회로에 대한 유도성 및 용량성 벡터(그림 17-10)는 직렬회로의 경우와는 반대 방향으로 그린다는 데 주목하라. 병렬회로에서 우리가 살펴보아야 할 것은 전압이 아니라 전류하는 것을 명심하라.

병렬회로의 저항은 항상 회로에 있는 저항기 중에서 가장 작은 저항기의 저항보다 더 작은 것처럼, 병렬 RL 또는 RC 회로의 임피던스는 각각의 저항이나 리액턴스보다 더 작다. 병렬회로의 임피던스를 구하는 데 벡터를 사용할 수 있으나, R과 X 그리고 Z의 역수값을 사용해야 한다. 이렇게 하면 병렬회로에 대한 임피던스의 계산은 약간 복잡해진다. 벡터를 정확하게 그리기 위해 병렬회로에 앞서 설명한 모든 삼각함수를 적용할 수 있다. 그림 17-10 및 그림 17-11에 대해 수학적으로 임피던스를 정리하면 다음과 같다.

유도성 회로:

$$I = \sqrt{I_R^2 + L_L^2}$$
$$1/Z = 1/R + 1/X_L$$

용량성 회로:

$$I = \sqrt{I_R^2 + I_C^2}$$
$$1/Z = 1/R + 1/X_C$$

17-2 질문

1. 벡터도를 이용하여 병렬회로를 해석할 때 왜 전류를 사용하는가?
2. 유도성 회로에서 전류가 전압보다 앞서는가 아니면 뒤지는가?
3. 리액턴스성 회로에서 임피던스가 개별 저항보다 더 큰가 아니면 작은가?
4. 피타고라스 정리를 이용하여 그림 17-10에 나타낸 회로의 전류를 구하라. 전체 전압은 120 V의 60 Hz이고, R = 150 Ω, L = 265 mH이다.
5. 그림 17-12에 있는 회로의 임피던스를 구하라.

그림 17-12

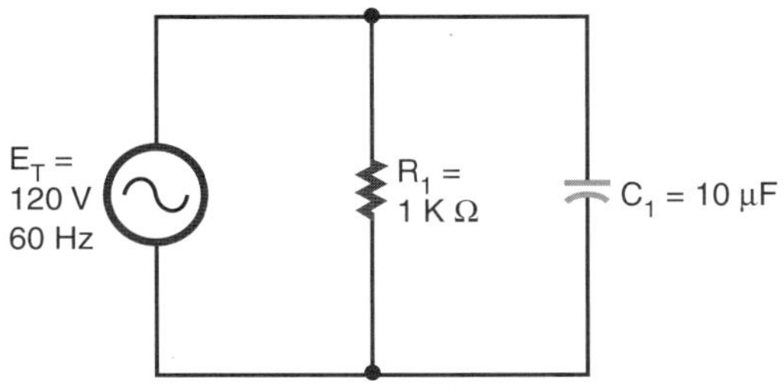

17-3 전력

순수 저항성 교류회로의 전력 소비는 구하기 쉽다. 평균 전력을 구하기 위해 rms 전류와 rms 전압의 곱을 구하면 된다. 그림 17-13A는 도식적인 방법을 보여주고 있다. 이 그림에서 같은 축에 전류와 전압을 그리고 나서 전력 곡선을 그리기 위해 곱셈을 수행하면 순시 전력 소비를 구할 수 있다.

이러한 원리를 리액턴스성 회로에서 전력을 구하는 데 적용할 수 있다(그림 17-13B). 순수한 인덕턴스만 포함하는 회로에서는 전류가 전압보다 90도 뒤진다는 것을 명심하라. 이 회로에 대해 전력 곡선을 그리면 중심이 0인 교류 파형을 얻게 된다. 유도성 회로의 순수 전력 소비는 아주 낮다.

이 전력 파형의 양(+)의 구간 동안 인덕터는 에너지를 받아서 자계의 형태로 저장한다. 음(−)의 구간 동안에는 자계가 약해져서 코일은 에너지를 회로에 되돌려준다. 이와 비슷한 상황이 순수한 커패시터만으로 된 회로에도 발생한다. 차이점은 커패시터는 에너지를 정자계로서 저장하고 전압 전류 위상 관계가 반대라는 점이다.

회로에 저항이 더해지면, 위상각은 90도보다 작게 되며, 전력 곡선은 양(+)의 값 쪽으로 이동하게 되고, 회로는 되돌리는 에너지보다 더 많은 에너지를 취하게 된다. 그러나 회로의 유도성 또는 용량성 성분은 여전히 에너지를 저장하였다가 다시 놓아주어 전력을 전혀 소비하지 않는다. 전력 손실은 완전히 회로의 저항에만 기인한다. 회로에서 오로지 저항성 성분만이 전력을 소비한다는 것을 명심하라.

그림 17-14는 용량성 회로를 보여주고 있다. 피타고라스 정리를 이용하면 100 옴의 저항과 50 옴의 용량성 리액턴스의 합성 임피던스는 다음 식과 같이 약 112 옴이 된다는 것을 알 수 있다.

$$Z = \sqrt{R_1^2 + X_{C_1}{}^2}$$
$$Z = \sqrt{100^2 + 50^2}$$
$$Z = 111.8\ \Omega$$

옴의 법칙을 이용하면, 약 1 암페어의 전류가 회로에 흐른다는 것을 알 수 있다. 저항기 양단의 전압 강하는 100 볼트이므로 저항기가 소비하는 유효 전력은 약 100 와트이다.

회로의 용량성 성분은 전력을 소비하지 않으나, 전원 전압을 회로 전류와 곱하면 112 와트의 답을 얻는다. 그 차이는 각종 전압 사이의 위상 차이로 인한 것이다. 유효 전력에 대하여 전원 전압과 전류를 곱해서 얻는 전력을 **피상 전력**(apparent power)이라 하며 이것은 112 VA, 즉 112 볼트−암페어로 표시한다. 회로의 유효 전력은 결코 피상 전력보다 클 수가 없다. 와트(W)로 표시되는 유효 전력과 볼트−암페어(VA)로 표시되는 피상 전력의 비를 **역률**(power factor)이라고 한다.

그림 17-13

저항성 회로의 전력 소비는 0이 아니다(A). 리액턴스성 회로에서 평균 전력 또는 순수 전력의 손실은 없다(B).

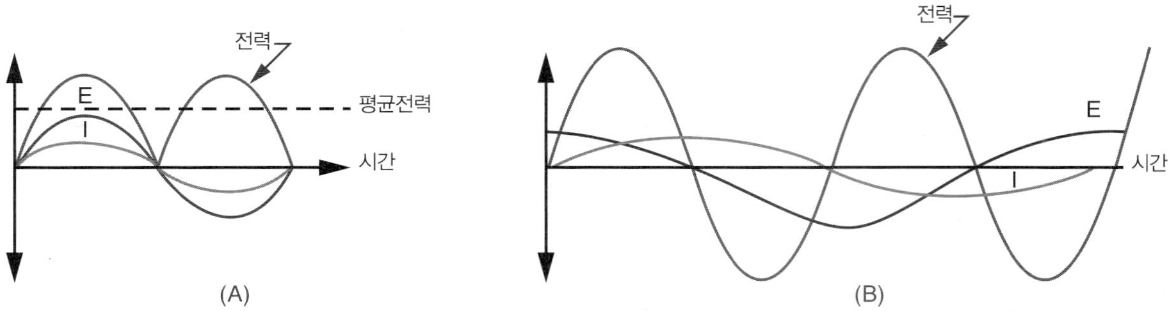

그림 17-14

리액턴스성 회로에서, 저항에 의해 소비되는 전력과 리액턴스에 공급되는 리액턴스성 전력을 벡터적으로 더하면 피상 전력 벡터를 구할 수 있다.

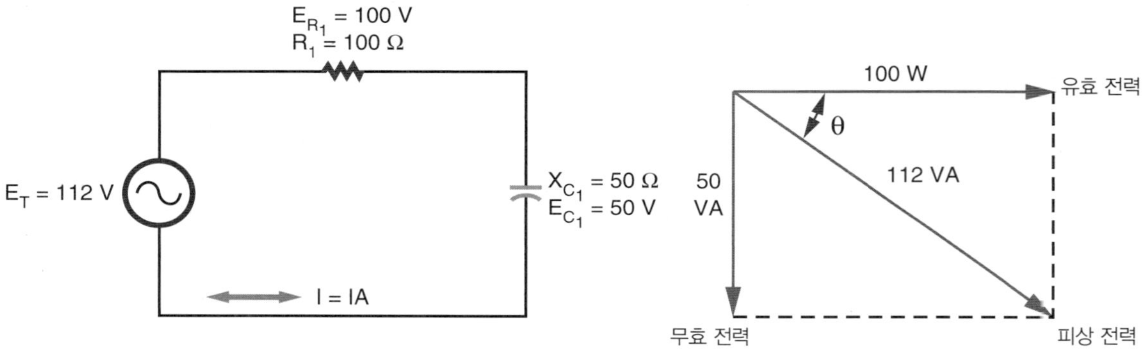

벡터도는 역률을 해석하는 데 이용할 수 있다. 회로의 위상각을 알면 역률은 각도의 코사인을 계산함으로써 구할 수 있다. 그림 17-14에 나타낸 회로에서 이 코사인 값은 전원 전압에 대한 E_R의 비와 같다. 주어진 값에 따라 역률을 구하는 방법은 여러 가지가 있다. 순수 저항성 회로에서 유효 전력은 피상 전력과 같아서 역률은 1이다. 순수 유도성 회로나 용량성 회로에서는 피상 전력에 관계없이 유효 전력이 0이어서 역률은 0이다. 고압 배전 계통에서 송전 케이블은 피상 전력 부하를 감당할 능력이 있어야 하므로 역률은 중요한 고려 사항이다.

17-3 질문

1. 유도성 회로의 순수 소비 전력은 무엇이며, 그 이유는 무엇인가?
2. 유효 전력과 피상 전력의 관계는 무엇인가?
3. 역률을 정의하라.
4. 그림 17-15에 나타낸 회로의 피상 전력을 구하라.
5. 산업체에서 왜 역률이 중요한가?

그림 17-15

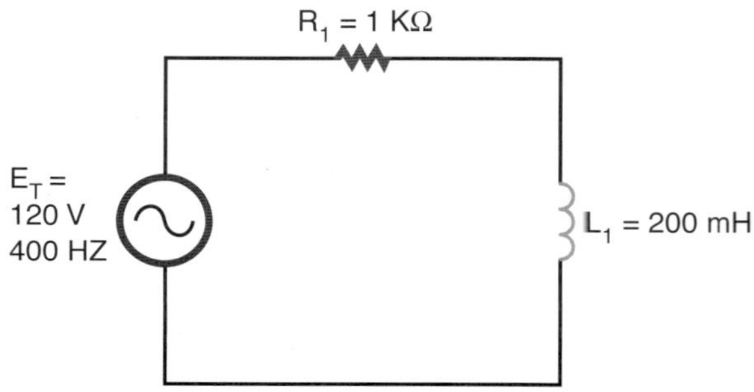

17-4 공진

공진은 전자 회로를 포함한 여러 분야에서 발생하는 현상이다. 공진 소자는 확산 및 감쇠 효과를 발생한다. 전자공학에서 공진회로는 원하는 주파수는 통과시키고 그외 모든 주파수는 차단한다. 공진을 발생시키는 X_L 또는 X_C를 직렬 또는 병렬로 조합하면 여러 가지 고유한 응용에 이용할 수 있다. 공진회로는 라디오 또는 텔레비전 수상기를 동조시켜 특정 주파수의 방송을 수신할 수 있게 해준다. 동조 회로는 커패시터와 코일의 병렬로 구성된다. 병렬 동조 회로는 공진 주파수에서 최대 임피던스를 갖는다. 동조 회로는 라디오에서 레이더에 이르기까지 다양한 통신 장비에서 꼭 필요하다.

공진은 회로의 유도성 및 용량성 리액턴스가 평형일 때 발생한다. 앞서 언급한 바와 같이, 유도성 리액턴스는 주파수에 따라 증가하고 용량성 리액턴스는 주파수의 증가에 따라 감소한다고 하였다. 교류회로에는 유도성 소자와 용량성 소자가 둘 다 있으며, 특정 주파수에서 이들 리액턴스의 크기가 같고 방향이 반대이다. 이러한 상태를 **공진**(resonance)이라 한다. 이러한 성질을 갖는 회로를 **공진회로**(resonant circuit)라 한다. 이러한 상태를 만들기 위해서는 인덕턴스와 커패시턴스가 모두 있어야 한다.

모든 공진회로에서는 대개 얼마간의 저항이 존재한다. 저항은 공진 주파수에 영향을 끼치지는 않지만, 저항은 뒤에서 설명할 다른 공진회로 인수에 영향을 미친다.

인덕턴스와 커패시턴스의 값은 회로의 고유 공진 주파수를 결정한다. 인덕턴스와 커패시턴스의 값 중 하나 또는 모두를 변경하면 공진 주파수도 달라진다. 일반적으로 이들 값이 커지면 공진 주파수는 낮아진다. 따라서 이들 값을 작게 하면 공진 주파수는 높아진다.

공진 주파수보다 높은 주파수와 낮은 주파수에서는 LC 회로가 표준 교류회로처럼 동작한다. 공진은 수신기 및 송신기, 일부 산업 장비, 그리고 시험 장비를 동조시키는 무선 주파수에서는 필요하다. 오디오 증폭기 및 전원 공급 장치에서는 공진이 바람직하지 않다. 공진회로는 가청 주파수 대역에서는 사용하지 않는다.

17-4 질문

1. 언제 공진이 일어나는가?
2. 공진회로는 어떤 곳에서 사용되는가?
3. 부품의 크기와 공진 주파수 사이의 관계는 무엇인가?

요약

- 옴의 법칙은 직류회로에서처럼 교류회로에서도 적용된다.
- 인덕터에 흐르는 교류 전류는 전압보다 90도 뒤진다(ELI).
- 커패시터에 흐르는 교류 전류는 전압보다 90도 앞선다(ICE).
- 위상각을 알 때 전압과 전류를 구하기 위해 삼각함수를 이용하여 벡터로 표시할 수 있다.
- 저항과 인덕턴스 또는 커패시턴스의 합성 효과를 임피던스라 한다.
- 피상전력은 전원 전압과 전류의 곱으로 구하며 볼트-암페어의 단위를 쓴다.
- 볼트-암페어로 표시한 피상전력과 유효전력의 비를 역률이라고 한다.
- 역률은 송배전 시스템에서 중요하다.
- 공진회로를 이용하여 특정 방송국 주파수에 동조시킨다.
- 공진은 동조 회로의 무선 주파수에는 바람직하다.

CHAPTER **17**

자기테스트

1. 그림 17-6의 회로에서 X_C, X_L, X, Z 및 I_T의 값은 얼마인가?

그림 17-16

직렬 RLC 회로

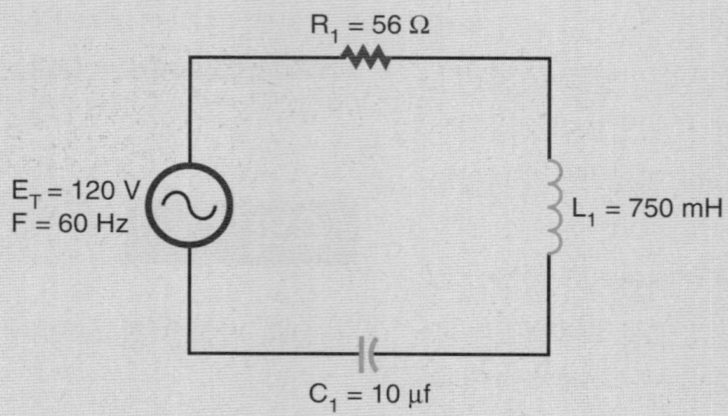

2. 그림 17-17의 회로에서 I_C, I_L, I_X, I_R 및 I_Z의 값은 얼마인가?

그림 17-17

병렬 RLC 회로

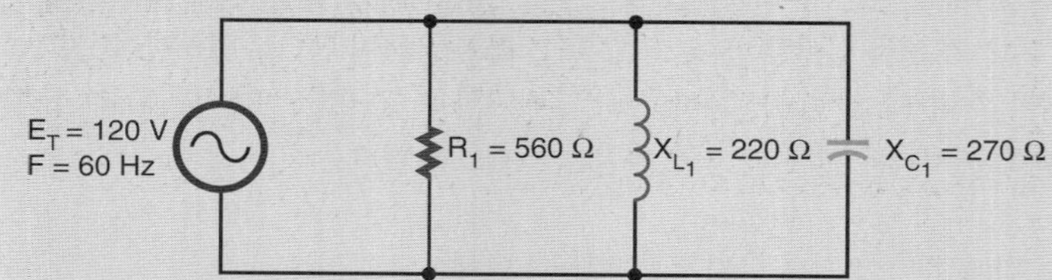

CHAPTER 18

변압기

TRANSFORMERS

목표

이 장을 마치고 나면 다음과 같은 것을 할 수 있게 된다.

- 변압기의 동작을 설명한다.
- 변압기의 정격을 어떻게 정하는지를 설명한다.
- 회로에서 변압기가 어떻게 동작하는지를 설명한다.
- 승압, 강압 및 절연 변압기 사이의 차이를 설명한다.
- 변압기의 전압비, 전류비 및 권선비를 설명한다.
- 변압기의 응용 분야를 설명한다.
- 변압기의 여러 종류를 알아본다.

주요 용어

강압 변압기
결합 계수
권선비
단권변압기
변압기
볼트-암페어
상호 인덕턴스
승압 변압기
위상 이동
임피던스 정합
전자 유도
절연 변압기
중간 탭 2차 권선
1차 권선
2차 권선

변압기는 교류 신호를 한 회로에서 다른 회로로 전달시켜 준다. 여기에는 전압을 높여서, 전압을 낮추어서, 또는 전압을 바꾸지 않고 그대로 전달하는 방법이 있다.

18-1 전자 유도

전기적으로 절연된 두 개의 코일이 서로 인접해 있는 경우, 한 코일에 교류 전압을 인가하면, 변화하는 자계가 발생한다. 이 변화하는 자계는 두 번째 코일에 전압을 유도한다. 이러한 작용을 **전자기 유도**(electromagnetic induction)라 하고, 이러한 장치를 **변압기**(transformer)라 한다.

변압기에서 교류 전압을 포함하는 코일을 **1차 권선**(primary winding)이라 한다. 전압이 유도되는 다른 코일은 **2차 권선**(secondary winding)이라 한다. 유도된 전압의 크기는 두 코일 사이의 상호 유도의 크기에 따라 다르다. 이 상호 유도의 크기는 결합 계수에 의해 결정된다. 이 **결합 계수**(coefficient of coupling)는 0과 1사이의 값인데 1은 1차 권선의 모든 자속선이 2차 권선을 자른다는 것을 의미하고, 0은 1차 권선의 자속선이 전혀 2차 권선을 자르지 않는다는 것을 의미한다.

변압기(transformer)의 설계는 사용될 주파수, 취급해야할 전력 및 취급해야 할 전압에 의해 결정된다. 예를 들면, 변압기의 응용분야에 따라 코일을 감을 코어의 종류가 결정된다. 저주파 응용에는 철심이 사용된다. 고주파 응용에서는 공심이 이용된다. 공심은 높은 주파수에 사용할 때 발생되는 손실을 줄이기 위해 사용되는 비금속 코어이다.

변압기의 정격은 전력(와트)이 아닌 **볼트-암페어**(volt-ampere, VA)를 단위로 사용한다. 이것은 2차 권선에 연결될 수 있는 부하 때문이다. 만약 부하가 순수한 용량성 부하이면, 리액턴스는 전류를 과도하게 흐르게 할 수 있다. 볼트-암페어 정격이 변압기가 취급할 수 있는 최대 전류를 알게 할 수 있는 경우에는 전력 정격은 별 의미가 없다.

그림 18-1은 변압기의 회로 기호를 보여주고 있다. 코어 위의 1차 권선과 2차 권선의 방향은 2차 권선에 유도되는 전압의 극성을 결정한다. 교류 전압은 유도 전압과 동상이거나 180 도 위상차를 가진다. 점은 극성을 표시하기 위해 변압기의 회로 기호에 사용한다.

그림 18-1
위상 표시를 보여주는 변압기 회로 기호

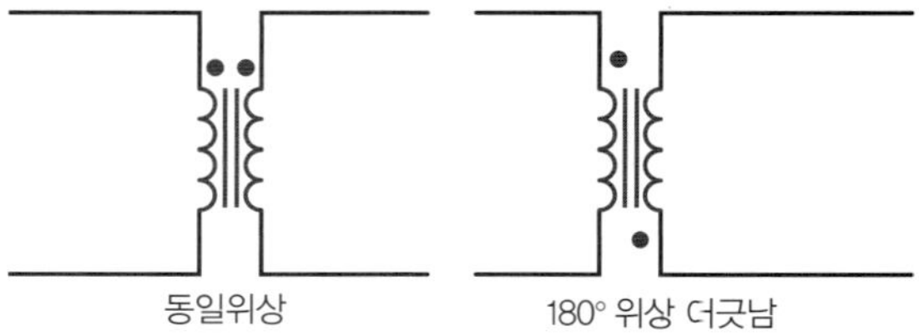

그림 18-2
(A) 2차 중간 탭 변압기 (B) 2차 중간 탭을 갖는 변압기를 보여주는 회로 기호

(A)

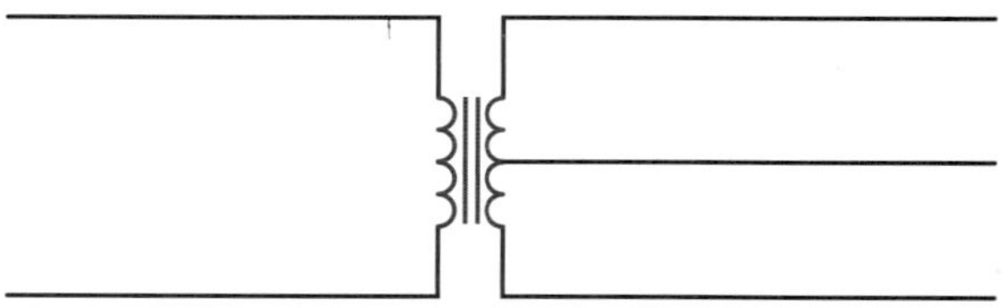

(B)

변압기는 2차 권선에 중간 탭을 가진 경우도 있다(그림 18-2). **중간 탭 2차 권선**은 2차 권선이 2개 있는 것과 같으며, 각각의 전압은 2차 권선 양단 전압의 절반과 같다. 중간 탭은 교류 전압을 직류 전압으로 변환하는 전원 공급 장치에 사용된다. 변압기는 너무 높거나 너무 낮은 선로 전압(line voltage)을 보상하기 위하여 1차 측에 탭을 갖는 경우도 있다.

18-1 질문

1. 변압기의 동작 원리는 무엇인가?
2. 무엇이 변압기 설계를 결정하는가?

3. 변압기의 응용 분야가 설계에 미치는 예를 한 가지 말하라.
4. 변압기의 정격은 어떻게 나타내는가?
5. 변압기의 회로 기호를 그리고 이름을 붙여라.

18-2 상호 인덕턴스

변압기에 부하를 연결하지 않으면(그림 18-3), 2차 전류가 흐르지 않는다. 변압기는 전원에 연결되어 있으므로 1차 전류는 흐른다. 1차 전류의 크기는 1차 권선의 크기에 따라 다르다.

1차 권선은 인덕터처럼 동작한다. 여자 전류는 1차 권선에 흐르는 작은 1차 전류이다. 여자 전류는 1차 권선의 교류 저항을 극복하고 코어에 자계를 형성한다. 유도성 리액턴스 때문에 여자 전류는 인가 전압보다 위상이 뒤진다. 이러한 상황은 2차 측에 부하가 연결되면 바뀐다.

2차 권선에 부하가 연결되면(그림 18-4), 2차 측에 전류가 유도된다. 변압기는 1차 권선 위에 2차 권선을 감는다. 1차 전류에 의해 생성된 자계가 2차 권선을 자른다. 2차 권선의 전류는 자기 자신의 자계를 만든다. 2차 권선에서의 팽창 자계는 1차 권선을 자르고, 전압을 역으로 1차 측에 유도한다. 이 자계는 1차 측의 전류와 동일한 방향으로 팽창하며, 전류를 합하여 증가하도록 한다. 이러한 효과를 **상호 인덕턴스**(mutual inductance)라 한다. 1차 권선은 2차 권선으로 전압을 유도하고, 2차 권선은 역으로 1차 권선에 전압을 유도한다.

그림 18-3
2차 측에 부하가 없는 변압기

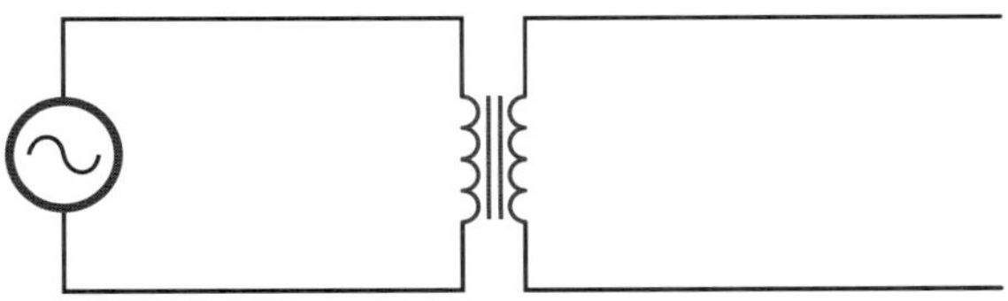

그림 18-4
2차 측에 부하가 있는 변압기

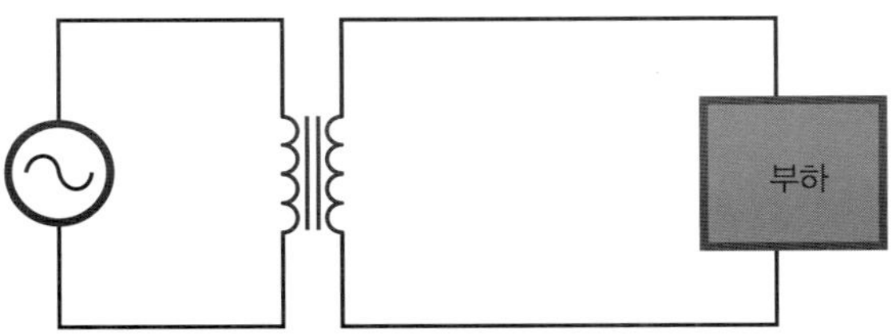

18-2 질문

1. 변압기에 부하를 연결하면 동작에 어떤 영향을 미치는가?
2. 변압기에 부하가 연결되지 않은 경우 변압기는 무엇처럼 동작하는가?
3. 변압기는 전선을 보통 어떻게 감는가?
4. 상호 인덕턴스를 정의하라.
5. 변압기의 2차가 어떻게 역으로 1차에 전압을 유도하는지를 설명하라.

18-3 권선비

변압기의 권선비는 변압기를 승압, 강압 또는 전압 불변 전달에 사용하느냐에 따라 결정된다. **권선비**(turns ratio)는 2차 권선수를 1차 권선수로 나눈 것이다. 이것은 다음과 같이 표현할 수 있다.

$$\text{권선비} = \frac{N_S}{N_P}$$

여기서 N은 권선수다.

2차 전압이 1차 전압보다 큰 변압기를 **승압 변압기**(step-up transformer)라 한다. 2차 전압은 권선비에 따라 정해진다. 1차 전압에 대한 2차 전압의 비는 1차 권선에 대한 2차 권선의 비와 같다. 이것을 식으로 나타내면 다음과 같다.

$$\frac{E_S}{E_P} = \frac{N_S}{N_P}$$

따라서 승압 변압기의 권선비는 항상 1보다 크다.

예제 어떤 변압기의 1차 권선은 400회이고 2차 권선은 1,200회이다. 120 볼트의 교류 전압을 1차 양단에 인가하면 2차 권선에 유도되는 전압은 얼마인가?

주어진 값: 풀이:

$E_S = ?$

$E_P = 120\ V$

$N_S = 1200$회

$N_P = 400$회

$$\frac{E_S}{E_P} = \frac{N_S}{N_P}$$

$$\frac{E_S}{120} = \frac{1200}{400}$$

$$E_S = 360\ V$$

2차 전압이 1차 전압보다 낮은 변압기를 **강압 변압기**(step-down transformer)라 한다. 2차 전압은 권선비에 의해 결정된다. 강압 변압기에서 권선비는 항상 1보다 작다.

예제 어떤 변압기의 1차 권선은 500회이고 2차 권선은 100회이다. 120 볼트의 교류 전압을 1차 권선 양단에 인가하면, 2차 권선에 유도되는 전압은 얼마인가?

주어진 값 : 풀이:

$E_S = ?$

$N_P = 500$회

$N_S = 100$회

$E_P = 120\ V$

$$\frac{E_S}{E_P} = \frac{N_S}{N_P}$$

$$\frac{E_S}{120} = \frac{100}{500}$$

$$E_S = 24\ V$$

변압기가 손실이 없다고 가정하면, 2차 전력은 1차 전력과 같아야 한다. 변압기가 전압을 높일 수 있지만, 전력은 증가시킬 수 없다. 2차 측에서 소비되는 전력은 1차 측에 인가되는 전력보다 더 클 수 없다. 따라서 변압기가 전압을 높일 때, 전류를 내려서 출력 전력은 그대로 있게 된다. 이것을 식으로 나타내면 다음과 같다.

$$P_P = P_S$$
$$(I_P)(E_P) = (I_S)(E_S)$$

전류는 권선비에 반비례한다. 이것을 식으로 나타내면 다음과 같다.

$$\frac{I_P}{I_S} = \frac{N_S}{N_P}$$

예제 어떤 변압기의 권선비가 10:1이다. 1차 전류가 100 밀리암페어이면, 2차 전류는 얼마인가?

주: 권선비의 첫 번째 수는 1차를 나타내고, 두 번째 수는 2차를 나타낸다.

주어진 값: 풀이:

$I_S = ?$

$N_P = 10$

$N_S = 1$

$I_P = 100\ mA = 0.1\ A$

$$\frac{I_P}{I_S} = \frac{N_S}{N_P}$$

$$\frac{0.1}{I_S} = \frac{1}{10}$$

$$I_S = 1\ A$$

변압기의 중요한 응용 분야 한 가지는 임피던스 정합(impedance matching)이다. 부하의 임피던스와 전원의 임피던스가 같을 때 최대 전력이 전달된다. 임피던스가 정합되지 않으면 전력은 손실된다.

예로서 어떤 트랜지스터 증폭기가 효율적으로 100 옴의 증폭기를 구동시킬 수 있다면, 4 옴의 스피커를 효율적으로 동작시키지 못할 것이다. 트랜지스터 증폭기와 스피커 사이에 변압기를 사용하면 증폭기와 스피커의 임피던스를 서로 비례하도록 할 수 있다. 이것은 권선비를 적절히 선택하면 가능하다.

임피던스 비는 권선비의 제곱과 같다. 이것은 다음과 같은 식으로 나타낼 수 있다.

$$\frac{Z_P}{Z_S} = \left(\frac{N_P}{N_S}\right)^2$$

예제 4 옴의 스피커가 100 옴의 전원과 정합되려면 변압기의 권선비를 얼마로 해야하는가?

주어진 값: 풀이:

$N_P = ?$

$$\frac{Z_P}{Z_S} = \left(\frac{N_P}{N_S}\right)^2$$

$N_S = ?$ $\qquad \dfrac{100}{4} = \left(\dfrac{N_P}{N_S}\right)^2$

$Z_P = 100$ $\qquad \sqrt{25} = \dfrac{N_P}{N_S}$

$Z_S = 4$ $\qquad \dfrac{5}{1} = \dfrac{N_P}{N_S}$

권선비는 5:1이다.

18-3 질문

1. 어떤 변압기가 승압 변압기인지 아니면 강압 변압기인지를 결정하는 것은 무엇인가?
2. 변압기의 권선비를 결정하는 공식을 쓰라.
3. 변압기의 권선비에 기초하여 전압비를 구하는 공식을 쓰라.
4. 1차 권선이 100회이고 2차 권선이 1,800회일 때, 120 볼트를 인가하면 2차 출력 전압은 얼마인가?
5. 전원이 10 kΩ이고 부하가 600 Ω일 때 이들을 정합시키기 위한 권선비는 얼마인가?

18-4 응용

변압기는 여러 가지 분야에 응용되고 있다. 이들 중에는 전압 및 전류의 상승 및 강하, 임피던스 정합, 위상 이동, 절연, 직류 차단 교류 통과 및 다양한 전압의 신호 발생이 있다.

전력을 가정과 공장에 전달하기 위해서는 변압기를 사용해야 한다. 발전소는 에너지원과 가까이 위치하므로 전력을 먼 곳까지 전달해야 한다. 전력을 운반하는 데 사용되는 전선은 저항을 가지고 있어서 송전하는 동안 전력 손실이 발생한다. 전력은 전류와 전압의 곱이다.

$$P = IE$$

옴의 법칙은 전류는 전압에 비례하고 저항에 반비례한다는 것이다.

$$I = \frac{E}{R}$$

그래서 손실되는 전력량은 송전 선로의 저항에 비례한다. 전력 손실을 줄이는 가장 쉬운 방법은 전류를 낮추는 것이다.

예제 어떤 발전소에서 8,500 볼트를 10 암페어로 발전하고 있다. 송전 선로 저항은 100 옴이다. 선로의 전력 손실은 얼마인가?

주어진 값:

$$P = ?$$
$$I = 10\ A$$
$$E = ?$$
$$R = 100\ \Omega$$

풀이:

먼저 전압 강하를 구한다.

$$I = \frac{E}{R}$$
$$10 = \frac{E}{100}$$
$$E = 1000\ V$$

E를 사용하여 전력 손실을 구하면 다음과 같다.

$$P = IE$$
$$P = (10)(1000)$$
$$P = 10{,}000\ W$$

변압기를 사용하여 85,000 볼트 1 암페어로 높이면, 전력 손실은 얼마인가?

주어진 값:

$$I = 1\ A$$
$$E = ?$$
$$R = 100\ \Omega$$

풀이:

먼저 전압 강하를 구한다.

$$I = \frac{E}{R}$$
$$1 = \frac{E}{100}$$
$$E = 100\ V$$

E를 사용하여 전력 손실을 구하면 다음과 같다.

그림 18-5

변압기는 위상을 이동시키는 데 이용할 수 있다.

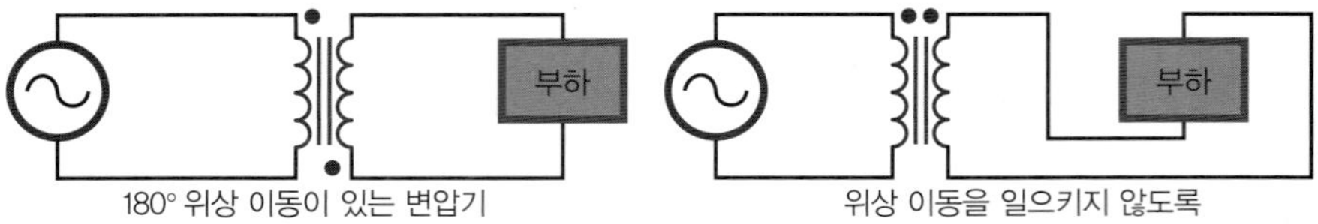

$$P = IE$$
$$P = (1)(100)$$
$$P = 100\ W$$

변압기 권선을 감는 방법에 따라 위상이 바뀔 수도 있고, 그렇지 않을 수도 있다. **위상 이동**의 응용은 매우 중요하다(그림 18-5).

> **주:** 위상은 간단히 부하를 연결하는 선을 반대로 하면 바꿀 수 있다.

만약 직류 전압을 변압기에 인가하면, 자계가 한 번 형성되고 나면 2차 측에는 아무런 현상이 일어나지 않는다. 2차 측에 전압을 유도하려면 변하는 전류가 필요하다. 변압기는 1차 측의 모든 직류 전압으로부터 2차 측을 분리시키는 데 이용할 수 있다(그림 18-6).

변압기는 전자 장비를 테스트할 때 120 볼트, 60 헤르츠의 교류 전원으로부터 전자 장비를 분리시키는 데 사용할 수 있다(그림 18-7). 변압기를 사용하는 이유는 전기 충격을 방지하기 위함이다. 변압기를 사용하지 않으면, 전원의 한쪽 끝은 섀시에 연결된다. 만약 섀시를 캐비닛에서 분리하면, 전기가 통하는 섀시는 감전 장해를 일으킨다. 이러한 상태는 전력선 코드가 양쪽 방향으로 모두 꽂을 수 있도록 되어 있을 때 더욱 더 발생하기 쉽다. 변압기는 장비의 양쪽이 모두 접지에 연결되는 것을 방지한다. **절연 변압기**(isolation transformer)는 전압을 올리거나 내리지 않는다.

그림 18-6

변압기는 직류 차단에 이용할 수 있다.

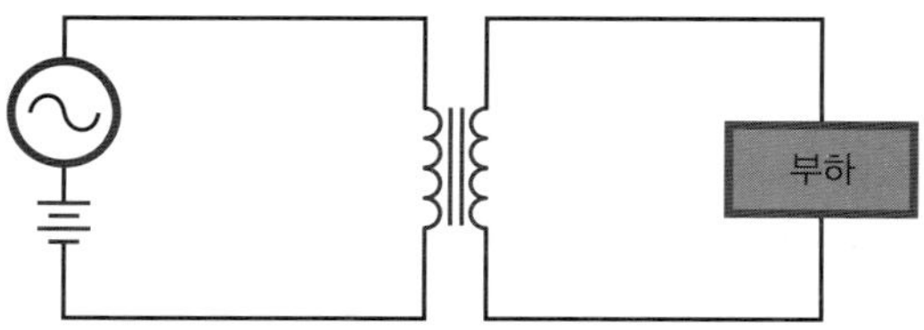

그림 18-7

절연 변압기는 접지로부터 장비를 절연시켜서 전기 충격을 방지한다.

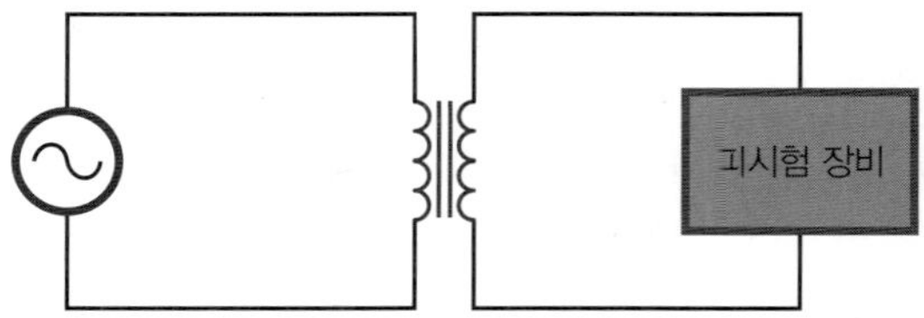

단권변압기(autotransformer)는 인가된 전압을 올리거나 내리는 데 사용되는 장치이다. 이 변압기는 1차 권선과 2차 권선이 동일 코어의 양쪽에 감겨진 특수한 형태의 변압기이다. 그림 18-8A는 전압을 내리는 단권변압기를 보여주고 있다. 2차 측의 권선이 1차 측보다 적기 때문에 전압이 내려간다. 그림 18-8B는 전압을 올리는 단권변압기를 보여주고 있다. 2차 측 권선이 1차 측보다 많기 때문에 전압이 높아진다. 단권변압기의 단점은 2차 권선이 1차 권선과 분리되어 있지 않다는 것이다. 장점은 단권변압기가 일반 변압기보다 값이 싸고 만들기가 쉽다는 것이다.

그림 18-8

단권변압기는 전압을 올리거나 내리는 데 사용하는 특수한 형태의 변압기이다.

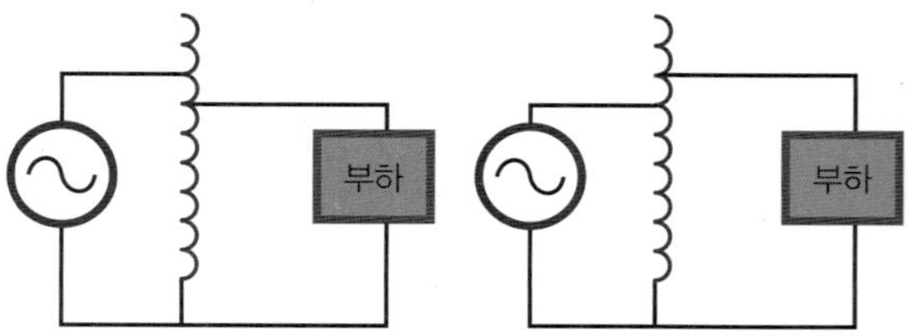

(A) 전압을 하강시킨다 (B) 전압을 상승시킨다

그림 18-9

가변 단권변압기

단권변압기의 한 가지 특수한 형태는 가변 단권변압기인데, 이것은 부하가 단권변압기의 한쪽과 가동 암(movable arm)에 연결되어 있다(그림 18-9). 가동 암을 이동시키면 권선비가 바뀌게 되어 부하에 인가되는 전압이 바뀐다. 출력 전압은 교류 0 볼트에서 130 볼트 사이까지 가능하다.

18-4 질문

1. 변압기의 응용 분야는 무엇인가?
2. 전력을 가정에 보내는 데 변압기가 어떻게 사용되는가?
3. 변압기가 어떻게 입력 신호의 위상을 이동시키는가?
4. 전자 장비를 측정할 때 절연 변압기가 왜 중요한가?
5. 단권변압기의 용도는 무엇인가?

요약

- 변압기는 1차 권선과 2차 권선의 두 개의 코일로 구성된다.
- 교류 전압을 1차 권선에 인가하면 2차 권선에 전압이 유도된다.
- 변압기는 교류 신호를 이 회로에서 저 회로로 전달할 수 있다.
- 변압기는 전압을 올리거나, 내리거나, 그대로 통과시킬 수 있다.
- 변압기는 특정 주파수에서 동작하도록 설계한다.
- 변압기의 정격은 볼트-암페어(VA) 단위를 사용한다.
- 철심 변압기의 회로 기호는 다음과 같다.

- 권선비는 변압기가 전압을 올리는지, 내리는지, 아니면 그대로 통과시키는지를 결정한다.

$$권선비 = \frac{N_S}{N_P}$$

- 1차 전압에 대한 2차 전압의 비는 1차 권선에 대한 2차 권선의 비와 같다.

$$\frac{E_S}{E_P} = \frac{N_S}{N_P}$$

- 1차 전압보다 높은 2차 전압을 내는 변압기를 승압 변압기라 한다.
- 승압 변압기의 권선비는 항상 1보다 크다.
- 1차 전압보다 낮은 2차 전압을 내는 변압기는 강압 변압기라 한다.
- 강압 변압기의 권선비는 항상 1보다 작다.
- 승압 · 강압 변압기의 전압은 권선비에 의해 결정된다.
- 변압기의 응용 분야에는 임피던스 정합, 위상 이동, 절연, 직류 차단 교류 통과, 전압이 다른 다수의 신호 발생이 있다.
- 절연 변압기는 신호를 변화시키지 않고 통과시킨다.
- 절연 변압기는 전기 충격을 방지하기 위해 사용된다.
- 단권변압기는 전압을 올리거나 내리는 데 사용한다.
- 단권변압기는 절연되지 않는 특수한 변압기이다.

CHAPTER 18

자기테스트

1. 전자기 유도가 어떻게 변압기의 2차 측에 전압을 유도하는지를 설명하라.
2. 변압기 정격을 나타내는 데에 와트를 쓰지 않고 볼트-암페어를 쓰는 이유는 무엇인가?
3. 2차 측에 부하를 연결하지 않고 1차 측에만 전압을 인가한 변압기와 2차 측에 부하를 연결하고 1차 측에 전압을 인가한 변압기의 차이점은 무엇인가?
4. 변압기는 어떻게 위상 이동이 일어나게 하는가?
5. 변압기가 어떻게 직류 신호를 차단하는지를 설명하라.
6. 1차 전압이 120 VAC이고 2차 전압이 12 V일 때, 1차 권선이 400회라면 2차 권선수는 얼마인가?
7. 4 Ω의 스피커를 16 Ω의 전원과 정합시키기 위한 임피던스 정합 변압기에 필요한 권선비는 얼마인가?
8. 가정과 공장에 전력을 공급할 때 변압기가 왜 중요한지를 설명하라.
9. 절연 변압기가 어떻게 전기 충격을 방지하는가?
10. 가변 자동변압기는 어디에 사용되는가?

SECTION 3 반도체 소자

- Chapter 19 반도체 기초
- Chapter 20 PN 접합 다이오드
- Chapter 21 제너 다이오드
- Chapter 22 쌍극 트랜지스터
- Chapter 23 전계효과 트랜지스터(FET)
- Chapter 24 사이리스터
- Chapter 25 집적회로
- Chapter 26 광전 소자

CHAPTER 19

반도체 기초

SEMICONDUCTOR FUNDAMENTALS

목표

이 장을 마치고 나면 다음과 같은 것을 할 수 있게 된다.

- 반도체로서 동작하는 재료를 살펴본다.
- 공유 결합을 정의한다.
- N형 및 P형 반도체 재료를 만들기 위한 도핑 과정을 설명한다.
- 반도체 재료에서 도핑이 어떻게 전류를 흐르게 하는지를 설명한다.

반도체는 전자 장비의 기본적인 소자이다. 널리 사용되는 반도체는 다이오드(정류에 사용), 트랜지스터(증폭에 사용), 집적회로(스위치나 증폭에 사용)이다. 반도체 소자의 첫째 기능은 전압 또는 전류를 원하는 값으로 조절하는 것이다.

반도체의 장점은 다음과 같다.

- 소형이며 경량이다.
- 저전압에서 전력 소비가 낮다.
- 효율이 높다.
- 신뢰성이 높다.
- 위험한 환경에서 동작 가능하다.
- 전원을 인가하면 즉시 동작한다.
- 경제적인 대량 생산

반도체의 단점은 다음과 같다.

- 온도 변화에 민감하다.
- 안정화를 위해서는 별도의 소자가 필요하다.
- 쉽게 손상된다(정격 전력 초과, 역방향 동작 전압 인가, 납땜할 때 과도한 열에 의해).

주요 용어

가전자각
게르마늄
공유 결합
다수 반송자
도너 원자
도핑
반도체
부성 온도 계수
소수 반송자
실리콘
억셉터 원자
원자가
자유 전자
전자-정공쌍
정공
진성물질
활성 물질
3가 물질
5가 물질
N형 물질

19-1 게르마늄과 실리콘의 반도전성

반도체 재료(semiconductor material)는 절연체와 도체의 중간 특성을 가지는 물질이다. 순수 반도체 원소는 탄소(C), 게르마늄(Ge) 및 실리콘(Si)의 세 가지이다. 이 중에서 전자회로에 응용하기 적합한 것은 게르마늄과 실리콘이다.

게르마늄(germanium)은 부서지기 쉽고 회색빛이 도는 흰색 원소인데 1886년에 발견되었다. 분말 상태인 이산화게르마늄(GeO_2)을 어떤 종류의 석탄재에서 회수하여, 이 가루를 고체형의 순수 게르마늄으로 환원시킨다.

실리콘(silicon)은 1823년에 발견되었다. 이 물질은 지구 표면에 흰색 또는 무색의 화합물인 이산화규소(SiO_2)로서 널리 존재한다. 이산화규소(실리카)는 모래, 석영, 마노 및 부싯돌에 많이 들어있다. 이것을 화학적으로 환원시켜 고체 형태의 순수 실리콘을 만든다. 실리콘은 가장 흔히 사용되는 반도체 재료이다.

이렇게 **진성물질**(intrinsic material)을 얻고 나면 반도체 소자가 필요로 하는 품질을 갖도록 정제해야 한다.

제1장에서 언급한 바와 같이 원자의 중심은 원자핵이고, 이 원자핵은 양자와 중성자로 구성되어 있다. 양자는 양(+) 전하를 가지고 있고, 중성자는 전하를 가지고 있지 않다. 전자는 원자핵 주위의 궤도를 돌며, 음(−) 전하를 가지고 있다. 그림 19-1에는 실리콘 원자의 구조가 나타나 있다. 첫째 궤도에는 두 개의 전자가 있으며, 둘째 궤도에는 여덟 개의 전자가 있고, 그 바깥 궤도인 **가전자각**에는 네 개의 전자가 있다. **원자가**(valence)는 원자가 전자를 얻거나 잃는 능력을 나타내며, 원자의 전기적 및 화학적 성질을 결정한다. 그림 19-2는 가전자각에 네 개의 전자만 가지고 있는 실리콘 원자의 모형도를 보여 주고 있다.

가전자각을 완전히 채우기 위해 전자를 필요로 하는 물질은 불안정하며 이를 활성 물질(active material)이라 부른다. 활성 물질이 안정성을 얻기 위해서는 가전자각에 전자를 채워야 한다. 실리콘 원자는 공유결합이라는 과정에서 다른 원자들과 가전자를 공유할 수 있다(그림 19-3). **공유 결합**(covalent bonding)은 가전자를 공유하여 결정 구조가 형성되는 과정이다.

이러한 결정구조에 있는 원자는 각각 자기 자신의 전자 4개와, 다른 4개의 원자와 공유하고 있는 4개의 전자, 이

그림 19-1
실리콘의 원자 구조

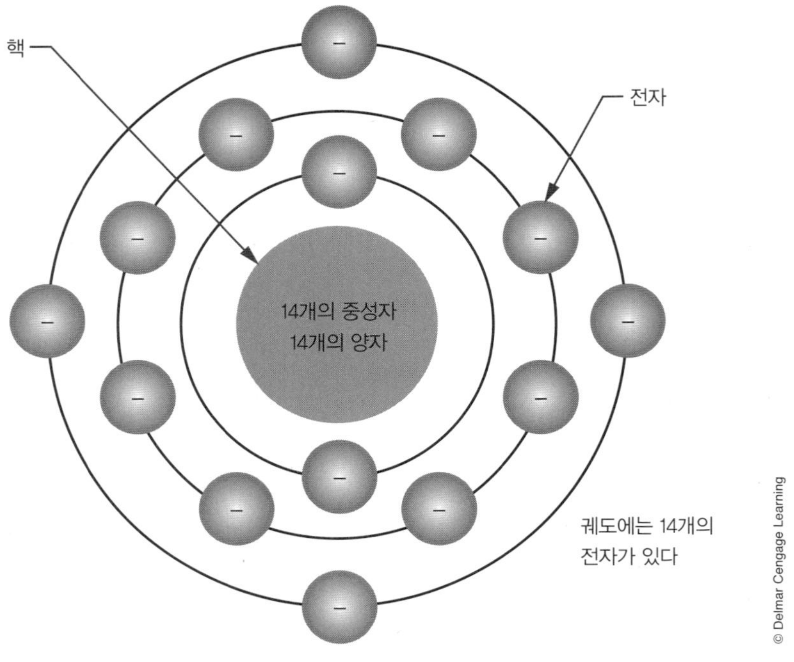

그림 19-2

간단히 가전자만을 나타낸 실리콘 원자

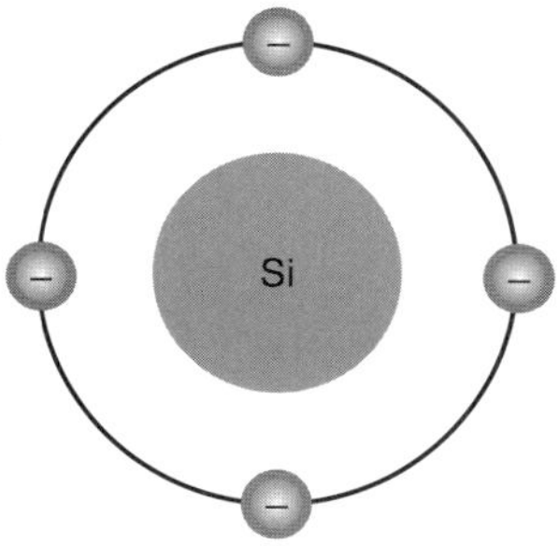

그림 19-3

공유 결합을 갖는 실리콘의 결정 구조

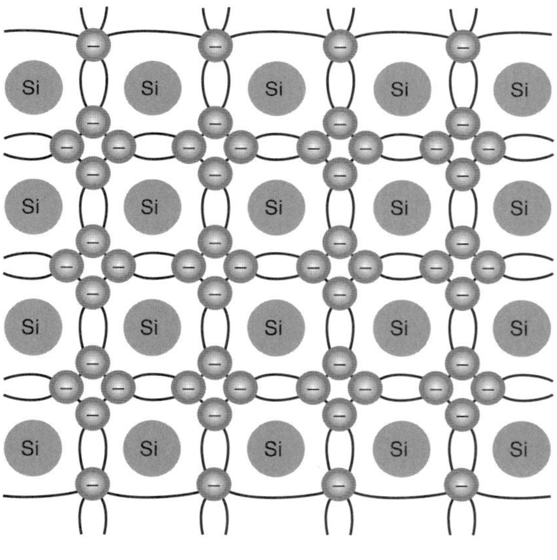

렇게 총 8개의 가전자를 가지고 있다. 이러한 공유 결합은 그의 안정성 때문에 전기적인 활동을 하지 못한다.

순수 실리콘 결정은 실온에서 전도성이 약하다. 이들은 마치 부도체처럼 동작한다. 그러나 결정에 열에너지를 가하면, 일부 전자가 열에너지를 흡수하여 상위 궤도로 이동하게 되어 공유결합이 깨지게 된다. 이렇게 해서 실리콘 결정은 전류를 흐르게 할 수 있게 된다.

다른 반도체 물질과 마찬가지로 실리콘도 온도가 상승하면 저항이 감소되기 때문에 **부성 온도 계수**(negative temperature coefficient)를 가지고 있다고 말한다. 실리콘의 저항은 온도가 6°C 상승할 때마다 절반으로 줄어든다.

실리콘과 마찬가지로 게르마늄도 가전자각에 네 개의 전자를 가지고 있으며 결정 구조를 형성할 수 있다. 게르마늄의 저항은 온도가 10°C 상승할 때마다 절반으로 줄어든다. 따라서 게르마늄은 실리콘보다 온도 변화에 대해 더 안정적인 것처럼 보이지만, 게르마늄은 실리콘에 비해 전자를 방출하는 데 더 적은 열에너지를 필요로 한다. 실온에서 실리콘은 게르마늄에 비하여 1000배 이상의 저항을 갖는다.

열은 반도체에서 제어하기 쉽지 않은 상당한 골칫거리이다. 회로 설계를 잘 하면 열의 변화를 최소화할 수 있다. 저항 때문에 대부분의 회로에서 게르마늄보다 실리콘을 선호한다. 어떤 응용에서는 열에 민감한 장치가 필요하다. 이러한 경우에는 게르마늄 온도 계수가 장점이 될 수 있어서 게르마늄을 사용한다.

초기에는 모든 트랜지스터를 게르마늄으로 만들었었다. 1954년까지도 실리콘 트랜지스터를 만들지 못했다. 오늘날에는 대부분의 반도체 응용에서 실리콘을 사용하고 있다.

19-1 질문

1. 반도체 물질이란 무엇인가?
2. 아래 용어를 정의하라.
   a. 공유 결합
   b. 부성 온도 계수
3. 왜 실리콘과 게르마늄을 반도체 물질이라 간주하는가?
4. 실리콘을 게르마늄보다 더 선호하는 이유는 무엇인가?
5. 반도체를 사용할 때, 반드시 제어해야 할 주요 문제는 무엇인가?

19-2 순수 게르마늄 및 실리콘의 전도성

반도체 물질의 전기적인 동작은 온도에 크게 좌우된다. 극히 낮은 온도에서는 가전자가 공유 결합을 통하여 부모 원자에 강하게 구속되어 있다. 이러한 가전자는 표류할 수 없기 때문에 이 물질은 전류를 흘릴 수 없다. 게르마늄이나 실리콘 결정은 저온에서 부도체로서 동작한다.

온도가 증가함에 따라 가전자가 동요하기 시작한다. 이들 중 일부의 전자는 공유 결합을 깨고 이 원자에서 저 원자로 불규칙적으로 표류한다. 이런 **자유 전자**는 전압을 인가해주면 소량의 전류를 운반할 수 있다. 실온에서는 소수의 자유 전자를 생성하여 소량의 전류를 흐르도록 하기에 충분한 열에너지를 얻을 수 있다. 온도가 증가하면 반도체 물질은 도체의 특성을 얻기 시작한다. 극히 높은 온도에서만 실리콘이 보통의 도체처럼 전류를 흐르게 할 수 있다. 통상적으로 보통의 사용에서는 그렇게 높은 온도의 환경을 만나지 않는다.

전자가 공유 결합에서 빠져 나가면 그 전자가 이전에 점유하고 있던 공간을 정공이라 한다(그림 19-4). 제2장에서 언급한 바와 같이 **정공**(hole)이란 전자의 없음을 나타낸다. 전자가 음의 전하를 가지고 있으므로 전자가 그 자리에 없다는 것은 음전하의 손실을 나타낸다. 그러므로 정공은 양(+)으로 충전된 입자의 특성을 가진다. 전자가 하나의 가전자각에서 다른 가전자각으로 정공과 함께 점프한다는 것은 자기 뒤에 정공을 하나 남기는 것이 된다. 이러한 동작이 계속되면 정공은 전자과 반대 방향으로 이동하는 것처럼 보인다.

대응하는 전자–정공 하나하나를 **전자–정공쌍**(electron-hole pair)이라 부른다. 전자–정공쌍의 수는 온도가 증가함에 따라 증가된다. 실온에서는 소소의 전자–정공쌍이 존재한다.

순수 반도체 물질에 전압이 가해지면 자유 전자는 전압원의 양극 쪽으로 끌려간다(그림 19-5). 자유 전자의 흐름으로 생성된 정공은 음극 쪽으로 끌려간다. 자유 전자가 양극 쪽으로 끌려감에 따라 동일한 양의 정공이 음극 쪽으로 흘러간다. 정공과 전자가 재결합하면 정공과 전자는 둘 다 소멸된다.

그림 19-5

순수 반도체 물질에서의 전류 흐름

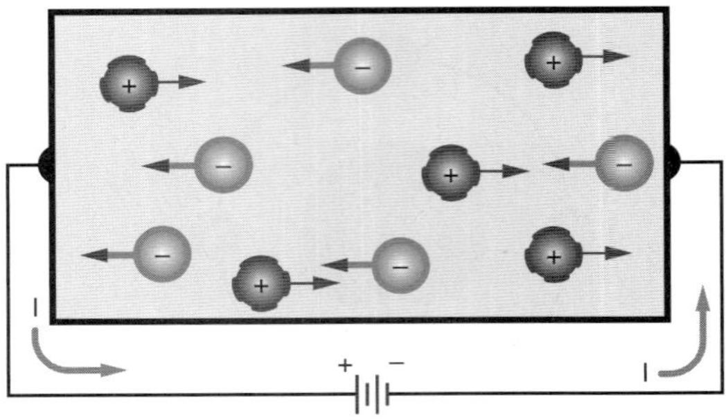

그림 19-4

전자가 공유 결합을 깰 때 정공이 생긴다.

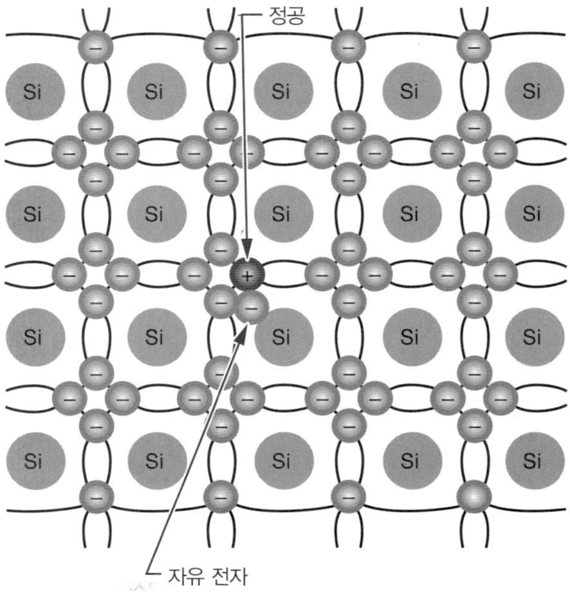

다시 살펴보면, 정공은 전압원의 음극 쪽으로 일정하게 표류한다. 전자도 또한 양극 쪽으로 일정하게 표류한다. 반도체의 전류는 전자 및 정공의 두 가지 이동으로 구성된다. 전류 흐름의 양은 물질의 전자–정공쌍의 수에 의하여 결정된다. 전류를 흘리는 능력은 물질의 온도와 더불어 증가된다.

19-2 질문

1. 어떻게 순수 게르마늄이 전류를 흘릴 수 있는가?
2. 전자가 반도체 물질을 통하여 이동하는 과정을 설명하라.
3. 전압이 순수 게르마늄에 인가될 때 전자와 정공은 어느 방향으로 움직이는가?
4. 정공과 전자가 다시 결합할 때 무슨 일이 일어나는가?
5. 순수 반도체 물질에서 무엇이 전류의 양을 결정하는가?

19-3 도핑된 게르마늄과 실리콘의 전도성

순수 반도체는 주로 이론적으로 관심이 있다. 연구 개발에서는 순수 물질에 불순물(impurity)을 첨가하여 생기는 효과에 관심이 있다. 이러한 불순물이 없었다면 대부분의 반도체는 존재하지 않았을 것이다.

게르마늄과 실리콘 같은 순수 반도체 물질은 실온에서

그림 19-6

비소 원자로 도핑된 실리콘 반도체 물질

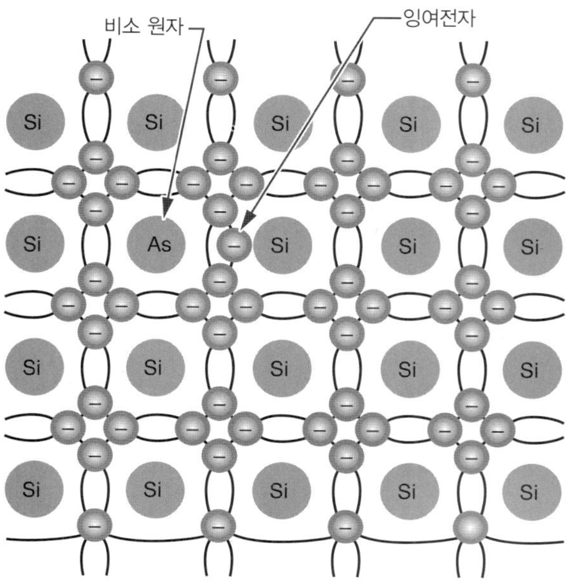

극히 작은 수의 전자-정공쌍만을 생성한다. 이는 극히 적은 양의 전류만 전도시킬 수 있다. 전도성을 증가시키기 위해서 도핑이라는 공정을 사용한다.

도핑(doping)이란 반도체 물질에 불순물을 첨가하는 공정이다. 여기에는 두 가지 형태의 불순물이 쓰인다. 첫 번째는 **5가 물질**(pentavalent)이라 부르는 것으로서, 5개의 가전자를 갖는 원자로 만든다. 예로는 비소(As)와 안티몬(Sb)이 있다. 또 다른 것은 **3가 물질**(trivalent)이라 부르며, 3개의 가전자로 이루어진 원자로 만든다. 예로는 인듐(In)과 갈륨(Ga)이 있다.

순수 반도체 물질에 비소(As)와 같은 5가 물질을 첨가하면 기존의 원자들이 비소 원자로 대체된다(그림 19-6). 비소 원자는 주변의 실리콘 원자와 공유 결합을 이루어 그의 가전자 중의 4개를 공유한다. 다섯 번째 전자는 원자핵에 느슨하게 붙어 있어서 자유 전자 상태로 되기가 쉽다.

그림 19-7

N형 물질에서의 전류 흐름

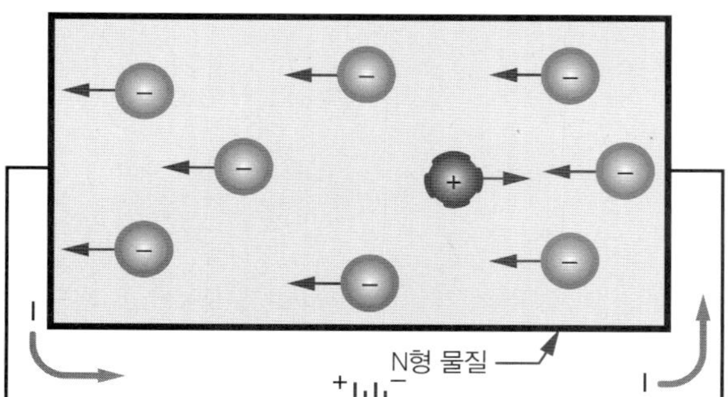

그림 19-8

인듐 원자로 도핑된 실리콘 반도체 물질

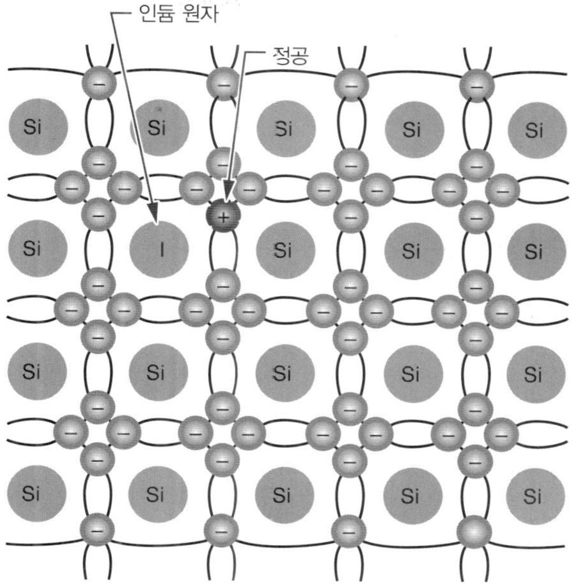

비소 원자는 여분의 전자를 버리므로 **도너 원자**(donor atom)라고 부른다. 반도체 물질 중에는 도핑되는 많은 도너 원자가 있다. 이것은 전류를 흐르게 하기 위한 많은 자유 전자가 있다는 것을 의미한다.

실온에서는 기증되는 자유 전자의 수가 전자-정공쌍을 초과한다. 이것은 정공보다 전자가 더 많다는 것을 뜻한다. 전자를 **다수 반송자**(majority carrier)라 하고, 정공을 **소수 반송자**(minority carrier)라고 한다. 음전하가 다수 반송자이므로 이 물질을 N형이라 한다.

전압을 **N형 물질**(N-type material)에 인가하면(그림 19-7) 도너 원자에 의해 생성된 자유 전자는 양극을 향해서 흐른다. 그 외 전자는 공유 결합에서 벗어나 양극을 향해서 흐른다. 공유 결합을 깨고 나오는 이들 자유 전자는 전자-정공쌍을 생성한다. 상응하는 정공이 음극 쪽으로 흐르게 된다.

반도체 물질을 인듐(In)과 같은 3가 물질로써 도핑하면, 인듐 원자는 주변의 원자 3개와 자신의 가전자 3개를 공유한다(그림 19-8). 이는 공유 결합에 정공을 생성한다.

그림 19-9

P형 물질에서의 전류 흐름

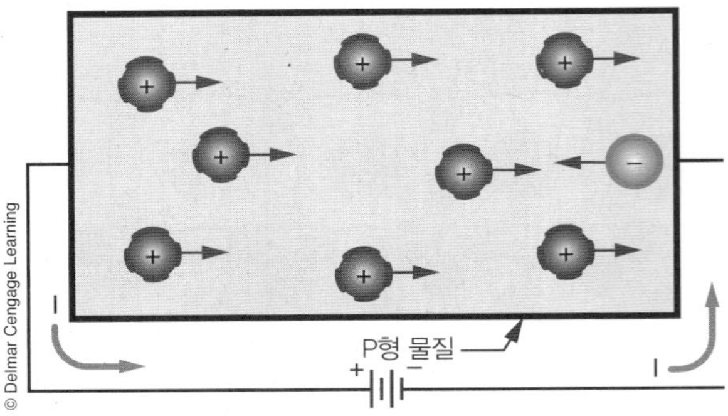

정공이 여분으로 존재하면 전자가 한쪽 공유 결합에서 다른 쪽 공유 결합으로 쉽게 표류하게 된다. 정공이 쉽게 전자를 받아들이기 때문에 여분의 정공에 기여한 원자를 **억셉터 원자**(acceptor atom)라 한다.

보통의 상태에서는 이와 같은 물질에서 정공의 수가 전자의 수를 크게 초과한다. 그러므로 정공이 다수 반송자이고 전자가 소수 반송자이다. 양의 전하가 다수 반송자이므로 이 물질을 **P형 물질**(p-type material)이라 한다.

전압을 P형 물질에 인가하면 정공이 음극으로 이동하고 전자는 양극으로 이동한다(그림 19-9). 정공은 억셉터 원자에 의해 생성되기도 하지만, 전자가 공유 결합을 깨뜨리고 나가서 전자–정공쌍을 생성하기 때문에도 정공이 생성된다.

N형과 P형 반도체 물질은 순수 반도체 물질에 비하여 전도성이 더 높다. 이러한 전도성은 불순물을 첨가하거나 제거함으로써 증가시키거나 감소시킬 수 있다. 반도체 물질을 더 많이 도핑하면 할수록 전기 저항은 더욱 더 낮아진다.

19-3 질문

1. 반도체 물질을 도핑하는 공정을 설명하라.
2. 도핑에 쓰이는 두 가지 종류의 불순물은 무엇인가?
3. 도핑했을 때 반도체 물질이 N형인지 P형인지를 결정하는 것은 무엇인가?
4. 도핑이 어떻게 반도체 물질에 전류를 흐르게 하는가?
5. 무엇이 반도체 물질의 전도성을 결정하는가?

요약

- 반도체 물질은 절연체와 도체의 중간 특성을 가진 물질이다.
- 순수 반도체 물질은 게르마늄(Ge), 실리콘(Si) 및 탄소(C)이다.
- 대부분의 반도체 소자에는 실리콘을 사용한다.
- 원자가는 원자가 가전자를 얻거나 잃을 수 있는 능력이다.
- 반도체 물질은 가전자각에 전자가 절반만 들어 있다.
- 결정은 원자가 공유 결합을 통하여 자신의 가전자를 공유함으로써 생성된다.
- 반도체 물질은 부성 온도 계수를 가지므로, 온도가 상승하면 저항이 감소한다.
- 열이 가해지면 전자가 반도체 물질의 공유 결합에서 이탈하므로 문제를 야기한다.
- 반도체 물질의 온도가 증가하면 전자가 이 원자 저 원자 사이를 표류한다.
- 정공이란 가전자각에 전자가 없는 것을 의미한다.
- 순수 반도체에 전압을 인가하여 전압차가 생기면 전자는 양극으로, 정공은 음극으로 향하여 흐른다.
- 반도체 물질에서의 전류 흐름은 전자의 이동과 정공의 이동 두 가지로 구성된다.
- 도핑은 반도체 물질에 불순물을 첨가하는 공정이다.
- 5가 물질은 다섯 개의 가전자를 가지는 원자인데 N형 물질을 만드는 데 쓰인다.
- 3가 물질은 세 개의 가전자를 가지는 원자로서 P형 물질을 만드는 데 쓰인다.
- N형 물질에서 전자는 다수 반송자이고 정공은 소수 반송자이다.
- P형 물질에서 정공은 다수 반송자이고 전자는 소수 반송자이다.
- N형과 P형 반도체 물질은 순수 반도체 물질보다 전도성이 더 크다.

CHAPTER 19

자기테스트

1. 무엇이 실리콘을 게르마늄보다 더 선호하게 하는가?
2. 부성 온도 계수 때문에 어떤 일이 일어나는가?
3. 반도체 물질을 형성할 때 공유 결합이 왜 중요한가?
4. 실온에서 한 덩이의 순수 실리콘을 통하여 전자 한 개가 어떻게 흐르는지를 설명하라.
5. 게르마늄의 온도 계수가 장점이 될 수 있는 경우는 언제인가?
6. 반도체 물질에서 어떻게 전류가 흐를 수 있을까?
7. 순수 실리콘 덩어리를 N형 물질로 변환하는 과정을 설명하라.
8. N형 물질은 어떻게 정의되는가?
9. N형 물질에 전압을 인가하면 어떤 현상이 발생하는가?
10. 도핑된 반도체 물질은 순수 반도체 물질보다 더 높은 전도를 가지는가 아니면 더 낮은 전도도를 가지는가?

CHAPTER 20

PN 접합 다이오드

PN JUNCTION DIODES

목표

이 장을 마치고 나면 다음과 같은 것을 할 수 있게 된다.

- 접합 다이오드와 그 제조 방법에 대해 알아본다.
- 공핍 영역과 장벽 전압을 정의한다.
- 다이오드의 순방향 바이어스와 역방향 바이어스의 차이점을 설명한다.
- 다이오드의 회로 기호에 대해 알아본다.
- 다이오드의 세 가지 제조 방법을 기술한다.
- 가장 흔히 사용되는 다이오드 패키지에 대해 알아본다.
- 저항계를 사용하여 다이오드를 테스트한다.

다이오드는 가장 간단한 형태의 반도체이다. 전류를 한쪽 방향으로만 흐르게 한다. 다이오드를 통해 배운 반도체 지식은 다른 종류의 반도체 소자에도 그대로 적용된다.

주요 용어

공핍 영역
다이오드
도핑
바이어스 전압
순방향 바이어스
순방향 전압 강하
순방향 최대 전류
시드
양극
역방향 바이어스
역방향 전류
음극
장벽 전압
접합 다이오드
피크 역전압(PIV)

20-1 PN 접합

순수 반도체 물질을 5가 물질이나 3가 물질로 도핑하면, 도핑된 물질은 다수 반송자를 기준으로 N형 또는 P형이라 부른다. 각 형의 전하는 각각의 원자가 동일한 수의 양자와 전자를 가지므로 중성이다.

전자가 자유로이 표류하므로 각 형의 반도체 물질에는 독립적인 전하가 존재한다. 표류하는 전자나 정공을 이동 전하(mobile electron)라 부른다. 이동성 전하 외에 전자를 얻은 원자는 양자보다 전자를 더 많이 가지고 있어서 음전하로 가정한다. 마찬가지로 전자를 잃은 각각의 원자는 전자보다 양자가 더 많아서 양전하로 가정한다. 제1장에서 기술한 바와 같이 이러한 각각의 대전된 원자를 양이온 및 음이온이라고 부른다. N형 및 P형 반도체 물질에는 항상 동일한 수의 이동성 및 이온 전하가 있다.

다이오드(diode)는 N형 물질과 P형 물질을 서로 붙여서 만든다(그림 20-1). 물질끼리 서로 접촉하면, 접합이 형성되며, 이러한 소자를 **접합 다이오드**(junction diode)라 한다.

접합이 형성되면 접합 부근의 이동성 전하는 강하게 반대쪽으로 끌려가서 접합을 향하여 흘러간다. 전하가 축적됨에 따라 표류는 증가된다. 그 중의 일부 전자는 접합을 넘어서 P형 물질의 접합 부근에 있는 정공을 채운다. N형 물질에서는 전자가 접합 부근에서 고갈된다. 전자와 정공이 고갈되는 접합 부근의 영역을 **공핍 영역**(depletion region)이라 부른다. 이 영역은 접합 양쪽에 있으며 거리가 짧다.

공핍 영역에는 다수 반송자가 없으며, N형과 P형 모두가 더 이상 전기적으로 중성이 아니다. N형 물질은 접합 부근에서 양전하를 취하고 P형 물질은 음전하를 취한다.

공핍 영역은 더 이상 커지지 않는다. 결합 활동이 급속히 줄어들어, 공핍 영역이 작아진다. 크기는 접합 양쪽에 형성된 반대 전하 때문에 제한을 받는다. 음전하가 쌓이게 됨에 따라 이 음전하가 전자를 반발하여 전자를 접합을 넘지 못하게 한다. 양전하는 자유 전자를 흡수하여 이들을 뒤에 잡아 두는 것을 돕는다.

이렇게 접합의 각 면에 생긴 반대 전하는 **장벽 전압**(barrier voltage)이라 부르는 전압을 형성한다. 이 전압이 비록 PN 접합 양단에 존재하지만 외부 전압으로서 나타낼 수 있다(그림 20-2).

장벽전압은 극히 작아 수십 분의 1 V이다. 보통 게르마늄 PN 접합에서의 장벽 전압은 0.3 V이고 실리콘 PN 접합에서의 장벽 전압은 0.7 V이다. 외부 전압원을 인가하면 이 전압이 분명해진다.

그림 20-1

P형과 N형을 붙여서 PN 접합을 이룬 다이오드

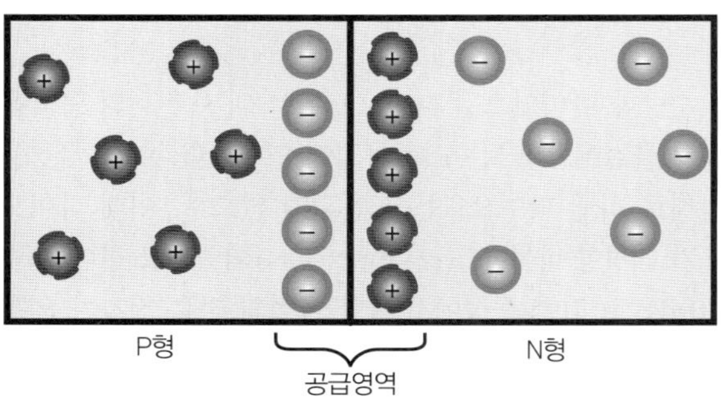

그림 20-2

PN 접합 양단에 존재하는 것처럼 형성하는 장벽 전압

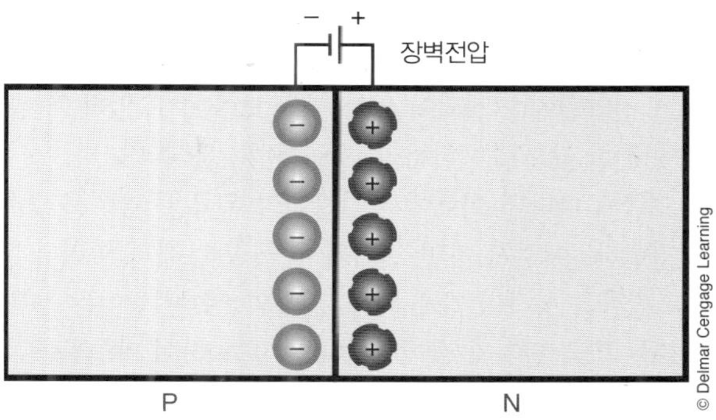

20-1 질문

1. 다음 용어를 정의하라.
   a. 도너 원자
   b. 억셉터 원자
   c. 다이오드
2. N형 물질이 P형 물질과 결합되면 어떤 현상이 일어나는가?
3. 공핍 영역은 어떻게 형성되는가?
4. 장벽 전압이란 무엇인가?
5. 게르마늄 다이오드와 실리콘 다이오드의 통상적인 장벽 전압은 얼마인가?

20-2 다이오드의 바이오스

다이오드에 전압을 인가할 때 이 전압을 **바이어스 전압**(bias voltage)이라 한다. 그림 20-3은 PN 접합 다이오드가 전압원에 연결되어 있는 것을 보여 주고 있다. 전류를 안전한 값으로 제한하기 위해 저항기를 추가한다.

그림에 나타낸 회로에서 전압원의 음극은 N형 물질에 연결한다. 이렇게 하면 전자가 음극 단자에서 밀려나가 PN 접합을 향하여 가게 된다. 접합의 P쪽에 쌓이는 자유 전자는 양극 단자가 끌어당긴다. 이렇게 하여 P쪽의 음전하가 소거되고 장벽 전압이 제거되며, 전류가 흐를 수 있게 된다. 외부 전압이 장벽 전압보다 클 때에만 전류가 흐른다.

전압원은 전자가 일정하게 흐르도록 하며, 이러한 전자는 N형 물질 안에 있는 자유 전자와 함께 N형 물질을 통하여 표류한다. P형 물질에 있는 정공도 접합 쪽으로 표류한다. 정공과 전자는 접합에서 결합하여 서로 소거하는 것처럼 보인다. 그러나 전자와 정공이 결합할 때 전압원 단자에는 새로운 전자와 정공이 나타난다. 전압원이 인가되어 있는 한 다수 반송자는 PN 접합을 향하여 계속 이동한다.

전자는 다이오드의 P쪽을 통하여 흐르며, 전압원의 양극에 의해 끌려간다. 전자가 P형 물질을 떠날 때 정공이 만들어져 PN 접합 쪽으로 표류하여 그곳에서 다른 전자와 결합한다. 전류가 N형으로부터 P형 물질 쪽으로 흐르면 다이오드는 **순방향 바이어스**(forward bias)되었다고 한다.

다이오드가 순방향 바이어스되었을 때 흐르는 전류는 P형 및 N형 물질의 저항과 회로의 외부 저항에 의해서 제한을 받는다. 다이오드 저항은 작다. 그러므로 순방향 바이어스된 다이오드에 전압을 직접 연결하면 큰 전류가 흐르게 된다. 이는 다이오드를 파괴시킬 만큼 큰 열을 발생시킬 수 있다. 순방향 전류를 제한하기 위해 외부 저항기를 다이오드와 직렬로 접속해야 한다.

그림 20-3

순방향 바이어스를 갖는 PN 접합 다이오드

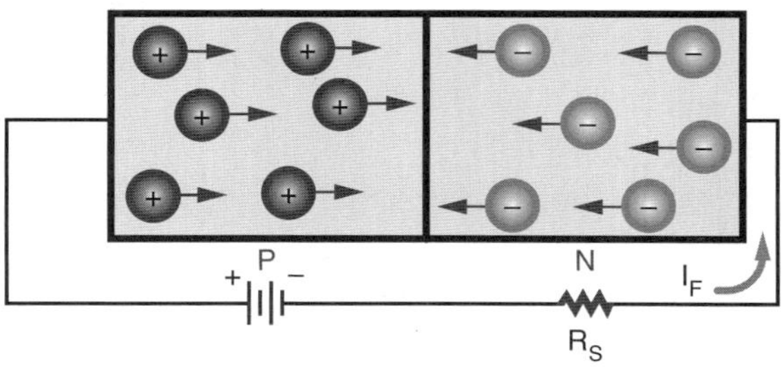

외부 전압이 장벽 전압보다 크고 적절하게 연결되었을 때에만 다이오드가 순방향으로 전류를 흐르게 한다. 게르마늄 다이오드는 0.3 V의 최소 순방향 바이어스를 필요로 하고, 실리콘 다이오드는 0.7 V의 최소 순방향 바이어스를 필요로 한다.

다이오드가 도통되기 시작하고 나면 전압 강하가 발생한다. 이 전압 강하는 장벽 전압과 같으며, 순방향 전압강하[forward voltage drop (E_F)]라 부른다. 게르마늄 다이오드인 경우 전압 강하는 0.3 V이고 실리콘의 경우는 0.7 V이다. 순방향 전류(I_F)의 양은 외부 전압(E), 순방향 전압강하(E_F) 및 외부 저항(R)의 함수이다. 옴의 법칙을 이용하여 이러한 관계를 다음과 같이 나타낼 수 있다.

$$I = \frac{E}{R}$$

$$I_F = \frac{E - E_F}{R}$$

예제 어떤 실리콘 다이오드가 150 Ω의 저항기와 함께 12 V의 외부 바이어스 전압에 연결되어 있다. 전체 순방향 전류는 얼마인가?

주어진 값:	풀이:
$I_F = ?$	$I_F = \frac{E - E_F}{R}$
$E = 12\ V$	$I_F = \frac{12 - 0.7}{150}$
$R = 150\ \Omega$	$I_F = 0.075\ A$
$E_F = 0.7\ V$	또는 75 mA

순방향 바이어스된 다이오드에서 외부 전원의 음극은 N형 물질에, 양극은 P형 물질에 연결한다. 이들 극성을 반대로 하면 다이오드는 도통되지 않으며, 이때 다이오드가 **역방향 바이어스**(reverse bias)되었다고 한다(그림 20-4). 이러한 구성에서 N형 물질의 자유 전자가 외부 전압원의 양극 단자로 끌려간다. 이렇게 하면 PN 접합의 영역에서 정공의 개수가 증가되어, 접합의 N쪽에 있는 공

그림 20-4

역방향 바이어스된 PN 접합 다이오드

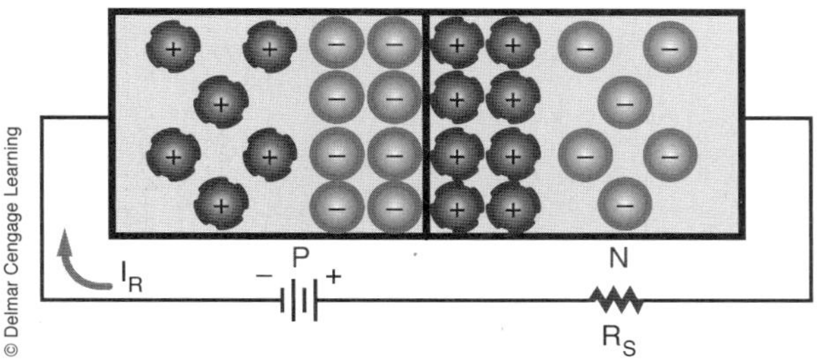

핍 영역의 두께를 증가시킨다. 전자도 또한 전압원의 음극을 떠나 P 물질로 들어간다. 이러한 전자는 PN 접합 부근의 정공을 채워서, 정공이 음극 단자를 향하여 이동하도록 하여, 접합의 P쪽 공핍 영역의 폭을 증가시킨다. 전체적인 효과는 공핍 영역이 바이어스되지 않았을 때 또는 순방향 바이어스되었을 때보다 더 넓어진다는 것이다.

역방향 바이어스 전압은 장벽 전압을 증가시킨다. 장벽 전압이 외부 전압원과 동일하면 정공과 자유 전자는 전류를 흐르게 하지 못한다. 역방향 바이어스가 인가되면 작은 전류가 흐른다. 이러한 누설 전류를 **역전류**[reverse current (I_R)]라 하며, 이것은 소수 반송자 때문에 존재한다. 실온에서는 소수 반송자의 수가 극히 적다. 온도가 증가함에 따라 좀 더 많은 전자–정공쌍이 생성된다. 이는 다수 반송자의 수와 누설 전류를 증가시킨다.

모든 PN 접합 다이오드에는 소량의 누설 전류가 흐른다. 게르마늄 다이오드에서는 수 마이크로암페어(μA) 정도이고 실리콘에서는 수 나노암페어(nA) 정도이다. 게르마늄이 실리콘에 비하여 온도에 더 민감하기 때문에 누설 전류가 더 크다. 게르마늄의 장벽 전압이 더 낮다는 점이 이러한 단점을 상쇄시킨다.

요약하면 PN 접합 다이오드는 단일 방향성 소자이다. 이 다이오드가 순방향 바이어스되면 전류가 흐른다. 역방향 바이어스되면 소량의 누설 전류만이 흐른다. 이러한 특성 때문에 다이오드를 정류기로 사용할 수 있다. 정류기는 AC 전압을 DC 전압으로 변환한다.

20-2 질문

1. 바이어스 전압이란 무엇인가?
2. PN 접합 다이오드를 통하여 전류가 흐를 수 있도록 하는 전압의 최소값은 얼마인가?
3. 어떤 게르마늄 다이오드가 9 V 외부 바이어스 전압과 180 Ω 외부 저항기에 연결되어 있을 때 전체 순방향 전류는 얼마인가?
4. 순방향 바이어스와 역방향 바이어스의 차이점은 무엇인가?
5. PN 접합 다이오드의 누설 전류는 무엇인가?

20-3 전력

게르마늄이나 실리콘 모두 과도한 열 및 과도한 역전압에 의하여 손상을 입을 수 있다. 제조업자는 다이오드를 안전하게 취급할 수 있는 **순방향 최대 전류**(I_F *max*)를 규정한다. 또한 최대 안전 역방향 전압인 **피크 역전압**(peak inverse voltage, PIV)도 규정한다. PIV를 초과하면 역방향의 큰 전류가 흘러서, 과도한 열이 발생되어 다이오드를 손상시킨다.

실온에서는 역전류가 작다. 온도가 증가하면 역전류가 증가하여 다이오드의 정상적인 동작을 방해한다. 게르마늄 다이오드에서 역전류는 실리콘 다이오드에서보다 더 크며, 온도가 10°C 증가할 때마다 두 배로 증가한다.

다이오드의 기호가 그림 20-5에 나타나 있다. P 영역은 화살표로써 나타내고 N쪽은 막대로써 나타낸다. 순방향 전류는 P 영역에서 N 영역으로 흐른다(화살표와 같은 방향). N 영역은 **음극**(cathode), P 영역은 **양극**(anode)이라 부른다. 음극은 전자를 공급하고 양극은 전자를 모은다.

그림 20-5

다이오드의 회로 기호

그림 20-6

순방향 바이어스로 연결된 다이오드

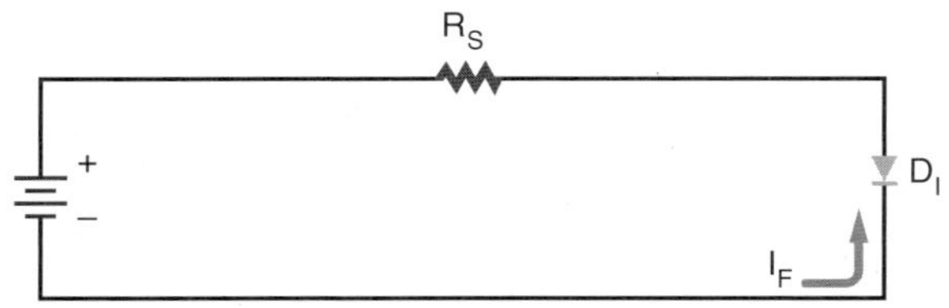

그림 20-7

역방향 바이어스로 연결된 다이오드

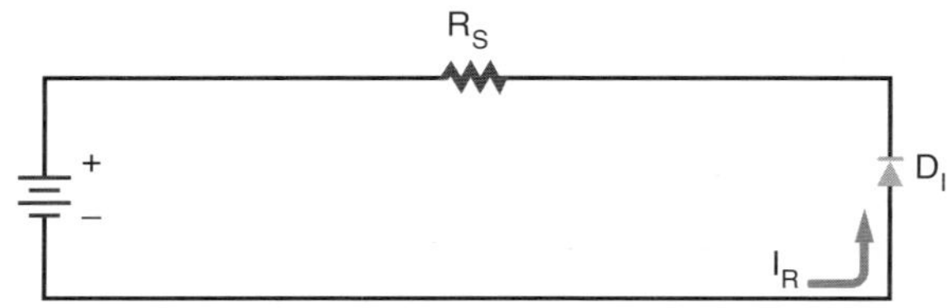

그림 20-6은 적절하게 연결된 순방향 바이어스 다이오드를 보여주고 있다. 음극 단자는 다이오드의 음극에 접속하고, 양극 단자는 다이오드의 양극에 접속한다. 이렇게 연결하면 순방향 전류가 흐르게 된다. 순방향 전류를 안전한 값 이내로 제한하기 위해 저항기(R_S)를 회로에 직렬로 추가한다.

그림 20-7은 역방향 바이어스로 연결된 다이오드를 보여주고 있다. 음극은 다이오드의 양극에 연결하고 양극은 다이오드의 음극에 연결한다. 역방향 바이어스에서는 작은 역전류(I_R)가 흐른다.

20-3 질문

1. 게르마늄 다이오드나 실리콘 다이오드에서 어떤 문제가 역전류를 흐르게 할 수 있는가?
2. 다이오드의 회로 기호를 그려라.
3. 순방향 바이어스된 다이오드를 포함하는 회로를 그려라.
4. 역방향 바이어스된 다이오드를 포함하는 회로를 그려라.
5. 왜 순방향 바이어스된 다이오드에 저항기를 직렬로 연결해야 하는가?

20-4 다이오드의 제조 방법

다이오드의 PN 접합은 성장 접합, 혼합 접합, 또는 확산 접합의 세 가지 형태 중의 하나이다. 이들 각각은 제조 방법이 서로 다르다.

초기에 사용했던 성장 접합 방법에서는 진성 반도체 물질과 P형 불순물을 석영 용기에 넣어서 이들이 녹을 때까지 가열한다. 그런 다음에 **시드**(seed)라고 부르는 작은 반도체 결정을 용융 혼합물 속에 떨어뜨린다. 시드 결정을 서서히 회전시켜서 용융 혼합물로부터 서서히 빼내어 용융 혼합물이 시드에 달라붙게 한다. 시드 결정에 달라붙은 용융 혼합물을 냉각시켜 다시 굳게 한다. 이때 용융 혼합물의 결정 특성은 시드와 같다고 가정한다. 시드 결정을 빼내면서, N형 불순물과 P형 불순물로써 교대로 도핑한다. **도핑**(doping)이란 불순물을 순수 반도체 결정에 첨가하여 자유 전자의 수 또는 정공의 수를 증가시키는 공정이다. 이것은 시드가 성장할 때 결정에 N형과 P형의 층을 형성시킨다. 그런 다음에 최종 결정을 여러 개의 PN 영역으로 얇게 자른다.

반도체를 만드는 혼합 접합 방법은 극히 간순하다. 인듐과 같은 3가 물질의 팰릿(작은 알)을 N형 반도체 결정에 올려놓는다. 이 팰릿이 녹아서 부분적으로 반도체 결정과 함께 융합될 때까지 팰릿과 결정을 가열한다. 두 물질이 결합되는 영역에서 P형 물질을 형성한다. 열을 제거하면 그 물질이 재결정화되어 고체 PN 접합이 형성된다.

확산 접합 방법은 오늘날 가장 많이 사용되고 있다. 구멍이 있는 마스크를 웨이퍼(wafer)라 부르는 N형 또는 P형 반도체 물질의 박판 위에 놓는다. 그런 다음에 웨이퍼를 오븐에 넣고 가스 상태의 불순물에 노출시킨다. 극히 고온에서 순수하지 못한 원자들이 웨이퍼의 노출된 표면을 통하여 침투 또는 확산된다. 확산 깊이는 노출 시간 및 온도로 조절한다.

일단 PN 접합이 형성되면 다이오드를 패키지로 만들어서 환경적 및 기계적인 압력으로부터 보호해야 한다. 패키지도 다이오드를 회로에 접속시킬 수 있도록 해야 한다. 패키지의 형태는 다이오드의 용도나 응용 분야에 의해서 결정한다(그림 20-8). 큰 전류를 다이오드에 흘리려면 접합이 과열되지 않도록 설계해야 한다. 그림 20-9는 정격 전류 3 A 이하의 다이오드 패키지를 보여 주고 있다. 음극은 그 끝에 흑색, 흰색, 또는 은색의 띠를 둘러서 표시한다.

그림 20-8
일반적인 다이오드 패키지

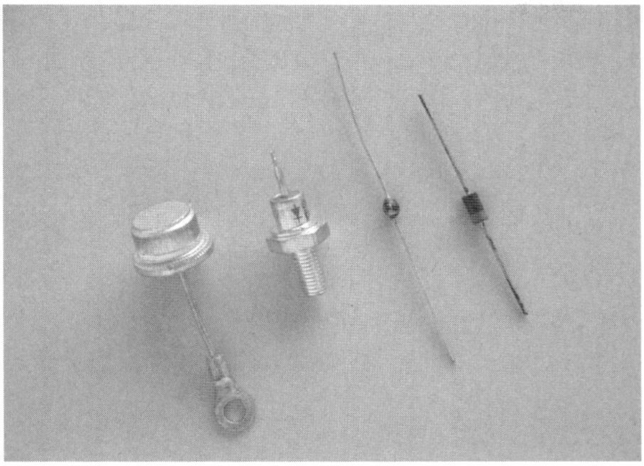

그림 20-9
여러 가지 다이오드 패키지

20-4 질문

1. 다이오드의 제조 방법 세 가지를 설명하라.
2. 다이오드 제조 방법에서 어떤 것이 가장 많이 사용되는가?
3. 네 가지의 일반적인 다이오드 패키지를 그려라.
4. 정격 전류 3 A 이하의 다이오드 패키지에서 음극은 어떻게 표시하는가?
5. 무슨 이유로 다이오드를 제조한 다음 패키지에 집어넣는가?

20-5 PN 접합 다이오드의 검사

저항계를 사용하여 순방향 저항과 역방향 저항의 비를 측정하면 다이오드를 검사할 수 있다. 저항의 비는 다이오드가 한 방향으로는 전류를 통하게 하고 다른 방향으로는 전류를 차단하는 능력을 나타낸다.

게르마늄 다이오드는 순방향 저항이 수백 Ω로서 낮고, 역방향 저항은 100,000 Ω 이상으로서 높다. 실리콘 다이오드는 게르마늄에 비하여 순방향 저항과 역방향 저항이 모두 높다. 다이오드를 저항계로 테스트할 때 순방향 저항은 낮고 역방향 저항은 높아야 한다.

주의

일부 저항계는 높은 전압의 배터리를 사용하므로 PN 접합을 파괴시킬 수도 있다.

저항계 단자의 극성은 저항계의 리드에 표시되어 있다. 적색은 양(+)이고 흑색은 음(−)이거나 중성이다. 저항계의 양극 리드를 다이오드의 양극에, 음극 리드를 다이오드의 음극에 연결하면 다이오드는 순방향 바이어스 상태가 된다. 이때 전류는 다이오드를 통하여 흐르고 저항계에서는 낮은 저항이 나타나야 한다. 저항계의 리드를 반대로 접속하면 다이오드가 역방향 바이어스된다. 이때 적은 양의 전류가 흘러야 하고 저항계는 높은 저항을 나타내야 한다.

다이오드의 저항이 순방향으로도 낮고 역방향으로도 낮으면 이 다이오드는 아마 단락 상태일 것이다. 순방향이나 역방향 모두 저항이 높으면 이 다이오드는 아마 개방 상태일 것이다.

다이오드는 대부분의 저항계를 사용해도 정확하게 검사할 수 있다.

주: 고장 수리에 사용되는 일부 저항계는 개방 회로 리드 전압이 0.3 V 미만일 수 있다. 이러한 종류의 저항계는 다이오드의 순방향 저항을 측정하는 데 사용할 수 없다.

순방향 전압은 도통이 일어나도록 하는 다이오드의 장벽 전압(실리콘인 경우 0.7 V, 게르마늄인 경우 0.3 V)보다 커야 한다.

저항계도 표시가 없는 다이오드의 음극과 양극을 결정하는 데에 사용할 수 있다. 저항이 낮으면 양극 리드가 양극에 연결된 것이고 음극 리드가 음극에 연결된 것이다.

20-5 질문

1. 어떻게 저항계를 사용하여 다이오드를 테스트하는가?
2. 저항계로 다이오드를 테스트할 때 사전에 주의해야 할 사항들은 무엇인가?
3. 다이오드가 단락되었다는 것을 저항계는 어떻게 가리키는가?
4. 다이오드가 개방되었다는 것을 저항계는 어떻게 가리키는가?
5. 어떻게 극성 표시가 없는 다이오드의 음극 끝을 결정하는 데 저항계를 사용할 수 있는가?

요약

- 접합 다이오드는 P형 물질과 N형 물질을 서로 접합시켜서 만든다.
- 접합 부근의 영역을 공핍 영역이라 한다. 전자가 N영역에서 P영역으로 넘어가기 때문에 접합 부근의 전자와 정공이 공핍된다.
- 공핍 영역의 크기는 접합 양면의 전하에 의해서 제한된다.
- 접합에서의 전하는 장벽 전압이라 부르는 전압을 형성한다.
- 장벽 전압은 게르마늄인 경우는 0.3 V이고 실리콘인 경우는 0.7 V이다.
- 외부 전압이 장벽 전압보다 클 때에만 다이오드에 전류가 흐른다.
- 순방향 바이어스된 다이오드는 전류를 흘린다. P형 물질을 양극 단자에, N형 물질을 음극 단자에 접속시킨다.
- 역방향 바이어스된 다이오드는 소량의 누설 전류만을 흘린다.
- 다이오드는 단일 방향성 소자이다.
- 제조업자는 다이오드의 최대 순방향 전류와 역방향 전압을 명시한다.
- 다이오드의 회로 기호는 다음과 같다.

© Delmar Cengage Learning

- 다이오드에서 캐소드(음극)가 N형 물질이고 애노드(양극)가 P형 물질이다.
- 다이오드 제조 방법에는 성장 접합, 혼합 접합 및 확산 접합이 있다.
- 가장 일반적으로 쓰는 방법은 확산 접합이다.
- 3 A 이하의 다이오드 패키지는 다이오드의 캐소드 쪽에 있는 흑색, 백색 또는 은색의 띠로써 구별한다.
- 저항계를 이용하여 다이오드의 순방향 저항과 역방향 저항을 측정해서 비교하면 다이오드를 검사할 수 있다.
- 다이오드가 순방향 바이어스되어 있으면 저항이 낮다.
- 다이오드가 역방향 바이어스되어 있으면 저항이 높다.

CHAPTER 20

자기테스트

1. PN 접합 다이오드는 무엇을 수행하는가?
2. 어떤 조건하에서 PN 접합 다이오드가 도통하는가?
3. 회로 기호를 이용하여 순방향 바이어스 및 역방향 바이어스되어 있는 PN 접합 다이오드의 예를 그려라.
4. 다이오드를 만드는 과정을 설명하라.
5. 공핍 영역에서 다수 캐리어는 무엇인가?
6. 다이오드에서 무엇이 외부 전압으로 표현되는가?
7. 무엇 때문에 다이오드를 전압원에 연결할 때 외부 저항기를 다이오드에 연결해야하나?
8. 실리콘 다이오드가 도통하려면 몇 볼트의 전압을 연결해야 하나?
9. 실리콘 다이오드를 12 볼트 전원에 연결하여 100 mA의 전류를 흐르게 하려면 외부 저항기는 얼마나 커야 하나?
10. 다이오드는 어떤 방향으로도 도통하게 할 수 있는가?
11. 어떻게 하면 다이오드의 누설 전류를 증가시킬 수 있는가?
12. 다이오드를 테스트하여 음극을 알아내는 과정을 설명하라.

CHAPTER 21

제너 다이오드

ZENER DIODES

목표

이 장을 마치고 나면 다음과 같은 것을 할 수 있게 된다.

- 제너 다이오드의 기능과 특성을 기술한다.
- 제너 다이오드의 회로 기호를 그리고 이름을 붙인다.
- 제너 다이오드가 전압 조절기로서 어떻게 동작하는지를 설명한다.
- 제너 다이오드를 테스트하기 위한 절차를 기술한다.

제너 다이오드는 PN 집합 다이오드와 아주 밀접한 관계가 있다. 역방향 전류를 이용하도록 만들어졌다. 제너 다이오드는 모든 종류의 회로의 전압 조절에 널리 쓰인다.

주요 용어

감쇠 계수
전력 소모 정격
제너 다이오드
제너 영역
제너 전압 정격
최대 제너 전류
피크 역 전압
항복 전압

21-1 제너 다이오드의 특성

앞서 언급한 바와 같이 다이오드에 높은 역전압을 가하면 역방향으로 큰 전류가 흐르게 되고 과도한 열이 발생하여 다이오드가 파괴될 수 있다. 항복이 일어나는 인가 역전압을 **항복 전압**(breakdown voltage) 또는 **피크 역전압**(peak reverse voltage)이라 한다. **제너 다이오드**(zener diode)라 부르는 특수한 다이오드는 역방향 모드로 동작하도록 연결한다. 이 다이오드는 항복 전압을 초과하는 전압에서 사용하도록 설계되어 있다. 이러한 항복 영역을 **제너 영역**(zener region)이라 한다.

제너 다이오드에서 항복을 일으키기에 충분히 높은 역바이어스 전압을 인가하면 높은 역방향 전류(I_Z)가 흐른다. 항복이 발생하기 전까지는 역방향 전류가 작다. 항복이 일어난 뒤에는 역방향 전류가 급격히 증가한다. 이는 역방향 전압이 증가함에 따라 제너 다이오드의 저항이 감소하기 때문에 일어난다.

제너 다이오드의 항복 전압(E_Z)은 다이오드의 고유저항(resistivity)에 의하여 결정된다. 이것은 이번에는 생산 중에 사용된 도핑 방법에 의하여 조절된다. 정격 항복 전압은 제너 테스트 전류(I_{ZT})에서의 역전압을 나타낸다. 제너 테스트 전류(zener test current)는 다이오드가 견딜 수 있는 최대 역방향 전류보다 약간 작다. 항복 전압은 보통 1~20%의 허용오차를 가지도록 정격이 정해져 있다.

온도가 증가하면 제너 다이오드가 전력을 소비하는 능력이 감소한다. 그러므로 특정 온도에 대한 **전력 소모 정격**(power dissipation rating)이 제공된다. 전력 정격은 또한 리드의 길이에도 관계가 된다. 즉 리드가 짧을수록 전력을 더 많이 소모한다. **감쇠 계수**(derating factor)는 다이오드 제조업자가 제공하는 것으로서, 전력 정격 표에 규정된 정격으로부터 여러 온도에서의 정격을 결정하기 위한 것이다. 예를 들어, 감쇠 계수가 1°C당 6 mW라는 것은 온도가 1°C 변할 때마다 전력 정격이 6 mW씩 감소한다는 것을 의미한다.

제너 다이오드도 일반 PN 접합 다이오드처럼 패키지화한다(그림 21-1). 저전력 제너 다이오드는 유리나 에폭시에 장착한다. 고전력 제너 다이오드는 금속 케이스를 가진 볼트에 장착한다. 제너 다이오드의 회로 기호는 음극 막대의 양쪽 끝에 대각선을 긋는 것을 제외하고는 PN 접합 다이오드와 같다(그림 21-2).

그림 21-1
제너 다이오드 패키지

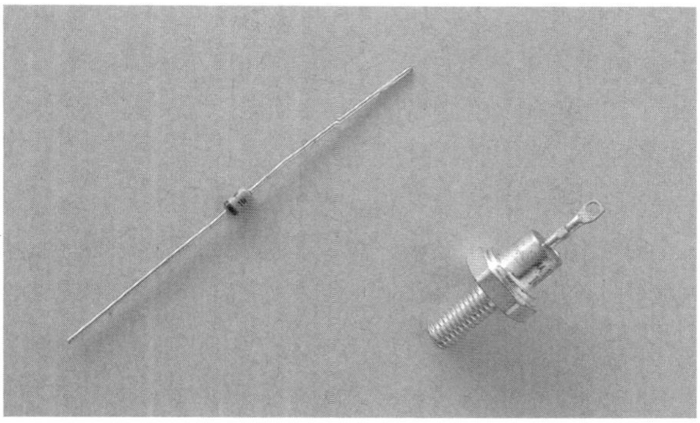

그림 21-2
제너 다이오드의 회로 기호

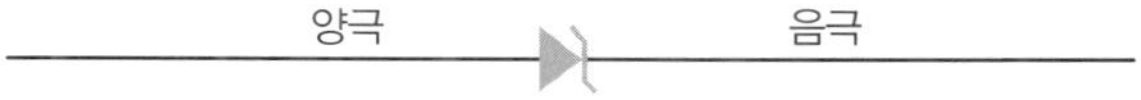

21-1 질문

1. 제너 다이오드의 고유한 특징은 무엇인가?
2. 제너 다이오드는 회로에 어떻게 연결하는가?
3. 제너 다이오드가 항복되는 전압을 결정하는 것은 무엇인가?
4. 제너 다이오드의 전력 소모 정격을 결정하는 데 있어서 무엇을 고려해야 하는가?
5. 제너 다이오드의 회로 기호를 그려라.

21-2 제너 다이오드의 정격

최대 제너 전류(maximum zener current, I_{ZM})는 제조업자가 규정한 최대 전력 소모 정격을 초과하지 않고 다이오드에 흘릴 수 있는 최대 전류이다. 역전류(I_R)는 항복하기 전의 누설 전류를 나타내며 어떤 특정한 역전압(E_R)에서의 값으로 규정한다. 역전압은 제너 전압(E_Z)의 80% 정도이다.

5 V 이상의 항복 전압을 가진 제너 다이오드는 양성 제너 전압-온도 계수(positive zener voltage-temperature coefficient)를 가지는데, 이것은 온도가 증가하면 항복 전압이 증가하는 것을 의미한다. 4 V 미만의 항

복 전압을 가지는 제너 다이오드는 부성 제너 전압-온도 계수(negative zener voltage-temperature coefficient)를 가지는데, 이것은 온도가 증가하면 항복 전압이 감소하는 것을 의미한다. 4 V와 5 V 사이의 항복 전압을 가지는 제너 다이오드는 양성 전압-온도 계수 또는 부성 전압-온도 계수를 가질 수 있다.

온도 보상 제너 다이오드(temperature-compensated zener diode)는 제너 다이오드를 PN 접합 다이오드와 직렬로 연결하여 만드는데, 이때 PN 접합 다이오드는 순방향 바이어스시키고, 제너 다이오드는 역방향 바이어스시켜야 한다. 다이오드를 잘 고르면 온도 계수가 동일하고 극성이 서로 반대인 것을 찾을 수 있다. 온도 보상을 하는 데는 두 개 이상의 PN 접합 다이오드가 필요하다.

21-2 질문

1. 제너 다이오드의 최대 제너 전류를 결정하는 것은 무엇인가?
2. 제너 다이오드에서 최대 제너 전류와 역방향 전류 사이에는 무슨 차이가 있는가?
3. 양성 제너 전압-온도 계수란 무엇을 의미하는가?
4. 부성 제너 전압-온도 계수란 무엇을 의미하는가?
5. 제너 다이오드는 어떤 방법으로 온도 보상을 하는가?

21-3 제너 다이오드를 이용한 전압 조절

제너 다이오드는 전압을 안정시키거나 조절하는 데 사용한다. 예를 들어, 전력선 전압의 변화 또는 부하 저항의 변화를 보상하여 일정한 직류 출력을 유지하는 데 사용할 수 있다.

그림 21-3에는 대표적인 제너 다이오드 전압 조절기를 보여주고 있다. 제너 다이오드는 저항기 R_S와 직렬로 연결한다. 이 저항은 제너 다이오드가 항복 영역에서 동작하도록 전류를 충분히 흐르도록 한다. DC 입력 전압은 제너 다이오드의 항복 전압보다 반드시 높아야 한다. 제너 다이오드 양단의 전압 강하는 제너 다이오드의 전압 정격과 동일하다. 제너 다이오드는 다이오드의 **제너 전압 정격**(zener voltage rating, E_Z)이라 부르는 특정 항복 전압 정격을 갖도록 제조된다. 저항기 양단의 전압 강하는 입

그림 21-3

대표적인 제너 다이오드 전압 조절기 회로

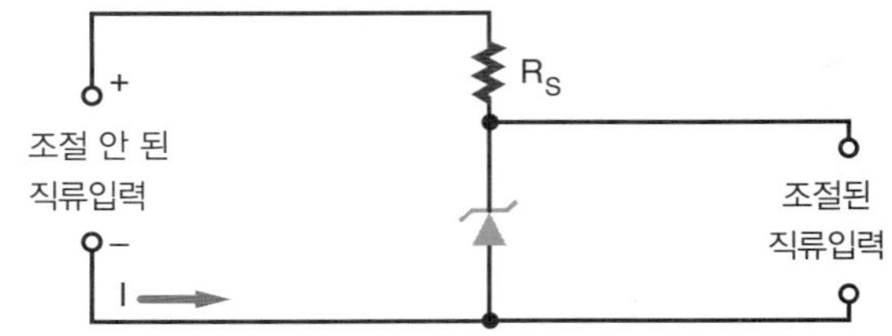

력 전압과 제너(항복) 전압 사이의 차이와 등일하다.

입력 전압은 증가하거나 감소할 수 있다. 따라서 제너 다이오드에 흐르는 전류가 증가하거나 감소할 수 있다. 제너 다이오드가 제너 전압 또는 항복 영역에서 동작할 때, 입력 전압의 증가에 따라 큰 전류가 제너 다이오드를 통해 흐르게 된다. 그러나 제너 전압은 일정하게 유지된다. 제너 다이오드는 입력 전압의 증가를 방해한다. 왜냐하면 전류가 증가할 때 저항은 감소하기 때문이다. 이것은 입력 전압이 변화해도 제너 다이오드의 출력 전압을 일정하게 유지시키게 된다. 입력 전압의 변화는 직렬 저항기 양단에 나타난다. 이 저항기는 제너 다이오드와 직렬이며, 전압 강하의 합이 입력 전압과 동일해야 한다. 출력 전압은 제너 다이오드 양단에서 취한다. 제너 다이오드와 직렬 저항기를 바꾸어서 출력 전압을 증가 또는 감소시킬 수 있다.

방금 설명한 회로는 일정한 전압을 공급한다. 회로를 설계할 때, 전압과 마찬가지로 회로의 전류도 고려해야 한다. 외부 부하는 부하 저항과 출력 전압에 의해서 결정되는 규정된 부하 전류(I_L)를 필요로 한다(그림 21-4). 부하 전류와 제너 전류는 직렬 저항을 통하여 흐른다. 직렬 저항기는 제너 전류가 제너 다이오드를 항복 영역에서

그림 21-4

부하를 가진 제너 다이오드 전압 조절기

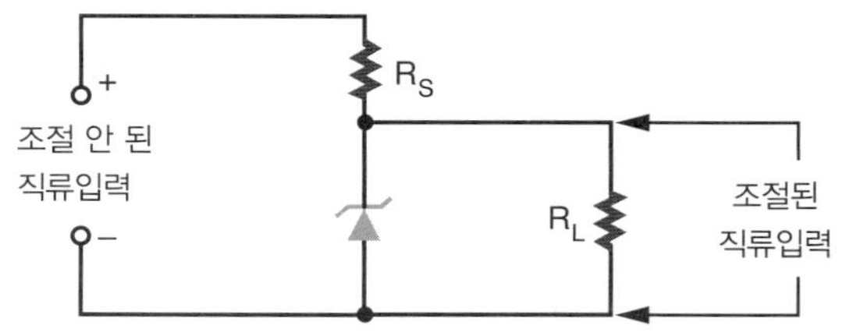

그림 21-5
제너 다이오드의 전압 조절을 테스트하기 위한 회로 구성

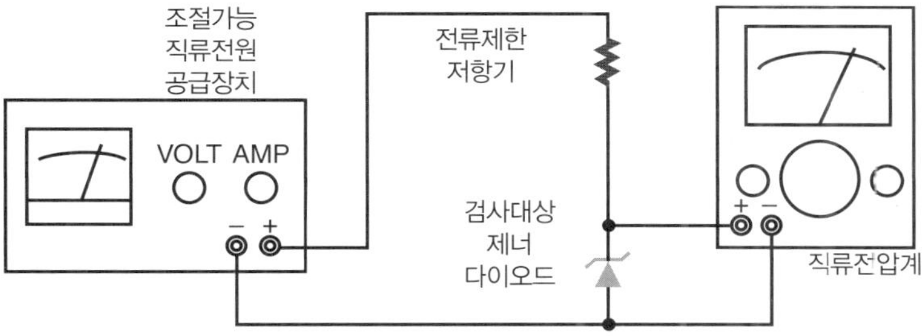

동작하면서 전류를 흐르도록 하는 데 적합하도록 선정해야 한다.

부하 저항이 증가하면, 부하 전류가 감소되며, 이는 부하 저항 양단의 전압을 증가시킨다. 그러나 제너 다이오드는 전류를 더 많이 흘려 어떠한 변화도 방해하게 된다. 직렬 저항기를 통하여 흐르는 제너 전류와 부하 전류의 합은 일정하다. 이러한 동작으로 직렬 저항기 양단에 동일 전압을 유지한다.

이와 마찬가지로, 부하 전류가 증가되면 제너 전류가 감소하여 일정 전압을 유지한다. 이러한 동작으로 출력 전류뿐만 아니라 입력 전압의 변화에 대해서도 회로로 하여금 조절하게 한다.

21-3 질문

1. 제너 다이오드의 실제적인 기능은 무엇인가?
2. 제너 다이오드 전압 조절기 회로를 그려라.
3. 제너 다이오드 전압 조절기 회로의 전압이 어떻게 변화될 수 있는가?
4. 제너 다이오드 전압 조절기를 설계할 때 무엇을 고려해야 하는가?
5. 제너 다이오드 전압 조절기가 출력 전압을 일정하게 유지하는 원리를 설명하라.

21-4 제너 다이오드의 검사

제너 다이오드는 저항계를 사용하여 개방, 단락, 또는 누설을 빠르게 테스트할 수 있다. 저항계를 PN 접합 다이오드에서와 마찬가지로 순방향 바이어스 및 역방향 바이어스로 연결한다. 그러나 이러한 테스트는 제너 다이오드가 정격에서 조절하고 있는지에 대한 정보를 제공하지 않는다. 그러한 정보를 위해서는 전압과 전류를 모두 표시할 수 있는 계기 부착 전원 공급 장치를 사용하여 테스트를 수행해야 한다.

그림 21-5는 제너 다이오드의 전압 조절 테스트를 위해 회로를 적절히 구성한 것이다. 전원 공급 장치의 출력은 피검사 제너 다이오드와 직렬로 연결된 제한 저항기에 연결되어있다. 제너 전압을 감시하기 위해 전압계를 피검사 제너 다이오드 양단에 접속한다. 규정된 전류가 피검사 제너 다이오드에 흐를 때까지 출력 전압을 서서히 증가시킨다. 그러면 전류가 규정 제너 전류(I_Z)의 양끝 사이를 왔다 갔다 하게 된다. 전압이 일정하게 유지되고 있으면 제너 다이오드가 제대로 동작하고 있는 것이다.

21-4 질문

1. 저항계로 제너 다이오드를 검사하는 절차를 설명하라.
2. 제너 다이오드를 검사할 때 저항계를 쓰면 어떤 인자가 검사되지 않는 것인가?
3. 제너 다이오드의 항복 전압을 검사하기 위해 제너 다이오드에 어떻게 접속하는지 회로도를 그려라.
4. 제너 다이오드가 적절하게 잘 동작하는지를 결정하기 위해 질문 3의 회로가 어떻게 동작하는지를 설명하라.
5. 저항계를 이용하여 제너 다이오드의 음극 끝을 결정하는 방법을 설명하라.

요약

- 제너 다이오드는 항복 전압(피크 역전압)보다 큰 전압에서 동작하도록 설계한다.
- 제너 다이오드의 항복 전압은 다이오드의 고유저항에 의하여 결정한다.
- 제너 다이오드는 규정된 항복(제너) 전압을 갖도록 제조된다.
- 제너 다이오드의 전력 소모는 온도와 리드의 길이에 달려있다.
- 제너 다이오드의 회로 기호는 다음과 같다.

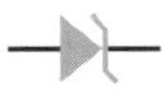

- 제너 다이오드의 패키지 방법은 PN 접합 다이오드의 패키지 방법과 같다.
- 5 V 이상의 항복 전압을 가지는 제너 다이오드는 양성 제너 전압–온도 계수를 가진다.
- 4 V 미만의 항복 전압을 가지는 제너 다이오드는 부성 제너 전압–온도 계수를 가진다.
- 제너 다이오드는 전압을 안정시키거나 조절하는 데 사용한다.
- 제너 다이오드 조절기는 입력 전압이나 출력 전류가 변해도 출력 전압을 일정하게 유지한다.
- 저항계로 제너 다이오드의 개방, 단락, 누설을 검사할 수 있다.
- 제너 다이오드가 적절한 전압에서 조절하고 있는지 결정하기 위해 전압 조절 검사를 반드시 실시해야 한다.

CHAPTER 21

자기테스트

1. 항복 전압을 초과한 뒤 제너 다이오드에 무슨 일이 일어나는가?
2. 제너 다이오드의 항복 전압은 어떻게 결정하는가?
3. 제너 다이오드의 온도가 올라갈 때 제너 다이오드의 전력 처리 능력은 어떻게 되는가?
4. 제너 다이오드의 정격을 결정하는 사양을 열거하라.
5. 제너 다이오드를 가진 부하에 걸리는 전압을 조절하기 위한 회로를 회로 기호를 사용하여 그려라.
6. 전압 조절기 회로에서 제너 다이오드가 어떻게 작용하는지를 설명하라.
7. 어떻게 전압 조절기에서 제너 다이오드가 일정한 전압을 유지하는가?
8. 제너 다이오드를 검사하는 방법을 회로 기호를 사용하여 그림으로 그려라.
9. 제너 다이오드의 전압 정격을 테스트하는 과정을 설명하라.
10. 제너 다이오드가 제대로 동작하고 있는지를 알아보려면 제너 다이오드를 어떻게 테스트해야 할까?

CHAPTER 22

쌍극 트랜지스터

BIPOLAR TRANSISTORS

목표

이 장을 마치고 나면 다음과 같은 것을 할 수 있게 된다.

- 트랜지스터의 제조 방법과 트랜지스터의 두 가지 구성에 대해 기술한다.
- NPN과 PNP 트랜지스터의 회로 기호를 그리고 명칭을 붙인다.
- 트랜지스터의 분류 방법을 알아본다.
- 참고 자료와 식별 번호(2NXXXX)를 이용하여 트랜지스터의 기능을 알아본다.
- 일반적으로 사용되는 트랜지스터의 패키지에 대해 알아본다.
- 트랜지스터가 동작하기 위해 어떻게 바이어스되는지를 기술한다.
- 트랜지스터 검사기와 저항계를 사용하여 트랜지스터를 테스트하는 방법을 설명한다.
- 트랜지스터를 교체하는 절차를 기술한다.

주요 용어

베이스
쌍극 트랜지스터
이미터
접합 트랜지스터
컬렉터
트랜지스터
NPN 트랜지스터
PNP 트랜지스터

1948년에 벨 연구소는 최초의 동작하는 접합 트랜지스터를 개발하였다. 트랜지스터는 전자의 흐름을 제어하기 위한 3 요소, 2 접합 소자이다. 3개의 요소에 인가된 전압을 변화시켜서, 증폭, 발진 및 스위치 개폐를 위해 전류의 양을 조절할 수 있다. 이러한 응용은 제28장, 제29장 및 제30장에서 다룬다.

그림 22-1
NPN 트랜지스터

(A) NPN 트랜지스터의 블록 다이어그램

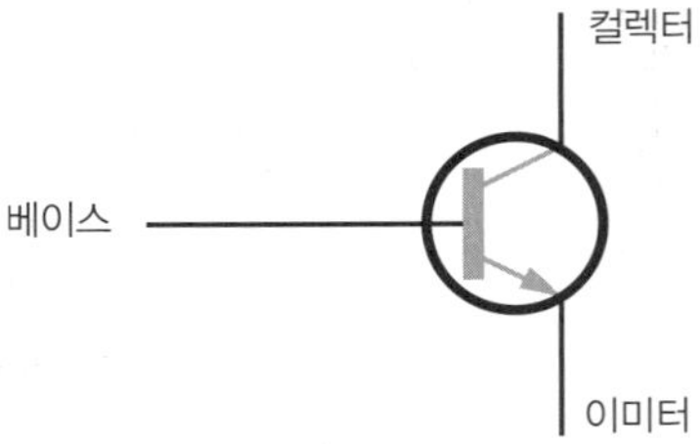

(B) NPN 트랜지스터의 회로기호

22-1 트랜지스터의 제조

반도체 다이오드에 제3의 층을 추가하면, 전력, 전류, 또는 전압을 증폭시킬 수 있는 소자가 만들어진다. 이 소자를 **쌍극 트랜지스터**(bipolar transistor)라 하며, **접합 트랜지스터**(junction transistor) 또는 단순히 트랜지스터(transistor)라고도 한다. 여기에서는 트랜지스터라는 용어를 사용하기로 한다.

트랜지스터는 접합 다이오드와 마찬가지로 게르마늄이나 실리콘으로 만들 수 있으나, 실리콘이 더 보편적이다. 다이오드에서 도핑 영역이 두 개인 데 비하여 트랜지스터는 세 개의 교대로 도핑된 영역으로 구성된다. 세 개의 영역은 두 가지 방법 중 하나로 배열된다.

첫 번째 방법은 P형 물질을 두 개의 N형 물질 사이에 두어 **NPN 트랜지스터**를 형성하는 것이다(그림 22-1). 두 번째 방법은 N형 물질을 두 개의 P형 물질 사이에 삽입하여 **PNP 트랜지스터**를 형성하는 것이다(그림 22-2).

두 가지 형태의 트랜지스터에서, 가운데 영역을 **베이스**(base)라 부르고, 바깥 영역을 **이미터**(emitter)와 **컬렉터**(collector)로 부른다. 이미터, 베이스 및 컬렉터는 각각 E, B, C로 표시한다.

그림 22-2
PNP 트랜지스터

(A) PNP 트랜지스터의 블록 다이어그램

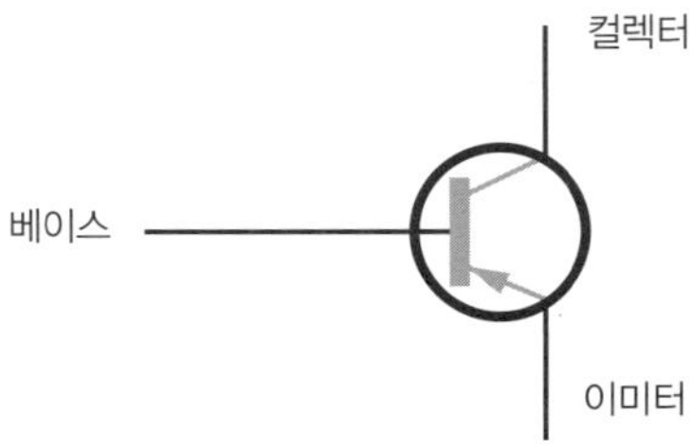

(B) PNP 트랜지스터의 회로기호

22-1 질문

1. 트랜지스터의 제조법이 PN 접합 다이오드의 제조법과 어떻게 다른가?
2. 트랜지스터의 두 가지 형태는 무엇인가?
3. 트랜지스터의 세 부분을 어떻게 부르는가?
4. NPN 및 PNP 트랜지스터의 기호를 그리고 각 부분에 명칭을 붙여라.
5. 트랜지스터는 어디에 사용되는가?

22-2 트랜지스터의 유형과 패키지

트랜지스터는 다음과 같은 방법으로 분류한다.

1. 유형에 따라서(NPN 또는 PNP)
2. 사용 물질에 따라서(게르마늄 또는 실리콘)
3. 주요 용도에 따라서(고전력 또는 저전력, 스위칭 또는 고주파)

대부분의 트랜지스터는 번호로 구분한다. 이 번호는 숫자 2와 문자 N으로 시작하여 추가로 최대 4자리까지의 숫자를 갖는다. 이들 기호는 해당 소자가 트랜지스터이고 접합이 2개 있음을 나타낸다.

패키지는 트랜지스터를 보호하고 이미터, 베이스 및 컬렉터 영역과 전기적으로 연결할 수 있도록 해 준다. 패키지는 또한 방열판(heat sink), 즉 트랜지스터에서 발생하는 과도한 열을 제거하여 열 손상을 방지하는 면적을 제공한다. 패키지에는 광범위한 응용 분야에 적합한 여러 가지 형태가 있다(그림 22-3).

트랜지스터 패키지는 크기와 형태로 표시한다. 가장 일반적인 표시 방법은 문자 *TO* (transistor outline) 다음에 숫자가 오도록 하는 것이다. 몇 가지 일반적인 트랜지스터 패키지가 그림 22-4에 나타나 있다.

트랜지스터 패키지를 분류하는 방법이 여러 가지이므로 각 소자의 이미터, 베이스 및 컬렉터 리드를 구별하는 방법은 쉽지 않다. 각 소자의 리드를 구별하는 방법으로는 제조업자의 데이터 시트를 참조하는 것이 가장 좋다.

22-2 질문

1. 트랜지스터를 어떻게 분류하는가?
2. 트랜지스터를 구분하는 데 쓰이는 기호는 무엇인가?
3. 트랜지스터 패키지의 목적은 무엇인가?
4. 트랜지스터 패키지의 명칭을 어떻게 나타내는가?
5. 이미터, 베이스 및 컬렉터 리드를 구별하는 가장 좋은 방법은 무엇인가?

그림 22-3
여러 가지 트랜지스터 패키지

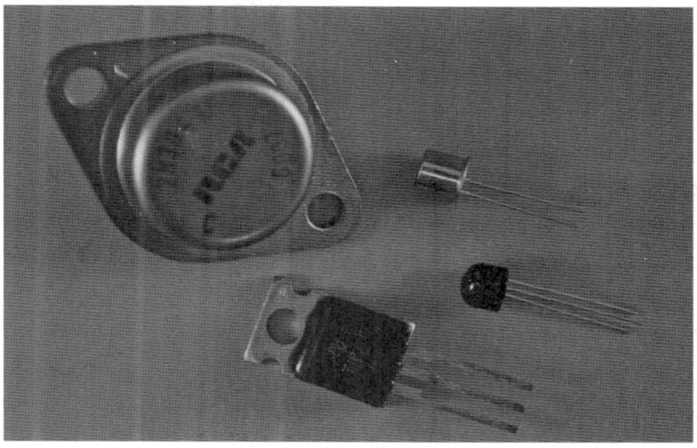

그림 22-4
전형적인 트랜지스터 패키지

22-3 트랜지스터의 기본 동작

다이오드는 정류기이고 트랜지스터는 증폭기이다. 트랜지스터는 다양하게 쓰이나, 기본 기능은 신호의 전류를 증폭하거나 신호를 스위칭하는 것이다.

트랜지스터는 베이스 및 컬렉터 영역이 바람직하게 상호작용할 수 있도록 외부 전압으로 적절히 바이어스되어야 한다. 적절히 바이어스된 트랜지스터에서, 이미터 접합은 순방향으로 바이어스되어 있고, 컬렉터 접합은 역방향으로 바이어스되어 있다. 적절히 바이어스된 NPN 트랜지스터를 그림 22-5에 나타내었다.

순방향 바이어스에 의해 전자가 NPN 트랜지스터의 이미터로부터 흐르게 된다. 순방향 바이어스는 이미터 단자와 베이스 단자 사이에 걸린 양(+)전압이다. 이러한 양(+)전위는 이미터로부터 전자를 이끌어서 전자가 흐르게 한다. 베이스로 끌려온 전자는 컬렉터에 인가된 양(+)전압에 이끌린다. 이들 전자 대부분은 컬렉터로 끌려가서 역방향 바이어스 전원의 양극 쪽으로 들어간다. 극히 일부분의 전자는 베이스 영역으로 흡수되어 약간의 전

그림 22-5

적절히 바이어스된 NPN 트랜지스터

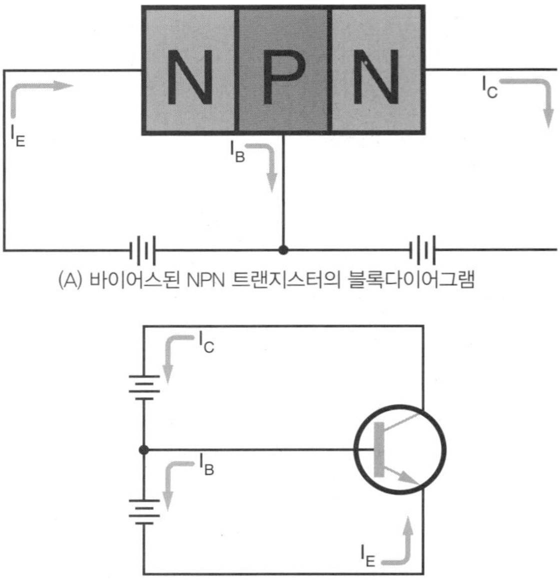

(A) 바이어스된 NPN 트랜지스터의 블록다이어그램

(B) 바이어스된 NPN 트랜지스터의 회로도

그림 22-6

적절히 바이어스된 PNP 트랜지스터

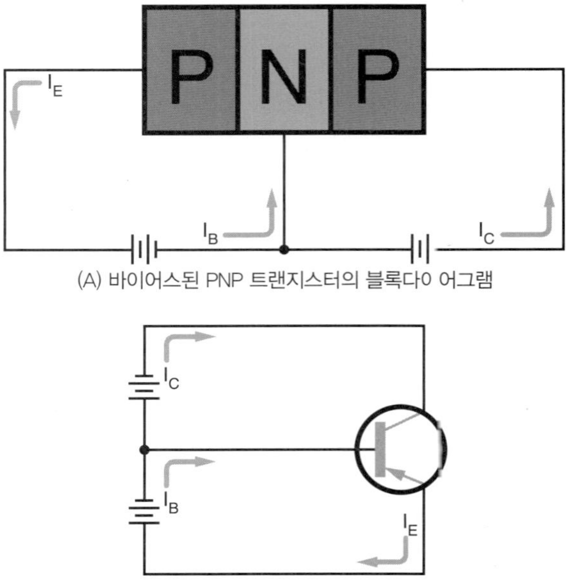

(A) 바이어스된 PNP 트랜지스터의 블록다0 어그램

(B) 바이어스된 PNP 트랜지스터의 회로도

자 흐름이 생긴다. 이러한 동작이 발생하기 위해서는 베이스 층이 극히 얇아야 한다. 적절히 바이어스된 PNP 트랜지스터의 경우는 전원의 극성을 반대로 하면 된다(그림 22-6).

NPN과 PNP의 차이점은 두 가지이다. 하나는 전원이 반대 방향이라는 것이고, 또 하나는 전자 흐름의 방향이 반대라는 것이다.

다이오드에서와 마찬가지로 트랜지스터 내에도 장벽 전압이 존재한다. 트랜지스터에서 장벽 전압은 이미터-베이스 접합에서 생긴다. 이 전압은 전자가 접합을 통하여 충분히 흐를 수 있도록 되어야 한다. 내부 장벽 전압은 반도체 물질에 의하여 결정된다. 다이오드의 경우와 마찬가지로 게르마늄의 장벽 전압은 0.3 V이고, 실리콘의 경우는 0.7 V이다.

트랜지스터의 컬렉터-베이스 접합도 이미터에 의해서 공급되는 전자의 대부분을 끌어당길 수 있을 정도로 충분히 양(+)전위가 되어야 한다. 컬렉터-베이스 접합에 인가된 역방향 바이어스 전압은 통상적으로 베이스-이미터 사이에 걸리는 순방향 바이어스 전압보다 훨씬 크다.

22-3 질문

1. 트랜지스터의 기본 기능은 무엇인가?
2. 트랜지스터를 바이어스시키는 적절한 방법은 무엇인가?
3. NPN과 PNP 트랜지스터의 바이어스 방법의 차이는 무엇인가?
4. 게르마늄 트랜지스터와 실리콘 트랜지스터에서의 장벽 전압은 얼마인가?
5. 컬렉터-베이스 접합 바이어스 전압과 이미터-베이스 접합 바이어스 전압의 차이는 무엇인가?

22-4 트랜지스터의 검사

트랜지스터는 보통 고장 없이 오랫동안 동작하는 반도체 소자이다. 트랜지스터가 고장 났다면 이 고장은 과도하게 높은 온도, 전류, 또는 전압에 의한 것이다. 고장은 또한 과도한 기계적 압력에 의해서도 발생할 수 있다. 이와 같이 전기적 또는 기계적인 오용으로 인하여 트랜지스터는 내부적으로 개방되거나 단락되며, 트랜지스터의 동작에 영향을 줄 만큼 특성이 변하기도 한다. 트랜지스터가 적

그림 22-7

트랜지스터 접합의 저항 측정

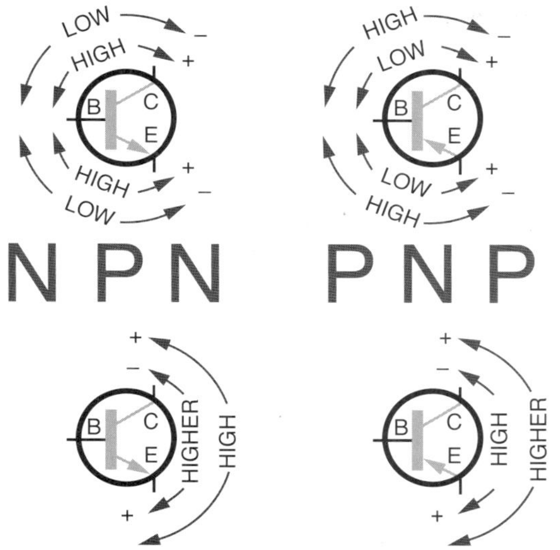

절하게 기능하는지를 검사하는 방법에는 저항계를 이용하는 방법과 트랜지스터 테스터를 이용하는 방법의 두 가지가 있다.

회로 외부에서 결함이 있는 트랜지스터를 찾아내는 일을 돕는 데 보통의 저항계를 사용할 수 있다. 다음과 같이 트랜지스터의 이미터-베이스, 컬렉터-베이스 및 컬렉터-이미터 접합에서 저항을 검사한다. 트랜지스터를 테스트할 때, 계측기의 리드 극성을 어느 한 방향으로 해서 연결하여 임의의 두 리드 사이의 저항을 측정하고 나서, 계측기의 리드 극성을 반대로 하여 저항을 측정한다. 계측기를 어느 한 방향으로 연결했을 때 저항이 10 kΩ 이상으로 높아야 하며, 이와 반대 방향으로 연결했을 때는 10 kΩ 미만으로 낮아야 한다.

트랜지스터의 각 접합은 순방향 바이어스에서는 낮은 저항을 나타내어야 하고, 역방향 바이어스에서는 높은 저항을 나타내야 한다. 저항계의 배터리는 순방향 바이어스 및 역방향 바이어스 전압원이다. 측정된 정확한 저항은 트랜지스터 유형에 따라 다르나, 저항계의 리드를 반대로 하면 언제나 변화가 있다. 이러한 검사 방법은 NPN 또는 PNP 트랜지스터에 적용할 수 있다(그림 22-7).

어떤 트랜지스터가 이 검사에 탈락되면 그 트랜지스터는 고장이 났을지도 모른다. 좀 더 신뢰할 만한 검사를 수행하려면 트랜지스터 테스터를 이용해야 한다.

그림 22-8

트랜지스터 테스터

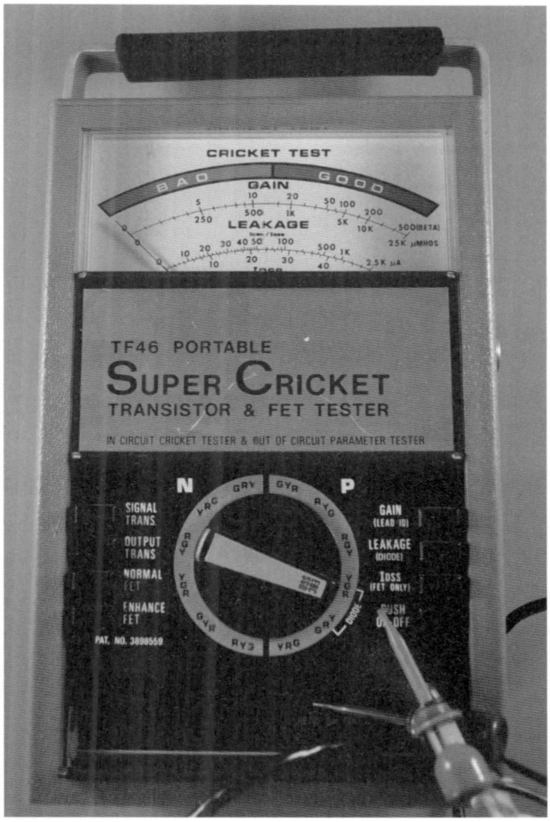

주의

다이오드에서와 마찬가지로, 저항계의 단자 전압이 트랜지스터 접합 사이의 최대 전압 정격을 초과해서는 안 된다. 눈금 값이 낮은 일부 저항계는 테스트 중인 트랜지스터에 손상 전류를 공급할 수 있다. 이를 예방하기 위해서는 가장 안전한 범위에서 테스트를 시작하여 적절한 값을 나타내는 범위로 바꿔 가는 것이 좋다.

트랜지스터 테스터는 트랜지스터와 다이오드를 테스트하기 위해 특별히 설계되었다. 여기에는 두 가지 형태가 있는데, 회로 내부 테스터와 회로 외부 테스터가 있다. 두 가지 모두 동일 패키지에 들어 있다(그림 22-8).

트랜지스터가 증폭시킬 수 있는 능력은 트랜지스터 성능에 대한 대략적인 척도이다. 회로 내부 테스터는 테스터를 회로에서 분리할 필요가 없는 장점을 가지고 있다. 회로 외부 테스트는 트랜지스터 상태가 양호한지 아니면 불량인지를 결정할 뿐만 아니라 누설 전류도 측정할 수 있다. 회로 내부 테스터로는 누설 전류를 검사할 수 없다.

트랜지스터 테스터에는 전압, 전류 및 신호를 조절하는 장치가 있다. 사용하는 방법은 제조업자의 사용 설명서를 참고하기 바란다.

22-4 질문

1. 트랜지스터를 고장 나게 하는 원인은 무엇인가?
2. 트랜지스터를 검사하는 두 가지 방법은 무엇인가?
3. 저항계를 사용할 때 NPN 트랜지스터에 대한 결과가 어떠해야 하는가?
4. 저항계로 트랜지스터를 검사할 때 어떤 주의 사항을 관찰해야 하나?
5. 상용 트랜지스터 테스터의 두 가지 형태는 무엇인가?

22-5 트랜지스터의 교체

트랜지스터 제조업자는 사용자가 트랜지스터를 교체할 때 참조할 수 있도록 여러 가지 안내서를 준비하고 있다. 대부분의 교체는 신뢰성 있게 수행할 수 있다.

트랜지스터가 목록에 없거나 트랜지스터 번호가 빠져 있다면 정확하게 교체하기 위해 다음과 같은 절차를 사용할 수 있다.

1. NPN인가 PNP인가? 첫 번째 정보는 회로도에 있는 기호이다. 회로도가 없으면 이미터와 컬렉터 사이에 인가된 전압원의 극성을 결정해야 한다. 컬렉터 전압이 이미터에 비하여 양(+)의 값이면 이것은 NPN 소자이다. 컬렉터 전압이 이미터 전압에 비하여 음(−)이면 이는 PNP 소자이다. 트랜지스터 형태 각각에 대한 컬렉터 전압의 극성을 쉽게 기억하는 방법을 그림 22-9에 나타내었다.

그림 22-9

컬렉터 전압의 극성을 기억하는 법

2. 게르마늄인가 실리콘인가? 이미터에서 베이스까지의 전압을 측정한다. 그 전압이 약 0.3 V이면 그 트랜지스터는 게르마늄이다. 전압이 약 0.7 V이면 이 트랜지스터는 실리콘이다.

3. 동작 주파수 범위는? 회로의 종류를 구분하고 이 회로가 오디오 영역, kHz 범위, 또는 MHz 범위에서 동작하고 있는지를 결정한다.

4. 동작 전압은? 컬렉터에서 이미터까지, 컬렉터에서 베이스까지 및 이미터에서 베이스까지의 전압이 회로도로부터 또는 실제 전압 측정으로부터 알 수 있어야 한다. 교체용으로 선정된 트랜지스터는 적어도 동작 전압의 3~4배 되는 전압 정격을 가져야 하며, 이렇게 하면 대부분의 회로에서 고유한 전압 스파이크(voltage spike), 과도 전류 및 전압 동요(surge)에 대해 보호하는 데 도움을 받을 수 있다.

5. 컬렉터의 전류 요구는? 실제 전류를 결정하는 가장 쉬운 방법은 전류계로 컬렉터 회로의 전류를 측정하는 것이다. 이는 최대 전력 조건에서 측정해야 한다. 또한 측정 전류의 3~4배가 되록 안전 인수를 허용해야 한다.

6. 최대 전력 소모는? 최대 전압과 컬렉터 전류 요구를 사용하여 최대 전력 요구(P = IE)를 결정한다(P = IE). 아래와 같은 형태의 회로에서 트랜지스터 전력 소모를 결정할 때 트랜지스터가 주요 인수이다.

- 입력단, AF, 또는 RF(50~200 mW)
- IF단 및 드라이버단(200 mW~1 W)
- 고전력 출력단(1 W 이상)

7. 전류 이득은? h_{fe} 또는 베타(β)라고 하는 공통 이미터 소신호 DC 전류 이득을 고려해야 한다. 대표적인 이득 범주는 다음과 같다.

- RF 믹서, IF 및 AF(80~150)
- RF 및 AF 드라이버(25~80)
- RF 및 AF 출력(4~40)
- 고이득 프리앰프 및 동기 분리기(150~500)

8. 케이스 형태는? 종종 본래의 부품과 권고 교체품 사이에는 케이스 형태에 대한 차이가 없다. 케이스 형태와 크기는 정확한 기계적인 맞춤이 요구될 때 필요하다. 전력 소자에는 열전달을 촉진하기 위해 항상 실리콘 그리스(silicon grease)를 사용해야 한다.

9. 리드 형태는? 이것은 교체 트랜지스터에서 중요한 고려 사항은 아니나, 삽입을 용이하게 하고 외관을 좋게 하기 위해 리드 형태를 살펴보는 것도 바람직할지도 모른다.

22-5 질문

1. 트랜지스터 교체를 위한 권고사항은 어디서 찾을 수 있는가?
2. 트랜지스터가 게르마늄인지 실리콘인지가 왜 중요한가?
3. 동작 주파수, 전압, 전류 및 전력 정격이 트랜지스터를 교체할 때 중요한 이유는 무엇인가?
4. 트랜지스터의 베타는 무엇을 의미하는가?
5. 트랜지스터를 교체할 때 트랜지스터의 케이스와 리드 형태가 중요한가?

요약

- 트랜지스터는 전력과 전압을 증폭 및 스위칭하는 데 사용하는 3층 소자이다.
- 쌍극 트랜지스터는 접합 트랜지스터 또는 단순히 트랜지스터라 부른다.
- 트랜지스터는 NPN형이나 PNP형으로 구성할 수 있다.
- 트랜지스터의 중간층을 베이스라 하고 두 개의 바깥층을 이미터와 컬렉터라 부른다.
- NPN형과 PNP형의 회로 기호는 다음과 같다.

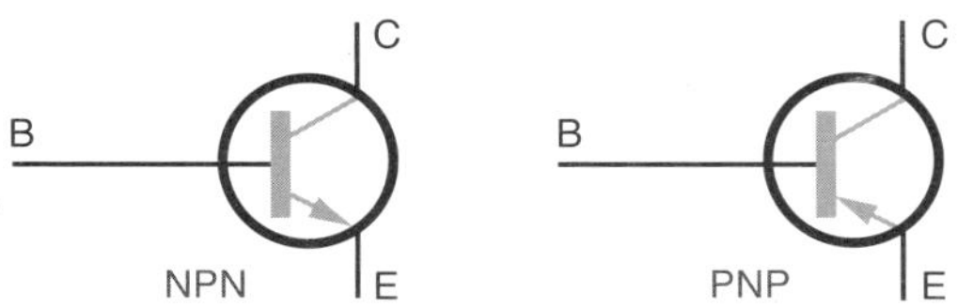

- 트랜지스터가 NPN 또는 PNP, 실리콘 또는 게르마늄, 고전력용 또는 저전력용, 스위칭용 또는 고주파용인가에 따라서 분류된다.
- 트랜지스터는 접두어 2N 뒤에 최대 4자리의 숫자를 붙여서 구분한다.
- 트랜지스터 패키지는 보호, 방열판 및 리드 지지의 역할을 한다.
- 트랜지스터 패키지는 문자 TO (transistor outline)로써 구분한다.
- 적절히 바이어스된 트랜지스터에서 이미터–베이스 사이는 순방향 바이어스되어 있고, 컬렉터–베이스 사이는 역방향 바이어스되어 있다.
- PNP 트랜지스터의 바이어스 전원은 NPN 바이어스 전원과 반대이다.
- 게르마늄 트랜지스터의 내부 장벽 전압은 0.3 V이고 실리콘 트랜지스터의 경우는 0.7 V이다.
- 컬렉터–베이스 접합에 인가된 역방향 바이어스 전압은 이미터–베이스 사이에 인가된 순방향 바이어스 전압보다 높아야 한다.
- 저항계로 트랜지스터를 검사할 때 각각의 접합 부분이 순방향일 때는 낮은 저항을 나타내고, 역방향일 때는 높은 저항을 나타낸다.
- 트랜지스터 테스터는 트랜지스터를 회로의 내부에서 및 외부에서 측정할 때 사용할 수 있다.

CHAPTER 22

자기테스트

1. NPN 및 PNP 트랜지스터의 제조 방법을 설명하라.
2. 트랜지스터를 패키지화한 뒤 식별할 수 있는 방법은 무엇인가?
3. 패키지는 트랜지스터에 어떤 기능을 제공하는가?
4. 트랜지스터 패키지의 리드는 어떻게 결정하는가?
5. 다이오드와 트랜지스터 사이의 차이점은 무엇인가?
6. 트랜지스터의 접합은 순방향 바이어스, 역방향 바이어스, 또는 바이어스되어 있지 않을 수도 있다. 정상 상태에서 트랜지스터의 이미터–베이스, 컬렉터–베이스 접합 양단에는 어떤 바이어스가 걸리는가?
7. 저항계로 트랜지스터가 양호한지를 검사할 때 각 접합 양단 사이에는 어떤 종류의 저항이 존재해야 하는가?
8. 저항계를 사용하여 미지의 트랜지스터에 대해 물질의 종류와 이미터, 베이스 및 컬렉터 리드를 구별하는 일에 어려움이 있다면 어떤 것이 있는가?
9. 트랜지스터를 회로에 연결할 때 NPN형인지 PNP형인지를 기술자가 왜 반드시 알아야 하는가?
10. 트랜지스터를 저항계로 검사하는 경우와 트랜지스터 테스터로 검사하는 경우는 어떻게 다른가?

CHAPTER 23

전계효과 트랜지스터(FET)

FIELD EFFECT TRANSISTORS (FETs)

목표

이 장을 마치고 나면 다음과 같은 것을 할 수 있게 된다.

- 트랜지스터, JFET 및 MOSFET 사이의 차이점을 기술한다.
- P채널 JFET 및 N채널 JFET, 공핍 MOSFET, 그리고 증가 MOSFET의 회로 기호를 그린다.
- JFET, 공핍 MOSFET 및 증가 MOSFET의 동작 원리를 기술한다.
- JFET와 MOSFET의 각 부분을 살펴본다.
- MOSFET를 취급할 때 반드시 지켜야할 안전수칙을 기술한다.
- 저항계로 JFET와 MOSFET의 검사하는 절차를 기술한다.

전계효과 트랜지스터(FET)의 역사는 줄리어스 릴렌필드(Julius Lillenfield)가 접합 FET와 절연 게이트 FET를 발명한 1925년으로 거슬러 올라간다. 이 소자들은 오늘날의 전자 기술을 선도해 가고 있다. 이 장에서는 접합 FET와 절연 게이트 FET의 원리를 소개한다.

주요 용어

게이트
게이트–소스 차단 전압
공핍 모드
공핍 MOSFET
과도현상
금속 산화물 반도체 전계효과 트랜지스터(MOSFET)
기판
드레인
드레인 전류
소스
접합 전계효과 트랜지스터(JFET)
증가 모드
증가 MOSFET
채널
핀치오프
핀치오프 전압
N채널 JFET
P채널 JFET

23-1 접합 FET

접합 전계효과 트랜지스터(junction field effect transistor, JFET)는 다수 반송자에 의해서만 기능하는 단극 트랜지스터이다. JFET는 전압으로 제어되는 소자이다. JFET는 N형 반도체 물질과 P형 반도체 물질로 구성되며, 전자 신호를 증폭할 수 있으나 쌍극 트랜지스터와는 다르게 만들며 또한 동작하는 원리도 다르다. JFET를 어떻게 만드는지를 알면 JFET가 어떻게 동작하는지를 이해하는 데 도움이 된다.

JFET의 제조는 약하게 도핑된 반도체 물질인 기판 또는 베이스로부터 시작한다. **기판**(substrate)은 P형 물질이나 N형 물질 어느 것이라도 좋다. 기판에 PN 접합을 만드는 것은 확산법 및 성장법 둘 다 사용할 수 있다(제20장 참조). PN 접합의 모양이 중요하다. 그림 23-1은 기판에 내장된 N채널 JFET 영역의 단면도를 보여 주고 있다. U형 영역은 **채널**(channel)이라고 부르며, 기판의 상부 표면과 같은 높이이다. P형 기판에 N형 물질로 채널을 만들면 **N채널 JFET**가 형성된다. N형 기판에 P형 물질로 채널을 만들면 **P채널 JFET**가 만들어진다.

JFET에 세 개의 리드를 전기적으로 연결한다(그림 23-2). 하나의 리드는 기판에 연결되어 **게이트**(gate, G)가 된다. 한 리드는 채널 양 끝에 연결되어 **소스**(source, S)와 **드레인**(drain, D)이 된다. 채널이 대칭적이므로 소스와 드레인에 어느 리드가 연결되느냐는 것은 문제가 되지 않는다.

JFET가 동작하기 위해서는 두 개의 외부 바이어스 전압이 필요하다. 전압원 중 하나(E_{DS})는 소스와 드레인 사이에 연결하여 전류가 채널을 통하여 흐르게 한다. 다른 전압원(E_{GS})은 게이트와 소스 사이에 연결한다. 이는 채널을 통하여 흐르는 전류의 양을 제어한다. 그림 23-3은 적절히 바이어스된 N채널 JFET를 보여주고 있다.

전압원 E_{DS}는 소스가 드레인에 비하여 음(−)의 값을 갖도록 연결한다. 이렇게 하면 N형 물질에서 다수 반송자가 전자이므로 전류가 흐르게 된다. 소스-드레인 전류는 FET의 드레인 전류(I_D)라 부른다. 이 채널은 공급 전압(E_{DS})에 대한 저항 역할을 한다.

게이트-소스 전압(E_{GS})은 게이트가 소스에 비하여 음(−)의 값을 갖도록 연결한다. 이렇게 하면 게이트에 의해 PN 접합이 형성되고 채널이 역방향 바이어스된다. 이는 PN 접합 부근에 공핍 영역을 형성하며, 이 영역은 채널의 길이를 따라서 안쪽으로 퍼진다. E_{DS} 전압이 E_{GS} 전압에 더해져서 소스 양단에 나타나는 역방향 바이어스 전압보다 더 높아지므로 드레인의 끝에서 공핍 영역이 더 넓다.

공핍 영역의 크기는 E_{GS}로 제어한다. E_{GS}가 증가하면 공핍 영역이 넓어진다. E_{GS}를 감소하는 것은 공핍 영역을 좁아지게 한다. 공핍 영역이 증가될 때는 실질적으로 채널의 크기는 줄어들게 된다. 이렇게 하면 채널을 통하

그림 23-1

N채널 JFET의 단면도

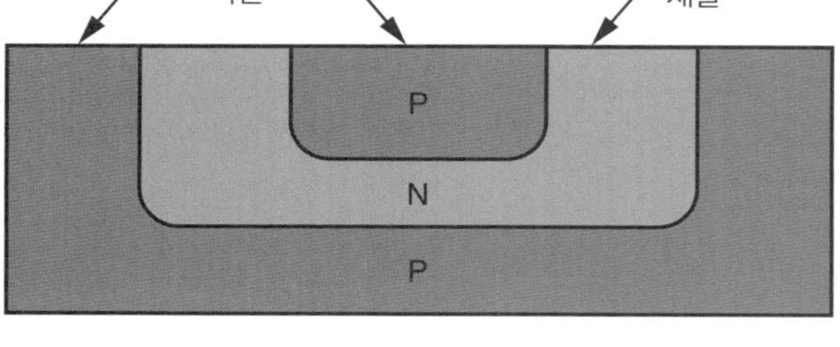

그림 23-2

N채널 JFET의 리드 연결

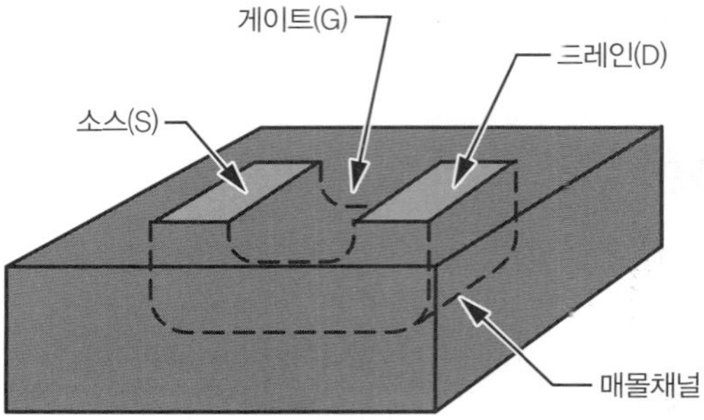

그림 23-3

적절히 바이어스된 N채널 JFET

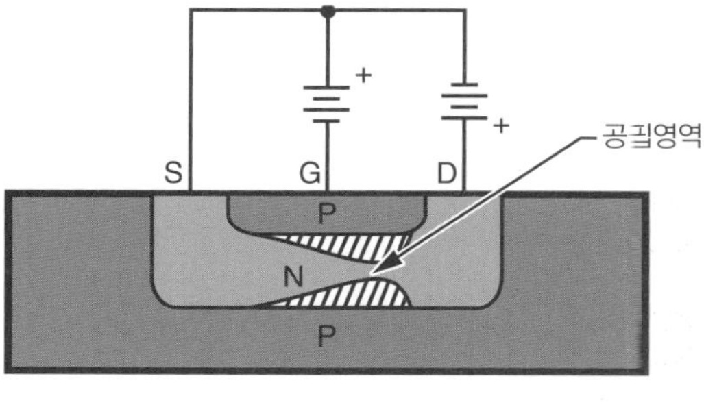

여 흐를 수 있는 전류의 양이 줄어든다. 따라서 E_{GS}를 이용하여 채널을 통해 흐르는 드레인 전류(I_D)를 제어할 수 있다. E_{GS}가 증가되면 I_D가 감소된다.

정상 동작에서는 입력 전압을 게이트와 소스 사이에 인가한다. 이때의 출력 전류는 **드레인 전류**(I_D)이다. JFET에서 입력 전압은 출력 전류를 제어하는 데 쓰인다. 트랜지스터에서는 출력 전류를 제어하는 데 사용된 것이 입력 전압이 아니라 입력 전류였다.

게이트-소스 전압이 역방향 바이어스이므로 JFET는 극히 높은 입력 저항을 갖는다. 게이트-소스 전압이 순방향 바이어스이면 큰 전류가 채널을 통하여 흘러서 입력 저항을 감소시켜 소자의 이득을 떨어뜨린다. I_D를 0까지 감소시키는 데 필요한 게이트-소스 전압의 크기를 **게이트-소스 차단 전압**[gate-source cut-off voltage, $E_{GS(off)}$]이라 부른다. 이 값은 소자의 제조업자가 규정한다.

드레인-소스 전압(E_{DS})은 JFET 내의 공핍 영역 전체를 제어한다. E_{DS}가 증가하면 I_D 또한 증가한다. 그러다가 I_D가 차단되고 E_{DS}가 계속 증가함에 따라 약간만 증가하는 점에 도달하게 된다. 이는 채널이 소수 반송자 공핍 현상이 발생하여 I_D가 E_{DS}에 비례하여 증가할 수 없는 점까지 공핍 영역의 크기가 증가했기 때문에 발생한다. 채널의 저항도 I_D가 서서히 증가하기 때문에 E_{DS}의 증가와 더불어 증가한다. 그러나 공핍 영역이 확장되어 채널의 두께가 줄어들기 때문에 I_D는 차단된다. 이러한 현상이 발생하면, I_D는 **핀치오프**(pinch off)되었다고 한다. I_D를 핀치오프하거나 제한하는 데 필요한 EDS의 값을 **핀치오프 전압**(pinch-off voltage, E_P)이라 부른다. E_P는 보통 $E_{GS} = 0$에 대해서 제조업자가 제공한다. E_P는 항상 $E_{GS} = 0$일 때 $E_{GS(off)}$에 접근한다. E_P가 E_{GS}와 같아지면 드레인 전류는 핀치오프된다.

P채널 및 N채널 JFET는 동일한 특성을 가진다. 이들 사이의 주요 차이점은 채널을 통하여 흐르는 드레인 전류(I_D)의 방향이 반대라는 것이다. P채널 JFET에서는 바이어스 전압(E_{GS}, E_{DS})의 극성이 N채널 JFET에서의 극성과 반대이다.

N채널 및 P채널 JFET에 대한 회로 기호가 그림 23-4에 나타나 있다. N채널 JFET의 바이어스에 필요한 극성을 그림 23-5에, 그리고 P채널 JFET에 대한 것을 그림 23-6에 나타내었다.

그림 23-4

JFET의 회로 기호

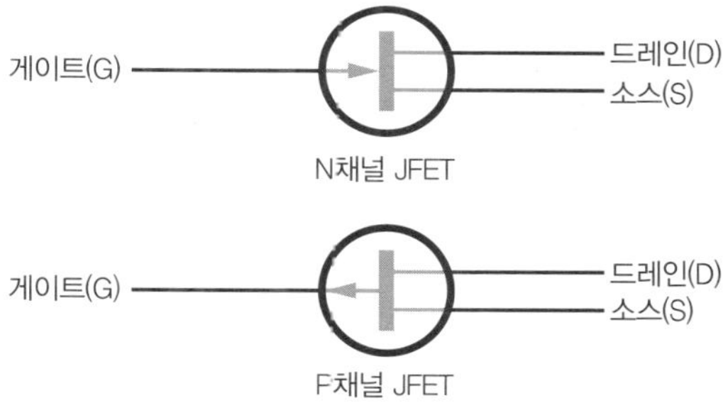

그림 23-5

N채널 JFET 바이어스에 필요한 극성

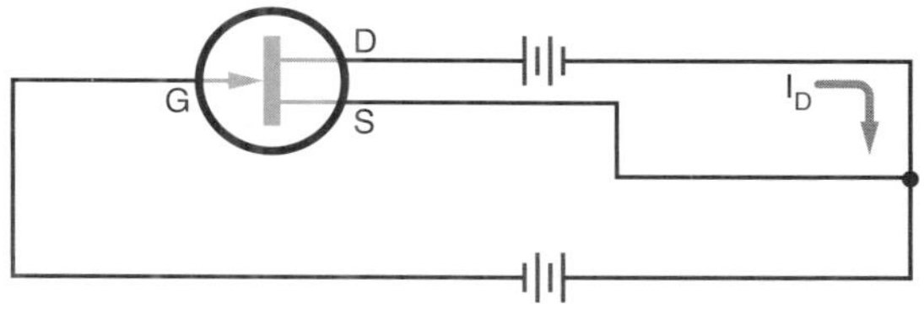

그림 23-6

P채널 JFET 바이어스에 필요한 극성

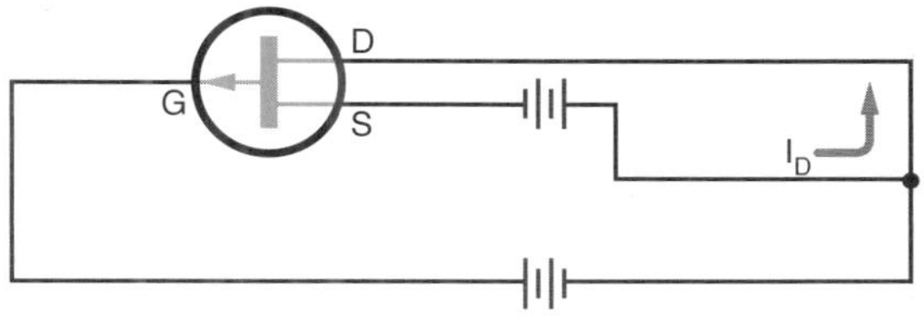

23-1 질문

1. JFET가 제조 방법에 있어서 쌍극 트랜지스터와 어떤 차이가 있는지 기술하라.
2. JFET에 대한 전기적인 연결 세 가지를 설명하라.
3. JFET에서 전류는 어떻게 차단되는가?
4. JFET에 대하여 아래 사항을 정의하라.
   a. 공핍 영역
   b. 핀치오프 전압
   c. 소스
   d. 드레인
5. P채널 및 N채널 JFET의 회로 기호를 그리고 단자 명칭을 표시하라.

23-2 공핍 절연 게이트 FET (MOSFET)

절연 게이트 FET에는 PN 접합을 사용하지 않는다. 그 대신 얇은 층의 산화물로 반도체 채널을 전기적으로 절연시키는 금속 게이트를 사용한다. 이 소자는 **금속 산화물 반도체 전계효과 트랜지스터**(metal oxide semiconductor field effect transistor, MOSFET 또는 MOST)로 알려져 있다.

MOSFET에는 N채널을 가진 N형 소자와 P채널을 가진 P형 소자의 두 가지 중요한 형태가 있다. N채널을 가진 N형 소자는 게이트에 0 V의 바이어스가 걸렸을 때 도통되므로 **공핍 모드**(depletion mode) 소자라 부른다. 공핍 모드에서는 전자가 게이트 바이어스 전압에 의해서 공핍될 때까지 도통된다. 음(−)의 바이어스가 게이트에 인가되면 드레인 전류가 공핍된다. P채널을 가진 P형 소자는 **증가 모드**(enhancement mode) 소자라 부른다. 증가 모드에서는 게이트에 인가된 바이어스에 의해서 도움이 되거나 증가될 때까지 전자 흐름이 차단된다. 이와 같이 비록 P채널 공핍 MOSFET와 N채널 증가 MOSFET가 있기는 하나 일반적으로 많이 쓰이지는 않는다.

그림 23-7은 N채널 **공핍 MOSFET**의 단면을 보여주고 있다. 이 FET는 P 기판에 N채널을 이식하여 만든다. 얇은 이산화규소 절연 층을 채널에 침투시킨다. 이 때 채널의 끝들은 전선에 부착되도록 노출시켜서 소스와 드레인의 역할을 하도록 한다. N채널 위의 절연 층에 얇은 금속 층을 붙인다. 금속 층은 게이트의 역할을 한다. 그 외에 리드를 기판에 붙인다. 금속 게이트는 반도체 채널과 절연되어 게이트와 채널이 PN 접합을 형성하는 것을 방지한다. 금속 게이트는 JFET에서와 마찬가지로 채널의 전도도를 제어하는 데 쓰인다.

그림 23-8에 나타낸 MOSFET는 N채널을 가지고 있다. 드레인은 JFET에서처럼 언제나 소스에 비하여 양(+)의 전압을 가진다. N채널에서는 다수 반송자가 전자인데, 이것이 드레인 전류(I_D)가 소스에서 드레인으로 흐르도록 해 준다. 드레인 전류는 JFET에서처럼 게이트–소스 바이어스 전압(E_{GS})에 의해서 제어된다. 소스 전압이 0이면 대다수의 다수 반송자(전자)가 채널에 존재하므로 소자에는 상당한 드레인 전류가 흐른다. 게이트를 소스에 비하여 음(−)으로 하면 다수 반송자가 공핍되어 드레인 전류가 감소한다. 음(−)의 전압을 충분히 크게 하면 드레인 전류는 0으로 떨어진다. MOSFET와 JFET 사이의 차이는 N채널 공핍 MOSFET의 게이트도 소스에 비하여 양(+)의 값이 될 수 있다는 것이다. 이것은 JFET에서는 가능하지 않은데, 그 이유는 게이트와 채널 PN 접합이 순방향 바이어스되기 때문이다.

공핍 MOSFET의 게이트 전압이 양(+)으로 되면 이산화규소 절연 층이 게이트 리드를 통하여 전류가 흐르는 것을 막는다. 입력 저항은 높은 값으로 유지되며, 좀 더 많은 다수 반송자(전자)가 채널로 끌려가면서 채널의 전도도를 높인다. 양(+)의 게이트 전압은 MOSFET의 드레인 전류를 증가시키는 데 쓰이며, 음(−)의 게이트 전압은 드레인 전류를 감소시키는 데 쓰일 수 있다. N채널 MOSFET의 공핍에는 음(−)의 게이트 전압이 필요하므로 이를 공핍 모드 소자라 부른다. 게이트 전압이 0일 때는 대량의 드레인 전류가 흐른다. 모든 공핍 모드 소자는 게이트 전압이 0일 때 정상적으로 도통한다.

N채널 공핍 MOSFET는 그림 23-9에 나타낸 회로 기호로 표시한다. 게이트 리드가 소스와 드레인 리드와 분리되어 있음에 유의하라. 기판 리드의 화살표는 N채널 소

그림 23-7

N채널 공핍 MOSFET

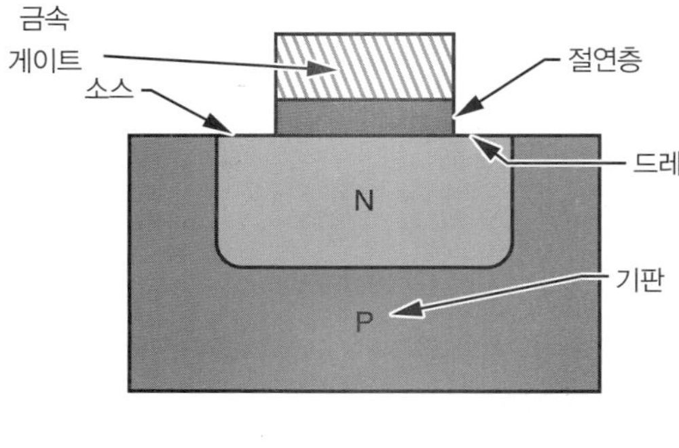

그림 23-8

바이어스 전압이 인가된 N채널 공핍 MOSFET

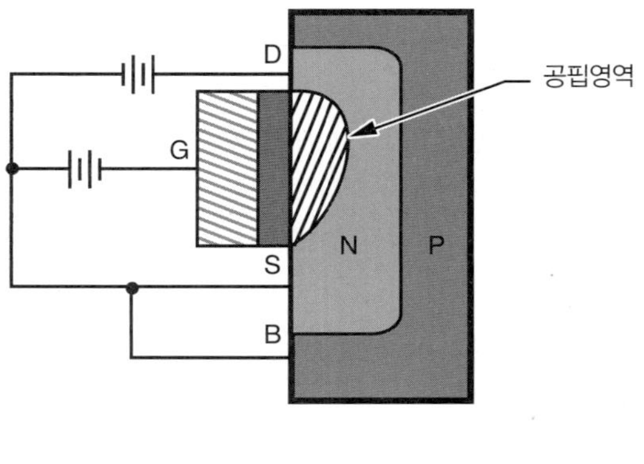

그림 23-9

N채널 공핍 MOSFET의 회로 기호

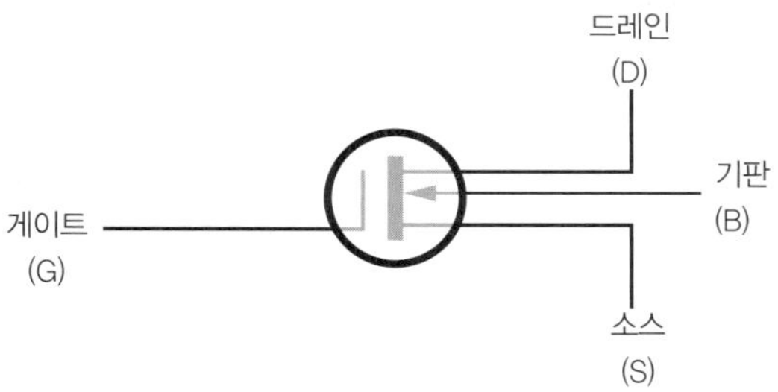

자라는 것을 표시하기 위해 안쪽으로 가리키고 있다. 일부 MOSFET는 내부적으로 기판을 소스 리드에 연결하여 별도의 기판을 사용하지 않도록 만든 것도 있다.

적절히 바이어스된 N채널 공핍 MOSFET를 그림 23-10에 나타내었다. N채널 JFET와 동일한 방법으로 바이어스되어 있다는 데 유의하라. 드레인-소스 전압(E_{DS})은 드레인이 소스에 비하여 항상 양(+)의 값을 갖도록 전압을 인가하여야 한다. 게이트-소스 전압(E_{PS})은 극성을 반대로 하여 적용할 수 있다. 기판은 보통 내부적으로나 외부적으로 소스에 연결한다. 특별한 응용에서 기판은 게이트 또는 FET 회로 내의 다른 점에 접속할 수도 있다.

공핍 MOSFET는 P채널 소자로도 만들 수 있다. P채널 소자는 N채널 소자와 동일한 방법으로 동작한다. 그 차이는 다수 반송자가 정공이라는 것뿐이다. 드레인 리드는 소스에 비하여 음(−)의 값이며, 드레인 전류는 반대 방향으로 흐른다. 게이트는 소스에 비하여 양(+)일 수도 있고 음(−)일 수도 있다.

P채널 공핍 MOSFET의 회로 기호를 그림 23-11에 나타내었다. N채널 및 P채널 기호 사이의 유일한 차이점은 기판 리드의 화살표 방향이다.

N채널 및 P채널 공핍 MOSFET는 둘 다 대칭적이다.

그림 23-10

적절히 바이어스된 N채널 공핍 MOSFET

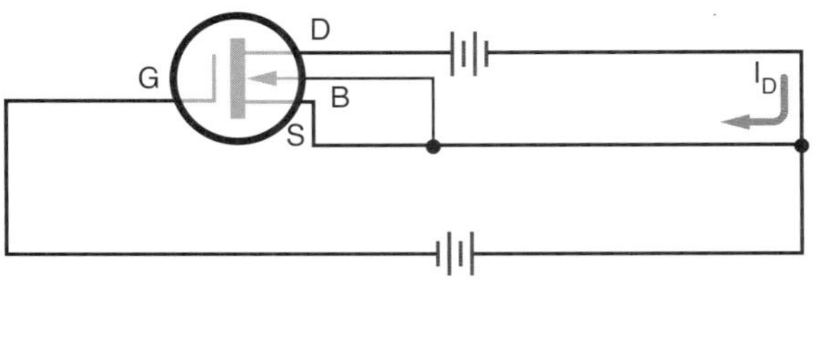

그림 23-11

P채널 공핍 MOSFET의 회로 기호

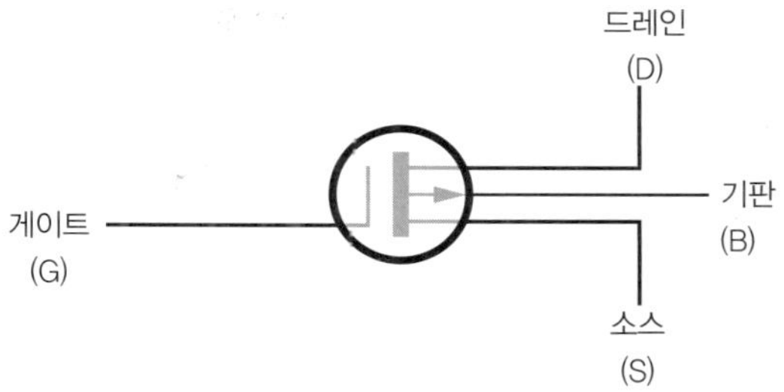

소스와 드레인 리드는 서로 바꾸어도 된다. 특수한 응용에서, 게이트를 드레인 영역과 떼어 놓아 게이트와 드레인 사이의 커패시턴스를 줄이기도 한다. 게이트가 떼어져 있으면 소스와 드레인 리드는 교환할 수 없다.

23-2 질문

1. 제조 방법에 있어서 MOSFET는 JFET와 어떻게 다른가?
2. MOSFET가 어떻게 전류를 흘리는지 설명하라.
3. MOSFET와 JFET의 동작 사이의 주요 차이는 무엇인가?
4. P채널 및 N채널 MOSFET의 기호를 그리고 단자의 명칭을 표시하라.
5. JFET와 MOSFET에 있는 어떤 리드를 상호 교환할 수 있는가?

23-3 증가 절연 게이트 FET (MOSFET)

공핍 MOSFET는 정상 상태에서 도통(on)되어 있는 소자이다. 즉 이들은 게이트-소스 전압이 0일 때 상당한 양의 드레인 전류를 흐르게 한다. 이것은 여러 응용에서 유용하다. 정상 상태에서 차단(off) 상태에 있는 소자도 중요하다. 즉 적절한 값의 E_{GS}가 인가될 때 도통한다. 그림 23-12에는 정상 상태에서 차단 소자로 동작하는 MOSFET를 보여 주고 있다. 이는 공핍 MOSFET와 유사하나 전도 채널이 없다. 그 대신 소스 및 드레인 영역이 따로따로 기판 속으로 확산된다. 그림에서는 N형 기판 및 P형 소스와 드레인 영역을 보여 준다. 반대 방향 배열도 사용 가능하다. 리드 배열은 공핍 MOSFET와 동일하다.

P채널 **증가 MOSFET**는 소스에 대해서 드레인이 음(−)이 되도록 바이어스해야 한다. 드레인-소스 전압

그림 23-12

P채널 증가 MOSFET

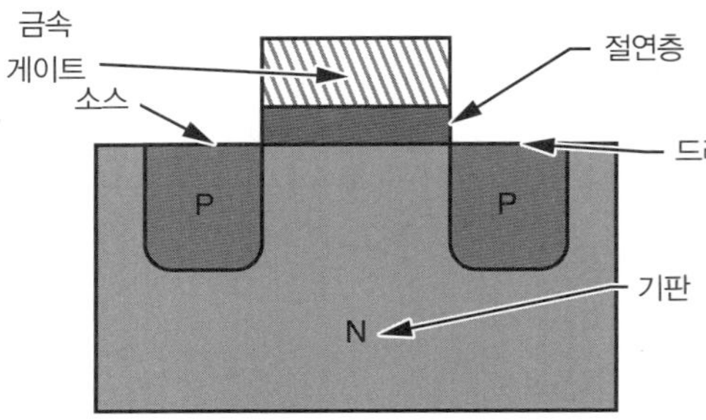

(E_{DS})만 인가될 때는 드레인 전류가 흐르지 않는다. 이는 소스와 드레인 사이에 전도 채널이 없기 때문이다. 게이트가 소스에 비하여 음(−)이 되면 정공이 게이트를 향해 끌려가서 거기에 모여서 드레인에서 소스로 전류가 흐를 수 있도록 해 주는 P형 채널을 생성한다. 음(−) 전압이 증가되면 채널의 크기가 커져서 더욱 더 많은 전류가 흐를 수 있게 된다. 게이트 전압이 증가되면 드레인 전류를 증가시키려 한다.

P채널 증진 MOSFET의 게이트는 동작에 영향을 주지 않으면서 소스에 대하여 양(−)이 되도록 할 수 있다. MOSFET의 드레인 전류는 0이며, 게이트에 양(+) 전압을 인가하여도 이 전류는 줄일 수 없다.

P채널 증가 MOSFET의 회로 기호를 그림 23-13에 표시하였다. 이는 소스, 드레인 및 기판 영역을 상호 연결하는 데 점선을 사용한다는 점 제외하고는 P채널 공핍 MOSFET의 경우와 동일하다. 이것은 정상 상태에서 차단되어 있다는 것을 나타낸다. P채널을 표시하기 위해 화살표가 밖으로 향하고 있다.

그림 23-14

적절히 바이어스된 P채널 증가 MOSFET

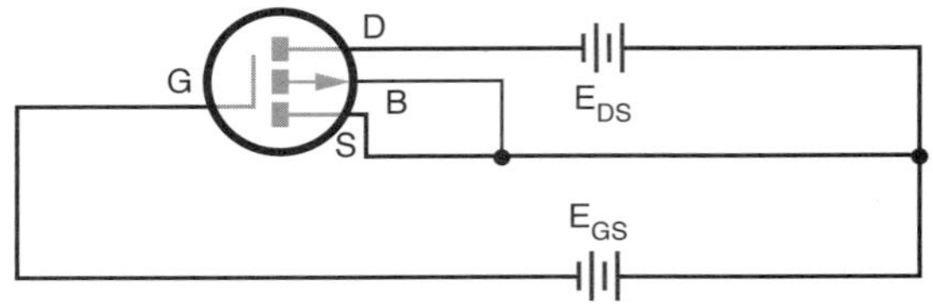

적절히 바이어스된 P채널 증가 MOSFET를 그림 23-14에 나타내었다. MOSFET의 드레인이 E_{DS}에 의해 소스에 비하여 음(−)이 된다는 데 유의하라. E_{GS}도 소스에 비하여 게이트가 음(−)이 되게 한다. E_{GS}가 0 볼트로부터 증가하여 게이트에 음(−) 전압을 인가할 때에만 상당한 양의 드레인 전류가 흐른다. 기판은 정상적으로 소스에 연결되어 있으나 특별한 응용에서는 기판과 소스가 다른 전위에 있을 수도 있다.

N채널 증가 MOSFET도 만들 수 있다. 이러한 소자는 양(−)의 게이트 전압으로 동작하여 전자가 지이트로 끌려가서 N형 채널을 형성한다. 그렇지 않으면 이 소자는 P채널 소자처럼 기능한다.

그림 23-15에는 N채널 증가 MOSFET의 회로 기호를 보여 주고 있다. 이는 화살표가 N채널인 것을 나타내기 위해 안쪽으로 향한다는 점을 제외하고는 P채널 소자와 유사하다. 그림 23-16은 적절히 바이어스된 N채널 증가 MOSFET를 보여 주고 있다.

MOSFET는 JFET와 마찬가지로 보통 대칭적이다. 따라서 소스와 드레인은 역방향으로 또는 상호 교환할 수 있다.

그림 23-13

P채널 증가 MOSFET의 회로 기호

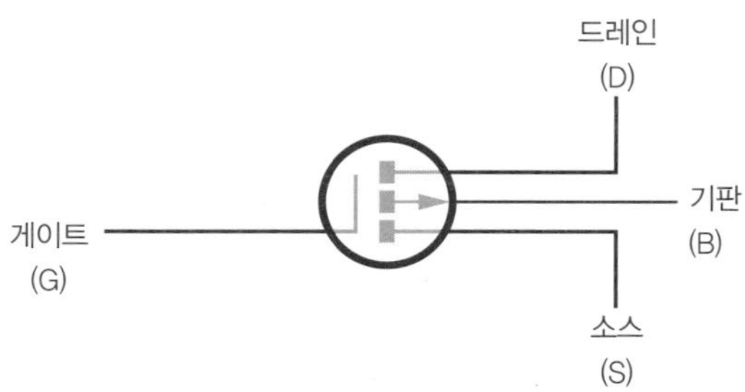

그림 23-15

N채널 증가 MOSFET의 회로 기호

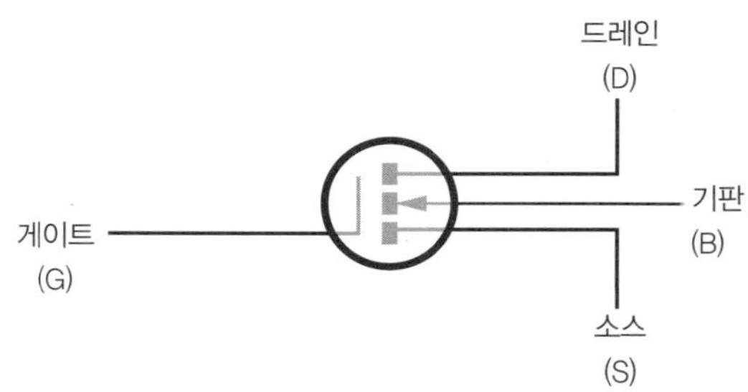

그림 23-16

적절히 바이어스된 N채널 증가 MOSFET

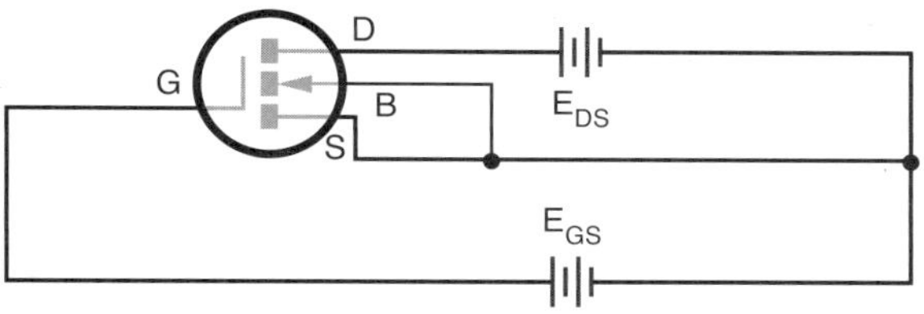

23-3 질문

1. 공핍 MOSFET와 증가 MOSFET는 서로 어떻게 다른가?
2. 증가 절연 게이트 FET가 어떻게 동작하는지를 설명하라.
3. P채널 및 N채널 증가 MOSFET의 회로 기호를 그리고 단자 명칭을 표시하라.
4. MOSFET에는 왜 네 개의 리드가 있는가?
5. 증가 MOSFET의 어떤 리드를 반대로 할 수 있는가?

23-4 MOSFET의 안전수칙

MOSFET를 취급 및 이용할 때는 안전 수칙을 지켜야 한다. 최대 정격 전압 E_{GS}에 대해서는 제조업자의 규격 시트를 점검하는 것이 중요하다.

주의

E_{GS}가 너무 많이 증가하면 얇은 절연 층이 파괴되어 소자를 못 쓰게 한다. 절연 층이 너무 민감하여 소자의 리드에 축적되는 정전기에 의해서도 파괴될 수 있다. 소자를 장착하거나 취급할 때 정전기 전하가 MOSFET의 리드에 전달될 수 있다.

소자가 파손되는 것을 방지하기 위해 MOSFET는 리드를 서로 단락시켜서 운송한다. 단락 기법에는 단락 도선(shorting wire)으로 리드를 감싸는 방법, 소자를 단락 고리(shorting ring)에 넣는 방법, 소자를 도전성 거품(conductive foam) 속에 눌러 넣는 방법, 정전기 방지 튜브(antistatic tube)에 담는 방법 및 소자를 금속 박편(metal foil)에 싸는 방법이 있다.

새로운 MOSFET는 내부적으로 게이트와 소스 사이에 전기적으로 연결된 제너 다이오드로써 보호한다. 이 제너 다이오드는 정전기 방전과 회로 내부 과도현상에 대해 보호하며 외부 단락 장치를 필요로 하지 않는다. 전자공학에서 **과도현상**(transient)은 부하 변동, 전압원 차이, 또는 선로 충격파에 대해 조정하는 동안 회로에 존재하는 전류의 순간 성분이다.

아래 절차를 따르면 보호되지 않은 MOSFET라도 안전하게 취급할 수 있다.

1. 회로에 설치하기 전에 리드 상호간에 단락을 유지시킨다.
2. 소자를 취급하는 손은 금속 팔찌를 사용하여 접지시킨다.
3. 납땜인두를 접지시킨다.
4. 전원이 켜져 있을 때에는 회로에 MOSFET를 삽입하거나 제거하지 않는다.

23-4 질문

1. MOSFET를 매우 조심스럽게 취급해야 하는 이유는 무엇인가?
2. 어떤 전압원이 초과되면 MOSFET가 손상되는가?
3. 운반 중에 MOSFET를 보호하기 위해 어떤 기법을 사용해야 하는가?
4. 새로운 MOSFET를 보호하기 위해 취하는 예방 조치는 무엇인가?
5. 보호되지 않은 MOSFET를 취급할 때 준수해야할 절차를 설명하라.

23-5 FET 검사

전계효과 트랜지스터를 검사하는 것은 보통의 트랜지스터를 검사하는 것보다 더 복잡하다. FET를 실제로 검사하기 전에 아래 사항들을 고려해야 한다.

1. 소자가 JFET인가 MOSFET인가?
2. FET가 N채널인가 P채널인가?
3. MOSFET가 증가형 소자인가 공핍형 소자인가?

회로에서 FET를 제거하거나 FET를 취급하기 전에, JFET인가 MOSFET인가를 알아보기 위해 검사한다. MOSFET는 다음과 같은 조치를 준수하지 않으면 쉽게 파괴될 수 있다.

1. MOSFET의 모든 리드는 사용할 때까지 단락시켜 둔다.
2. MOSFET를 취급하는 데 사용될 손은 접지시킨다.
3. MOSFET를 삽입하거나 제거하기 전에 회로의 전원을 끈다.

JFET와 MOSFET 모두 상용 트랜지스터 테스트 장비 또는 저항계로 검사할 수 있다.

상용 트랜지스터 테스트 장비를 사용할 때는 스위치 작동을 제대로 하기 위해 사용 지침서를 참조해야 한다.

저항계를 이용한 JFET의 검사

1. R × 100 범위의 저전압 저항계를 사용한다.
2. 테스트 리드의 극성을 결정한다. 적색은 양(+)이고 흑색은 음(−)이다.
3. 아래와 같은 방법으로 순방향 저항을 산출한다.
   a. N채널 JFET: 양극 리드를 게이트에 연결하고 음극 리드를 소스나 드레인에 연결한다. 소스와 드레인은 채널로 연결되기 때문에 한쪽만 테스트하면 된다. 순방향 저항값은 작아야 한다.
   b. P채널 JFET: 음극 리드를 게이트에 연결하고 양극 리드를 소스나 드레인에 연결한다.
4. 아래와 같은 방법으로 역방향 저항을 산출한다.
   a. N채널 JFET: 저항계의 음극 테스트 리드를 게이트에 연결하고 음극 리드를 소스나 드레인에 연결한다. JFET는 무한대의 저항을 나타내야 한다. 저항이 작다면 이것은 단락되었거나 누설되는 것을 의미한다.
   b. P채널 JFET : 저항계의 양극 테스트 리드를 게이트에 연결하고 양극 리드를 소스나 드레인에 연결한다.

저항계를 이용한 MOSFET의 검사

순방향 및 역방향 저항은 저전압 저항계를 가장 높은 눈금 범위에 두고 측정해야 한다. MOSFET는 게이트가 절연되어 있어서 저항이 매우 높다. 게이트와 소스 또는 드레인 사이의 순방향 저항 및 역방향 저항 검사 모두에 대해서 저항이 무한대여야 한다. 저항이 작으면 게이트와 소스 또는 드레인 사이의 절연이 파괴되었다는 것을 의미한다.

23-5 질문

1. FET를 실제로 테스트하기 전에 어떤 물음에 대답해야 하는가?
2. 회로에서 소자를 제거하기 전에 그 소자가 JFET인지 MOSFET인지를 알아야 하는 것이 왜 중요한가?
3. 저항계를 이용하여 JFET를 검사하는 방법을 설명하라.
4. 저항계를 이용하여 MOSFET를 검사하는 방법을 설명하라.
5. 상용 트랜지스터 테스터를 이용하여 JFET나 MOSFET를 검사하는 절차를 설명하라.

요약

- JFET는 신호를 제어하기 위해 접합 대신 채널을 이용한다(트랜지스터의 경우는 접합).
- JFET의 세 가지 리드를 게이트, 소스 및 드레인에 붙어있다.
- JFET를 제어하기 위하여 입력 신호를 게이트와 소스 사이에 인가한다.
- JFET는 극히 높은 입력 저항을 갖는다.
- JFET의 회로 기호는 다음과 같다.

- MOSFET(절연 게이트 FET)는 얇은 산화물 층을 이용하여 금속 게이트를 채널과 절연시킨다.
- 공핍형 MOSFET는 일반적으로 N채널 소자이며, 정상 상태에서 도통인 것으로 분류한다.
- 증가형 MOSFET는 보통 P채널 소자이며, 정상 상태에서 차단되어 있다.
- JFET와 MOSFET 사이의 한 가지 차이점은 게이트가 양(+)도 음(−)도 될 수 있다는 것이다.
- 공핍 MOSFET의 회로 기호는 아래와 같다.

- 대부분의 JFET와 MOSFET는 대칭적이므로 소스 리드와 드레인 리드는 상호 교환 가능하다.
- 증가 MOSFET의 기호는 다음과 같다.

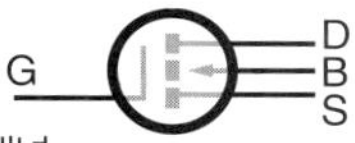

N채널

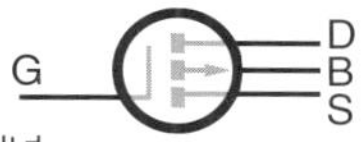

P채널

- MOSFET는 금속 게이트를 채널과 분리하는 얇은 산화물 층의 파손을 방지하기 위해 조심해서 취급해야 한다.
- 손가락으로부터의 정전하로 인하여 MOSFET가 파손될 수 있다.
- MOSFET를 사용하기 전에 MOSFET의 리드들을 서로 단락시켜야 한다.
- MOSFET를 취급할 때는 손목에 접지된 금속 팔띠를 착용해야 한다.
- MOSFET를 회로에 접속할 때는 접지된 납땜인두를 사용하고 회로의 전원을 꺼야 한다.
- JFET와 MOSFET는 상용 트랜지스터 테스터나 저항계를 이용하여 검사할 수 있다.

CHAPTER 23

자기테스트

1. N채널 및 P채널 JFET와 MOSFET의 회로 기호를 그려라.
2. JFET의 두 가지 외부 바이어스 전압을 무엇이라 하는가?
3. FET의 핀치오프 전압이 무엇인지 설명하라.
4. JFET의 핀치오프 전압은 어떻게 결정하는가?
5. 공핍형 MOSFET의 의미를 설명하라.
6. 공핍형 MOSFET와 증가 MOSFET의 차이점은 무엇인가?
7. 증가형 MOSFET는 어느 동작 모드에서 쉽게 차단되는가?
8. MOSFET를 취급할 때 지켜야할 안전수칙을 열거하라.
9. 저항계로 JFET를 테스트할 수 있는 방법을 설명하라.
10. 저항계로 MOSFET를 테스트할 수 있는 방법을 설명하라.

CHAPTER 24

사이리스터

THYRISTORS

목표

이 장을 마치고 나면 다음과 같은 것을 할 수 있게 된다.

- 사이리스터의 일반적 형태에 대해 알아본다.
- SCR, TRIAC 또는 DIAC가 회로에서 어떻게 동작하는지를 기술한다.
- SCR, TRIAC 및 DIAC의 회로 기호에 대해 알아본다.
- 여러 가지 형태의 사이리스터에 대한 회로 응용에 대해 알아본다.
- 여러 가지 형태의 사이리스터와 함께 사용되는 패키지 방법에 대해 알아본다.
- 저항계를 이용하여 사이리스터를 검사하는 방법에 대해 알아본다.

주요 용어

게이트(SCR)
사이리스터
실리콘 제어 정류기(SCR)
쌍안정 동작
양극(SCR)
음극(SCR)
재생 궤환
주단자 1 (MT1)
주단자 2 (MT2)
3극 교류 반도체
DIAC
SCR
TRIAC

사이리스터(thyristor)는 전자적으로 제어되는 스위치에 사용되는 광범위한 반도체 소자이다. 온(on) 상태 또는 오프(off) 상태에 머물도록 하기 위해 PNPN 재생 궤환에 의존하는 쌍안정 동작을 갖는 반도체 소자이다. **쌍안정 동작**(bistable action)은 두 가지 안정한 상태 중에서 하나의 상태에 고정되는 것을 말한다. **재생 궤환**(regenerative feedback)은 출력의 일부를 입력으로 되돌려서 증가된 출력을 얻는 한 가지 방법이다.

사이리스터는 직류 및 교류 전력을 제어해야 하는 응용 분야에 폭넓게 사용된다. 사이리스터는 전력을 부하에 인가하거나 부하로부터 전력을 제거하는 데 사용된다. 또한 이들은 전력을 조절하거나 부하에 인가된 전력량을 조절(예로서, 빛의 명암 조절 또는 모터의 속도 조절)하는 데도 사용할 수 있다.

24-1 실리콘 제어 정류기

실리콘 제어 정류기(silicon-controlled rectifier)는 사이리스터(thyristor) 중에서 가장 잘 알려진 것이며, 일반적으로 **SCR**이라 한다. SCR은 세 개의 단자(**양극**, **음극** 및 **게이트**)를 갖고 있다. SCR은 주로 스위치로 사용된다. SCR은 한 방 향으로만 흐르는 전류를 제어하므로 근본적으로 정류기이다. 전력 트랜지스터에 비하여 SCR은 작은 트리거 신호로써 외부 회로에 따라 달라지는 큰 전류를 제어할 수 있다는 장점이 있다. SCR은 게이트 신호가 제거된 후에 온(on) 상태로 남아 있도록 하기 위해 전류를 계속 흘려주어야 한다. 전류가 0으로 떨어지면 SCR은 차단되며 SCR을 다시 온(on) 상태로 하기 위해서는 게이트 신호를 다시 인가해야 한다. 전력 트랜지스터는 SCR의 경우와 동일한 크기의 전류를 제어하기 위해서 SCR보다 10배로 큰 트리거 신호를 필요로 한다.

SCR은 교대로 도핑된 4개의 반도체 층으로 구성된 고체 소자이다. SCR은 확산 방법 또는 확산 접합 방법에 의하여 실리콘으로 만든다(제20장 참조). 그림 24-1은 SCR의 개략도를 보여주고 있다. 4개의 층은 서로가 샌드위치 모양으로 되어 있어서 3개의 접합을 형성한다. 리드는 3개의 층에만 연결되어 있어서 양극, 음극 및 게이트를 형성한다.

그림 24-2는 4개의 층을 3층 소자 2개로 나눈 것을 보여주고 있다. 이들은 상호 연결된 PNP 및 NPN 트랜지스터로서 재생 궤환 쌍(regenerative feedback pair)을 형성한다. 그림 24-3은 이러한 트랜지스터의 기호를 보여주고 있다. 이 그림은 양극이 음극에 비하여 양(−)의 값을 가지며, 게이트가 개방된 것을 보여주고 있다. NPN 트랜지스터는 도통하지 못하고 있다. 왜냐하면 그의 이미터 접합에(PNP 트랜지스터의 컬렉터 또는 게이트 신호에 의하여 제공되는) 순방향 바이어스 전압이 인가되지

그림 24-1
단순화된 SCR

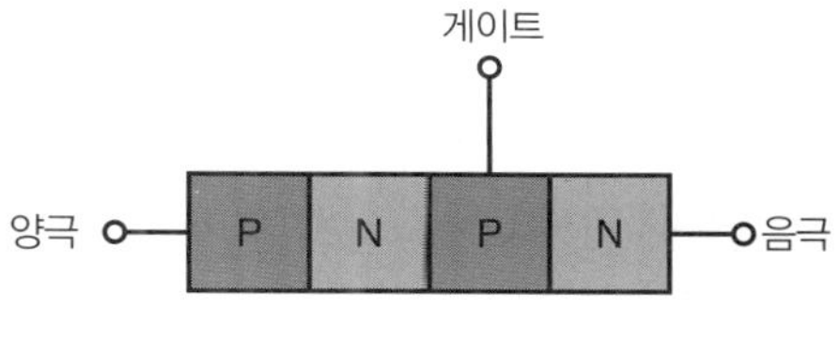

그림 24-2
등가 SCR

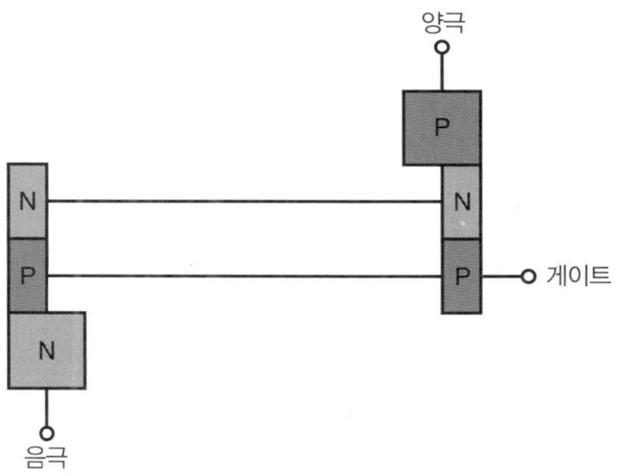

그림 24-3
등가 SCR의 회로 기호

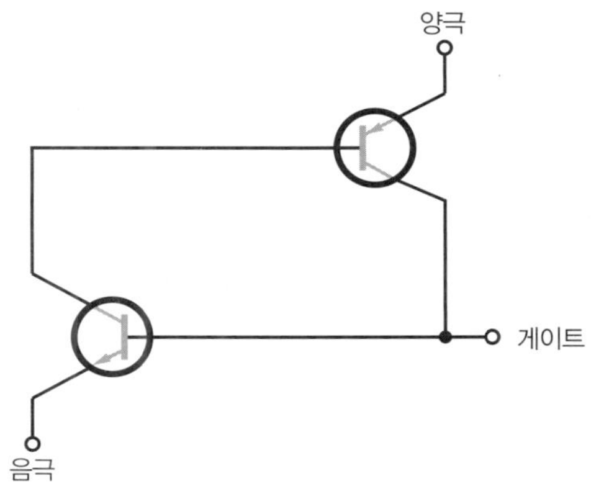

않기 때문이다. NPN 트랜지스터의 컬렉터가 도통하지 못하고 있으므로, PNP 트랜지스터도 도통하지 못하고 있다(NPN 트랜지스터의 컬렉터가 PNP 트랜지스터의 베이스 구동을 제공한다). 이러한 상태에서는 회로가 전류를 양극에서 음극으로 흐르게 하지 못한다.

게이트를 음극에 비하여 양(+)으로 하면 NPN 트랜지스터의 이미터 접합이 순방향 바이어스되어 NPN 트랜지스터가 도통된다. 이는 베이스 전류가 PNP 트랜지스터를 통하여 흐르도록 하고 이어서 PNP 트랜지스터가 도통되게 한다. PNP 트랜지스터를 통하여 흐르는 컬렉터 전류는 베이스 전류가 NPN 트랜지스터를 통하여 흐르게 한다. 두 트랜지스터는 모두 서로 간에 도통 상태를 유지하여 전류가 양극에서 음극으로 계속해서 흐르도록 한다. 이러한 동작은 게이트 전압을 순간적으로 인가한 후 제거하여도 계속 일어난다. 게이트 전압을 순간적으로 인가하면 회로를 도통 상태로 전환시키며, 게이트 전압이 제거되어도 회로는 도통 상태를 계속한다. 양극 전류는 외부 회로에 의해서만 제한된다. SCR을 오프(off) 상태로 전환하기 위해서는, 양극과 음극 사이의 전압을 유지값(보통은 0에 가까움) 아래로 낮추어야 한다. 이는 두 트랜지스터를 오프(off) 상태에 두게 하며 게이트 전압을 다시 인가할 때까지 오프(off) 상태를 계속 유지하게 한다.

SCR은 양(+)의 입력 게이트 전압에 의해서 온(on) 상태가 되며 양극-음극 전압을 0으로 감소시켜서 오프(off) 상태로 된다. SCR이 온(on) 상태로 되어 큰 양극-음극 전류를 도통시키면, 순방향으로 도통되고 있는 것이다. 음극-양극 바이어스 전압의 극성을 반대로 하면, 반대 방향으로 작은 누설 전류만 흐르게 된다.

그림 24-4에는 SCR의 회로 기호를 보여 주고 있다. 이는 게이트 리드를 부착한 다이오드 기호이다. 리드는 통상적으로 문자 *K*(캐소드, 음극), *A*(애노드, 양극) 및 *G*(게이트)로 구별한다. 그림 24-5는 여러 종류의 SCR 패키지를 보여 주고 있다.

적절히 바이어스된 SCR을 그림 24-6에 나타내었다. 스위치는 게이트 전압을 인가하거나 제거하는 데 쓰인다. 저항기 R_G는 전류를 규정된 게이트 전류로 제한하는 데 사용된다. 양극-음극 전압은 AC 전압원에 의해 공급한다. 직렬 저항기(R_L)는 소자가 온(on) 상태로 될 때 양극-음극 전류를 규정된 게이트 전류로 제한하는 데 쓰인다. 저항기 R_L이 없으면 SCR은 자신을 파괴시킬 만큼 큰 양극-음극 전류를 흘린다.

그림 24-4

SCR의 회로 기호

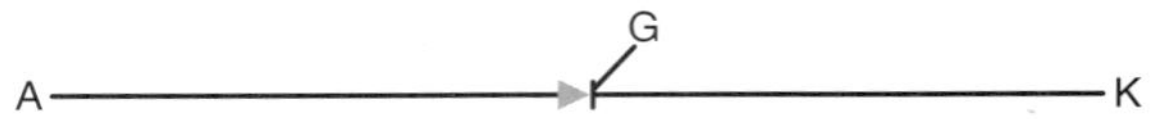

그림 24-5

일반적인 SCR 패키지

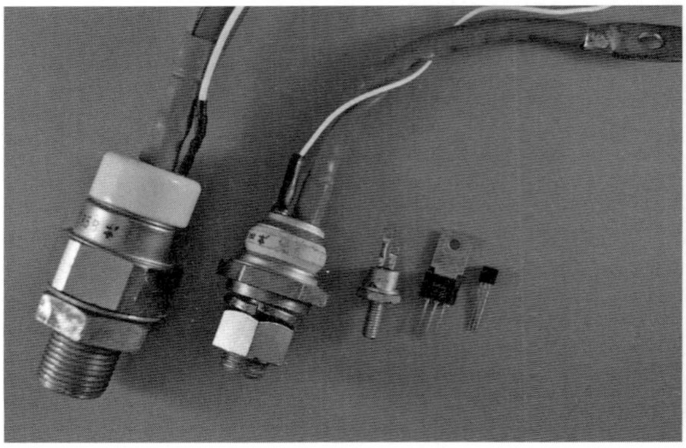

SCR은 주로 여러 가지 형태의 부하에 DC 및 AC 전력을 인가하는 것을 제어하는 데 쓰인다. SCR은 회로를 개폐시키는 스위치로 사용될 수 있으며, 또한 부하에 인가되는 전력의 양을 변화시키는 데에도 사용할 수 있다. SCR을 사용함에 있어서, 작은 게이트 전류가 큰 부하 전류를 제어할 수 있다.

SCR을 DC 회로에서 사용할 때는, 전력을 부하로부터 제거하지 않고는 SCR을 오프(off) 상태로 만드는 값싼 방법이 없다. 이러한 문제는 SCR 양단에 스위치를 연결하여 해결할 수 있다(그림 24-7). 스위치 S_2가 닫히면 SCR이 단락된다. 이렇게 하면 양극-음극 전압을 0으로 감소시켜, 순방향 전류가 유지 전류 이하로 감소되어 SCR이 오프 상태로 된다.

그림 24-6

적절히 바이어스된 SCR

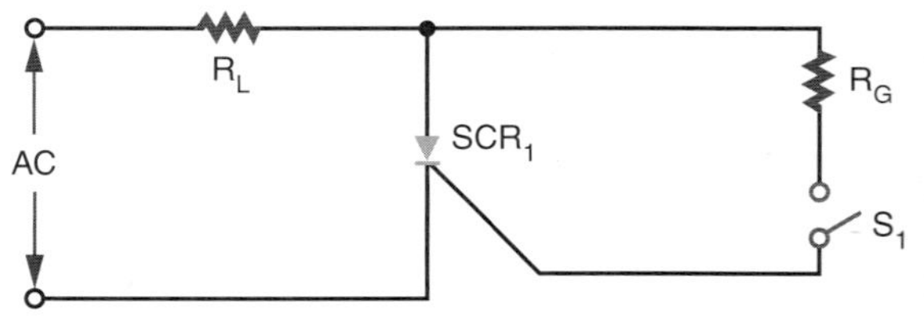

그림 24-7

DC 회로에서의 전력 제거

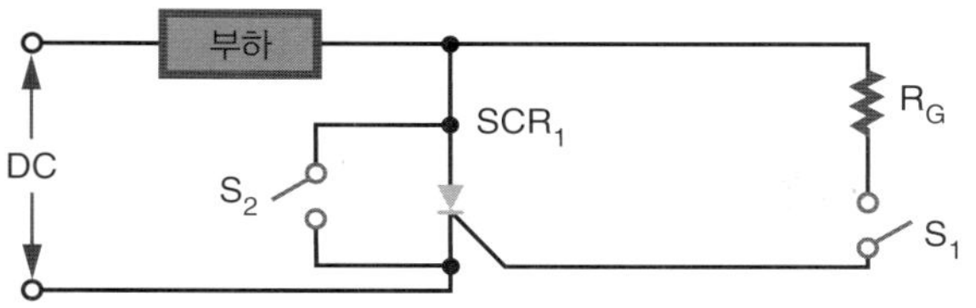

SCR을 AC 회로에 사용할 때는, AC 입력의 한 사이클 중 하나의 반 사이클에서만 도통시키는 능력이 있어서 양극을 음극에 대하여 양(+)의 값이 되게 한다. 게이트 전류를 연속해서 인가하면, SCR이 계속적으로 도통한다. 게이트 전류를 제거하면, SCR은 AC 신호의 반 사이클 동안 오프 상태가 되어 게이트 전류를 다시 인가할 때까지 오프 상태를 유지한다. 이는 사용 가능 전력의 50%만이 부하에 전달된다는 것을 의미한다. 각 사이클의 두 개의 반 사이클에 대하여 각각 전류를 제어하기 위해 SCR을 사용하는 것이 가능하다. 이것은 AC 신호를 SCR에 가하기 전에 정류하여 각 사이클의 두 개의 반 사이클 동안 각각이 동일한 방향으로 전류를 흐르게 함으로써 가능하다.

그림 24-8에서는 간단한 가변 반파 회로를 보여 주고 있다. 이 회로는 양극 전압 신호의 위상각을 0 도에서 90 도까지 변화시킬 수 있도록 되어 있다. 다이오드 D_1은 양극 공급 전압의 음(−)의 반 주기 동안 역방향 게이트 전압을 차단한다.

24-1 질문

1. 개폐에 있어서 SCR이 트랜지스터에 비하여 더 좋다고 생각되는 이유는 무엇인가?
2. SCR을 어떻게 만드는지 설명하라.
3. SCR이 어떻게 동작하는지 설명하라.
4. SCR의 회로 기호를 그리고 단자 이름을 표시하라.
5. SCR의 응용 분야에는 어떤 것이 있는가?

그림 24-8

가변 반파 회로

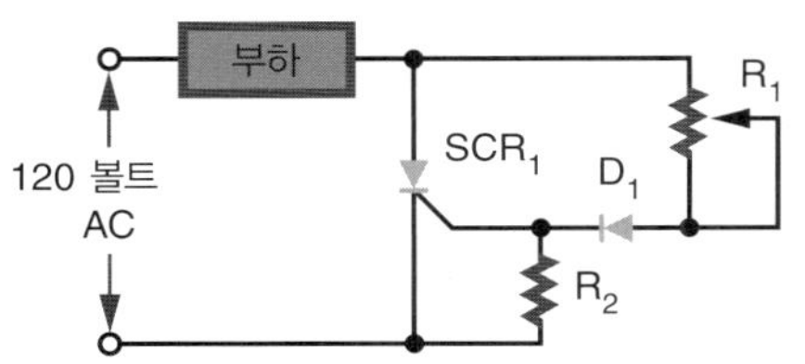

24-2 TRIAC

TRIAC은 3극 교류 반도체(triode AC semiconductor)의 약어이다. TRIAC은 SCR과 동일한 개폐 특성을 가지나 AC 전류 흐름의 양방향을 도통시킨다. TRIAC은 등을 맞대고 병렬로 연결된 두 개의 SCR과 등가이다(그림 24-9).

TRIAC이 두 방향의 전류를 모두 제어할 수 있기 때문에, 여러 가지 형태의 부하에 AC 전력을 인가하는 것을 제어하는 데 널리 쓰인다. TRIAC은 게이트 전류를 인가하여 온(on) 상태로 할 수 있으며, 동작 전류를 유지 전류 아래로 감소시키면 오프(off) 상태가 될 수 있다. TRIAC은 단자를 통하여 흐르는 순방향 및 역방향 전류를 도통하도록 설계되어 있다.

그림 24-10에서는 TRIAC의 단순화된 그림을 보여주고 있다. TRIAC은 PNPN 소자와 병렬인 4층 NPNP 소자이다. TRIAC은 하나의 게이트를 통하여 흐르는 게이트 전류에 반응하도록 설계되어 있다. 입출력 단자는 **주단자 1** (MT1) 및 **주단자 2** (MT2)로 구분한다. 단자는 소자의 반대쪽 끝에 있는 PN 접합을 가로질러서 연결되어 있다. 단자 MT1은 게이트 단자에서의 전압 전류 측정을 위한 기준점이다. 게이트(G)는 MT1과 같은 동일한 끝에 있는 PN 접합에 연결된다. MT1에서 MT2까지, 신

그림 24-9

TRIAC의 등가 회로

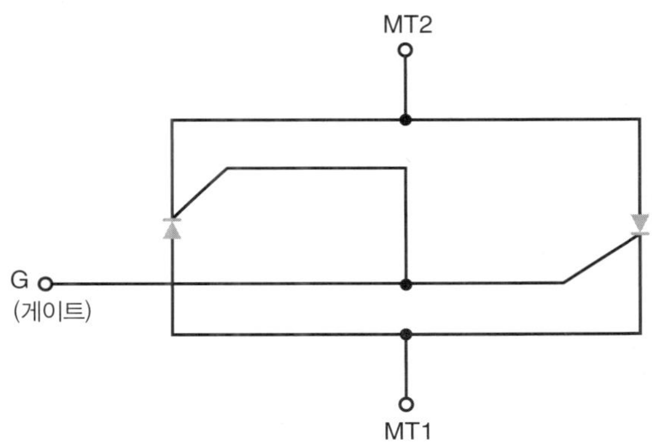

그림 24-10
단순화된 TRIAC

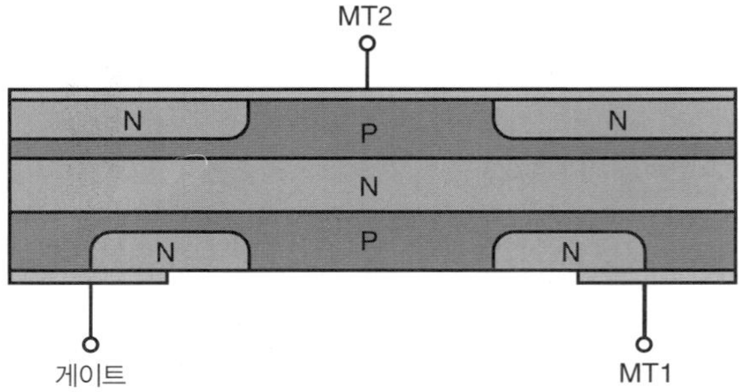

그림 24-11
TRIAC의 회로 기호

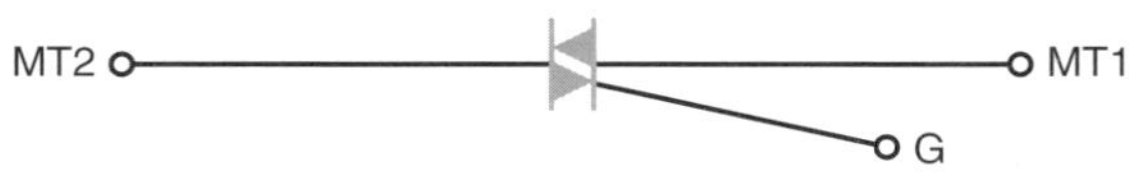

호는 NPNP 층열 또는 PNPN 층열을 통과해야 한다.

TRIAC의 회로 기호를 그림 24-11에 나타내었다. 이는 하나의 게이트 리드를 가지며, 반대 방향으로 연결된 두 개의 병렬 다이오드로 구성된다. 단자는 MT1, MT2 및 G(게이트)로 구분한다. 몇 가지 TRIAC 패키지를 그림 24-12에 나타내었다.

TRIAC은 AC 스위치로서 쓸 수 있다(그림 24-13). TRIAC은 또한 부하에 인가되는 AC 전력의 양을 제어하는 데도 사용할 수 있다(그림 24-14). TRIAC은 부하에

그림 24-12
일반적인 TRIAC 패키지

그림 24-13
TRIAC AC 스위치 회로

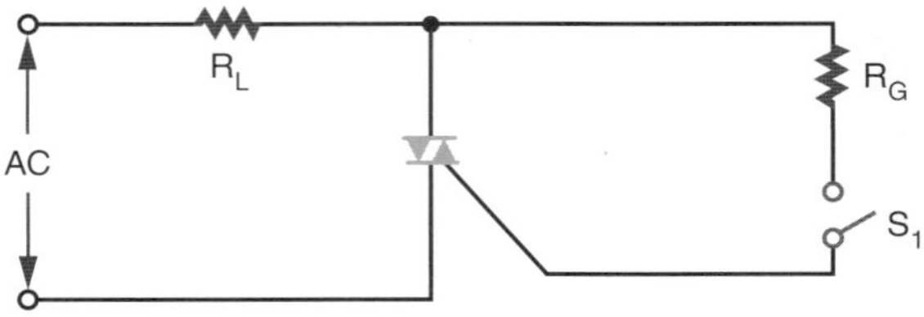

그림 24-14
TRIAC AC 제어 회로

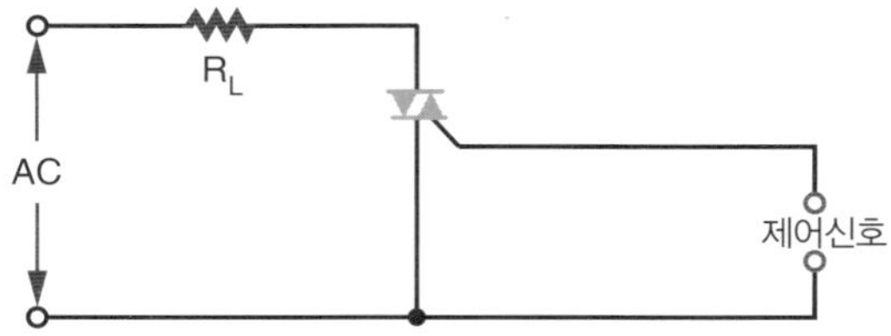

사용 가능한 전력을 모두 인가한다. 부하에 공급되는 AC 전력량을 변화시키는 데 TRIAC을 사용할 때에는, 적절한 시간에 TRIAC이 기능하도록 하기 위해 특수한 트리거 장치가 필요하다. TRIAC이 반대 방향으로 흐르는 게이트 전류에 대해 동일하게 민감하지 못하므로 트리거 장치가 필요하다.

TRIAC은 SCR과 비교할 때 단점을 가지고 있다. TRIAC은 25 암페어의 높은 전류 정격을 가지고 있으나, SCR은 1,400 암페어의 높은 전류에서도 사용할 수 있는 것도 구할 수 있다. TRIAC의 최대 전압정격은 500 V이나, SCR은 2,600 V이다. TRIAC은 저주파수(50~400 Hz)를 위해 설계되었고, SCR은 30 kHz까지 취급할 수 있다. 또한 TRIAC은 유도성 부하에 대한 전력을 개폐하는 것이 어렵다.

24-2 질문

1. TRIAC와 SCR 사이의 차이점은 무엇인가?
2. TRIAC를 어떻게 만드는지 설명하라.
3. TRIAC에 대한 회로 기호를 그리고 단자 이름을 표시하라.
4. TRIAC의 몇 가지 응용 분야는 무엇인가?
5. TRIAC와 SCR의 장단점을 비교하라.

24-3 양방향 트리거 다이오드(DIAC)

TRIAC은 비대칭 트리거 특성을 가지고 있기 때문에, 즉 TRIAC은 반대 방향으로 흐르는 게이트 전류에 대해 동일하게 민감하지 못하므로, TRIAC 회로에는 양방향 트리거 다이오드를 사용한다. 가장 자주 쓰이는 트리거 장치는 **DIAC** (diode *AC*)이다.

DIAC은 트랜지스터와 동일한 방법으로 만든다. DIAC에는 교대로 도핑된 세 개의 층이 있다(그림 24-15). 제조에 있어서 단 하나의 차이점은 DIAC 내 두 개의 접합 주위의 도핑 농도가 동일하다는 것이다. 리드는 바깥 층에만 부착되어 있다. 이 소자에는 리드가 단 두 개 있기 때문에, PN 접합 다이오드처럼 포장한다.

두 개의 접합은 동일하게 도핑되어 있어서, DIAC은 전류 흐름의 방향에 관계없이 전류에 동일한 효과를 나타낸다. 접합 중의 하나는 순방향 바이어스되고 다른 것은 역방향 바이어스된다. 역방향 바이어스된 접합은 DIAC을 통하여 흐르는 전류를 제어한다. DIAC은 등을 맞대고 직렬로 연결된 두 개의 PN 접합 다이오드를 포함하고 있는 것처럼 작용한다(그림 24-16). 역방향 바이어스된 접합이 항복되어 제너 다이오드와 아주 비슷하게 도통을 시작하도록 양방향으로 인가된 전압이 충분히 높아질 때까지 DIAC이 오프 상태를 유지한다. 항복(break over)은 도통이 시작되는 점이다. 이는 DIAC이 온 상태로 되어 회로의 직렬 저항기에 의해서 제한 받는 값까지 전류가 증가되게 한다.

DIAC에 대한 회로 기호를 그림 24-17에 나타내었다. 이것은 TRIAC의 기호와 유사하다. 차이는 DIAC에는 게이트 리드가 없다는 것이다.

그림 24-15

단순화된 DIAC

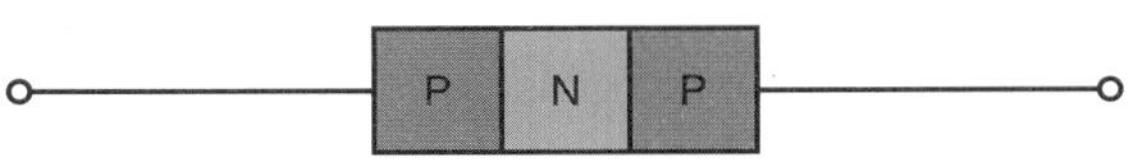

그림 24-16

등가 DIAC

(두 가지 방향으로 설치할 수 있다)

그림 24-17

DIAC의 회로 기호

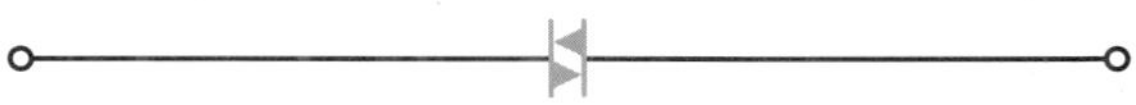

그림 24-18

가변 전파 위상 제어 회로

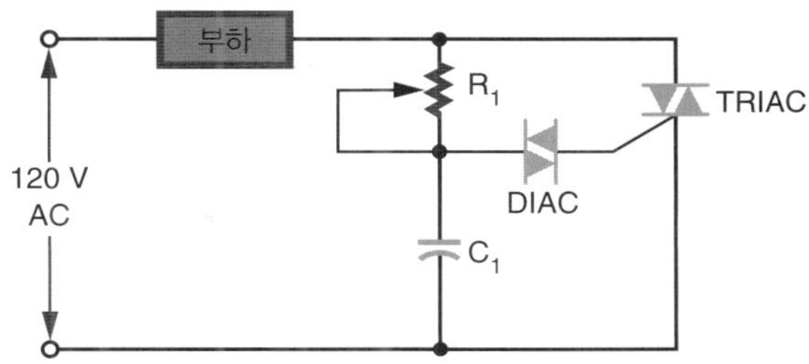

DIAC은 TRIAC을 위한 트리거 소자로서 가장 보편적으로 사용된다. DIAC이 온 상태로 될 때마다, 전류가 TRIAC 게이트를 통하여 흐르게 되어 TRIAC을 온 상태로 만든다. DIAC은 AC 신호의 전파 제어를 위해서 TRIAC과 함께 사용된다.

그림 24-18에는 가변 전파 위상 제어(variable full-wave phase-control) 회로를 보여주고 있다. 가변 저항기 R_1과 커패시터 C_1이 위상 이동 회로망을 형성한다. C_1 양단의 전압이 DIAC의 항복 전압에 이르면, C_1이 DIAC를 통하여 TRIAC의 게이트로 부분적으로 방전한다. 이렇게 방전하게 되면 TRIAC을 도통 상태로 트리거시키는 펄스를 생성한다. 이 회로는 램프, 히터 및 소형 전기 모터 속도를 제어하는 데 유용하다.

24-3 질문

1. DIAC가 회로의 어느 곳에 사용되는가?
2. DIAC를 어떻게 만드는지 설명하라.
3. DIAC가 회로에서 어떻게 동작하는지 설명하라.
4. DIAC의 회로 기호를 그리고, 단자 이름을 표시하라.
5. DIAC와 TRIAC을 이용한 전파 위상 제어 회로에 대한 회로도를 그려라.

24-4 사이리스터의 검사

다른 반도체 소자와 마찬가지로, 사이리스터도 고장날 수 있다. 사이리스터는 상용 테스트 장비나 저항계로 테스트할 수 있다.

사이리스터를 테스트하기 위해 상용 테스트 장비를 사용하기 위해서는, 적절한 스위치 설정 및 판독을 위해 제조업자의 지침서를 참고하라.

저항계를 사용하면 결함이 있는 사이리스터를 대부분 검출할 수 있다. 이 방법은 한계 능력에 있거나 전압에 민감한 소자는 검출할 수 없다. 그러나 이 방법은 사이리스터의 상태를 잘 보여줄 수 있다.

저항계를 이용한 SCR의 검사

1. 저항계 리드의 극성을 결정한다. 적색 리드는 양(+)이고 흑색 리드는 음(−)이다.
2. 저항계 리드의 양(+)을 음극에, 음(−)을 양극에 연결한다. 저항이 1 MΩ을 초과해야 한다.
3. 도선을 역으로 음(−)을 음극에, 양(+)을 양극에 연결한다. 저항이 또한 1 MΩ을 초과해야 한다.
4. 3번 단계에서와 같이 저항계가 연결된 상태에서 게이트를 양극과 단락시킨다(게이트 리드를 다른 양극 리드에 접촉시킨다). 저항이 1 MΩ 미만으로 떨어져야 한다.
5. 게이트와 양극 사이의 단락을 제거한다. 낮은 저항 눈금을 가진 저항계를 사용할 때는 저항이 낮게 유지되어야 한다. 높은 저항 눈금을 가진 저항계를 사용할 때는 저항이 1 MΩ 이상으로 복귀되어야 한다. 높은 저항 눈금 범위에서, 단락이 제거되었을 때 저항계는 게이트가 래치 상태(온 상태)를 유지할 만큼 충분한 전류를 공급하지 못한다.
6. SCR로부터 저항계 리드를 제거하고 검사를 반복한다. 어떤 저항계는 5번 단계에서 중대한 결과를 주지 못하기 때문에, 4번 단계가 충분하다.

저항계를 이용한 TRIAC의 검사

1. 저항계 리드의 극성을 결정한다.
2. 양극 리드를 MT1에, 음극 리드를 MT2에 연결한다. 저항이 높아야 한다.
3. 2번 단계에서와 같이 리드가 연결된 상태에서 게이트를 MT1에 단락시킨다. 저항이 떨어져야 한다.
4. 단락을 제거한다. 낮은 저항이 유지되어야 한다. 저항계는 큰 게이트 전류를 필요로 하는 경우 TRIAC을 래치 상태로 유지할 만큼 충분한 전류를 공급하지 못할 수도 있다.
5. 리드를 제거하고 2번 단계에서 구정한 대로 다시 연결한다. 저항이 다시 높아야 한다.
6. 게이트를 MT2에 연결한다. 저항이 떨어져야 한다.
7. 단락을 제거한다. 저항이 낮게 유지되어야 한다.
8. 리드를 제거하여 극성을 반대로 한다. 즉, 음(−)을 MT1에 양(+)을 MT2에 연결한다. 저항이 높아야 한다.
9. 게이트를 MT1에 단락시킨다. 저항이 떨어져야 한다.
10. 단락을 제거한다. 낮은 저항이 유지되어야 한다.
11. 리드를 제거하고 동일한 구성으로 다시 연결한다. 저항이 다시 높은 값을 유지해야 한다.
12. 게이트를 MT2에 단락시킨다. 저항이 떨어져야 한다.
13. 단락을 제거한다. 낮은 저항이 유지되어야 한다.
14. 리드를 제거하여 다시 연결한다. 저항이 높아야 한다.

저항계를 이용한 DIAC의 검사

저항계로 DIAC을 검사할 경우, 양쪽 모두에 대해서 저항이 낮은 것은 그 소자가 개방되지(고장나지) 않았다는 것을 의미한다. 이것이 단락된 소자를 나타내지는 않는다. DIAC를 좀더 검사하기 위해서는 단자에서의 전압을 점검하기 위해 특별한 회로 구성이 필요하다(그림 24-19).

그림 24-19
동적인 DIAC 검사

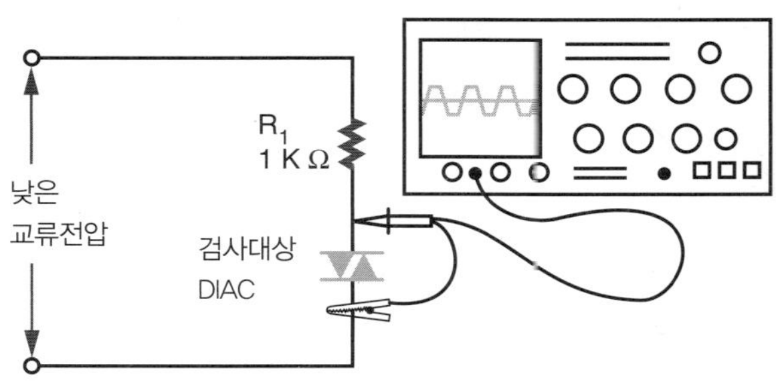

24-4 질문

1. SCR을 검사하기 위하여 트랜지스터 테스터를 사용하기 위해 스위치를 설정하는 방법과 및 테스터에 나타나는 내용에 대해서 설명하라(매뉴얼을 참고하라).
2. TRIAC을 검사하기 위하여 트랜지스터 테스터를 사용하기 위해 스위치를 설정하는 방법과 및 테스터에 나타나는 내용에 대해서 설명하라(매뉴얼을 참고하라).
3. 저항계로 SCR을 검사하기 위한 절차를 설명하라.
4. 저항계로 TRIAC을 검사하기 위한 절차를 설명하라.
5. 저항계로 DIAC을 검사하기 위한 절차를 설명하라.

요약

- 사이리스터는 SCR, TRIAC 및 DIAC을 포함한다.
- SCR은 양(+)의 게이트 신호에 의해서 한 방향으로 전류를 제어한다.
- SCR은 양극-음극 전압을 0으로 감소시켜 오프 상태로 만든다.
- SCR은 AC 및 DC 회로 모두에서 전류를 제어하기 위해 사용할 수 있다.
- SCR의 회로 기호는 다음과 같다.

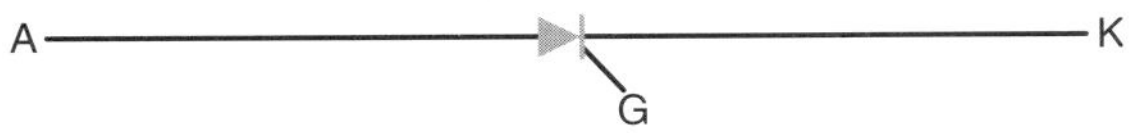

- TRIAC는 양방향 3극 사이리스터이다.
- TRIAC는 양(+)의 게이트 신호나 음(−)의 게이트 신호에 의해서 전류를 어느 방향으로든지 제어할 수 있다.
- TRIAC의 회로 기호는 다음과 같다.

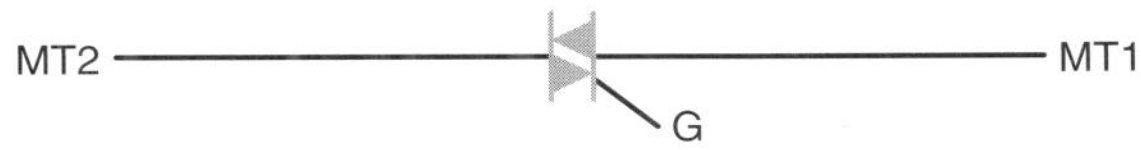

- TRIAC가 25 A까지의 전류를 도통시키는 데 비하여 SCR은 1400 A까지 취급할 수 있다.
- TRIAC는 전압 정격이 500 V인 데 비하여 SCR은 2600 V까지의 전압 정격을 갖는다.
- TRIAC는 400 Hz까지의 주파수를 취급할 수 있는 데 비하여, SCR은 30 kHz까지 취급할 수 있다.
- TRIAC는 비대칭 트리거 특성을 가지므로, DIAC을 사용할 필요가 있다.
- DIAC는 양방향 트리거 다이오드이다.
- DIAC의 회로 기호는 다음과 같다.

- DIAC은 주로 TRIAC을 위한 트리거 소자로 사용한다.
- 사이리스터는 상용 트랜지스터 테스터 또는 저항계로 검사할 수 있다.

CHAPTER 24 자기테스트

1. PN 접합 다이오드와 SCR 사이의 차이점은 무엇인가?
2. SCR이 도통 상태가 된 후, SCR을 통해서 흐르는 양극 전류에 양극 전압원이 어떤 영향을 미치는가?
3. 정현파를 그려서 그 위에 SCR이 차단되는 곳을 표시하라.
4. SCR 회로를 통하여 흐르는 전류에 부하 저항이 어떤 영향을 미치는가?
5. SCR에 대한 TRIAC의 장점은 무엇인가?
6. SCR에 대한 TRIAC의 단점은 무엇인가?
7. TRIAC의 게이트 회로에 DIAC을 쓰는 이유는 무엇인가?
8. SCR을 테스트하는 과정을 설명하라.
9. 사이리스터를 테스트할 때, 저항계로 테스트할 수 없는 것은 무엇인가?
10. DIAC을 테스트하는 단계를 그림으로 그려라.

CHAPTER 25

집적회로

INTEGRATED CIRCUITS

목표

이 장을 마치고 나면 다음과 같은 것을 할 수 있게 된다.

- 집적회로의 중요성을 설명한다.
- 집적회로의 장점과 단점을 알아본다.
- 집적회로의 주요 구성 요소를 알아본다.
- 집적회로를 제조하는 데 사용되는 4가지 공정을 기술한다.
- 주요 집적회로 패키지를 알아본다.
- 집적회로의 패밀리를 열거한다.

트랜지스터 및 그 외 반도체 소자는 크기가 작고 전력소비가 적어서 전자회로의 크기를 줄일 수 있게 하였다. 지금은 반도체 원리를 개개의 소자뿐만 아니라 회로를 완성하는 데에도 확장시킬 수 있다. 집적회로의 목적은 부품과 회로를 분리하지 않고 증폭 또는 스위칭과 같은 특별한 기능을 수행하는 단일 소자를 개발하는 것이다.

다음과 같은 몇몇 요소 때문에 집적회로가 널리 쓰인다.

- 복잡한 회로로 되어 있지만 신뢰성이 있다.
- 낮은 소비 전력 요구사항을 만족한다.
- 크기가 작고 무게가 가볍다.
- 생산비용이 경제적이다.
- 시스템 문제에 대해 새롭고 더 좋은 해결책을 제공한다.

주요 용어

극초대규모 집적(ULSI)
대규모 집적(LSI)
박막 집적회로
모노리식 IC
소규모 집적(SSI)
정전 방전(ESD)
중규모 집적(MSI)
집적회로(IC)
초대규모집적(VLSI)
하이브리드 집적회로
후막 집적회로
DIP (dual-inline package)
LCC (leadless chip carrier)
PQFP (plastic quad flat package)
TSOP (thin small outline package)

25-1 트랜지스터의 소개

최초의 집적회로는 영국 국방성 Royal Radar Establishment의 레이더 과학자인 Geoffrey W. A. Dummer가 생각해내었다. 그는 1952년 5월 7일에 Washington D. C.에서 그의 아이디어를 출판하였다. 그러나 그는 1956년까지도 그의 모델에 근거한 성공적인 회로를 만드는 데 성공하지 못했다.

Texas Instruments에서 Jack Kilby는 1958년 여름에 기존의 전자회로보다 더 작은 회로를 개발하도록 임무를 받았다. 그의 아이디어는 동일한 덩어리의 반도체 물질로 된 모든 소자와 칩을 만드는 데까지 진보하였다. 1958년 9월에 그는 최초의 집적회로를 만들었으며 그 회로는 완벽하게 동작하였다. 동일한 반도체 덩어리로 된 모든 부품을 만들고 이들 부품을 연결하는 데 필요한 금속을 꼭대기 층으로서 추가하도록 함으로써 개별 부품과 전선을 연결할 필요가 없게 되었다. 이렇게 하여 회로를 더 작게 만들 수 있게 되었으며 제조 공정도 자동화할 수 있게 되었다. Jack Kilby는 집적회로의 발명으로 아마도 가장 유명하게 되었으며 2000년에 노벨 물리학상을 수상하였다.

Fairchild Semiconductor의 Robert Noyce는 Jack Kilby보다 반년 늦게 집적회로 제작에 관한 그의 고유한 아이디어를 독립적으로 전개하였다. Noyce의 회로는 칩 위에서 모든 소자를 연결해야 하는 Kilby의 문제점을 해결하였다. 그는 최종 층으로서 금속을 추가한 다음 그 중 일부를 제거하여 소자를 연결하는 데 필요한 전선이 만들어지도록 하였다. 이렇게 하여 집적회로가 대량생산에 적합하게 되었다.

집적회로(integrated circuit, IC)는 하나의 패키지에 들어있는 완전한 전자회로로서 기존의 저전력 트랜지스터보다 더 작다. 이러한 집적회로는 다이오드, 트랜지스터, 저항기 및 커패시터로 구성된다. 집적회로는 트랜지스터 및 그 외 반도체 소자를 만드는 데 사용되는 것과 동일한 방법과 물질로써 제조한다.

집적회로의 가장 두드러진 장점은 크기가 작다는 것이다. 하나의 집적회로는 1/8 제곱인치 정도 되는 반도체 물질의 칩으로 구성된다. 집적회로의 크기가 작기 때문에 군사 및 항공우주산업 프로그램에 널리 사용되고 있다. 집적회로는 또한 계산기를 데스크탑에서 휴대용으로 변화시켰다. 컴퓨터 시스템이 옛날에는 방을 여러 개 차지할 정도로 컸으나 지금은 집적회로 때문에 휴대용 모델로도 구입할 수 있게 되었다.

이러한 작은 집적회로는 기존의 트랜지스터 회로에 비하여 전력을 더 적게 소비하고 더 빠른 속도로 동작한다. 내부 부품을 직접 연결함으로써 전자의 이동시간이 짧아졌다.

집적회로는 직접 연결된 트랜지스터 회로에 비하여 신뢰성이 더 높다. 집적회로에서는 내부 부품이 영구적으로 연결되어 있다. 모든 부품이 동시에 만들어져 오류가 일어날 기회가 적다. 집적회로를 제조하고 난 후 최종 조립하기 전에 검사한다.

많은 집적회로가 동시에 생산된다. 이렇게 하면 비용이 상당히 절감된다. 제조업자들은 완전한 그리고 표준적인 집적회로 라인을 제공한다. 특수목적 집적회로도 규격에 맞게 생산할 수 있으나, 수량이 작으면 단가가 높아진다.

집적회로는 전자장비를 만들 때 필요한 부품의 개수를 줄여준다. 이는 재고를 줄이게 되고 따라서 제조업자의 간접비용을 절감시키며, 나아가 전자장비의 가격도 줄여준다.

집적회로는 단점도 있다. 집적회로는 대전류나 고전압을 취급할 수 없다. 대전류는 과도한 열을 발생시켜서 소자를 파손시킨다. 고전압은 각종 내부 부품 사이의 절연을 파괴시킨다. 대부분의 집적회로는 5~15 V에서 mA 범위로 1 와트 미만의 전력을 소비하는 저전력 소자이다.

집적회로에 포함시킬 수 있는 소자 종류는 다이오드, 트랜지스터, 저항기 및 커패시터의 네 가지뿐이다. 다이오드와 트랜지스터는 만들기가 가장 쉽다. 저항기는 저항이 커지면 크기도 커진다. 커패시터는 저항기보다 더 큰 공간을 필요로 하며 용량이 커지면 크기도 커진다.

집적회로는 수리할 수 없다. 이는 내 부품을 분리할 수 없기 때문이다. 그러므로 개별 부품에 대해 문제를 확인하는 것이 아니고 개별 회로에 대해서 확인한다. 이러한 단점에 대한 장점은 고도로 복잡한 시스템을 유지보수하는 것을 크게 단순화시킬 수 있다는 것이다. 이는 또한 유지보수요원이 장비를 수리하는 데 드는 시간을 줄여 준다.

모든 인자를 고려할 때, 장점이 단점을 능가한다. 집적회로는 전자장비의 크기, 무게 및 가격을 줄여주는 한편 신뢰도를 높여 준다. 집적회로가 더욱 더 복잡해짐에 따라 더 넓은 범위의 임무를 수행할 수 있는 능력이 있어지고 있다.

25-1 질문

1. 집적회로를 정의하라.
2. 집적회로의 장점은 무엇인가?
3. 집적회로의 단점은 무엇인가?
4. 집적회로에는 어떤 부품이 포함될 수 있는가?
5. 결함이 있는 집적회로를 수리하는 절차는 무엇인가?

25-2 집적회로 제조방법

집적회로는 제조방법에 따라 분류한다. 좀더 보편적인 제조방법은 모놀리식(monolithic), 박막(thin film), 후막(thick film) 및 하이브리드(hybrid)이다.

모놀리식 집적회로는 트랜지스터와 동일하게 제조하나 약간의 단계가 더 추가된다. 집적회로는 지름이 3~4 인치이고 두께가 0.010 인치인 원형 실리콘 웨이퍼(silicon wafer)로부터 시작된다. 이 웨이퍼는 집적회로를 형성하는 기판(베이스)으로 작용한다. 여러 개의 집적회로가 이 웨이퍼 위에 동시에 만들어지며, 웨이퍼의 크기에 따라서 수백 개까지 만들어진다. 웨이퍼 상의 집적회로는 일반적으로 크기와 형태가 모두 동일하며, 부품의 개수와 형태도 동일하다(그림 25-1).

제작한 뒤에 집적회로를 웨이퍼 상에서 테스트한다. 테스트 후에 웨이퍼를 개별 칩으로 자른다. 각 칩은 그의 회로와 관련된 모든 부품 및 연결을 포함하는 하나의 완전한 집적회로이다. 품질관리 테스트를 통과한 각각의 칩은 패키지에 장착시킨다. 수많은 집적회로가 동시에 생산되

그림 25-1

웨이퍼 위의 집적회로

지만 그 중 몇 개만이 사용 가능하다. 이것을 수율이라 한다. 수율(yield)은 불합격 집적회로 개수를 사용 가능한 최대 집적회로 개수로 나눈 것이다.

박막 집적회로는 보통 1 제곱인치 미만의 작은 유리나 세라믹의 절연기판 표면 위에 형성된다. 부품(저항기 및 커패시터)은 기판에 침적된 금속 및 산화물의 초박판에 의해 형성된다. 그런 다음에 얇은 금속 띠를 침적시켜서 부품을 연결한다. 다이오드와 트랜지스터는 별도의 반도체 소자로서 형성되며, 적당한 위치에 부착된다. 저항기는 두께가 0.0001 인치인 초박판 기판에 탄탈(tantalum)이나 니크롬(nichrome)을 침적시켜서 만든다. 저항기의 값은 각 띠의 길이, 폭 및 두께로 결정한다. 도체는 금, 백금, 또는 알루미늄과 같은 저저항 금속으로 형성한다. 이러한 공정은 ±0.1% 이내의 정밀도를 가진 저항기를 만들 수 있다. 저항기와 저항기 사이의 정밀도 비율을 ±0.01%까지 얻을 수 있다. 정밀도는 특정 회로가 정확하게 동작하도록 하는 데 중요하다.

박막 커패시터는 극히 얇은 유전체에 의해서 분리된 두 개의 얇은 금속판으로 구성된다. 금속층을 기판에 침적한다. 그런 다음에 유전체용 금속 위에 산화물 피막을 형성한다. 유전체는 산화탄탈, 산화실리콘 또는 산화알루미늄과 같은 절연물질로 형성된다. 금, 탄탈 또는 백금으로 형성된 최상부 판을 유전체에 침적한다. 판의 면적을 조정하고 유전체의 두께와 형태를 변화시켜서 커패시터의 값을 얻는다.

다이오드와 트랜지스터 칩은 모놀리식 기법을 사용하여 형성한다. 다이오드와 트랜지스터는 기판에 영구적으로 장착된다. 그런 다음 극히 얇은 전선을 이용하여 이들을 전기적으로 박막회로에 연결한다.

부품과 도체에 쓰이는 물질은 증발(evaporation) 또는 스퍼터링(sputtering) 공정을 이용하여 기판에 침적시킨다. 증발 공정에서는 기판에 침적된 물질을 진공 상태에 두고 이것이 증발할 때까지 가열해야 한다. 그런 다음에 박막을 형성하는 기판에 증기가 응축되도록 한다.

스퍼터링 공정은 가스가 채워진 고압 챔버(chamber)에 높은 전압을 가한다. 높은 전압은 가스를 이온화시켜서 침적될 물질에 이온을 퍼붓는다. 이로써 물질 내의 원자가 방출되어, 박막으로 침적된 기판을 향해 표류한다. 마스크(mask)를 사용하여 박막 침적의 위치를 적절하게 유지한다. 또 다른 방법은 기판을 완전히 피복으로 입혀서 원하지 않는 부분을 절단하거나 식각(etch)시키는 것이다.

후막 집적회로 제조에서는 스크린 인쇄 공정을 이용하여 저항기, 커패시터 및 도체를 기판에 형성한다. 가는 전선 스크린을 기판 위에 놓고 고무롤러(squeegee)를 사용하여 금속 잉크가 스크린으로 들어가게 한다. 스크린은 마스크로서 작용한다. 그런 다음에 기판과 잉크는 600°C 이상으로 가열되어 잉크를 굳게 한다.

후막 커패시터는 낮은 값(수 pF)을 가진다. 더 높은 값이 필요할 때는 이산 커패시터를 사용한다. 후막 부품은 두께가 0.001 인치로서 분간할 수 없는 두께이다. 후막 부품은 기존의 이산 부품과 유사하다.

하이브리드 집적회로는 모놀리식, 박막, 후막 및 이산 부품을 이용하여 형성된다. 이는 모놀리식 회로를 이용함으로써 박막 기술이 갖는 극도로 정밀한 부품 값 및 허용오차의 장점을 갖는 동시에 고도로 복잡한 회로를 만들 수 있게 한다. 이산 부품은 비교적 대전력을 취급할 수 있기 때문에 사용된다.

몇 개의 회로만 만든다면 하이브리드 집적회로를 사용하는 것이 저렴하다. 하이브리드 방식의 제조에서 비용이 들어가는 주요 요소는 부품의 결선과 조립 및 장치의 최종 패키지 작업이다. 하이브리드 회로는 이산 부품을 쓰기 때문에 모놀리식 집적회로보다 더 크고 무겁다. 하이브리드 회로는 이산 부품을 사용하므로 모놀리식 회로보다 신뢰성이 낮다.

25-2 질문

1. 집적회로 제조에는 어떤 방법이 사용되는가?
2. 집적회로 제조의 모놀리식 공정을 설명하라.
3. 박막 제조 공정과 후막 제조 공정 사이의 차이점은 무엇인가?
4. 하이브리드 회로는 어떻게 만드는가?
5. 집적회로를 만들 때 무엇이 어떤 공정을 쓸 것인가를 결정하는가?

25-3 집적회로 패키지

집적회로는 트랜지스터, 저항기 및 커패시터와 같은 상호 연결된 수억 개의 반도체 소자로 구성되어 있다. 2004년에, 전형적인 칩 크기는 1 cm² 이하가 보통이었으나 더 큰 칩도 생산되고 있었다.

그림 25-2

DIP 집적회로

집적회로는 습기, 먼지 및 기타 오염으로부터 보호하기 위해 설계된 패키지에 장착한다. 가장 보편적인 패키지 설계는 **DIP (dual-inline-package)**이다(그림 25-2). DIP는 다양한 크기의 집적회로를 수용할 수 있도록 여러 가지 크기로 제작된다. 집적회로 크기에는 칩 한 개에 최대 100개까지의 전기 소자를 갖는 소규모 집적(**small scale integration, SSI**)(1960년대 초), 칩 한 개에 100개 이상 3,000개까지의 전기 소자를 갖는 중규모 집적(**medium scale integration, MSI**)(1960년대 후반), 칩 한 개에 3,000개 이상 100,000개까지의 전기 소자를 갖는 대규모 집적(**large scale integration, LSI**)(1970년대 중반) 및 칩 한 개에 100,000개 이상 1,000,000개까지의 전기 소자를 갖는 초대규모 집적(**very large scale integration, VLSI**)(1980년대)이 있다. ULSI는 **ultra-large scale integration**의 약어로서 VLSI로부터의 정성적인 도약을 규정하지는 않으나 시장에서의 칩 복잡도를 강조하기 위해 남겨져 있다. 집적회로 패밀리는 그림 25-3에 나타나 있다.

웨이퍼 규모 집적(wafer-scale integration, WSI)은 메모리를 포함한 전체 컴퓨터 시스템을 포함하는 미절단 웨이퍼를 사용하며 1980년대에 고안되었다. 이것은 고장 없는 제조 공정을 만드는 데 문제가 있어서 실패하였다. WSI의 뒤를 이어 SOC (system-on-chip) 설계가 나왔다. 이 공정은 별도의 칩에 전형적으로 제조되고 인쇄 회로 기판에 함께 연결된 부품을 취하여 이들을 마이크로프로세서, 메모리, 주변 인터페이스, 입력/출력 논리 회로, A/D 변환기 등의 전체 전자 시스템을 포함하는

그림 25-3
집적회로의 패밀리

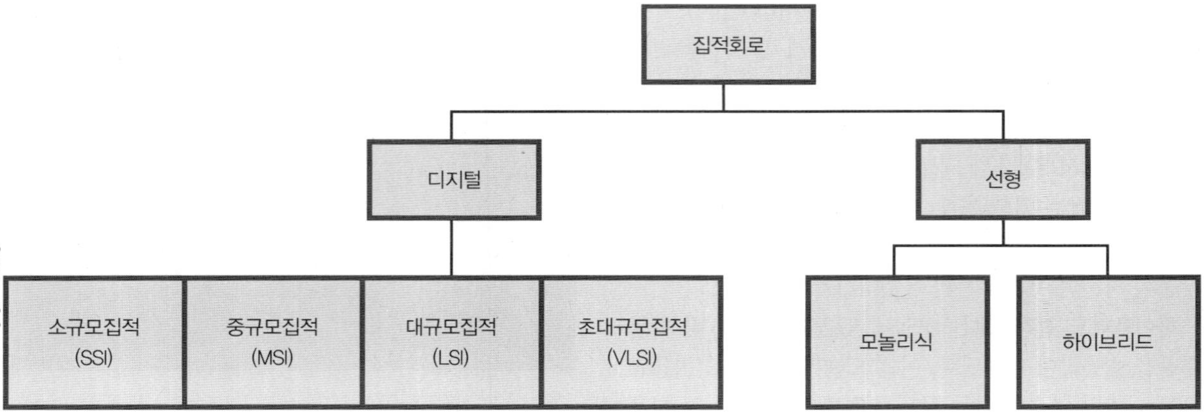

단일 칩을 차지하도록 설계한다.

1980년대의 VLSI 회로 핀 수는 DIP 패키지의 실제적인 제한치를 넘었다. 이로 인하여 **PGA (pin grid array)**와 **LCC (leadless chip carrier)**가 나오게 되었다. 표면 장착 패키지(surface-mount package)는 가는 리드 피치를 사용하는 것으로, 1980년대 후반에 인기가 있었다. 1990년대 말에는 핀 수가 높은 소자의 경우 **PQFP** (Plastic Quad Flat Package)와 **TSOP (Thin Small Outline Package)**를 사용하였다.

패키지는 세라믹 또는 플라스틱으로 만든다. 플라스틱은 저렴하며, 동작 온도가 0~70°C인 대부분의 응용에 적합하다. 세라믹 소자는 좀 비싸지만 습기 및 오염에 대해 집적회로를 좀더 잘 보호한다. 이들도 광범위한 온도 범위에서 동작한다(−55~+125°C). 세라믹 소자는 군사, 항공우주 및 가혹한 산업 응용에 권고되고 있다.

미니 DIP라 불리는 소형 8핀 DIP는 최소의 입출력 개수를 갖는 소자에 쓰인다. 이는 대부분 모놀리식 회로와 함께 사용된다.

평탄팩(flat-pack)은 DIP보다 소형이고 얇아서 공간이 제한된 곳에서 쓰인다. 이는 금속이나 세라믹으로 만들며, −55 ~ +125°C의 온도 범위에서 동작한다.

집적회로를 패키지화한 다음, 모든 전기 규격을 만족하는지 보증하기 위하여 테스트하며 넓은 온도 범위에 걸쳐서 테스트한다.

25-3 질문

1. 집적회로 패키지의 기능은 무엇인가?
2. 집적회로에 가장 많이 쓰이는 패키지는 무엇인가?
3. 집적회로 패키지에 쓰이는 물질은 무엇인가?
4. 세라믹 패키지의 장점은 무엇인가?
5. 평탄팩 집적회로 패키지의 장점은 무엇인가?

25-4 집적회로의 취급

집적회로는 **정전 방전**(electrostatic discharge, ESD)이라고 부르는 정전기에 의해 손상을 입기가 쉽다. ESD는 정전가 방전되는 것으로서 한 물질을 서로 비빌 때, 또는 음으로 대전된 다른 물질과 분리될 때 정전 방전이 일어난다. 대전된 물질을 도체에 접촉시키면 대지 전위와 동일하게 될 때까지 전류가 흐르게 된다. ESD는 일반적으로 대기가 건조한 겨울철에 많이 경험하게 된다.

IC에 손상을 입히는 정전기는 대부분 너무 미약하여 우리가 느낄 수 없다. 이 정전기는 3,000 볼트 미만이다. 대부분의 IC는 정전기에 의해 손상을 입기 쉽다는 알리기 위해 경고 딱지(그림 25-4)를 붙여서 포장한다. 다른 경우에는 정전기 방지 튜브 또는 용기에 넣어서 정전기를 차폐시키기도 한다. IC에는 ESD에 민감하지 않다는 것을 나타내는 기호나 딱지가 붙어있지 않다. 그렇다고 해서 IC가 ESD에 민감하지 않다는 것을 뜻하는 것은 아니다.

IC 내부에서 정전 방전은 산화물 층 또는 접합을 파괴시킬 수 있다. 이러한 정전 방전은 ESD 잠재적 결함을 일으킬 수 있다. 이러한 결함은 그 소자가 겉으로는 제대

그림 25-4

소자가 ESD에 의해 쉽게 손상을 입을 수 있다는 내용을 포장에 인쇄한 경고 딱지

로 동작하는 것처럼 보이지만 손상된 것이다. 이 때 소자는 이미 약해진 상태이며 조만간에 고장을 초래하게 된다. 이러한 ESD 잠재적 결함을 테스트하는 방법은 있지 않다.

다음 목록은 정전 방전을 통해 발생하는 IC 손상을 최소화하는 데 도움을 줄 수 있는 것들이다.

1. ESD 경고 및 지침에 관한 매뉴얼과 IC 패키지 자료를 항상 점검하라.
2. 몸에 생기는 정전기를 방전시키기 위해 접지된 손목 띠를 착용하라.
3. 정전기를 띠고 있을지도 모르는 의복 또는 비접지 물질이 IC에 닿지 않도록 하라.
4. IC를 다룰 때는 발을 끄는 것과 같은 신체적인 이동을 최소화하라.
5. IC의 포장을 제거하기 전에 항상 방전시키도록 하라. IC를 회로에 장착하기 전에는 반드시 접지시켜두어야 한다.
6. 항상 IC에 손을 대기에 앞서, 방전 경로를 제공하기 위해 IC 위에 놓여있는 표면에 접촉하도록 하라.
7. IC를 회로에 장착할 준비가 다 된 뒤에만 IC를 취급하라.
8. IC를 제거하거나 대체할 때는 리드에 접촉하는 것을 피하도록 하라.
9. IC를 포함하는 회로에 작업할 때, 정전기를 띠게 하는 물질에는 접촉하지 말아야 한다.

25-4 질문

1. 정전 방전이란 무엇인가?
2. ESD는 어떻게 일어나는가?
3. 집적회로가 정전기에 민감하다는 것을 어떻게 알 수 있는가?
4. 집적회로에서 무엇이 정전 방전을 일으키는가?
5. ESD에 민감한 IC를 취급하는 가장 좋은 방법을 설명하라.

요약

- 집적회로는 다음과 같은 장점 때문에 많이 쓰인다.
  - 복잡한 회로로 되어 있지만 신뢰성이 높다.
  - 전력을 적게 소모한다.
  - 소형이고 경량이다.
  - 생산 단가가 저렴하다.
  - 문제에 대해서 새롭고 더 좋은 해법을 제공한다.
- 집적회로는 대전류나 고전압을 취급하지 못한다.
- 집적회로로 가능한 것은 다이오드, 트랜지스터, 저항기 및 커패시터뿐이다.
- 집적회로는 수리가 불가능하며 교체만이 가능하다.
- 집적회로는 모놀리식, 박막, 후막, 또는 하이브리드 방법으로 제조한다.
- 가장 보편적인 집적회로 패키지는 DIP (dual-inline-package)이다.

- 집적회로 패키지는 세라믹 또는 플라스틱으로 만드는데, 플라스틱이 가장 많이 사용된다.
- 정전 방전(ESD)은 집적회로를 손상시킬 수 있다.
- 집적회로는 ESD 손상을 받기 쉬우므로 경고 문구 딱지를 붙여서 포장한다.
- ESD는 산화물 층 및/또는 접합부를 파괴시켜 눈에 보이지 않는 결함을 일으킬 수 있다.
- 집적회로의 숨겨진 ESD 결함을 테스트하는 방법은 알려진 것이 없다.
- 집적회로를 취급할 때는 항상 접지된 손목 띠를 착용하는 것이 좋다.
- 집적회로의 리드에 접촉하는 것을 항상 피해야한다.
- 집적회로를 가지고 작업할 때는 정전기를 발생하는 물질은 어떤 것이라도 접촉해서는 안 된다.

CHAPTER 25

자기테스트

1. IC는 어떤 부품을 포함하는가?
2. 어떻게 하면 IC를 포함하는 회로에서 문제를 격리시킬 수 있을까?
3. IC를 제조하는 데 사용하는 방법 3가지는 무엇인가?
4. '칩(chip)'이라는 단어는 무엇을 의미하는가?
5. 하이브리드 IC에 포함되는 요소에는 어떤 것이 있나?
6. 하이브리드 IC를 사용하는 데는 어떤 장점이 있나?
7. 많이 사용되는 DIP 패키지 크기는 얼마인가?
8. WSI에 대하여 SOC는 무엇을 의미하는가?
9. 항공우주산업과 군수산업에서 가장 많이 사용하는 패키지 형태는 무엇일까?
10. DIP와 평탄팩 사이의 차이점은 무엇인가?

CHAPTER

26 광전 소자

OPTOELECTRIC DEVICES

목표

이 장을 마치고 나면 다음과 같은 것을 할 수 있게 된다.

- 빛에 반응하는 반도체 소자의 세 가지 범주를 알아본다.
- 빛의 주요 주파수 범위를 분류한다.
- 주요한 광감응 소자를 알아보고 그들의 동작과 응용을 설명한다.
- 주요 발광 소자를 알아보고 그들의 동작과 응용을 기술한다.
- 광전자 소자와 관련된 회로 기호를 알아본다.
- 광전자 소자에 사용되는 패키지에 대해 알아본다.

일반적인 반도체와 특히 그 중에서도 반도체 다이오드는 광전자공학에서 중요하게 사용되고 있다. 여기서 소자는 가시광선, 적외선 및 자외선 범위에서 전자기 방사(빛 에너지)와 상호 작용하도록 설계된다.

다음과 같은 세 가지 종류의 소자가 빛과 상호 작용한다.

- 광 검출 소자
- 광 변환 소자
- 발광 소자

사용된 반도체 재료와 도핑 기술이 특정 소자의 관련된 광 파장을 결정한다.

주요 용어

광결합기
광다이오드
광전지
광트랜지스터
발광 다이오드(LED)
빛
태양전지
PIN 광다이오드

26-1 빛의 기본 이론

빛(light)이란 인간의 눈으로 볼 수 있는 전자기 방사(electromagnetic radiation)이다. 빛은 무선 전파와 유사한 형태로 진행한다고 생각된다. 무선 전파와 마찬가지로 빛은 파장으로 측정한다.

빛은 1 초에 300,000 km 또는 30,000,000,000 cm로 진공을 통하여 진행한다. 빛의 속도는 각종 매질을 통과함에 따라 감소한다. 빛의 주파수 범위는 300~300,000,000 GHz (1G = 1,000,000,000)이다. 이 주파수 범위 중에서 일부 작은 대역만이 인간의 육안으로 볼 수 있다. 이러한 가시 영역은 400,000~750,000 GHz이다. 적외선은 400,000 GHz 아래에 있고, 자외선은 750,000 GHz 위에 있다. 주파수 범위의 상한에 있는 광파는 하한에 있는 광파보다 에너지가 더 많다.

26-1 질문

1. 빛이란 무엇인가?
2. 인간의 육안으로 볼 수 있는 빛의 주파수 범위는 얼마인가?
3. 적외선이란 무엇인가?
4. 자외선이란 무엇인가?
5. 가장 큰 에너지를 가진 빛은 어떤 형태의 광파인가?

26-2 광감응 소자

광전지(photoconductive cell, photo cell)는 가장 오래된 광전기 소자이다. 광전지는 빛의 강도가 변하면 내부 저항이 변하는 광감응 소자이다. 저항의 변화는 광전지를 때리는 빛에 비례하지 않는다. 광전지는 황화카드뮴(CdS)이나 셀렌화카드뮴(CdSe)과 같은 광감응 물질로 만든다.

그림 26-1에 대표적인 광전지를 나타내었다. 광감응 물질을 S자형 유리 또는 세라믹 절연 기판에 침적시켜서 접촉 길이를 크게 한다. 광전지는 다른 어떤 소자보다 빛에 민감하다. 저항은 수백 MΩ에서 수백 Ω까지 변화할 수 있다. 광전지는 약한 빛을 이용하는 응용에 유용하다. 이는 최대 300 mW의 낮은 전력을 소모하면서 200~300 V의 높은 동작 전압에 견딜 수 있다. 광전지의 단점은 빛의 변화에 대해서 반응이 느리다는 것이다.

그림 26-1

광전지

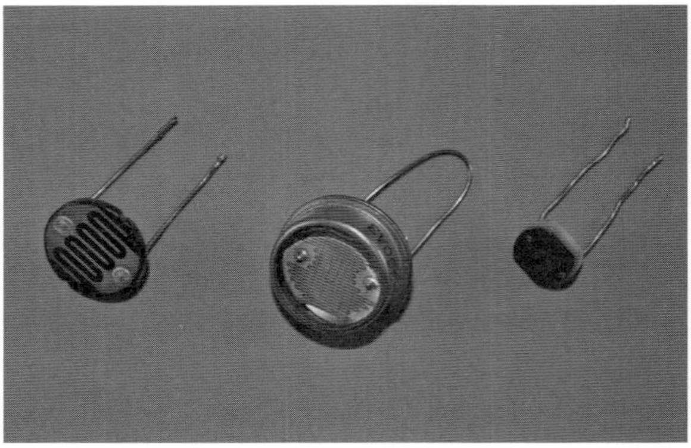

그림 26-2에는 광전지를 나타내는 데 사용되는 회로 기호가 나타나 있다. 화살표는 광감응 소자를 나타낸다. 때로는 그리스 문자 람다(λ)를 사용하여 광감응 소자를 나타내기도 한다.

광전지는 사진기, 명령 검출기, 자동문 개폐기, 그리고 빛의 강도 측정을 위한 각종 테스트 장비를 위한 광 측정기에 쓰인다.

태양전지(photovoltaic cell, solar cell)는 빛 에너지를 직접 전기 에너지로 변환한다. 태양전지는 대부분 태양 에너지를 전기 에너지로 변환하는 응용에 쓰인다.

태양전지는 기본적으로 반도체 물질로부터 만든 PN 접합 소자이다. 태양전지는 주로 규소로 만든다. 그림 26-3은 이 제조 방법을 보여준다. P 및 N 층이 PN 접합을 형성한다. 금속 받침과 금속 접점은 전기적인 접점으로서의 역할을 한다. 큰 표면적을 가지도록 설계한다.

태양전지의 표면을 때리는 빛은 그의 에너지 대부분을 반도체 물질에 있는 원자에 넘겨준다. 빛 에너지는 궤도에 있는 가전자를 쳐서 자유 전자를 만든다. 공핍 영역 부근의 전자는 N형 물질로 끌려가서 PN 접합 양단에 작은

그림 26-2

광전지의 회로 기호

그림 26-3

태양전지의 제조

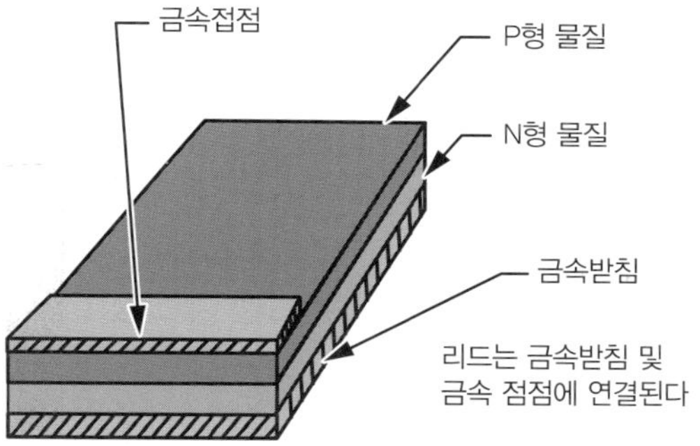

그림 26-4

태양전지의 회로 기호

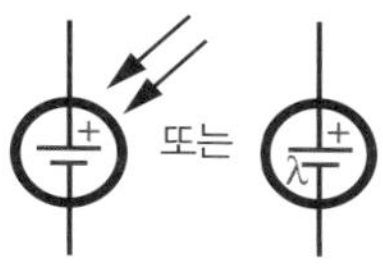

전압을 생성한다. 빛이 강해지면 전압도 증가한다. 그러나 태양전지를 때리는 모든 빛 에너지가 자유 전자를 생성하는 것은 아니다. 사실상 태양전지는 극히 비효율적인 소자로서 최고 효율이 15~20%이다. 태양전지는 전력 출력을 입력 빛 에너지에 포함된 전체 에너지와 비교하면 비효율적이다.

한 개의 태양전지는 50 mA에 약 0.45 V의 낮은 전압 출력을 갖는다. 원하는 전압과 전류를 얻기 위해서는 이들을 직렬 및 병렬 망으로 연결하여야 한다.

응용에는 사진기의 광측정기, 동영상 프로젝터 사운드 트랙 디코더 및 위성의 배터리 충전기가 포함된다.

그림 26-4에 태양전지의 기호를 나타내었다. 양극 단자는 (+)로 표시한다.

광다이오드(photodiode) 역시 PN 접합을 사용하며 그 제조 방법이 태양전지의 제조 방법과 유사하다. 이것은 광가변 저항기로서 광전지와 동일한 방법으로 사용된다. **광다이오드**는 주로 규소로 만드는 반도체 소자이다. 이는 두 가지 방법으로 제조된다. 한 방법은 단순히 PN 접합으로 만드는 것이다(그림 26-5). 또 다른 방법은 P 영역과 N 영역 사이에 순수(도핑되지 않은) 반도체 층을 삽입하여(그림 26-6), PIN 광다이오드를 만드는 것이다.

PN 접합 광다이오드는 전류를 생성하는 것이 아니라

그림 26-5

PN 접합 광다이오드

그림 26-6

PIN 접합 광다이오드

전류를 제어하는 데 쓰인다는 것을 제외하고는 태양전지와 동일한 원리로 동작한다. 광다이오드 양단에 역방향 전압을 가하면 넓은 공핍 영역이 만들어진다. 빛에너지가 광다이오드를 때리면 이것이 공핍 영역으로 들어가서 자유 전자를 발생시킨다. 전자는 바이어스 전원의 +쪽으로 끌려간다. 작은 전류가 광다이오드를 통하여 흐른다. 빛 에너지가 증가하면 좀더 많은 자유 전자가 생성되어 더 큰 전류가 흐른다.

PIN 광다이오드(PIN photodiode)는 P 영역과 N 영역 사이에 순수 반도체 층이 있다. 이는 실질적으로 공핍 영역을 확장시킨다. 공핍 영역이 넓어지면 PIN 광다이오드가 더 낮은 광주파수에도 응답할 수 있게 된다. 저주파 광선은 낮은 에너지를 가지고 있어서 자유 전자를 생성하기 전에 공핍 영역을 좀더 깊이 투과해야 한다. 공핍 영역이 넓어지면 자유 전자가 생성되는 기회가 더 많아진다. PIN 광다이오드는 넓은 범위에 걸쳐 좀더 효율적이다.

PIN 광다이오드는 순수 반도체 층 때문에 내부 커패시턴스가 작다. 이 때문에 빛의 강도 변화에 광다이오드가 빠르게 응답할 수 있게 된다. 또한 빛의 강도에 따른 전류 변화가 좀더 선형적이다.

광다이오드의 장점은 빛의 변화에 빠르게 응답한다는 것이다. 즉, 다른 어떤 광감응 소자보다도 빠르다는 것이

그림 26-7

광다이오드 패키지

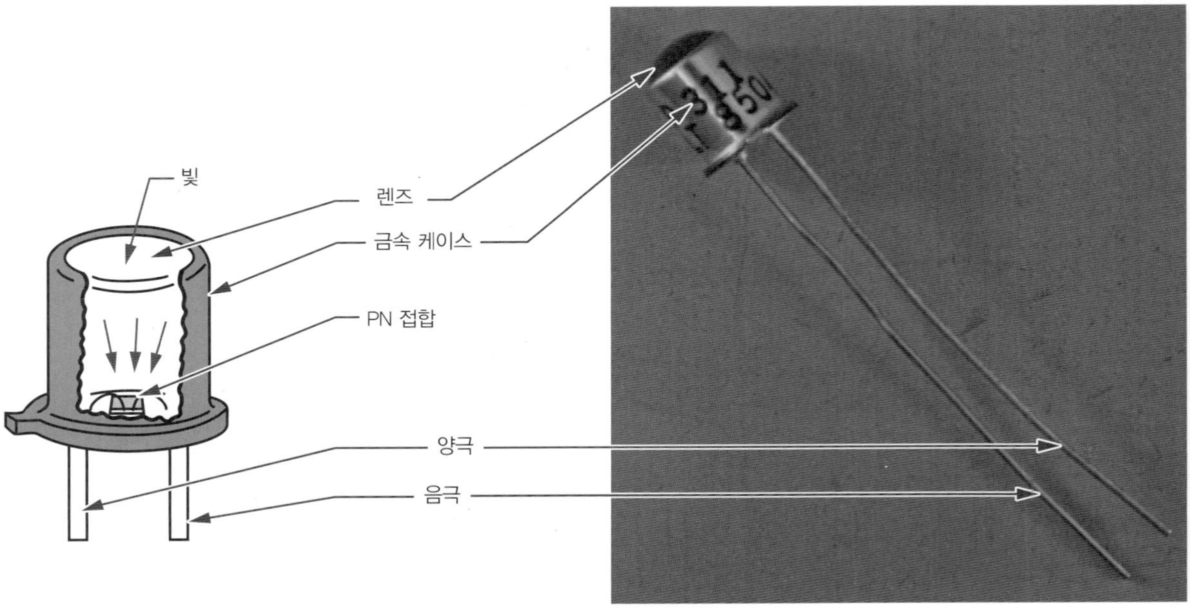

다. 단점은 다른 광감응 소자에 비하여 출력이 낮다는 것이다.

그림 26-7에는 대표적인 광다이오드 패키지가 나타나 있다. 유리창은 빛에너지가 광다이오드를 때리도록 한다. 회로 기호는 그림 26-8에 나타나 있다. 대표적인 회로를 그림 26-9에 나타내었다.

광트랜지스터(phototransistor)는 두 개의 PN 접합을 가진 서로 다른 트랜지스터들처럼 만든다. 이것은 표준 NPN 트랜지스터와 유사하다. 이 트랜지스터는 광다이오드처럼 사용되며, 세 개의 리드(이미터, 베이스 및 컬렉터)가 있다는 것을 제외하고는 광다이오드처럼 패키지화된다. 그림 26-10에는 광트랜지스터의 등가 회로가 나타나있다. 광트랜지스터의 제조는 광다이오드의 전도성에 달려 있다. 베이스 리드는 거의 사용하지 않는다. 이 리드가 사용된다면 그 목적은 트랜지스터의 도통(turn on) 점을 조정하는 것이다.

광트랜지스터는 광다이오드에 비해 더 높은 출력 전류를 낼 수 있다. 빛의 변화에 대한 응답은 광다이오드만큼

그림 26-8

광다이오드의 회로 기호

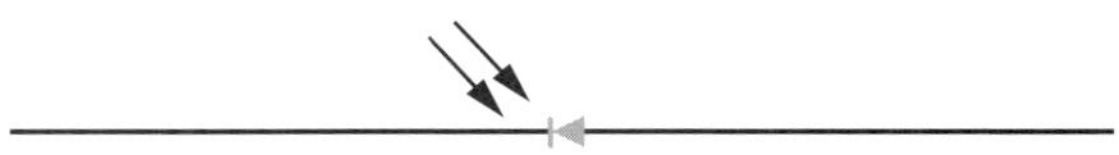

그림 26-9

광다이오드를 이용한 전압 분배기

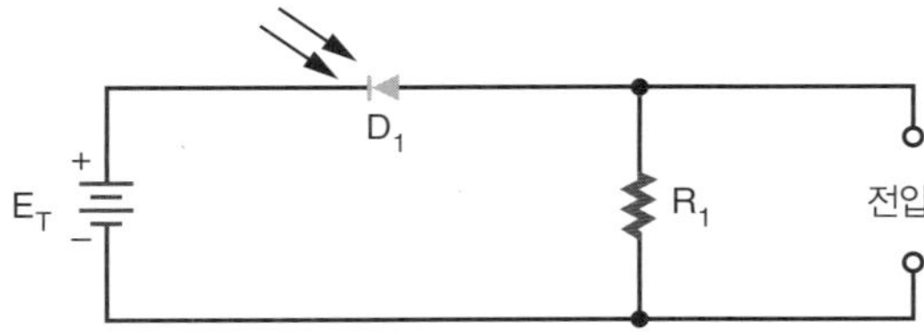

그림 26-10

광트랜지스터의 등가 회로

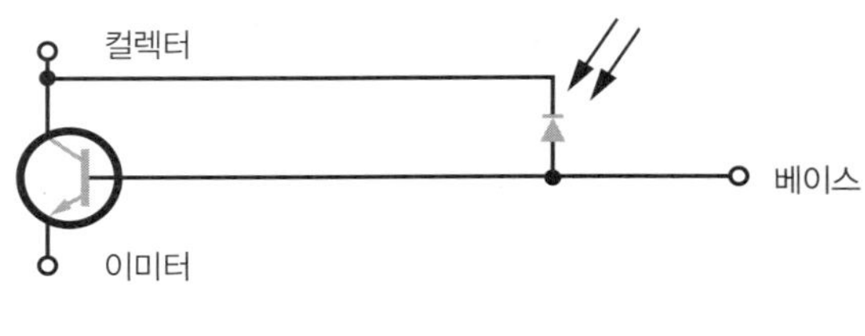

그림 26-11

광트랜지스터의 회로 기호

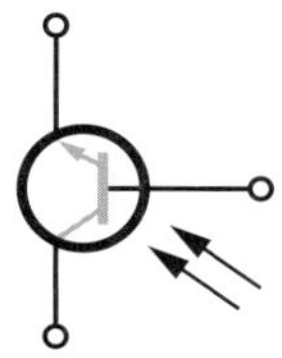

그림 26-12

암흑 동작 DC 스위치

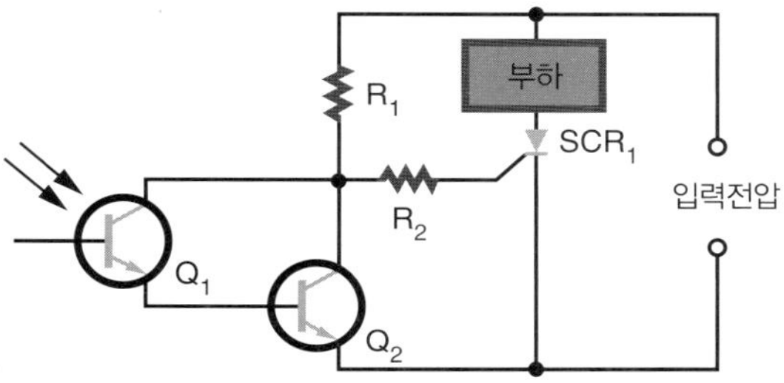

빠르지 않다. 출력 전류를 더 높게 하려면 그 만큼 속도의 희생이 따른다.

응용에는 광타코미터, 사진기 노출 제어, 화염 감지기, 물체 계수기, 기계적인 위치 지시기가 포함된다.

그림 26-11은 광트랜지스터의 회로 기호를 보여 주고 있다. 그림 26-12는 대표적인 회로 응용의 예이다.

26-2 질문

1. 광전지가 어떻게 동작하는지 설명하라.
2. 태양전지가 어떻게 동작하는지 설명하라.
3. 두 가지 형태의 광다이오드의 차이점은 무엇인가?
4. 광다이오드에 비하여 광트랜지스터의 개선점은 무엇인가?
5. 광전지, 태양전지, 광다이오드 및 광트랜지스터의 회로 기호를 그려라.

26-3 발광 소자

발광 소자는 전류가 흐르면 전기에너지를 빛에너지로 변환시켜서 빛을 낸다. **발광 다이오드**(light-emitting diode, LED)는 가장 널리 쓰이는 반도체 발광 소자이다. 반도체 부품이므로 기존 전구의 고장의 주원인인 필라멘트가 없기 때문에 수명이 영구적이다.

어떠한 PN 접합 다이오드도 전류가 흐르면 빛을 낼 수 있다. 빛은 자유 전자가 정공과 결합하여 여분의 에너지가 빛의 형태로 발생된다. 발생하는 빛의 주파수는 다이오드를 만들 때 쓰이는 반도체 물질의 종류에 달려 있다. 일반 다이오드는 패키지에 빛을 통하지 않는 물질을 사용하므로 빛을 발생하지 않는다.

LED는 단순히 전류가 그 접합을 통하여 흐를 때 빛을 발생하는 PN 접합 다이오드이다. 빛은 육안으로 볼 수 있는데 이는 LED가 반투명 물질로 패키지화되었기 때문이다. 발생하는 빛의 주파수는 LED 제조에 쓰이는 물질에 달려 있다. 비산화갈륨(GaAs)은 적외선 영역의 빛을 발생하는데, 이 빛은 육안으로 볼 수 있다. 비산화인화갈륨(GaAsP)은 볼 수 있는 붉은 빛을 발생한다. 인화물의 함량을 변화시키면 다른 주파수의 빛을 발생시킬 수 있다.

그림 26-13에는 LED의 제조를 보여주고 있다. P 층을 얇게 만들어서 PN 접합 부근의 빛에너지가 이 층을 통하여 짧은 거리만을 이동하도록 한다.

LED를 만든 후, 빛을 최적으로 발생할 수 있도록 설계된 패키지에 장착시킨다. 그림 26-14는 좀더 보편적인 몇 개의 LED 패키지를 보여준다. 대부분의 LED는 빛을 모아서 강하게 하는 렌즈를 갖고 있다. 케이스는 방출된 자연 빛을 강화시키는 채색 필터로서 작용한다.

> **주:** LED의 음극 리드는 양극보다 짧은 리드, 플라스틱렌즈 베이스 위에 있는 평판 또는 홈 또는

그림 26-13

LED의 제조

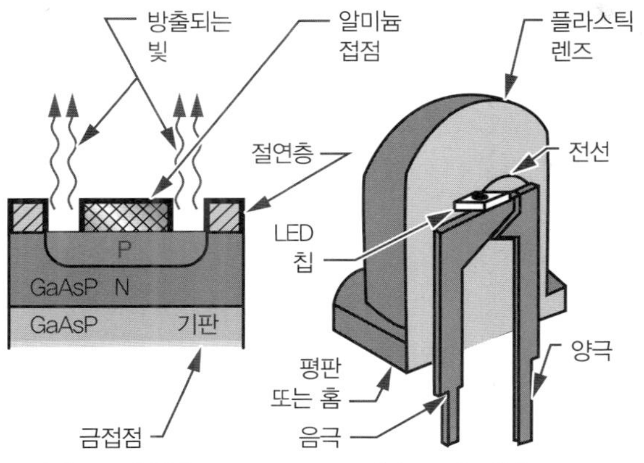

(A) LED의 단면도 (B) LED의 내부

그림 26-14

일반적인 LED 패키지

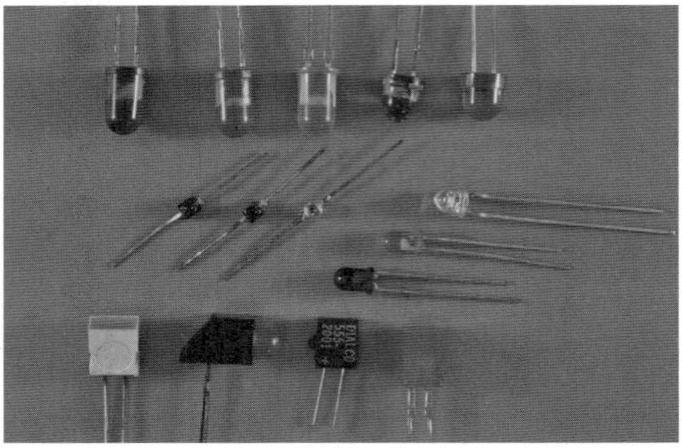

광원을 위로 했을 때 깃발 같은 구조를 가진 리드이다.

주의

절대로 LED를 배터리 또는 전원에 직접 연결해서는 안 된다!

회로에서 LED는 순방향 바이어스 전압과 함께 연결되어 빛을 발생한다(그림 26-15). 순방향 바이어스는 순방향 전류가 흐르기 전에 1.2 V를 초과해야 한다. LED가 과도한 전압이나 전류에 의해서 쉽게 파손될 수 있으므로 전류를 제한하기 위한 저항기를 직렬로 연결한다.

LED의 회로 기호를 그림 26-16에 나타내었다. 그림 26-17에서는 제대로 바이어스된 회로를 보여준다. 직렬 저항기(R_S)는 인가 전압에 의해 흐르는 순방향 전류 I_F를 제한하는 데 쓰인다.

주의

LED를 병렬로 연결하면 안 된다. 각각의 LED에는 직렬 저항기가 있어야 한다. LED를 직렬로 연결하는 것은 가능하다.

그림 26-18에는 디지털 판독에 쓰이는 7-세그먼트 디스플레이를 형성하도록 배열된 LED를 보여준다. 그림 26-19에서는 **광결합기**(optical coupler)를 형성하기 위해 LED가 광다이오드와 함께 사용되고 있는 것을 보여주고 있다. LED와 광트랜지스터 두 소자가 동일한 패

그림 26-15

순방향 바이어스된 LED

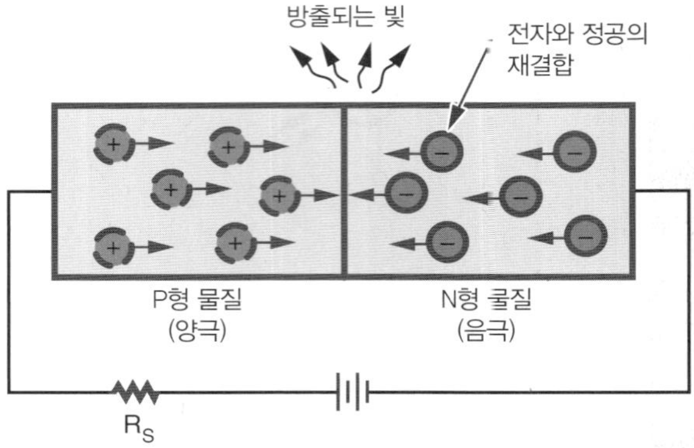

그림 26-16

LED의 회로 기호

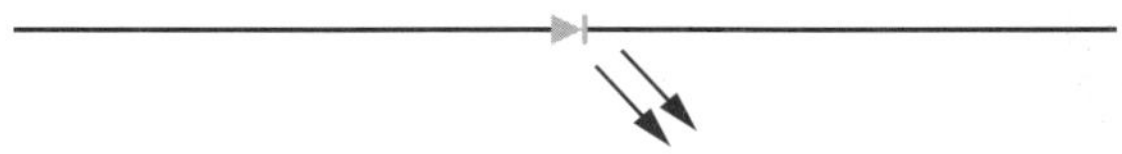

그림 26-17

적절히 바이어스된 LED 회로

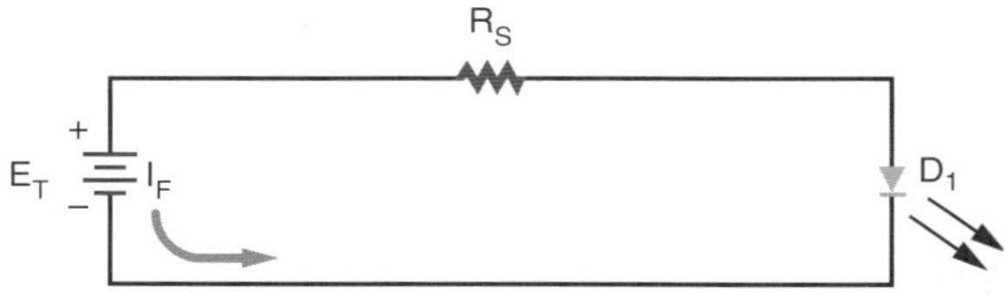

키지에 들어 있다. 광결합기는 하나의 LED와 하나의 광트랜지스터로 구성된다. 이들은 LED가 발생하는 광 빔에 의해 결합된다. LED로 가는 신호는 변할 수 있으며, 이는 이어서 얻을 수 있는 빛의 양을 변화시킨다. 광트랜지스터는 변화하는 빛을 다시 전기에너지로 변환한다. 광결합기는 하나의 회로가 신호를 다른 회로로 전달하는 것을 가능하게 하며 고도의 전기적인 절연을 제공해준다.

주: 고광도 LED는 현재 자동차의 전조등 또는 가정이나 사무실, 교통신호기 등에서 널리 사용되고 있다. 고광도 LED는 낮은 에너지 소비 및 긴 수명이 요구되는 광원분야에서 사용되고 있다.

그림 26-18

숫자 표시용 LED의 7-세그먼트 디스플레이

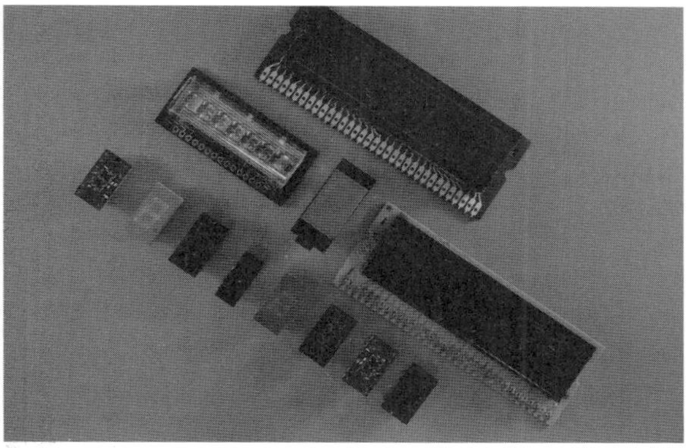

그림 26-19

상용 광결합기

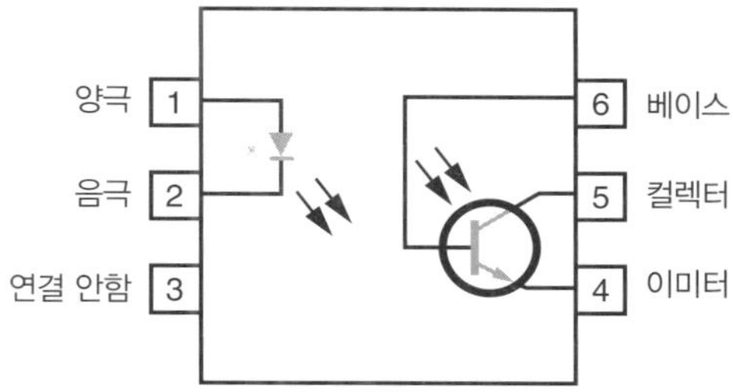

26-3 질문

1. LED가 기존의 다이오드와 어떻게 다른지 설명하라.
2. LED가 어떻게 해서 여러 가지 다른 빛을 발생하는가?
3. LED 패키지가 어떻게 방출 빛을 강화시키는가?
4. LED의 회로 기호를 그리고 단자 이름을 표시하라.
5. 광결합기의 기능은 무엇인가?

요약

- 빛과 상호 작용하는 반도체 소자는 광검출 소자, 광변환 소자 또는 발광 소자로 분류할 수 있다.
- 빛은 사람이 볼 수 있는 전자 방사이다.
- 빛의 주파수 영역은 다음과 같다.
  - 적외선 : 400,000 GHz 미만
  - 가시광선 : 400,000 ~ 750,000 GHz
  - 자외선 : 750,000 GHz 초과
- 광감응 장치에는 광전지, 태양전지, 광다이오드 및 광트랜지스터가 포함된다.
- 발광소자에는 LED가 포함한다.
- 광결합기는 발광 소자를 광감응 소자에 결합한 것이다.
- 광감응 소자의 회로 기호는 다음과 같다.

  광전지

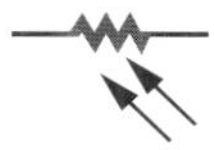

  태양전지

  광다이오드

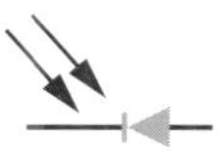

  광트랜지스터

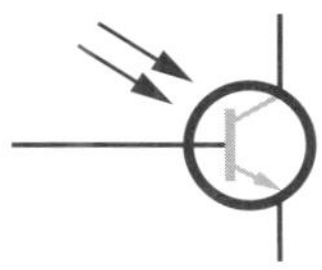

- LED의 회로 기호는 다음과 같다.

CHAPTER 26

자기테스트

1. 빛의 스펙트럼과 주파수를 보여주는 표를 만들어라.
2. 왜 상위 주파수 범위의 광파가 더 많은 에너지를 갖는지를 설명하라.
3. 빛의 강도 변화에 가장 빠르게 반응하는 광감응 소자는 무엇인가?
4. 빠른 응답이 요구되는 곳에 포토셀을 사용하지 않는 이유가 무엇인가?
5. 태양전지의 기능을 설명하라.
6. 태양전지를 실제적인 응용에 어떻게 연결할까?
7. 광감응 소자인 광다이오드와 광트랜지스터 중에서 어느 것이 응용 범위가 더 넓은가? 그 이유는 무엇인가?
8. LED는 어떻게 빛을 발생하는가?
9. LED에 흐르는 전류의 양이 발생되는 빛의 강도에 어떻게 영향을 미치는가?
10. 광결합기의 기능은 무엇인가?

SECTION 4 선형 전자 회로

Chapter 27 전원공급장치

Chapter 28 증폭기의 기초

Chapter 29 증폭기의 응용

Chapter 30 발진기

Chapter 31 파형정형 회로

CHAPTER

27 전원공급장치

POWER SUPPLIES

목표

이 장을 마치고 나면 다음과 같은 것을 할 수 있게 된다.

- 전원공급장치의 목적을 설명한다.
- 전원공급장치의 회로와 부품의 블록도를 그린다.
- 세 가지 서로 다른 정류기 구성을 설명한다.
- 필터의 기능을 설명한다.
- 두 가지 기본적인 전압 조정기와 이들이 어떻게 동작하는지를 설명한다.
- 전압 체배기의 기능을 설명한다.
- 과전압 및 과전류 방지 소자를 알아본다.

전원공급장치는 다양한 회로에 전압을 공급하기 위해서 사용된다. 그 기본 원리는 동일하다.

전원공급장치의 일차적인 기능은 교류(AC)를 직류(DC)로 변환하는 것이다. 전원공급장치는 변압기를 사용하여 입력되는 AC 전압을 높이거나 낮출 수도 있다.

일단 전압이 희망하는 수준이 되면, 이 AC 전압은 '정류'라고 부르는 과정을 통해 DC 전압으로 변환된다. 정류된 전압은 여전히 AC 신호를 포함하고 있는데, 이를 리플 주파수라고 부른다. 리플은 필터를 사용하여 제거한다.

출력전압을 일정 레벨로 유지시키기 위해서 전압 조정기를 사용한다. 전압 조정기는 출력전압을 어떤 일정 레벨로 유지시킨다.

주요 용어

과전압 보호 회로
금속 산화물 배리스터(MOV)
리플 주파수
반파 정류기
배리스터
변압기
병렬 조정기
브리지 정류기
쇠지렛대
전압 2배기
전압 3배기
전압 조정기
정류기 회로
정파 정류기
지속 개방형 퓨즈
직렬 조정기
커패시터 필터
퓨즈
피크 역전압
필터
회로 차단기

27-1 변압기

전원공급장치에서 **변압기**(transformer)는 전원공급장치를 AC 전압원과 절연시키기 위해서 사용된다. 변압기는 또한 더 높은 전압이 요구될 때 전압을 높여주거나 더 낮은 전압이 요구될 때 낮추어주는 데도 사용된다.

변압기가 전원공급장치에 사용하려면, AC 전원을 변압기의 1차에만 연결한다. 이렇게 함으로써 전기회로를 전원으로부터 절연시키게 된다.

변압기를 선택할 때는 변압기의 1차 정격 전력이 첫 번째 고려 사항이다. 가장 보편적인 1차 정격 전압은 110~120 볼트와 220~240 볼트이다. 두 번째 고려 사항은 변압기의 주파수이다. 일반적으로 주파수는 50~60 Hz 400 Hz 및 10,000 Hz이다. 세 번째 고려 사항은 변압기의 2차 정격 전압과 정격 전류이다. 마지막 고려 사항은 전력 취급 능력 또는 볼트–암페어 정격이다. 이 정격은 본질적으로 변압기의 2차에 전달할 수 있는 전력의 양이다. 이 정격은 변압기의 2차에 연결될 수 있는 부하 때문에 볼트–암페어 단위로 주어진다.

27-1 질문

1. 전원공급장치에서 변압기를 왜 사용하는가?
2. 전원공급장치에서 변압기를 어떻게 연결하는가?
3. 전원공급장치에 사용된 변압기에 대해 고려해야 할 안전 사항은 무엇인가?
4. 전원공급장치에 사용하기 위해 변압기를 선택할 때 중요한 고려 사항은 무엇인가?
5. 변압기는 어떻게 정격을 표시하는가?

27-2 정류기 회로

정류기 회로(rectifier circuit)는 전원공급장치의 핵심이다. 정류기 회로의 기능은 입력 AC 전압을 DC 전압으로 변환하는 것이다. 전원공급장치에 사용되는 정류기 회로에는 다음과 같이 세 가지 기본 유형이 있다: **반파 정류기**(half-wave rectifier), **전파 정류기**(full-wave rectifier) 및 **브리지 정류기**(bridge rectifier).

그림 27-1은 기본적인 반파 정류기를 나타내고 있다. 다이오드가 부하와 직렬로 연결되어 있다. 이 다이오드 때문에 회로에서 전류는 한 방향으로만 흐르게 된다. 그림 27-2는 반파 정류기가 정현파의 양(+)의 반 사이클에 있는 경우를 보여준다. 다이오드는 순방향 바이어스되어 부하를 통해서 전류가 흐르도록 한다. ㄷ로써 사이클의 양(+)의 반 사이클 동안 부하 양단에 전압이 발생한다.

그림 27-1

기본적인 반파 정류기

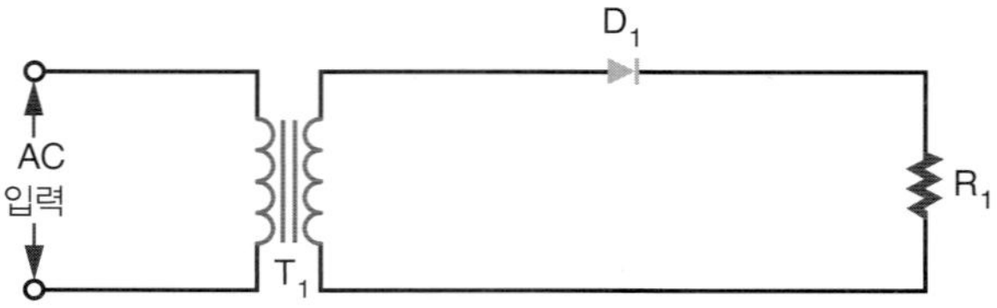

그림 27-2

양(+)의 반 사이클 동안의 반파 정류기

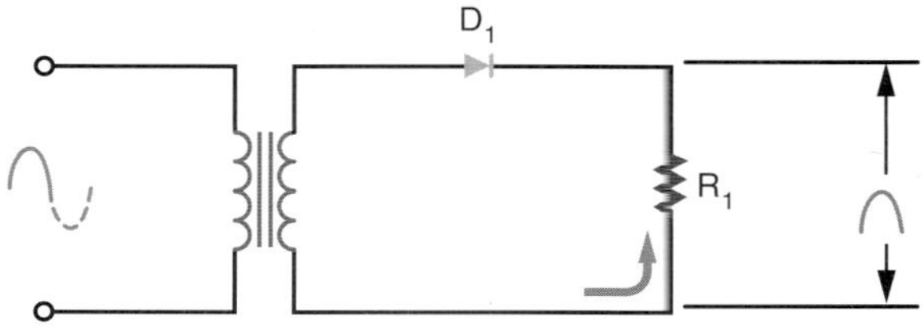

그림 27-3은 반파 정류기가 정현파의 음(−)의 반 사이클에 있는 경우를 보여준다. 이제 다이오드는 역방향 바이어스되어 전류를 차단한다. 부하를 통해서 전류가 흐르지 않기 때문에 부하 양단에서 전압 강하가 일어나지 않는다.

반파 정류기는 입력 사이클의 꼭 절반 동안에서만 동작한다. 출력은 양(+)의 펄스 또는 음(−)의 펄스의 연속인데, 양(+)의 펄스 연속인지 아니면 음(−)의 펄스의 연속인지는 다이오드가 회로에서 어떻게 연결되어 있

그림 27-3

음(−)의 반 사이클 동안의 반파 정류기

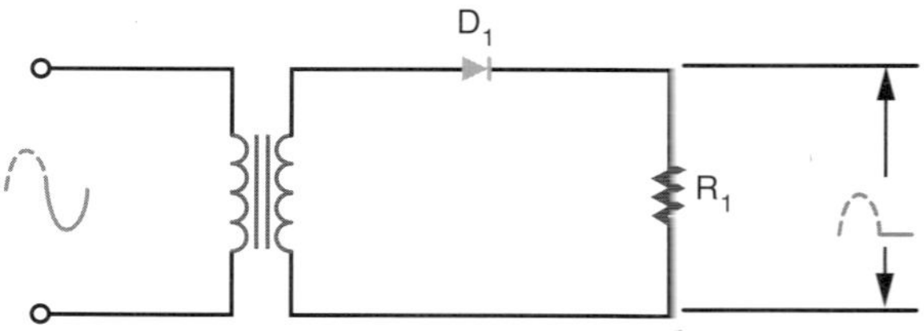

그림 27-4

다이오드가 전류의 방향을 결정한다.

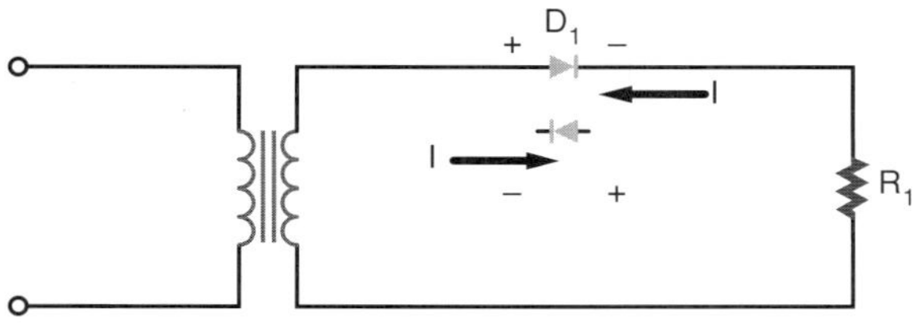

는가에 달려 있다. 펄스의 주파수는 입력 주파수와 동일하다. 이러한 펄스의 주파수를 **리플 주파수**(ripple frequency)라고 한다.

출력의 극성은 다이오드가 회로에서 어떻게 연결되어 있는지에 따라 다르다(그림 27-4). 전류는 다이오드를 통해서 양극(anode)에서 음극(cathode)으로 흐른다. 전류가 다이오드를 통해서 흐를 때, 양극 끝에서는 전자의 궁핍 현상이 발생하게 되어, 이로 말미암아 양극은 다이오드의 양극 끝이 된다. 다이오드를 반대로 연결하면 전원공급장치의 극성을 반전시킬 수 있다.

반파 정류기에서는 전류가 각 사이클의 절반 동안에만 흐른다는 심각한 단점이 있다. 이러한 단점은 전파 정류기를 이용하면 극복할 수 있다.

그림 27-5는 기본적인 전파 정류기를 나타내고 있다. 전류 정류기는 두 개의 다이오드와 하나의 중간 탭(center tap)이 있는 변압기를 필요로 한다. 중간 탭은 접지시킨다. 변압기의 각 종단의 전압은 서로 180도의 위상차를 갖는다.

그림 27-6은 입력 신호가 양(+)의 반 사이클에 있는 전파 정류기를 보여주고 있다. 다이오드 D_1의 양극은 양

그림 27-5

기본적인 전파 정류기 회로

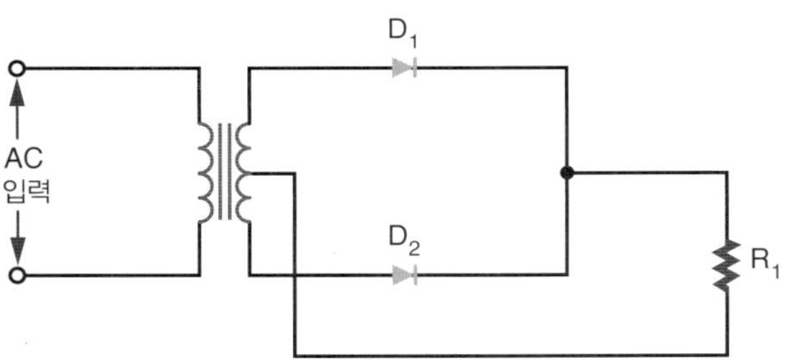

그림 27-6

양(+)의 반 사이클 동안의 전파 정류기

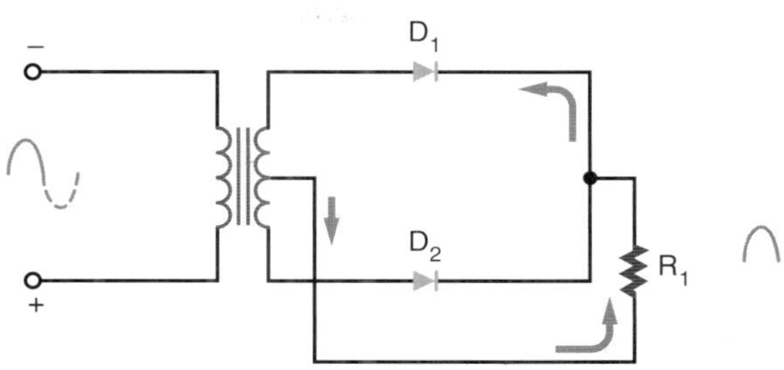

(+)이고, 다이오드 D_2의 양극은 음(−)이다. 다이오드 D_1은 순방향 바이어스되어 전류가 흐른다. 다이오드 D_2는 역방향 바이어스되어 전류가 흐르지 않는다. 전류는 변압기의 상단으로부터 나와서 다이오드 D_1과 부하를 거쳐서 변압기의 중간 탭으로 흐른다. 이로써 부하 양단에는 양(+)의 반 사이클 동안 전압이 발생한다.

그림 27-7은 음(−)의 반 사이클에 있는 전파 정류기를 보여주고 있다. 다이오드 D_2의 양극은 양(+)이고, 다이오드 D_1의 양극은 음(−)이다. 이제 다이오드 D_2는 순방향 바이어스되어 전류가 흐른다. 반면에 다이오드 D_1은 역방향 바이어스되어 전류가 흐르지 않는다. 전류는 변압기의 하단으로부터 나와서 다이오드 D_2와 부하를 통해서 변압기의 중간 탭으로 흐른다.

전파 정류기의 경우는 두 개의 반 사이클 동안 모두 전류가 흐른다. 이는 리플 주파수가 입력 주파수의 두 배가 된다는 것을 의미한다.

전파 정류기의 경우, 동일한 변압기를 사용할 때, 출력 전압이 반파 정류기의 절반밖에 되지 않는다는 단점이 있다. 이 단점은 브리지 정류기 회로를 사용함으로써 극복할 수 있다.

그림 27-7

음(−)의 반 사이클 동안의 전파 정류기

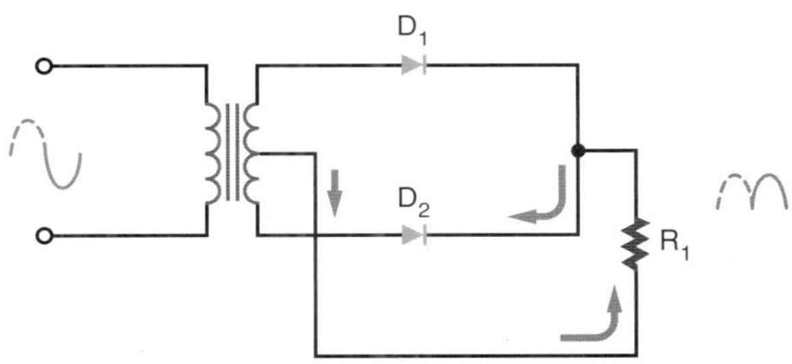

그림 27-8
브리지 정류기 회로

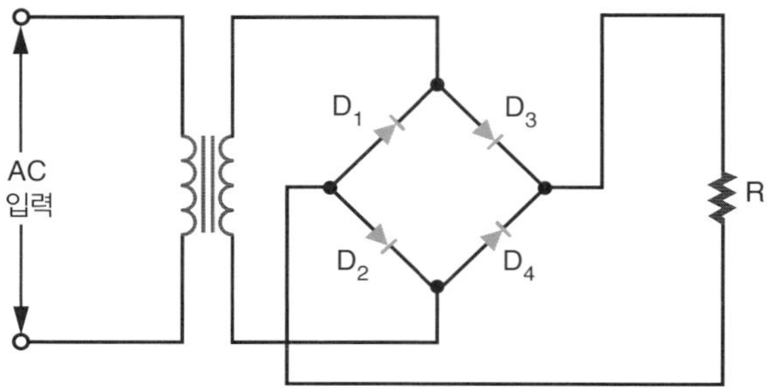

그림 27-9
양(+)의 반 사이클 동안의 브리지 정류기

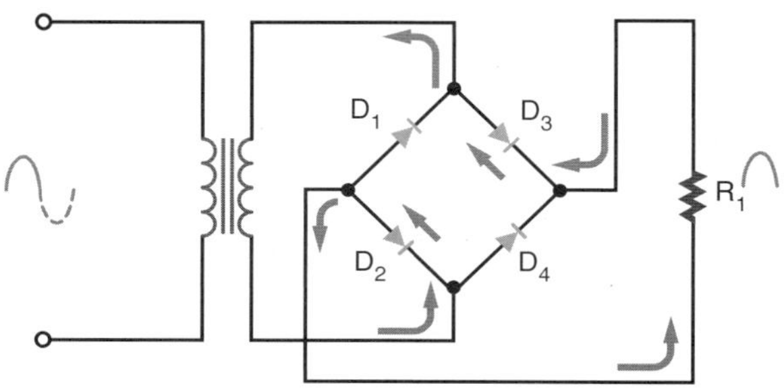

그림 27-8은 브리지 정류기 회로를 나타내고 있다. 전류가 부하를 통해서 오직 한 방향으로만 흐를 수 있도록 네 개의 다이오드가 배치되어 있다.

그림 27-9는 입력 신호의 양(+)의 반 사이클 동안에서의 전류 흐름을 보여주고 있다. 전류는 변압기 2차의 상단으로부터 나와서, 다이오드 D_2를 위에서 아래로 통과하고, 다시 부하를 지난 다음, 다이오드 D_4를 지나서, 변압기 2차의 하단으로 흐른다. 전체 전압이 부하 양단에 걸린다.

그림 27-10
음(−)의 반 사이클 동안의 브리지 정류기

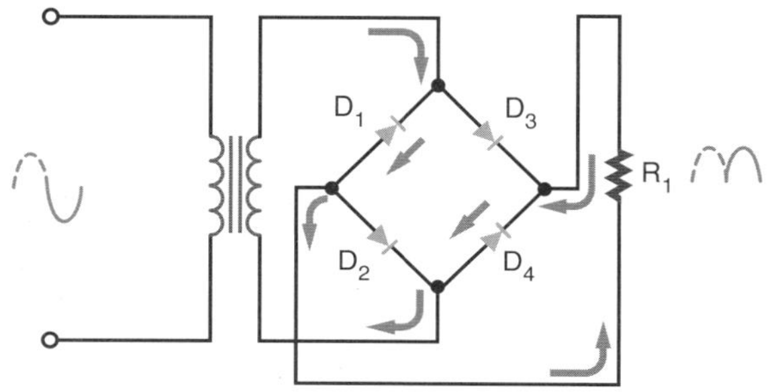

그림 27-10은 입력 신호의 음(−)의 반 사이클 동안에서의 전류 흐름을 보여주고 있다. 변압기 2차의 상단은 음(−)이고 하단은 양(+)이다. 전류는 변압기 2차의 하단으로부터 나와서 다이오드 D_1을 아래에서 위로 통과하고, 부하와 다이오드 D_3를 통과하여 변압기 2차측 상단으로 흐른다. 이때 전류가 양(+)의 반 사이클 동안에서와 동일한 방향으로 부하를 통과하여 흐른다는 데 주목하라. 역시 전체 전압이 부하 양단에 걸린다.

브리지 정류기는 일종의 전파 정류기이다. 왜냐하면 입력 정현파의 두 개의 반 사이클 모두 동작하기 때문이다. 브리지 정류기의 장점은 이 회로가 변압기 2차측에 중간 탭을 필요로 하지 않는다는 것이다. 이 회로는 동작하기 위해 변압기를 필요로 하지 않는다. 변압기를 사용하는 이유는 단지 승압 또는 강압하기 위해 또는 절연시키기 위해서이다.

각 정류기의 차이점을 요약하면 다음과 같다: 반파 정류기는 간단하고 저렴하다는 장점이 있다. 반파 정류기는 하나의 다이오드와 하나의 변압기를 사용한다. 반파 정류기는 아주 효율적이지 못하다. 왜냐하면 입력 신호의 단지 반 사이클만 이용되기 때문이다. 또한 반파 정류기는 저전류 응용에서만 사용된다.

전파 정류기는 반파 정류기보다 효율적이다. 이 정류기는 정현파의 두 개의 반 사이클 동안 모두 동작한다. 전파 정류기는 리플 주파수가 더 높기 때문에 필터링하기도 더 쉽다. 전파 정류기의 단점은 중간 탭을 갖는 변압기를 필요로 한다는 것이다. 전파 정류기의 출력 전압은 이 중간 탭 때문에 같은 변압기를 사용하는 반파 정류기에 비해 낮다.

브리지 정류기는 변압기가 없어도 동작할 수 있다. 그러나 변압기는 승압하거나 강압하기 위해서 필요하다. 브리지 정류기의 출력은 반파 정류기와 전파 정류기 모두에 비해 더 높다. 단점은 브리지 정류기가 네 개의 다이오드를 필요로 한다는 것이다. 그러나 다이오드는 중간 탭을 갖는 변압기에 비해 저렴하다.

27-2 질문

1. 전원공급장치에서 정류기의 기능은 무엇인가?
2. 전원공급장치에서 정류기를 연결하기 위한 세 가지 구성 형태는 무엇인가?
3. 세 가지 구성 형태의 동작에 대한 차이점은 무엇인가?

> 4. 각 정류기 구성이 다른 방식에 비해 갖는 장점은 무엇인가?
> 5. 어떤 정류기 구성이 최선의 선택인가? 그 이유는 무엇인가?

27-3 필터회로

정류기 회로의 출력은 맥동 DC 전압이다. 이러한 전압은 대부분의 전자회로에 적합하지 않다. 따라서 대부분의 전원공급장치에서는 정류기 다음에 **필터**(filter)가 있어서 맥동 DC 전압을 평활한 DC 전압으로 변환한다.

가장 간단한 필터는 정류기 출력단에 커패시터를 연결한 것이다(그림 27-11). 그림 27-12는 필터 커패시터를 추가한 경우와 추가하지 않은 경우에 대해 정류기의 출력을 비교하고 있다.

커패시터는 다음과 같은 양상으로 회로에 영향을 미친다. 다이오드의 양극이 양(+)일 때 전류가 회로에 흐른다. 동시에 필터 커패시터는 그림 27-11에 나타낸 극성으로 충전된다. 입력 신호의 위상각이 90 도가 되면 커패시터는 회로의 피크 전압까지 완전히 충전된다.

입력 신호가 음(−)의 방향으로 떨어지기 시작할 때, 커패시터는 부하를 통해서 방전한다. 부하의 저항값이 커패시터가 RC 시정수에 의해 방전되는 율을 조절한다. 방전 시정수는 사이클 시간(cycle time)에 비해서 길다. 따라서 커패시터가 방전되기 전에 한 사이클이 완성된다. 따라서 처음 4분의 1 사이클이 지나면 부하에 흐르는 전류가 방전 커패시터에 의해서 공급된다. 커패시터가 방전함에 따라, 커패시터에 저장된 전압은 감소한다. 그러나 커패시터가 완전히 방전되기 전에 정현파의 다음 사이클이 시작한다. 이로 말미암아 다이오드의 양극이 양(+)으로 되고 따라서 다이오드를 도통시킨다. 커패시터는 재충전되고 사이클은 반복된다. 최종 결과는 펄스가 평활하게 되어 출력 전압이 실제로 상승하는 것이다(그림 27-13).

커패시터가 크면 클수록 RC 시정수는 커진다(길어진다). 이는 커패시터 방전을 더 느리게 하여 결국 출력 전압이 높아지게 된다. 커패시터가 존재하기 때문에 회로에 있는 다이오드는 더 짧은 시간 동안만 도통된다. 다이오드가 도통되지 않을 때에는 커패시터가 부하에 전류를 공급한다. 따라서 만일 부하에서 필요로 하는 전류가 큰 경우에는 매우 큰 커패시터를 사용해야 한다.

전파 정류기나 브리지 정류기 양단의 커패시터 필터도 방금 설명한 반파 정류기에서의 커패시터 필터와 매우 비슷하게 동작한다. 그림 27-14는 전파 정류기와 브리지 정류기의 출력을 보여주고 있다. 리플 주파수는 반파 정

그림 27-11

커패시터 필터를 가진 반파 정류기

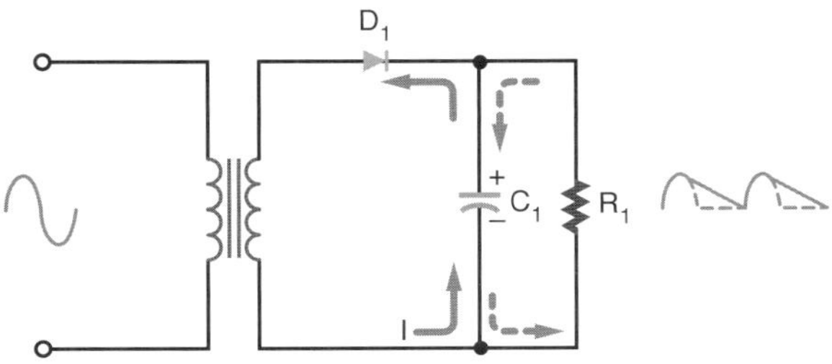

그림 27-12

커패시터가 있는 경우와 없는 경우에 대한 반파 정류기의 출력

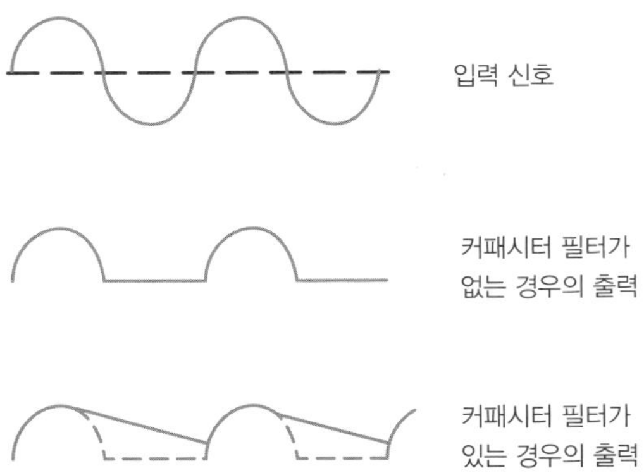

그림 27-13

반파 정류기의 출력에 미치는 여러 필터 커패시터의 효과

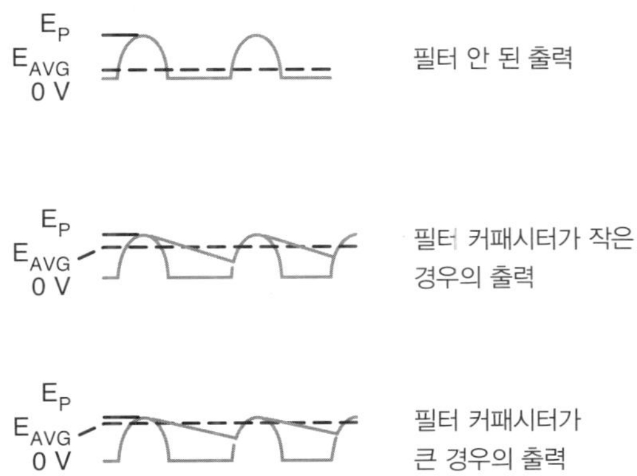

그림 27-14

전파 정류기나 브리지 정류기의 출력에 미치는 여러 필터 커패시터의 효과

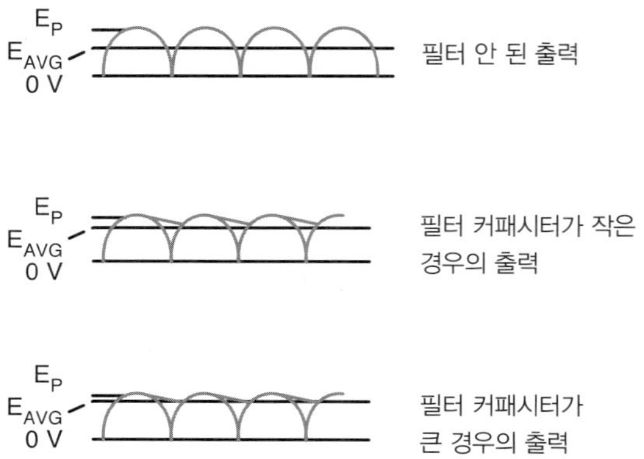

류기의 두 배이다. 커패시터 필터를 정류기 출력단에 추가할 때, 다음 펄스가 발생하기 전에 커패시터는 너무 많이 방전하지 않는다. 출력 전압은 높다. 큰 커패시터를 사용하면 출력은 입력 신호의 피크 전압과 일치한다. 커패시터는 반파 정류기에서보다 전파 정류기에서 필터링을 더 잘 해낸다.

필터 커패시터의 목적은 정류기로부터 맥동 DC 전압을 평활하게 하는 것이다. 필터의 성능은 DC 전압에 남아 있는 리플에 의해서 결정된다. 리플은 큰 커패시터를 사용하거나 부하 저항을 키움으로써 더 작아지게 할 수 있다. 부하 저항은 전형적으로 회로 설계에 의해 결정된다. 따라서 필터 커패시터의 크기는 리플의 크기에 의해 정해진다.

필터 커패시터는 정류기 회로에 사용된 다이오드에 부가적인 스트레스를 가한다는 점을 인식해야 한다. 반파 정류기와 전파 정류기 뒤에 필터 커패시터를 연결한 회로를 그림 27-15에 나타내었다. 커패시터는 변압기 2차측 전압의 첨두값까지 충전되고 입력 사이클의 전 구간에서 이 값을 유지한다. 다이오드가 역방향 바이어스될 때, 다이오드는 차단되고, 다이오드의 양극에는 음(−)의 최대 전압이 나타난다. 필터 커패시터는 다이오드의 음극에 양(+)의 최대 전압을 유지한다. 다이오드 양단에 걸친 전압의 차이는 2차측 피크값의 두 배이다. 다이오드는 이 전압을 견딜 수 있도록 선택되어야 한다.

다이오드가 역방향 바이어스되어 있을 때 다이오드가 견딜 수 있는 최대 전압을 **피크 역전압**(peak-inverse-voltage, PIV)이라 한다. 다이오드는 피크값의 두 배보

그림 27-15

필터 커패시터가 연결되어 있는 반파 정류기(A) 및 전파 정류기(B)

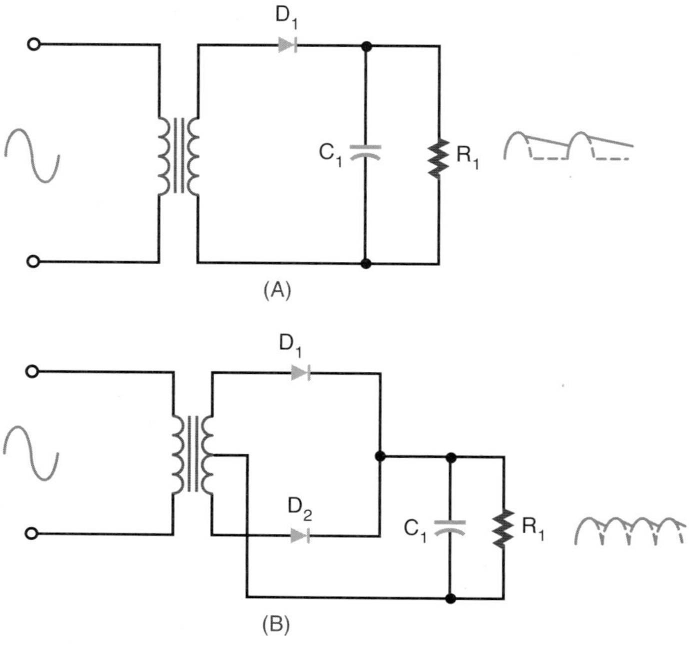

그림 27-16

커패시터 필터가 있는 브리지 정류기

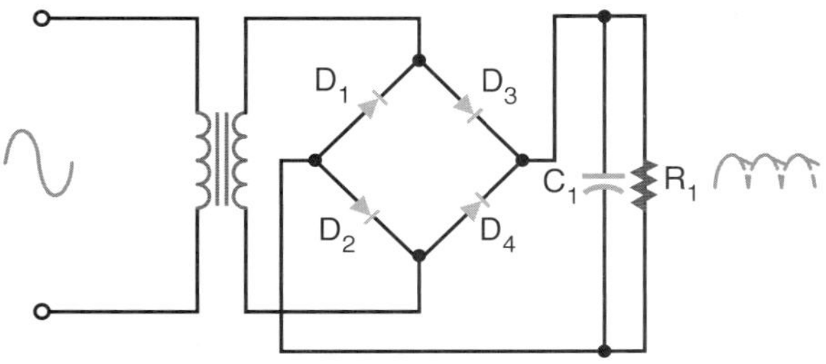

다 더 큰 PIV를 갖도록 선택해야 한다. 이상적으로 말하면 다이오드는 입력 전압의 변동을 허용하도록 정격 값의 80%에서 동작하도록 해야 한다. 이것은 반파 정류기 및 전파 정류기에 모두 해당된다. 그러나 브리지 정류기에서는 이것이 성립하지 않는다.

브리지 정류기의 다이오드는 절대로 2차측의 피크값보다 더 큰 전압에 노출되지 않는다. 그림 27-16에서, 입력 신호의 피크값보다 더 큰 전압에 노출되는 다이오드는 하나도 없다. 따라서 더 낮은 PIV 규격을 갖는 다이오드를 사용해도 된다는 점이 브리지 정류기의 또 다른 장점이다.

27-3 질문

1. 전원공급장치에서 필터의 목적은 무엇인가?
2. 가장 간단한 필터 구성 형태는 무엇인가?
3. 리플 주파수란 무엇인가?
4. 필터 커패시터는 어떻게 선택하는가?
5. 필터를 추가하면 회로에 어떤 악영향을 주게 되는가?

27-4 전압조정기

두 가지 요인에 의해서 전원공급장치의 출력 전압이 변동될 수 있다. 첫째, 전원공급장치에 인가되는 입력 전압이 변동하여 출력 전압을 증가 또는 감소시킬 수 있다. 그리고 둘째, 부하 저항이 변동하여 소요되는 전류에 변화를 가져올 수 있다.

많은 회로는 특정 전압에서 동작하도록 설계되어 있다. 전압이 변하면, 회로의 동작이 영향을 받는다. 따라서 전원공급장치는 부하와 입력 전압의 변동에 상관없이 동일한 출력을 내야 한다. 이를 달성하기 위해, 필터 다음에 **전압 조정기**(voltage regulator)를 추가한다.

전압 조정기의 두 가지 기본 유형은 **병렬 조정기**(shunt regulator)와 **직렬 조정기**(series regulator)이다. 이러한 이름은 전압조정기가 부하와 연결되는 방법에 따라서 붙여진 것이다. 병렬 조정기는 부하와 병렬로 연결한다. 직렬 조정기는 부하와 직렬로 연결한다. 직렬 조정기가 병렬 조정기보다 더 널리 사용되고 있는데, 그 이유는 직렬 조정기가 더 효율적이며 전력을 더 적게 소모하기 때문이다. 병렬 조정기는 제어 소자로서도 동작하여, 부하의 단락(short)으로부터 조정기를 보호한다.

그림 27-17은 기본적인 제너다이오드 조정기 회로이다. 이것은 병렬 조정기이다. 제너다이오드는 저항기와 직렬로 연결되어 있다. 조정되지 않은 DC 전압인 입력 전압이 제너다이오드와 저항기의 모두에 가해져서 제너다이오드를 역방향 바이어스되도록 한다. 저항기는 제너다이오드를 통해서 작은 전류가 흐르도록 하여 제너다이오드로 하여금 제너 항복 영역(breakdown region)에 있게 한다. 입력 전압은 다이오드의 제너 항복 전압보다 높아야 한다. 제너다이오드에 걸리는 전압은 제너다이오드의 정격 전압과 일치한다. 저항기에서 강하되는 전압은 제너다이오드의 전압과 입력 전압의 차이와 같다.

그림 27-17에 보인 회로는 변동하는 입력 전압에 대해서 일정한 출력 전압을 내고 있다. 모든 전압 변동은 저항기에 나타난다. 전압 강하의 합은 입력 전압과 일치해야 한다. 출력 제너다이오드와 직렬 저항기를 변화시키면, 출력 전압이 증가 또는 감소될 수 있다.

부하를 통해서 흐르는 전류는 부하 저항과 출력 전압에 의해서 정해진다. 부하 전류와 제너 전류를 합한 것이 직렬 저항기를 통해서 흐른다. 제너 전류가 제너다이오드로 하여금 제너 항복 영역에 머물도록 해 주면서 부하 전류도 흐를 수 있도록 하기 위해서는 직렬 저항기를 신중하게 선택해야 한다.

그림 27-17

제너다이오드 전압 조정기 회로

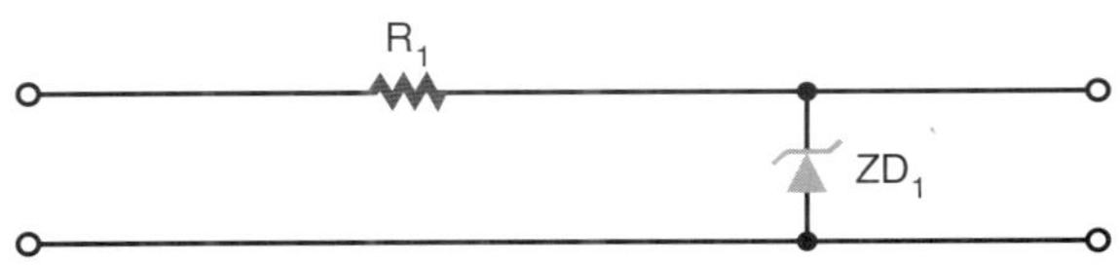

부하전류가 증가할 때에는 제너 전류가 감소하고 부하 전류와 제너 전류가 합하여 일정한 출력 전압을 유지시킨다. 이로써 이 회로는 입력 전압뿐만 아니라 출력 전류의 변화에 대해서도 출력을 조절할 수 있는 능력이 있다.

그림 27-18은 트랜지스터를 사용하는 병렬 조정기를 보여 준다. 트랜지스터 Q_1이 부하와 병렬이라는 데 주목하라. 이 트랜지스터는 부하에 단락이 발생하는 경우에 조정기 회로를 보호한다. 두 개 이상의 트랜지스터를 사용하는 더 복잡한 병렬 조정기도 있다.

직렬 조정기가 병렬 조정기보다 더 널리 보급되어 있음은 앞에서 말한 바 있다. 가장 간단한 직렬 조정기는 가변 저항기를 부하와 직렬로 연결한 것이다(그림 27-19). 저항값은 부하 양단에 일정한 전압을 유지하도록 계속하여 조절된다. DC 전압이 증가할 때는 저항을 크게 하여 전압을 더 크게 강하시킨다. 직렬 저항기에서 부가적인 전압을 강하시킴으로써 부하에 걸리는 전압 강하를 일정하게 한다.

가변 저항은 또한 부하 전류의 변화를 보상할 수 있다. 만일 부하 전류가 증가하면 가변 저항에는 더 큰 전압 강하가 생긴다. 이는 부하에서 전압 강하가 덜 일어나게 하는 결과를 가져온다. 만일 전류가 증가하는 것과 같은 순간에 저항이 감소하도록 만들 수 있다면, 가변 저항에서 강하하는 전압은 일정하게 유지될 수 있다. 이것은 결과적으로 부하 전류에서의 변동에도 불구하고 일정한 출력 전압을 발생시키게 된다.

실제 환경에서는, 전압과 전류 변화를 보상하기 위해서 저항을 수동으로 변동시킨다는 것은 너무나 어려운 일이다. 가변 저항을 트랜지스터로 대체하는 것이 보다 효율적이다(그림 27-20). 부하 전류가 트랜지스터를 통해서 흐르도록 연결한다. 트랜지스터의 베이스 전류를 변화시킴으로써, 얼마간의 전류가 흐르도록 트랜지스터를 바이어스시킬 수 있다. 회로로 하여금 자기 조정 능력을 갖도록 하기 위해서는 부가적인 부품이 필요하다(그림 27-21). 이들 부품은 트랜지스터로 하여금 입력 전압이나 부하 전류의 변화를 자동으로 보상하도록 해 준다.

그림 27-22는 간단한 직렬 조정기를 나타내고 있다. 입력은 조정되지 않은 DC 전압이고 출력은 조금 낮은 안정화된 DC 전압이다. 트랜지스터는 이미터-폴로어(emitter-follower)로 연결되어 있는데, 그 의미는 베이스와 이미터 사이에 위상 반전이 발생하지 않는다는 것이다. 이미터 전압은 베이스 전압을 따라간다. 부하는 트랜지스터의 이미터와 접지 사이에 연결한다. 트랜지스터의 베이스 전압은 제너다이오드에 의해서 설정된다. 따라서 출력 전압은 제너 전압에서 트랜지스터의 베이스-이미터 접합에서 강하되는 0.7 볼트를 뺀 것과 같다.

그림 27-18

트랜지스터를 사용한 병렬 조정기

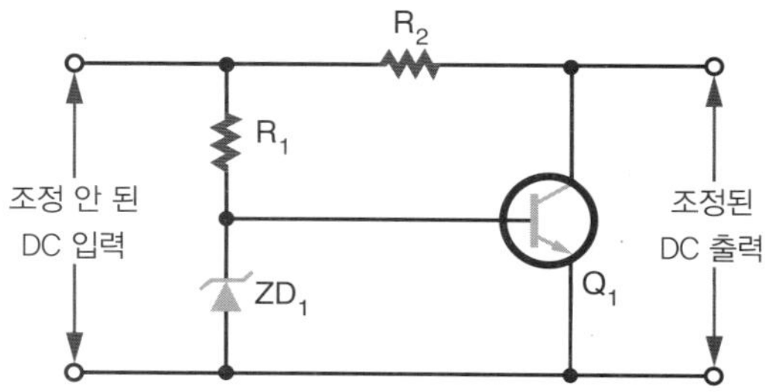

그림 27-19

가변 저항을 사용한 직렬 조정기

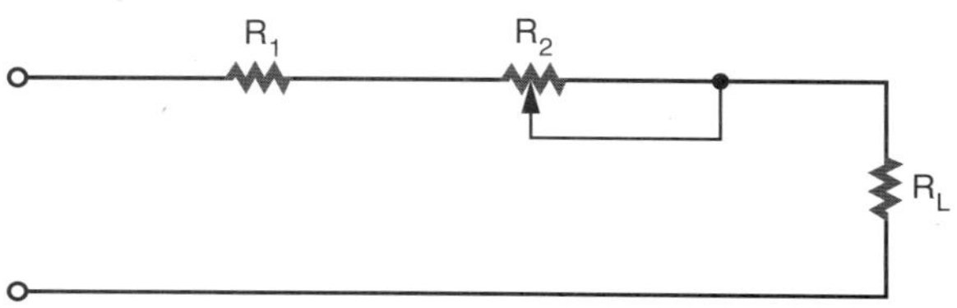

그림 27-20

수동 조절 가변 저항을 사용한 트랜지스터 직렬 조정기

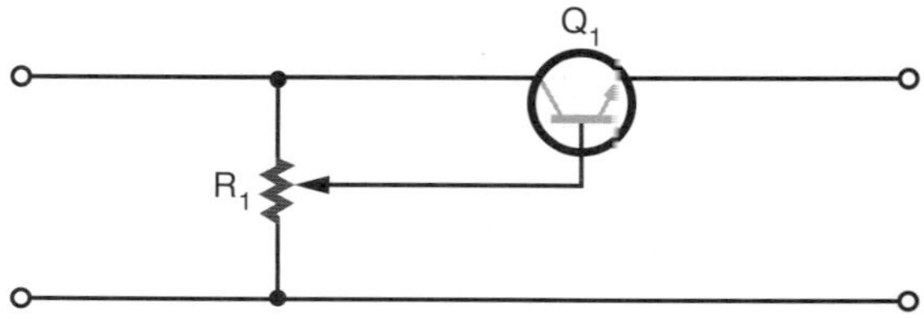

그림 27-21

자동 조절 직렬 조정기

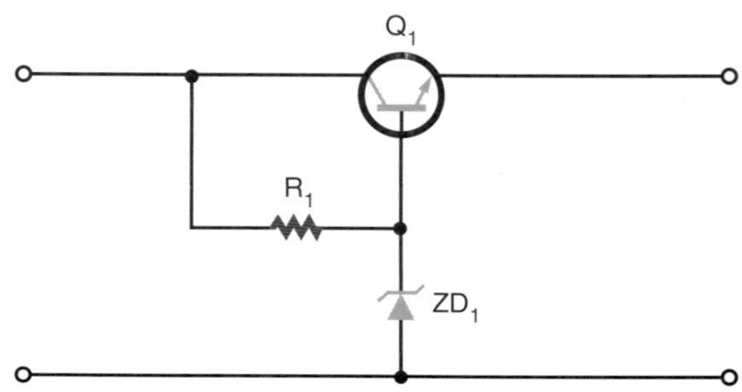

그림 27-22

직렬 조정기

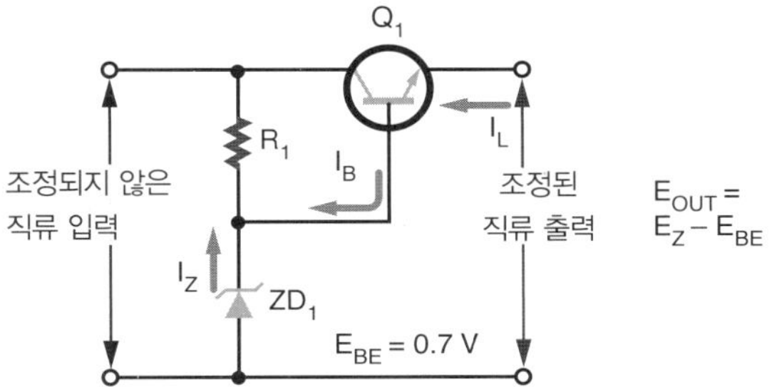

입력 전압이 트랜지스터를 통하여 증가하면 출력되는 전압 또한 증가하려고 한다. 베이스 전압은 제너다이오드에 의해서 설정된다. 만일 이미터가 베이스보다 더 양(+)의 값이 되면, 트랜지스터는 덜 도통된다. 트랜지스터가 덜 도통될 때, 이 트랜지스터가 입력과 출력 사이에 놓여있다면 큰 저항기가 반작용을 하는 것처럼 저항한다. 입력 전압 증가의 대부분이 트랜지스터에서 강하되어 출력 전압에는 단지 작은 증가만이 존재한다.

이미터-폴로어 조정기는 큰 정격 전력을 갖는 제너다이오드를 사용해야 한다는 단점이 있다. 큰 전력을 취급할 수 있는 제너다이오드는 비싸다.

좀더 인기 있는 직렬 조정기 유형은 궤환 조정기(feedback regulator)이다. 궤환 조정기는 출력 전압을 감시할 수 있는 궤환 회로로 구성된다. 출력 전압이 변하면 제어 신호가 발생된다. 이 제어 신호가 트랜지스터의 도통을 제어하게 된다. 그림 27-23은 궤환 조정기의 블록도를 보여주고 있다. 조정되지 않은 DC 전압이 조정기의 입력에 인가되고 있다. 낮은, 조정된 DC 출력 전압이 조정기의 출력 단자에 나타난다.

출력 단자 양단에 샘플링 회로가 보인다. 샘플링 회로(sampling circuit)란 출력 전압의 표본을 오류 검출 회로에 보내는 전압 분배기이다. 출력 전압이 변하면 오류 검출 회로로 보내지는 전압도 따라서 변한다.

오류 검출 회로는 표본화된 전압과 기준 전압을 비교한다. 기준 전압을 생성하기 위해서는 제너다이오드가 사용된다. 표본 전압과 기준 전압의 차이가 오류 전압이다. 오류 전압은 오류 증폭기에 의해서 증폭되며, 오류 증폭기가 직렬 트랜지스터의 도통을 제어한다. 트랜지스터는 출력 전압에서의 변화를 보상하도록 다소 도통한다.

그림 27-24는 궤환 전압 조정기를 나타낸다. 저항 R_3, R_4 및 R_5가 샘플링 회로를 형성하고 있다. 트랜지스터 Q_2가 오류 검출 및 오류 증폭을 모두 수행한다. 제너다이오드 D_1과 저항기 R_1은 기준 전압을 발생시킨다. 트랜지스터 Q_1이 직렬 조정기 트랜지스터이다. 저항기 R_2는 트랜지스터 Q_2를 위한 컬렉터 부하 저항이자 트랜지스터 Q_1을 위한 바이어스 저항기이다.

출력 전압이 상승하려고 하면, 표본 전압도 같이 증가한다. 이는 트랜지스터 Q_2의 베이스 바이어스 전압을 증가시킨다. 트랜지스터 Q_2의 이미터 전압은 제너다이오드 D_1에 의해서 일정하게 유지된다. 이 결과로 트랜지스터 Q_2는 더욱 도통되어 저항 R_2를 통한 전류를 증가시킨다. 그 다음 차례로 트랜지스터 Q_2의 컬렉터 전압과 트랜지스터 Q_1의 베이스 전압이 감소한다. 이로 인하여 트랜

그림 27-23

궤환 직렬 조정기의 블록도

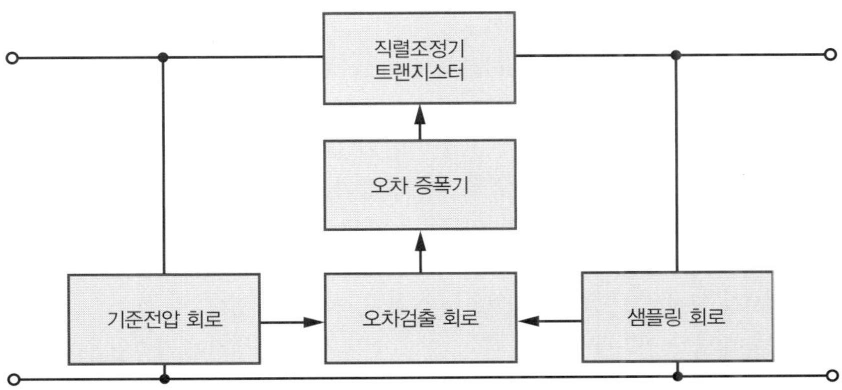

그림 27-24

기본적인 궤환 직렬 조정기

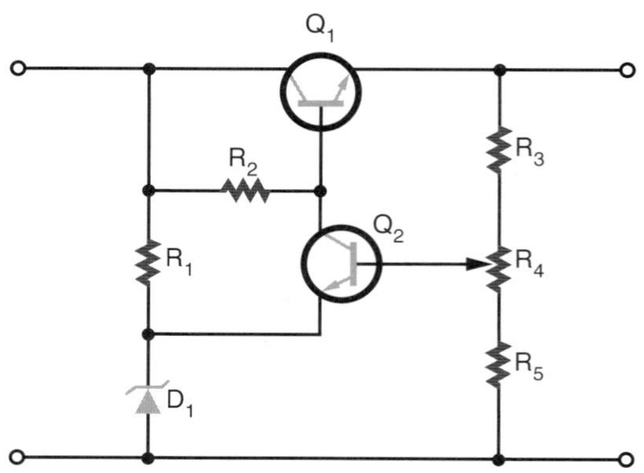

그림 27-25

전류 제한 회로를 갖는 궤환 직렬 조정기

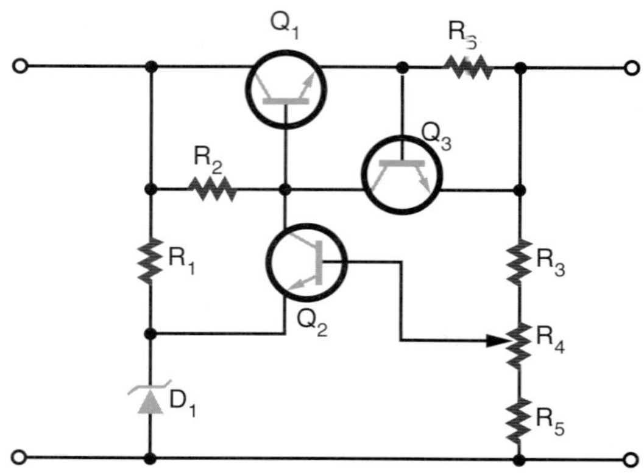

지스터 Q_1의 순방향 바이어스가 감소되고, 결국 Q_1이 덜 도통된다. 트랜지스터 Q_1이 덜 도통하면 전류가 적게 흐른다. 이로 인하여 부하 양단의 전압 강하가 더 작아지고, 전압 상승이 상쇄된다.

출력 전압은 포텐쇼미터(potentiometer) R_4를 변동시킴으로써 정확하게 조정할 수 있다. 조정기의 출력 전압을 증대시키기 위해서는, 포텐쇼미터 R_4의 바늘을 보다 음(−)의 방향으로 움직여야 한다. 이렇게 되면 트랜지스터 Q_2의 베이스에 걸려있는 표본 전압을 감소시켜서, 순방향 바이어스를 줄이게 된다. 이에 따라 트랜지스터 Q_2가 덜 도통되어, 트랜지스터 Q_2의 컬렉터 전압과 트랜지스터 Q_1의 베이스 전류의 증가를 야기하게 된다. 이는 트랜지스터 Q_1에 걸리는 순방향 바이어스를 증가시켜서, 트랜지스터 Q_1이 더 많이 도통된다. 더 많은 전류가 부하를 통해서 흐르게 되어 출력 전압을 상승시킨다.

트랜지스터가 부하와 직렬로 연결되기 때문에 직렬 조정기에는 심각한 단점이 있다. 만일 부하가 단락되면 트랜지스터를 통해서 큰 전류가 흐르게 되는데, 이 전류는 트랜지스터를 파괴시킬 수도 있다. 따라서 트랜지스터를 통해서 흐르는 전류를 안전한 수준에 머물도록 하는 회로가 필요하다.

그림 27-25는 직렬 조정기 트랜지스터를 통하여 흐르는 전류를 제한하는 회로를 보여주고 있다. 회로 하나가 궤환 직렬 전압 조정기에 추가되어 있다. 트랜지스터 Q_3과 저항 R_6이 전류 제한 회로를 형성하고 있다. 트랜지스터 Q_3이 도통되기 위해서는 베이스−이미터 접합이 최소한 0.7 볼트로 순방향 바이어스되어야 한다. 0.7 볼트가 베이스와 이미터 사이에 인가되면 트랜지스터는 도통된다. 만일 R_6이 1 Ω이라면 트랜지스터 Q_3의 베이스에 0.7 볼트를 발생시키기 위해 필요한 전류는 다음과 같다.

$$I = \frac{E}{R}$$

$$I = \frac{0.1}{1}$$

$$I = 0.7\ \text{A 또는 } 700\ \text{mA}$$

700 mA 미만의 전류가 흐르면, 트랜지스터 Q_3의 베이스−이미터 전압은 0.7 볼트보다 낮아서 트랜지스터를 차단 상태로 유지시킨다. 트랜지스터 Q_3이 차단되면, 회로는 마치 트랜지스터가 존재하지 않는 것처럼 동작한다. 전류가 700 mA를 초과하면, 저항기 R_6에 발생하는 전압 강하는 0.7 볼트 이상으로 증가한다 이는 결과적으로 저항기 R_2를 통해서 트랜지스터 Q_3을 도통시키게 된다. 이는 트랜지스터 Q_1의 베이스 전압을 감소시켜서 트랜지스터 Q_1을 덜 도통되게 한다. 전류는 700 mA를 초과하여 증가할 수 없다. 제한될 수 있는 전류의 양은 저항기 R_6의 값을 바꿈으로써 변동시킬 수 있다. 저항기 R_6의 값을 증가시키면 한계 전류의 값을 줄이게 된다.

궤환 직렬 조정기는 필요한 부품의 수가 많다는 또 다른 단점을 가지고 있다. 이 문제는 IC 조정기를 사용함으로써 극복할 수 있다.

현대의 IC 조정기는 가격이 저렴하면서도 사용하기 쉽다. 대부분의 IC 조정기는 단지 세 개의 단자(입력, 출력 및 접지)만을 가지고 있어서, 정류기의 필터링된 출력에 직접 연결하여 사용할 수 있다(그림 27-26). IC 조정기는 양(+)과 음(−)의 두 극성을 갖는 다양한 출력 전압을 제공한다. 표준 전압이 아닌 전압이 필요하다면 가변 IC 조정기를 이용할 수 있다.

IC 조정기를 선택함에 있어서 전원공급장치의 조정되기 전의 신호의 전기적 특성과 더불어 전압과 부하 전류의 요구 조건도 알고 있어야 한다. IC 조정기는 그의 출력 전압에 따라서 두 가지로 분류된다. 고정 전압 조정기는 세 개의 단자를 가지고 있으며 오직 한 가지의 출력 전압을 제공한다. 이 조정기는 양(+)과 음(−)의 전압 어느 것이나 구할 수 있다. 이중 극성 전압 조정기는 양(+) 전압과 음(−) 전압을 모두 공급할 수 있다. 고정 및 이중 극성 전압 조정기는 둘 다 가변 전압 조정기 형태도 구할 수 있다. 어느 IC 전압 조정기를 사용하더라도 제조사의 규격표를 참조해야 한다.

27-4 질문

1. 전원공급장치에서 전압 조정기의 목적은 무엇인가?
2. 전압 조정기의 두 가지 기본 유형은 무엇인가?
3. 어떤 유형의 전압 조정기가 더 자주 이용되는가?
4. 간단한 제너다이오드 전압 조정기의 개략도를 그리고, 이것이 어떻게 동작하는지를 설명하라.
5. 직렬 궤환 조정기의 블록도를 그리고, 이것이 어떻게 동작하는지를 설명하라.

27-5 전압 체배기

앞의 모든 경우, 출력 DC 전압이 입력 정현파의 피크값으로 제한되어 있었다. 더 높은 DC 전압이 필요할 때는 승압 변압기가 사용된다. 그러나 승압 변압기 없이도 더 높은 DC 전압을 발생시킬 수가 있다. 변압기의 도움 없이 더 높은 DC 전압을 발생시킬 수 있는 능력을 가진 회로를 **전압 체배기**(voltage multiplier)라고 부른다. **전압 2배기**(voltage doubler)와 **전압 3배기**(voltage tripler)가 대표적인 전압 체배기이다.

그림 27-27은 반파 전압 2배기를 나타내고 있다. 이 회로는 입력 신호의 피크값의 두 배에 해당되는 DC 출력 전압을 발생시킨다. 그림 27-28은 입력 신호가 음(−)의 반 사이클 동안에 있을 때의 회로를 보여준다. 다이오드 D_1이 도통되어 그림에 나타낸 것과 같은 경로를 따라 전류가 흐른다. 커패시터 C_1은 입력 신호의 피크값까지 충전한다. 방전 경로가 존재하지 않기 때문에 커패시터 C_1은 충전 상태를 유지한다. 그림 27-29는 입력 신호의 양(+)의 반 사이클을 보여준다. 이 시점에서 커패시터 C_1은 음(−)의 피크값까지 충전된다. 이렇게 되면 다이오드 D_1은 역방향 바이어스를 유지하고 다이오드 D_2는 순방향 바이어스된다. 이로 말미암아 다이오드 D_2가 도통되어 커패시터 C_2를 충전하게 된다. 커패시터 C_1은 음(−)의 최대값까지 충전되어 있기 때문에 커패시터 C_2는 입력 신호 피크값의 두 배까지 충전한다.

그림 27-27
반파 전압 2배기

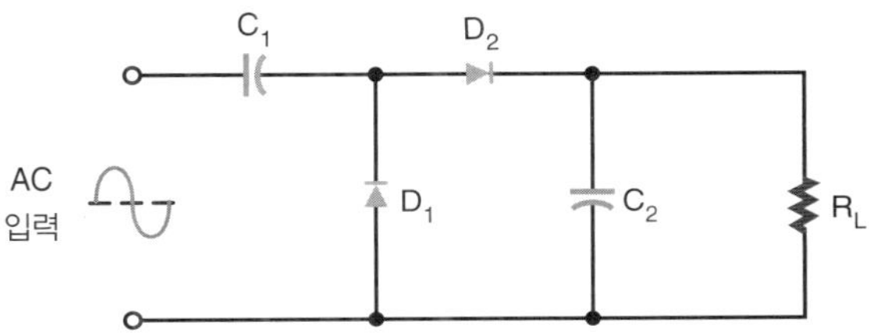

그림 27-26
3-단자 IC 조정기

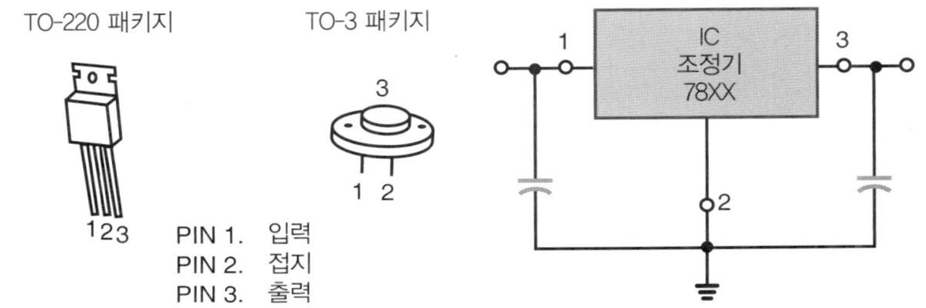

7805	5 볼트	7815	15 볼트
7806	6 볼트	7818	18 볼트
7808	8 볼트	7824	24 볼트
7812	12 볼트		

시판중인 3-단자 IC 조정기의 전압

그림 27-28

입력 신호의 음(−)의 반 사이클 동안의 반파 전압 2배기

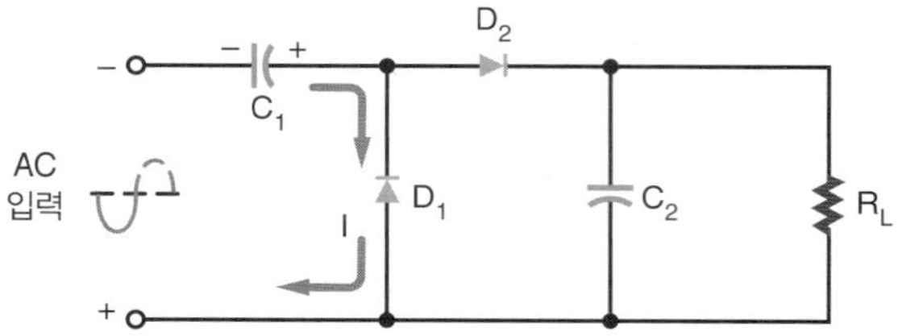

그림 27-29

입력신호의 양의 반주기 동안의 반파 전압 2배기

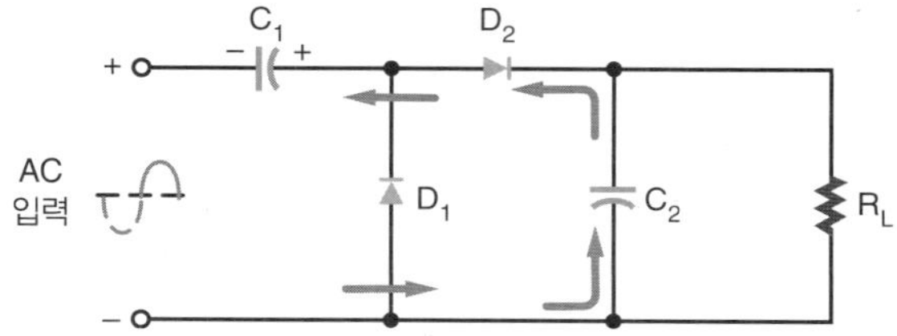

정현파가 양(−)의 반 사이클에서 음(−)의 반 사이클로 변할 때, 다이오드 D_2는 차단된다. 그 이유는 커패시터 C_2가 다이오드 D_2를 역방향 바이어스로 유지시키기 때문이다. 이제 커패시터 C_2가 부하를 거쳐서 방전하여 부하에 걸리는 전압을 일정하게 유지시킨다. 따라서 이 회로도 필터 커패시터로서 동작한다.

커패시터 C_2는 입력 신호의 양(+)의 반 사이클 동안에만 재충전하게 되는데, 이 때문에 리플 주파수는 60 Hz가 된다(그래서 반파 전압 2배기라는 이름을 갖는다). 반파 전압 2배기는 리플 주파수가 60 Hz이기 때문에 필터링하기가 쉽지 않다. 한 가지 단점은 커패시터 C_2가 AC 입력 신호 피크값의 최소 두 배에 해당되는 정격 전압을 가져야 한다는 것이다.

전파 전압 2배기가 반파 전압 2배기의 단점의 일부를 극복한다. 그림 27-30은 전파 전압 2배기로 동작하는 회로의 개략도를 보여주고 있다. 그림 27-31은 입력 신호의 양(+)의 반 사이클에서, 커패시터 C_1이 다이오드 D_1을 통해서 AC 입력 신호의 피크값까지 충전되는 것을 보여주고 있다. 그림 27-32는 입력 신호의 음(−)의 반 사이클에서, 커패시터 C_2가 다이오드 D_2를 통해서 AC 입력 신호의 피크값까지 충전되는 것을 보여주고 있다.

AC 입력 신호가 각 반 사이클의 피크값 사이에서 변화할 때, 커패시터 C_1과 C_2는 부하를 통하여 직렬로 방전한

그림 27-30

전파 전압 2배기

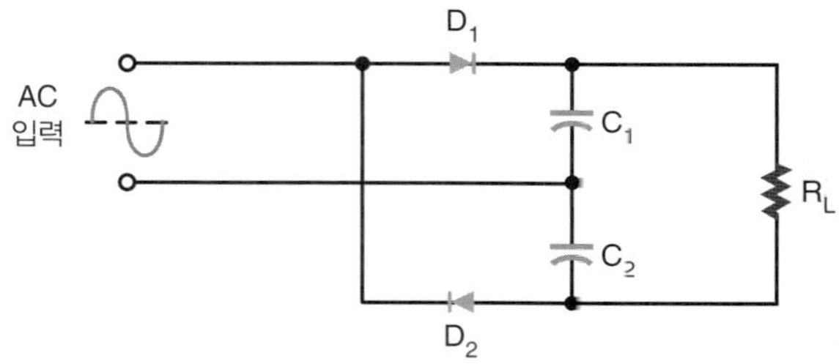

그림 27-31

입력 신호의 양(+)의 반 사이클 동안의 전파 전압 2배기

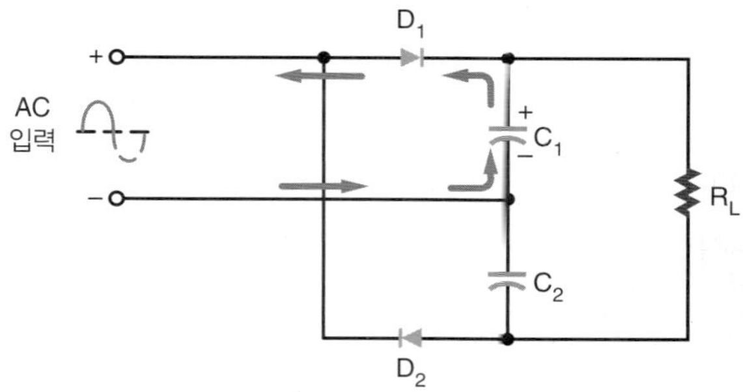

다. 각각의 커패시터가 입력 신호의 피크값까지 충전되기 때문에, 부하에 걸리는 전체 전압은 입력 신호의 피크값의 두 배이다.

커패시터 C_1과 C_2는 입력 신호의 각 피크 동안 충전된다. 각 사이클 동안 두 커패시터 C_1과 C_2가 모두 충전된다. 리플 주파수는 120 Hz이다. 커패시터 C_1과 C_2가 부하에 걸리는 출력 전압을 나누어 갖기 때문에 각 커패시

그림 27-32

입력 신호의 음(−)의 반 사이클 동안의 전파 전압 2배기

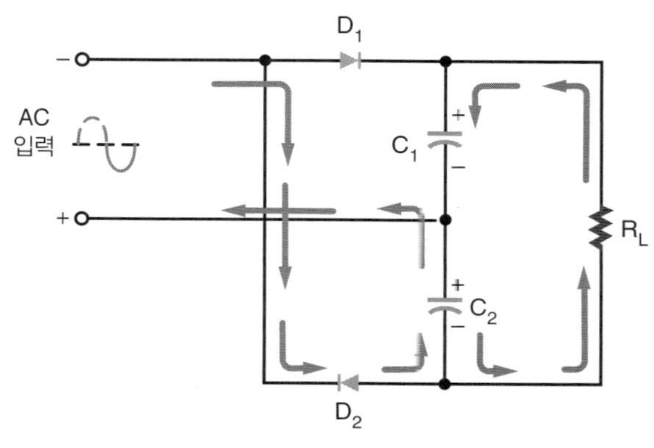

그림 27-33

전압 3배기

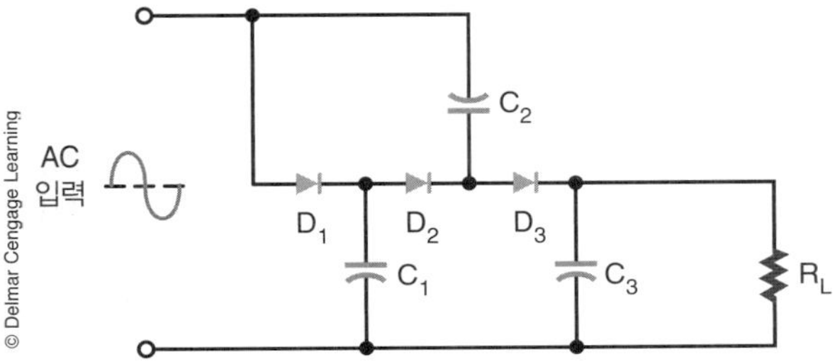

그림 27-34

입력 신호의 첫 양(+)의 반 사이클 동안의 전압 3배기

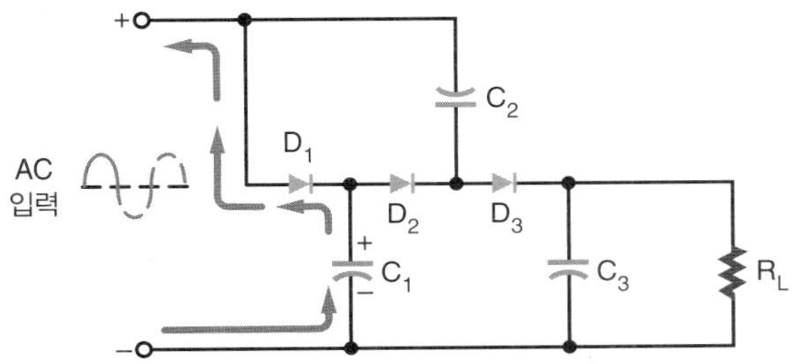

터는 입력 신호의 피크값으로 충전된다.

그림 27-33은 전압 3배기의 회로를 보여준다. 그림 27-34에서 입력 신호의 양(+)의 반 사이클은 다이오드 D_1이 도통되도록 순방향 바이어스를 걸어준다. 이는 커패시터 C_1이 입력 신호의 피크값까지 충전되도록 한다. 커패시터 C_1은 다이오드 D_2에 양(+)의 전압을 걸어준다.

그림 27-35는 입력 신호의 음(−)의 반 사이클을 보여준다. 다이오드 D_2가 이제 순방향으로 바이어스되기 때문에 이를 통해서 커패시터 C_2를 경유하여 커패시터 C_1까지 전류가 흐른다. 이렇게 되면, 커패시터 C_1에 저장된

그림 27-35

입력 신호의 음(−)의 반 사이클 동안의 전압 3배기

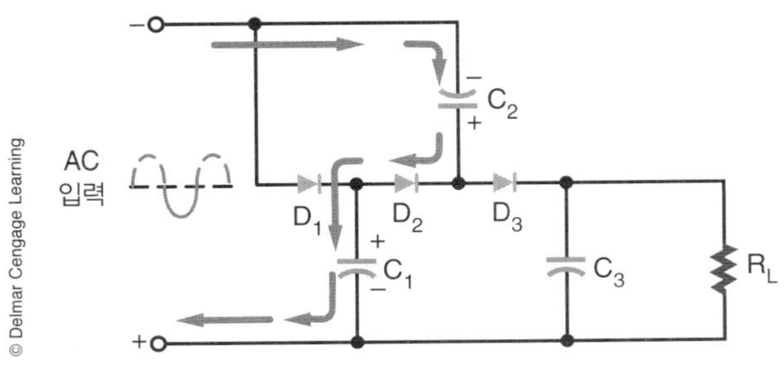

그림 27-36

입력 신호의 두 번째 양(+)의 반 사이클 동안의 전압 3배기

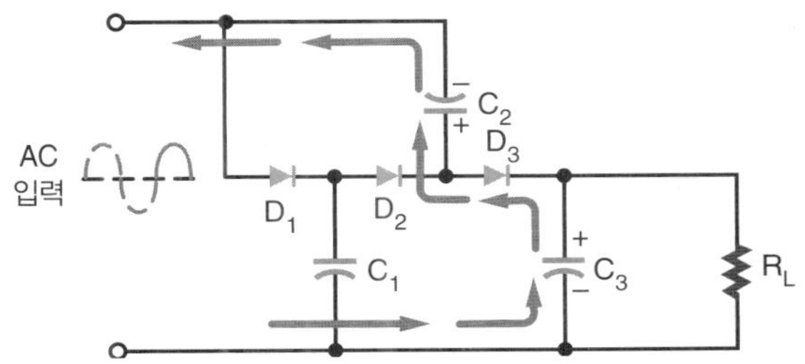

전압으로 인하여 커패시터 C_2는 피크값의 두 배까지 충전된다.

그림 27-36은 다음 번 양(+)의 반 사이클을 보여준다. 이는 커패시터 C_2에 피크값의 3배인 전압 차이가 생기게 한다. 커패시터 C_2의 위쪽 도체 판은 피크값의 2 배에 해당되는 양(+)의 피크값을 갖는다. 다이오드 D_3의 양극은 접지에 비하여 피크값의 3배에 해당되는 양(+)의 값을 갖게 된다. 이것은 결국 커패시터 C_3를 피크값의 3배까지 충전시킨다. 이 전압이 부하에 인가되는 전압이다.

27-5 질문

1. 전압 체배기 회로의 목적은 무엇인가?
2. 반파 전압 2배기의 개략도를 그리고, 이것이 어떻게 동작하는지를 설명하라.
3. 전파 전압 2배기의 개략도를 그려라.
4. 전압 3배기의 개략도를 그려라.
5. 전압 2배기와 3배기에서 사용되는 커패시터의 요구 조건은 무엇인가?

27-6 회로 보호 소자

전원공급장치의 고장으로부터 부하를 보호하기 위해, **과전압 보호 회로**(over-voltage protection circuit)가 사용된다.

그림 27-37은 **쇠지렛대**(crowbar)라고 불리는 과전압 보호 회로를 보여주고 있다. 부하와 병렬로 연결된 SCR은 보통 도통되지 않고 차단되어 있다. 출력 전압이 미리 정해둔 수준 이상으로 상승하면, SCR이 도통되어 부하 양단에 단락 회로가 가로놓인 상태로 된다. 부하 양단에

그림 27-37

쇠지렛대 과전압 보호 회로

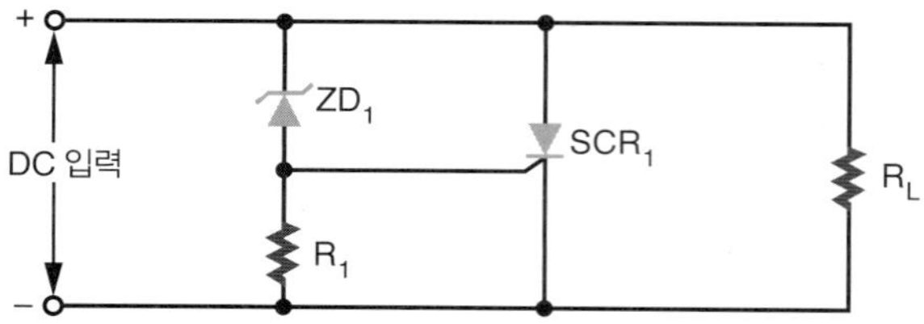

병렬로 단락 회로가 놓이면, 부하에는 전류가 거의 흐르지 않게 된다. 이것이 부하를 완전히 보호한다. 부하 양단에 가로 놓인 단락 회로는 전원공급장치를 보호하지 않는다. 전원공급장치의 출력이 단락되어, 전원공급장치의 퓨즈가 끊어지게 된다.

제너다이오드는 SCR을 도통시키기 위한 전압 수준을 확보하는 역할을 한다. 제너다이오드는 부하를 제너 전압 이상의 전압으로부터 보호한다. 공급 전압이 제너다이오드 정격 전압보다 낮은 한, 제너다이오드는 도통되지 않는다. 이는 SCR을 계속하여 꺼져 있게 한다.

공급 전압이 오동작에 의해서 제너 전압 이상으로 올라가면 제너다이오드가 도통된다. 이것은 SCR에 게이트 전류를 발생시켜서 SCR을 켜고 결국 부하를 단락시킨다. SCR은 큰 단락 회로 전류를 다룰 수 있을 만큼 커야 한다는 데 유의해야 한다.

높은 과도 전압으로부터 회로를 보호하기 위해, **배리스터**(varistor)를 사용한다. 배리스터는 전자 부품인데, 가장 일반적인 형태는 **금속 산화물 배리스터**(Metal Oxide Varistor, MOV)이다. MOV는 스위칭 서지 및 유도 번개 서지로부터 각종 전자 부품 및 반도체 소자를 보호한다. 높은 과도 전압에 노출되면, MOV는 이 과도 전압을 안전한 레벨까지로 눌러버린다. MOV는 잠재적으로 파괴적인 에너지를 흡수하여 이를 열로 없애버림으로써 회로 소자를 보호한다.

MOV 소자는 주로 산화아연과 소량의 비스무트(Bi), 코발트(Co), 망간(Mn) 및 기타 금속 산화물로 만든다. MOV 소자는 에너지 취급 능력을 증가시키기 위해 병렬로 연결한다. 또한 정격 전압을 더 높게 하고 정격 전압을 표준 간격으로 증가시키기 위해 직렬로도 연결한다.

그림 27-38

전자 회로를 보호하는 데 사용하는 퓨즈

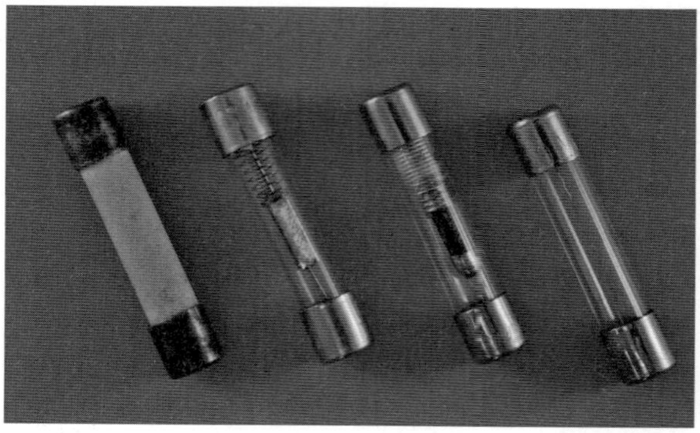

MOV는 피크 전류 정격이 40 A~70,000 A인 것이 시판되고 있다.

또 다른 보호 소자는 **퓨즈**(fuse)이다(그림 27-38). 퓨즈는 과부하가 발생할 때 끊어지는 소자이다. 퓨즈는 본질적으로 두 개의 금속 단자 사이에 있는 작은 도선 조각이다. 속이 빈 유리 실린더가 서로 떨어져 있는 두 개의 금속 단자를 붙잡고 있으면서 도선을 보호하고 있다. 퓨즈는 전형적으로 전원공급장치 변압기의 1차측과 직렬로 연결한다. 전원공급장치에 큰 전류가 흐르면, 퓨즈 도선이 과열되어 녹아버린다. 이는 회로를 개방시켜서 더 이상의 전류가 흐르지 못하게 해 준다. 퓨즈가 유리 속에 들어있기 때문에 퓨즈가 끊어졌는지를 알려면 눈으로 확인하면 된다.

퓨즈는 일반형(normal)과 저속 개방형(slow blow)으로 분류한다. 일반형 퓨즈는 전류가 초과되면 즉시 개방된다. 어떤 회로에서는 이것이 하나의 장점이다. 왜냐하면 과부하를 매우 신속하게 제거하기 때문이다. **저속 개방형 퓨즈**는 이 퓨즈가 끊어지기 전에 짧은 기간 동안의 과부하를 견딜 수 있다. 이 짧은 과부하 기간은 퓨즈 도선을 보다 천천히 가열되도록 함으로써 가능하다. 과부하가 수초 이상 존재하게 되면 퓨즈가 끊어지게 된다. 저속 개방형 퓨즈는 이 퓨즈가 녹고 나면 떨어져 있는 퓨즈 도선을 끌어당기는 용수철을 포함하는 경우도 있다. 일부 회로는 전류 서지를 견딜 수 있다. 이런 경우에는 저속 개방형 퓨즈가 일반형 퓨즈보다 더 좋다.

그림 27-39

전자 회로를 보호하는 데 사용하는 회로 차단기

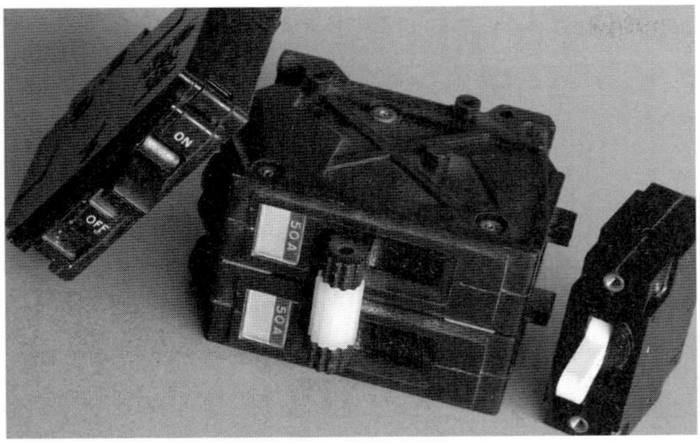

퓨즈는 항상 AC 전원의 뜨거운(살아 있으며 활성화된) 전선에 있는 스위치 다음에 설치한다. 이렇게 함으로써 퓨즈가 끊어졌을 때 변압기를 AC 전원으로부터 절연시키게 된다. 스위치 다음에 퓨즈를 설치함으로써, 끊어진 퓨즈를 교체할 때 추가의 안전을 위해 전원을 퓨즈 홀더로부터 제거할 수 있다.

경고: 고장의 원인을 알고 고치기 전에는 끊어진 퓨즈를 교체해서는 안 된다.

퓨즈의 단점은 퓨즈가 끊어질 때마다 교체해야 한다는 것이다. **회로 차단기**(circuit breaker)는 퓨즈와 동일한 일을 하면서도 과부하가 발생할 때마다 교체할 필요가 없다. 그 대신에 과부하가 발생한 다음에 회로 차단기를 수동으로 리셋할 수 있다(그림 27-39). 회로 차단기는 퓨즈와 동일한 방법으로 회로에 연결한다.

27-6 질문

1. 쇠지렛대 과전압 보호 회로는 어떻게 동작하는가?
2. 퓨즈를 회로에서 사용할 때 퓨즈가 어떻게 동작하는가?
3. 퓨즈의 종류에는 어떤 것이 있는가?
4. 회로에서 회로 보호 소자의 퓨즈는 어디에 위치하는가?
5. 회로 차단기가 퓨즈보다 좋은 점은 무엇인가?

요약

- 전원공급장치의 일차적 목적은 AC를 DC로 변환하는 것이다.
- 변압기는 전원공급장치에서 전기적 절연 및 승압 또는 감압을 위해서 사용된다.
- 정류기는 입력되는 AC 신호를 맥동 DC 전압으로 변환한다.
- 기본적인 정류기 회로는 반파, 전파 및 브리지이다.
- 반파 정류기는 전파 정류기나 브리지 정류기에 비해서 더 간단하고 저렴하다.
- 전파 정류기는 반파 정류기에 비해서 더 효율적이다.
- 브리지 정류기는 변압기 없이도 동작할 수 있다.
- 맥동 DC 전압을 평탄한 DC 전압으로 변환하기 위해서는 회로에서 정류기 다음에 필터가 있어야 한다.
- 부하에 병렬로 연결된 커패시터는 실질적인 필터이다.
- 전압 조정기는 부하와 입력 전압의 변화에 상관없이 일정한 출력을 낸다.
- 전압 조정기는 회로에서 필터 다음에 위치한다.
- 조정기의 두 가지 기본 유형은 병렬 조정기와 직렬 조정기이다.
- 직렬 조정기가 병렬 조정기보다 더 효율적이어서 더 널리 사용된다.
- 전압 체배기는 변압기의 도움 없이 입력보다 높은 DC 전압을 발생시켜 줄 수 있는 회로이다.
- 전압 2배기와 전압 3배기는 전압 체배기이다.
- 쇠지렛대는 과전압 보호를 위해 설계된 회로이다.
- 퓨즈는 전류 과부하로부터 회로를 보호한다.
- 퓨즈는 일반형과 저속 개방형으로 분류된다.
- 회로 차단기는 퓨즈와 동일한 일을 수행하지만 과부하가 발생할 때마다 교체하지 않아도 된다.

CHAPTER 27

자기테스트

1. 전원공급장치에 사용될 변압기를 선택할 때 네 가지 관심 영역이란 무엇인가?
2. 전원공급장치에서 변압기를 사용하는 목적은 무엇인가?
3. 전원공급장치에서 정류기는 어떤 목적을 수행하는가?
4. 전파 정류기 회로와 브리지 정류기 회로 사이의 장단점을 설명하라.
5. 필터 커패시터가 맥동 DC 전압을 평탄한 DC 전압으로 바꾸는 과정을 설명하라.
6. 어떤 기준에서 필터 커패시터의 크기가 결정되는가?
7. 직렬 전압 조정기는 어떻게 출력 전압을 일정 레벨로 유지시키는가?
8. 조정기 회로를 선택할 때 어떠한 회로 특성을 알고 있어야 하는가?
9. 전압 체배기의 구체적인 용도는 무엇인가?
10. 반파 전압 2배기에 비하여 전파 전압 2배기가 갖는 장점은 무엇인가?
11. 과전압 보호를 위해서 어떤 종류의 소자가 사용되는가?
12. 과전류 보호를 위해서는 어떤 종류의 소자가 사용되는가?

CHAPTER 28

증폭기의 기초

AMPLIFIER BASICS

목표

이 장을 마치고 나면 다음과 같은 것을 할 수 있게 된다.

- 증폭기의 목적을 설명한다.
- 트랜지스터 증폭기 회로의 세 가지 기본 구성을 알아본다.
- 증폭기의 클래스를 알아본다.
- 직접 결합 증폭기, 오디오 증폭기, 비디오 증폭기, RF 증폭기, IF 증폭기 및 연산 증폭기의 동작을 설명한다.
- 각종 증폭기 회로도에 대해 알아본다.

증폭기(amplifier)란 전자 신호의 진폭을 크게 하기 위해서 사용하는 전자 회로이다. 낮은 전압을 높은 전압으로 변환하기 위해 설계된 회로를 전압 증폭기라 부르고, 낮은 전류를 높은 전류로 변환하도록 설계된 회로를 전류 증폭기라고 한다.

주요 용어

결합
바이패스 커패시터
베이스공통 회로
부궤환
순방향 바이어스
온도 불안전성
이미터공통 회로
증폭
컬렉터공통 회로
퇴행성 궤환
AB급 증폭기
A급 증폭기
B급 증폭기
C급 증폭기
V_{cc}

28-1 증폭기의 구성

트랜지스터가 증폭(amplification)을 하기 위해서는, 입력 신호를 받아서 입력보다 더 큰 출력 신호를 발생시킬 수 있어야 한다.

입력 신호가 트랜지스터의 전류 흐름을 제어한다. 이어서 부하의 전압을 제어한다. 트랜지스터 회로는 외부 전원(V_{CC})으로부터 전압을 받아서 이를 출력 전압의 형태로 부하 저항(R_L)에 제공하도록 설계되어 있다. 출력 전압은 작은 입력 전압에 의해서 제어된다.

트랜지스터는 일차적으로 증폭용 소자로서 이용된다. 그러나 이러한 증폭을 수행하기 위한 방법에는 두 가지 이상이 있다. 트랜지스터는 세 가지의 서로 다른 회로 구성 형태로 연결될 수 있다.

세 가지 회로 구성 형태는 **베이스공통 회로**(common-base circuit), **이미터공통 회로**(common-emitter circuit) 및 **컬렉터공통 회로**(common-collector circuit)이다. 각각의 구성에서, 트랜지스터 전극 중의 하나가 공통의 기준으로 사용되고 나머지 두 개의 전극이 각각 입력과 출력의 연결로 사용된다. 각각의 구성은 PNP나 NPN 트랜지스터를 사용하여 구성될 수 있다. 각 구성에서 트랜지스터의 이미터-베이스 접합은 순방향 바이어스되고, 반면에 컬렉터-베이스 접합은 역방향 바이어스되어야 한다. 각각의 구성 형태에는 장점과 단점이 존재한다.

베이스공통 회로(그림 28-1)에서 입력 신호는 이미터-베이스 회로로 들어오고, 출력은 컬렉터-베이스 회로로부터 나온다. 베이스가 입력과 출력 회로에서 공통 요소이다.

이미터공통 회로(그림 28-2)에서 입력 신호는 베이스-이미터 회로로 들어오고, 출력은 컬렉터-이미터 회로로부터 나온다. 이미터가 입력과 출력 회로에서 공통이다. 이 구조로 트랜지스터를 연결하는 방식이 가장 널리 사용되고 있다.

세 번째 연결 유형(그림 28-3)은 컬렉터공통 회로이다. 이 구성에서 입력 신호는 베이스-컬렉터 회로로 들어오고 출력 신호는 이미터-컬렉터 회로로부터 나온다. 여기서 컬렉터가 입력과 출력 회로 양쪽에 공통이다. 이 회로는 임피던스 정합 회로로서 사용된다.

그림 28-4는 세 가지 구성에 대한 입출력 저항과 전압, 전류, 및 전력 이득을 하나의 표로 보여주고 있다. 그림 28-5는 세 가지 구성에 대한 입력과 출력 파형의 위상 관계를 나타내고 있다. 이미터공통 회로 구성에서는 입출력 신호 사이에 위상 반전이 일어나고 있음을 주목해야 한다.

그림 28-1
베이스공통 증폭기 회로

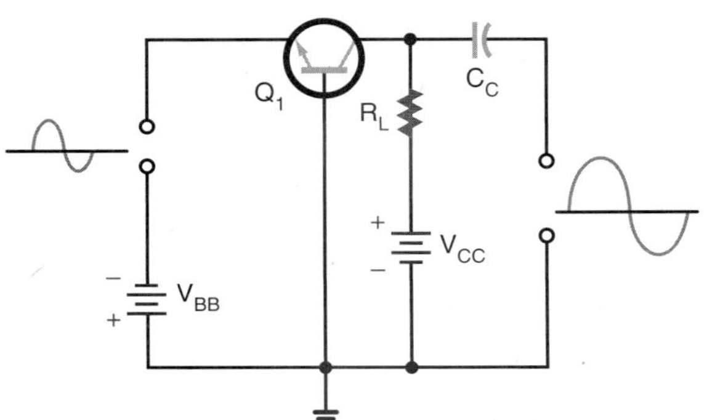

그림 28-2
이미터공통 증폭기 회로

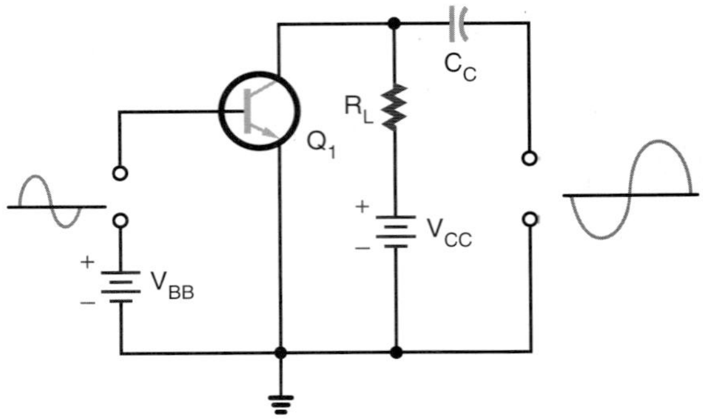

그림 28-3
컬렉터공통 증폭기 회로

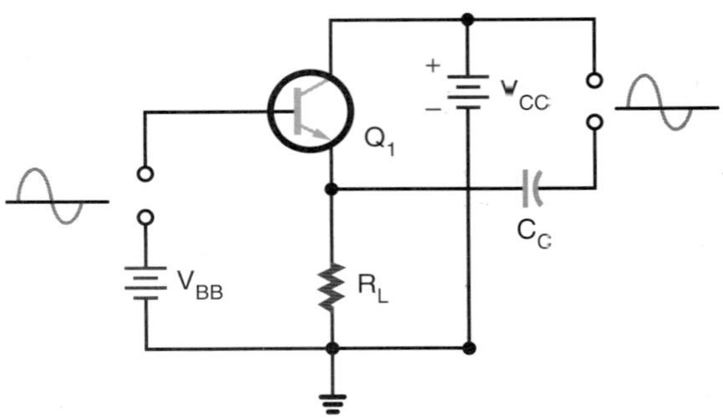

그림 28-4

증폭기 회로의 특성

회로 형태	입력저항	출력저항	전압이득	전류이득	전력이득
베이스공통	낮음	높음	높음	1 미만	중간
이미터공통	중간	중간	중간	중간	높음
컬렉터공통	높음	낮음	1 미만	중간	중간

그림 28-5

증폭기 회로의 입출력 위상 관계

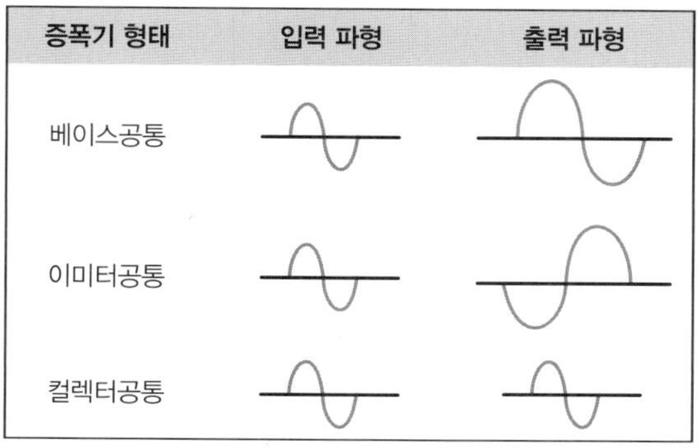

28-1 질문

1. 트랜지스터 증폭기 회로의 세 가지 기본 구성 형태의 회로도를 그려라.
2. 다음 회로의 특징을 나열하라.
   a. 베이스공통 회로
   b. 이미터공통 회로
   c. 컬렉터공통 회로
3. 세 가지 구성의 입출력 위상 관계를 나타내는 표를 작성하라.
4. 세 가지 구성의 입출력 저항을 나타내는 표를 작성하라.
5. 세 가지 구성의 전압, 전류 및 전력 이득을 나타내는 표를 작성하라.

28-2 증폭기 바이어스

트랜지스터 증폭기 회로의 기본 구성은 베이스공통, 이미터공통 및 컬렉터공통이다. 모든 구성에는 적절한 바이어스를 위해서 두 개의 전압이 필요하다. 즉, 베이스–이미터 접합은 순방향 바이어스, 베이스–컬렉터 접합은 역방향 바이어스되어야만 한다. 그러나 두 가지 바이어스 전압은 하나의 전압원으로부터 공급될 수 있다.

이미터공통 회로 구성이 가장 자주 사용되므로 여기서는 이에 대해서 설명한다. 여기서 설명하는 것과 동일한 원리가 베이스공통 및 컬렉터공통 회로에 대해서도 적용될 수 있다.

그림 28-6은 하나의 전압원을 사용하는 이미터공통 트랜지스터 증폭기를 보여주고 있다. 그림 28-7은 이의 회로도를 나타낸다. 전압원은 $+V_{CC}$로서 표시되어 있다. 접지 기호는 전압원 V_{CC}의 음극 측이다. 하나의 전압원이 베이스–이미터 및 베이스–컬렉터 접합에 적합한 바이어스를 제공하고 있다. 두 개의 저항기 (R_B와 R_L)은 적절한 동작을 위해서 전압을 분배하는 데 사용되고 있다. 저항 R_L, 즉 컬렉터 부하 저항은 컬렉터와 직렬로 연결되어 있다. 컬렉터 전류가 흐르면 R_L에 전압이 발생한다. 저항기 R_L에서 강하되는 전압과 트랜지스터의 컬렉터–이미터 접합에서 강하되는 전압의 합은 전체 인가 전압과 같다.

베이스와 전압원 사이에 연결되는 저항기 R_B가 베이스로 흐르는 전류의 양을 제어한다. 저항기 R_B를 통해서 흐르는 베이스 전류는 이 저항기에 전압을 발생시킨다. 전

그림 28-6

단일 전압원을 갖는 이미터공통 증폭기

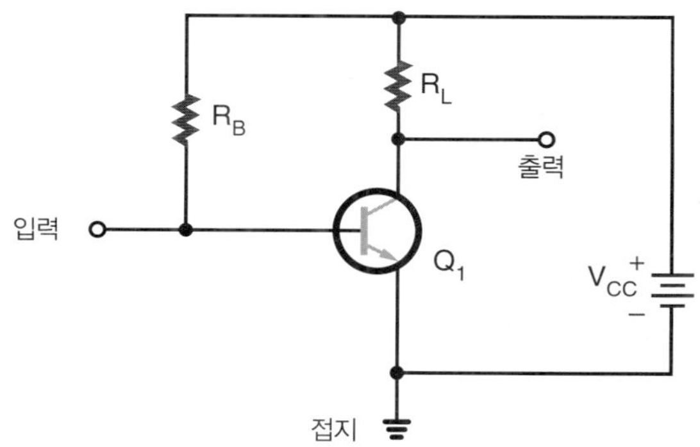

그림 28-7

단일 전압원을 갖는 이미터공통 증폭기의 회로도

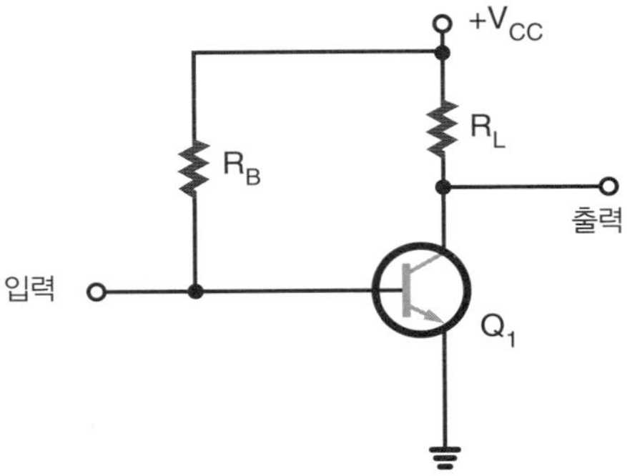

원으로부터 제공되는 대부분의 전압이 이 저항기에서 강하된다. 작은 전압이 트랜지스터의 베이스-이미터 접합에서 강하되는데 이것만으로도 적절한 순방향 바이어스를 제공하는 데 충분하다.

단일 전압원만으로도 필요한 순방향 및 역방향 바이어스를 모두 제공할 수 있다. NPN 트랜지스터의 경우에는 트랜지스터의 베이스와 컬렉터가 이미터에 대해서 모두 양(+)이어야 한다. 따라서 하나의 전압원이 저항기 R_B와 R_L을 통해서 베이스와 컬렉터에 연결할 수 있다. 이 회로는, 베이스 전류가 저항기 R_B와 전압원에 의해서 제어되기 때문에, 종종 베이스 바이어스 회로(base-biased circuit)라고 불린다.

입력 신호는 트랜지스터의 베이스와 이미터 사이, 즉 입력 단자와 접지 사이에 인가된다. 입력 신호는 이미터 접합에 걸린 순방향 바이어스를 증가시키거나 감소시킬 수 있다. 이는 컬렉터 전류가 변하는 원인이 되고 결과적으로 R_L에 걸리는 전압이 변하는 원인이 된다. 출력 신호는 출력 단자와 접지 사이에서 생성된다.

그림 28-6에서 보이고 있는 회로는 불안정하다. 그 이유는 신호가 인가되지 않을 때에도 다른 원인에 의해서 바이어스 전류의 변동이 발생할 수 있는데, 이 전류의 변동이 보상되지 못하기 때문이다. 예를 들어, 온도의 변화는 트랜지스터 내부 저항을 변동시키고, 이는 바이어스 전류가 변하는 원인이 될 수 있다. 그렇게 되면 트랜지스터의 동작점이 이동하게 되어 결국 트랜지스터의 이득 감소의 원인이 된다. 이 과정을 **온도 불안정성**(thermal instability)이라고 한다.

트랜지스터 증폭기 회로에서 온도 변화를 보상하는 것

그림 28-8

컬렉터 궤환을 갖는 이미터공통 증폭기

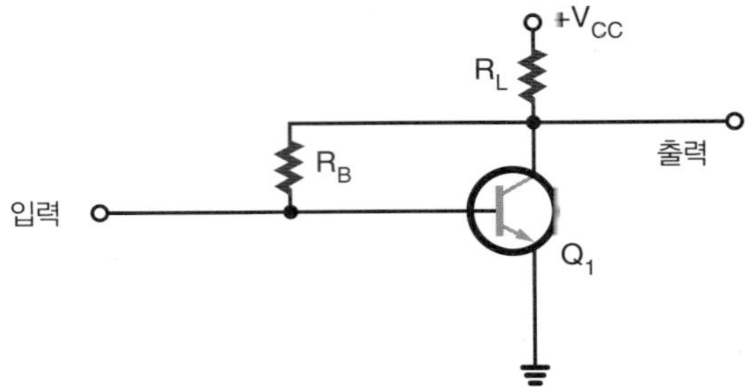

은 불가능한 일이 아니다. 원하지 않는 출력 신호의 일부를 회로 입력으로 되돌리면 그 되돌려진 신호는 변화에 대항하게 된다. 이것을 **퇴행성 궤환**(degenerative feedback) **또는 부궤환**(negative feedback)이라 부른다(그림 28-8). 퇴행성 궤환을 사용하는 회로에서는 베이스 저항기 R_B를 트랜지스터의 컬렉터에 직접 연결한다. 저항기 R_B를 통해 흐르는 전류는 컬렉터에 걸린 전압에 의해 결정된다. 만일 온도가 상승하면 컬렉터 전류가 증가하게 되고 이에 따라 저항기 R_L에 걸리는 전압이 증가한다. 따라서 컬렉터-이미터 전압이 감소하고 결국 R_B에 인가되는 전압을 감소시키게 된다. 이는 베이스 전류를 감소시키는데, 베이스 전류의 감소는 컬렉터 전류의 감소로 이어진다. 이 회로를 컬렉터 궤환 회로(collector feedback circuit)라고 부른다.

그림 28-9는 다른 유형의 궤환을 보여준다. 회로는 하나의 저항기 R_E가 이미터 전극에 직렬로 연결되어 있다는 것을 제외하고는 그림 28-7의 회로와 유사하다. 저항기 R_B와 R_E 그리고 트랜지스터의 베이스-이미터 접합이 전원 전압 V_{CC}와 직렬로 연결되어 있다.

그림 28-9

이미터 궤환을 갖는 이미터공통 증폭기

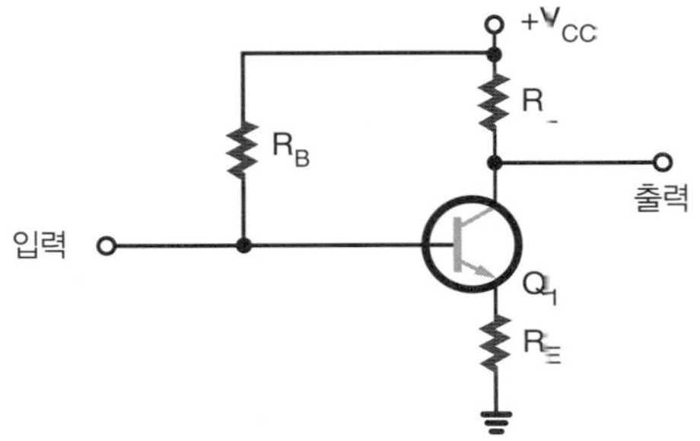

온도의 상승은 컬렉터 전류 증가의 원인이 된다. 그러면 이미터 전류 또한 증가하여 저항기 R_E에 걸리는 전압 강하를 증가시키는 원인이 되어 결국 저항기 R_B에 걸리는 전압을 떨어뜨리게 된다. 그렇게 되면 베이스 전류가 감소하고 이로 말미암아 컬렉터 전류와 이미터 전류 모두를 감소시킨다. 궤환이 트랜지스터의 이미터에서 발생하기 때문에 이 회로를 이미터 궤환 회로(emitter feedback circuit)라고 부른다.

이러한 유형의 회로에서는 부하 저항기 R_L과 트랜지스터뿐만 아니라 저항기 R_E에도 AC 입력 신호가 인가되기 때문에 문제가 있다. 이 때문에 회로의 전체 이득을 감소시킨다. 이미터 저항기 R_E에 병렬로 커패시터를 하나 추가하게 되면(그림 28-10), AC 신호는 저항기 R_E를 바이패스(bypass)한다. 이러한 커패시터를 종종 **바이패스 커패시터**(bypass capacitor)라고 부른다.

바이패스 커패시터는 AC 신호에 대해 임피던스가 낮아지므로 어떠한 순간적인 전압 변동도 저항기 R_E에 나타나지 않도록 막아준다. 바이패스 커패시터는 저항기 R_E에 걸리는 전압을 평활하게 유지시키지만 저항기 R_E에 의해서 이루어지는 궤환 동작에는 전혀 방해하지 않는다.

전압 분배기 궤환 회로(그림 28-11)는 보다 더 우수한 안정성을 제공한다. 이 회로가 가장 널리 사용되고 있다. 저항기 R_B가 두 개의 저항기 R_1과 R_2로 대체되어 있다. 두 저항기는 전원 전압 V_{CC}와 직렬로 연결된다. 두 개의 저항기가 하나의 전압 분배기를 형성하여 전원 전압을 두 개의 전압으로 분배하고 있다.

저항기 R_2는 저항기 R_1에 비해서 전압을 덜 강하시킨다. 베이스에서의 전압은 접지에 대해 저항기 R_2에 생성된 전압과 일치한다. 전압 분배기의 목적은 트랜지스터의 베이스에서 접지까지에 일정한 전압을 형성하도록 하는 것이다. 저항기 R_2를 통해서 흐르는 전류는 베이스를 향한다. 따라서 베이스에 붙어 있는 저항기 R_2 끝단은 접지에 대하여 양(+)이다.

그림 28-10

바이패스 커패시터를 갖는 이미터 궤환

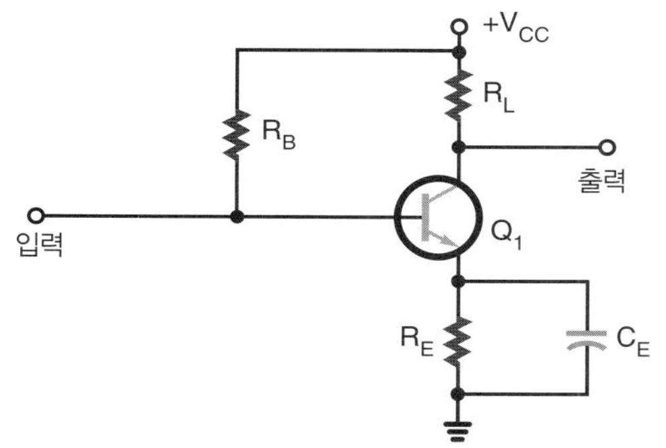

그림 28-11

전압 분배기 궤환을 갖는 이미터공통 증폭기

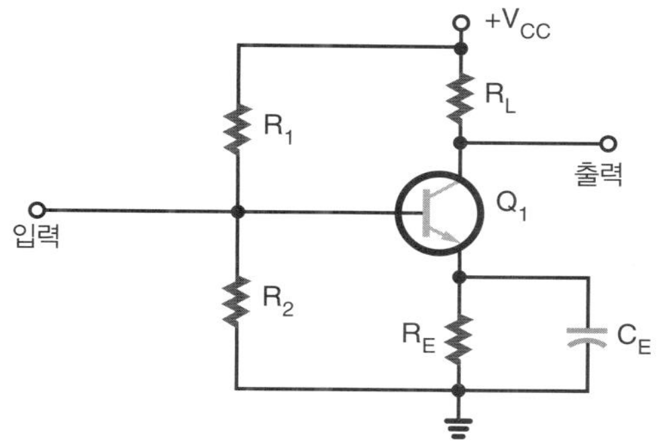

이미터 전류는 저항기 R_E를 통하여 흐르기 때문에, 저항기 R_E에서 강하되는 전압은 이미터에 연결된 단자에서 더 양(+)의 값이다. 이미터-베이스 접합에 걸리는 전압은 저항기 R_2와 저항기 R_E에 걸리는 두 가지의 양(+) 전압의 차이이다. 적절한 순방향 바이어스가 일어나기 위해서는 베이스가 이미터보다 약간 더 양(+)의 값이어야 한다.

온도가 상승할 때, 컬렉터 전류와 이미터 전류도 증가한다. 이미터 전류의 증가는 이미터 저항기 R_E에 걸리는 전압 강하의 증가를 야기한다. 이는 이미터를 접지에 대해서 더욱 양(+)의 값이 되도록 한다. 그러면 이미터-베이스 접합에 걸리는 순방향 바이어스가 줄어들게 되어, 베이스 전류를 감소시키게 된다. 베이스 전류의 감소는 컬렉터 전류와 이미터 전류를 감소시킨다. 온도가 떨어지면 반대 현상이 발생한다. 베이스 전류가 증가하고 이로 말미암아 컬렉터 전류와 이미터 전류가 상승하게 된다.

지금까지 논의한 증폭기 회로는 인가되는 AC 입력 신호 모두가 출력에 나타나도록 바이어스되어 있었다. 전압이 더 높아졌다는 점만 제외하면 출력 신호는 입력 신호와 동일하다. 전류가 전체 사이클에서 흐르도록 바이어스된 증폭기는 **A급 증폭기**(class A amplifier)로서 동작한다(그림 28-12).

출력 전류가 전체 사이클보다는 짧고 반 사이클보다는 긴 시간 동안 흐르도록 바이어스된 증폭기는 **AB급 증폭기**로서 동작한다. AB급 모드에서는 절반보다는 길고 전

그림 28-12

A급 증폭기의 출력

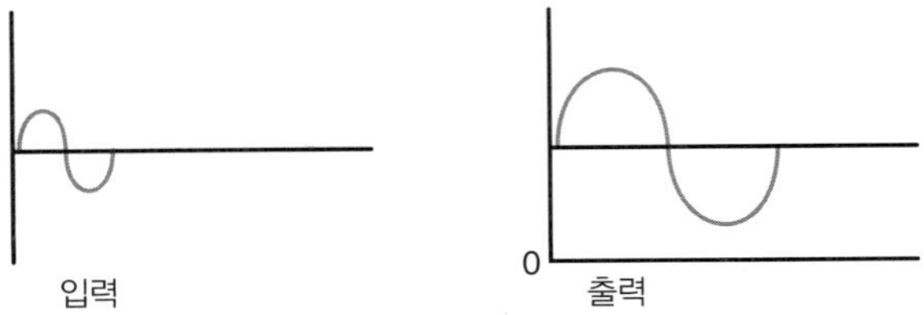

그림 28-13

AB급 증폭기의 출력

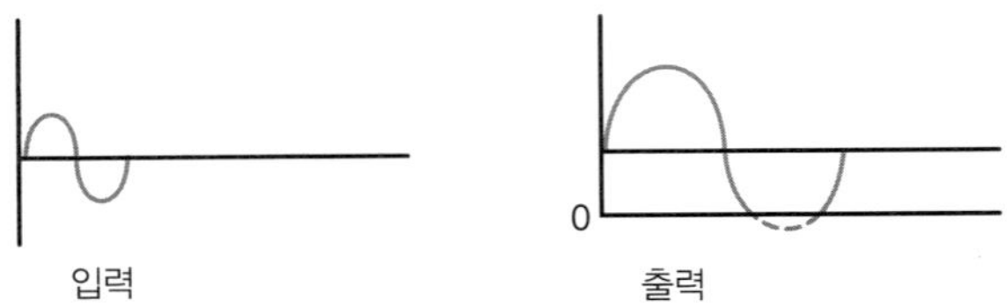

체보다는 짧은 기간의 AC 입력 신호가 증폭된다(그림 28-13).

출력 전류가 입력 사이클의 오직 절반 동안만 흐르도록 바이어스된 증폭기는 **B급 증폭기**로서 동작한다. B급 모드에서는 AC 입력 신호의 오직 절반만 증폭된다(그림 28-14).

출력 전류가 AC 입력 사이클의 절반보다 짧은 동안에서만 흐르도록 바이어스된 증폭기는 **C급 증폭기**로서 동작한다. C급 모드에서는 반주기보다 짧은 신호가 증폭된다(그림 28-15).

A급 증폭기가 이 중에서 가장 선형적이므로 최소의 왜곡을 발생시킨다. 그러나 이 유형의 증폭기는 가장 낮은 정격 출력을 갖고 있으며 가장 비효율적이다. A급 증폭기는 라디오나 텔레비전에서의 오디오 신호의 증폭과 같이 전 시간 구간의 신호가 꼭 필요한 경우에 널리 응용되고 있다. 반면에 A급 동작에서는 높은 전력 취급 능력이 요구되기 때문에, 보통은 트랜지스터를 AB급이나 B급 모드에서 동작시킨다.

AB, B, 또는 C급 증폭기는 상당한 왜곡을 유발시킨다. 그 이유는 이들 증폭기의 경우에는 입력 신호의 일부만 증폭하기 때문이다. 전체 AC 입력 신호를 증폭하기 위해서는 푸시풀(push-pull) 형태로 연결된 두 개의 트랜지스터가 필요하다(그림 28-16). 스테레오 시스템의 출력단, PA 앰프(public address amplifier), 또는 많은 공

그림 28-14

B급 증폭기의 출력

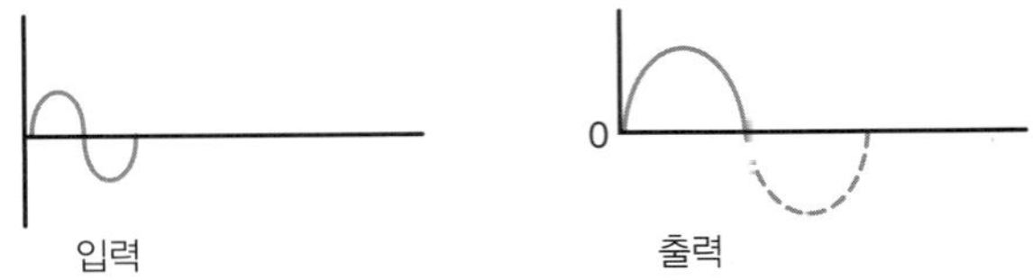

그림 28-15

C급 증폭기의 출력

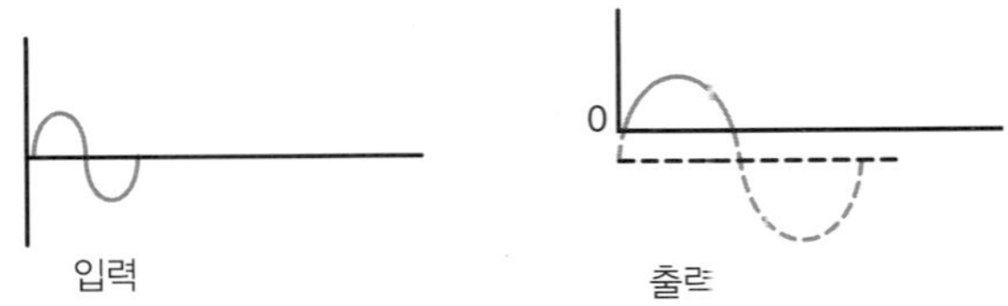

장 제어에서 B급 증폭기가 사용된다. C급 증폭기는 고전력 증폭기, 라디오나 텔레비전 송신을 위해서 사용되는 RF(radio frequency) 반송자와 같이 단지 한 주파수만 증폭시키는 송신기에 사용된다.

28-2 질문

1. 한 개의 전압원을 사용하는 이미터공통 트랜지스터 증폭기의 회로도를 그려라.
2. 트랜지스터 증폭기에서 온도 변화는 어떻게 보상되는가?
3. 전압 분배기 궤환 회로의 회로도를 그려라.
4. 증폭기의 클래스를 열거하고 각 클래스의 출력을 설명하라.
5. 각 클래스의 증폭기의 응용 분야를 열거하라.

28-3 증폭기의 결합

보다 큰 증폭을 얻기 위해서, 트랜지스터 증폭기를 서로 연결할 수 있다. 그러나 한 증폭기의 바이어스 전압이 다른 증폭기의 동작에 영향을 주지 않도록 하기 위해서는 반드시 적절한 **결합**(coupling) 기법을 사용하여야 한다. 사용된 결합 방식이 어느 한 회로라도 동작을 방해해서는 안 된다. 현재 이용되고 있는 결합 방식에는 저항-커패시터 결합, 임피던스 결합, 변압기 결합, 그리고 직접 결합이 포함된다.

그림 28-16

푸시풀 증폭기의 회로 구성

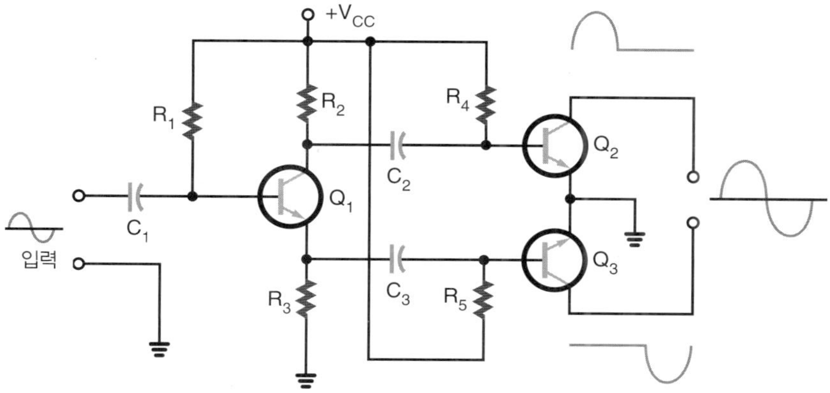

저항-커패시터 결합(resistive-capacitive coupling) 또는 RC 결합(RC coupling)은 그림 28-17에 나타낸 바와 같이 두 개의 저항기와 하나의 커패시터로 구성된다. 저항기 R_3가 첫 번째 단의 컬렉터 부하 저항기이다. 커패시터 C_1은 DC 차단 및 AC 결합을 위한 커패시터이다. 저항기 R_5와 R_6는 두 번째 단의 베이스-이미터 접합을 위한 입력 부하 저항기와 DC 리턴 저항기이다. 저항-커패시터 결합은 오디오 증폭기에서 주로 사용된다.

결합 커패시터 C_1은 낮은 주파수 감쇠를 최소화하기 위해서 낮은 리액턴스를 가져야만 한다. 전형적으로 10~100 μF 정도의 큰 커패시턴스 값이 사용된다. 결합 커패시터는 일반적으로 전해형이다.

결합 커패시터의 리액턴스는 주파수가 감소함에 따라 증가한다. 증폭되는 신호 주파수의 저역 한계는 결합 커패시터의 크기에 의해서 결정되고, 고역 한계는 사용된 트랜지스터의 유형에 의해서 결정된다.

임피던스 결합(impedance coupling) 방식은 RC 결합 방식과 유사하지만, 인덕터가 증폭기 초단의 컬렉터 부하 저항기를 대체하고 있다(그림 28-18).

임피던스 결합은 RC 결합과 매우 유사하게 동작한다. 장점이라고 하면 인덕터는 권선의 DC 저항값이 매우 낮다는 것이다. AC 출력 신호는 부하 저항기 양단과 같이 인덕터 양단에 나타난다. 그러나 인덕터는 저항기보다 소비 전력이 적어서 회로의 전체 효율을 증가시킨다.

임피던스 결합의 단점은 주파수가 증가함에 따라 인덕터의 리액턴스가 증가한다는 것이다. 전압 이득은 주파수에 따라서 변한다. 이 유형의 결합은 매우 좁은 주파수 대

그림 28-17

RC 결합

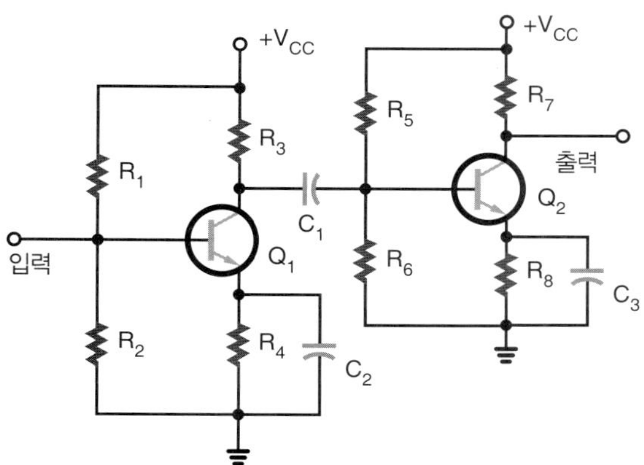

그림 28-18

임피던스 결합

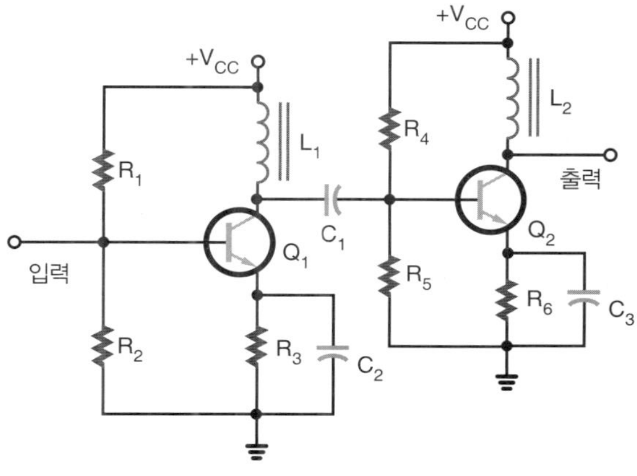

역을 증폭하고자 할 때 단일 주파수 증폭을 위해서 이상적이다.

변압기 결합(transformer-coupled) 회로에서는, 두 개의 증폭단이 변압기를 통하여 결합된다(그림 28-19). 변압기는 높은 임피던스 소스를 낮은 임피던스 부하에 효과적으로 정합 시킬 수 있다. 단점은 변압기가 부피가 크고 비싸다는 것이다. 또한 인덕터 결합 증폭기와 마찬가지로 변압기 결합 증폭기는 좁은 주파수 대역에 대해서만 유용하다.

매우 낮은 주파수나 DC 신호를 증폭해야 할 때는, 직접 결합(direct-coupling) 기법이 사용된다(그림 28-20). 직접 결합 증폭기는 넓은 주파수 범위에서 균일한 전류 이득 또는 전압 이득을 나타낸다. 이 유형의 증폭기는 0 Hz (DC)에서부터 수천 Hz까지의 주파수를 증폭할 수 있다. 그러나 직접 결합 증폭기의 응용은 낮은 주파수를 증폭하는 경우에 가장 효율적이다.

직접 결합 증폭기의 단점은 회로가 안정적이지 못하다는 것이다. 초단 출력 전류에서 조금의 변화라도 생기면 제2단에서 이것이 증폭되어 나타난다. 이는 두 번째 단이 본질적으로 초단에 의해서 바이어스되어 있기 때문이다. 안정성 향상을 위해서는 값비싼 정밀 소자를 사용하는 것이 요구된다.

그림 28-19

변압기 결합

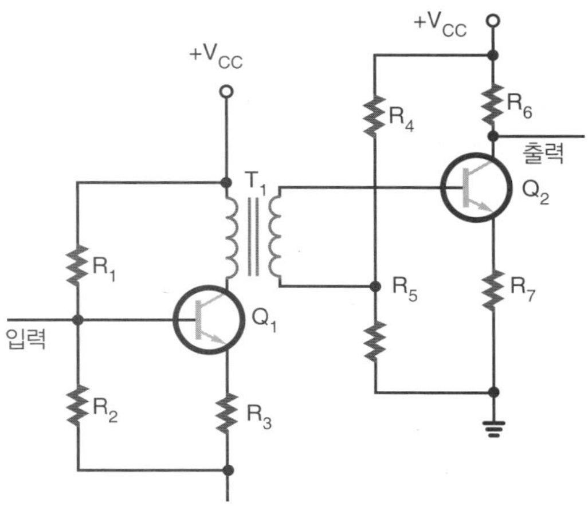

그림 28-20

직접 결합

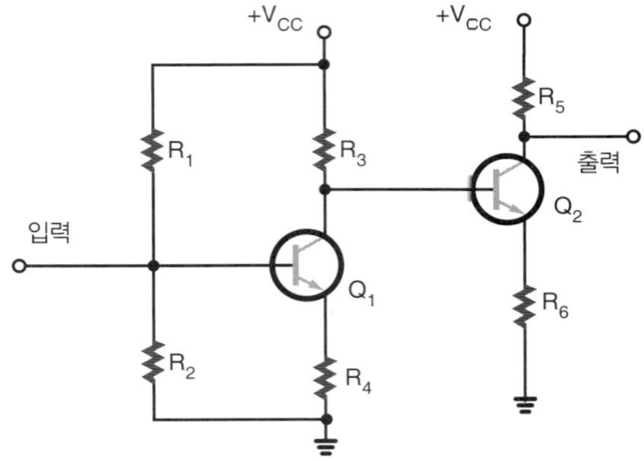

28-3 질문

1. 트랜지스터 증폭기를 결합하는 네 가지 주요 방식은 어떤 것들인가?
2. 저항–커패시터 결합은 주로 어디에서 사용되는가?
3. 저항–커패시터 결합과 임피던스 결합의 차이는 무엇인가?
4. 변압기 결합의 단점은 무엇인가?
5. DC와 저주파수 신호를 위해서는 어떤 유형의 결합이 이용되는가?

요약

- 증폭기는 전자 신호의 진폭을 증대시키기 위해서 사용되는 전자 회로이다.
- 트랜지스터는 주로 증폭 소자로 사용된다.
- 세 가지 트랜지스터 증폭기 구성은 베이스공통, 이미터공통 및 컬렉터공통이다.
- 컬렉터공통 증폭기는 임피던스 정합을 위해 사용된다.
- 이미터공통 증폭기는 입출력 신호의 위상 반전을 일으킨다.
- 모든 트랜지스터 증폭기는 적절한 바이어스를 위해서 두 개의 전압이 필요하다.

- 단일 전압원으로도 전압 분배기 구조를 사용함으로써 필요한 순방향 및 역방향 바이어스 전압을 공급할 수 있다.
- 전압 분배기 궤환 구성이 가장 많이 사용되는 바이어스 방법이다.
- 트랜지스터 증폭기는 입력 신호의 전부 또는 일부가 출력에 나타나도록 바이어스될 수 있다.
- A급 증폭기는 전 사이클 구간에서 출력 전류가 흐르도록 바이어스되어 있다.
- AB급 증폭기는 입력 사이클의 전체보다는 짧고 절반보다는 긴 구간에서 출력 전류가 흐르도록 바이어스되어 있다.
- B급 증폭기는 입력 사이클의 정확히 절반 동안만 출력 전류가 흐르도록 바이어스되어 있다.
- C급 증폭기는 입력 사이클의 절반보다 짧은 구간 동안만 출력 전류가 흐르도록 바이어스되어 있다.
- 하나의 트랜지스터를 다른 트랜지스터에 결합하기 위한 결합 방식에는 저항-커패시터 결합, 임피던스 결합, 변압기 결합 및 직접 결합이 포함된다.
- 직접 결합 증폭기는 저주파수에서의 높은 이득이나 DC 신호의 증폭을 위해 사용된다.

CHAPTER 28

자기테스트

1. 트랜지스터가 어떻게 증폭 작용을 하는지 간단히 설명하라.
2. 트랜지스터 증폭기 구성으로서 이미터공통 증폭기가 가장 널리 사용되는 이유는 무엇인가?
3. 트랜지스터에 관련된 열불안정성을 설명하라. 그리고 이를 보상하기 위해 사용하는 방법을 설명하라.
4. 음성 시스템을 위해서는 어떤 클래스의 증폭기가 가장 좋은가? 그리고 입력 신호의 왜곡을 최소로 하기 위해서는 증폭기를 어떻게 구성해야 하는가?
5. RC 결합을 이용하여 두 개의 증폭기를 서로 결합할 때, 커패시터는 어떤 기능을 수행하나?
6. 어떠한 요인들이 트랜지스터 이득에 영향을 주는가? 그리고 이를 보상하기 위해서는 무엇을 해야 하는가?
7. 증폭기의 동작 클래스가 어떻게 증폭기의 바이어스에 영향을 주는가?
8. 하나의 증폭기를 다른 증폭기에 결합할 때 어떠한 요인을 고려해야 하는가?
9. 증폭기의 동작 주파수가 증폭기를 결합하기 위해서 사용하는 결합 방식에 어떻게 영향을 끼치는가?
10. 어떻게 하면 직접 결합 증폭기의 단점을 극복할 수 있을까?

CHAPTER 29

증폭기의 응용

AMPLIFIER APPLICATIONS

목표

이 장을 마치고 나면 다음과 같은 것을 할 수 있게 된다.

- 다음 증폭기의 동작을 설명한다.
  - 직접 결합 증폭기
  - 오디오 증폭기
  - 비디오 증폭기
  - RF 증폭기
  - IF 증폭기
  - 연산증폭기
- 여러 종류의 증폭기에 대한 회로도를 알아본다.

증폭기는 전자 신호의 진폭을 증대시키기 위해서 설계된 전자 회로라고 정의할 수 있다. 증폭기 회로는 전자공학의 가장 기본적인 회로 중의 하나이다. 증폭기 회로는 신호 레벨이나 음향을 키우며, 회로에는 이득을 제공한다. 이득이란 전자 회로가 전자 신호의 진폭을 증대시키는 능력을 말한다. 이 장에서는 증폭기 회로의 몇 가지 고유한 유형을 살펴본다.

주요 용어

가산 증폭기
개방루프 모드
능동필터
단위이득 증폭기
달링턴 배열
동상분 제거
동조형 증폭기
반전 증폭기
반전 입력 다단 증폭기
비동조형 증폭기
비반전 입력
비반전 증폭기
뺄셈기
상보형 푸시풀 증폭기
수동 필터
연산 증폭기(op-앰프)
오디오 증폭기
의사 상보형 증폭기
전력 증폭기
직접 결합 증폭기
차동 증폭기
차분 증폭기
평탄 특성
폐루프 모드
푸시풀 증폭기
DC 증폭기
IF(중간 주파수) 증폭기
RF 증폭기

29-1 직접 결합 증폭기

직접 결합 증폭기(direct-coupled amplifier) 또는 **DC 증폭기**는 저주파수에서의 높은 이득이나 직류 전류 신호의 증폭을 위해서 사용된다. DC 증폭기는 또한 결합 네트워크를 통과하는 과정에서 발생하는 주파수 손실을 제거하기 위해서 사용되기도 한다. DC 증폭기의 응용 분야에는 컴퓨터, 측정 및 테스트 장비, 그리고 공장제어 장치 등이 포함된다.

간단한 DC 증폭기의 예를 그림 29-1에 나타내었다. 이미터 공통 증폭기는 가장 자주 사용되는 증폭기이다. 회로에는 전압 분배기를 통한 바이어스와 이미터 궤환이 포함되어 있다. 이 유형의 회로에서는 결합 커패시터가 사용되지 않는다. 입력은 트랜지스터의 베이스에 직접 인가되며, 출력은 컬렉터로부터 취한다.

DC 증폭기를 통해서 전압 이득과 전류 이득 모두를 얻을 수 있다. 그러나 주로 전압 증폭기로 사용되고 있다. 전압 이득은 AC 신호와 DC 신호 모두에 대해서 균일하다.

대부분의 응용에서 한 단의 증폭으로는 충분하지 않기 때문에, 보다 높은 이득을 얻기 위해서 두 개 이상의 증폭기 단이 필요하다. 서로 연결된 두 개 이상의 단을 **다단 증폭기**(multiple-stage amplifier)라고 부른다. 그림 29-2는 2단 증폭기를 보여 주고 있다. 입력 신호는 초단에 의해서 증폭된다. 그런 다음에 증폭된 신호가 제2단에 있는 트랜지스터의 베이스에 인가된다. 회로의 전체 이득은 두 단의 전압 이득의 곱이다. 예를 들어, 초단 및 제2단 모두 전압 이득이 10이라면, 이 회로의 전체 이득은 100이 된다.

그림 29-1
간단한 DC 증폭기

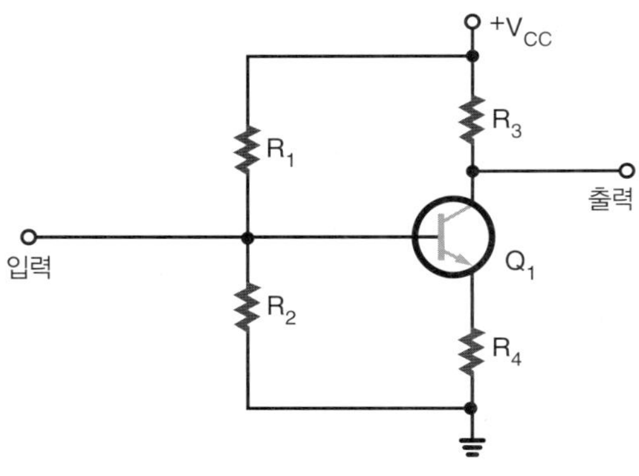

그림 29-2
2단 DC 증폭기

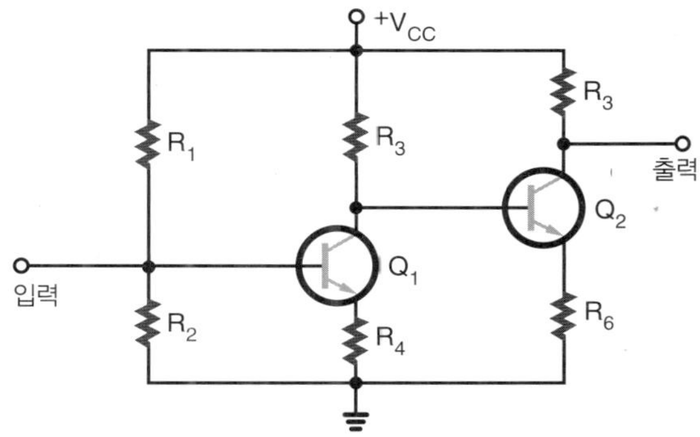

그림 29-3은 다른 유형의 2단 DC 증폭기를 보여 주고 있다. NPN 및 PNP 트랜지스터가 모두 사용되고 있다. 이 유형의 회로를 상보형 증폭기(complementary amplifier)라고 부른다. 이 회로도 그림 29-2에 보인 회로와 같은 방법으로 동작한다. 차이점은 제2단 증폭기가 PNP 트랜지스터라는 것이다. PNP 트랜지스터의 경우 이미터와 컬렉터가 전압원에 의해서 올바르게 바이어스되게 하기 위해서, NPN 트랜지스터와는 달리 거꾸로 연결되어 있다.

그림 29-4는 두 개의 트랜지스터가 하나의 장치로 동작하기 위해서 서로 연결된 것을 보여준다. 이 회로 배열을 **달링턴 배열**(darlington arrangement)이라고 부른다. 트랜지스터 Q_1은 트랜지스터 Q_2의 도통을 제어하기 위해서 사용된다. 트랜지스터 Q_1의 베이스에 인가된 입력 신호가 트랜지스터 Q_2의 베이스를 제어한다. 달링턴 배열

그림 29-3
상보형 DC 증폭기

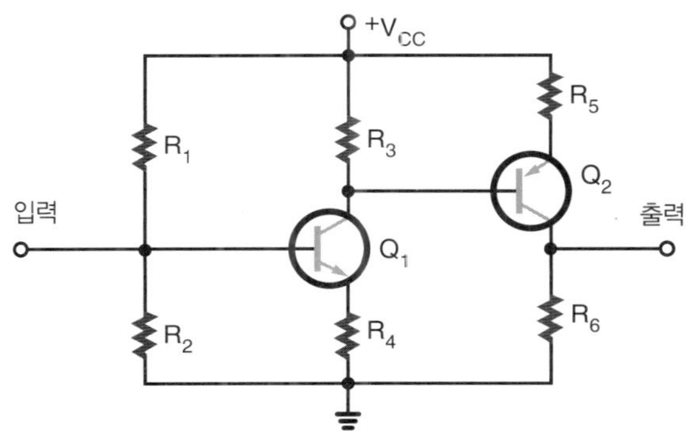

그림 29-4

달링턴 배열

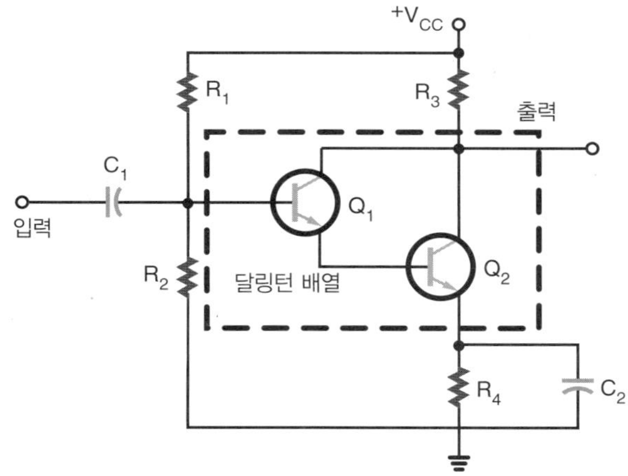

그림 29-5

차동 증폭기

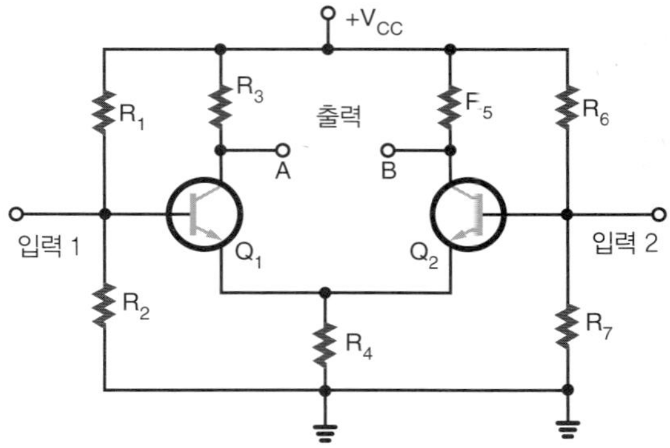

은 이미터(E), 베이스(B) 및 컬렉터(C)라는 세 개의 전극을 갖는 단일 패키지일 수도 있다. 이것은 단순한 DC 증폭기로 사용되지만 매우 높은 전압 이득을 제공한다.

다단 증폭기의 주요 단점은 온도 불안정성이 높다는 것이다. 세 단 또는 네 단의 DC 증폭을 필요로 하는 회로에서, 마지막 출력단은 원래의 DC나 AC 신호를 증폭하는 것이 아니라 크게 왜곡된 신호를 증폭하게 될 수도 있다. 동일한 문제가 달링턴 배열에서도 존재한다.

높은 이득과 높은 온도 안정성이 함께 요구되는 응용을 위해서는 지금까지의 증폭기와는 다른 유형의 증폭기가 필요하다. 이러한 유형을 **차동 증폭기**(differential amplifier)라고 부른다(그림 29-5). 이 회로는 두 개의 별도 입력 단자를 갖고 하나의 출력 단자나 두 개의 출력 단자 중의 한 가지를 제공한다는 점에서 독특하다. 신호가 트랜지스터 Q_1의 입력 단자에 인가되면 일반적인 증폭기와 마찬가지로 출력 A와 접지 사이에 증폭된 신호가 생성된다. 그러나 작은 신호가 저항기 R_4에도 생겨나 트랜지스터 Q_2의 이미터에 인가된다. 트랜지스터 Q_2는 베이스 공통 증폭기로서 동작하기 때문에 베이스에 있는 신호를 증폭한다. 증폭된 출력신호가 출력 B와 접지 사이에 생성된다. B에 생성된 출력은 출력 A와 180 도의 위상 차이를 보인다. 이러한 성질 때문에 차동 증폭기가 고전적인 증폭기보다 훨씬 널리 사용된다.

일반적으로 차동 증폭기는 하나의 출력 단자와 접지 사이에서 출력 신호를 얻는 형태로 사용되지 않는다. 출력 A와 출력 B 사이에서 출력 신호를 얻는 것이 일반적이다. 두 출력 단자가 180 도의 위상 차이를 보이기 때문에, 이들 두 점 사이에서 출력 신호를 얻게 되면 보다 큰 출력 신호를 얻을 수 있다. 입력 신호는 두 입력 단자 중의 어느 것에나 인가할 수 있다.

차동 증폭기는 매우 높은 온도 안정성을 갖는다. 왜냐하면 트랜지스터 Q_1과 Q_2가 서로 가까이에 배치되어 있어서 온도 변화에 대해서 동일하게 영향을 받기 때문이다. 즉, 트랜지스터 Q_1과 Q_2의 컬렉터 전류는 같은 양만큼 증가하고 감소하기 때문에 출력 전압은 일정하게 유지된다.

일반적으로 차동 증폭기는 집적 회로와 전자 장치에서 광범위하게 사용된다. 이 회로는 DC 신호와 AC 신호 모두의 경우에 진폭을 증폭하거나 비교하기 위해 사용된다. 더 높은 전체 이득을 얻기 위해 두 개 이상의 차동 증폭기를 연결하는 것이 가능하다. 어떤 경우에는 차동 증폭기를 초단에 사용하고 이어지는 단에는 통상적인 증폭기를 사용하기도 한다. 다용도성과 온도 안정성 때문에 차동 증폭기는 직접 결합 증폭기의 가장 중요한 유형이다.

29-1 질문

1. 회로에서 언제 직접 결합 증폭기를 사용하는가?
2. 주로 어떤 종류의 증폭기를 위하여 직접 결합 증폭기를 사용하는가?
3. 다음 증폭기의 회로도를 그려라.
   a. 상보형 증폭기
   b. 달링턴 배열
   c. 차동 증폭기

4. 차동 증폭기는 통상적인 증폭기와 어떻게 다른가?
5. 차동 증폭기는 주로 어디에 사용하는가?

29-2 오디오 증폭기

오디오 증폭기(audio amplifier)는 대략 20~20,000 Hz의 주파수 범위에 있는 AC 신호를 증폭한다. 이 증폭기는 전체 오디오 범위를 증폭하거나 그 일부분만을 증폭하기도 한다.

오디오 증폭기는 두 가지 범주, 즉 **전압 증폭기**(voltage amplifier)와 **전력 증폭기**(power amplifier)로 나뉜다. 전압 증폭기는 주로 높은 전압 이득을 얻기 위해 사용한다. 전력 증폭기는 부하에 큰 전력을 전달하기 위해 사용한다. 예를 들면, 전압 증폭기는 전력 증폭기를 충분히 구동하도록 신호의 전압 레벨을 증대시키는 데 사용한다. 그러면 전력 증폭기가 스피커나 다른 고전력 소자와 같은 부하를 구동시키기 위해 높은 출력을 공급하게 된다. 통상적으로 전압 증폭기는 A급 증폭기로 동작하도록 바이어스하고, 전력 증폭기는 B급 증폭기로 동작하도록 바이어스한다.

그림 29-6은 간단한 전압 증폭기를 나타내고 있다. 그림에 나타난 회로는 이미터 공통 회로이다. 이 회로는 왜곡을 최소화하기 위해서 A급으로 바이어스되어 있으며, 넓은 주파수 범위에서 큰 전압 이득을 얻을 수 있다. 결합 커패시터가 있기 때문에 이 회로는 DC 신호를 증폭할 수 없다.

보다 높은 증폭을 달성하기 위해서 두 개 이상의 증폭기를 서로 연결할 수 있다. 각 단은 RC 결합 또는 변압기 결합일 수 있다. 이 중에서 변압기 결합이 더 효율적이다. 변압기는 두 단의 입력 임피던스와 출력 임피던스를 정합시키기 위해 사용된다. 이로써 두 번째 단 때문에 초단에서 로딩 다운이 발생하는 것을 막아준다. 로딩 다운(loading down)은 어떤 소자가 너무 큰 부하를 생성하여 과도하게 큰 전류를 끌어냄으로써 출력에 심각한 영향을 끼칠 때의 상태를 말한다. 두 단을 서로 링크시키기 위해 사용되는 변압기를 단간 변압기(interstage transformer)라고 부른다.

일단 충분한 전압 레벨이 이용 가능하게 되면, 부하를 구동하기 위해서 전력 증폭기가 사용된다. 전력 증폭기는 정해진 부하를 구동하도록 설계되며 와트로서 규격을 명시한다. 전형적으로 부하의 범위는 4 Ω에서 16 Ω까지이다.

그림 29-7은 **푸시풀 증폭기**(push-pull amplifier)라고 불리는, 두 개의 트랜지스터를 갖는 전력 증폭기 회로를 보여준다. 위쪽 절반의 회르는 아래쪽 절반과 서로 거울에 비친 상의 관계에 있다. 각 절반은 하나의 트랜지스터 증폭기이다. 출력 전압은 입력 신호의 번갈아 나타나는 절반 사이클 동안에 변압기의 1차측에 생성된다. 두 트랜지스터는 모두 AB급이나 B급 중의 한 가지로 바이어스된다. 푸시풀 증폭기의 입력은 상보형 신호(complementary signal)를 필요로 한다. 즉, 한 신호는 다른 신호와 비교하여 반전되어 있어야 한다. 반면에 두 신호는 동일한 진폭에 동일한 주파수를 가지고 있어야 한다. 상보형 신호를 발생하는 회로를 위상 분할기(phase splitter)라고 부른다. 단일 트랜지스터 위상 분할기가 그림 29-8에 나타나 있다. 트랜지스터의 컬렉터와 이미터로부터 상보형 신호 출력를 얻게 된다. 위상 분할기는 최소 왜곡을 보장받기 위해서 A급 증폭기로 동작된다. DC 컬렉터 전압과 DC 이미터 전압 사이의 차이를 상쇄시키기 위해서 결합 커패시터가 필요하다.

위상 분할기를 필요로 하지 않는 푸시풀 증폭기를 **상보형 푸시풀 증폭기**(complementary push-pull amplifier)라고 부른다. 푸시풀 동작을 수행하기 위해서 NPN과 PNP 트랜지스터 한 개씩을 사용한다(그림 29-9). 두 개의 트랜지스터는 이미터를 서로 묶어서 직렬로 연결한다. 각 트랜지스터가 정확하게 바이어스될 때에는 베이스와 이미터 사이에 0.7 볼트, 두 베이스 사이에 1.4 볼트가 존재한다. 두 개의 다이오드가 이 1.4 볼트 차이를 일정하게 유지하도록 도와 준다. 출력은 두 이미터 사이에

그림 29-6
전압 증폭기

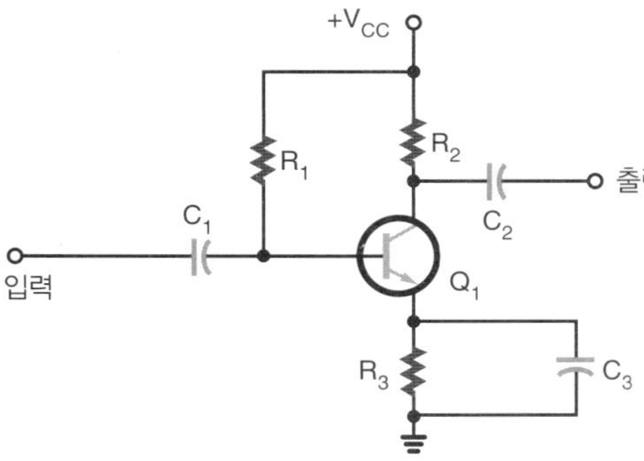

그림 29-7

시판되는 방열판의 여러 유형

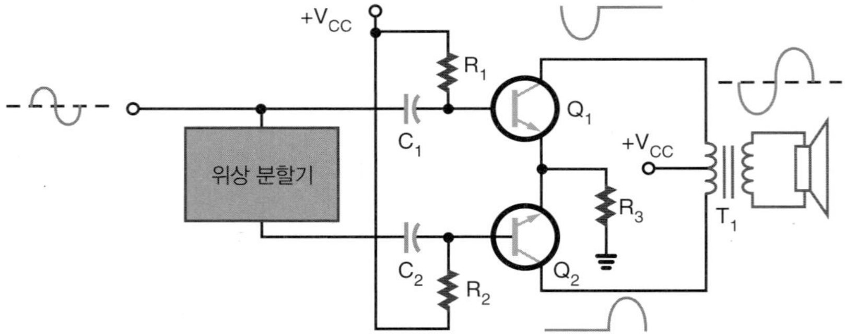

그림 29-8

위상 분할기

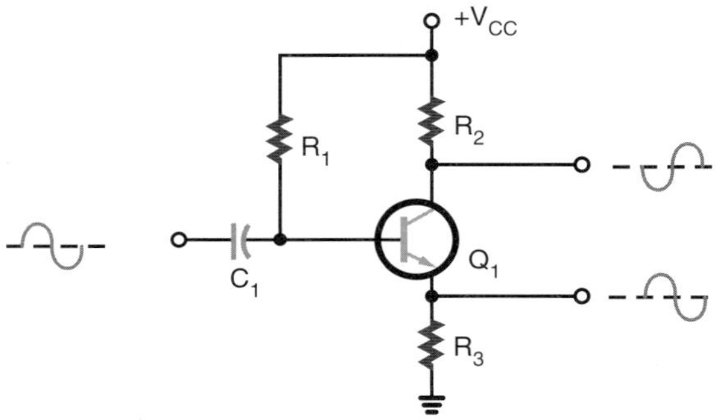

그림 29-10

의사 상보형 전력 증폭기

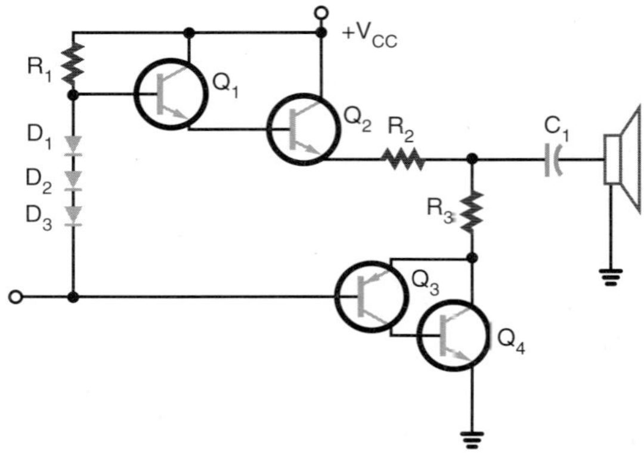

그림 29-9

상보형 푸시풀 전력 증폭기

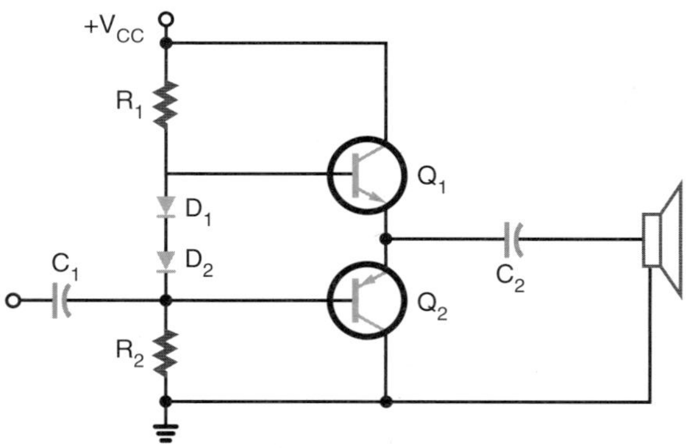

서 결합 커패시터를 통해 얻게 된다.

10 와트가 넘는 증폭기에서는, NPN과 PNP 트랜지스터가 동일한 특성을 갖도록 그 둘을 정합시킨다는 것은 어렵고도 비용이 많이 드는 일이다. 그림 29-10은 출력 전력 트랜지스터를 위해서 두 개의 NPN 트랜지스터를 사용하는 회로를 보여 준다. 이들 전력 트랜지스터는 더 낮은 전력의 NPN과 PNP 트랜지스터에 의해서 구동되고, 위쪽의 트랜지스터 셋은 달링턴 구성 형태로 연결되어 있다. 아래쪽의 트랜지스터 셋은 PNP와 NPN 트랜지스터 한 개씩을 사용하고 있다. 하나의 장치로 동작한다고 본다면 이들은 하나의 PNP 트랜지스터처럼 작용한다. 이러한 유형의 증폭기를 **의사 상보형 증폭기**(quasi-complementary amplifier)라고 부른다. 이 증폭기는 상보형 증폭기처럼 동작하지만 높은 전력의 상보형 출력 트랜지스터를 필요로 하지 않는다.

전력 증폭기에 의해서 생성되는 큰 전력으로 말미암아 어떤 부품에서는 열이 발생할 수 있다. 이처럼 열이 발생하는 것을 제거하는 것을 돕기 위해 방열판을 사용한다. 방열판(heat sink)은 열을 방사시킬 수 있는 큰 면적을

그림 29-11

시판되는 방열판의 여러 유형

제공하는 소자이다. 그림 29-11은 트랜지스터와 함께 사용되는 여러 유형의 방열판을 보여 주고 있다.

28-2 질문

1. 어떤 주파수 범위에서 오디오 증폭기가 사용되는가?
2. 오디오 증폭기의 두 가지 유형은 무엇인가?
3. 단간 변압기란 무엇인가?
4. 다음 증폭기의 회로도를 그려라.
   a. 푸시풀 증폭기
   b. 상보형 푸시풀 증폭기
   c. 의사 상보형 증폭기
5. 어떻게 하면 증폭기에 의해 발생되는 과잉의 열을 제거할 수 있을까?

29-3 비디오 증폭기

비디오 증폭기(video amplifier)는 비디오(화상) 정보를 증폭하기 위해서 사용하는 광대역 증폭기이다. 비디오 증폭기의 주파수 범위는 오디오 증폭기보다 커서 수 Hz에서부터 5 MHz 또는 6 MHz까지이다. 예를 들어, 텔레비전은 60 Hz부터 4 MHz까지의 균일한 대역폭을 요구한다. 레이더는 30 Hz에서부터 2 MHz까지의 대역폭을 필요로 한다. 톱니 파형 또는 펄스 파형을 사용하는 회로에서는 최저 주파수의 10분의 1에서부터 최고 주파수의 10배까지의 주파수 범위를 감당하는 것이 필요하다. 이러한 확장된 주파수 범위가 필요한 이유는 비정현파 파형은 많은 고조파를 포함하고 있으며, 그러한 고조파도 동등하게 증폭해야 하기 때문이다.

비디오 증폭기에는 주파수 응답에 있어서 우수한 균일성이 요구되기 때문에, 직접 결합이나 RC 결합만이 사용된다. 직접 결합이 최적의 주파수 응답을 주지만 RC 결합은 경제적이라는 이점이 있다. RC 결합 증폭기는 또한 비디오 증폭기에 적합한 중간 주파수 영역에서 평탄한 응답 특성을 갖고 있다. 평탄 특성(flat response)이란 규정된 주파수 영역 안에서 증폭기의 이득이 단지 미세하게 변동한다는 것을 나타내기 위해 사용하는 용어이다. 그와 같은 증폭기에 대해서 응답 곡선을 그려보면 거의 일직선이 된다. 따라서 '평탄 응답'이라는 용어가 사용된다.

트랜지스터 증폭기에서 고주파 응답을 제한하는 요인은 회로에 존재하는 병렬 커패시턴스(shunt capacitance)이다. 작은 커패시턴스가 트랜지스터 접합 사이에 존재한다. 커패시턴스는 접합의 크기와 트랜지스터 전극 사이의 간격에 의해서 결정된다. 커패시턴스는 접합 바이어스에 의해서 더 심하게 영향을 받는다. 순방향 바이어스된 베이스-이미터 접합이 역방향 바이어스된 컬렉터-베이스 접합보다 더 큰 커패시턴스를 갖는다.

병렬 커패시턴스의 영향을 줄이고 비디오 증폭기의 주파수 응답을 증대시키기 위해서 피킹 코일(peaking coil)이 사용된다. 그림 29-12는 병렬 피킹(shunt-peaking) 방법을 나타낸다. 작은 인덕터가 부하 저항기와 직렬로 놓여 있다. 낮은 주파수 및 중간 주파수 영역에서는 피킹 코일이 증폭기 응답에 별 영향을 주지 않는다. 높은 주파수에서는 인덕터가 회로의 커패시턴스와 함께 공진하게 되어 이에 따라 출력 임피던스가 증가하고 이득이 높아진다.

그림 29-12

병렬 피킹

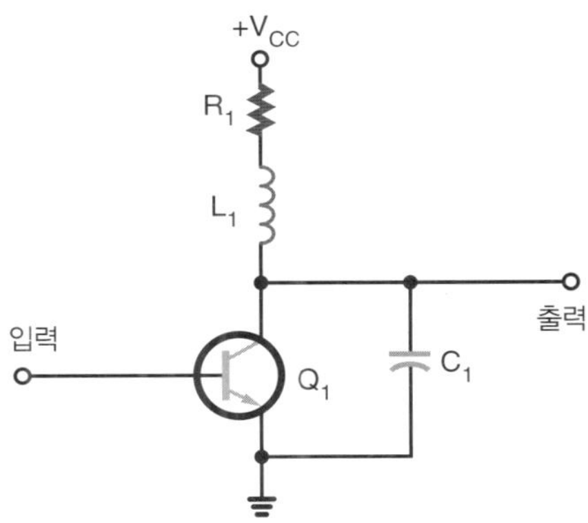

그림 29-13
직렬 피킹

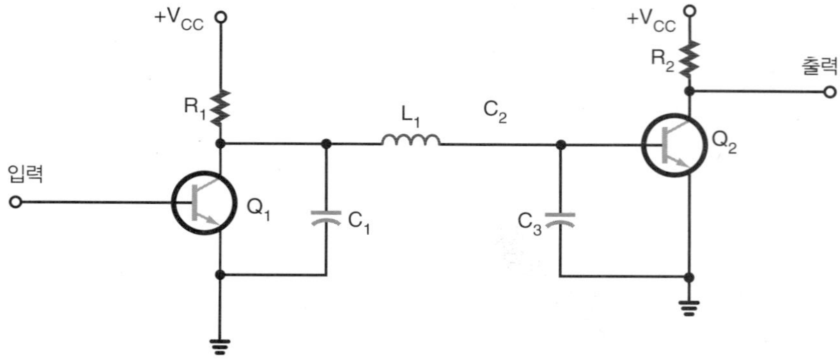

또 다른 기법은 단간 결합 커패시터(interstage coupling capacitor)에 직렬로 작은 인덕터를 삽입하는 것이다. 이러한 기법을 직렬 피킹(series peaking)이라고 부른다(그림 29-13). 피킹 코일이 두 단의 입출력 커패시턴스를 효과적으로 격리시키게 된다.

종종 병렬 및 직렬 피킹 코일을 조합시켜 두 방법의 장점을 얻고 있다(그림 29-14). 이러한 조합을 통해서 대역폭을 5 MHz 이상으로 확장할 수 있다.

비디오 증폭기의 가장 대표적인 사용 예는 텔레비전 수신기와 컴퓨터 모니터이다(그림 29-15). 트랜지스터 Q_1은 이미터 폴로어(emitter follower)로서 열결되어 있다. 트랜지스터 Q_1에 있는 입력은 비디오 검파기(video detector)로부터 온다. 비디오 검파기는 중간 주파수(intermediate frequency, IF)로부터 비디오 신호를 복원한다. 트랜지스터 Q_2의 컬렉터 회로에는 하나의 병렬 피킹 코일(L_1)이 있다. 신호–출력 경로에 하나의 직렬 피킹 코일(L_2)이 있다. 그런 다음에 비디오 신호는 결합 커패시터 C_5를 통하여 수상관(picture tube)에 결합된다.

29-3 질문

1. 비디오 증폭기란 무엇인가?
2. 비디오 증폭기의 주파수 범위는 얼마인가?
3. 비디오 증폭기에는 어떤 결합 기법이 사용되는가?
4. 다음을 정의하라.
   a. 병렬 피킹
   b. 직렬 피킹
5. 비디오 증폭기는 어디에 사용되는가?

그림 29-14
직렬–병렬 피킹

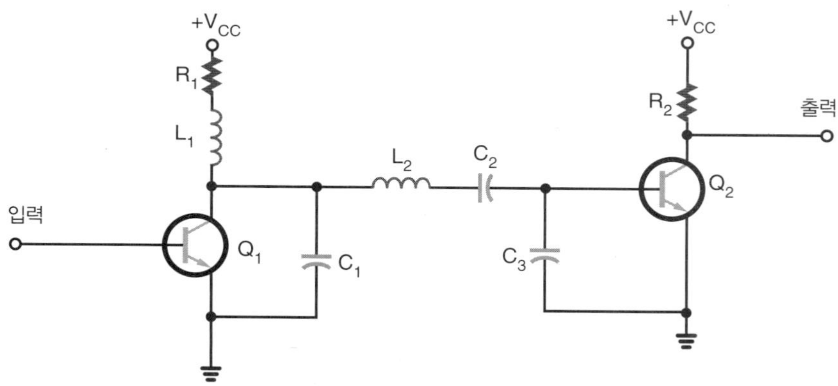

그림 29-15

TV 수신기의 비디오 증폭기

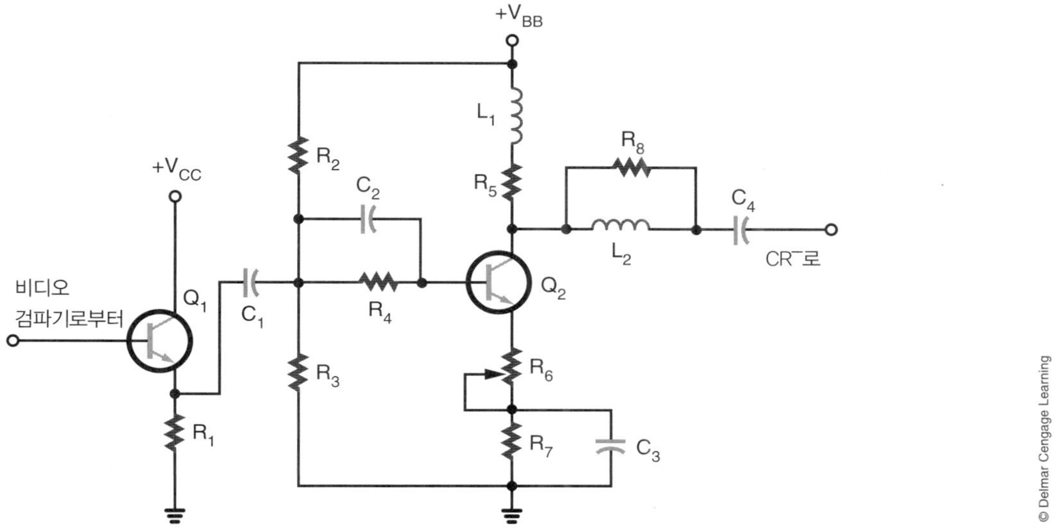

29-4 RF 증폭기 및 IF 증폭기

RF 증폭기(radio-frequency amplifier)는 일반적으로 AM, FM 또는 TV 수신기의 초단에서 사용되고 있으며 다른 증폭기와 유사하다. 그러나 이들은 동작하는 주파수 스펙트럼이 다르다. 즉, 동작 주파수 스펙트럼이 10,000 ~30,000 MHz이다. RF 증폭기에는 동조형과 비동조형이 있다. **비동조형 증폭기**(untuned amplifier)에서는 큰 RF 범위에 걸친 응답이 요구되고, 그 주된 기능은 증폭이다. **동조형 증폭기**(tuned amplifier)에서는 높은 증폭이 좁은 범위의 주파수나 단일 주파수에 대해서만 요구된다. 일반적으로 RF 증폭기를 언급할 때, 특별한 규정이 없는 경우 동조형이라고 가정한다.

수신 장치에서 RF 증폭기는 신호를 증폭하고 정확한 주파수를 선택하는 역할을 수행한다. 송신기에서는 안테나에 인가될 단일 주파수를 증폭하는 역할을 RF 증폭기가 담당한다. 기본적으로 수신기 RF 증폭기는 전압 증폭기이고, 송신기 RF 증폭기는 전력 증폭기이다. 수신기 회로에서 RF 증폭기는 충분한 이득을 제공하면서, 낮은 내부 저항을 발생하고, 우수한 선택도를 제공할 뿐 아니라 선택된 주파수에 잘 반응하여야 한다.

그림 29-16은 AM 라디오에 사용되는 RF 증폭기를 보여 주고 있다. 커패시터 C_1과 C_4는 안테나와 출력 변압기 T_1을 동일 주파수에 동조시킨다. 입력 신호는 트랜지스터 Q_1의 베이스에 자기적으로 결합된다. 트랜지스터 Q_1은 A급으로 동작한다. 커패시터 C_4와 변압기 T_1이 컬렉터 부하 회로의 공진 주파수에서 높은 전압 이득을 발생시킨다. 변압기 T_1은 트랜지스터와 잘 정합하도록 중간 탭으로 연결한다.

그림 29-17은 텔레비전 VHF 동조기에서 사용되는 RF 증폭기를 보여 주고 있다. 이 회로는 코일 L_{1A}, L_{1B} 및 L_{1C}에 의해서 동조된다. 채널 선택기를 돌리면, 새로운 코일 집합이 이 회로에 연결된다. 이것은 각 채널에 대한 필요 대역폭 응답을 제공하게 된다. 입력 신호는 L_{1A}와 C_1 및 C_2로 구성된 동조 회로에 인가된다. 트랜지스터 Q_1은 A급으로 동작한다. 컬렉터 출력 회로는 이중 동조된 변압기이다. 코일 L_{1B}는 커퍼시터 C_4에 의해서, 코일 L_{1C}는 커패시터 C_7에 의해서 각각 동조된다. 저항기 R_2와 커패시터 C_6은 어떠한 RF도 전원공급장치로 들어가서 다른 회로와 상호작용하지 못하도록 막아주는 디커플링 필터(decoupling filter)를 형성한다.

AM 라디오에서는 입력된 RF 신호가 일정한 **IF 신호**(intermediate frequency signal)로 변환된다. 그런 다음에 고정 동조 IF 증폭기를 사용하여 이어지는 회로에서 신호를 사용할 수 있는 수준까지 증대시킨다. IF 증폭기는 단일 주파수 증폭기이다. 신호를 적절한 수준까지 증폭시키기 위해서는 전형적으로 두 개 이상의 IF 증폭기를 사용한다. 수신기의 감도(sensitivity)는 수

그림 29-16

AM 라디오의 RF 증폭기

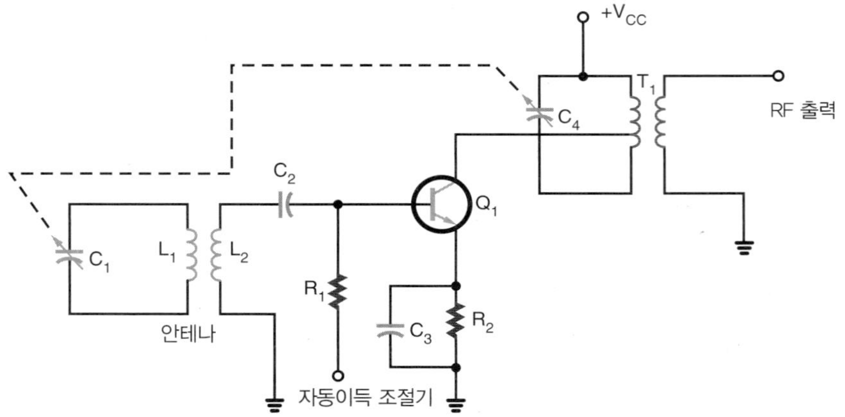

그림 29-17

TV VHF 동조기의 RF 증폭기

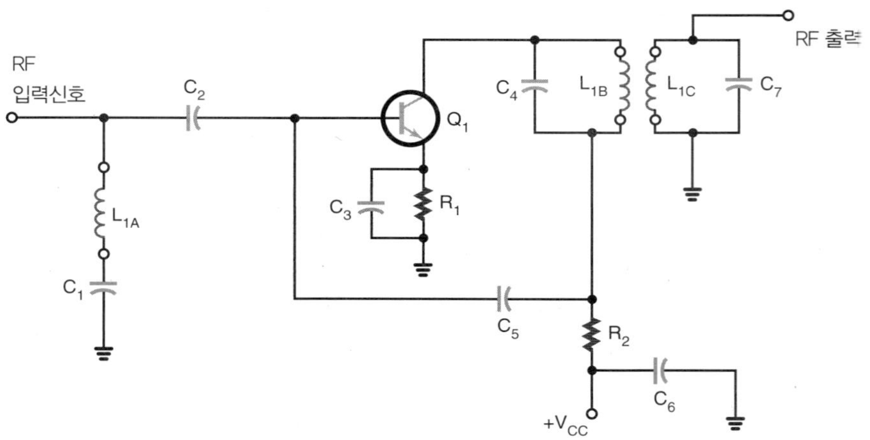

그림 29-18

AM 라디오의 IF 증폭기

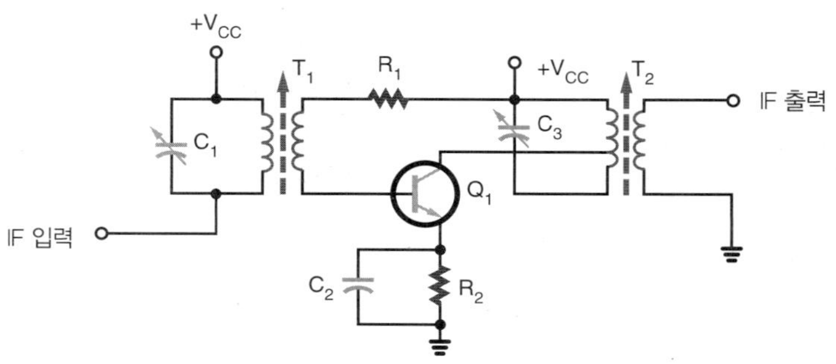

그림 29-19
TV 수신기의 IF 증폭기

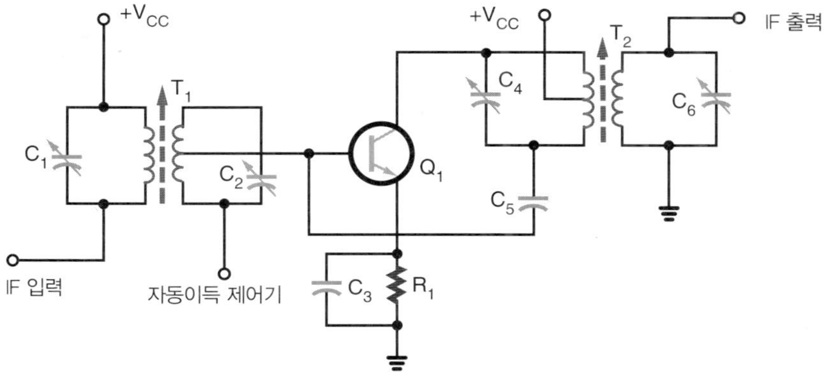

그림 29-20
라디오와 TV의 주파수 비교

종류	수신 RF	공통 IF	대역폭
AM 라디오	535~1605 kHz	455 kHz	10 kHz
FM 라디오	88~108 MHz	10.7 MHz	150 kHz
텔레비전			
채널 2~6	54~88 MHz		
채널 7~13	174~216 MHz	41~47 MHz	6 MHz
채널 14~83	470~890 MHz		

신 신호 대 잡음 비(S/N)에 의해서 결정된다. 이득이 크면 클수록 감도는 더 좋아진다. 그림 29-18은 AM 라디오에 있는 전형적인 IF 증폭기를 보여준다. IF 주파수는 455,000 Hz이다. 그림 29-19는 텔레비전 수신기에 있는 IF 증폭기를 보여 준다. 그림 29-20은 라디오 수신기와 텔레비전 수신기의 주파수를 비교하고 있다.

29-4 질문

1. RF 증폭기는 다른 증폭기와 어떻게 다른가?
2. RF 증폭기의 두 가지 유형은 무엇인가?
3. RF 증폭기는 어디에서 사용되는가?
4. IF 증폭기는 무엇인가?
5. IF 증폭기에 대해 어떠한 점이 중요한가?

29-5 연산 증폭기

연산 증폭기(operational amplifier)는 통상적으로 **op-앰프**라고 부른다. 연산 증폭기는 AC 신호와 DC 신호를 증폭하는 데 사용되는 매우 높은 이득을 가진 증폭기이다. 전형적으로 연산 증폭기는 입력의 20,000~1,000,000배 범위의 출력 이득을 가지고 있다. 그림 29-21은 연산 증폭기를 위해 사용되는 회로 기호를 나타내고 있다. 음(−)의 입력을 **반전 입력**(inverting input)이라 부르고, 양(+)의 입력을 **비반전 입력**(noninverting input)이라고 한다.

그림 29-22는 연산 증폭기의 블록도이다. 하나의 연산 증폭기는 세 개의 단으로 구성된다. 각 단은 몇몇 고유한 특성을 가진 증폭기이다.

그림 29-21
연산 증폭기의 기호

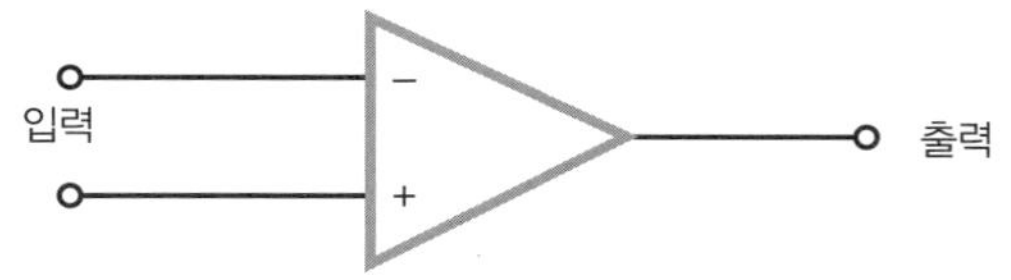

입력단은 차동 증폭기이다. 이 단은 연산 증폭기가 입력 신호들 사이의 차이에 대해서만 응답하도록 한다. 또한 차동 증폭기는 차동 입력 전압(differential input voltage)만을 증폭하며 두 입력에 공통인 신호에 의해서는 영향을 받지 않는다. 이러한 현상을 **동상분 제거**(common-mode rejection)라고 부른다. 60 Hz 잡음이 존재하는 경우에 작은 신호를 측정할 때 동상분 제거 기능이 유용하다. 두 입력에 공통인 60 Hz 잡음은 제거되며, 따라서 연산 증폭기는 두 신호 사이의 작은 차이만을 증폭하게 된다. 차동 증폭기는 DC 수준에까지 이르는 낮은 주파수 응답 특성을 가지고 있다. 이 의미는 차동 증폭기는 AC 신호뿐만 아니라 DC 신호에 대해서도 응답할 수 있다는 것이다.

두 번째 단은 높은 이득 전압 증폭기이다. 이 단은 여러 개의 달링턴 트랜지스터로 구성된다. 이 단은 200,000 이상의 전압 이득을 발생시켜 연산 증폭기 이득의 대부분을 제공한다.

마지막 단은 출력 증폭기이다. 전형적으로 이 단은 상보형 이미터−폴로어 증폭기이다. 이 단은 연산 증폭기가 낮은 출력 임피던스를 갖게 하는 데 사용된다. 이로써 연산 증폭기는 부하에 수 밀리암페어의 전류를 흘릴 수 있다.

일반적으로 연산 증폭기는 ±5~15 볼트 범위의 2중 전압 전원공급장치가 전력을 공급받도록 설계되어 있다. 양(+)의 전원은 접지에 대하여 +5 ~ +15 볼트를 공급한다. 음(−)의 전원은 접지에 대해서 −5~−15 볼트를 공급한다. 이로 말미암아 출력 전압은 접지에 대하여 양(+)에서 음(−)까지 변할 수 있게 된다. 그러나 경우에 따라서는 연산 증폭기를 단일 전압원을 사용하여 동작시킬 수도 있다.

전형적인 연산 증폭기의 회로도를 그림 29-23에 나타내었다. 이 그림의 연산 증폭기는 741이라고 부르는 것이다. 이 연산 증폭기는 주파수 보상을 필요로 하지 않고, 단락 회로 보호 기능이 있으며, 래치업(latch-up) 문제를 일으키지 않는다. 이것은 저렴한 가격에 우수한 성능을 보이며 가장 보편적으로 사용하는 연산 증폭기이다. 두 개의 741 연산 증폭기를 하나의 패키지에 포함시킨 소자를 747 연산 증폭기라고 부른다. 결합 커패시터가 사용되지 않았기 때문에, 이 회로는 AC 신호뿐만 아니라 DC 신호도 증폭할 수 있다.

연산 증폭기의 정상 동작 모드는 폐루프이다. **폐루프 모드**(closed-loop mode)는 궤환을 사용한다. 반면에 **개방루프 모드**(open-loop mode)는 궤환을 사용하지 않는다. 많은 퇴행성 궤환이 폐루프 모드에서 사용된다. 이는 연산 증폭기의 전체 이득을 감소시키지만 더 좋은 안정성을 제공한다.

폐루프 동작에서는 출력 신호가 궤환 신호로서 입력 단자 중의 하나에 되돌려 가해진다. 이 궤환 신호는 입력 신호에 대항한다. 두 개의 기본적인 폐루프 회로가 존재하는데, 그것은 반전형과 비반전형이다. 그 중에서 반전형 구성이 더 유행한다.

그림 29-22
연산 증폭기의 블록도

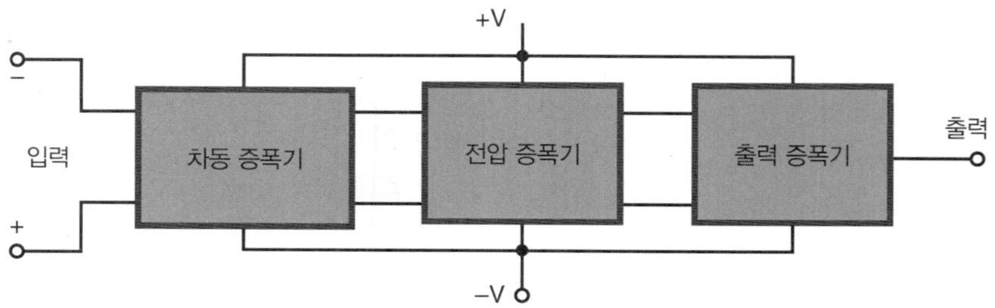

그림 29-23

연산 증폭기의 회로도

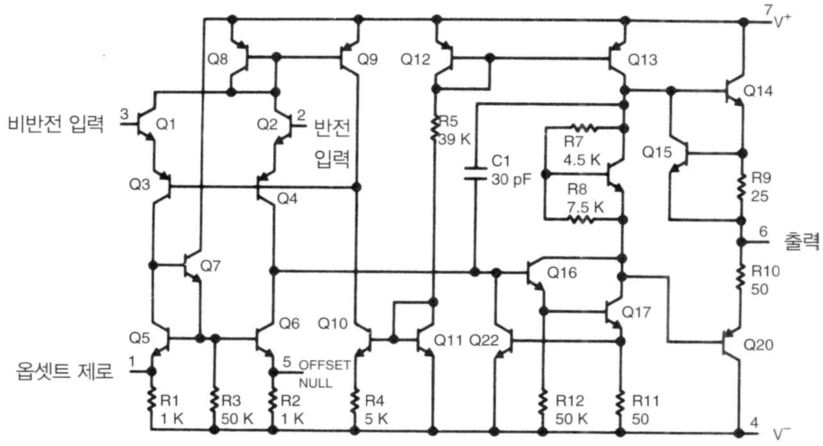

그림 29-24

반전 증폭기로서 연결된 연산 증폭기

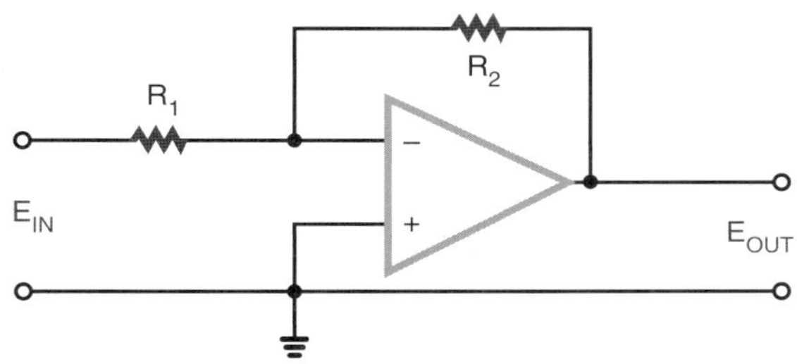

그림 29-25

비반전 증폭기로서 연결된 연산 증폭기

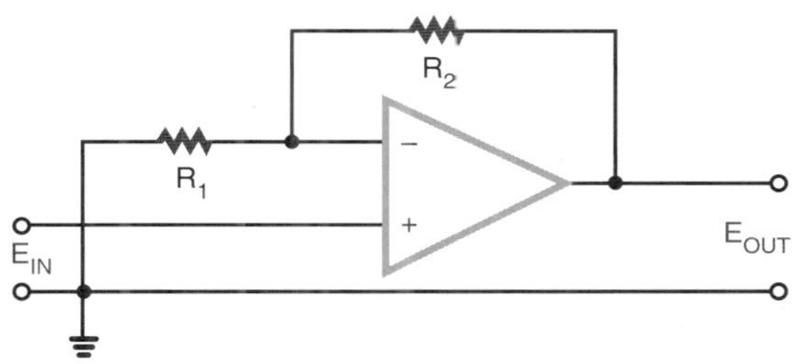

그림 29-24는 **반전 증폭기**(inverting amplifier)로서 연결된 연산 증폭기를 보여 주고 있다. 입력 신호는 저항기 R_1을 통하여 연산 증폭기의 반전(−) 입력에 인가된다. 궤환은 저항기 R_2를 통해서 행해진다. 반전 입력에 존재하는 신호는 입력 전압과 출력 전압 양자에 의해서 결정된다.

마이너스(−) 부호는 입력 신호가 양(+)일 때 음(−)의 출력 신호를 나타낸다. 플러스(+) 부호는 입력 신호가 양(+)일 때 음(−)의 출력 신호를 나타낸다. 출력은 입력에 대하여 180 도의 위상 차이를 갖는다. 저항기 R1에 대한 R_2의 비율에 따라서 반전 증폭기의 이득이 1보다 작거나 같거나 클 수 있다. 이득이 1일 때 이를 단위이득 증폭기(unity-gain amplifier)라고 부르며 입력 신호의 극성을 반대로 하는 데 사용된다.

그림 29-25는 **비반전 증폭기**(noninverting amplifier)로서 연결된 연산 증폭기를 보여 주고 있다. 출력 신호는 입력 신호와 동상이다. 입력 신호는 연산 증폭기의 비반전 입력에 인가된다. 출력 전압은 저항기 R_1과 R_2 사이에서 나뉘어져 반전(−) 입력에 궤환될 전압을 발생시킨다. 비반전 증폭기의 전압 이득은 항상 1보다 크다.

연산 증폭기의 이득은 주파수에 따라 변한다. 전형적으로 규격표에 의해서 주어지는 이득은 DC 이득이다. 주파수가 증가함에 따라, 이득은 감소한다. 대역폭을 증대시키기 위한 어떤 수단을 사용하지 않는다면, 연산 증폭기는 단지 DC 신호만을 잘 증폭할 뿐이다. 대역폭을 증대시키기 위해, 궤환을 사용하여 이득을 줄인다. 이득을 줄임으로써, 대역폭은 그만큼 증대된다. 이와 같은 방법으로 741 연산 증폭기의 대역폭은 1 MHz로까지 증대될 수 있다.

연산 증폭기를 신호 비교, 신호 반전, 또는 신호 비반전에 사용하는 것 외에, 연산 증폭기는 몇 가지 다른 응용 분야에도 사용되고 있다. 연산 증폭기는 그림 29-26에 보인 바와 같이 여러 신호를 함께 더하는 데도 사용할 수 있다. 이것을 **가산 증폭기**(summing amplifier)라고 부른다. 부궤환은 연산 증폭기의 반전 입력을 접지 전위와 아주 가깝게 유지한다. 따라서 모든 입력 신호가 서로 전기적으로 절연되어 있다. 이 증폭기의 출력은 입력 신호의 반전된 합이다.

가산 증폭기에서는, 비반전 입력에서 접지까지를 위해 선택된 저항기가 입력 저항과 궤환 저항의 전체 병렬 저항과 같다. 궤환 저항을 증가시키면, 이 회로는 이득을 제공할 수 있다. 서로 다른 입력 저항을 사용한다면, 입력 신호는 서로 다른 이득을 가지고 함께 더해질 수 있다.

가산 증폭기는 오디오 신호를 함께 혼합할 때 사용한다. 각 입력 신호의 강도를 조정하기 위한 입력 저항으로서 포텐쇼미터(potentiometer)가 사용된다.

연산 증폭기는 또한 능동 필터로써 사용될 수 있다. 저항기과 인덕터, 그리고 커패시터를 사용한 필터를 **수동 필터**(passive filter)라고 부른다. **능동 필터**(active filter)는 집적 회로를 사용한 인덕터 없는 필터이다. 능동 필터의 장점은 인덕터가 없다는 것으로서, 이는 인덕터의 크기 때문에 낮은 주파수에서 회로의 크기가 작다.

연산 증폭기를 능동 필터로써 사용할 때, 전원공급장치를 필요로 하고, 잡음을 발생시킬 수 있으며, 열 표류(thermal drift)나 노후화 부품에 기인한 발진이 일어날 수 있기 때문에 몇 가지 단점이 존재한다.

그림 29-27은 고역통과 필터(high-pass filter)로서 사용된 연산 증폭기를 보여 주고 있다. 고역통과 필터는 정해진 차단 주파수보다 높은 주파수는 통과시키지만 낮은 주파수는 거절한다. 그림 29-28은 저역통과 필터(low-pass filter)로서 사용된 연산 증폭기를 보여 주고 있다. 저역통과 필터는 차단 주파수 이상의 주파수는 차단하고 낮은 주파수는 통과시킨다. 그림 29-29는 대역통과 필터(band-pass filter)로서 사용된 연산 증폭기를 보여 주고 있다. 대역통과 필터는 어떤 중심 주파수 주위의 주파수를 통과시키고 그보다 더 높거나 낮은 주파수를 감쇠시킨다.

차분 증폭기(difference amplifier)는 한 신호에서 다른 신호를 뺀다. 그림 29-30은 기본적인 차분 증폭기를 나타내고 있다. 이 회로는 **뺄셈기**(subtractor)라고 불리는데 그 이유는 E_1 값에서 E_2 값을 빼기 때문이다.

그림 29-26

가산기 증폭기로서 연결된 연산 증폭기

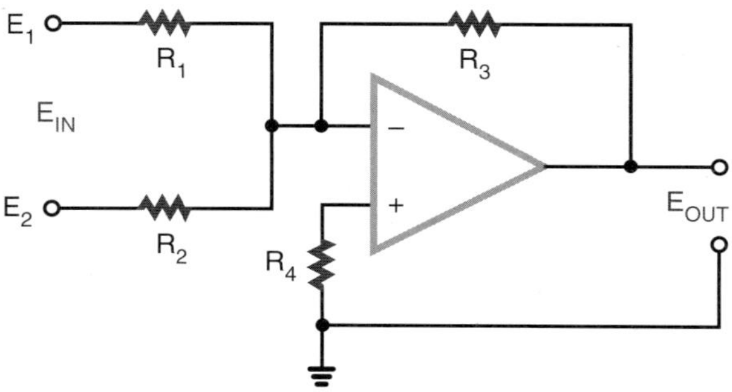

그림 29-27

고역통과 필터로서 연결된 연산 증폭기

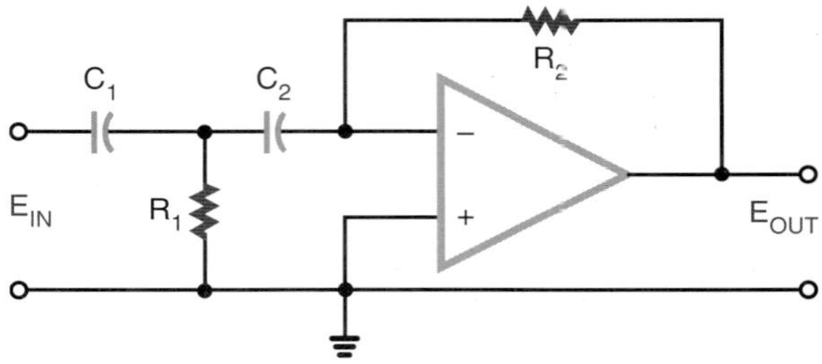

그림 29-28

저역통과 필터로서 연결된 연산 증폭기

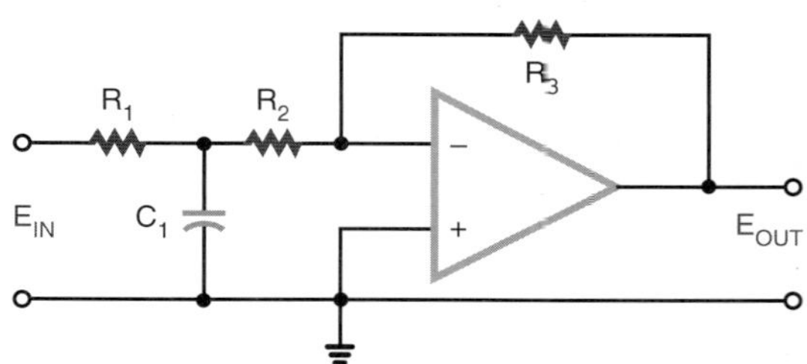

그림 29-29

대역통과 필터로서 연결된 연산 증폭기

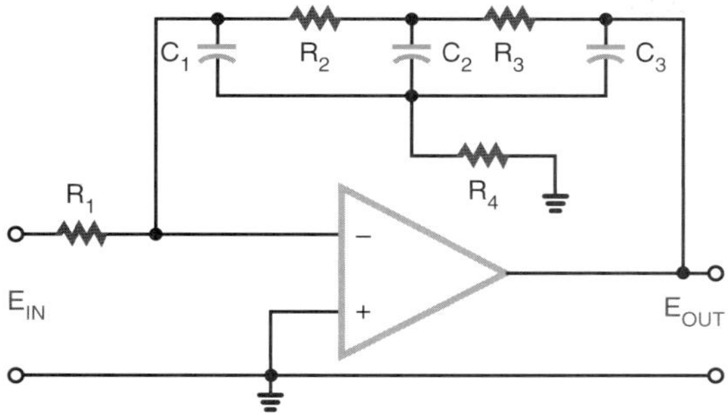

그림 29-30

차분 증폭기로서 연결된 연산 증폭기

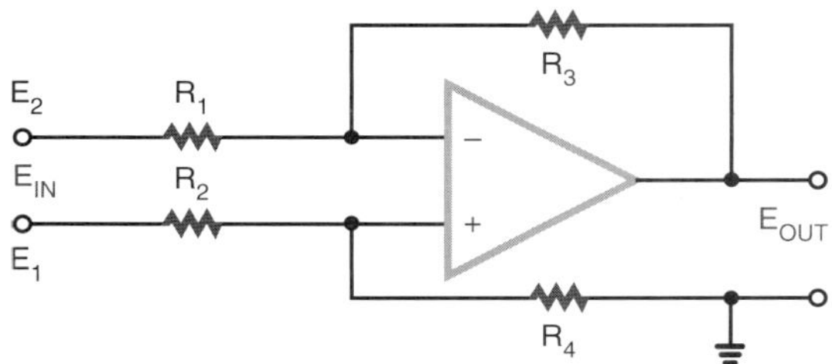

29-5 질문

1. 연산 증폭기란 무엇인가?
2. 연산 증폭기의 블록도를 그려라.
3. 연산 증폭기가 어떻게 동작하는지 간단하게 설명하라.
4. 연산 증폭기의 정상 동작 모드란 무엇인가?
5. 연산 증폭기를 통해서 어떤 형태의 이득을 얻을 수 있는가?
6. 다음의 회로도를 그려라.
   a. 반전 증폭기
   b. 가산 증폭기
   c. 고역통과 필터
   d. 대역통과 필터
   e. 차분 증폭기

요약

- 직접 결합 증폭기는 주로 전압 증폭기로써 이용된다.
- 차동 증폭기는 두 개의 분리된 입력을 가지며 하나 또는 두 개의 출력을 제공할 수 있다.
- 오디오 증폭기는 20~20,000 Hz의 오디오 범위에 있는 AC 신호를 증폭한다.
- 오디오 증폭기의 두 가지 유형은 전압 증폭기와 전력 증폭기이다.
- 비디오 증폭기는 비디오 정보를 증폭하기 위해서 사용되는 광대역 증폭기이다.
- 비디오 주파수는 수 Hz에서 5 MHz 또는 6 MHz까지에 걸쳐있다.
- RF 증폭기는 10,000~30,000 MHz까지 동작한다.
- RF 증폭기의 두 가지 유형은 동조형과 비동조형이다.
- 연산 증폭기는 입력의 20,000~1,000,000배의 출력 이득을 제공한다.
- 두 가지 기본적인 페루프 모드는 반전형 구성과 비반전형 구성이다.

CHAPTER **29**

자기테스트

1. 어떤 조건 아래에서 DC 증폭기가 사용되는가?

2. 고이득 DC 증폭기를 사용하여 어떻게 온도 불안정성 문제를 해결하는가?

3. 오디오 전압 증폭기와 오디오 전력 증폭기의 주된 차이점은 무엇인가?

4. 상보형 푸시풀 증폭기에 대해 의사 상보형 전력 증폭기가 갖는 실제적인 장점은 무엇인가?
5. 비디오 증폭기는 오디오 증폭기와 어떻게 다른가?
6. 고주파수 비디오 증폭기의 출력을 제한하는 데는 어떤 요인들이 관여되어 있는가?
7. RF 증폭기의 목적은 무엇인가?
8. 회로에서 IF 증폭기는 어떻게 사용되는가?
9. 연산 증폭기의 세 가지 단을 구분하고 각 단의 기능을 설명하라.
10. 연산 증폭기는 어떤 종류의 응용 분야에 사용되는가?

CHAPTER 30

발진기
OSCILLATORS

목표

이 장을 마치고 나면 다음과 같은 것을 할 수 있게 된다.

- 발진기와 그의 목적을 설명한다.
- 발진기의 주요 요구조건을 알아본다.
- 탱크 회로의 동작 방법 및 발진기와의 관계를 설명한다.
- 발진기의 블록도를 그린다.
- LC, 수정 및 RC 정현파 발진기 회로를 알아본다.
- 비정현파 이완 발진기 회로를 알아본다.
- 정현파 및 비정현파 발진기의 예를 그린다.

발진기는 기계적인 회전 없이 교류를 발생시키는 소자이다. 발진기는 라디오와 텔레비전, 통신 시스템, 컴퓨터, 공장 제어, 그리고 시간 측정 소자 등 전자공학의 여러 분야에서 광범위하게 이용되고 있다. 발진기가 없다면 많은 전자회로는 실현 불가능했을 것이다.

주요 용어

멀티바이브레이터
발진기
버틀러 발진기
병렬공급 하틀리 발진기
비안정 멀티바이브레이터
비정현파 발진기
수정 발진기
위상이동 발진기
위인브리지 발진기
이완 발진기
정궤환
정현파 발진기
직렬공급 하틀리 발진기
차단 발전기
콜피츠 발진시
클랩 발진기
탱크 회로
피어스 발진기
LC 발진기
RC 발진 기

30-1 발진기의 기본

발진기(oscillator)는 반복성 AC 신호를 발생시키는 회로이다. 발생되는 AC 신호의 주파수는 수 Hz에서 수백만 Hz까지 다양하다. 발진기는 전력을 발생시키기 위해 사용하는 기계적인 발전기의 대안이다. 발진기의 장점은 움직이는 부속이 없다는 점과 AC 신호가 발생되는 범위이다. 발진기의 출력은 사용되는 발진기의 유형에 따라 정현(sinusoidal), 사각(rectangular), 또는 톱니(sawtooth) 파형이다. 발진기의 주된 요구 사항은 출력이 균일해야 한다는 것이다. 즉, 출력은 주파수나 진폭 모두 변하지 말아야 한다.

인덕터와 커패시터가 병렬로 연결되면, **탱크 회로**(tank circuit)라는 것을 이루게 된다. 탱크 회로가 외부의 DC 전원에 의해서 여기되면, 탱크 회로는 발진하게 된다. 즉, 탱크 회로는 왔다갔다하는 전류를 발생한다. 회로에 저항이 없다면 탱크 회로는 무한히 발진하게 된다. 그러나 탱크 회로의 저항이 전류로부터 에너지를 흡수하고, 이에 따라 탱크 회로의 발진은 점차 약화된다.

탱크 회로가 발진을 유지하기 위해서는, 소모되는 에너지가 대체되어야 한다. 대체되는 에너지를 **정궤환**(positive feedback)이라고 부른다. 정궤환은 출력 신호의 일부를 발진을 지속시키기 위해서 탱크 회로에 되돌리는 것이다. 궤환되는 신호는 탱크 회로의 신호와 반드시 동상이어야 한다.

그림 30-1은 발진기의 블록도를 나타내고 있다. 기본 발진기는 세 부분으로 나뉠 수 있다. 주파수를 결정하는 발진기 회로는 보통 일종의 LC 탱크 회로이다. 증폭기는 탱크 회로의 출력 신호를 증폭한다. 궤환 회로는 발진을 유지하기 위해서 적당한 양의 에너지를 탱크 회로에 공급한다. 발진기 회로는 근본적으로 DC 전력을 사용하여 AC 발진을 유지하는 하나의 폐루프이다.

그림 30-1
발진기의 블록도

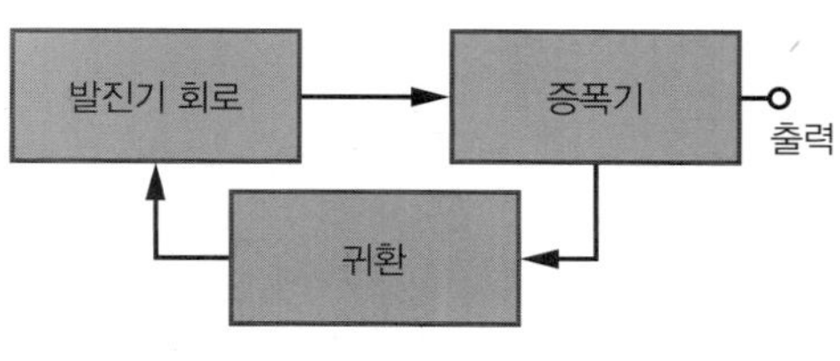

30-1 질문

1. 발진기란 무엇인가?
2. 탱크 회로는 어떻게 동작하는가?
3. 무엇이 탱크 회로로 하여금 발진을 계속하게 하는가?
4. 발진기의 블록도를 그리고 각 블록에 이름을 붙여라.
5. 발진기를 구성하는 기본 부품들의 기능은 각각 무엇인가?

30-2 정현파 발진기

정현파 발진기(sinusoidal oscillator)는 정현파 출력을 내는 발진기이다. 이 발진기는 주파수를 결정짓는 소자의 종류에 따라서 분류된다. 정현파 발진기의 세 가지 기본 유형은 LC 발진기와 수정 발진기, 그리고 RC 발진기이다.

LC 발진기는 커패시터와 인덕터로 구성되는 탱크 회로를 사용한다. L과 C는 직렬 또는 병렬로 연결되며, 발진 주파수가 결정된다. 수정 발진기는 매우 높은 안정성을 유지한다는 점을 제외하고는 LC 발진기와 유사하다. LC 발진기와 수정 발진기는 무선 주파수(RF) 범위에서 사용된다. 이들 발진기는 낮은 주파수 응용에는 적합하지 않다. 낮은 주파수에서 응용을 위해서는 RC 발진기가 사용된다. RC 발진기는 저항-커패시턴스 회로망을 사용하여 발진기 주파수를 결정한다.

LC 발진기의 세 가지 기본 유형은 하틀리(Hartley) 발진기, 콜피츠(Colpitts) 발진기 및 클랩(Clapp) 발진기이다. 그림 30-2와 30-3은 하틀리 발진기의 두 가지

그림 30-2
직렬공급 하틀리 발진기

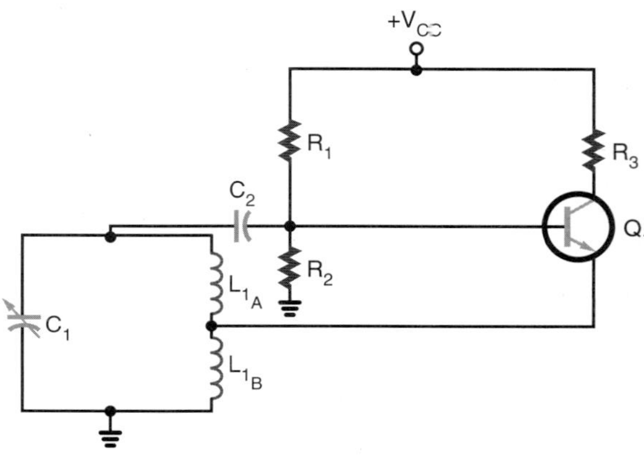

그림 30-3

병렬공급 하틀리 발진기

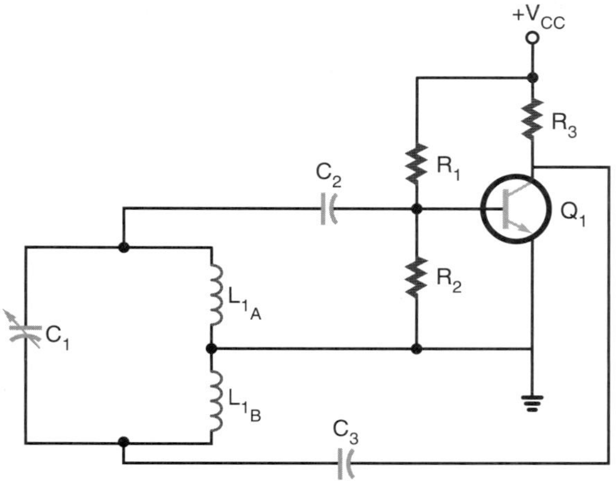

기본 유형을 보여 주고 있다. 탱크 회로에 탭이 있는 인덕터를 사용하고 있다는 점이 이 회로를 하틀리 발진기라고 부르는 이유이다. **직렬공급**(series-fed) **하틀리** 발진기(그림 30-2)의 단점은 탱크 회로의 일부에 DC 전류가 흐른다는 점이다. **병렬공급**(shunt-fed) **하틀리**(그림 30-3)는 궤환 선로에 결합 커패시터를 사용함으로써 탱크 회로에서의 DC 전류 문제를 극복하고 있다.

콜피츠 발진기(그림 30-4)는 두 개의 커패시터가 탭을 갖는 인덕터를 대체한다는 점을 제외하고는 병렬공급 하틀리와 유사하다. 콜피츠가 하틀리보다 안정적이므로 더 많이 사용된다.

클랩 발진기(그림 30-5)는 콜피츠 발진기의 변종이다. 주된 차이점은 탱크 회로의 인덕터에 직렬로 커패시터를 추가로 연결한다는 점이다. 이 커패시터는 발진기의 주파수를 동조시킬 수 있다.

온도 변화, 부품의 경년 변화, 그리고 변동하는 부하 조건으로 인하여 발진기가 점차 불안정하게 된다. 안정성이 요구되는 경우에는 수정 발진기를 사용한다.

수정(crystal)은 압력이 가해질 때 기계적인 에너지를 전기적인 에너지로 변환시키거나, 전압을 가할 때 전기적인 에너지를 기계적인 에너지로 변환시킬 수 있는 물질이다. 만일 AC 전압을 수정에 인가하면 수정은 이완과 수축을 반복하게 되고 이로 인하여 AC 신호의 주파수에 대응되는 기계적인 진동을 일으킨다.

수정은 그 구조 때문에 하나의 고유 진동 주파수를 갖고 있다. 인가되는 AC 신호가 고유 주파수와 일치하면 수정은 더욱 더 왕성하게 진동한다. 반면에 AC 신호가 수정의 고유 주파수와 다르면 진동은 거의 발생하지 않게 된다. 수정의 기계적인 진동 주파수는 일정하기 때문에, 수정은 발진기 회로에 이상적이다.

수정에 사용되는 가장 일반적인 물질은 로셀염(Rochelle salt), 전기석(tourmaline) 및 석영(quartz)이다. 로셀염은 가장 큰 전기적인 활동성을 갖고 있지만 잘 부서진다. 전기석은 전기적인 활동성은 가장 약하지만 재질의 강도는 가장 높다. 석영은 그 중간이다. 즉, 석영은 양호한 전기적 활동성을 나타내면서도 강하다. 석영이 발진기 회로에서 가장 널리 사용되는 수정 진동자이다.

수정 물질을 두 개의 금속판 사이에 끼워 넣는다. 이때 금속판이 수정과 접촉할 수 있도록 스프링으로 압력을 가

그림 30-4

콜피츠 발진기

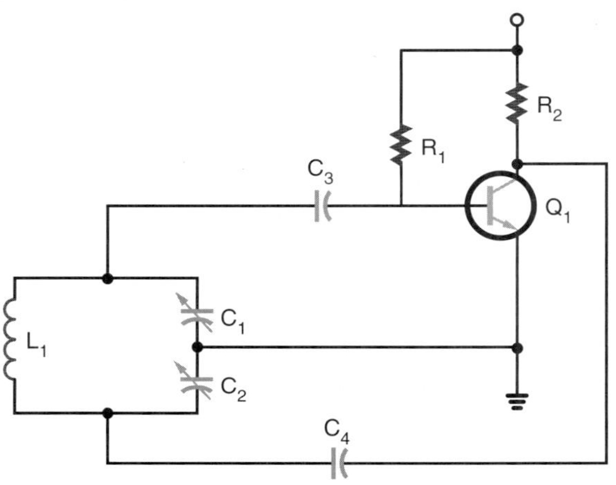

그림 30-5

클랩 발진기

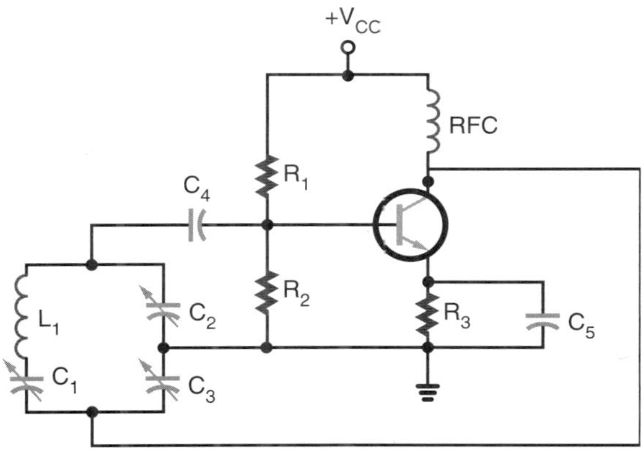

해준다. 그런 다음에 수정을 금속 패키지 내부에 놓는다. 그림 30-6은 수정을 표현하기 위한 회로 기호를 보여 주고 있다. 회로도에서 Y 또는 XTAL은 수정을 나타낸다.

그림 30-7은 수정이 추가된 병렬공급 하틀리 발진기를 보여주고 있다. 수정은 궤환 회로와 직렬로 연결되어 있다. 만일 탱크 회로의 주파수가 수정 주파수로부터 벗어나면 수정의 임피던스가 증가하게 되어 탱크 회로로의 궤환을 줄이게 된다. 이로 말미암아 탱크 회로는 수정 주파수로 되돌아가게 된다.

그림 30-8은 하틀리 수정 발진기와 같은 방식으로 연결된 콜피츠 발진기를 보여 주고 있다. 여기서도 수정이 탱크 회로로의 궤환을 제어한다. LC 탱크 회로는 수정 주파수에 동조된다.

그림 30-9는 **피어스**(Pierce) **발진기**이다. 이 회로는 탱크 회로 인덕터가 수정으로 대체되었다는 점을 제외하고는 콜피츠 발진기와 유사하다. 수정이 탱크 회로의 임피던스를 제어하여 궤환되는 양을 결정하고 발진기를 안정하게 한다.

그림 30-6

수정의 회로 기호

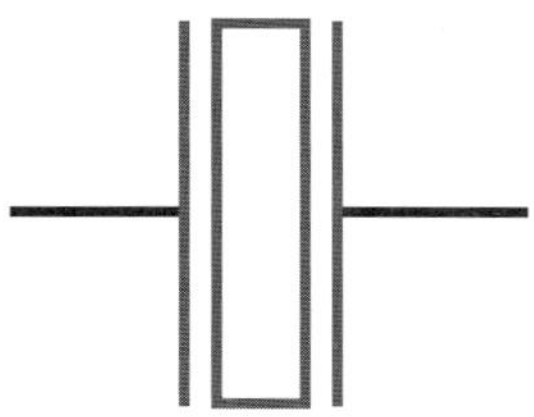

그림 30-7

수정 병렬공급 하틀리 발진기

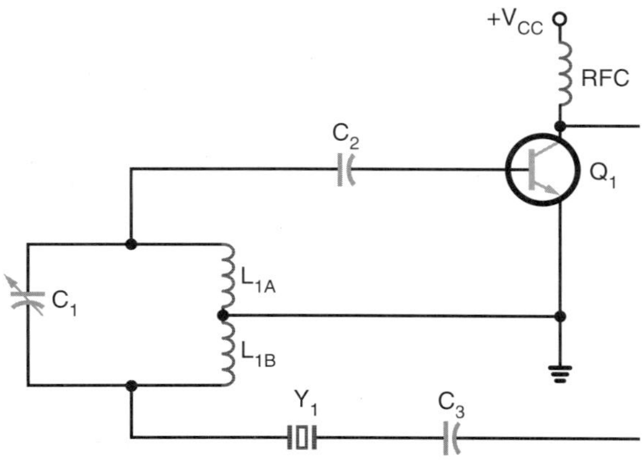

그림 30-8

콜피츠 수정 발진기

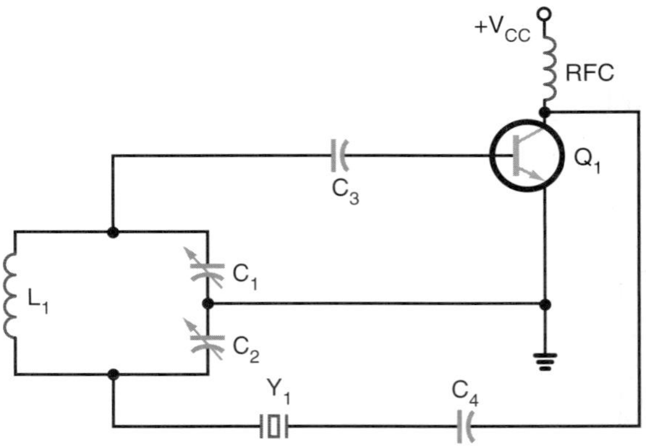

그림 30-9

피어스 발진기

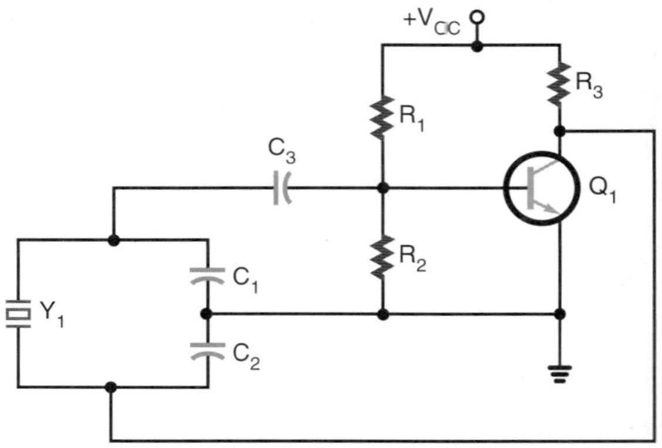

그림 30-10은 **버틀러**(Butler) **발진기**이다. 이것은 두 개의 트랜지스터로 된 회로이다. 탱크 회로를 사용하기 때문에 수정이 주파수를 결정한다. 탱크 회로는 수정 주파수에 동조되어야만 한다. 만일 그렇지 못하면 발진기는 동작하지 않게 된다. 버틀러 발진기의 장점은 수정 양단에 작은 전압이 존재한다는 것으로서, 이에 따라 수정의 스트레스를 줄이는 효과가 있다. 탱크 회로 부품을 바꿈으로써 발진기를 수정의 오버톤 주파수(overtone frequency) 중의 하나에서 동작하도록 동조시킬 수 있다.

RC 발진기는 저항–커패시턴스 회로망을 사용하여 발진기 주파수를 결정한다. 정현파 파형을 발생시키는 두 가지 기본 유형의 RC 발진기가 존재하는데, 위상이동 발진기와 위인브리지 발진기가 그것이다.

그림 30-10
버틀러 발진기

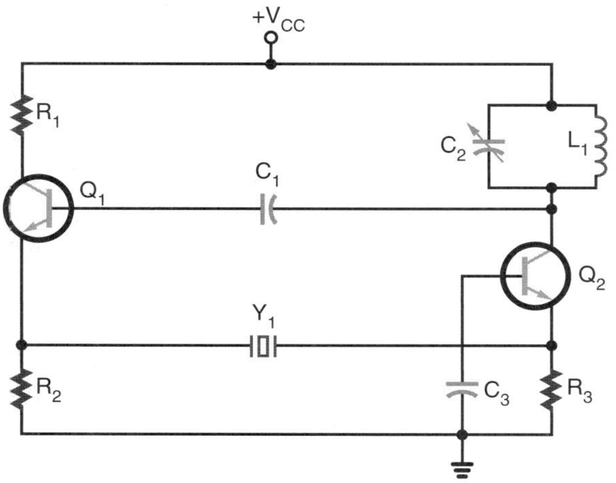

위상이동 발진기(phase-shift oscillator)는 위상이동된 RC 궤환 회로(그림 30-11)를 갖는 고전적인 증폭기이다. 궤환은 신호를 180 도 이동시켜야 한다. 커패시턴스 리액턴스가 주파수에 따라 바뀌기 때문에, 이것은 주파수-민감형 소자이다. 각 RC 회로망에 걸리는 위상이동의 양을 줄임으로써 안정성이 향상된다. 그러나 결합된 RC 회로망에서 전력 손실이 존재하게 된다. 트랜지스터는 이 손실을 상쇄할 만큼 충분한 이득을 갖고 있어야 한다.

위인브리지 발진기(Wien-bridge oscillator)는 진상-지상 회로망과 전압 분배기를 가진 2단 증폭기이다(그림 30-12). 진상-지상 회로망은 직렬 RC 회로망(R_1 C_1)과 병렬 회로망으로 구성된다. 진상-지상 회로망(lead-lag network)이라는 이름은 출력 위상각이 어떤 주파수에서는 앞서고 다른 주파수에서는 뒤지기 때문에 붙여졌다. 공진 주파수에서, 위상이동은 0이고, 출력 전압은 최대이다. 저항기 R_3과 R_4는 전압 분배기 회로망을 형성하여 퇴행 궤환을 발생하는 데 사용된다. 재생 궤환(regenerative feedback)은 발진기 트랜지스터 Q_1의 베이스에 가해지고 퇴행 궤환(degenerative feedback)은 이미터에 가해진다. 트랜지스터 Q_1의 출력은 C_3에 의해 트랜지스터 Q_2의 베이스에 용량성으로 결합되며, 이 Q_1의 출력을 트랜지스터 Q_2가 증폭하고 위상을 180 도 이동시킨다. Q_2의 출력은 커패시터 C_4에 의해 브리지 회로망에 결합된다.

그림 30-13은 집적 회로 위인브리지 발진기를 보여주고 있다. 연산 증폭기의 반전 및 비반전 입력은 위인브리지 발진기로서의 사용에 이상적이다. 연산 증폭기의 이득이 높아서 회로 손실을 상쇄시켜준다.

그림 30-11
위상이동 발진기

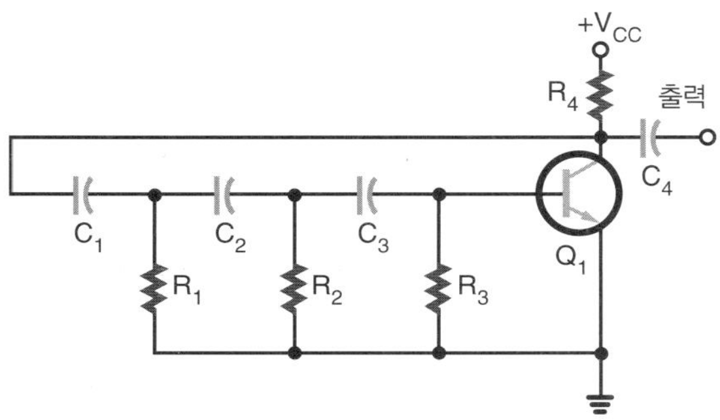

그림 30-12
위인브리지 발진기

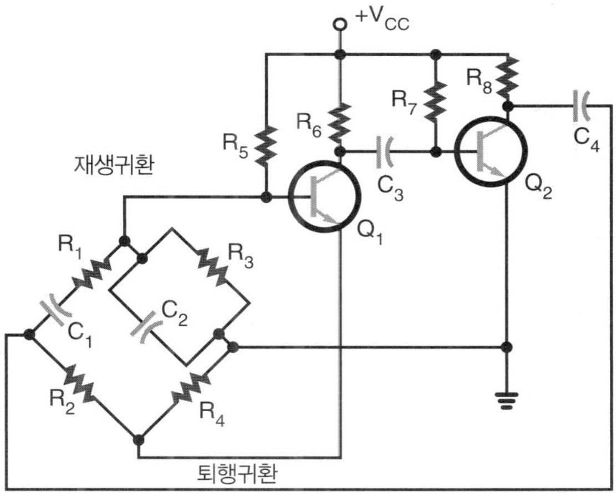

그림 30-13
IC 위인브리지 발진기

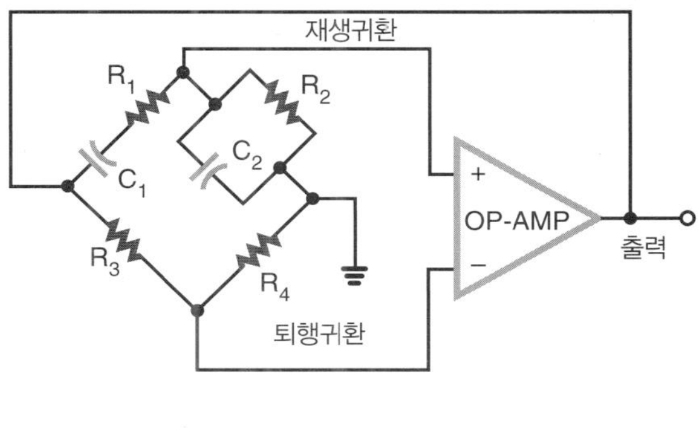

30-2 질문

1. 정현파 발진기의 3가지 유형은 무엇인가?
2. LC 발진기의 3가지 유형에 대한 회로도를 그리고 각 부품에 대해 이름을 붙여라.
3. 콜피츠 발진기와 하틀리 발진기 사이의 차이점은 무엇인가?
4. 어떻게 하면 LC 발진기의 안정성을 향상시킬 수 있을까?
5. 정현파를 발생하기 위해 사용되는 RC 발진기의 2가지 유형은 무엇인가?

30-3 비정현파 발진기

비정현파 발진기(nonsinusoidal oscillator)는 정현파 출력을 발생하지 않는 발진기이다. 비정현 파형은 정해진 것이 없다. 비정현파 발진기 출력은 정방, 톱니, 사각, 또는 삼각 파형, 또는 두 가지 파형의 조합일 수 있다. 모든 비정형파 발진기의 일반적인 특징은 이들 발진기가 한 형태의 이완 발진기라는 것이다. **이완 발진기**(relaxation oscillator)는 발진 사이클의 한 위상 동안에는 리액턴스성 소자에 에너지를 저장하고 사이클의 이완 위상 동안에는 에너지를 점차적으로 방출한다.

차단 발진기(blocking oscillator)와 멀티바이브레이터(multivibrator)는 이완 발진기이다. 그림 30-14는 차단 발진기를 보여주고 있다. 차단 발진기라는 이름은 트랜지스터가 차단 모드(blocking mode, cut-off mode)로 쉽게 들어간다는 데서 붙여진 것이다. 차단 조건은 커패시터 C_1으로부터의 방전에 의해 결정된다. 커패시터 C_1은 트랜지스터 Q_1의 이미터–베이스 접합을 통하여 충전된다. 한편 커패시터 C_1이 한 번 충전되고 나면, 유일한 방전 경로는 저항기 R_1을 통하는 것뿐이다. 저항기 R_1과 커패시터 C_1의 RC 시정수는 트랜지스터가 차단되는 시간을 결정하고 또한 발진기 주파수도 결정한다. 시정수가 길면 낮은 주파수가 발생하고 시정수가 짧으면 높은 주파수가 발생한다.

출력을 트랜지스터의 이미터 회로에 있는 RC 회로망으로부터 취하면, 그 출력은 톱니 파형이다(그림 30-15). RC 회로망은 발진 주파수를 결정하며 톱니 출력을 생성한다. 트랜지스터 Q_1은 저항기 R_1에 의해 순방향 바이어스된다. 트랜지스터 Q_1이 도통됨에 따라, 커패시터 C_1이 빠르게 충전된다. 커패시터 C_1의 상부 판에 걸리는 양(+) 전위가 이미터 접합을 역방향 바이어스시켜서 트랜지스터 Q_1이 차단된다. 커패시터 C_1이 저항기 R_2를 통하여 방전하여, 톱니 출력의 꼬리 부분을 생성한다. 커패시터 C_1이 방전할 때, 트랜지스터 Q_1이 또다시 순방향 바이어스되어 도통된다. 이러한 동작을 반복하게 된다.

커패시터 C_1과 트랜지스터 R_2가 발진 주파수를 결정한다. 저항기 R_2를 변할 수 있게 하면 주파수를 조절할 수 있다. 저항기 R_2의 저항이 높으면 RC 시정수가 길어져서 낮은 주파수로 발진한다. 저항기 R_2의 저항이 낮으면 RC 시정수가 짧아져서 높은 주파수로 발진한다.

멀티바이브레이터(multivibrator)는 두 개의 일시 안정 상태 중의 하나에서 기능할 수 있는 그리고 하나의 일시 상태로부터 다른 상태로 빨리 넘어갈 수 있는 능력이 있는 이완 발진기이다.

그림 30-16은 프리러닝 멀티바이브레이터(free-running multivibrator) 회로를 보여주고 있다. 이것은 기본적으로 각 단의 입력 신호를 다른 단의 출력으로부터 취하도록 서로 결합된 두 개의 단으로 구성된 발진기이다. 한

그림 30-14

차단 발진기

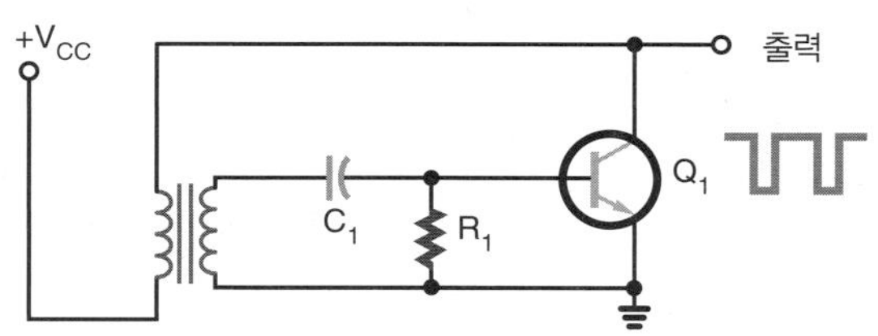

그림 30-15

차단 발진기에 의해 생성된 톱니 파형

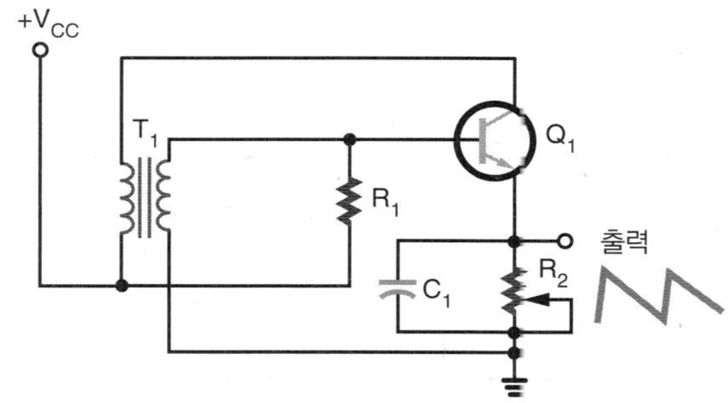

그림 30-16

프리러닝 멀티바이브레이터

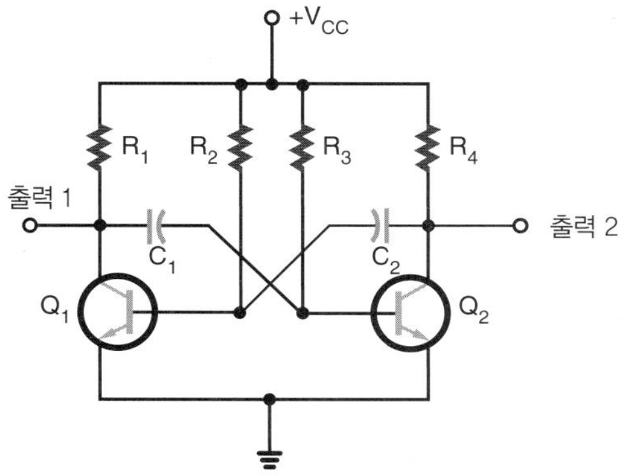

단이 차단될 때 다른 단은 도통되며, 두 단의 역할이 반대로 되는 점에 도달할 때까지 이 상태가 지속된다. 퇴행 궤환으로 말미암아 회로는 스스로 발진(free-running)한다. 발진 주파수는 결합 회로에 의해서 결정된다.

비안정 멀티바이브레이터(astable multivibrator)는 프리러닝 멀티바이브레이터의 일종이다. 비안정 멀티바이브레이터의 출력은 장방형이다. 결합 회로의 RC 시정수를 변경시키면 임의의 희망하는 폭을 갖는 장방형 펄스를 얻을 수 있다. 저항기와 커패시터의 값을 변경함으로써 동작 주파수를 바꿀 수도 있다. 멀티바이브레이터의 주파수 안정성은 전형적인 차단 발진기보다 우수하다.

비안정 멀티바이브레이터로서 사용할 수 있는 집적 회로가 555 타이머이다(그림 30-17). 이 집적 회로는 여러 가지 기능을 수행할 수 있다. 이것은 두 개의 비교기와 하나의 플립플롭(flip-flop), 하나의 출력 단자, 그리고 하나의 방전 트랜지스터로 구성되어 있다. 그림 30-18은 555 타이머가 비안정 멀티바이브레이터로서 이용되고 있는 회로도를 보여주고 있다. 출력 주파수는 저항기 R_A와 R_B 및 커패시터 C_1에 의해서 결정된다. 이 회로는 산업체에서 광범위하게 응용되고 있다.

그림 30-17

555 타이머 IC의 블록도

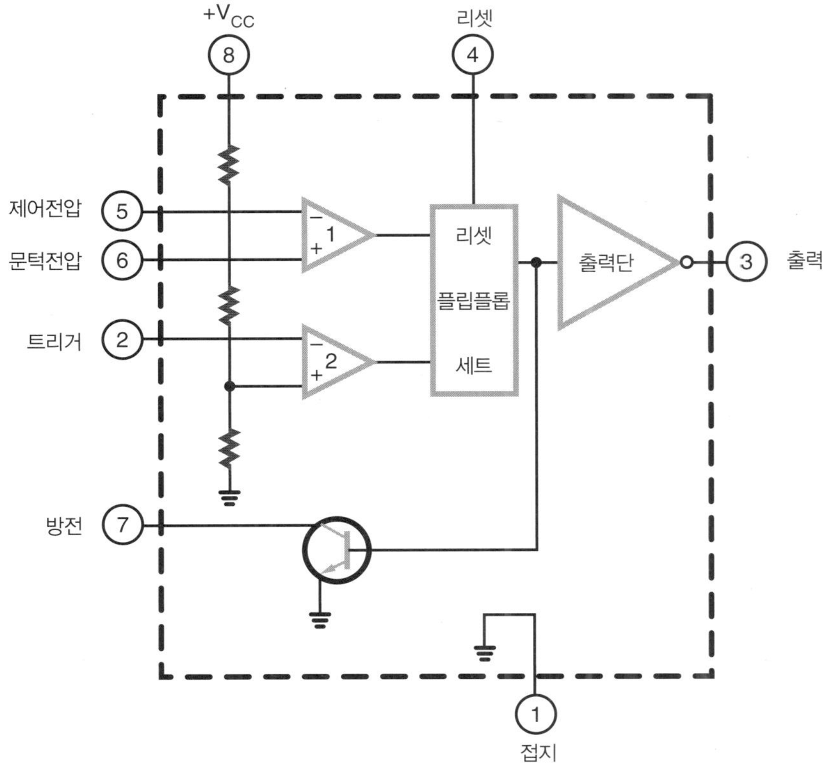

그림 30-18

555 타이머를 이용한 비안정 멀티바이브레이터

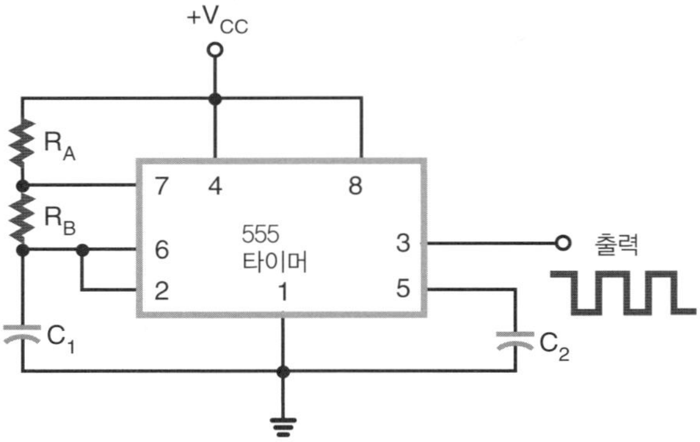

© Delmar Cengage Learning

30-3 질문

1. 일반적으로 사용되는 비정현파 파형들을 그려라.
2. 이완 발진기란 무엇인가?
3. 이완 발진기의 두 가지 예를 들어라.
4. 블로킹 발진기의 회로도를 그려라.
5. 비안정 멀티바이브레이터로 사용되는 555 타이머의 회로도를 그려라.

요약

- 발진기는 교류를 발생시키기 위한 비회전 소자이다.
- 발진기의 출력은 정현, 사각, 톱니가 될 수 있다.
- 발진기에 대한 주된 요구조건은 출력이 균일해야 하고 주파수나 진폭의 변화가 없어야 한다는 점이다.
- 탱크 회로는 커패시터가 인덕터와 병렬로 결합될 때 이루어진다.
- 탱크 회로는 외부 전압원이 인가되면 발진한다.
- 탱크 회로의 발진은 회로의 저항에 의해서 감쇠된다.
- 탱크 회로가 발진을 유지하기 위해서는 정궤환이 요구된다.
- 발진기의 세 가지 기본 요소는 주파수 결정 소자, 증폭기, 그리고 궤환 회로이다.
- 정현파 발진기의 세 기본 유형은 LC 발진기, 수정 발진기, 그리고 RC 발진기이다.
- LC 발진기의 세 가지 기본 유형은 하틀리, 콜피츠 및 클랩이다.
- 수정 발진기는 LC 발진기보다 더 큰 안정성을 제공한다.
- RC 발진기는 발진기 주파수를 결정하기 위해서 저항–커패시턴스 회로망을 사용한다.
- 비정현파 발진기는 정현파 출력을 발생시키지 않는다.
- 비정현파 발진기 출력으로는 정방, 톱니, 사각 및 삼각 파형과 두 파형의 조합이 포함된다.
- 이완 발진기는 모든 비정현파 발진기의 기본이다.
- 이완 발진기는 발진 사이클의 일부 동안에 리액턴스성 소자에 에너지를 저장한다.
- 이완 발진기의 예는 차단 발진기와 멀티바이브레이터이다.

CHAPTER 30

자기테스트

1. 발진기의 부품을 설명하고, 발진기가 동작하도록 하기 위해서는 각 부분이 어떤 일을 하는지를 설경하라.
2. 발진기에서 궤환 기능이란 무엇인가?
3. 직렬궤환 하틀리 발진기와 병렬궤환 하틀리 발진기 사이의 차이점은 무엇인가?
4. 발진기에서 수정은 어떤 기능을 수행하는가?
5. 어떻게 탱크 회로가 발진을 지속할 수 있는지를 설명하라.
6. 정현파 발진기의 주요 유형에는 어떤 것들이 있는가?

7. 발진기 회로에서 수정은 어떻게 이용되는가?
8. 비정현파 발진기는 정현파 발진기와 어떻게 다른가?
9. 어떤 종류의 부품들이 비정현파 발진기를 구성하는가?
10. 비정현파 발진기가 생성하는 파형 3가지를 그림으로 그려라.

CHAPTER 31

파형정형 회로

WAVESHAPING CIRCUITS

목표

이 장을 마치고 나면 다음과 같은 것을 할 수 있게 된다.

- 파형의 모양을 바꿀 수 있는 방법을 알아본다.
- 파형 구성에 있어서 주파수 영역 개념을 설명한다.
- 파형과 관련된 펄스 폭(pulse width), 듀티 사이클(duty cycle), 상승 시간(rise time)과 하강 시간(fall time), 언더슈트(undershoot), 오버슈트(overshoot) 및 울림(ringing)에 대해서 정의한다.
- 미분기와 적분기가 어떻게 동작하는지를 설명한다.
- 클리퍼(clipper) 회로와 클램퍼(clamper) 회로를 설명한다.
- 단안정 멀티바이브레이터와 쌍안정 멀티바이브레이터의 차이를 설명한다.
- 파형정형 회로의 개략도를 그린다.

전자공학에서 파형의 모양을 바꾸는 것이 가끔 필요하다. 정현 파형(sine waveform)을 정방 파형(square waveform)으로, 사각 파형(rectangular waveform)을 펄스 파형(pulse waveform)으로, 또는 펄스 파형을 정방 파형이나 사각 파형으로 바꾸는 것이 필요할 때가 있다. 파형은 두 가지 방식으로 해석할 수 있다. 단위 시간당 진폭에 의해서 파형을 해석하는 것을 시간 영역 해석(time-domain analysis)이라고 부른다. 파형을 구성하는 정현파에 의해서 파형을 해석하는 것을 주파수 영역 해석(frequency-domain analysis)이라고 부른다. 이 개념은 모든 주기적인 파형은 정현파형으로 구성되어 있다는 것을 가정하고 있다.

주요 용어

고조파
기본 주파수
단발 멀티바이브레이터
단안정 멀티바이브레이터
듀티 사이클
미분기
상승 시간
선행 에지
슈미트 트리거
스펙트럼 분석기
시간 영역
쌍안정 멀티바이브레이터
언더슈트
오버슈트
울림
적분기
제한기 회로
주기
주기 파형
주파수 영역
클램핑 회로
클리핑 회로
펄스 폭
플립플롭
하강 시간
후행 에지
1차 고조파

31-1 비정현 파형

그림 31-1은 **시간 영역**(time domain) 개념에 의해 표현된 세 가지의 기본 파형을 나타내고 있다. 그림에 나타낸 세 가지 파형은 각각 정현파(sine wave), 정방파(square wave) 및 톱니파(sawtooth wave)이다. 세 가지 파형은 다르지만, 이들은 모두 동일한 주파수의 주기를 가지고 있다. 여러 가지 전자회로를 사용하여, 이들 파형을 한 모양에서 다른 모양으로 바꿀 수 있다.

주기 파형(periodic waveform)이란 모든 사이클에 대해 동일한 파형을 갖는 파형을 말한다. **주파수 영역** 개념(frequency-domain concept)에 따르면, 모든 주기 파형은 정현파로 구성되어 있다. 다시 말해서 임의의 주기 파형은 서로 다른 진폭과 위상, 그리고 주파수를 갖는 다수의 정현파를 중첩시켜서 만들어 낼 수 있다. 정현파는 RC, RL 또는 LC 회로에 의해서 왜곡될 수 없는 유일한 파형이기 때문에 중요하다.

주기 파형과 동일한 주파수를 갖는 정현파를 **기본 주파수**(fundamental frequency)라고 부른다. 기본 주파수를 **1차 고조파**(first harmonic)라고도 한다. **고조파**(harmonic)는 기본 주파수의 배수이다. 2차 고조파는 기본 주파수의 두 배이고, 3차 고조파는 세 배이고, 이하 마찬가지다. 그림 31-2는 1000 Hz의 기본 주파수와 이의 고조파 몇 개를 나타내고 있다. 임의의 주기 파형을 만들기 위해서 무한히 많은 방법으로 고조파를 조합할 수 있다. 주기 파형에 포함된 고조파의 형태와 개수는 주어진 파형의 모양에 달려 있다.

예를 들어, 그림 31-3은 정방파를 보여주고 있다. 그림 31-4는 하나의 정방파가 어떻게 기본 주파수 그리고 기본 주파수와 동일한 위상으로 0 기준선을 통과하는 무수한 홀수 고조파들의 조합에 의해서 형성되는지를 보여주고 있다.

그림 31-5는 톱니파의 형성을 보여주고 있다. 이것은 기본 주파수 그리고 기본 주파수와 동상의 홀수 고조파 및 0 기준선을 180 도 위상차를 가지면서 지나는 짝수

그림 31-1

세 가지 기본 파형 (A) 정현파, (B) 정방파, (C) 톱니파

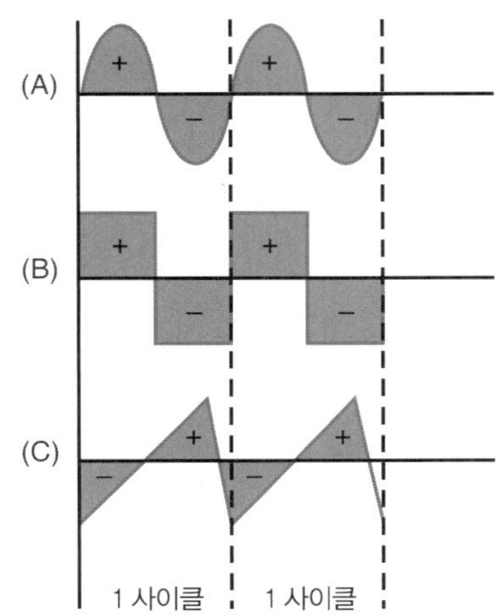

그림 31-2

기본 주파수 1000 Hz와 그 고조파

(기본파)	1차 고조파	1000 Hz
	2차 고조파	2000 Hz
	3차 고조파	3000 Hz
	4차 고조파	4000 Hz
	5차 고조파	5000 Hz

그림 31-3

정방파

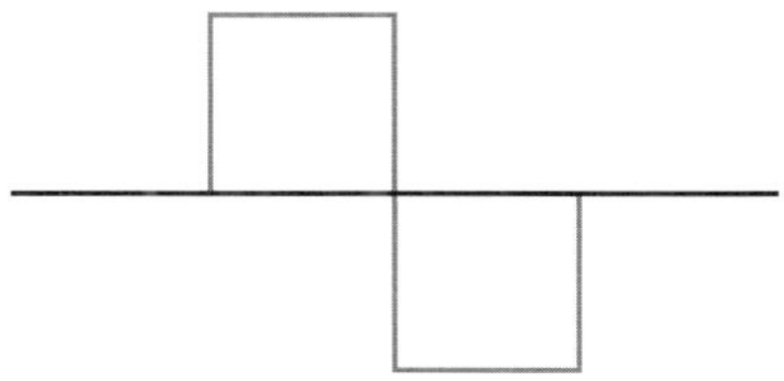

그림 31-4

주파수 영역법에 의한 정방파의 형성

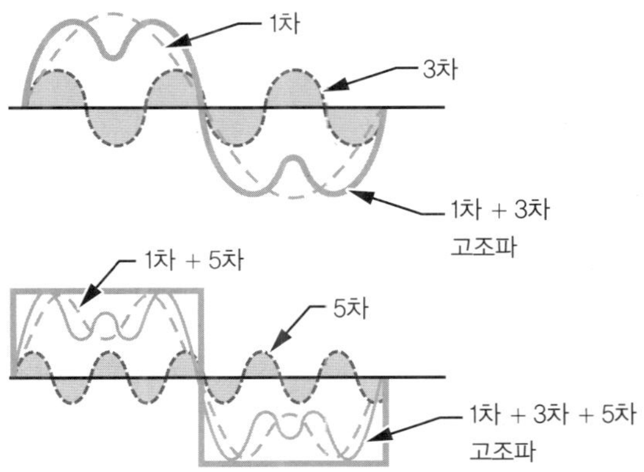

그림 31-5

주파수 영역법에 의한 톱니파의 형성

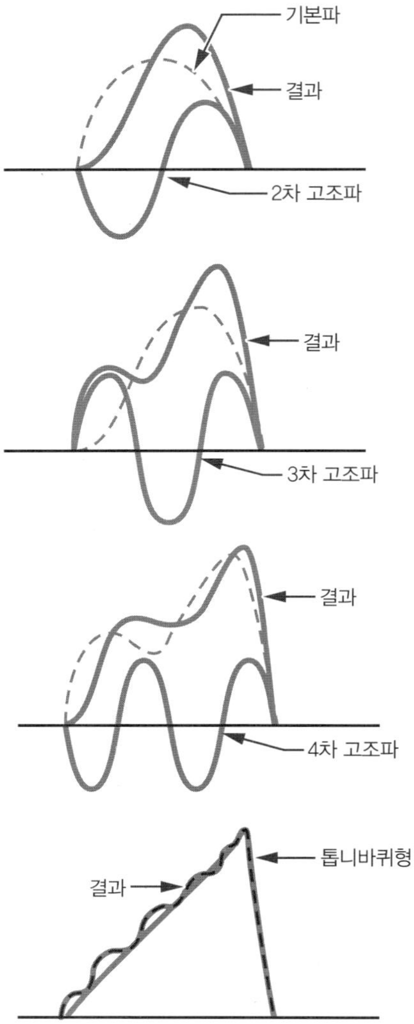

그림 31-6

스펙트럼 분석기

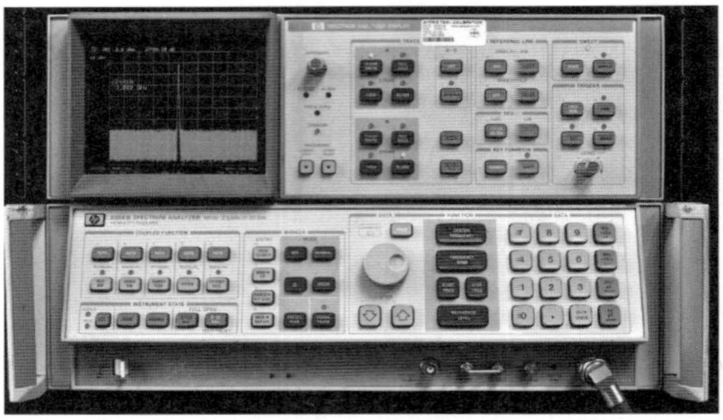

그림 31-7

파형의 주기

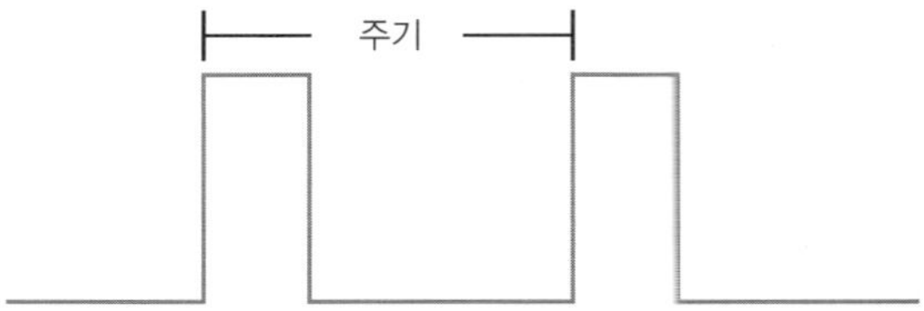

그림 31-8

파형의 펄스 폭

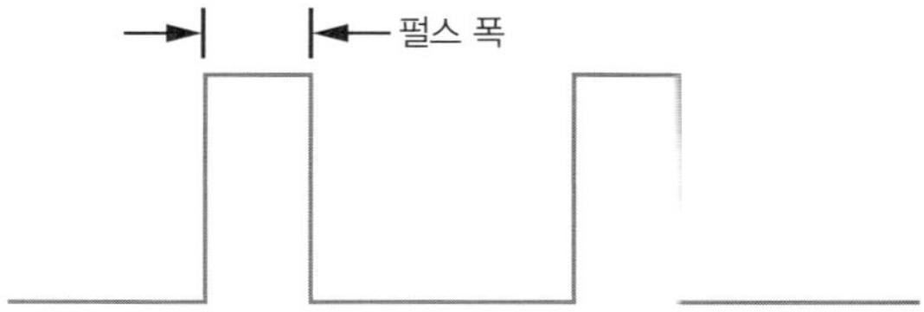

고조파로 구성된다.

오실로스코프(oscilloscope)는 파형을 시간 영역에서 나타낸다. **스펙트럼 분석기**(spectrum analyzer, 그림 31-6)는 주파수 영역에서 파형을 나타낸다. 회로가 파형에 어떤 영향을 끼치는지를 파악하기 위해서 주파수 영역 해석이 사용될 수 있다.

주기 파형(periodic waveform)은 규칙적인 간격으로 발생하는 파형이다. 파형의 주기(period)는 한 사이클의 임의의 점에서부터 다음 사이클의 동일한 점까지의 시간으로부터 측정된다(그림 31-7).

펄스 폭(pulse width)은 펄스의 길이이다(그림 31-8). **듀티 사이클**(duty cycle)은 주기에 대한 펄스 폭의 비율이다. 듀티 사이클은 각 사이클 동안 펄스가 존재하는 시간의 양을 나타내기 위해 퍼센트로 표현할 수 있다.

$$\text{듀티 사이클} = \frac{\text{펄스 폭}}{\text{주기}}$$

모든 펄스는 상승 시간과 하강 시간을 갖는다. **상승 시간**(rise time)은 펄스가 최대 진폭의 10%에서부터 90%까지 올라가는 데 걸리는 시간이다. **하강 시간**(fall time)은 펄스가 최대 진폭의 90%에서부터 10%까지 떨어지는 데 걸리는 시간이다(그림 31-9).

오버슈트(overshoot), **언더슈트**(undershoot), 및 **울**

그림 31-9

상승 시간 및 하강 시간은 파형의 최대 진폭의 10%와 90%에서 측정한다.

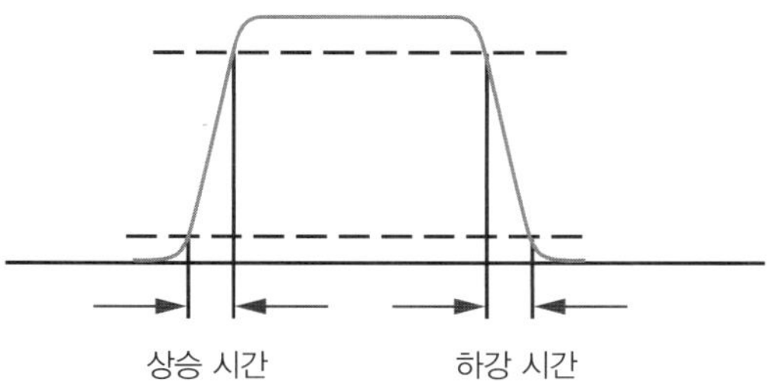

그림 31-10

오버슈트, 언더슈트 및 울림

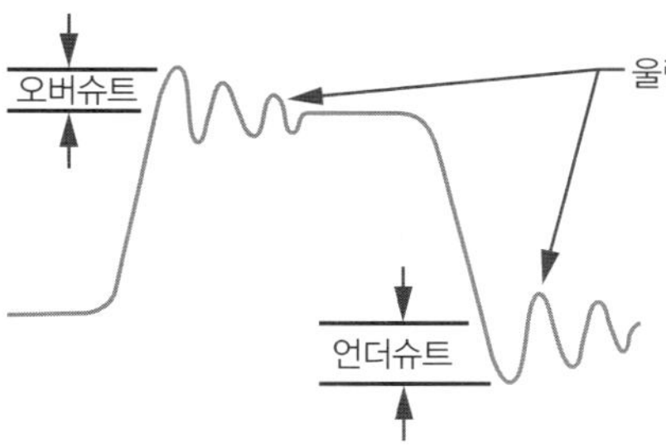

림(ringing)은 높은 주파수 펄스에 공통적인 현상이다(그림 31-10). 오버슈트는 파형의 선행 에지가 그의 정규 최대값을 초과할 때 발생한다. 언더슈트는 후행 에지가 펄스의 정규 최소값을 넘어설 때 발생한다(**선행 에지**(leading edge)는 파형의 앞단 에지이고, **후행 에지**(trailing edge)는 뒷단 에지이다). 두 현상 다음에는 울림(ringing)이라고 알려져 있는 감쇠 진동(damped oscillation)이 뒤따른다. 이러한 상태는 바람직하지 않지만 회로가 완벽하지 못하기 때문에 존재한다.

31-1 질문

1. 주파수 영역 개념을 정의하라.
2. 주파수 영역 개념에 따르면 다음 파형들이 어떻게 구성되는가?
   a. 정방파
   b. 톱니파
3. 주기 파형이란 무엇인가?
4. 듀티 사이클이란 무엇인가?
5. 오버슈트, 언더슈트 및 울림을 파형에 적용한 예를 그림으로 그려라.

31-2 파형정형 회로

RC 회로망은 복잡한 파형의 모양을 바꾸어서 출력이 입력을 전혀 닮지 않게 할 수 있다. 왜곡의 정도는 RC 시정수에 의해서 결정된다. 왜곡의 형태는 출력을 취하는 소자에 의해서 결정된다. 출력을 저항기 양단에서 취하는 경우, 그 회로를 **미분기**(differentiator)라고 부른다. 미분기는 타이밍 회로(timing circuit)나 동기화 회로(synchronizing circuit)를 위해서 정방 파형 또는 사각 파형으로부터 씨앗 모양으 파형을 만드는 데 이용된다. 미분기는 또한 트리거(trigger) 펄스나 마커(marker) 펄스를 만드는 데도 이용된다. 출력을 커패시터 양단에서 취하는 경우, 회로를 **적분기**(integrator)라고 부른다. 적분기는 라디오, 텔레비전, 레이더 및 컴퓨터에서 파형정형을 위해서 이용된다.

그림 31-11은 미분기 회로를 나타내고 있다. 복잡한 파형은 기본 주파수 그리고 다수의 고조파로 구성되어 있다는 것을 기억하라. 이러한 복잡한 파형을 미분기에 인가하면, 각각의 주파수는 서로 다른 영향을 받게 된다. 각 고조파에 대해 용량성 리액턴스(X_C)에 대한 저항 R의 비율이 다르다. 이러한 결과로 각 고조파들은 서로 다른 위상 이동과 진폭의 감소를 초래하게 된다. 최종 결과는 원래 파형이 왜곡된 것이다. 그림 31-12는 미분기에 정방

그림 31-11

미분기 회로

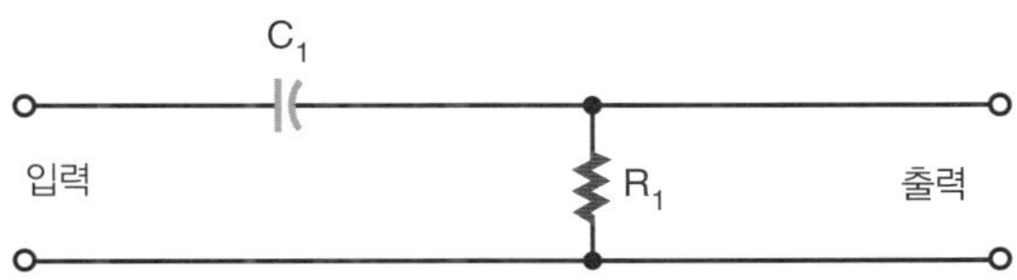

그림 31-12

정방파를 미분기에 인가한 결과 파형

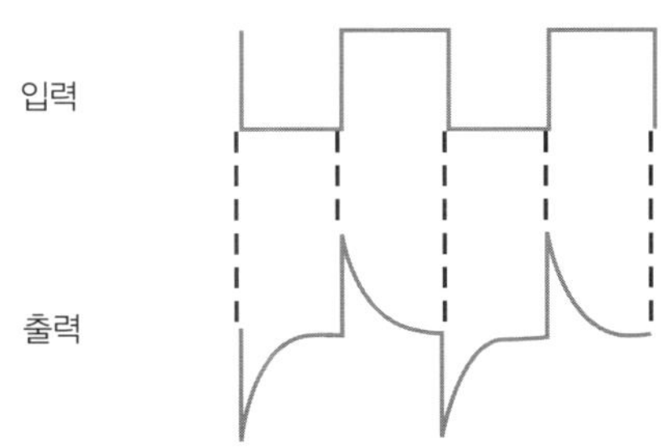

그림 31-13

미분기 회로에 대한 여러 가지 시정수의 효과

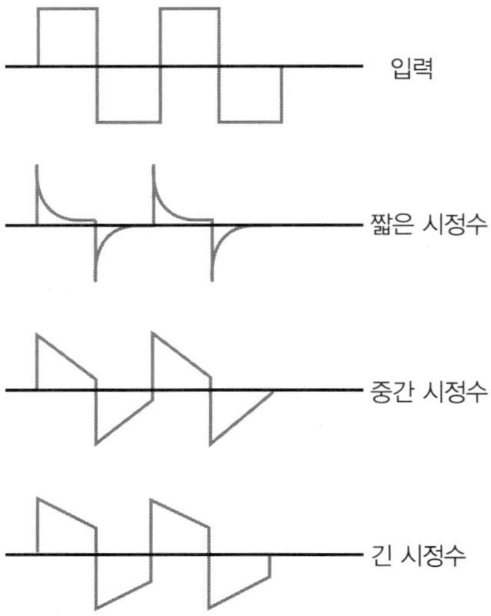

그림 31-16

적분기 회로에 대한 여러 가지 시정수의 효과

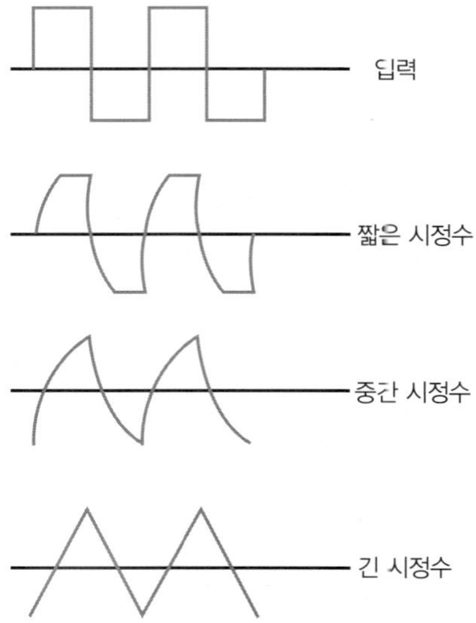

파가 인가될 때 어떤 일이 발생하는지를 보여 준다. 그림 31-13은 RC 시정수가 출력 파형에 미치는 영향을 나타내고 있다.

적분기 회로는 출력을 커패시터 양단에서 취하는 것을 제외하고는 미분기와 유사하다(그림 31-14). 그림 31-15는 정방파를 적분기에 인가한 결과를 보여준다. 적분기는 미분기와는 전혀 다른 방식으로 파형을 변화시킨다. 그림 31-16은 여러 가지 RC 시정수의 영향을 보여 주고 있다.

파형의 모양을 변화시킬 수 있는 또 다른 형태의 회로는 **클리핑 회로**(clipping circuit) 또는 **제한기 회로**(limiter circuit)이다(그림 31-17). 클리핑 회로는 인가된 신호의 피크를 네모 반듯하게 자르거나, 정현파 신호로부터 정방 파형을 얻거나, 파형의 양(+)이나 음(−)의 부분을 제거하거나, 또는 입력 진폭을 일정한 레벨로 유지하는 데 이용할 수 있다. 다이오드는 입력 신호의 양(+)의 부분 동안 순방향 바이어스되어 도통된다. 입력 신호의 음(−)의 부분 동안 다이오드는 역방향 바이어스되어 도통되지 않는다. 그림 31-18은 다이오드를 반대로 했을 때의 효과를 보여준다. 입력 신호의 양(+)의 부분이 깎여진다. 이 회로는 본질적으로 반파 정류기이다.

바이어스 전압을 이용하여 잘려지는 신호의 양을 조정

그림 31-14

적분기 회로

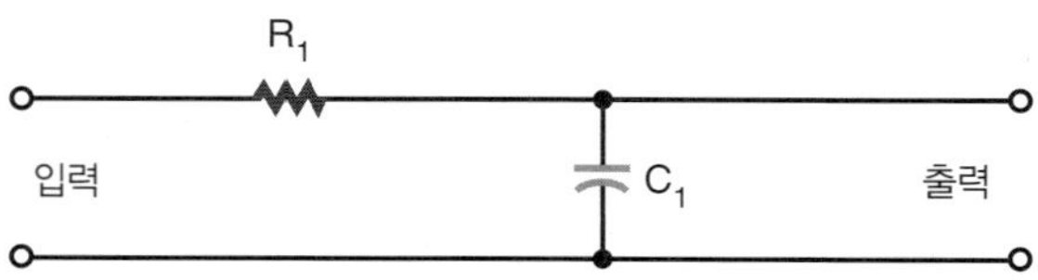

그림 31-15

정방파를 적분기 회로에 인가한 결과

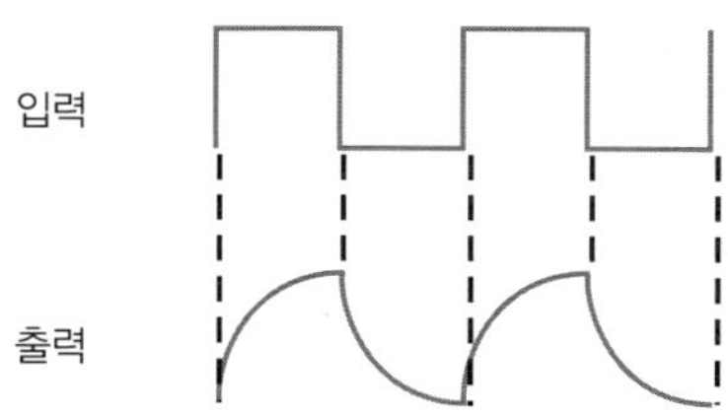

그림 31-17

기본적인 직렬 다이오드 클리핑 회로

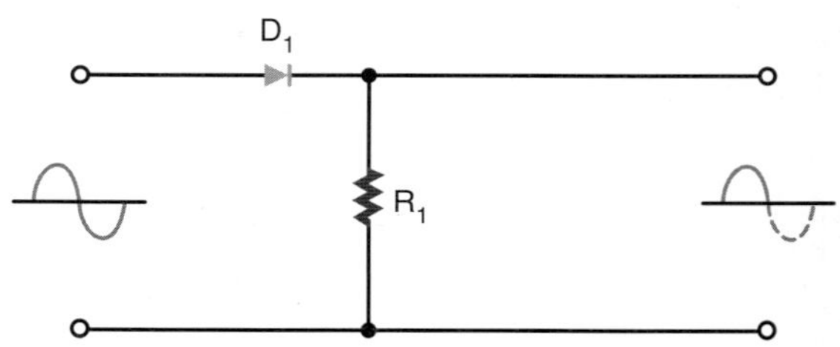

그림 31-18

클리핑 회로에서 다이오드를 반대로 경우의 결과

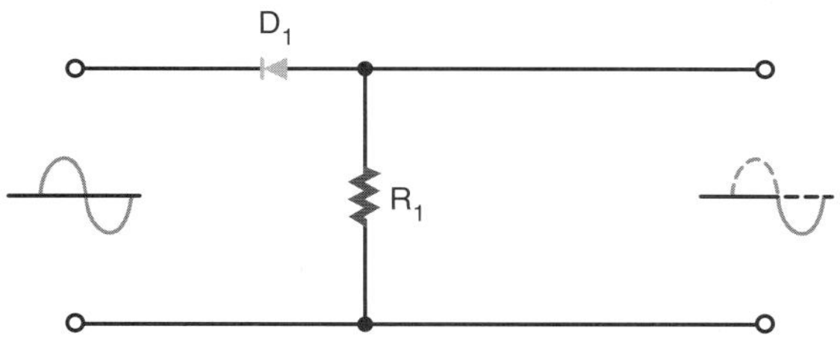

그림 31-21

병렬 다이오드 클리핑 회로

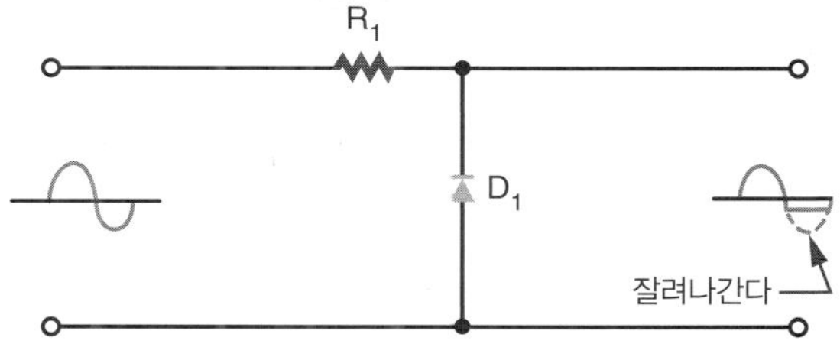

그림 31-22

병렬 클리핑 회로의 다이오드를 반대로 했을 때의 결과

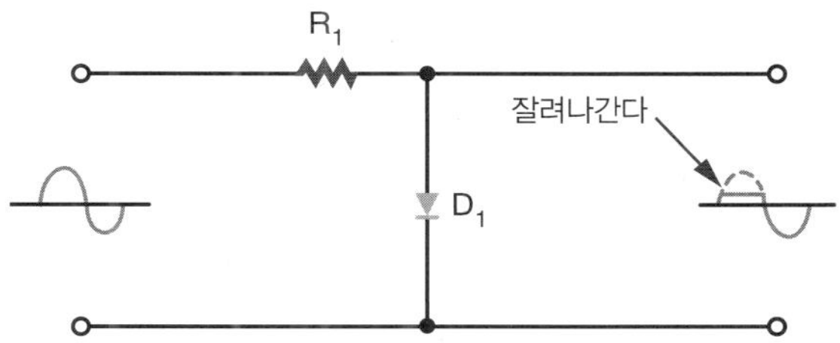

할 수 있다. 그림 31-19는 바이어스된 직렬 클리핑 회로를 보여주고 있다. 다이오드는 입력 신호가 바이어스 전원을 초과하기 전에는 도통될 수 없다. 그림 31-20은 다이오드와 바이어스 전원을 반대로 했을 때의 결과를 보여주고 있다.

병렬 클리핑 회로도 직렬 클리핑 회로와 동일한 기능을 수행한다(그림 31-21). 차이는 출력을 다이오드 양단에서 취한다는 것이다. 이 회로도 입력 신호의 음(−)의 부분을 잘라 버린다. 그림 31-22는 다이오드를 반대로 했을 때의 영향을 보여 준다. 그림 31-23과 31-24에 보인 바와 같이, 병렬 클리핑 회로도 바이어스를 이용하여 클리핑 레벨을 바꿀 수 있다.

양(+)과 음(−)의 피크를 모두 제한해야 한다면, 두 개의 바이어스된 다이오드를 이용한다(그림 31-25). 이 회로는 출력 신호가 두 개의 피크 모두에 대해서 미리 설정된 값을 넘지 못하도록 해 준다. 두 개의 피크를 제거하고 나면 남게 되는 신호는 일반적으로 정방 파형을 갖게 된다. 따라서 이 회로를 종종 정방파 발생기(square-wave generator)라고 부른다.

그림 31-19

바이어스된 직렬 다이오드 클리핑 회로

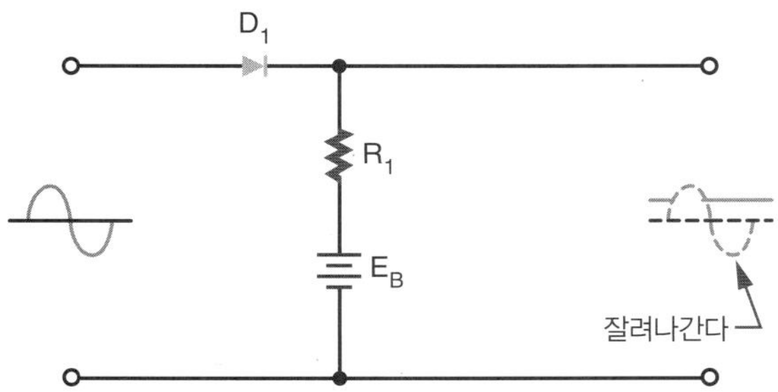

그림 31-20

바이어스된 직렬 클리핑 회로에서 다이오드와 바이어스 전원을 반대로 했을 때의 결과

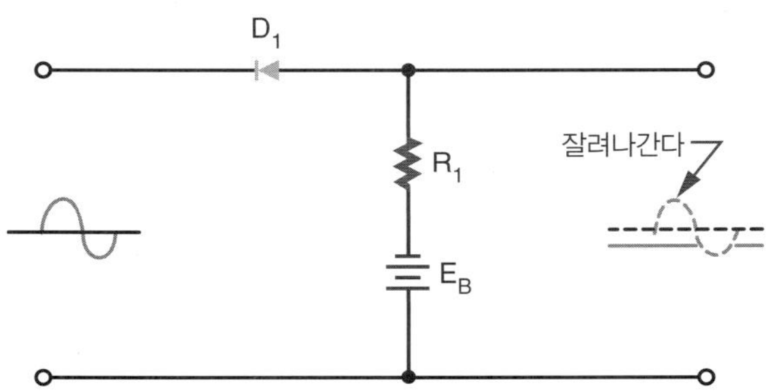

그림 31-23

바이어스된 병렬 다이오드 클리핑 회로

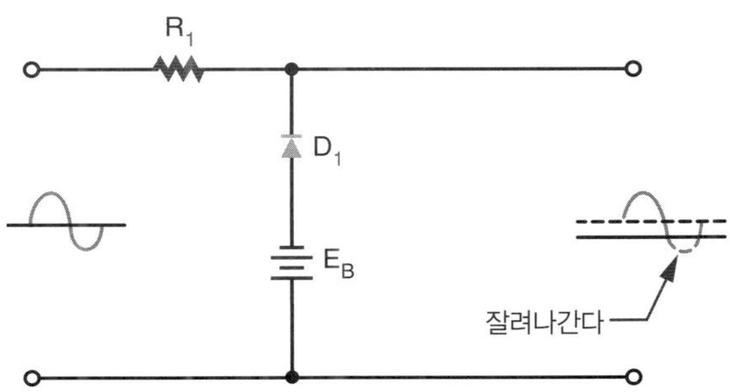

그림 31-24

병렬 다이오드 클리핑 회로에서 다이오드와 바이어스 전원을 반대로 했을 때의 영향

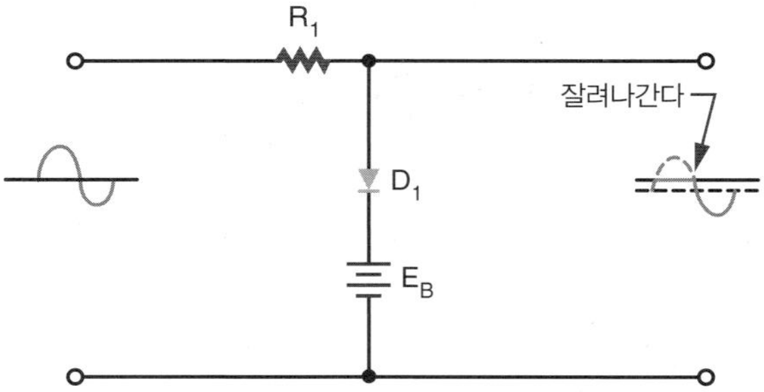

그림 31-25

양(+)의 피크와 음의 피크를 제한하는 데 사용하는 클리핑 회로

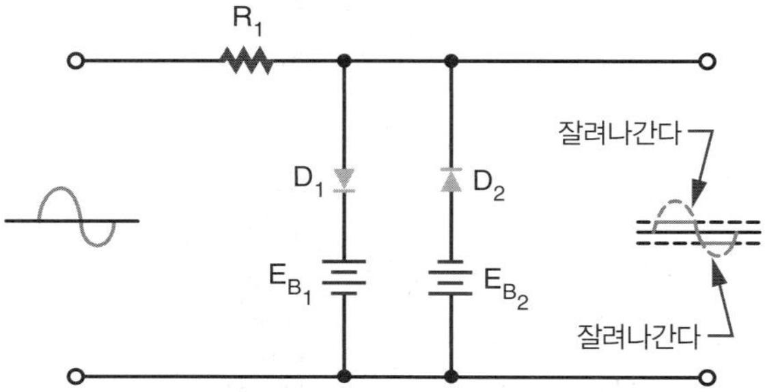

그림 31-26은 양(+)과 음(−)의 피크를 모두 제한하는 또 다른 클리핑 회로를 보여주고 있다. 따라서 출력은 제너다이오드의 항복 전압에 묶인다. 두 극한 사이에서는 두 개의 제너다이오드 중 어느 것도 도통되지 못하여 입력 신호가 그대로 출력으로 넘어간다.

가끔 파형의 DC 기준 레벨을 바꾸어야 할 때가 있다. DC 기준 레벨(DC reference level)은 측정할 때 사용하는 기준점이다. **클램핑 회로**(clamping circuit)는 파형의 상부나 하부를 주어진 DC 전압에 고정시키는 데 이용할 수 있다. 클리핑 회로나 제한기 회로와는 달리, 클램핑 회로는 파형의 모양을 변경시키지 않는다. 다이오드 클램퍼(diode clamper, 그림 31-27)는 DC 복원기(DC restorer)라고도 불린다. 이 회로는 레이더, 텔레비전, 통신 및 컴퓨터에서 널리 사용되고 있다. 이 그림에는 정방파가 입력 신호에 인가되고 있다. 이 회로의 목적은 파형의 모양을 바꾸지 않고 정방파의 상부를 0 볼트로 고정시키는 것이다.

그림 31-26

양(+)의 피크와 음(−)의 피크를 둘 다 제한하는 대안 회로

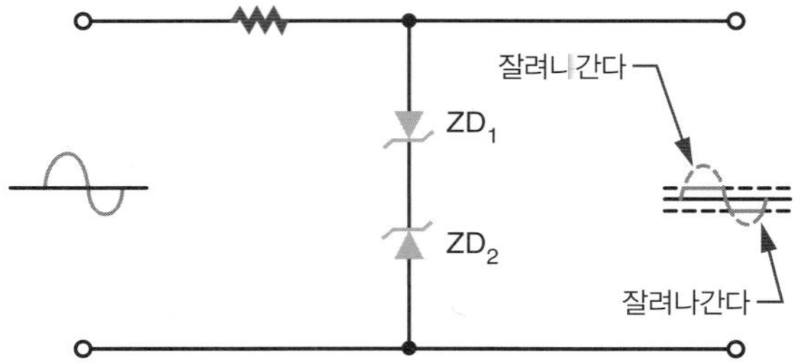

그림 31-27

다이오드 클램퍼 회로

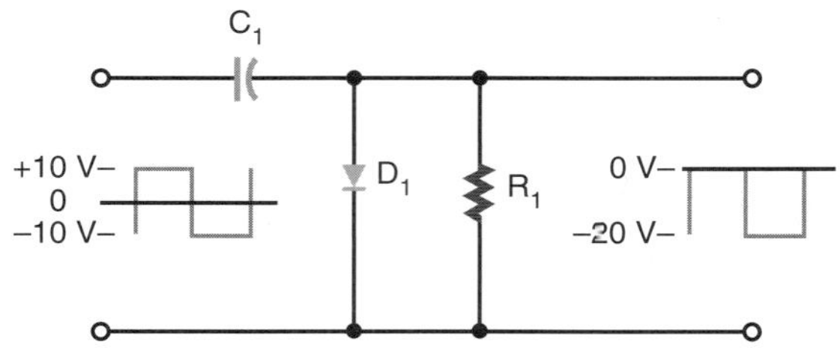

31-2 질문

1. 다음 RC 회로망의 개략도를 그려라.
   a. 미분기
   b. 적분기
2. 적분기 및 미분기 회로의 기능은 무엇인가?
3. 다음 회로의 개략도를 그려라.
   a. 클리퍼
   b. 클램퍼
4. 클리퍼 및 클램퍼 회로의 기능은 무엇인가?
5. 다음 회로의 응용은 무엇인가?
   a. 미분기
   b. 적분기
   c. 클리퍼
   d. 클램퍼

31-3 특수 목적 회로

접두어 mono는 하나를 의미한다. **단안정 멀티바이브레이터**(monostable multivibrator)는 단 하나의 안정 상태(stable state)를 갖는다. 이 회로는 각 입력 펄스에

대해서 하나의 출력 펄스를 발생시키기 때문에 **단발 멀티바이브레이터**(one-shot multivibrator)라고 불린다. 출력 펄스는 일반적으로 입력 펄스보다 더 길다. 따라서 이 회로를 펄스 신장기(pulse stretcher)라고도 한다. 전형적으로 이 회로는 컴퓨터, 전자 제어 회로 및 통신 장비에서 게이트(gate)로 이용된다.

그림 31-28은 단안정 멀티바이브레이터의 개략도를 나타내고 있다. 이 회로는 보통 때에는 안정 상태에 있다. 회로가 입력 트리거(trigger) 펄스를 받으면, 불안정 상태(unstable state)로 넘어간다. 회로가 불안정 상태에 있는 시간은 저항기 R_2와 커패시터 C_1의 RC 시정수에 의해서 결정된다. 커패시터 C_2와 저항기 R_5는 미분기 회로를 구성하게 되는데, 이는 입력 펄스를 양(+) 및 음(−)의 스파이크로 변환하는 데 이용된다. 다이오드 D_1은 오직 음(−)의 스파이크만 통과시켜서 회로를 켜지게 한다.

쌍안정 멀티바이브레이터(bistable multivibrator)는 두 개의 안정 상태를 갖는 멀티바이브레이터이다(bi는 둘을 의미한다). 이 회로는 한 사이클을 완성하기 위해 두 개의 입력을 필요로 한다. 어느 한 입력에 가해지는 펄스는 회로를 안정 상태 중의 어느 하나로 세트(set)시킨다. 다른 입력에 가해진 펄스는 회로를 다른 안정 상태로 리셋(reset)시킨다. 이와 같은 동작 모드 때문에 이 회로를 종종 **플립플롭**(flip-flop)이라고 부른다(그림 31-29).

기본적인 플립플롭 회로는 정방 파형 또는 사각 파형을 발생시키는데, 이러한 파형은 게이팅(gating) 신호나 타이밍(timing) 신호로 사용되거나 2진 카운터 회로에서 온−오프(on-off) 스위칭 동작에 사용된다. 2진 카운터 회로는 실질적으로 각 트랜지스터의 출력이 다른 트랜지스터의 입력에 결합된, 두 개의 트랜지스터로 된 증폭기이다. 세트(set) 입력에 신호가 가해지면 트랜지스터 Q_1이 켜지고 이에 따라 트랜지스터 Q_2를 끈다. 트랜지스터 Q_2가 꺼지면 트랜지스터 Q_1의 베이스에 양(+)의 전압이 걸리게 되므로 Q_1을 계속 도통 상태에 머물게 한다. 만일 리셋(reset) 입력에 펄스가 가해지면 이는 트랜지스터 Q_2를 도통시키는 원인이 되고 결국 트랜지스터 Q_1을 끄게 된다. 트랜지스터 Q_1이 꺼져 있으면 트랜지스터 Q_2를 계속하여 도통 상태에 있게 한다.

오늘날에는 이산 소자로 구성된 플립플롭을 사용하는 경우는 거의 없다. 한편, 집적회로 버전이 광범위하게 이용되고 있다. 이것은 아마 디지털 전자공학에서 가장 중요한 회로일 것이다. 응용 예로는 주파수 분할, 데이터 저장장치, 카운팅(counting) 및 데이터 조작이 있다.

또 다른 쌍안정 회로는 **슈미트 트리거**(Schmitt trigger)이다(그림 31-30). 슈미트 트리거의 한 가지 응용은 정현파, 톱니파, 또는 그 외 불규칙한 모양의 파형을 정방파형이나 사각 파형으로 변환하는 것이다. 이 회로는 결합 회로망 중의 하나가 이미터 공통 저항기(R_3)으로 대체된다는 점에서 전통적인 쌍안정 멀티바이브레이터와 다르다. 이 회로는 출력 파형이 보다 빠르게 반응하고 또 선행 에지와 후행 에지가 더 곧게 변하도록 하기 위한 부가적인 재생 기능을 제공한다.

그림 31-28

단안정 멀티바이브레이터

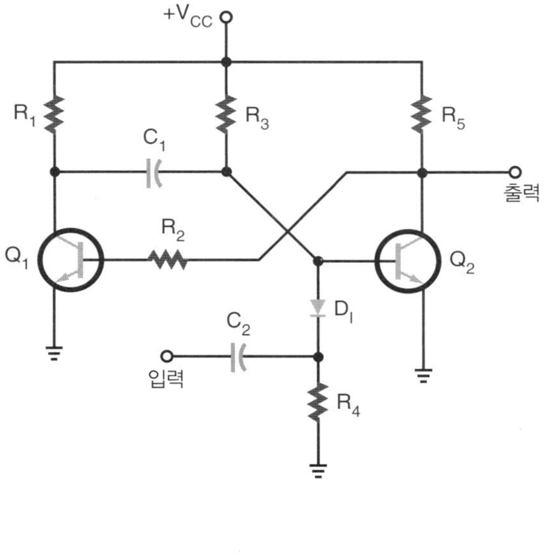

그림 31-29

기본적인 플립플롭 회로

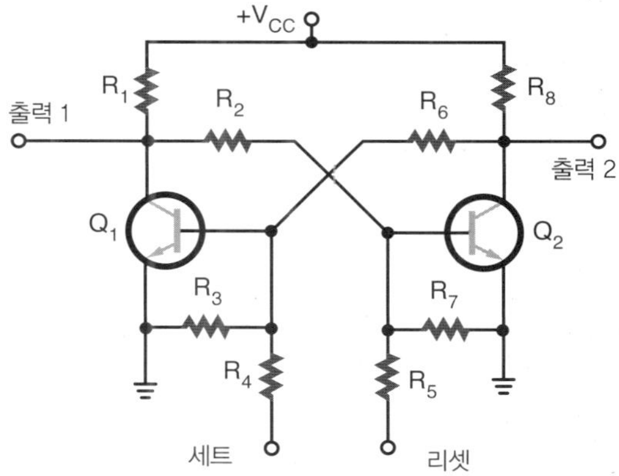

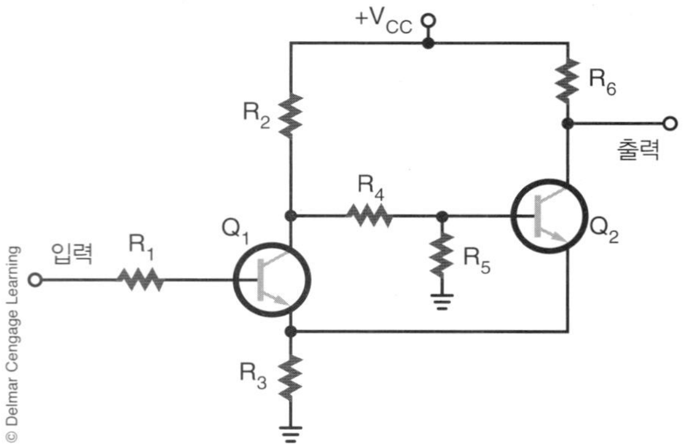

그림 31-30
기본적인 슈미트 트리거 회로

31-3 질문

1. 단안정 멀티바이브레이터란 무엇인가?
2. 단발 멀티바이브레이터의 개략도를 그려라.
3. 쌍안정 멀티바이브레이터란 무엇인가?
4. 플립플롭의 개략도를 그려라.
5. 슈미트 트리거는 전통적인 쌍안정 멀티바이브레이터와 어떻게 다른가?

요약

- 파형은 여러 가지 전자회로를 사용하여 한 모양에서 다른 모양으로 변경시킬 수 있다.
- 주파수 영역 개념은 모든 주기 파형이 정현파로 이루어져있음을 말해 준다.
- 주기 파형은 모든 사이클에서 동일한 파형을 갖는다.
- 정현파는 RC, RL 및 LC 회로에 의해서 왜곡될 수 없는 유일한 파형이다.
- 주파수 영역 개념에 따르면, 임의의 파형은 기본 주파수 그리고 짝수 또는 홀수 고조파, 또는 이들 둘로 구성되어 있다.
- 정방파는 기본 주파수와 무수히 많은 홀수 고조파로 구성된다.
- 정방파는 기본 주파수 그리고 기본 주파수와 0 기준선에서 180 도 위상 차이를 보이면서 교차되는 짝수 및 홀수 고조파로 구성된다.
- 주기 파형은 한 사이클의 임의의 점에서부터 다음 사이클의 동일점까지 측정된다.
- 펄스 폭은 펄스의 길이이다.
- 듀티 사이클은 주기에 대한 펄스 폭의 비이다.
- 펄스의 상승 시간은 펄스의 최대 진폭 10%에서 90%까지 올라가는 데 걸리는 시간이다.
- 펄스의 하강 시간은 펄스의 최대 진폭의 90%에서 10%까지 떨어지는 데 걸리는 시간이다.
- 오버슈트와 언더슈트, 울림은 회로에서 바람직하지 않으며 회로가 불완전하기 때문에 존재한다.
- RC 회로가 복잡한 파형의 모양을 바꾸는 데 사용될 수 있다.
- RC 회로에서 출력을 저항기 양단에서 취하는 경우, 이 회로를 미분기라고 부른다.
- RC 회로에서 출력을 커패시터 양단에서 취하는 경우, 이 회로를 적분기라고 부른다.
- 인가된 신호의 피크를 사각형으로 깎거나 진폭을 일정하게 유지하기 위해서는 클리핑 회로를 이용한다.
- 파형의 상부나 하부를 어떤 DC 전압에 고정시키고자 할 때는 클램핑 회로를 이용한다.
- 단안정 멀티바이브레이터(단발 멀티바이브레이터)는 각 입력 펄스에 대해서 하나의 출력 펄스를 발생시킨다.
- 쌍안정 멀티바이브레이터는 두 개의 안정 상태를 가지고 있으며 플립플롭이라고 부른다.
- 슈미트 트리거는 특수 목적 쌍안정 멀티바이브레이터이다.

CHAPTER 31

자기테스트

1. 파형의 주파수 영역 개념을 설명하라.
2. 기본 주파수와 1차 고조파 사이에는 어떤 관계가 있나?
3. 0.1 MHz의 주기를 갖는 파형의 듀티 사이클과 50 kHz의 펄스폭을 계산하라.
4. 파형정형 회로에서 오버슈트, 언더슈트, 울림과 같은 문제가 왜 발생하는가?
5. 미분기 및 적분기 파형정형 회로가 사용되는 곳을 설명하라.
6. 정현파를 정방파로 파형을 바꾸기 위해서는 어떤 파형정형 회로를 사용해야 하나?
7. 신호의 DC 기준 레벨을 어떻게 하면 바꿀 수 있는가?
8. 단안정 멀티바이브레이터와 쌍안정 멀티바이브레이터 사이의 차이점을 설명하라.
9. 플립플롭의 중요성은 무엇인가?
10. 슈미트 트리거는 어떤 기능을 제공하는가?

SECTION 5

디지털 전자 회로

Chapter 32 2진수 체계

Chapter 33 기본 논리 게이트

Chapter 34 논리회로의 간략화

Chapter 35 순차 논리회로

Chapter 36 조합 논리회로

Chapter 37 마이크로컴퓨터의 기초

CHAPTER 32

2진수 체계

BINARY NUMBER SYSTEM

목표

이 장을 마치고 나면 다음과 같은 것을 할 수 있게 된다.

- 2진수 체계를 설명한다.
- 2진수에서 각 비트의 자릿값에 대해 알아본다.
- 2진수를 10진수로 변환한다.
- 10진수를 2진수로 변환한다.
- 10진수를 8421 BCD 코드로 변환한다.
- 8421 BCD 코드를 10진수로 변환한다.

주요 용어

기저-2
기저-8
기저-16
비트
2진 체계
2진화 10진수(BCD)
8진수 체계
16진수 체계

숫자 체계(number system)는 코드(code)일 뿐이다. 별개의 양에 대해 각각 할당된 기호가 있다. 코드에 대해 배울 때, 수를 셀 수 있게 될 것이다. 이어서 산술 및 더 차원 높은 수학 형태로 나아간다.

가장 간단한 숫자 체계는 2진수 체계(binary number system)이다. 2진수 체계는 단지 두 개의 디지트인 0과 1을 갖는다. 이들 디지트는 10진수 체계에서와 같은 값을 가진다.

2진수 체계는 간단하기 때문에 디지털 회로와 마이크로프로세서 회로에서 사용된다. 2진 데이터는 2진 디지트로 표현할 수 있으며, 이 2진 디지트를 비트(bit)라고 한다. 이 **비트**(bit)라는 용어는 2진 디지트(binary digit)에서 유래되었다.

32-1 진수

10진수 체계는 기저-10 체계(base-10 system)이라고 불린다. 왜냐하면 0부터 9까지 10개의 디지트를 포함하기 때문이다. **2진 체계**는 0과 1의 두 개의 디지트를 포함하므로 **기저-2** 체계라고 한다. 2진수에서 0 또는 1의 위치는 그 자체의 값을 갖는데, 이것을 자릿값(place value) 또는 가중치(weight)라고 한다. 2진수에서 디지트의 자릿값은 2의 멱승씩 증가된다.

	자릿값					
	32	16	8	4	2	1
2의 멱승 :	2^5	2^4	2^3	2^2	2^1	2^0

2진수로 수를 세는 경우, 숫자 0과 1로써 시작한다. 각 디지트가 1의 자리에서 사용되고 나면, 2의 자리에 다른 디지트를 추가하여, 10과 11로 계수를 계속한다. 이로써 두 개 디지트의 조합 모두를 사용하였으므로, 4의 자리에는 세 번째 디지트를 추가하여 100, 101, 110 및 111로 계수를 계속한다. 이제 계속해서 8의 자리에는 네 번째 디지트가 필요하며, 그 이하도 마찬가지다. 그림 32-1은 2진수의 계수 순서를 보여 준다.

기저-2 체계에서 주어진 수에 의해 표현될 수 있는 가장 큰 수를 결정하기 위해서는, 다음의 공식을 이용한다.

$$최고\ 숫자 = 2^n - 1$$

여기서: n은 비트 개수(또는 사용된 자릿값의 개수)를 나타낸다.

예제 두 개의 비트(두 개의 자릿값)는 0부터 3까지 세는 데 이용할 수 있다. 왜냐하면,

$$2^n - 1 = 2^2 - 1 = 4 - 1 = 3$$

네 개의 비트(네 개의 자릿값)는 0부터 15까지 세는 데 필요하다. 왜냐하면,

$$2^n - 1 = 2^4 - 1 = 16 - 1 = 15$$

32-1 질문

1. 디지털 회로에서 10진수 체계에 비해 2진수 체계가 갖는 장점은 무엇인가?
2. 2진수는 어디에 쓰이는가?
3. 자릿값의 개수가 주어졌을 때 2진수의 최대값은 어떻게 구하는가?
4. 2진수의 비트 개수가 다음과 같을 때, 각 2진수의 최대값은 얼마인가?
   a. 4 비트
   b. 8 비트
   c. 12 비트
   d. 16 비트
5. 다음 수를 2진수로 바꿔라.
   a. 3
   b. 7
   c. 16
   d. 31

그림 32-1
2진수와 10진수의 변환

십진수	이진수				
	2^4	2^3	2^2	2^1	2^0
	16	8	4	2	1
0	0	0	0	0	0
1	0	0	0	0	1
2	0	0	0	1	0
3	0	0	0	1	1
4	0	0	1	0	0
5	0	0	1	0	1
6	0	0	1	1	0
7	0	0	1	1	1
8	0	1	0	0	0
9	0	1	0	0	1
10	0	1	0	1	0
11	0	1	0	1	1
12	0	1	1	0	0
13	0	1	1	0	1
14	0	1	1	1	0
15	0	1	1	1	1
16	1	0	0	0	0
17	1	0	0	0	1
18	1	0	0	1	0
19	1	0	0	1	1
20	1	0	1	0	0
21	1	0	1	0	1
22	1	0	1	1	0
23	1	0	1	1	1
24	1	1	0	0	0
25	1	1	0	0	1
26	1	1	0	1	0
27	1	1	0	1	1
28	1	1	1	0	0
29	1	1	1	0	1
30	1	1	1	1	0
31	1	1	1	1	1

32-2 2진수와 10진수의 변환

앞서 설명한 바와 같이, 2진수는 자릿값을 가진 가중치 숫자(weighted number)이다. 2진수의 값은 각 디지트와 그의 자릿값을 곱한 다음 이들을 모두 더함으로써 구할 수 있다. 2진수의 값을 구하는 방법은 다음 예제로써 설명한다.

예제

	자릿값					
	32	16	8	4	2	1
2진수:	1	0	1	1	0	1

값 :

$$\begin{aligned} 1 \times 32 &= 32 \\ 0 \times 16 &= 0 \\ 1 \times 8 &= 8 \\ 1 \times 4 &= 4 \\ 0 \times 2 &= 0 \\ +\ 1 \times 1 &= 1 \\ \hline 101101_2 &= 45_{10} \end{aligned}$$

숫자 45는 2진수 101101의 등가 10진수이다.

소수도, 10진수가 10진 소수점의 오른쪽에 위치한 것처럼, 디지트들을 2진 소수점의 오른쪽에 두면 된다. 2진수 형태로 표현할 수 있다. 소수점 오른쪽에 있는 모든 디지트는 2의 음(−)의 멱승, 즉 소수 자릿값인 가중치를 갖는다.

2의 멱승 자릿값

$$2^5 = 32$$
$$2^4 = 16$$
$$2^3 = 8$$
$$2^2 = 4$$
$$2^1 = 2$$
$$2^0 = 1$$

소수점

$$2^{-1} = \frac{1}{2^1} = \frac{1}{2} = 0.5$$

$$2^{-2} = \frac{1}{2^2} = \frac{1}{4} = 0.25$$

$$2^{-3} = \frac{1}{2^3} = \frac{1}{8} = 0.125$$

$$2^{-4} = \frac{1}{2^4} = \frac{1}{16} = 0.0625$$

예제 2진수 111011.011의 10진 값을 구하라.

2진수	자리값	값
1	× 32	= 32
1	× 16	= 16
1	× 8	= 8
0	× 4	= 0
1	× 2	= 2
1	× 1	= 1
0	× 0.5	= 0
1	× 0.25	= 0.25
+ 1	× 0.125	= 0.125
111011.011_2		$= 59.375_{10}$

디지털 장비를 다루는 경우, 2진수 형태에서 10진수 형태로 또는 그 반대로 변환할 필요가 종종 있다. 10진수를 2진수로 바꾸는 데 가장 많이 쓰이는 방법은 10진수를 차례로 2로 나누고, 나눈 후에는 매번 나머지를 아래로 써 내려가는 것이다. 나머지들을 역순으로 배열하면 2진수가 된다.

예제 11_{10}을 2진수로 변환하기 위해 차례로 2로 나눈다[(LSB = 최하위 비트(least significant bit)].

11 ÷ 2 = 5 나머지 1 LSB
5 ÷ 2 = 2 나머지 1
2 ÷ 2 = 1 나머지 0
1 ÷ 2 = 0 나머지 1 ↓

(1/2 = 0이라는 것은 1은 더 이상 2로 나눌 수 없어서 1이 나머지가 된다는 것을 의미한다.) 10진수 11은 2진수 1011과 동일하다.

위의 과정은 10진수 25를 2진수로 변환하는 경우에 대해 아래에 나타낸 바와 같이 숫자를 순차적으로 적어줌으로써 간소화할 수 있다.

예제

2 25 LSB
2 12 1
2 6 0
2 3 0
2 1 1 ↓
0 1

10진수 25는 2진수 11001과 동일하다.

소수는 약간 다르게 수행한다. 즉 소수에 2를 곱한 후, 올림수를 2진 소수로서 기록한다.

예제 10진수 0.85를 2진 소수로 변환하기 위해서 차례로 2를 곱한다.

LSB ↓

0.85 × 2 = 1.70 = 0.70과 올림수 1
0.70 × 2 = 1.40 = 0.40과 올림수 1
0.40 × 2 = 0.80 = 0.80과 올림수 0
0.80 × 2 = 1.60 = 0.60과 올림수 1
0.60 × 2 = 1.20 = 0.20과 올림수 1
0.20 × 2 = 0.40 = 0.40과 올림수 0

원하는 정밀도에 이를 때까지 계속해서 2를 곱한다. 10진수 0.85는 2진수 0.110110과 같다.

예제 10진수 20.65를 2진수로 변환하라. 20.65를 정수 20과 소수 0.65로 분리하고 앞서 설명한 방법들을 적용하라.

```
2  20          LSB
  2  10    0    |
    2  5    0   |
      2  2   1  |
        2  1  0 ↓
             0  1
```

10진수 20 = 2진수 10100

그리고

LSB ↓

0.65 × 2 = 1.30 = 0.30과 올림수 1
0.30 × 2 = 0.60 = 0.60과 올림수 0
0.60 × 2 = 1.20 = 0.20과 올림수 1
0.20 × 2 = 0.40 = 0.40과 올림수 0
0.40 × 2 = 0.80 = 0.80과 올림수 0
0.80 × 2 = 1.60 = 0.60과 올림수 1
0.60 × 2 = 1.20 = 0.20과 올림수 1
10진수 0.65 = 2진수 0.1010011

두 개의 수를 결합하면 결과는 20.65_{10} = 10100.1010011_2이 된다. 이 12비트 수는 근사치이다. 왜냐하면 소수의 변환을 7비트 이후에는 끝냈기 때문이다.

32-2 질문

1. 8비트 2진수에서 각 자릿값은 얼마인가?
2. 10진 소수점의 오른쪽으로부터 여덟 자리의 각 자릿값은 얼마인가?
3. 다음 2진수를 10진수로 변환하라.
   a. 1001
   b. 11101111
   c. 11000010
   d. 10101010.1101
   e. 10110111.0001
4. 10진수를 2진수로 변환하는 과정은 무엇인가?
5. 다음 10진수를 2진 형태로 변환하라.
   a. 27
   b. 34.6
   c. 346
   d. 321.456
   e. 7465

32-3 8진수

예전에 컴퓨터에서는 2진수를 표현하기 위해 8진수를 사용하였다. 8진수를 사용하면 2진수를 3자리씩 나누어 읽기 때문에 큰 2진수를 읽기가 쉽게 된다. 이렇게 하면 컴퓨터에 2진수를 입력하거나 컴퓨터로부터 2진수를 읽는 속도를 높일 수 있고 또 에러도 줄일 수 있다.

그림 32-2는 8진수의 그의 등가 2진수를 보여주고 있다. 장점은 2진수 3자리를 변환하면 바로 8진수가 된다는 것이다. **8진수 체계**(octal number system)를 **기저-8**(base-8)이라 한다. 8개의 자릿수(0~7)가 있기 때문에 10진수처럼 순환한다(0~9).

2진수를 8진수로 바꾸려면 다음에 설명하는 예제처럼 오른쪽에서부터 3자리씩 끊으면 된다:

예제

2진수 100101001110000111010_2
3자리씩 나눈다:
100 101 001 110 000 111 010_2

그림 32-2

10진수 및 2진수 등가

10진수	2진수	8진수
0	00 000	0
1	00 001	1
2	00 010	2
3	00 011	3
4	00 100	4
5	00 101	5
6	00 110	6
7	00 111	7
8	01 000	10
9	01 001	11
10	01 010	12
11	01 011	13
12	01 100	14
13	01 101	15
14	01 110	16
15	01 111	17
16	10 000	20
17	10 001	21
18	10 010	22
19	10 011	23
20	10 100	24
21	10 101	25
22	10 110	26
23	10 111	27
24	11 000	30
25	11 001	31
26	11 010	32
27	11 011	33
28	11 100	34
29	11 101	35
30	11 110	36
31	11 111	37

8진수로 바꾼다: $100\ 101\ 001\ 110\ 000\ 111\ 010_2$

$4\quad 5\quad 1\quad 6\quad 0\quad 7\quad 2_8$

등가 진수는: 4516072_8

8진수를 2진수로 바꾸려면 위의 과정을 거꾸로 수행하면 된다. 즉, 아래 예제와 같이 8진수 한 자리를 2진수 3자리 그룹들로 바꾼다.

예제

8진수 1672054_8

수를 분리한다: $1\quad 6\quad 7\quad 2\quad 0\quad 5\quad 4_8$

2진수로 바꾼다: $001\ 110\ 010_2\ 010\ 111\ 000\ 101\ 100_2$

등가 2진수: 001110111010000101100_2

맨 앞자리의 0을 제거하면 결과는 다음과 같다:

1110111010000101100_2

그림 32-3

8진수의 자릿값

8의 멱승	자릿값
8^0	1
8^1	8
8^2	64
8^3	512
8^4	4096
8^5	32768
8^6	262144
8^7	2097152

2진수처럼, 각각의 8진수는 각 자리마다 값을 가진 가중치 수이다. 8진수의 값은 각 자리수에 8진 가중치를 곱하여 더하면 된다. 그림 32-3에는 8진 자릿값을 보여주고 있다. 8진수를 10진수로 바꾸는 방법은 다음 예제로 설명한다:

예제

8진수 6072_8

값: $6 \times 512 = 3072$

$0 \times 64 = 0$

$7 \times 8 = 56$

$\underline{2 \times 1} = \underline{2}$

$6072_8 = 3130_{10}$

10진수를 등가 8진수로 바꾸려면 다음 예제와 같이 10진수를 8로써 계속 나누어야 한다.

예제

10진수 2382_{10}

2383/8 = 354	나머지	0 (LSB)
354/8 = 44	나머지	2
44/8 = 5	나머지	4
5/8 = 나눌 수 없으므로 나머지		5 (MSB)

결과: $2382_{10} = 5420_8$

32-3 질문

1. 왜 컴퓨터에서 8진수를 사용하는가?
2. 다음 2진수를 8진수로 변환하라.
   a. 1010111111100100010000_2

b. 1111011010000110101_2
c. 10011100111000101001_2
3. 다음 8진수를 2진수로 변환하라.
a. 75634201_8
b. 36425107_8
c. 17536420_8
4. 다음 8진수를 10진수로 변환하라.
a. 653_8
b. 4721_8
c. 75364_8
5. 다음 10진수를 8진수로 변환하라.
a. 453_{10}
b. 1028_{10}
c. 32047_{10}

32-4 16진수

16진수 체계(hexadecimal number system)는 주로 마이크로프로세서 기반의 4 비트, 8 비트, 16 비트, 32 비트 및 32 비트 시스템에서 사용된다. 16 진수 체계를 사용하면 2 진수를 4 비트 그룹들로 나누게 되어 데이터를 입력할 때 에러의 변경을 줄여주게 된다.

16진수 체계는 **기저-16** (base-16)이라고도 한다. 16진수에는 0, 1, 2, 3, 4, 5, 6, 7, 8, 9, A, B, C, D, E, F의 16가지 디지트가 있다. 그림 32-4에는 16진수와 이들의 등가 10진수 및 2진수가 나타나 있다. 16진수의 장점은 2진수 4 비트로부터 바로 16진수로 변환할 수 있다는 것이다.

2진수를 16진수로 변환하려면 다음 예제에 나타낸 것처럼 2진수를 맨 오른쪽에서부터 시작하여 4 비트의 묶음들로 나누어야 한다.

예제

2진수 100101001110000111010_2
4 비트의 묶음들로 나눈다:
$1\ 0010\ 1001\ 1100\ 0011\ 1010_2$
16진수로 변환한다:
$1\ 0010\ 1001\ 1100\ 0011\ 1010_2$
1 2 9 C 3 A_{16}
등가 16진수는: $129C3A_{16}$이다.

그림 32-4
10진수와 2진수 및 등가 16진수

10진수	2진수	16진수
0	0 0000	0
1	0 0001	1
2	0 0010	2
3	0 0011	3
4	0 0100	4
5	0 0101	5
6	0 0110	6
7	0 0111	7
8	0 1000	8
9	0 1001	9
10	0 1010	A
11	0 1011	B
12	0 1100	C
13	0 1101	D
14	0 1110	E
15	0 1111	F
16	1 0000	10
17	1 0001	11
18	1 0010	12
19	1 0011	13
20	1 0100	14
21	1 0101	15
22	1 0110	16
23	1 0111	17
24	1 1000	18
25	1 1001	19
26	1 1010	1A
27	1 1011	1B
28	1 1100	1C
29	1 1101	1D
30	1 1110	1E
31	1 1111	1F

16진수를 등가 2진수로 변환하려면 다음 예제에서 보는 바와 같이 위의 과정을 반대로 하고 16진수를 4 비트의 2진수 묶음으로 변환하면 된다.

예제

16진수: $6A7F4D2C_{16}$
숫자를 분리한다: 6 A 7 F 4 D 2 C_{16}
2진수로 변환한다:
$0110\ 1010\ 0111\ 1111\ 0100\ 1101\ 0010\ 1100_2$
등가 2진수:
$01101010011111110100110100101100_2$
맨 왼쪽의 0은 제거할 수 있으며 결과는 다음과 같다:
$1101010011111110100110100101100_2$

그림 32-5

16진수의 위치값

16의 멱승	자릿값
16^0	1
16^1	16
16^2	256
16^3	4096
16^4	65536
16^5	1048576
16^6	16777216
16^7	268435456

2진수처럼, 각각의 16진수는 위치값을 가진 가중치 숫자이다. 16진수의 값은 각 디지트와 그의 위치값을 곱한 것들을 더하면 구할 수 있다. 그림 32-5에는 16진수 자리값이 나타나 있다. 16진수를 10진수로 변환하는 방법은 다음의 예제로써 설명한다.

예제

16진수: $4AC9_{16}$

값: 4 × 4096 = 16384

(10) A × 256 = 2560

(12) C × 16 = 192

9 × 1 = 9

$4AC9_{16}$ = 19145_{10}

10진수를 등가 16진수로 변환하려면 다음 예제처럼 10진수(예로서, 41929_{10})를 16으로 나누어 나머지를 16진수로 변환한다.

예제

10진수: 41929_{10}

4192916 = 2620 2620 나머지 9 (LSB)

262016 = 163 나머지 12 (C)

16316 = 10 나머지 3

1016 = 나누어지지 않는다. 따라서 나머지는 10 (A) (MSB)이다.

결과: 41929_{10} = $A3C9_{16}$

32-5 BCD 코드

8421 코드는 4개의 2진 디지트로 구성된 **BCD** (binary-coded-decimal) 코드이다. 이 코드는 0부터 9까지의 디지트들을 표현하는 데 사용된다. 8421이라는 수는 4 비트의 2진 가중치를 나타낸다.

32-4 질문

1. 왜 컴퓨터에서 16진수를 사용하는가?
2. 다음 2진수를 16진수로 변환하라.
   a. $10101111111001000100 0_2$
   b. $111101101000011010 1_2$
   c. 10011100111000101101_2
3. 다음 16진수를 2진수로 변환하라.
   a. $42C1_{16}$
   b. $5B07_{16}$
   c. $A75C642E_{16}$
4. 다음 16진수를 10진수로 변환하라.
   a. $6E53_{16}$
   b. $A7C1_{16}$
   c. $7F3BE_{16}$
5. 다음 10진수를 16진수로 변환하라.
   a. 45374_{10}
   b. 32047_{10}
   c. 67326_{10}

2의 멱승 :	2^3	2^2	2^1	2^0
2진 가중치 :	8	4	2	1

이 코드의 주요 장점은 10진 형태와 2진 형태 사이의 변환이 쉽다는 것이다. 이 때문에 BCD 코드가 널리 사용되며 또한 특별히 언급하지 않으면 BCD 코드를 가리키게 된다.

각 10진 디지트(0~9)는 다음과 같이 2진수 조합으로 표현된다.

10진수	8421 코드
0	0000
1	0001
2	0010
3	0011
4	0100
5	0101
6	0110

7	0111
8	1000
9	1001

4 비트에 의해 16개의 수가 표현될 수 있음에도 불구하고, 10진수 9 다음의 6개의 코드 조합(1010, 1011, 1100, 1101, 1110, 1111)은 8421 코드에서 무효하다.

어떤 10진수를 8421 코드로 표현하기 위해서는, 각 10진 디지트를 해당 4 비트 코드로 대체하면 된다.

예제 다음 10진수를 BCD 코드로 변환하라.

5 = 0101
13 = 0001 0011
124 = 0001 0010 0100
576 = 0101 0111 0110
8769 = 1000 0111 0110 1001

8421 코드로부터 10진수를 구하기 위해서는, 8421 코드 숫자를 4 비트 그룹으로 나누어야 한다. 그런 다음에 각각의 4 비트 그룹을 10진수로 적는다.

예제 다음 BCD 코드 각각에 대해 등가인 10진수를 구하라: 10010101, 1001000, 1100111, 1001100101001, 1001100001110110.

1001 0101 = 95
0100 1000 = 48
0110 0111 = 67
0001 0011 0010 1001 = 1329
1001 1000 0111 0110 = 9876

> **주:** 만일 왼쪽으로 가장 멀리 있는 그룹에서 비트 수가 모자라면 0을 추가하라.

32-5 질문

1. 8421 코드는 무엇이며 어떻게 이용하는가?
2. BCD 코드의 장점은 무엇인가?
3. BCD 코드와 16진수 사이의 유사점은 무엇인가?
4. 다음 10진수를 BCD 코드로 변환하라.
   a. 17
   b. 100
   c. 256
   d. 778
   e. 8573
5. 다음의 BCD 코드를 10진수로 변환하라.
   a. 1000 0010
   b. 0111 0000 0101
   c. 1001 0001 0011 0100
   d. 0001 0000 0000 0000
   e. 0100 0110 1000 1001

요약

- 2진수 체계는 가장 간단한 수체계이다.
- 2진수 체계는 0과 1의 두 개의 디지트를 갖는다.
- 2진수 체계는 디지털 시스템과 컴퓨터 시스템을 위한 데이터를 표현하는 데 사용된다.
- 2진 데이터는 비트라고 불리는 2진 디지트로 표현된다.
- 비트(bit)라는 단어는 2진 디지트(binary digit)로부터 유래되었다.
- 2진수에서 상위 디지트 위치의 자릿값은 2의 멱승으로 증가한다.
- 기저-2 체계에서는 주어진 자리 개수에 의해 표현될 수 있는 가장 큰 수는 2^n-1이다. 여기서 n은 비트 개수를 나타낸다.
- 2진 디지트의 값은 각 디지트와 그 자릿값의 곱을 더함으로써 구할 수 있다.
- 소수는 2의 음(−)의 멱승으로 표현된다.
- 10진수를 2진수로 변환하기 위해서는 10진수를 2로 나누고 각 나눗셈 후의 나머지를 써 내려가면 된다. 나머지를 역순으로 배열하면 2진수가 형성된다.
- 8진수는 2진수를 3비트 그룹으로 나누어 큰 2진수를 읽을 수 있게 해준다.
- 8진수 체계는 기저-8 (base 8) 체계라고 부른다.
- 2진수 체계에서 사용했던 것과 유사한 절차를, 8진수를 10진수로, 또 10진수를 8진수로 변환하는 데에도 사용할 수 있다.
- 16진수 체계는 데이터를 입력할 때 오류를 줄이기 위해 2진수를 4 비트 그룹으로 나눈다.
- 16진수 체계는 기저-16 (base 16) 체계라고 부른다.

- 16진수 체계는 마이크로프로세서를 기반으로 하는 시스템에서 사용된다.
- 8진수와 2진수 체계에서 사용했던 것과 유사한 절차를, 16진수를 10진수로, 또 10진수를 16진수로 변환하는 데에도 사용할 수 있다.
- 8421 코드, 즉 BCD 코드는 0에서 9까지의 디지트를 표현하는 데 사용한다.
- BCD 코드의 장점은 어떤 수의 10진 형태와 2진 형태 사이의 변환이 쉽다는 것이다.

CHAPTER 32

자기테스트

1. 0부터 27까지의 10진수를 2진수로 표현하라.

2. 10진수 100을 표현하는 데 요구되는 2진 비트는 몇 개인가?

3. 10진수를 2진수로 변환하는 과정을 기술하라.

4. 다음 2진수를 10진수로 변환하라.

a. 100101.001011

b. 111101110.11101110

c. 10000000.00000101

5. 다음 2진수를 8진수로 변환하라.

a. $11001001011100101010011100001101_2$

b. $00110001101111100100111100110100_2$

c. $10011010110001001100111101000110_2$

6. 다음 8진수를 2진수로 변환하라.

a. 653172_8

b. 773012_8

c. 033257_8

7. 다음 8진수를 10진수로 변환하라.

a. 317204_8

b. 701253_8

c. 035716_8

8. 다음 10진수를 8진수로 변환하라.

a. 687_{10}

b. 9762_{10}

c. 18673_{10}

9. 다음 2진수를 16진수로 변환하라.

a. $11001001011100101010011100001101_2$

b. $00110001101111100100111100110100_2$

c. $10011010110001001100111101000110_2$

10. 다음 16진수를 2진수로 변환하라.

a. $7B23C67F_{16}$

b. $D46F17C9_{16}$

c. $78F3E69D_{16}$

11. 다음 16진수를 10진수로 변환하라.

a. $3C67F_{16}$

b. $6F17C9_{16}$

c. $78F3E69D_{16}$

12. 다음 10진수를 16진수로 변환하라.

a. 687_{10}

b. 9762_{10}

c. 18673_{10}

13. 10진수를 BCD로 변환하는 과정을 기술하라.

14. 다음 BCD 수를 10진수로 변환하라.

a. 0100 0001 0000 0110

b. 1001 0010 0100 0011

c. 0101 0110 0111 1000

CHAPTER 33

기본 논리 게이트

BASIC LOGIC GATES

목표

이 장을 마치고 나면 다음과 같은 것을 할 수 있게 된다.

- 기본적인 논리 게이트의 기능을 설명한다.
- 기본적인 논리 게이트의 도식 기호에 대해 알아본다.
- 기본적인 논리 게이트의 진리표를 전개한다.

모든 디지털 장치는 그것이 간단하든 아니면 복잡하든, 몇 가지 기본 회로만으로 구성되어 있다. 이러한 기본 회로를 논리 소자(logic element)라 하는데, 이 논리 소자는 2진 데이터에 대해 몇 가지 논리 기능을 수행한다.

논리 회로에는 판단 논리 회로와 기억 회로의 두 가지 기본형이 있다. 판단 논리 회로(decision-making logic circuit)는 2진 입력을 감시하며, 입력의 상태와 논리 회로의 특성에 기초하여 출력을 내고, 기억 회로(memory circuit)는 2진 데이터를 저장하는 데 쓰인다.

주요 용어

버퍼
진리표
3-상태 버퍼
AND
AND 게이트
high
low
NAND 게이트
NOR 게이트
NOT 게이트
OR
OR 게이트
XNOR
XOR 게이트

33-1 AND 게이트

AND 게이트는 두 개 이상의 입력과 하나의 출력을 갖는 논리 회로이다. AND 게이트는 모든 입력이 1일 때 1의 출력을 낸다. 만약 입력들 중에서 어느 하나가 0이면 출력은 0이다.

그림 33-1은 AND 게이트를 위해 사용되는 표준 기호를 나타내고 있다. 하나의 AND 게이트는 2개 이상의 입력을 가질 수 있다. 그림에는 좀더 널리 쓰이는 2개, 3개, 4개 및 8개의 입력을 갖는 AND 게이트가 나타나 있다.

AND 게이트의 동작은 그림 33-2에 표로 요약되어 있다. **진리표**(truth table)라 불리는 이와 같은 표는 각각의 가능한 입력에 대한 출력을 나타낸다. 입력은 A와 B로 나타내고, 출력은 Y로 나타낸다. 진리표에서 가능한 조합의 총 개수는 다음 식에 의해 결정된다:

$$N = 2^n$$

여기서: N = 가능한 조합의 총 개수
n = 입력 변수의 총 개수

예제

입력 변수가 2개일 경우, $N = 2^2 = 4$
입력 변수가 3개일 경우, $N = 2^3 = 8$
입력 변수가 4개일 경우, $N = 2^4 = 16$
입력 변수가 8개일 경우, $N = 2^8 = 256$

AND 게이트는 기본적인 곱셈 동작을 수행한다. 곱셈은 **AND** 기능(AND function)으로 알려져 있다. AND 게이트의 출력은 식 $Y = A \cdot B$ 또는 $Y = AB$로 표현된다. AND 기능은 두 변수 A와 B 사이의 점으로 표현된다.

33-1 질문

1. 어떤 상태에서 AND 게이트는 1의 출력을 내는가?
2. 두 개의 입력을 갖는 AND 게이트를 표현하는 기호를 그려라.
3. 세 개의 입력을 갖는 AND 게이트의 진리표를 작성하라.
4. AND 게이트에 의해 수행되는 논리 동작은 무엇인가?
5. AND 게이트의 대수적인 출력은 무엇인가?

그림 33-1
AND 게이트의 논리기호

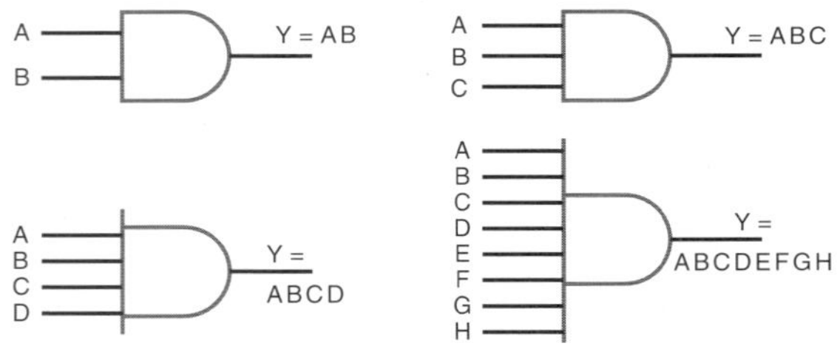

그림 33-2
두 개의 입력을 갖는 AND 게이트에 대한 진리표

입력		출력
A	**B**	**Y**
0	0	0
1	0	0
0	1	0
1	1	1

33-2 OR 게이트

OR 게이트는 입력 중에 어느 하나가 1이면 1의 출력을 낸다. 모든 입력이 0이면 출력은 0이다. 두 개의 입력을 갖는 OR 게이트의 출력을 그림 33-3의 진리표에 나타내었다. 가능한 조합의 총 개수는 $N = 2^2 = 4$로 표현된다. 진리표는 4개의 모든 조합을 보여주고 있다.

OR 게이트는 기본적인 덧셈 동작을 수행한다. OR 게이트 출력의 대수적인 표현은 $Y = A + B$이다. 덧셈 기호는 OR 기능을 나타낸다.

그림 33-3
두 개의 입력을 갖는 OR 게이트에 대한 진리표

입력		출력
A	**B**	**Y**
0	0	0
1	0	1
0	1	1
1	1	1

그림 33-4

OR 게이트에 대한 논리 기호

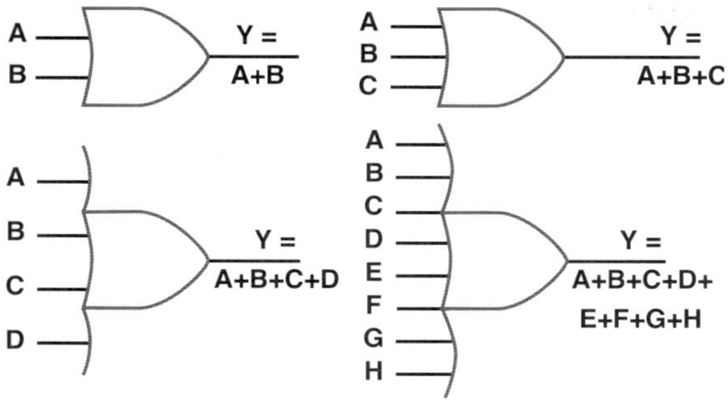

그림 33-4는 OR 게이트의 논리 기호를 보여준다. 입력은 A와 B로 표시되며, 출력은 Y로 표시된다. OR 게이트는 두 개 이상의 입력을 가질 수 있다. 그림에는 2개, 3개, 4개 및 8개의 입력을 갖는 OR 게이트가 나타나 있다.

33-2 질문

1. 어떤 상태에서 OR 게이트는 1의 출력을 내는가?
2. 두 개의 입력을 갖는 OR 게이트에 사용되는 기호를 그려라.
3. 세 개의 입력을 갖는 OR 게이트의 진리표를 작성하라.
4. OR 게이트에 의해 수행되는 동작은 무엇인가?
5. OR 게이트의 출력을 나타내는 대수적인 표현은 무엇인가?

33-3 NOT 게이트

가장 간단한 논리 회로는 **NOT 게이트**이다. 이는 반전(inversion) 즉, 보수(complementation)라고 부르는 기능을 수행하는데, 흔히 인버터(inverter)라고 부른다.

인버터의 목적은 출력 상태를 입력 상태의 반대로 만드는 것이다. 논리 회로와 관련한 두 가지 상태는 1과 0이다. 1의 상태는 전압이 0의 상태에서보다 높다는 것을 나타내기 위해 **high**라고 부를 수 있다. 0의 상태는 전압이 1의 상태에서보다 낮다는 것을 나타내기 위해 **low**라고 부를 수 있다. 만약 1, 즉 high 상태가 인버터의 입력에 가해지면 low, 즉 0이 출력에 나타난다. 만약 0, 즉 low 상태가 인버터의 입력에 가해지면 high, 즉 1이 출력에 나타난다.

그림 33-5

인버터에 대한 진리표

입력	출력
A	Y
0	1
1	0

그림 33-6

인버터에 대한 논리 기호

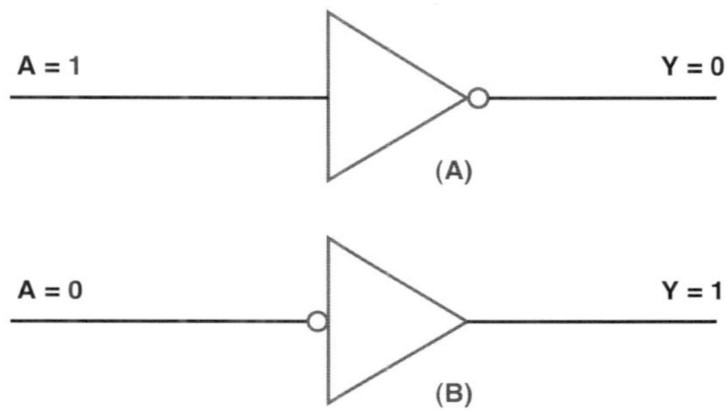

인버터의 동작이 그림 33-5에 요약되어 있다. 인버터의 입력은 A로 표시되고, 출력은 $\overline{A}$ ('A NOT' 또는 'NOT A'로 읽는다)로 표시된다. 문자 A 위의 막대는 A의 보수를 나타낸다. 인버터는 오직 하나의 입력을 갖기 때문에, 두 가지 입력 조합만 가능하다.

인버터, 즉 NOT 기능을 표현하는 데 사용되는 기호가 그림 33-6에 나타나 있다. 이 기호의 삼각형 부분은 회로를 표현하고, 동그라미 즉, '기포(bubble)'는 회로 반전 즉, 보수 특성을 나타낸다. 기호의 선택은 인버터가 어디에 사용되는가에 따라 달라진다. 만약 인버터가 자격 입력(qualifying input)으로서 1을 사용한다면, 그림 33-6A의 기호를 사용한다. 인버터가 자격 입력으로써 0을 사용한다면, 그림 33-6B의 기호를 사용한다.

33-3 질문

1. NOT 회로에 의해 수행되는 동작은 무엇인가?
2. NOT 회로의 진리표를 작성하라.
3. NOT 회로를 표현하기 위해 사용되는 기호를 그려라.
4. NOT 회로를 표현하는 데 왜 두 개의 다른 기호를 사용하는가?

33-4 NAND 게이트

NAND 게이트는 인버터와 AND 게이트의 조합이다. 이는 NOT-AND 기능을 수행하므로 NAND 게이트라 한다. NAND 게이트는 가장 널리 사용되는 논리 기능이다. 이는 AND 게이트, OR 게이트, 인버터, 또는 이들 기능의 임의의 조합을 만드는 데 사용될 수 있기 때문이다.

NAND 게이트의 논리 기호는 그림 33-7에 나타내었다. 또한 AND 게이트와 인버터를 이용한 등가 회로도 나타나 있다. 기호의 출력 쪽 끝의 거품은 AND 기능을 뒤집는다는 것을 의미한다.

그림 33-8은 두 개의 입력을 가지는 NAND 게이트의 진리표를 보여준다. 여기서 NAND 게이트의 출력이 AND 게이트 출력의 보수라는 것을 명심하라. 입력에 0이 있으면 1의 출력을 낸다.

NAND 게이트 출력에 대한 대수적인 식은 $Y = \overline{AB}$이다. 여기에서 Y는 출력이고 A와 B는 입력이다. NAND 게이트는 입력이 2개, 3개, 4개, 8개 및 13개인 것이 시판되고 있다.

NAND 게이트는 시중에서 가장 널리 구할 수 있는 게이트이다. NAND 게이트의 유용성과 융통성 때문에 이 게이트가 다른 종류의 게이트를 위해 사용되고 있다. 그림 33-9에는 NAND 게이트를 사용하여 다른 논리 기능을 구성하는 방법을 보여주고 있다.

33-4 질문

1. NAND 게이트란 무엇인가?
2. 회로에서 NAND 게이트가 자주 쓰이는 이유는 무엇인가?
3. NAND 게이트를 표현하는 데 사용되는 논리 기호를 그려라.
4. NAND 게이트의 대수적인 표현은 무엇인가?
5. 세 개의 입력을 가지는 NAND 게이트를 위한 진리표를 작성하라.

그림 33-7

NAND 게이트에 대한 논리 기호

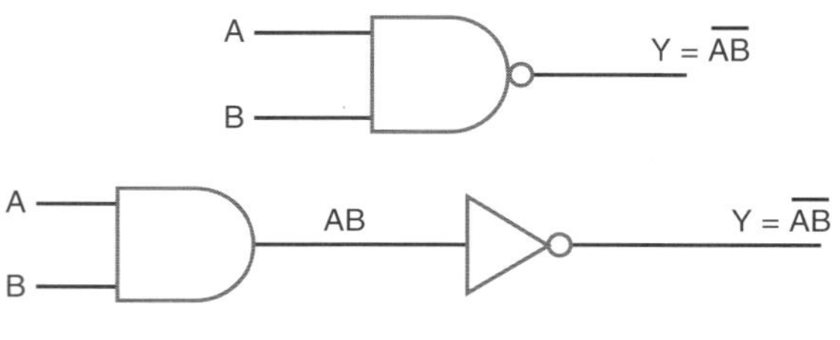

그림 33-8

입력이 두 개인 NAND 게이트에 대한 진리표

입력		출력
A	B	Y
0	0	1
1	0	1
0	1	1
1	1	0

33-5 NOR 게이트

NOR 게이트는 인버터와 OR 게이트의 조합이다. NOT-OR 기능으로부터 이러한 이름이 붙여졌다. NAND 게이트와 같이 NOR 게이트는 AND 게이트, OR 게이트 및 인버터를 구성하는 데 사용된다.

NOR 게이트의 논리 기호가 그림 33-10에 나타나 있다. 또한 OR 게이트와 인버터를 이용한 등가 회로도 나타나 있다. 기호의 출력 쪽 끝의 거품은 OR 기능을 뒤집는다는 것을 의미한다.

그림 33-11은 두 개의 입력을 갖는 NOR 게이트의 진리표를 나타내고 있다. 여기서 출력은 OR 기능 출력의 보수임을 명심하라. 출력 1은 0이 두 개의 입력에 가해질 때만 일어난다. 1의 입력은 0의 출력을 낸다.

NOR 게이트 출력의 대수적인 표현은 $Y = \overline{A + B}$이고, 여기에서 Y는 출력이며, A와 B는 입력이다. NOR 게이트는 2개, 3개, 4개, 8개의 입력을 갖는 것이 시판되고 있다.

33-5 질문

1. NOR 게이트란 무엇인가?
2. 디지털 회로를 설계하는 데 NOR 게이트가 사용되는 이유는 무엇인가?
3. NOR 게이트를 표현하기 위해 사용되는 기호를 그려라.
4. NOR 게이트의 대수적인 표현은 무엇인가?
5. 세 개의 입력을 가지는 NOR 게이트의 진리표를 작성하라.

그림 33-9

NAND 게이트를 이용하여 다른 논리 기능을 만드는 방법

논리	논리 기호	NAND 게이트만을 사용하는 논리 기능
인버터	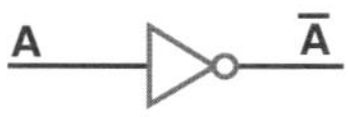	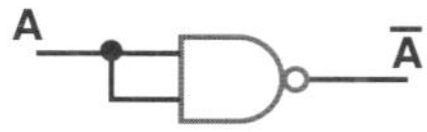
AND	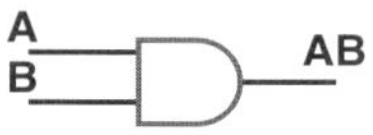	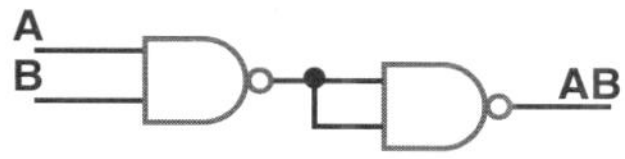
OR	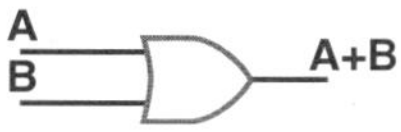	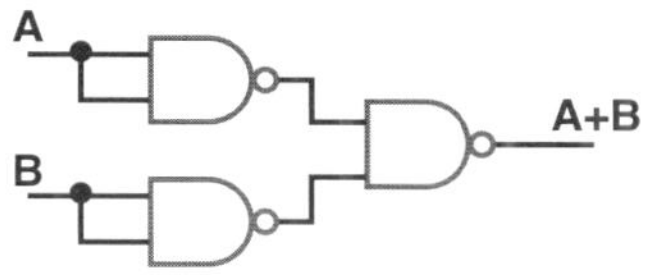
NOR	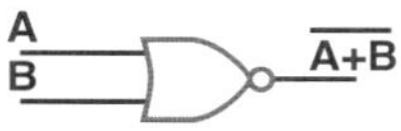	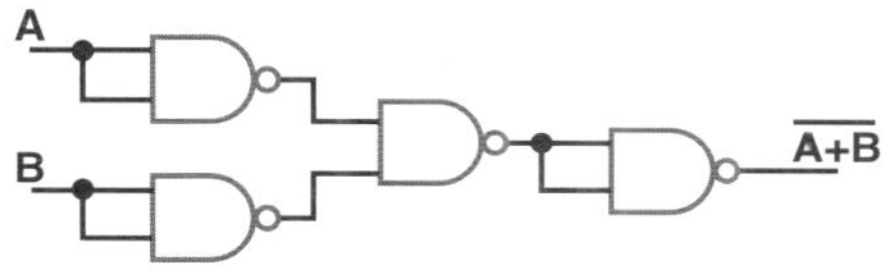
XOR	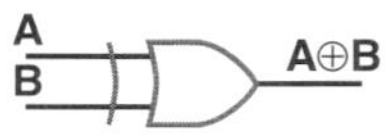	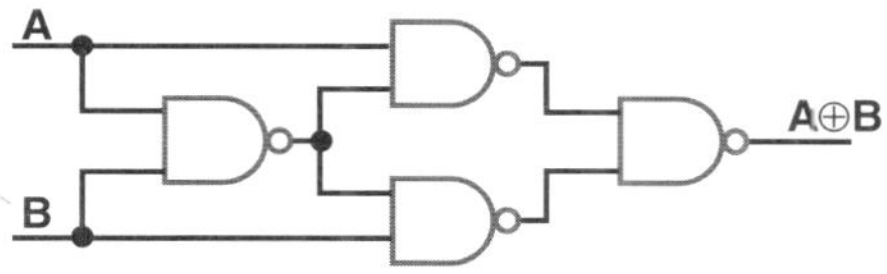
XNOR	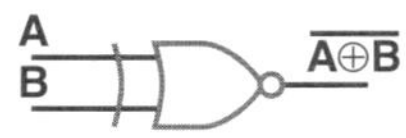	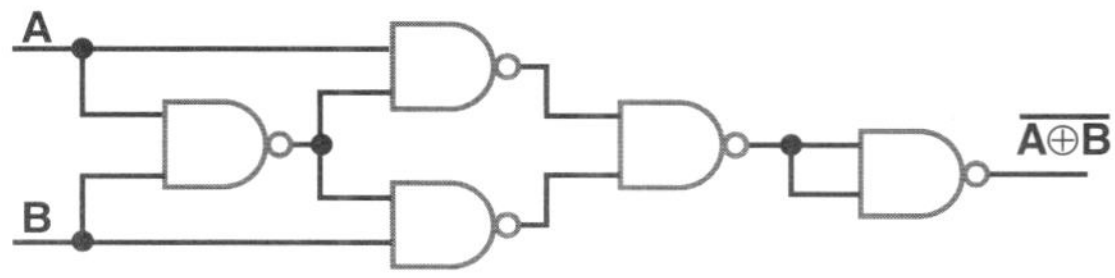

그림 33-10

NOR 게이트의 논리 기호

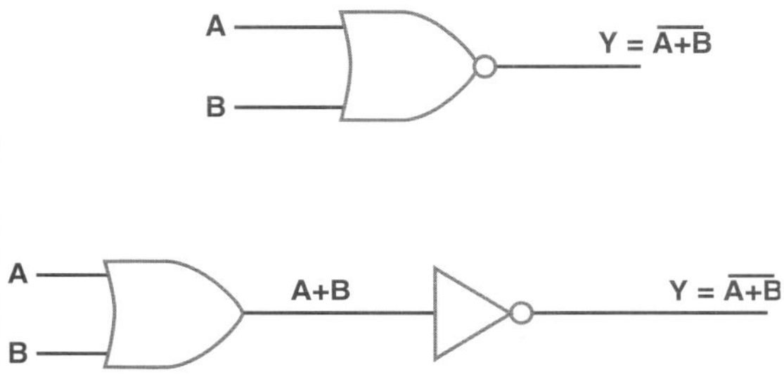

그림 33-11

두 개의 입력을 갖는 NOR 게이트의 진리표

입력		출력
A	B	Y
0	0	1
1	0	0
0	1	0
1	1	0

33-6 XOR 게이트와 XNOR 게이트

널리 쓰이지는 않지만 여전히 중요한 게이트는 **XOR 게이트**(exclusive OR gate)이다. XOR 게이트는 여러 개의 입력을 가질 수 있는 OR 게이트와는 달리 단지 두 개의 입력을 갖는다. 그러나 XOR은 입력 중의 하나가 1이면 1의 출력을 갖는 OR 게이트와 유사하다. 하지만 두 입력이 모두 1이거나 모두 0일 때는 OR 게이트와 다르다. 두 입력이 모두 1인 경우의 출력은 0이다.

XOR 게이트의 기호는 그림 33-12에 나타나 있다. 이것은 또한 등가 논리 회로도 나타나 있다. 그림 33-13은 XOR 게이트의 진리표이다. 대수적인 출력은 $Y = A \oplus B$로 표현되며, "Y는 A 배타적 OR B이다"로 읽는다.

XOR 게이트의 보수는 XNOR (**exclusive NOR**) 게이트이다. 기호는 그림 33-14에 나타나 있다. 출력 쪽의 거품은 반대 즉, 보수의 의미를 나타낸다. 또한 등가 논리 회로도 나타나 있다. 그림 33-15는 XNOR 게이트의 진리표를 나타낸다. 대수적인 출력은 $Y = \overline{A \oplus B}$와 같이 나타내고, "Y는 A 배타적 NOR B이다"로 읽는다.

그림 33-12

XOR 게이트의 논리 기호

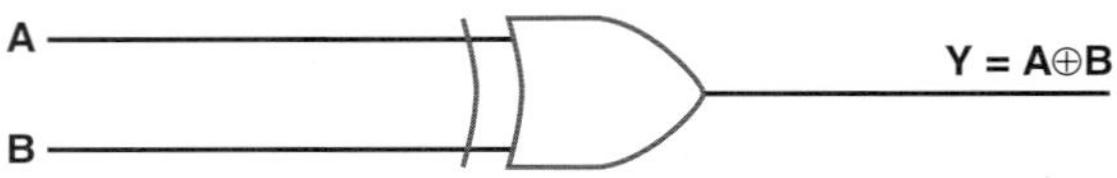

그림 33-13

XOR 게이트의 진리표

입력		출력
A	B	Y
0	0	0
1	0	1
0	1	1
1	1	0

그림 33-14

XNOR 게이트의 논리 기호

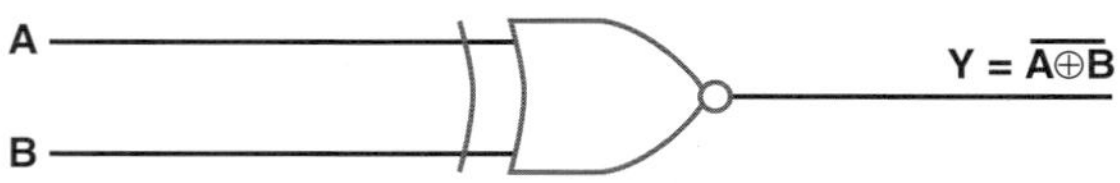

그림 33-15

XNOR 게이트의 진리표

입력		출력
A	B	Y
0	0	1
1	0	0
0	1	0
1	1	1

33-6 질문

1. OR 게이트와 XOR 게이트의 차이점은 무엇인가?
2. XOR 게이트를 표현하는 데 사용되는 기호를 그려라.
3. XOR 게이트의 진리표를 전개하라.
4. XNOR 게이트를 표현하는 데 사용되는 기호를 그려라.
5. XOR 게이트와 XNOR 게이트의 대수적인 표현을 적어라.

33-7 버퍼

버퍼(buffer)는 다른 회로로부터 보통의 게이트를 격리시켜서, 큰 회로 부하 또는 큰 팬아웃(fan-out)을 위해 높은 구동 전류를 공급하는 특수한 논리 게이트이다. 버퍼는 비반전 입력 및 출력을 제공한다. 1이 들어가면 출력 1을 내고, 0이 들어가면 출력 0을 낸다. 그림 33-16은 기본 버퍼에 대한 개략도와 그의 진리표를 보여주고 있다.

또 다른 형태의 버퍼는 **3-상태 버퍼**로서 그림 33-17에 그의 진리표와 함께 나타나 있다. 3-상태 버퍼는 보통의 출력 1과 0 상태뿐만 아니라 제3의 상태도 갖고 있다. 이 제3의 상태는 고임피던스 상태(high-impedance state)라고도 한다. 이 상태는 입력 회로와 출력 회로 사이에 개방 회로를 제공하며, EN 신호로 제어된다. EN 신호는 가능(enable)/불능(disable) 제어 입력을 나타낸다. 그림 33-18은 3-상태 버퍼가 어떻게 동작하는지를 보여주고 있다.

그림 33-16

버퍼의 논리 기호

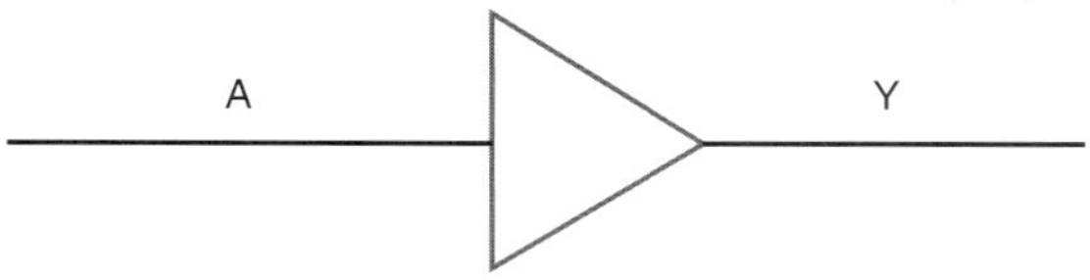

입력	출력
A	Y
0	0
1	1

그림 33-17

3-상태 버퍼의 논리 기호

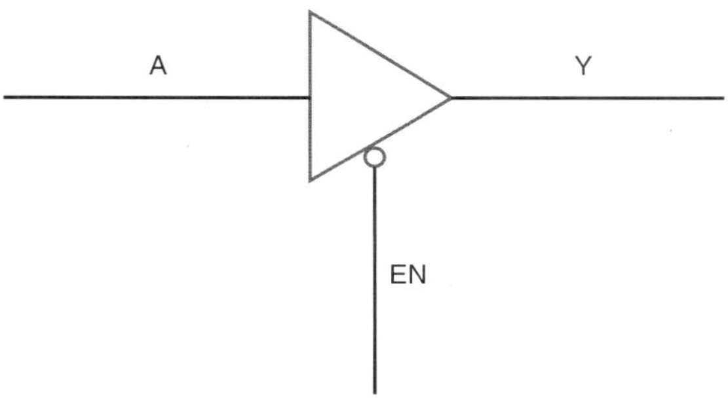

입력		출력
A	**EN**	**Y**
0 또는 1	0	0 또는 1
0 또는 1	1	출력 없음

33-7 질문

1. 버퍼는 인버터와 어떻게 다른가?
2. 버퍼는 어떤 기능을 수행하는가?
3. 버퍼와 3-상태 버퍼의 기호를 그려라.
4. 3-상태 버퍼의 진리표를 작성하라.
5. 3-상태 버퍼로부터 출력이 나오지 않기 위해서는 어떤 조건이 존재해야 하는가?

그림 33-18

3-상태 버퍼의 동작

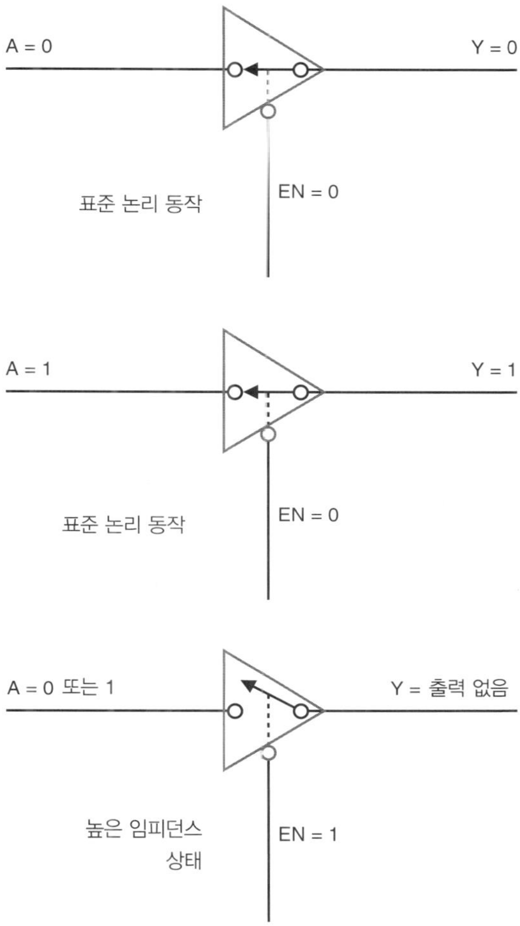

요약

- AND 게이트는 모든 입력이 1일 때 1의 출력을 낸다.
- AND 게이트는 기본적인 곱셈 동작을 수행한다.
- OR 게이트는 입력 중 어느 하나가 1이면 1의 출력을 낸다.
- OR 게이트는 기본적인 덧셈 동작을 수행한다.
- NOT 게이트는 반전 또는 보수라고 부르는 기능을 수행한다.
- NOT 게이트는 입력 상태를 반대 출력 상태로 변환한다.
- NAND 게이트는 AND 게이트와 인버터의 조합이다.

- NAND 게이트는 입력 중 어느 하나라도 0일 때 1의 출력을 낸다.
- NOR 게이트는 OR 게이트와 인버터의 조합이다.
- NOR 게이트는 두 개의 입력이 모두 0일 때만 1의 출력을 낸다.
- XOR 게이트는 두 개의 입력이 다를 때만 1의 출력을 낸다.
- XNOR 게이트는 두 개의 입력이 똑같을 때만 1의 출력을 낸다.
- 버퍼는 보통의 게이트를 다른 회로로부터 분리시킨다.
- 3-상태 버퍼는 세 번째 상태인 고임피던스 상태를 갖는다.

CHAPTER 33

자기테스트

1. 6개의 입력을 갖는 AND 게이트의 회로 기호를 그려라.
2. 4개의 입력을 갖는 AND 게이트의 진리표를 작성하라.
3. 6개의 입력을 갖는 OR 게이트의 회로 기호를 그려라.
4. 4개의 입력을 갖는 OR 게이트의 진리표를 작성하라.
5. NOT 회로의 목적은 무엇인가?
6. 입력 신호를 위한 인버터는 출력 신호를 위한 인버터와 어떻게 다른가?
7. 8개의 입력을 갖는 NAND 게이트의 회로 기호를 그려라.
8. 4개의 입력을 갖는 NAND 게이트의 진리표를 작성하라.
9. 8개의 입력을 갖는 NOR 게이트의 회로 기호를 그려라.
10. 4개의 입력을 갖는 NOR 게이트의 진리표를 작성하라.
11. XOR 게이트의 중요성은 무엇인가?
12. XNOR 게이트의 최대 입력 개수는 몇 개인가?
13. 버퍼의 회로 기호를 그려라.
14. 버퍼는 어떤 일을 수행하는가?
15. 3-상태 버퍼의 회로 기호를 그려라.

CHAPTER 34

논리회로의 간략화

SIMPLIFYING LOGIC CIRCUITS

목표

이 장을 마치고 나면 다음과 같은 것을 할 수 있게 된다.

- 베이치 다이어그램의 기능을 설명한다.
- 부울식을 간단하게 하기 위해 베이치 다이어그램을 사용하는 방법을 설명한다.
- 카르노 맵의 기능을 설명한다.
- 카르노 맵을 이용하여 부울식을 간단하게 하는 방법을 기술한다.

디지털 회로는 전자 공학에서, 컴퓨터에서, 측정, 자동 제어, 로봇 공학과 같은 응용에서, 그리고 판단을 필요로 하는 경우에 점점 더 많이 사용되고 있다. 이러한 모든 응용에는 AND, OR, NAND 및 NOR 게이트와 인버터의 다섯 개의 기본적인 논리 게이트로 구성된 복잡한 스위칭 회로가 필요하다.

이들 논리 게이트에 대한 중요한 점은 이들 게이트가 두 가지 동작 상태만을 가지고 있다는 것이다. 두 가지 상태는 ON (1) 또는 OFF (0)이다. 논리 게이트를 연결하여 아주 복잡한 회로를 만들 때, 가능한 한 회로를 단순하게 할 필요가 있다.

부울 대수는 복잡한 스위칭 기능을 방정식 형태로 표현하는 수단을 제공한다. **부울식**은 입력으로 논리회로의 출력을 표현하는 방정식이다. 베이치 다이어그램과 카르노 맵은 논리 방정식을 가장 간단한 형태로 축소하기 위한 빠르고 쉬운 방법을 제공한다.

주요 용어

베이치 다이어그램
부울 대수
부울식
카르노 맵

34-1 베이치 다이어그램

베이치 다이어그램(Veitch diagram)은 복잡한 표현식을 가장 간단한 형태로 축소하기 위한 빠르고 쉬운 방법을 제공한다. 베이치 다이어그램은 2개, 3개, 또는 4개의 변수로 구성될 수 있다. 그림 34-1은 몇 가지 베이치 다이어그램을 보여주고 있다.

베이치 다이어그램을 사용하기 위해서는 예제에서 설명하는 것처럼 다음의 단계를 따라야 한다.

1. 변수의 개수에 기초하여 다이어그램을 그린다.
2. 항을 나타내는 각각의 사각형 안에 X를 두어 논리 함수를 표시하라.
3. 8개, 4개, 또는 2개의 인접한 X를 그룹으로 묶어서 간략화된 함수를 얻는다. 모든 X가 묶음에 포함될 때까지 이 과정을 계속한다.
4. 하나의 묶음 당 하나의 항을 갖는 묶음들을 "OR"시킨다(각각의 식을 베이치 다이어그램으로부터 끌어내어 '+' 기호를 사용하여 OR시킨다. 예를 들어, ABC + BCD).
5. 간략화된 식을 작성하라.

예제 $AB + \overline{A}B + A\overline{B} = Y$를 가장 간단한 형태로 축소하라.

단계 1: 베이치 다이어그램을 그린다. A와 B, 두 개의 변수가 있으므로, 2 변수 도표를 사용한다.

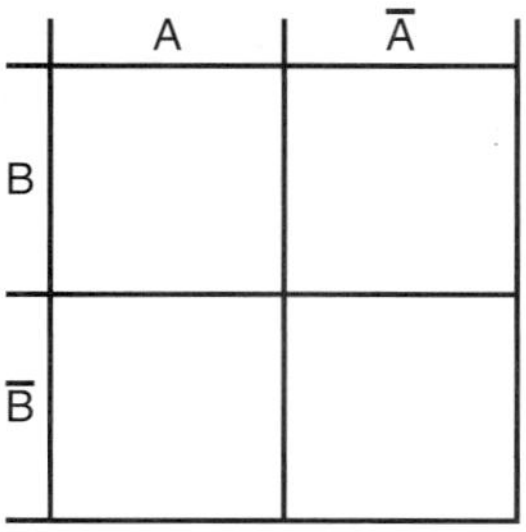

단계 2: 항을 나타내는 각각의 사각형 속에 X를 두어 논리 함수를 표시한다.

$$AB \quad + \quad \overline{A}B \quad + \quad A\overline{B}$$

첫 번째 항 두 번째 항 세 번째 항

첫 번째 항 AB를 표시한다.

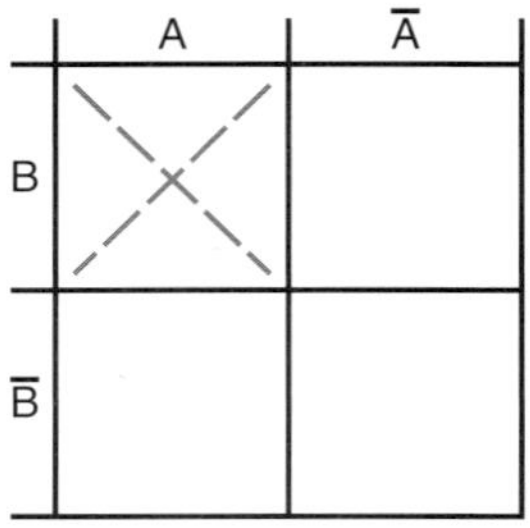

두 번째 항 $\overline{A}B$를 표시한다.

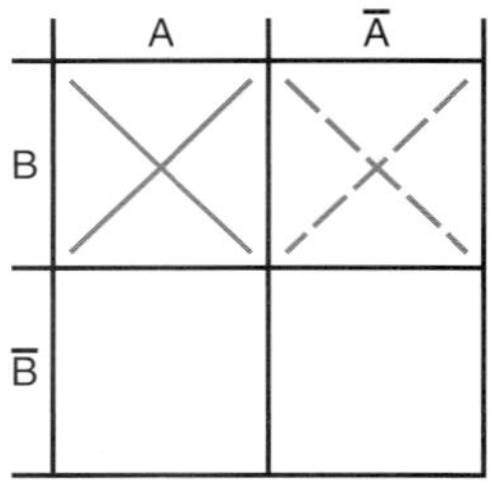

세 번째 항 $A\overline{B}$를 표시한다.

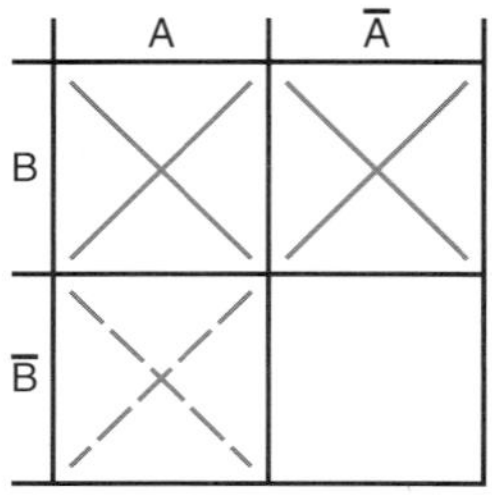

그림 34-1

2, 3 및 4 변수 베이치 다이어그램

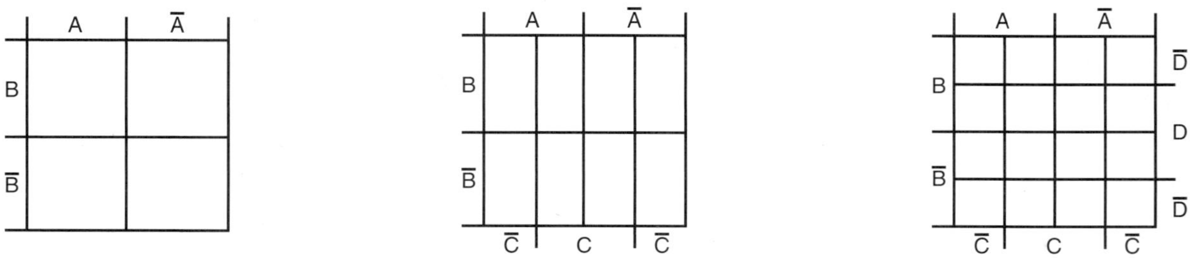

단계 3: 인접한 X의 그룹을 묶을 수 있는 가장 큰 그룹으로 묶는다. 묶을 수 있는 가장 큰 집합에 대해 도표를 분석을 시작한다. 여기서 묶을 수 있는 가장 큰 그룹은 두 개이다.

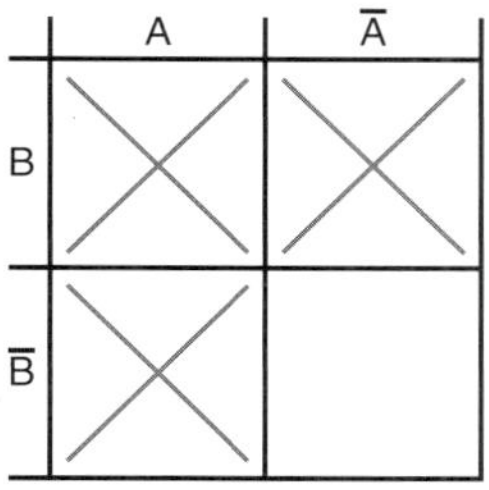

하나의 가능한 그룹은 점선으로 표시된 것이다.

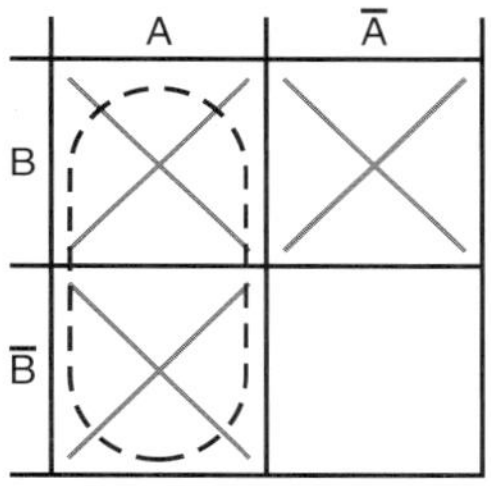

또 다른 가능한 그룹은 점선으로 표시된 것이다.

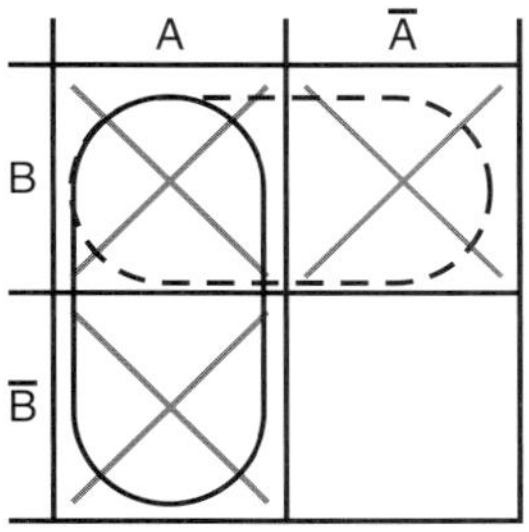

단계 4: 그룹들을 'OR'시킨다: A 또는 B = A + B 이다.

단계 5: 베이치 다이어그램으로 구한 $AB + \bar{A}B + A\bar{B} = Y$에 대한 간략화된 식은 $A + B = Y$ 이다.

예제 다음 식을 간략화하라.

$$ABC + AB\bar{C} + A\bar{B}\bar{C} + \bar{A}\bar{B}\bar{C} = Y$$

단계 1: 3 변수 베이치 다이어그램을 그린다.

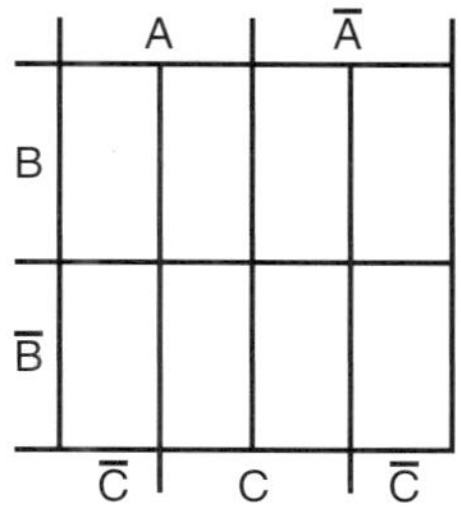

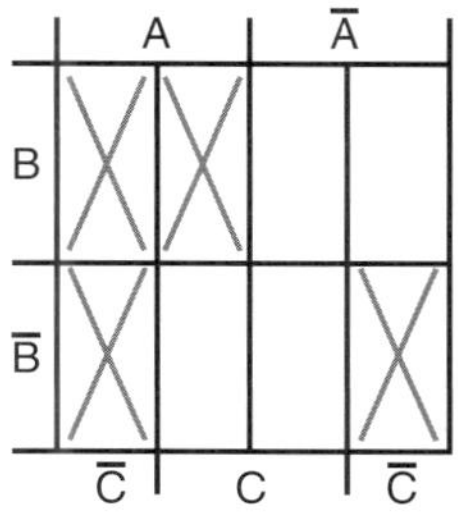

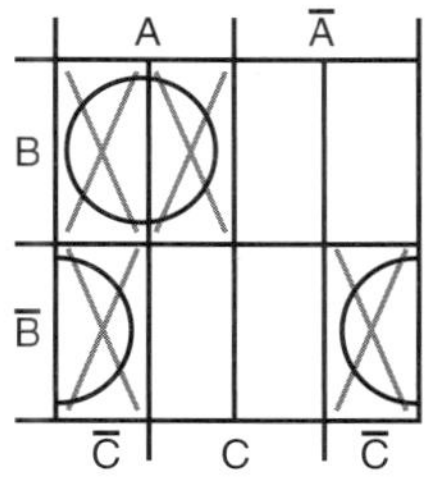

단계 2: 각 항을 베이치 다이어그램에 X로써 표시한다.

단계 3: 그룹을 묶는다.

단계 4: 각각의 묶음에 대한 항을 작성한다. 표현식 당 항은 한 개이다.

$$AB,\ \bar{B}\bar{C}$$

단계 5: 간략화된 식은 $AB + \bar{B}\bar{C} = Y$이다.

맨 아래의 두 칸은 보기 드문 묶음임을 명심하라. 베이치 다이어그램의 모서리 4개는 마치 공처럼 연결되어 있다고 생각한다.

예제 다음 식을 간략화하라.

$$\bar{A}BCD + \bar{A}\bar{B}CD + \bar{A}\bar{B}\bar{C}D + A\bar{B}\bar{C}\bar{D} + A\bar{B}\bar{C}D + \bar{A}B\bar{C}D = Y$$

단계 1: 4 변수 베이치 다이어그램을 그린다.

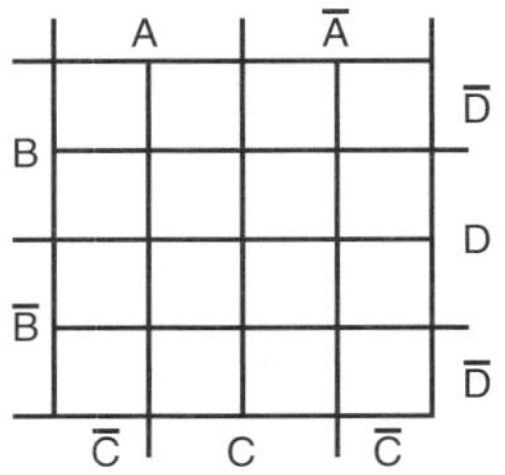

단계 2: 각 항을 베이치 다이어그램에 X로써 표시한다.

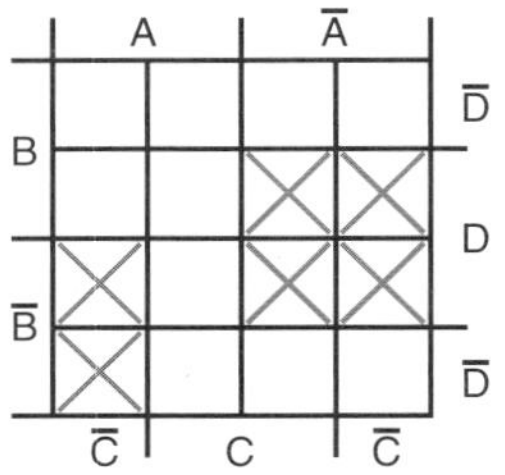

단계 3: 그룹을 묶는다.

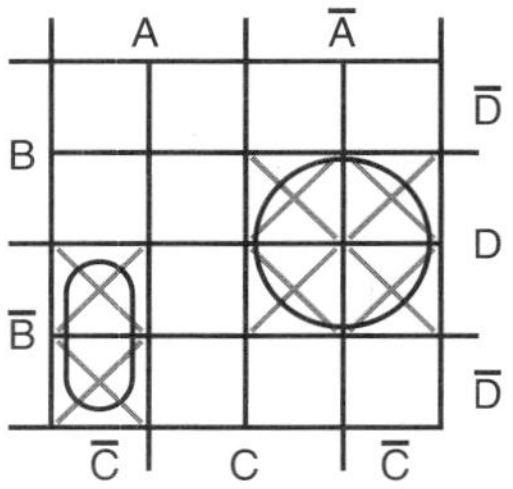

단계 4: 각각의 묶음에 대한 항을 작성한다. 표현식 당 항은 한 개다: $\bar{A}D$, $A\bar{B}\bar{C}$

단계 5: 항들을 'OR'시켜서 간략화된 식 $\bar{A}D + A\bar{B}\bar{C} = Y$를 구한다.

34-1 질문

1. 베이치 다이어그램의 기능은 무엇인가?
2. 베이치 다이어그램에 표현 가능한 변수는 몇 개인가?
3. 베이치 다이어그램을 사용하기 위한 단계를 열거하라.
4. 베이치 다이어그램을 사용하여 다음의 3-변수 식을 간단하게 하라.
   a. $A\bar{B}C + \bar{A}\bar{B}C + AB\bar{C} + A\bar{B}\bar{C} + \bar{A}\bar{B}\bar{C} = Y$
   b. $A\bar{B}C + A\bar{B}\bar{C} + AB\bar{C} + ABC + AB + \bar{A}\bar{B}\bar{C}$
5. 베이치 다이어그램을 사용하여 다음의 4-변수 식을 간단하게 하라.
   a. $ABCD + A\bar{B}\bar{C}D + \bar{A}BC\bar{D} + \bar{A}\bar{B}\bar{C}D +$
   $A\bar{B}\bar{C}\bar{D} + \bar{A}\bar{B}CD + AB\bar{C}\bar{D} = Y$
   b. $A\bar{B} + \bar{A}BD + \bar{B}\bar{C}D + \bar{B}\bar{C} + \bar{A}BCD = Y$

34-2 카르노 맵

복잡한 부울식을 간단하게 하기 위한 다른 방법이 1953년에 Maurice Karnaugh에 의해 개발되었다. 이 방법은 베이치 다이어그램을 사용하는 것과 유사하다. 그림 34-2는 몇 가지 **카르노 맵**(Karnaugh map)을 보여 준다. 베이치 다이어그램이나 카르노 맵을 이용하여 변수가 5개 또는 6개인 문제를 푸는 것은 귀찮을 수 있다. 이런 형태의 문제는 다른 방법 즉, 이를 위해 특별히 설계된 컴퓨터 소프트웨어를 이용하면 가장 잘 풀 수 있다.

카르노 맵을 사용하기 위해서는 다음과 같은 단계를 따라야 한다.

1. 변수의 개수에 기초하여 다이어그램을 그린다. 그림 34-2에 보인 바와 같이, 2-변수 맵은 $2^2 = 4$개의 칸이, 3-변수 맵은 $2^3 = 8$개의 칸이, 그리고 4-변수 맵은 $2^4 = 16$개의 칸이 필요한데 이는 베이치 다이어그램의 요구 조건과 같다.
2. 항을 나타내는 각 칸에 '1'을 두어서 논리 함수를 기입한다.
3. 8개, 4개, 2개의 그룹으로 인접한 1들을 묶어서 간략화된 논리 함수를 얻는다.
4. 묶음 한 개는 하나의 항을 갖는데 이러한 항들을 'OR'시킨다(각각의 식을 카르노 맵으로부터 이끌어 내어 '+' 기호를 사용하여 OR시킨다. 예: ABC + BCD).
5. 간략화된 표현을 쓴다.

예제 다음 식을 간략화하라.

$$AB + \bar{A}B + A\bar{B} = Y$$

그림 34-2

2-변수, 3-변수 및 4-변수 카르노 맵

	$\bar{B}$	B
$\bar{A}$		
A		

	$\bar{C}$	C
$\bar{A}\,\bar{B}$		
$\bar{A}$ B		
A B		
A $\bar{B}$		

	$\bar{C}\,\bar{D}$	$\bar{C}$ D	C D	C $\bar{D}$
$\bar{A}\,\bar{B}$				
$\bar{A}$ B				
A B				
A $\bar{B}$				

단계 1: 카르노 맵을 그린다. 변수가 A와 B 두 개이므로 2-변수 맵을 사용한다.

	$\bar{B}$	B
$\bar{A}$		
A		

단계 2: 하나의 항을 나타내는 각 칸에 '1'을 적어서 논리 함수를 기입한다.

AB – 첫 번째 항
$\bar{A}$B – 두 번째 항
A$\bar{B}$ – 세 번째 항

첫 번째 항 AB를 기입한다.

	$\bar{B}$	B
$\bar{A}$		
A		1

두 번째 항 $\bar{A}$B를 기입한다.

	$\bar{B}$	B
$\bar{A}$		1
A		1

세 번째 항 A$\bar{B}$를 기입한다.

	$\bar{B}$	B
$\bar{A}$		1
A	1	1

단계 3: 가능한 한 가장 큰 그룹이 되도록 인접한 1들을 그룹으로 묶는다.

먼저 가능한 제일 큰 그룹을 찾기 위해 맵을 해석한다. 여기서 가장 큰 그룹은 두 개이다.

	$\bar{B}$	B
$\bar{A}$		1
A	1	1

가능한 하나의 그룹을 점선으로 나타내었다.

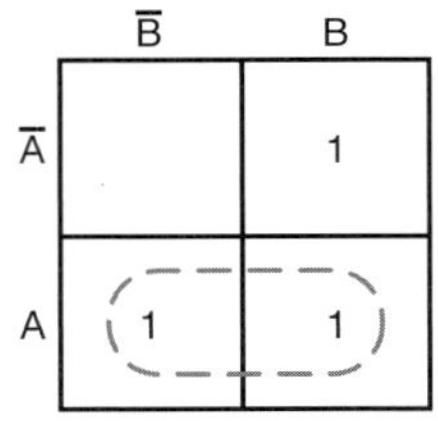

또 다른 그룹을 점선으로 나타내었다.

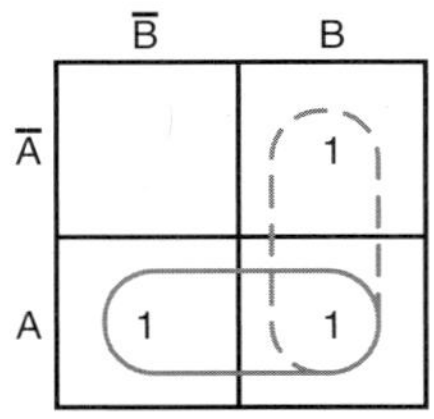

단계 4: 그룹들을 "OR"시킨다. 즉, A + B가 된다.

단계 5: 카르노 맵으로부터 $AB + \bar{A}B + A\bar{B} = Y$의 간략화된 식 $A + B = Y$를 구했다.

예제 다음 식을 간략화하라.

$$ABC + AB\bar{C} + A\bar{B}\bar{C} + \bar{A}\bar{B}\bar{C} = Y$$

단계 1: 카르노 맵을 그린다. 변수가 A, B 및 C 세 개이므로 3-변수 맵을 사용한다.

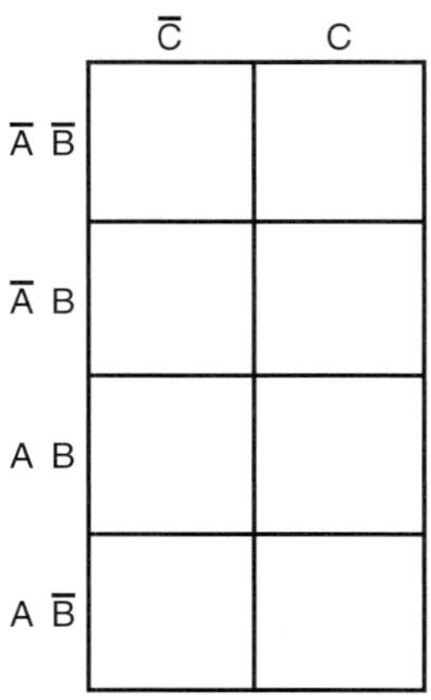

단계 2: 하나의 항을 나타내는 각 칸에 '1'을 적는다.

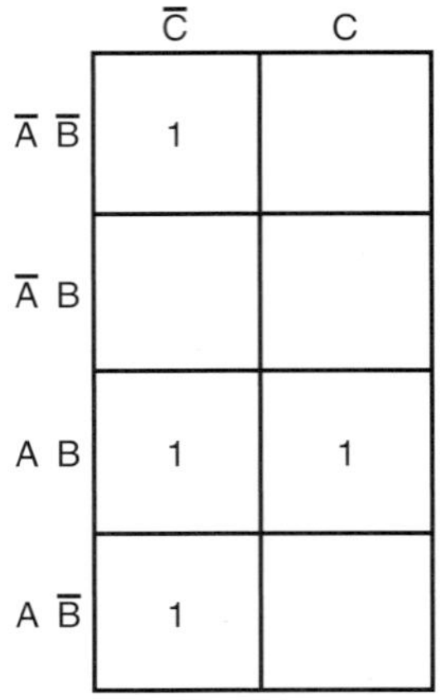

단계 3: 가능한 한 가장 큰 그룹이 되도록 인접한 1들을 그룹으로 묶는다.

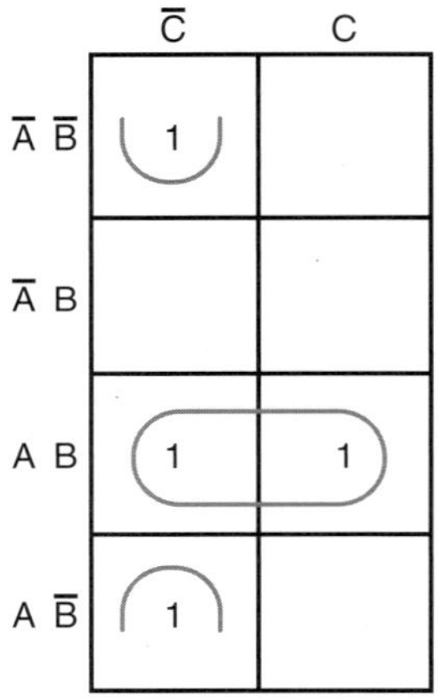

단계 4: 각 그룹에 대한 항을 적으면 다음과 같다.

$$AB,\ \bar{B}\bar{C}$$

단계 5: 간략화된 식은 $AB + \bar{B}\bar{C} = Y$이다.

예제 다음 식을 간략화하라.

$$\bar{A}BCD + \bar{A}\bar{B}CD + \bar{A}\bar{B}\bar{C}D + A\bar{B}\bar{C}\bar{D} + A\bar{B}\bar{C}D + \bar{A}B\bar{C}D = Y.$$

단계 1: 카르노 맵을 그린다. 변수가 A, B, C 및 D의 4개가 있으므로 4-변수 맵을 사용한다.

	$\bar{C}\bar{D}$	$\bar{C}D$	CD	$C\bar{D}$
$\bar{A}\bar{B}$				
$\bar{A}B$				
AB				
$A\bar{B}$				

단계 2: 맵에서 하나의 항을 나타내는 각 칸에 '1'을 적는다.

	$\bar{C}\bar{D}$	$\bar{C}D$	CD	$C\bar{D}$
$\bar{A}\bar{B}$		1	1	
$\bar{A}B$		1	1	
AB				
$A\bar{B}$	1	1		

단계 3: 가능한 한 가장 큰 그룹이 되도록 인접한 1들을 그룹으로 묶는다.

	$\bar{C}\bar{D}$	$\bar{C}D$	CD	$C\bar{D}$
$\bar{A}\bar{B}$		1	1	
$\bar{A}B$		1	1	
AB				
$A\bar{B}$	1	1		

단계 4: 식 한 개에 항이 한 개이므로 각 그룹에 대해 항을 적으면 다음과 같다.

$$\bar{A}D,\ A\bar{B}\bar{C}$$

단계 5: 간략화된 식은 $\bar{A}D + A\bar{B}\bar{C} = Y$이다.

34-2 질문

1. 카르노 맵의 기능은 무엇인가?
2. 카르노 맵으로 표현 가능한 변수의 초대 개수는 얼마인가?
3. 카르노 앱을 사용하는 단계를 열거하라.
4. 카르노 맵을 사용하여 다음 3-변수 식을 간략화하라.
   a. $A\bar{B}C + \bar{A}\bar{B}C + AB\bar{C} + A\bar{B}\bar{C} + \bar{A}\bar{B}\bar{C} = Y$
   b. $A\bar{B}C + A\bar{B}\bar{C} + AB\bar{C} + ABC + AB + \bar{A}\bar{B}\bar{C} = Y$
5. 카르노 맵을 사용하여 다음 4-변수 식을 간략화하라.
   a. $ABCD + A\bar{B}\bar{C}D + \bar{A}BC\bar{D} + \bar{A}\bar{B}\bar{C}D + A\bar{B}\bar{C}\bar{D} + \bar{A}\bar{B}CD + AB\bar{C}\bar{D} = Y$
   b. $A\bar{B} + \bar{A}BD + \bar{B}\bar{C}D + \bar{B}\bar{C} + \bar{A}BCD = Y$

요약

- 베이치 다이어그램은 복잡한 식을 가장 간단한 형태로 축소하는 빠르고 쉬운 방법을 제공한다.
- 베이치 다이어그램은 2, 3, 또는 4개의 변수에 대해 만들 수 있다.
- 2개, 4개, 또는 8개의 X로 된 그룹을 묶어서 묶여진 항들을 'OR'시킴으로써 베이치 다이어그램으로부터 가장 간단한 논리식을 구할 수 있다.
- 베이치 다이어그램처럼, 카르노 맵도 복잡한 부울식을 가장 간단한 형태로 축소하는 빠르고 쉬운 방법을 제공한다.
- 카르노 맵은 2, 3, 또는 4개의 변수에 대해 만들 수 있다.
- 2개, 4개, 또는 8개의 X로 된 그룹을 묶어서 묶여진 항들을 'OR'시킴으로써 카르노 맵으로부터 가장 간단한 논리식을 구할 수 있다.

CHAPTER 34

자기테스트

1. 논리회로를 간략화하기 위해 베이치 다이어그램을 이용하는 절차를 기술하라.

2. 베이치 다이어그램을 이용하여 다음의 부울식을 간략화하라.

a. $\bar{A}\bar{B}\bar{C} + A\bar{B}\bar{C} + AB\bar{C} + A\bar{B}C + \bar{A}B\bar{C} = Y$

b. $\bar{A}B\bar{C} + A\bar{B}C + A\bar{B}\bar{C} + A\bar{B}C + ABC + \bar{A}\bar{B}C = Y$

c. $\bar{A}BC\bar{D} + A\bar{B}\bar{C}D + \bar{A}CD + A\bar{B}C + \bar{A}\bar{B} + A\bar{B}\bar{C}\bar{D} = Y$

d. $\bar{A}\bar{B}\bar{C}D + A\bar{B}\bar{C}\bar{D} + A\bar{B}C\bar{D} + A\bar{B}\bar{C}D + A\bar{B}CD + \bar{A}\bar{B}CD + ABCD = Y$

e. $A\bar{B}\bar{C}\bar{D} + \bar{A}\bar{B}\bar{C}\bar{D} + \bar{A}B\bar{C}D + \bar{A}\bar{B}CD + \bar{A}BCD + \bar{A}\bar{B}CD + AB\bar{C}\bar{D} + ABC\bar{D} + A\bar{B}C\bar{D} = Y$

3. 논리회로를 간략화하기 위해 카르노 맵을 이용하는 절차를 설명하라.

4. 카르노 맵을 이용하여 다음 부울식을 간략화하라.

a. $\bar{A}\bar{B}\bar{C} + A\bar{B}\bar{C} + AB\bar{C} + A\bar{B}C + \bar{A}B\bar{C} = Y$

b. $\bar{A}B\bar{C} + A\bar{B}C + A\bar{B}\bar{C} + A\bar{B}C + ABC + \bar{A}\bar{B}C = Y$

c. $\bar{A}\bar{B}\bar{C}D + A\bar{B}\bar{C}\bar{D} + A\bar{B}C\bar{D} + A\bar{B}\bar{C}D + A\bar{B}CD + A\bar{B}\bar{C}D + ABCD = Y$

d. $A\bar{B}\bar{C}\bar{D} + \bar{A}\bar{B}\bar{C}D + \bar{A}B\bar{C}D + \bar{A}\bar{B}CD + \bar{A}BCD + \bar{A}\bar{B}CD + AB\bar{C}\bar{D} + ABC\bar{D} + A\bar{B}C\bar{D} = Y$

CHAPTER 35

순차 논리회로

SEQUENTIAL LOGIC CIRCUITS

목표

이 장을 마치고 나면 다음과 같은 것을 할 수 있게 된다.

- 플립플롭의 기능을 설명한다.
- 플립플롭의 기본 형태에 대해 알아본다.
- 플립플롭을 표현하기 위해 사용되는 기호에 대해 알아본다.
- 플립플롭이 디지털 회로에서 어떻게 사용되는지 설명한다.
- 카운터와 시프트 레지스터가 동작하는 방법을 설명한다.
- 카운터와 시프트 레지스터의 여러 형태에 대해 알아본다.
- 카운터와 시프트 레지스터를 표현하기 위해 사용되는 기호에 대해 알아본다.
- 카운터와 시프트 레지스터의 응용 분야에 대해 알아본다.

순차 논리회로(sequential logic circuit)는 타이밍 소자 및 기억 소자로 구성된 회로이다. 순차 논리회로의 기본적인 빌딩 블록이 플립플롭(flip-flop)이다. 몇 개 또는 여러 개의 플립플롭을 함께 연결하면 카운터, 시프트 레지스터 및 메모리 장치를 만들 수 있다.

플립플롭은 멀티바이브레이터와 한 종류의 디지털 회로이다. 멀티바이브레이터는 두 개의 활성 소자를 갖는 재생식 회로이다. 하나의 소자가 도통 상태에 있는 동안 다른 소자는 차단 상태에 있도록 설계되어있다. 멀티바이브레이터는 2진수를 저장하고, 펄스 개수를 세고, 산술 연산을 동기화하고 그리고 그 외 디지털 시스템의 필수적인 기능들을 수행할 수 있다.

멀티바이브레이터에는 쌍안정, 단안정 및 비안정의 세 가지 유형이 있다. 쌍안정 멀티바이브레이터를 플립플롭이라고 한다.

주요 용어

니블
단
동기
동기식 카운터
동정 RAM
래치
리플 카운터
모듈러스
바이트
병렬 카운터
비동기
삭제가능 PROM
상하향 카운터
순차 논리회로
시프트 레지스터
워드
읽기전용 메모리
임의접근 메모리
정적 RAM
카운터
클록 인가 플립플롭
투명 래치
프로그램가능 읽기전용 메모리
플립플롭
10진 카운터
AS 플립플롭
D 플립플롭
DRAM
JK 플립플롭
PROM
RAM
ROM
RS 플립플롭
SRAM

35-1 플립플롭

플립플롭(flip-flop)은 높은(high) 전압 또는 낮은(low) 전압, 즉 1 또는 0을 출력으로 내는 쌍안정 멀티바이브레이터이다. 출력은 트리거(trigger)라는 입력이 가해질 때까지 높은 또는 낮은 상태를 유지한다.

기본적인 플립플롭은 RS 플립플롭이다. 이 플립플롭은 두 개의 NOR 또는 NAND 게이트를 교차로 결합하여 만든다(그림 35-1). **RS Q플립플롭**은 두 개의 출력 $\overline{Q}$와, 그리고 두 개의 제어 입력 R (Rset)과 S (Set)를 가진다. 출력은 항상 반대 즉 보수 관계에 있다. Q = 1이면 $\overline{Q}$ = 0이며, 그 반대도 마찬가지이다.

회로의 동작을 이해하기 위해, Q 출력, R 입력, 및 S 입력을 모두 low로 가정하자. Q 출력의 low는 게이트 2의 입력 중 하나에 연결된다. S 입력은 low이다. 게이트 2의 출력은 high이다. 이 high는 게이트 1의 입력에 연결되어, 그의 출력을 low로 유지한다. Q 출력이 low일 때 플립플롭은 RESET 상태에 있다고 말한다. high가 게이트 2의 S 입력에 인가될 때까지, 무기한으로 이 상태를 유지한다. high가 게이트 2의 S 입력에 가해지면, 게이트 2의 출력은 low로 되며 게이트 1의 입력에 연결된다. 게이트 1의 R 입력이 low이기 때문에 출력은 high로 바뀐다. high는 게이트 2의 입력으로 다시 연결되어, Q 출력이 low를 유지하도록 한다. Q 출력이 high일 때, 플립플롭은 SET 상태에 있다고 말한다. 플립플롭을 RESET 상태로 하는 high가 R 입력에 가해질 때까지 SET 상태를 유지한다.

'불법(illegal)' 상태, 즉 '불허(unallowec)' 상태는 high가 두 개의 입력 R과 S에 동시에 가해질 때 발생한다. 이 경우, Q 출력과 $\overline{Q}$ 출력은 둘 다 low로 가려고 시도하지만, Q와 $\overline{Q}$는 플립플롭 동작의 정의를 위반하지 않으면서 동시에 같은 상태에 있을 수 없다. R 및 S 입력에 있는 high를 동시에 제거할 때, 두 개의 출력은 high가 되려고 할 것이다. 게이트에는 항상 얼마간의 차이가 있기 때문에, 하나의 게이트가 우위를 차지하여 high가 된다. 이것은 다른 게이트를 low로 남게 한다. 예측할 수 없는 동작 모드가 존재하므로 플립플롭의 출력 상태를 결정할 수 없게 된다.

그림 35-2는 RS 플립플롭 동작에 대한 진리표이다. 그림 35-3은 RS 플립플롭을 표현하는 데 사용되는 간략화 기호이다.

플립플롭의 또 다른 형태가 클록 **인가 플립플롭**(clocked flip-flop)이다. 이것은 동작에 필요한 추가적인 입력이 있다는 점이 RS 플립플롭과 다르다. 세 번째 입력을 클록(clock) 또는 트리거(trigger)라 부른다. 그림 35-4는 클록 인가 플립플롭의 논리도이다. 플립플롭 부분의 어느 한쪽 입력이 high가 되면 플립플롭이 활성화되어 상태 변화를 유발시킨다. '조종 게이트(steering gate)'라고 표시되어 있는 부분이 두 개의 입력 게이트로 들어가는 클록 펄스를 조종한다.

클록 인가 플립플롭은 클록 펄스가 존재할 대, R 및 S 입력의 논리 상태에 의해 제어된다. 플립플롭의 상태 변화는 클록 펄스의 선행 에지(leading edge)에서만 일어난다. 클록 펄스의 선행 에지는 low에서 high로의 상승 천이(positive-going transition)이다. 이것은 펄스가 0의 전압 레벨에서 양(+)의 전압 레벨로 올라간다는

그림 35-1

기본적인 플립플롭 회로

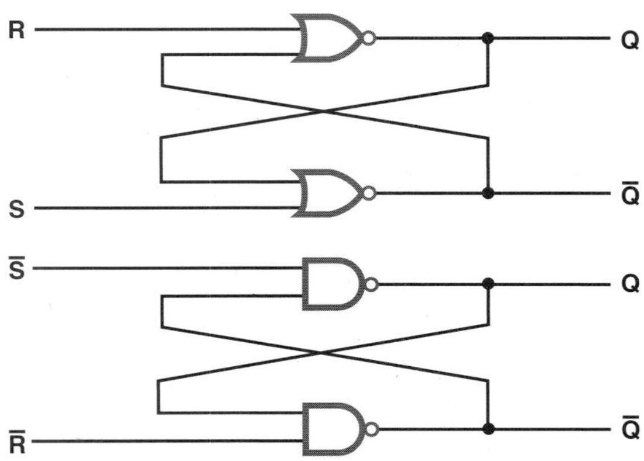

그림 35-2

RS 플립플립플롭의 진리표

입력		출력	
S	R	Q	$\overline{Q}$
0	0	NC	NC
0	1	0	1
1	0	1	0
1	1	0	0

NC = No Change

그림 35-3

RS 플립플롭의 논리 기호

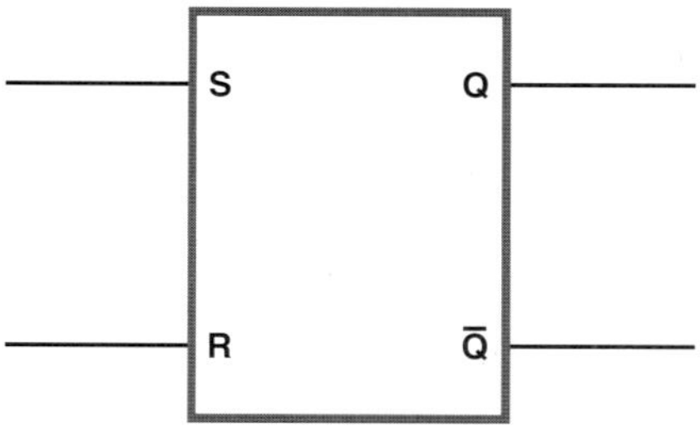

그림 35-4

클록 인가 RS 플립플롭의 논리회로

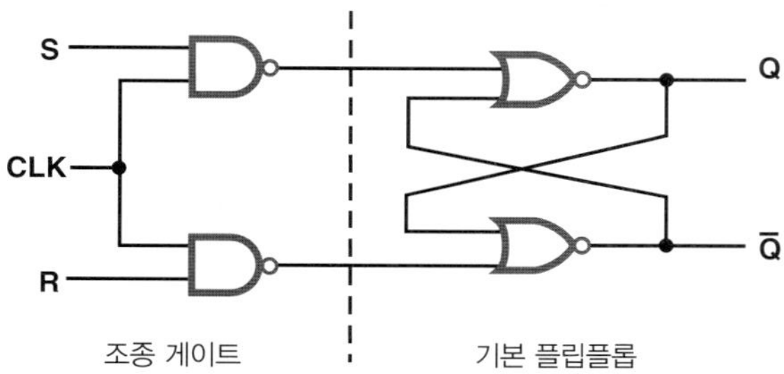

것을 의미한다. 이것을 상승에지트리거되었다(positive edge-triggered)고 한다(펄스 에지가 회로를 트리거하는 것이다).

클록 입력이 low인한 플립플롭의 상태에 영향을 주지 않고 S와 R 입력을 바꿀 수 있다. S 및 R 입력의 영향을 감지하는 시간은 오직 클록 펄스가 발생할 때뿐이다. 이것을 동기식 동작(synchronous operation)이라 한다. 플립플롭은 클록과 보조를 맞추어 동작한다. 동기식 동작은 각 단계가 정확한 순서로 수행되어야 하는 컴퓨터와 계산기에서 매우 중요하다. 그림 35-5는 상승 에지 트리거 RS 플립플롭을 나타내는 데 사용되는 논리 기호를 보

그림 35-5

상승 에지 트리거 RS 플립플롭의 논리 기호

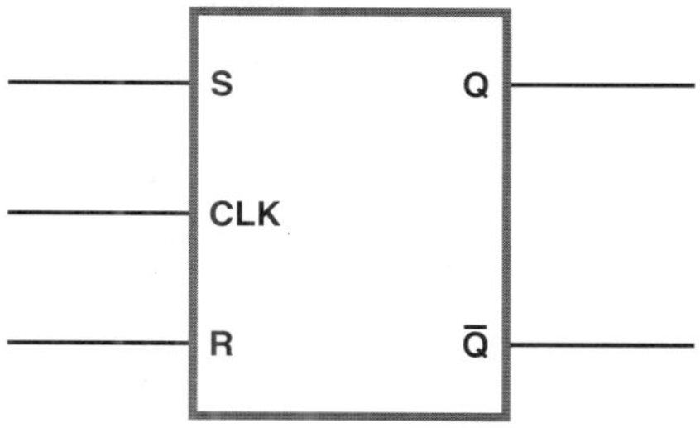

여주고 있다.

D 플립플롭은 단 하나의 데이터 비트(1 또는 0)만을 저장하는 데 유용하다. 그림 35-6은 D 플립플롭의 논리도와 기호를 나타낸다. 이것은 단일 데이터 입력과 클록 입력을 갖고 있다. D 플립플롭은 또한 지연 플립플롭(delay flip-flop)이라고도 한다. D 입력이 한 클록 펄스만큼 지연되어 출력(Q)에 나타난다. 간혹 D 플립플롭은 PS (preset) 입력과 CLR (clear) 입력을 갖기도 한다. PS 입력에 low, 즉 0이 가해지면, PS 입력은 출력 Q를 1 (high)로 세트시킨다. CLR 입력에 low, 즉 0이 가해질 때, CLR 입력은 Q 출력을 0으로 클리어시킨다. D 플립플롭을 몇 개 서로 연결하여 시프트 레지스터와 저장 레지스터를 만들 수 있다. 이들 레지스터는 디지털 시스템에서 널리 사용된다.

JK 플립플롭은 가장 널리 사용되는 플립플롭이다. 이 플립플롭은 다른 종류의 플립플롭의 특징을 모두 갖고 있다. JK 플립플롭은 또한 에지 트리거이며, 활성 클록 에지(high에서 low로 또는 low에서 high) 때에만 J 및 K 입력에 존재하는 데이터를 받아들인다. 이것은 정확한 순간에 J 및 K의 입력 데이터를 받아들이도록 한다. JK 플립플롭의 논리도와 기호가 그림 35-7에 나타나 있다. J와 K는 입력이다. JK 플립플롭의 중요한 특징은 J 및 K

그림 35-6

D 플립플롭의 논리회로와 기호

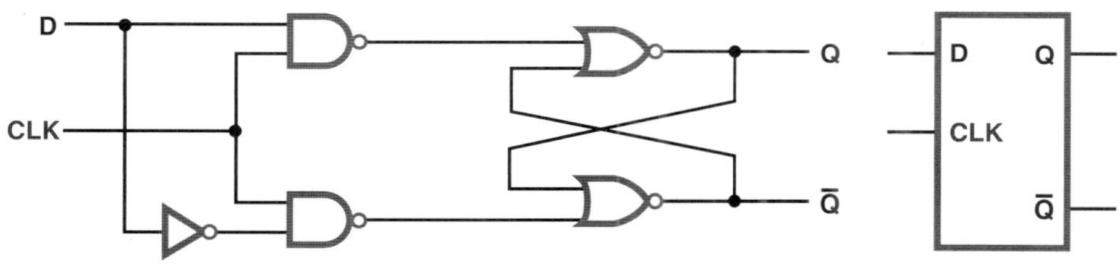

그림 35-7

JK 플립플롭의 논리회로와 기호

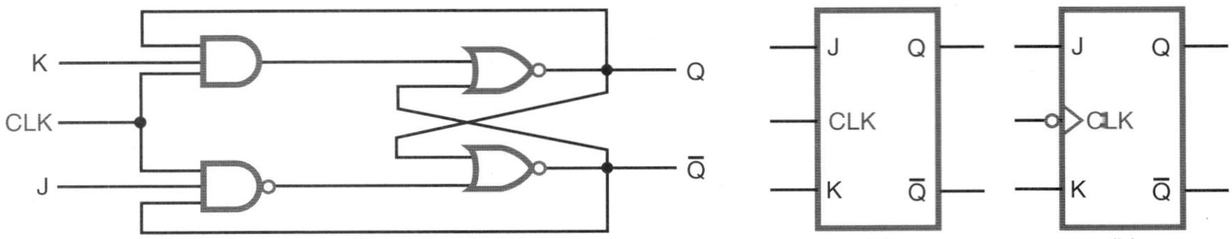

입력이 둘 다 high일 때, 반복되는 클록 펄스에 의해 출력이 상태를 토글(toggle), 즉 변화시킨다는 것이다. 두 개의 비동기 입력인 PS와 CLR은 동기 입력인 J 및 K 입력 데이터 입력과 클록 입력을 무시한다. JK 플립플롭은 많은 디지털 회로 특히 카운터 회로에서 널리 사용되고 있다. 카운터는 거의 모든 디지털 시스템에서 볼 수 있다.

래치(latch)는 임시 버퍼 메모리로서 동작하는 소자이다. 래치는 입력 신호가 제거된 뒤에도 데이터를 유지하는 데 사용한다. D 플립플롭은 래치 소자의 좋은 예이다. 다른 종류의 플립플롭도 사용할 수 있다.

래치는 7-조각 표시 소자(7-segment display)에 넣어서 사용한다. 래치가 없으면, 입력 신호가 제거되었을 때 표시되는 정보가 제거된다. 래치가 있다면, 정보가 경신될 때까지 그 정보를 표시해준다.

그림 35-8은 4비트 래치를 보여주고 있다. 이 소자는 단일 IC 패키지에 4개의 D 플립플롭이 들어 있다. E (enable) 입력은 D 플립플롭의 클록 입력과 유사하다. 데이터는 E 라인이 low, 즉 0으로 떨어질 때 래치된다. E 라인이 high, 즉 1일 때 출력은 입력을 따른다. 이것은 출력이 입력과 같은 상태로 변한다는 것을 의미한다. 예를 들어, 입력이 high이면 출력도 high가 되고, 입력이 low이면 출력도 low가 된다. 이 조건을 **투명 래치**(transparent latch)라 한다.

35-1 질문

1. 플립플롭이란 무엇인가?
2. 플립플롭의 다른 형태는 무엇인가?
3. 클록인가 플립플롭이란 무엇인가?
4. 비동기 입력과 동기 입력 사이의 차이는 무엇인가?
5. 래치란 무엇인가?

그림 35-8

4 비트 래치

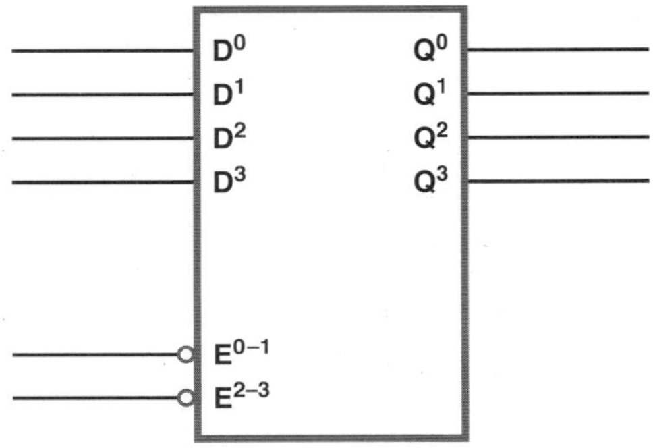

35-2 카운터

카운터(counter)는 클록 입력에 의해 활성화될 때, 수의 순서 또는 상태를 카운트할 수 있는 논리회로이다. 카운터의 출력은 주어진 시간에 카운터에 저장된 2진수를 나타낸다. 어떤 카운터가 그의 원래 상태르 돌아가기 전에 거쳐 지나가는 카운트의 개수, 즉 상태의 개수를 그 카운터의 **모듈러스**(modulus)라 한다.

플립플롭은 그림 35-9와 같이 연결되었을 때 간단한 카운터로 동작한다. 초기에 플립플롭이 리셋되어 있다고 가정하면, 첫 번째 클록 펄스는 플립플롭을 세트(Q = 1) 시킨다. 두 번째 클록 펄스는 리셋(Q = 0)시킨다. 플립플롭은 세트와 리셋을 갖고 있기 때문에 두 개의 클록펄스가 발생되었다.

그림 35-10은 플립플롭의 출력 파형을 나타낸다. Q 출력이 각 홀수 클록 펄스 이후에 high (1)이고, 각 짝수 클록 펄스 이후에 low (0)이다. 그러므로 출력이 high일 때는 홀수 개의 클록 펄스가 발생되었다. 출력이 low

그림 35-9

계수를 위한 JK 플립플롭 배선

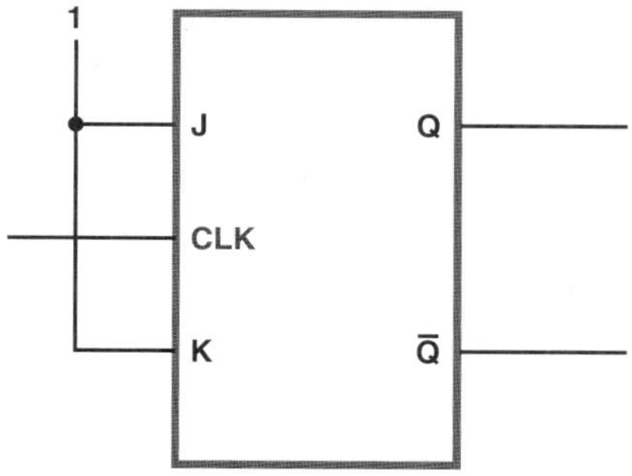

그림 35-10

카운터로서 배선된 JK 플립플롭의 입력과 출력 파형

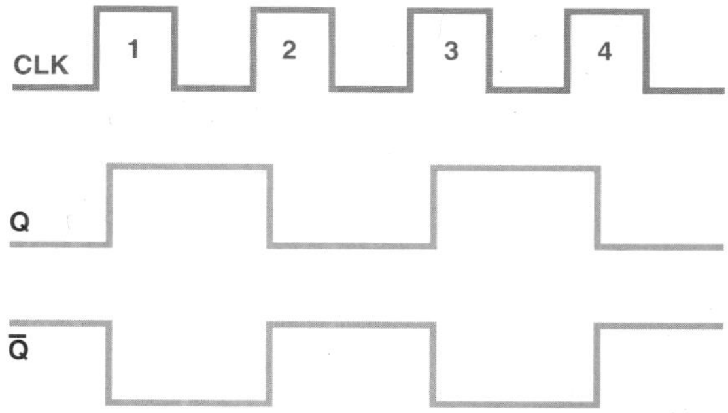

일 때는 클록 펄스가 없거나 짝수 개의 클록 펄스가 발생되었다. 이 경우 어느 것이 발생되었는지는 알 수 없다.

하나의 플립플롭은 제한된 카운트 순서(0 또는 1)를 만들어낸다. 카운트 용량을 증가시키기 위해서는, 추가적인 플립플롭이 필요하다. 카운터가 존재할 수 있는 2진 상태의 최대 개수는 카운터에 있는 플립플롭의 개수에 의존한다. 이는 다음과 같은 식으로 표현할 수 있다.

$$N = 2^n$$

여기서: N = 카운터 상태의 최대 개수

n = 카운터에 있는 플립플롭의 개수

2진 카운터는 카운터를 진행시키는 데 클록 펄스가 어떻게 사용되느냐에 따라 두 가지 종류로 나눠진다. 두 가지 종류는 비동기식과 동기식이다.

비동기(asynchronous)라는 것은 같은 시간에 발생하지 않음을 의미한다. 카운터 동작에 관하여, 비동기는 플립플롭은 같은 시간에 상태를 바꾸지 않는다는 것을 의미이다. 왜냐하면 클록 펄스는 각 단의 클록 입력에 연결되지 않았기 때문이다. 그림 35-11은 비동기 동작을 위해 연결된 2단 카운터를 보여주고 있다. 카운터에서 각각의 플립플롭을 **단**(stage)이라 한다.

첫 번째 단의 $\overline{Q}$ 출력은 두 번째 단의 클록으로 입력된다는 데 유의하라. 두 번째 단은 오직 첫 번째 단 출력의 천이에 의해 트리거될 때 상태를 바꾼다. 플립플롭을 통한 지연 때문에, 두 번째 플립플롭은 클록펄스가 인가됨과 동시에 상태를 바꾸지 않는다. 그러므로 두 개의 플립플롭이 결코 동시에 트리거되지 않으므로 비동기식 동작이 되는 것이다.

그림 35-11

2단 카운터

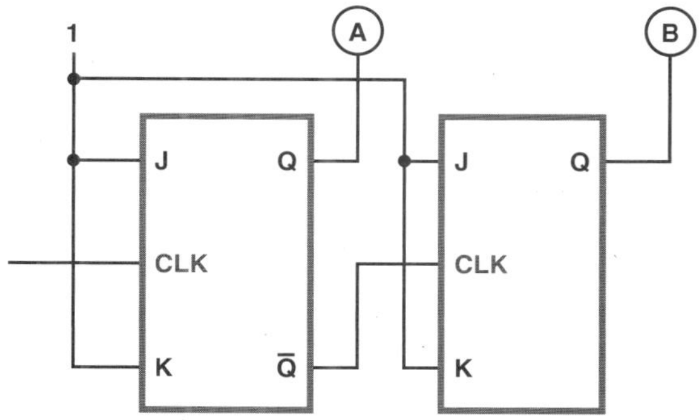

비동기식 카운터는 일반적으로 **리플 카운터**(ripple counter)라 한다. 입력 클록 펄스는 첫 번째 플립플롭이 감지한다. 그 영향은 첫 번째 플립플롭을 통과하는 지연 때문에 즉시 두 번째 플립플롭이 감지하지 못한다. 다단 카운터에서 지연은 각 플립플롭을 통과하면서 감지되므로, 입력 클록 펄스의 영향이 카운터를 통해 '물결치게' 된다. 그림 35-12는 3단 2진 카운터와 각 단에 대한 타이밍도를 보여주고 있다. 카운터 순서를 보여주기 위해 진리표도 나타나있다.

동기(synchronous)라는 것은 같은 시간에 발생함을 의미한다. **동기식 카운터**(synchronous counter)는 클록이 동시에 각 단에 가해지는 카운터이다. 이것은 클록 입력을 카운터의 각 단에 연결함으로써 가능하다(그림 35-13). 동기식 카운터는 클록 입력이 각각의 플립플롭에 병렬로 연결되기 때문에 **병렬 카운터**(parallel counter)라고도 한다.

동기식 카운터는 다음과 같이 동작한다. 초기에 카운터

그림 35-12

3단 2진 카운터

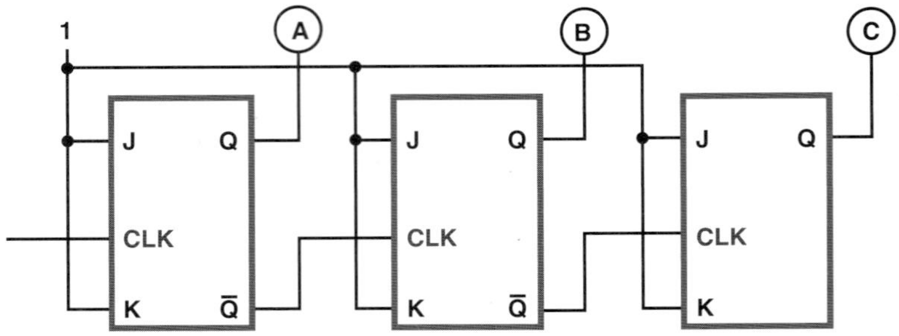

클록 펄스 개수	이진 카운트 순서			십진 카운트
	C	B	A	
0	0	0	0	0
1	0	0	1	1
2	0	1	0	2
3	0	1	1	3
4	1	0	0	4
5	1	0	1	5
6	1	1	0	6
7	1	1	1	7
8	0	0	0	0

카운트 순서

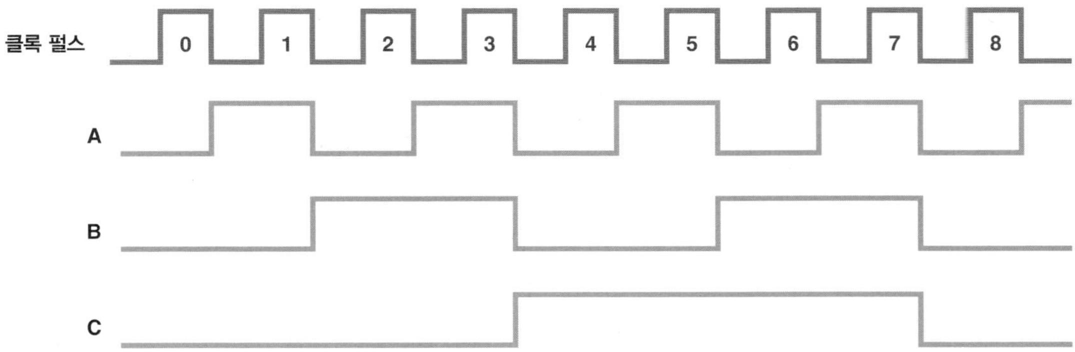

그림 35-13
2단 동기식 카운터

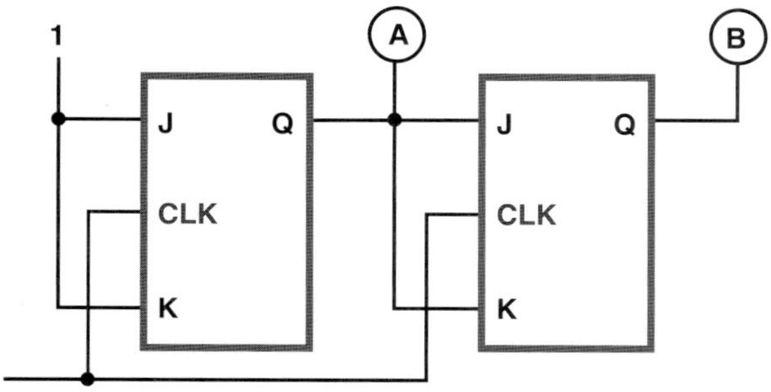

그림 35-14
2단 동기식 카운터 입출력 파형

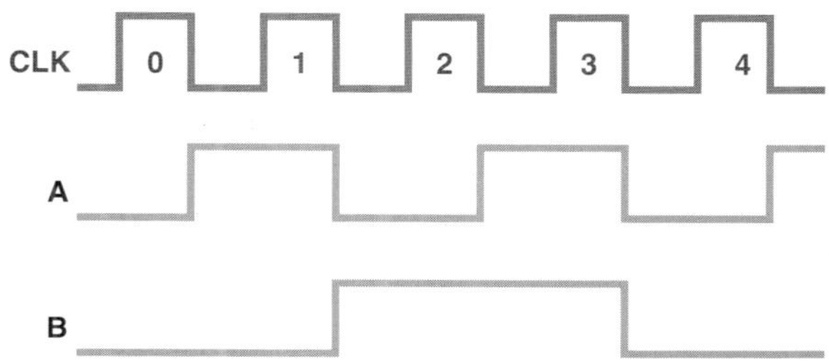

는 두 개의 플립플롭이 모두 0으로 리셋되어 있다. 첫 번째 클록펄스가 가해질 때, 첫 번째 플립플롭은 토글되어 출력이 high로 간다. 두 번째 플립플롭은 토글되지 않는다. 왜냐하면 입력으로부터 출력 상태가 실제로 변화할 때까지에는 지연이 있기 때문이다. 그러므로 두 번째 플립플롭의 출력 상태에는 변화가 없다. 두 번째 클록펄스가 가해질 때, 첫 번째 플립플롭은 토글되어 출력 상태는 low로 간다. 첫 번째 단의 출력에서 high가 나오므로, 두 번째 단은 토글되어 출력이 high로 간다. 4개의 클록 펄스 후에, 카운터는 원래의 상태로 되돌아가게 된다. 그림 35-14는 2단 동기식 카운터에서 이러한 사건 순차를 나타내는 타이밍 선도이다.

그림 35-15는 3단 2진 카운터와 타이밍 선도를 나타낸다. 그림 35-16은 4단 동기식 카운터와 논리 기호를 보여주고 있다.

카운터의 한 가지 응용은 주파수 분할이다. 하나의 플립플롭은 두 개의 입력 펄스마다 하나의 펄스를 만든다. 그러므로 이것은 출력 주파수가 입력의 절반인 나누기 2 소자(divide-by-two device)이다. 2단 카운터는 출력 주파수가 입력의 1/4인 나누기 4 소자이다. 4단 카운터는 출력 주파수가 입력의 1/16인 나누기 16 소자이다(그림 35-17).

n개의 게이트로 된 2진 카운터는 클록 주파수를 2^n으로 나눈다. 3단 카운터는 입력 주파수를 8 (2^3)로, 4단 카운터는 16 (2^4)으로, 5 단 카운터는 32(2^5)로 나눈다. 이하 마찬가지로 된다. 카운터의 모듈러스는 나눗셈 인자와 동일하다는 데 주목하라.

10진 카운터(decade counter)는 모듈러스 10, 즉 카운트 순차에서 10 개의 상태를 갖는다. 일반적인 10진 카운터는 2진화 10진수(binary-coded decimal, BCD) 순차를 만들어 내는 BCD (8421) 카운터이다(그림 35-18). AND 및 OR 게이트는 아홉 번째 상태의 발생을 검출하고, 그 다음 클록 펄스에서 카운터를 재순환시킨다. 10진 카운터의 기호는 그림 35-19에 나타나있다.

상하향 카운터(up-down counter)는 어떤 순차를 어느 방향으로든 카운트할 수 있다. 이 카운터는 또한 양방향 카운터(bidirectional counter)라고도 불린다. 이 카운터는 카운트 순차의 임의의 점에서 방향을 바꿀 수도 있다. 기호가 그림 35-20에 나타나 있다. 상하향 카운터를 구성하는 플립플롭의 개수에는 제한이 없다. 그림 35-21은 BCD 상하향 카운터의 논리도를 나타내고 있다. JK 플립플롭의 입력은 상향 또는 하향 설정을 한정하는 AND 게이트의 상하향 입력에 의해 인에이블(enable)된다.

카운터는 한 개의 논리 게이트 또는 여러 개의 논리 게이트의 조합을 사용하여 어떤 카운트 순차 후에 멈출 수 있다. 리플 카운터에서 게이트의 출력은 첫 번째 플립플롭의 입력으로 궤환된다.

만약 첫 번째 플립플롭의 JK 입력으로 0이 궤환된다면(그림 35-22), 이는 첫 번째 플립플롭이 토글되는 것을 막는다. 이로써 카운트가 멈추게 된다.

그림 35-15

3단 2진 카운터와 타이밍 선도

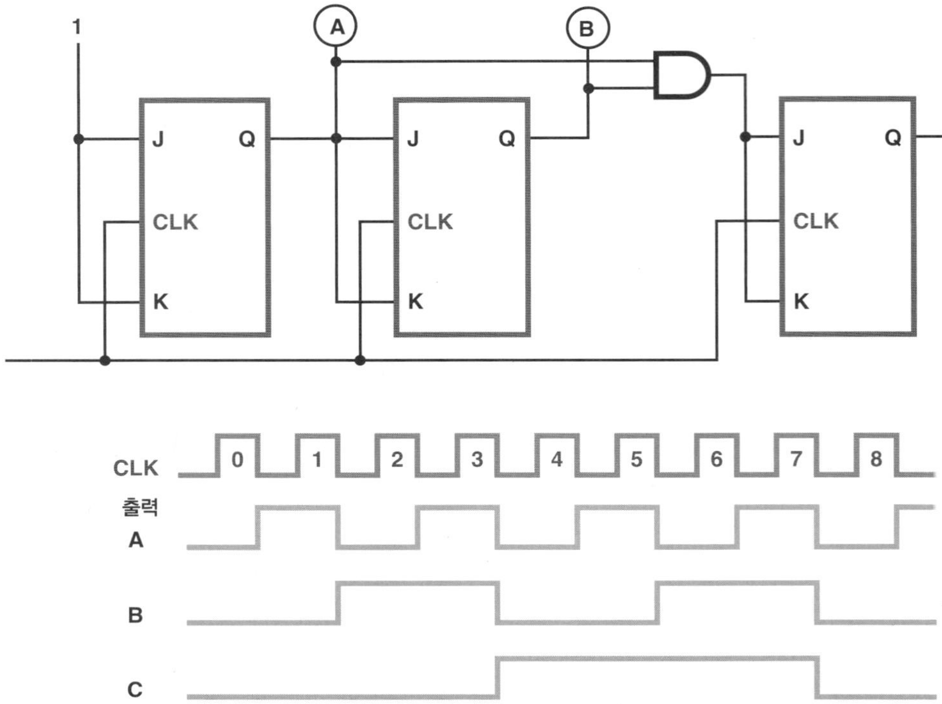

클록 펄스 개수	이진 카운트 순서			십진 카운트
	C	B	A	
0	0	0	0	0
1	0	0	1	1
2	0	1	0	2
3	0	1	1	3
4	1	0	0	4
5	1	0	1	5
6	1	1	0	6
7	1	1	1	7
8	0	0	0	0

그림 35-16

4단 동기식 카운터의 논리 기호

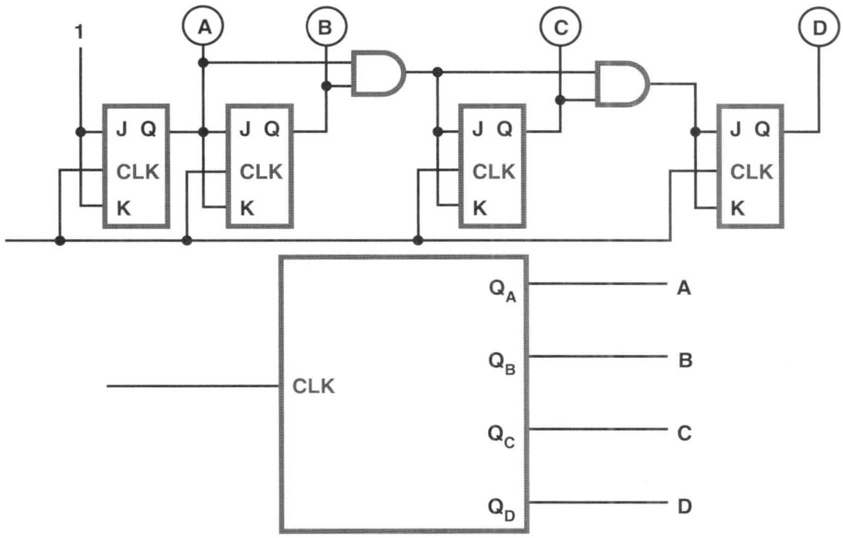

그림 35-17

주파수 분할기로서의 카운터

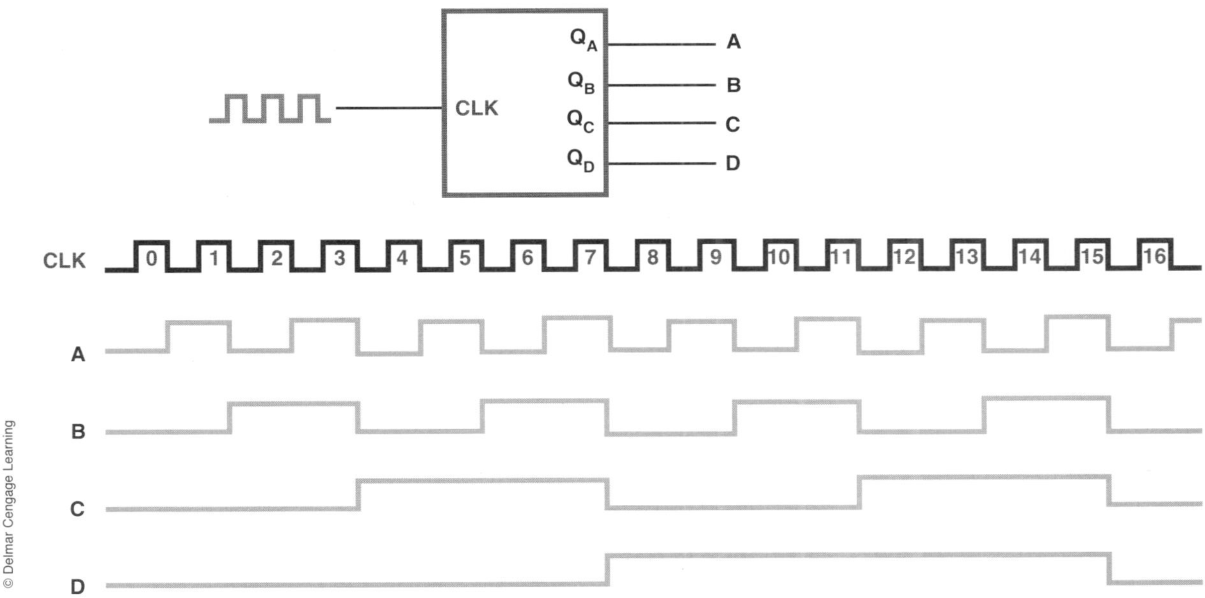

그림 35-18

동기식 BCD 10진 카운터

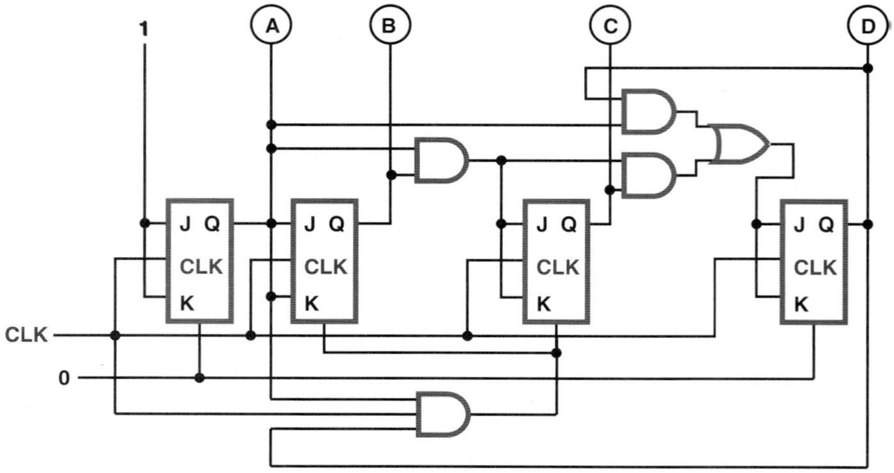

그림 35-19

10진 카운터의 논리 기호

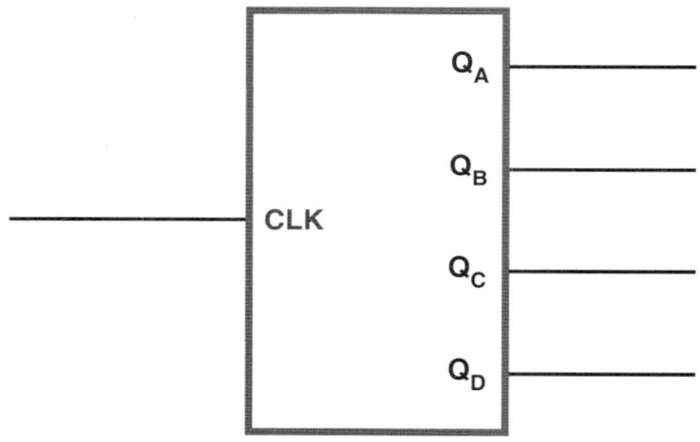

그림 35-20

상하향 카운터의 논리 기호

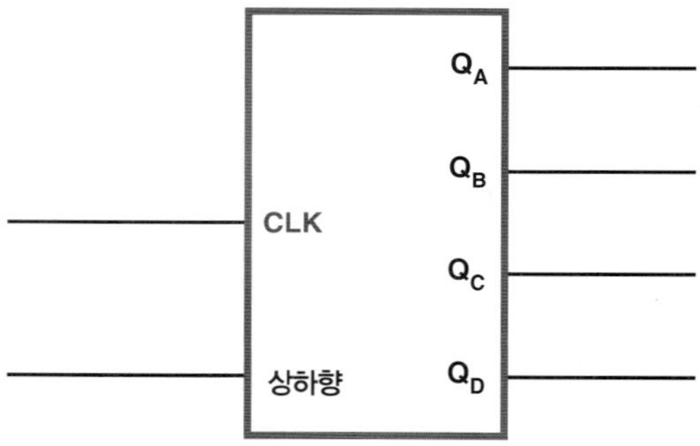

그림 35-21

BCD 상하향 카운터의 논리회로

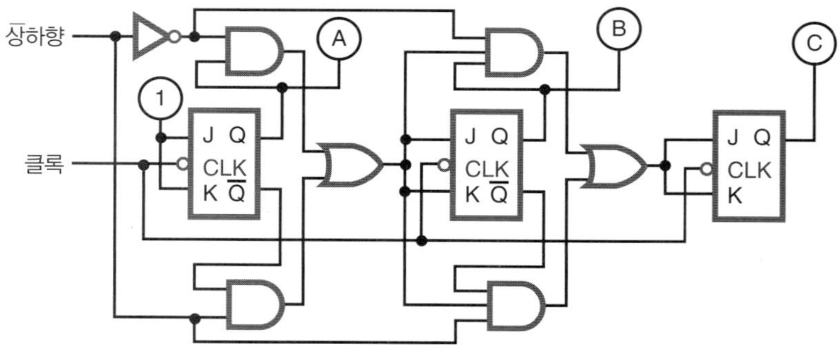

그림 35-22

첫 번째 플립플롭의 JK 입력에 가해진 low 입력이 플립플롭이 토글되는 것을 막아서, 카운트가 정지된다.

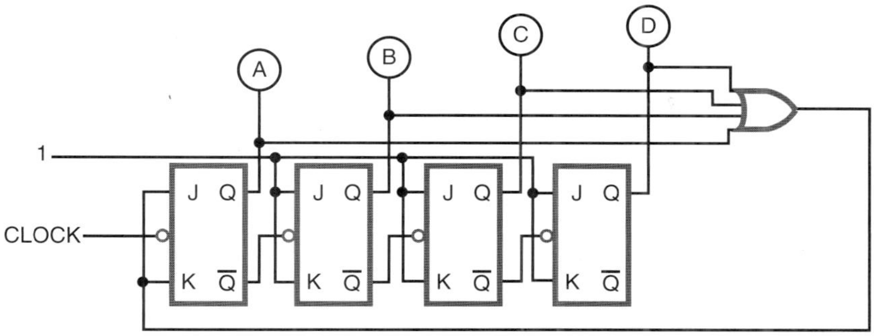

35-2 질문

1. 카운터의 기능은 무엇인가?
2. 8단 카운터에서 얼마나 많은 카운트 순차가 가능한가?
3. 비동기식 카운터는 어떻게 동작하는가?
4. 비동기식 카운터와 동기식 카운터 사이의 차이점은 무엇인가?
5. 카운터는 어떻게 카운트를 원하는 위치에서 정지시킬 수 있는가?

그림 35-24

네 개의 플립플롭으로 구성된 시프트 레지스터

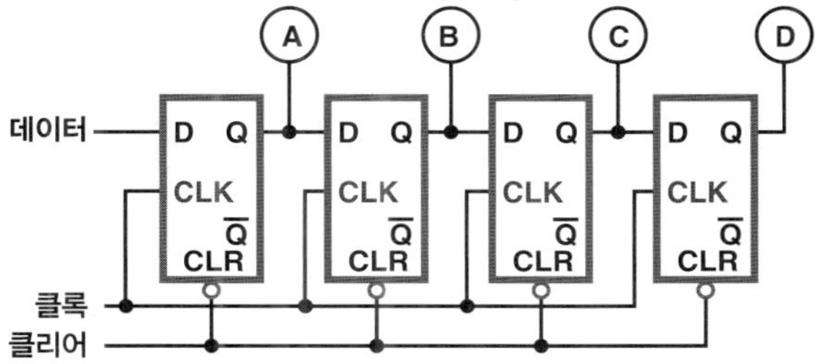

35-3 시프트 레지스터

시프트 레지스터(shift register)는 데이터를 일시적으로 저장하기 위해 널리 쓰이는 순차 논리회로이다. 시프트 레지스터에서 데이터는 병렬 또는 직렬 형태로 로드하거나 제거할 수 있다. 그림 35-23은 시프트 레지스터에서 데이터를 로드하고 읽는 4가지 방법을 보여주고 있다. 한 번에 한 비트씩 하나의 저장 매체에서 다른 곳으로 옮기는 것이 가능하기 때문에 시프트 레지스터는 각종 논리 연산을 수행하는 데 유용하다.

그림 35-23

시프트 레지스터의 데이터 로드 및 읽기 방법

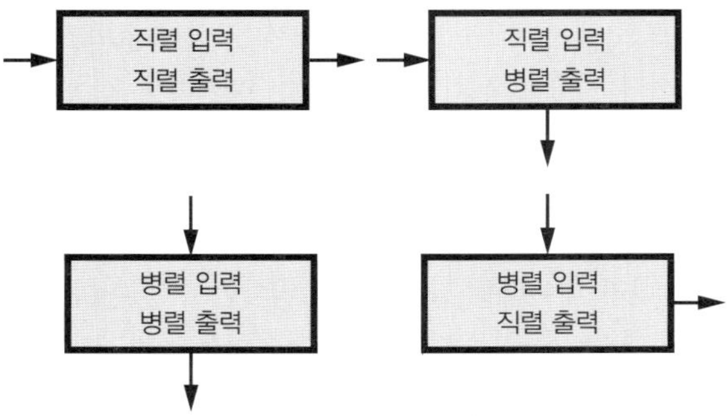

시프트 레지스터는 플립플롭을 함께 연결한 구조로 되어 있다. 플립플롭은 레지스터가 필요로 하는 모든 기능을 가지고 있다. 이 레지스터는 리셋(reset), 프리셋(preset), 토글되거나, 1 또는 0 레벨을 기억할 수 있다. 그림 35-24는 4개의 플립플롭으로 구성된 기본적인 시프트 레지스터를 나타낸다. 이것은 4개의 2진 저장 소자로 구성되기 때문에 4 비트 시프트 레지스터(4-bit shift register)라고 부른다.

시프트 레지스터의 중요한 특징은 데이터를 여러 개의 비트 위치만큼 오른쪽 또는 왼쪽으로 이동시킬 수 있다는 것이다. 이것은 어떤 수를 특정 인자로 곱셈 또는 나눗셈하는 것과 등가이다. 데이터는 각각의 입력 클록펄스에 대해 한번에 한 비트 위치만큼 이동된다. 클록펄스는 전체 시프트 레지스터 동작을 제어한다.

그림 35-25

JK 플립플롭으로 구성된 전형적인 시프트 레지스터

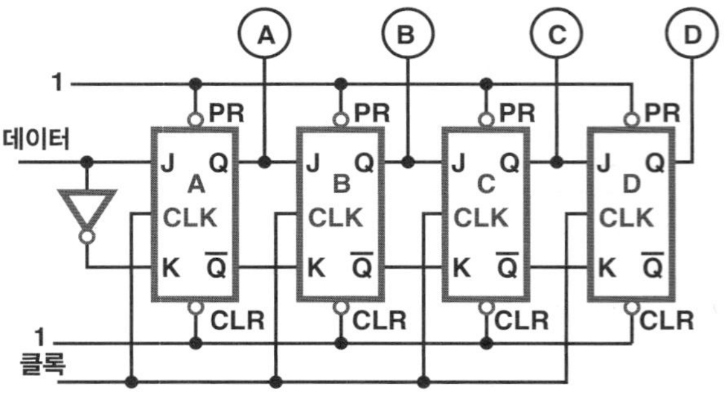

그림 35-26

시프트 레지스터에 숫자를 저장하기

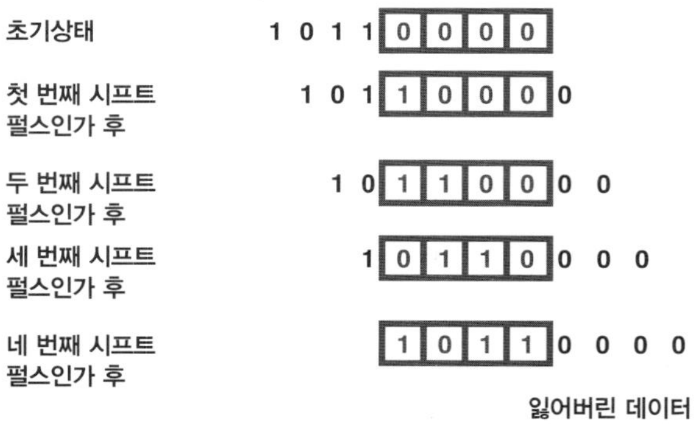

그림 35-25는 JK 플립플롭으로 구성된 전형적인 4비트 시프트 레지스터를 나타내고 있다. 직렬 데이터와 그의 보수가 A 플립플롭의 JK 입력에 가해지고 있다. 다른 플립플롭은 앞의 출력이 다음의 입력에 연결되는 방식으로 종속연결되어 있다. 모든 플립플롭의 토글을 함께 연결하여, 이 선에 클록 펄스를 인가한다. 모든 플립플롭이 동시에 토글되므로 이것은 동기식 회로이다. 또한 각 플립플롭의 클리어(CLR) 입력은 함께 묶어서 리셋 라인으로 한다. 입력에 인가된 데이터는 각 펄스 동안에 플립플롭을 통해 한 비트 위치씩 이동된다. 예를 들어, 만약 2진수 1011이 시프트 레지스터의 입력에 가해지고 시프트 펄스가 가해지면, 시프트 레지스터에 저장되는 수는 이동되어 바깥으로 나가게 되어 손실되는 반면에, 외부 숫자가 들어온다. 그림 35-26은 시프트 레지스터에 숫자가 저장되는 사건 순차를 나타내고 있다.

시프트 레지스터의 가장 일반적인 응용 중의 하나는 직

그림 35-27

병렬 입력을 이용하여 시프트 레지스터를 로드하기

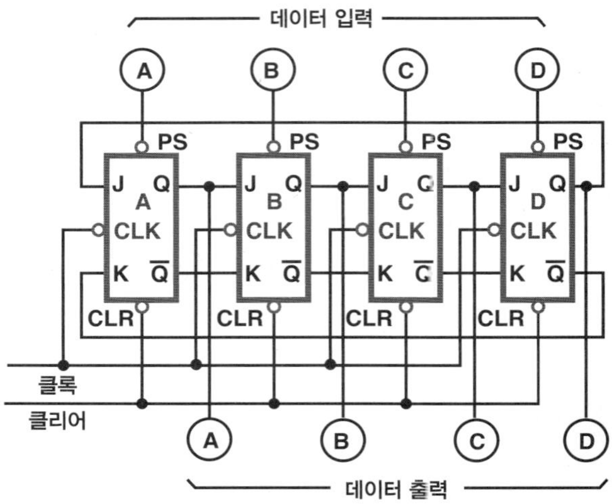

렬-병렬 또는 병렬-직렬 데이터 변환이다. 그림 35-27은 병렬 입력에 의해 시프트 레지스터가 어떻게 로드될 수 있는지를 나타낸다. 병렬 동작을 위해, 입력 데이터가 시프트 레지스터에 미리 저장된다. 앞에서 언급한 대로, 데이터가 시프트 레지스터에 있으면, 이를 직렬로 외부에 내보낼 수 있다.

직렬-병렬 데이터 변환에서는, 초기에 데이터가 클록 펄스와 함께 시프트 레지스터로 들어온다. 데이터가 시프트 레지스터에 있으면, 개별 플립플롭의 출력이 동시에 감시되며, 이 데이터는 목적지로 향하게 된다.

시프트 레지스터는 곱셈이나 나눗셈 같은 산술 연산을 수행할 수 있다. 시프트 레지스터에 저장된 2진수를 오른쪽으로 이동하는 것은 그 수를 2의 어떤 멱승으로 나누는 것과 같은 효과를 갖는다. 시프트 레지스터에 저장된 2진수를 왼쪽으로 이동하는 것은 그 수를 2의 어떤 멱승으로 곱하는 것과 같은 효과를 갖는다. 시프트 레지스터는 수의 곱셈과 나눗셈을 수행하는 단순하고 저렴한 수단이다.

시프트 레지스터는 또한 종종 임시 저장 장소로 사용된다. 하나 이상의 2진 워드(binary word)를 저장할 수 있는 능력이 있다. 시프트 레지스터의 이러한 응용에는 세 가지 요구 사항이 있다. 첫째, 시프트 레지스터가 명령에 따라 데이터를 받고 저장할 수 있어야 한다. 둘째, 명령에 따라 데이터를 검색하거나 읽어낼 수 있어야 한다. 셋째, 데이터를 읽을 때 데이터가 손실되지 않아야 한다. 그림 35-28은 시프트 레지스터가 저장된 데이터를 읽고

그림 35-28

데이터를 유지하고 읽어내기 위한 시프트 레지스터 회로

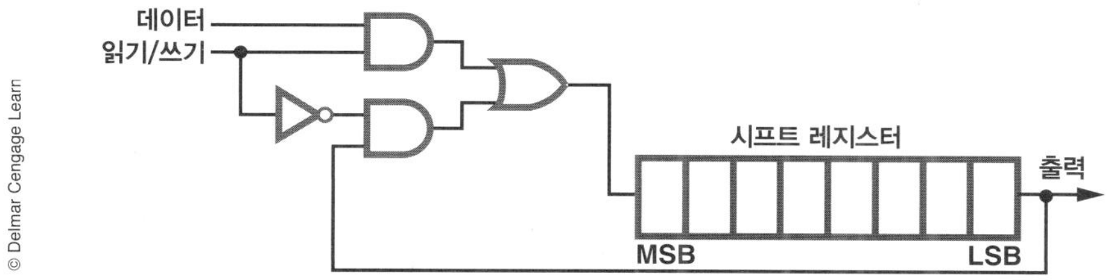

유지하는 것을 가능하게 하는 데 필요한 외부 회로를 보여주고 있다. 읽기/쓰기 라인은 high일 때 새로운 데이터가 시프트 레지스터에 저장되게 한다. 데이터가 저장되고 나면 읽기/쓰기 라인은 low가 되어, 게이트 2를 인에이블시킨다. 이는 데이터를 읽어내는 동안 데이터가 재순환하게 한다.

35-3 질문

1. 시프트 레지스터의 기능은 무엇인가?
2. 시프트 레지스터의 중요한 특징은 무엇인가?
3. 시프트 레지스터는 무엇으로 만드는가?
4. 시프트 레지스터의 일반적인 응용 분야는 무엇인가?
5. 시프트 레지스터는 어떤 산술 연산을 수행할 수 있으며, 그 수행 방법은 무엇인가?

35-4 메모리

메모리(memory)는 일시적으로 또는 영구적으로 디지털 데이터를 저장하는 역할을 한다. 저장된 데이터가 디지털 시스템에서 사용되는 방법이 다양하므로, 많은 메모리 유형이 개발되어 왔으며 각각은 특수 응용을 위해 설계되었다.

메모리는 저장 레지스터로 만든다. 저장 레지스터는 디지털 시스템에서 짧은 기간 동안 프로그램이나 데이터와 같은 디지털 데이터를 저장한다. 플립플롭은 저장 레지스터의 기본 빌딩 블록이다.

4 비트 레지스터는 **니블**(nibble)이라 부르는 네 개의 비트를 저장하고, 8 비트 레지스터는 여덟 개의 비트, 즉 **바이트**(byte)를 저장하며, 더 큰 레지스터는 **워드**(word)를 저장한다. 전형적인 워드의 크기는 16, 32, 64 및 128 비트이다. 그림 35-29는 4, 8 및 16 비트 레지스터가 나타나 있다. Q 출력을 보면, 저장된 데이터의 상태는 이들 레지스터의 어디에서나 검사될 수 있다. 보수 데이터도 $\overline{Q}$ 출력에서 봄으로써 이용할 수 있다.

그림 35-30은 데이터가 더 큰 메모리 구성에 어떻게 저장되는지를 보여 준다. 1 또는 0을 저장할 수 있는 저장 요소로 된 매트릭스는 특정 주소에 의해 디코더가 위치를 가리킬 수 있는 워드(word)들로 구성된다.

메모리 집적 회로(칩)를 만드는 데 사용되는 기술은 쌍극(bipolar)[transistor-to-transistor logic (TTL)이라고도 한다] 또는 MOS 트랜지스터에 기초한다. 쌍극 메모리는 MOS 메모리보다 빠르나, MOS 메모리가 더 높은 포장 밀도를 가지며, 따라서 쌍극 메모리가 필요로 하는 것과 같은 양의 메모리에서 MOS 메모리가 더 많은 메모리 위치를 제공해 준다.

데이터는 두 가지 메모리 유형인 **임의 접근 메모리**(random access memory, RAM)와 읽기전용 메모리(read-only memory, ROM)에 디지털 방식으로 저장된다. RAM은 프로그램, 데이터, 제어 정보 등을 일시적으로 저장하기 위해 사용된다. RAM은 데이터가 저장되어 있는 모든 메모리 위치에 대해 같은 크기의 시간에 임의 접근할 수 있게 해준다. RAM은 데이터를 읽고 쓸 수 있는 능력이 있으며 또한 소멸성(volatile)이다. 이것은 전원이 끊어지면 저장된 데이터를 잃게 된다는 것을 의미한다.

RAM은 SRAM과 DRAM의 두 가지 유형이 있다. SRAM (static RAM)은 저장 요소로써 쌍안정 회로를 사용하며, 전원이 끊어지면 데이터를 잃는다. DRAM (dynamic RAM)은 데이터를 저장하기 위해 커패시터를 사용하므로 SRAM과는 다르다. 단점은 커패시터

그림 35-29

4, 8 및 16 비트 레지스터

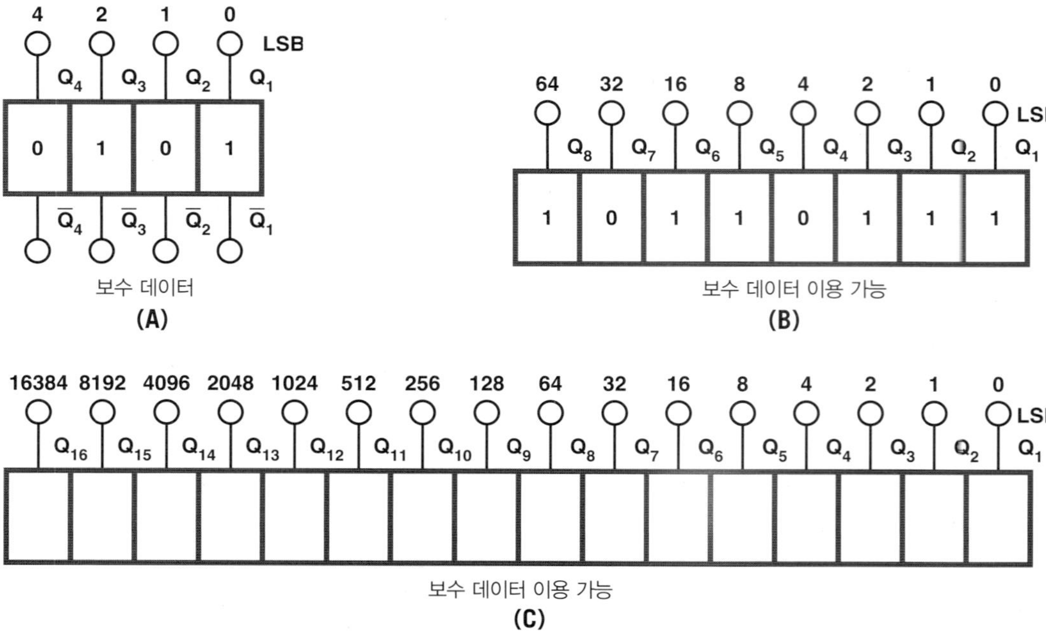

가 시간이 지나면 방전되므로 저장된 데이터를 유지하기 위해서는 주기적으로 재충전해 주어야 한다는 것이다. SRAM은 더 싸며, 또한 더 높은 밀도를 가지므로 필요한 회로 보드 면적을 줄여준다.

ROM은 데이터를 영구적으로 저장되도록 해주며 임의의 시간에 메모리로부터 데이터를 읽을 수만 있게 해주고 메모리에 데이터를 써넣을 수는 없다. ROM은 비소멸성 메모리로 간주된다. ROM은 RAM과 동일한 디코더 회로를 사용한다. 저장된 데이터는 전원이 제거되어도 보존된다. ROM은 생산 과정에서 영구적이거나 또는 사용자에 의해 교체될 수 있도록 프로그램되지만 이들은 쉽게 바뀌어지지 않으며 버너(burner)라고 하는 특수한 장치의 사용을 필요로 한다.

그림 35-31은 ROM의 계열 도표이다. 마스크 프로그래밍(mask-programming) 과정은 생산 공정에서 행해진다. 트랜지스터–이미터 연결은 생산 과정에서 마스크(mask)를 통해 만들어질 수도 있고 만들어지지 않을 수도 있다. 마스크는 프로그래밍을 수행한다.

프로그램가능읽기전용 메모리(programmable read-only memory, PROM)는 생산된 뒤에 프로그래밍할 수 있다. 프로그램은 용융가능 링크(fusible link)를 끊어서 PROM에 넣는다. 초기에는 모든 이미터 링크가 모든 저장 위치에 '1'로서 연결되어 있다. 높은 전류 서지로 써 이미터 링크를 끊으면 0이 기억되게 된다. PROM은 재프로그램될 수 없다.

전기적 삭제가능 PROM (electrically erasable PROM, EEPROM)은 프로그래밍할 수도 있고 전기 충전을 이용하여 삭제시킬 수도 있다.

높은 전압(약 21 볼트)을 인가하면, 약 10 밀리초 내에 한바이트 또는 전체 칩을 지울 수 있다. 삭제는 회로에 있는 칩에 대해서도 수행할 수 있다. EEPROM은 텔레비전 위성시스템의 고객 안내처럼 나중에 사용하기 위해 데이터를 유지해야 하는 경우에 사용된다.

35-4 질문

1. 메모리는 무엇인가?
2. 메모리 칩을 만들기 위해 사용되는 두 가지 기술은 무엇인가?
3. 메모리 장치의 두 가지 유형은 무엇인가?
4. 소멸성이라는 용어의 의미는 무엇인가?
5. EPROM 메모리 설계를 마스크 ROM으로 변환하는 것이 유리한 상황을 설명하라.

그림 35-30

큰 메모리 배열(8 비트)

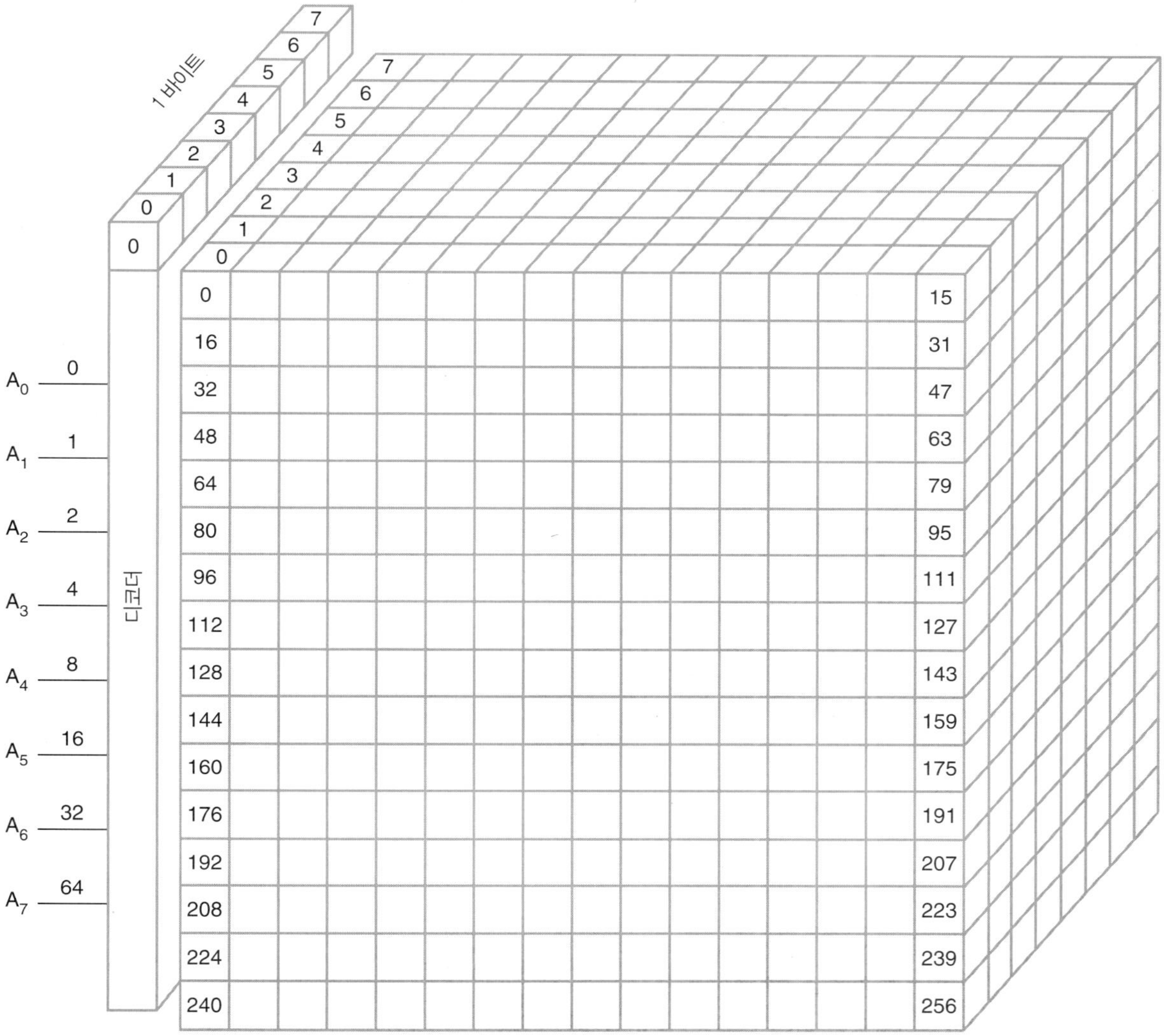

그림 35-31

ROM 계열 도표

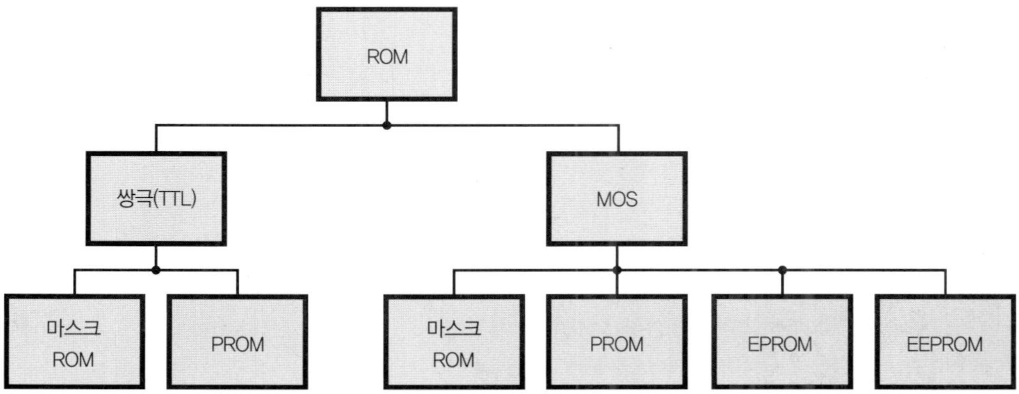

요약

- 플립플롭은 출력이 high 또는 low인 쌍안정 멀티바이브레이터이다.
- 플립플롭의 형태에는 다음과 같은 것이 있다.
  a. RS
  b. 클록 인가 RS
  c. D
  d. JK
- 플립플롭은 카운터와 같은 디지털 회로에서 쓰인다.
- 래치는 일시 버퍼 메모리이다.
- 카운터는 숫자의 순차, 즉 상태를 카운트할 수 있는 논리회로이다.
- 단일 플립플롭은 0 또는 1의 카운트 순차를 낸다.
- 카운터가 가질 수 있는 2진 상태의 최대 개수는 그 카운터에서 포함된 플립플롭의 개수에 따라 달라진다.
- 카운터는 비동기식 또는 동기식일 수 있다.
- 비동기식 카운터는 리플 카운터라 불린다.
- 동기식 카운터는 같은 시간에 각 단을 클록시킨다.
- 시프트 레지스터는 데이터를 일시적으로 저장하는 데 이용된다.
- 시프트 레지스터는 서로 연결된 플립플롭으로 구성된다.
- 시프트 레지스터는 데이터를 왼쪽 또는 오른쪽으로 이동시킬 수 있다.
- 시프트 레지스터는 직렬-병렬 및 병렬-직렬 데이터 변환에 사용된다.
- 시프트 레지스터는 곱셈 및 나눗셈을 수행할 수 있다.
- 메모리는 데이터를 일시적으로 또는 영구적으로 저장한다.
- 메모리는 시프트 레지스터로 만든다.
- 4 비트 레지스터는 니블 한 개를 저장한다.
- 8 비트 레지스터는 한 바이트를 저장한다.
- 16 비트 레지스터는 한 워드를 저장한다.
- 쌍극 메모리는 MOS 메모리보다 빠르다.
- MOS 메모리는 더 높은 밀도를 포장할 수 있어서 쌍극 메모리가 필요로 하는 것과 동일한 면적에 더 많은 메모리 주소를 제공해준다.
- 데이터는 두 가지 메모리 유형인 엄의 접근 메모리(RAM) 또는 읽기전용 메모리(ROM)에 저장된다.
- RAM의 두 가지 유형은 정적 RAM (SRAM)과 동적 RAM (DRAM)이다.
- 프로그램가능읽기전용메모리(PROM)는 생산된 뒤에 프로그래밍할 수 있다.
- 전기적 삭제가능 PROM (EEPROM)은 프로그래밍 할 수도 있고 전기 충전을 이용하여 삭제시킬 수도 있다.

CHAPTER 35

자기테스트

1. RS 플립플롭이 어떻게 Q 출력 high에서 $\overline{Q}$ 출력 high로 상태를 바꾸는지를 설명하라.
2. D 플립플롭과 클록 인가 RS 플립플롭 사이의 주요 차이점은 무엇인가?
3. 카운터는 어떤 소자로 구성되며 어떻게 만드는가?
4. 10까지 카운트하고 나서 반복하는 카운터의 개략도를 그려라.
5. 시프트 레지스터는 카운터와 어떻게 다른가?
6. 어떤 기능/응용에서 시프트 레지스터를 사용할 수 있는가?
7. 비트, 니블, 바이트, 워드를 정의하라.
8. 보수 데이터(complementary data)란 무엇을 의미하는가?
9. MOS 메모리 또는 쌍극 메모리의 장점은 무엇인가?
10. 정적 RAM과 동적 RAM의 차이점을 설명하라.
11. RAM과 ROM의 차이점을 설명하라.
12. 재프로그래밍할 수 있는 것은 어떤 종류의 ROM인가?

CHAPTER 36

조합 논리회로

COMBINATIONAL LOGIC CIRCUITS

목표

이 장을 마치고 나면 다음과 같은 것을 할 수 있게 된다.

- 인코더, 디코더, 멀티플렉서, 가산기, 감산기 및 비교기의 기능을 설명한다.
- 인코더, 디코더, 멀티플렉서, 가산기, 감산기 및 비교기의 회로 기호에 대해 알아본다.
- 조합 논리회로의 응용 분야에 대해 알아본다.
- 여러 가지 조합 논리회로의 진리표를 작성한다.

조합 논리회로(combinational logic circuit)는 좀 더 복잡한 회로를 만들기 위해 기본적인 소자인 AND 게이트, OR 게이트 및 인버터를 결합한 회로이다. 조합 논리회로의 출력은 입력의 상태, 사용된 게이트의 종류 및 게이트의 상호 연결의 함수이다. 조합 회로의 가장 일반적인 것은 디코더, 인코더, 멀티플렉서 및 산술 회로이다.

주요 용어

가산기
감산기
디코더
멀티플렉서
반가산기
반감산기
비교기
인코더
전가산기
전감산기
조합 논리회로
프로그램가능 논리 배열
프로그램가능 배열 논리
프로그램가능 소자
10진-2진 우선권 인코더
10진-2진 인코더
PLA
PLD

36-1 인코더

인코더(encoder)는 하나 이상의 입력을 받아들이고 2진 다중 비트를 출력하는 조합 논리회로이다. 인코딩(encoding)은 입력으로 들어오는 임의의 키보드 문자 또는 숫자를 2진수 또는 BCD 형태와 같은 코드화된 출력으로 변환하는 과정이다.

그림 36-1은 **10진-2진 인코더**(decimal-to-binary encoder)를 보여준다. 이 인코더의 기능은 0에서 9까지의 단일 디지트를 입력으로 취하여 4 비트 코드 표현의 디지트로 내는 것이다. 이것을 10라인-to-4라인 인코더라고 한다. 즉, 만약 키보드에서 숫자 4를 타이핑하면 라인 4에 low, 즉 0을 출력하고, 이것은 출력으로서 4 비트 코드 0100을 생성한다.

그림 36-2는 **10진-2진 우선권 인코더**(decimal-to-binary priority encoder)를 보여준다. 우선권(priority) 기능이란 동시에 두 개의 키가 눌러졌을 때, 인코더가 입력에 나타나는 가장 높은 순서의 10진 디지트에 해당하는 BCD 출력을 낸다는 것을 의미한다. 예를 들어, 만약 인코더에 5와 2가 동시에 인가된다면, BCD 출력은 1010, 즉 5의 역이다. 이러한 형태의 인코더는 단일 집적회로에 내장되며 약 30개의 논리 게이트로 구성된다. 그림 36-3은 우선권 인코더의 기호를 노여준다.

그림 36-1

10진-2진 인코더

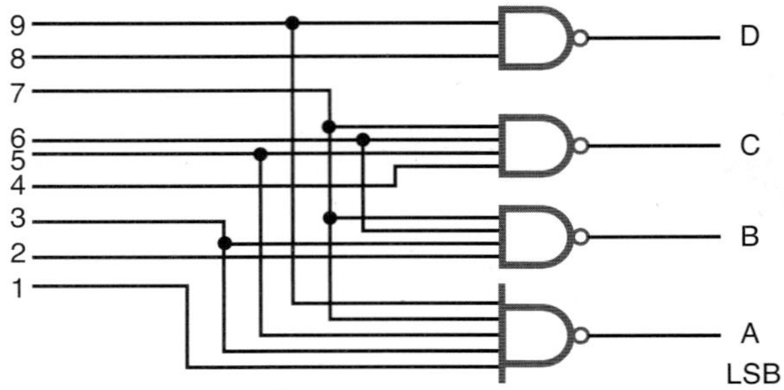

그림 36-2

10진-2진 우선권 인코더

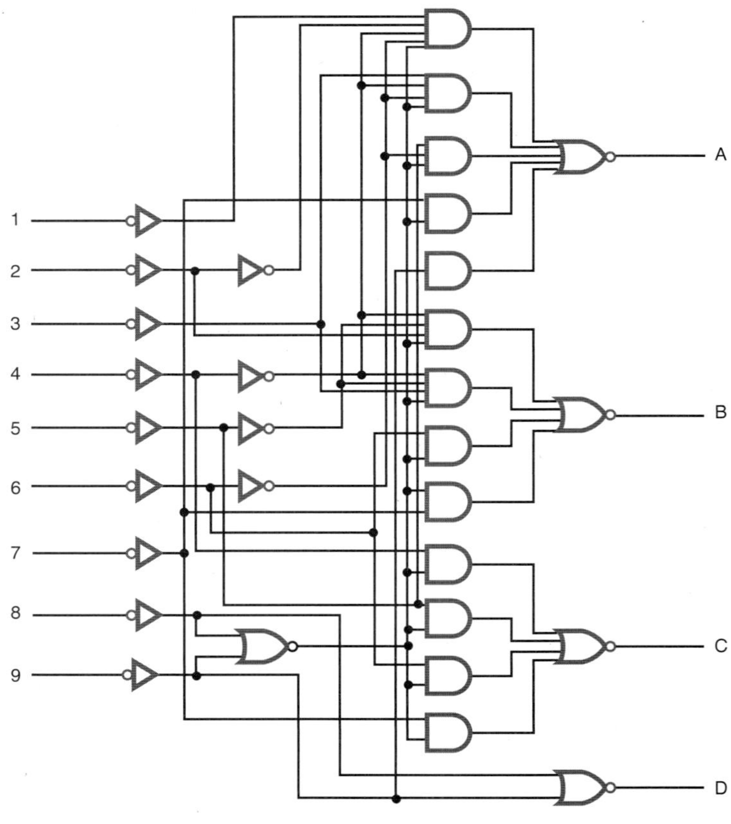

그림 36-3

10진-2진 우선권 인코더의 논리 기호

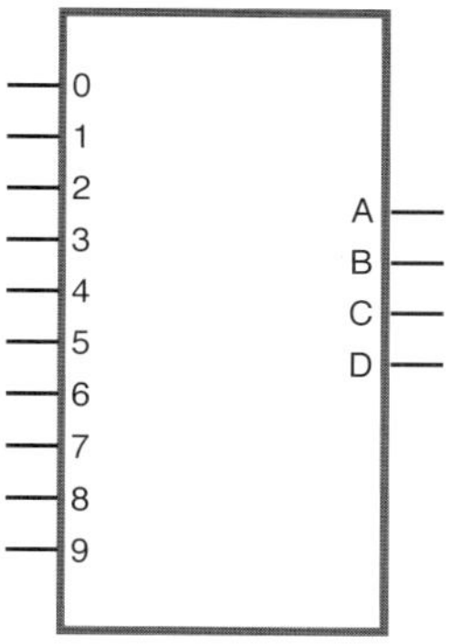

이러한 형태의 인코더는 키보드로부터의 10진 입력을 8421 BCD 코드로 변환하는 데 사용된다. 10진-2진 인코더와 10진-2진 우선권 인코더는 키보드 입력이 있는 곳이면 어디서나 발견된다. 이러한 응용에는 계산기, 컴퓨터 키보드 입력, 전자식 타자기 및 텔레타이프라이터(TTY)가 포함된다.

36-1 질문

1. 인코딩이란 무엇인가?
2. 인코더로 무엇을 할 수 있는가?
3. 일반적인 인코더와 우선권 인코더 사이의 차이는 무엇인가?
4. 10진-2진 우선권 인코더에 대한 논리 기호를 그려라.
5. 10진-2진 인코더의 응용에는 어떤 것이 있는가?

36-2 디코더

디코더(decoder)는 가장 흔히 사용되는 조합 논리회로 중의 하나이다. 디코더는 복잡한 2진 코드를 인식 가능한 숫자 또는 문자로 변환한다. 예를 들면, 디코더는 BCD 숫자를 10개의 가능한 10진 디지트 중 하나로 변환한다. 이와 같은 디코더의 출력은 10진수 표시기를 동작시키는 데 사용된다. 이러한 형태의 디코더를 10 중 1 디코더 또는 4라인-10라인 디코더라고 한다.

그림 36-4는 4 비트 BCD 숫자를 그에 해당하는 출력(하나의 10진 디지트)으로 디코딩하는 데 필요한 10개의 NAND 게이트를 보여준다. NAND 게이트의 모든 입

그림 36-4

2진-10진 디코더

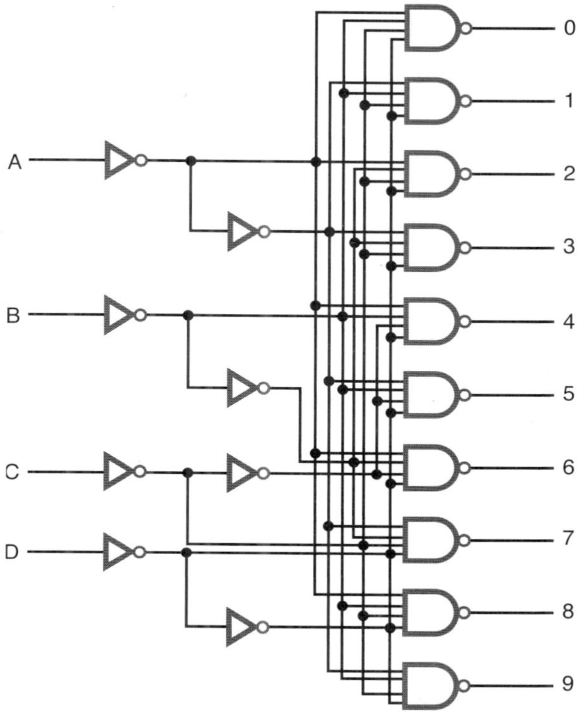

력이 1일 때, 출력은 0이다. 디코더의 그 외의 NAND 게이트로부터의 모든 출력은 1이다. 이 회로를 사용할 때마다 모든 논리 게이트를 그리는 것이 아니라 그림 36-5에서 보여 주는 기호를 사용한다.

두 개의 다른 형태의 디코더 회로는 8 중 1(8진, 즉 기저 8) 디코더와 16 중 1(16진, 즉 기저 16) 디코더이다

그림 36-5

2진-10진 디코더의 논리 기호

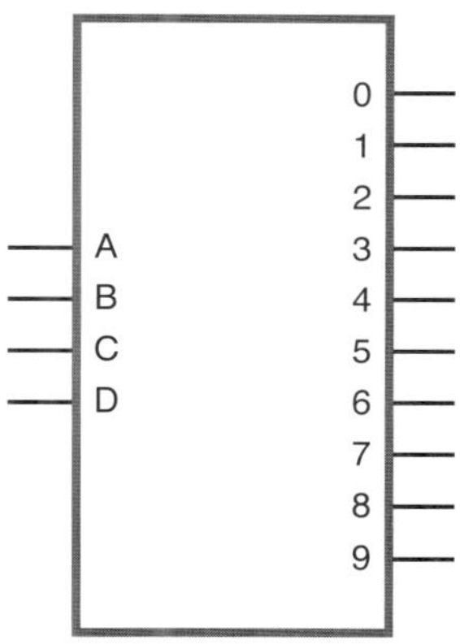

그림 36-6

8 중 1 디코더(A)와 16 중 1 디코더(B)의 논리 기호

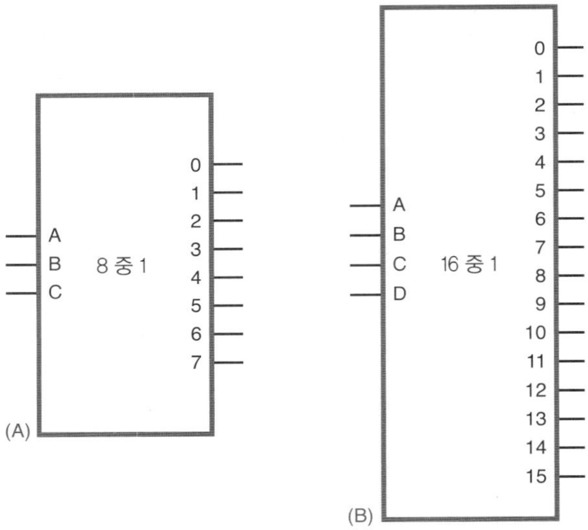

그림 36-7

7-조각 표시기의 구조

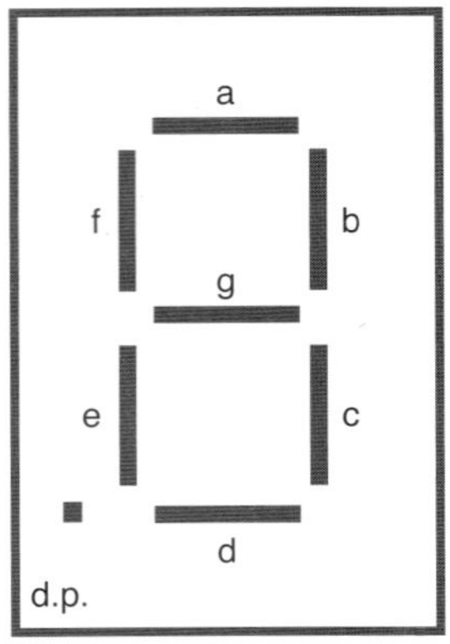

(그림 36-6). 8 중 1 디코더는 3 비트 입력 워드를 받아서 이를 8개의 가능한 출력 중의 하나로 디코드한다. 16 중 1 디코더는 4 비트 코드 워드에 의해 16개의 출력 라인 중의 하나를 활성화시킨다. 이 디코더를 또한 4라인-to-16라인 디코더라고도 한다.

특별한 형태의 디코더는 표준 8421 BCD-7-조각 디코더이다. 이것은 BCD 입력 코드를 받아서 특수한 7 비트 출력 코드를 생성하여 7-조각 10진수 표시기를 활성화시킨다(그림 36-7). 표시기는 0에서 9까지 10개의 10진 디지트 각각을 생성하기 위해 여러 가지 조합으로 빛을 내는 7-조각 7개로 구성되어 있다(그림 36-8). 7-조각 LED 표시기 외에도, 백열광 표시기와 액정 크리스털 표시기(LCD)가 있다.

이러한 표시기 각각은 같은 원리로 동작한다. 조각은 고전압 또는 저전압 레벨 중 하나에 의해 활성화된다. 그림 36-9는 공통 애노드 및 공통 캐소드라는 두 가지 형태의 LED 표시기를 보여준다. 각각의 경우에, LED 조각은 발광을 위해서 순방향 바이어스되어야 한다. 공통 캐소드인 경우는, high (1)일 때 조각이 켜지고 low (0)일 때 꺼진다.

그림 36-10은 BCD 입력을 갖는 7-조각 표시기를 위해 출력을 생성하는 데 필요한 디코딩 논리회로를 나타낸

그림 36-9

LED 표시기의 두 가지 형태: (A) 공통 음극 및 (B) 공통 양극

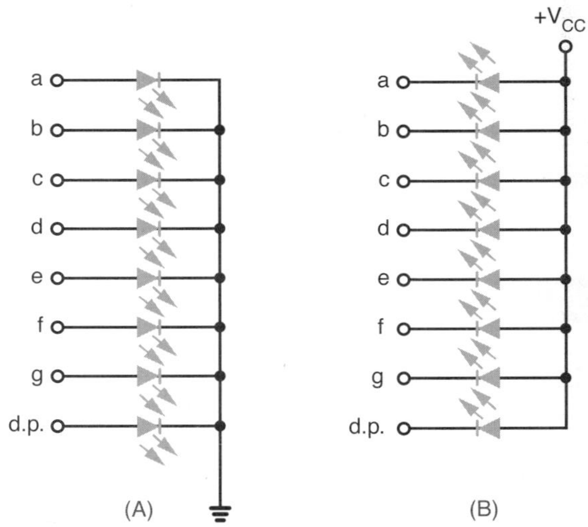

그림 36-8

7-조각 표시기를 이용하여 10개의 10진 디지트를 만드는 방법

그림 36-10
2진-7-조각 표시기 디코더

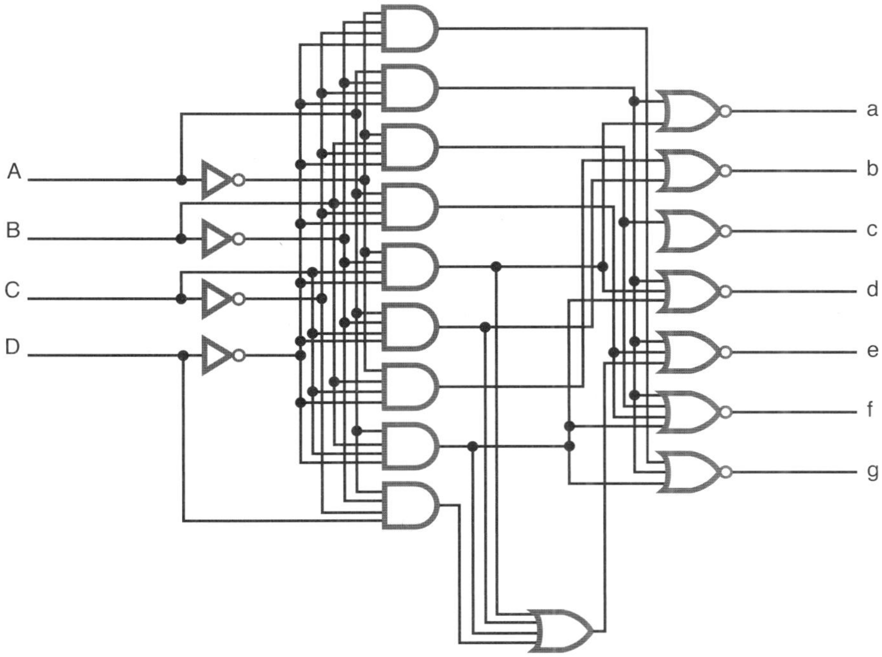

다. 그림 36-7을 참조해보면, 조각 a는 디지트 0, 2, 3, 5, 7, 8 및 9에 대해 활성화되고, 조각 b는 디지트 0, 1, 2, 3, 4, 7, 8 및 9에 대해 활성화된다는 데 주목하라. 이하도 마찬가지이다. 부울식은 표시기의 각 조각을 구동하기 위해 필요한 논리회로를 결정하도록 작성할 수 있다. BCD-7-조각 디코더의 논리 기호가 그림 36-11에 있다. 이것은 집적회로에 포함되어 있는 디코더 회로를 나타낸다.

36-2 질문

1. 디코더란 무엇인가?
2. 디코더의 용도는 무엇인가?
3. 10 중 1 디코더에 대한 논리기호를 그려라.
4. 7-조각 디코더의 목적은 무엇인가?
5. 디코더에서 사용될 수 있는 코드는 무엇인가?

그림 36-11
BCD-7-조각 디코더의 논리기호

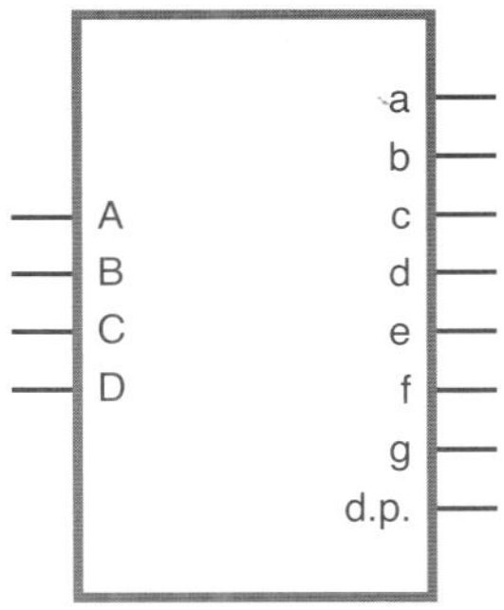

36-3 멀티플렉서

멀티플렉서(multiplexer)는 여러 개의 입력 신호 중에서 하나를 선택해서 단일 출력으로 내보내기 위해 사용되는 회로이다. 비전자식 회로 멀티플렉서의 예는 단일막대 다

그림 36-12

단일막대-다중위치 스위치는 멀티플렉서로서 사용될 수 있다.

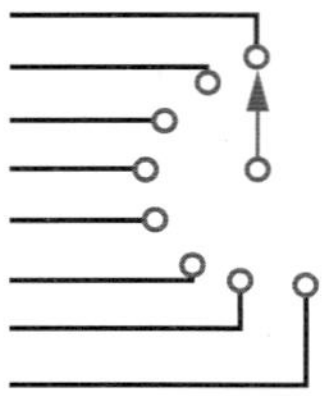

중위치(single-pole multiposition) 스위치(그림 36-12)이다.

다중위치 스위치는 많은 전자회로에서 광범위하게 쓰이고 있다. 한편, 고속으로 동작하는 회로에서는 멀티플렉서가 고속으로 스위칭되고 또 자동으로 선택되어야 한다. 기계적인 스위치는 이러한 작업을 만족스럽게 수행할 수 없다. 따라서 고속 스위칭을 수행하는 데 사용되는 멀티플렉서는 전자식 소자로 만들어진다.

멀티플렉서는 아날로그와 디지털의 두 가지 기본적인 데이터 형태를 다룬다. 아날로그 응용에서는, 멀티플렉서를 릴레이와 트랜지스터 스위치로 만든다. 디지털 응용에서는 표준 논리 게이트로 만든다.

디지털 멀티플렉서는 여러 개의 개별적인 소스로부터 오는 디지털 데이터를 하나의 공통 전송선을 통해 공통의 목적지를 향해 가도록 한다. 기본적인 멀티플렉서는 여러 개의 입력 라인과 하나의 출력 라인을 가진다. 데이터 선택 입력은 수신해야 할 데이터가 있는 입력 라인을 식별하여 이 입력 라인을 활성화시킨다. 그림 36-13은 8-입력 멀티플렉서에 대한 논리회로를 보여준다. A, B 및 C라고 이름 붙여진 3개의 입력 제어 라인이 있다는 데 유의하라. 8개의 입력 중에서 어느 것이나 입력 제어 라인의 적절한 표현에 의해 선택될 수 있다. 디지털 멀티플렉서를 표현하는 데 사용하는 기호가 그림 36-14에 나타나 있다.

그림 36-15는 16 중 1 멀티플렉서의 기호를 보여준다. 16개의 데이터 입력 라인을 활성화하기 위해 4개의 입력 제어 라인이 있다는 데 유의하라.

데이터 라인 선택 외에도, 멀티플렉서의 일반적인 응용 분야는 병렬-직렬 데이터 변환이다. 병렬 2진 워드가 멀티플렉서의 입력에 가해진다. 그러면 입력 제어 라인에 가해지는 순차적인 코드 값이 데이터 입력 라인을 순서대로 활성화시켜주므로, 멀티플렉서의 출력은 병렬 입력 워드에 대한 직렬 표현이 된다.

그림 36-13

8-입력 멀티플렉서의 논리회로

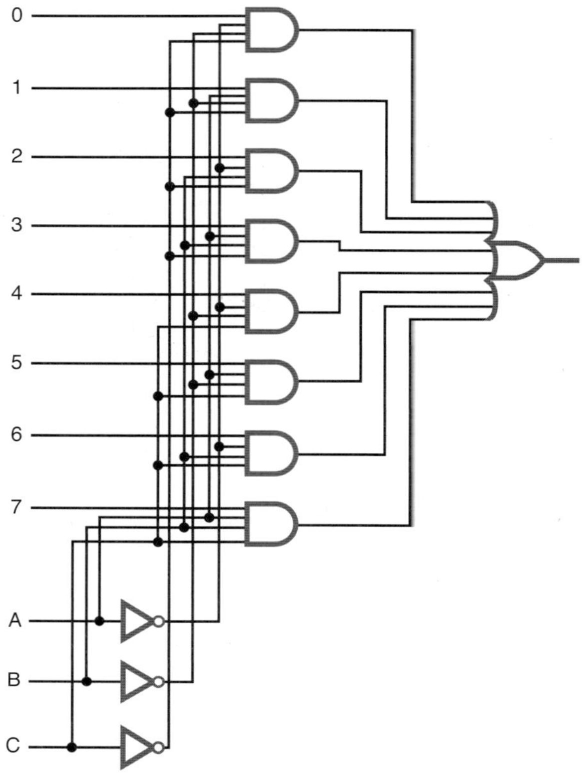

그림 36-14

8-입력 멀티플렉서의 논리 기호

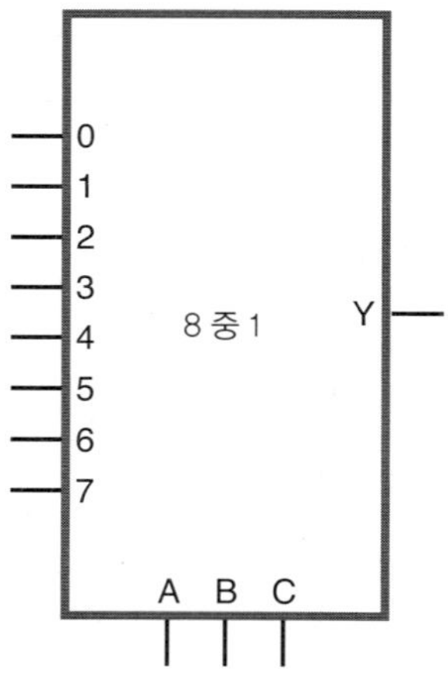

그림 36-16은 병렬-직렬 변환을 위해 구성한 멀티플렉서를 보여준다. 카운터로부터 오는 3 비트 2진 입력 워드는 필요한 입력을 선택하는 데 사용된다. 병렬 입력 워드는 멀티플렉서의 입력 라인 각각에 연결되어 있다. 카

그림 36-15

16-입력 멀티플렉서의 논리 기호

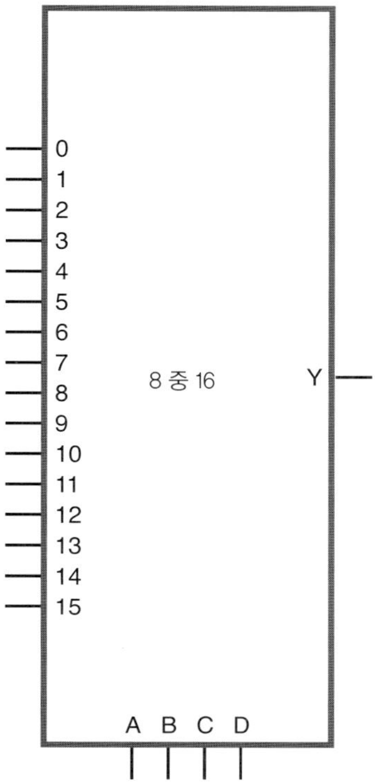

그림 36-16

멀티플렉서를 이용한 병렬-직렬 변환

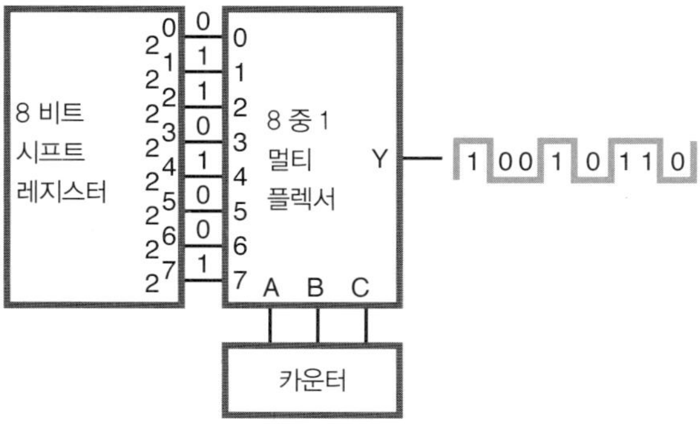

운터가 증가함에 따라, 입력 선택 코드는 각 상태를 순차적으로 거쳐서(000에서 111까지) 변한다. 멀티플렉서의 출력은 인가된 병렬 데이터와 동등하게 된다.

36-3 질문

1. 멀티플렉서란 무엇인가?
2. 멀티플렉서는 어떻게 사용되는가?
3. 멀티플렉서에 대한 논리도를 그려라.
4. 멀티플렉서는 어떤 형태의 데이터를 취급할 수 있는가?
5. 멀티플렉서는 병렬에서 직렬로의 변환을 위하여 어떻게 구성할 수 있는가?

36-4 산술회로

가산기

가산기(adder)는 디지털 컴퓨터에서 주된 계산 장치이다. 가산기를 사용하지 않는 컴퓨터에 의해서는 수행할 수 있는 루틴(routine)이 거의 없다. 가산기는 직렬 또는 병렬 회로로 동작하도록 설계되어 있다. 병렬 가산기가 더 빠르고 더 자주 사용되기 때문에, 여기서는 이것을 더 자세히 다룬다.

가산기가 어떻게 동작하는지를 이해하기 위해서 가산 법칙을 복습할 필요가 있다.

$$\begin{array}{r}0\\+\underline{0}\\0\end{array}\qquad\begin{array}{r}0\\+\underline{1}\\1\end{array}\qquad\begin{array}{r}1\\+\underline{0}\\1\end{array}\qquad \text{캐리 1}\quad\begin{array}{r}1\\+\underline{1}\\0\end{array}$$

그림 36-17은 이 법칙에 근거한 진리표를 보여준다. 그리스 문자 시그마(Σ)는 합의 열을 나타내기 위해 사용되고 있다는 것을 주목하라. 캐리(carry) 열은 C_0로 표시되어 있다. 이들 용어는 산업체에서 가산기를 참조할 때 사용하고 있다.

그림 36-17

가산 법칙을 이용하여 만든 진리표

입력		출력	
A	B	Σ	C_0
0	0	0	0
1	0	1	0
0	1	1	0
1	1	0	1

진리표에서 합의 열은 XOR 게이트 진리표(그림 36-18)의 출력 열과 같다. 캐리 열은 AND 게이트 진리표(그림 36-19)의 출력과 같다.

그림 36-20은 단일 비트 가산을 위해 필요한 논리 기능을 보여주기 위해 병렬로 연결된 AND 게이트와 XOR 게이트를 나타낸다. 캐리 출력(C_0)은 AND 게이트로 생성되고, 합의 출력(Σ)은 XOR 게이트로 생성된다. 입력 A와 B는 AND 게이트와 XOR 게이트 모두에 연결되어 있다. 이 회로의 진리표는 2진 가산 법칙을 사용하여 만든 진리표와 같다(그림 36-17). 이 회로는 어떠한 캐리도 고려하지 않기 때문에, **반가산기**(half adder)라 하고, 2진 가산 문제를 위해서 LSB 가산기로서 사용될 수 있다.

캐리를 고려하는 가산기를 **전가산기**(full adder)라고 한다. 전가산기는 입력 3개를 받아서 합과 캐리 출력을 생성한다. 그림 36-21은 전가산기의 진리표를 나타낸다. C_1 입력은 캐리 입력을 나타낸다. C_0 출력은 캐리 출력을 나타낸다.

그림 36-22는 두 개의 반가산기로 이루어진 전가산기를 나타낸다. 첫 번째 반가산기의 결과는 캐리 출력을 위해 두 번째 반가산기와 "OR"된다. 캐리 출력은 첫 번째 XOR 게이트의 입력이 모두 1이거나 두 번째 XOR 게이트의 입력이 모두 1이면 1이다. 그림 36-23은 반가산기와 전가산기를 나타내는 데 사용되는 기호이다.

단일 전가산기는 두 개의 단일 비트 수와 입력 캐리를 더할 수 있다. 2 비트 이상의 2진수를 더하기 위해서는,

그림 36-18

XOR 게이트의 진리표

A	B	Y
0	0	0
1	0	1
0	1	1
1	1	0

그림 36-19

AND 게이트의 진리표

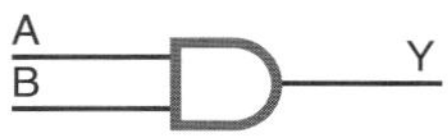

A	B	Y
0	0	0
1	0	0
0	1	0
1	1	1

그림 36-20

반가산기 회로

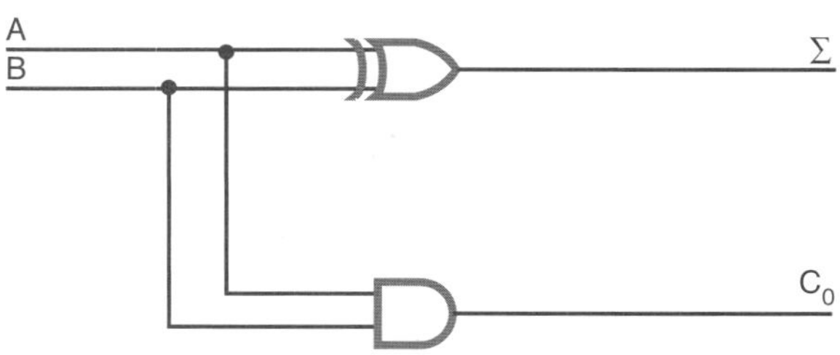

그림 36-21

전가산기의 진리표

입력			출력	
A	B	C_{1N}	Σ	C_0
0	0	0	0	0
1	0	0	1	0
0	1	0	1	0
1	1	0	0	1
0	0	1	1	0
1	0	1	0	1
0	1	1	0	1
1	1	1	1	1

그림 36-22

두 개의 반가산기를 이용한 전가산기의 논리회로

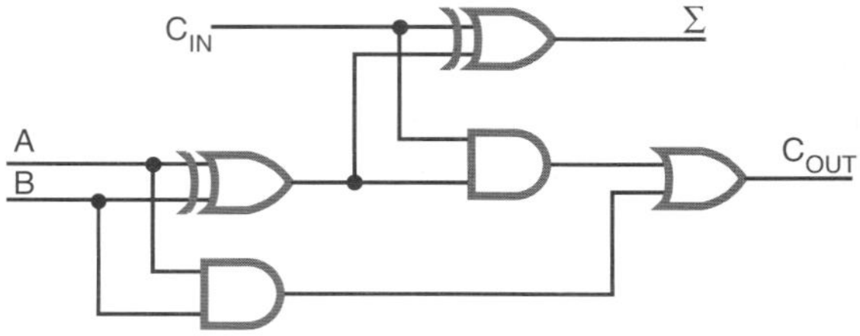

그림 36-23

반가산기(A)와 전가산기(B)의 논리 기호

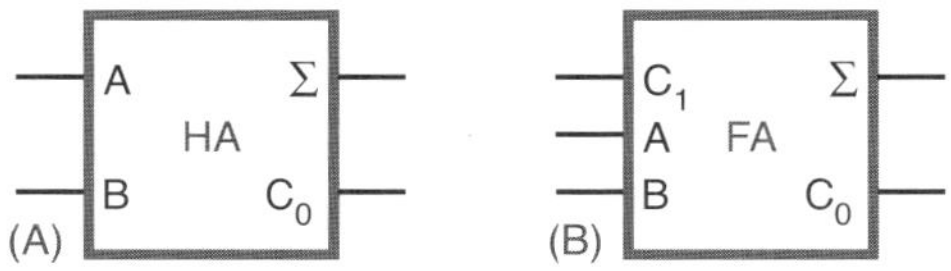

부가전인 전가산기가 사용되어야 한다. 하나의 2진수와 다른 2진수를 더할 때, 더해지는 각 열은 합을 생성하고 다음 상위 열에 1 또는 0의 캐리를 발생시킨다는 것을 기억하라. 두 개의 2진수를 더하기 위해서는, 전가산기가 각각의 열마다 필요하다. 예를 들어, 2 비트 수와 또 다른 2 비트 수를 더할 때는 두 개의 가산기가 필요하다. 3 비트 숫자 두 개를 더할 때는 3개의 가산기가 필요하고, 4 비트 숫자 두 개를 더할 때에는 4개의 가산기가 필요하다. 이하도 마찬가지로 된다. 각각의 가산기에서 발생된 캐리는 다음 상위 가산기의 입력에 가해지고, 최하위 위치에 대해서는 캐리 입력이 필요하지 않기 때문에, 반가산기가 사용된다.

그림 36-24는 4 비트 병렬 가산기를 보여준다. 최하위 입력 비트는 A_0와 B_0로 나타나 있다. 그 다음의 상위 비트는 A_1 및 B_1 등으로 나타낸다. 출력 합 비트는 Σ_0, Σ_1, Σ_2 등과 같이 나타낸다. 각 가산기의 출력 캐리는 그 다음 상위 가산기의 입력 캐리에 연결됨을 주목하라. 마지막 가산기의 출력 캐리는 답의 최상위 비트이다.

감산기

감산기(subtractor)는 두 개의 2진수의 감산을 할 수 있게 한다. 감산기가 어떻게 동작하는지 이해하기 위해서,

그림 36-24

4 비트 병렬 가산기

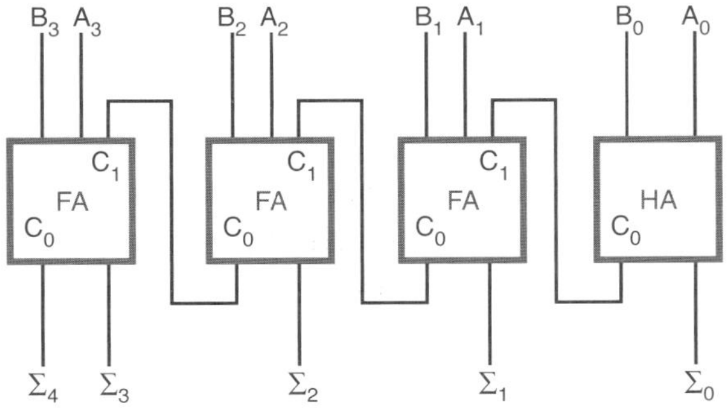

그림 36-25

감산 법칙을 사용하여 만든 진리표

입력		출력	
A	**B**	**D**	**B_0**
0	0	0	0
1	0	1	0
0	1	1	1
1	1	0	0

감산 법칙을 복습하는 것이 필요하다.

0	빌림수 1	0	1	1
− 0		− 1	− 0	− 1
0		1	1	0

그림 36-25는 감산 법칙에 기초한 진리표를 보여주고 있다. 문자 D는 차이 열이다. 빌림수(borrow) 열은 B_0로 나타낸다.

차이 출력(D)은 입력 변수가 같지 않을 때만 1이 됨을 명심하라. 따라서 차이는 입력 변수의 XOR로 표현할 수 있다. 빌림수 출력은 A가 0이고 B가 1일 때만 생성된다. 따라서 빌림수 출력은 A의 보수와 B를 'AND'시키면 된다.

그림 36-26은 **반감산기**(half subtractor)의 논리도를 보여준다. 감산기는 두 개의 입력을 가지며 차와 빌림수 출력을 생성한다. 차는 XOR 게이트에 의해 발생되고 빌림수 출력은 A와 B 입력을 갖는 AND 게이트에 의해 생성된다. A는 변수 A 입력에 인버터를 사용함으로써 완성된다.

한편, 반감산기는 빌림수 입력을 가지지 않는다. **전감**

그림 36-26

반감산기의 논리회로

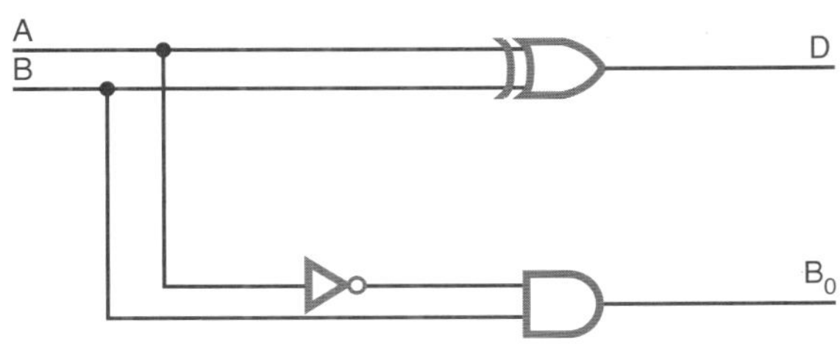

그림 36-27

전감산기의 논리회로(A)와 진리표(B)

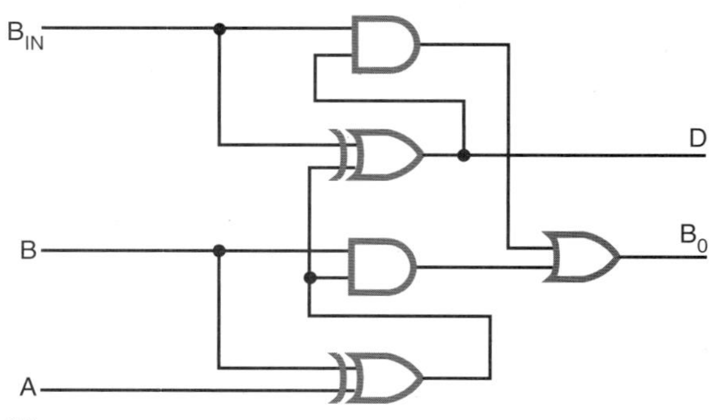

(A)

입력			출력	
A	**B**	$\mathbf{B_{1N}}$	**D**	$\mathbf{B_0}$
0	0	0	0	0
1	0	0	1	0
0	1	0	1	1
1	1	0	0	0
0	0	1	1	1
1	0	1	0	0
0	1	1	0	1
1	1	1	1	1

(B)

그림 36-28

반감산기(A)와 전감산기(B)의 논리 기호

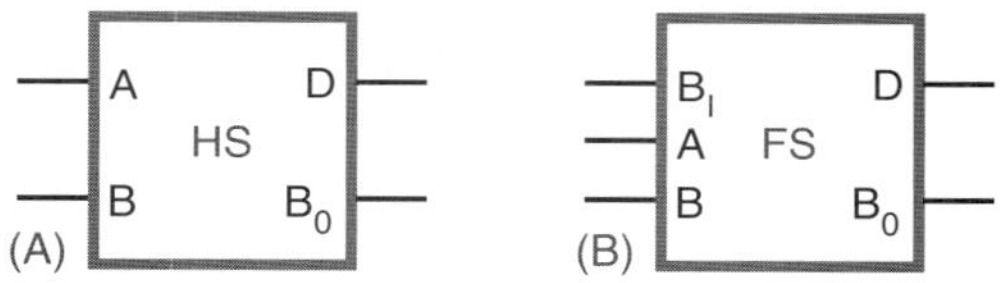

그림 36-29

4 비트 감산기

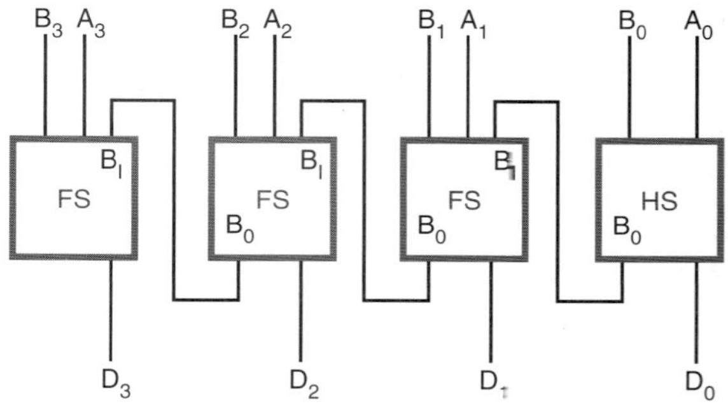

산기(full subtractor)는 빌림수를 갖는다. 전가산기는 세 개의 입력과 차 및 빌림수 출력을 생성한다. 전감삼기에 대한 논리회로와 진리표가 그림 36-27에 나타나 있다. 그림 36-28은 반감산기와 전감산기를 나타내는 데 쓰이는 기호이다.

전감산기는 단지 두 개의 1 비트 숫자만 처리할 수 있다. 2 비트 이상의 2진수를 빼기 위해서는, 부가적인 전감산기가 사용되어야 한다. 0에서 1을 뺄 때 그 다음 상위 열로부터 빌려와야 함을 명심하라. 하위 감산기에서의 빌림수 출력은 그 다음 상위 감산기의 입력 빌림수가 된다.

그림 36-29는 4 비트 감산기의 블록도를 나타낸다. 반감산기는 입력 빌림수가 없기 때문에 최하위 비트에서 사용된다.

비교기

비교기(comparator)는 두 개의 2진수의 크기를 비교하는 데 사용된다. 비교기는 단지 두 수가 같은지 아닌지를 결정하는 데 사용되는 회로이다. 출력은 두 2진수를 비교할 뿐만 아니라 하나가 다른 것보다 큰지 작은지를 나타낸다.

그림 36-30은 비교기의 진리표를 보여준다. 유일하게 출력이 요구되는 때는 비교되는 두 비트가 같을 때이다. 출력 열은 인버터를 가진 XOR, 즉 XNOR 게이트를 나타낸다. XNOR 게이트는 본질적으로 비교기이다. 왜냐하면 두 개의 입력이 같을 때만 출력이 1이 되기 때문이다. 두 비트 이상의 두 수를 비교하기 위해서는, 부가적인 XNOR 게이트가 필요하다. 그림 36-31은 두 개의 2 비트 숫자를 비교하기 위한 비교기의 논리회로를 보여준다. 만약 두 숫자가 같다면 1의 값이 XNOR 게이트로부터 발생된다. 1의 값은 한정 레벨로서 AND 게이트에 가해

그림 36-30

비교기의 진리표

입력		출력
A	**B**	**Y**
0	0	1
1	0	0
0	1	0
1	1	1

그림 36-31

두 개의 2 비트 수를 비교하기

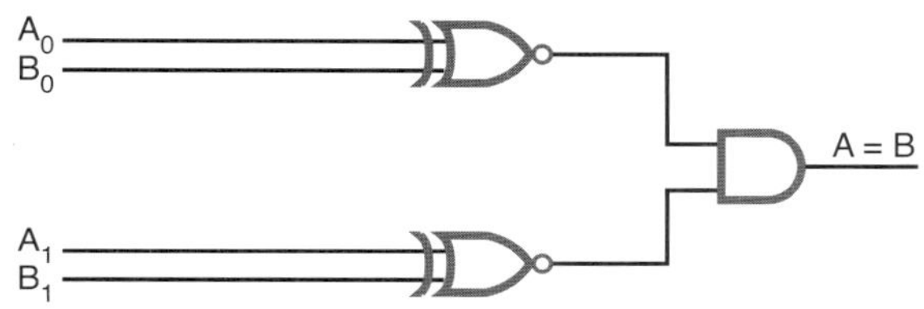

그림 36-32

두 개의 4 비트 수를 비교하기

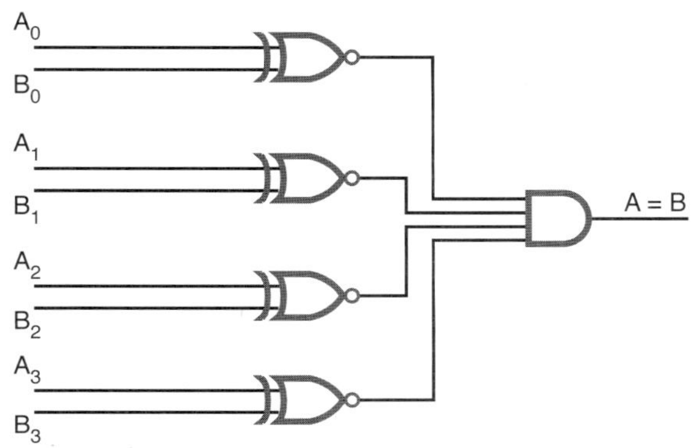

진다. 만약 모든 XNOR 게이트가 1을 출력하고 그 값이 AND 게이트의 입력에 가해진다면, 이것은 두 수가 같다는 것을 나타내어 AND 게이트의 출력이 1이 된다. 하지만 XNOR 게이트에 대한 입력이 서로 다르다면 XNOR 게이트의 출력은 0이 되고, AND 게이트의 출력도 0이 된다. 그림 36-32는 두 개의 4 비트 숫자를 비교하기 위한 비교기의 논리회로이다. 그림 36-33은 4 비트 비교기를 나타내는 논리 기호이다.

그림 36-33

4 비트 비교기의 기호

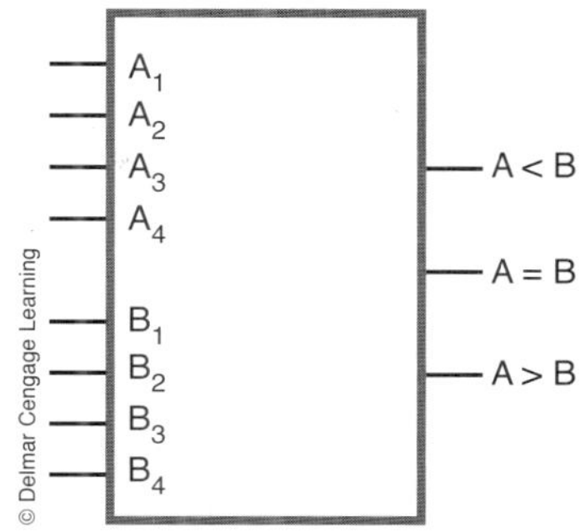

36-4 질문

1. 2진 가산에 대한 법칙은 무엇인가?
2. 반가산기와 전가산기 사이의 차이는 무엇인가?
3. 반가산기는 언제 사용되는가?
4. 2진 감산에 대한 법칙이란 무엇인가?
5. 4 비트 감산기의 블록도를 그려라.
6. 비교기의 기능은 무엇인가?
7. 비교기의 논리도를 그려라.

36-5 프로그램가능 논리 소자

제34장에서 베이치 다이어그램과 카르노 맵을 이용하여 복잡한 스위칭 기능을 간단한 회로로 축소하였다.

예를 들어,

$$\overline{A}BCD + \overline{A}\,\overline{B}CD + \overline{A}\,\overline{B}\,\overline{C}D + A\overline{B}\,\overline{C}\,\overline{D} + A\overline{B}\,\overline{C}D + \overline{A}B\overline{C}D = Y$$

는 아래와 같이 간단한 형식으로 축소되었다:

$$\overline{A}D + A\overline{B}\,\overline{C} = Y$$

이 식을 재래식 논리 게이트를 이용하여 구현하기 위해서는 여러 개의 IC가 필요하다. 회로의 복잡도가 증가할수록 IC의 개수가 엄청나게 증가한다.

점점 널리 사용되고 있는 한 가지 해법은 논리 기능을 구현하기 위해 **프로그램가능 논리 소자**(programmable

그림 36-34
프로그램가능 배열 논리(PAL)의 구조

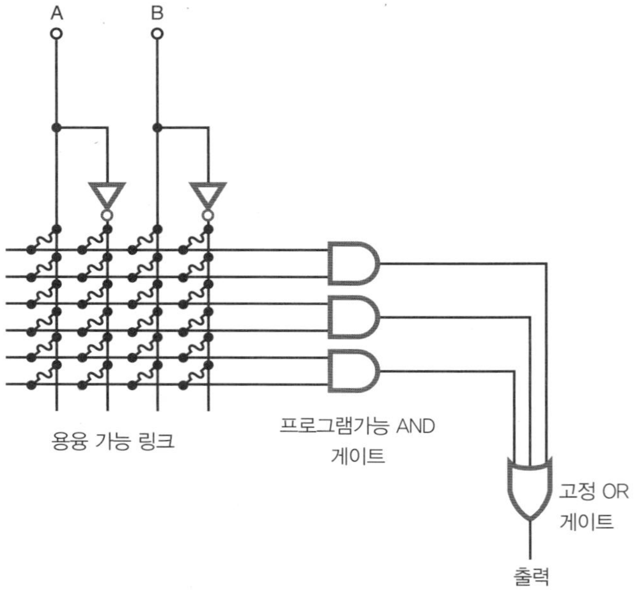

logic device, PLD)의 이용을 필요로 하고 있다. PLD는 속도, 전력 및 요구되는 논리 기능에 따라 IC 패밀리 중에서 임의로 선택할 수 있다.

시판되고 있는 PLDd[세 가지 기본 유형이 있다. 즉 프로그램가능 읽기전용 메모리(programmable read-only memory, PROM), **프로그램가능 배열 논리**(programmable array logic, PAL®) 및 **프로그램가능 논리 배열**(programmable logic array, PLA®)]이 그것이다. PROM은 주로 저장 장치로 사용되며 복잡한 논리식을 구현하는 데는 잘 채택되지 않는다.

PAL은 OR 게이트의 입력에 연결되는 몇 개의 다중 입력 AND 게이트와 인버터를 가진다(그림 36-34). 입력은 용융 가능한 배열로 구성되어 있다. 배열에 있는 특정 퓨즈를 끊어버림으로써, PAL은 복잡한 논리식을 풀도록 프로그래밍될 수 있다.

PLA는 PAL과 유사하지만, AND 게이트의 출력이 몇 개의 프로그램가능 OR 게이트에 연결된다는 유연성이 추가로 더 있다. 그 결과 PAL보다 프로그래밍하는 것이 더 힘들뿐만 아니라 논리 게이트의 추가적인 레벨이 전체 전파 지연 시간도 증가시킨다. 그림 36-35는 세부적인 상호 연결 구조를 보여준다. 처음에는 모든 용융 가능 링크가 연결되어 있다. 프로그래머는 어느 퓨즈를 남겨두고 어느 퓨즈를 끊어버릴지를 결정한다. 링크를 끊어서 논리식을 표현한다.

PAL과 PLA 사이의 주요 차이는 PAL은 고정 OR 게이트를 갖고 있는 반면, PLA는 프로그램가능 OR 게이트를 가지고 있다는 것이다.

36-5 질문

1. 프로그램가능 논리 소자의 목적은 무엇인가?
2. 프로그램가능 논리 소자의 세 가지 유형은 무엇인가?
3. PAL을 어떻게 프로그래밍하는지를 설명하라.
4. 다음 표현식을 구현하는 PLA 회로를 그려라.
$$Y = \overline{A}B + A\overline{B} + \overline{A}\overline{E}$$
5. PAL이 PLA와 어떻게 다른지를 설명하라.

그림 36-35

프로그램가능 논리 배열(PLA)의 구조

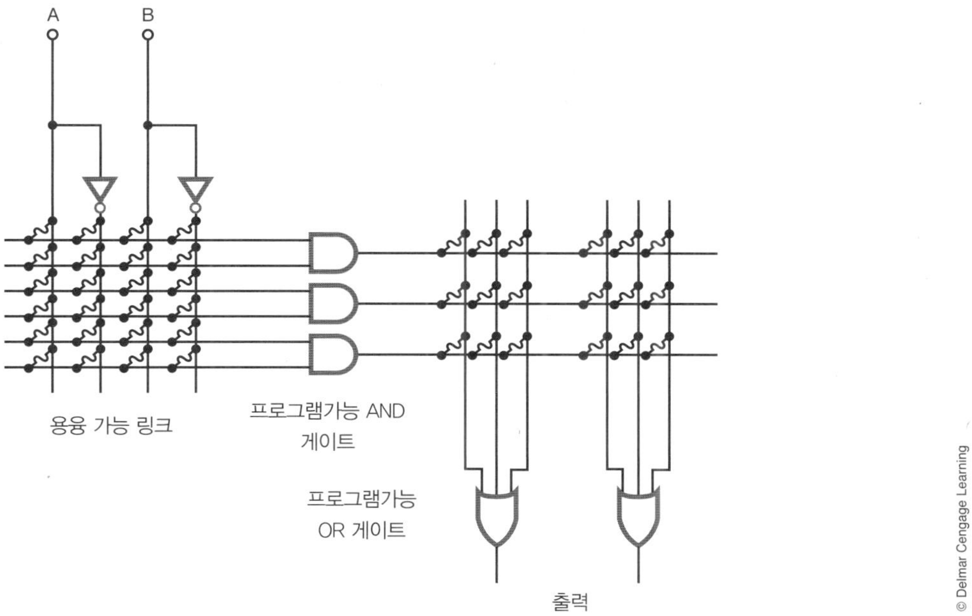

요약

- 인코더는 한 개 이상의 입력을 받아들여 다수 비트 2진 출력을 생성한다.
- 10진-2진 인코더는 0에서 9까지 중에서 하나의 디지트를 취하여 그 디지트를 표현하는 4 비트 출력 코드를 생성한다.
- 우선권 인코더는 두 개의 키가 동시에 눌러졌을 때 더 상위의 키를 받아들인다.
- 10진-2진 인코더는 키보드 인코딩을 위해서 사용된다.
- 디코더는 복잡한 2진 코드를 인식하기 쉬운 숫자나 문자로 처리한다.
- BCD-7-조각 디코더는 7-조각 표시기를 구동시키기 위한 특수 목적 디코더이다.
- 멀티플렉서는 여러 개의 소스로부터 오는 디지털 데이터를 공통의 목적지로 전송하기 위해 하나의 공통 전송선으로 나아가게 한다.
- 멀티플렉서는 아날로그와 디지털 데이터 모두를 다룰 수 있다.
- 멀티플렉서는 데이터를 병렬–직렬 변환할 수 있도록 연결할 수 있다.
- 2진수의 가산법칙의 진리표는 AND 게이트와 XOR 게이트의 진리표와 동일하다.
- 반가산기는 캐리를 고려하지 않는다.
- 전가산기는 캐리를 고려한다.
- 두 개의 4 비트 숫자를 더하기 위해서는 세 개의 전가산기와 한 개의 반가산기가 필요하다.
- 2진수의 감산 법칙의 진리표는 입력에 하나의 인버터를 가진 AND 게이트와 XOR 게이트의 진리표와 동일하다.
- 반감산기는 빌림수 입력을 갖지 않는다.
- 전감산기는 빌림수 입력을 갖는다.
- 비교기는 두 개의 2진수의 크기를 비교하기 위해서 사용된다.
- 비교기는 오직 비교되는 두 비트가 같을 때만 출력을 발생한다.
- 비교기는 하나의 숫자가 또 다른 하나의 수보다 큰지 작은지를 결정할 수 있다.

- 프로그램가능 논리 소자(PLD)는 복잡한 논리 기능을 구현하기 위해 사용된다.
- PLD의 세 가지 유형은 프로그램가능 읽기전용 메모리(PROM), 프로그램가능 배열 논리(PAL) 그리고 프로그램가능 논리 배열(PLA)이다.
- PAL은 고정된 OR 게이트를 가지고 있고 PLA는 프로그램가능 OR 게이트를 가지고 있는 점을 제외하면 PLA는 PAL과 유사하다.

CHAPTER **36**

자기테스트

1. 논리회로에서 인코더가 왜 필요한가?
2. 키보드 입력을 위해서는 어떤 형태의 인코더가 필요한가?
3. 논리회로에서 디코더가 왜 중요한가?
4. 다른 종류의 디코더에 대한 응용은 무엇인가?
5. 디지털 멀티플렉서의 동작을 간단히 설명하라.
6. 디지털 멀티플렉서가 어떤 응용을 위해 사용될 수 있는가?
7. 2 비트 가산을 위해 반가산기와 전가산기를 사용하는 경우 논리 기호를 사용하여 회로를 그려라.
8. 문제 7번에서 그린 가산기의 동작을 설명하라.
9. 다음 식을 만족하는 PLA를 설계하라.

   $$AB\overline{C} + A\overline{B}C + \overline{A}B\overline{C} + A\overline{B}\overline{C} + ABC + \overline{A}\overline{B}\overline{C} = Y$$

10. PAL과 PLA 중에서 어느 것이 프로그래밍하기가 쉬운가? 그 이유는 무엇인가?

CHAPTER 37

마이크로컴퓨터의 기초

MICROCOMPUTER BASICS

목표

이 장을 마치고 나면 다음과 같은 것을 할 수 있게 된다.

- 디지털 컴퓨터의 기본 구성에 대해 알아본다.
- 디지털 컴퓨터의 각 블록의 기능을 설명한다.
- 프로그램이 무엇인지 그리고 프로그램이 디지털 컴퓨터와 마이크로프로세서와 어떤 관계에 있는지를 설명한다.
- 마이크로프로세서의 기본 레지스터에 대해 알아본다.
- 마이크로프로세서가 어떻게 동작되는지 설명한다.
- 마이크로프로세서와 관련된 명령어 그룹을 이해한다.
- 마이크로컨트롤러의 목적을 이해한다.
- 일상 생활에서 사용되는 마이크로컨트롤러의 기능을 설명한다.

주요 용어

기타 명령어
논리명령어
누산기
데이터 이동 명령어
디지털 컴퓨터
마스킹
마이크로컨트롤러
마이크로프로세서
메모리
명령어 레지스터 인터럽트
비교 명령어
산술논리장치(ALU)
산술명령어
상태코드 레지스터
스택
스택 명령어
스택 포인터
입력/출력 명령어
입출력(I/O)
제어장치
컨트롤러
프로그램
프로그램 제어 명령어
프로그램 카운터
프로그램가능 인터페이스
회전 및 시프트 명령어
PIC

디지털 회로를 가장 많이 응용한 것은 디지털 컴퓨터이다. **디지털 컴퓨터**는 디지털 기술을 사용해서 자동적으로 데이터(data)를 처리하는 장치이다. 데이터는 정보의 부분들이고, 처리(processing)는 데이터를 조작할 수 있는 다양한 방법을 말한다.

디지털 컴퓨터는 크기와 계산 능력에 따라 분류한다. 가장 큰 컴퓨터를 메인프레임(mainframe)이라고 한다. 이 컴퓨터는 대규모 메모리와 고속 계산 능력을 갖고 있으며 비싸다. 미니컴퓨터 및 마이크로컴퓨터와 같은 작은 규모의 컴퓨터가 더욱 널리 사용되고 있다. 이들 컴퓨터는 전체 컴퓨터 분야 투자 예산 중에서 일부를 차지하고 있지만 소규모 컴퓨터는 가장 많이 사용되고 있는 컴퓨터이다. 마이크로컴퓨터(microcomputer)는 컴퓨터의 모든 기능과 특성을 갖고 있으면서 가장 작고 값싼 디지털 컴퓨터이다.

컴퓨터는 또한 기능으로도 분류한다. 가장 일반적인 기능은 데이터 처리이다. 산업체, 기업체 및 정부기관은 컴퓨터를 사용하여 기록 유지, 회계 업무 처리, 재고 관리 및 그 외 다양한 데이터 처리 기능을 제공하고 있다.

컴퓨터는 일반 목적용 또는 특수 목적용의 두 가지로 나눌 수 있다. 일반 목적용 컴퓨터는 유연성이 있어서 임의의 작업을 위해 프로그래밍할 수 있다. 특수 목적용 컴퓨터는 한 가지 작업을 수행하도록 설계되어 있다.

37-1 컴퓨터의 기초

모든 디지털 컴퓨터(digital computer)는 그림 37-1과 같이 제어장치(control unit), 산술논리장치(arithmetic logic unit, ALU), 메모리(memory), 입력(input) 및 출력(output)의 다섯 가지 부분으로 구성되어 있다. 어떤 경우에는 입력과 출력 부분을 **입출력**(I/O)이라는 단일 블록으로 나타내기도 한다. 제어장치와 산술논리장치는 서로 밀접한 관련이 있어서 따로 나누기가 어렵기 때문에, 이 두 블록을 총괄해서 중앙처리장치(CPU) 또는 마이크로프로세싱 장치(MPU)라고 한다.

제어장치(control unit)는 컴퓨터로 들어오는 명령어를 해석한다. 그 다음에는 지정된 기능을 수행하도록 필요한 펄스를 발생시킨다. 예를 들어, 명령어가 두 개의 수를 더하는 작업을 요구한다면, 제어장치는 산술논리장치에게 덧셈을 수행하라는 펄스를 보낸다. 만일 명령어가 워드를 메모리에 저장하라고 요구한다면 제어장치는 데이터를 저장하도록 메모리에 펄스를 보낸다.

현대의 컴퓨터는 몇 개의 명령어를 단일 입력 명령어로 통합하는 수단을 이용한다. 이것은 프로그램을 메모리에 저장함으로써 가능하다. 제어장치가 이 명령어를 해독할 때, 이 명령어는 일련의 명령어가 실행되도록 한다.

제어 장치는 컴퓨터마다 다르다. 기본적으로 제어장치는 주소 레지스터, 명령어 레지스터, 명령어 디코더, 프로그램 카운터, 클록, 그리고 제어펄스를 발생하는 회로로 구성되어 있다(그림 37-2).

그림 37-1

디지털 컴퓨터의 기본 구성

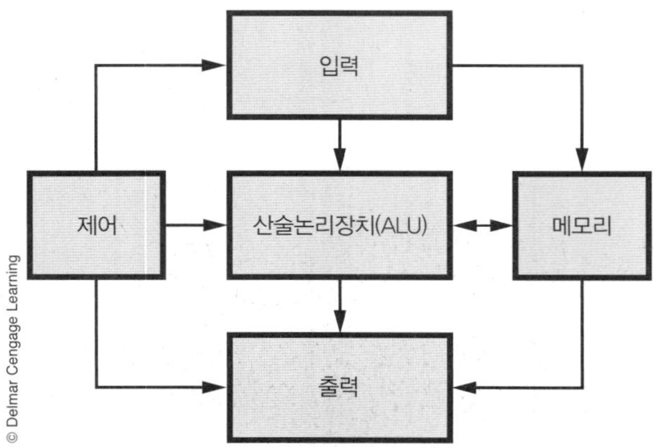

명령어 레지스터는 해독될 명령어 워드를 저장한다. 명령어 워드는 명령어 디코더에 의해 해독되어, 적절한 논리 신호를 제어펄스 발생기에 보낸다. 제어 펄스 발생기는 적절한 클록 신호가 주어지면 펄스를 발생시킨다. 제어 펄스 발생기의 출력은 컴퓨터의 해당 회로가 특정 명령어를 실행하도록 한다.

프로그램 카운터는 실행될 명령어의 순서를 정해준다. 명령어는 메모리 내의 프로그램에 저장되어 있다. 프로그램을 시작하려면, 프로그램의 시작 주소(특정 메모리 위치)가 프로그램 카운터에 두어야 한다. 첫 번째 명령어가 메모리에서 읽혀지고 해석된 후 실행된다. 프로그램 카운터가 자동적으로 다음 명령어 위치로 옮겨간다. 명령어가 인출(fetch)되어 실행될 때마다, 프로그램 카운터는 프로그램이 끝날 때까지 한 단계 앞서 가게 된다.

어떤 명령어는 프로그램 내에서 다른 곳으로의 점프(jump), 즉 분기(branch)를 지정한다. 명령어 레지스터는 다음 명령어 위치의 주소를 저장하고, 이 주소는 주소 레지스터에 실리게 된다.

ALU는 산술 논리 및 판단 동작을 수행한다. 대부분의 ALU는 덧셈 및 뺄셈을 할 수 있다. 곱셈과 나눗셈은 제어장치에 프로그래밍되어 있다. ALU는 NOT, AND, OR 및 XOR과 같은 논리 연산을 수행할 수 있다. 또한 ALU는 수를 비교하여 판단을 하거나 0이나 1 또는 음수와 같은 특정 값을 테스트할 수도 있다.

그림 37-3은 ALU를 보여 주고 있다. ALU는 산술 논리 회로와 누산기(accumulator) 레지스터로 구성되어 있다. 누산기와 ALU로 가는 모든 데이터는 데이터 레지스터를 거쳐서 전송된다. 누산기 레지스터는 하나씩 증가하거나, 하나씩 감소하거나, 오른쪽으로 한 위치 이동하거나, 왼쪽으로 한 위치 이동될 수 있다. 누산기는 메모리 워드와 크기가 같다. 즉, 32 비트 마이크로프로세서에서 메모리 워드의 폭이 32 비트이면 누산기의 폭도 또한 32 비트이다.

산술 논리 회로는 기본적으로 2진 가산기이다. 가산과 감산은 2진 가산기뿐만 아니라 논리 연산으로도 수행할 수 있다. 두 개의 2진수를 더하기 위해서, 첫 번째 수를 누산기에 저장하고, 다음 수는 데이터 레지스터에 저장한다. 이 두 수의 합은 누산기 레지스터에 저장되어, 원래의 2진수를 대체하게 된다.

메모리는 프로그램이 저장되는 영역이다. **프로그램**은 컴퓨터에게 수행해야할 일을 알려주는 명령어를 포함하

그림 37-2
컴퓨터의 제어 장치

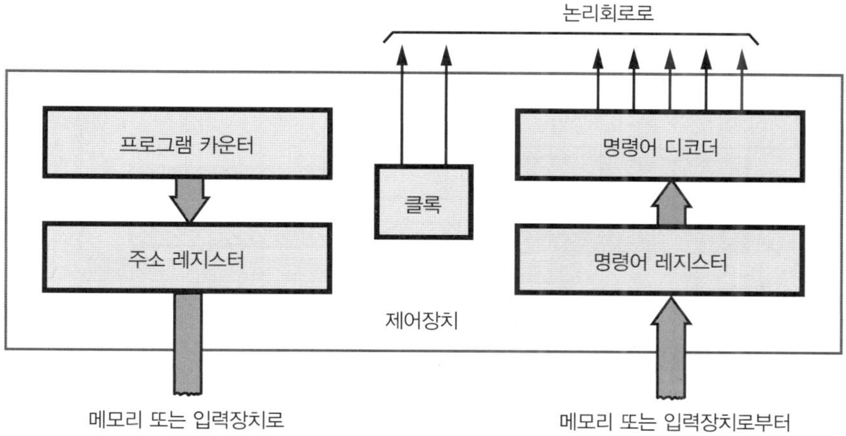

그림 37-3
산술논리장치(ALU)

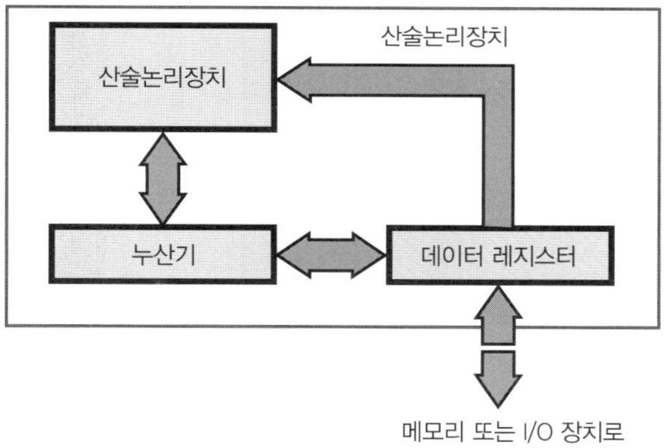

고 있다. 프로그램은 특정 문제를 해결하기 위한 순차적인 명령어 집합이다.

컴퓨터 메모리는 단지 여러 개의 저장 레지스터일 뿐이다. 데이터는 레지스터에 로드되어 레지스터의 내용을 잃게 하지 않고 '읽혀질 수" 있다. 각 레지스터 또는 메모리 위치는 주소(address)라고 하는 번호가 부여되어 있다. 주소는 메모리에 있는 데이터의 위치를 지정하기 위해 사용된다.

그림 37-4는 전형적인 메모리의 구성을 나타내고 있다. 메모리 레지스터에는 2진 데이터가 저장된다. 데이터를 써넣거나 읽어낼 수 있는 메모리를 RAM (random access read or write memory)이라고 한다. 메모리로부터 데이터 또는 명령어를 읽어낼 수만 있는 메모리를 ROM (read only memory)이라고 한다.

메모리 주소 레지스터는 메모리 주소 디코더로써 메모리의 특정 위치에 있는 데이터를 액세스한다. 메모리 주소의 크기는 컴퓨터의 최대 메모리 크기를 결정한다. 예를 들어, 16 비트 주소 레지스터는 최대 2^{16}, 즉 65,536 개의 메모리 위치를 허용한다.

메모리에 저장될 워드는 데이터 레지스터에 위치한 후 원하는 메모리 위치에 놓인다. 메모리로부터 데이터를 읽기 위해서는, 메모리 위치가 결정되어, 그 메모리 위치의 데이터가 시프트 레지스터에 로드된다.

컴퓨터의 입력 및 출력 장치는 컴퓨터로 하여금 컴퓨터의 외부로 정보를 전송하거나 컴퓨터의 외부로부터 정보를 받을 수 있게 해준다. 조작자 또는 주변 장치는 입력 장치를 통하여 컴퓨터로 데이터를 입력한다. 컴퓨터로부터의 데이터는 출력 장치를 통하여 외부 주변 장치로 보내진다.

입력 및 출력 장치는 CPU의 제어 하에 있다. 특수한 입출력 명령어를 사용하여 데이터를 입력 및 출력한다.

대부분의 디지털 컴퓨터는 인터럽트의 요청에 의해 입출력 동작을 수행한다. **인터럽트**(interrupt)는 데이터를 수신 또는 송신하는 형태에서 서비스를 요청하는 외부 장치로부터 오는 신호이다. 인터럽트는 컴퓨터가 현재 프로그램의 실행을 멈추고 다른 프로그램으로 점프하게 한다. 인터럽트 요청이 수행되었을 때, 컴퓨터는 원래의 프로그램으로 복귀한다.

그림 37-4

컴퓨터의 메모리 구성

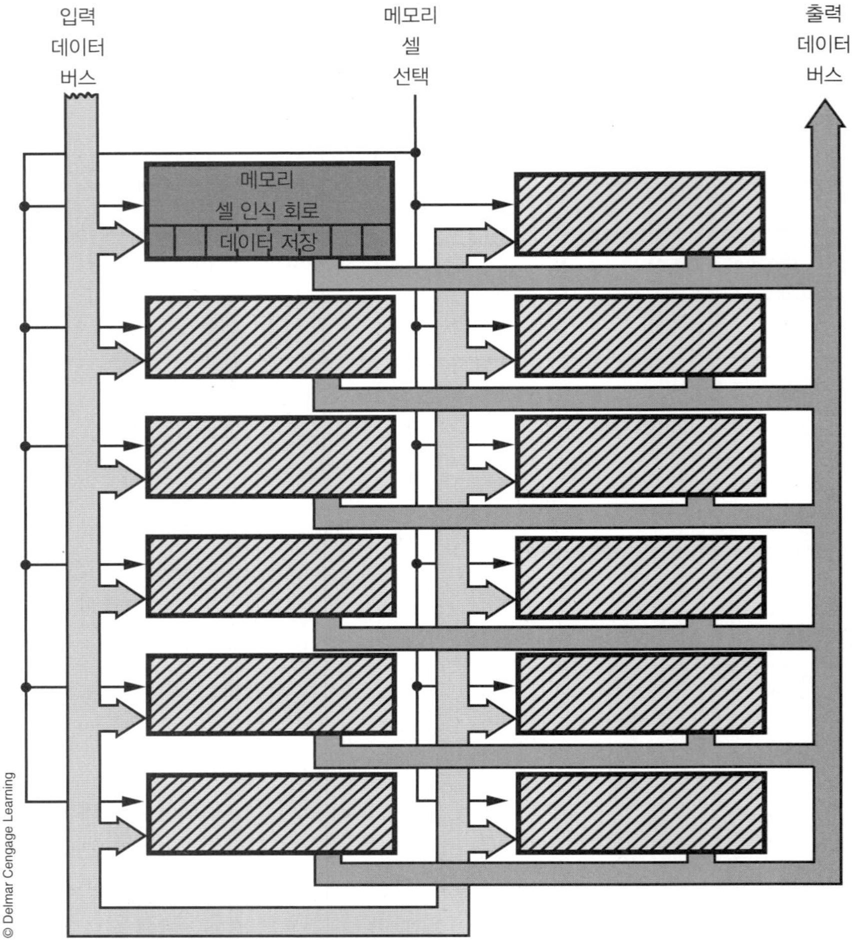

37-1 질문

1. 디지털 컴퓨터의 블록도를 그리고 각 부분의 명칭을 기입하라.
2. 디지털 컴퓨터에서 다음 블록의 기능은 무엇인가?
   a. 제어 장치
   b. 산술논리장치
   c. 메모리
   d. 입력
   e. 출력
3. 컴퓨터에서 ROM의 기능은 무엇인가?
4. 실행될 명령어의 순서는 무엇이 관리하는가?
5. 컴퓨터에 얼마나 많은 데이터가 저장될 수 있는지를 결정하는 것은 무엇인가?
6. 프로그램이라는 용어를 정의하라.

37-2 마이크로프로세서의 구조

마이크로프로세서(microprocessor)는 마이크로컴퓨터의 심장이다. 마이크로프로세서는 레지스터, 산술논리장치, 타이밍과 제어회로 및 디코딩 회로의 4가지 기본 요소로 구성되어 있다. 마이크로프로세서는 명령어 즉 프로그램을 메모리로부터 인출하고 이를 명령어 레지스터에 넣은 다음 해독할 수 있도록 설계되어 있다. 타이밍, 제어 및 디코딩 회로는 모두 프로그램에 의해 영향을 받는다. 프로그램은 조작자로 하여금 데이터를 각종 레지스터에 쓰거나 읽거나 또는 ALU로 전송할 수 있게 한다. 레지스터와 ALU는 마이크로프로세서가 데이터나 데이터 또는 정보를 조작하는 데 사용된다.

그림 37-5

8 비트 마이크로프로세서의 구성 요소

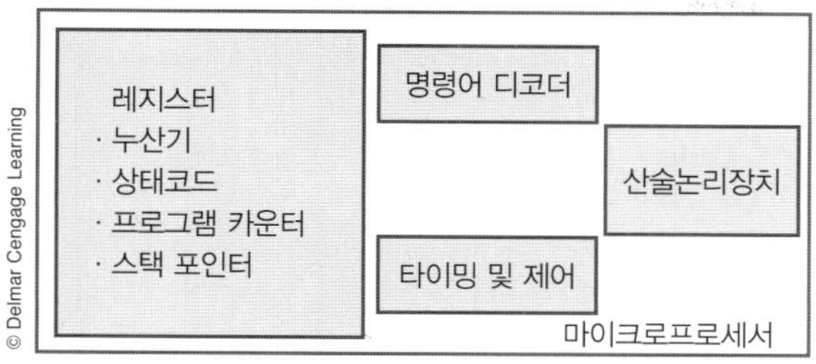

각각의 마이크로프로세서는 구조와 명령어 집합에서 서로 다르다. 그림 37-5는 여러 8 비트 마이크로프로세서의 기본적인 구성을 보여주고 있다. 레지스터의 이름과 개수는 마이크로프로세서마다 다르기 때문에, 이들을 분리해서 나타내었다.

누산기(accumulator)는 마이크로프로세서에서 가장 흔히 사용되는 레지스터이다. 누산기는 메모리 또는 I/O 장치에서 데이터를 받거나 저장하는 데 사용된다. 또한 누산기는 ALU와도 밀접하게 연계되어 동작한다. 누산기의 비트 수는 마이크로프로세서의 워드 크기를 결정한다. 8 비트 마이크로프로세서 워드 크기는 8 비트이다.

상태코드 레지스터(condition-code register)는 프로그래머가 프로그램의 특정 지점에서 마이크로프로세서의 상태를 점검할 수 있도록 해주는 8 비트 레지스터이다. 상태 코드 레지스터는 마이크로프로세서에 따라서, 프로세서 상태 레지스터, P 레지스터, 상태 레지스터, 또는 플래그 레지스터라고도 불린다. 상태 코드 레지스터의 각 비트를 플래그 비트(flag bit)라고 한다. 가장 일반적인 플래그는 캐리(carry), 제로(zero) 및 부호(sign) 플래그이다. 캐리 플래그는 산술 연산 동안에 캐리의 발생 여부를 결정하기 위해 사용된다. 제로 플래그는 명령어의 결과가 모두 0인지를 판단하는 데 사용된다. 부호 플래그는 어떤 수가 음수인지 양수인지를 나타내는 데 사용된다. 코드 레지스터의 8 비트 중에서 모토롤라(Motorola)의 6800과 자이로그(Zilog)의 Z80은 6 비트를 사용하고, 인텔(Intel)의 8080A는 5 비트를 사용하고, MOS 테크놀리지 사의 6502는 7 비트를 사용한다.

프로그램 카운터(program counter)는 메모리로부터 인추된 명령어의 주소를 저장하는 16 비트 레지스터이다. 명령어가 실행되고 있는 동안, 프로그램 카운터는 다음 명령어의 주소를 위해 하나씩 증가된다. 프로그램 카운터는 단지 증가될 수만 있다. 그러나 분기(branch) 또는 점프(jump) 명령어를 사용하여 명령어의 순서를 바꿀 수 있다.

스택 포인터(stack pointer)는 스택에 저장된 데이터의 메모리 위치를 갖고 있는 16 비트 레지스터이다. 스택은 이 장에서 나중에 자세히 설명한다.

대부분의 마이크로프로세서는 서로 다른 기계 코드와 몇 개의 고유한 명령어를 가지고 있는 동일한 기본적인 명령어 집합을 가지고 있다. 기본적인 명령어는 다음과 같이 9개의 범주로 나눈다.

1. 데이터 이동
2. 산술 연산
3. 논리 연산
4. 비교와 테스트
5. 회전과 시프트
6. 프로그램 제어
7. 스택
8. 입력/출력
9. 기타

데이터 이동 명령어는 마이크로프로세서와 메모리 내에서 이곳에서 저곳으로 데이터를 이동시키는 명령어이다(그림 37-6). 데이터는 병렬 형태로 소스에서 특정 목적지까지 한 번에 8 비트를 이동한다. 마이크로프로세서 명령어는 데이터가 어떻게 이동되는지를 나타내기 위해 기호식 표기를 사용한다. 6800이나 6502 마이크로프로세서에서는, 화살표가 왼쪽에서 오른쪽으로 이동한다. 8080A나 Z80에서는 화살표가 오른쪽에서 왼쪽으로 이동한다. 두 가지 경우에서, 메시지는 동일하다. 데이터는 소스로부터 목적지로 이동한다.

산술 명령어는 ALU에 영향을 준다. 가장 강력한 명령어는 덧셈, 뺄셈, 증가 및 감소이다. 이들 명령어는 마이크로프로세서로 하여금 데이터를 계산하고 처리하게 한다. 이들이 컴퓨터를 랜덤 논리 회로(random logic circuit)와 구분 짓는다. 이들 명령어의 결과는 누산기에 저장된다.

논리 명령어는 다음과 같은 부울 연산자를 하나 또는 다수 포함한다: AND, OR 및 XOR. 이들은 ALU에서 한번에 8 비트 단위로 수행되고, 결과는 누산기에 놓인다. 다른 논리 연산은 보수 명령어이다. 이 명령어에는 1

그림 37-6

데이터 이동 명령어

설명	약어	표기	원천	목적지
누산기에 로드하라	LDA	M → A	메모리	누산기
X-레지스터에 로드하라	LDX	M → A	메모리	X-레지스터
누산기를 저장하라	STA	A → M	누산기	메모리
X-레지스터를 저장하라	STX	X → M	X-레지스터	메모리
누산기를 X-레지스터로 전송하라	TAX	A → X	누산기	X-레지스터
X-레지스터를 누산기로 전송하라	TXA	X → A	X-레지스터	누산기

의 보수와 2의 보수가 포함된다. 보수는 부가적인 회로로 수행되기 때문에, 모든 마이크로프로세서에 포함되지는 않는다. 6502에는 보수 명령어가 없다. 8080A에는 1의 보수 명령어만 있다. 6800과 Z80은 1의 보수 명령어와 2의 보수 명령어 모두를 가지고 있다.

보수 동작은 부호 있는 수(signed number)를 나타내는 방법을 제공한다. 보수 동작은 ALU가 가산기 회로를 사용하여 뺄셈 동작을 수행하게 한다. 따라서 MPU는 덧셈과 뺄셈에 동일한 회로를 사용한다.

비교 명령어는 누산기에 있는 데이터를 메모리 위치 또는 다른 레지스터에 있는 데이터와 비교한다. 비교 결과는 누산기에 저장되지 않으나, 플래그 비트가 비교 결과로서 변하게 된다. 비교는 마스킹 또는 비트 검사에 의해 수행된다. **마스킹**(masking)은 두 수를 뺀 후 특정한 비트만 통과하게 하는 과정이다. 마스크는 MPU 내에 어떤 상태가 존재하는지를 결정하는 데 사용하는, 미리 정해진 비트 집합이다. 마스킹은 AND 명령어를 이용하므로 누산기의 내용을 파괴해버리는 단점이 있다. 비트 검사 절차는 AND 명령어를 사용하지만 누산기의 내용을 파괴하지는 않는다. 모든 마이크로프로세서가 비트 검사 명령어를 가지고 있지는 않다.

회전 및 시프트 명령어는 레지스터나 메모리에 저장되어 있는 데이터를 오른쪽 또는 왼쪽으로 한 비트 이동시킴으로써 데이터를 변화시킨다. 두 가지 명령어 모두 캐리 비트의 사용을 수반한다. 이들 명령어의 차이점은 회전 명령어는 데이터를 보존하지만 시프트 명령어는 데이터를 파괴시킨다는 것이다.

프로그램 제어 명령어는 프로그램 카운터의 내용을 변경시킨다. 이 명령어는 마이크로프로세서가 다른 프로그램을 실행하거나, 같은 프로그램의 일부를 반복하기 위해 메모리 위치를 건너뛰게 한다. 이 명령어는 무조건과 조건부의 두 가지 종류가 있다. 무조건인 경우는 프로그램 카운터의 내용이 바뀌고, 조건부인 경우는 프로그램 카운터의 내용이 바뀌어야 하는지를 결정하기 위해 먼저 플래그 비트를 검사한다. 플래그 비트의 상태가 만족되지 않으면, 그 다음 명령어가 실행된다.

스택 명령어는 스택에 다른 마이크로프로세서 레지스터의 내용을 저장하거나 꺼내올 수 있게 해준다. **스택**(stack)은 다른 서브루틴 프로그램으로 점프하는 동안 프로그램 카운터의 내용을 저장하기 위해 사용되는 일시적인 메모리 위치이다. 스택과 그 외 메모리 형태와의 차이점은 데이터를 액세스하는 방법이다. 푸시(push) 명령어는 레지스터 내용을 저장하고, 풀(pull) 명령어는 레지스터 내용을 되찾는다. 스택을 이용하면 데이터를 단일 바이트 명령어로 저장하거나 불러올 수 있기 때문에 이점이 있다. 모든 데이터 전송은 스택의 꼭대기(top of stack, TOS)와 누산기 사이에서 이루어진다. 즉, 누산기는 TOS 위치하고만 통신한다.

6800과 6502 마이크로프로세서는, 레지스터의 내용을 스택에 저장한 다음, 스택 포인터를 1만큼 감소시킨다. 이렇게 되면 스택 포인트는 데이터가 저장될 수 있는 곳의 그 다음 메모리 위치를 가리키게 된다. **스택 포인터**(stack pointer)는 TOS로서 동작하는 메모리 위치를 정의하는 데 사용되는 16 비트 레지스터이다. 풀(pull) 명령어를 사용했을 때, 스택 포인터는 하나 증가하고, 데이터는 스택에서 끄집어내져서 해당 레지스터에 놓이게 된다. 8080A에서, TOS는 마지막 메모리 위치를 가리키는 포인터가 들어있다. 푸시(push) 명령어는 먼저 스택 포인터를 하나 감소시킨 다음에 레지스터의 내용을 스택에 저장한다.

입력/출력 명령어는 I/O 장치를 제어한다. 8080A, 8085 및 Z80에는 I/O 명령어가 있다. 6800 및 6502에는 특정한 I/O 명령어가 없다. 마이크로프로세서가 I/O 명령어를 이용하여 외부 장치와 관계한다면, 이러한 기술을 독립 I/O (isolated I/O)라고 한다.

어떤 명령어는 지금까지 언급한 범주에 포함되지 않는 것이 있다. 이런 명령어를 하나로 묶어서 **기타 명령어**라고 한다. 이들 명령어 중에는, 인터럽트 라인을 활성화(enable)하거나 불활성화(disable)하는 데 사용되는 명령어, 플래그 비트를 지우거나 설정하는 데 사용되는 명령어, 또는 마이크로프로세서가 BCD 산술을 수행하게 하는 명령어가 있다. 또한 프로그램 순차를 정지 또는 중단시키는 명령어도 포함된다.

37-2 질문

1. 마이크로프로세서의 기본적인 구성요소는 어떤 것들인가?
2. 마이크로프로세서에는 어떤 레지스터가 있는가?
3. 마이크로프로세서 명령어의 주요 범주에는 어떤 것들이 있는가?
4. 컴퓨터와 랜덤 논리회로 사이의 차이를 결정하는 것은 무엇인가?
5. 기타 명령어의 용도는 무엇인가?

37-3 마이크로컨트롤러

마이크로(micro)는 그 장치가 작다는 것을 의미한다. 컨트롤러(controller)는 그 장치가 개체, 과정, 또는 사건을 제어하는 데 사용되고 있다는 것을 말한다.

정보를 측정, 저장, 제어, 계산 및 표시하는 모든 장치는 내부에 마이크로컨트롤러를 가지고 있다. 오늘날, 마이크로컨트롤러는 여러 가지 가전 제품(예, 마이크로웨이브, 토스터 및 스토브)을 제어하고, 고기술 장난감을 동작시키고, 축하 카드의 음악을 연주한다.

마이크로컨트롤러는 단일 칩 컴퓨터이다. 즉 한정된 메모리, 입력/출력(I/O) 인터페이스, 동일 칩 중앙처리장치(CPU)를 가지고 있다(그림 37-7). 이는 모니터하고 제어하는 기능에 이상적이다. 이들이 동일 칩에 있으므로, 마이크로컨트롤러와 지원 회로를 자신이 제어하는 장치 내에 포함시켜 제작한다.

마이크로컨트롤러는 기계 제어 응용을 위해 설계되어, 동작시키기 위해 사람과의 대화를 필요로 하지 않는다. 예를 들어, 토스터와 마이크로웨이브 오븐은 한 개 또는 두 개의 고정된, 반복적인 프로그램을 가지고 있다. 마이크로컨트롤러는 키보드, 모니터 또는 마우스와 같은 어떠한 인간 인터페이스 장치도 필요로 하지 않는다.

마이크로컨트롤러 IC의 예 하나는 8051이다. 8051은 ROM과 RAM뿐만 아니라 I/O 회로도 포함하고 있는 8 비트 프로세서이다. 8051은 여러 회사에 의해 제조되고 개발되고 있는 인기 있는 칩이다. 8051칩의 인텔 버전은 MCS 251인데, 이것은 MCS 51보다 15배 빠르다. MCS 51의 블록도가 그림 37-8에 나타나 있다.

MCS 51은 4 KB의 EPROM/ROM, 128 바이트의 RAM, 32개의 I/O 라인, 두 개의 16 비트 타이머/카운터, 다섯 개의 소스-2-레벨(source-two-level) 인터럽트 구조, 전이중 직렬 포트(full-duplex serial port) 및 발진기와 클록 회로를 포함하고 있다.

68HC11은 모토롤라의 강력한 8 비트 마이크로컨트롤러로서 주소가 16 비트이며, 이전의 68xx (6801, 6805 및 6809)와 유사한 명령어 집합을 가지고 있다. 응용 분야에 따라 68HC11은 다양한 특징을 가진 것이 시판되고 있는데, 그 특징 중에는 창이 있는 EPROM/EEPROM/OTPROM (one-time programmable ROM, 일회 프로그램 가능 ROM)이 내장되어 있고, 정적 RAM, 디지털 I/O, 타이머, A/D 컨버터, PWM 발생기, 그리고 동기식 및 비동기식 통신 채널을 포함하고 있다. 모토롤라는 68HC11의 능력을 검토해볼 수 있도록 저가의 평가용 보드를 제공하고 있다.

General Instrument의 Microelectronics Division이 PIC (programmable interface controller)의 최초 버전을 개발했다. 현재 PIC는 Microchip Technology가 만든 마이크로컨트롤러의 패밀리이다. PIC는 RISC (reduced instruction set computer)를 사용하는 마이크로컨트롤러이다. RISC는 적은 기본 명령어가 더 높은 성능을 낸다는 전략에 기반을 두고 있다. 이러한 구조에 기반을 두고 마이크로컨트롤러를 만든다는 것은 최초의 PIC 1640 마이크로컨트롤러로부터 나온 전략이다.

PIC 마이크로컨트롤러는 쉽게 구할 수 있고, 가격도 저렴하며, 응용에서 동작시키기 전에 많은 지식을 요구

그림 37-7
마이크로컨트롤러의 블록도

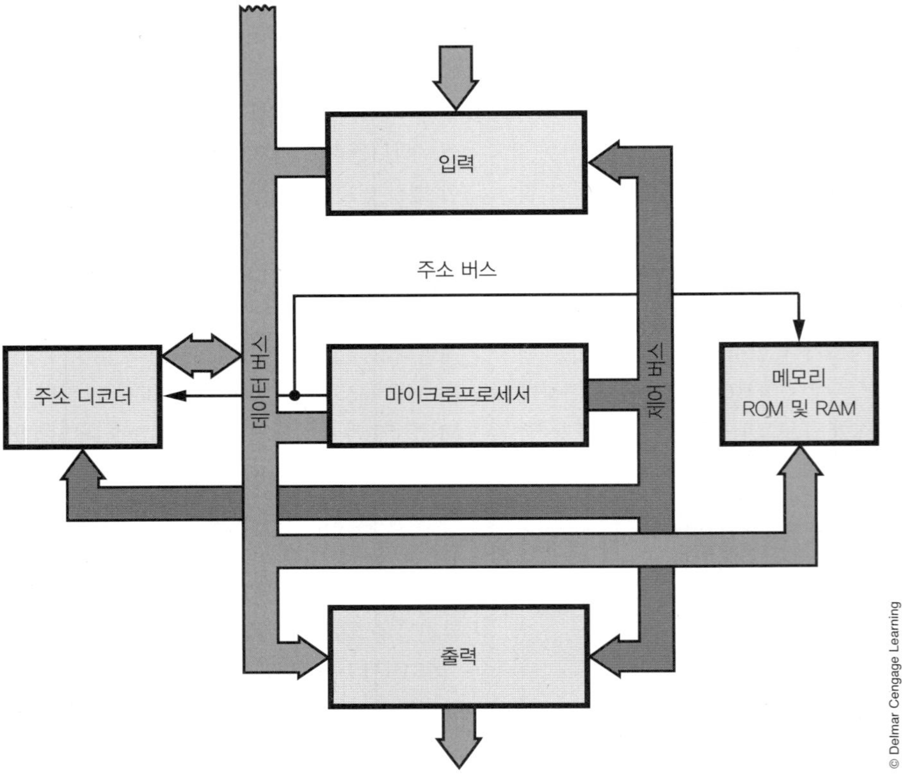

하지도 않는다. PIC 개발 환경은 자유롭게 구할 수 있으며 항상 최신 버전이다. 여러 응용에 맞도록 다양한 종류의 마이크로컨트롤러가 출시되고 있다. 하드웨어 프로그래밍은 쉬우며 많은 추가적인 장비 또는 프로그래머를 필요로 하지도 않는다. PIC 패키지에는 PDIP (plastic dual in-line package), SSOP (shrink small outline package), PLCC (plastic leaded chip carrier), QFN (quad flat no-lead package) 등이 있다(그림 37-9). PIC 패키지는 많은 노력을 들이지 않고도 편리하게 프로토타입을 만들 수 있게 해준다.

37-3 질문

1. 마이크로컨트롤러는 무슨 일을 하는가?
2. 마이크로컨트롤러를 정의하라.
3. 마이크로컨트롤러는 무엇을 설계하는 데 쓰이는가?
4. PIC 마이크로컨트롤러는 무엇인가?
5. MCS51, 68HC11 및 PIC 마이크로컨트롤러 사이의 차이점은 무엇인가?

그림 37-8

마이크로컨트롤러의 블록도

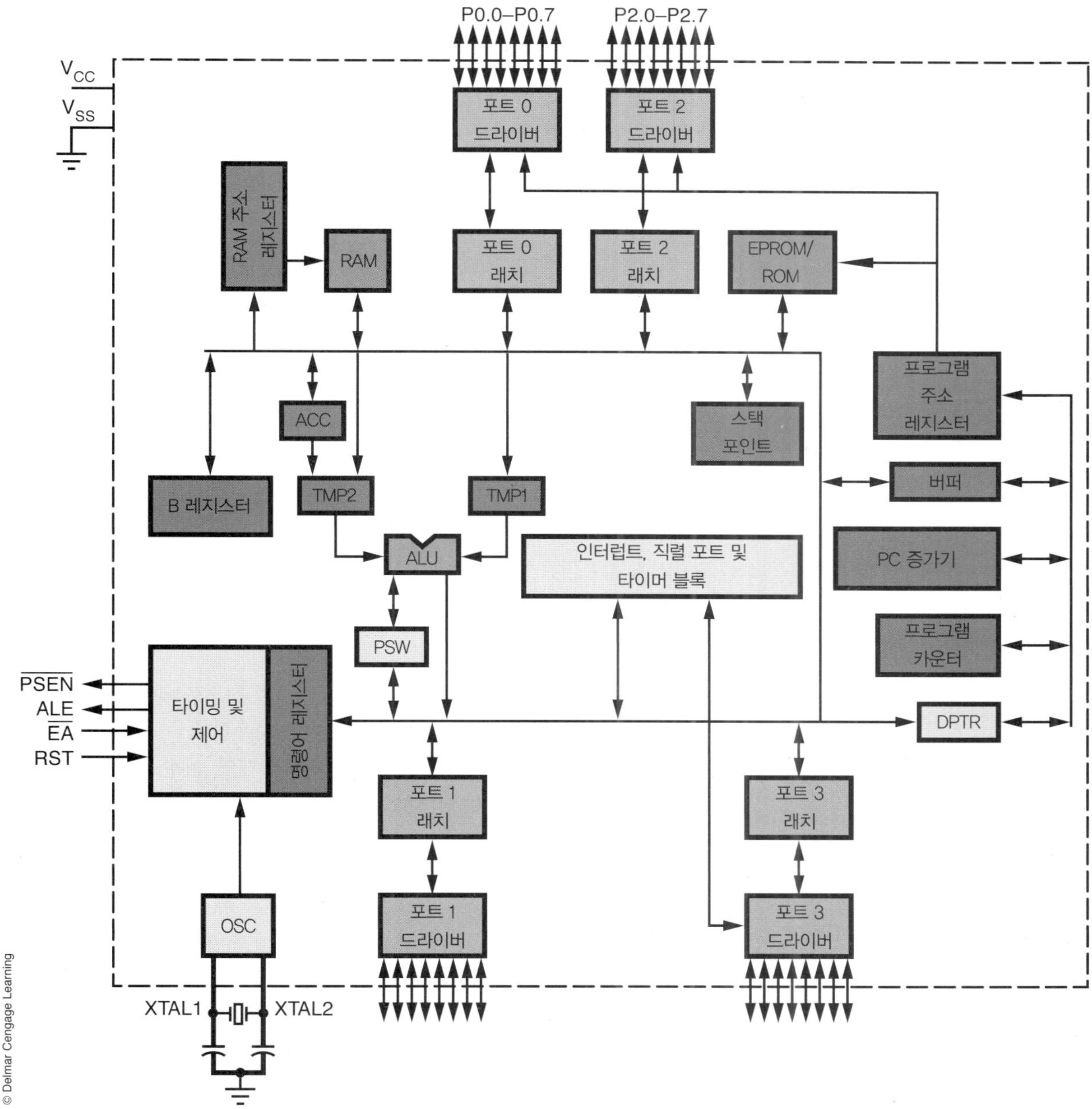

그림 37-9

각종 PIC 패키지의 외관

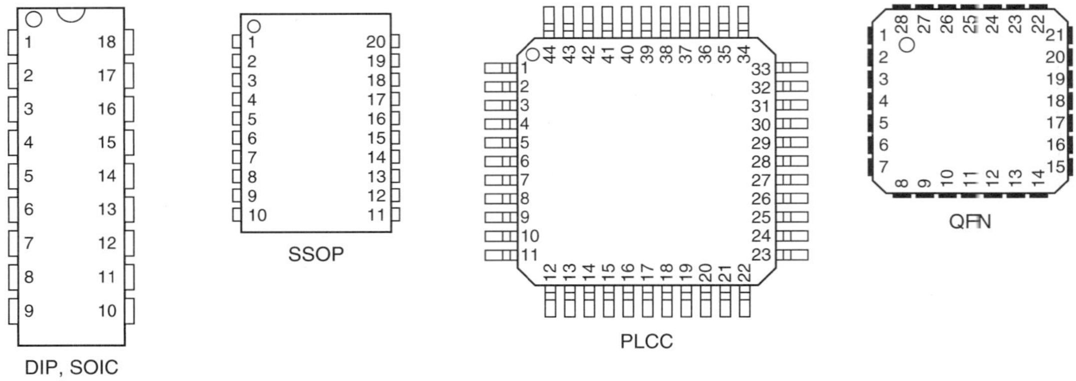

요약

- 디지털 컴퓨터는 제어장치, 산술논리장치, 메모리 및 입출력부로 구성되어 있다.
- 제어부는 명령어를 해독하고 펄스를 발생시켜 컴퓨터를 동작시킨다.
- 산술논리장치는 수학, 논리 및 판단 동작을 수행한다.
- 메모리는 프로그램과 데이터가 실행을 기다리는 동안 저장되어 있는 영역이다.
- 입출력장치는 데이터가 컴퓨터의 내부로 그리고 외부로 전송되게 한다.
- 제어부와 산술논리장치는 마이크로프로세서라 불리는 단일 패키지에 포함될 수도 있다.
- 프로그램은 특정 문제를 해결하기 위해 순차적인 양상으로 배열된 명령어의 집합이다.
- 마이크로프로세서는 레지스터, 산술논리장치, 타이밍과 제어회로, 그리고 디코딩 회로를 포함하고 있다.
- 마이크로프로세서를 위한 명령어는 9개의 범주로 분류된다.
  - 데이터 이동
  - 산술연산
  - 논리연산
  - 비교와 테스트
  - 회전과 시프트
  - 프로그램 제어
  - 스택
  - 입력/출력
  - 기타
- 마이크로컨트롤러는 단일 칩으로 되어있으며 개체, 공정 및 사건을 제어하는 사용된다.
- 정보를 측정 또는 저장, 제어, 계산, 표시하는 장비에는 반드시 그 속에 마이크로컨트롤러가 들어있다.
- 마이크로컨트롤러는 단일 칩 컴퓨터이다.
- 마이크로컨트롤러는 종종 자신이 제어하는 장치 내부에 설치된다.
- 마이크로컨트롤러는 기계 제어 응용 설계에 사용된다.
- 마이크로컨트롤러는 한 번 프로그래밍되면 사람과의 대화를 필요로 하지 않는다.
- 마이크로컨트롤러의 예에는 MCS 251, 68HC11, PIC 등이 있다.

CHAPTER 37

자기테스트

1. 컴퓨터가 어떻게 동작하는지를 기술하라.
2. 실세계와 연결되어 있는 컴퓨터는 외부 장치로부터 전송된 데이터를 어떤 방법으로 처리하는가?
3. 마이크로컴퓨터와 마이크로프로세서 사이의 차이점은 무엇인가?
4. 마이크로프로세서의 기능은 무엇인가?
5. 마이크로컨트롤러와 마이크로프로세서 사이의 차이점은 무엇인가?
6. 데이터 이동, 산술, 논리 및 입출력의 마이크로프로세서 명령어를 정의하라.
7. 마이크로컨트롤러가 어떻게 이용되는지를 설명하라.
8. 마이크로컨트롤러를 사용하는 가전제품 5가지를 열거하라.
9. 현대의 자동차에서 마이크로컨트롤러가 어디에 사용되고 있나?
10. RISC 구조를 사용하는 마이크컨트롤러의 의미를 설명하라.

용어해설
GLOSSARY

A

Accumulator(누산기) : 마이크로프로세서에서 가장 많이 사용되는 레지스터.

Active filters(능동 필터) : IC를 사용하며 인덕터가 없는 필터.

Adder(가산기) : 두 개의 이진수의 덧셈을 수행하는 논리 회로.

Alternating current(AC, 교류) : 한 방향으로 흐른 다음, 반대 방향으로 흐르는 전류.

Alternation(교번) : 한 사이클의 두 개의 절반.

Alternator(AC 발전기) : 교류 발전기.

Ammeter(전류계) : 회로에 흐르는 전류의 양을 측정하는 데 사용하는 계측기.

Ampere(암페어) : 전류 흐름의 측정값.

Ampere-hour(암페어시) : 배터리가 전력을 얼마나 잘 공급하는지를 결정하기 위해 사용하는 정격.

Amplification(증폭) : 입력 신호보다 큰 출력 신호를 내는 것.

Amplitude(진폭) : 정현파 또는 복잡한 파형의 고조파에 대해 영에서부터 잰 최대값.

Analog meter(아날로그 계측기) : 지침과 함께 눈금 판을 사용하는 계측기.

AND : 논리 곱하기.

AND gate(AND 게이트) : 기본적인 논리곱 동작을 수행한다.

Apparent power(피상 전력) : 전원 전압과 전류를 곱하여 얻어지며 단위는 볼트-암페어이다.

Arithmetic instructions(산술 명령어) : 마이크로프로세서가 데이터를 계산하고 조작할 수 있게 한다.

Arithmetic logic unit(ALU, 산술 논리 장치) : 컴퓨터에서 수학 논리 및 판단 동작을 수행한다.

Armature(전기자) : 자기 회로의 움직이는 부분.

Artificial magnet(인공 자석) : 다른 자석에 연철 조각을 문질러서 만든 자석.

Astable multivibrator(비안정 멀티바이브레이터) : 스스로 진동하는 멀티바이브레이터.

Asynchronous(비동기식) : 동시에 일어나지 않는 것.

Atom(원자) : 물질의 가장 작은 기본 구성요소.

Atomic number(원자 번호) : 원자의 핵에 있는 양자의 개수.

Atomic weight(원자량) : 원자의 질량(양자와 중성자의 개수).

Audio amplifier(오디오 증폭기) : 20~20,000 헤르츠의 오디오 범위의 교류 신호를 증폭한다.

Autotransformer(단권 변압기) : 인가 전압을 높이거나 낮추는 데 사용되는 변압기로서 절연이 없다.

B

Barrier voltage(장벽 전압) : P형 물질과 N형 물질을 서로 결합할 때 그 접합에 생기는 전압.

Battery(전지) : 두 개 이상의 셀(cell)의 조합.

BCD : Binary-coded decimal(2진화 10진수) 항을 참조하라.

Bias voltage(바이어스 전압) : 소자의 PN 접합 양단에 인가된 외부 전압.

Binary coded decimal(BCD, 2진화 10진수) : 0과 9 사이의 10진수를 표현하기 위한 4개의 2진 디지트로 된 코드.

Binary numbers system(2진수 체계) : 0과 1의 두 개의 디지트를 갖는 기저-2 숫자 체계.

Bipolar transistor(쌍극 트랜지스터) : 전압 또는 전력을 증폭할 수 있는 능력을 가진 반도체 소자.

Bistable action(쌍안정 동작) : 두 개의 안정된 상태 중 하나에 고정되는 것.

Bistable multivibrator(쌍안정 멀티바이브레이터) : 두 개의 안정된 상태를 갖는 멀티바이브레이터.

Bit(비트) : 단어 Binary Digit(이진 디지트)에서 유래된 용어.

Block diagram(블록도) : 전자 시스템의 단순화된 개략도로서, 회로 또는 부품을 사각형으로 나타낸다.

Bode plotter(보드 플로터) : 신호의 전압 이득 또는 위상 천이를 측정하는 컴퓨터 시뮬레이션 도구.

Breakdown voltage(항복 전압) : 제너 다이오드 양단에 인가한 전압에 의해 항복이 일어날 때의 전압.

Bridge rectifier(브리지 정류기) : 두 개의 반 사이클 동안 동작하며 전체 전압 출력을 가진다.

Buffer(버퍼) : 통상적인 회로를 다른 회로로부터 분리시키는 논리 회로이다.

Bypass Capacitor(바이패스 커패시터) : 증폭기에서 교류 신호가 저항기를 우회하도록 하기 위해 이미터 양단에 걸쳐 설치된 커패시터.

Byte(바이트) : 8개 비트를 한 개의 그룹으로 묶은 것.

C

CAD : Computer-aided design(컴퓨터 보조 설계) 항을 참조하라.

Capacitance(커패시턴스, 정전 용량) : 소자가 정전계에 에너지를 저장할 수 있는 능력.

Capacitive reactance(용량성 리액턴스) : 커패시터가 인가 교류 전압에 대해 가지는 저항.

Capacitor(커패시터) : 커패시턴스를 갖는 소자.

Cell(전지) : 소금, 산 또는 알칼리 용액에 구리 및 아연 같은 두 개의 서로 다른 금속 전극을 담가서 전기 에너지를 생성하는 방법.

Channel(채널) : 전계 효과 트랜지스터(JFET)에서 U 모양으로 생긴 영역.

Chemical cell(화학 전지) : 화학적인 에너지를 전기적인 에너지로 바꾸는 데 사용하는 셀.

Chip(칩) : 집적 회로. 이 용어는 집적 회로는 실리콘 수정의 단일 칩으로부터 만들어진다는 사실로부터 유래되었다.

Circuit breaker(차단기) : 퓨즈와 동일한 기능을 수행하지만 교체하지 않아도 되는 장치.

Clamping circuit(클램프 회로) : 어떤 파형의 아래 부분 또는 꼭대기 부분을 어떤 DC 레벨로 갖는 회로.

Class A amplifier(A급 증폭기) : 입력 사이클의 전체 사이클에 걸쳐서 전류가 흐르도록 바이어스된 증폭기.

Class AB amplifier(AB급 증폭기) : 입력 사이클의 반 사이클 이상 전체 사이클 미만 동안 전류가 흐르도록 바이어스된 증폭기.

Class B amplifier(B급 증폭기) : 입력 사이클의 절반 동안만 전류가 흐르도록 바이어스된 증폭기.

Class C amplifier(C급 증폭기) : 입력 사이클의 절반 미만 동안 전류가 흐르도록 바이어스된 증폭기.

Clipping circuit(클리핑 회로) : 인가된 신호의 피크를 사각형으로 자르는 데 사용되는 회로.

Clocked flip-flop(클록인가 플립플롭) : 클록 또는 트리거라고 부르는 제3의 입력을 가지는 플립플롭.

Closed circuit(폐회로) : 전류가 흐르기 위한 완전한 통로.

Closed-loop mode(폐 루프 모드) : 피드백을 사용하는 연산 증폭기 회로.

CNC : Computer numerical control machine(컴퓨터 수치 제어 기계) 항을 참조하라.

Coefficient of coupling(결합 계수) : 두 코일 사이의 상호 유도의 정도로서 0과 1 사이의 값을 갖는다.

Color code(컬러 코드) : 작은 부품 위에 큰 숫자를 표현하기 위해 개발된 방식. 저항기 및 커패시터에 사용된다.

Common-base circuit(베이스 공통 회로) : 베이스가 입력 회로와 출력 회로 둘 다에 공통인 회로.

Common-collector circuit(컬렉터 공통 회로) : 컬렉터가 입력 회로와 출력 회로 둘 다에 공통인 회로.

Common-emitter circuit(이미터 공통 회로) : 이미터가 입력 회로 및 출력 회로 둘 다에 공통인 회로.

Commutator(정류자) : 직류 모터에서 교류 전압을 직류 전압으로 바꾸는 소자.

Comparator(비교기) : 두 개 2진수의 크기를 비교하는 데 사용되는 논리 회로.

Compare instructions(비교 명령어) : 메모리 위치 또는 다른 레지스터로부터의 데이터를 누산기에 있는 데이터와 비교한다.

Component side(부품 측) : 인쇄 회로 기판에서 부품이 위치하고 있는 부분.

Compound(화합물) : 두 가지 이상의 원소로 된 물질.

Computer-aided design(CAD, 컴퓨터 보조 설계) : 제품/개체 설계에 도움을 주는 데 사용되는 컴퓨터 프로그램.

Condition-code register(상태 코드 레지스터) : 마이크로프로세서의 상태를 유지하는 레지스터.

Conductance(컨덕턴스) : 어떤 물질이 전자를 통과시키는 능력.

Conductor(도체) : 많은 개수의 자유 전자를 가지고 있는 물질.

Continuity test(연속성 시험) : 저항계를 사용하여 회로가 열려있는지, 붙어있는지, 또는 닫혀있는지를 알아보는 시험.

Control unit(제어장치) : 명령어가 컴퓨터로 들어올 때 이를 디코드한다.

Coulomb(쿨롱) : 전하의 단위(1 쿨롱은 6.24×10^{18}개의 전자를 나타냄).

Counter(카운터) : 숫자를 셀 수 있는 논리 회로.

Coupling(결합) : 증폭기 두 개를 서로 연결하는 것.

Covalent bonding(공유결합) : 가전자를 공유하는 과정.

Crowbar(쇠지렛대) : 전원 공급장치에서 사용되는 과전압 보호 회로.

Current(전류) : 전자의 느린 드리프트(drift).

Cycle(사이클) : 시간 기준에 관계없이 전류의 완전한 교번 두 개.

D

D flip-flop(D 플립플롭) : 클록 입력과 단 하나의 데이터 입력만을 가진 플립플롭.

Darlington arrangement(달링턴 배열) : 두 개의 트랜지스터를 연결하여 한 개로 동작하도록 한 배열.

Data movement instruction(데이터 이동 명령어) : 마이크로프로세서와 메모리 내에서 데이터를 한 장소에서 다른 장소로 이동시킨다.

DC amplifier(직류 증폭기) : Direct current amplifie(직접결합 증폭기) 항을 참조하라.

Decade counter(십진 카운터) : 모듈러스가 10인 카운터.

Decimal-to-binary encoder(10진-2진 인코더) : 한 개의 10진 자리(0~9)를 4 비트 2진 코드로 변환한다.

Decimal-to-binary priority encoder(10진-2진 우선순위 인코더) : 입력에 대해 최상위 10진수에 기초하여 2진 출력을 낸다.

Decoder(디코더) : 복잡한 2진 코드를 알아볼 수 있는 문자로 처리한다.

Degenerative feedback(축퇴 궤환) : 증폭을 감소시키기 위해 신호의 일부를 궤환시키는 방법.

Degree of rotation(회전각) : 전기자가 회전한 각도.

Depletion mode(공핍 모드) : MOSFET의 게이트 바이어스 전압에 의해 공핍될 때까지 전자가 흐르는 방식.

Depletion MOSFET(공핍 MOSFET) : 게이트에 0 볼트 바이어스가 인가될 때 도통하는 소자.

Depletion region(공핍 영역) : N형 물질과 P형 물질 접합 근처의 영역.

DIAC(다이악) : *Di*ode *AC*의 약어로서 양방향 트리거 다이오드이다.

Difference amplifier(차분 증폭기) : 하나의 신호에서 다른 신호를 빼는 증폭기.

Difference of potential(전위차) : 도체에서 전자를 이동시키는 힘.

Differential amplifier(차동 증폭기) : 입력이 두 개이고 출력이 한 개 또는 두 개인 증폭기.

Differentiator(미분기) : 사각파로부터 피크 파형을 생성하는 데 사용하는 회로.

Digital computer(디지털 컴퓨터) : 디지털 기술을 이용하여 데이터를 자동적으로 처리하는 장치.

Digital meter(디지털 계측기) : 지침을 숫자로 읽는 계측기.

Diode(다이오드) : 전류를 한쪽 방향으로만 흐르게 하는 반도체 소자.

Direct-coupled amplifier(직접결합 증폭기) : 낮은 주파수 전압에서 DC 전압까지를 증폭한다.

Direct current(DC, 직류) : 한 방향으로만 흐르는 전류.

Discrete component(개별 소자) : 인쇄 회로 기판에 직접 붙지 않는 소자. 개별 소자는 전선을 통하여 인쇄 회로 기판에 연결한다.

DMM(Digital multimeter) : 디지털 멀티미터.

Domains(자구, 磁區) : 자기남극과 자기북극에 공통인 방향으로 정렬된 원자들의 그룹.

Doping(도핑) : 자유전자 또는 정공의 개수를 증가시키기 위해 불순물을 반도체 물질에 첨가하는 과정.

Double-sided printed circuit board(양면 인쇄 회로 기판) : 양쪽에 구리 흔적(trace)과 패드(pad)를 가진 인쇄 회로 기판.

Dual in-line package(DIP, 이중 인라인 패키지) : 일종의 집적회로(IC) 패키지인데, 두 개의 긴 방향 축 각각을 따라 구멍을 관통하여 부품을 설치하도록 해주는 핀이 줄을 지어 있다.

Duty cycle(듀티 사이클) : 펄스에서 주기(T)에 대한 폭의 비.

Dynamic RAM (DRAM, 동적 RAM) : 판독/기록 메모리로서 저장된 정보를 유지하기 위해서는 반드시 일정 시간마다 리프레시 신호를 인가해야 함.

E

Effective value(실효값) : DC 전류와 동일한 양의 열을 내는 AC 전류의 값.

Electric circuit(전기 회로) : 전류가 흐르는 경로.

Electrical shock(전기 충격) : 느끼기에 충분한 전류가 인체를 통하여 흐르는 것.

Electromagnet(전자석) : 전선의 코일을 통하여 전류를 흘려서 생긴 자석.

Electromagnetic induction(전자유도, 電磁誘導) : 한 코일에서 다른 코일로 전압을 유도(誘導)하는 것.

Electromotive force(emf, 기전력) : 전위차(difference of potential)의 다른 이름.

Electron(전자) : 원자의 핵 주위의 궤도에 존재하는 음(−) 전하.

Electrostatic discharge(ESD, 정전 방전) : 한 물체로부터 더 적게 대전된 다른 물체로 정전기를 방전시키는 일. 민감한 전자 부품에 치명적일 수 있다.

Element(원소) : 자연의 기본 구성 단위.

ELI : 유도성(L) 회로에서 전압(E)이 전류(I)를 앞선다는 뜻의 약어.

Emitter follower(이미터 팔로우어) : 공통 이미터 증폭기의 다른 이름으로서 이미터 전압이 베이스 전압을 따라가기 때문에 붙여진 이름이다.

Encoder(인코더) : 이진 출력을 발생시키는 논리회로로서 한 개 그 이상의 입력을 갖는다.

Enhancement mode(증가 모드) : MOSFET의 게이트 전압이 바이어스 전압에 의해 증가될 때까지 통상적으로 전자 흐름이 차단되는 모드.

Enhancement MOSFET(증가 MOSFET) : 바이어스가 게이트에 인가될 때에만 도통되는 소자.

ESD : Electrostatic discharge (ESD, 정전 방전) 항을 참조하라.

Even Harmonics(짝수 고조파) : 기본 주파수와 짝수 배가 되는 주파수.

Exclusive NOR gate (XNOR 게이트) : 두 입력이 '1'일 때만 출력이 '1'을 내는 게이트.

Exclusive OR gate (XOR 게이트) : 두 입력이 '1'일 때에는 '0'을 내는 게이트.

F

Fall time(하강시간) : 펄스가 최대 진폭의 90%에서 10%로 떨어질 때까지 걸리는 시간.

Farad(패럿) : 커패시턴스의 기본 단위.

Faraday's law(패러디의 법칙) : 전자기의 기본 법칙. 도체에 유도된 전압은 그 도체가 자력선을 쇄교하는 율에 정비례한다.

Ferromagnetic material(강자성체) : 자계에 반응하는 물질.

Field(자계) : 발전기 또는 모터에서 전자계의 원인.

Filter(필터) : 맥동 직류 전압을 평활한 직류 전압으로 변환한다.

Fixed capacitor(고정 커패시터) : 변경할 수 없는 일정한 값을 갖는 커패시터.

Flat response(평탄 응답) : 증폭기의 이득이 특정 주파수 내에서 거의 변하지 않는 것.

Flip-flop(플립플롭) : 출력이 1 또는 0인 쌍안정 멀티바이브레이터. Bistable multivibrator(쌍안정 멀티바이브레이터) 항을 참조하라.

Forward bias(순방향 바이어스) : 전류가 순방향으로 흐를 때.

Free-running(프리러닝) : 발진하기 위해 추가적인 트리거를 필요로 하지 않는 것.

Frequency(주파수) : 특정 주기 동안 발생하는 사이클 수.

Frequency counter(주파수 카운터) : 알고 있는 주파수와 미지의 주파수를 비교하여 주파수를 측정한다.

Frequency domain(주파수 영역) : 모든 주기적인 파형은 정현파로 이루어져 있다.

Full adder(전가산기) : 올림수를 고려하는 가산기 회로.

Full scale value(최대 눈금값) : 계측기가 지시하는 최대값.

Full subtractor(전감산기) : 자리 내림을 고려하는 감산기.

Full-wave rectifier(전파 정류기) : 두 개의 반 사이클 동안 동작하며, 출력은 입력의 절반이 된다.

Function generator(함수 발생기) : 정현파, 삼각파, 그리고 직각파 또는 사각파를 만들 수 있는 신호 발생기.

Fundamental frequency(기본파) : 파형의 반복 율을 나타낸다.

Fuse(퓨즈) : 과부하가 발생할 때 끊어지도록 설계된 소자.

G

Generator(발전기) : 자계를 이용하여 전기를 발생시키는 데 사용되는 장치.

Germanium(게르마늄) : 어떤 종류의 석탄의 재로부터 추출할 수 있는 회백색의 원소.

Ground(접지) : 전기/전자 회로에서 기준이 되는 점.

Grounding(접지시키기) : 접지 전위에 연결하는 일.

H

Half adder(반가산기) : 어떠한 올림수도 고려하지 않는 가산기 회로.

Half subtractor(반감산기) : 어떠한 빌림수도 고려하지 않는 감산기.

Half-wave rectifier(반파 정류기) : 입력 사이클의 하나의 반 사이클 동안만 동작한다.

Harmonics(고조파) : 기본파의 정수배.

Henry(헨리) : 인덕턴스의 단위.

Hertz(헤르츠) : 1초당 사이클 수로서, 주파수의 단위.

High-pass filter(고역통과 필터) : 고주파 영역은 통과시키고 저주파 영역은 감쇠시키는 필터.

Hole(정공) : 전자의 공백.

I

IC(integrated circuit, IC, 집적회로) : 전자 회로의 모든 부품이 칩(chip)이라 부르는 단일 조각의 반도체 물질 위에 만들어진 소자. 칩은 외부와의 연결을 위해 단자를 가진 플라스틱 또는 금속 패키지에 넣어진다.

ICE : 커패시터에서 AC 전류가 전압을 90도 앞선다는 것의 약어.

IF amplifier(중간주파 증폭기) : Intermediate frequency amplifier(중간 주파수 증폭기) 항을 참조하라.

Impedance(임피던스) : AC 회로에서 전류 흐름에 대한 저항.

Inductance(인덕턴스) : 전류 흐름의 변화를 방해하는 코일의 성질.

Induction(유도) : 물리적인 접촉 없이 한 물체가 다른 물체에 대해 갖는 영향.

Inductive reactance(유도성 리액턴스) : AC 회로에서 전류 흐름에 대해 인덕터에 의해 생긴 저항.

Inductor(인덕터) : 특정 인덕턴스를 갖도록 설계된 소자.

In phase(동상, 同相) : 두 개의 신호가 동일한 시간에 극성을 바꿀 때.

Input/output(I/O, 입출력) : 컴퓨터가 데이터를 받아들이고 내보내는 것을 허용한다.

Input/Output instruction(입출력 명령어) : 입출력 장치를 제어한다.

Insulator(절연체) : 자유 전자를 거의 갖지 않는 물질.

Integrated circuit(IC, 집적회로) : 작은 패키지 안에 들어있는 완전한 전자 회로.

Integrator(적분기) : 파형의 모양을 바꾸는 데 사용되는 회로.

Intermediate frequency amplifier(중간 주파수 증폭기): 단일 주파수 증폭기.

Intrinsic material(진성물질) : 순수한 물질.

Inversely proportional(반비례): 하나의 변수가 변할 때, 다른 변수에는 반대현상이 일어난다.

Inverter(인버터) : 입력을 반대 상태로 바꾸어 출력하는 논리회로.

Ionization(이온화) : 전자를 얻거나 잃는 과정.

Isolate power supply(절연 전원 공급장치) : 접지와 분리된 전원 공급장치.

Isolation transformer(절연 변압기) : 전기 충격을 방지하기 위하여 사용된다. 동작되고 있는 회로를 메인 회로와 분리시킨다.

J

JK flip-flop(JK 플립플롭) : 다른 플립플롭의 모든 특징을 통합시킨 플립플롭.

Junction FET(JFET, 접합 전계효과 트랜지스터) : 증폭 기능을 발휘할 수 있는 전계 효과 트랜지스터.

Junction transistor(접합 트랜지스터) : 쌍극 트랜지스터를 참조하라.

K

Karnaugh map(카노 맵) : Maurice Karnaugh에 의해 개발된 것으로서 복잡한 식을 간소화하기 위한 기술.

Kirchhoff's current law(키르히호프의 전류법칙) : 한 접점을 들어오고 나가는 전류의 합은 0이다.

Kirchhoff's voltage law(키르히호프의 전압법칙) : 폐회로를 따라서 모든 전압을 더하면 0이다.

L

Latch(래치) : 임시 버퍼 메모리 역할을 하는 논리 회로로서 외부 소스에 의해 변경된다.

Lead(리드) : 테스트 연결선, 배터리 연결선 등과 같은 연결선.

Leading edge(리딩 에지) : 파형의 앞 모서리.

Light(광선) : 육안으로 볼 수 있는 전자(電磁)적인 방사(放射).

Light emitting diode(LED, 발광 다이오드) : 전기 에너지를 직접 빛 에너지로 변환한다.

Limiter circuit(진폭제한 회로) : 클리핑 회로(clipping circuit)를 참조하라.

Load(부하) : 일을 하는 소자 또는 장치.

Loading down(로딩 다운) : 출력 전류의 크기에 영향을 끼치는 부하가 출력 단에 위치하는 것을 말한다.

Logic instructions(논리 명령어) : 한 개 이상의 부울(Boolean) 연산자(AND, OR, XOR)를 포함하는 명령어.

Loudspeaker(스피커, 확성기) : 오디오 주파수 전류를 소리 파형으로 바꾸는 장치.

Low-pass filter(저역통과 필터) : 저역 주파수는 통과시키고 고역 주파수는 감쇠시키는 필터.

LSB(least significant bit) : 최하위 비트.

M

Magnet(자석) : 다른 철 조각을 끌어당기는 자기적 성질을 가진 철 조각.

Magnetic field(자계) : 자석 주위의 영역.

Magnetic induction(자기 유도) : 물리적 접촉이 없이 자석이 물체에 가지는 영향.

Magnetism(자성, 磁性) : 자석의 성질.

Matter(물질) : 공간을 차지하는 모든 것.

Memory(기억장치) : 컴퓨터가 연산을 하도록 프로그램과 데이터를 저장한다.

Mho : 콘덕턴스의 단위(Ω 기호를 엎은 모양).

Microampere(마이크로암페어) : 1 암페어의 1/100만.

Microcontroller(마이크로컨트롤러) : 기계 제어 응용을 위하여 설계된 단일 칩 컴퓨터.

Microphone(마이크로폰) : 음향 에너지를 그에 상당하는 전기 에너지로 바꾸는 에너지 변환기

Microprocessor(마이크로프로세서) : 컴퓨터를 위한 ALU, 타이밍, 제어 및 디코딩 회로를 갖는다.

Milliampere(밀리암페어) : 1 암페어의 1/1000.

Miscellaneous instructions(기타 명령어) : 인터럽트 라인을 동작가능하도록 하거나 동작불가능하도록 하고, 플래그 비트를 지우거나 설정하고, 또는 마이크로프로세서가 BCD 연산을 수행하도록 하는 명령어.

Mixture(혼합물) : 원소와 화합물의 물리적 결합.

Modulus(모듈러스) : 카운터 순서에서의 최대 상태 수.

Molecule(분자) : 화합물의 성질을 가지는, 화합물의 가장 작은 부분.

Monostable multivibrator(단안정 멀티바이브레이터) : 오직 하나의 안정 상태만을 갖는 멀티바이브레이터.

MOSFET(*M*etal *O*xide *S*emiconductor *F*ield *E*ffect *T*ransistor) : 금속 산화물 반도체 전계효과 트랜지스터.

MSB(*M*ost *S*ignificant *B*it) : 최상위 비트.

Multimeter(멀티미터) : 전압계, 전류계 및 저항계가 하나의 계측기로 결합된 것.

Multiplexer(멀티플렉서) : 여러 개의 입력 중에서 하나를 선택하여 출력으로 내보낸다.

Multivibrator(멀티바이브레이터) : 두 개의 임시 안정 상태를 갖는 이완 발진기.

Mutual inductance(상호 인덕턴스) : 자계가 1차측의 전류와 동일한 방향으로 확장하여 전류를 증가시키도록 할 때 나타나는 효과.

N

NAND gate(NAND 게이트) : NOT과 AND 게이트의 조합.

Negative feedback(부궤환) : 온도 변화에 대항하기 위하여 출력 신호를 되돌리는 것.

Negative ion(음이온) : 한 개 이상의 전자를 얻은 원자.

Negative temperature coefficient(부의 온도 계수) : 온도가 증가하면 저항이 감소한다.

Neutron(중성자) : 원자의 핵에 있는, 전기적으로 중성인 입자.

Nonsinusoidal oscillators(비정현 발진기) : 정현파를 내지 않는 발진기.

NOR gate(NOR 게이트) : NOT과 OR 게이트의 조합.

NOT gate(NOT 게이트) : 반전(NOT) 논리 기능을 수행한다.

N-type semiconductor material(N형 반도체 물질) : 5가 물질로 도핑된 반도체 물질.

Nucleus(원자핵) : 원자의 중심으로서, 원자의 질량을 가진다.

O

Ohm(옴) : 저항의 단위.

Ohmmeter(저항계) : 저항을 측정하는 데 사용하는 계측기.

Ohm's law(옴의 법칙) : 전류, 전압 및 저항 사이의 관계.

One-shot multivibrator(단발 멀티바이브레이터) : monostable multivibrator(탄안정, 멀티바이브레이터) 항을 참조하라.

Op-amp(연산 증폭기) : operational amplifier(연산 증폭기) 항을 참조.

Open circuit(개방 회로) : 이 회로를 통해서는 전류가 흐르지 않기 때문에 무한대의 저항을 갖는다.

Open-loop mode(개방루프 모드) : 궤환을 이용하지 않는 연산 증폭기 회로.

Operational amplifier(연산 증폭기) : 대단히 높은 이득을 갖는 DC 증폭기.

Optical coupler(광결합기) : 전원과 부하를 절연할 목적으로 사용된다.

OR(논리합) : 논리적인 합.

OR gate(OR 게이트) : 논리적인 합 연산을 수행한다.

Oscillator(발진기) : 반복적인 AC 신호를 발생하는 회로.

Oscilloscope(오실로스코프) : 회로에서 일어나는 것을 눈으로 볼 수 있게 해준다.

Out of phase(위상 어긋남) : 두 신호가 같은 위상에 있지 않을 때.

Overshoot(오버슈트) : 파형의 선두 모서리가 최대치를 초과할 때 일어난다.

Over-voltage protection(과전압 보호) : 사전에 정해둔 수준을 초과하는 전압 증가로부터 부하를 보호한다.

P

PAL(Programmable array logic) : 프로그램가능한 배열 논리.

Parallel cells(병렬 전지) : 모든 양극과 모든 음극을 서로 연결한 전지.

Parallel circuit(병렬 회로) : 전류가 흐를 수 있는 경로가 두 개 이상이다.

Passive filters(수동 필터) : 저항기, 인덕터, 및 커패시터를 사용한 필터.

PCB(printed circuit board) : 인쇄 회로 기판.

Peak inverse voltage(PIV, 최대 역전압) : 최대 안전 역전압 정격.

Peak-to-peak value(피크-피크값) : 하나의 피크에서 다른 피크까지의 수직 거리.

Peak value(피크값) : 파형에서 최대 진폭을 갖는 점의 절대값.

Pentavalent(5가 원자) : 5개의 가전자를 가지는 원자.

Period(주기) : 정현파의 한 사이클을 완성하는 데 요구되는 시간.

Periodic waveforms(주기파) : 일정한 간격으로 발생하는 파형.

Permanent magnet(영구 자석) : 자신의 자기적 성질을 유지하는 자석.

Phase angle(위상각) : 입력과 출력 사이의 정확한 위상 이동.

Phase-shift network(이상회로, 移相回路) : 입력 신호에 대한 출력 신호의 위상을 이동시킨다.

Photo cell(광전지) : photoconductive cell(광전도 셀) 항을 참조하라.

Photoconductive cell(광전도 셀) : 빛의 세기에 따라 변하는 내부 저항을 갖는다.

Photodiode(광다이오드) : 광 에너지를 이용하여 전류를 제어하는 데 사용된다.

Phototransistor(광트랜지스터) : 광다이오드처럼 동작하나 더 높은 출력 전류를 생성한다.

Photovoltaic cell(광전지) : 광 에너지를 전기 에너지로 바꾸는 데 사용하는 소자.

Piezoelectric effect(압전 효과) : 수정에 압력을 가할 때 발생하는 효과.

PIN photodiode(PIN 광다이오드) : P 영역과 N 영역 사이에 불순물이 있는 광다이오드.

PLA(Programmable logic array) : 프로그램가능 논리배열.

PLD(Programmable logic device) : 프로그램가능 논리장치.

Positive feedback(정궤환) : 위상이 같은 출력 신호의 일부를 되돌리는 것.

Positive ion(양이온) : 한 개 이상의 전자를 잃어버린 원자.

Potential(전위) : 일을 할 수 있는 능력.

Potentiometer(포텐쇼미터) : 전압을 조절하는 데 사용되는 가변 저항기.

Power(전력) : 회로의 저항에 의해 소비되는 에너지의 율.

Power amplifier(전력 증폭기) : 특정 부하를 구동하기 위해 설계된 오디오 증폭기.

Power factor(역률) : VI 단위의 피상전력(皮相電力)에 대한 와트(W) 단위의 유효전력의 비.

Primary cell(1차 전지) : 충전할 수 없는 화학 전지.

Printed circuit board(PCB, 인쇄회로기판) : 절연 기저 물질 위에 서로 연결시켜주는 전선 역할을 하는, 구리로 된 전도성 선이 있다. 이 선은 보드의 한 쪽에 또는 양쪽에 있을 수 있다.

Program(프로그램) : 어떤 문제를 해결하기 위해 순차적으로 배열된 컴퓨터 명령어의 리스트.

Program-control instructions(프로그램 제어 명령어) : 프로그램 카운터의 내용을 바꾼다.

Program counter(프로그램 카운터) : 프로그램의 명령어 주소를 유지한다.

PROM(programmable read-only memory) : 프로그램가능 읽기전용 메모리.

Proton(양자) : 원자핵 내에 있으며, 양(+) 전하를 가진 입자.

P-type material(P형 물질) : 3가인 불순물로 도핑된 반도체 물질.

Pulse width(펄스 폭) : 전압이 최소값으로 떨어질 때까지 최대값 또는 피크값에 있는 기간.

Push-pull amplifier(푸시풀 증폭기) : 입력신호의 서로 다른 반 주기 동안에 동작하는 두 개의 대칭 증폭기로 구성되어 있다.

R

Radio-frequency amplifiers(무선주파 증폭기) : 10,000 Hz에서 30,000 MHz까지의 신호를 증폭한다.

RAM : 랜덤 엑세스 메모리 항을 참조하라.

Random Access Memory(랜덤 액세스 메모리) : 프로그램, 데이터, 제어, 또는 명령어를 일시적으로 저장하는 데 사용되는 메모리.

RC Network : 여파, 디커플링, DC 차단, 또는 위상이동 회로의 커플링에 쓰이는 저항기-커패시터 회로망.

Read Only Memory(읽기 전용 메모리) : 데이터를 영구적으로 저장하며 데이터를 읽어낼 수 있으나 기록할 수는 없다.

Rectification(정류) : 교류를 직류로 변환하는 과정.

Rectifier circuit(정류회로) : 교류 전압을 직류 전압으로 변환한다.

Regenerative feedback(재생궤환) : 출력의 일부를 되돌림으로써 증가된 출력을 얻는 방법.

Relaxation oscillator(이완 발진기) : 발진 사이클의 일부분 동안 에너지를 저장하는 발진기.

Relay(릴레이) : 전기자를 이용하여 열고 닫는 전자(電磁) 스위치.

Resistance(저항) : 회로에 전류가 흐르는 것을 방해하는 성질.

Resistors(저항기) : 전류에 대해 특정 저항 값을 갖도록 제작된 소자.

Resonance(공진) : 교류 회로에서 유도성 리액턴스와 용량성 리액턴스가 어떤 특정 주파수에서 동일할 때.

Resonant circuit(공진회로) : 유도성 리액턴스와 용량성 리액턴스가 어떤 특정 주파수에서 동일한 회로.

Retentivity(보자성) : 자기력이 제거된 뒤에도 어떤 물질이 자계를 유지하는 능력.

Reverse bias(역방향 바이어스) : 전류가 PN 접합을 통하여 흐르지 않도록 연결된 소자.

RF amplifiers(무선주파 증폭기) : Radio frequency amplifiers(무선주파 증폭기) 항을 참조하라.

Rheostat(가감 저항기) : 전류를 제어하는 데 사용하는 가변 저항기.

Ringing(링잉) : 급격한 자극에 대한 공진회로의 과도 응답처럼 일어나는 감쇠 진동.

Ripple frequency(리플 주파수) : 정류기 회로의 출력에 존재하는 펄스의 주파수.

Rise time(상승시간) : 펄스가 최대 진폭의 10%에서 90%까지 상승하는 데 걸리는 시간.

rms value(root-mean-square, rms 값) : 실효값(effective value)의 다른 용어.

ROM : 읽기전용메모리 항을 참조하라.

Rotate and shift instructions(회전 및 이동 명령어) : 왼쪽으로 또는 오른쪽으로 1 비트씩 데이터를 이동시켜서 레지스터 또는 메모리의 데이터를 변화시킨다.

RS flip-flop(RS 플립플롭) : 세트(S)와 리셋(R)의 두 가지 입력을 갖는 플립플롭.

S

Scaling(스케일링) : 계측기에서 정상적인 범위를 초과하는 전압을 읽을 수 있도록 하는 전압분배기.

Schmitt trigger(슈미트 트리거) : 재생 효과를 더 많이 나타내는 개량된 쌍안정 멀티바이브레이터.

Scientific notation(과학적 표기법) : 매우 큰 값이나 아주 작은 값을 표기하기 위하여 10의 제곱의 형태를 사용하는 것.

Secondary cell(2차 전지) : 충전할 수 있는 화학전지.

Semiconductor(반도체) : 4개의 가전자를 갖는 물질.

Series-aiding cells(전지의 직렬 도움 연결) : 전지의 (+)단자를 다음 전지의 (−)단자에 연결하는 방법.

Series circuit(직렬 회로) : 전류의 단일 경로를 제공한다.

Series-opposing cells(전지의 직렬 방해 연결) : 전지의 음극과 음극 또는 양극과 양극을 연결하는 것.

Series-parallel cells(직병렬 전지) : 한 개의 전지보다 많은 전류와 높은 출력 전압을 내도록 하는 데 사용된다.

Series-parallel circuit(직병렬 회로) : 직렬회로와 병렬회로의 혼합.

Series voltage regulator(직렬 전압 조절기) : 부하와 직렬로 연결된다.

Shell(각) : 핵 주위의 궤도.

Shift register(시프트 레지스터) : 플립플롭을 연결한 것으로서 데이터를 임시로 저장하는 데 사용된다.

Short circuit(단락 회로) : 회로를 가로지르는 낮은 저항 경로에 의하여 비활성화된 회로로서, 저항이 0이다.

Shunt(분류기) : 다른 부분과 병렬로 연결된 어떤 부분.

Shunt voltage regulator(병렬 전압 조절기) : 전압 조절기가 부하와 직렬로 연결된다.

Siemen(지멘) : 전도율의 단위.

Silicon(실리콘, 규소) : 2산화 실리콘으로부터 얻어지는 금속으로서, 지구 표면에 많이 존재한다.

Silicon control rectifier(SCR, 실리콘 제어 정류기) : 오직 한 방향으로만 전류를 제어하는 사이리스터.

Sine wave : 정현 파형.

Sinusoidal oscillator(정현파 발진기) : 정현파 출력을 내는 발진기.

SIP(Single in-line package) : 단일 기판 위에 두 개 이상의 SMC(surface mounted components)가 조립된 것. SMC는 서로 연결되어, 인쇄회로기판에 있는 구멍을 통하여 기판의 모서리에 있는 핀에 연결된다.

SMD : surface-mount devices 항을 참조하라.

SMT : surface-mount technology(SMT, 표면 장착 기술) 항을 참조하라.

Solar cell(태양전지) : photovoltaic cell(광전지) 항을 참조하라.

Solenoid(솔레노이드) : 중심에 움직일 수 있는 플런저가 있는 원통형 코일.

Stack(스택) : 일시적인 저장을 위해 사용되는 메모리 영역.

Stack instructions(스택 명령어) : 마이크로프로세서의 레지스터가 스택에 데이터를 저장하고 스택으로부터 데이터를 읽어내도록 하는 명령어

Stack pointer(스택 포인터) : 스택에 저장된 데이터의 메모리 위치를 유지하는 레지스터.

Step-down transformer(강압 변압기) : 1차 측보다 낮은 2차 전압을 발생시키는 변압기.

Step-up transformer(승압 변압기) : 1차 측보다 높은 2차 전압을 발생시키는 변압기.

Substrate(기판) : 반도체 소자를 위한 기초를 형성한다.

Subtractor(감산기) : 두 이진수의 뺄셈을 수행하는 논리회로.

Summing amplifier(가산 증폭기) : 오디오 신호를 서로 혼합할 때 사용한다.

Surface-mount technology(SMT, 표면 장착 기술) : 인쇄회로기판의 상부 및/또는 하부에 표면 장착 소자를 사용하는 기술.

Surface-mount device(SMD, 표면장착 소자) : 구멍을 통하여 장착하는 소자와 반대가 되는 표면 장착을 위한 소자.

Switch(스위치) : 회로에서 전류의 흐름을 조절하는 장치.

Synchronous(동기식) : 어떤 현상이 동시에 일어나는 것을 말한다.

T

Tank circuit(탱크회로) : 인덕터와 커패시터를 병렬로 연결하여 형성한다.

Tap(탭) : 변압기의 2차 측 몸체에 만들어 놓은 연결점.

Temporary magnets(순간 자석) : 자석 성질의 일부만을 유지하는 자석.

Thermocouple(열전대) : 열을 전기 에너지로 변환하는 데 사용하는 소자.

Thin small outline package (TSOP) : 최초의 표면장착 패키지의 한 가지 변종으로서 갈매기 날개라고 부르는 데 이는 몸체의 폭을 더 넓게 해준다.

Thyristors(사이리스터) : 넓은 범위로 말하면 전자적으로 제어되는 스위치에 사용되는 반도체 소자이다.

Time constant(시정수, 시상수) : L/R 및 RC 회로에서의 시간 관계.

Time domain concept(시간영역 개념) : 모든 파형은 회로를 이용하여 한 모양을 다른 모양으로 변경할 수 있다.

TO(Transistor Outline, 트랜지스터 아웃라인) : 가장 일반적인 트랜시스터패키지 식별자.

Tolerance(허용오차) : 저항기 값이 변하더라도 수용 가능한 값.

Trailing edge(트레일링 에지) : 파형의 뒤쪽 모서리.

Transformer(변압기) : 에너지를 한 회로에서 다른 회로로 전달하는 장치.

Transient(과도 성분) : 부하 변동, 전압원 차이, 또는 선로 임펄스에 대해 조정하는 동안 회로에 존재하는 전류의 일시적인 성분.

Transistor(트랜지스터) : bipolar transistor(쌍극 트랜지스터) 항을 참조하라.

TRIAC : *Triode AC* semiconductor의 약자로서 교류를 완전히 제어할 수 있다.

Trivalent(3가 원자) : 세 개의 가전자를 가지는 원자.

Truth table(진리표) : 어떤 게이트에 대해 모든 가능한 조합의 디지털 입력 및 출력 레벨을 열거한 표.

TSOP : 얇고 작은 아웃라인 패키지.

Turns ratio(권선비) : 2차 측 권선 수를 1차 측 권선 수로 나누어서 구한다.

U

Undershoot(언더슈트) : 꼬리 에지가 그의 정상적인 최대값을 초과할 때 발생한다.

Up-down counter(업다운 카운터) : 양방향으로 셀 수 있는 카운터.

V

Valence(원자가) : 원자가 전자를 잃거나 얻을 수 있는 능력.

Valence shell(가전자각) : 원자의 바깥 전자 궤도.

Van de Graaf generator(밴 더 그래프 발전기) : 마찰에 의해 전기를 발생시키는 데 사용하는 장치.

Variable capacitor(가변 커패시터) : 극판 사이의 공간을 변화시켜서(트리머 커패시터) 또는 극판 사이의 맞물리는 양을 변화시켜서(동조 커패시터) 그 값을 바꿀 수 있는 커패시터.

Variable resistor(가변저항기) : potentiometer(포텐쇼미터) 항을 참조하라.

Vector(벡터) : 크기와 방향을 가지는 물리 값으로서 화살표로 표시한다.

Vector addition(벡터합) : 관측 법칙을 이용하여 벡터를 합하는 것.

Veitch diagram(베이치 다이어그램) : 복잡한 부울 표현식을 간략화하는 데 사용하는 차트.

Video amplifier(비디오 증폭기) : 0~6 MHz의 비디오 신호를 증폭하는 데 사용하는 광대역 증폭기.

Volt(볼트) : 전압 측정을 위한 단위.

Volt-ampere(VA, 볼트-암페어) : 변압기를 위해 사용되는 정격으로서 전력 정격과 유사하다.

Volt-Ohm-Milliameter (VOM) : 아날로그 멀티미터.

Voltage(전압) : 전위차의 다른 이름.

Voltage amplifier(전압 증폭기) : 높은 이득을 얻기 위하여 사용하는 오디오 증폭기.

Voltage divider(전압 분배기) : 특정 응용을 위해 더 높은 전압을 더 낮은 전압으로 나누는 데 사용하는 회로.

Voltage doubler(전압 2배기) : 입력의 피크 값의 거의 두 배의 직류 출력 전압을 낸다.

Voltage drop(전압 강하) : 전류가 회로에 흐를 때 발생한다.

Voltage multiplier(전압 체배기) : 변압기를 사용하지 않고 다이오드와 더 높은 직류 전압을 얻을 수 있는 회로.

Voltage regulator(전압 조절기) : 부하의 변동에 관계없이 일정한 출력 전압을 낸다.

Voltage rise(전압상승) : 회로에 인가된 전압.

Voltage tripler(전압 3배기) : 입력의 피크 값의 약 3배인 출력 전압을 낸다.

Voltmeter(전압계) : 회로의 두 점 사이의 전압을 측정하는 데 사용하는 장치.

VOM(volt-ohm-milliammeter, 전압저항계) : 아날로그 멀티미터

W

Watt(와트) : 전력의 단위.

Wheatstone bridge(휫스톤 브리지) : 미지의 저항을 측정할 수 있는 평형 브리지 회로.

Word : 16, 32, 64, 또는 128 비트의 그룹.

Z

Zener diode(제너 다이오드) : 항복 전압을 초과하는 전압에서 동작하도록 설계되어 있다.

Zener region(제너 영역) : 제너 다이오드가 동작하는 항복 이상의 영역.

부록

APPENDICES

부록 1

전기전자공학 약어

용어	약어	용어	약어
Alpha(알파)	α	Kilo(킬로)	k
AlternatingCurrent(교류)	ac, AC	Mega(메가)	M
Ampere(암페어)	A, amp	Micro(마이크로)	μ
Beta(베타)	β	Milli(밀리)	m
Capacitance(커패시턴스)	C	Nano(나노)	n
Capacitive Reactance (용량성 리액턴스)	X_c	Ohm(옴)	Ω
		Peak-to-Peak(첨두-첨두)	p-p
Charge(전하)	Q	Period(주기)	T
Conductance(컨덕턴스)	G	Pico(피코)	p
Coulomb(쿨롱)	C	Power(힘)	P
Current(전류)	I, i	Reactance(리액턴스)	X
Cyclesper Second (1초당 사이클 수)	Hz	Resistance(저항)	R, r
		ResonantFrequency (공진 주파수)	f_r
Degrees Celsius(섭씨 온도)	°C		
Degrees Fahrenheit (화씨 온도)	°F	Root Mean Square (제곱 평균 평방근)	rms
DirectCurrent(직류)	dc, DC	Second(초)	s
Electromotive Force(기전력)	emf, E, e	Siemens(지멘스)	S
Farad(패럿)	F	Time(시간)	[illegible]
Frequency(주파수)	f	Var(무효전력)	var
Giga(기가)	G	Volt(전압)	V, v
Henry(헨리)	H	Volt-Ampere(볼트암페어)	VA
Hertz(헤르츠)	Hz	Wavelength(파장)	λ
Impedance(임피던스)	Z	Watt(와트)	W
Inductance(인덕턴스)	L		
Inductive Reactance (유도성 리액턴스)	X_L		

부록 2

원소 주기율표

Group IA	IIA	IIIA	IVA	VA	VIA	VIIA	I------ -----VIIIA----- ------I			IB	IIB	IIIB	IVB	VB	VIB	VIIB	VIII
1 H Hydrogen																	2 He Helium
3 Li Lithium	4 Be Berylium											5 B Boron	6 C Carbon	7 N Nitrogen	8 O Oxygen	9 F Fluorine	10 Ne Neon
11 Na Sodium	12 Mg Magnesium											13 Al Aluminum	14 Si Silicon	15 P Phosphorus	16 S Sulfur	17 Cl Cholrine	18 Ar Argon
19 K Potassium	20 Ca Calcium	21 Sc Scandium	22 Ti Titanium	23 V Vanadium	24 Cr Chromium	25 Mn Manganese	26 Fe Iron	27 Co Cobalt	28 Ni Nickel	29 Cu Copper	30 Zn Zinc	31 Ga Gallium	32 Ge Germanium	33 As Arsenic	34 Se Selenium	35 Br Bromine	36 Kr Krypton
37 Rb Rubidium	38 Sr Strontium	39 Y Yitrium	40 Zr Zirconium	41 Nb Niobium	42 Mo Molybdenum	43 Tc Technetium	44 Ru Ruthenium	45 Rh Rhodium	46 Pd Palladium	47 Ag Silver	48 Cd Cadmium	49 In Indium	50 Sn Tin	51 Sb Antimony	52 Te Tellurium	53 I Iodine	54 Xe Xenon
55 Cs Cesium	56 Ba Barium	57 La Lanthanum	72 Hf Hafnium	73 Ta Tantalum	74 W Tungsten	75 Re Rhenium	76 Os Osmium	77 Ir Iridium	78 Pt Platinum	79 Au Gold	80 Hg Mercury	81 Ti Thalium	82 Pb Lead	83 Bi Bismuth	84 Po Polonium	85 At Astatine	86 Rn Radon
87 Fr Francium	88 Ra Radium	89 Ac Actinium	104 Unq (Unniquadium)	105 Unp (Unnipentium)	106 Unh (Unnihexium)												

58 Ce Cerium	59 Pr Praseodymium	60 Nd Neodymium	61 Pm Promethium	62 Sm Samarium	63 Eu Europium	64 Gd Gadolinium	65 Tb Terbium	66 Dy Dysprosium	67 Ho Holmium	68 Er Erbium	69 Tm Thulium	70 Yb Ytterbium	71 Lu Lutetium
90 Th Thorium	91 Pa Protactinium	92 U Uranium	93 Np Neptunium	94 Pu Plutonium	95 Am Americium	96 Cm Curium	97 Bk Berkelium	98 Cf Californium	99 Es Einsteinium	100 Fm Fermium	101 Md Mendelevium	102 No Nobelium	103 Lr Lawrencium

부록 3

그리스 문자

그리스 문자		그리스 이름
Α	α	alpha
Β	β	beta
Γ	γ	gamma
Δ	δ	delta
Ε	ε	epsilon
Ζ	ζ	zeta
Η	η	eta
Θ	θ	theta
Ι	ι	iota
Κ	κ	kappa
Λ	λ	lambda
Μ	μ	mu
Ν	ν	nu
Ξ	ξ	xi
Ο	ο	omicron
Π	π	pi
Ρ	ρ	rho
Σ	σ	sigma
Τ	τ	tau
Υ	υ	upsilon
Φ	φ	phi
Χ	χ	chi
Ψ	ψ	psi
Ω	ω	omega

부록 4

전기전자공학에서 쓰이는 단위 접두어

접두어	기호	승수	
Yotta-	Y	10^{24}	1,000,000,000,000,000,000,000,000
Zetta-	Z	10^{21}	1,000,000,000,000,000,000,000
exa-	E	10^{18}	1,000,000,000,000,000,000
peta-	P	10^{15}	1,000,000,000,000,000
tera-	T	10^{12}	1,000,000,000,000
giga-	G	10^{9}	1,000,000,000
mega-	M	10^{6}	1,000,000
kilo-	k	10^{3}	1,000
hecto-	h	10^{2}	100
deka-	da	10^{0}	10
deci-	d	10^{-1}	0.1
centi-	c	10^{-2}	0.01
milli-	m	10^{-3}	0.001
micro-	μ	10^{-6}	0.000,001
nano-	n	10^{-9}	0.000,000,001
pico-	p	10^{-12}	0.000,000,000,001
femto-	f	10^{-15}	0.000,000,000,000,001
atto-	a	10^{-18}	0.000,000,000,000,000,001
zepto-	z	10^{-21}	0.000,000,000,000,000,000,001
yocto-	y	10^{-24}	0.000,000,000,000,000,000,000,001

부록 5

저항기 컬러 코드

컬러	자릿수	허용오차	
Black(흑)	0		
Brown(갈)	1	Gray(회)	0.05%
Red(적)	2	Violet(자)	0.10%
Orange(등)	3	Blue(청)	0.25%
Yellow(황)	4	Green(녹)	0.5%
Green(녹)	5	Brown(갈)	1%
Blue(청)	6	Red(적)	2%
Violet(자)	7	Gold(금)	5%
Gray(회)	8	Silver(은)	10%
White(백)	9	None(무)	20%

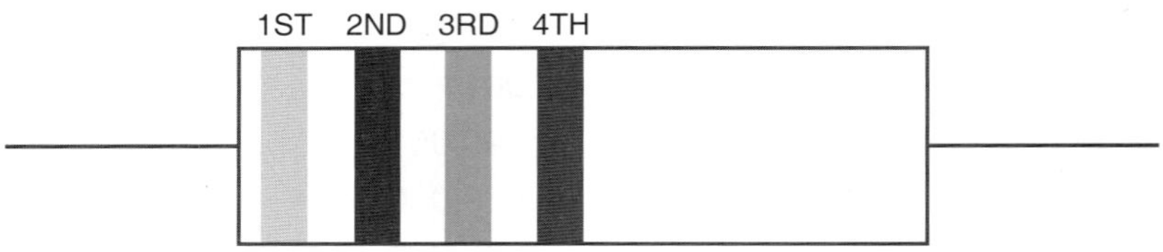

© Delmar Cengage Learning

컬러	첫 번째 띠 첫 번째 자리	두 번째 띠 두 번째 자리	세 번째 띠 0의 개수	네 번째 띠 허용오차
Black(흑)	0	0	—	—
Brown(갈)	1	1	0	1%
Red(적)	2	2	00	2%
Orange(등)	3	3	000	—
Yellow(황)	4	4	0000	—
Green(녹)	5	5	00000	0.5%
Blue(청)	6	6	000000	0.25%
Violet(자)	7	7		0.10%
Gray(회)	8	8		0.05%
White(백)	9	9		—
Gold(금)	—	—	x.1	5%
Silver(은)	—	—	x.01	10%
None(무)	—	—	—	20%

부록 6

커패시터 컬러 코드

컬러	자릿수	승수	허용오차
Black(흑)	0	1	20%
Brown(갈)	1	10	1%
Red(적)	2	100	2%
Orange(등)	3	1000	3%
Yellow(황)	4	10000	4%
Green(녹)	5	100000	5%
Blue(청)	6	1000000	6%
Violet(자)	7		7%
Gray(회)	8		8%
White(백)	9		9%
Gold(금)		0.1	
Silver(은)		0.01	10%
Body(무)			20%

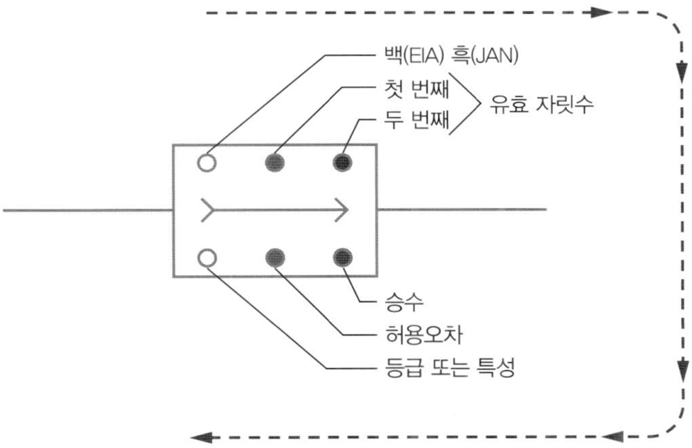

a. 성형마이카(molded mica)

주: EIA는 Electronic Industries and Association의 약어이고 JAN은 군용 표준으로서 Joint Army-Navy의 약어이다.

부록 6

커패시터 컬러 코드(계속)

b. 판상세라믹(disc ceramic)

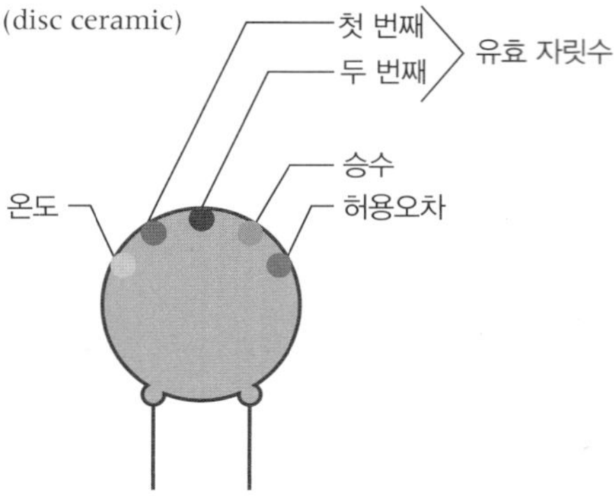

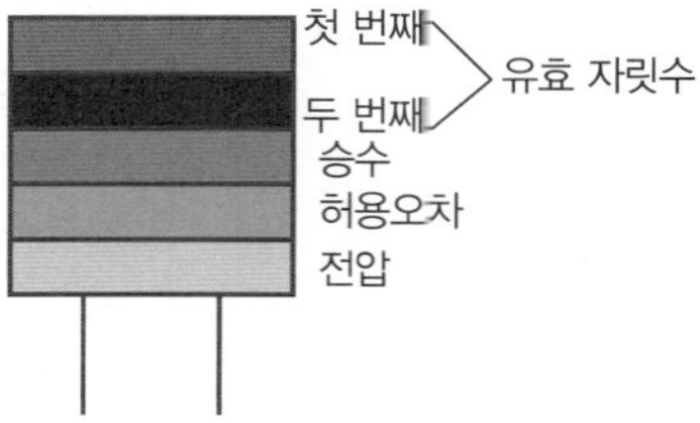

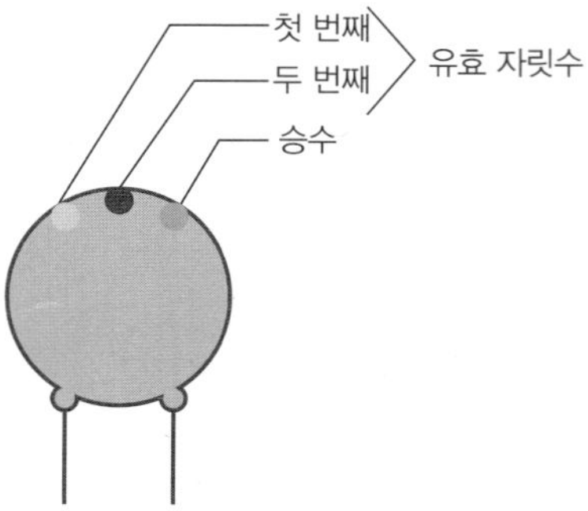

탄탈륨 커패시터

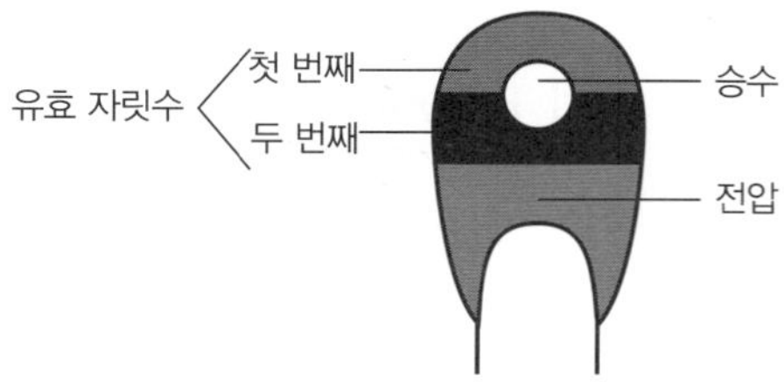

부록 6

커패시터 컬러 코드(계속)

c. 굴대형 포일(axial foil)

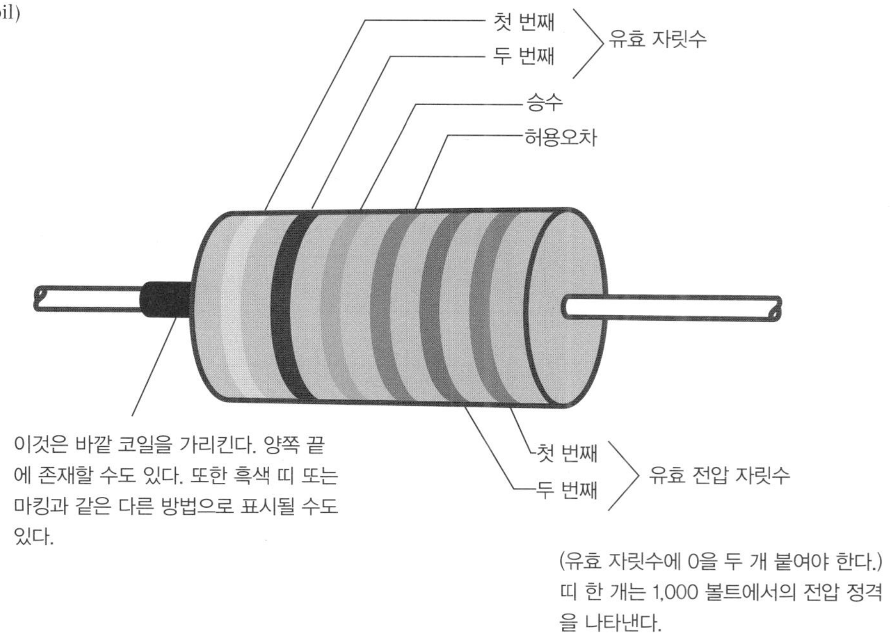

부록 7

전기전자공학 기호

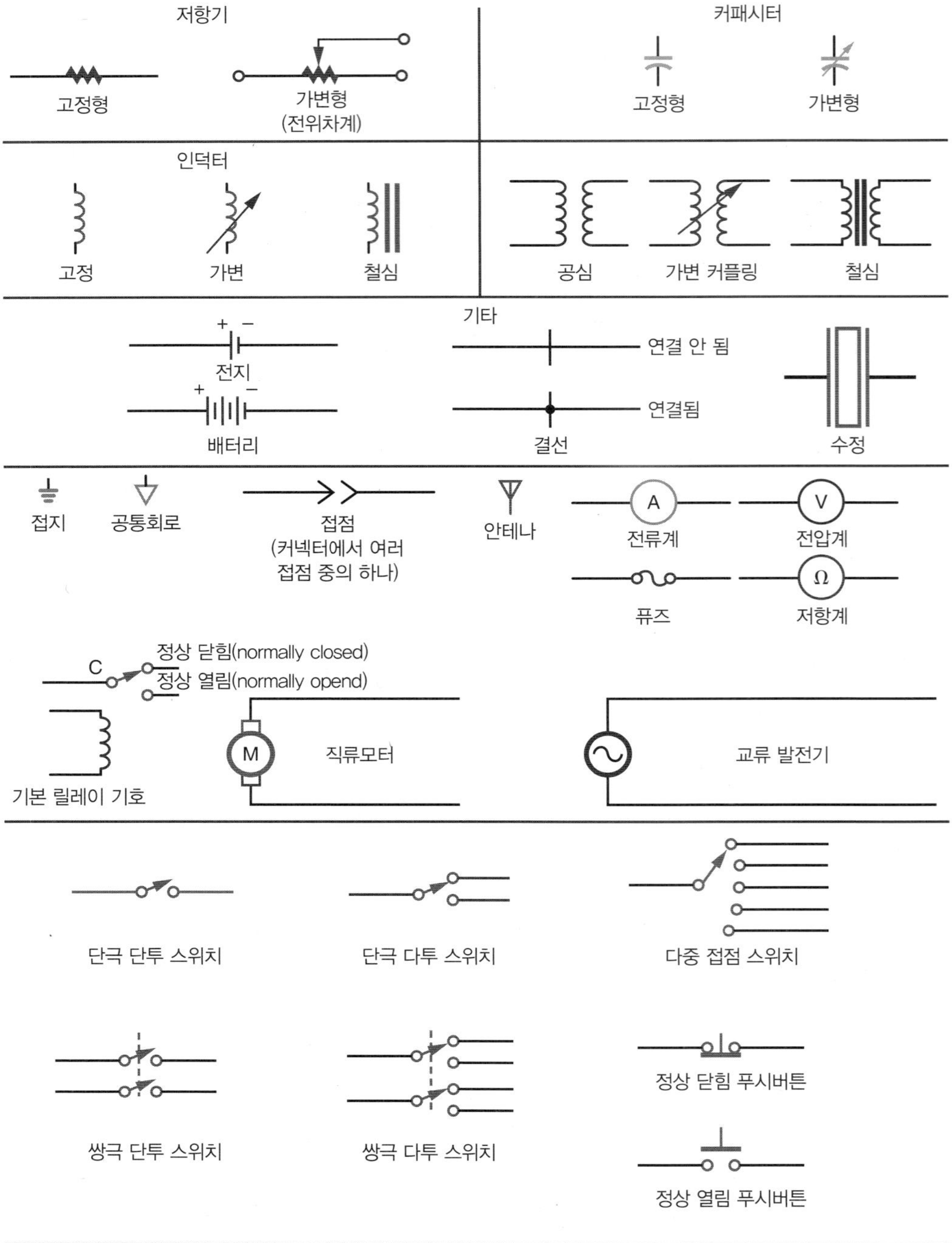

부록 8

반도체 회로 기호

소자 이름	회로 기호	흔히 쓰이는 접합도	주요 용도
다이오드		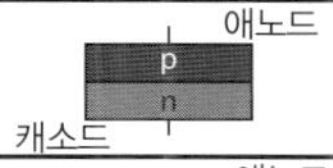	정류 차단 검파 Steering
제너 다이오드		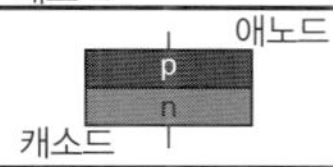	전압조절
N-P-N 트랜지스터		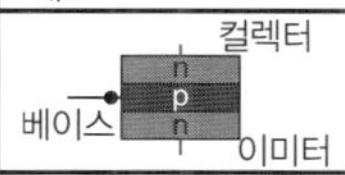	증폭 스위칭 발진
P-N-P 트랜지스터	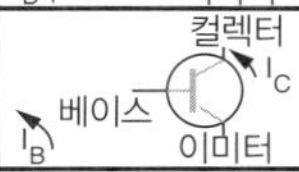	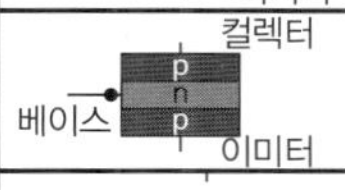	증폭 스위칭 발진
N-채널 JFET	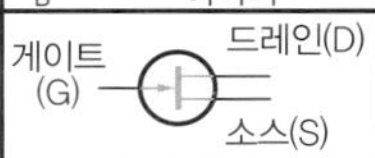	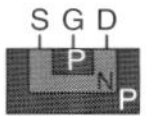	증폭 스위칭 발진
P-채널 JFET	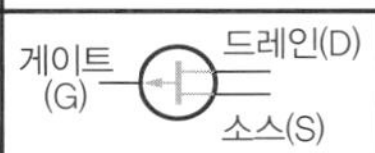		증폭 스위칭 발진
증가형 N-채널 MOSFET	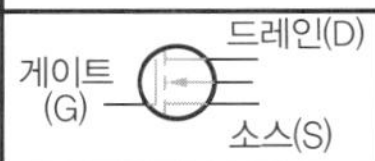		스위칭 디지털 응용
증가형 N-채널 MOSFET	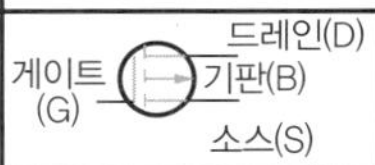		스위칭 디지털 응용
공핍형 N-채널 MOSFET	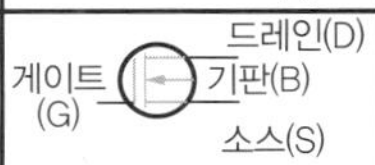		증폭 스위치
공핍형 P-채널 MOSFET		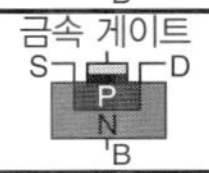	증폭 스위치
실리콘 제어 정류기(SCR)		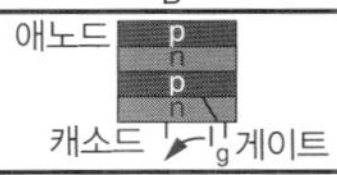	전력 스위칭 위상제어 인버터 쵸퍼
TRICA		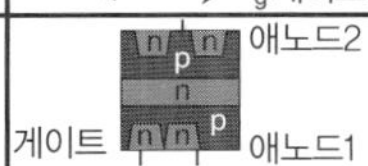	교류 스위칭 위상제어 릴레이 대체
포토 트랜지스터		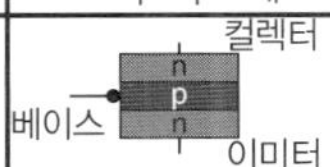	테잎 리더 카드 리더 위치 센서 속도계
DIAC	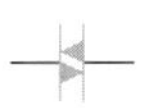	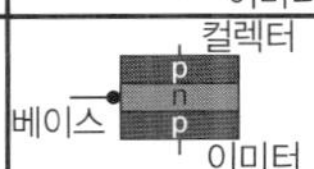	트리거
발광다이오드 (LED)			표시기 광원 광 결합기 디스플레이

부록 9

디지털 논리 기호

논리 기능	내국 (MIL/ANSI) 기호	일반적인 독일 기호	국제 전자기술 위원회(IEC) 기호	영국(BS3939) 기호
버퍼	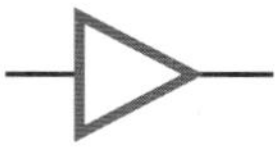		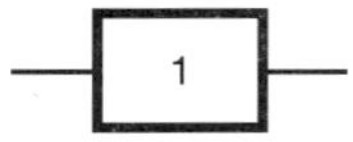	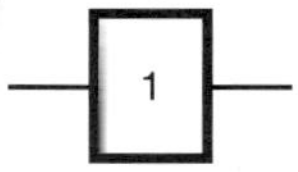
인버터 (NOT 게이트)	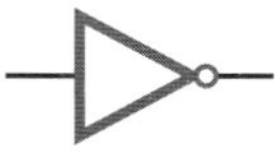			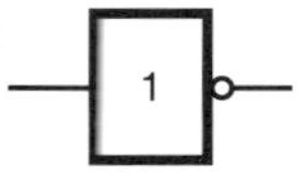
2 입력 AND 게이트	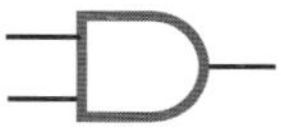	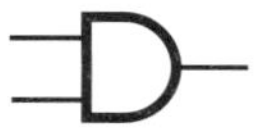		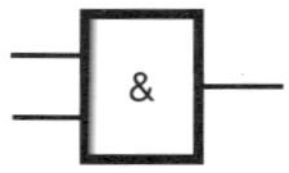
2 입력 OR 게이트	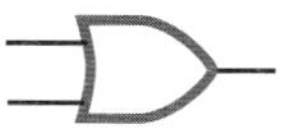			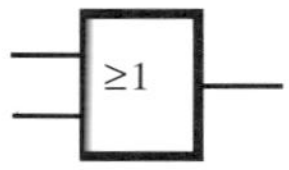
2 입력 NAND 게이트		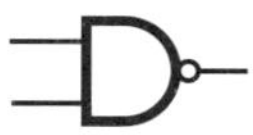		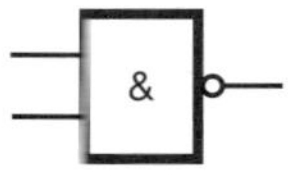
2 입력 NOR 게이트		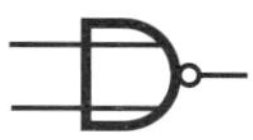		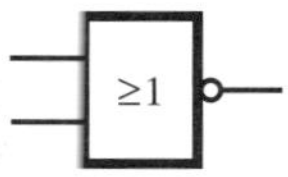
2 입력 XOR 게이트	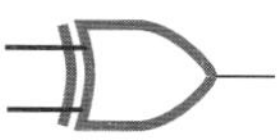	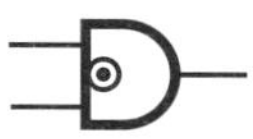	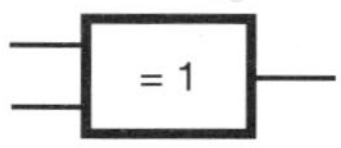	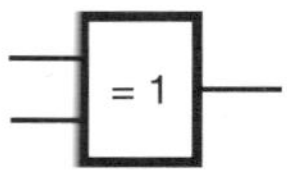
2 입력 XNOR 게이트		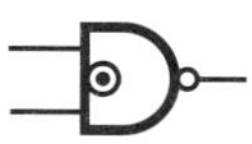	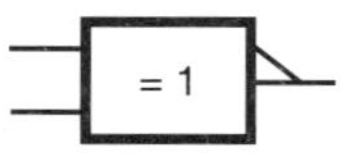	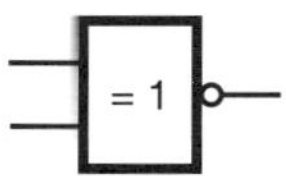

부록 10

직류 및 교류 회로 공식

	직렬	병렬
저항	$R_T = R_1 + R_2 + R_3 + \ldots R_n$	$\frac{1}{R_T} = \frac{1}{R_1} + \frac{1}{R_2} + \frac{1}{R_3} + \ldots \frac{1}{R_n}$
커패시턴스	$\frac{1}{C_T} = \frac{1}{C_1} + \frac{1}{C_2} + \frac{1}{C_3} + \ldots \frac{1}{C_n}$	$C_T = C_1 + C_2 + C_3 + \ldots C_n$
인덕턴스	$L_T = L_1 + L_2 + L_3 + \ldots L_n$	$\frac{1}{L_T} = \frac{1}{L_1} + \frac{1}{L_2} + \frac{1}{L_3} + \ldots \frac{1}{L_n}$
임피던스	$Z_T = Z_1 + Z_2 + Z_3 + \ldots Z_n$	$\frac{1}{Z_T} = \frac{1}{Z_1} + \frac{1}{Z_2} + \frac{1}{Z_3} + \ldots \frac{1}{Z_n}$
전압	$E_T = E_1 + E_2 + E_3 + \ldots E_n$	$E_T = E_1 = E_2 = E_3 = \ldots E_n$
전류	$I_T = I_1 = I_2 = I_3 = \ldots I_n$	$I_T = I_1 + I_2 + I_3 + \ldots I_n$
전력	$P_T = P_1 + P_2 + P_3 + \ldots P_n$	$P_T = P_1 + P_2 + P_3 + \ldots P_n$

공식

옴의 법칙	$I = \frac{E}{R}$	컨덕턴스	$G = \frac{1}{R}$
임피던스	$I = \frac{E}{Z}$	리액턴스	$X_L = 2\pi fL$ $X_c = \frac{1}{2\pi fC}$
전력	$P = IE$	공진	$f_R = \frac{1}{2\pi\sqrt{LC}}$

교류값 도표

	피크(Peak)	실효치(RMS)	평균치(AVG)
피크		0.707 × Peak	0.637 × Peak
실효치	1.41 × RMS		0.9 × RMS
평균치	1.57 × AVG	1.11 × AVG	

기타

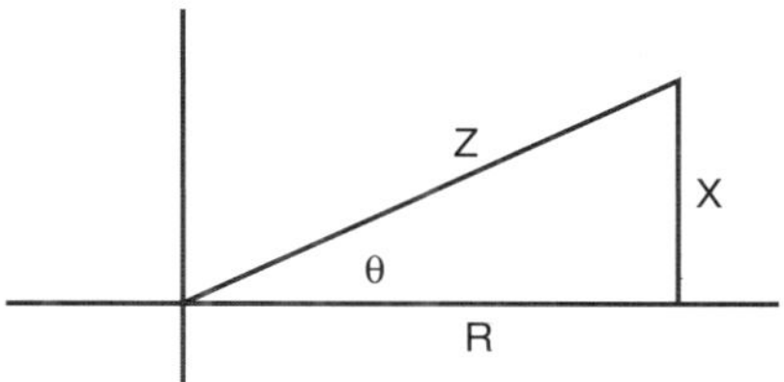

$$Z^2 = R^2 + X^2$$

$$\text{Sin } 0 = \frac{X}{Z}$$

$$\text{Cos } 0 = \frac{R}{Z}$$

$$\text{Tan } 0 = \frac{X}{R}$$

변환

직각좌표를 극좌표로

$R = \sqrt{X^2 + Y^2}$ 및 $0 = \text{Arctan } \frac{Y}{X}$

극좌표를 직각좌표로

$X = R \text{ Cos } 0$ 및 $Y = R \text{ Sin } 0$

온도

화씨를 섭씨로

$C = (F - 32)(5/9)$

섭씨를 화씨로

$F = (C \times 9/5) + 32$

자기테스트 해답

SELF-TEST ANSWERS

CHAPTER 1 전기의 기본

1. 원소는 자연의 기본 빌딩 블록이다. 원자는 원소의 특성을 유지하는 가장 작은 원소 입자이다. 분자는 두 개 또는 그 이상의 원자들의 화학적 결합물이다. 화합물은 두 개 또는 그 이상의 원자들의 화학적 결합물이며 화학적 수단에 의해서만 분리될 수 있다.
2. 가능한 자유전자의 개수
3. 가전자각에 얼마나 많은 전자가 있는지, 도체는 네 개 미만, 반도체는 네 개, 절연체는 네 개보다 많다.
4. 전기가 여러 가지 물질을 통해 어떻게 흐르는지의 여부에 관해 이해하기 위해
5. 6.24×10^{18}개의 전자
6. 회로에서 행해진 일은 전위차, 즉 기전력(electromotive force, emf), 다른 말로 전압의 결과이다.
7. 전자의 흐름을 방해한다.
8.

용어	기호	단위
전류	I	암페어(A)
전압	E	전압(V)
저항	R	옴(Ω)

9. 전류는 전자의 흐름이고, 전압은 전자가 흐르게 하는 힘이며, 저항은 전자의 흐름을 방해하는 것이다.
10. 물질의 저항은 그 물질의 크기, 모양 및 온도에 의해 결정된다.

CHAPTER 2 전류

1. 주어진 값: 풀이:

주어진 값	풀이
I = ?	$I = \frac{Q}{t}$
Q = 7 쿨롱	$I = \frac{7}{5}$
t = 5초	I = 1.4 암페어

2. 전자는 도체에서, 전위의 음극 단자로부터 원자에서 원자로 움직이면서 전위의 양극 단자로 흐른다.

3. a. $235 = 2.35 \times 10^2$
   b. $0.002376 = 2.376 \times 10^{-3}$
   c. $56323.786 = 5.6323786 \times 10^4$
4. a. 밀리(milli)는 1000으로 나누거나 0.001배로 하는 것을 의미하며, 1×10^{-3}으로 나타낸다.
   b . 마이크로(micro)는 1,000,000으로 나누거나 0.000001배로 하는 것을 의미하며, 1×10^{-6}으로 나타낸다.
5. a. 0.305 A
   b. 0.006 mA
   c. 17,000 mV
   d. 0.000023 μV
   e. 13 Ω
   f. 170,000,000 Ω

왼쪽 값을 오른쪽 단위로 변환한다		
a.	305 mA	0.305 A
b.	6 μA	0.006 mA
c.	17 V	17000 mV
d.	0.23 mV	0.000023 μV
e.	0.013 kΩ	13 Ω
f.	170 MΩ	170,000,000 Ω

CHAPTER 3 전압

1. 회로에서 실질적인 일(전자의 이동)은 전위차(전압)에 의해서 이루어진다.
2. 전기는 마찰, 자성, 화학물질, 빛, 열, 그리고 압력에 의해 생성된다.
3. 2차 전지의 정격은 암페어시(AH)로 나타낸다.
4.

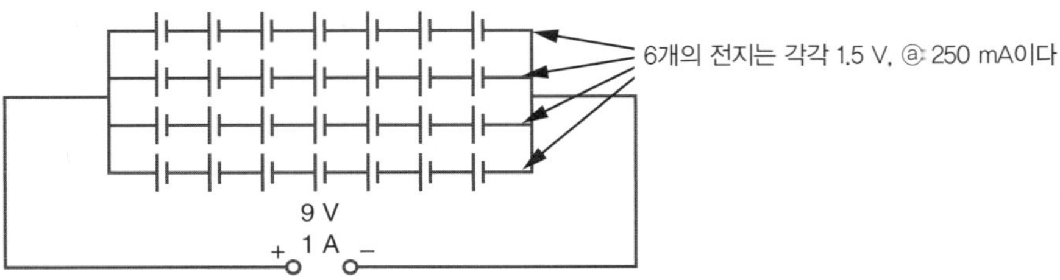

5. 주어진 값:
   $E_T = 9$ V
   $L_1 = 3$ V 정격
   $L_2 = 3$ V 정격
   $L_3 = 6$ V 정격

풀이:
회로도:

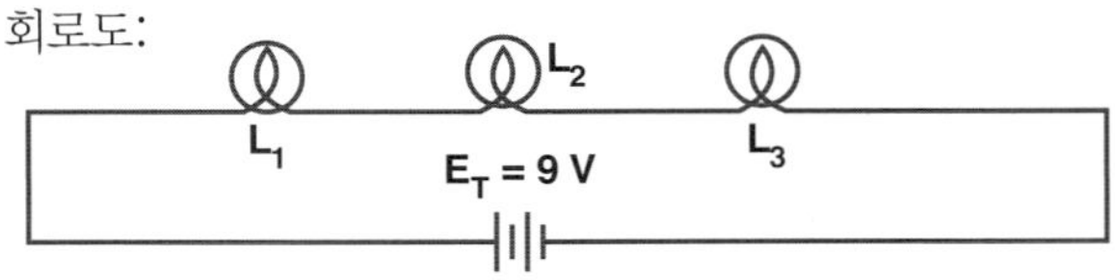

전압의 반이 L_1과 L_2에 강하되고, 나머지 전압의 반은 L_3를 통해 강하된다.

따라서:

$L_1 + L_2 = 6$-V 강하　　L_3는 4.5 V 강하

L_3 = 6-V 강하
$9 \times \frac{1}{2} = \frac{9}{2} = 4.5$ V

L_2는 2.25 V 강하
L_1은 2.25 V 강하
전체 전압은 9.00 V

6.

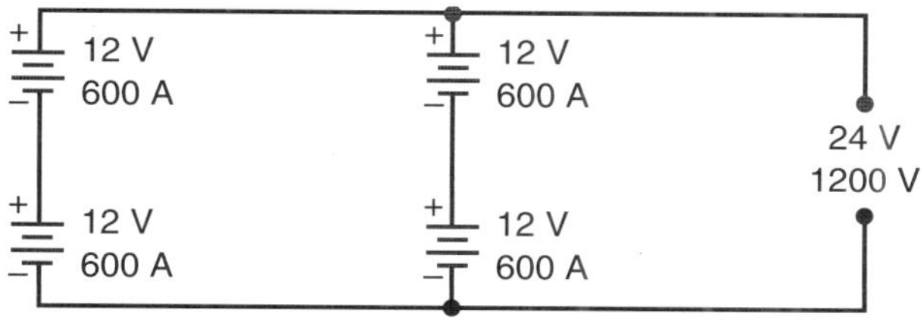

7. 에너지는 열로 없어진다.
8. 전류는 배터리의 음극 단자에서 나와서 배터리의 양극 단자로 돌아간다.
9. 가정에서 사용자를 전기 충격으로부터 보호하기 위해 접지를 사용한다. 자동차에서 접지는 완전한 회로의 일부분으로 작용한다.

10.

	공식	
	직렬	병렬
전류	$I_T = I_1 + I_2 + I_3 \ldots + I_n$	$I_T = I_1 + I_2 + I_3 \ldots + I_n$
전압	$E_T = E_1 = E_2 = E_3 \ldots = E_n$	$E_T = E_1 = E_2 = E_3 \ldots = E_n$

CHAPTER 4 저항

1. 재료의 저항은 그 재료의 크기, 형태, 온도에 의한다. 그것은 그 재료로 만든 지름 1 mil, 20°C에서의 길이 1피트 도선을 측정하여 얻는다.

2. 주어진 값:
저항 = 2200 옴
허용오차 = 10%

풀이:
2200 × 0.10 = 220 옴
2200 − 220 = 1980 옴
2200 + 220 = 2420 옴
허용오차 범위:
1980~2420 옴

3. a. 녹색, 파랑, 빨강, 금색
b. 갈색, 녹색, 녹색, 은색
c. 빨강, 보라, 금색, 금색
d. 갈색, 검정, 갈색, 무색
e. 노랑, 보라, 노랑, 은색

4. RC0402D104T:
RC — 칩 저항기
0402 — 크기(0.40" × 0.02")
D — 허용오차(+0.5%)
104 — 저항(100,000 Ω)
T — 패킹 방법

5. 전위차계는 실제값이 자신의 본체에 인쇄되어 있는 경우도 있고, 영숫자 크드가 인쇄되어 있는 경우도 있다.

6.

	공식	
	직렬–병렬	
	직렬	병렬
저항	$R_T = R_1 = R_2 = R_3 \ldots = R_n$	$1/R_T = 1/R_1 + 1/R_2 + 1/R_3 \ldots + 1/R_n$

7. 2 Ω

8. a. 병렬 저항기 R_2, R_3, R_4에 대해 전체 저항(R_A)을 구한다($1/R_A = 1/R_2 + 1/R_3 + 1/R_4$).
b. R_1, R_A 및 R_5를 더하여 R_T를 구한다($R_T = R_1 + R_A + R_5$).

9. $R_T = 1636.36$

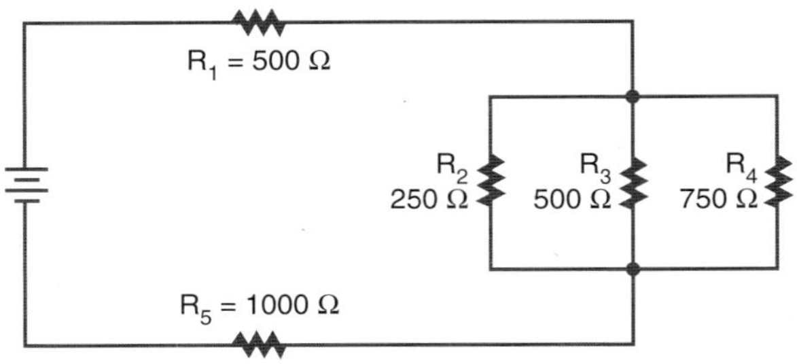

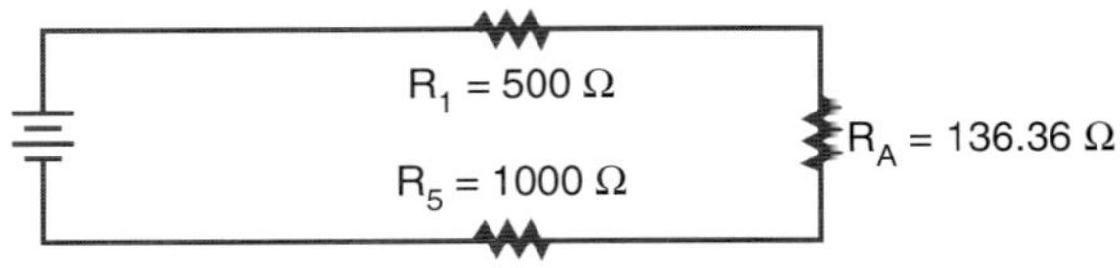

10. 전류의 흐름은 직렬성분에서 전압원의 음극으로부터 나와서 병렬성분의 가지로 나뉘고, 다른 직렬 또는 병렬성분과 다시 연결되어 전압원의 양극으로 되돌아온다.

CHAPTER 5 옴의 법칙

1. 주어진 값:

$I = ?$

$E = 9\ V$

$R = 4500\ \Omega$

풀이:

$$I = \frac{E}{R}$$

$$I = \frac{9}{4500}$$

$I = 0.002\ A$ 또는 $2\ mA$

2. 주어진 값:

$I = 250\ mA = 0.250\ A$

$E = ?$

$R = 470\ \Omega$

풀이:

$$I = \frac{E}{R}$$

$$0.250 = \frac{E}{470}$$

$$\frac{0.250}{1} \times \frac{E}{470}$$

$$(1)(E) = (0.250)(470)$$

$$E = 117.5\ V$$

3. 주어진 값:

$I = 10\ A$

$E = 240\ V$

$R = ?$

풀이:

$$I = \frac{E}{R}$$

$$10 = \frac{240}{R}$$

$$\frac{10}{1} \times \frac{240}{R}$$

$$(1)(240) = (10)(R)$$

$$\frac{240}{10} = \frac{10\ R}{10}$$

$$\frac{240}{10} = 1R$$

$$24\ \Omega = R$$

4. a.

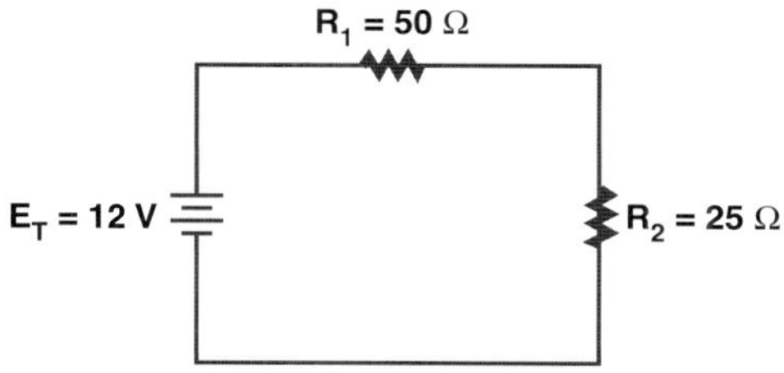

먼저 회로(직렬)의 전체 저항을 구한다.

$$R_T = R_1 + R_2$$

$$R_T = 50 + 25$$

$$R_T = 75\ \Omega$$

두 번째로 전체 등가저항을 이용하여 회로를 다시 그린다.

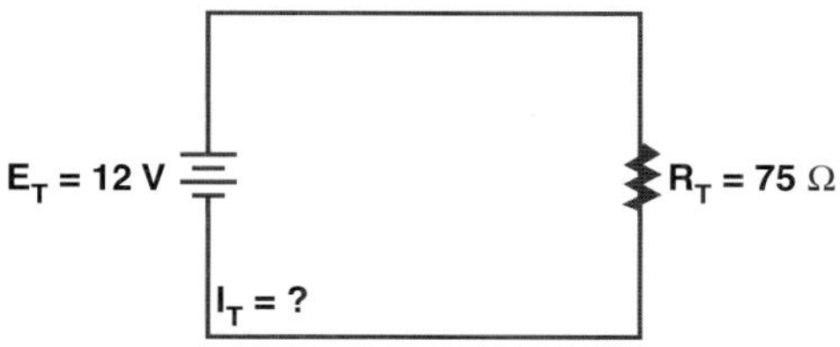

세 번째로 회로의 전체 전류를 구한다.

주어진 값:

$I_T = ?$

$E_T = 12\ V$

$R_T = 75\ \Omega$

풀이:

$$I_T = \frac{E_T}{R_T}$$

$$I_T = \frac{12}{75}$$

$R_T = 0.16\ A$ 또는 $160\ mA$

이제 R_1과 R_2에서의 전압강하를 구한다.

$$I_T = I_1 = I_2$$

$$I_1 = \frac{E_1}{R_1}$$

$$I_2 = \frac{E_2}{R_2}$$

$$0.16 = \frac{E_2}{25}$$

$$0.16 = \frac{E_1}{50} \qquad (0.16)(25) = E2$$

$$(0.16)(50) = E_1 \qquad 4V = E_2$$

$$8V = E_1$$

b.

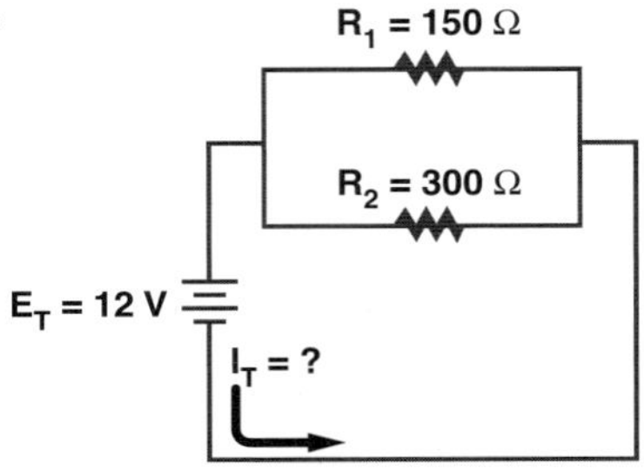

먼저 회로(병렬)의 전체 저항을 구한다.

$$\frac{1}{R_T} = \frac{1}{R_1} + \frac{1}{R_2}$$

$$\frac{1}{R_T} = \frac{1}{150} + \frac{1}{300}$$

$$\frac{1}{R_T} = \frac{2}{300} + \frac{1}{300}$$

$$\frac{1}{R_T} = \frac{3}{300}$$

$$(3)(R_T) = (1)(300)$$

$$\frac{\cancel{(3)}(R_T)}{\cancel{3}} = \frac{300}{3}$$

$$1\ R_T = \frac{300}{3}$$

$$R_T = 100\ \Omega$$

두 번째로 등가저항을 이용하여 회로를 다시 그린다.

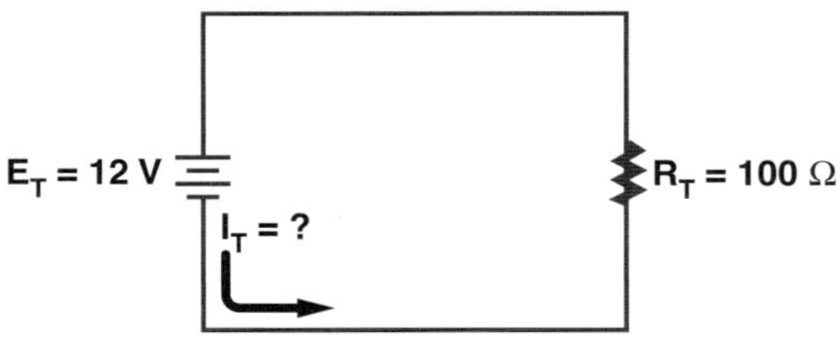

세 번째로 그 회로의 전체 저항을 구한다.

주어진 값:	풀이:
$I_T = ?$	$I_T = \frac{E_T}{R_T}$
$E_T = 12\ V$	$I_T = \frac{12}{100}$
$R_T = 100\ \Omega$	$L_T = 0.12\ A$ 또는 120 mA

이제 R_1과 R_2에 흐르는 전류를 구한다.

$$E_T = E_1 = E_2$$

$$I_1 = \frac{E_1}{R_1} \qquad I_2 = \frac{E_2}{R_2}$$

$$I_1 = \frac{12}{150} \qquad I_2 = \frac{12}{300}$$

$I_1 = 0.08$ A 또는 80 mA $\quad I_2 = 0.04$ A 또는 40 mA

c.

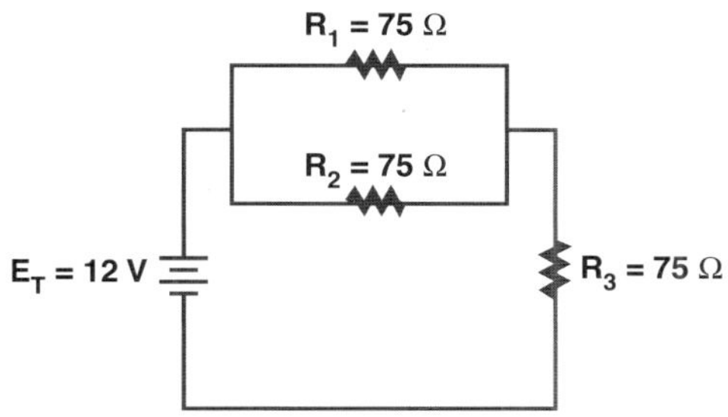

먼저 회로의 병렬부분의 등가저항을 구한다.

$$\frac{1}{R_A} = \frac{1}{R_1} + \frac{1}{R_2}$$

$$\frac{1}{R_A} = \frac{1}{75} + \frac{1}{75}$$

$$\frac{1}{R_A} = \frac{2}{75}$$

$$(2)(R_A) = (1)(75)$$

$$\frac{\cancel{(2)}(R_A)}{\cancel{2}} = \frac{(1)(75)}{2}$$

$$1R_A = \frac{75}{2}$$

$$R_A = 37.5\ \Omega$$

두 번째로 등가저항을 이용하여 회로를 다시 그린다.

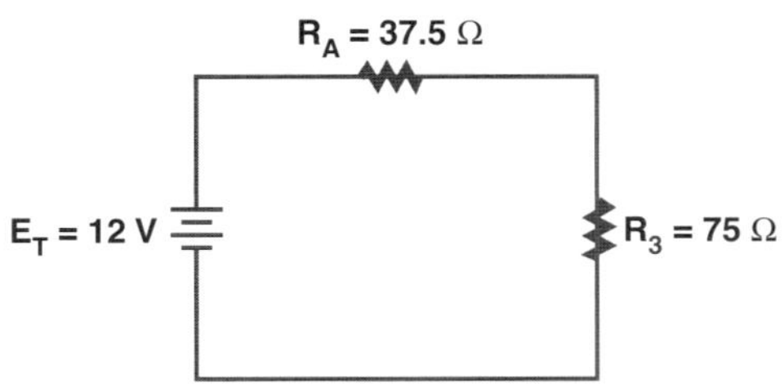

세 번째로 회로의 전체 저항을 구한다.

$$R_T = R_A + R_3$$

$$R_T = 37.5 + 75$$

$$R_T = 112.5\ \Omega$$

네 번째로 회로의 전체 전류를 구한다.

주어진 값: $\quad$ 풀이:

$I_T = ?$ $\quad I_T = \frac{E_T}{R_T}$

$E_T = 12\ V$ $\qquad I_T = \dfrac{12}{112.5}$

$R_T = 112.5\ \Omega$ $\qquad I_T = 0.107\ A$ 또는 $107\ mA$

다섯 번째로 R_3와 R_4에서의 전압강하를 구한다.

$I_T = I_A = I_3$
$I_A = 0.107A$
$I_3 = 0.107A$

$I_3 = \dfrac{E_3}{R_3}$ $\qquad I_A = \dfrac{E_A}{R_A}$ $\qquad E_A = E_1 = E_2$

$0.107 = \dfrac{E_3}{75}$ $\qquad 0.107 = \dfrac{E_A}{37.5}$ $\qquad E_1 = 4V$

$8V = E_3$ $\qquad 4V = E_A$ $\qquad E_2 = 4V$

이제 R_1과 R_2에 흐르는 전류를 구한다.

$I_1 = \dfrac{E_1}{R_1}$ $\qquad I_2 = \dfrac{E_2}{R_2}$

$I_1 = \dfrac{4}{75}$ $\qquad I_2 = \dfrac{4}{75}$

$I_1 = 0.053\ A$ 또는 $53\ mA$ $\qquad I_2 = 0.053\ A$ 또는 $53\ mA$

5. a.

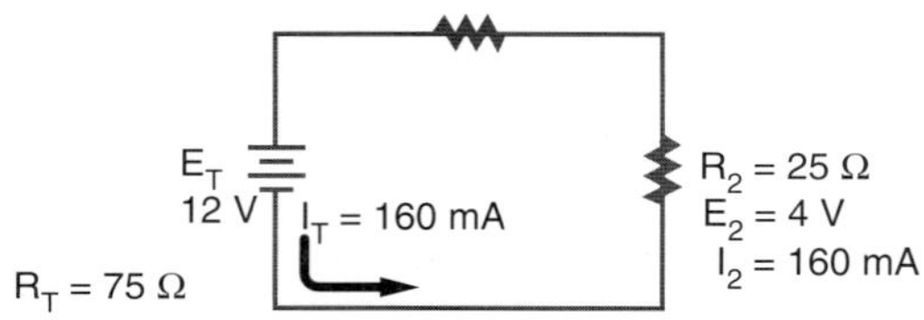

$I_T = I_1 = I_2$ $\qquad E_T = E_1 = E_2$

$160\ mA = 160\ mA = 160\ mA$ $\qquad 12\ V = 8\ V = 4\ V$

주: 반올림에 따라 해답에 차이가 생길 수 있다.

b.

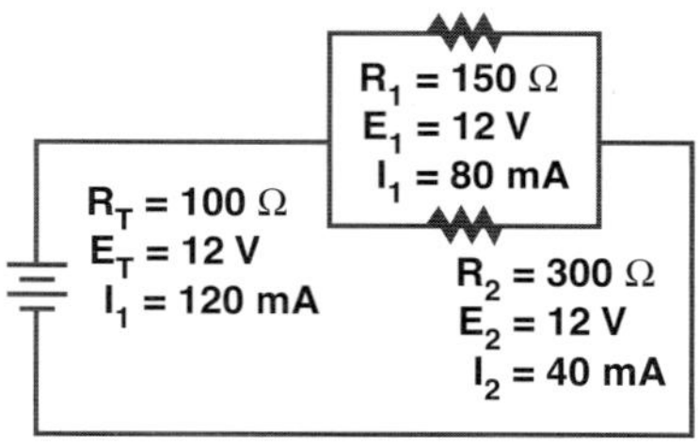

$I_T = I_1 + I_2$ $\qquad E_T = E_1 = E_2$

$120\ mA = 80\ mA + 40\ mA$ $\qquad 12\ V = 12\ V = 12V$

c.

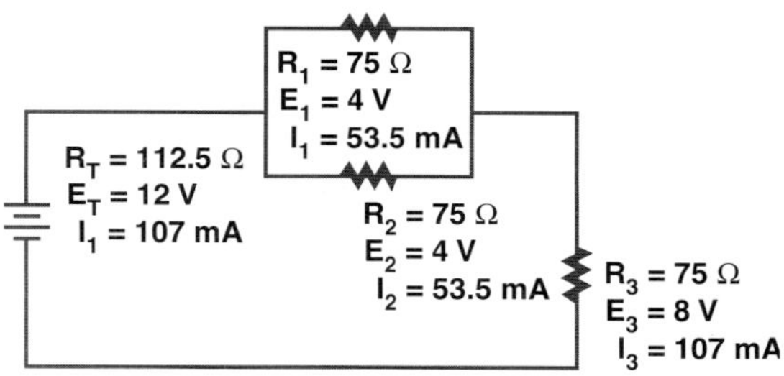

$L_T = (I_1 + I_2) = I_3$
$0.107 = (0.0535 + 0.0535) = 0.107$
$0.107\ A = 0.107\ A = 0.107\ A$

$E_T = (E_1 = E_2) + E_2$
$12 = (4 = 4) + 8$
$12\ V = 4\ V + 8\ V$

CHAPTER 6 전기 측정–계측기

1. 디지털
2. 아날로그
3. a. 23 V

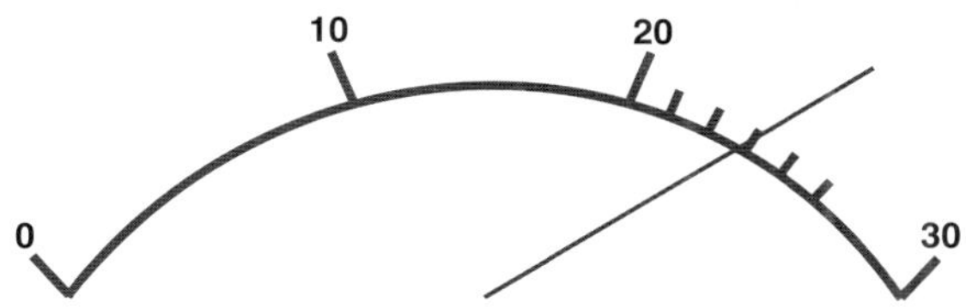

b. 220 mA

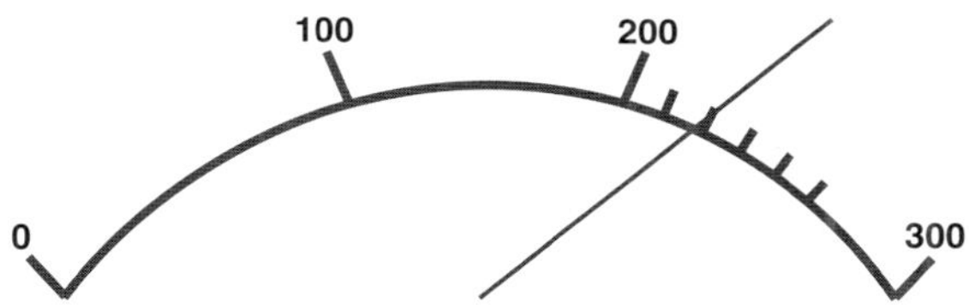

c. 2700 Ω

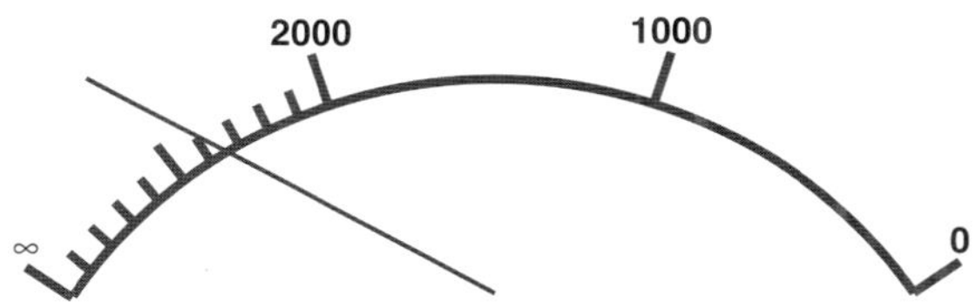

4. 하나의 계측기로 전압, 전류, 저항을 함께 측정하는 데 유리하다.
5.

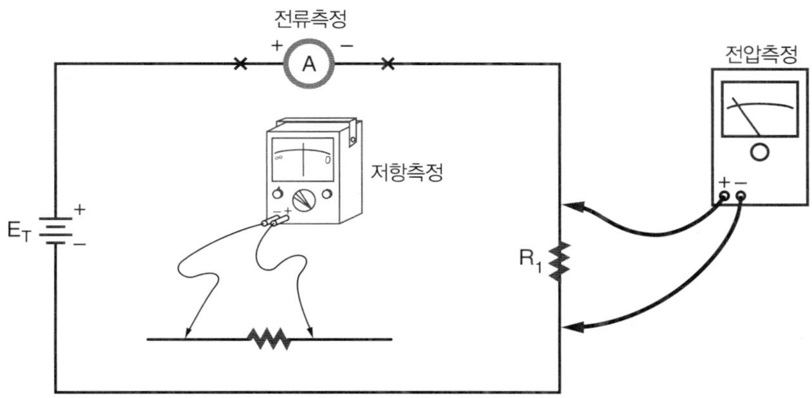

6. VOM은 아날로그 멀티미터이고 원어는 volt-ohm-milliammeter이다. DMM은 디지

털 멀티미터이다. DMM은 자동 범위 조절, 자동 영점 조절 및 자동 잠금 기능과 함께 읽기가 쉬우나 배터리를 필요로 하고 전압 제한을 초과하면 계측기가 손상될 수도 있다. VOM은 순간적인 신호 변화의 측정을 단순화시켜 준다. 그러나 범위와 영점을 수동으로 맞추어야 하며 자동 잠금 기능은 제공하지도 않는다.

7. 항상 계측기를 측정하려는 최고 범위에 맞춘다.
8. 계측기가 계측기의 반대 방향으로 움직이면 전원을 제거하고 계측기 리드를 반대 방향으로 한다. 만약 계측기가 오른쪽으로 움직이면 범위가 제대로 선택되었는지 조사한다.
9. 저항계는 저항기 양단에 전압을 걸어서 전압을 측정하여 그 저항기에 흐르는 전류의 양을 잰다. 전류 값이 높으면 낮은 저항을 가리키고, 전류 값이 낮으면 높은 저항을 가리킨다.
10. 아니다, 자동으로 영점을 조절한다.

CHAPTER 7 전력

1. 주어진 값:

$P = ?$

$I = 40\ mA = 0.04\ A$

$E = 30\ V$

풀이:

$P = IE$

$P = (0.04)(30)$

$P = 1.2\ W$

2. 주어진 값:

$P = 1\ W$

$I = 10\ mA = 0.01\ A$

$E = ?$

풀이:

$$P = IE$$
$$1 = (0.01)(E)$$
$$\frac{1}{0.01} = \frac{(0.01)(E)}{(0.01)}$$
$$\frac{1}{0.01} = 1E$$
$$100\ V = E$$

3. 주어진 값:

$P = 12.3\ W$

$I = ?$

$E = 30\ V$

풀이:

$$P = IE$$
$$12.3 = (I)(30)$$
$$\frac{12.3}{30} = \frac{(I)(30)}{30}$$
$$\frac{12.3}{30} = 1I$$
$$0.41\ A = I$$

$I = 0.41\ A$ 또는 $410\ mA$

4. a.

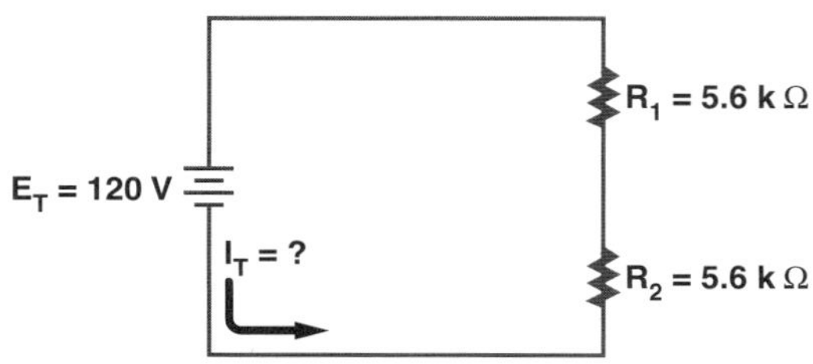

먼저 회로(직렬)의 전체 저항을 구한다.

$$R_T = R_1 + R_2$$
$$R_T = 5600 + 5600$$
$$R_T = 11{,}200\ \Omega$$

두 번째로 전체 저항을 이용하여 회로를 다시 그린다.

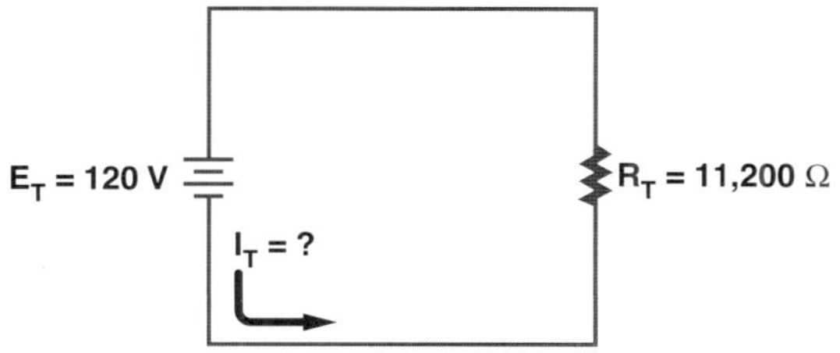

세 번째로 회로의 전체 전류를 구한다.

주어진 값:	풀이:
$I_T = ?$	$I_T = \frac{E_T}{R_T}$
$E_T = 120\text{ V}$	$I_T = \frac{120}{11{,}200}$
$R_T = 11{,}200\ \Omega$	$I_T = 0.0107\text{ A}$ 또는 10.7 mA

이제 회로의 전체 전력을 구한다.

$$P_T = I_T E_I$$
$$P_T = (0.0107)(120)$$
$$P_T = 1.28\text{ W}$$

b.

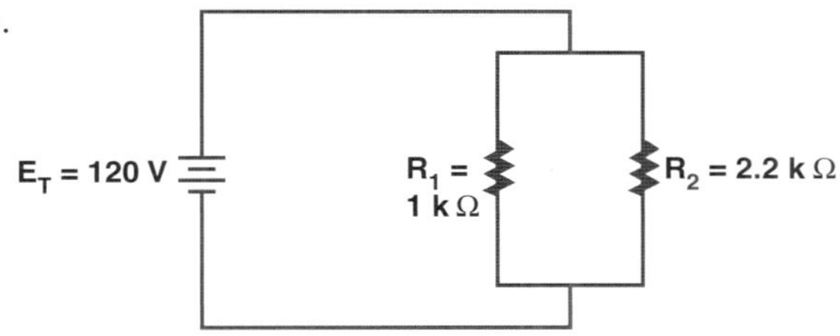

먼저 회로(병렬)의 전체 저항을 구한다.

$$\frac{1}{R_T} = \frac{1}{R_1} + \frac{1}{R_2}$$
$$\frac{1}{R_T} = \frac{1}{1000} + \frac{1}{2200}$$
$$\frac{1}{R_T} = 0.001 + 0.000455$$
$$\frac{1}{R_T} = 0.001455$$
$$R_T = \frac{0.001455}{1}$$
$$(0.001455)(R_T) = (1)(1)$$
$$R_T = \frac{1}{0.001455}$$
$$R_T = 687.29\ \Omega$$

두 번째로 전체 저항을 이용하여 회로를 다시 그린다.

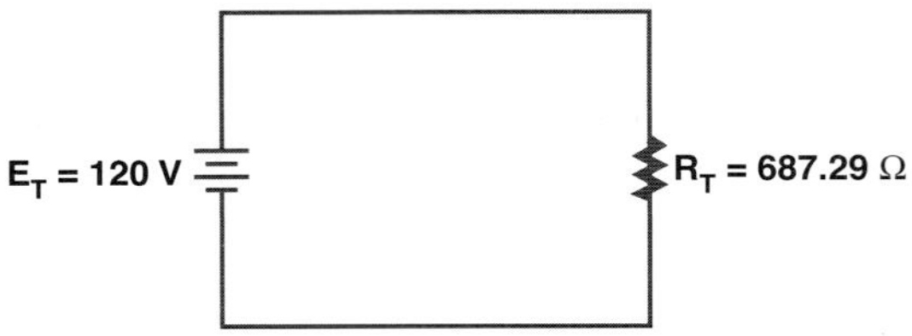

세 번째로 회로의 전체 전류를 구한다.

주어진 값:	풀이:
$I_T = ?$	$I_T = \dfrac{E_T}{R_T}$
$E_T = 120\ \text{V}$	$I_T = \dfrac{120}{687.29}$
$R_T = 687.29\ \Omega$	$I_T = 0.175\ \text{A}$ 또는 $175\ \text{mA}$

이제 회로의 전체 전력을 구한다.

주어진 값:	풀이:
$P_T = ?$	$P_T = I_T E_T$
$I_T = 0.175\ \text{A}$	$P_T = (0.175)(120)$
$E_T = 120\ \text{V}$	$P_T = 21\ \text{W}$

c.

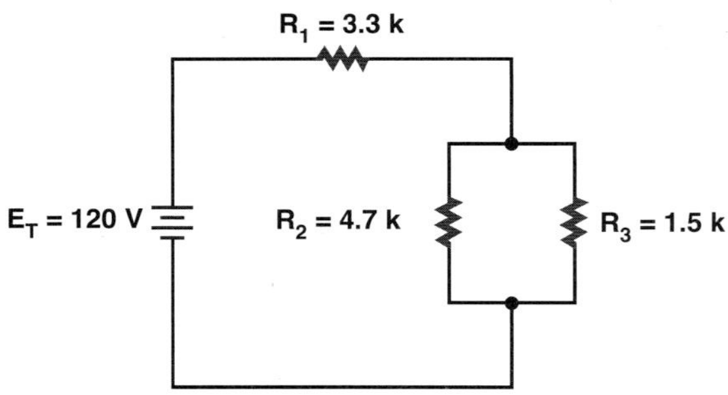

먼저 회로의 병렬부분의 등가저항을 구한다.

$$\frac{1}{R_T} = \frac{1}{1500} + \frac{1}{4700}$$

$$\frac{1}{R_A} = 0.000667 + 0.000213$$

$$\frac{1}{R_A} = 0.000880$$

$$\frac{1}{R_A} = \frac{0.000880}{1}$$

$$(0.000880)(R_A) = (1)(1)$$

$$R_A = \frac{1}{0.000880}$$

$$R_A = 1{,}136.36\ \Omega$$

두 번째로 등가저항을 이용하여 회로를 다시 그린다.

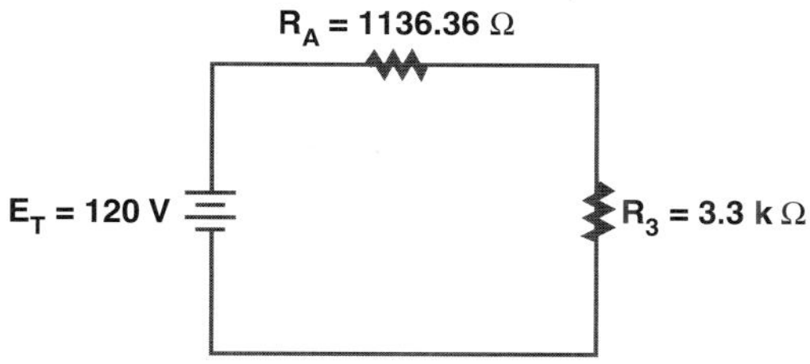

세 번째로 회로의 전체 저항을 구한다.

$$R_T = R_A + R_3$$
$$R_T = 1136.36 + 3300$$
$$R_T = 4436.36\ \Omega$$

네 번째로 회로의 전체 전류를 구한다.

주어진 값:	풀이:
$I_T = ?$	$I_T = \frac{E_T}{R_T}$
$E_T = 120\ V$	$I_T = \frac{120}{4436.36}$
$R_T = 4436.36\ \Omega$	$I_T = 0.027\ A$ 또는 27 mA

이제 회로의 전체 전력을 구한다.

주어진 값:	풀이:
$P_T = ?$	$P_T = I_T E_T$
$I_T = 0.027\ A$	$P_T = (0.027)(120)$
$E_T = 120\ V$	$P_T = 3.24\ W$(라운딩했을 때)
	3.25 W(라운딩하지 않았을 때)

5. 라운딩을 하게 되면 답이 약간 달라진다는 데 유의하라.

a. 주어진 값:

$I_T = 0.010714\ A$	$I_1 = E_1/R_1$	$I_2 = E_2/R_2$
$E_T = 120\ V$	$0.010714 = E_1/5600$	$0.010714 = E_2/5600$
$R_T = 11{,}200\ \Omega$	$(0.010714)(5600) = E_1$	$(0.010714)(5600) = E_2$
$P_T = 1.28\ W$	$60\ V = E_1$	$60\ V = E_2$
	$P_1 = I_1E_1$	$P_2 = I_2E_2$
	$P_1 = (0.10714)(60)$	$P_2 = (0.10714)(60)$
	$P_1 = 0.64\ W$	$P_2 = 0.64\ W$

b. 주어진 값:

$I_T = 0.175\ A$	$I_1 = E_1/R_1$	$I_2 = E_2/R_2$
$E_T = 120\ V$	$I_1 = 120/1000$	$I_2 = 120/2200$
$R_T = 687.29\ \Omega$	$I_1 = 0.12\ A$	$I_2 = 0.055$
$P_T = 21\ W$		
	$P_1 = I_1E_1$	$P_2 = I_2E_2$
	$P_1 = (0.12)(120)$	$P_2 = (0.055)(120)$
	$P_1 = 14.4\ W$	$P_2 = 6.6\ W$

c. 주어진 값:

$I_T = I_A = 0.027$ A
$R_A = 1136.36\ \Omega$

$I_A = E_A/R_A$
$0.027 = E_A/1136.36$
$(0.027)(1136.36) = E_A$
$30.672\text{ V} = E_A$

$I_1 = E_1/R_1$
$I_1 = 30.672/1500$
$I_1 = 0.0205$ A

$I_2 = E_2/R_2$
$I_2 = 30.672/4700$
$I_2 = 0.00653$ A

$P_1 = I_1E_1$
$P_1 = (0.0205)(30.672)$
$P_1 = 0.629$ W

$P_2 = I_2E_2$
$P_2 = (0.00653)(30.672)$
$P_2 = 0.200$ W

주어진 값:

$I_T = I_3 = 0.027$ A
$E_T = 120$ V
$R_T = 4436.36\ \Omega$
$P_T = 3.24$ W

$I_3 = E_3/R_3$
$0.27 = E_3/3300$
$(0.027)(3300) = E_3$
$89.1\text{ V} = E_3$

$P_3 = I_3E_3$
$P_3 = (0.0.27)(89.1)$
$P_3 = 2.4057$ W

CHAPTER 8 직류회로

1. a.

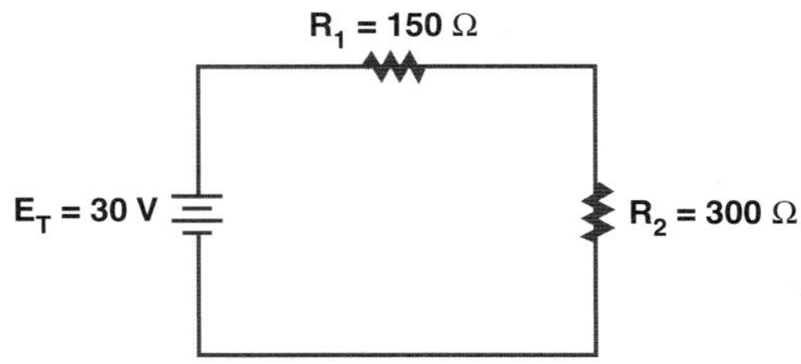

회로의 전체 저항을 구한다.

$$R_T = R_1 + R_2$$
$$R_T = 150 + 300$$
$$R_T = 450\ \Omega$$

등가회로를 다시 그린다.

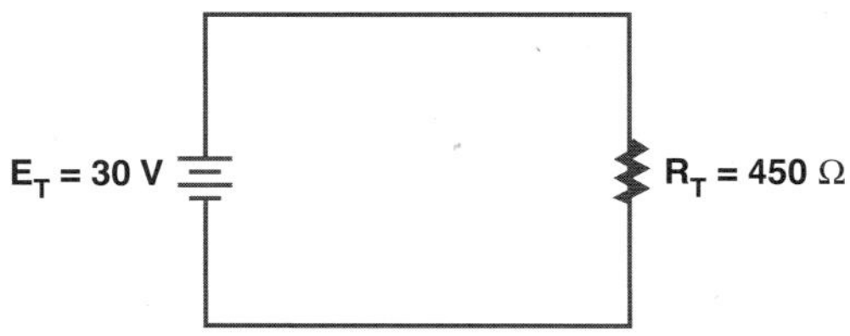

회로의 전체 전류를 구한다.

$$I_T = \frac{E_T}{R_T}$$
$$I_T = \frac{30}{450}$$
$$I_T = 0.0667\text{ A 또는 }66.7\text{ mA}$$

각 저항에서의 전압강하를 구한다.

$I_T = I_1 + I_2$ (직렬회로에서 전류 흐름은 회로 전체에 통하는 전류와 동일하다)

$$I_{R_1} = \frac{E_{R_1}}{R_1}$$
$$0.0667 = \frac{E_{R_1}}{150}$$
$$\frac{0.0667}{1} = \frac{E_{R_1}}{150}$$
$$(1)(E_{R_1}) = (0.0667)(150)$$
$$E_{R_1} = (0.0667)(150)$$
$$E_{R_1} = 10\ V$$

$$I_{R_2} = \frac{E_{R_2}}{R_2}$$
$$0.0667 = \frac{E_{R_2}}{300}$$
$$\frac{0.0667}{1} = \frac{E_{R_2}}{300}$$
$$(1)(E_{R_2}) = (0.0667)(300)$$
$$E_{R_2} = (0.0667)(300)$$
$$E_{R_2} = 20\ V$$

각 저항의 전력을 구한다.

$$P_{R_1} = I_{R_1}E_{R_1}$$
$$P_{R_1} = (0.0667)(10)$$
$$P_{R_1} = 0.667\ W$$

$$P_{R_2} = I_{R_2}E_{R_2}$$
$$P_{R_2} = (0.0667)(20)$$
$$P_{R_2} = 1.334\ W$$

회로의 전체 전력을 구한다.

$$P_T = I_TE_T$$
$$P_T = (0.0667)(30)$$
$$P_T = 2.001\ W$$

$$P_T = P_{R_1} + P_{R_2}$$
$$P_T = 0.667 + 1.334$$
$$P_T = 2.001\ W$$

b.

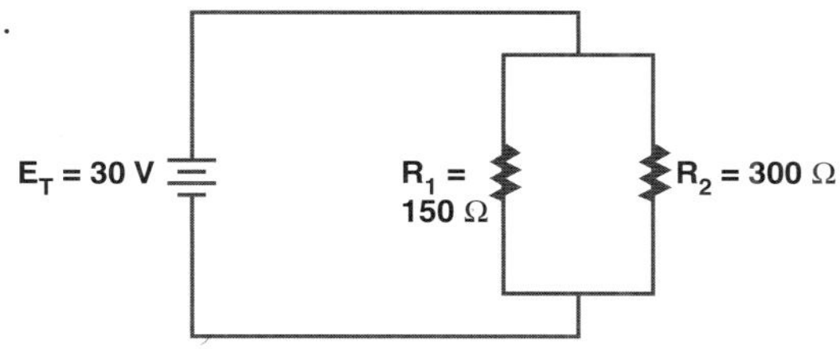

회로의 전체 저항을 구한다.

$$\frac{1}{R_T} = \frac{1}{R_1} + \frac{1}{R_2}$$
$$\frac{1}{R_T} = \frac{1}{150} + \frac{1}{300}$$
$$\frac{1}{R_T} = \frac{2}{300} + \frac{1}{300}$$
$$\frac{1}{R_T} = \frac{3}{300}$$
$$(3)(R_T) = (1)(300)$$
$$\frac{\cancel{(3)}(R_T)}{\cancel{3}} = \frac{(1)(300)}{3}$$
$$R_T = \frac{300}{3}$$
$$R_T = 100\ \Omega$$

등가회로를 다시 그린다.

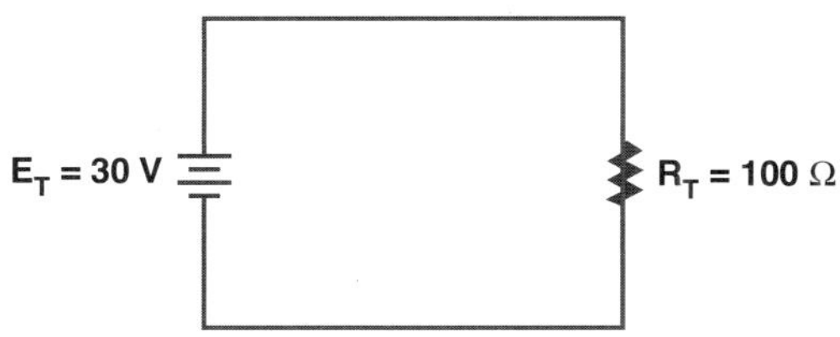

회로의 전체 전류를 구한다.

$$I_T = \frac{E_T}{R_T}$$
$$I_T = \frac{30}{100}$$
$$I_T = 0.3\ A \text{ 또는 } 300\ mA$$

병렬회로의 각 가지에 흐르는 전류를 구한다. 전압은 병렬회로의 각 가지데 통하는 전압과 같다.

$$E_T = E_1 = E_2$$

$$I_{R_1} = \frac{E_{R_1}}{R_1} \qquad I_{R_2} = \frac{E_{R_2}}{R_2}$$
$$I_{R_1} = \frac{30}{150} \qquad I_{R_2} = \frac{30}{300}$$
$$I_{R_1} = 0.2\ A \qquad I_{R_2} = 0.1\ A$$

각 저항의 전력을 구한다.

$$P_{R_1} = I_{R_1}E_{R_1} \qquad P_{R_2} = I_{R_2}E_{R_2}$$
$$P_{R_1} = (0.2)(30) \qquad P_{R_2} = (0.1)(30)$$
$$P_{R_1} = 6\ W \qquad P_{R_2} = 3\ W$$

회로의 전체 전력을 구한다.

$$P_T = I_TE_T$$
$$P_T = (0.3)(30)$$
$$P_T = 9\ W$$

c.

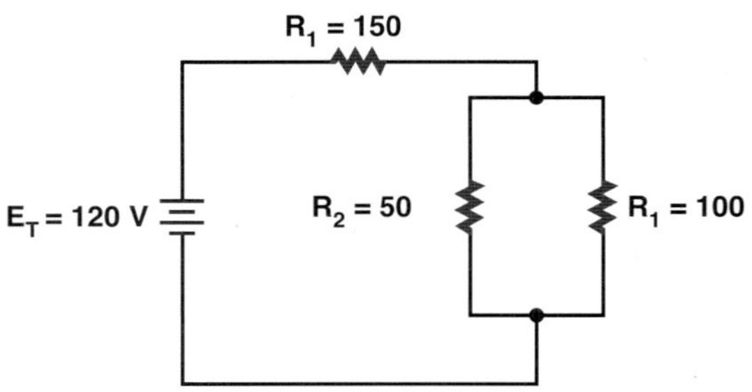

회로의 병렬부분의 등가저항을 구한다.

$$\frac{1}{R_A} = \frac{1}{R_1} = \frac{1}{R_2}$$
$$\frac{1}{R_A} = \frac{1}{100} + \frac{1}{50}$$
$$\frac{1}{R_A} = \frac{1}{100} + \frac{2}{100}$$
$$\frac{1}{R_A} = \frac{3}{100}$$
$$(3)(R_A) = (1)(100)$$
$$\frac{(3)(R_A)}{3} = \frac{(1)(100)}{3}$$
$$R_A = \frac{100}{3}$$
$$R_A = 33.3\ \Omega$$

회로를 다시 그린다.

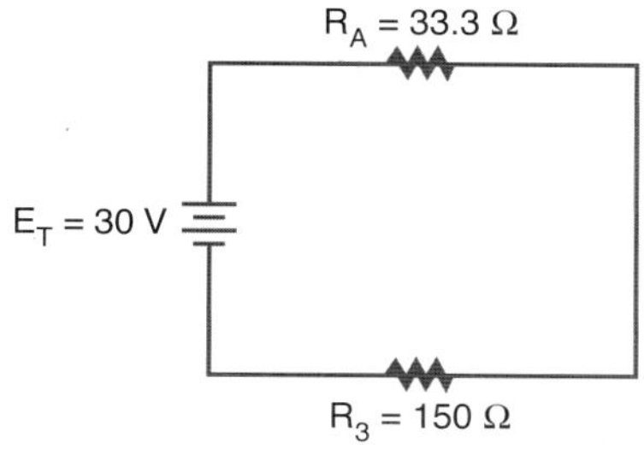

이제 회로의 전체 저항을 구한다.

$$R_T = R_A + R_3$$
$$R_T = 33.3 + 150$$
$$R_T = 183.3\ \Omega$$

등가회로의 전류(I_T)를 구한다.

$$I_T = \frac{E_T}{R_T}$$
$$I_T = \frac{30}{183.3}$$
$$I_T = 0.164\ \text{A 또는 } 164\ \text{mA}$$

등가회로에서 저항에서의 전압강하를 구한다(전류는 직렬회로에서의 전류와 같다).

$$I_T = I_{R_A} = I_{R_3}$$

$$I_{R_A} = \frac{E_{R_A}}{R_A} \qquad I_{R_3} = \frac{E_{R_3}}{R_3}$$
$$0.164 = \frac{E_{R_A}}{33.3} \qquad 0.164 = \frac{E_{R_3}}{150}$$
$$(1)(E_{R_A}) = (0.164)(33.3) \qquad (1)(E_{R_3}) = (0.164)(150)$$
$$E_{R_A} = 5.46\ \text{V} \qquad E_{R_3} = 24.6\ \text{V}$$

회로에서 병렬부분의 각 저항에 흐르는 전류를 구한다.

$$I_{R_1} = \frac{E_{R_1}}{R_1} \qquad I_{R_2} = \frac{E_{R_2}}{R_2}$$
$$I_{R_1} = \frac{5.46}{100} \qquad I_{R_2} = \frac{5.46}{50}$$
$$I_{R_1} = 0.056\ \text{A} \qquad I_{R_2} = 0.109\ \text{A}$$

각 성분의 전력과 전체 전력을 구한다.

$P_T = I_T E_T$	$P_{R_1} = I_{R_1} E_{R_1}$	$P_{R_2} = I_{R_2} E_{R_2}$	$P_{R_3} = I_{R_3} E_{R_3}$
$P_T = (0.164)(30)$	$P_{R_1} = (0.056)(5.46)$	$P_{R_2} = (0.109)(5.46)$	$P_{R_3} = (0.164)(24.6)$
$P_T = 4.92$ W	$P_{R_1} = 0.298$ W	$P_{R_2} = 0.595$ W	$P_{R_3} = 4.034$ W

2. I_4가 10 mA라고 가정한다.

주어진 값:

$I_4 = 10$ mA	$14 = E_4/R_4$	$E_3 = 6 - 1.5$	$E_2 = 9 - 7.5$	$E_1 = 12 - 9$
$E_4 = 1.5$ V	$0.010 = 1.5/R_4$	$E_3 = 4.5$ V	$E_2 = 1.5$ V	$E_1 = 3$ V
$R_4 = 1.5/0.010$	$R_4 = 150\ \Omega$	$1_3 = 0.010 + 0.150$	$1_2 = 0.260 + 0.750$	$1_1 = 1.010 + 0.500$

$$I_3 = 0.260\ \text{A} \qquad I_2 = 1.01\ \text{A} \qquad I_1 = 1.51\ \text{A}$$
$$I_3 = E_3/R_3 \qquad I_2 = E_2/R_2 \qquad I_1 = E_1/R_1$$
$$0.260 = 4.5/R_3 \qquad 1.01 = 1.5/R_2 \qquad 1.51 = 3/R_1$$
$$R_3 = 4.5/0.260 \qquad R_2 = 1.5/1.01 \qquad R_1 = 3/1.51$$
$$R_3 = 17.31\ \Omega \qquad R_2 = 1.5\ \Omega \qquad R_1 = 2\ \Omega$$

3.

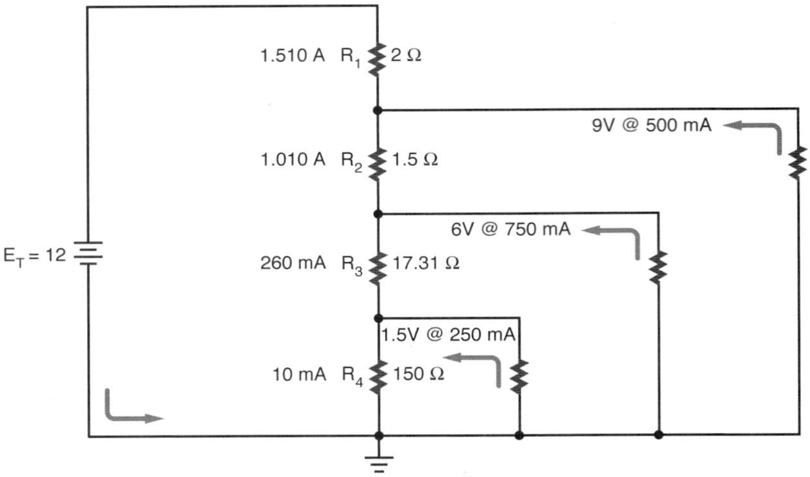

4. I_2가 10 mA라고 가정한다.

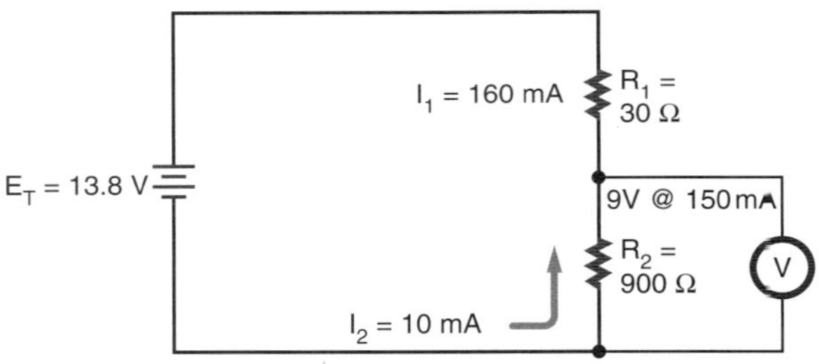

주어진 값:

$$I_2 = 10\ \text{mA} \qquad 12 = E_2/R_2 \qquad E_1 = 13 - 8 - 9$$
$$E_2 = 9\ \text{V} \qquad 0.010 = 9/R_2 \qquad E_1 = 4.8\ \text{V}$$
$$R_2 = 9/0.010 \qquad R_2 = 900\ \Omega \qquad I_1 = 0.010 + 0.150$$
$$I_1 = 0.160\ \text{A}$$

$$I_1 = E_1/R_1$$
$$0.160 = 4.8/R_1$$
$$R_1 = 4.8/0.160$$
$$R_1 = 30\ \Omega$$

5.

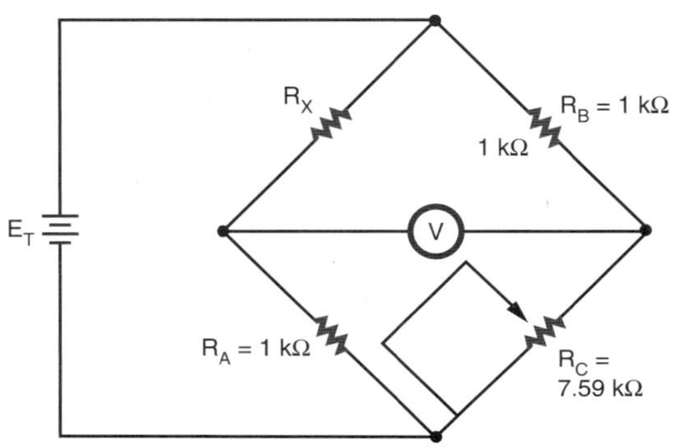

주어진 값:

$R_A = 1\ k\Omega$ $\quad R_X/R_A = R_B/R_C$ $\quad R_X = (R_B)(R_A)/R_C$

$R_B = 1\ k\Omega$ $\quad (R_X)(R_C) = (R_B)(R_A)$ $\quad R_X = (1000)(1000)/7590$

$R_C = 7.59\ k\Omega$ $\quad R_X = (R_B)(R_A)/R_C$ $\quad R_X = 131.75\ \Omega$

$R_X = ?$

CHAPTER 9 자기

1. 자성의 자구이론은 해머에 열을 가하거나 충격을 주었을 때 임의의 배열 속에서의 자구의 움직임에 의해 증명된다. 그 자석은 결국 자성을 잃게 된다.
2. 도선은 감는 권수를 증가시키거나 전류를 증가시키거나, 코일의 가운데에 강자성의 코어를 삽입하는 것으로 전자석의 강도를 증가시킬 수 있다.
3. 도체에 대한 왼손법칙: 전선을 왼손으로 감아쥔다. 이때 엄지는 전류의 방향을 가리키도록 하고, 나머지 손가락은 자속선을 가리키도록 한다.
4. 그림 9-15에서 루프가 A지점에서 B지점으로 회전하면서 전압이 유도되고, 그 움직임은 자계에 수직이다. 루프가 C지점으로 회전하면서 유도된 전압은 0볼트까지 감소한다. 루프가 D지점으로 회전하면서 전압이 다시 유도되지만 정류자가 출력극성에 역회전하여 DC 발전기에 의해 처음 출력극성과 같아진다. 그 출력이 한쪽 방향으로 맥동하여 0과 최대값 사이를 한 번 회전하는 동안 두 번 움직인다.
5. 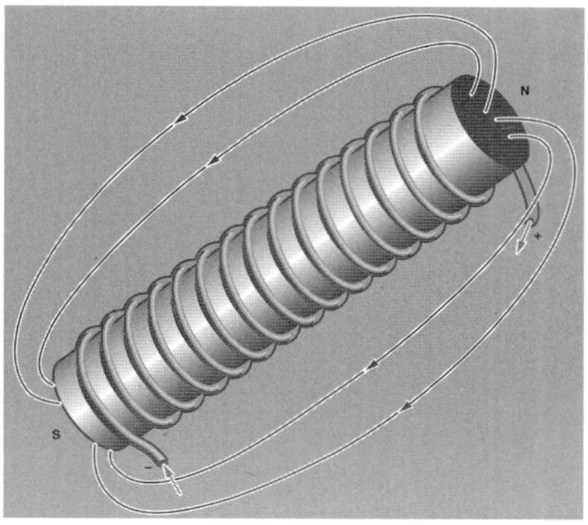

6. 전자석의 극성은 왼손가락이 전류 방향을 가리키도록 코일을 감아쥐면 쉽게 알 수 있다. 즉 이때 엄지가 북극을 가리키게 된다.
7. 전자석은 코일의 권선수를 증가시키거나 흐르는 전류의 양을 증가시키면, 세기가 증가한다. 또는 자석 코어를 코일의 가운데에 넣어도 세기가 증가하게 된다.
8. 발전기에 대한 왼손법칙: 왼손의 엄지, 검지, 중지를 서로 직각이 되게 펼치면(그림 9–13 처럼), 엄지는 운동의 방향을 가리키고, 검지는 자속선의 방향을 가리키고, 중지는 전류의 방향을 가리킨다.

9.

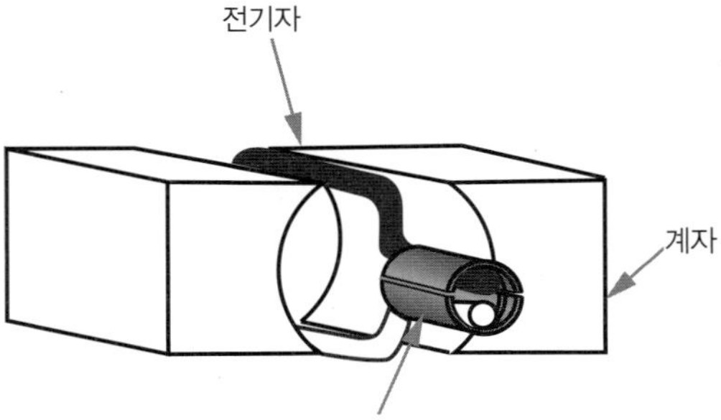

10. 직류 모터의 동작은 자계에 대하여 직각으로 놓인 전류 운반 도체가 자계의 방향과 직각으로 움직일 것이라는 원리에 달려 있다. 정류자는 꼭대기, 즉 토크가 0인 위치에서 전류의 흐름 방향을 반대로 하여 직류 모터 전기자를 회전하게 한다.
11. 계측기도 기본적으로 직류 모터와 같은 원리로 동작한다. 지침이 회전 코일에 부착되어 있어서 전류에 따라 움직인다. 지침은 눈금판을 가로질러 움직여서 전류의 양을 나타내게 된다.

CHAPTER 10 인덕턴스

1. 렌츠의 법칙: 모든 회로에서 유도된 기전력은 항상 기전력을 생성하는 효과와 그 방향이 반대이다. 회로에서 전류가 멈추거나 방향을 바꾸면 기전력은 수축되는 자계를 통하여 도체 속으로 거꾸로 유도된다. 전류흐름에 대한 이러한 방해를 역기전력(counter emf)이라고 한다. 변화가 빠를수록 역기전력은 커진다.
2. 모든 도체는 도체의 종류와 모양에 따라 일정한 인덕턴스를 갖는다. 신호가 제거되면 역기전력이 도체 속으로 거꾸로 유도된다.
3. 인덕터에는 고정식 또는 가변식이 있는데, 코어물질로는 공기 또는 페라이트, 분말 철심이 사용된다. 환형 코어는 둥근데, 크기는 작지만 인덕턴스가 높으며 코어 내부에 자계를 유지한다.
4. 자계 주위의 인덕터는 철심을 이용하여 증가시킬 수 있다.
5.

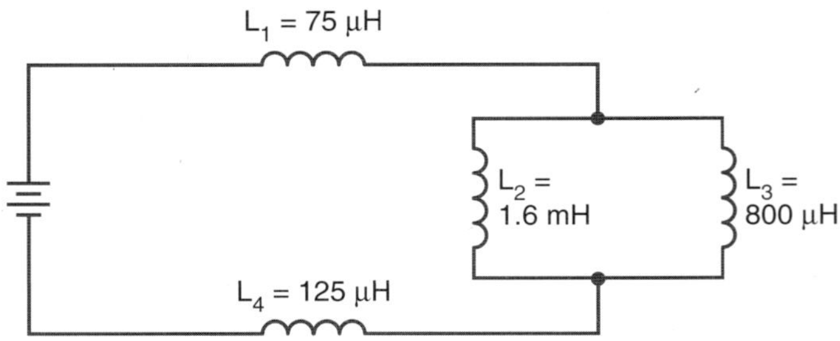

주어진 값:

$L_1 = 75\ \mu H$

$L_2 = 1.6\ mH = 1600\ \mu H$

풀이:

$$\frac{1}{L_p} = \frac{1}{L_2} + \frac{1}{L_3}$$

$$\frac{1}{L_p} = \frac{1}{0.0016} + \frac{1}{0.0008}$$

$L_3 = 800\ \mu H$

$L_4 = 125\ \mu H$

$\frac{1}{L_p} = 1875$

$L_p = 533.33\ \mu H$

$L_T = L_1 + L_p + L_4$

$L_T = 75\ \mu H + 533.33\ \mu H + 125\ \mu H$

$L_T = 733.33\ \mu H$

6. 먼저 회로를 그린다.

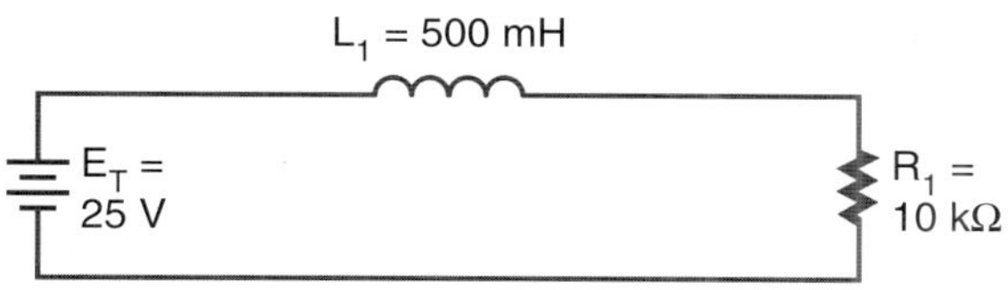

주어진 값:

$E_T = 25\ V$

$L_1 = 500\ mH = 0.5\ H$

$R_1 = 10\ k\Omega = 10{,}000\ \Omega$

풀이:

$t = \frac{L}{R}$

$t = \frac{0.5}{10{,}000}$

$t = 0.00005$

$t = 50\ \mu sec$

100 μsec = 2배의 시정수, 86.5%에서 활성화된다.

$25 \times 86.5\% = 21.63\ V$

이 전압이 상승할 때의 E_R이다.

$E_L = E_T - E_R$

$E_L = 25 - 21.63$

$E_L = 3.37\ V$

7. $t = L/R$

a. $t = 1/100 = 0.01\ s$

b. $t = 0.1/10000 = 0.00001\ s$

c. $t = 0.010/1000 = 0.00001\ s$

d. $t = 10/10 = 1\ s$

e. $t = 1/1000 = 0.001\ s$

		증가				
		시정수				
		1	2	3	4	5
		63.2%	86.5%	95%	98.2%	99.3%
a.	0.01초	0.01	0.02	0.03	0.04	0.05
b.	0.00001초	0.00001	0.00002	0.00003	0.00004	0.00005
c.	0.00001초	0.00001	0.00002	0.00003	0.00004	0.00005
d.	1초	1	2	3	4	5
e.	0.001초	0.001	0.002	0.003	0.004	0.005
		감소				
		시정수				
		1	2	3	4	5
		36.8%	13.5%	5%	1.8%	0.7%
a.	0.01초	0.01	0.02	0.03	0.04	0.05
b.	0.00001초	0.00001	0.00002	0.00003	0.00004	0.00005
c.	0.00001초	0.00001	0.00002	0.00003	0.00004	0.00005
d.	1초	1	2	3	4	5
e.	0.001초	0.001	0.002	0.003	0.004	0.005

CHAPTER 11 커패시턴스

1. 전하는 커패시터의 극판에 저장된다.
2. 커패시터는 두 개의 도체 판을 절연체로 분리시켜 놓은 것이다. 커패시터에 직류 전압을 가하면 두 개의 판이 충전되고 전류 흐름이 멈출 때까지 전류가 흐르게 된다.
3. 커패시터를 충전시킨 다음 회로로부터 제거하면 커패시터는 마지막 전하를 무한히 보존하게 된다.
4. 충전된 커패시터를 방전시키려면 두 리드를 서로 단락시키면 된다.
5. 커패시터의 커패시턴스는 판의 면적에 정비례한다. 예를 들어 판의 면적을 증가시키면 커패시턴스가 증가하게 된다. 커패시턴스는 또한 두 판 사이의 거리에 반비례한다. 두 판을 서로 떨어뜨리면 두 판 사이의 전계 강도가 감소하게 된다.
6. 커패시터의 종류에는 분극 전해 커패시터, 종이 및 플라스틱 커패시터, 세라믹 디스크 커패시터 및 가변 커패시터가 있다. 커패시터의 모양에는 방사형 리드(radial lead)와 축 모양 리드(axial lead)가 있다.
7. 먼저 회로를 그린다.

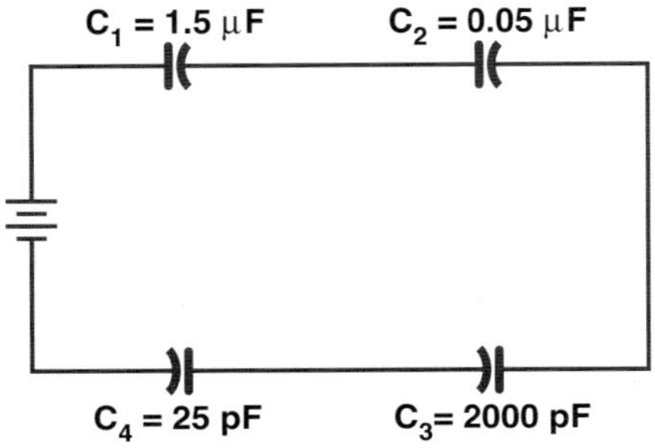

주어진 값:

$C_1 = 1.5\ \mu F$

$C_2 = 0.05\ \mu F$

$C_3 = 2000\ pF = 0.002\ \mu F$

$C_4 = 25\ pF = 0.000025\ \mu F$

풀이:

$$\frac{1}{C_T} = \frac{1}{C_1} + \frac{1}{C_2} + \frac{1}{C_3} + \frac{1}{C_4}$$

$$\frac{1}{C_T} = \frac{1}{1.5} + \frac{1}{0.05} + \frac{1}{0.002} + \frac{1}{0.000025}$$

$$\frac{1}{C_T} = 0.667 + 20 + 500 + 40{,}000$$

$$\frac{1}{C_T} = 40{,}520.667$$

$$\frac{1}{C_T} = \frac{40{,}520.667}{1}$$

$$(40{,}520.667)(C_T) = (1)(1)$$

$$C_T = \frac{1}{40{,}520.667}$$

$$C_T = 0.000024678$$

$$C_T = 24.678\ pF$$

8. 먼저 회로를 그린다.

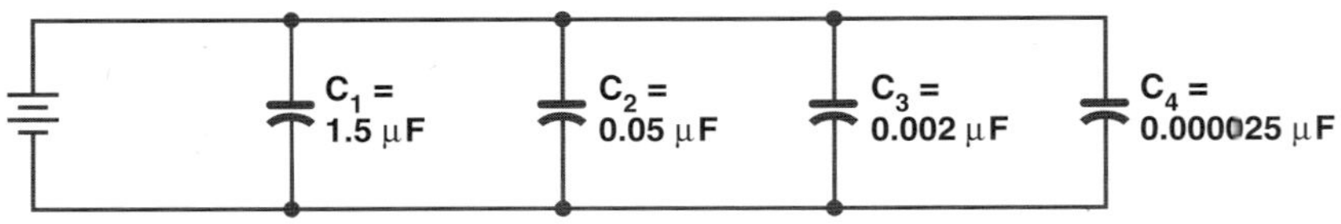

주어진 값:	풀이:
$C_1 = 1.5\ \mu F$	$C_T = C_1 + C_2 + C_3 + C_4$
$C_2 = 0.05\ \mu F$	$C_T = 1.5 + 0.05 + 0.002 + 0.000025$
$C_3 = 2000\ pF = 0.002\ \mu F$	$C_T = 1.552025\ \mu F$ 또는 $1.55\ \mu F$
$C_4 = 25\ pF = 0.000025\ \mu F$	

9.

	충전				
	시정수				
	1	2	3	4	5
	63.2%	86.5%	95%	98.2%	99.3%
100 V	63.2 V	86.5 V	95 V	98.2 V	99.3 V
	방전				
	시정수				
	1	2	3	4	5
	36.8%	13.5%	5%	1.8%	0.7%
100 V	36.8 V	13.5 V	5 V	1.8 V	0.7 V

10.

	충전				
	시정수				
	1	2	3	4	5
	63.2%	86.5%	95%	98.2%	99.3%
t = 1초	1 s	2 s	3 s	4 s	5 s
	방전				
	시정수				
	1	2	3	4	5
	36.8%	13.5%	5%	1.8%	0.7%
t = 1초	1 s	2 s	3 s	4 s	5 s

CHAPTER 12 교류

1. 자기유도를 일어나게 하기 위해 자계에 도체를 놓아야 한다.
2. 왼손법칙을 적용하기 위해, 엄지를 도체의 움직임 쪽으로 하고, 검지(엄지에 수직 방향으로 뻗는다)는 N극에서 S극 쪽으로 자력선의 방향을 향하게 하며, 중지(검지에 수직 방향으로 뻗는다)는 도체에서 전류가 흐르는 쪽으로 한다. 왼손법칙은 자계 내에 놓인 도체의 전류 방향을 결정하는 데 사용된다.
3. 첨두-첨두값은 파형의 두 최고점 사이의 수직 거리이다.
4. 교류의 실효값은 주어진 저항에서 직류와 같은 정도의 열을 발생시키는 양이다.
5. ERMS = 0.707EP

   ERMS = (0.707)(169)

   ERMS = 239 V
6. ERMS = 0.707EP

85 = 0.707EP

85/0.707 = EP

120 V = EP

7. f = 1/t

f = 1/0.02

f = 50 Hz

8. f = 1/t

400 = 1/t

t = 1/400

t = 0.0025초

9. a. 사각파: 

b. 삼각파: 

c. 톱니파: 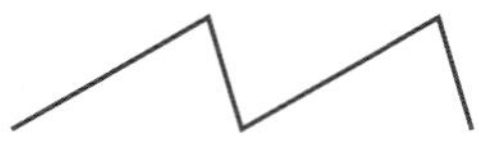

10. 비정현파는 다른 주파수(고조파), 진폭 및 위상을 갖는 사인파들을 대수적으로 더하여 만들어지는 것으로 간주할 수 있다.

CHAPTER 13 교류 측정

1. 교류신호를 직류전류로 변환시키는 정류기를 사용해서 교류를 측정하는 데 직류 계측기 가동부가 사용한다.
2. 클램프 부착 전류계는 분리형 코어 변압기를 사용한다. 코어는 열려져 있어 도체 둘레에 놓여질 수 있다. 전압이 코어 안으로 유도되며, 이 전압은 또한 코일에 의해 잘린다. 유도된 전압은 전류를 발생시키며, 이 전류는 정류되어 계측기 가동부로 보내진다.
3. 오실로스코프는 전자회로에 관한 다음과 같은 정보를 제공할 수 있다: 신호의 주파수, 신호의 기간, 정현파 간의 위상관계, 신호파형의 모양, 신호의 진폭.
4. 우선 다음과 같이 오실로스코프를 설정한다: 강도, 초점, 비점수차(astigmatism), 그리고 위치 조정(이들 범위의 중앙에 둔다).

   트리거: INT +

   Level: Auto

   TIME/CM: 1 msec

   Volts/CM: 0.02

   Power: On

   오실로스코프의 프로브를 전압 조절기의 시험 단자에 연결하라. 그리고 사각파의 안정된 모양이 되도록 조정하고, 전압 조절기의 값과 오실로스코프에 나타난 값을 체크하라.
5. 오실로스코프 프로브를 전압 보정기의 테스트 잭에 연결하여 프로브가 고장나지 않았는지 그리고 적절히 보정되어 있는지를 검사한다.

6. 오실로스코프의 프로브를 입력 신호에 갖다 대기 전에 볼트/cm 스위치를 가장 높은 설정치에 맞춘다.
7. 주파수 카운터는 시간조정 회로, 입력신호 조절기, 게이트 제어회로, 주 게이트 회로, 십진 카운터 회로와 디스플레이 회로로 구성되어 있다.
   시간조정 회로: 측정되는 다른 주파수를 조정한다.
   입력신호 조절기: 입력신호를 카운터 회로에 맞는 파형과 크기로 변화시킨다.
   게이트 제어회로: 카운터의 동기화 역할을 한다. 주 게이트를 열고 닫으며, 신호의 카운터 시간 끝에서 래치시키며, 다음 카운터를 위해 신호를 리셋한다.
   주 게이트 회로: 잘 조정된 입력신호를 카운터 회로에 보낸다.
   십진 카운터 회로: 주 게이트를 통과하는 모든 펄스의 동작수를 계속 유지시킨다.
   디스플레이 회로: 측정된 주파수를 시각적으로 읽도록 한다.
8. 주파수 카운터를 실험실뿐만 아니라 작업장에서도 사용할 수 있게 된 주된 원동력은 IC이다. IC는 주파수 카운터의 물리적인 크기를 줄이는 역할을 하였다.
9. 주파수 카운터는 수리점, 설계 부서, 또는 아마추어 무선국에서, 산업 생산 현장에서, 또는 주파수 측정이 필요한 모든 곳에서 주파수를 측정한다.
10. 회로의 주파수 응답을 체크하도록 연결한다.

CHAPTER 14 교류 저항 회로

1. 순 저항성 교류회로에서 전류와 전압 파형은 동상이다.
2. 주어진 값:

   $I_T = 25\ mA = 0.025\ A$

   $E_T = ?$

   $R_T = 4.7\ k\Omega = 4700\ \Omega$

   풀이:

   $I_T = \frac{E_T}{R_T}$

   $0.025 = \frac{E_T}{4700}$

   $\frac{0.025}{1} \times \frac{E_T}{4700}$

   $(1)(E_T) = (0.025)(4700)$

   $E_T = 117.5\ V$

3.

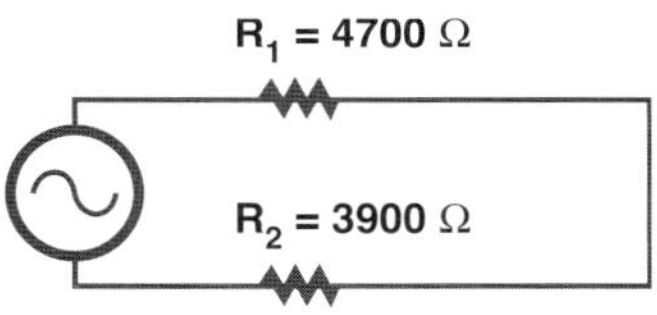

주어진 값:

$I_T = ?$

$E_T = 12\ V$

$R_T = ?$

$R_1 = 4.7\ k\Omega = 4700\ \Omega$

$R_2 = 3.9\ k\Omega = 3900\ \Omega$

$E_1 = ?$

$E_2 = ?$

풀이:

$R_T = R_1 + R_2$

$R_T = 4700 + 3900$

$R_T = 8600$

$I_T = I_1 = I_2$

$I_T = \frac{E_T}{R_T}$

$I_T = \frac{12}{8600}$

$I_T = 0.0014\ A$

또는 1.4 mA

$$I_1 = \frac{E_1}{R_1} \qquad \frac{0.0014}{1} \times \frac{E_1}{4700}$$

$$0.0014 = \frac{E_1}{4700}$$

$$(1)(E_1) = (0.0014)(4700)$$

$$E_1 = 6.58 \text{ V}$$

$$I_2 = \frac{E_2}{R_2}$$

$$0.0014 = \frac{E_2}{3900}$$

$$\frac{0.0014}{1} \times \frac{E_2}{3900}$$

$$(1)(E_2) = (0.0014)(3900)$$

$$E_2 = 5.46 \text{ V}$$

4. 주어진 값:

$E_T = 120$ V

$R_1 = 2.2\text{k}\Omega = 2200\ \Omega$

$R_2 = 5.6\ \text{k}\Omega = 5600\ \Omega$

$I_1 = ?$

$I_2 = ?$

풀이:

$E_T = E_1 = E_2$

$I_1 = \frac{E_1}{R_1}$

$I_1 = \frac{120}{2200}$

$I_1 = 0.055$ A 또는 55 mA

$I_2 = \frac{E_2}{R_2}$

$I_2 = \frac{120}{5600}$

$I_2 = 0.021$ A 또는 21 mA

5. 직렬 회로에서 전류는 회로 전체에서 동일하다. 병렬 회로에서는 전압이 회로 전체에서 동일하다.

6. 에너지가 회로로 이동되거나 에너지(열)로 소비되는 정도는 직류회로와 마찬가지로 교류회로에서도 전력소비를 결정한다.

7. 주어진 값:

$I_T = ?$

$E_T = 120$ V

$R_T = 1200\ \Omega$

$P_T = ?$

풀이:

$I_T = \frac{E_T}{R_T}$

$I_T = \frac{120}{1200}$

$I_T = 0.1$ A 또는 100 mA

$P_T = I_T E_T$

$P_T = (0.1)(120)$

$P_T = 12$ W

8. 주어진 값:

$I_T = ?$
$E_T = 12$ V
$R_T = ?$

$R_T = R_1 + R_2 + R_3$
$R_T = 47 + 100 + 150$
$R_T = 297\ \Omega$

$I_T = E_T/R_T$
$I_T = 12/297$
$I_T = 0.040$ A

$P_T = I_T E_T$
$P_T = (0.04)(12)$
$P_T = 0.48$ W

9. 주어진 값:

$I_T = ?$
$E_T = 12$ V
$R_T = ?$

$I_1 = E_1/R_1$
$I_1 = 12/47$
$I_1 = 0.255$ A

$P_1 = I_1 E_1$
$P = (0.255)(12)$
$P_1 = 3.06$ W

10. 주어진 값:

$I_T = ?$
$E_T = 12$ V
$R_T = ?$

$1/R_A = 1/R_2 + 1/R_3$
$1/R_A = 1/100 + 1/150$
$R_A = 60\ \Omega$

$R_T = R_1 + R_A$
$R_T = 47 + 60$
$R_T = 107\ \Omega$

$I_T = E_T/R_T$
$I_T = 12/107$
$I_T = 0.112$

$I_A = E_A/R_A$
$0.112 = E_A/60$
$(0.112)(60) = E_A$
$6.72\text{ V} = E_A$

$I_3 = E_3/R_3$
$I_3 = 6.72/150$
$I_3 = 0.0448$ A

$P_3 = I_3 E_3$
$P_3 = (0.0448)(6.72)$
$P_3 = 0.301$ W

CHAPTER 15 용량성 교류회로

1. 용량성 교류회로에서 전류가 인가 전압에 비해 위상이 앞선다.
2. 용량성 리액턴스는 인가 교류 전압 주파수와 회로 커패시턴스 사이의 함수이다.
3. 주어진 값:

   $X_C = ?$

   $\pi = 3.14$

   $f = 60\ \text{Hz}$

   $C = 1000\ \mu\text{F} = 0.001\ \text{F}$

   풀이:

   $X_C = \frac{1}{2\pi fC}$

   $X_C = \frac{1}{(2)(3.14)(60)(0.001)}$

   $X_C = \frac{1}{0.3768}$

   $X_C = 2.65\ \Omega$

4. 주어진 값:

   $I_T = ?$

   $E_T = 12$

   $X_C = 2.65\ \Omega$

   풀이:

   $I_T = \frac{E_T}{X_C}$

   $I_T = \frac{12}{2.65}$

   $I_T = 4.53\ \text{A}$

5. 용량성 회로는 필터링, 커플링, 디커플링, 위상이동 등에 사용된다.
6. 저역통과 여파기는 커패시터와 저항기를 직렬로 연결하여 출력을 커패시터에서 취한다. 낮은 주파수에서 용량성 리액턴스는 저항보다 높아서 대부분의 전압은 출력을 취하는 커패시터에 걸린다.
7. 교류는 디커플링 회로망이라고 부르는 RC 저역통과 여파기를 사용하여 직류 전원으로부터 제거할 수 있다.
8. 용량성 커플링 회로는 신호의 교류성분이 커플링 회로망을 지나도록 하는 반면, 신호의 직류성분은 차단한다.
9. 위상이동 회로망에서 입력은 직렬로 연결한 커패시터와 저항기 양단에 가하고 출력은 저항기 양단에서 취한다. 용량성 회로에서는 전류가 전압보다 앞선다. 저항기 양단 전압은 동상이 되어 결과적으로 출력 전압이 입력 전압을 앞서게 된다.
10. 위상이동 회로망은 오직 한 가지 주파수에서만 유용하다. 왜냐하면 용량성 리액턴스는 주파수가 변하기 때문이다. 리액턴스를 변화시키면 다른 값의 위상 이동이 생기게 된다.

CHAPTER 16 유도성 교류회로

1. 유도성 회로에서 전류는 인가전압보다 위상이 뒤진다.
2. 유도성 회로의 유도성 리액턴스는 인덕터의 인덕턴스와 인가전압의 주파수에 따라 달라진다.
3. 주어진 값:

   $X_L = ?$

   $\pi = 3.14$

   $f = 60\ \text{Hz}$

   $L = 100\ \text{mH} = 0.1\ \text{H}$

   풀이:

   $X_L = 2\pi fL$

   $X_L = (2)(3.14)(60)(0.1)$

   $X_L = 37.68\ \Omega$

4. 주어진 값: 풀이:

주어진 값	풀이
$I_T = ?$	$I_T = \frac{E_T}{X_L}$
$E_T = 24\ V$	$I_T = \frac{24}{37.68}$
$X_L = 37.68\ \Omega$	$I_T = 0.64\ A$ 또는 $640\ mA$

5. 회로에서 필터링이나 위상이동을 위해 인덕터를 사용한다.

6. 주어진 값:

$I_L = 0.086A$	$X_L = 2\pi fL$	$I_L = E_L/X_L$
$L = 0.100\ H$	$X_L = (2)(3.14)(50)(0.1)$	$0.086 = E_L/31.4$
$f = 50\ Hz$	$X_L = 31.4\ \Omega$	$(0.086)(31.4) = E_L$
$E_L = ?$		$2.7\ V = E_L$

7. 주어진 값:

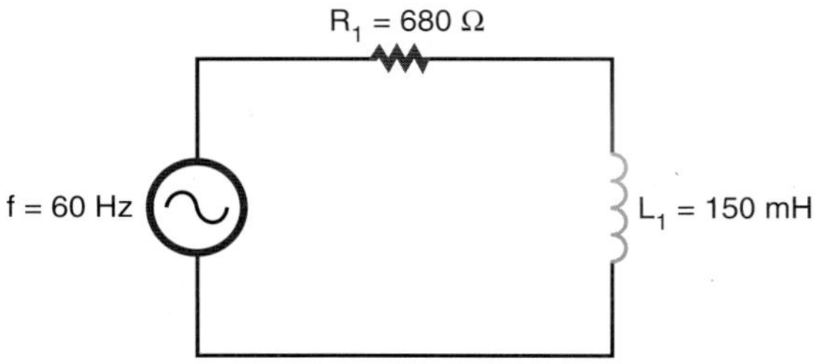

$L = 0.150\ H$	$X_L = 2\pi fL$	$Z = \sqrt{R_2 + X_{L2}}$
$R = 680\ \Omega$		
$f = 60\ Hz$	$X_L = (2)(3.14)(60)(0.15)$	$Z = \sqrt{(680)2 + (56.52)2}$
$Z = ?$	$X_L = 56.52$	$Z = 682.34\ \Omega$

8. 주어진 값:

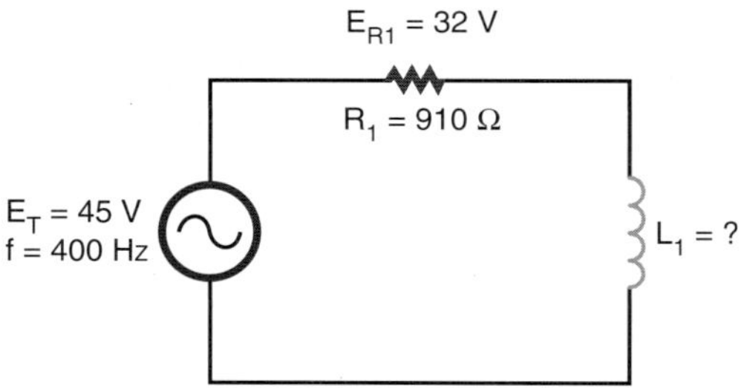

$E_T = 45\ V$	$I_{R1} = ER1/R1$	$E_{XL} = E_T - E_{R1}$	$I_{XL} = E_{XL}/X_L$	$X_L = 2\pi L$
$R_1 = 910\ \Omega$	$I_{R1} = 32/910$	$E_{XL} = 45 - 32$	$0.0352 = 13/X_L$	$369.32 = (2)(3.14)(400)(L)$
$E_{R1} = 32\ V$	$I_{R1} = 0.0352\ A$	$E_{XL} = 13\ V$	$X_L = 13/0.0352$	$369.32/(2)(3.14)(400) = L$
$f = 400\ Hz$			$X_L = 369.32\ \Omega$	$0.147\ H$ or $147\ mH = L$
$L_1 = ?$				

9. 저역통과 여파기에서 입력은 인덕터와 저항기를 거쳐서 궤환되고 출력은 저항기 양단에서 취한다. 고역통과 여파기에서 입력은 저항기와 인덕터를 거쳐서 궤환되고 출력은 인덕터 양단에서 취한다.

10. 유도성 회로에서 어떤 주파수보다 크거나 또는 작은 주파수에서 신호가 통과되거나 감쇠될 때 그 주파수를 차단 주파수라고 한다.

CHAPTER 17 공진회로

1.

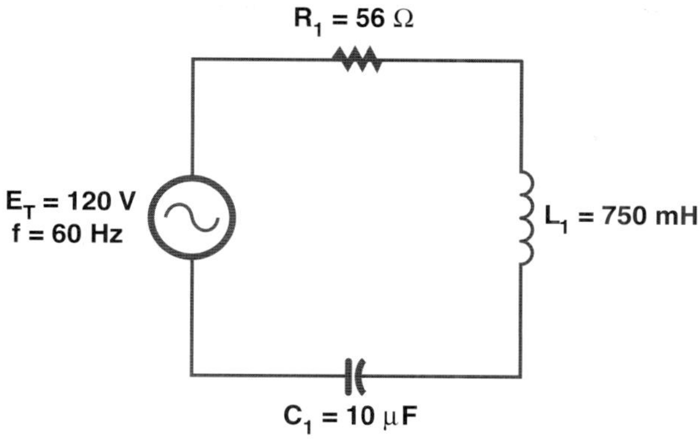

용량성 리액턴스를 구하라.

$$X_C = \frac{1}{2\pi fC}$$

$$X_C = \frac{1}{(6.28)(60)(0.000010)}$$

$$X_C = 265.39\ \Omega$$

유도성 리액턴스를 구하라.

$$X_L = 2\pi fL$$

$$X_L = (6.28)(60)(0.750)$$

$$X_L = 282.60\ \Omega$$

이제 X를 계산하라.

$$X = X_L - X_C$$

$$X = 282.6 - 265.39$$

$$X = 17.2\ \Omega\ (\text{유도성})$$

X를 사용하여 Z를 계산하라.

$$Z^2 = X^2 + R^2$$

$$Z^2 = (17.21)^2 + (56)^2$$

$$Z^2 = 296.18 + 3136$$

$$Z^2 = 3432.18$$

$$Z = \sqrt{3432.18}$$

$$Z = 58.58\ \Omega$$

전체 전류를 계산하라.

$$I_T = \frac{E_T}{Z}$$

$$I_T = \frac{120}{58.58}$$

$$I_T = 2.05\ A$$

2.

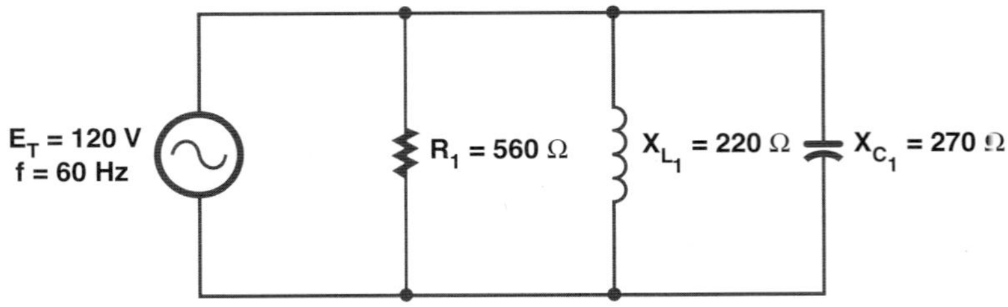

각각의 단에서 전류를 계산하라.

$$I_R = \frac{E_R}{R} \qquad I_{X_L} = \frac{E_{X_L}}{X_L} \qquad I_{X_C} = \frac{E_{X_C}}{X_C}$$

$$I_R = \frac{120}{560} \qquad I_{X_L} = \frac{120}{220} \qquad I_{X_C} = \frac{120}{270}$$

$$I_T = 0.214 \text{ A} \qquad I_{X_L} = 0.545 \text{ A} \qquad I_{X_C} = 0.444 \text{ A}$$

I_R, I_{X_L}, I_{X_C}를 이용하여 I_X와 I_Z를 구하라.

$$I_X = I_{X_L} - I_{X_C} \qquad I_Z^2 = (I_R)^2 = (I_X)^2$$

$$I_X = 0.545 - 0.444 \qquad I_Z^2 = (0.214)^2 + (0.101)^2$$

$$I_X = 0.101 \text{ A (유도성)} \qquad I_Z = 0.237 \text{ A}$$

3. 주어진 값:

$$E_T = 120 \text{ V} \qquad I_X = E_X/X \qquad P_X = I_X E_X$$

$$I_T = 2.05 \text{ A} \qquad 2.05 = E_X/17.2 \qquad P_X = (2.05)(35.26)$$

$$X = 17.2\ \Omega \qquad (2.05)(17.2) = E_X \qquad P_X = 72.28 \text{ VA}$$

$$R = 56\ \Omega \qquad 35.26 \text{ V} = E_X$$

$$I_{R_1} = E_{R_1}/R_1 \qquad P_R = I_R E_R \qquad P_A{}^2 = P_X{}^2 + P_R{}^2$$

$$2.05 = E_{R_1}/56 \qquad P_R = (2.05)(114.8) \qquad P_A{}^2 = (72.28)^2 + (235.34)^2$$

$$(2.05)(56) = E_{R_1} \qquad P_R = 235.34 \text{ W} \qquad P_A = 246.19 \text{ VA}$$

$$114.8 \text{ V} = E_{R_1}$$

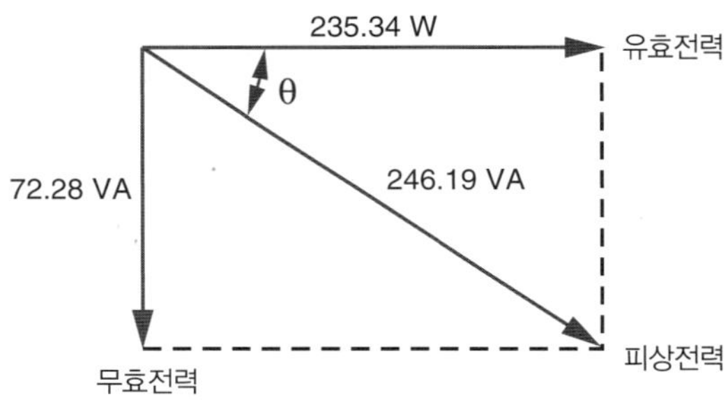

CHAPTER 18 변압기

1. 두 개의 전기적으로 절연된 코일이 서로 옆에 놓여 있을 때, 교류전압이 한 코일에 인가되고, 변화하는 자력선이 두 번째 코일에 전압을 유도한다.
2. 변압기는 2차측에 연결되는 부하가 여러 가지가 될 수 있으므로 와트보다는 볼트-암페어로 정격을 나타낸다. 순수 용량성 부하는 과도한 전류가 흐르도록 하고, 전력 정격은 의미가 없게 될 것이다.

3. 만약 변압기가 부하 없이 연결되어 있다면 2차 전류는 없다. 1차측 권선은 교류회로에서 인덕터와 같은 작용을 한다. 부하가 2차측 권선에 연결되어 있을 때, 전류는 2차측에 유도된다. 2차측 전류는 1차측에 쇄교되는 자계를 만들고, 1차측에 전압을 다시 유도한다. 이 유도된 자계는 1차측의 전류와 같은 방향으로 나가서, 전류를 증가시키는 것을 돕는다.
4. 1차 및 2차 권선이 감겨진 방향이 2차 권선에 유도된 전압의 극성을 결정한다. 유도된 위상은 1차 권선의 위상에 대해 180° 어긋나게 된다.
5. 직류 전압을 변압기에 가하면 2차 권선에는 자계가 한 번 형성되고 나서는 아무런 변화도 일어나지 않는다. 2차 권선에서 전압을 유도하려면 1차 권선에서 전류를 변화시켜야 한다.
6. 주어진값:

   $N_P = 400$ 권선

   $N_S = ?$

   $E_P = 120\ V$

   $E_S = 12\ V$

   풀이:

   $$\frac{E_S}{E_P} = \frac{N_S}{N_P}$$

   $$\frac{12}{20} \times \frac{N_S}{400}$$

   $$1N_S = \frac{(12)(400)}{120}$$

   $N_S = 40$ 권선

   $$권선비 = \frac{N_s}{N_P} = \frac{40}{400} = \frac{1}{10}$$ 또는 10:1

7. 주어진 값:

   $N_P = ?$

   $N_S = ?$

   $Z_P = 16$

   $Z_S = 4$

   풀이:

   $$\frac{Z_P}{Z_S} = \left(\frac{N_P}{N_S}\right)^2 \qquad \sqrt{4} = \frac{N_P}{N_S}$$

   $$\frac{16}{4} = \left(\frac{N_P}{N_S}\right)^2 \qquad \frac{2}{1} = \frac{N_P}{N_S}$$

   권선비는 2:1이다.
8. 변압기는 전력손실 때문에 송전에 중요하다. 전력손실의 양은 송전선의 저항과 전류의 양과 관련이 있다. 전력손실을 줄일 수 있는 가장 쉬운 방법은 변압기의 전압을 단계적으로 올려 전류를 낮게 유지하는 것이다.
9. 절연 변압기는 작동되는 장비의 전력선의 다른 한쪽을 접지 쪽으로 연결하는 것을 막아준다.
10. 자동변압기는 인가전압을 승압 또는 강압하는 데 사용된다.

CHAPTER 19 반도체 기초

1. 실리콘은 게르마늄보다 열에 견디는 능력이 우수하기 때문에 많이 사용되고 있다.
2. 부성 온도 계수는 어떤 물질의 온도를 올리면 그 물질의 저항이 내려가는 것을 의미한다.
3. 공유결합은 전자를 공유함으로써 이루어진다. 반도체 원자들이 전자를 공유할 때, 이들의 가전자각은 8개의 전자로 채워지게 되고, 안정된 궤도를 돌게 된다.
4. 진성 반도체 물질에서, 가전자는 낮은 온도에서 주원자에 결합되어 있으므로 전류의 흐름에 기여하지 않는다. 온도가 올라감에 따라 가전자는 교란되어 공유결합이 절단되고, 전자가 다른 인근 원자 쪽으로 임의로 움직이게 된다. 온도가 계속 올라가면 재료는 도체처럼 된다. 극히 높은 온도에서 실리콘은 도체처럼 전류가 흐르게 된다.

5. 게르마늄의 저항은 온도가 10°C 상승할 때마다 절반으로 떨어진다. 어떤 응용분야에서 열감응 소자가 필요한데 이러한 경우 게르마늄의 부성 온도 계수가 장점이 될 수 있다.
6. 반도체에서 물질에 전압원을 가하면 전류가 공급된다. 자유전자는 전원의 양극 단자로 이끌리고 정공은 음극 단자로 흐른다. 전류는 자유전자의 개수에 달려 있어서 물질의 온도가 상승하면 증가하게 된다.
7. 순수한 실리콘을 N형 재료로 변화시키기 위해 실리콘을 5가 재료인 As나 Sb 같은 원자로 도핑한다.
8. N형 물질은 자유전자의 개수가 전자–정공 쌍을 초과할 때이다.
9. 전압이 N형 반도체에 인가되었을 때 도너원자에 의해 생긴 자유전자는 양극 쪽으로 흐르게 된다. 공유결합에서 절단된 전자는 양극 쪽으로 흐른다.
10. N형 및 P형 반도체 물질은 순수 반도체 물질보다 전도도가 훨씬 높다.
11. 반도체 물질의 전도도는 불순물을 첨가하여 증가시킬 수 있다.

CHAPTER 20 PN 접합 다이오드

1. PN 접합 다이오드는 한쪽 방향으로만 전류가 흐르게 한다.
2. 다이오드는 순방향으로 바이어스될 때만 전류가 흐른다. 즉, 전압원의 양극이 P형 쪽으로, 음극이 N형쪽에 연결될 경우이다.
3.

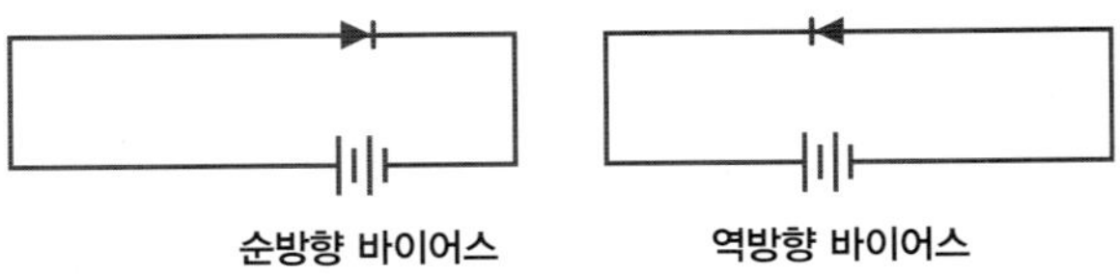

4. 다이오드는 N형 물질과 P형 물질을 접합시켜서 만든다.
5. 공핍 영역에는 다수 캐리어가 없다.
6. 장벽 전압이 외부 전압으로 표현될 수 있다.
7. 다이오드를 전압원에 연결할 때 전류를 안전한 값으로 제한하기 위해 외부 저항기를 추가한다.
8. 실리콘 다이오드가 도통을 시작하려면 0.7 볼트가 필요하다.
9. 주어지 s값:

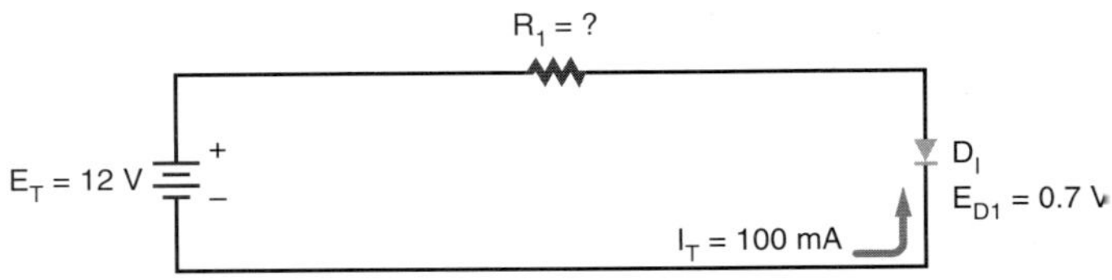

$$\begin{aligned} I_T &= 100\ mA \\ E_T &= 12\ V \\ E_{D_1} &= 0.7\ V \\ R_1 &= ? \end{aligned} \qquad \begin{aligned} E_{R_1} &= E_T - E_{D_1} \\ E_{R_1} &= 12 - 0.7 \\ E_{R_1} &= 11.3\ V \end{aligned} \qquad \begin{aligned} I_1 &= E_{R_1}/R_1 \\ 0.1 &= 11.3/R_1 \\ R_1 &= 11.3/0.1 \\ R_1 &= 113\ \Omega \end{aligned}$$

10. 아니다, 다이오드는 순방향으로만 도통하고 장벽 전압을 초과하는 순방향 바이어스가 인가되기 전까지는 도통하지 않는다.

11. 누설 전류는 소자의 온도가 증가하면 상승하게 된다.
12. 다이오드는 저항계로서 순방향 저항을 재어보면 검사할 수 있다. 다이오드는 순방향 저항은 낮고 역방향 저항은 높다. 저항계는 음극과 양극을 결정할 수 있다. 저항계의 눈금이 낮으면 양극 리드가 양극에 연결되어 있고 음극 리드는 음극에 연결되어 있는 것이다.

CHAPTER 21 제너 다이오드

1. 항복 전압을 초과하면 높은 역방향 전류(I_Z)가 흐른다.
2. 제너 다이오드의 항복 전압(E_Z)은 다이오드의 저항률에 의해 정해진다.
3. 제너 다이오드가 열을 소비하는 능력은 온도가 증가하면 감소된다.
4. 제너 다이오드 정격에는 다음과 같은 것들이 포함된다: 최대 전류(I_{ZM}), 역방향 전류(IR), 역방향 전압(E_Z), 5 볼트를 초과하는 제너 다이오드는 양성(+) 전압 온도 계수를 갖는다. 4 볼트 미만의 제너 다이오드는 부성(−) 온도 계수를 갖는다. 4 볼트와 5 볼트 사이의 전압은 온도 계수가 부성(−) 또는 양성(+)이 될 수 있다.
5.

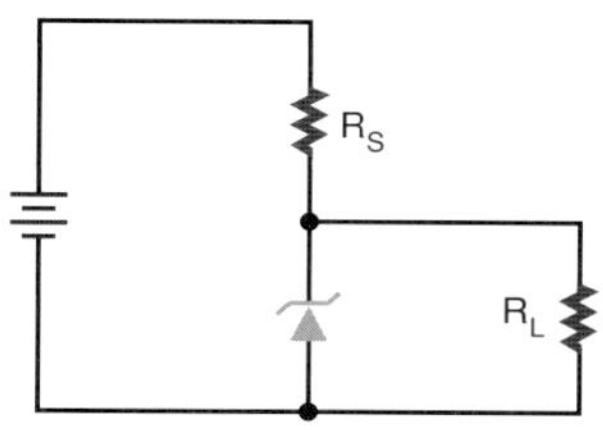

6. 제너 다이오드 전압 조절기에서 제너 다이오드를 저항기와 직렬로 연결하고, 이 저항기 양단에서 출력전압을 얻는다. 제너 다이오드는 입력전압의 증가를 억제한다. 왜냐하면 전류가 증가할 때 저항값이 떨어지기 때문이다. 입력전압의 변화는 직렬 저항기 양단에 나타난다.
7. 제너 다이오드 전압 조절기에서, 제너 다이오드는 전류 제한 저항기와 직렬로 연결한다. 전류 제한 저항기는 부하 저항과 제너 전류에 따라 정해진다. 이 저항기는 제너 다이오드의 제너 항복 영역에 전류가 충분히 흐르도록 해주어야 한다. 부하 저항이 증가하면 부하 전류가 감소한다. 이로 인하여 부하 저항기 양단의 전압이 증가한다. 제너 다이오드는 더 이상의 전류 변화를 억제하고 전류를 더 많이 흐르게 한다. 제너 저항기를 통하여 흐르는 제너 전류와 부하 전류의 합은 일정하게 유지되어 출력 전류와 입력 전압이 변하더라도 회로를 조절할 수 있게 된다.
8.

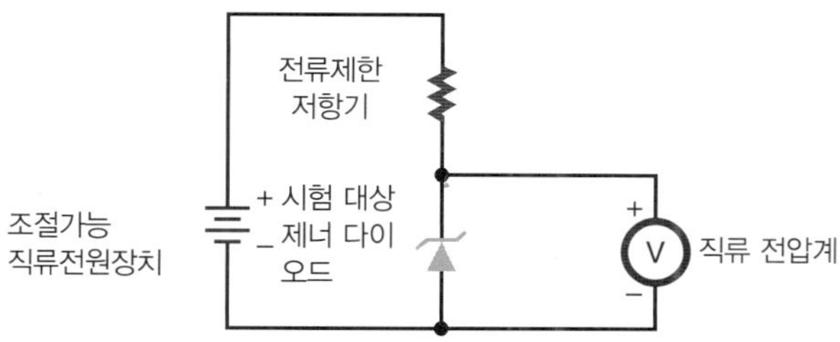

9. 제너 다이오드를 테스트하는 데는 전원 공급장치, 전류제한 저항기, 전류계, 전압계가 필요하다. 전원 공급장치의 출력은 제너 다이오드, 전류계와 직렬로 연결된 전류제한 저항기의 양단에 연결한다. 전압계는 제너 다이오드 양단에 연결한다. 출력전압은 특정 전류가 제너 다이오드를 흐를 때까지 증가된다. 전류는 특정 제너 전류 근방에서 변화한다. 전압이 일정

해지면 제너 다이오드는 적당하게 동작하는 것이다.

10. 문제 8번의 회로를 사용하여, 제너 다이오드를 통해, 규정된 전류가 흐를 때까지 전압을 서서히 증가시킨다. 그러면 전류가 규정된 제너 전류 범위 내에서 변하게 된다. 전압이 일정하게 되면 제너 다이오드가 적절히 동작하고 있다는 것이다.

CHAPTER 22 쌍극 트랜지스터

1. NPN 트랜지스터는 P형 물질을 두 개의 N형 물질 사이에 위치시킨다. PNP 트랜지스터는 N형 물질을 두 개의 P형 물질 사이에 위치시킨다.
2. 대부분의 트랜지스터는 2와 N 뒤에 오는 숫자로 구분한다. 이 숫자는 최대 4 자리이다 (2Nxxxx).
3. 트랜지스터의 패키지는 내부 칩을 보호하는 역할을 하며 이미터, 베이스, 컬렉터에 전기적으로 연결하게 해주는 수단을 제공한다.
4. 트랜지스터 리드는 제조자의 사양서를 통해 가장 잘 식별할 수 있다.
5. 다이오드는 한 방향으로만 전류를 흐르게 하는 일종의 정류기이고, 트랜지스터는 신호의 전류를 크게 해주는 일종의 증폭기이다.
6. 이미터-베이스 접합은 순방향으로 바이어스시키고, 컬렉터-베이스 접합은 역방향으로 바이어스시킨다.
7. 저항계로 트랜지스터를 테스트할 때 좋은 트랜지스터는 순방향 바이어스될 때 낮은 저항값을 보이고, 각 접합 양단이 역방향 바이어스되면 높은 저항값을 보인다.
8. 저항계가 아닌 전압계로 접합 간의 전압강하를 측정해서 트랜지스터가 실리콘인지 아니면 게르마늄인지 알 수 있다. 리드가 이미터인지 컬렉터인지 아는 것은 쉽지 않기 때문에 리드를 결정하기 어렵다. 하지만 베이스는 이미터 또는 컬렉터에 순방향 바이어스될 때 낮은 저항을, 역방향 바이어스될 경우 높은 저항을 나타내기 때문에 결정할 수 있다. PNP나 NPN 트랜지스터도 결정할 수 있다.
9. 컬렉터 전압은 부품이 NPN인지 PNP 트랜지스터인지를 결정한다. 잘못된 종류의 트랜지스터로 교체하면, 부품이 고장나게 된다.
10. 트랜지스터 테스터로 트랜지스터를 테스트하면 저항계로 테스트할 때보다 트랜지스터에 대해 더 많은 정보를 알 수 있다.

CHAPTER 23 전계효과 트랜지스터(FET)

1.

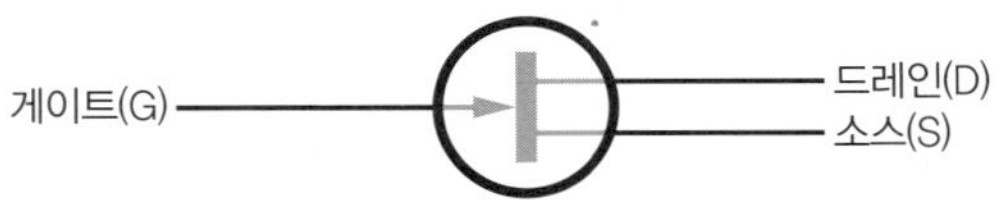

N-채널 JFET

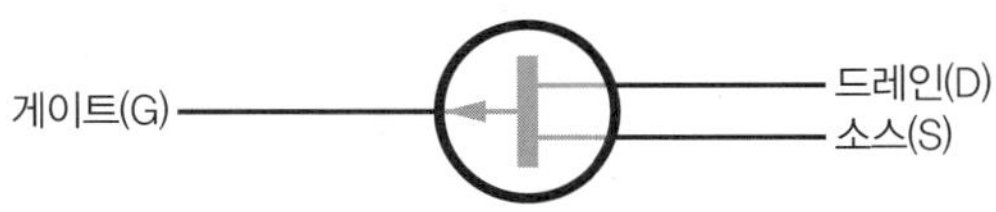

P-채널 JFET

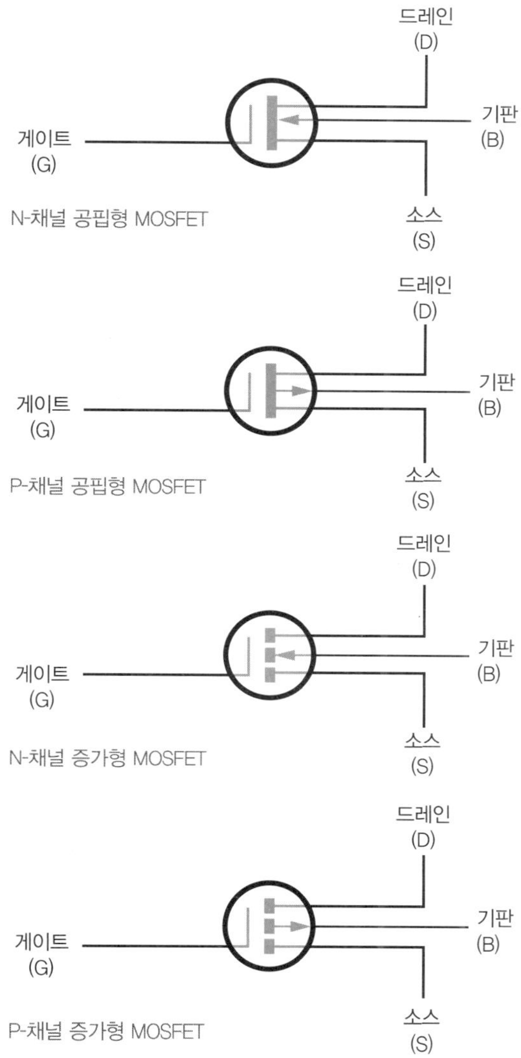

2. JFET에서 두 개의 외부 바이어스 전압은 E_{DS}(소스와 드레인 사이의 바이어스 전압)와 E_{GS}(게이트와 소스 사이의 바이어스 전압)이다.
3. 핀치오프 전압은 JFET에서 드레인 전류를 핀치오프시키는 데 필요한 전압값이다.
4. 게이트 전원 전압이 0인 경우의 핀치오프 전압을 제조자가 제공한다.
5. 공핍형 MOSFET는 게이트를 0 볼트로 바이어스시킬 경우 도통한다. 이들 FET를 '보통 때에 도통 상태인 장치(normally on device)'라고 부른다.
6. 공핍 MOSFET는 게이트에 0 볼트 바이어스를 가할 때 도통한다. 증가 MOSFET는 게이트에 바이어스 전압을 가할 때에만 도통한다.
7. 증가형 MOSFET는 보통 차단상태이고 게이트에 적절한 전압이 인가될 경우에만 도통상태가 된다.
8. MOSFET의 안전수칙은 다음과 같다.
   - 설치하기 전에 리드를 단락상태로 두라.
   - 사용하는 손에는 접지하기 위해 금속 손목띠를 착용하라.
   - 접지된 납땜인두를 사용하라.

• MOSFET를 설치하기 전에 전원이 차단상태에 있는지 확인하라.

9. N 채널 JFET: 양극 리드를 게이트에, 음극 리드를 소스 또는 드레인에 연결한다. 소스와 드레인이 채널에 의해 연결되므로 어느 한쪽만 테스트하면 된다. 순방향 저항은 낮게 나와야 한다. P 채널 JFET: 음극 리드를 게이트에, 양극 리드를 소스 또는 드레인에 연결한다. 역방향 저항을 측정하기 위해 리드를 반대로 한다. JFET는 무한대의 저항을 나타내야 한다. 저항값이 낮게 나오면 단락 또는 누설 상태임을 나타낸다.
10. 순방향 및 역방향 저항은 낮은 전압 저항계를 가장 높은 눈금으로 맞추어서 체크할 수 있다. 저항계는 게이트와 소스 사이의 순방향 및 역방향 저항 모두에서 무한대의 저항값을 나타내야 한다.

CHAPTER 24 사이리스터

1. PN 접합 다이오드는 접합이 하나이고, 리드가 두 개(애노드와 캐소드)이다. SCR은 접합이 세 개이고, 리드가 세 개(애노드, 캐소드, 게이트)이다.
2. 애노드 공급 전압은 게이트 전압이 없을 경우에만 SCR을 온 상태로 유지한다. 이는 전류를 애노드에서 캐소드 쪽으로 계속해서 흐르게 한다.
3. 

4. 부하저항은 SCR과 직렬로 연결하여 캐소드-애노드 전류를 제한한다.
5. TRIAC은 교류 입력 파형의 한 주기에서 두 번 도통하는 반면 SCR은 한 번만 도통한다.
6. SCR에 대한 TRIAC의 단점은 다음과 같다: TRIAC은 SCR만큼 전류를 많이 흘릴 수 없다. 반면에 TRIAC은 SCR보다 더 낮은 주파수 처리 능력이 있다.
7. DIAC은 TRIAC을 트리거시키는 데 사용된다. 이는 게이트 전압이 어느 정도에 이를 때까지 TRIAC이 동작하지 못하게 한다.
8. SCR은 저항계나 상용 트랜지스터 테스터로 테스트할 수 있다. 저항기로 SCR을 측정하기 위해서는, 양단자를 캐소드에 연결하고, 음극을 애노드에 연결한다. 1 MΩ 이상의 높은 저항값을 나타내야 한다. 반대로 양극을 애노드에 음극을 캐소드에 연결하라. 다시 1 MΩ 이상이어야 한다. 게이트를 애노드와 단락시키라. 그러면 1,000 Ω 이하로 저항값이 떨어져야 한다. 단락을 끊으라. 그러면 낮은 저항값이 그대로 있어야 한다. 단자를 없애고 위의 테스트를 반복하라.
9. 저항계는 사이리스터의 전압 민감 소자를 테스트할 수 없다.
10. 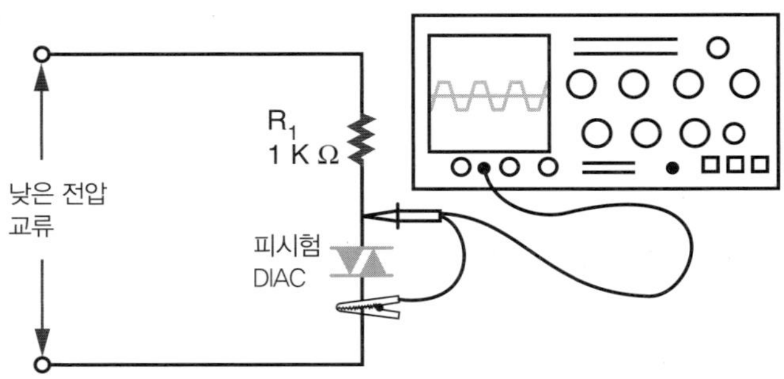

CHAPTER 25 집적회로

1. 집적회로는 다이오드, 트랜지스터, 저항기 및 커패시터로 구성된다.
2. 집적회로가 고장 나면 수리할 수 없다. 그 이유는 내부 부품을 분리시킬 수 없기 때문이다. 따라서 고장은 개별 소자가 아닌 개별 회로로 식별하게 된다.
3. 집적회로는 모노리식, 박막 및 후막 방법으로 제조한다.
4. 칩은 IC를 구성하는 반도체 물질로 1/8제곱인치 정도 된다.
5. 하이브리드 IC는 모놀리스식, 박막 및 개별소자로 구성된다.
6. 소수의 회로를 만든다면 하이브리드 집적회로를 사용하는 것이 저렴하다.
7. DIP는 다양한 크기의 IC를 만드는 데 적합하다: 칩 한 개에 최대 100개까지의 전기 소자가 들어가는 SSI (small-scale integration), 칩 한 개에 1,000개~최대 3,000개까지의 전기 소자가 들어가는 MSI (medium-scale integration), 칩 한 개에 3,000개~최대 100,000개까지의 전기 소자가 들어가는 LSI (large-scale integration), 칩 한 개에 100,000개~최대 1,000,000개까지의 전기 소자가 들어가는 VLSI, 그리고 그 이상의 ULSI (ultra large-scale integration).
8. 웨이퍼 규모 집적(wafer-scale integration, WSI)에는 메모리를 포함한 전체 컴퓨터 시스템을 포함하는데 이것은 1980년대에는 비성공적으로 개발되었다. 이 뒤를 나온 것이 SOC (system-on-chip) 설계였는데 이 공정은 통상적으로 별도의 칩으로 제작된 여러 개의 소자를 포함하였다. 그러다가 단일 칩을 차지하도록 설계하였다.
9. 세라믹 소자는 군수 및 항공우주 분야와 같은 극한 환경의 응용에서 권장된다.
10. 평탄팩은 DIP보다 더 작고 얇아서 공간에 제약을 받는 곳에서 사용하며 금속 또는 세라믹으로 만든다.

CHAPTER 26 광전 소자

1.

광파	주파수
적외선	< 400 THz
가시광선	400~750 THz
자외선	> 750 THz

2. 높은 주파수에서 파형이 더 작고 에너지가 더 많기 때문이다.
3. 광다이오드가 광감응 소자 중에서 빛의 변화에 대한 가장 빠른 반응시간을 갖는다.
4. 포토셀은 빛의 변화에 대한 반응이 느려서 빠른 응답 응용에는 적합하지 않다.
5. 태양전지는 반도체 물질로 만든 PN 접합이다. P층과 N층은 PN 접합을 형성한다. 태양전지의 표면을 때린 빛은 그의 에너지의 대부분을 반도체 물질 내에 있는 원자에게 전해주게 된다. 빛 에너지에 의해 가전자가 그의 궤도로부터 떨어져 나와 자유전자가 된다. 공핍 영역 근처에 있던 전자가 N형 물질로 이끌려 PN 접합 양단에 작은 전압을 만든다. 이 전압은 빛의 강도가 증가하면 높아지게 된다.
6. 태양전지는 50 mA에서 약 0.45 볼트의 낮은 전압을 내므로 원하는 전압과 전류를 얻기 위해서는 직렬 및 병렬로 연결해야 한다.

7. 광트랜지스터는 높은 이득값을 만들 수 있기 때문에 응용범위가 넓다. 하지만 광다이오드 만큼은 빨리 반응하지 못한다.
8. LED는 자유전자가 정공과 결합하고 여분의 에너지가 빛의 형태로 방출될 대 빛나게 된다.
9. LED를 통해 흐르는 전류가 많으면 많을수록 더 밝은 빛을 낸다. 하지만 LED에 직렬로 저항기를 연결해서 전류를 제한하지 않으면 LED가 손상된다.
10. 광결합기는 신호를 한 회로가 다른 회로에 전달되게 한다. 이때 회로 사이데 전기적으로는 분리되어 있다.

CHAPTER 27 전원공급장치

1. 전원공급장치에서 변압기를 선택할 때 전력 정격, 동작 주파수, 2차 전압 및 전류 정격, 그리고 전력 취급 능력을 고려해야 한다.
2. 변압기는 교류 전압원과 전원공급장치를 격리시키는 데 사용한다. 또한 전압을 높이거나 낮추는 데도 사용한다.
3. 전원공급장치에서 정류기는 입력 교류전압을 직류전압으로 변환한다.
4. 전파 정류기의 단점은 중앙 탭 변압기가 필요하다는 것이다. 장점은 두 개의 다이오드만 필요하다는 것이다. 브리지 정류기는 변압기가 필요 없지만 네 개의 다이오드가 필요하다. 이들 두 가지 정류회로는 반파 정류기보다 여파시키는 데 훨씬 효과적이며 용이하다.
5. 필터 커패시터는 전류가 흐를 때 충전하고 전류가 흐르지 않을 때 방전시켜 출력에 일정한 전류가 흐르도록 한다.
6. 커패시터는 긴 RC 시정수를 주기 위해 필터에 사용된다. 방전이 느릴수록 더 높은 전압값을 나타낸다.
7. 직렬 조절기는 직렬 저항을 증가시켜 높아진 입력 전압을 보상한다. 그리하여 직렬 저항 양단의 더 높아진 전압을 떨어뜨려 출력 전압을 일정하게 유지시킨다. 이는 또한 낮아진 입력 전압을 감지하고 직렬 저항을 감소시켜 전압을 낮추며 그 결과 출력 전압을 일정하게 유지시킨다. 이는 또한 부하의 변화에 대해서도 비슷한 방식으로 동작한다.
8. IC 전압 조절기를 선택할 때 반드시 전압과 부하 전류 요구값을 알아야 한다
9. 전압 체배기는 회로의 전압을 승압 변압기 없이 높일 수 있다.
10. 전파 전압 체배기는 반파 전압 체배기보다 여파하기 쉽다. 또한, 전파 전압 체배기의 커패시터는 입력신호의 피크값에만 종속된다.
11. 쇠지레(crowbar)라는 과전압 보호 회로는 전원공급장치의 사고로부터 부하를 보호하는 데 사용된다.
12. 과전류 보호 소자에는 퓨즈와 회로 차단기가 있다.

CHAPTER 28 증폭기의 기초

1. 트랜지스터는 부하의 전압을 제어하기 위해 입력신호를 사용하여 트랜지스터 전류의 흐름을 제어함으로써 증폭한다.
2. 이미터 공통 회로는 전압이득과 전류이득, 그리고 높은 전력이득을 내지만 다른 두 개의 회로에서는 이와 같은 이득을 얻을 수 없다.

3. 신호를 가하지 않은 상태에서 바이어스 전류의 변화를 보상할 수 없는 트랜지스터 회로는 불안정하게 된다. 온도 변화는 트랜지스터의 내부 저항을 변하게 하여 바이어스 전류를 흐르게 하고 그 결과 트랜지스터의 동작점을 이동시켜 트랜지스터의 이득을 감소시키게 된다.
4. B급 증폭기는 스테레오 시스템의 출력단으로 사용한다. B급 증폭기는 출력 전류가 입력 사이클의 반주기 동안에만 흐르도록 바이어스시킨다.
5. 결합 커패시터는 직류 전압을 차단시키고 교류 신호를 통과시킨다.
6. 온도 변화는 트랜지스터의 이득에 영향을 준다. 축퇴 궤환, 즉 부궤환이 이러한 상태를 보상한다.
7. A급 증폭기는 출력이 전체 회로를 통해 흐르도록 바이어스된다. B급 증폭기는 출력이 입력 사이클의 반주기 동안만 흐르도록 바이어스시킨다. AB급 증폭기는 출력이 반 이상, 입력 사이클 전체보다 적게 출력이 흐르도록 바이어스시킨다. C급 증폭기는 출력값이 입력 사이클의 반보다 작은 동안 흐르도록 바이어스시킨다.
8. 두 개의 트랜지스터 증폭기를 연결할 때, 한 증폭기의 바이어스 전압이 두 번째 증폭기의 동작에 영향을 미치지 않아야 한다.
9. 커패시터나 인덕터를 결합에 사용하면, 부품의 리액턴스는 전송되는 주파수에 영향을 받게 된다.
10. 직접 결합 증폭기의 단점은 안정도이다. 첫 번째 단의 출력 전류가 조금만 변해도 두 번째 단에서 증폭된다. 왜냐하면 두 번째 단이 첫 번째 단에 의해 바이어스되어 있기 때문이다. 안정도를 개선시키기 위해서는 고가의 정밀 소자를 사용할 필요가 있다.

CHAPTER 29 증폭기의 응용

1. 직류 증폭기, 즉 직접연결 증폭기는 직류(0 Hz)에서 수천 Hz에 이르기까지의 주파수를 증폭하는 데 사용된다.
2. 직류 증폭기에서 온도 안정성은 차동 증폭기를 사용해서 이룰 수 있다.
3. 오디오 전압 증폭기는 높은 전압이득을 제공하고, 반면에 오디오 전력 증폭기는 부하에 높은 전력이득을 제공한다.
4. 상보형 푸시풀 증폭기는 정합된 NPN과 PNP 트랜지스터를 필요로 한다. 의사–상보형 증폭기는 정합된 트랜지스터가 필요 없다.
5. 비디오 증폭기는 오디오 증폭기보다 넓은 주파수 범위를 갖는다.
6. 비디오 증폭기의 출력을 제한하는 요소는 회로의 병렬 커패시턴스이다.
7. RF 증폭기는 10,000 Hz에서 30,000 MHz까지의 주파수를 증폭시킨다.
8. IF 증폭기는 신호를 사용 가능한 정도까지 증가시키는 데 사용되는 단일 주파수 증폭기이다.
9. 연산 증폭기는 입력단(차동 증폭기), 높은 전압이득 증폭기 및 출력 증폭기로 구성된다. 이는 입력신호의 20,000배에서 1,000,000배까지 출력이득을 얻을 수 있는 고이득 직류 증폭기이다.
10. 연산 증폭기는 신호를 비교하고, 반전시키고, 비반전시키고, 합치는 데에 사용된다. 또한 능동 필터와 차분 증폭기로도 사용된다.

CHAPTER 30 발진기

1. 발진기의 구성요소는 탱크회로라고 하는 주파수 결정회로, 탱크회로에서 출력신호를 증가시키는 증폭기, 그리고 발진을 유지하기 위해 탱크회로까지 출력신호의 일부를 되돌리는 궤환회로이다.
2. 발진기의 궤환 회로는 적절한 양의 에너지를 탱크회로에 보내어 탱크회로에서 소모되는 에너지를 대치시킴으로써 발진을 유지시킨다.
3. 직렬 궤환 하틀리 발진기와 션트 궤환 하틀리 발진기 사이의 차이점은 션트 궤환 하틀리 발진기의 탱크회로를 통하여 직류가 흐르지 않는다는 것이다.
4. 수정은 안정성을 제공한다. 탱크회로의 주파수가 수정 주파수에 따라 변한다면 수정의 임피던스가 증가하고, 이에 따라 탱크회로로 궤환되는 양이 감소되어 탱크회로를 수정 주파수로 돌아오도록 한다.
5. 탱크회로에서 구성요소의 저항으로 인해 생기는 에너지 손실을 보충하기 위해 적당한 위상의 출력신호 일부를 궤환함으로써 탱크회로는 발진을 유지한다.
6. 정현파 발진기의 주된 형태로 하틀리 발진기, 콜피츠 발진기, 그리고 클랩 발진기가 있다.
7. 수정은 고유 진동 주파수를 가지고 있어서 발진기 회로에 이상적이다. 수정 주파수는 탱크회로 주파수를 제어하는 데 사용된다.
8. 비정현파 발진기는 정현파 출력을 내지 않는다. 전형적으로 모든 비정현파 발진기는 이완발진기의 일종이다.
9. 블로킹 발진기, 멀티바이브레이터, RC 회로망, 집적회로는 모두 비정현파 발진기에 사용된다.
10.

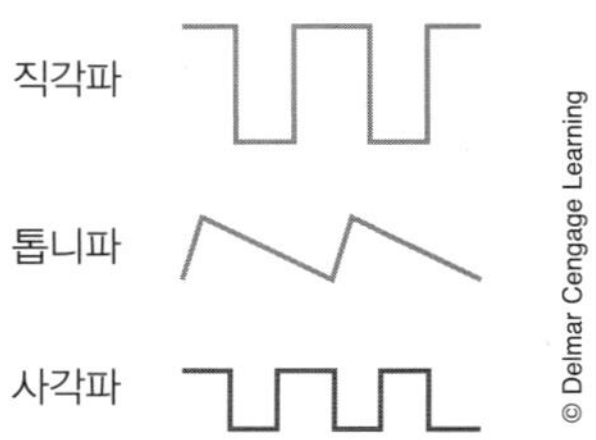

CHAPTER 31 파형정형 회로

1. 주파수 영역 개념은 모든 주기적인 파형은 정현파로 구성되어 있다는 것을 나타낸다. 주기적인 파형은 각기 다른 크기, 위상, 주파수를 가지는 많은 정현파의 중첩으로 만들 수 있다.
2. 기본 주파수를 제1고조파라고도 부른다.
3. 듀티 사이클 = 펄스 폭/주기
   듀티 사이클 = 50,000/100,000
   듀티 사이클 = 0.5 = 50%
4. 오버슈트, 언더슈트, 울림은 제로 시간에서 빠르게 변하는 입력에 반응할 수 없는 불완전한 회로 때문에 일어난다.
5. 미분기는 타이밍 및 동기화 회로에서 핍(pip) 또는 첨두 파형을 만드는 데 사용한다. 적분기는 삼각파의 파형 정형을 위해 사용한다.
6. 클립 회로, 즉 제한기 회로는 정현파를 사각파형으로 바꿀 수 있다.

7. 신호의 직류 기준값은 클램프 회로를 사용해서 파형을 직류 전압으로 클램프시켜서 바꿀 수 있다.
8. 단안정 회로는 안정한 상태가 하나만 있어서, 각각의 입력펄스에 대해 오직 하나의 출력펄스를 만든다. 쌍안정 회로는 안정한 상태가 두 개 있어서 한 사이클을 완성하는 데 두 개의 입력펄스를 필요로 한다.
9. 플립플롭은 게이팅과 신호를 게이팅 및 타이밍하거나 또는 스위칭 응용을 위한 사각파나 직각파를 만들 수 있다.
10. 슈미트 트리거는 정현파, 톱니파, 또는 그 외 불규칙적인 모양의 파형을 사각파 또는 직각파로 만드는 데 사용된다.

CHAPTER 32 2진수 체계

1.

10진수	2진수	10진수	2진수	10진수	2진수	10진수	2진수
0	00000	7	00111	14	01110	21	10101
1	00001	8	01000	15	01111	22	10110
2	00010	9	01001	16	10000	23	10111
3	00011	10	01010	17	10001	24	11000
4	00100	11	01011	18	10010	25	11001
5	00101	12	01100	19	10011	26	11010
6	00110	13	01101	20	10100	27	11011

2. 10진수 100 (1100100)을 나타내는 데는 2진수 7자리가 필요하다.
3. 10진수를 2진수로 바꾸기 위해, 계속해서 10진수를 2로 나누고, 각 나눗셈의 나머지를 써 내려간다. 나머지들을 역순으로 배열하면 2진수가 된다.
4. a. $100101.001011_2 = 37.171875_{10}$
   b. $111101110.11101110_2 = 494.9296875_{10}$
   c. $10000001.00000101_2 = 129.019587_{10}$
5. a. $11\ 001\ 001\ 011\ 100\ 101\ 010\ 011\ 100\ 001\ 101_2 = 31134523415_8$
   b. $00\ 110\ 001\ 101\ 111\ 100\ 100\ 111\ 100\ 110\ 100_2 = 06157447464_8$
   c. $10\ 011\ 010\ 110\ 001\ 001\ 100\ 111\ 101\ 000\ 110_2 = 23261147506_8$
6. a. $653172_8 = 110\ 101\ 011\ 001\ 111\ 010_2$
   b. $773012_8 = 111\ 111\ 011\ 000\ 001\ 010_2$
   c. $033257_8 = 000\ 011\ 011\ 010\ 101\ 111_2$
7. a. $317204_8 = 106116_{10}$
   b. $701253_8 = 230059_{10}$
   c. $035716_8 = 15310_{10}$
8. a. $687_{10} = 1257_8$
   b. $9762_{10} = 23042_8$
   c. $18673_{10} = 44361_8$
9. a. $1100\ 1001\ 0111\ 0010\ 1010\ 0111\ 0000\ 1101_2 = C972A70D_{16}$
   b. $0011\ 0001\ 1011\ 1110\ 0100\ 1111\ 0011\ 0100_2 = 31BE4F34_{16}$

c. $1001\ 1010\ 1100\ 0100\ 1100\ 1111\ 0100\ 0110_2 = 9AC4CF46_{16}$

10. a. $7B23C67F_{16} = 0111\ 1011\ 0010\ 0011\ 1100\ 0110\ 0111\ 1111_2$

b. $D46F17C9_{16} = 1101\ 0100\ 0110\ 1111\ 0001\ 0111\ 1100\ 1001_2$

c. $78F3E69D_{16} = 0111\ 1000\ 1111\ 0011\ 1110\ 0110\ 1001\ 1101_2$

11. a. $3C67F_{16} = 247615_{10}$

b. $6F17C9_{16} = 7280585_{10}$

c. $78F3E69D_{16} = 338110205_{10}$

12. a. $687_{10} = 2AF_{16}$

b. $9762_{10} = 2622_{16}$

c. $18673_{10} = 45F1_{16}$

13. 10진 디지트의 4비트 BCD 2진 코드를 사용하여 각 10진 디지트를 2진 디지트(0~9)로 변환한다.

14. a. $0100\ 0001\ 0000\ 0110_{BCD} = 4106_{10}$

b. $1001\ 0010\ 0100\ 0011_{BCD} = 9243_{10}$

c. $0101\ 0110\ 0111\ 1000_{BCD} = 5678_{10}$

CHAPTER 33 기본 논리 게이트

1.

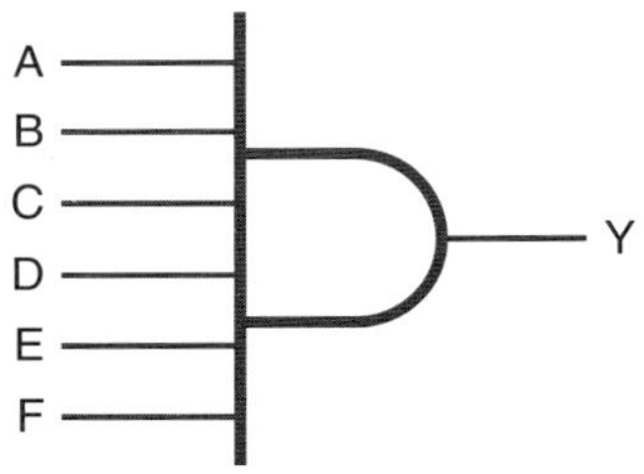

2.

A	B	C	D	Y
0	0	0	0	0
1	0	0	0	0
0	1	0	0	0
1	1	0	0	0
0	0	1	0	0
1	0	1	0	0
0	1	1	0	0
1	1	1	0	0
0	0	0	1	0
1	0	0	1	0
0	1	0	1	0
1	1	0	1	0
0	0	1	1	0
1	0	1	1	0
0	1	1	1	0
1	1	1	1	1

3.

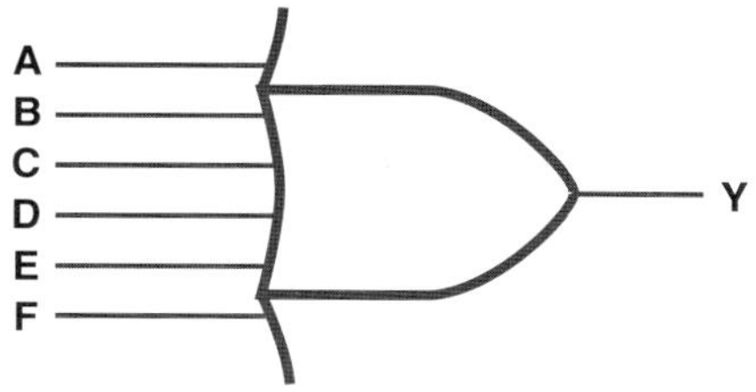

4.

A	B	C	D	Y
0	0	0	0	0
1	0	0	0	1
0	1	0	0	1
1	1	0	0	1
0	0	1	0	1
1	0	1	0	1
0	1	1	0	1
1	1	1	0	1
0	0	0	1	1
1	0	0	1	1
0	1	0	1	1
1	1	0	1	1
0	0	1	1	1
1	0	1	1	1
0	1	1	1	1
1	1	1	1	1

5. NOT 회로는 반전 또는 보수 계산에 사용된다.
6. 작은 동그라미 즉 버블은 입력의 반전을 위해 입력단에 놓고, 출력의 반전을 위해 출력단에 놓는다.

7.

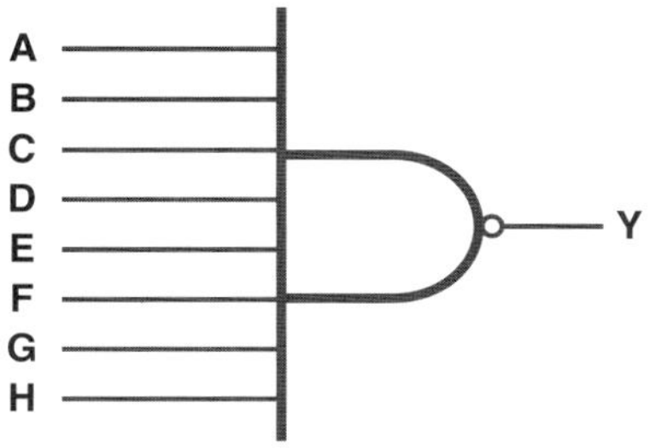

8.

A	B	C	D	Y
0	0	0	0	1
1	0	0	0	1
0	1	0	0	1
1	1	0	0	1
0	0	1	0	1
1	0	1	0	1
0	1	1	0	1
1	1	1	0	1
0	0	0	1	1
1	0	0	1	1
0	1	0	1	1
1	1	0	1	1
0	0	1	1	1
1	0	1	1	1
0	1	1	1	1
1	1	1	1	0

9. 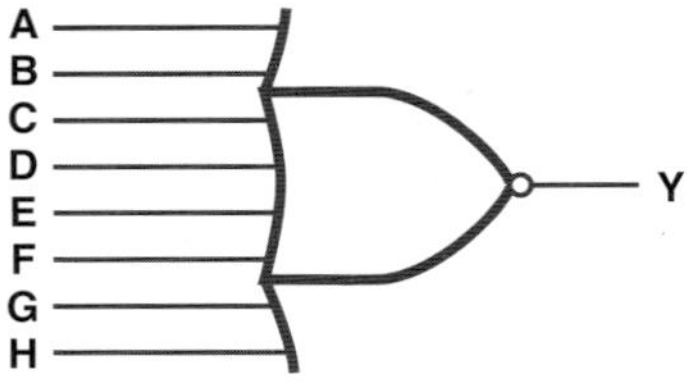

10.

A	B	C	D	Y
0	0	0	0	1
1	0	0	0	0
0	1	0	0	0
1	1	0	0	0
0	0	1	0	0
1	0	1	0	0
0	1	1	0	0
1	1	1	0	0
0	0	0	1	0
1	0	0	1	0
0	1	0	1	0
1	1	0	1	0
0	0	1	1	0
1	0	1	1	0
0	1	1	1	0
1	1	1	1	0

11. XOR 게이트는 입력값이 서로 다른 경우에만 출력을 발생시킨다. 입력이 둘 다 0이거나 1이면 출력은 0이다.

12. XNOR 게이트는 최대 두 개의 입력을 갖는다.

13. 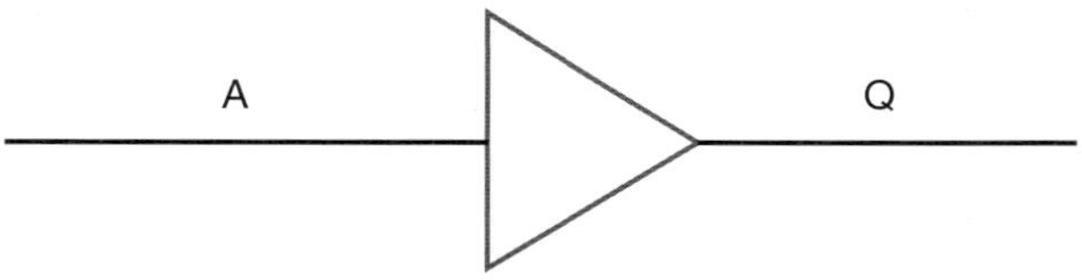

14. 버퍼는 고전류를 분리하거나 공급하는 특수한 논리 게이트이다.

15. 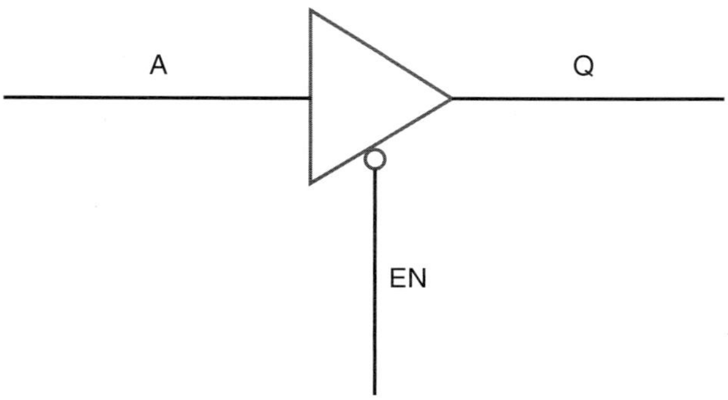

CHAPTER 34 논리회로의 간략화

1. 다음과 같이 베이치 다이어그램을 사용한다.
   a. 변수의 개수에 맞는 다이어그램을 그린다.
   b. 항을 나타내는 각 사각형에 X를 넣어 논리함수를 그린다.
   c. 8개, 4개, 2개로 그룹을 짓고 X의 인근 그룹을 루프로 묶어 간략화된 논리함수를 얻는다. 계속해서 모든 X가 루프에 포함되도록 한다.
   d. 루프당 항이 한 개인 루프는 'OR'를 수행한다.
   e. 간략화된 표현식으로 적는다.

2. a.

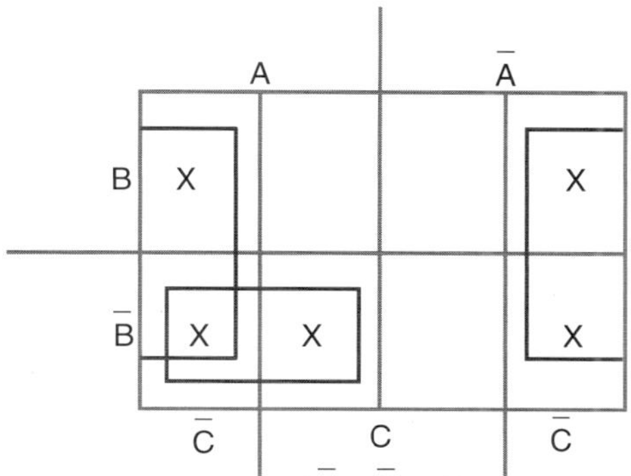

$A\bar{B} + \bar{C} = Y$

b.

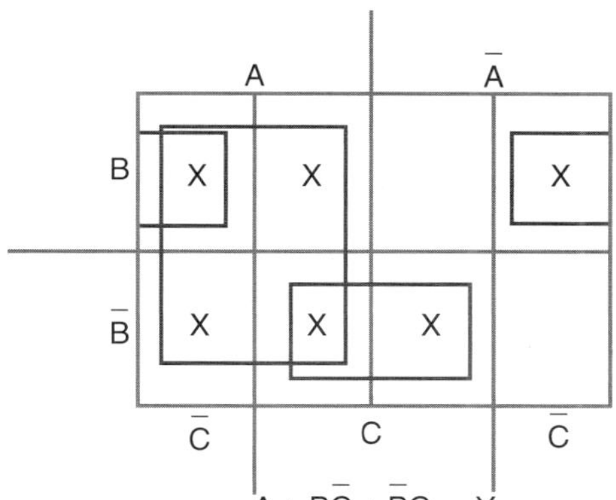

$A + B\bar{C} + \bar{B}C = Y$

c.

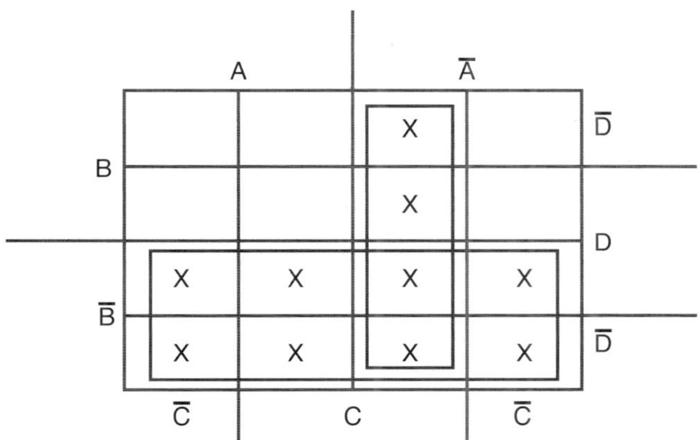

$\bar{B} + \bar{A}C = Y$

d.

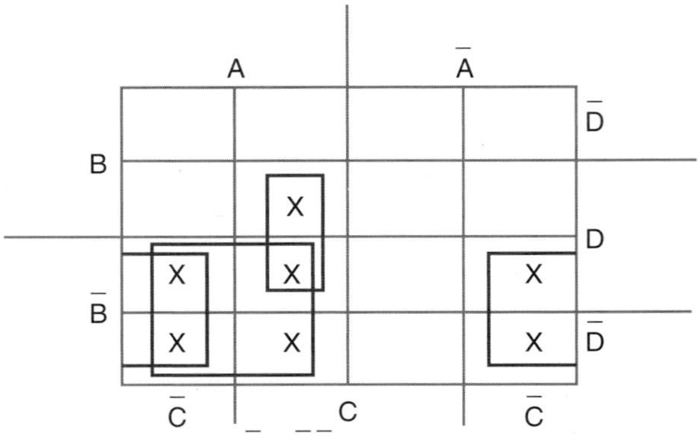

$A\bar{B} + \bar{B}\bar{C} + ACD = Y$

e.

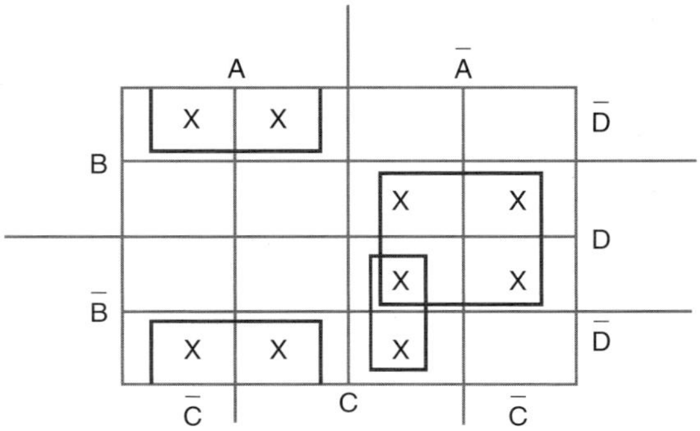

$A\bar{D} + \bar{A}D + \bar{A}\bar{B}\bar{C} = Y$

3. 다음과 같이 카르노 맵을 사용한다.
   a. 변수의 개수에 맞는 다이어그램을 그린다.
   b. 각 사각형에 1을 넣어 논리함수를 그린다.
   c. 8개, 4개, 2개로 그룹을 짓고 1의 인근 그룹을 루프로 묶어 간략화된 논리함수를 얻는다.
   d. 루프당 항이 한 개인 루프는 'OR'를 수행한다.
   e. 간략화된 표현식으로 적는다.

4. a.

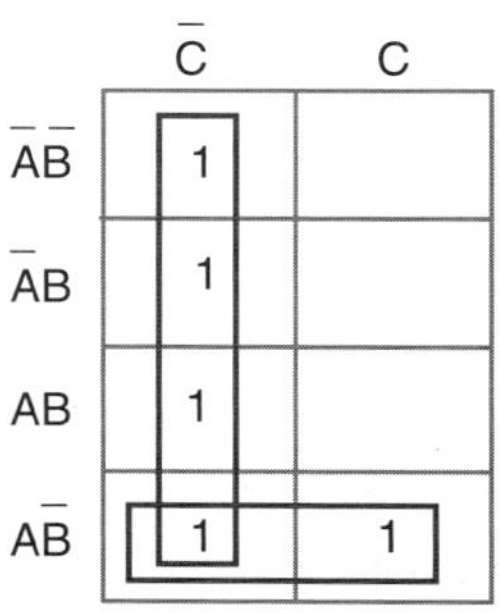

$Y = A\bar{B} + \bar{C}$

b.

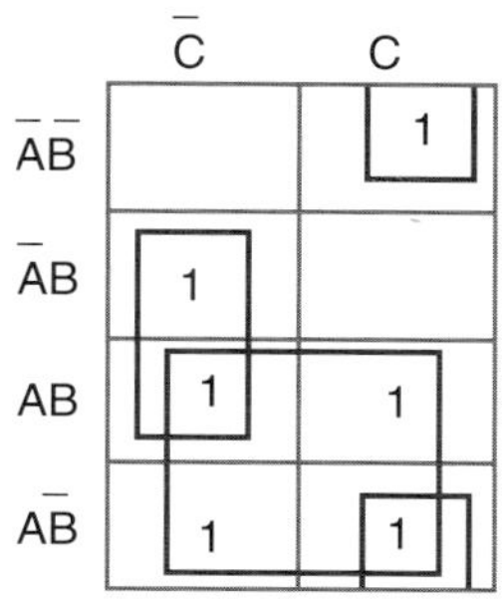

$Y = A + B\overline{C} + \overline{B}C$

c.

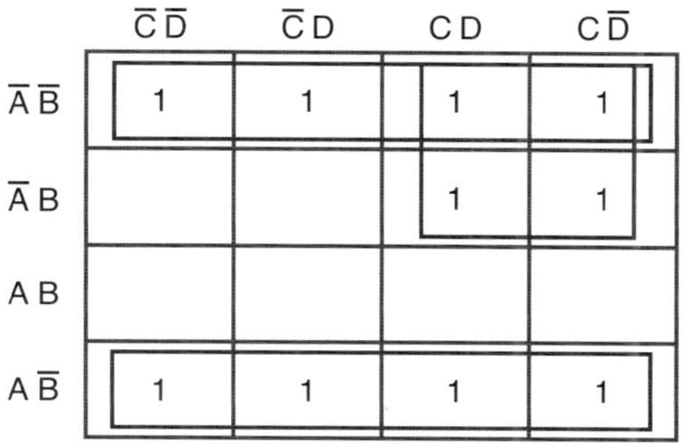

$Y = \overline{B} + \overline{A}C$

d.

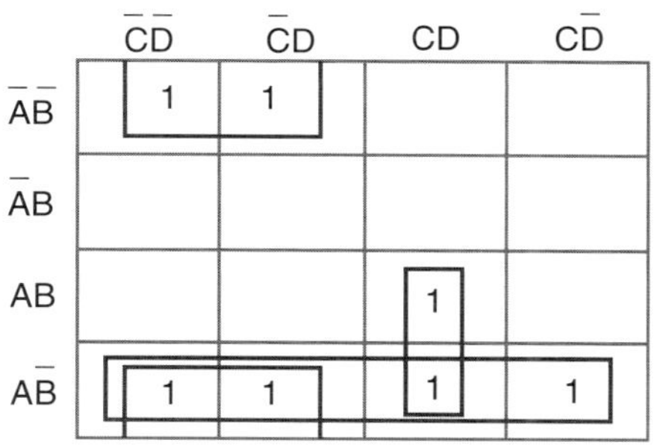

$Y = A\overline{B} + \overline{B}\,\overline{C} + ACD$

e.

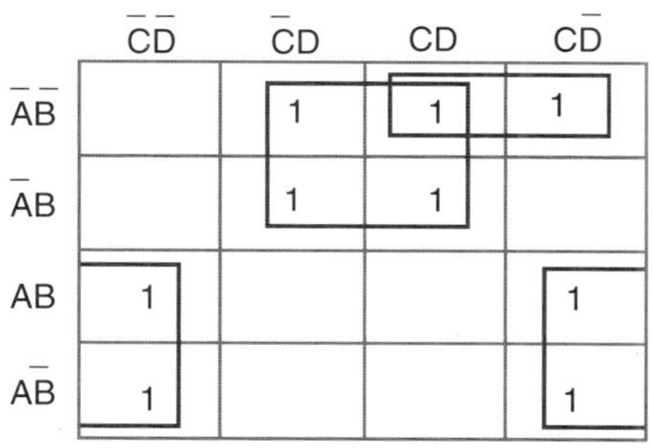

$Y = A\overline{D} + \overline{A}D + \overline{A}\,\overline{B}C$

CHAPTER 35 순차 논리회로

1. RS 플립플롭의 출력값을 변화시키기 위해 R 입력에 high, 즉 1의 값이 인가되면, 출력 Q는 0의 값, $\overline{Q}$는 1의 값의 상태가 된다.
2. D 플립플롭과 클록인가 RS 플립플롭 사이의 주된 차이점은 D 플립플롭이 단 하나의 데이터 입력과 클록 입력을 갖는다는 것이다.

3. 카운터는 비동기 또는 동기 카운트 모드로 연결된 플립플롭으로 구성된다 카운터가 상향 (Q) 카운트하는지 하향($\overline{Q}$) 카운트하는지에 따라, 비동기화 모드에서 첫째 단의 Q 또는 $\overline{Q}$를 다음 단의 클록 입력에 연결한다. 동기화 모드에서 각 단의 모든 클록 입력은 병렬로 연결된다.

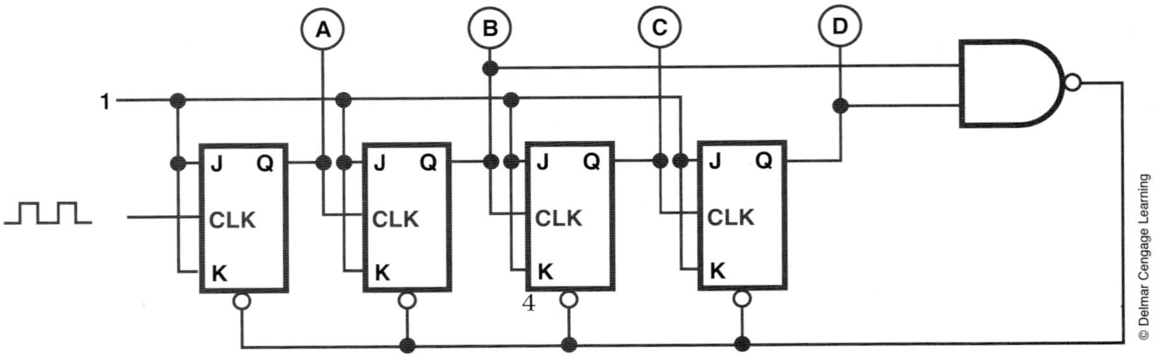

5. 시프트 레지스터는 임시로 데이터를 저장하도록 설계되었다. 데이터는 직렬이나 병렬로 쉬프트 레지스터에 입력될 수 있고, 직렬이나 병렬로 출력될 수도 있다.
6. 시프트 레지스터는 데이터를 저장하는 데 사용되는데, 직렬–병렬과 병렬–직렬 변환과 나누기와 곱셈 같은 대수적 함수를 수행하는 데 사용된다.
7. 비트—2진 디지트
   니블—4개의 비트
   바이트—8개의 바이트
   워드—16, 32, 64 및 128 비트
8. 출력의 보수 데이터는 Q 출력의 반대 $\overline{Q}$, 즉 보수이다.
9. MOS 메모리는 더 높은 밀도의 패키지로 만들 수 있어서 쌍극 메모리와 동일한 공간에서 더 많은 메모리 위치를 제공한다.
10. 정적 RAM은 전원이 나가면 데이터를 잃는다. 동적 RAM은 커패시터를 사용하여 데이터를 저장하기 때문에 저장된 데이터를 유지하기 위해서는 재충전, 즉 리프래시시켜 주어야 한다.
11. RAM은 무순차 액세스 메모리이고 프로그램을 일시적으로 저장하는 데 사용된다. ROM은 읽기 전용 메모리이며 데이터를 영구적으로 저장하게 하며 바뀌지 않게 할 수 있다.
12. EEPROM은 전기적으로 지울 수 있는 PROM이며 재프로그래밍할 수 없다.

CHAPTER 36 조합 논리회로

1. 인코더는 키보드 입력의 코딩을 2진수 출력으로 만든다.
2. 10진–2진 우선순위 인코더는 키보드 입력에 필요하다.
3. 디코더는 복잡한 2진수 코드를 우리가 알 수 있는 디지트나 문자로 바꾼다.
4. 디코더의 종류에는 1-of-10 디코더, 1-of-8 디코더, 1-of-16 디코더, 그리고 BCD-7세그먼트 디코더가 있다.
5. 멀티플렉서는 여러 가지 입력신호 중 하나를 출력으로 보내는 데 사용된다.
6. 멀티플렉서는 데이터 라인 선택과 병렬–직렬 변환에 사용된다.

7.

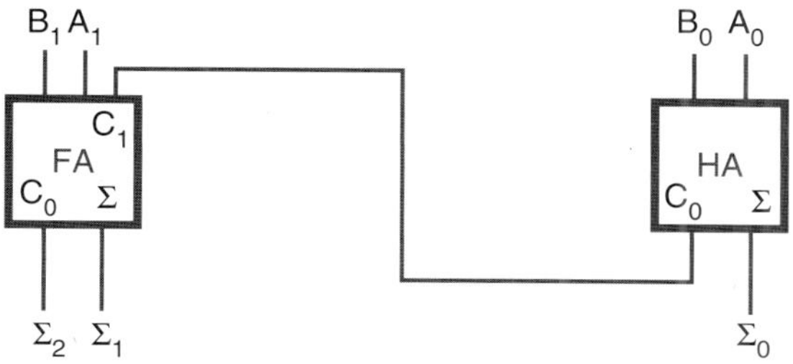

8. 반가산기는 두 개의 2진 자리를 합쳐서 합과 올림수를 생성한다. 이 올림수는 다음 단으로 입력되고 두 개의 2진 자리에 합쳐져, 합과 올림수를 생성한다. 결과는 올림수와 두 개 2진 자리의 합의 출력이다.

9.

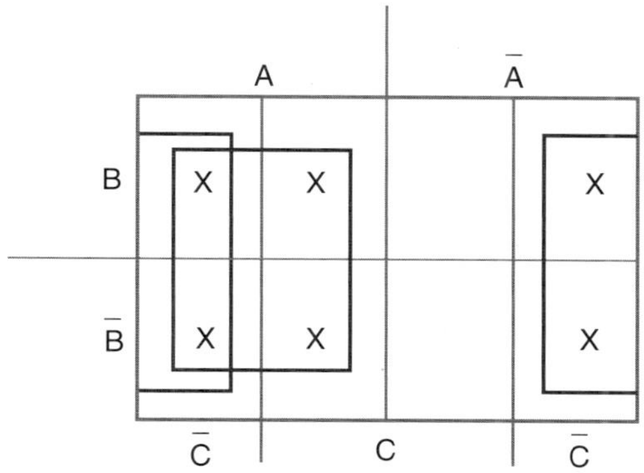

$A + \bar{C} = Y$

10. PAL은 PLA보다 프로그래밍하기 쉽다. PLA의 융통성이 증가된 것은 여분의 게이트를 추가하고 그 결과 어레이를 프로그래밍하기 어렵게 하고 있다.

CHAPTER 37 마이크로컴퓨터의 기초

1. 컴퓨터는 제어부, 산술논리연산부(ALU), 메모리부, 입출력부(I/O)로 구성된다. 제어부는 명령어를 코드화하고, 특정한 기능을 수행하기 위해 필요한 펄스를 발생시킨다. ALU는 모든 수학적 논리를 수행하고, 연산을 결정하고, 수행한다. 메모리부에는 프로그램과 데이터가 저장된다. 입출력부는 컴퓨터로 데이터가 들어가고, 컴퓨터로부터 데이터가 제거되도록 한다(그림 37-1 참조).
2. 외부에서 입력되는 인터럽트 신호는 컴퓨터가 데이터를 받거나 데이터를 보내도록 알려준다.
3. 마이크로프로세서는 마이크로컴퓨터의 일부분으로서, 레지스터, 산술논리연산부, 타이밍과 제어회로, 디코딩 회로로 구성된다.
4. 마이크로프로세서는 마이크로컴퓨터의 제어기능을 수행하고, 수학적 논리 및 판단을 다루며 조정한다.
5. 마이크로컨트롤러는 마이크로프로세서, 메모리, 입출력 인터페이스를 포함하며 독립형 시스템이다.

6. 데이터 이동 명령어—마이크로프로세서와 메모리 안에서 데이터를 한 위치에서 다른 위치로 이동한다.
   산술 명령어—마이크로프로세서로 하여금 데이터를 계산하거나 조작하게 해준다.
   논리 명령어—AND, OR, EXOR, 보수를 수행한다.
   입력/출력 명령어—I/O 장치를 제어한다.
7. 마이크로컨트롤러는 다일 칩 컴퓨터로서 대화를 필요로 하지 않는 장치를 감시하거나 제어하는 데 이상적이다.
8. 가전 제품에는 사람의 관여를 덜기 위해 한 개 또는 두 개의 고정된 반복 프로그램을 사용한다.
9. 마이크로컨트롤러는 엔진 연료 및 분사와 같이 자동차에서 일어나는 사건을 제어하기 위해 데이터 감지가 필요한 경우에 사용된다. 또한 원격 조절, 자석 조절, 난방 조절 및 도난 방지와 같은 장치에서도 사용된다.
10. RISC—축소 명령어 집합 컴퓨터(Reduced Instruction Set Computer)인데 몇 개 안 되는 기본적인 명령어가 더 높은 성능을 허용하도록 하는 전략에 기반을 두고 있다.

찾아보기
INDEX

ㄱ

가감저항기(rheostat) / 33
가능(enable) / 310
가동코일(variable inductor) 계측기 / 125
가변 인덕터 / 104
가변 저항기(variable resistor) / 32
가변 전파 위상 제어(variable full-wave phase-control) / 213
가변 커패시터(variable capacitor) / 111
가산기(adder) / 343
가산 증폭기(summing amplifier) / 270
가전자각(valence shell) / 5, 172
가중치 숫자(weighted number) / 297
가지(branch) / 37
각(shell) / 5
감산기(subtractor) / 345
감쇠 계수(derating factor) / 187
감쇠 진동(damped oscillation) / 285
강압 변압기(step-down transformer) / 164
강자성체(ferromagnetic material) / 92
개방루프 모드(open-loop mode) / 268
개방회로(open circuit) / 63, 110
게르마늄(germanium) / 172
게이트(gate) / 200
게이트−소스 전압(gate-source voltage, E_{GS}) / 200
게이트−소스 차단 전압(gate-source cut-off voltage) / 201
결합(coupling) / 254
결합 계수(coefficient of coupling) / 162
계자(field) / 98
고역통과 필터(high-pass filter) / 142, 270
고온계(pyrometer) / 18
고유저항(resistivity) / 187
고임피던스 상태(high-impedance state) / 310
고정 커패시터(fixed capacitor) / 111
고조파(harmonics) / 122, 283
공유 결합(covalent bonding) / 172
공진(resonance) / 159
공진회로(resonant circuit) / 159
공핍 MOSFET / 202
공핍 모드(depletion mode) / 202
공핍 영역(depletion region) / 179
과도현상(transient) / 205
과전압 보호 회로(over-voltage protection circuit) / 245
과학적 표기법(scientific notation) / 12
광결합기(optical coupler) / 228
광다이오드(photodiode) / 225
광전지(photoconductive cell, photo cell) / 224
광전지(photovoltaic cell, solar cell) / 18
광트랜지스터(phototransistor) / 226
교류(AC) / 118
교류기(alternator) / 118
교류 발전기 / 97
교류회로 / 133, 140
교번(alternation) / 118
권선비(turns ratio) / 163
권선 저항기(wirewound resistor) / 30
궤환 조정기(feedback regulator) / 241
극판(plate) / 110
금속 박편(metal foil) / 205
금속 산화물 반도체 전계효과 트랜지스터(metal oxide semiconductor field effect transistor, MOSFET 또는 MOST) / 202

금속 산화물 배리스터(Metal Oxide Varistor, MOV) / 246
기본 주파수(fundamental frequency) / 283
기본파(fundamental frequency) / 122
기저-2 체계 / 296
기저-8 (base-8) / 298
기저−10 체계(base-10 system) / 296
기저-16 (base-16) / 300
기전력(electromotive force, emf) / 7, 104
기판(substrate) / 200

ㄴ

나누기 2 소자(divide-by-two device) / 327
논리 명령어 / 355
누산기(accumulator) / 352, 355
능동 필터(active filter) / 270

ㄷ

다단 증폭기(multiple-stage amplifier) / 259
다수 반송자(majority carrier) / 175
다이오드(diode) / 179
다이오드 클램퍼(diode clamper) / 288
단간 결합 커패시터(interstage coupling capacitor) / 264
단간 변압기(interstage transformer) / 261
단권변압기(autotransformer) / 166
단락 고리(shorting ring) / 205
단락 도선(shorting wire) / 205
단락회로(short circuit) / 63
단발 멀티바이브레이터(one-shot multivibrator) / 289
단안정 멀티바이브레이터(monostable multivibrator) / 288
단위이득 증폭기(unity-gain amplifier) / 269
단일막대 다중위치(single-pole multiposition) 스위치 / 341
달링턴 배열(darlington arrangement) / 259
대규모 집적(large scale integration, LSI) / 219
대역통과 필터(band-pass filter) / 270
데이터 이동 명령어 / 355
도전성 거품(conductive foam) / 205
도체(conductor) / 6, 45
도체에 대한 옴손법칙 / 94
도핑(doping) / 175, 182
독립 I/O (isolated I/O) / 357
동기(synchronous) / 325
동기식 동작(synchronous operation) / 323
동기식 카운터(synchronous counter) / 325
동기화 회로(synchronizing circuit) / 285
동상(in phase) / 133
동상분 제거(common-mode rejection) / 268
동조형 증폭기(tuned amplifier) / 265
듀티 사이클(duty cycle) / 284
드레인(drain) / 200
드레인 전류(I_D) / 200
디지털 계측기(digital meter) / 58
디지털 컴퓨터(digital computer) / 352
디커플링 회로망(decoupling network) / 143
디커플링 필터(decoupling filter) / 265
디코더(decoder) / 339

ㄹ

래치(latch) / 324
렌츠(Lenz)의 법칙 / 104
리셋(reset) / 331
리플 주파수(ripple frequency) / 235
리플 카운터(ripple counter) / 325
릴레이(relay, 계전기) / 99

ㅁ

마스크 프로그래밍(mask-programming) / 334
마스킹(masking) / 356
마이크로암페어(μA) / 13
마이크로컨트롤러(microcontroller) / 357
마이크로패럿(μF) / 110
마이크로프로세서(microprocessor) / 354
마이크로프로세싱 장치(MPU) / 352
멀티미터(multimeter) / 59
멀티바이브레이터(multivibrator) / 278
멀티플렉서(multiplexer) / 341
메모리(memory) / 333, 352

명령어 레지스터(instruction register) / 352
모(mho) / 29
모놀리식 집적회로(monolithic IC) / 218
모듈러스(modulus) / 324
물질(matter) / 4
미분기(differentiator) / 285
밀리암페어(mA) / 13

ㅂ

바이어스 전압(bias voltage) / 180
바이트(byte) / 333
바이패스 커패시터(bypass capacitor) / 253
박막 집적회로(thin film IC) / 218
반가산기(half adder) / 344
반감산기(half subtractor) / 345
반도체(semiconductor) / 6
반도체 재료(semiconductor material) / 172
반발(repelling) / 10
반비례 / 84
반전(inversion) / 307
반전 입력(inverting input) / 267
반전 증폭기(inverting amplifier) / 269
반파 정류기(half-wave rectifier) / 234
발광 다이오드(light-emitting diode, LED) / 227
발진기(oscillator) / 274
방열판(heat sink) / 263
배리스터(varistor) / 246
배터리(battery) / 19
밴 더 그라프 발전기(Van de Graaf generator) / 17
버틀러(Butler) 발진기 / 276
버퍼(buffer) / 310
베이스(base) / 192
베이스공통 회로(common-base circuit) / 250
베이스 바이어스 회로(base-biased circuit) / 252
베이치 다이어그램(Veitch diagram) / 314
벡터(vector) / 154
변압기(transformer) / 162, 234
변압기 결합(transformer-coupled) / 256
병렬(parallel) / 23
병렬공급 하틀리 / 275
병렬 조정기(shunt regulator) / 239
병렬 카운터(parallel counter) / 325
병렬 커패시턴스(shunt capacitance) / 263
병렬 피킹(shunt-peaking) / 263
병렬회로(parallel circuit) / 36, 78
보드 선도(Bode plot) / 130
보수(complementation) / 307
볼트-암페어(volt-ampere, VA) / 162
부궤환(negative feedback) / 252
부성 온도 계수(negative temperature coefficient) / 173
부성 제너 전압-온도 계수(negative zener voltage-temperature coefficient) / 188
부하(load) / 45
분기(branch) / 352
분말 철심 / 105
분자(molecule) / 4
불능(disable) / 310
불순물(impurity) / 174
불활성화(disable) / 357
브리지 정류기(bridge rectifier) / 234
비교기(comparator) / 346
비교 명령어 / 356
비동기(asynchronous) / 325
비동조형 증폭기(untuned amplifier) / 265
비디오 검파기(video detector) / 264
비디오 증폭기(video amplifier) / 263
비반전 입력(noninverting input) / 267
비반전 증폭기(noninverting amplifier) / 269
비안정 멀티바이브레이터(astable multivibrator) / 279
비정현파 발진기(nonsinusoidal oscillator) / 278
비정현 파형(nonsinusoidal waveform) / 121
빛(light) / 224
뺄셈기(subtractor) / 270

ㅅ

사각파(square wave) / 121
사이리스터(thyristor) / 209
사이클(cycle) / 119
사인파(sine wave) / 119
산술논리장치(arithmetic logic unit, ALU) / 352
산술 명령어 / 355

삼각파 / 122
상보형 신호(complementary signal) / 261
상보형 증폭기(complementary amplifier) / 259
상보형 푸시풀 증폭기(complementary push-pull amplifier) / 261
상승 천이(positive-going transition) / 322
상태코드 레지스터(condition-code register) / 355
상하향 카운터(up-down counter) / 327
상호 인덕턴스(mutual inductance) / 163
샘플링 회로(sampling circuit) / 241
선행 에지(leading edge) / 285, 322
성층 철심 인덕터 / 105
세라믹 디스크 커패시터 / 112
소규모 집적(small scale integration, SSI) / 219
소수 반송자(minority carrier) / 175
소스-2-레벨(source-two-level) / 357
소스(source) / 200
솔레노이드(solenoid) / 99
쇠지렛대(crowbar) / 245
수동 필터(passive filter) / 270
수상관(picture tube) / 264
수정(crystal) / 275
순방향 바이어스(forward bias) / 180
순방향 전압 강하[forward voltage drop (E_F)] / 180
슈미트 트리거(Schmitt trigger) / 289
스위프 발생기(sweep generator) / 127
스케일링(scaling) / 84
스택(stack) / 356
스택 명령어 / 356
스택의 꼭대기(top of stack, TOS) / 356
스택 포인터(stack pointer) / 355, 356
스펙트럼 분석기(spectrum analyzer) / 284
슬립링(slip ring) / 119
시간 기준(time base) / 129
시간 영역(time domain) / 283
시드(seed) / 182
시정수(time constant) / 106
시프트 레지스터(shift register) / 331
실리콘(silicon) / 172
실리콘 제어 정류기(silicon-controlled rectifier) / 209
실효값(effective value) / 120, 133
쌍극 트랜지스터(bipolar transistor) / 192
쌍안정 동작(bistable action) / 209

ㅇ

아날로그 계측기(analog meter) / 58
안정 상태(stable state) / 288
암페어(ampere) / 6, 10
암페어시(ampere-hour) / 22
압전효과(piezoelectric effect) / 18
양성 제너 전압-온도 계수(positive zener voltage-temperature coefficient) / 187
양이온(positive ion) / 6
양자(proton) / 5
억셉터 원자(acceptor atom) / 176
언더슈트(undershoot) / 284
역기전력(counter electromotive force, cemf) / 104, 147
역률(power factor) / 157
역방향 바이어스(reverse bias) / 180
역전류(reverse current) / 181
연산 증폭기(operational amplifier) / 267
열전대(thermocouple) / 18
열 표류(thermal drift) / 270
영구자석(permanent magnet) / 92
오디오 증폭기(audio amplifier) / 261
오버슈트(overshoot) / 284
오버톤 주파수(overtone frequency) / 276
오실로스코프(oscilloscope) / 127
온도 보상 제너 다이오드(temperature-compensated zener diode) / 188
온도 불안정성(thermal instability) / 252
옴(ohm) / 7
옴의 법칙(Ohm's law) / 46
와트(watt, W) / 70
용량성 리액턴스(capacitive reactance) / 140
우선권(priority) 기능 / 338
울림(ringing) / 284
워드(word) / 333
원소(element) / 4
원자(atom) / 4
원자가(valence) / 5, 172
원자량(atomic weight) / 5

원자번호(atomic number) / 5
웨이퍼(wafer) / 182
웨이퍼 규모 집적(wafer-scale integration, WSI) / 219
위상이동 발진기(phase-shift oscillator) / 277
위인브리지 발진기(Wien-bridge oscillator) / 277
유도성 리액턴스(inductive reactance) / 147
유도전압(induced voltage) / 96
유전상수(dielectric constant) / 111
유전체(dielectric) / 110
음극선관(CRT) / 127
음이온(negative ion) / 6
의사 상보형 증폭기(quasi-complementary amplifier) / 262
이동 전하(mobile electron) / 179
이미터(emitter) / 192
이미터 궤환 회로(emitter feedback circuit) / 253
이미터 폴로어(emitter follower) / 264
이온화(ionization) / 6
이완 발진기(relaxation oscillator) / 278
인덕터(inductor) / 104
인덕턴스(inductance) / 104
인버터(inverter) / 307
인출(fetch) / 352
인코더(encoder) / 338
인코딩(encoding) / 338
인터럽트(interrupt) / 353
일시자석(temporary magnet) / 92
읽기전용 메모리(read-only memory, ROM) / 333
임의 접근 메모리(random access memory, RAM) / 333
임피던스(impedance) / 154
임피던스 결합(impedance coupling) / 255
임피던스 정합(impedance matching) / 164
입력(input) / 352
입출력(I/O) / 352

ㅈ

자격 입력(qualifying input) / 307
자계(magnetic field) / 93
자구(magnetic domain) / 92
자기(magnetism) / 92
자기유도(magnetic induction) / 96
자기 차폐물(magnetic shields) / 96
자석(magnet) / 92
자속선(flux line) / 93
자유 전자 / 173
장벽 전압(barrier voltage) / 179
재생 궤환(regenerative feedback) / 209
재생 궤환 쌍(regenerative feedback pair) / 209
저속 개방형 퓨즈 / 246
저역통과 필터(low-pass filter) / 142, 270
저항(resistance, R) / 4, 7
저항계(ohmmeter) / 59
저항기(resistor) / 30
저항-커패시터 결합(resistive-capacitive coupling) / 255
적분기(integrator) / 285
전가산기(full adder) / 344
전감산기(full subtractor) / 345
전기자(armature) / 98
전기적 삭제가능 PROM (electrically erasable PROM, EEPROM) / 334
전기 전력률(electric power rate) / 70
전기회로(electric circuit) / 45
전력(power) / 70, 136
전력 소모 정격(power dissipation rating) / 187
전력 증폭기(power amplifier) / 261
전류(current) / 4, 6, 10
전류계(ammeter) / 59
전류계 분로(ammeter shunt) / 61
전압 2배기(voltage doubler) / 243
전압 3배기(voltage tripler) / 243
전압(voltage) / 4, 7
전압강하(voltage drop) / 24
전압계(voltmeter) / 59
전압 분배기 / 84
전압상승(voltage rise) / 24
전압원(voltage source) / 45
전압저항전류계(volt-ohm-milliammeter, VOM) / 59
전압 조정기(voltage regulator) / 239
전압 증폭기(voltage amplifier) / 261
전압 체배기(voltage multiplier) / 243

전위(potential) / 7
전위차(difference of potential) / 7
전위차계(potentiometer 또는 pot) / 33
전이중 직렬 포트(full-duplex serial port) / 357
전자(electron) / 5
전자기 방사(electromagnetic radiation) / 224
전자기 유도(electromagnetic induction) / 96, 162
전자석(electromagnet) / 92
전자-정공쌍(electron-hole pair) / 174
전지(cell) / 17
전체 눈금 값(full scale value) / 64
전파 정류기(full-wave rectifier) / 234
전해질(electrolyte) / 111
전해 커패시터(electrolytic capacitor) / 111
절연 변압기(isolation transformer) / 166
절연체(insulator) / 6, 7
점프(jump) / 352
접지(ground) / 25
접합 다이오드(junction diode) / 179
접합 전계효과 트랜지스터(junction field effect transistor, JFET) / 200
접합 트랜지스터(junction transistor) / 192
정공(hole) / 11, 174
정궤환(positive feedback) / 274
정류(rectification) / 125
정류기 회로(rectifier circuit) / 234
정류자(commutator) / 98
정방파(square wave) / 283
정방파 발생기(square-wave generator) / 287
정전기 방지 튜브(antistatic tube) / 205
정전 방전(electrostatic discharge, ESD) / 220
정현파(sine wave) / 283
정현파 발진기(sinusoidal oscillator) / 274
정현파형(sinusoidal waveform) / 119
제너 다이오드(zener diode) / 187
제너 영역(zener region) / 187
제너 전압 정격(zener voltage rating) / 188
제너 테스트 전류(zener test current) / 187
제어장치(control unit) / 352
제한기 회로(limiter circuit) / 286
조종 게이트(steering gate) / 322
주기 파형(periodic waveform) / 284
주소(address) / 353
주파수(frequency) / 98
주파수 영역 개념(frequency-domain concept) / 283
주파수 카운터(frequency counter) / 129
중간 주파수(intermediate frequency, IF) / 264
중간 탭 2차 권선 / 162
중규모 집적(medium scale integration, MSI) / 219
중성자(neutron) / 5
중앙처리장치(CPU) / 352
증가 모드(enhancement mode) / 202
증폭(amplification) / 250
지멘스(siemens, S) / 29
지연 플립플롭(delay flip-flop) / 323
직렬공급하틀리 발진기 / 275
직렬 도움(series-aiding) / 23
직렬 방해(series-opposing) / 23
직렬-병렬(series-parallel) / 23
직렬-병렬회로(series-parallel circuit) / 36, 80
직렬 조정기(series regulator) / 239
직렬 피킹(series peaking) / 264
직렬회로(series circuit) / 36, 76
직류(DC) / 118
직류발전기 / 98
직접 결합(direct-coupling) / 256
직접 결합 증폭기(direct-coupled amplifier) / 259
진리표(truth table) / 306
진상-지상 회로망(lead-lag network) / 277
진성물질(intrinsic material) / 172
진폭(amplitude) / 120
집적회로(integrated circuit, IC) / 217
짝수 고조파(even harmonics) / 122

ㅊ

차단 모드(blocking mode, cut-off mode) / 278
차단 발진기(blocking oscillator) / 278
차단점(cut-off point) / 142
차단 주파수(cut-off frequency) / 150
차동 입력 전압(differential input voltage) / 268
차동 증폭기(differential amplifier) / 260
차분 증폭기(difference amplifier) / 270
차폐 인덕터 / 105

철판 계측기 작동부 / 125
첨두값(peak value) / 120
첨두-첨두값(peak-to-peak value) / 120
초대규모 집적(very large scale integration, VLSI) / 219
최대 제너 전류(maximum zener current) / 187
출력(output) / 352

ㅋ

카르노 맵(Karnaugh map) / 316
카운터(counter) / 324
캐리(carry) / 343
커패시터(capacitor) / 110, 140
커패시턴스(capacitance) / 110
커플링 회로망(coupling network) / 143
컨덕턴스(conductance) / 29
컬러 코드 / 33
컬렉터(collector) / 192
컬렉터공통 회로(common-collector circuit) / 250
컬렉터 궤환 회로(collector feedback circuit) / 252
코일에 대한 왼손법칙 / 95
콜피츠 발진기 / 274, 275
쿨롱(coulomb) / 6, 10
클램프부착 계측기(clamp-on-meter) / 126
클램핑 회로(clamping circuit) / 288
클랩 발진기 / 274, 275
클록 인가 플립플롭(clocked flip-flop) / 322
클리핑 회로(clipping circuit) / 286
클립 전류계(clip-on ammeter) / 62
키르히호프의 전류법칙(Kirchhoff's current law) / 53
키르히호프의 전압법칙(Kirchhoff's voltage law) / 53

ㅌ

타이밍 회로(timing circuit) / 285
탄소화합물 저항기(molded carbon composition resistor) / 30
태양전지(photovoltaic cell, solar cell) / 224
토글(toggle) / 324
톱니파 / 122, 283
퇴행 궤환(degenerative feedback) / 277
퇴행성 궤환(degenerative feedback) / 252
투명 래치(transparent latch) / 324
투자율(permeability) / 93
트리거(trigger) / 289, 322

ㅍ

패러디의 법칙(Faraday's law) / 97
패럿(farad) / 110
팬아웃(fan-out) / 310
펄스 폭(pulse width) / 122, 284
페라이트 코어 / 105
평탄 특성(flat response) / 263
폐루프 모드(closed-loop mode) / 268
표면장착 저항기(surface-mount resistor) / 32
푸시 명령어 / 356
푸시풀 증폭기(push-pull amplifier) / 261
풀 명령어 / 356
퓨즈(fuse) / 246
프로그램 / 352
프로그램가능 논리 배열(programmable logic array, PLA) / 348
프로그램가능 논리 소자(programmable logic device, PLD) / 347
프로그램가능 배열 논리(programmable array logic, PAL) / 348
프로그램가능 읽기전용 메모리(programmable read-only memory, PROM) / 334
프로그램 제어 명령어 / 356
프로그램 카운터 / 352, 355
프리러닝 멀티바이브레이터(free-running multivibrator) / 278
프리셋(preset) / 331
플립플롭(flip-flop) / 289, 322
피막 저항기(film resistor) / 30
피상 전력(apparent power) / 157
피코패럿(pF) / 110
피크 역전압(peak-inverse-voltage, PIV) / 181, 187, 238
피킹 코일(peaking coil) / 263
핀치오프(pinch off) / 201
핀치오프 전압(pinch-off voltage) / 201
필터(filter) / 237

ㅎ

하강 시간(fall time) / 284
하이브리드 집적회로 / 219
하틀리 발진기 / 274
항복 전압(breakdown voltage) / 187
핵(nucleus) / 5
허용오차(tolerance) / 30
헤르츠(Hz) / 119
혼합물(mixture) / 4
홀수 고조파(odd harmonics) / 122
화합물(compound) / 4
확성기(loudspeaker) / 99
환형 코어 / 105
활성화(enable) / 357
회전 각도(degree of rotation) / 120
회전 및 시프트 명령어 / 356
후막 집적회로 / 219
휫스톤 브리지(Wheatstone bridge) / 88

A

AB급 증폭기 / 253
AND 게이트 / 306
AND 기능(AND function) / 306
A급 증폭기(class A amplifier) / 253

B

BCD (binary-coded-decimal) / 301
B급 증폭기 / 254

C

C급 증폭기 / 254

D

DC 복원기(DC restorer) / 288
DC 증폭기 / 259
DIAC (diode AC) / 213
DIP (dual-inline-package) / 219
DMM (digital multimeter) / 59
DRAM (dynamic RAM) / 333
D 플립플롭 / 323

E

ELI / 147

J

JK 플립플롭 / 323

L

LCC (leadless chip carrier) / 220

M

MCS 51 / 357
MCS 251 / 357

N

NAND 게이트 / 308
NOR 게이트 / 308
NOT 게이트 / 307
NPN 트랜지스터 / 192
N채널 JFET / 200
N형 물질(N-type material) / 175

O

op-앰프 / 267
OR 게이트 / 306
OTPROM (one-time programmable ROM, 일회 프로그램 가능 ROM) / 357

P

PA 앰프(public address amplifier) / 254
PDIP (plastic dual in-line package) / 358
PGA (pin grid array) / 220
PIC (programmable interface controller) / 357
PIN 광다이오드(PIN photodiode) / 225

PLCC (plastic leaded chip carrier) / 358
PNP 트랜지스터 / 192
PQFP (Plastic Quad Flat Package) / 220
P채널 JFET / 200
P채널 증가 MOSFET / 203
P채널 증진 MOSFET / 204
P형 물질(p-type material) / 176

Q

QFN (quad flat no-lead package) / 358

R

RAM (random access read or write memory) / 353
RC 결합(RC coupling) / 255
RC 발진기 / 276
RC 위상이동 회로망(phase-shift network) / 144
RESET 상태 / 322
RF (radio frequency) / 254
RISC (reduced instruction set computer) / 357
rms (root-mean-square) / 120
rms값 / 120
ROM (read only memory) / 353
RS Q플립플롭 / 322

S

SCR / 209
SET 상태 / 322
SRAM (static RAM) / 333
SSOP (shrink small outline package) / 358

T

TO (transistor outline) / 193
TRIAC / 211
TSOP (thin small outline package) / 220

U

ULSI (ultra-large scale integration) / 219

X

XNOR (exclusive NOR) / 310
XOR 게이트(exclusive OR gate) / 310

Z

Z80 / 355, 357

기타

1차 고조파(first harmonics) / 283
1차 권선(primary winding) / 162
1차 전지(primary cell) / 19
2진 체계 / 296
2차 권선(secondary winding) / 162
2차 전지(secondary cell) / 19
3가 물질(trivalent) / 175
3극 교류 반도체(triode AC semiconductor) / 211
3-상태 버퍼 / 310
4라인-10라인 디코더 / 339
4 비트 시프트 레지스터(4-bit shift register) / 331
5가 물질(pentavalent) / 175
7-조각 표시소자(7-segment display) / 324
8진수 체계(octal number system) / 298
10진-2진 우선권 인코더(decimal-to-binary priority encoder) / 338
10진-2진 인코더(decimal-to-binary encoder) / 338
10진수 체계 / 296
10진 카운터(decade counter) / 327
16진수 체계(hexadecimal number system) / 300
68HC11 / 357
6502 마이크로 프로세서 / 355
6800 마이크로 프로세서 / 355
8051 마이크로 프로세서 / 357
8080A 마이크로 프로세서 / 355, 356, 357
8085 마이크로 프로세서 / 357